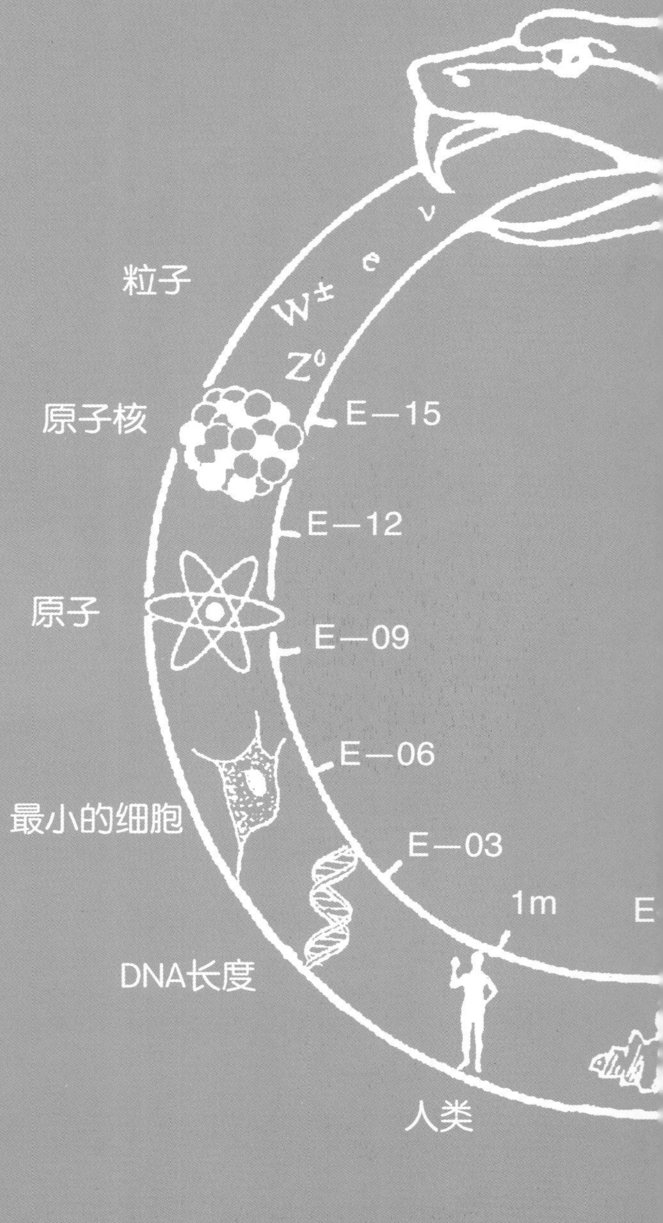

粒子
$W^\pm$ e ν
Z^0
原子核
E—15
E—12
原子
E—09
E—06
最小的细胞
E—03
1m
DNA长度
人类

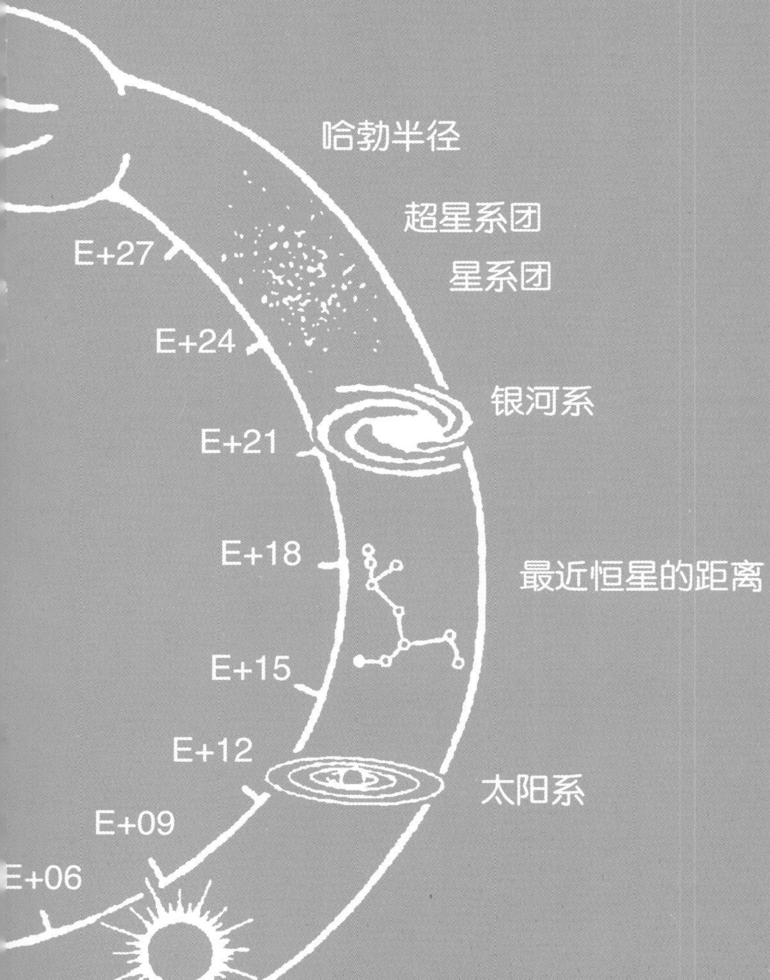

哈勃半径
超星系团
星系团
E+27
E+24
银河系
E+21
E+18
最近恒星的距离
E+15
E+12
太阳系
E+09
E+06
太阳

面 向 2 1 世 纪 课 程 教 材
Textbook Series for 21st Century

新概念物理教程

力 学

（第三版）

赵凯华 罗蔚茵

中国教育出版传媒集团
高等教育出版社·北京

内容简介

本书是教育部"面向21世纪教学内容和课程体系改革计划"的研究成果。以本书第一版为基础的教学改革项目"新概念力学"于1997年获国家级教学成果奖一等奖，1998年获国家教育委员会科学技术进步奖一等奖。相对于传统教材，本书在结构上有较大的变化，在内容上也有较大的更新。本书在用现代观点审视教学内容、向当代前沿开设窗口和接口、培养物理直觉能力等方面作了一些改革。本书共分质点运动学，动量守恒、质点动力学，机械能守恒，角动量守恒、刚体力学，连续体力学，振动和波，万有引力，相对论八章和三个数学附录。

本书可作为高等学校物理类专业的教材或参考书，特别适合物理学基础人才培养基地选用。对于其他理工科专业，本书也是教师备课时很好的参考书和优秀学生的辅助读物。

图书在版编目(CIP)数据

新概念物理教程. 力学/赵凯华，罗蔚茵主编. --3版.--北京：高等教育出版社，2023.7（2025.5重印）
ISBN 978-7-04-051149-9

Ⅰ.①新… Ⅱ.①赵… ②罗… Ⅲ.①物理学-高等学校-教材②力学-高等学校-教材 Ⅳ.①O4

中国版本图书馆CIP数据核字(2019)第010139号

XINGAINIAN WULI JIAOCHENG LIXUE

策划编辑 缪可可　责任编辑 缪可可　封面设计 杨立新　版式设计 徐艳妮
插图绘制 于 博　责任校对 张 薇　责任印制 高 峰

出版发行 高等教育出版社
社　　址 北京市西城区德外大街4号
邮政编码 100120
印　　刷 固安县铭成印刷有限公司
开　　本 787mm×1092mm　1/16
印　　张 23.25
字　　数 570千字
购书热线 010-58581118
咨询电话 400-810-0598
网　　址 http://www.hep.edu.cn
　　　　 http://www.hep.com.cn
网上订购 http://www.hepmall.com.cn
　　　　 http://www.hepmall.com
　　　　 http://www.hepmall.cn
版　　次 1995年7月第1版
　　　　 2023年7月第3版
印　　次 2025年5月第5次印刷
定　　价 50.00元

物 料 号　51149-00

第三版序

本书第二版已出版了19年，印刷31次。目前应出版社的要求，扩大开本，出第三版。在此过程中出版社的编辑们对此书从头到尾仔细校对了一遍，提出了一些修改意见，作者很感谢他们。本次改版内容未作什么大改动，只是在第八章最后加了一小节，对当前的重大科研成果——探测到引力波——做了简要的介绍。

借本书出第三版之机，我想对采用本书的师生说几句话。

我们这套新概念物理教程添加了一些物理前沿的介绍。有人反对，说学生看不懂，加重了他们的负担。后继课的老师说，抢了他们的地盘。下面谈谈我个人教书的一段经历。

考上大学的理科生，多是中学里的佼佼者，他们对物理，特别是近代物理里各种激动人心的成就满怀兴趣。如果进入大学来，两年之内尽和滑轮、斜面和经典电路一类的东西打交道，他们会不会感到失望？可是物理最新成果的内容很深，无法给低年级讲懂。一次我在德国考查教学时听了一位教授给刚入学的一年级学生讲力学课，他在讲摩擦力的时候联系到超流现象。课后我问他，你讲这些学生能懂吗？他说，有些内容学生可以不懂，但不能不知道。在这个想法启发下，我把我教课的内容分为基本和扩展两个部分，基本部分学生必须理解和掌握，扩展部分只是为了扩大眼界，听听就算了，可以不懂。这一点我国的学生很不习惯。老师一讲这些内容时学生就要想“这个考不考”，听不下去。我的经验是，讲前事先声明，下面介绍的一些内容是不考的。学生一下子就放心了。专心来听，懂多少算多少，兴趣也来了。1993年我讲力学课的时候，学生在调查表上反映，赵老师讲的课很引发兴趣，但不能全懂。三年后，到了他们四年级的时候我们做了一次跟踪的调查。他们反映，说当时听赵老师讲课的时候有的问题不懂，可是引起了他们极大的兴趣，以后几年学后继课的时候，他们带着不懂的问题去学，把问题搞懂了。带着问题学，比带着一张白纸去学效率要高很多。有些学生还说，现在要毕业了，有些问题还不懂，今后有机会还希望把它们搞懂。

这就是为什么新概念物理教程增添一些物理前沿内容介绍的原因。

赵凯华

2023年2月

第二版序[1]

本书出版已经八年了，除了一般笔误和印刷错误在第一版历次印刷中已予订正之外，我们感到书中某些地方需要作较大的修改。

首先，读者熟知，本书与通常的力学教材以牛顿三定律为基础不同，而是以动量、角动量、能量三大守恒定律为出发点的，并提高到时空对称性来认识。本版中这方面做得更彻底一些，完全从空间对称性的分析引导出两质点的动量守恒，使这些守恒律与时空对称性的联系更加紧密。

其次，将一些与主线联系不太密切的段落次序作了调整，把"单位制和量纲"由第二章调到第三章，把"对称性"由第三章调到第四章，去掉一些枝蔓，使叙述更加紧凑。在一些章节把基本内容提前，深化或扩展的内容小字附后，删去一些过于专深的内容，使教学层次更加清晰。在第七章中删去高斯定理，集中解决开普勒问题和球形天体问题，球体的引力场和引力势用积分方法得出。此外，少数地方添加了一些内容，如开普勒从本轮走向椭圆的艰苦历程，对钟慢效应、尺缩效应的进一步理解等，有心于该问题的读者是会得到教益的。

最后，增补了习题答案和个别较难的思考题选答。

作者

2003 年 12 月

---

[1] 本书的修订得到"国家基础科学人才培养资助"J0630311.

第 一 版 序

1991 年 10 月在上海召开的普通物理教材建设组会议上，与会者一致认为，努力反映物理学当代成就，使基础课的教学内容更好地适应物理学发展的需要，是当前普物教材建设中的一个重要课题。编写这样一套教材的设想，就是在那次会议上初步定下来的。

从牛顿到爱因斯坦，标志着从经典物理到近代物理的转变，大约用了 300 年，知识更新的时间尺度以百年计。20 世纪以来，科学技术的进步是加速发展的。如果说上半个世纪发展的时间常数还有三四十年，则下半个世纪已缩短到一二十年。在一个人的一生中，就会不断受到科学知识和科学观念老化的威胁。我们这代人对此是有亲身体会的。当前正处于世纪之交，培养的下一代学生将成为 21 世纪的骨干。如何使他们在走出校门之后能适应比现在更加迅猛发展的科学技术，是我们教师现在必须考虑的问题，编写适应此形势的新教材是其中的一个重要的方面。

普物力学是基础课的基础，多年来总给人以老面孔的感觉。学生抱怨与中学重复，把理论力学的一套搬下来，也不是办法。我们深感普物力学教材的改造任务特别迫切。为此，我们从 1992 年开始着手编写这本教材，并于 1993 年和 1994 年连续两年分别在北京大学和中山大学物理类专业试用，在通过各种方式征求同行专家意见的基础上进行了两次修订。本教材编写的指导思想，概要来说有以下几点：

一、用现代的观点审视、选择和组织好传统的教学内容

上面我们笼统地谈到知识和观念老化的时间尺度问题，实际上两者更新的速度是不一样的。现代高新技术的发展突飞猛进，计算机产品差不多每半年就可能换一代。物理学里知识的更新也比较快，几年不接触，文献里的名词就看不懂了。但是基础科学里基本概念的更新，节奏要缓慢得多，不过其影响也深远得多。作为基础物理学教材，本书在知识更新和概念更新两个方面，更侧重于后者。可以认为，这是本书取名“新概念”寓意之所在。

普通物理的力学是以经典内容为主的，它们现在仍是学习物理学的重要基础。不过我们要用现代的观点来审视各经典物理基本概念的提法是否需要修正，各经典物理定律的相对位置是否发生了变化，等等。据此，我们从新的角度重新考虑了教材的体系并对原有内容作了一定的增删取舍。

传统力学教材是以牛顿运动定律为核心来展开的，并把质量和力作为动力学中最基本的概念，从而导出动量和能量的概念以及有关的守恒定律。然而从现代物理的高度来看，在描述物质的运动和相互作用时，动量、能量的概念要比力的概念基本得多。因此我们在本教材中以动量、能量和角动量三个守恒定律为核心来展开。这样做，不仅从观点上与近代物理相衔接，还可大大地改善传统教材中某些问题的讲法。本教材中关于质量、力、质心、势能、振动等概念的引入，都与传统教材有较大的不同。

从近代物理的观点来看，参考系并不仅仅是确定运动物体速度、加速度的描述工具。寻找不同参考系内物理量、物理规律之间的变换关系（相对性原理），以及变换中的不变量（即对称性），能使我们超越认识的局限性，去把握物理世界中的更深层次的奥秘。因此在本教材中，从原理的阐述到应用举例，比传统教材更多地注意参考系的选择、力学相对性原理和对称性运用的训练。我们从时空对称性阐明了三个守恒定律的物理渊源，以强调对称性在物理学中的基本地位，使学生体会到，为什么三个守恒定律可以从宏观领域长驱直入到微观领域。

为了更好地与现代物理学接轨，本教材尽量采用在前沿领域中惯用的工作语言和思想方法来讲解。例如对于势能的概念，我们特别强调了一维势能曲线的运用：从势能的极小引入振动的概念，以展示振动这种运动形式的普遍存在；通过引入离心势能，化二维为一维，在避免使用微分方程的情况下用势能曲线讨论了开普勒运动。

二、适当地为物理学前沿打开窗口和安装接口

许多近代和前沿的课题是与普通物理课的内容有联系的，在适当的地方开一些“窗口”，引导学生向窗外的世界望一望，哪怕仅仅是“一瞥”，都会对开阔他们的眼界，启迪他们的思维，加深他们对本门课程的理解有好处。我们认为，基础课的任务，不仅是为了后继课程的需要，更深层的意义在于科学素质的培养。让学生了解人类文明发展的现状是人才素质培养的一个重要方面。

在历史上天文学是牛顿力学乃至整个物理学的先导；而今天，天体物理学和宇宙学激动人心的发展已成为令人注目的前沿阵地。很自然，本教材中的许多窗口开向了这个领域：联系到角动量守恒时，说明为什么银河系是扁平的，联系逃逸速度谈黑洞，联系开普勒定律介绍星系冕和宇宙间的暗物质，等等。我们认为，在普物力学里必须有个窗口是开向广义相对论的，否则学生不可能真正懂得什么是惯性，以及绝对时空观错在哪里。开向其他领域的窗口就不在此一一赘述了。

除“窗口”之外，近代的前沿课题的概念往往在普通物理课程中已有了，只不过其内涵有所延伸和发展。但是在过去的教材中未为它们留下必要的“接口”，交代一下可由此延伸出去的领域和课题。即使对这些领域和课题本身并不作过多的介绍，对学生也是大有裨益的。例如对于振动，我们比传统教材增加了简正模的概念；对于波动，我们用一维弹簧振子链代替传统的弦，等等，为固体物理中声子、能带等概念作了铺垫。通常在普通物理的力学部分讲碰撞时，多以宏观物体为背景，这时弹性与非弹性碰撞的分野在于有无能量耗散。本教材中指出，对于微观客体之间的碰撞，概念将有所发展，弹性与非弹性碰撞的分野是指能量有无向内部自由度转移。此外，我们讲碰撞时还适当提及微观领域所关心的角分布问题与相应的散射截面概念。

在牛顿力学建立之后300年，除相对论、量子力学外，其世界观受到了来自内部的巨大冲击，那就是混沌运动问题。混沌理论是当前经典物理学范围内的前沿课题，当代的经典力学教材不应对此保持缄默。但是混沌的理论过于深奥，难以纳入本门课程，而配以适当的接口，并稍微提及混沌的概念本身，是必要而且可能的。非线性振动是通向混沌的重要道路，而现行的普通物理教材中，基本上只讲线性问题。如果说，多少也涉及一点非线性问题的话，那就是用傅里叶分析的观点来说明非线性元件产生谐频，混频后产生和频与差频，以及自振系统产生的自激振动。这些内容都是通向混沌理论必要的基础，但差了一口气，缺少的是次谐频（倍周期分岔）、同步锁模和极限环的概念和相图的描述方法。本教材在适当的地方安装了这些接口。

三、通过知识的传授提高科学素质和能力

科学不是死记硬背的知识，科学的任务是探索未知，科学素质终将在获取知识的能力上反映出来。当然，没有知识也谈不上能力，融会贯通的知识是能力的载体。在力学所涉及的知识海洋里，我们有意识地选择一些知识点，使之有利于提高学生的科学素质和能力。

当一个成熟的物理学家进行探索性的科学研究时，常常从定性和半定量的方法入手来提出问题和分析问题，这包括对称性的考虑和守恒量的利用，量纲分析，数量级估计，极限情形和特例的讨论，简化模型的选取，以至概念和方法的类比，等等。这种提出问题和分析问题的能力要靠一定的物理直觉和洞察力。直觉是经验的升华，初学者是难以做到的。但是我们认为，在普通物理课程中应该从头起就有意识地培养学生这种能力。

我国物理教学的优良传统是课程的内在联系紧密，论述条理清晰，逻辑严谨。但是我们总觉得，在我国的教学中还缺少点什么。问题在于我们的学生每遇到问题时，总是一开始便埋头于用系统的理论工具，按部就班地作详尽的定量计算，而且常为某些计算细节所困惑，尽管许多问题本可以通过直觉的思考就能得到定性或半定量的结论。本教材在加强学生这种能力的培养方面，作了一定的努力。

杨振宁先生在多次谈话中比较了中美的教育方式。他提到中国传统教育提倡按部就班的教学方法，认真的学习态度，这有利于学生打下扎实的根基，但相对来说，缺少创新意识；美国提倡“渗透式”的教育方式，其特点是学生在学习的时候，对所学的内容往往还不太清楚，然而就在这过程中已经一点一滴地学到了许多东西，这是一种“体会式”的学习方法，培养出来的学生有较强的独立思考能力和创造能力，易于很快地进入科学发展的前沿，但不如前者具有扎实的根基。他认为中美两种教育方式各具特色，长短互补，若能将两者的优点和谐地统一起来，在教育方法上无疑是一个突破。我们赞同杨振宁先生这一见解，并试图在本教材的编写中，在上述两者之间取得和谐，力争有所突破。

在作者共同拟定了全书的构思后，罗蔚茵提供了第一、第二、第三、第八章的初稿，赵凯华作了修改和补充；本书其余部分皆由赵执笔，全部书稿经多次交换意见后，由赵统一定稿。本书的编写是个艰辛的探索过程，在此过程中我们得到国内外同行热情的支持、鼓励和帮助。普物教材建设组的组长冯致光教授是编写本书的倡议者，对本书的写作和修改始终给予了热情的关注。南京大学的梁昆淼教授、复旦大学的贾起民教授、中山大学的郑庆璋教授和北京大学的陆果教授等，仔细阅读了书稿的一些章节，提出了许多中肯的意见。我们在此谨致以衷心的感谢。本书中不免有疏漏和错误之处，祈广大教师和读者不吝指正。

作 者

1995 乙亥新春

目　录

绪　论

1. 什么是物理学?

古希腊人把所有对自然界的观察和思考，笼统地包含在一门学问里，那就是自然哲学。 科学分化为天文学、力学、物理学、化学、生物学、地质学等，只是最近几百年的事。在牛顿的时代里，科学和哲学还没有完全分家。牛顿划时代的著作名为《自然哲学的数学原理》，就是一个明证。 物理学最直接地关心自然界最基本的规律，所以牛顿把当时的物理学叫做自然哲学。

17 世纪牛顿在伽利略、开普勒工作的基础上，建立了完整的经典力学理论，这是现代意义下的物理学的开端。 从 18 世纪到 19 世纪，在大量实验的基础上，卡诺、焦耳、开尔文、克劳修斯等建立了宏观的热力学理论，克劳修斯、麦克斯韦、玻耳兹曼等建立了说明热现象的气体分子动理论，库仑、奥斯特、安培、法拉第、麦克斯韦等建立了电磁学理论。至此，经典物理学理论体系的大厦巍然耸立。 然而，正当大功甫成之际，一系列与经典物理的预言极不相容的实验事实相继出现，人们发现大厦的基础动摇了。 在这些新实验事实的基础上，20 世纪初，爱因斯坦独自创立了相对论，先后在普朗克、爱因斯坦、玻尔、德布罗意、海森伯、薛定谔、玻恩等多人的努力下，创立了量子论和量子力学，奠定了近代物理学的理论基础。 20 世纪随着科学的发展，从物理学中不断地分化出诸如粒子物理、原子核物理、原子分子物理、凝聚态物理、激光物理、电子物理、等离子体物理等名目繁多的新分支，以及从物理学和其他学科的杂交中生长出来的，诸如天体物理、地球物理、化学物理、生物物理等众多交叉学科。

什么是物理学? 试用一句话来概括，可以说：*物理学是探讨物质的结构和运动基本规律的学科*。尽管这个相当广泛的定义仍难以刻画出当代物理学极其丰富的内涵，不过有一点是肯定的，即与其他科学相比，物理学更着重于物质世界普遍而基本的规律的追求。

物理学和天文学由来已久的血缘关系，是有目共睹的。 当今物理学的研究领域里有两个尖端，一个是高能或粒子物理，另一个是天体物理。前者在最小的尺度上探索物质更深层次的结构，后者在最大的尺度上追寻宇宙的演化和起源。可是近几十年的进展表明，这两个极端竟奇妙地衔接在一起，成为一对密不可分的姊妹学科。 物理学和化学从来就是并肩前进的。 如果说物理化学还是它们在较为唯象的层次上的结合，则量子化学已深入到化学现象的微观机理。物理学和生物学的关系怎么样? 对于如何解释生命现象的问题，历史上有过两种极端相反的看法：一是“生机论(vitalism)”，认为生命现象是由某种“活力”主宰着，永远不能在物理和化学的基础上得到解释；另一是“还原论(reductionism)”，认为一切生命现象都可归结(或者说，还原)为物理和化学过程。1824 年沃勒(F.Wöhler)成功地在实验室内用无机物合成了尿素之后，生机论动摇了。 但是，能否完全用物理学和化学的原理和定律解释生命呢? 回答这个问题为时尚早。不过，生命科学有自己独特的思维方式和研究手段，积累了大量知识，确立了许多定律，说把生物学“还原”为物理学和化学，是没有意义的。 可是物理学研究的是物质世界普遍而基本的规律，这些规律对有机界和无机界同样适用。 物理学构成所有自然科学的理论基础，其中包括生物学在内。 物理学、化学和生物学相互渗透，前途是不可估量的。 近四五十年在这三门学科的交叉点上产生的一系列重大成就，如 DNA 双螺旋结构的确定、耗散结构理论的建立等，充分证明了这一点。 现在人们常说，21 世纪是生命科学的世纪，这话有一定道理。不过，生命科学的长足发展，必定是在与物理科学(物理学和化学)更加密切的结合中达到的。

2. 物理学与技术

社会上习惯于把科学和技术联在一起,统称"科技",实际上二者既有密切联系,又有重要区别。科学解决理论问题,技术解决实际问题。科学要解决的问题,是发现自然界中确凿的事实和现象之间的关系,并建立理论把这些事实和关系联系起来;技术的任务则是把科学的成果应用到实际问题中去。科学主要是和未知的领域打交道,其进展,尤其是重大的突破,是难以预料的;技术是在相对成熟的领域内工作,可以作比较准确的规划。

历史上,物理学和技术的关系有两种模式。回顾以解决动力机械为主导的第一次工业革命,热机的发明和使用提供了第一种模式。17 世纪末叶发明了巴本锅和蒸汽泵;18 世纪末技术工人瓦特给蒸汽机增添了冷凝器,发明了活塞阀、飞轮、离心节速器等,完善了蒸汽机,使之真正成为动力。其后,蒸汽机被应用于纺织、轮船、火车;那时的热机效率只有 5%~8%.1824 年工程师卡诺提出他的著名定理,为提高热机效率提供了理论依据。到 20 世纪蒸汽机效率达到 15%,内燃机效率达到 40%,燃气涡轮机效率达到 50%.19 世纪中叶科学家迈耶、亥姆霍兹、焦耳确立了能量守恒定律,物理学家开尔文、克劳修斯建立了热力学第一、第二定律。这种模式是技术向物理提出了问题,促使物理发展了理论,反过来提高了技术,即技术 → 物理 → 技术。电气化的进程提供了第二种模式。从 1785 年建立库仑定律,中间经过伏打、奥斯特、安培等人的努力,直到 1831 年法拉第发现电磁感应定律,基本上是物理上的探索,没有应用的研究。此后半个多世纪,各种交流、直流发电机、电动机和电报机的研究应运而生,蓬勃地发展起来。1864 年麦克斯韦电磁理论的建立和 1888 年赫兹的电磁波实验,导致了马可尼和波波夫无线电的发明。当然,电气化反过来大大促进了物理学的发展。这是第二次工业革命,其模式开始转向物理 → 技术 → 物理。

20 世纪以来,在物理和技术的关系中,上述两种模式并存,相互交叉。但几乎所有重大的新技术领域(如电子学、原子能、激光和信息技术)的创立,事前都在物理学中经过了长期的酝酿,在理论和实验上积累了大量知识,才迸发出来的。没有 1909 年卢瑟福的 α 粒子散射实验,就不可能有 40 年代以后核能的利用;只有 1916 年爱因斯坦提出受激发射的理论,才可能有 1960 年第一台红宝石激光器的诞生。当今对科学、技术,乃至社会生活各个方面都产生了巨大冲击的高技术,莫过于电子计算机,由此而引发的信息革命被誉为第三次工业革命。整个信息技术的发生、发展,其硬件部分都是以物理学的成果为基础的。大家都知道,1947 年贝尔实验室的巴丁、布拉顿和肖克莱发明了晶体管,标志着信息时代的开始,1958 年基尔比发明了集成电路,70 年代后期出现了大规模集成电路。殊不知,在此之前至少还有 20 年的"史前期",在物理学中为孕育它的诞生作了大量的理论和实验上的准备:1925—1926 年建立了量子力学;1926 年建立了费米-狄拉克统计法,得知固体中电子服从泡利不相容原理;1927 年建立了布洛赫波的理论,得知在理想晶格中电子不发生散射;1928 年索末菲提出能带的猜想;1929 年派尔斯提出禁带、空穴的概念,解释了正霍耳系数的存在;同年贝特提出了费米面的概念,直至 1957 年才由皮帕得测量了第一个费米面,此后剑桥学派编制了费米面一览表。总之,当前的第三次工业革命主要是按物理 → 技术 → 物理的模式进行的。

3. 物理学的方法和科学态度

现代的物理学是一门理论和实验高度结合的精确科学。物理学中有一套获得知识、组织知识和运用知识的有效步骤和方法,其要点可概括为:

(1) 提出命题

命题一般是从新的观测事实或实验事实中提炼出来的,也可能是从实际目的或已有原理中推演出来的。

(2) 推测答案

答案可以有不同的层次:建立唯象的物理模型;用已知原理和推测对现象作定性的解释;根据现有理论进行逻辑推理和数学演算,以便对现象作出定量的解释;当新事实与旧理论不符时,提出新的假说和原理去说明它,等等。

(3) 理论预言

作为一个科学的论断,新的理论必须提出能够为实验所证伪(falsify)的预言。这是真、伪科学的分野。为什么说“证伪”而不说“证实”? 因为多少个正面的事例也不能保证今后不出现反例,但一个反例就足以否定它,所以理论是不能完全被证实的。为什么要求能用实验来证伪? 假如有人宣称:在我们中间存在着一种不可探知的外来生灵。你怎么驳倒他? 对这种论断,你既不能说它正确,又不能说它错误。我们只能说,因为它不能用实验来证伪,所以不是科学的论断。

(4) 实验检验

物理学是实验的科学,一切理论最终都要以观测或实验的事实为准则。理论不是唯一的,一个理论包含的假设越少、越简洁,同时与之符合的事实越多、越普遍,它就越是一个好的理论。

(5) 修改理论

当一个理论与新的实验事实不符合,或不完全符合时,它就面临着被修改或被推翻。不过,那些经过大量事实检验的理论是不大会被推翻的,只是部分地被修改,或确定其成立范围。

以上步骤循环往复,构成物理学发展模式化的进程。但是物理学中的许多重大突破和发现,并不都是按照这个模式进行的,预感、直觉和顿悟往往起很大的作用。此外,且探且进的摸索、大胆的猜测、偏离初衷的遭遇或巧合,也导致了不少的发现。顿悟是经验和思考的升华,而机遇偏爱有心人,平时思想上有准备,就比较容易抓住稍纵即逝的机遇。所以科学上重大的发现不会是纯粹的侥幸。

科学实验的结果,远非尽如人愿。不管你喜欢不喜欢,实事求是的作风、老老实实的科学态度是绝对必要的。在科学研究中,一厢情愿的如意算盘是行不通的,弄虚作假迟早会暴露。任何人都难以避免失误,一旦发现,最聪明的办法是勇于承认。1922 年年轻的苏联数学家弗里德曼发表了动态宇宙模型的论文,遭到爱因斯坦的批评。次年,爱因斯坦在读了弗里德曼诚恳的申辩信之后,公开声明自己被说服了。据伽莫夫回忆,爱因斯坦说,这是他一生中最大的疏忽。伟大科学家这种坦荡的襟怀,是所有人的楷模。

基础科学研究的信息资源是共享的,这里没有秘不可及的玄机和诀要。根据公开发表的文献,人人可以自己判断,独立思考。所以,在科学的王国里,真理面前人人平等。这里最少有对偶像的迷信和对权威的屈从。“实践是检验真理的唯一标准”这一信条,在自然科学的领域里贯彻得最坚决。实践不是个别的实验结果,因为那会有假象,重大的实验事实必须经多人重复印证才被确认。

自然科学的主要任务是探索未知的领域,很多事情是难以预料的。实验的结果验证了理论,固然可喜;与理论不符合可能预示着重大的突破,更加令人兴奋。世界上建造了许多加速器，每个加速器都是针对某类现象而设计的。四十多年的历史表明，除了反核子和中间玻色子外，粒子物理中的所有重大发现都不是当初建造那个加速器的理由。高能物理学界把这看作正常现象。1984 年人们在实验室中发现了弱电统一理论所预言的中间玻色子后，曾一度较少发现出乎理论预料的实验结果。人们反而说：现在最令人惊讶的，是没有出现令人惊讶的事。这便是物理学界极富进取精神的得失观。

因为在自然科学中物理学最直接触及自然界的基本规律，物理学家对事物是最好穷本极源的。他们在研究的过程中不断地思考着，凡事总喜欢问个“为什么”。理论物理学家不能仅仅埋首于公式的推演，应该询问其物理实质，从中构想出鲜明的物理图像来；实验物理学家不应满足于现象和数据的记录，或某种先进的指标，而要追究其中的物理机理。

因为在自然科学中物理学研究的是自然界最普遍的规律，物理学家不应总把自己的目光和兴趣局限于狭窄的本门学科，而要放眼于更广阔的天地。人们公认，当今最有生命力的是不同学科交叉的领域，有志的年轻物理学工作者在那里是大有可为的。

4. 怎样学习物理学？

著名理论物理学家、诺贝尔奖获得者理查德·费曼说：“科学是一种方法，它教导人们：一些事物是怎样被了解的，什么事情是已知的，现在了解到什么程度（因为没有事情是绝对已知的），如何对待疑问和不确定性，证据服从什么法则，如何去思考事物、作出判断，如何区别真伪和表面现象。”❶ 学习物理学，不能仅仅掌握一些知识、定律和公式，更不要把自己的注意力只集中在解题上，而应在学习过程中努力使自己逐渐对物理学的内容和方法、工作语言、概念和物理图像，以及其历史、现状和前沿等方面，从整体上有个全面的了解。

学好物理学，关键是勤于思考，悟物穷理。

勤于思考，就要对新的概念、定义、公式中的符号和公式本身的含义，用自己的语言陈述出来。对于定理的证明、公式的推导，最好在了解了基本思路之后，自己背着书本把它们演算出来。这样你才能对它们成立的条件、关键的步骤、推演的技巧等有深刻的理解。

悟物穷理，就要多向自己提问：哪些是事实？哪些是推论？推论是怎样得来的？我为什么相信它？…… 问题可以正面提，也可以反向提。譬如，已知物体所受的力，可以求它的运动；知道了它的运动，反过来问它受了什么样的力。

勤于思考，悟物穷理，就要对问题建立自己的物理图像。学习物理，不做习题是不行的，但做习题不在于多，而在于精。习题做完了，不要对一下答案或交给老师去批改就了事。自己从物理上应该想一想，答案的数量级是否合理？所反映的物理过程是否合理？能否从别的角度判断自己的答案是否正确？我们应该力争做到，习题要么做不出来，做出来就有充分的理由相信它是对的，即使它和书上给的答案不一样。老师说你错了，你在未被说服之前要敢于和老师争辩。好的老师最欣赏的是能指出自己错误的学生。如果最后证明是你自己错了，也错个明白。

正是：书山有路勤为径，学海无涯悟作舟。

❶ 摘自费曼 1963 年 11 月 21 日在第一次美洲物理教育会议上的重点发言《拉丁美洲的物理教学问题》。

第一章 质点运动学

§1. 引　　言

1.1 力学的研究对象

在各种形态的物质运动中，最简单的一种是物体位置随时间的变动。宏观物体之间（或物体内各部分之间）的相对位置变动，例如，各种交通工具的行驶、大气和河水的流动、天体的运行等，称为机械运动（mechanical motion）❶。

力学（mechanics）的研究对象是机械运动。经典力学研究的是在弱引力场中宏观物体的低速运动。通常把力学分为运动学（kinematics）、动力学（dynamics）和静力学（statics）。运动学只描述物体的运动，不涉及引起运动和改变运动的原因；动力学则研究物体的运动与物体间相互作用的内在联系；静力学研究物体在相互作用下的平衡问题。

1.2 质点

在物理学中，为了突出研究对象的主要性质，暂不考虑一些次要的因素，经常引入一些理想化的模型来代替实际的物体。"质点"就是一个理想化的模型。

在研究机械运动时，物体的形状和大小是千差万别的。对有些场合（如落体受到空气的阻力问题），物体的形状和大小是重要的；但在很多问题中，这些差别对物体运动的影响不大，若不涉及物体的转动和形变，我们可暂不考虑它们的形状和大小，把它们当作一个具有质量的点（即质点）来处理。例如，人们常把单摆的摆球、在电场中运动的带电粒子等当作质点。又如，同样是地球，在研究它绕日公转时，可以将它看作质点；在研究它的自转问题时，就不能把它当作质点处理了。此外，当我们研究一些比较复杂的物体（如刚体、流体）运动时，虽然不能把整个物体看成质点，但在处理方法上可把复杂物体看成由许多质点组成，在解决质点运动问题的基础上来研究这些复杂物体的运动。

1.3 参考系和坐标系

某物体的运动总是相对于另一些选定的参考物体而言的。例如研究汽车的运动，常用街道和房屋或电线杆作参考物；观察轮船的航行，常用河岸上的树木、码头或灯塔作参考物。这些作为研究物体运动时所参照的物体（或彼此不作相对运动的物体群），称为参考系。

参考系的选择对描述物体的运动具有重要意义。例如，站在运动着的船上的人手中拿着一个物体，在同船的人看来它是不动的，但岸上的人看到它和船一起动。如果船上的人把手松开，同船的人看到物体沿直线自由落下，而岸上的人却看到物体作平抛运动。为什么对同一现象会观察到不同的结果呢？原因是他们所选的参考系不同：船上的人以船为参考系，岸上的人以岸为参考系。一般说来，研究运动学问题时，只要描述方便，参考系可以随便选择。但是在考虑动力

---

❶ 英文 mechanical 一词有"机械的"和"力学的"双重含义，故有人主张把 mechanical motion 叫做"力学运动"，但因"机械运动"一词沿用已久，并且也说得通，未改。

学问题时，选择参考系就要慎重了，因为一些重要的动力学规律（如牛顿运动定律）只对某类特定的参考系（惯性系）成立。

为了把物体在各个时刻相对于参考系的位置定量地表示出来，还需要在参考系上选择适当的坐标系。最常用的坐标系是直角坐标系，例如要描述室内物体的运动，可以选地板的某一角为坐标原点，以墙壁和墙壁、墙壁和地板的交线为坐标轴，这就构成一个直角坐标系。有时也选用极坐标系，例如研究地球的运动时，可以选太阳为坐标原点，而坐标轴则指向某个恒星。坐标系实质上是由实物构成的参考系的数学抽象，在讨论运动的一般性问题时，人们往往给出坐标系而不必具体地指明它所参照的物体。

§2. 时间和空间的计量

2.1 时间的计量

时间表征物质运动的持续性。时间的计量主要是一个计数的过程。凡已知其运动规律的物理过程，都可以用来作时间的计量。通常采用能够重复的周期现象来计量时间。在自然界发生的许多重复的现象中，人们一向采用地球绕自己轴线的转动（自转）作为时间的计量基准，并定义 1 平均太阳秒为平均太阳日的$\frac{1}{86\,400}$.通常所说一个地方的太阳日就是太阳连续两次经过该处子午面的时间间隔。由于地球公转的轨道是一椭圆，公转的速率常在变化，所以一年之中太阳日有长有短，平均太阳日就是全年太阳日的平均值。测量同一恒星连续两次通过观察处子午面所经过的时间，叫做恒星日。因为我们可以算出恒星日与平均太阳日之间的正确关系，所以平均太阳秒的长短可由观察星体相对于地球的运动来确定。

在太阳系的各种运动中，能准确观察而足以用作时钟的有：地球的自转和公转，月球绕地球的公转，木星和金星绕太阳的公转，木星的四个卫星绕木星的公转等。我们发现，根据上述九种运动所作的时钟中有八种是相互一致的，不一致的只是根据地球自转所作的时钟。因此，人们由许多观察得出这样一个结论，即地球自转的速率在改变，主要的趋势是渐渐变慢。变慢率是经一世纪后一天的时间平均增加 0.001 s；在 20 个世纪中，时间计量上的这一积累可多达几个小时。这就说明了为什么历史上记载的历次日食发生差异这一事实。现在我们知道，地球自转变慢的长期原因是潮汐摩擦。而季节性有规律的变化，则可用信风来说明，其他变化的原因还不知道，可能与两极冰山的融化或地球上其他很大的质量迁移有关。这一切都说明，地球的自转

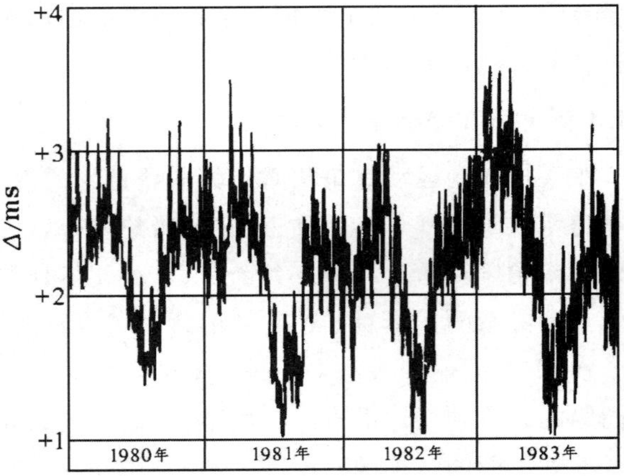

图 1-1 用绝钟监测到的地球自转周期 1980—1983 年四年的变化（Δ 为一日长度的变化），其中周月变化（潮汐）和季节变化（信风）是比较明显的

不是一个理想的时钟(参见图 1-1)。

由于人们对微观世界认识的深入发展,以及对微波技术的进一步掌握,这就有可能利用某些分子或原子的固有振动频率作为时间的计量基准。事实上,近年来已制成了大量的原子钟,它们的精度分别达到 10^{-9} 和 10^{-10} 以上,这比基于地球自转的时钟准确几十倍或几百倍以上。因此 1967 年第十三届国际计量大会决定采用铯原子钟作为新的时间计量基准,定义 1s 的长度等于与铯 133 原子基态两个超精细能级之间跃迁相对应的辐射周期的 9192631770 倍。这个跃迁频率测量的准确度达到 10^{-12} 至 10^{-13}.

在某种场合(如射电天文学中),保持时钟在一段时间间隔(譬如一小时)内高度稳定,有时比它的绝对准确度还重要。在这方面原子氢激射器比铯原子钟的稳定度高 100 倍,在数小时内其频率的变化不超过 10^{-15}.

利用原子钟就有可能对许多具有重大科学意义和实践意义的问题进行研究。这些问题包括从地球自转的变化和相对论的验证,直到航天技术的改进。

近年来,不少科学家建议按射电脉冲星辐射来校正时间基准。根据现代的科学概念,脉冲星是强磁化了的中子星。质量与太阳相当的中子星,其半径为 10km 左右,密度与原子核相同。由于快速旋转和极高的磁场强度,在这种天体磁层的局部区域里产生强大的射电辐射。这辐射源同脉冲星一起作为整体旋转,从而观测者获得有严格周期性的射电辐射,其间隔与恒星的旋转周期相同。现在已知有数百颗脉冲星,某些科学家建议把其中周期最稳定的三颗当作“时间标准存储器”。

图 1-2 给出自从人类发明时钟以来 400 年内时间计量准确度改进的情况,可以看到进步是惊人的。目前,时间是测量得最准确的一个基本量。

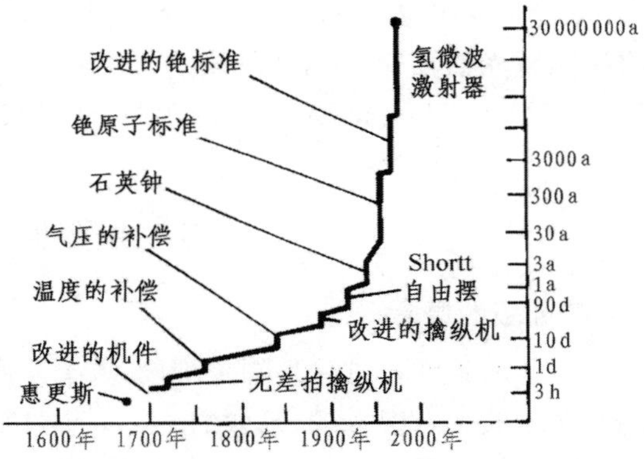

图 1-2 时钟的改进

图中右端标出各种时钟快慢 1s 所经过的时间

(a、d、h 分别为年、日、小时的符号)

2.2 长度的计量

空间反映物质运动的广延性。在三维空间里的位置可由三个相互独立的坐标来确定。空间中两点间的距离为长度。任何长度的计量都是通过与某一长度基准比较而进行的,国际上对长度基准“米”的定义作过三次正式规定。

1889 年第一届国际计量大会通过:将保藏在法国的国际计量局中铂铱合金棒在 0°C 时两条刻线间的距离定义为 1m。这是长度计量的实物基准。

历史上,米是由于寻求通过巴黎的子午线从北极到赤道之间长度的某一适当分数而产生的,这长度的千万分之一定义为米。但在这基准最初确定之后,所做的许多精确测量都表明,这基准和它所要表达的值略有差值(约 0.023%)。

长度的实物基准很难保证不随时间改变,也很难防止意外(如被战争、地震或其他灾害所毁坏),物理学家早就想到用长度的自然基准代替实物基准。有了光干涉技术以后,人们可以将实物的长度和光的波长进行比较。1960 年第十一届国际计量大会上决定用氪 86 原子的橙黄色光波来定义“米”,规定米为这种光的波长的 1 650 763.73 倍,实现了长度的自然基准,其精度为

4×10^{-9}.

按照经过许多事实验证了的相对论的观点，在任何惯性系中，真空中的光速都是相同的。由于稳频激光器的进展，使激光频率的复现性远优于氪86灯米定义的精度，测得的真空中的光速值的准确度受到了原来米的定义的限制，1983年10月第十七届国际计量大会通过：

米是光在真空中(1/299 792 458)s的时间间隔内所经路径的长度。

在通过"米"的定义的同时，还规定了复现新的米定义的三种方法：首先规定真空中的光速值 c=299 792 458 m/s，这是不再修改的定义值。

(1) 利用平面电磁波在真空中经过时间间隔 Δt 所传播的距离 $l=c\Delta t$ 的关系，从计量时间 Δt 得出长度 l.

(2) 利用频率为 f 的平面电磁波在真空中的波长 $\lambda=c/f$ 的关系，从测量频率 f 得出波长 λ.

(3) 可采用表1-1中任一种饱和吸收稳频激光的辐射，或某些光谱灯(如氪86灯、镉114灯和汞186灯)的辐射，通过测量其频率而得出波长。

表1-1 五种饱和吸收稳频激光频率和波长

激光种类	f/MHz	λ/fm
甲烷氦氖激光	88 376 181.607	3 392 231 397.1
碘的染料激光	520 206 808.53	576 294 760.25
碘的氦氖激光	473 612 214.8	632 991 398.1
碘的氦氖激光	489 880 355.1	611 970 769.8
碘氩离子激光	582 490 603.6	514 673 466.2

§3. 物质世界的层次和数量级

3.1 数量级的概念

不知从猿到人进化到哪个阶段，人类才开始学会数数。在澳大利亚和南美洲的某些仍处于原始状态的土著中，人们只会数一、二，也许还能数到三、四，然后就是许多、非常多，或数不清的多。可能最早促使人们去学会数数的原因，是游牧民族需要监视羊只的数目。譬如，清早把卵石垒成堆，一块卵石代表一只羊。傍晚可用这堆石块来检查羊只是否都从牧场回来了。拉丁文里calculus的第一个意思是卵石，第二个意思是算盘珠，在英文里才引申为计算、微积分等现代的含义。这也可算得上是个佐证。

随着人类社会的发展，人们逐渐学会数比较大的数目。当数目大到十个手指头不够用时候，人们创造出十进位记数法。在现代社会里数一般的数字已算不得什么困难。"日行八万里"指地球的周长；"上下五千年"指人类文明史。若要问，以地球直径(可作综合孔径射电望远镜的长基线)对太阳所张的角度有多少？或问，从考古遗址发掘出的标本中，有多少个放射性同位素碳14的原子发生了衰变？即使答案误差不到十倍就算是正确的，恐怕也很少有人能较快作出回答。在一般人心目中，像一千万和一亿都是很大很大的数目，究竟有多大，是没有具体概念和感受的。然而在物理学和其他一些自然科学中，往往要和比这还要大得多的数字打交道，例如在1 mol物质中包含六千万亿亿多个分子(阿伏伽德罗常量)，写成阿拉伯数字，是6后面跟23个0。无论哪种写法都很不方便，于是人们创造出一种"科学记数法(scientific notation)"，用10的正幂次代表大数，用10的负幂次代表小数。于是六千万亿亿就写成 6×10^{23}，它的倒数约一亿亿亿分之1.7，则可写成 1.7×10^{-24}，等等。把一个物理量的数值写成一个小于10并大于等于1的数字乘以10的幂次，还可将其有效数字的位数表示出来，例如把2300写成 2.30×10^{3}，就表明这数值有三位有效数字。在科学记数法中指数相差1，即代表数目大10倍或小10倍，这叫做一个“数量级”。就现代科学研究过的空间尺度来说，大小差不多跨越了42个数量级，有人把这称作“宇宙的四十二个台阶”。

我们研究的对象跨越如此巨大的数量级范围，单一的单位(如秒、米)用起来就很不方便了，通常的做法是采用一些词头来代表一个单位的十进倍数或十进分数，如千(kilo)代表倍数10^3，厘(centi)代表分数10^{-2}，等等。在国际单位制中，原来从10^{-18}到10^{18}的36个数量级之间规定16个词头，最近又建议在大、小两头再各增加两个，共20个词头，一并列在表1-2中。表内中文名称在方括弧里的字可以省略。这些词头与各种物理量的单位组合在一起，构成尺度相差甚为悬殊的大小各种单位，在现代物理学中广泛使用着。其中有的已化作物理学名词的一部分，如纳米(nm)结构、飞秒(fs)光谱等，成为一些新兴技术的标志和象征。

表1-2　国际单位制所用的词头

因数	词头名称		符号	因数	词头名称		符号
	英文	中文			英文	中文	
10^{-1}	deci	分	d	10	deca	十	da
10^{-2}	centi	厘	c	10^2	hecto	百	h
10^{-3}	milli	毫	m	10^3	kilo	千	k
10^{-6}	micro	微	μ	10^6	mega	兆	M
10^{-9}	nano	纳[诺]	n	10^9	giga	吉[咖]	G
10^{-12}	pico	皮[可]	p	10^{12}	tera	太[拉]	T
10^{-15}	femto	飞[母托]	f	10^{15}	peta	拍[它]	P
10^{-18}	atto	阿[托]	a	10^{18}	exa	艾[可萨]	E
10^{-21}	zepto	仄[普托]	z	10^{21}	zetta	泽[它]	Z
10^{-24}	yocto	幺[科托]	y	10^{24}	yotta	尧[它]	Y

物理学是一门定量程度很高的学科，它推理性强、逻辑严密，实验测量和理论计算都达到了很高的精度，如时间的计量就有12至13位有效数字。然而，理论物理学家在进行详细计算之前，为了选择和建立恰当的物理模型和数学模型，需要首先粗略地估计各参量的大小和各种可能效应的相对重要性，以判断什么是决定现象的主要机制；同样，实验物理学家在着手准备精密的测量之前，为了选择合适的仪器和测量方法，也需要对各个有关物理量的数量级先作一番估计。总之，掌握特征量的数量级，往往是研究一个物理问题时登堂入室的关键。学习物理学，就需要经常训练对各种事物作粗略的数量级估计，留心查看尺度大小的变化所产生的物理效应。下面我们对物质世界空间和时间尺度的数量级作一概括性的介绍，以便读者今后学习物理学时能够心中有“数”(数量级)。

3.2 空间尺度

(1) 小尺度

如前所述，人类已研究的领域中，空间尺度跨越了42个数量级。人类选择了与自身大小相适应的“米(m)”作为长度的基本单位。从我们的身边开始，先向小尺度的领域进军。这里首先遇到的是生物界。最小的哺乳动物和鸟类，体长不到10 cm，即10^{-1}m的数量级。昆虫的典型大小为cm或mm，即10^{-2}～10^{-3}m的数量级。细菌或典型的真核细胞，直径在10^{-5}m的数量级，细胞的最小直径为10^{-7}m，这比原子的尺度10^{-10}m还大三个数量级。生物细胞不可能再小了吗？是的，因为细胞内必须包含足够数量的(譬如说，10^6个)生物大分子，否则它不可能有较完整的功能。说到分子的尺度，是个比较复杂的问题，因为大小分子相差悬殊。小分子由几个到十几个原子组成，其尺度比原子略大，譬如说，10^{-9}m的数量级。大分子(如各种蛋白质、DNA)可以由数千个原子组成，它们排列成长长的链状,大分子链再盘成螺旋状,形成二级结构。蛋白质分子在二级结构之上还可能有更高级的复杂结构。把最大的分子链拉直了的话,长度可达 0.1 mm,即 10^{-4} m 的数量级。

在物理上把原子尺度的客体叫做*微观系统*,大小在人体尺度上下几个数量级范围之内的客体,叫做*宏观系统*。所以宏观尺度比微观尺度大了七、八个数量级,按体积论,则大$(10^8)^3 = 10^{24}$ 个数量级,或者说,宏观系统中包含这么多个微观客体(原子、分子),这正是阿伏伽德罗常量的数量级。微观系统与宏观系统最重要的区别,是它们服从的物理规律不同。在微观系统中宏观的规律(如牛顿运动定律)不再适用,那里的问题需要用量子力学去处理。❶近年来由于微结构技术的发展,制作长度在微米(μm)、线宽为几十个纳米(nm)的样品已不太困难。在这种尺度的样品中包含原子数目的数量级为 $10^8 \sim 10^{11}$,它们基本上应属于宏观范围。然而,一些线状或环状小尺寸样品在低温下的实验结果,却表现出电子波的量子干涉效应。这种呈现出微观特征的宏观系统,叫做*介观系统*。研究介观系统行为的介观物理学,是近几年才发展起来的一个物理学新分支,它将成为下一代微电子器件的理论基础。

现在让我们继续向物质结构的更深层次进军。原子是由原子核与核外电子组成的。如前所述,原子的线度为 10^{-10} m 的数量级,但原子核的线度要比这小四五个数量级,即飞米(fm)或 $10^{-14} \sim 10^{-15}$ m 的数量级。然而,几乎原子的全部质量都集中在原子核内。原子核是由质子和中子组成的,质子和中子统称核子,核子的半径约为 1 fm. 核子以下的再一个层次是夸克(quark),每个核子由三个夸克"组成"。我们把组成二字打上引号,是因为夸克间的相互作用具有禁闭的性质,使我们永不可能分离出自由的夸克来。因而谈一个夸克有多大,就没有意义了。

下面来谈谈小尺度客体的观测问题,首先我们会想到显微镜。任何显微镜都有一个能够分辨的最小极限,这个极限是由照明光的波长所决定的。打个比方,盲人用手指触摸盲文或其他凹凸的花纹,分辨能力受到手指粗细的限制。如果他用一根细针去探索,便可感知花纹更多的细节。光子或其他粒子就是我们触摸小尺度的手指或探针,它们的波长代表着探针的粗细。可见光的波长在$(4 \sim 7.5) \times 10^2$ nm之间,故光学显微镜的分辨极限也在同一个数量级范围(10^{-7} m)之中。这对观察微生物或细胞是够用了,对于更小的物体则不行,需要用电子代替普通显微镜里的光子作为"探针",这就是电子显微镜。电子的波长反比于它的动量,即使慢速的电子的波长也比可见光的波长要短,最好的电子显微镜可以分辨到几埃(Å, 1 Å $= 10^{-10}$ m),20 世纪 80 年代中发明的扫描隧穿显微镜(STM)真正做到了原子分辨,首次让我们看到了个别的原子。探测物质结构更深的层次,需要速度更高的粒子作探针,就得使用各种加速器了。但愿刚才的比方不要给我们的读者造成错误印象:探测物质愈精细的结构,所需的仪器愈微小。其实恰好相反,需要的是更大的加速器。当代最大的加速器直径已达几十千米(10^4 m),其规模可以和地铁隧道相比拟。

(2) *大尺度*

现在让我们把视野的聚焦拉回到自己的身边,再从这里出发到大尺度的领域里去巡礼。

最大的动物(鲸)体长数十米,即 10^1 m的数量级;最大的植物(红杉树)高达百米以上,即 10^2 m的数量级。最高的山(珠穆朗玛峰)高 8.848 km,最深的海(马里亚纳海沟)深 11 km,属 $10^4 \sim 10^5$ m 的数量级。月球半径为 1738 km,属 10^6 m 量级;地球半径为 6371 km,乘以 2π,得周长约 4×10^4 km,合 8×10^4 华里,故有"坐地日行八万里"之说。月地距离是地球半径的 60 倍,大于 10^8 m的数量级;日地距离是地球半径的两万多倍,定义为 1 天文单位(AU)。AU 是太阳系内表示天体距离的常用单位,其精确值为

$$1\text{AU} = 1.495\,978\,92 \times 10^{11}\,\text{m},$$

太阳系的直径约 80 天文单位,即 10^{13} m 的数量级。

太阳系外的天体距离通常不再用 AU,而是用"光年"或"秒差距"。光年(light year,单位符号为 l.y.)是光在一年里走过的距离。如前所述,现在光速 c 已成为定义"米"的基础,其精确值规定为 $c = 299\,792\,458$ m/s,

---

❶ 更确切地说,是否需要用量子力学来处理,并不完全由系统的尺度来决定。在低温下,某些宏观系统也表现出量子效应来,如超导、超流现象便是。

1 回归年(春分点到春分点) = 3.155 693×10^7 历书秒，与光速相乘，得

$$1\ \text{l.y.} = 9.460\ 530 \times 10^{15}\,\text{m} \approx 10^{16}\,\text{m}.$$

最近的恒星是半人马 α(中名南门二，为三合星)内的一颗比邻星，距太阳系约 4.21 l.y.。

要谈“秒差距”，先得讲讲天文上一种重要的测距方法 —— 视差法。观测者在两个不同位置看到同一天体的方向之差，叫做*视差*。两个不同位置之间的联线叫做基线。若视线与基线垂直，则天体的距离 r、基线的长度 l 和视差 φ 有如下关系：$r = l/\varphi$. 因为视角差的测量受到仪器精度的限制，基线越长，能测的距离越远。以地球半径作基线，人们曾用视差法测得地月距离和日地距离。超出太阳系，地球半径就嫌太短了。好在对于地球上的观测者来说，还有一个更长的基线可利用，那就是地球公转轨道的半径，其长度为 1AU(见图 1-3)。天文上规定，选此基线，视差 φ 等于 1 角秒的距离，叫做 1 秒差距(parsec，单位符号为 pc)。根据这个定义不难算出秒差距与其他长度单位的关系：

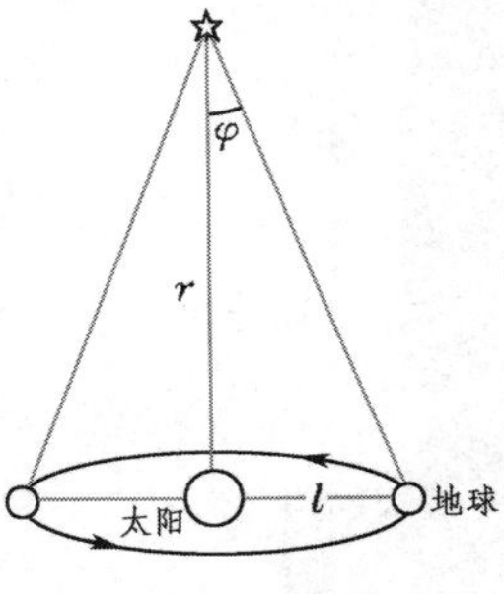

图 1-3 视差法与秒差距的定义

$$\begin{aligned}1\,\text{pc} &= \frac{1\text{AU}}{1''} = \frac{1\,\text{AU}}{\pi/180 \times 60 \times 60}\\ &= 2.062\,648 \times 10^5\,\text{AU}\\ &= 2.062\,648 \times 10^5 \times 1.495\,978\,92 \times 10^{11}\,\text{m}\\ &= 3.085\,678 \times 10^{16}\,\text{m} = 3.261\,633\ \text{l.y.},\end{aligned}$$

或者说，1 l.y. ≈ 0.3 pc. 在实际测量中，当视差小于 0.01″，或者说距离大于 100pc 时，测量的误差已经很大了，需要有其他的方法来确定更远天体的距离。由于这个问题过于专业，我们不在这里介绍(在第七章 4.6 节的脚注里将谈一点这方面的问题)。下面继续向宇宙中更大的尺度范围前进。

我们的太阳系是银河系中的很小一部分，银河系直径为 2.5×10^4 pc ≈ 7.5×10^4 l.y.，在此之间广阔的数量级范围是恒星的世界。离我们银河系最近的星系(小麦哲伦云)有 5×10^4 pc ≈ 1.5×10^5 l.y. ≈ 1.5×10^{21} m，远的距离可达兆秒差距，即 $10^{22}\sim10^{23}$ m 的数量级。更大的天体系统是星系团，其中包含上千个星系，尺度大约为 10^{23} m 的数量级。尺度比这再大的结构是超星系团，数量级为 10^{24} m. 观测表明，大于 10^8 pc，即 10^{24} m，宇宙的结构基本上是均匀的，直到我们能够观测的极限 —— 哈勃半径，即 10^{26} m(参见第七章 4.3 节)。

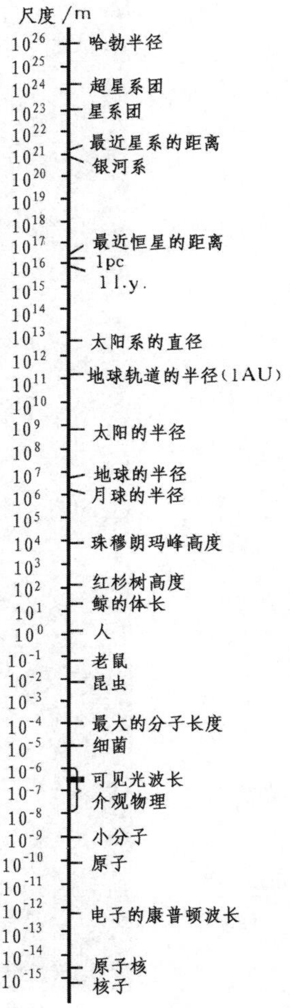

图 1-4 物质世界的空间尺度

从 10^{-15} m 经过 10^0 m 到 10^{26} m，共 42 个数量级，概括成图 1-4 所示的标尺，供读者参考。图 1-5 还展示出了一些不同空间尺度的景象。

3.3 时标

现代的标准宇宙模型告诉我们，宇宙是在(1.0 ~ 2.0)×10^{10} 年前的一次大爆炸中诞生的。用秒来表示，宇宙的年龄具有 10^{18} 的数量级。在宇宙的极早期，温度极高(10^{10}K 以上)，物质密度也极大，整个宇宙暂处于平衡态。那时宇宙间只有中子、质子、电子、光子和中微子等一些粒子形态的物质，宇宙的结构是非常简单的。因为整个体系在膨胀，温度急剧下降。大约在大爆炸后的 3 分钟，温度降到 10^9K 左右，较轻原子核(氘、氦等)的合成变为可能。温度从 10^9K 降到 10^6K，是轻元素的早期合成阶段。大爆炸以后约 40 万年，当温度降到几千开时，原子核与电子复合成电中性的原子和分子。那时宇宙间主要是气态物质，气体逐渐凝聚成气云，再进一步形成各种各样的恒星体系，成为我们今天看到的宇宙。

a 哈勃望远镜 1995 年拍摄的巨鹰星云(10^{20}m)

d 石英晶体(10^{-1}m)

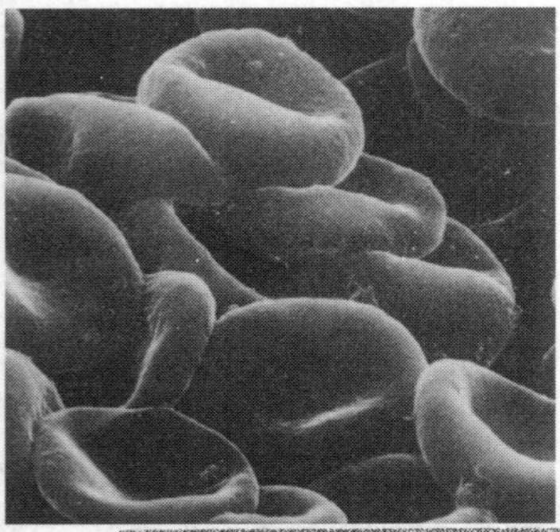

e 红血球(10^{-6}m)

b 悬挂在太空的地球(10^{7}m)

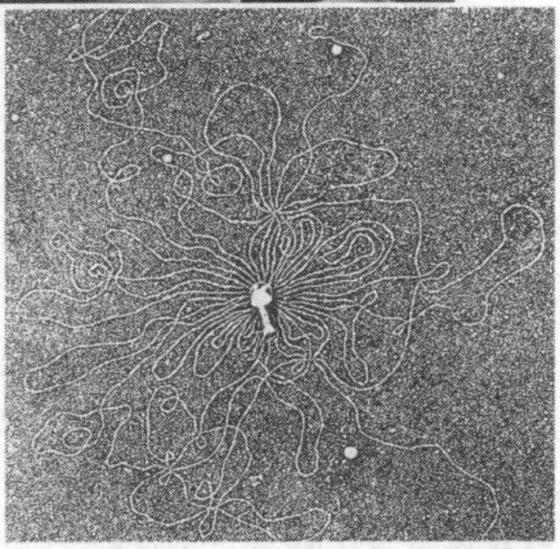

f 噬菌体(感染细菌的病毒)的DNA(病毒头部10^{-7}m，被打散的DNA总长10^{-4}m)

c 珠穆朗玛峰(10^{4}m)

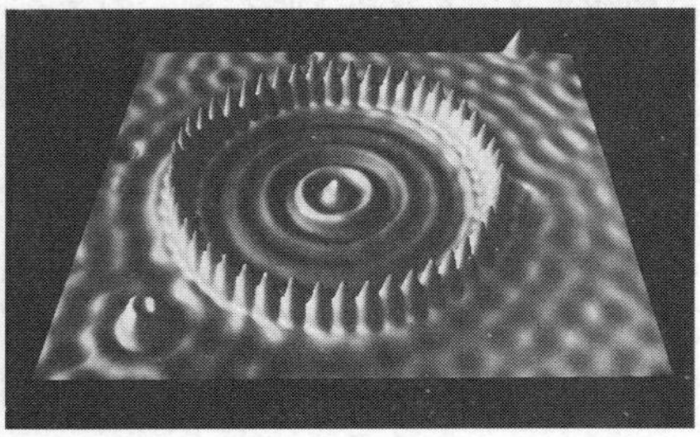

g 扫描隧穿显微镜下的量子围栏(10^{-10}m)

图 1-5 不同空间尺度的景象

恒星释放的能量来自内部的热核聚变反应，核燃料耗尽，恒星就死亡。恒星的质量越大，其温度就越高，聚变反应进行得就越快，它的寿命就越短。据估计，太阳的寿命可以有 10^{10} 年，而太阳的年龄约 5×10^{9} 年，它正处在壮年时期。

按放射性同位素 ^{238}U 和 ^{235}U 之比估计，地球的年龄为 4.6×10^{9} 年，即 10^{17} s 的数量级。在距今 $(3.1\sim3.2)\times10^{9}$ 年前，出现了能够进行光合作用的原始藻类，距今 $(7\sim8)\times10^{8}$ 年(10^{16} s)前形成了富氧的大气层。距今大约

4×10^8 年前出现鱼类和陆生植物，3×10^8 年前出现爬行类，不到 2×10^8 年前出现鸟类，6.7×10^7 年(10^{15} s) 前恐龙绝灭，尔后哺乳类兴起。古人类出现在距今($2.5\sim4$)$\times10^6$ 年(10^{14} s) 前，而人类的文明史只有约 5000 年(10^{11} s)。古树的年龄上千年(10^{10} s)，人的寿命通常不到一百年(10^9 s)。地球公转的周期为一年(3×10^7 s)，月球公转的周期 30 天(2.6×10^6 s)，地球自转的周期为一天(8.64×10^4 s$\approx10^5$ s)。百米赛跑的世界纪录具有 10^1 s 的量级，钟摆的周期是 10^0 s$=1$ s，市电的周期为 2×10^{-2} s，超快速摄影的曝光时间为 10^{-4} s.

现在我们来看微观世界。如前所述，从 20 世纪初到 30 年代，物理学的发展弄清楚了原子和原子核的大小，并知道了原子由原子核和电子组成，原子核又是由质子和中子组成的。电子、光子、质子、中子就是人们最早认识的一批“基本粒子”。后来发现，电子和光子可当作点粒子来对待，但质子和中子是有内部结构的，即已有的“基本粒子”并不属于同一层次。因此把“基本粒子”改称“粒子”。现在已发现的粒子，按它们参与各种相互作用的性质，分为以下三类：(1) 规范玻色子，包括光子 γ、中间玻色子 $W^{\pm}$ 和 Z^0、8 种胶子；(2) 轻子，包括电子、μ 子、τ 子；(3) 强子，它又分为重子(如质子、中子)和介子(如 π^0、$\pi^{\pm}$ 介子)两大类。绝大多数已发现的粒子是不稳定的，即粒子经过一定时间后就衰变为其他粒子。粒子产生后到衰变前存在的平均时间叫做该种粒子的寿命。在常见的粒子中，光子、电子和质子是稳定的，其余粒子寿命的数量级如下：中子寿命约 15 min(10^3 s 数量级)，μ 子寿命的数量级为 10^{-6} s，$\pi^{\pm}$ 介子为 10^{-8} s，τ 子为 10^{-13} s，π^0 介子为 10^{-17} s，Z^0 的寿命最短，为 10^{-25} s 的量级。

微观粒子寿命的长短，用宏观的眼光来看当然是极短的，但从微观的角度不应这样看。每种粒子有自己的质量 m 和能量 $E=mc^2$(爱因斯坦的质能公式，其中 c 为光速)；另外，按量子力学中的海森伯不确定度关系，粒子的寿命 $\tau\sim h/\Gamma$，这里 Γ(叫做宽度)代表粒子能量的不确定度，h 是普朗克常量。Γ 越小 τ 越长，粒子越稳定。衡量一个粒子稳定的程度，要看 Γ 与能量 E 的比值。应认为 $\Gamma/E\ll1$ 的粒子都是稳定的。用这标准来衡量，寿命长于 10^{-20} s 的许多粒子都算得上是相当稳定的。

在粒子物理学中还按另外一个标准来区分粒子是否稳定，即不通过强相互作用衰变的粒子叫做“稳定粒子”，可以通过强相互作用衰变的粒子叫做“共振态”。一般说来，通过强相互作用衰变的粒子寿命短，通过弱、电相互作用衰变的粒子寿命要长得多，然而实际情况不这样简单。现已发现最稳定的共振态，寿命的数量级为 10^{-20} s，比“稳定粒子” Z^0 的寿命长得多。不过除 $W^{\pm}$、Z^0 外，其他“稳定粒子”的寿命都不小于 5.8×10^{-20} s.

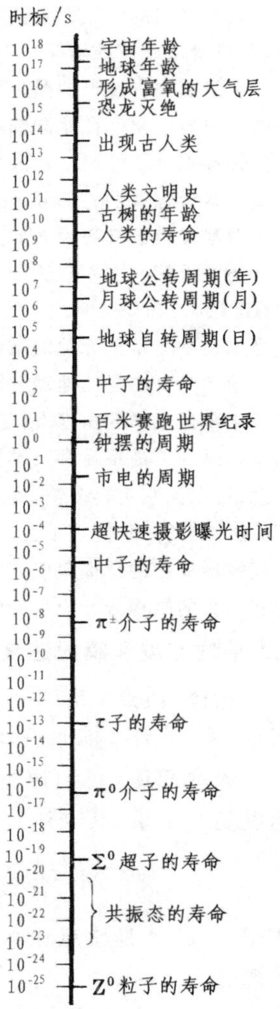

图 1-6 物质世界的时标

从 10^{-25} s 经过 10^0 s 到 10^{18} s，宇宙间各种事物的时标跨越了 $43\sim44$ 个数量级，现归纳成图 1-6 供读者参考。

§4. 直 线 运 动

4.1 亚里士多德和伽利略的运动观

2000 多年前，古希腊人对现在物理学中研究的某些问题，如杠杆、简单机械、浮力、光的某些性质，已有很好的了解，但运动的概念是混乱的。第一个对运动作过认真思考的人，大概要算伟大的思想家亚里士多德(Aristotle，384—322 B.C.)了。

亚里士多德把运动分为两大类：自然运动和受迫运动。在亚里士多德看来，每个物体都有自己的固有位置，偏离固有位置的物体将趋向固有位置。地上物体的自然运动沿直线，轻者上升，重者下降；天体的自然运动永恒地沿圆周进行。受迫运动则是物体在推或拉的外力作用下发生的，没有外力，运动就会停止。例如箭是在弓弦的作用下飞出的。然而脱弦之后又是什么力在支持箭的飞行呢？对此的解释是，正像在浴缸里用手捏肥皂的一端，肥皂滑出后被推动在水中前进一样，周围的空气挤向被箭排开的尾部真空，推动着箭前进。

在欧洲中古漫长的黑暗世纪里，希腊典籍佚散殆尽。公元10—12世纪间，许多古籍在阿拉伯被重新发现，并被译成拉丁文。在欧洲的一些大学里，又开始讲授起亚里士多德的译著来。起初，西欧的教会对新引进的古籍抱怀疑态度。经过基督教学者们的努力，将亚里士多德的学说与基督教义调和起来，亚里士多德的宇宙观成了基督救世福音的一部分。从此，谁反对亚里士多德就是反对教会本身，亚里士多德不幸地被奉作神明。1543年哥白尼发表的日心说如此尖锐地抵触了亚里士多德的宇宙观和基督教义，遭到教会的强烈反对。

历史上第一次用观测和实验决定性地驳倒亚里士多德观点的，是16世纪近代精密自然科学的创始人伽利略(Galileo，1564—1642)。他考察了自由落体的运动，由位移正比于时间的平方肯定了它是匀加速运动，并得到重力加速度与重量无关的结论。他从物体沿斜面的运动推论出惯性定律，即匀速直线运动是不要用力来支持的。他还为哥白尼的地动说辩护，提出了力学相对性原理。伽利略的重大贡献还有很多，就不在此一一赘述了。单从运动学的角度看，是他首先提出了*加速度*的概念。这是人类认识史上最难建立的概念之一，也是每个初学物理的人最不易真正掌握的概念。在人们的日常生活中，对于运动的物体可以问它走了多远，这是距离的概念；可以问它走得多快，这是速度的概念。然而，在各国的生活语言中都没有与加速度对应的词儿。不学物理，在人们的头脑里是不会自发地形成加速度的概念的。人们只有笼统的快和慢的概念，这有时指的是速度，有时模模糊糊指的是加速度。“加速度”的概念建立在瞬时速度和导数的基础上，下面我们将借助于函数的几何图解和初步的微积分知识来阐明这些概念。未学过微积分的读者，可参阅本书附录A(微积分初步)。

4.2 平均速度和瞬时速度

物体(质点)轨迹是直线的运动，称为*直线运动*。直线运动可以用一维坐标描述。如图1-7所示，取 O 为坐标原点，物体在任一时刻 t 的位置可用函数 $s(t)$ 来描述。

大家知道，在匀速直线运动中，表征质点运动快慢的速度是一常量，其表达式为

$$v=\frac{s-s_0}{t-t_0}=\frac{\Delta s}{\Delta t}=\text{常量},$$

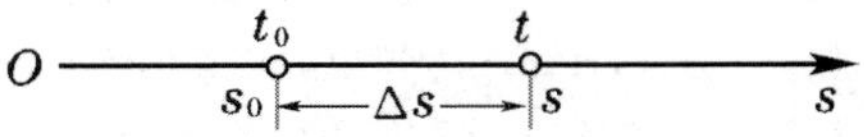

图 1-7 直线运动

式中 s_0 和 s 是质点在 t_0 和 t 时刻所经过的位置，$\Delta s=s-s_0$ 是 $\Delta t=t-t_0$ 时间间隔内所走过的距离。

匀速直线运动的规律已为大家所熟知，现在我们进一步讨论变速直线运动的规律。如果运动不是匀速的，则上式所代表的是在 Δt 时间间隔内质点运动的*平均速度*：

$$\bar{v}=\frac{s-s_0}{t-t_0}=\frac{\Delta s}{\Delta t}.$$

为了能反映质点在某一时刻运动的快慢，应该在尽可能小的时间间隔 Δt 内来考虑质点所走过的距离 Δs. 理想的情况是 $\Delta t\to 0$，这种极限情况下的平均速度叫做*瞬时速度*：

$$v=\lim_{\Delta t\to 0}\frac{\Delta s}{\Delta t}=\frac{\mathrm{d}s}{\mathrm{d}t}, \tag{1.1}$$

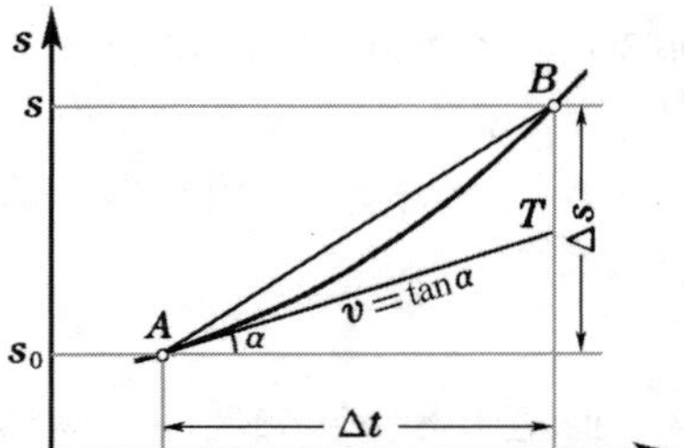

图 1-8 在 $s-t$ 图上的平均速度和瞬时速度

亦即，在数学上瞬时速度是 $s(t)$ 的一阶导数。若以 s 为纵坐标，t 为横坐标，则 $s(t)$ 可用图1-8中的曲线 AB 表示。时间间隔 Δt 内的平均速度 $\bar{v}$ 相当于割线 AB 的斜率，t_0 时刻的瞬时速度 v 则等于曲线过 A 点切线 AT 的斜率 $\tan\alpha$. 用瞬时速度来描述变速运动，就可以精确地反映出它在各个时刻的运动状态。质

点作变速运动时，各时刻的瞬时速度互不相同。用数学的术语说，瞬时速度 $v(t)$ 也是时间的函数。若以 v 为纵坐标，t 为横坐标，则变速运动可用图 1-9 中的曲线 AB 来表示。

对于匀速直线运动这个特殊情况，由于其速度 v 是不变的，故在 $t-t_0$ 时间内所走的距离为

$$s-s_0=v\cdot(t-t_0).$$

变速直线运动所走过的距离如何计算呢？我们必须引入无限小的概念来解决。把质点在 $t-t_0$ 的一段时间内所走的距离分为许多段，其中每小段所经过的时间间隔和距离都是很小的，因而在每一个小间隔内运动可近似地看作是匀速的，例如第 i 段的距离可近似表示为

$$\Delta s_i\approx v_i\cdot\Delta t_i,$$

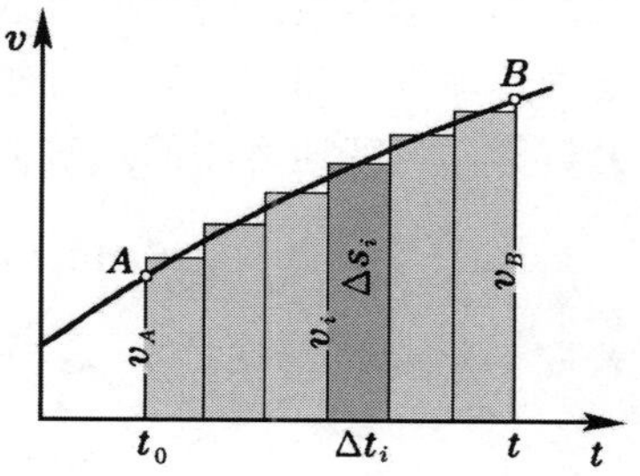

图 1-9 在 $v-t$ 图上的距离

在图 1-9 中它的数值等于深灰色矩形的面积。如果对每一个小的时间间隔都作这样的处理，则从 t_0 到 t 这段时间内质点移动的总距离为

$$s-s_0=\Delta s_1+\Delta s_2+\cdots+\Delta s_n,$$

引用数学上的求和号，上式可表示为

$$s-s_0=\sum_{i=1}^{n}\Delta s_i\approx\sum_{i=1}^{n}v_i\cdot\Delta t_i=n\text{ 个小矩形面积的总和。}$$

如果把 $s-s_0$ 这段距离分成无穷多段，且令每段的时间间隔 $\Delta t_i\to0$，则在此极限情况下

$$s-s_0=\lim_{n\to\infty}\sum_{i=1}^{n}v_i\cdot\Delta t_i,$$

用积分符号表示，则有

$$s-s_0=\int_{t_0}^{t}v\,\mathrm{d}t.\tag{1.2}$$

即变速运动所经过的距离 $s-s_0$ 可用图 1-9 中速度曲线 AB 下的面积来表示。

4.3 平均加速度和瞬时加速度

在任意相等的时间间隔内速度的改变量相等的直线运动，叫做匀变速直线运动。在匀变速直线运动中，单位时间内速度的改变量，即加速度为

$$a=\frac{v-v_0}{t-t_0}=\frac{\Delta v}{\Delta t}=\text{常量},$$

如果速度是任意变化的，则上式所反映的只是在时间间隔 Δt 内速度改变量的平均值，称为平均加速度

$$\bar{a}=\frac{v-v_0}{t-t_0}=\frac{\Delta v}{\Delta t},$$

平均加速度不能反映每一瞬间速度变化的情况，为了能够反映某一瞬时的情况，像前面引入瞬时速度一样，我们引入瞬时加速度的概念：

$$a=\lim_{\Delta t\to0}\frac{\Delta v}{\Delta t}=\frac{\mathrm{d}v}{\mathrm{d}t},\tag{1.3}$$

亦即，在数学上瞬时加速度是瞬时速度的一阶导数，因而它是距离的二阶导数：

$$a=\frac{\mathrm{d}^2s}{\mathrm{d}t^2},\tag{1.4}$$

在直线运动中，位置坐标 s、速度 v 和加速度 a 都是代数值。当 a 和 v 同号时，速度数值增大；当 a 和 v 异号时，速度数值减少。

在任意变速运动中，瞬时加速度 a 也是随时间 t 变化的函数 $a(t)$。如果在一个问题中已知

$a(t)$，反过来求 v 的话，它们之间的关系正如 4.2 节中已知 $v(t)$ 求 s 一样，要通过积分运算：

$$v - v_0 = \int_{t_0}^{t} a\,\mathrm{d}t. \tag{1.5}$$

把图 1-8 和图 1-9 中的 s 换为 v，v 换为 a，就分别变成 v 和 a 与 t 之间的图解表示了。这一点读者可自己以领会，我们不在此赘述。

匀变速直线运动是变速运动中一种比较简单又常见的情况，如地面附近的自由落体、上抛和下抛运动等。匀变速运动可作为一般变速运动的特殊例子。下面我们用这个特例来演示上述积分运算。匀变速运动的瞬时加速度和平均加速度没有区别，即

$$a = \overline{a} = \frac{v_t - v_0}{t - t_0} = \text{常量}。$$

若取 $t_0=0$ 时 $v=v_0$，$s=s_0=0$，则

$$v - v_0 = \int_0^t a\,\mathrm{d}t = at, \tag{1.6}$$

$$s = \int_0^t (v_0 + at)\mathrm{d}t = v_0 t + \frac{1}{2}at^2. \tag{1.7}$$

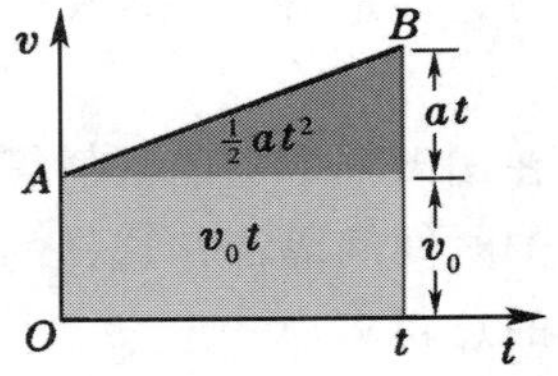

图 1-10 匀变速运动的 $v-t$ 图

作 $v-t$ 关系图如图 1-10 所示，则直线 AB 下所包围的梯形面积表示从 0 到 t 这段时间内所走过的距离，在此特例中不积分也可以得出与上面相同的结果：

$$s = \frac{1}{2}(v_0 + v_t)t = \frac{1}{2}(v_0 + v_0 + at)t = v_0 t + \frac{1}{2}at^2.$$

最后，从(1.6) 式、(1.7) 式中消去 t，还可以得到匀变速直线运动中 v 与 s 的关系式：

$$v^2 - v_0^2 = 2as, \tag{1.8}$$

详细推导请读者自己补上。

例题 1　画出下列情形的 $s-t$，$v-t$，$a-t$ 图。

(a) 悬挂重物的绳子突然被剪断后重物的运动(图 1-11a)，

(b) 从高台边竖直上抛物体的运动(图 1-11b)，

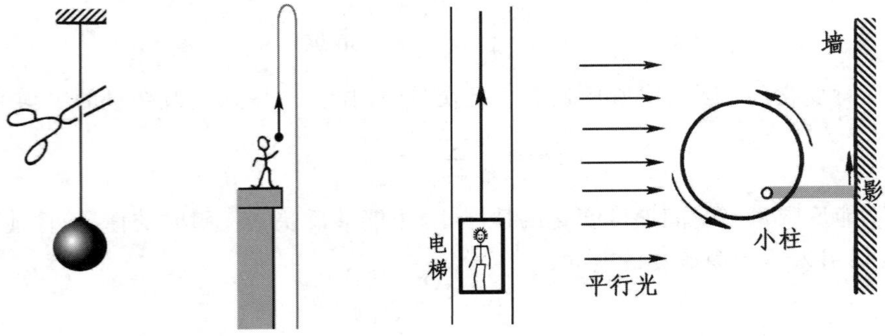

图 1-11 例题 1—— 作 $s-t$，$v-t$，$a-t$ 图

(c) 从 1 层上升 120m 到达 29 层电梯的运动(图 1-11c)，

(d) 在水平面内匀速旋转的唱盘边缘立一小柱，在水平平行光从一旁照射下小柱在墙上投影的运动(图 1-11d)。

解：见图 1-12 的 a—d.

在情形(a)里，s 以重物初始位置为坐标原点，v、a 朝下为正，$t=t_0$ 时绳被剪断。

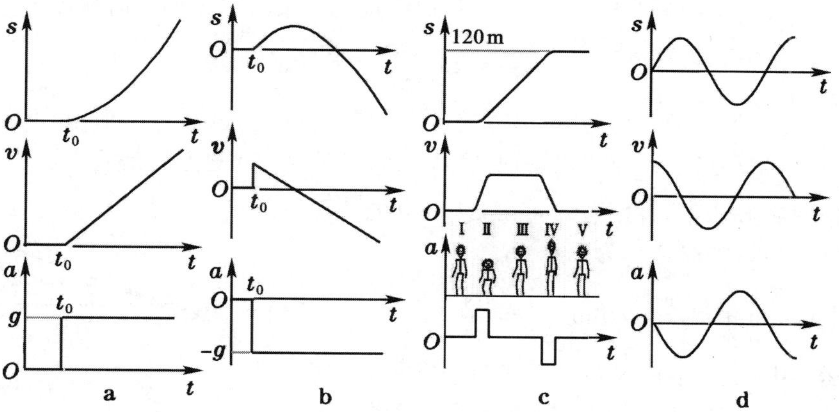

图 1-12 例题 1 答案

在情形(b)里，s 以抛体初始位置为坐标原点，v、a 朝上为正，朝下为负，$t=t_0$ 时物体离手。

情形(c)、(d)的坐标选取说明从略。在情形(c)里，当电梯静止时(图 1-11c 中的阶段 Ⅰ、Ⅴ)和作匀速运动时(阶段 Ⅲ)，乘客没有异样感觉；当电梯向上加速时(阶段 Ⅱ)，乘客有超重的感觉；当电梯减速时(阶段 Ⅳ)，乘客有失重的感觉。在情形(d)里，在中央($s=0$ 处)$|v|$ 最大，而 $a=0$；在两端($|s|$ 最大处) $v=0$，而 $|a|$ 最大，但正负与 s 相反。▌

§5. 曲线运动

5.1 位移、速度和加速度的矢量表示

质点在高于一维的空间里运动，其轨迹一般是曲线，运动的描述需要用矢量。

首先，为了表征一个质点在空间的位置，我们可以选择一个原点 O，从 O 到质点的位置 P 引一个矢量 $\overrightarrow{OP}$. 这矢量叫做位矢。

如图 1-13 所示，S 代表上海，G 代表广州，选择北京的位置 O 作为原点，则上海和广州的位置可分别由位矢 $\boldsymbol{r}_1=\overrightarrow{OS}$ 和 $\boldsymbol{r}_2=\overrightarrow{OG}$ 来表示。当一人自上海乘火车到广州，它所走过的路程如图中的灰线所示，其长度 s 代表此人旅程的长度。然而他位置的变动，即位移，则要用矢量 $\Delta\boldsymbol{r}=\overrightarrow{SG}$ 来表征。由图可以看出，位移矢量是终点位矢与起点位矢之差❶

$$\overrightarrow{SG}=\overrightarrow{OG}-\overrightarrow{OS},$$

或

$$\Delta\boldsymbol{r}=\boldsymbol{r}_2-\boldsymbol{r}_1. \tag{1.9}$$

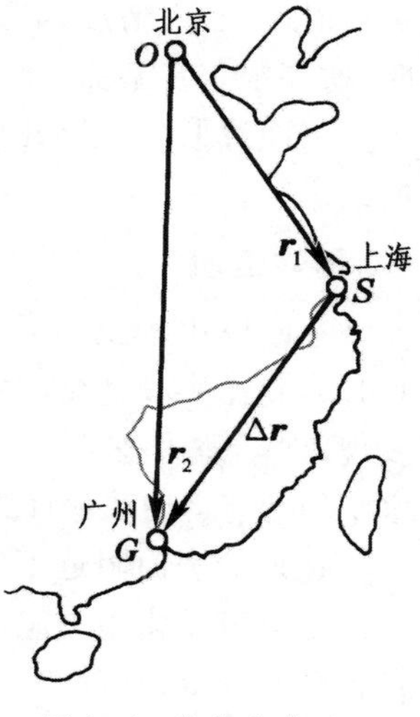

图 1-13 位矢和位移

在直线运动中质点的位移矢量和运动轨道完全重合，在曲线运动中就不是这样，只有在 Δt 很短的情况下，质点的位移和运动轨道才可以近似地视为重合；在 $\Delta t\to 0$ 的极限情况下，位移和轨迹重合。因此在研究运动的速度时，可以把曲线运动看作由无穷多个无限短的直线

❶ 为了形象化，我们采用飞机和火车作比方，严格地说这是不准确的，因在地球表面这样大范围需要用球面几何来计算。

运动所组成。在这样的条件下我们用“以直代曲”的处理方法来研究曲线运动的速度。

我们参照直线运动中瞬时速度的概念,将曲线运动中某时刻 t 的瞬时速度矢量表示为

$$\boldsymbol{v}=\lim_{\Delta t\to 0}\frac{\Delta \boldsymbol{r}}{\Delta t}=\frac{\mathrm{d}\boldsymbol{r}}{\mathrm{d}t}, \tag{1.10}$$

瞬时速度是一个矢量,它的方向为 $\Delta t\to 0$ 时 $\Delta \boldsymbol{r}$ 的极限方向。如图 1-14 所示,$\Delta \boldsymbol{r}$ 沿 AB 弦的方向,当 $\Delta t\to 0$ 时,AB 趋于 A 点的切线,所以 A 点的瞬时速度 $\boldsymbol{v}$ 的方向是沿 A 点切线方向的。瞬时速度的数值叫瞬时速率。由于弧 $\widehat{\Delta s}$ 在 $\Delta t\to 0$ 的极限情况下和 $|\Delta \boldsymbol{r}|$ 相等,所以瞬时速率为

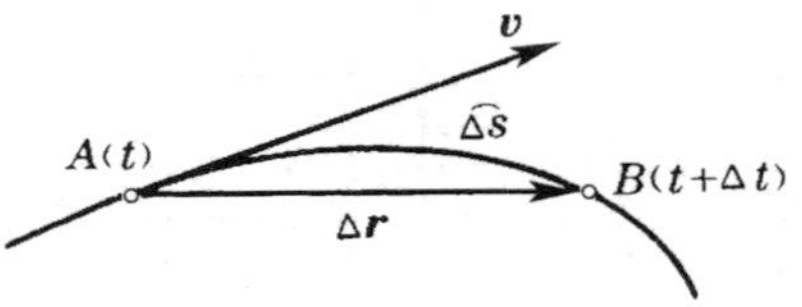

图 1-14 瞬时速度矢量

$$|\boldsymbol{v}|=\lim_{\Delta t\to 0}\frac{|\Delta \boldsymbol{r}|}{\Delta t}=\lim_{\Delta t\to 0}\frac{\widehat{\Delta s}}{\Delta t}=\frac{\mathrm{d}s}{\mathrm{d}t}, \tag{1.11}$$

在曲线运动中,速度的改变包括下述两个意义:速度大小的改变和速度方向的改变。例如,匀速率圆周运动的速度的大小虽不变,但方向不断改变。为了使加速度这个概念能反映曲线运动的情况,我们引进瞬时加速度矢量的概念。如图 1-15 所示,在时刻 t 质点位于 A 点,速度为 $\boldsymbol{v}_A$;经过 Δt 的时间后质点位于 B 点,速度为 $\boldsymbol{v}_B$. 这样,在时间 Δt 内,速度的增量为 $\Delta \boldsymbol{v}=\boldsymbol{v}_B-\boldsymbol{v}_A$,其瞬时加速度矢量为

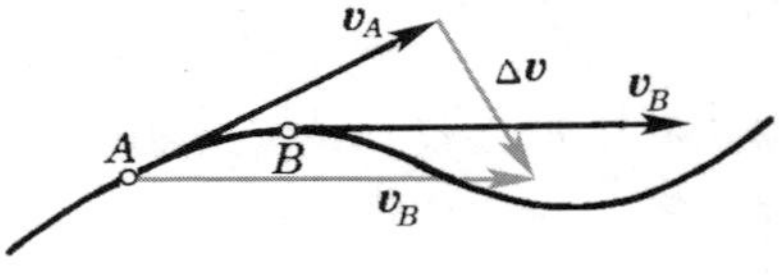

图 1-15 曲线运动中速度的增量

$$\boldsymbol{a}=\lim_{\Delta t\to 0}\frac{\boldsymbol{v}_B-\boldsymbol{v}_A}{\Delta t}=\lim_{\Delta t\to 0}\frac{\Delta \boldsymbol{v}}{\Delta t}=\frac{\mathrm{d}\boldsymbol{v}}{\mathrm{d}t}, \tag{1.12}$$

它既反映速度大小的变化,又反映速度方向的变化。

矢量表示的优点是,给定了参考系时与选择的坐标形式无关,便于作一般性的定义陈述和关系式推导。然而,在做具体计算时,我们必须根据问题的特点选择适当的坐标系。当加速度为常量时(如重力加速度),应选取直角坐标系;当加速度总指向空间一点时(有心力情形),选极坐标系较为方便;当质点的轨迹已知时(譬如限定在某曲线轨道上滑动),则可选用自然坐标系。

下面我们只讨论几个较简单,但也是最基本、最重要的二维曲线运动。

5.2 抛体运动

在欧洲中世纪人们的观念里,抛体的轨迹由三段组成(见图 1-16):初始一段直线,中间一段圆弧,最后一段垂直下落。伽利略发现落体是匀加速运动后,第一次正确指出,抛体的运动可看成是水平的匀速运动和垂直的匀加速运动的合成,其轨迹是抛物线。

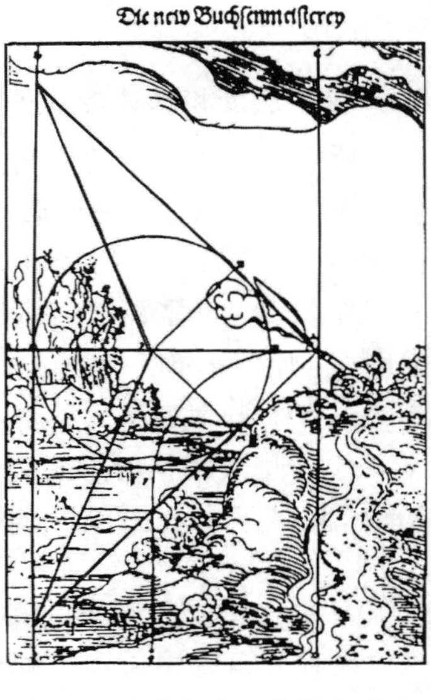
图 1-16 欧洲中世纪的抛体理论

在地球表面附近不太大的范围内,重力加速度 $\boldsymbol{g}$ 可以看成常量。如果再忽略空气阻力的话,则抛体运动的水平分量和垂直分量将相互独立,使问题大为简化。取直角坐标(如图 1-17 所示),x 轴和 y 轴分别沿水平和竖直方向。抛体运动沿 x 轴方向无加速度,是匀速运动,沿 y 轴方向以加速度 $-g$ 作匀加速运动。设抛物体的初速度为 $\boldsymbol{v}_0$,它与 x 轴成 α 角,则它的两分量为 $v_{0x}=v_0\cos\alpha$,$v_{0y}=v_0\sin\alpha$,

在任何时刻 t 抛体运动的速度分量为

$$\left.\begin{aligned}\frac{dx}{dt}&=v_x=v_0\cos\alpha,\\ \frac{dy}{dt}&=v_y=v_0\sin\alpha-gt.\end{aligned}\right\}\tag{1.13}$$

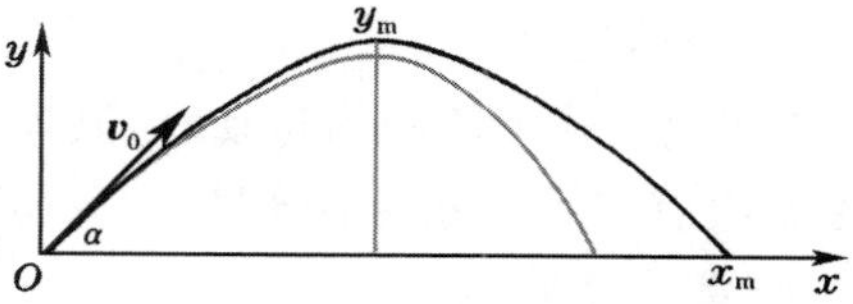

图 1-17 抛体运动的轨迹

积分后,得抛体运动在 t 时刻的坐标为

$$\left.\begin{aligned}x&=(v_0\cos\alpha)t,\\ y&=(v_0\sin\alpha)t-\frac{1}{2}gt^2.\end{aligned}\right\}\tag{1.14}$$

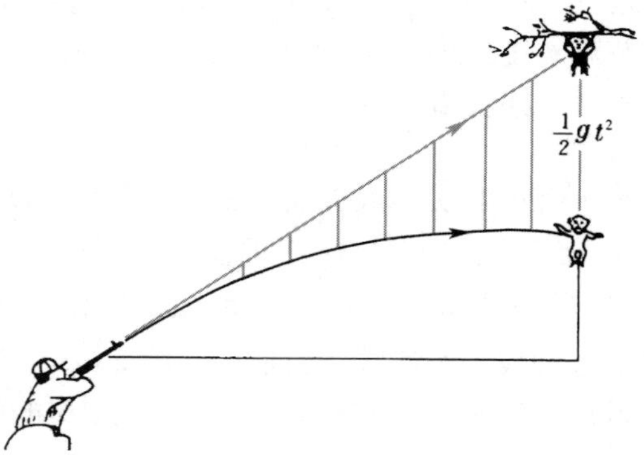

图 1-18 猎人和猴子

由上式消去 t,得轨迹方程

$$y=x\tan\alpha-\frac{g}{2v_0^2\cos^2\alpha}x^2,\tag{1.15}$$

这是抛物线方程(见图 1-17 中的黑线轨迹,而灰线轨迹是考虑到空气阻力时的轨迹)。

令(1.14) 式和(1.15) 式中的 $g=0$,则有

$$\begin{cases}x=(v_0\cos\alpha)t,\\ y=(v_0\sin\alpha)t.\end{cases}$$

消去 t,得

$$y=x\tan\alpha.$$

亦即,若取消重力,抛体将沿初始方向直线前进。重力的作用是在此基础上叠加一个自由下落运动(y 中的 $-\frac{1}{2}gt^2$ 项)。抛体水平、竖直两方向的运动相互独立这一特点,可用猎人与猴子的演示来说明。猎人直接瞄准攀在一根树枝上的猴子(见图 1-18)。这里猎人犯了个错误,他没考虑到子弹将沿抛物线前进。当猴子看到枪直接瞄准它时,也犯了错误,一见火光立即跳离树枝。因为子弹和猴子在垂直方向由重力加速度引起的向下位移同样都是 $\frac{1}{2}gt^2$,两个错误抵消了。只要枪到猴子的水平距离不太远,以及子弹的初速不太小,猴子在落地之前难逃被子弹打中的悲惨命运。

抛物体所能达到的最大高度称为射高,以 y_m 表示之。由其特征 $v_y=0$ 可求得 $t=v_0\sin\alpha/g$,从而

$$y_m=\frac{v_0^2\sin^2\alpha}{2g}.\tag{1.16}$$

可见,当 $\alpha=90^\circ$ 时有最大的射高。

抛物体所能达到的最远点称为射程,以 x_m 表示,则由其特征 $y=0$ 可求得 $t=2v_0\sin\alpha/g$,从而

$$x_m=\frac{2v_0^2\sin\alpha\ \cos\alpha}{g}=\frac{v_0^2\sin2\alpha}{g},\tag{1.17}$$

可见,当 $\alpha=45^\circ$ 时有最大的射程 v_0^2/g. 由于函数 $\sin\alpha$、$\cos\alpha$ 在 $\alpha=45^\circ$ 两侧是对称的,当 α 超过或不足 45° 而差同一数值时,射程一样(见图 1-19)。这一点早被伽利略注意到了,写在他的著作《两门新科学的谈话》里。

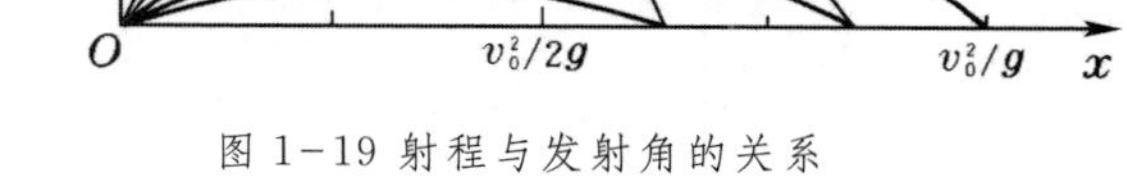

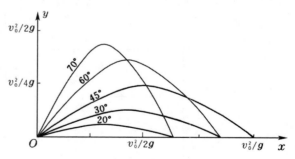

图 1-19 射程与发射角的关系

5.3 匀速圆周运动

当物体作匀速圆周运动时，其速度的大小(速率)恒定，但其方向不断地变化着。这时加速度 $\boldsymbol{a}$ 没有与 $\boldsymbol{v}$ 同方向的分量，它只反映速度 $\boldsymbol{v}$ 方向的改变，总与 $\boldsymbol{v}$ 垂直(详细论证见下文)。

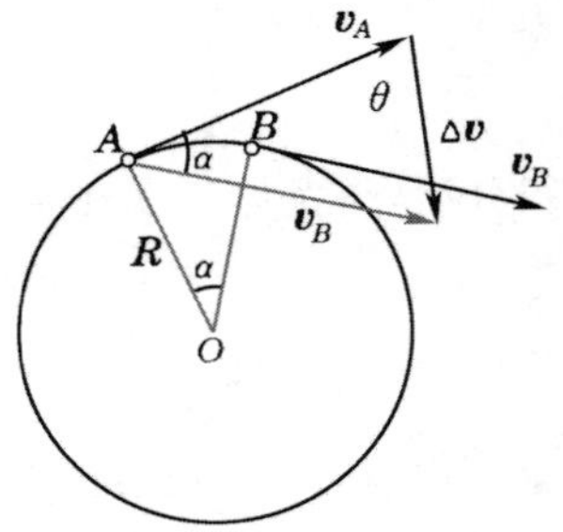

图 1-20 向心加速度

现在我们用矢量 $\boldsymbol{v}$ 方向改变的关系求匀速圆周运动中的加速度 $\boldsymbol{a}$. 如图 1-20 所示，设作匀速圆周运动的质点经过 A、B 点时的速度分别为 $\boldsymbol{v}_A$ 和 $\boldsymbol{v}_B$，由 A 点运动到 B 点所经时间为 Δt，则按加速度的定义(1.12) 式有

$$a=|\boldsymbol{a}|=\lim_{\Delta t\to 0}\frac{|\Delta\boldsymbol{v}|}{\Delta t},$$

图 1-20 中 $\overline{OA}$ 和 $\overline{OB}$ 都等于半径，故 $\triangle OAB$ 为等腰三角形。将矢量 $\boldsymbol{v}_B$ 平移，使其起点与 A 重合(见图中灰色矢量)，则从 $\boldsymbol{v}_A$ 末端到 $\boldsymbol{v}_B$ 末端的矢量即为 $\Delta\boldsymbol{v}=\boldsymbol{v}_B-\boldsymbol{v}_A$. 由于在本运动中速率不变，即 $|\boldsymbol{v}_A|=|\boldsymbol{v}_B|$，故 $\boldsymbol{v}_A$、$\boldsymbol{v}_B$ 和 $\Delta\boldsymbol{v}$ 三矢量也构成一个等腰三角形。又因 $\boldsymbol{v}_A\perp\overline{OA}$，$\boldsymbol{v}_B\perp\overline{OB}$，所以它们之间对应的顶角相等(都用 α 表示)，两等腰三角形相似。令 ΔL 为 AB 的弦长，则由相似三角形得如下比例关系：

$$\frac{|\Delta\boldsymbol{v}|}{v}=\frac{\Delta L}{R},$$

所以

$$\frac{|\Delta\boldsymbol{v}|}{\Delta t}=\frac{v}{R}\cdot\frac{\Delta L}{\Delta t},$$

当 $\Delta t\to 0$，B 点 $\to A$ 点，弦长 $\Delta L\to$ 弧长 $\widehat{\Delta s}$，于是

$$a=\lim_{\Delta t\to 0}\frac{v}{R}\cdot\frac{\widehat{\Delta s}}{\Delta t}=\frac{v^2}{R}. \tag{1.18}$$

再看 $\boldsymbol{a}$ 的方向，即 $\Delta\boldsymbol{v}$ 的极限方向。在 $\boldsymbol{v}_A$、$\boldsymbol{v}_B$ 和 $\Delta\boldsymbol{v}$ 组成的等腰三角形中，易见 $\Delta\boldsymbol{v}$ 和 $\boldsymbol{v}_A$ 的夹角为 $\theta=(\pi-\alpha)/2$(三角形内角和等于 π)，当 $\Delta t\to 0$ 时，$\alpha\to 0$，故这夹角 $\theta\to\pi/2$，即 $\boldsymbol{a}\perp\boldsymbol{v}_A$. 可见，$A$ 点加速度方向垂直于 A 点速度的方向，亦即沿半径指向圆心，因此称为向心加速度。

例题 2 把行星的轨道近似地看成圆形。下表列出太阳系内八大行星轨道的平均半径和绕日公转周期，试计算它们的向心加速度，并用双对数坐标作半径与周期、向心加速度与半径的曲线。从这里你能发现它们之间有怎样的函数关系？

行星	轨道的平均半径 $R/10^6$ km	绕日公转周期 T/a	答案：向心加速度 a /(m·s^{-2})
水星	57.9	0.24	3.99×10^{-2}
金星	108	0.615	1.13×10^{-2}
地球	150	1.00	5.95×10^{-3}
火星	228	1.88	2.56×10^{-3}
木星	778	11.9	2.18×10^{-4}
土星	1430	29.5	6.52×10^{-5}
天王星	2870	84.0	1.61×10^{-5}
海王星	4500	165	6.56×10^{-6}

解：设周期为 T，平均半径为 R，则速率 $v=2\pi R/T$，按(1.18)式向心加速度为

$$a=\frac{v^2}{R}=\frac{4\pi^2R}{T^2}.$$

用此式算得各行星的向心加速度列于上表最后一栏，作 $R-T$ 和 $a-R$ 的双对数图，见图 1-21 和图 1-22，两图都呈直线关系。图 1-21 中直线的斜率为 2/3，图 1-22 中直线的斜率为 −2，这表明 $R\propto T^{2/3}$，和 $a\propto 1/R^2$.（前者是开普勒第三定律，后者实际上就是万有引力的平方反比律。这就是说，有了向心加速度公式(1.18)，对于圆轨道，由开普勒第三定律导出平方反比律是直截了当的。）▌

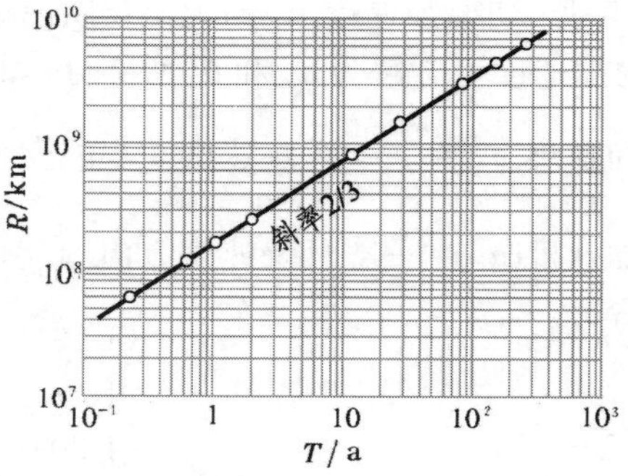

图 1－21 例题 2 之一 —$R-T$ 图

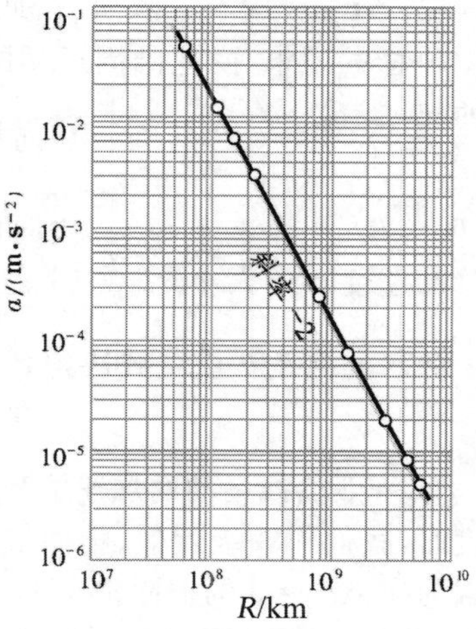

图 1－22 例题 2 之二 —$a-R$ 图

5.4 在给定轨道上的运动

在质点的轨道已知的情况下，质点的位置不妨就用从轨道曲线上某个选定的原点 O 算起的曲线长度 s 来表征（见图 1-23）。由于在这种情况下速度矢量总是沿曲线的切线方向，不妨也就用速率 $v=\mathrm{d}s/\mathrm{d}t$ 来表示。至于加速度矢量 $\boldsymbol{a}$，它既有反映速度大小变化率的部分（沿切向的分量），又有反映速度方向变化率的部分（垂直于速度，即沿法向的分量）。可见，在轨道曲线给定了的情况下，将加速度矢量 $\boldsymbol{a}$ 分解为切向分量 a_t 和法向分量 a_n 是方便的。矢量的这种表示法，常被说成是“自然坐标系”表示法。下面首先讨论变速圆周运动中的切向加速度和法向加速度，然后推广到一般曲线运动。

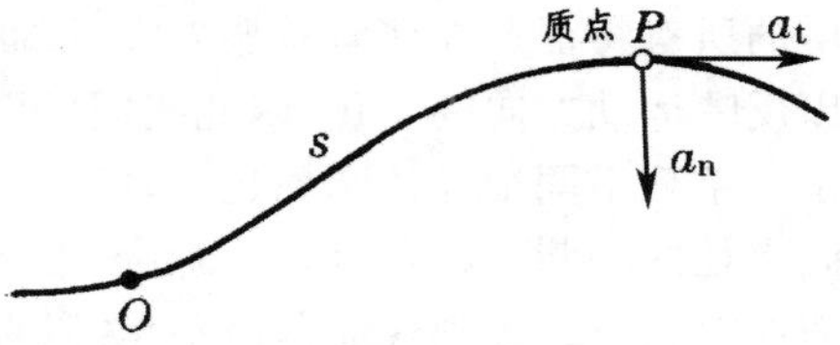

图 1-23 自然坐标系

设质点在时间 Δt 内速度由 $\boldsymbol{v}_A$ 变到 $\boldsymbol{v}_B$，则速度改变量为 $\Delta\boldsymbol{v}=\boldsymbol{v}_B-\boldsymbol{v}_A$. 如图 1-24 所示，将 $\boldsymbol{v}_B$ 起点移到 A（图中灰色矢量），并称之为 $\boldsymbol{v}$，若在 $\boldsymbol{v}$ 上截取一段 $\overline{AC}=v_A$，由图 1-24 可见

$$\Delta\boldsymbol{v}=\boldsymbol{v}_B-\boldsymbol{v}_A=\Delta\boldsymbol{v}_1+\Delta\boldsymbol{v}_2,$$

按照加速度矢量的定义，有

$$\boldsymbol{a}=\lim_{\Delta t\to 0}\frac{\Delta\boldsymbol{v}}{\Delta t}=\lim_{\Delta t\to 0}\frac{\Delta\boldsymbol{v}_1}{\Delta t}+\lim_{\Delta t\to 0}\frac{\Delta\boldsymbol{v}_2}{\Delta t},$$

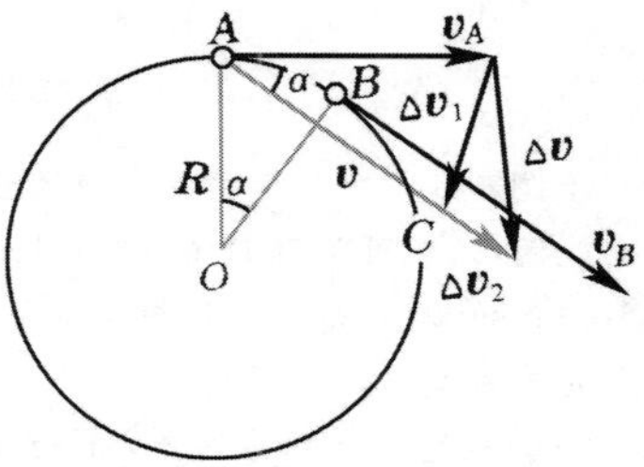

图 1-24 速度增量 $\Delta\boldsymbol{v}$ 的分解

其中第一项和前面匀速圆周运动的向心加速度一样，只要重复上面的步骤就可以证明：

$$a_n=\lim_{\Delta t\to 0}\frac{|\Delta\boldsymbol{v}_1|}{\Delta t}=\frac{v^2}{R},$$

它代表速度矢量 $\boldsymbol{v}$ 方向变化的法向加速度。

对于第二项，由图 1-24 易见，$\Delta\boldsymbol{v}_2$ 和 $\boldsymbol{v}_A$ 的夹角为 α，当 $\Delta t\to 0$ 时 $\alpha\to 0$，即第二项的方向趋于速度 $\boldsymbol{v}_A$ 的方向，也就是沿圆周的切线方向，因此把它称为切向加速度 $\boldsymbol{a}_t$，其大小为

$$a_t=\lim_{\Delta t\to 0}\frac{|\Delta\boldsymbol{v}_2|}{\Delta t}=\lim_{\Delta t\to 0}\frac{\Delta v}{\Delta t}=\frac{\mathrm{d}v}{\mathrm{d}t},$$

其中 $|\Delta \boldsymbol{v}_2| = v_B - v_A = \Delta v$. 由此可见，切向加速度 $\boldsymbol{a}_t$ 的大小反映速度大小的变化。

总的说来，变速圆周运动的加速度可分解为 $\boldsymbol{a}_n$ 和 $\boldsymbol{a}_t$ 两部分，如图 1-25 所示。把上述结果归纳起来，有

$$\begin{cases} \text{切向加速度 } a_t = \dfrac{dv}{dt}, \text{反映速度大小的变化；} \\ \text{法向加速度 } a_n = \dfrac{v^2}{R}, \text{反映速度方向的变化。} \end{cases}$$

总加速度 $\boldsymbol{a}$ 的大小是

$$a = \sqrt{a_n^2 + a_t^2}, \tag{1.19}$$

$\boldsymbol{a}$ 和 $\boldsymbol{v}$ 的夹角 θ 由下式决定：

$$\tan\theta = \frac{a_n}{a_t}. \tag{1.20}$$

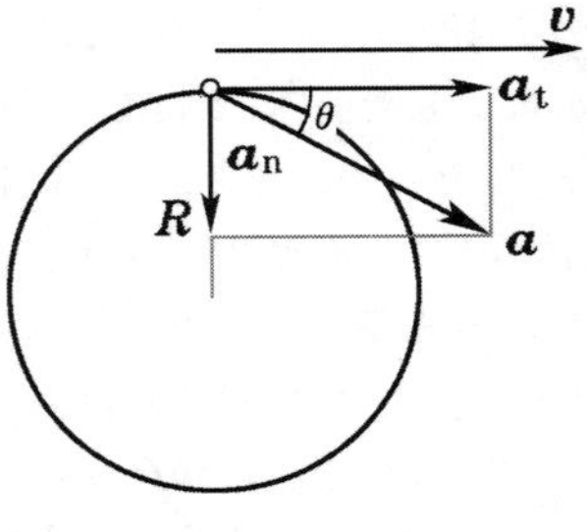

图 1-25 变速率圆周运动加速度 $\boldsymbol{a}$ 的分解

一般曲线运动的加速度又如何呢？在前面研究曲线运动的速度时，我们作一级近似，把曲线运动用一系列元直线运动来逼近。因为在 $\Delta t \to 0$ 的极限情况下，元位移的大小和元弧的长度是一致的，故“以直代曲”，对于描述速度这个反映运动快慢和方向的量来说已经足够了。对于曲线运动中的加速度问题，若用同样的近似，把曲线运动用一系列元直线运动来代替，就不合适了。因为直线运动不能反映速度方向变化的因素。亦即，它不能全面反映加速度的所有特征。如何解决呢？从上面的分析可见，圆周运动可以反映运动方向的变化，因此我们可以把一般的曲线运动，看成是一系列不同半径的圆周运动，即可以把整条曲线，用一系列不同半径的小圆弧来代替。也就是说，我们在处理曲线运动的加速度时，必须“以圆代曲”，而不是“以直代曲”。

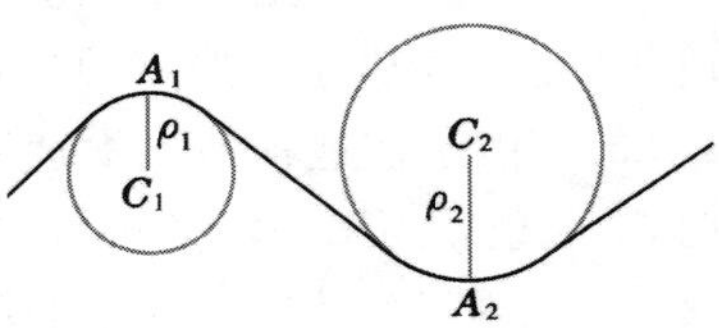

图 1-26 曲率圆

我们可以通过曲线上一点 A 与无限接近的另外两个相邻点作一圆，在极限情况下，这个圆就是 A 点的曲率圆。曲率圆的半径叫做曲率半径，记作 ρ. 一般说来，在曲线上不同的点具有不同的曲率半径；曲率半径 ρ 越小，则曲线在该处弯曲的程度越大，如图 1-26 所示。

引入曲率圆后，整条曲线就可以看成是由许多不同曲率半径的圆弧构成，于是，在任意曲线运动中对应曲线上某点的加速度可以类似变速圆周运动一样，分成切向和法向两个分量：

$$\begin{cases} \text{切向加速度 } a_t = \dfrac{dv}{dt}, \text{反映速度大小的变化；} & (1.21) \\ \text{法向加速度 } a_n = \dfrac{v^2}{\rho}, \text{反映速度方向的变化。} & (1.22) \end{cases}$$

例题 3 由光滑钢丝弯成竖直平面里一条曲线，质点穿在此钢丝上，可沿着它滑动（图 1-27）。已知其切向加速度为 $-g\sin\theta$，θ 是曲线切向与水平方向的夹角。试求质点在各处的速率。

解：取直角坐标系如图，x 轴与 y 轴分别沿水平和竖直方向。令 ds 为质点 P 移动的弧长，它在 y 方向的投影为 $dy = ds\sin\theta$. 这里只用到切向加速度

$$a_t = \frac{dv}{dt} = -g\sin\theta,$$

由此
$$dv = -g\sin\theta\, dt = -g\frac{dy}{ds}dt.$$

因 $v = ds/dt$，上式可写成

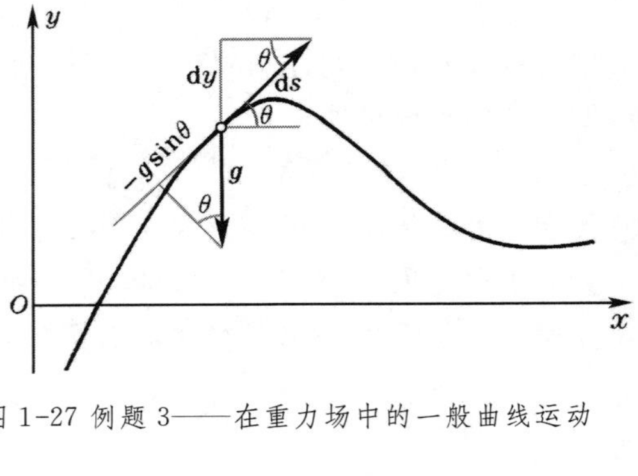

图 1-27 例题 3——在重力场中的一般曲线运动

$$\mathrm{d}v = -\frac{g\,\mathrm{d}y}{v} \quad 或 \quad v\,\mathrm{d}v = -g\,\mathrm{d}y,$$

两端分别积分：

$$\int_{v0}^{v} v\,\mathrm{d}v = -g\int_{y0}^{y}\mathrm{d}y,$$

得

$$v^2 - v_0^2 = 2g(y_0 - y). \tag{1.23}$$ ▌

请读者注意，如果我们把匀变速直线运动的公式(1.8)式用于竖直降落的自由落体，我们得到的将是与上式相同的结果。这个式子里，终点的高度 y 可以比起点的 y_0 低，也可以比 y_0 高，它不依赖于中间过程的路径(即 P 的轨迹)和运行机制(譬如，不一定是光滑钢丝，也可以是斜面、摆等)，只要不存在其他影响切向加速度的因素(如摩擦力、空气的阻力)，(1.23)式均成立。

以上例题还告诉我们，只有切向加速度 a_t 改变速度的大小，好像法向加速度 a_n 在这个问题里完全不起作用。其实 a_n 是有作用的，它的作用是改变速度的方向，使质点沿着钢丝运动，只不过在曲线给定并光滑的情况下，我们不需要计算它罢了。

例题 4 求抛体轨道顶点的曲率半径。

解：在抛物线轨道的顶点处，速度只有水平分量 $v_0\cos\alpha$，加速度 $\boldsymbol{g}$ 是沿法向的，$a_n = g$。按(1.22)式，曲率半径为

$$\rho = \frac{(v_0\cos\alpha)^2}{a_n} = \frac{v_0^2\cos^2\alpha}{g} = \frac{x_m^2}{8y_m},$$

式中 x_m 和 y_m 分别是射程和射高(见图 1-28)。▌

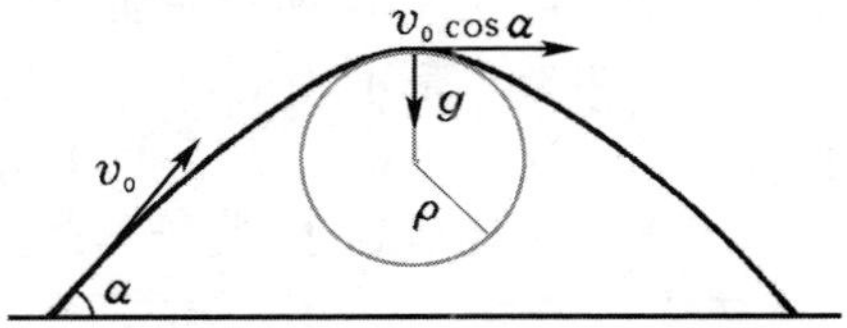

图 1-28 例题 4——抛物轨道顶点的曲率半径

§6. 相对运动

我们观察和描述物体的运动，总是相对于另一物体或物体群而言的，或者说，我们以后者为参考系。作为地球上的居民，我们常不言而喻地选地面或相对于它静止的物体(如房屋、树木)为参考系。但也不尽然，行驶着的火车内的乘客则习惯于选车厢为参考系。参考系的选择，对观察和描述物体的运动是否方便，有时是大有关系的。中国成语"刻舟求剑"所描写的故事，就是一个参考系(舟)选择不当的例子，它难以很好地描述物体(剑)的运动和归向。描述船在急流中行驶，有时以水为参考系是方便的；描述飞机在劲风中航行，有时以空气为参考系是方便的。所以在实际问题中我们常从一个参考系变换到另一参考系。下面我们就来研究参考系之间的变换关系。

假设参考系 K_2 相对于参考系 K_1 的位矢为 $\boldsymbol{R}$(见图 1-29)，从而速度 $\boldsymbol{V}$ 和加速度 $\boldsymbol{A}$ 分别为

$$\left.\begin{aligned} \boldsymbol{V} &= \frac{\mathrm{d}\boldsymbol{R}}{\mathrm{d}t}, \\ \boldsymbol{A} &= \frac{\mathrm{d}\boldsymbol{V}}{\mathrm{d}t} = \frac{\mathrm{d}^2\boldsymbol{R}}{\mathrm{d}t^2}. \end{aligned}\right\} \tag{1.24}$$

若 K_1 和 K_2 中坐标轴始终保持平行，而在参考系 K_1 中质点 P 的位矢、速度、加速度分别为 $\boldsymbol{r}_1$、$\boldsymbol{v}_1$、$\boldsymbol{a}_1$，则在参考系 K_2 中其位矢 $\boldsymbol{r}_2$、速度 $\boldsymbol{v}_2$、加速度 $\boldsymbol{a}_2$ 分别为

$$\left.\begin{aligned} \boldsymbol{r}_2 &= \boldsymbol{r}_1 - \boldsymbol{R}, \\ \boldsymbol{v}_2 &= \frac{\mathrm{d}\boldsymbol{r}_1}{\mathrm{d}t} - \frac{\mathrm{d}\boldsymbol{R}}{\mathrm{d}t} = \boldsymbol{v}_1 - \boldsymbol{V}, \\ \boldsymbol{a}_2 &= \frac{\mathrm{d}\boldsymbol{v}_1}{\mathrm{d}t} - \frac{\mathrm{d}\boldsymbol{V}}{\mathrm{d}t} = \boldsymbol{a}_1 - \boldsymbol{A}. \end{aligned}\right\} \tag{1.25}$$

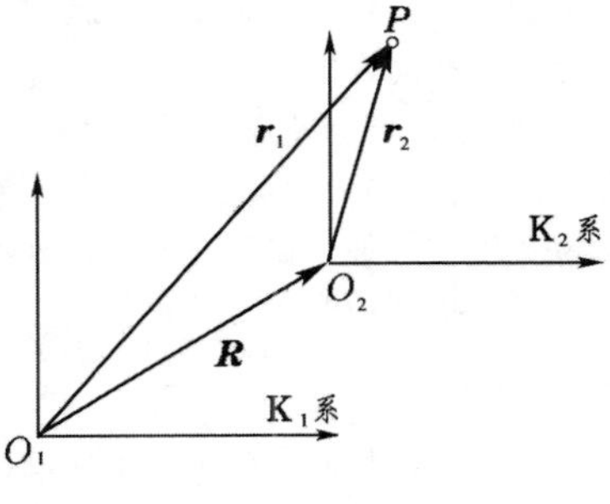

图 1-29 参考系变换

这是经典力学中的变换式，它们建立在“绝对时空”观念之上。在相对论理论中，它们将为洛伦兹变换所代替。❶

例题 5　如图 1-30a 所示，两船 A 和 B 各以速度 $\boldsymbol{v}_A$ 和 $\boldsymbol{v}_B$ 行驶，它们会不会相碰？

解：如图 1-30b，求出 B 相对于 A 的速度 $\boldsymbol{V}=\boldsymbol{v}_B-\boldsymbol{v}_A$，从 B 引一平行于 $\boldsymbol{V}$ 方向的直线，它不与 A 相交，这表明，两船不会相碰。若由 A 作此直线的垂线 AN，其长度就是两船相靠最近的距离。▌

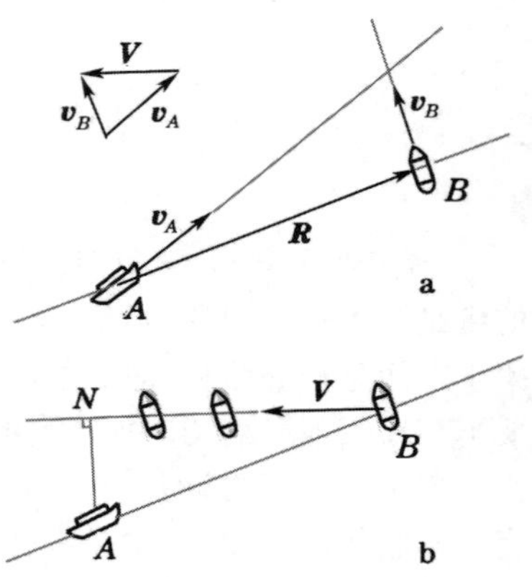

图 1-30 例题 5 —— 两船会不会相撞？

在上题中，若我们坚持用水面作参考系，答案是不容易看清楚的。以 A 为参考系，则结论一目了然。在图 1-17 所示猎人枪打猴子的例子里，子弹和猴子都具有向下的加速度 g，如果我们采用一个也具有向下加速度 g 的物体作参考系，则在此参考系内猴子是不动的，而子弹沿着出膛时的方向作匀速直线运动。这时结论一目了然：只要枪口原来瞄准猴子，且子弹赶在猴子落地前到达，猴子总是会被打中的。

例题 6　罗盘显示飞机头指向正东，空气流速表的读数为 215 km/h，此时风向正南，风速 65 km/h. (a) 求飞机相对地面的速度；(b) 若飞行员想朝正东飞行，机头应指向什么方位？

解：(a) 如图 1-31a 所示，飞机对地面的速度和方向为

$$v=\sqrt{(215)^2+(65)^2}\ \mathrm{km/h}=225\ \mathrm{km/h},$$

$$\alpha=\arctan\frac{65}{215}=16.8^\circ.$$

(b) 如图 1-31b 所示，机头所指的方位为

$$\theta=\arcsin\frac{65}{215}=17.6^\circ,$$

其实际航速为

$$v=\sqrt{(215)^2-(65)^2}\ \mathrm{km/h}=205\ \mathrm{km/h}.\quad ▌$$

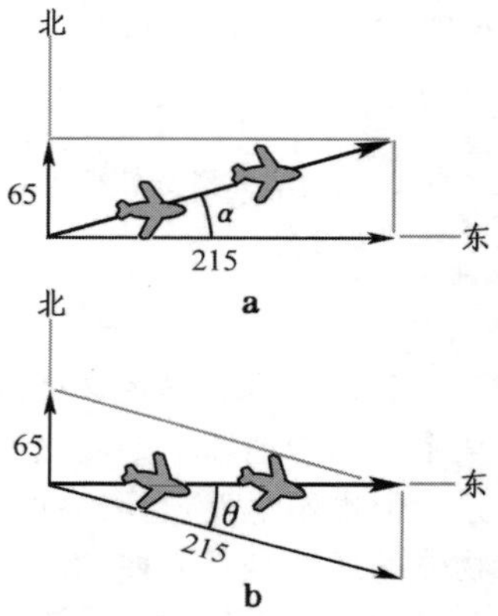

图 1-31 例题 6 —— 飞机在劲风中航行

例题 7　观察者 E 和物体 P 都绕中心 S 作匀速圆周运动，但半径和周期不同。试讨论 S、P 相对 E 的运动情况。

解：设以 S 为参考系时，E 和 P 的速度为 $\boldsymbol{v}_E$ 和 $\boldsymbol{v}_P$. 以 E 为参考系时，$\begin{cases} S\ 的速度为\ \boldsymbol{v}'_S=-\boldsymbol{v}_E, \\ P\ 的速度为\ \boldsymbol{v}'_P=\boldsymbol{v}_P-\boldsymbol{v}_E=\boldsymbol{v}_P+\boldsymbol{v}'_S, \end{cases}$

后者是两个匀速圆周运动的叠加，即一个圆心在另一个圆周上匀速旋转，P 点的轨迹将是圆内摆线(hypocycloid)。描绘这类两个匀速圆周运动的叠加问题比较方便的方式是以大圆作均轮(deferent)，放在中央静止不动，以小圆作本轮(epicycle)，圆心沿均轮旋转。所以我们要按 $\overline{SE}$ 和 $\overline{SP}$ 的长短，分两种情形来处理。

(a) $\overline{SE}<\overline{SP}$ 的情形(图 1-32a)：

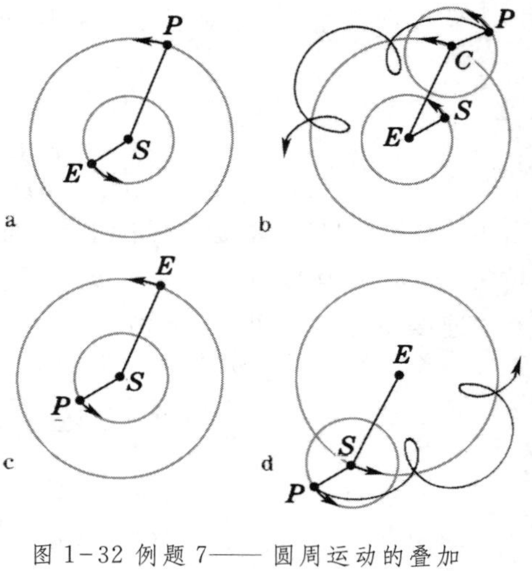

图 1-32 例题 7—— 圆周运动的叠加

---

❶　这里我们隐含了一个假设，即两个参考系具有共同的时间变量 t. 在日常生活中这似乎是无可怀疑的，然而在当代物理学中，我们却不能想当然地作这种“绝对时间”的假设。从相对论的观点看，这只是一种近似，尽管在远低于光速的情况下，通常这是一个很好的近似(详见第八章 §1)。

变换到参考系 E 后，S 绕 E 作小圆周运动。P 点在圆心为 C 的本轮上，其半径 $\overline{CP}=\overline{SE}$. 这时均轮的半径 $\overline{EC}=\overline{SP}$（见图 1—32b）。在这种情形里，$P$ 和 S 相对 E 的视运动没有密切联系。

(b) $\overline{SE}>\overline{SP}$ 的情形（图 1-32c）：

变换到参考系 E 后，S 绕 E 作大圆周运动，这大圆就是均轮。P 则绕 S 作小圆周运动，这小圆便是本轮（见图 1—32d）。所以在这种情况下，P 到 S 相对于 E 的角距离不会超过小圆的角半径。▌

在此题中 E、P 和 S 可分别理解为地球、行星和太阳，以 S 为参考系代表哥白尼的观点，以 E 为参考系代表托勒密的观点。以后在第七章里我们还要回到这个问题上来。

本 章 提 要

力学研究的对象：机械运动（宏观物体之间的相对位置变动）。

1. 运动学：只描述物体的运动。

   动力学：研究运动与物体间相互作用的关系。

2. 质点：忽略物体形状和大小的一种物理模型。

   （适用于只涉及平动而不考虑转动和形变的情形）

3. 参考系：研究物体运动时所参照的物体或彼此不作相对运动的物体群。

   坐标系：参考系的数学抽象。 如直角坐标系、极坐标系、自然坐标系等。

4. 时间：表征物质运动的持续性。 1 s = 9 192 631 770 ^{133}Cs 辐射周期。

   空间：表征物质运动的广延性。

   $$1\,\mathrm{m}=\frac{1}{299\,792\,458}\,\mathrm{s}$$ 内光在真空中所运行路程长度。

5. 物质世界的层次和数量级： （学物理要“心中有数”）

   空间尺度，从核子半径 10^{-15} m 到宇宙引力半径 10^{26} m，跨越了 42 个数量级。

   时间标度，从 Z^0 粒子的寿命 10^{-25} s 到宇宙的年龄 10^{18} s，跨越了 44 个数量级。

6. 运动学的基本物理量：

   $$位矢\ \boldsymbol{r}\ \xrightarrow{\text{微分}}\ 速度\ \boldsymbol{v}=\frac{\mathrm{d}\boldsymbol{r}}{\mathrm{d}t}\ \xrightarrow{\text{微分}}\ 加速度\ \boldsymbol{a}=\frac{\mathrm{d}\boldsymbol{v}}{\mathrm{d}t}$$

   $$位矢\ \boldsymbol{r}=\int\boldsymbol{v}\,\mathrm{d}t\ \xleftarrow{\text{积分}}\ 速度\ \boldsymbol{v}=\int\boldsymbol{a}\,\mathrm{d}t\ \xleftarrow{\text{积分}}\ 加速度\ \boldsymbol{a}$$

   要熟悉和运用 $s-t$、$v-t$、$a-t$ 几何图像。

7. 处理曲线运动的基本方法：选取适当的坐标将运动加以分解，例如对于平面运动。

   $$直角坐标\begin{cases}a_x=\dfrac{\mathrm{d}v_x}{\mathrm{d}t}=\dfrac{\mathrm{d}^2x}{\mathrm{d}t^2},\\ a_y=\dfrac{\mathrm{d}v_y}{\mathrm{d}t}=\dfrac{\mathrm{d}^2y}{\mathrm{d}t^2}.\end{cases}\qquad 自然坐标\begin{cases}切向：\ a_{\mathrm{t}}=\dfrac{\mathrm{d}v}{\mathrm{d}t},\\ 法向：\ a_{\mathrm{n}}=\dfrac{v^2}{\rho}.\end{cases}$$

   ρ 为曲率半径，以圆代曲。

8. 经典力学的平动坐标系变换（见图 1-29）： （非相对论近似）

   $$\boldsymbol{r}_2=\boldsymbol{r}_1-\boldsymbol{R},\qquad \boldsymbol{v}_2=\boldsymbol{v}_1-\boldsymbol{V},\qquad \boldsymbol{a}_2=\boldsymbol{a}_1-\boldsymbol{A}.$$

   物理规律与参考系选择无关（相对性原理）。

   选择合适的参考系可使问题的处理简单明了。

9. 研究质点的运动必须注意其相对性、瞬时性和矢量性。

思 考 题

1-1. 本题图所示为 A、B 两球运动的闪频照相，图中球上方的数字是时间，即相同数字表示相同的时刻拍摄两球的影像。两球有过瞬时速度相同的时刻吗？如果有，在什么时间？什么位置？在时刻 2 和 5 哪个球的速度大？

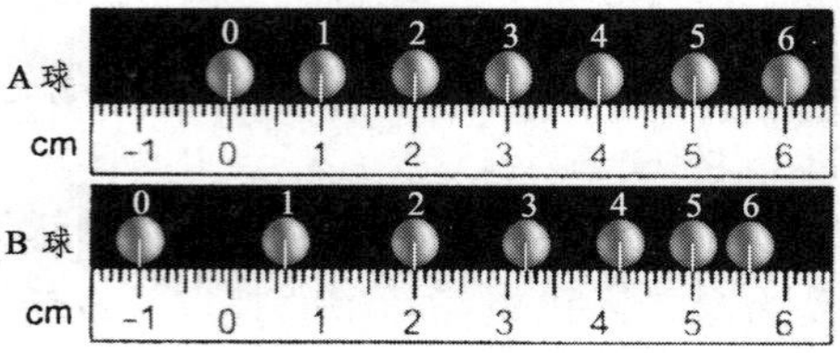

思考题 1-1

1-2. 本题图所示为 A、B 两球运动的闪频照相，时间的显示如上题，与上题不同的是在 0 时刻 B 球静止，它是在时刻 1 才起步的。

(1) 判断两球是否在作匀加速运动；

(2) 哪个球的加速度大？

(3) 在时刻 5 哪个球达到的终速度大？

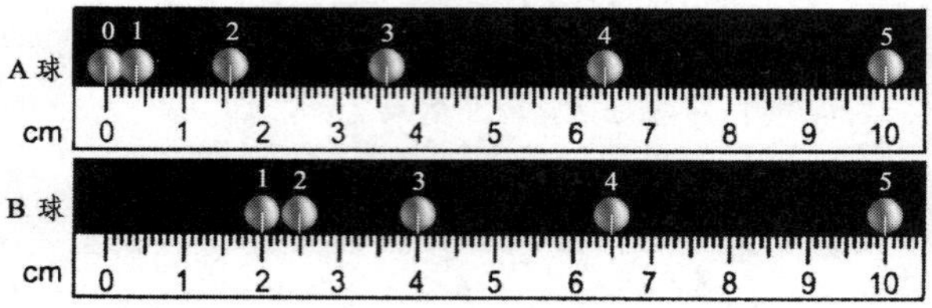

思考题 1-2

1-3. 在粗糙水平桌面上放置一物体，用棒从旁敲击一下，它向前滑动一段路程后停下来。本题图给出此过程的 $v-t$ 曲线，试将相应的 $s-t$ 和 $a-t$ 曲线补画出来。

1-4. 本题图给出干摩擦引起的张弛振动 $s-t$ 曲线，试将相应的 $v-t$ 和 $a-t$ 曲线补画出来。

1-5. 有人说："加速度 $a=\frac{\mathrm{d}v}{\mathrm{d}t}$，因此，若质点在某时刻速度为 0，对 0 的微商当然为 0，所以在该时刻质点的加速度必为 0." 这种说法对吗？ 设想一下，是否可能有 (a) $v=0$ 而 $a\neq0$，(b) $v>0$ 而 $a<0$ 的情形。

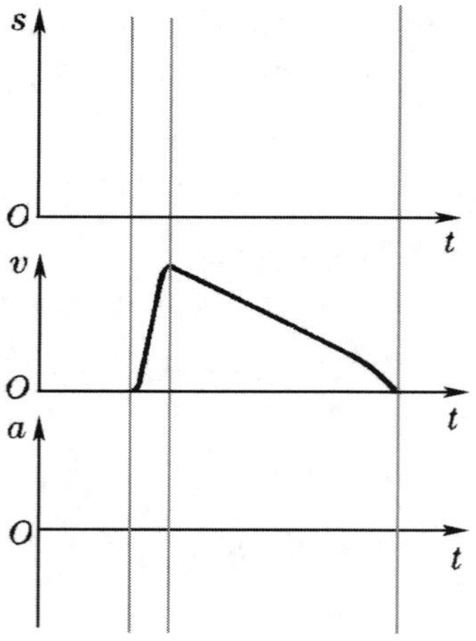

思考题 1-3

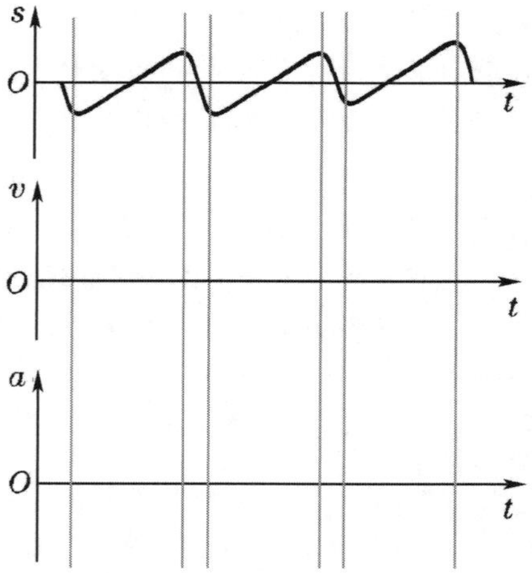

思考题 1-4

1-6. 伽利略奠定力学基础的不朽之作是《关于托勒密和哥白尼两大世界体系的对话》(以下简称《对话》)。此书是以三个人对话的形式来写的：1.萨尔维亚蒂(Salviati)，伽利略自己的发言人；2.辛普利邱(Simplicio)，传统亚里士多德观点的代表；3.沙格列陀(Sagredo)，中立而开朗的旁观者。下面摘录书中的一个片段[方括号内的话是摘引者的]。

萨：……CA 代表一个斜面，磨得非常光滑而且很硬，从这上面我们滚下[应读作滑下]一个 …… 圆球。现在假定另外一个完全相同的圆球沿垂直线[CB]自由落下。我问你承认不承认，那个沿斜面 CA 滚下[滑下]的圆球到达 A 点时，它的冲力和另一个沿垂直线 CB 落下的圆球到达 B 点时的冲力相等。

沙：我当然相信是相等的。…… 每一圆球所获得的冲力都足以使它回到同样的高度。

…………

萨：…… 在斜面 CA 上滚下[滑下]…… 要比沿垂直线落得慢些，是不是？

沙：我本来想说肯定是这样，…… 可是如果这样，又怎样能够 …… 冲力一样(即同等速度)呢？这两条命题好像是矛盾的。

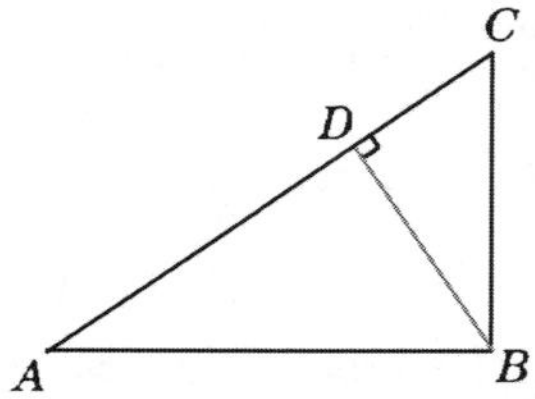

思考题 1-6

萨：那么如果我说，物体沿垂直线和斜面坠落的快慢一样，在你看来就更加错误了。然而这个命题是完全对的。正像说物体沿垂直线比沿斜面运动得快一样正确。

沙：我听上去，这像是两条矛盾的命题，你呢，辛普利邱？

辛：我也一样。

……

上面对话中所用的术语，如“冲力相等”“快慢一样”等，都不是现代物理学的标准术语，它们的语义是含混不清的。试用现代物理学的标准术语，如“速度”“加速度”“动量”“动能”等来分析上述两条命题是否矛盾，孰是孰非？

1-7. 质点作直线运动，平均速度公式 $\overline{v}=\dfrac{v_{初}+v_{末}}{2}$ 永远成立吗？

1-8. 质点的位矢方向不变，它是否一定作直线运动？质点作直线运动，其位矢的方向是否一定保持不变？

1-9. $|\Delta \boldsymbol{r}|$ 和 $\Delta|\boldsymbol{r}|$ 有区别吗？$|\Delta \boldsymbol{v}|$ 和 $\Delta|\boldsymbol{v}|$ 有区别吗？$\left|\dfrac{\mathrm{d}\boldsymbol{v}}{\mathrm{d}t}\right|=0$ 和 $\dfrac{\mathrm{d}|\boldsymbol{v}|}{\mathrm{d}t}=0$ 各代表什么运动？

1-10. 在一段时间间隔 Δt 内 (1) $\Delta \boldsymbol{r}=0$，(2) $\Delta r=0$，(3) $\Delta s=0$，在此期间质点可能作过怎样的运动？在每一瞬时 (1) $\mathrm{d}\boldsymbol{r}=0$，(2) $\mathrm{d}r=0$，(3) $\mathrm{d}s=0$，质点可能在作怎样的运动？

1-11. 在一段时间间隔 Δt 内 (1) $|\Delta \boldsymbol{r}|=\Delta s$，(2) $|\Delta \boldsymbol{r}|=\pm\Delta x$，在此期间质点可能作过怎样的运动？在每一瞬时 (1) $|\mathrm{d}\boldsymbol{r}|=\mathrm{d}s$，(2) $|\mathrm{d}\boldsymbol{r}|=\pm\,\mathrm{d}x$，质点可能在作怎样的运动？

1-12. 质点作匀速圆周运动，以下各量哪些变，哪些不变？

$$(1)\ \lim_{\Delta t\to 0}\frac{\Delta r}{\Delta t},\qquad (2)\ \lim_{\Delta t\to 0}\frac{\Delta \boldsymbol{r}}{\Delta t},\qquad (3)\ \lim_{\Delta t\to 0}\frac{|\Delta \boldsymbol{r}|}{\Delta t},$$

$$(4)\ \lim_{\Delta t\to 0}\frac{\Delta v}{\Delta t},\qquad (5)\ \lim_{\Delta t\to 0}\frac{\Delta \boldsymbol{v}}{\Delta t},\qquad (6)\ \lim_{\Delta t\to 0}\frac{|\Delta \boldsymbol{v}|}{\Delta t}.$$

1-13. 试分析抛物运动(见本题图)各中间阶段速度和加速度的方向。速率在哪里最大，哪里最小？法向加速度、切向加速度和总加速度呢？

1-14. 如本题图所示，单摆由静止开始从位置 A 摆到 B，试分析它在中间各阶段加速度的方向。

1-15. 在测量降雨量时，有风和无风，量筒中的积水量相同吗？

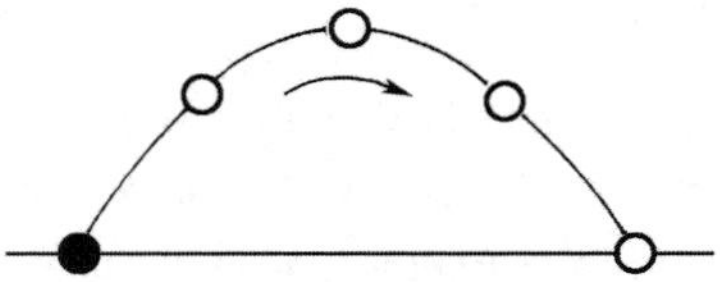

思考题 1-13

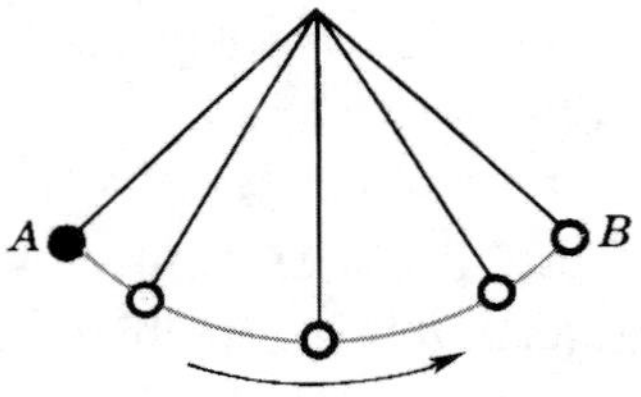

思考题 1-14

1-16. 如本题图所示，一人站在河岸上(岸高 h)，手握绳之一端，绳的另端系一小船。那人站着不动，以手收绳。设收绳速度 v_0 恒定，绳与水面的夹角为 θ，船向岸靠拢的速度 $v=v_0\cos\theta$ 吗？船作匀速运动还是加速运动？加速度为多少？

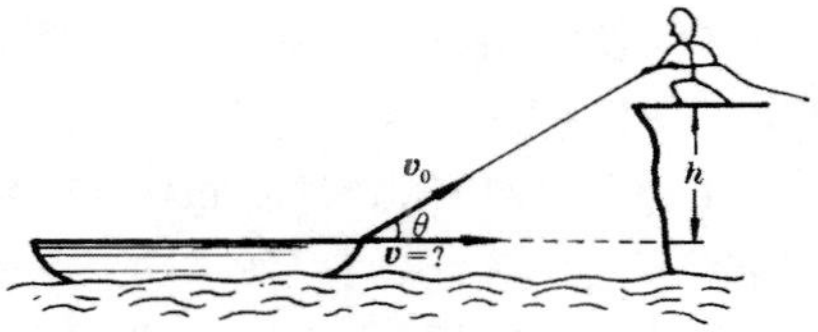

思考题 1-16

1-17. 一小船载木箱逆水而行，经过桥下时，一个木箱不慎落入水中，半小时后才发觉，立即回程追赶，在桥的下游 5.0 km 处赶上木箱。设小船顺流和逆流时相对水流的划行速度不变，问小船回程追赶所需时间，并求水流速度。

1-18. 某人立在桥上，桥下河水平稳地向前流动。他将一石子竖直向下投于水中。试分析，激起的水波属于下列哪种情况？(1) 同心椭圆，(2) 非同心圆(见本题图)，(3) 与水共同前进的同心圆。

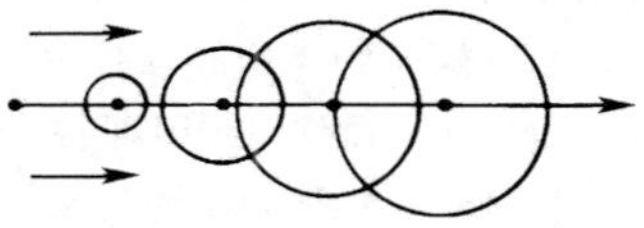

思考题 1-18

1-19. 假设烟花爆竹在高空爆炸时，向四面八方飞出的碎片都具有相同的速率，经过一定时间后，这些碎片将联成怎样的曲面？

习　题

1-1. 已知质点沿 x 轴作周期性运动,选取某种单位时其坐标 x 和时间 t 的数值关系为

$$x = 3\sin\left(\frac{\pi}{6}t\right),$$

求 $t=0$、3 s、6 s、9 s、12 s 时质点的位移、速度和加速度。

1-2. 已知质点位矢随时间变化的函数形式为

$$\boldsymbol{r} = R(\cos\omega t\boldsymbol{i} + \sin\omega t\boldsymbol{j}),$$

求 (1) 质点轨迹,(2) 速度和加速度,并证明其加速度总指向一点。

1-3. 在一定单位制下质点位矢随时间变化的函数数值形式为

$$\boldsymbol{r} = 4t^2\boldsymbol{i} + (2t+3)\boldsymbol{j},$$

求 (1)质点轨迹,(2)从 $t=0$ 到 $t=1$ s 的位移,(3) $t=0$ 和 $t=1$ s 两时刻的速度和加速度。

1-4. 站台上一观察者,在火车开动时站在第一节车厢的最前端,第一节车厢在 $\Delta t_1 = 4.0$ s 内从他身旁驶过。设火车作匀加速直线运动,问第 n 节车厢从他身旁驶过所需的时间间隔 Δt_n 为多少。 令 $n=7$,求 Δt_n.

1-5. 一球从高度为 h 处自静止下落,同时另一球从地面以一定初速度 v_0 上抛。 v_0 多大时两球在 $h/2$ 处相碰?

1-6. 一球以初速 v_0 竖直上抛,经过时间 t_0 后在同一地点以同样速率向上抛出另一小球。 两球在多高处相遇?

1-7. 一物体作匀加速直线运动,走过一段距离 Δs 所用的时间为 Δt_1,紧接着走过下一段距离 Δs 所用的时间为 Δt_2. 试证明,物体的加速度为

$$a = \frac{2\Delta s}{\Delta t_1 \Delta t_2}\frac{\Delta t_1 - \Delta t_2}{\Delta t_1 + \Delta t_2}.$$

1-8. 路灯距地面的高度为 h_1,一身高为 h_2 的人在路灯下以匀速 v_1 沿直线行走。试证明人影的顶端作匀速运动,并求其速度 v_2.

1-9. 设 α 为由炮位所在处观看靶子的仰角,β 为炮弹的发射角。试证明:若炮弹命中靶点恰为弹道的最高点,则有 $\tan\beta = 2\tan\alpha$.

1-10. 在同一竖直面内的同一水平线上 A、B 两点分别以 30°、60° 为发射角同时抛出两个小球,欲使两球在各自轨道的最高点相遇,求 A、B 两点之间的距离。已知小球 A 的初速为 $v_{A0} = 9.8$ m/s.

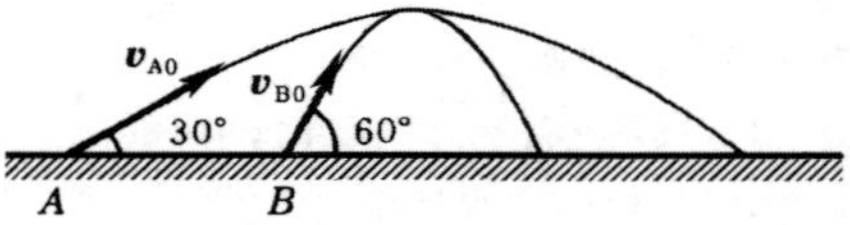

习题 1-10

1-11. 飞机以 $v_0 = 100$ m/s 的速度沿水平直线飞行,在离地面高 $h = 98$ m 时,驾驶员要把物品投到前方某一地面目标上,问:

(1) 投放物品时,驾驶员看目标的视线和竖直线应成什么角度? 此时目标距飞机在下方地点多远?

(2) 物品投出 1 s 后,物品的法向加速度和切向加速度各为多少?

1-12. 已知炮弹的发射角为 θ,初速为 v_0,求抛物线轨道的曲率半径随高度的变化。

1-13. 一弹性球自静止竖直地落在斜面上的 A 点,下落高度 $h = 0.20$ m,斜面与水平夹角 $\theta = 30°$. 问弹性球第二次碰到斜面的位置 B 距 A 多远。 设弹性球与斜面碰撞前后速度数值相等,碰撞时入射角等于反射角。

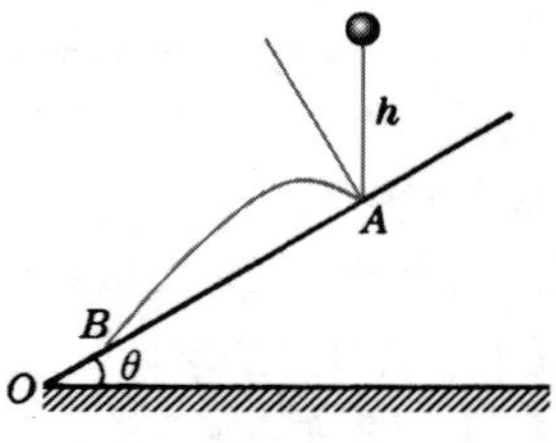

习题 1-13

1-14. 一物体从静止开始作圆周运动。切向加速度 $a_t = 3.00$ m/s²,圆的半径 $R = 300$ m. 问经过多少时间物体的加速度 a 恰与半径成 45°夹角?

1-15. 一物体和探测气球从同一高度竖直向上运动,物体初速度为 $v_0 = 49.0$ m/s,而气球以速度 $v = 19.6$ m/s 匀速上升,问气球中的观察者分别在第 2 秒末、第 3 秒末、第 4 秒末测得物体的速度各为多少?

第二章 动量守恒 质点动力学

§1. 惯　　性

1.1 惯性定律

爱因斯坦把科学家们一代代探索自然界秘密的努力，比喻成读福尔摩斯一类的侦探小说[1]。在好的侦探故事中，一些最明显的线索往往引导到错误的猜疑上去，凭直觉的推理方法是靠不住的。有个基本问题，由于它太复杂，曾经长达几千年搞不清，那就是运动的问题。长期以来人们认为，要改变一个静止物体的位置，必须推它、提它或拉它。人们直觉地认为，运动是与推、提、拉等动作相联系的。经验使人们深信，要使一个物体运动得更快，必须用更大的力推它。当推动物体的力不再作用时，原来运动的物体便静止下来。这也就是亚里士多德学派所说的，静止是水平地面上物体的"自然状态"。然而，在自然界这部侦探小说里这是一个错误的线索。直到三百多年前，伽利略才创造了有效的侦察技术，发展了寻求正确线索的系统方法。

伽利略领悟到，将人们引入歧途的，是摩擦力或空气、水等介质的阻力，这是人们在日常观察物体运动时难以完全避免的。为了得到正确的线索，除了实验和观察外，还需要抽象的思维。伽利略注意到，当一个球沿斜面向下滚时，其速度增大，向上滚时速度减小。由此他推论，当球沿水平面滚动时，其速度应不增不减。实际上这球会越滚越慢，最后停下来。伽利略认为，这并非是它的"自然本性"，而是由于摩擦力的缘故。伽利略观察到，表面越光滑，球便会滚得越远。于是他推论，若没有摩擦力，球将永远滚下去。

伽利略的另一个实验如图 2-1 所示，彼此相对地安置两个斜面。当球从一个斜面的顶端滚下后，即沿对面的斜面向上滚，达到与原来差不多的高度。他推论，只是因为摩擦力，球才没能严格地达到原来的高度。然后，他减少后一斜面的斜率。球仍达到同一高度，但这时它要滚得远些。斜率越小，球达到同一高度需要滚得越远。于是他问：若将后一斜面放平，球会滚多远？结论显然是球要永远滚下去。

伽利略的理想实验找到了解决运动问题的真正线索。爱因斯坦说："伽利略的发现以及他所用的科学推理方法是人类思想史上最伟大的成就之一，而且标志着物理学的真正开端。"[2] 伽利略的正确结论隔了一代人以后由牛顿总结成动力学的一条最基本的定律：

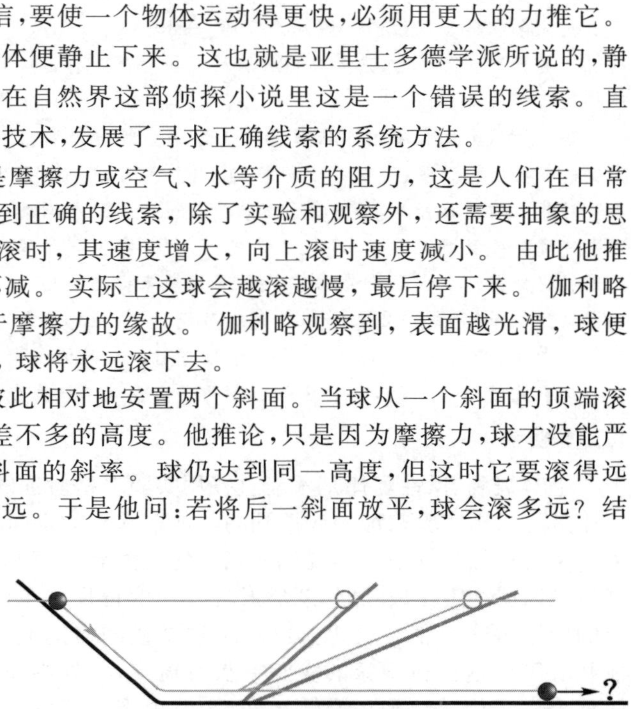

图 2-1 伽利略斜面实验

任何物体，只要没有外力改变它的状态，便会永远保持静止或匀速直线运动的状态。

这便是通常所说的牛顿第一定律。物体保持静止或匀速直线运动状态的这种特性，叫做惯性，牛顿第一定律又称惯性定律。

在上述定律的表述中用了"力"这个词儿。这是牛顿力学最基本的概念之一，也是日常生活和物理学史中用得很滥的词儿，可是本书到现在还没给它下过严格的定义。有鉴于此，我们不妨

---

❶ 爱因斯坦，英费尔德.物理学的进化.周肇威译，上海：上海科学技术出版社，1962，1-7.

❷ 同上，第 3 页。

改用下列较为现代化的说法来表述惯性定律：

自由粒子永远保持静止或匀速直线运动的状态。

所谓“自由粒子”，是不受任何相互作用的粒子（质点）。它应该是完全孤立的，或者是世界上唯一的粒子。显然，实际上我们不可能真正观察到这样的粒子。但当其他粒子都离它非常远，从而对它的影响可以忽略时，或者其他粒子对它的作用彼此相互抵消时，我们可以把这个粒子看成自由的。

由此可见，惯性定律是不能直接用实验严格地验证的，它是理想化抽象思维的产物。

惯性定律不仅适用于物体运动的整体，也适用于其中一个独立的分量。请看下面的例题。

例题 1 在伽利略所处的时代，人们反对哥白尼地动说的一个重要论据如下：一块石头从高塔落下。如果地球作周日运动，在此期间高塔已向东移动了一段距离，从而石头应落在塔底以西同一距离。正像一铅球从正在行驶的帆船桅杆顶部落下时，应落在桅杆脚后一段距离一样。你怎样反驳这种说法？

答：首先，上述有关铅球从桅杆顶下落的描述是不符合事实的。实验会证明，铅球落于桅杆脚下，并不落后一个距离。对此正确的解释是，铅球在下落前已获得与帆船相同的水平速度。按照惯性定律，若忽略空气阻力，它在下落过程中速度将保持这个水平分量，对岸上的观察者来说描绘出一条抛物线轨道（见图 2-2）。若船作匀速直线运动，铅球将与之同步前进，最后落于桅杆脚下。这结果与船静止时的相同，所以用这类实验并不能区分船是静止的，还是在作匀速直线运动。因而，石块落于塔底的事实也就不能成为驳倒地动说的论据。 ▌

图 2-2 例题 1—— 从桅杆顶上落下的铅球

1.2 惯性系

上文提到，惯性定律是不能直接用实验严格验证的。设想有一位很严格的科学家，他相信惯性定律是可以用实验来证明或推翻的。他在水平的桌面上推动一个小球，并设法尽量消除摩擦（现代可以用气桌相当好地来实现这一点），他观察到，小球确实相当精确地作匀速直线运动。正当他要宣布验证惯性定律成功时，忽然发现一切变得反常了。原来沿直线运动的小球偏到了一边，向房子的墙壁滚去。他自己也感到有一种奇怪的力把他推向墙去。究竟发生了什么事？原来有人和他开玩笑。这位科学家的实验室没有窗户，与外界完全隔绝。开玩笑的人安装了一种机械，可以使整个房子旋转起来。旋转一开始，就出现上述各种反常现象，于是惯性定律被推翻了。

前一章 §5 中已指出，人们谈论运动时，是离不开参考系的。上述故事表明，惯性定律在有的参考系（譬如那间旋转着的房子）中是不成立的。但是实验表明，在一个参考系中，只要某个物体符合惯性定律，则其他物体都服从惯性定律。因此我们定义：对某一特定物体惯性定律成立的参考系，为惯性参考系，简称惯性系。从这里我们初步看到，惯性不是个别物体的性质，而是参考系，或者说，时空的性质。

上面那间房子相对于地面参考系是旋转的，地球也在旋转，地面能否被看作惯性系？实验证明，地球不是一个精确的惯性系。但由于它旋转得较慢，只要我们所讨论的问题不是像大气或海洋环流那类牵涉空间范围较大、时间间隔较长的过程，固定在地面上的参考系可看作近似程度相当好的惯性系。有关更精确的惯性系的问题，和实际上是否存在严格惯性系的问题，我们将留到本章 §4 中去讨论，当前若不加特别声明，我们就把固着在地面上的参考系当作惯性系，称之为基本参考系。

§2. 质量 动量 力 冲量

2.1 历史性的评述

惯性定律和惯性系是牛顿力学的基础，在此基础上我们还需要引进一系列重要的动力学概念和术语。这些概念和术语的使用，在物理学史上曾经非常混乱。在本节里我们将逐个地澄清它们的含义，赋予它们严格的定义。在此之前，我们先作一点历史的回顾。

白云苍狗，沧海桑田，看起来世界是变幻无常的。但古代细心的观察者已感觉到，在这变化着的一切背后存在着一种不变的秩序，虽然我们还不能一下子就掌握它。按照这观点，那些表面的变化，不过是自然界中不变的成分遵照一定的规律重新安排的结果。这是科学思想的萌芽，它与由魔法和万物有灵论统治的超自然主义观点是对立的，后者认为，任何东西都可能互相转化，如动物可以变成人，石头可以变成金子，等等。然而科学却不允许魔法式的变换，它要求过程按一定的规律进行，它确定出一个禁戒的王国，限制着事物发生的可能性。科学要在那万般变化的世界里找出"不变性"，这就是各种各样的"守恒律"。

历史上第一个有意义的守恒学说，是以古希腊德谟克利特(Democritus)原子论为代表的物质不灭说。实际上，除物质不灭外，原子论者还主张运动不灭 —— 运动只能由一个物体向另一个物体转移，但绝不会完全消灭。虽然这种物质和运动守恒的思想，在漫长的历史时期中顽强地坚持下来，但得到精确的表述却是不容易的。

据考证，质量(mass)一词是 17 世纪初流行起来的，它的意思是"物质之量"。从原子论的观点看，衡量物质之量的多寡，自然是原子的数目。牛顿把"质量"和"物质之量"当作同义语使用，这在当时似乎也别无选择。直到 19 世纪下半叶，才有一些具有深刻思想的物理学家，开始用批判的眼光审查整个牛顿力学的基础。奥地利物理学家马赫于 1867 年发表了著名的文章《关于质量的定义》，用两个相互作用着的物体加速度的负比值，给了质量(惯性质量)一个操作定义，延续至今，一直为绝大多数物理教科书所采用。至于"物质之量"的概念，现代科学已予以精确化，1971 年经第十四届国际计量大会通过，成为国际单位制(SI)七个基本量之一，其单位"摩尔(mole)"则是 SI 的七个基本单位之一。

讨论运动守恒要比质量守恒更为困难，因为运动是一个复合的概念，它既涉及物体的大小(质量)，又与运动的快慢和方向(速度矢量)有关。所以历史上围绕什么是"运动之量"问题的争论更为激烈。在伽利略的著作中已使用过"动量(momento)"一词，不过他有时使用当时通用的"运动物体之力"的说法。他指出，这个"力"正比于质量(他称之为重量)和速度的乘积。笛卡儿(R.Descartes)继承了伽利略的说法，把物体的大小(质量)和速度乘积定义为"运动之量(quantity of motion)"，并提出了宇宙间运动之量的总和不变的原理。然而笛卡儿的运动之量 mv 未考虑运动的方向，它是个标量。笛卡儿崇尚理性，忽视经验，他的运动不灭原理是思辨的产物，充满着先验和空想的色彩。可是由于笛卡儿的巨大声望，他的门徒把他的运动之量 mv 奉为运动唯一的量度。1686 年莱布尼茨(G.W.Leibniz)公开向笛卡儿提出挑战。他通过计算得到，伽利略所说足以使下落物体回升到同一高度的"力"，应该用 mv^2 来量度，并把这种"力"称为"活力(vis viva)"。后来，科里奥利(G.Coriolis)又将活力改为$\frac{1}{2}mv^2$，这就是今天所说的动能。笛卡儿和莱布尼茨两派各执一是，互不相让，形成一场欧洲许多名人都卷入的著名争论，延续五十余年。直到 1743 年达朗贝尔(d'Alembert)给了一个"最后的判决"，说这只是一场"毫无益处的咬文嚼字的争论"，才使争论沉寂下来。今天我们早已清楚，关于运动的两种量度，笛卡儿指的是动量，莱布尼茨指的是动能，双方各自反映了问题的一个方面，两者都是必需的。

恩格斯在《自然辩证法》中曾以审慎的态度指出，两种运动量度的区别在于，只有 mv^2 才是机械运动转化为其他运动形态的能力的一种量度，而 mv 则不是。这种观点，在 19 世纪能量守恒定律刚发现以后来看是有一定道理的，它主要针对机械运动和热运动之间的转化而言。从今天科学发展的情况全面地看，机械运动和其他运动形态之间的转化，未必不需要用动量来量度。例如，电磁场既有能量，又有动量。不考虑机械动量与电磁动量之间的转化，一对运动电荷组成的系统，其动量就不守恒。在相对论里，对于洛伦兹变换，动量和动能组成一个四维矢量，正像磁矢势和电势那样，变换时彼此关联，密不可分。与其强调它们的区别，不如强调它们的联系。运动是复杂的，只有动量和动能这四个分量一起，才能作为运动的全面量度。

下面我们想介绍一下荷兰物理学家惠更斯(C.Huygens)的工作，因为他的推理方法对我们大有裨益。

惠更斯对碰撞问题作了系统的实验和理论上的研究，莱布尼兹的“活力说”实际上就是以他的工作为出发点的。惠更斯用弹性球的摆做碰撞实验图 2-3 表明，两个相同的弹性球以大小相等、方向相反的速度 v 相碰后，各自以同样的速率 v 反弹回去。图 2-4 表明，用动球去碰静球，动球静止下来，静球获得原来动球的速度。图 2-5 是惠更斯 1700 年左右的一本书上的原图，画面也许显得有点古怪，它却提供了非常敏锐和新颖的思想。设船以速度 $\boldsymbol{v}$ 向右行驶，若船上的人在他的参考系内做图 2-3 所示的实验，则在岸上的人看来，碰撞前左球以速度 $\boldsymbol{v}+\boldsymbol{v}=2\boldsymbol{v}$ 向右运动，右球速度 $\boldsymbol{v}-\boldsymbol{v}=0$；碰撞后则反之，左球不动，右球以速度 $2\boldsymbol{v}$ 向右运动。这正好是图 2-4 所描绘的实验。图 2-3 的实验结果可以用对称性来推论，再加上实际上是相对性原理的考虑，惠更斯便得到了相同的球弹性碰撞前后速度交换的普遍结论。从现代的观点看，守恒律与对称性有着密不可分的关系，对称性也就是不变性，动量守恒是空间平移不变性的结果。惠更斯的思想深刻之处，是它在一定程度上反映了守恒律与对称性的这种联系。下面我们将撇开历史的曲折，按照现代的认识高度，重新组织牛顿动力学的逻辑体系。

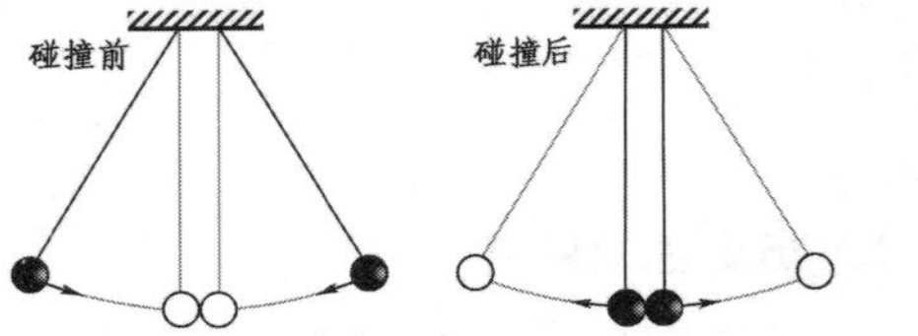

图 2-3 惠更斯碰撞实验之一

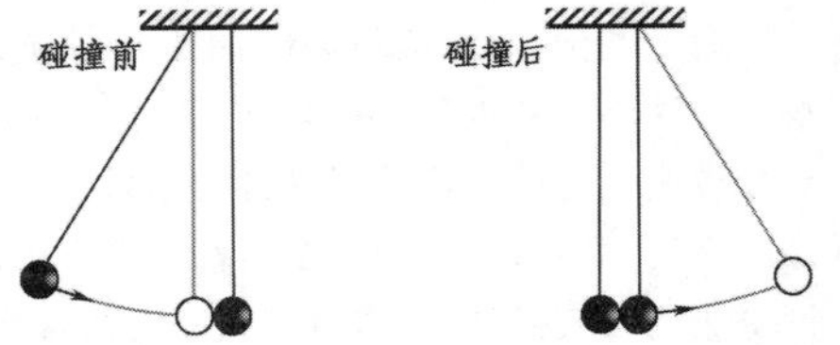

图 2-4 惠更斯碰撞实验之二

图 2-5 惠更斯的想象：两相等质量之间的弹性碰撞载于他的书 De Motu Corporum ex Percussione(1703) 中

2.2 空间对称性

把一个系统从一个状态变到另一个状态的过程叫做“变换”，或者“操作”。如果系统的状态在某种操作下不变，我们就说系统对于这一操作是“对称的”，而这个操作叫做这系统的一个“对称操作”。最常见的对称操作是空间操作，下面介绍几种常用的空间操作。

首先，如果整个空间是均匀的，则它对任何平移操作是不变的，这时我们说，空间具有平移对称性；如果空间是各向同性的，则它对绕任何点的任何转动操作是不变的，这时我们说，空间具有转动对称性。任何惯性参考系所描述的空间都是均匀各向同性的，它们具有平移对称性和转动对称性。在这样背景下才进一步谈得上其中的物理系统具有下列哪些对称性。

取直角坐标系 xyz，$x\to -x$，$y\to -y$，$z\to -z$ 称为对原点 O 的空间反演变换(见图 2-6a)，在这种变换下不变的系统具有对于 O 的点对称性。仅 $z\to -z$ 而 x、y 不变的操作，叫做相对于平面 $z=0$ 的镜像反演操作(见图2-6b)，在这种操作下不变的系统具有镜像反射对称性。对绕空间一个固定点作任意旋转都不变的系统具有球对称性；对绕空间一固定直线作任意旋转都不变的系统具有轴对称性。

惠更斯讨论的是两个摆球的弹性碰撞，我们现在一般地考虑两个质点在相互作用下的运动。

先考虑两个相同的质点 1 和 2(见图 2-7)。任意取一个惯性参考系 K′,设质点 1 和 2 在任意给定时刻 t 对此参考系的速度分别为 $\boldsymbol{v}_1'$ 和 $\boldsymbol{v}_2'$. 取 $\boldsymbol{V}=(\boldsymbol{v}_1'+\boldsymbol{v}_2')/2$,则在以速度 $\boldsymbol{V}$ 相对于 K′ 系运动的 K 系来说,两质点的速度分别为 $\boldsymbol{v}_1=\boldsymbol{v}_1'-\boldsymbol{V}=(\boldsymbol{v}_1-\boldsymbol{v}_2)/2$ 和 $\boldsymbol{v}_2=\boldsymbol{v}_2'-\boldsymbol{V}=(\boldsymbol{v}_2-\boldsymbol{v}_1)/2$,即它们等值反向:

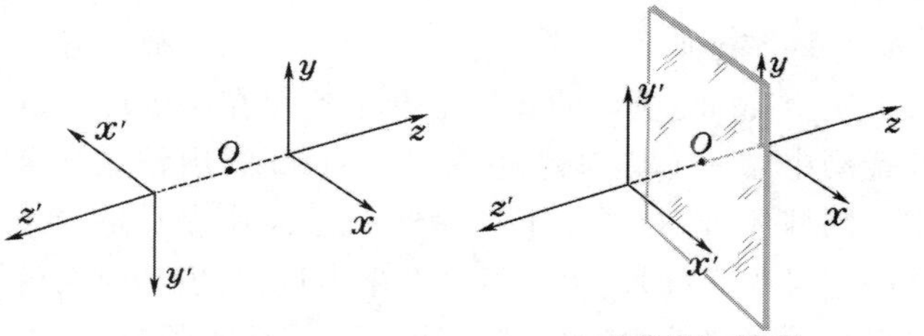

a 点对称性　　b 镜像反射对称性

图 2-6 空间对称性

$$\boldsymbol{v}_2=-\boldsymbol{v}_1, \tag{2.1}$$

因而系统(两质点和它们的速度矢量)相对于它们联线的中点 O 具有空间反演对称性。根据对称性原理我们预言,在两质点的相互作用下 Δt 内速度的增量 $\Delta\boldsymbol{v}_1$ 和 $\Delta\boldsymbol{v}_2$ 具有同样的对称性,它们也是等值反向的:

$$\Delta\boldsymbol{v}_2=-\Delta\boldsymbol{v}_1. \tag{2.2}$$

若取 $\Delta t\to 0$ 的极限,我们可以说,两质点在 t 时刻的瞬时加速度等值反向:

$$\frac{\mathrm{d}\boldsymbol{v}_2}{\mathrm{d}t}=-\frac{\mathrm{d}\boldsymbol{v}_1}{\mathrm{d}t}, \tag{2.3}$$

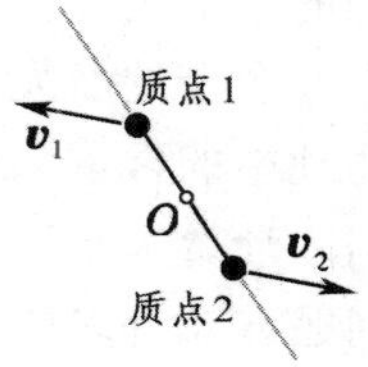

图 2-7 在 K 系中两相同质点对中点 O 的点对称性

一般说来,相互作用是时间 t、两质点的瞬时位置 $\boldsymbol{r}_1$ 和 $\boldsymbol{r}_2$、瞬时速度 $\boldsymbol{v}_1$ 和 $\boldsymbol{v}_2$ 的函数。在这里我们进一步假定,相互作用与速度无关。[1]于是两质点构成的系统对于它们的联线具有轴对称性,此时它们的加速度应沿联线方向。

推广到一对不同质点,上述各空间对称性基本保持,只是对 O 点的中心对称性丧失了,速度增量 $\Delta\boldsymbol{v}_1$、$\Delta\boldsymbol{v}_2$ 不再等值。在相互作用与速度无关的条件下,绕两质点联线的轴对称性依旧存在,速度增量 $\Delta\boldsymbol{v}_1$、$\Delta\boldsymbol{v}_2$ 仍沿联线。

所谓"质点",是这样一个物理模型,它们是没有内部结构、形状和取向的几何点,质点的个性和质点间的差别只能用标量来表征。在相互作用引起速度改变的问题上,(2.2) 式应改写成

$$m_2\Delta\boldsymbol{v}_2=-m_1\Delta\boldsymbol{v}_1. \tag{2.4}$$

这里 m_1 和 m_2 是表征此问题中两质点个性和它们之间差别的标量,与它们怎样运动无关。速度的增量不随参考系而变,所以(2.4) 式对任何惯性系都成立。

(2.4) 式可以在各个具体情况下得到实验验证,譬如在气桌上做两弹性球的碰撞实验,它们等时间间隔的位置可用闪频照相记录下来。图 2-8 显示,在两球接触的一刹那前后,它们速度的改变量确是沿中心联线反向的。

2.3 质量

在质点 1、2 的相互作用中,若 $m_1>m_2$,则 $\Delta\boldsymbol{v}_1$ 小于 $\Delta\boldsymbol{v}_2$,这表明,质点 1 的速度(运动状态) 比质点 2 难于改变;若 $m_1<m_2$,则 $\Delta\boldsymbol{v}_1$ 大于 $\Delta\boldsymbol{v}_2$,这表明,质点 1 的速度(运动状态) 比质点 2 易于改变。可见,m_1 和 m_2 反映了质点 1、2 运动状态改变的难易程度,即惯性的大小,可称之为它们的惯性质量(inertial mass) 或简称质量(mass)。通过相互作用中速度变化(加速度) 的大小可比较不同

[1] 这里排除了洛伦兹力一类磁相互作用。

的质量。

质量的基准叫做千克(kg)。1889年,第一届国际计量大会决定,1 kg 质量的实物基准是保存在法国巴黎国际计量局中的一个特制的、直径为 39 mm 的用铂铱合金制成的圆柱体,称为国际千克原器。将这基准质量的千分之一定义为克(g)。第一章 §2 中讲过,长度和时间的计量都采用了自然基准代替实物基准。有人预料,总有一天,也会用原子质量基准(自然基准)代替基准千克(实物基准)。这个新基准可由一定数目的某一类型的原子制成,其集体质量为 1 kg。但是现时质量量度所能达到的精确程度,超过了测量给定质量中原子数目所能达到的精确程度,因此这个代替难以实现。随着量子物理中一个个的新发现,我们可以采用另外的途径,以量子物理中的常量来定义千克。2018 年 11 月 16 日第 26 届国际计量大会决定,以普朗克常量 h 来定义千克。这个问题涉及许多电磁学知识,我们对此的介绍放在电磁学卷里。有兴趣的读者可参看《新概念物理教程·电磁学》(第三版)的附录 E。

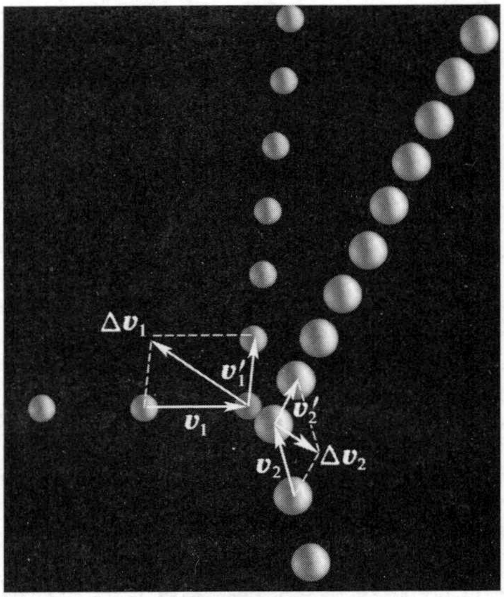

图 2-8 两球碰撞的实验

2.4 动量 动量守恒定律

我们把速度增量 $\Delta \boldsymbol{v}_1=\boldsymbol{v}_1'-\boldsymbol{v}_1$ 和 $\Delta \boldsymbol{v}_2=\boldsymbol{v}_2'-\boldsymbol{v}_2$ 的原始含义代回(2.4)式,则有

$$m_1(\boldsymbol{v}_1'-\boldsymbol{v}_1)=-m_2(\boldsymbol{v}_2'-\boldsymbol{v}_2), \tag{2.5}$$

移项后即得

$$m_1\boldsymbol{v}_1'+m_2\boldsymbol{v}_2'=m_1\boldsymbol{v}_1+m_2\boldsymbol{v}_2. \tag{2.6}$$

由此式我们看出,存在着一个守恒量,它是每个质点的质量 m 和它的速度 $\boldsymbol{v}$ 的乘积,用 $\boldsymbol{p}$ 来表示,则有

$$\boldsymbol{p}=m\boldsymbol{v}, \tag{2.7}$$

它称为质点的动量(momentum)。动量是个矢量,其方向与速度相同。使用"动量"的概念,则(2.5)式可写成

$$\boldsymbol{p}_1'+\boldsymbol{p}_2'=\boldsymbol{p}_1+\boldsymbol{p}_2, \tag{2.8}$$

这里 $\boldsymbol{p}_1=m_1\boldsymbol{v}_1$, $\boldsymbol{p}_2=m_2\boldsymbol{v}_2$ 和 $\boldsymbol{p}_1'=m_1\boldsymbol{v}_1'$, $\boldsymbol{p}_2'=m_2\boldsymbol{v}_2'$ 分别为两质点在时刻 t 和 t' 的动量。上式左边是两个质点组成的系统在时刻 t' 的总动量,右边是这系统在时刻 t 的总动量。于是我们得出结论:不论时刻 t 和 t' 如何,总动量均保持一样。换句话说,一系统由两个质点组成,如果这两个质点只受到它们之间的相互作用,则这系统的总动量保持恒定,即

$$\boldsymbol{p}_1+\boldsymbol{p}_2=\text{常量}, \tag{2.9}$$

这结果就是动量守恒定律,它是物理学中最基本的普适定律之一。

在当今的宇航时代里,火箭恐怕算得上是动量守恒定律最重要的应用之一了。下面我们简要地介绍一下火箭的原理(见图 2-9)。

设在某一时刻,火箭和燃料的总质量为 m,它们对基本参考系的速度为 $\boldsymbol{v}$,经过时间 $\mathrm{d}t$ 以后,质量为 $\mathrm{d}m$ 的燃料被喷出,它对基本参考系的速度为 $\boldsymbol{u}$,而这时剩下质量 $m-\mathrm{d}m$,对基本参考系为 $\boldsymbol{v}+\mathrm{d}\boldsymbol{v}$ 的速度前进,故动量的改变为

$$[(m-\mathrm{d}m)(\boldsymbol{v}+\mathrm{d}\boldsymbol{v})+(\mathrm{d}m)\boldsymbol{u}]-m\boldsymbol{v}\approx m\,\mathrm{d}\boldsymbol{v}+(\boldsymbol{u}-\boldsymbol{v})\,\mathrm{d}m,$$

令 $\boldsymbol{C}=\boldsymbol{u}-\boldsymbol{v}$ 代表喷出的燃料 $\mathrm{d}m$ 对火箭 m 的相对速度(称为喷气速度),则动量的改变可写为 $m\mathrm{d}\boldsymbol{v}+\boldsymbol{C}\mathrm{d}m$. 为简单起见,我们考虑火箭在外层空间运动,那里重力效应和空气阻力都足够小,在一级近似中可略去。于是根据动量守恒定律,

$$m\,\mathrm{d}\boldsymbol{v}+\boldsymbol{C}\,\mathrm{d}m=0, \qquad \text{或} \qquad \mathrm{d}\boldsymbol{v}=-\boldsymbol{C}\frac{\mathrm{d}m}{m}. \tag{2.10}$$

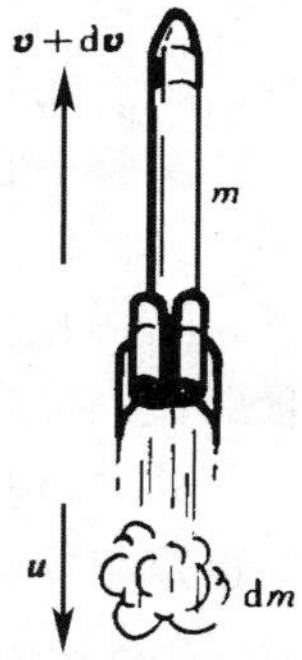

图 2-9

火箭原理

假定喷气速率 C 恒定,火箭的初质量为 m_0,初速为 0,则末速 v 与末质量 m 的关系可通过对上式的积分得到:

$$\int_0^v \mathrm{d}v=-C\int_{m_0}^m\frac{\mathrm{d}m}{m}, \qquad \text{即} \qquad v=C\ln\frac{m_0}{m}. \tag{2.11}$$

我们考查一下(2.11)式的含义。第一件可注意的事,是火箭获得的速度 v 与喷气速率 C 成正比。通过化学燃烧所能达到最高 C 值的量级大约是 5000 m/s,实际上由于燃烧不完全和其他损失,很难超过这理论值的 50%。这在普通的情况下当然可以算得上是相当高的,但比起带电粒子在电场作用下所能获得的速度来说就小多了,后者可以接近光速(3×10^8 m/s)。由此曾引起人们对离子火箭,甚至光子火箭的遐想。可惜它们喷射物的质量都太小,从而推动力太小,亦即所需的加速过程太漫长了。

(2.11)式的另一个重要特点是 v 与质量比 m_0/m 的对数成正比,这对燃料的携带来说是很不合算的。例如,要使火箭速度 v 达到喷气速率 C 的 n 倍,则需 $\ln(m_0/m)=n$,即 $m_0/m=\mathrm{e}^n$,或者说,燃料质量 m_0-m 与火箭有效载荷 m 之比为

$$\frac{m_0-m}{m}=\mathrm{e}^n-1.$$

当 $n=4$,这比值已达 53.6。非常大的质量比在实际中是不能容忍的,用多级火箭可避免这一困难。

从现代的理论高度来认识,动量守恒定律是惯性参考系中空间平移不变性的直接推论❶,因而其适用性是十分普遍的。从实践的角度看,迄今为止,人们未发现动量守恒定律有任何例外。因此,物理学家们对这条定律和对能量守恒定律一样,是有充分信心的。每当在实验中观察到似乎是违反动量守恒定律的现象时,物理学家就提出一些新的假设来补救,最后总是以有所发现而胜利告终。例如,β 衰变是从一个原子核 A 射出一个电子 e 后转化为另一原子核 B 的过程。如果没有其他粒子牵涉进去,这过程可写为

$$\mathrm{A}\rightarrow\mathrm{B}+\mathrm{e},$$

如果 A 基本上是孤立的,且开始是静止的,则不管其他的细节如何,对动量守恒定律的笃信使我们预言,B 不可避免地将在射出来的电子相反的方向上反冲。但 β 衰变的云室照片显示,二者的径迹并不在一条直线上。如果坚持终态的总动量和初态的一样为 0,那就得假设这里还存在另

❶ 1918 年德国数学家内特(E.Nöther)发表了一条定理,其结论的大意是:由自然界的每一条不变性原理可导出一条守恒律。她的定理是在拉格朗日作用变分的理论框架下证明的,在经典的宏观范围里并不普遍成立,譬如它不适用于耗散系统。在微观领域,人们倾向于认为,自然界的规律可用一条变分原理统一地表述。恐怕应该说,首先是物理学家们对一些守恒律坚信不疑,激发了他们偏爱这样一个统一的变分原理表述。反过来,正是在这样的理论结构中才建立起不变性和守恒律之间物理上的重要联系。

一个未被发现的粒子。泡利(W.Pauli)为解释β衰变中的各种反常现象,于1930年提出中微子假说。虽然此后多年来陆续找到不少中微子存在的间接证据,但直到26年后,即1956年,人们终于在实验中直接找到了它。

又例如,动量守恒定律本来是针对机械运动的,在电磁学中人们发现,两个运动着的带电粒子,在它们之间的电磁相互作用下,二者动量的矢量和看起来也似乎是不守恒的。物理学家把动量的概念推广到电磁场,把电磁场的动量也考虑进去,总动量又守恒了。

总之,现今我们坚信,动量守恒定律是物理学中最普遍的规律之一。它与下一章要讲的能量守恒定律一起,在理论探讨和实际应用方面都发挥着十分巨大的威力。

2.5 力和力的叠加原理 质点组动量守恒的条件

前面我们看到,一对质点在相互作用中传递着动量。在时间间隔$\Delta t = t' - t$内,质点2失去的动量$\Delta \boldsymbol{p}_2 = \boldsymbol{p}'_2 - \boldsymbol{p}_2 = m_2(\boldsymbol{v}'_2 - \boldsymbol{v}_2)$等于质点1获得的动量$\Delta \boldsymbol{p}_1 = \boldsymbol{p}'_1 - \boldsymbol{p}_1 = m_1(\boldsymbol{v}'_1 - \boldsymbol{v}_1)$,即

$$\Delta \boldsymbol{p}_1 = -\Delta \boldsymbol{p}_2,$$

在单位时间内两质点间交换的动量为

$$\frac{\Delta \boldsymbol{p}_1}{\Delta t} = -\frac{\Delta \boldsymbol{p}_2}{\Delta t},$$

求$\Delta t \to 0$时的极限,则得

$$\frac{\mathrm{d}\boldsymbol{p}_1}{\mathrm{d}t} = -\frac{\mathrm{d}\boldsymbol{p}_2}{\mathrm{d}t}, \tag{2.12}$$

这个量反映了每个质点在相互作用中动量矢量的瞬时变化率。我们定义,*质点2给质点1的力$\boldsymbol{f}_{12}$,为单位时间内质点2传递给质点1的动量*:

$$\boldsymbol{f}_{12} = \frac{\mathrm{d}\boldsymbol{p}_1}{\mathrm{d}t} = \frac{\mathrm{d}(m_1\boldsymbol{v}_1)}{\mathrm{d}t}. \tag{2.13}$$

反之,与此同时质点1给质点2的力$\boldsymbol{f}_{21}$则为单位时间内质点1传递给质点2的动量:

$$\boldsymbol{f}_{21} = \frac{\mathrm{d}\boldsymbol{p}_2}{\mathrm{d}t} = \frac{\mathrm{d}(m_2\boldsymbol{v}_2)}{\mathrm{d}t}. \tag{2.14}$$

由(2.14)式有

$$\boldsymbol{f}_{12} = -\boldsymbol{f}_{21}, \tag{2.15}$$

这就是*牛顿第三定律*。

在现实问题中往往涉及不止两个质点,为此我们需要建立*物体系*或*质点组*的概念。物体系,或者叫做系统,由若干个相互作用着的物体(质点)组成。我们假定,动量是在各质点两两之间传递的。用"力"的语言来叙述,就是我们假定只有两体力(binary force)。每个质点i动量$\boldsymbol{p}_i$的增加,是所有其他质点传递给它的动量的矢量和;或者说,质点i所受的力$\boldsymbol{f}_i$等于所有其他质点j给它的力$\boldsymbol{f}_{ij}$的矢量和:

$$\frac{\mathrm{d}\boldsymbol{p}_i}{\mathrm{d}t} = \boldsymbol{f}_i = \sum_{j(\neq i)} \boldsymbol{f}_{ij}, \tag{2.16}$$

此式可称为*力的叠加原理*。

为了处理问题的需要,人们常常从一个无所不包的大物体系中分离出一部分,作为考虑的对象。这时我们把分离出来的子系统就称为"系统",而把大系统的其余部分称为它的外部环境。系统内质点之间的相互作用力称为*内力*,系统外部质点给它们的力称为*外力*。于是

$$\boldsymbol{f}_i=\boldsymbol{f}_{i外}+\boldsymbol{f}_{i内},\tag{2.17}$$

$$\boldsymbol{f}_{i内}=\sum_{j(\neq i)}\boldsymbol{f}_{ij},\qquad \boldsymbol{f}_{i外}=\sum_{j'}\boldsymbol{f}_{ij'},\tag{2.18}$$

这里质点 i、j 属于系统，质点 j' 不属于系统。

把系统看作一个整体，总动量为 $\boldsymbol{P}=\sum\limits_i\boldsymbol{p}_i$，它所受到的总力为

$$\boldsymbol{F}=\frac{\mathrm{d}\boldsymbol{P}}{\mathrm{d}t}=\sum_i\frac{\mathrm{d}\boldsymbol{p}_i}{\mathrm{d}t}=\sum_i\boldsymbol{f}_i=\sum_i(\boldsymbol{f}_{i外}+\boldsymbol{f}_{i内})=\boldsymbol{F}_外+\sum_i\sum_{j\neq i}\boldsymbol{f}_{ij},\tag{2.19}$$

式中

$$\boldsymbol{F}_外=\sum_i\boldsymbol{f}_{i外}=\sum_i\sum_{j'}\boldsymbol{f}_{ij'}$$

为系统所受的合外力，因牛顿第三定律 $\boldsymbol{f}_{ij}=-\boldsymbol{f}_{ji}$，内力的矢量和为 0，因此 $\boldsymbol{F}=\boldsymbol{F}_外$，(2.19) 式化为

$$\boldsymbol{F}_外=\frac{\mathrm{d}\boldsymbol{P}}{\mathrm{d}t}.\tag{2.20}$$

如果系统所受的合外力 $\boldsymbol{F}_外=0$，则

$$\frac{\mathrm{d}\boldsymbol{P}}{\mathrm{d}t}=0,$$

或

$$\boldsymbol{P}=\sum_i\boldsymbol{p}_i=常量。\tag{2.21}$$

这是动量守恒定律(2.10) 式的推广。此式不仅把系统扩充到两个质点以上，而且不要求系统必须孤立。只要系统所受的合外力为 0，其总动量就是守恒的。此外，(2.20) 式是个矢量式，它的每个分量式都成立。故只要系统所受合外力的某个分量等于 0，总动量的相应分量就守恒。我们日常遇到的事物常常是在地面上发生的，此时重力与地面的支撑力抵消，当摩擦力可忽略时，动量的水平分量守恒。下面几个例子都属于这种情况。

例题 2　当人在车(或船) 上行走时，如车与地面(或船与水) 的摩擦力可以忽略，已知人对地的速度为 $\boldsymbol{v}_1$，或已知人对车(或船) 的速度为 $\boldsymbol{v}_1'$，试计算车(或船) 对地的速度 $\boldsymbol{v}_2$. 设开始时人和车(或船) 相对地(或水) 是静止的(见图 2-10)。

解：由于外力(重力和地面的支持力或水的浮力) 抵消，各种阻力又可以忽略，故系统的动量守恒。设人和车(或船) 的质量分别为 m_1 和 m_2，若已知人对地的速度为 $\boldsymbol{v}_1$，而且开始时人、车(或船) 都是静止的，则

$$m_1\boldsymbol{v}_1+m_2\boldsymbol{v}_2=0,$$

或

$$\boldsymbol{v}_2=-\frac{m_1}{m_2}\boldsymbol{v}_1.$$

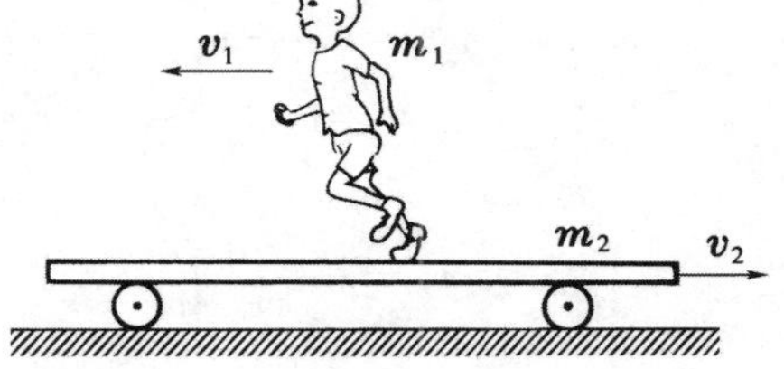

图 2-10 例题 2——人在车上行走时的动量

若已知人对车(或船) 的速度为 $\boldsymbol{v}_1'$，则由于应用动量守恒定律时，必须把有关速度写成是同一惯性参考系的速度，故有

$$m_1(\boldsymbol{v}_1'+\boldsymbol{v}_2)+m_2\boldsymbol{v}_2=0,$$

(注意，这里用到了相对速度的公式 $\boldsymbol{v}_{人对地}=\boldsymbol{v}_{人对车}+\boldsymbol{v}_{车对地}$，) 于是

$$(m_1+m_2)\boldsymbol{v}_2=-m_1\boldsymbol{v}_1',$$

由此解得

$$\boldsymbol{v}_2=-\frac{m_1}{m_1+m_2}\boldsymbol{v}_1'.\quad \blacksquare$$

例题 3　如图 2-11 所示，炮车和炮弹的质量分别为 M 和 m，炮弹出口时相对于地面的速度为 $\boldsymbol{v}$，仰角为 α，求炮车的反冲速度 $\boldsymbol{V}$，设炮车与地面的摩擦可忽略。

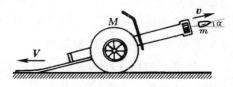

图 2-11 例题 3—— 炮的反坐

解： 以炮车和炮弹为物体系。在炮弹发射过程中，如果略去地面对炮车的摩擦力，则动量沿水平方向的分量守恒。因 $m \ll M$，$V \ll v$，炮弹出口速度基本上就是它相对于基本参考系的速度，故有

$$m v \cos\alpha + M V = 0, \qquad \text{即} \qquad V = -\frac{m}{M} v \cos\alpha.$$

式中负号表示炮车反冲速度的方向向后。▌

例题 4　两个溜冰者 A 和 B，质量都是 70 kg，各以 1 m/s 的速率互相趋近。A 拿着一质量为 10 kg 的木球，两人都能以相对于他们自己 5 m/s 的速率扔球，为了避免相撞，他们在相距 10 m 时开始来回地扔球，设球在每人手里停留 1s. 扔一次够吗？扔两次（即 A 接到回球）如何？如果球重为原来的一半，但他们能够扔得快一倍，他们须扔多少次？把全部情节画在一张时间-位移的图上，图中溜冰者的位置以横坐标来表示，时间的进展用纵坐标数值的增长来表示。（把溜冰者的初始位置画在 $x = \pm 5$ m 处，并将球的运动的空间-时间记录包括在图中。）

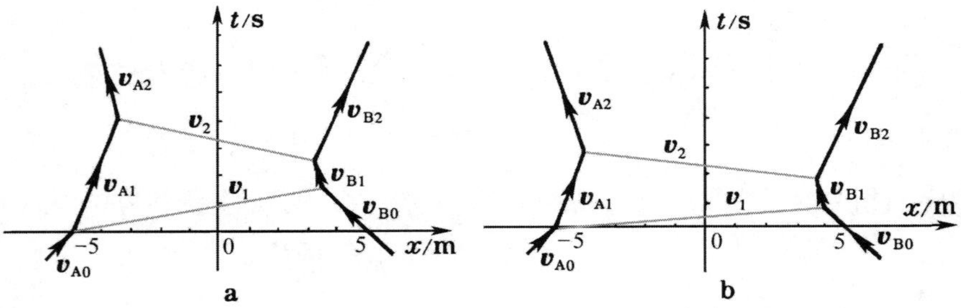

图 2-12　例题 4——溜冰者交换木球以避免碰撞

解： 令 m_A、m_B、m 分别代表 A、B 和木球的质量，$v_{A0}, v_{A1}, v_{A2}, \cdots, v_{B0}, v_{B1}, v_{B2}, \cdots, v_1, v_2, \cdots$ 分别代表 A、B 和木球各次的速度（见图 2-12），Δv 为木球的相对出手速度，根据动量守恒定律，我们有

$$v_1 = v_{A1} + \Delta v,$$

$$(m_A + m) v_{A0} = m_A v_{A1} + m v_1,$$

$$v_{A1} = v_{A0} - \frac{m \Delta v}{m_A + m}, \qquad v_1 = v_{A0} + \frac{m_A \Delta v}{m_A + m},$$

$$v_2 = v_{B2} - \Delta v,$$

$$m_B v_{B0} + m v_1 = (m_B + m) v_{B1} = m_B v_{B2} + m v_2,$$

$$v_{B1} = \frac{m_B v_{B0} + m v_1}{m_B + m}, \quad v_{B2} = v_{B1} + \frac{m \Delta v}{m_B + m}, \quad v_2 = v_{B1} - \frac{m_B \Delta v}{m_B + m},$$

$$m_A v_{A1} + m v_2 = (m_A + m) v_{A2} = \cdots,$$

$$v_{A2} = \frac{m_A v_{A1} + m v_2}{m_A + m},$$

…………

按题中所给的数据 $m_A = m_B = 70$ kg 和 $v_{A0} = 1$ m/s，$v_{B0} = -1$ m/s，计算结果如表 2-1 所示。由此可见，a,b 两情形差不多，第一次 A 扔球给 B 后相对速度仍为负，即两人继续接近；第二次 B 扔球给 A 后相对速度变正，即两人开始远离。两情形的空间－时间记录见图 2-12 a,b. ▌

表 2-1

情　形	a	b
m/kg	10.0	5.0
Δv/(m·s^{-1})	5.0	10.0
相对速度 $(v_{B0} - v_{A0})$/(m·s^{-1})	− 2.0	− 2.0
v_1/(m·s^{-1})	5.375	10.333
v_{A1}/(m·s^{-1})	0.375	0.333
v_{B1}/(m·s^{-1})	− 0.203	− 0.244
相对速度 $(v_{B1} - v_{A1})$/(m·s^{-1})	− 0.578	− 0.577
v_2/(m·s^{-1})	− 4.578	− 9.577
v_{B2}/(m·s^{-1})	0.422	0.423
v_{A2}/(m·s^{-1})	− 0.244	− 0.328
相对速度 $(v_{B2} - v_{A2})$/(m·s^{-1})	0.666	0.751
……	……	……

上题所描绘的情景为粒子之间的相互作用（这里是排斥作用）提供了一个直观的模型。

2.6 牛顿定律　冲量　动量定理

如果我们所选择的系统只包含一个质点（$i = 1$），则所有其他质点 j 给它的力 $\boldsymbol{f}_{1j}$ 都是外力，（2.20）式中的下标“外”可以省略，

$$\boldsymbol{F} = \frac{d\boldsymbol{P}}{dt} = \frac{d(m\boldsymbol{v})}{dt}. \tag{2.22}$$

若质量 m 不变❶,上式又可写为

$$\boldsymbol{F}=m\frac{\mathrm{d}\boldsymbol{v}}{\mathrm{d}t}=m\boldsymbol{a},\tag{2.23}$$

这里 $\boldsymbol{a}=\mathrm{d}\boldsymbol{v}/\mathrm{d}t$ 是质点的加速度。(2.23) 式是牛顿第二定律在通常教科书中的表达式,(2.22) 式则是它更一般的形式,在相对论中也适用。

牛顿第一定律就是伽利略的惯性定律,2.5 节给出了牛顿第三定律,这里又得到了牛顿第二定律。这样,我们便从惯性和动量的概念出发导出了全部牛顿运动定律。

若在 t_0 到 t 的一段时间内作用在一个质点上的力 $\boldsymbol{f}$ 随时间变化,问在这段时间内它的动量共改变了多少,则可将(2.22) 式或(2.23) 式改写成

$$\boldsymbol{f}\,\mathrm{d}t=\mathrm{d}\boldsymbol{p},$$

两边积分,得

$$\int_{t_0}^{t}\boldsymbol{f}\,\mathrm{d}t=\boldsymbol{p}-\boldsymbol{p}_0=m(\boldsymbol{v}-\boldsymbol{v}_0),\tag{2.24}$$

上式左端的矢量 $\boldsymbol{I}\equiv\int_{t_0}^{t}\boldsymbol{f}\,\mathrm{d}t$ 称为在时间间隔 t_0 到 t 内作用在物体上的冲量(impulse)。(2.24) 式称为动量定理,用文字来表述,则有:

在一段时间内物体动量的增量,等于此时间间隔内作用在该物体上的冲量。

由动量定理易见,若 $\boldsymbol{f}$ 的大小有限,并且作用时间非常短促,即 $t-t_0\to 0$,则 $\boldsymbol{p}-\boldsymbol{p}_0\to 0$,动量(或物体的运动状态)不发生有限的变化。例如当我们迅速地把盖在杯上的木片打去,则摩擦力的瞬时作用不足以使木片上的鸡蛋的动量有可观的变化,因而鸡蛋就掉在杯里(见图 2-13);如果慢慢地把木片拉开,则鸡蛋就会跟着木片一起移动。

图 2-13 冲量与时间间隔长短的关系

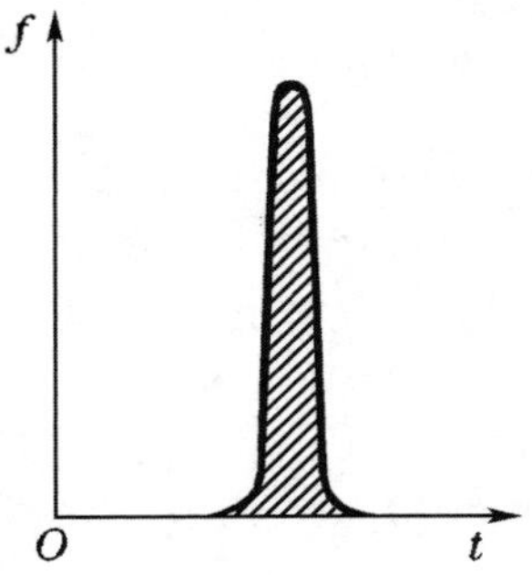

图 2-14 冲击力的冲量

如果物体间的相互作用时间很短,而动量却发生了有限(可观) 的变化,这时相互作用力必然是很大的,这种力称为冲击力。冲击力与时间的关系一般如图 2-14 所示,图中曲线下的面积等于力的冲量(亦即动量的增量)。平均冲击力为

$$\overline{\boldsymbol{f}}=\frac{\boldsymbol{p}-\boldsymbol{p}_0}{t-t_0},\tag{2.25}$$

其中 Δt 为动量由 $\boldsymbol{p}_0$ 改变至 $\boldsymbol{p}$ 所经过的时间。显然,在 $\boldsymbol{p}-\boldsymbol{p}_0$ 一定的情况下,$\Delta t=t-t_0$ 越小则 $\overline{\boldsymbol{f}}$ 越大。冲击力在生产实践中有广泛的应用。

例题 5 一重锤从高度 $h=1.5\,\mathrm{m}$ 处自静止下落,锤与被加工的工件碰撞后末速为 0.若打击时间 Δt 为 10^{-1}s、10^{-2}s、10^{-3}s 和 10^{-4} s,试计算这几种情形下平均冲击力与重力的比值。

解: 选取如图 2-15 所示的 z 坐标。重锤 m 与工件撞击前的速度 $v_0=-\sqrt{2gh}$,撞击后的速度 $v_z=0$. 在撞

❶ 在牛顿力学中一个质点的质量本来就是不变的。如果一物体各部分之间发生分离(如火箭与它喷出的气体),我们可以把它们分割成多个物体(质点) 来处理。但在相对论中,质点的质量 m 与速度 v 有关,这时(2.22) 式中的 m 不能看成不变的。

击时间 Δt 内，重锤给工件的冲击力 N 和重力 mg 在起作用。根据质点动量定理，有

$$\int_0^{\Delta t}(N-mg)\,\mathrm{d}t = mv_z - mv_0 = m\sqrt{2gh},$$

$$\overline{N}\Delta t - mg\Delta t = m\sqrt{2gh},$$

$$\frac{\overline{N}}{mg} = 1 + \frac{1}{\Delta t}\sqrt{\frac{2h}{g}} = 1 + \frac{0.55}{\Delta t}.$$

以 Δt 各值代入，计算结果列表如下：

Δt/s	0.1	10^{-2}	10^{-3}	10^{-4}
$\overline{N}/mg$	6.5	56	5.5×10^2	5.5×10^3

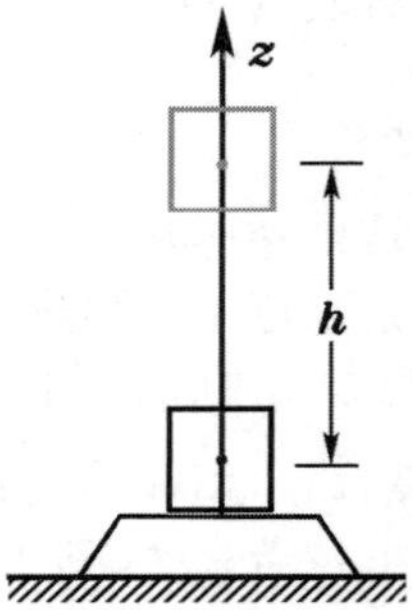

图 2-15 例题 5——重锤撞击在工件上的冲击力

计算结果表明，撞击作用持续时间越短，平均冲击力 $\overline{N}$ 与重力之比就越大。若作用持续的时间只有 10^{-4} s时，$\overline{N}$ 比 mg 要大 5500 倍，相比之下重力微不足道。因此，在许多打击或碰撞问题中，只要持续作用时间足够短，略去诸如重力这类有限大小的力是合理的。

例题 6　虽然单个细微粒子撞击一个巨大物体上的力是局部而短暂的脉冲，但大量粒子撞击在物体上产生的平均效果是个均匀而持续的压力。为简化问题，我们设粒子流中每个粒子的速度都与物体的界面（壁）垂直，并且速率也一样，皆为 v. 此外，设每个粒子的质量为 m，数密度（即单位体积内的粒子数）为 n. 求下列两种情况下壁面受到的压强：

(1) 粒子陷入壁面；

(2) 粒子完全弹回。

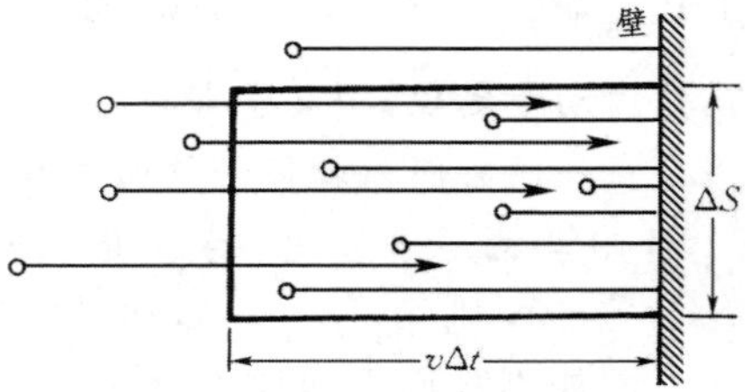

图 2-16 例题 6——粒子流撞击壁面的压强

解：在情况(1)中每个粒子传递给壁的动量为 $\Delta p = mv$，在情况(2)中每个粒子的动量由 mv 变为 $-mv$，故传递给壁的动量为 $\Delta p = mv-(-mv) = 2mv$，在 Δt 时间内粒子平移的距离为 $v\Delta t$.在壁上取一面元 ΔS，以 ΔS 为底、$v\Delta t$ 为高，作一柱体，如图 2-16 所示，这里包含了在 Δt 内撞击在壁上的全部粒子。此柱体的体积为 $\Delta V = v\Delta t\Delta S$，其中有 $n\Delta V = nv\Delta t\Delta S$ 个粒子。故在 Δt 时间内传递给壁的总动量为 $\Delta P = n\Delta V\Delta p = nv\Delta p\Delta t\Delta S$，即施加给壁的力 ΔF 和压强（单位面积上的力）为

$$\Delta F = \frac{\Delta P}{\Delta t} = nv\Delta p\Delta S,\qquad \frac{\Delta F}{\Delta S} = nv\Delta p = \begin{cases} nmv^2（情况 1）, \\ 2nmv^2（情况 2）. \end{cases}$$ ▌

§3. 牛顿三定律及其应用

3.1 牛顿三定律的表述

上文已在前后几处分散地引进了牛顿三定律，现在把它们的表述和有关的要点归纳一下，加以补充，整理在下面。

牛顿第一定律（惯性定律）：任何物体，只要没有外力改变它的状态，便永远保持静止或匀速直线运动的状态。

牛顿第二定律：在受到外力作用时，物体所获得的加速度的大小与外力矢量和的大小成正比，并与物体的质量成反比，加速度的方向与外力矢量和的方向相同。用公式表示，则有

$$\boldsymbol{a} = \boldsymbol{f}/m,\qquad 即\qquad \boldsymbol{f} = m\boldsymbol{a}. \tag{2.26}$$

牛顿第三定律：两物体 1,2 相互作用时，作用力和反作用力大小相等，方向相反，在同一直线

上。用公式表示,则有

$$\boldsymbol{f}_{12}=-\boldsymbol{f}_{21}. \tag{2.27}$$

牛顿三定律并非对所有参考系都成立,它们只在惯性参考系中成立。固定在地面上的参考系(基本参考系)是一个近似的惯性参考系。

牛顿三定律的研究对象是单个物体(质点)。若研究对象的运动情况比较复杂,它的各部分之间有相对位移,我们必须在思想上把它的各部分隔离开来,将牛顿三定律运用到每一部分上。这种方法叫做"隔离体法",是应用牛顿三定律分析问题时最常用的方法。有时也把复杂物体看作一个有内部相互作用的质点组,研究它的整体运动。

在§2里,"力"的概念是从动量守恒定律引入的,它是相互作用着的物体间单位时间内传递的动量。在许多情况下,我们仅仅讨论一个物体的运动,对与之相互作用的其他物体的情况不感兴趣,或无法一一考查,这时我们只需分析该物体受到的各种力,这种情况下使用力的概念就比较方便了。正如牛顿本人在《自然哲学的数学原理》前言中所说的:"……哲学的全部责任似乎在于——从运动的现象去研究自然界中的力,然后从这些力去说明其他现象",牛顿三定律是以力的概念为核心的。

在列举一些应用牛顿三定律的实例之前,下面先简单介绍一下我们在自然界中常遇到的各种力。

3.2 自然界中常见的力

我们在日常生活中遇到各种各样的力,如重力、绳中的张力、摩擦力、地面的支撑力、空气的阻力,等等。从最基本的层次看,上述各种力属于两大范畴:(1) 引力(这里重力是唯一的例子),(2) 电磁力(所有其他的力)。不要以为只有摩擦过的胶木棒吸引通草球、磁石吸铁才是电磁力,其实绳中的张力、摩擦力、地面的支撑力、空气的阻力等,从微观上看,无不是原子、分子间电磁相互作用的宏观表现。除引力、电磁力外,目前我们只知道自然界还有另外两种基本的力,(3) 弱力(与某些放射性衰变有关),(4) 强力(将原子核内质子和中子"胶合"在一起的力,以及强子内部更深层次的力)。由于后面台面两种力的力程太短了,我们的感官不可能直接感受到它们。这里我们只介绍开头列举的那几种常见的力。

(1) 重力

地球上的任何物体都受到地心的引力,我们把它叫做*重力*(gravity),用 W 代表。称量重力可以用静力学方法(用秤来称),也可以用动力学方法(测重力加速度)。称物体所受重力的静力学方法,又可进一步分为两种:绝对测量(用弹簧秤)和相对测量(用等臂或不等臂的天平)。用静力学法测量物体所受的重力时,实际上测得的是该物体作用在支撑物(秤)上的力,我们把这个力的大小叫做物体的*重量*(weight)。下面我们将看到,不是在所有的情况下,测得物体的重量都与它所受的重力相等。在非惯性系中实测的重量是视重(apparent weight),即重力加惯性力构成的有效重力。

同一个物体A,用弹簧秤去称它的重量 W_A,会因在地球上的地点(如高度、纬度)不同,甚至测量时间不同,而小有差别。但是实验表明,用天平去比较两物体A、B的相对重量时,它们的比值 W_B/W_A 是不随地点、时间而异的。

平时人们常把质量和重量的概念混为一谈,从物理学的角度看,这当然是不对的,但二者之间存在着联系。我们可以选定一个"标准物体"(如在巴黎的千克原器),用下标0表示它。任何其他物体A的重量与标准物体的重量之比 W_A/W_0 是个与地点、时间无关，仅与物体A本身有关的常数。我们定义此比值为物体 A 的引力质量 $m_{A引}$ 与标准物体引力质量 $m_{0引}$ 之比：

$$m_{A引}/m_{0引}=W_A/W_0, \tag{2.28}$$

图 2-17 伽利略比萨斜塔自由落体实验

现在我们来看用动力学测重力的方法。根据牛顿第二定律，物体 A 所受的重力可通过它自由降落时获得的重力加速度 g_A 计算出来：

$$W_A=m_{A惯}\,g_A,$$

这里的 $m_{A惯}$ 是惯性质量。对于标准物体 0 有 $W_0=m_{0惯}\,g_0$，于是有

$$W_A/W_0=m_{A惯}\,g_A/m_{0惯}\,g_0,$$

代入(2.28) 式，得

$$\frac{m_{A引}}{m_{A惯}}=\frac{m_{0引}}{m_{0惯}}\frac{g_A}{g_0}. \tag{2.29}$$

在人们直觉的观念中，物体的大小和质料的不同(例如木球和铁球)，是会影响其重力加速度 g 的，几千年来亚里士多德学派的观点也是如此。我们知道，澄清这个问题也是伽利略的一个伟大历史功绩。不管比萨斜塔上的实验(图 2-17) 是否实有其事，但至今传为美谈。现在大家都知道，不同物体降落的快慢不同，是因为有空气的阻力。若能设法排除这个因素的影响，譬如让铜钱和鸡毛放在抽空的玻璃管内，使之自由降落(图 2-18)，它们就下降得一样快。然而从现代的标准看，伽利略的结论，即任何时刻在地球上任何同一地点所有自由落体获得的重力加速度 g 都相等，是否可以算得上是一条严格的物理定律？回答是肯定的，物理学家已用非常精密的实验验证了与此等价的结论。其中最著名的是 1890 年匈牙利物理学家厄特沃什(Eötvös) 扭秤实验，他实验的精度已达 5×10^{-9}.现在这类实验的精度不断提高，已达到 10^{-12} 的水平.

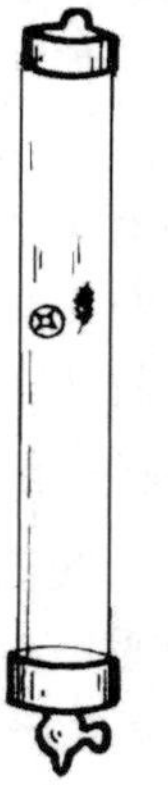

图 2-18 排除空气阻力的自由落体演示实验

有了这条结论，(2.29) 式中 $g_A=g_0$，从而对于任何物体 A 都有

$$\frac{m_{A引}}{m_{A惯}}=\frac{m_{0引}}{m_{0惯}}.$$

我们的标准物体 0 既是引力质量的标准，也是惯性质量的标准，也就是说，按定义 $m_{0引}\equiv m_{0惯}\equiv1$，于是按上式我们有

$$m_{A引}=m_{A惯}, \tag{2.30}$$

应注意，对于任意物体 A，这不再是定义，而是一条精确而普遍的定律了。这条定律非常重要，它是爱因斯坦创立广义相对论的实验基础。

有了(2.30) 式，在今后的计算中我们可以不再区分这两种质量，把物体 A 的重量简单地写成

$$W_A=m_A\,g.$$

但是这并不意味着两者在观念上等同。在必要的时候，我们还是要把它们区分开来的。

地心对地球上物体引力的大小，是与它到地心距离的平方成反比的。这是牛顿万有引力定律的一个特例，普遍的情况我们将在第七章专门讨论，本章里的例子主要只涉及地面附近物体受到的重力。

(2) 弹性力

物体在受力形变时，有恢复原状的趋势，这种抵抗外力，力图恢复原状的力就是弹性力。如

图 2－19 所示，一些弹性体（如弹簧）在形变不超过一定限度时，其弹性力遵从胡克定律（R.Hooke，1676）：

$$f = -kx, \tag{2.31}$$

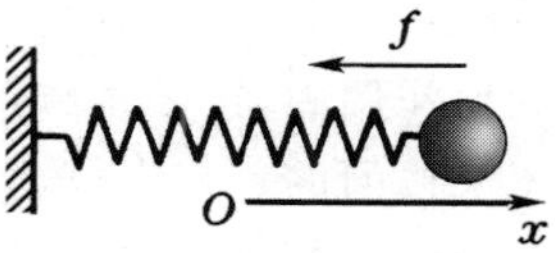

图 2－19 胡克定律

其中 k 称为弹性物体（弹簧）的劲度系数，x 为偏离平衡位置的位移，负号表示力与位移的方向相反。由此可见，弹性力的特征是：弹性力的大小与位移的大小成正比，方向指向平衡位置。故弹性力又称弹性恢复力。

绳子在受到拉伸时，其内部也同样出现弹性张力，不过一般由于形变不大，故常不考虑它的形变。我们首先解释一下，绳子上某点 P 处的张力 T 是什么意思？如图 2－20 所示，过 P 点作一个假想的平面将绳子分为两段，它们在此处相互施予一对拉力。这是一对作用力和反作用力，按照牛顿第三定律，必然大小相等，方向相反。其大小 T 叫做绳子在该点的张力，方向与绳子在该点的切线平行。

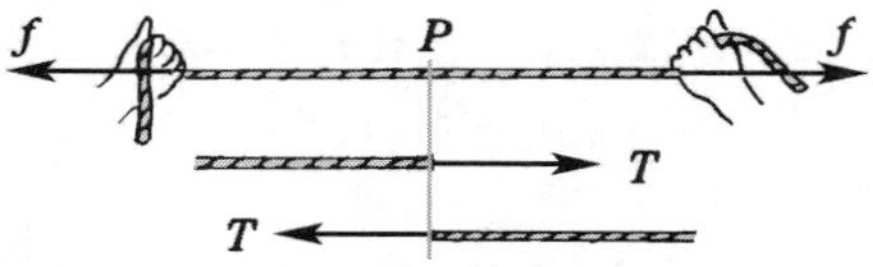

图 2－20 绳中的张力

是否绳子上各点的张力都相等？这张力是否等于绳子两端所受的外力 f？也许应该先问，绳子两端所受的外力是否大小相等，方向相反？显然这些问题的答案应该是有条件的，下面我们用牛顿三定律和上文提到的隔离体法来分析这些条件。

我们仍假定，绳子的形变可以忽略，认为它不能伸长。这里还有两个问题：一是这条拉紧的绳子除两端受力外，中间各段是否还受其他力？二是这条绳子有无加速度？绳子中段所受常见的外力是重力和摩擦力。有关摩擦力对绳子中张力分布的影响问题，留待下文讨论，此处讨论重力和加速度的影响。设绳子的质量线密度（单位长度的质量）为 η. 绳子水平放置时，重力没有影响。若绳子有水平加速度 a，则可在绳子上隔离出长度为 Δl 的任意一小段（见图 2－21a），这一小段的质量为 $\eta\Delta l$，按照牛顿第二定律，两端的张力差应为

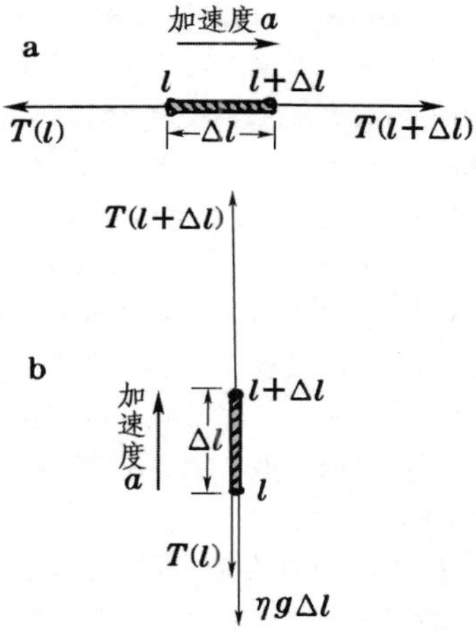

图 2－21 绳中张力的分布

$$\Delta T = T(l+\Delta l) - T(l) = \eta\Delta l\, a. \tag{2.32}$$

若将绳子垂直地悬挂起来（见图 2－21b），静止不动时，则按静力学平衡条件，被隔离出来的那小段 Δl 两端的张力差为

$$\Delta T = T(l+\Delta l) - T(l) = \eta\Delta l\, g; \tag{2.33}$$

有垂直加速度 a 时，则有

$$\Delta T = T(l+\Delta l) - T(l) = \eta\Delta l\,(g \pm a), \tag{2.34}$$

式中 a 向上时取加号，向下时取减号。

由此可见，重力和加速度都要通过绳子的质量起作用，当绳子的质量可忽略时，$\eta \to 0$，上列所有的 $\Delta T \to 0$. 在这种情况下绳子上各点的张力相等，这张力等于绳子两端所受的外力 f，从而绳子两端所受的外力必定大小相等，方向相反。

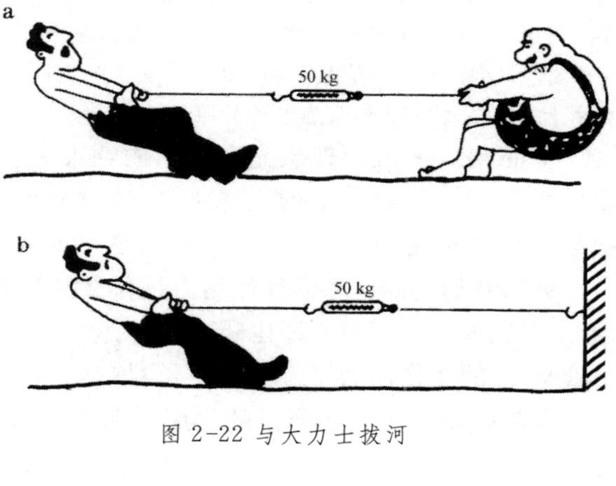

图 2-22 与大力士拔河

拔河的游戏是大家熟悉的。两人直接手拉手地比赛,他们彼此之间施与的力是一对作用力和反作用力,按照牛顿第三定律,必然大小相等,方向相反。然而平常更多的情况是通过一根绳子来拔河的。与人体相比绳子的质量往往可以忽略,从而按照上文的分析,绳子两端所受的力也总应大小相等,方向相反。

且慢! 说到这里也许有不同的意见。请听

甲:"像图 2-22a 中那个瘦弱的男子和那个粗壮的大力士拔河,绳子两端受到的力能一样大吗?"

乙:"大力士再强壮,比不过一堵墙。若像图 2-22b 中那样,把绳子的一端固定在墙上,让那个瘦人去拉另一端,绳子两端的张力不是也一样大吗?"

甲:"那是因为墙是死的,它给出的反作用力是被动的。而大力士在主动地用力气,他可以使出比瘦人大得多的力。绳子在墙上那端的张力只是瘦子一个人的力,两人拔河时绳子中点的张力等于两人用力之和。"

乙:"可是你看,在两种情况下系在绳子中间弹簧秤的读数却是一样的呀!"

谁是谁非,我们暂不评论,请读者自己去判断。不过这里使我们想起一个历史上的故事。17 世纪在德国,一位马德堡市的市长名叫居里克(Otto von Güricke),他发明了可以抽真空的空气泵。为了演示大气压的巨大威力,他于 1654 年 5 月 8 日在国会议员面前表演了两个半球的实验。这里复制的图 2-23 显示了当时的壮观场面。他本人对此是这样描述的:"我订做了一对铜半球,直径约 3/4(马德堡)尺,…… 两半是完全一样的,一半上装有阀门,可从这里把球中的空气抽走。此外,两半都有可穿绳索的铁环,以便套上马匹来拉。然后我又订做了一个浸了石蜡的松节油溶液的皮圈,放在两半球之间以防漏气。从中快速把空气抽掉,这时两半球将皮圈压得如此之紧,十六匹马或者全然不能拉开,或者勉强拉开,也非常吃力。……"我们请读者仔细看一看图,十六匹马是怎样部署的。它们每八匹一队,分成两队,像人们拔河那样,向相反的方向拉。我们不禁要问:如果当时将一头的绳索拴在一棵粗壮的大树上,让所有的马匹集中到另一头去拉,需要八匹还是十六匹马才能拉开? 按上述某甲的看法,两种方式的效果都一样;但是照某乙的意见,一头拴在大树上,另一头用八匹马就够了。果真如此,居里克用十六匹马,就有故弄玄虚之嫌了。

图 2-23 1654 年演示马德堡半球的场面

下面我们来讨论理想光滑面上的约束力。如图 2-24 所示,在水平桌面上放一砝码,此物受到桌子一个垂直向上的支撑力 N.这种支撑力本质上也是弹性力,因为它是在桌面与砝码接触后发生的形变引起的,尽管这种形变平时小得难以察觉。

如果我们要问: N 的反作用力是什么? 我们常听到这样一种说法:砝码用自身的重力压在桌面上,桌面的反作用力支撑住砝码。这就是说, N 是砝码重力的反作用力。 反过来说,砝码的重力就是 N 的反作用力了。这种分析对吗?

在牛顿第三定律中所说的作用力和反作用力,是一对物体 1、2 间的相互作用力。若作用力

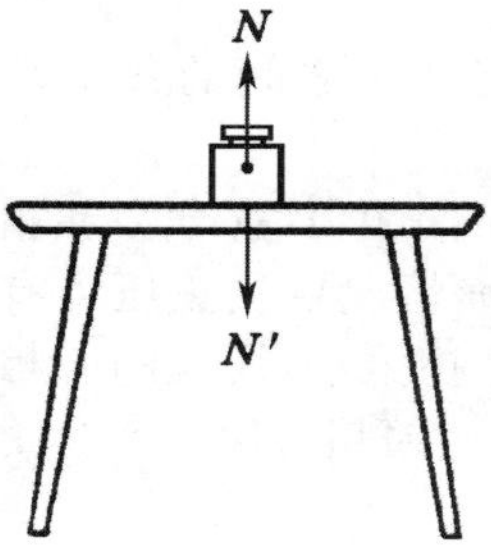

图 2-24 桌面的支撑力 N 及其反作用力 N'

是1给2的，反作用力必是2给1的，它们作用在不同物体上。此外，作用力和反作用力应属同种力，譬如说，都是重力，或者都是弹性力。从这种观点看，N 是桌面给砝码的作用力，它作用在砝码上，砝码的重力也作用在砝码上，两者作用在同一物体上，且属于不同种的力，砝码的重力不可能是 N 的反作用力。应该说，砝码与桌面接触后也发生微小弹性形变，施加给桌面一个压力 N'，N 和 N' 才是一对作用力和反作用力。

能否说，N' 就是砝码的重力传下来的，它们是一回事？我们说，两者不仅在概念上不是一回事，它们的大小也只有在无垂直加速度的情况下才相等。砝码所受的重力总是 $W=mg$；如果把桌子放在电梯里，砝码给桌面的压力 N' 就可能比 mg 大，也可能比 mg 小。这叫超重或失重现象，详见 §4.

若有人进一步要问，砝码所受重力的反作用力是什么？砝码所受重力是地球给它的引力，反作用力应是它吸引地球的力。由于地球的质量要大得多，此力的效果平时是难以察觉的。

约束力多种多样，桌面支撑力只是其中的一种。其他例子，如物体被限制在光滑的曲线或曲面上运动时受到的约束力，其方向也是沿曲线或曲面的法向的。就其本性而言，也属于弹性力。即使约束在粗糙曲线或曲面上运动，物体所受的约束力仍沿法向，不过这时还有切向的摩擦力。

(3) 摩擦力

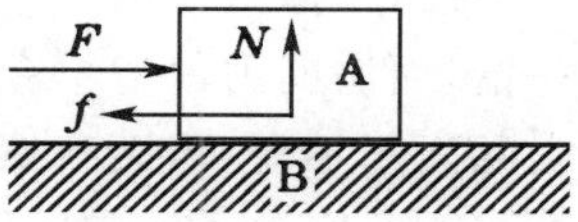

图 2-25 摩擦力

行驶着的汽车，当发动机关闭后，走一段距离就会停下来。我们推桌子时，如果用力较小就推不动。这些现象说明，当互相接触的物体作相对运动或有相对运动的趋势时，它们之间就有摩擦力。

摩擦有干摩擦和湿摩擦两种。干摩擦是固体表面之间的摩擦，又叫外摩擦；湿摩擦是液体内部或液体和固体的摩擦，又叫内摩擦。此外干摩擦又分静摩擦和滑动摩擦、滚动摩擦❶。现在我们只介绍静摩擦和滑动摩擦。

静摩擦：设有两个物体 A 和 B(如货物和地板) 相互接触，如图 2-25 所示。我们推货物时如果用力 F 较小就推不动。A不动的事实表明，B对A的摩擦力和外力 F 大小相等，方向相反，这种摩擦力是在A和B相对静止但却具有相对运动趋势的情况下发生的，称为静摩擦力。当外力逐渐增大时，静摩擦力也增大。但当外力达到某一数值时，A开始移动。可见静摩擦力增到一定数值后就不能再增大了，这一数值的静摩擦力叫做**最大静摩擦力**。实验证明：最大静摩擦力 f_0 与接触面间的正压力 N 成正比，即

表 2-2 静摩擦系数 μ

相互接触的物体对	μ
钢 - 钢(干面)	0.15
钢 - 钢(涂油面)	0.12
金属 - 木材(干面)	0.5
金属 - 木材(涂油面)	0.1
金属 - 皮带(干面)	0.56

$$f_0=\mu N, \tag{2.35}$$

式中的 μ 叫做静摩擦系数❷，它由相互接触物体的质料和表面情况(如粗糙程度、干湿程度) 决

❶ 刚体的滚动靠静摩擦(见第四章)，在这里静摩擦不作功，没有阻力，不耗散能量。所谓“滚动摩擦”，是指因形变(轮胎瘪、地面下陷等) 造成的阻力和耗散。

❷ 本书中今后不特别指明为滑动摩擦力或滑动摩擦系数时，“摩擦力”和“摩擦系数”均指静摩擦力和静摩擦系数。

定。表 2-2 列举了某些 μ 的数值。

必须注意，静摩擦力的大小由外力的大小决定，可随外力的增大取 0 到 f_0 之间的各个数值。当外力 $F \geqslant f_0$ 时，物体 A 相对于 B 发生运动。

滑动摩擦：当物体间有相对滑动时，出现一种阻止物体间相对运动的表面接触力，这个力和相对运动速度方向相反，叫做滑动摩擦力。滑动摩擦力不但与物体的质料、表面情况以及正压力有关，一般还和相对速度 v 有关。在滑动刚开始发生时，滑动摩擦力比最大静摩擦力小，而且随着相对速度的增大而继续减少，以后又随着相对速度的增大而增加。滑动摩擦力 f 随相对速度 v 的变化关系可粗略用图 2-26 表示。

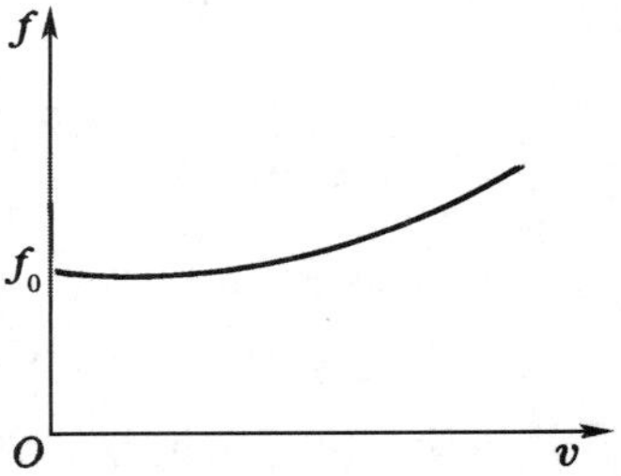

图 2-26 摩擦力与速度的关系

实验证明，滑动摩擦力 f 也和正压力 N 成正比，即

$$f = \mu' N, \tag{2.36}$$

式中 μ' 称为滑动摩擦系数，它和相对滑动速度 v 有关。

对于两个给定表面，滑动摩擦实际上与接触表面面积的大小无关，对这个事实也许有人觉得奇怪。按照目前较流行的一种理论认为，这是因为实际接触面积是属于原子尺度的，它只占总的几何接触面积的一个极微小的部分，而摩擦力的出现是由于在原子接触的这些微小区域内原子之间的相互作用力。原子接触面积占几何接触面积的比例，正比于法向力除以几何接触面积。因此，当法向力增大一倍，原子接触面积也增大一倍，摩擦力便增大一倍，这就是摩擦力正比于正压力的原因。但是，如果几何接触面积增加一倍，而法向力保持不变，则原子接触面积占几何接触面积的比例减小一半，即原子接触面积的实际面积不变，因而摩擦力也不变。对于非刚性的物体，例如汽车轮胎等，摩擦力的情况更为复杂。有关摩擦力的起因及微观机理，尚有许多未知领域，有待进一步探讨。

摩擦在实际中具有很重要的意义。摩擦的害处主要是消耗大量有用的能量，使机器的运转部件发热，甚至烧毁，因而不得不进行冷却。减少摩擦的主要方法是化滑动为滚动，例如在机器中尽量使用滚珠轴承，另外是变干摩擦为湿摩擦，例如加润滑油。近年来已越来越多采用气垫悬浮和磁悬浮的先进技术来减少摩擦。另一方面，在许多场合下摩擦是必要的。例如人的行走，任何车辆的开动与制动，机器的传动（皮带轮），弦乐器（二胡、提琴等）的演奏……，没有摩擦或摩擦过小都不行，这时往往要想办法增大摩擦，例如在鞋底和轮胎上弄上些花纹。在失重状态下悬浮在飞船舱内的宇航员，因完全受不到摩擦力，他们的那种奇妙感受，是我们这些平常人从来也没有经历过的。如果不事先把自己的身体固定在舱壁的某件东西上，当他想开抽屉时，不但抽屉未被拉开，自己反而被拉过去；当他想拧紧螺丝钉时，螺丝钉未被拧动，自己的身体反而朝反方向旋转起来。

现在我们可以来裁决某甲和某乙围绕那场拔河比赛的争论了，胜负的关键在于脚下的摩擦力。[1]如果两人脚下地面的摩擦系数一样，大力士可能得到的最大静摩擦力 f_2 比瘦子的 f_1 大（图 2-27）。尽管两人拉绳子两端的力 f 总是大小相等，方向相反，当 $f_2 > f > f_1$ 时，大力士就能把瘦子拉过去。若让大力士站在光滑的冰

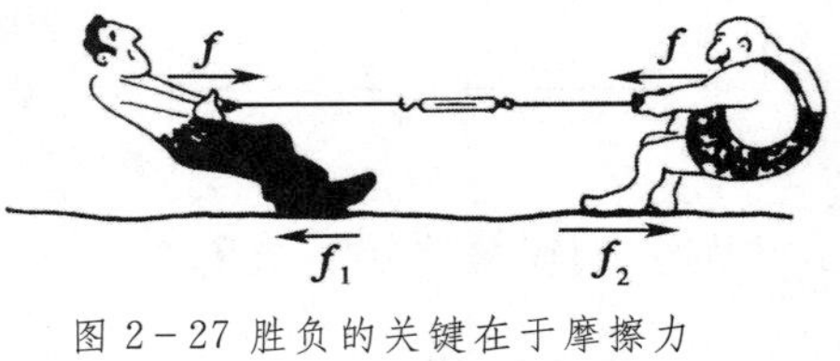

图 2-27 胜负的关键在于摩擦力

[1] 这里推论的是拔河的简化模型，把人体看成没有其他躯体动作（入下蹲，用力后仰）是刚体实际情况要复杂得多。

上，而瘦子站在粗糙的土地上，大力士有再大的力气也赢不了。所以，某甲错了，某乙是对的。

最后，我们看看摩擦力对绳子中张力分布的影响。有一种称为绞盘的装置，绳索绕在绞盘的固定圆柱上，当绳子承受负荷巨大的拉力 T_A，人可以用小得多的力 T_B 拽住绳子。设绳与圆柱的摩擦系数为 μ，绳子绕圆柱的张角为 Θ（见图 2-28）。下面分析这个问题。

如图 2-29 所示，用隔离体法，考虑在 θ 处对圆心张角 $\Delta\theta$ 的一段线元，分析它受力的情况。略去绳索质量，该线元受四个力的作用：两端张力 $T(\theta)$，$T(\theta+\Delta\theta)$，法向力 ΔN 和摩擦力 $\mu\Delta N$. 在无加速度的情况下四力的合成为 0.分为切向和法向分量，则有

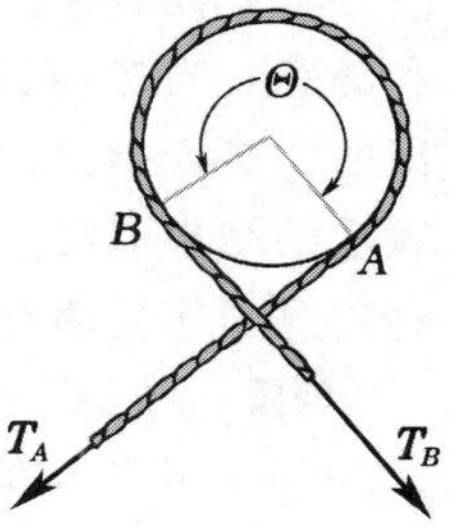

图 2-28 绞盘装置

$$\begin{cases} \text{切向：} \quad [T(\theta+\Delta\theta)-T(\theta)]\cos\dfrac{\Delta\theta}{2} = -\mu\Delta N, \\ \text{法向：} \quad [T(\theta+\Delta\theta)+T(\theta)]\sin\dfrac{\Delta\theta}{2} = \Delta N. \end{cases}$$

因 $\Delta\theta$ 很小，$\sin\dfrac{\Delta\theta}{2}\approx\dfrac{\Delta\theta}{2}$，$\cos\dfrac{\Delta\theta}{2}\approx 1$，$T(\theta+\Delta\theta)-T(\theta)\approx\Delta T$（$T$ 的微分增量），$T(\theta+\Delta\theta)+T(\theta)\approx 2T$，故上式可写为

$$\begin{cases} \mathrm{d}T = -\mu\Delta N, \\ T\Delta\theta = \Delta N. \end{cases}$$

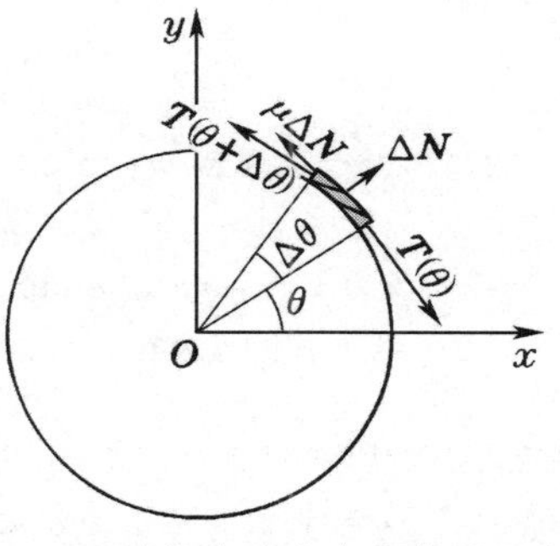

图 2-29 摩擦力对张力分布的影响

消去 ΔN 可得

$$\frac{\Delta T}{T} = -\mu\Delta\theta,$$

取 $\Delta\theta\to 0$ 的极限，

$$\frac{\mathrm{d}T}{T} = -\mu\,\mathrm{d}\theta,$$

设绞盘上 A、B 两点分别对应 $\theta=\theta_A$ 和 θ_B，对上式积分：

$$\int_{T_A}^{T_B}\frac{\mathrm{d}T}{T} = -\mu\int_{\theta_A}^{\theta_B}\mathrm{d}\theta, \quad \text{得} \quad \ln\frac{T_B}{T_A} = -\mu(\theta_B-\theta_A),$$

或

$$T_B = T_A\,\mathrm{e}^{-\mu\Theta} \tag{2.37}$$

式中 $\Theta=\theta_B-\theta_A$. 此式表明，张力随 θ 按指数减小，故很容易做到让 $T_B\ll T_A$.

若摩擦力可忽略，$\mu\to 0$，$T_B\approx T_A$，即两端绳的张力相等。这便是轻绳跨过无摩擦滑轮的情况。

以上谈的都是固体之间的摩擦问题，下面简短地谈谈流体与固体之间的摩擦。流体（气体和液体）不会对与它相对静止的物体施加摩擦力，但要对在其中运动的物体施加阻力。除流体本身的密度和黏滞性外，阻力 f 的大小还与运动物体的速度 v、横截面积 S 和形状等因素有关。第五章 §5 将对此问题作较详细的讨论，在此处我们仅给出一些重要结论，并用它们来分析一些物体在流体中的运动问题。粗略地说，在流体的黏滞性较大、运动物体较小、较慢的情况下，阻力 f 正比于 v、$\sqrt{S}$ 和黏滞性；在相反的情况下阻力 f 正比于 v^2 和 S，但与黏滞性无关。通常在空气里坠落、行驶或飞翔属于后一情况。

3.3 应用举例

动力学的典型问题可以归结为以下两类。

第一类问题：已知作用于物体（质点）上的力，由力学规律来决定该物体的运动情况或平衡状态。

第二类问题：已知物体的运动情况或平衡状态，由力学规律来推究作用于物体上诸力。

完全解决这两类问题，超出了本书的范围。对于第一类问题，现在只能由物体的相互作用通过牛顿第二定律及其他一些条件，计算物体的加速度。至于第二类问题虽然比较简单（就数学上的意义来说），但我们仍然只能解决一些比较简单的问题。本节的目的是通过一些特例，让读者初步掌握解决动力学问题的基本方法。

为使读者掌握分析和解决本类问题的方法和步骤，下面我们按部就班、不厌其详地进行讨论和解题。当然，在充分掌握了要领并且具有一定的解题能力以后，有些步骤是可以心算而不必列出的。必须指出的是，在解题过程中应尽量用物理量符号进行推演，一般要在得出以物理量符号表示的结果以后才代入具体数值和单位进行计算，因为这样便于检查每一步的正误，所得结果的物理意义比较明显，还可以减少计算过程中引入的附加误差，并且也便于确定单位。

例题 7　如图 2-30a 所示，用一细绳跨过一定滑轮，在绳的两端各悬质量为 m_1 和 m_2 的物体，其中 $m_1<m_2$，求它们的加速度及绳端的拉力。设滑轮和绳子质量可忽略，绳子与滑轮间没有滑动摩擦。

解：如图 2-30b，c，d 所示，将整个运动系统分三部分考虑。

质量为 m_2 的物体受两个力：重力 m_2g 和绳子拉力 T_2. 设要求的加速度为 a，方向向下，则根据牛顿第二定律，有

$$m_2g-T_2=m_2a, \tag{a}$$

同理，对于质量为 m_1 的物体，有

$$T_1-m_1g=m_1a. \tag{b}$$

绳子受两个力：m_1，m_2 给绳的拉力 T'_1 和 T'_2（T_1 和 T_2 的反作用力）。由于绳子质量可忽略，所以根据牛顿第二定律，有

$$T'_2-T'_1=0,$$

即

$$T'_2=T'_1.$$

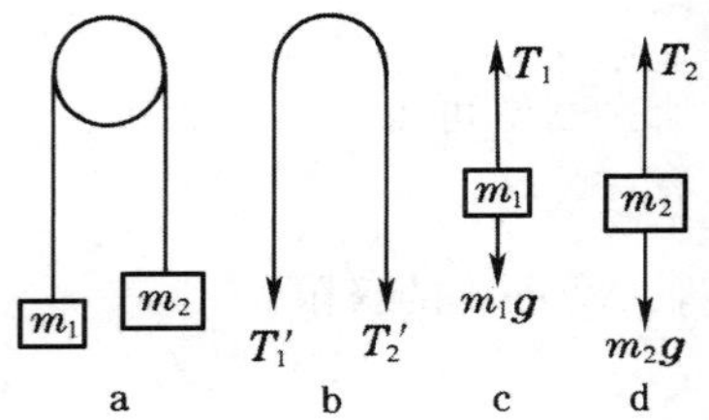

图 2-30 例题 7——跨在滑轮两边的物体

这就是说，在忽略绳与滑轮间的摩擦力和绳子质量的条件下，绳子两端的拉力相等，现以 T 表示此拉力，则(a)和(b)两式可写作：

$$m_2g-T=m_2a,$$
$$T-m_1g=m_1a.$$

联立上列二式，可解得

$$a=\frac{m_2-m_1}{m_1+m_2}g,$$
$$T=\frac{2m_1m_2}{m_1+m_2}g. \blacksquare$$

例题 8　伐木工人把一质量为 $m=100$ kg 的木料沿滑槽往山下运送，已知滑槽的水平倾角为 $\alpha=30°$，木料于滑槽的摩擦系数为 $\mu=0.2$，试分析每根木料所受的力，并求出其加速度。

解：首先分析问题的性质，为方便起见，选如图 2-31 所示的坐标系。

其次分析作用在木料上的力，重力 $\boldsymbol{P}$：

$$\begin{cases} P_x=mg\sin\alpha, & \text{(a)} \\ P_y=-mg\cos\alpha. & \text{(b)} \end{cases}$$

斜面对木料的作用力 $\boldsymbol{F}$：

$$\begin{cases} F_x=-\mu F_y & \text{(摩擦力)}, \\ F_y & \text{(正压力)}. \end{cases} \tag{c}$$

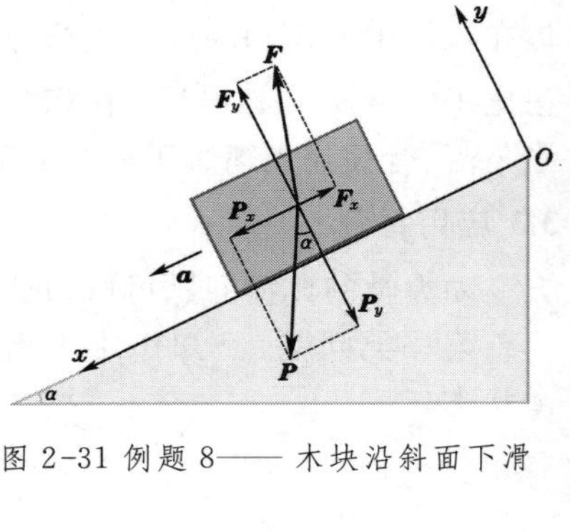

图 2-31 例题 8—— 木块沿斜面下滑

根据牛顿第二定律：

$$\boldsymbol{P}+\boldsymbol{F}=m\boldsymbol{a},$$

式中 $\boldsymbol{a}$ 为木料的加速度。上式的分量形式有

$$\begin{cases} P_x+F_x=ma_x, & \text{(d)}\\ P_y+F_y=ma_y. & \text{(e)}\end{cases}$$

因木料只沿着 x 方向运动，故有运动学关系

$$a_y=0. \tag{f}$$

联立以上各式求解：由(e)、(f) 两式得

$$F_y=ma_y-P_y=mg\cos\alpha,$$

又由(c)式，有

$$F_x=-\mu F_y=-\mu mg\cos\alpha. \tag{g}$$

代入(d)式，有

$$a_x=\frac{1}{m}(P_x+F_x)=g(\sin\alpha-\mu\cos\alpha). \tag{h}$$

最后，代入具体数值和单位，得

$$\begin{cases} a_x=9.8\times(\sin 30^\circ-0.2\times\cos 30^\circ)\ \mathrm{m/s^2}=3.2\ \mathrm{m/s^2},\\ a_y=0.\end{cases}$$

这便是我们所要求的木料加速度。

讨论：木料的加速度沿滑槽方向向下，其大小为 $g(\sin\alpha-\mu\cos\alpha)=3.2\ \mathrm{m/s^2}$，若滑槽的倾角 α 减少，使得

$$\sin\alpha-\mu\cos\alpha\leqslant 0 \quad 即 \quad \tan\alpha\leqslant\mu,$$

则滑动不可能自然发生，需要外力推动(或给予一定的初速度)，木料才能往下滑。在本题所设 $\mu=0.2$ 的条件下，这种情况发生在滑槽倾角小于或等于 $\arctan(0.2)=11.3^\circ$ 的时候。▌

例题 9　用质量为 $m_1=50$ kg 的大板车，运送一质量为 $m_2=100$ kg 的木箱，如图 2-32 所示，已知车板是水平的，木箱与车板间的摩擦系数 $\mu=0.5$，大板车与路面的滚动摩擦阻力可以忽略不计，问拉(或推) 大板车的水平分力 $\boldsymbol{F}$ 最大不能超过多少，才能保证木箱不致往后溜下？

解：设木箱和车板之间的摩擦力为 $f\leqslant f_0=\mu m_2 g$(最大静摩擦力)，m_1 的加速度为 a_1，m_2 的为 a_2，如图所示。用隔离体法，写出牛顿第二定律的具体形式。

对 m_1：

$$F-f=m_1a_1, \tag{a}$$

对 m_2：

$$f=m_2a_2. \tag{b}$$

即有

$$a_1=\frac{F-f}{m_1}, \tag{a$'$}$$

$$a_2=\frac{f}{m_2}. \tag{b$'$}$$

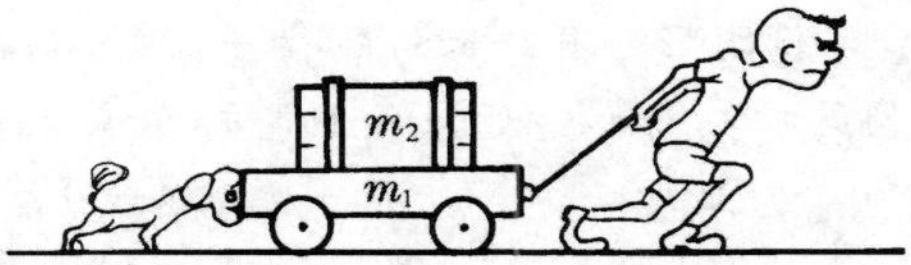

图 2-32 例题 9—— 木箱的后溜

要使 m_2 不往后溜，必须满足

$$a_1\not> a_2, \tag{c}$$

符号 $\not>$ 表示“不大于”。以(a$'$) 式、(b$'$) 式代入，得

$$\frac{F-f}{m_1}\not>\frac{f}{m_2} \quad 即 \quad F\not>\left(\frac{m_1}{m_2}+1\right)f,$$

其中

$$f\leqslant\mu m_2 g\ (最大静摩擦力), \tag{d}$$

故

$$F\not>\mu(m_1+m_2)g, \tag{e}$$

以题设数据代入，得

$$F\not>0.5\times(50+100)\times 9.8\ \mathrm{N}=735\ \mathrm{N}, \quad 或 \quad F\not>75\ \mathrm{kgf}.$$

结论：要使木箱不往后溜，拉(或推) 车的水平分力不能大过 735 N(75 kgf)。如果拉(或推) 力大过此值，则要设法把木箱固定。

这个问题还可以这样提：若木箱是放在与车板同样质料的机动车上，则机动车的加速度不超过多大，才能保证木箱不往后溜下？由(b$'$) 式、(c) 式、(d) 式可见，此时应有 $a_1\not>\mu g=4.9\ \mathrm{m/s^2}$，否则木箱就要另行固定。▌

例题 10　质量为 m_2 的木块放在质量为 m_1 的斜面体的斜面上，假定摩擦可以忽略，问当 $\boldsymbol{F}$ 多大时，恰使

m_2 相对 m_1 静止不动？

解： 选坐标如图 2-33 所示，用隔离体法分析作用在 m_1 和 m_2 上的力。

对 m_1：

$$m_1 a_{1x} = N_2 \sin\alpha + F, \qquad \text{(a)}$$

$$m_1 a_{1y} = N_1 - N_2 \cos\alpha - m_1 g. \qquad \text{(b)}$$

对 m_2：

$$m_2 a_{2x} = -N_2 \sin\alpha, \qquad \text{(c)}$$

$$m_2 a_{2y} = N_2 \cos\alpha - m_2 g. \qquad \text{(d)}$$

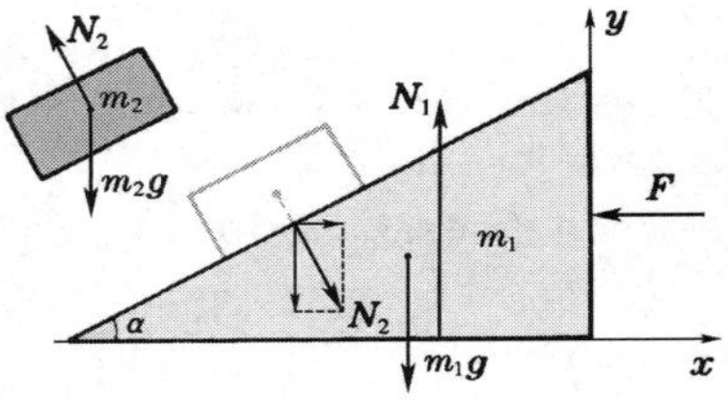

图 2-33 例题 10—— 斜面上的木块

且有 $\boldsymbol{a}_1 = \boldsymbol{a}_2$（即 $a_{1x} = a_{2x}$，$a_{1y} = a_{2y} = 0$），由此解得

$$a_{1x} = a_{2x} = \frac{-N_2 \sin\alpha}{m_2} = -g\tan\alpha,$$

$$N = m_1 a_{1x} - N_2 \sin\alpha = -m_1 g \tan\alpha - \frac{m_2 g}{\cos\alpha}\sin\alpha.$$

即

$$F = -(m_1 + m_2) g \tan\alpha \quad \text{（方向从右到左）}. \blacksquare$$

例题 11　一质量为 $m_2 = 5.0\times10^2$ g 的夹子，以压力 $P = 12$ kgf 夹着质量为 $m_1 = 1.0$ kg 的木板，已知夹子与木板间的摩擦系数 $\mu = 0.2$，问以多大的力 F 竖直往上拉时，才会使木板脱离夹子（图 2-34）。

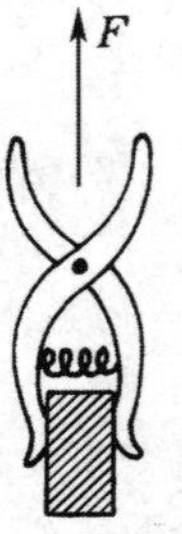

图 2-34 例题 11 —— 夹子中的木块

解： 设木板 m_1 的加速度为 a_1，夹子 m_2 的加速度为 a_2. 根据牛顿第二定律写出方程。

对夹子：

$$F - 2\mu P - m_2 g = m_2 a_2,$$

对木板：

$$2\mu P - m_1 g = m_1 a_1.$$

木板脱离夹子的条件是 $a_2 > a_1$，即

$$\frac{F - 2\mu P m_2 g}{m_2} > \frac{2\mu P - m_1 g}{m_1},$$

故

$$F > \frac{2\mu P(m_1 + m_2)}{m_1} = 7.2\,\text{kgf}. \blacksquare$$

在生产实际中起重机的爪钩利用摩擦力吊起物体时要考虑这问题，提升速度过快时物体有脱落的危险。

例题 12　图 2-35a 所示为一个**圆锥摆**。悬挂在长 1.7 m 细线下端的摆锤，质量为 1.5 kg，在水平面内作匀速圆周运动，使悬线扫过一个圆锥面；细线与竖直方向成 37° 角。(1) 求摆的周期。(2) 三个长度不同的摆，以相同的角速度绕竖直杆转动，试分析三个摆锤所在平面的高低。

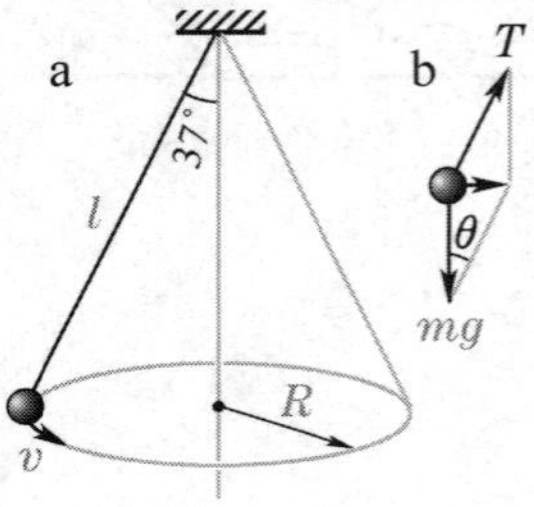

图 2-35 例题 12 —— 圆锥摆

解： (1) 将摆锤隔离出来，分析它所受的力如图 2-35b 所示. 设细线中的张力为 T，应用牛顿第二定律于竖直方向和径向：

$$T\cos\theta - mg = 0,$$

$$T\sin\theta = m \times \frac{v^2}{R}\text{（向心加速度）}.$$

由此解出摆锤的速度

$$v = \sqrt{\frac{gR\sin\theta}{\cos\theta}},$$

因半径 $R = l\sin\theta$，周期 $T = 2\pi R/v$，于是

$$T = 2\pi\sqrt{\frac{l\cos\theta}{g}} = 2\pi\sqrt{\frac{1.7\text{m}\times\cos 37^\circ}{9.8\text{m/s}^2}} = 2.3\ \text{s}.$$

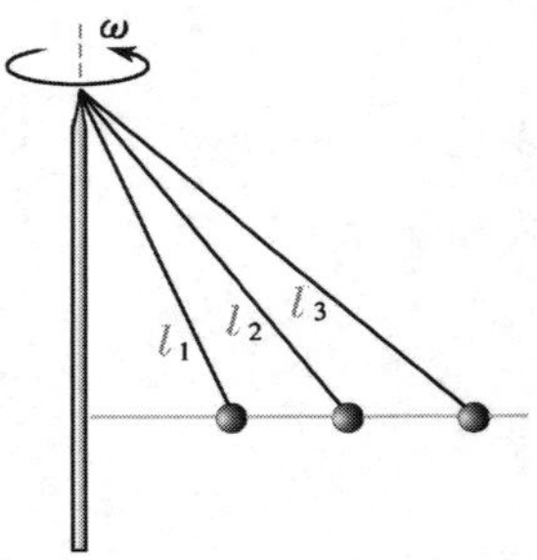

图 2-36 例题 12——圆锥摆的周期与高度

(2) 上式表明，周期只与摆面的高度 $l\cos\theta$ 有关，而与悬线的长度 l 以及 θ 角无关。或者说，在同样的周期下，摆面的高度与悬线的长度无关，即三圆锥摆在同一高度上（见图 2-36）。 ▌

例题 13　小雨点与大雨点相比，在空气中哪个降落得比较快？

解： 先定性地分析一下雨点下落的过程。当它们在云层形成以后，即在重力的作用下加速降落。由于空气阻力

$$f_{阻} = CSv^2,$$

式中 S 为雨点的横截面积，v 为它的速度，C 为一个比例常量，随着雨点速度的加大，$f_{阻}$ 由 0 加大到与雨点的重力 mg 抗衡：

$$CSv^2 = mg.$$

此后它将不再受力，以一定的速度作匀速直线运动。雨点最后所达到的速度，叫做**终极速度**(terminal velocity)。令上式中的 $S = \pi r^2$，$m = 4\pi r^3 \rho_{水}/3$（$\rho_{水}$为雨点的密度，r 为它的半径），代入上式，可得终极速度

$$v_{终极} = \sqrt{\frac{4\rho_{水} g r}{3C}} \propto \sqrt{r},$$

故大雨点比小雨点落得快。 ▌

§4. 伽利略相对性原理和非惯性系

4.1 伽利略相对性原理

在科学不发达的远古时代，人们已开始对宇宙的结构产生种种的设想和猜测。在中国有盖天、浑天、宣夜诸说；在希腊，从亚里士多德到托勒密，数百年间建立起极为精致而复杂的宇宙模型，那时在人们的观念里，毫无例外地把人类自己放在宇宙的中心上。哥白尼否定了地心说，把宇宙的中心移到太阳上。随着天文学的发展，人们了解到，与银河系中其他许许多多恒星一样，太阳也不过是一颗普普通通的恒星。实际上，在许许多多的星系中，我们的银河系也不过是一个普普通通的星系。越来越多的观测事实表明，宇宙在大尺度上看是均匀各向同性的，换句话说，宇宙根本就没有中心。

如果宇宙有中心（譬如说是地球），则固联在宇宙中心物体上的参考系将是时空的一个从优的参考系(preferred reference frame)，从而可以认为，相对于这参考系的运动是绝对运动。如果宇宙没有中心，而所有参考系对描述物理定律来说又是平权的话，则无法判断时空中哪个参考系是绝对参考系，所有运动都将是相对的。这便是相对性原理的基本思想。

如前所述，哥白尼提出日心说，是走向宇宙无中心论的第一步，也是最关键的一步。众所周知，为宣传和捍卫这个学说，布鲁诺被宗教裁判所活活烧死，伽利略受到迫害。起初，哥白尼阐述日心地动理论的著作《天体运行论》尚未引起广泛注意，布鲁诺的宣传、特别是伽利略的解说是如此地有说服力，这才引起罗马教廷的警觉。在这方面伽利略的杰出著作是《关于哥白尼和托勒密两大世界体系的对话》。在那个时代，反对地动说的重要论据之一，就是我们在本章例题 1 里指出的，若地球东转，为什么落体不偏西？ 伽利略在书中通过他代言人萨尔维亚蒂的口讲了如下这段十分精辟而生动的论述。

……把你和一些朋友关在一条大船甲板下的主舱里，再让你们带几只苍蝇、蝴蝶和其他小飞虫。舱内放一只大水碗，其中放几条鱼。然后，挂上一个水瓶，让水一滴一滴地滴到下面的一个宽口罐里。船停着不动时，你留神观察，小虫都以等速向舱内各方面飞行，鱼向各个方向随便游动，水滴滴进下面的罐子中。你把任何东西扔给你的朋友时，只要距离相等，向这一方向不比另一方向用更多的力，你双脚齐跳，无论向哪个方向跳过的距离都相等。当你仔细地观察这些事情后（虽然船停止时，事情无疑一定是这样发生的），**再使船以任何速度前进，只要运动是匀速的，也不忽左忽右地摆动。你将发现，所有上述现象丝毫没有变化，你也无法从其中任何一个现象来确定，船是在运动还是停着不动。**即使船运动得相当快，在跳跃时，你将和以前一样，在船底板上跳过相同的距离，你跳向船尾也不会比跳向船头来得远，虽然你跳到空中时，脚下的船底板向着你跳的相反方向移动。你把不论什么东西扔给你的同伴时，不论他是在船头还是在船尾，只要你自己站在对面，你也并不需要用更多的力。水滴将像先前一样，滴进下面的罐子，一滴也不会滴向船尾，虽然水滴在空中时，船已行驶了许多柞❶。鱼在水中游向碗前部所用的力，不比游向水碗后部来得大；它们一样悠闲地游向放在水碗边缘任何地方的食饵。最后，蝴蝶和苍蝇将继续随便地到处飞行，它们也绝不会向船尾集中，并不因为它们可能长时间留在空中，脱离了船的运动，为赶上船的运动显出累的样子。如果点香冒烟，则将看到烟像一朵云一样向上升起，不向任何一边移动。所有这些一致的现象，其原因在于船的运动是船上一切事物

❶ 张开手时，拇指和中指间的距离叫一柞，为 20～24 cm.

所共有的，也是空气所共有的。这正是为什么我说，你应该在甲板下面的缘故；因为如果这实验是在露天进行，就不会跟上船的运动，那样上述某些现象就会发现或多或少的显著差别。毫无疑问，烟会同空气本身一样远远落在后面。至于苍蝇、蝴蝶，如果它们脱离船的运动有一段可观的距离，由于空气的阻力，就不能跟上船的运动。但如果它们靠近船，那么，由于船是完整的结构，带着附近的一部分空气，所以，它们将不费力，也没有阻碍地会跟上船的运动。

在上面引的这段话里，关键的语句是："…… 使船以任何速度前进，只要运动是匀速的，也不忽左忽右地摆动。你将发现，所有上述现象丝毫没有变化，你也无法从其中任何一个现象来确定，船是在运动还是停着不动。"这句引语集中反映了伽利略的相对性原理思想。

用现代的术语来概括，伽利略相对性原理❶可表述为：

一个对于惯性系作匀速直线运动的其他参考系，其内部所发生的一切物理过程，都不受到系统作为整体的匀速直线运动的影响。

或者说，

不可能在惯性系内部进行任何物理实验来确定该系统作匀速直线运动的速度。

既然相对于惯性系作匀速直线运动的系统内遵从同样的物理学规律，由此可得出结论：相对于一惯性系作匀速直线运动的一切参考系都是惯性系。亦即，对于物理学规律来说，一切惯性系都是等价的。

4.2 伽利略坐标变换

设有两个相对作匀速直线运动的惯性参考系 K, K′(见图 2-37)。由于 K′ 相对于 K 的速度 $\boldsymbol{V}$ 为常量，即相对加速度 $= \mathrm{d}\boldsymbol{V}/\mathrm{d}t = 0$，故两坐标系原点间的相对位移为

$$\boldsymbol{R} = \overrightarrow{OO'} = \boldsymbol{R}_0 + \boldsymbol{V}t,$$

式中 $\boldsymbol{R}_0$ 为 $t=0$ 时刻的 $\boldsymbol{R}$.由于参考系的原点和时间的起点都可任意选择，为了简单而又不失普遍性我们假定在 $t=0$ 时刻两坐标系重合(即 $\boldsymbol{R}_0=0$)，上式化为

$$\boldsymbol{R} = \overrightarrow{OO'} = \boldsymbol{V}t, \tag{2.38}$$

按第一章(1.25)式，同一质点在两惯性系 K, K′ 系中的位矢 $\boldsymbol{r}$、$\boldsymbol{r}'$，速度 $\boldsymbol{v}$、$\boldsymbol{v}'$ 和加速度 $\boldsymbol{a}$、$\boldsymbol{a}'$ 之间有如下变换关系：

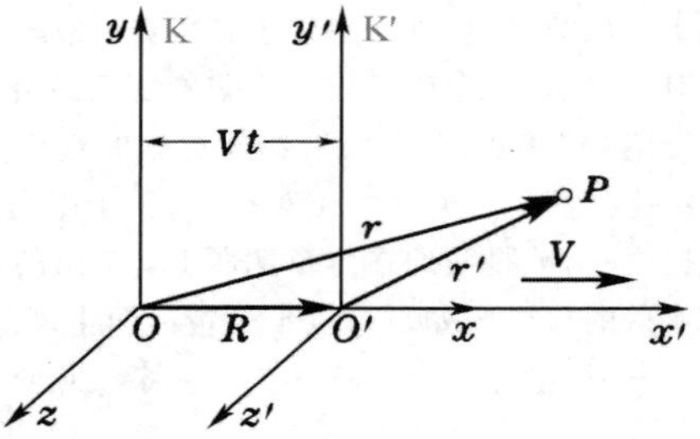

图 2-37 伽利略坐标变换

$$\left.\begin{aligned} \boldsymbol{r}' &= \boldsymbol{r} - \boldsymbol{V}t, \\ \boldsymbol{v}' &= \boldsymbol{v} - \boldsymbol{V}, \\ \boldsymbol{a}' &= \boldsymbol{a}. \end{aligned}\right\} \tag{2.39}$$

对 K, K′ 分别取直角坐标系(x, y, z)和(x', y', z')，由于坐标轴的取向也可任意选择，我们还可取 x 轴沿相对速度 $\boldsymbol{V}$ 的方向，把(2.39)式写成分量形式，即得两惯性系间坐标的变换关系：

$$\left.\begin{aligned} x' &= x - Vt, \\ y' &= y, \\ z' &= z, \\ t' &= t. \end{aligned}\right\} \tag{2.40}$$

❶ 通常说"伽利略相对性原理"，其含义包含上面这段表述和 4.2 节中的伽利略变换。伽利略变换只适用于低速(速度 $V \ll c = 3\times10^8$ m/s)的机械运动。超出力学范围，譬如对于电磁过程，即使在低速情况下伽利略变换也不适用。伽利略变换不适用时，惯性系之间的变换要用洛伦兹变换来代替。然而，上面这段文字表述不受此限，它对狭义相对性原理仍适用。

这组公式称为伽利略坐标变换式。上面在空间坐标变换式的后面我们并列了一个时间变换式，以强调在伽利略变换中两惯性系中的时间 t，t' 被认为是相同的，即这里采用了绝对时间的概念。这一点在日常生活中是可以不言而喻的，但在物理学中我们却要格外小心，常识告诉我们的东西不一定总是对的。当 $V \to c$（光速）时，绝对时间的概念和上述伽利略变换整个都不对了，要用另一种变换（洛伦兹变换）来代替。

4.1 节中所说的“一切惯性系都等价”，并不是说人们在不同惯性系中所看到的现象都一样。譬如萨尔维亚蒂大船里垂直下落的水滴，在岸上的观察者看来，正像图 2-2 中的那个铅球一样，它是沿水平抛物线下落的，其水平速度是恒定的。因为地板上的水罐也以同一恒定速度前进，正好能把水滴接住。伽利略坐标变换公式所描述的就是这一点。取 z，z' 轴竖直向上，x，x' 轴水平沿船前进的方向，即 $\boldsymbol{V}$ 的方向。在岸上的观察者（K 系）看来，$x=Vt$，在船上的观察者（K′系）看来，$x'=Vt-Vt=0$；在竖直方向两观察者都看到 $y=y'=-\frac{1}{2}gt^2$.

我们说“一切惯性系都等价”，是指不同惯性系中的动力学规律（如牛顿三定律）都一样，从而都能正确地解释所看到的现象。在伽利略变换中加速度不变[见（2.39）中最后一式]，它保证了牛顿定律 $\boldsymbol{f}=m\boldsymbol{a}$ 的形式不变。不难验证，其他一些重要动力学规律，如动量守恒定律，在伽利略变换下，其形式都保持不变（作为练习，请读者自己完成）。

4.3 惯性力

我们反复强调，牛顿三定律只在惯性系中成立。然而，在实际情况下我们往往不得不和非惯性系打交道。例如，自转着的地球就是一个非惯性系，在研究大气环流一类大尺度的运动时，我们就不得不考虑非惯性因素的影响；在火车或电梯里的乘客，用固联在地面上的参考系来分析他们的感受是很不方便的。仔细地考虑，一个参考系的运动由两部分组成：(1) 跟随原点的平动，(2) 坐标轴围绕原点的转动，一般的情况是这两种运动的组合。例如，固联在地面上的参考系，原点 O 跟着地球的自转绕地轴 C 作圆周运动，其坐标架的运动可分解为随 O 点的平动和绕 O 点的转动（见图 2-38）。加速平动的后果是产生一个惯性力，转动的后果，是在与相对速度无关的惯性力之外，再产生一个与相对速度有关的科里奥利力。这里先介绍与相对速度无关的惯性力，下节再介绍科里奥利力。

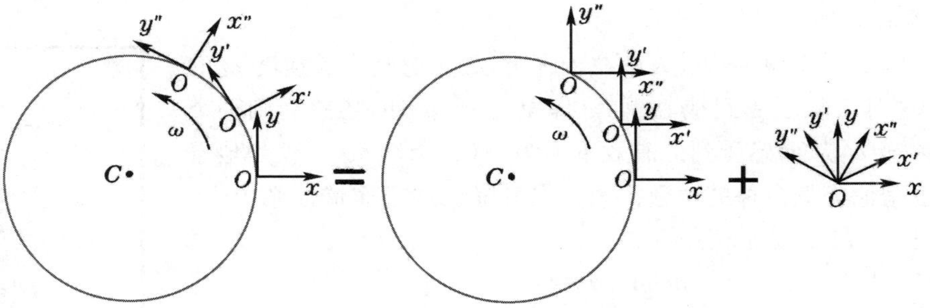

图 2-38 坐标架的运动=平动+转动

在相对于惯性系作加速平动[1]的非惯性系里，每个质点具有相同的附加加速度 $\boldsymbol{A}$，按第一

[1] 固联在参考系上的任一条直线，在各时刻方向总保持平行的运动，叫做平动。

章中的变换式(1.25)，非惯性系 K′ 中的加速度 $\boldsymbol{a}'$ 与惯性系 K 中的加速度 $\boldsymbol{a}$ 有如下变换关系：

$$\boldsymbol{a}'=\boldsymbol{a}-\boldsymbol{A},$$

在惯性系 K 中牛顿运动定律成立，我们有 $\boldsymbol{f}=m\boldsymbol{a}$，于是在非惯性系 K′

$$\boldsymbol{f}=m(\boldsymbol{a}'+\boldsymbol{A}),$$

或

$$\boldsymbol{f}-m\boldsymbol{A}=m\boldsymbol{a}'.$$

在上式中我们把 $m\boldsymbol{A}$ 一项从右端移到左端，它的意义就不同了。在左端 $-m\boldsymbol{A}$ 相当于一个附加的力，称作惯性力，记作 $\boldsymbol{f}_{惯}$，有了它，在非惯性系 K′ 中牛顿第二定律又在形式上被恢复了：

$$\boldsymbol{f}'=\boldsymbol{f}+\boldsymbol{f}_{惯}=m\boldsymbol{a}', \tag{2.41}$$

这里 $\boldsymbol{f}_{惯}=-m\boldsymbol{A}$，$\boldsymbol{f}'$ 是质点在非惯性系 K′ 中受到的总有效力，它是“真实的”力 $\boldsymbol{f}$ 与“假想的”惯性力 $\boldsymbol{f}_{惯}$ 的合成。例如，有一以直线加速的车厢，如图 2-39a 所示。设车厢以加速度 $\boldsymbol{A}$ 作直线运动，其中有一张光滑(无摩擦)的桌子，桌上放着一个物体 m，则 m 相对于车厢有 $-\boldsymbol{A}$ 的加速度。若车厢内的观察者应用牛顿定律来解释此现象，必然认为有一力$_{惯}=-m\boldsymbol{A}$ 作用在物体上。又若用弹簧将物体牵连着(见图 2-39b)，则车厢内的观察者看到弹簧伸长了，有一弹性力 $\boldsymbol{f}=m\boldsymbol{A}$ 作用在物体上(正是这个力使物体获得与车厢一样的加速度 $\boldsymbol{A}$)，但物体(相对于车厢)并没有加速度。如果车厢中的观察者要用牛顿运动定律来解释此现象，必须设想除弹性 $\boldsymbol{f}$ 外还有一力 $\boldsymbol{f}_{惯}=-\boldsymbol{f}=-m\boldsymbol{A}$ 作用在物体上，从而使物体静止。上述的 $\boldsymbol{f}_{惯}$ 不是由物体的相互作用引起的，而是在非惯性系中能沿用牛顿定律而引入的“假想力”。我们说，力 $\boldsymbol{f}$ 是“真实的”，因为它是物体间的相互作用，是某个别的物体(如图 2-39b 中的弹簧)作用到该质点上的，那物体(弹簧)同时受到质点的反作用力。我们说，力 $\boldsymbol{f}_{惯}$ 是“假想的”，因为不存在施加此力的物体，从而也就不存在反作用力。我们在形容词“真实的”和“假想的”上打了引号，是因为这只是牛顿力学的说法，在广义相对论的理论中，这种说法就不那么绝对了。

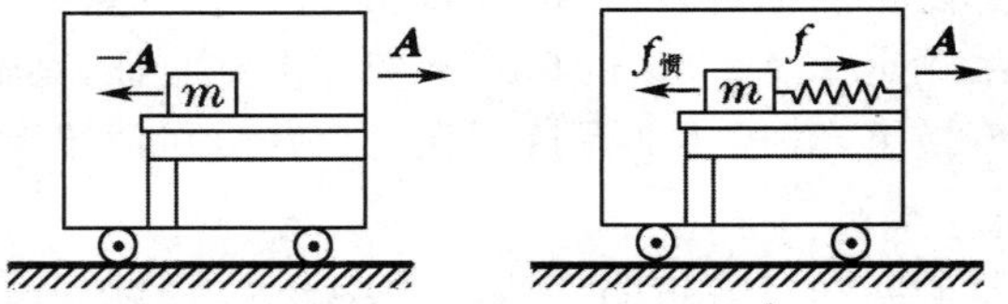

图 2-39 加速车厢内的惯性力

下面我们再看几个有重要意义的惯性力实例。

(1) 超重与失重

请看图 2-40 所示的例子，人站在台秤上，处在有竖直加速度 $\boldsymbol{a}$ 的升降机里。这时人除了受到地心引力(即重力)$m\boldsymbol{g}$ 外，还感受到一个惯性力 $\boldsymbol{f}_{惯}=-m\boldsymbol{a}$，从而感受到的有效重力为 $m(\boldsymbol{g}-\boldsymbol{a})$。这不仅是他自己的感受，也是他脚下台秤的读数。因为在升降机这个非惯性系内，台秤给人的支持力 $\boldsymbol{N}$ 满足平衡条件：

$$\boldsymbol{N}+m(\boldsymbol{g}-\boldsymbol{a})=0,$$

即

$$\boldsymbol{N}=-m(\boldsymbol{g}-\boldsymbol{a}),$$

因而人给台秤的反作用，即台秤受到的压力为

$$\boldsymbol{N}'=-\boldsymbol{N}=m(\boldsymbol{g}-\boldsymbol{a}). \tag{2.42}$$

3.2 节(1)中已指出，物体的重量是用它作用在支撑物上的力来衡量的。台秤所显示的正是这压力的大小，它在数值上等于人感受到的有

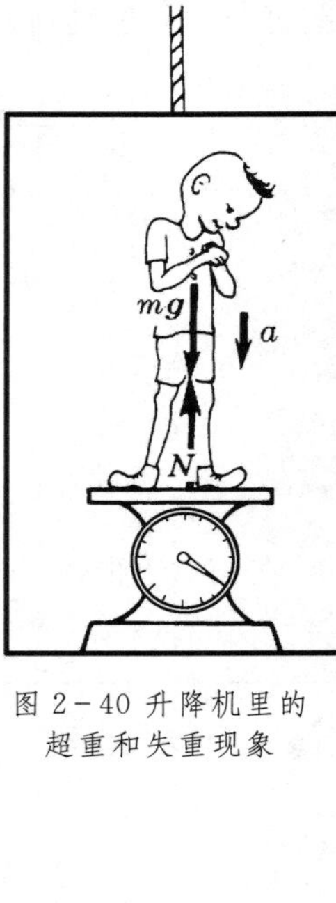

图 2-40 升降机里的超重和失重现象

效重力,或者说,他的重量。当 $\boldsymbol{a}$ 向上(即与 $\boldsymbol{g}$ 反向)时,$|\boldsymbol{g}-\boldsymbol{a}|>g$,人的重量增大,这叫做超重;当 $\boldsymbol{a}$ 向下(即与 $\boldsymbol{g}$ 同向)时,$|\boldsymbol{g}-\boldsymbol{a}|<g$,人的重量减小,这叫做失重。在升降机自由降落时,$\boldsymbol{a}=\boldsymbol{g}$,人的重量减为 0,他处于完全失重的状态。

能造成完全失重环境的,不仅是自由降落的升降机。任何在重力场中作自由飞行的飞行器都具有加速度 $\boldsymbol{g}$,由此产生的惯性力 $-m_{惯}\boldsymbol{g}$ 刚好与重力 $m_{引}\boldsymbol{g}$ 抵消(注意:这里用到了 $m_{惯}=m_{引}$ 的条件),从而在其内部造成一个完全失重的环境。例如,以任何初速发射的飞行器,若在途中既无动力又不受阻力的话,它将在重力单独的作用下沿抛物线自由飞行,其内部就是个完全失重的环境。然而在大气中飞行器不可能不受到空气的阻力,但有经验的空军驾驶员可以模拟这种轨道作特技飞行,在其机舱内造成一个近似的失重环境,供训练宇航员之用。当然,这样的失重环境都是短暂的,只有一二十秒。在太空轨道上作自由飞行的航天飞机,才可以造成长时间的失重环境。❶

在完全失重的环境里,许多事情是很奇妙的。宇航员可以轻易地挪动很重的部件而无须费力,但难以用手拿着笔记本写字。他若不小心将牛奶打翻,牛奶并不泼在地板上。液滴可以悬在空中一动也不动,也可能沿任何方向严格地作匀速直线运动,直到它碰到舱壁为止。这样一个验证惯性定律的理想环境,比我们现在在气桌上作实验还要好得多,在伽利略时代连做梦也不会想到的。也许听起来蹊跷,在非惯性系内验证惯性定律!是的,这丝毫也不奇怪,读者耐心地读完本章后,就会明白的。

(2) 惯性离心力

第一章已给出,作匀速圆周运动质点的加速度为[见(1.18)式]

$$a=\frac{v^2}{R}=R\omega^2,$$

这里 v 是圆周运动的线速度,$\omega=v/R$ 是角速度,R 为圆的半径。取以此质点为原点的非惯性参考系(在这里坐标架转动与否是无所谓的),这样一来,v 变成此参考系相对于静止系的速度 V,而质点相对于此参考系则是静止的,它在此非惯性参考系内受到一个与向心加速度方向相反的惯性力

$$f_{惯}=-ma=-\frac{mv^2}{R}=-mR\omega^2. \qquad (2.43)$$

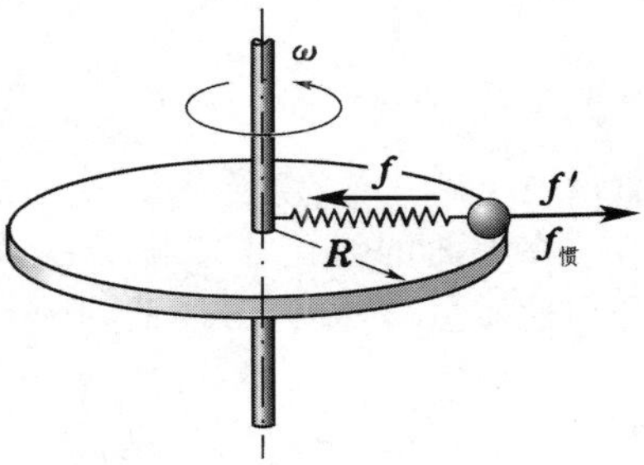

图 2—41 惯性离心力

这惯性力叫做惯性离心力。应当说明,通常人们很容易将惯性离心力与一些其他的力搞混。我们以图 2-41 所示的转动圆盘为例。在惯性参考系上的观察者看来,物体 m 受到弹簧拉力,这力就是向心力,它等于

$$f=m\frac{v^2}{R}=mR\omega^2,$$

正是由于 f 的存在使 m 和盘一起作圆周运动,而 m 对弹簧的反作用力 $\boldsymbol{f}'$ 作用在弹簧上。但在盘上的观察者看来,m 受 $\boldsymbol{f}$ 的作用而不运动。如果要把牛顿运动定律运用到这种情况,那就还有一个力 $\boldsymbol{f}_{惯}=-\boldsymbol{f}$ 作用在其上,才能使物体平衡,这个力是惯性离心力,它的大小和方向虽与 $\boldsymbol{f}'$ 相同,

❶ 通俗的宣传媒介,常把航天飞机失重的原因说成是它离地球太远,从而摆脱了地心的引力。这种说法是不对的。其实正是地心引力迫使它沿绕地球的轨道飞行,获得了向心加速度。反过来,向心加速度引起的惯性离心力又把地心引力抵消了,造成失重状态。

但是惯性离心力是在非惯性转动参考系中的观察者假想作用在物体上的一种惯性力;而力 $\boldsymbol{f}'$ 则是作用在弹簧上的。

作为惯性离心力的一个重要例子,我们来讨论重力和纬度的关系。

同前,物体的重量是用它作用于支撑物上的力来衡量的,在数值上等于重力加惯性力。在地面上纬度为 ψ 处(见图 2-42a) 的视重 = 地球引力+自转效应的惯性离心力,即

$$\boldsymbol{W}_\psi = \boldsymbol{W}_0 + \boldsymbol{f}_{惯},$$

其中惯性离心力

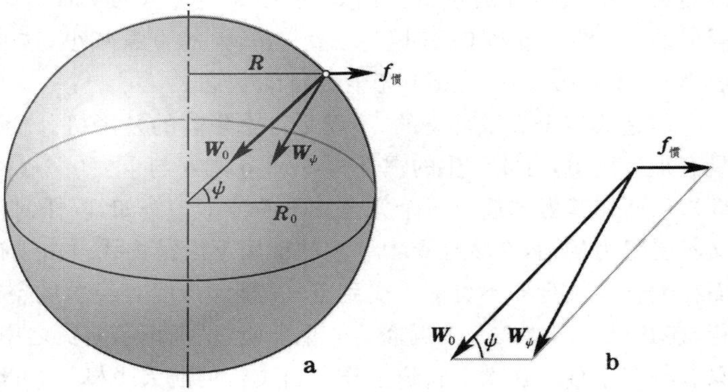

图 2-42 重力与纬度的关系

$$f_{惯} = m\omega^2 = mR_0\omega^2\cos\psi,$$

式中 $R = R_0\cos\psi$. 由此

$$\frac{f_{惯}}{W_0} = \frac{mR_0\omega^2\cos\psi}{mg} = \frac{R_0\omega^2}{g}\cos\psi$$

$$= \frac{6\,400\times[(2\pi/(24\times60\times60)]^2\times10^3}{9.81}\cos\psi \approx \frac{1}{289}\cos\psi.$$

由于 $\cos\psi \leqslant 1$, $W_0 \gg f_{惯}$,即 $\boldsymbol{W}_0$ 与 $\boldsymbol{W}_\psi$ 的大小和方向都相差不多。于是由图 2-42b 易见

$$W_\psi \approx W_0 - f_{惯}\cos\psi = W_0\left(1 - \frac{f_{惯}}{W_0}\cos\psi\right),$$

即

$$W_\psi \approx W_0\left(1 - \frac{1}{289}\cos^2\psi\right). \tag{2.44}$$

实际上由于自转效应,地球稍呈扁平, W_ψ 与上述结果有一些差异,较准确的结果是

$$W_\psi \approx W_0\left(1 - \frac{1}{191}\cos^2\psi\right). \tag{2.44'}$$

在两极处, $\psi = \pm\pi/2$, $\cos\psi = 0$, $W_\psi = W$,视重最大;在赤道处, $\psi = 0$, $\cos\psi = 1$, $W_\psi = W\left(1 - \frac{1}{191}\right)$,视重最小。

在上面的讨论中未区分引力质量和惯性质量,若要区分的话,则

$$W_0 = m_{引}g,$$
$$f_{惯} = m_{惯}R_0\omega^2\cos\psi.$$

若对于任何质料的物体都有 $m_{引}/m_{惯}=1$,则物体视重 $\boldsymbol{W}_\psi$ 的方向不因物体而变。否则 $\boldsymbol{W}_\psi$ 的方向会因物而异,但都在子午面(即通过该点和地球南北极的大圆面) 内(见图 2-43a)。如果 $m_{引}/m_{惯}=1$,则把一对不同质料的小球 1、2 悬挂在扭秤的秤杆上调节到水平,秤杆不会在水平面内扭转。否则秤杆水平时悬线沿 $\boldsymbol{W}_{\psi1}$ 与 $\boldsymbol{W}_{\psi2}$ 的合力方向,它们的另一分量 $\boldsymbol{F}_1$ 和 $\boldsymbol{F}_2$ 分别指向南北,如图2-43a、b 所示。这样就会形成一个力偶

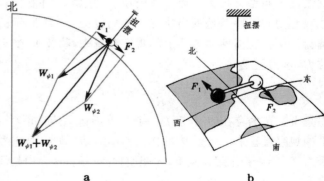

图 2-43 厄特沃什实验

矩，使秤杆扭转。 厄特沃什的扭摆实验便是利用这个原理来检验 $m_{引}$ 和 $m_{惯}$ 是否相等的。 从设计思想上看，厄特沃什实验用的是“示零法”，即判断某个现象是否存在的方法。这种方法的灵敏度是很高的，如 3.2 节中已述，厄特沃什的实验以 10^{-8} 的精度得到了“零结果”。

例题 14　一水桶绕自身的竖直轴以角速度 ω 旋转，当水与桶一起转动时，水面的形状若何？

解：如图 2－44 所示，在与水桶共转的参考系内液块 Δm 受两个力：重力 $\Delta m\boldsymbol{g}$ 和惯性离心力 $\Delta m\omega^2\boldsymbol{r}$，从而有效重力为 $\boldsymbol{N}=\Delta m(\boldsymbol{g}+\omega^2\boldsymbol{r})$，水面处处与 $\boldsymbol{N}$ 垂直。设水面的方程为 $z=z(r)$，则

$$\frac{dz}{dr}=\tan\theta=\frac{\Delta m\omega^2 r}{\Delta mg}=\frac{\omega^2 r}{g},$$

或

$$dz=\frac{\omega^2}{g}r\,dr,$$

两端积分，得

$$\int_{z_0}^{z}dz=\frac{\omega^2}{g}\int_0^r r\,dr,$$

即

$$z=z_0+\frac{\omega^2 r^2}{2g},$$

式中 z_0 为中心水面高度。此为抛物线方程。由于轴对称性，水面为旋转抛物面。▌

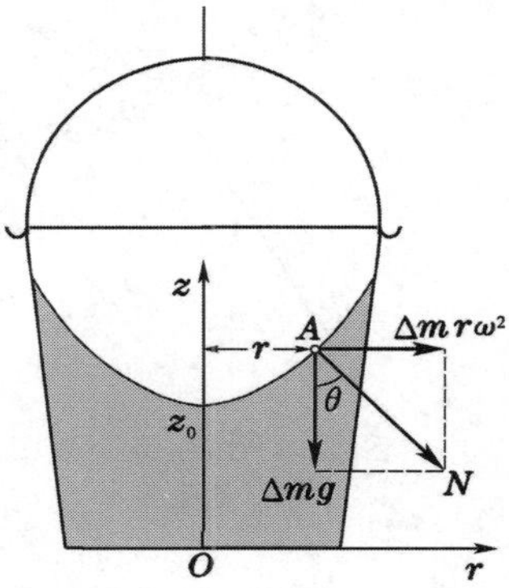

图 2－44 例题 14—— 旋转的水桶中水面呈抛物面形状

例题 15　质量为 m 的小环套在半径为 R 的光滑大圆环上，后者绕竖直直径以匀角速 ω 转动。试求小环的平衡位置随 ω 的变化。

解：如图 2－45a 所示，用小环的半径与下垂线之间的夹角 θ 来标志小环的位置。在随大环转动的参考系内，相对于大环静止的小环在切线方向受两个力：重力的切线分量 $mg\sin\theta$（向下）和惯性离心力 $m(R\sin\theta)\omega^2$ 的切线分量 $mR\sin\theta\omega^2\cos\theta$. 二者达到平衡的条件为

$$\sin\theta(R\omega^2\cos\theta-g)=0,$$

即

$$\sin\theta=0 \quad 和 \quad \cos\theta=\frac{g}{R\omega^2}.$$

第一组平衡位置为 $\theta_0=0$ 和 π，相当于小环停留在大环的最低和最高点 A、B；第二组平衡位置为 $\theta_0=\arccos\left(\dfrac{g}{R\omega^2}\right)$，它们对称地位于转轴的两侧（参见图中的 C、D），只有在角速度 ω 大过临界值 $\omega_\star=\sqrt{\dfrac{g}{R}}$ 时才成为可能。进一步的分析表明，若从静止缓慢地增大大环的角速度 ω，在未出现平衡位置 C、D 之前，最低平衡位置 A 是稳定的，最高平衡位置 B 不稳定。当 ω 大过 $\omega_\star$ 以后，新平衡位置 C 和 D 都是稳定的，而平衡位置 A 失稳（见图 2－45b 及第三章）。 ▌

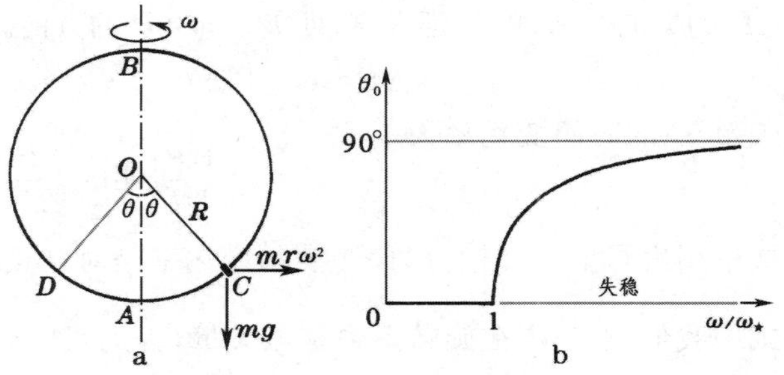

图 2－45 例题 15—— 约束在绕直径旋转圆环上的运动

4.4 科里奥利力

除上述各种惯性力外，在坐标架旋转的参考系内运动的质点，其行为还好像受到另外一种假想力 —— 科里奥利力[是法国人科里奥利（G.Coriolis ）于 1835 年提出的]。

讨论科里奥利力之前我们先介绍一下角速度 ω 的矢量表示。在物理学中规定，角速度是个矢量，其方向沿转轴，指向由如图 2-46 所示的右手定则确定：以弯曲的四指代表旋转方向，则翘起的拇指指向角速度矢量 $\boldsymbol{\omega}$ 的方向。 用角速度矢量的概念，前面所讲的惯性离心力可用矢量的叉乘表示出来。如图 2-47 所示，在转轴外有一质点 P，其位置由位矢 $\boldsymbol{r}$ 来描述。由 P 作转轴的垂线 PQ，设 P 到转轴

图 2-46 ω 的右手定则

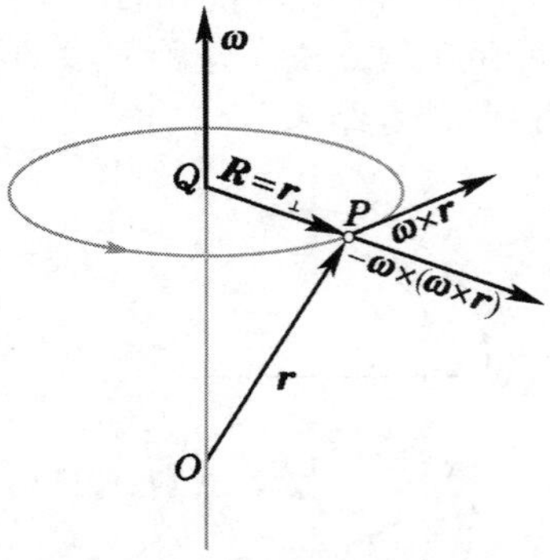

图 2-47 惯性离心力的矢量表示

的垂直距离为 $\overline{PQ}=R$，则按(2.43)式惯性离心力的大小为 $f_{惯离}=mR\omega^2$，惯性离心力的方向沿 $\overrightarrow{QP}\equiv\boldsymbol{R}$，故写成矢量形式有

$$\boldsymbol{f}_{惯离}=m\omega^2\boldsymbol{R}. \tag{2.45}$$

矢量 $\boldsymbol{R}$ 实为位矢 $\boldsymbol{r}$ 垂直于转轴(即垂直于 $\boldsymbol{\omega}$)的分量 $\boldsymbol{r}_{\perp}$，而 $\boldsymbol{r}$ 平行于 $\boldsymbol{\omega}$ 的分量 $\boldsymbol{r}_{/\!/}=(\boldsymbol{r}\cdot\boldsymbol{\omega})\boldsymbol{\omega}/\omega^2$. 于是 $\boldsymbol{R}=\boldsymbol{r}_{\perp}=\boldsymbol{r}-\boldsymbol{r}_{/\!/}=\boldsymbol{r}=(\boldsymbol{r}\cdot\boldsymbol{\omega})\boldsymbol{\omega}/\omega^2$，或

$$\omega^2\boldsymbol{R}=\omega^2\boldsymbol{r}-(\boldsymbol{r}\cdot\boldsymbol{\omega})\boldsymbol{\omega}=-\boldsymbol{\omega}\times(\boldsymbol{\omega}\times\boldsymbol{r}).$$

所以惯性离心力又可写成

$$\boldsymbol{f}_{惯离}=-m\boldsymbol{\omega}\times(\boldsymbol{\omega}\times\boldsymbol{r}). \tag{2.46}$$

现在讨论科里奥利力问题。

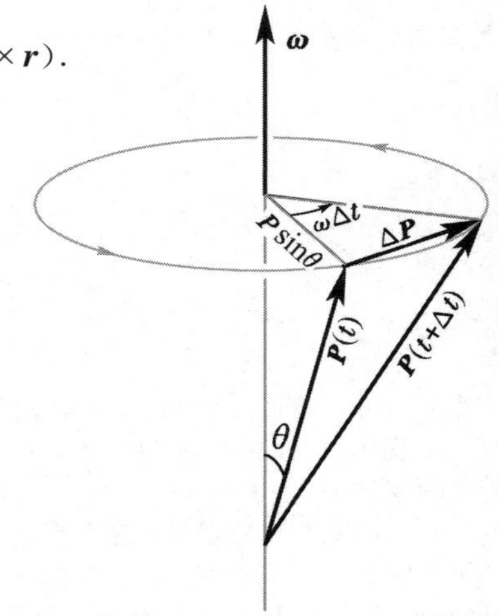

图 2-48 矢量的变化率

先考虑任意一个矢量 $\boldsymbol{P}$ 的变化率在静止参考系(惯性系)和旋转参考系(非惯性系)之间的换算。若矢量 $\boldsymbol{P}$ 相对于旋转系是恒定的，则在静止系看来它以角速度 $\boldsymbol{\omega}$ 旋转，在从 t 到 $t+\Delta t$ 时间间隔内转过角度 $\omega\Delta t$，其增量 $\Delta\boldsymbol{P}$ 的大小如图 2-48 所示，为

$$\Delta P\approx P\sin\theta\omega\Delta t=|\boldsymbol{\omega}\times\boldsymbol{P}|\ \Delta t,$$

$\Delta\boldsymbol{P}$ 的方向与 $\boldsymbol{\omega}$ 和 $\boldsymbol{P}$ 都垂直，即矢积 $\boldsymbol{\omega}\times\boldsymbol{P}$ 的方向。所以我们有

$$\Delta\boldsymbol{P}\approx\boldsymbol{\omega}\times\boldsymbol{P}\,\Delta t.$$

矢量 $\boldsymbol{P}$ 的时间变化率为

$$\frac{\mathrm{D}\boldsymbol{P}}{\mathrm{D}t}=\lim_{\Delta t\to 0}\frac{\Delta\boldsymbol{P}}{\Delta t}=\boldsymbol{\omega}\times\boldsymbol{P}. \tag{2.47}$$

式中用大写的 D 作微分符号，表示变化率是对静止系而言的，以区别于对旋转系的微分 $\frac{\mathrm{d}\boldsymbol{P}}{\mathrm{d}t}$. 在上式中我们假定 $\boldsymbol{P}$ 在旋转系中是恒矢量，否则式中还应加上 $\frac{\mathrm{d}\boldsymbol{P}}{\mathrm{d}t}$：

$$\frac{\mathrm{D}\boldsymbol{P}}{\mathrm{D}t}=\boldsymbol{\omega}\times\boldsymbol{P}+\frac{\mathrm{d}\boldsymbol{P}}{\mathrm{d}t}. \tag{2.48}$$

(2.48) 式使用于任何矢量 $\boldsymbol{P}$，我们先取 $\boldsymbol{P}=\boldsymbol{r}$(一个质点的位矢)，于是有

$$\frac{\mathrm{D}\boldsymbol{r}}{\mathrm{D}t}=\boldsymbol{\omega}\times\boldsymbol{r}+\frac{\mathrm{d}\boldsymbol{r}}{\mathrm{d}t}=\boldsymbol{\omega}\times\boldsymbol{r}+\boldsymbol{v},$$

这里 $\boldsymbol{v}=\frac{\mathrm{d}\boldsymbol{r}}{\mathrm{d}t}$ 是质点相对于旋转系的速度。对上式再次取对静止系的时间导数：

$$\frac{\mathrm{D}^2\boldsymbol{r}}{\mathrm{D}t^2}=\boldsymbol{\omega}\times\frac{\mathrm{D}\boldsymbol{r}}{\mathrm{D}t}+\frac{\mathrm{D}\boldsymbol{v}}{\mathrm{D}t}=\boldsymbol{\omega}\times(\boldsymbol{\omega}\times\boldsymbol{r})+\boldsymbol{\omega}\times\boldsymbol{v}+\boldsymbol{\omega}\times\boldsymbol{v}+\frac{\mathrm{d}\boldsymbol{v}}{\mathrm{d}t}=\boldsymbol{\omega}\times(\boldsymbol{\omega}\times\boldsymbol{r})+2\boldsymbol{\omega}\times\boldsymbol{v}+\boldsymbol{a},$$

即

$$\boldsymbol{a}=\boldsymbol{A}-\boldsymbol{\omega}\times(\boldsymbol{\omega}\times\boldsymbol{r})-2\boldsymbol{\omega}\times\boldsymbol{v}, \tag{2.49}$$

式中 $\boldsymbol{a}=\frac{\mathrm{d}\boldsymbol{v}}{\mathrm{d}t}$ 是质点相对于旋转系的加速度，$\boldsymbol{A}=\frac{\mathrm{D}^2\boldsymbol{r}}{\mathrm{D}t^2}$ 是质点相对于静止系的加速度。乘以质点的质量 m：

$$m\boldsymbol{a}=m\boldsymbol{A}-m\boldsymbol{\omega}\times(\boldsymbol{\omega}\times\boldsymbol{r})-2m\boldsymbol{\omega}\times\boldsymbol{v},$$

上式右端第一项 $m\boldsymbol{A}$ 是由“真实”的力支持的，后面两项都是“假想”的力，或者说，惯性力。$-m\boldsymbol{\omega}\times(\boldsymbol{\omega}\times\boldsymbol{r})$ 一项是我们已熟悉的惯性离心力 $\boldsymbol{f}_{惯离}$[见(2.46)式]，它与质点在旋转系中的速

度 $\boldsymbol{v}$ 无关;最后与 $\boldsymbol{v}$ 有关的一项就是科里奥利力:

$$\boldsymbol{f}_{\mathrm{C}}=2m\boldsymbol{v}\times\boldsymbol{\omega}. \tag{2.50}$$

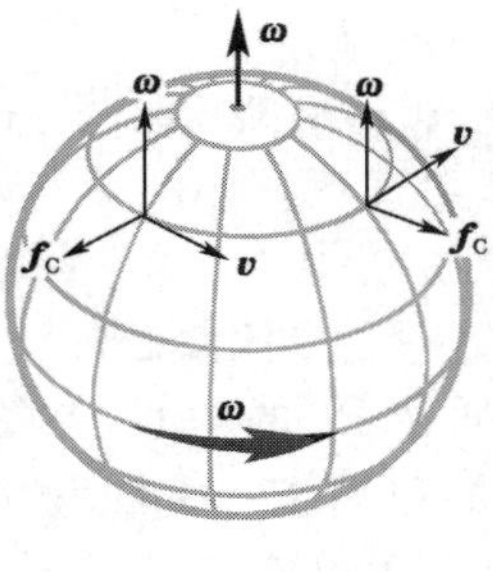

图 2-49 北半球上的科里奥利力

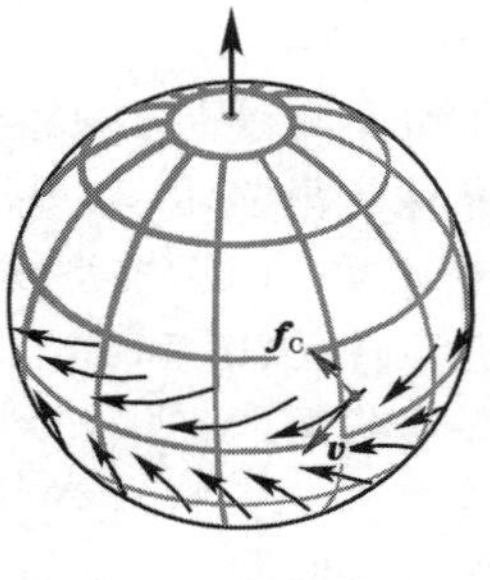

图 2-50 信风的形成

图 2-51 旋风的形成

现在利用科里奥利力公式(2.50) 来说明一些自然现象。如在北半球上,河流冲刷右岸比较严重,以及在赤道附近东北贸易风(信风)的形成,等等。图 2-49 画出北半球上物体沿各种方向 $\boldsymbol{v}$ 运动时相应的科里奥利力 $\boldsymbol{f}_{\mathrm{C}}$ 的方向。由图可见所有的 $\boldsymbol{f}_{\mathrm{C}}$ 都指向运动方向 $\boldsymbol{v}$ 的右方。图 2-50 为赤道附近信风形成的示意图,图 2-51 为北半球上旋风的形成示意图。

法国物理学家傅科(J.B.L.Foucault) 1851 年在巴黎万神殿的圆拱屋顶上悬挂一个长约 67 m 的大单摆,发现大单摆在摆动的过程中,摆动平面不断作顺时针方向的偏转,从而证明地球是在不断自转的。图 2-52 就是著名的傅科摆摆面轨迹的示意图,图 2-52a 和图 2-52b 分别属于两种不同的典型初条件情形❶。下面我们来计算傅科摆摆面进动角速度 Ω 与纬度 ψ 的关系。

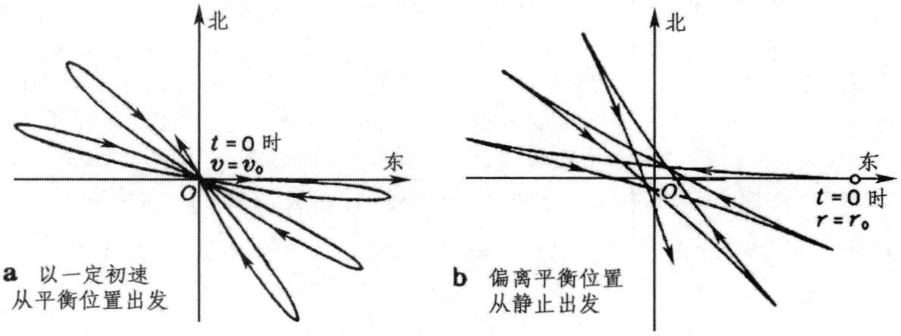

图 2-52 傅科摆的轨迹

如图 2-53 所示,设傅科摆于某时刻处于位置 O,过一时间 Δt 后它随地球自转到 O'.通过 O、O' 作子午线的切线,共同交地轴于 N 点。在 O 点的水平面(即地球的切面) 上选直角坐标系 xOy,其中 Oy 指北,Ox 指东。将此平行移动❷ 到 O' 点,$O'x'$、$O'y'$ 分别与 Ox、Oy 平行。这时,$O'y'$ 与 $O'N$ 的夹角,它等于 $\angle ONO'$,就是摆面转过的角度。 $\angle ONO'=\widehat{OO'}/\overline{ON}=\widehat{OO'}/(\overline{OC}/\cos\theta)=\angle OCO'\cos\theta$,而 $\angle OCO'=\omega\Delta t$($\omega$ 为地球自转的角速度,θ 是纬度 ψ 的余角)。于是

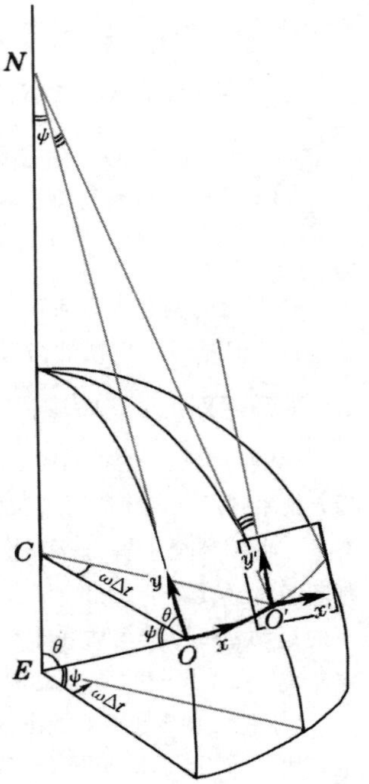

图 2-53 傅科摆摆面进动的角速度

❶ 本图采自:陈刚. 傅科摆轨道的计算与讨论. 大学物理,1993,17(8):6—8;为了使进动的效果明显,计算时将地球的角速度夸大了 500 倍。

❷ 这里涉及坐标架在曲面上"平行移动(parallel translation)"的问题。若在三维空间里 $O'y'$、$O'x'$ 严格地与 Oy、Ox 平行,则 $x'O'y'$ 不与地球表面相切,我们还需把它们投影到切面(即 O' 处的水平面) 上。"平行运移"的原则是沿原平面的法线方向投影。投影后引起平面内角度的变化是高阶小量,可忽略不计。

$$\Omega = \frac{\angle ONO'}{\Delta t} = \omega \cos\theta = \omega \sin\psi, \tag{2.51}$$

上式表明，在南北极处 $\psi = \pm\pi/2$，$\Omega = \pm\omega$；在赤道处 $\psi = 0$，$\Omega = 0$.

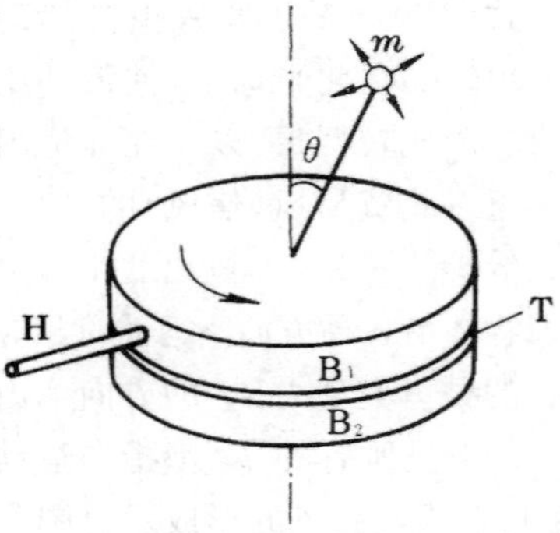

图 2-54 振动面进动的演示实验

傅科摆摆面的进动非常缓慢，观察起来得有点耐心。下面介绍一个实验，可在课堂里演示，效果非常直观。如图 2-54 所示，两个圆盘形底座 B_1 和 B_2 互相叠放，B_1 旁装有一柄 H，可推着它在 B_2 上面光滑地转动（B_1 和 B_2 间垫一层聚四氟乙烯 T，以减少摩擦）。一根圆形截面的细钢丝斜插在 B_1 的中心，与法线成 θ 角，取 $\theta = \arccos 3/4 = 41.41°$. 在钢丝的顶端装一质量为 m 的小球，它可沿任何横方向振动。实验开始时让小球左右振动，推 H 让 B_1 慢慢旋转一周，小球的振动方向转过 $2\pi\cos\theta = 3\pi/2$，变成上下振动。读者可以自己体会一下这个实验的道理是与傅科摆一样的。

例题 16　质量为 m 的小环套在半径为 R 的光滑大圆环上，后者在水平面内以匀角速 ω 绕其上一点 O 转动。试分析小环在大环上运动时的切向加速度和水平面内所受约束力。

解：如图 2-55 所示，用 A 代表小环所在位置，C 为大圆的圆心，以直径 OCB 为极轴，设位矢 $\overrightarrow{OA}$ 与极轴间的夹角为 φ，位矢 $\overrightarrow{CA}$ 与极轴间的夹角为 θ，显然有 $\varphi = \theta/2$. 在随大环转动的参考系内，共有三个水平的力：大环的约束力 N（法向）、惯性离心力 $f_{惯离} = mr\omega^2$（沿 $\overrightarrow{OA}$）、科里奥利力 $f_C = 2mv\omega$（法向），这里 $r = \overline{OA} = 2R\cos\varphi$，$v = R\dfrac{d\theta}{dt}$ 为小环相对于大环的速度（显然是在切线方向上）。由图可见：

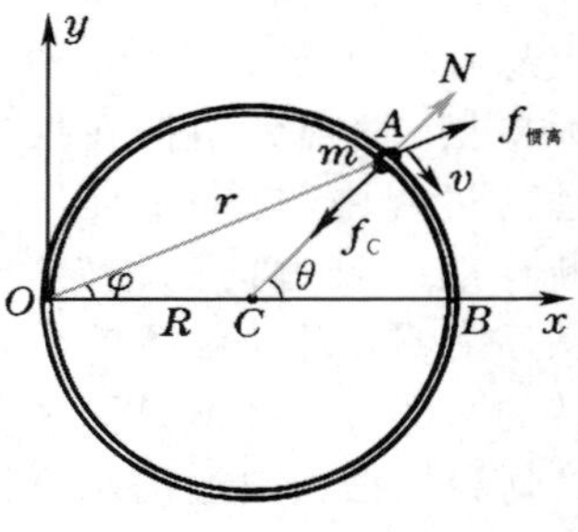

图 2-55 例题 16——约束在绕圆周上一点旋转圆环上的运动

（1）切向加速度

$$a_t = \frac{1}{m} f_{惯离} \sin\varphi = r\omega^2 \sin\varphi = 2R\omega^2 \cos\varphi \sin\varphi = R\omega^2 \sin\theta.$$

此式表明，小环的运动和一个单摆一样，以 B 为平衡位置来回摆动。由此得

$$N = -f_{惯离}\cos\varphi + f_C - \frac{mv^2}{R} = -mr\omega^2\cos\varphi + 2mv\omega - \frac{mv^2}{R}$$

$$= -2mR\omega^2\cos^2\varphi + 2mv\omega - \frac{mv^2}{R} = -mR\omega^2(1+\cos\theta) + 2mv\omega - \frac{mv^2}{R}.$$

（2）水平面内约束力

$$-N + f_C - f_{惯离}\cos\varphi = ma_n = \frac{mv^2}{R}. \blacksquare$$

从上面的例题可以看出，对于有的问题，采用非惯性系比惯性系方便。在非惯性系内不能直接运用牛顿运动定律，但是只要把惯性力考虑进去，处理问题就和在惯性系中一样了。

4.5 牛顿绝对时空观的困难和惯性的起源

牛顿力学是讨论物体的运动状态及其改变的，其描述脱离不开参考系。牛顿运动定律并不适用于所有的参考系，后人把牛顿运动定律适用的参考系叫做惯性参考系。然而，牛顿力学的理论框架本身并不能明确给出什么是惯性参考系。牛顿完全了解自己理论中存在的这一薄弱环节，他的解决办法是引入一个客观标准 —— 绝对空间，用以判断各物体是处于静止、匀速运动，还是加速运动状态。牛顿承认，区分特定物体的绝对运动（即相对于绝对空间的运动）和相对运动并非易事。不过，他还是提出了判据。譬如，用绳子将两个球拴在一起，让它们保持在一定距离上，绕共同的质心旋转。从绳子张力可以得知绝对运动角速度的大小。

"水桶实验"是牛顿提出的另一个更著名的实验。实验的大意如下：一个盛水的桶挂在有条扭得很紧的绳子上，然后放手，于是如图 2-56 所示。

（1）开始时，桶旋转得很快，但水几乎静止不动。在黏滞力经过足够的时间使它旋转起来之前，水面是平的，完全与水桶转动前一样。

(2) 水和桶一起旋转，水面变成凹状的抛物面。

(3) 突然使桶停止旋转，但桶内的水还在转动，水面仍然保持凹状的抛物面。

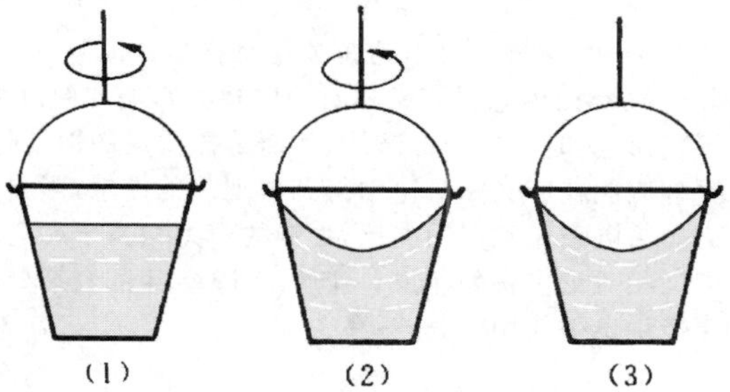

图 2-56 牛顿"水桶实验"

牛顿就此分析道，在第(1)、第(3)阶段里，水和桶都有相对运动，而前者水是平的，后者水面凹下；在第(2)、第(3)阶段里，无论水和桶有无相对运动，水面都是凹下的。牛顿由此得出结论：桶和水的相对运动不是水面凹下的原因，这个现象的根本原因是水在空间里绝对运动(即相对于牛顿的绝对空间的运动)的加速度。

绝对空间在哪里？牛顿曾经设想，在恒星所在的遥远地方，或许在它们之外更遥远的地方。他提出假设，宇宙的中心是不动的，这就是他所想象的绝对空间。从现今的观点来看，牛顿的绝对时空观是不对的。不过，牛顿当时清楚地意识到，要给惯性原理以一个确切的意义，那就必须把空间作为独立于物体惯性行为之外的原因引进来。爱因斯坦说："对此，牛顿自己和他同时代的最有批判眼光的人都是感到不安的；但是人们要想给力学以清晰的意义，在当时却没有别的办法。"❶爱因斯坦还认为，牛顿引入绝对空间，对于建立他的力学体系是必要的。这是在那个时代"一位具有最高思维能力和创造力的人所能发现的唯一道路。"❷

牛顿的绝对空间概念曾受到同时代的人，如惠更斯、莱布尼茨等的非难和诘问，但由于牛顿力学的巨大成就，200余年中一直为人们普遍接受。其间也有反对的，代表性人物是英国主教贝克莱，他说："让我们设想有两个球，除此之外空无一物，说它们围绕共同的中心作圆周运动，是不能想象的。但是，若天空上突然产生恒星，我们就能够从两球与天空不同部分的相对位置想象出它们的运动了。"如果宇宙中只有这两个球，而它们又像牛顿所设想的那样，被一根绳子拴着，谁能回答它们是否绕共同的质心旋转，以及绳中有没有张力？这的确是很难想象的。

贝克莱是唯心主义哲学家，不懂物理。首先在物理学界产生巨大影响的是奥地利物理学家马赫(E.Mach)。

马赫认为，牛顿水桶实验中水面凹下，是它与宇宙远处存在的大量物质之间有相对转动密切相关的。当水的相对转动停止时，水面就变成平的了。反过来，如果水不动而周围的大量物质相对于它转动，则水面也同样会凹下。如果设想把桶壁的厚度增大到几公里甚至几十公里，没有人有资格说出，这实验将会变成怎样。而他本人相信，这一怪桶的旋转将真的对桶内的水产生一个等效的惯性离心力作用，即使其中的水并无公认意义下的转动。马赫的思想归结为一切运动都是相对于某种物质实体而言的，是相对于远方恒星(或者说是宇宙中全部物质的分布)的加速度引起了惯性力和有关效应。

我们不妨设想，在北极挂上一个傅科摆。天空阴霾不见日月，人们默默地观察着摆面的进动，苦思着产生这现象的根源。忽然云消雾散，豁然开朗，满天星斗历历在目。人们惊奇地发现，摆面的进动是与斗转星移同步的。如果你忘记了，或根本不知道，脚下的地球在朝相反的方向自转，你很可能怀疑，是否摆面是被远方的星星拽着一起旋转的。如果你承认自己脚下的地球在自转，而傅科摆的摆面由于惯性而不动，你很自然就把远方的恒星当作惯性参考系了。除了有形的物质，要在冥冥之中设想出一个绝对的惯性参考系来，不是有点太神秘了吗？

马赫的深邃思想一时不为人们所理解，却给了爱因斯坦以极大启发，引导他于1915年创立了广义相对论。在此之前，1913年6月25日爱因斯坦写信给马赫：

> 明年日食时将会证明，以参考系的加速度同引力场等效为基础的基本假设是否真正站得住。果真如此，则您对力学基础所作的贴切研究，将不顾普朗克不公正的批评而得到光辉的证实。因为完全按照您对牛顿水桶实验的批判，一个必然的后果是：惯性来源于物体的一种相互作用。这里的第一个推论写在我文章的第6页上，再补充两点：(1) 如果加速一个很重的物质壳层，则包含在此壳层里的质量会受到一个加速

❶ 爱因斯坦文集：第一卷，许良英，范岱年绷译．北京：商务印书馆，1976:43.

❷ 同上，第15页。

的力。(2) 如果相对于恒星围绕中心轴旋转此壳层，壳内将产生一个科里奥利力，亦即，傅科摆的摆面将被曳引(实际上曳引的角速度小得无法测量)。

马赫的思想对广义相对论的建立影响如此巨大，爱因斯坦于1918年前后使用了"马赫原理"的说法，以表达下列命题：时空的局部结构(从而试探质点的惯性行为)，仅由质量和能量的分布所决定。❶爱因斯坦认为，马赫原理应能在广义相对论中得到体现。他设想，影响惯性的那种物质间相互作用应是引力，但不是牛顿的 $1/r^2$ 引力。与电磁相互作用类比，牛顿的引力相当于库仑的静电力；此处要求的是一种正比于 $1/r$ 的"辐射力"，这应在广义相对论中得到印证。1918—1921年间仑斯(J.Lense)和锡林(H.Thirring)根据广义相对论导出一个旋转球壳产生曳引作用的公式：❷

$$\omega_{曳} = k\frac{G}{c^2}\frac{m_{壳}}{R_{壳}}\omega_{壳}, \tag{2.52}$$

式中 $m_{壳}$、$R_{壳}$、$\omega_{壳}$ 分别是球壳的质量、半径、角速度，$G=6.67\times10^{-11}\,\mathrm{N\cdot m^2/kg^2}$ 是引力常量，$c=3\times10^8\,\mathrm{m/s}$ 是光速。k 是个无量纲的因子[顺便说起，如果知道广义相对论与普适常量 G 和 c 有关，并知道它们的量纲式，则(2.52)式的结构可从量纲分析法得到]。k 与摆相对于球壳的位置有关：

$$k=\begin{cases}4/3, & \text{球壳内任何地方，或南北极}\\ -2/3, & \text{球壳外赤道处}\end{cases}$$

以上结果证实了爱因斯坦的想法。

现在让我们回到挂在北极的傅科摆。地球自转着，它与远方的恒星朝相反的方向曳引着摆面。若要用(2.52)式计算一个球体(如地球、太阳)，乃至整个宇宙的曳引作用，可采用叠加法。对于刚体

$$\frac{\omega_{曳}}{\omega_{旋转体}} = k\frac{G}{c^2}\sum_i\frac{m_i}{R_i},$$

假定恒星之间的相对运动可忽略，整个宇宙的曳引作用可写为

$$\frac{\omega_{曳}}{\omega_{恒星}} = k\frac{G}{c^2}\sum_{恒星}\frac{m_{恒星}}{R_{恒星}}\sim\frac{G}{c^2}\frac{m_{宇宙}}{R_{宇宙}},$$

上式右端称为宇宙的"惯性之和(sum for inertia)"。

$G/c^2=7.4\times10^{-28}\,\mathrm{m/kg}$，地球 $m\sim6\times10^{25}\,\mathrm{kg}$，$R\sim6\times10^6\,\mathrm{m}$，$m/R\sim10^{19}\,\mathrm{kg/m}$，从而地球的曳引作用 $\omega_{曳}/\omega_{地球}\sim10^{-8}$，确实是微不足道的。但是要说明为什么傅科摆的摆面完全跟着星空转，还需宇宙的惯性之和具有1的数量级。当今的天体物理和宇宙学的看法是，宇宙半径的数量级可取为 10^{10} l.y.= 10^{26} m，欲使惯性之和具有1的数量级。倒过来计算，则要求宇宙中物质的平均密度 ρ 具有 $10^{-29}\,\mathrm{g/cm^3}$ 的数量级。当前宇宙学中用光度法估算出的宇宙平均密度 $\rho=3\times10^{-31}\,\mathrm{g/cm^3}$，这数值太小了一些。不过，人们一般的看法是，宇宙间存在着大量的用光度法无法测到的暗物质(参见第七章4.3节)，实际的平均密度要比这数值大得多，究竟是多少，尚难确切估计，很可能和上面要求的数量级差不多。

应当指出，即使数量级符合了，我们也不能说，上述锡林等人的理论已把马赫原理和广义相对论完全协调起来。进一步的讨论涉及时空的弯曲、开宇宙和闭宇宙等问题，我们不再深入讨论下去了。

暂时撇开全局性的问题不谈，我们怎样才能判别和实现一个较理想的惯性参考系，哪怕是在局部范围里也好。在牛顿力学的框架里，定义一个惯性参考系和表述惯性原理的困难之一，是如何判断一个物体是否受力.我们在3.2节里列举了各种力，其中多数是接触力，只有宏观的电磁力和万有引力是长程的。由于电荷有正有负，电磁力可以屏蔽，引力是无法屏蔽的。所有与一质点相距很远的物体总质量可以很大，怎能保证它们产生的引力总体上对该质点的影响是可以忽略的呢？爱因斯坦从惯性质量等于引力质量这一事实看出，引力和加速度产生的惯性力是等价的，我们可以把这两个概念及其区别淡化起来，于是，把坐标原点固定在一个在引力场中自由降落(free falling)或者说自由飞行的物体上，坐标架由陀螺仪(见第四章)来定向，这便是一个相当理想的局部惯性参考

---

❶ 马赫是于1916年去世的，生前他没有给爱因斯坦直接回过信，只是在《物理光学原理》一书的序言中公开作了答复，表示他反对相对论。该书直到1921年才出版，在此之前，爱因斯坦不知道马赫反对相对论的态度。

❷ H.Thirring，*Phys.Z.*，**19**(1918)，33—39；*Phys.A.*，**22**(1921)，29—30；
H.Thirring and J.Lense，*Phys.Z.*，**19**(1918)，156—163

系。有关这类系统内试探质点所表现的惯性行为，我们已在4.3节里考察过了。从升降机和航天飞机里超重和失重的例子看，由于惯性质量等于引力质量，牛顿力学所谓的“因加速度产生的惯性力”与“真实的引力”是等价的。平常我们把因地球自转引起的惯性离心力算在视重里，也在实际上承认了这种等价性。从牛顿力学的观点看，地面参考系才是惯性系，而自由降落的升降机则不是。但我们也可认为自由降落的升降机是惯性系；而在地面参考系内感觉到的重力，反而是它相对于惯性系（自由降落的升降机）有向上加速度的效果。这是广义相对论的观点（参见图2－57）。

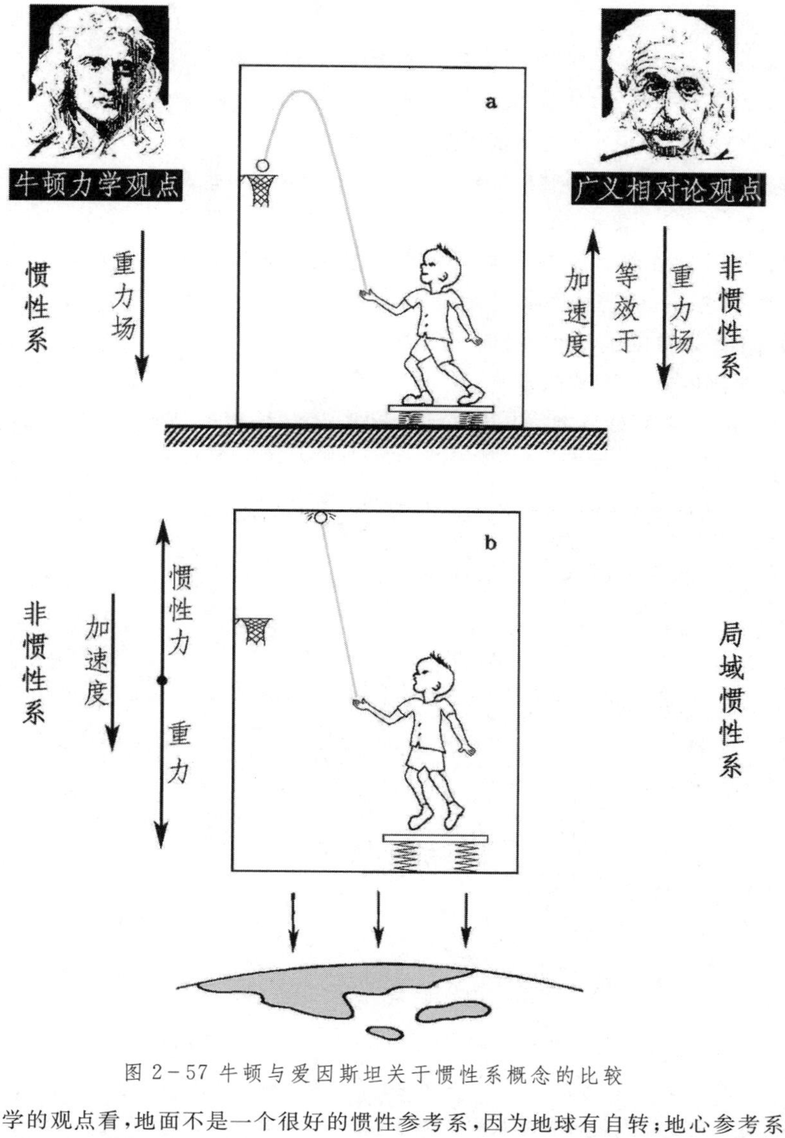

图2－57 牛顿与爱因斯坦关于惯性系概念的比较

通常从牛顿力学的观点看，地面不是一个很好的惯性参考系，因为地球有自转；地心参考系也不够好，因为地球还绕着太阳公转；日心参考系更好一些，但仍不是理想的惯性参考系，因为太阳绕着银河系的中心（银心）转（每 2.5×10^{8} 年绕一圈）。三者旋转的角速度依次为

$$\omega_1 = 7.3\times10^{-5}\,\text{rad/s},$$

$$\omega_2 = 2.0\times10^{-7}\,\text{rad/s},$$

$$\omega_3 = 8\times10^{-16}\,\text{rad/s},$$

确实一个比一个小得多。参考系旋转的非惯性效应是什么呢？按牛顿力学的观点看有二：惯性离心力和科里奥利力。其实前者不是主要的，地面参考系中的惯性离心力已计算在视重里了，地心参考系和日心参考系的坐标原点都在引力场中作自由飞行，在这些参考系里惯性离心力是和引力相消的。所以关键的问题在于科里奥利力，它只与角速度 ω 的大小有关，与半径无关。所以用上面列出的角速度大小，即可标志出各参考系偏离惯性系的程度。

本章提要

1. 惯性定律：自由粒子永远保持静止或匀速直线运动的状态。

   惯性参考系：对某一特定物体惯性定律成立的参考系。

   实验表明，(1) 在惯性系中所有物体遵从惯性定律；

   (2) 一切相对于惯性系作匀速直线运动的参考系都是惯性系。

   惯性是时空（参考系）的性质。

2. 相对性原理：不可能在惯性系内部进行任何物理实验来确定该系统作匀速直线运动的速度。对于物理定律来说，一切惯性系都是等价的。

3. 惯性质量 $m_{惯}$：物体惯性大小的量度。

   引力质量 $m_{引}$：物体引力性质的量度。

   $m_{惯} = m_{引}$ → 等效原理：引力场中自由降落的参考系，等效于局域惯性系。

4. 动量：　$\boldsymbol{p} = m\boldsymbol{v}$.

   动量守恒定律：系统所受合外力为 0 时，　$\sum_i \boldsymbol{p}_i =$ 常量。

5. 力：在单位时间内物体在相互作用中传递的动量，　$\boldsymbol{f} = \dfrac{\mathrm{d}\boldsymbol{p}}{\mathrm{d}t}$.

   力的叠加原理：　$\dfrac{\mathrm{d}\boldsymbol{p}_i}{\mathrm{d}t} = \boldsymbol{f}_i = \sum_{j\neq i} \boldsymbol{f}_{ij}$.

   对于物体系，　$\boldsymbol{F} = \sum_i \boldsymbol{f}_{i外}$ 为合外力，　$\boldsymbol{P} = \sum_i \boldsymbol{p}_i$ 为系统的总动量，

   $$\boldsymbol{F} = \frac{\mathrm{d}\boldsymbol{P}}{\mathrm{d}t}.$$

6. 冲量：　$\boldsymbol{I} = \int \boldsymbol{F}\mathrm{d}t$.

   动量定理：　$\int_{t_0}^{t} \boldsymbol{F}\mathrm{d}t = \boldsymbol{P}(t) - \boldsymbol{P}(t_0)$.

7. 牛顿三定律（只在惯性参考系成立）

   牛顿第一定律：　惯性定律。

   牛顿第二定律：　$\boldsymbol{F} = \dfrac{\mathrm{d}(m\boldsymbol{v})}{\mathrm{d}t} = m\boldsymbol{a}$.

   运用隔离体法，分析各质点受力情况。

   牛顿第三定律：作用力与反作用力大小相等，方向相反，在同一直线上。

   (1) 作用力和反作用力是相对而言的，没有主从之分，同时出现、同时消失。

   (2) 作用力和反作用力分别施于不同物体上；对同一物体永远不会抵消。

   (3) 定律适用于近距作用，每一时刻都成立。

   (4) 作用力和反作用力属于同一性质的力。

8. 惯性力 —— 惯性在非惯性系中的表现。

平动非惯性系中：　$\boldsymbol{f}_{\text{惯}} = -m\boldsymbol{a}$.

转动参考系中：
- 惯性离心力　$f = rm\omega^2$,
- 科里奥利力　$\boldsymbol{f}_{\mathrm{C}} = 2m\boldsymbol{v}\times\boldsymbol{\omega}$.

思 考 题

2-1. 两个滑冰运动员，质量分别为 60 kg 和 40 kg，每人各执绳索的一头。体重者手执绳端不动，体轻者用力收绳。他俩人最终将在何处相遇？

2-2. 以球击墙而弹回，由球和墙组成的系统动量守恒吗？

2-3. 人坐在车上推车，是怎么也推不动的；但坐在轮椅上的人却能让车前进。为什么？

2-4. 使百米赛跑运动员加速的是什么力？有人说是地面给跑鞋的摩擦力。如果是这样，岂不和运动员本人的体力无关了吗？你的意见如何？

2-5. 在一次中学生物理竞赛中，赛题是从桌角 A 处向 B 发射一个乒乓球，让竞赛者在桌边 B 处用一只吹管将球吹进桌上 C 处的球门（见本题图），看谁最先成功。某生将吹管对准 C 拼命吹，但球总是不进球门。试分析该生失败的原因。

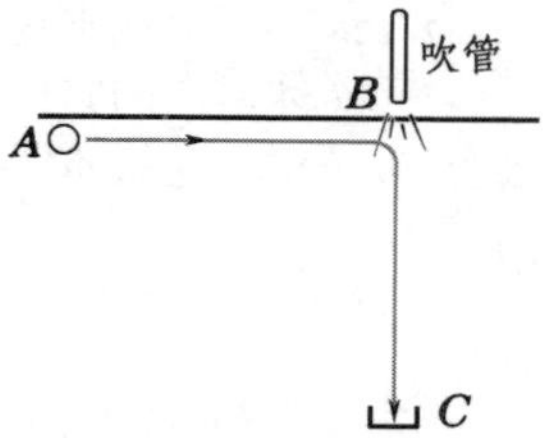

思考题 2-5

2-6. 细线中间系一重物，如本题图所示，以力拉下端。缓慢地拉，或用力猛拉，上下哪根线先断？

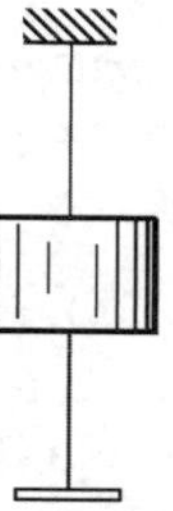

思考题 2-6

2-7. 杂技表演中，在一个平躺的人身上压一块大而重的石板，另一人以大锤猛力击石，石裂而人不伤。试解释之。

2-8. 在上题中有人建议用很厚的棉被代替石板，会更安全。你同意吗？

2-9. 当你站在台秤上，仔细观察你在站起和蹲下的过程中，台秤的读数如何变化。试用牛顿运动定律解释之。

2-10. 设想惯性质量和引力质量并不相等，有两块石头，惯性质量相同而引力质量不同，自由降落时它们都作匀加速运动吗？它们的加速度相等吗？重量相等吗？若设两块石头引力质量相同而惯性质量不同，情况又如何？

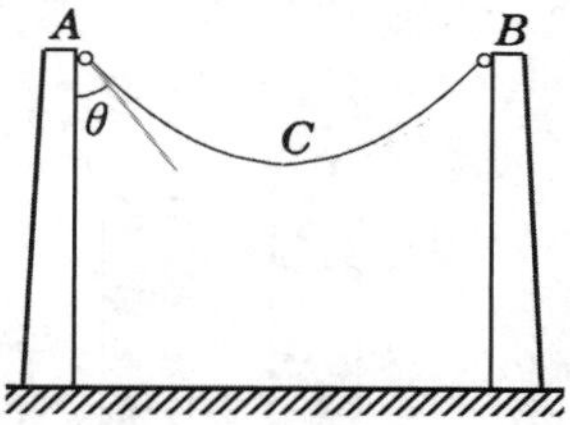

思考题 2-13

2-11. 悬挂一根重绳使自然下垂，其内张力怎样随高度变化？若悬挂点突然脱落，情况又如何？

2-12. 拖着一根重绳在粗糙的水平面上匀速前进，它各点的张力一样吗？

2-13. 如本题图所示，在两根等高的立柱之间悬挂一根均匀重绳 AB. 绳中点 C 处的张力比它本身重量的大小如何？试分析这与悬点的角度 θ 有什么关系。

2-14. 两个弹簧等长，劲度系数分别为 k_1 和 k_2，就它们串联起来，等效的劲度系数为多少？若并联呢？

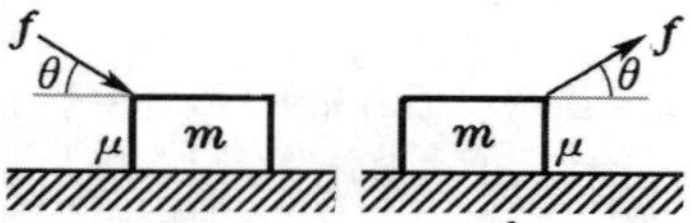

思考题 2-16

2-15. 有人说摩擦力总和物体运动的方向相反，对吗？

2-16. 用同一力 F 和同一角度 θ 分别以本题图 a、b 的方式推或拉一个物体，哪种方式可使物体获得较大的加速度？

2-17. 春暖河开，冰面上一块石头逐渐下陷。有人说："冬天冰硬，冰面的反作用力等于石头的压力，石头不下陷。春天冰面变软，它的反作用力达不到石头的压力，故而石头下陷。"这种解释对吗？

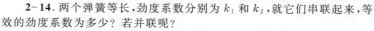

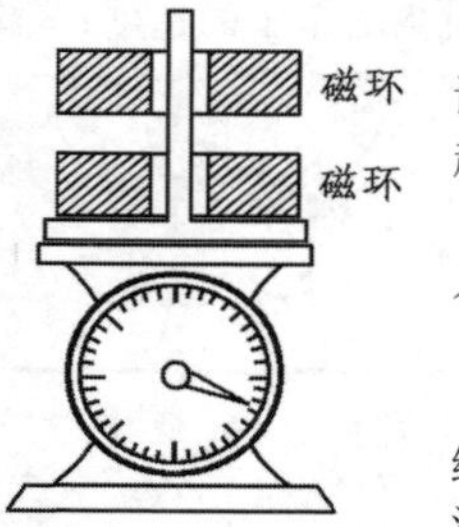

思考题 2-18

2-18. 串在同一木芯上的两磁环以同极相对，上环因斥力而悬浮（见本题图）。磅秤的读数，除木芯外，显示一个磁环还是两个磁环的重量？若两磁环异极相对，它们将吸在一起。这时下环受到的压力大于上环的重量吗？磅秤的读数大于木芯加两磁环的重量吗？

2-19. 如本题图所示，将一铝管竖立在磅秤上，将一比管的内径略小的球从上端投入。试分析磅秤读数的变化。

2-20. 旋转一把被雨水淋湿的伞，水滴将沿切线还是法线甩出？

2-21. 以绳系石在竖直平面内旋转，石头在最高点时受到哪几个力？有人说：重力和绳的张力都是向下的，石头必然还受一个向上的离心力，否则它为什么不掉下来？这话有没有一些道理？

2-22. 试解释，为什么北半球的河流对右岸冲刷得较厉害，而南半球的河流则对左岸冲刷较厉害？

2-23. 试论证动量守恒定律(2.21)式和动量定理(2.24)式在伽利略变换下的不变性。

2-24. 如果牛顿第二定律不是 $f=ma$，而是 $f=mv$（v 为速度），伽利略相对性原理还成立吗？

2-25. 怎样理解伽利略相对性原理的表述："不可能在惯性系内部进行任何物理实验来确定该系统作匀速直线运动的速度。"司机在汽车内通过车速表不就可以知道汽车的速度了吗？这违背伽利略相对性原理吗？

2-26. 跳水运动员从弹离跳板腾空而起到落下的过程中，哪一阶段超重，哪一阶段失重？

2-27. 4.4 节中讨论了匀速旋转参考系中的惯性力，证明在加速旋转的参考系中还多一项惯性力 $-m\dot{\boldsymbol{\omega}}\times\boldsymbol{r}$，这里 $\dot{\boldsymbol{\omega}}\times\boldsymbol{r}$ 是与角加速度 $\dot{\boldsymbol{\omega}}$ 相联系的切向加速度。

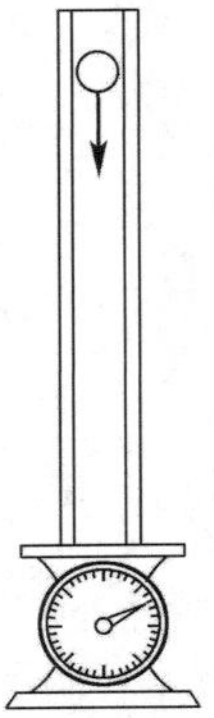

思考题 2-19

习　　题

2-1. 一个原来静止的原子核，经放射性衰变，放出一个动量为 9.22×10^{-16} g·cm/s 的电子，同时该核在垂直方向上又放出一个动量为 5.33×10^{-16} g·cm/s 的中微子。求蜕变后原子核的动量的大小和方向。

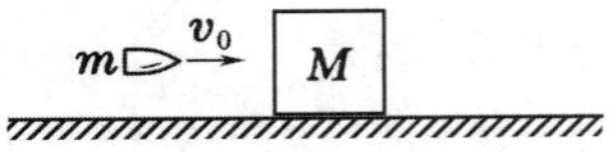

习题 2-2

2-2. 质量为 M 的木块静止在光滑的水平桌面上。质量为 m，速率为 v_0 的子弹水平地射入木块内（见本题图）并与它一起运动。求：

(1) 子弹相对于木块静止后，木块的速率和动量，以及子弹的动量；

(2) 在此过程中子弹施于木块的冲量。

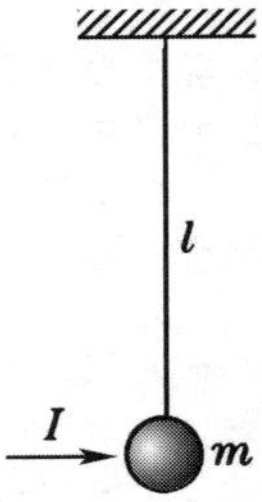

习题 2-3

2-3. 如本题图，已知绳可承受的最大强度 $T_0=1.00$ kgf，$m=500$ g，$l=30.0$ cm.开始时 m 静止。水平冲量 I 等于多大才能把绳子打断？

2-4. 一子弹水平地穿过两个前后并排在光滑水平桌面上的静止木块。木块的质量分别为 m_1 和 m_2，设子弹透过两木块的时间间隔为 t_1 和 t_2。设子弹在木块中所受阻力为恒力 f，求子弹穿过后两木块各以多大的速度运动。

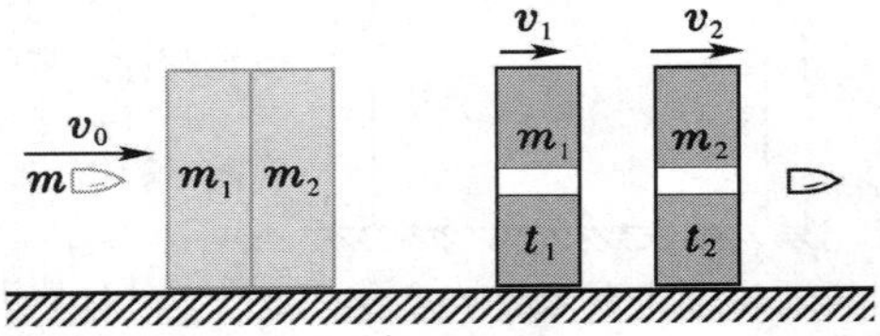

习题 2-4

2-5. 质量 70 kg 的渔人站在小船上，设船和渔人的总质量为 200 kg.若渔人在船上向船头走 4.0 m 后停止。试问：以岸为参考系，渔人走了多远？

2-6. 两艘船依惯性在静止湖面上以匀速相向运动，它们的速率皆为 6.0 m/s.当两船擦肩相遇时，将甲船上的货物都搬上乙船，甲船的速率未变，而乙船的速率变为 4.0 m/s. 设货物质量为 60 kg，求乙船质量。

2-7. 三只质量均为 M 的小船鱼贯而行，速率均为 v. 由中间那只船上同时以水平速率 u（相对于船）把两质量均为 m 的物体分别抛到前后两只船上。求此后三只船的速率。

2-8. 一质量为 M 的有轨板车上有 N 个人，所有人的质量均为 m. 开始时板车静止。

(1) 若所有人一起跑到车的一端跳离车子，设离车前它们相对于车子的速度为 u，求跳离后车子的速度；

(2) 若 N 个人一个接一个地跳离车子，每人跳离前相对于车子的速度皆为 u，求车子最后速度的表达式；

(3) 在上述两种情况中，何者车子获得的速度较大？

2-9. 一炮弹以速率 v_0 和仰角 θ_0 发射，到达弹道的最高点时炸为质量相等的两块（见本题图），其中一块以速率 v_1 竖直下落，求另一块的速率 v_2 及速度与水平方向的夹角（忽略空气阻力）。

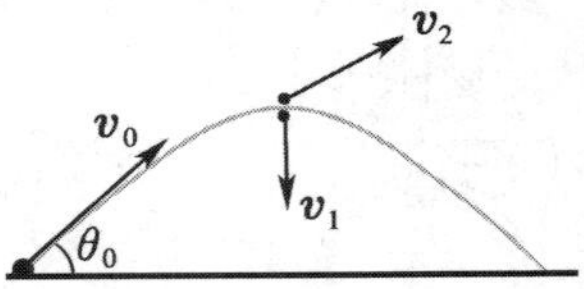

习题 2-9

2-10. 求每分钟射出 240 发子弹的机枪平均反冲力，假定每粒子弹的质量为 10 g，枪口速度为 900 m/s.

2-11. 一起始质量为 m_0 的火箭以恒定率 $|dm/dt| = \mu$ 排出燃烧过的燃料，排料相对于火箭的速率为 v_0.

(1) 计算火箭从发射台竖直向上启动时的初始加速度；

(2) 如果 $v_0 = 2000$ m/s，则对于一个质量为 100 t 的这种火箭，要给以等于 $0.5g$ 的向上初始加速度，每秒钟必须排出多少 kg 的燃料？

2-12. 一个三级火箭，各级质量如下表所示，不考虑重力，火箭的初速为 0.

级 别	发射总质量	燃料质量	燃料外壳质量
一 级	60 t	40 t	10 t
二 级	10 t	20/3 t	7/3 t
三 级	1 t	2/3 t	

(1) 若燃料相对于火箭喷出速率为 $C = 2500$ m/s，每级燃料外壳在燃料用完时将脱离火箭主体。设外壳脱离主体时相对于主体的速度为 0，只有当下一级火箭发动后，才将上一级的外壳甩在后边。求第三级火箭的最终速率。

(2) 若把 $47\frac{1}{3}$ t 燃料放在 $12\frac{1}{3}$ t 的外壳里组成一级火箭，问火箭最终速率是多少？

2-13. 一宇宙飞船以恒速 $\boldsymbol{v}$ 在空间飞行，飞行过程中遇到一股微尘粒子流，后者以 dm/dt 的速率沉积在飞船上。尘粒在落到飞船之前的速度为 $\boldsymbol{u}$，方向与 $\boldsymbol{v}$ 相反，在时刻 t 飞船的总质量为 $M(t)$，试问：要保持飞船匀速飞行，需要多大的力？

2-14. 一水平传送带将沙子从一处运送到另一处，沙子经一垂直的静止漏斗落到传送带上，传送带以恒定速率 v 运动着（见本题图 a）。忽略机件各部位的摩擦。若沙子落到传送带上的速率是 dm/dt，试问：

(1) 要保持传送带以恒定速率 v 运动，水平总推力 F 多大？

(2) 若整个装置改为漏斗中的沙子落进以匀速 v 在平直光滑轨道上运动的货车里（见本题图 b），以上问题的答案改变吗？

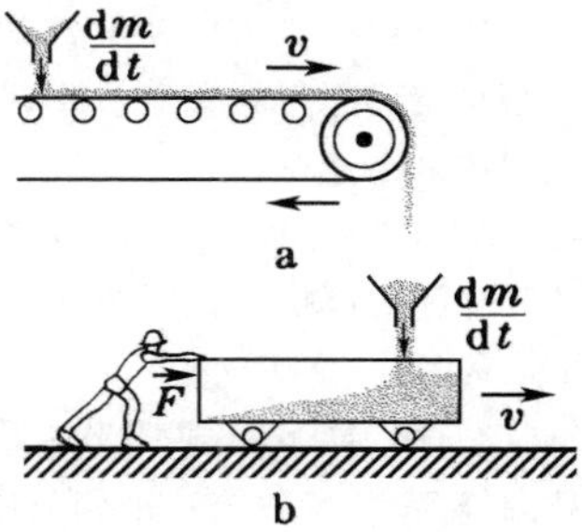

习题 2-14

2-15. 一质量为 m 的质点在 xy 平面上运动，其位矢为 $\boldsymbol{r} = a\cos\omega t\,\boldsymbol{i} + b\sin\omega t\,\boldsymbol{j}$，求质点受力的情况。

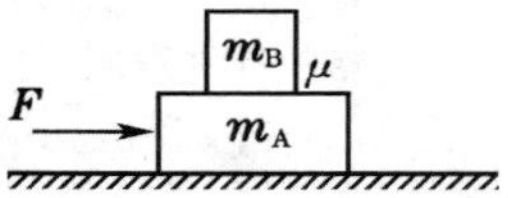

习题 2-16

2-16. 如本题图所示，一质量为 m_A 的木块 A 放在光滑的水平桌面上，A 上放置质量为 m_B 的另一木块 B，A 与 B 之间的摩擦系数为 μ. 现施水平力推 A，问推力至少为多大时才能使 A、B 之间发生相对运动。

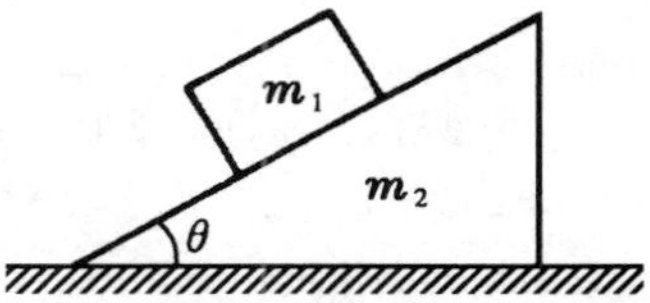

习题 2-17

2-17. 如本题图所示，质量为 m_2 的三角形木块，放在光滑的水平面上，另一质量为 m_1 的方木块放在斜面上。如果接触面的摩擦可以忽略，两物体的加速度各为多少？

2-18. 在桌上有一质量 m_1 的木板。板上放一质量为 m_2 的物体。设板与桌面间的摩擦系数为 μ_1，物体与板面间的摩擦系数为 μ_2，欲将木板从物体下抽出，至少要用多大的力？

2-19. 设斜面的倾角 θ 是可以改变的，而底边不变。求：

(1) 若摩擦系数为 μ，写出物体自斜面顶端从静止滑到底端的时间 t 与倾角 θ 的关系；

(2) 若斜面倾角 $\theta_1 = 60°$ 与 $\theta_2 = 45°$ 时，物体下滑的时间间隔相同，求摩擦系数 μ.

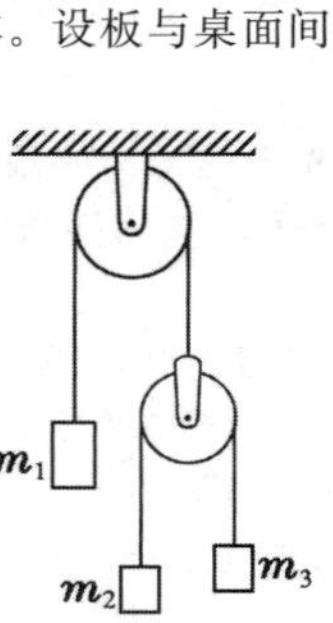

习题 2-20

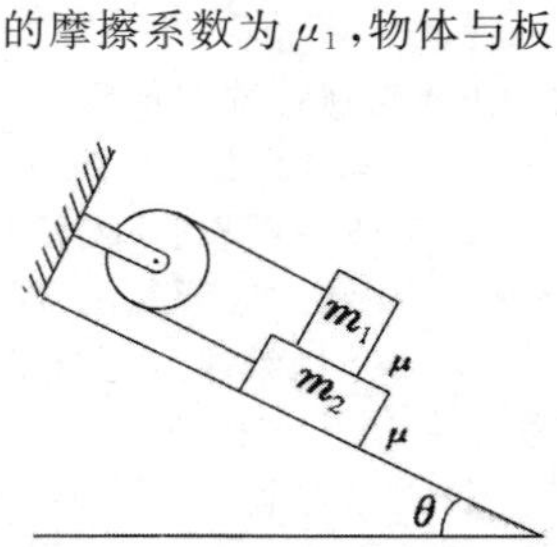

习题 2-21

2-20. 本题图中各悬挂物体的质量分别为：$m_1 = 3.0$ kg，$m_2 = 2.0$ kg，$m_3 = 1.0$ kg. 求 m_1 下降的加速度。忽略悬挂线和滑

轮的质量、轴承摩擦和阻力，假设线不可伸长。

2-21. 在本题图所示装置中，m_1 与 m_2 及 m_2 与斜面之间的摩擦系数都为 μ，设 $m_1>m_2$.斜面的倾角 θ 可以变动。求 θ 至少为多大时 m_1、m_2 才开始运动。略去滑轮和线的质量及轴承的摩擦，假设线不可伸长。

2-22. 如本题图所示装置，已知质量 m_1、m_2 和 m_3，设所有表面都是光滑的，略去绳和滑轮质量和轴承摩擦。求施加多大水平力 F 才能使 m_3 不升不降。

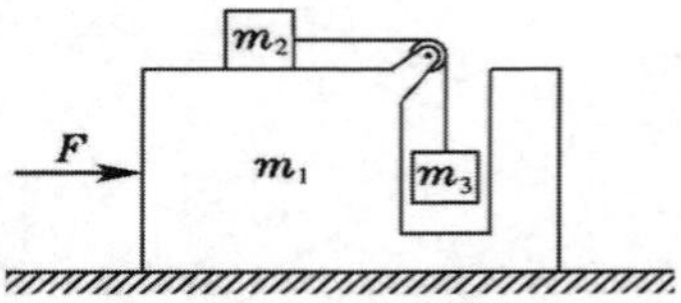

习题 2-22

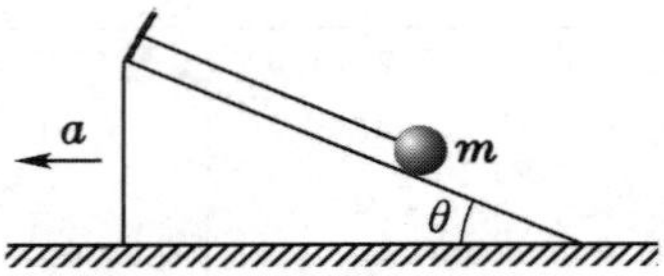

习题 2-23

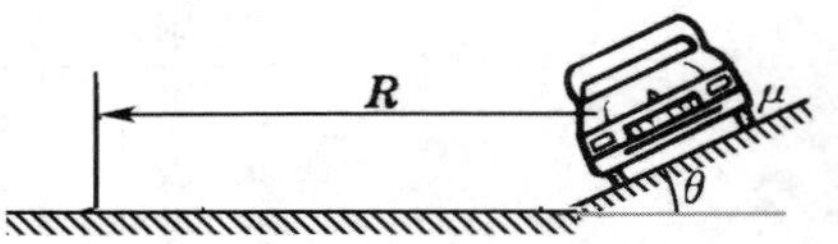

习题 2-24

2-23. 如本题图所示，将质量为 m 的小球用细线挂在倾角为 θ 的光滑斜面上。求：

(1) 若斜面以加速度 a 沿图示方向运动时，求细线的张力及小球对斜面的正压力；

(2) 当加速度 a 取何值时，小球刚可以离开斜面？

2-24. 一辆汽车驶入曲率半径为 R 的弯道。弯道倾斜一角度 θ，轮胎与路面之间的摩擦系数为 μ.求汽车在路面上不作侧向滑动时的最大和最小速率。

2-25. 质量为 m 的环套在绳上，m 相对绳以加速度 a' 下落。求环与绳间的摩擦力。图中 M、m 为已知。略去绳与滑轮间的摩擦，绳不可伸长。

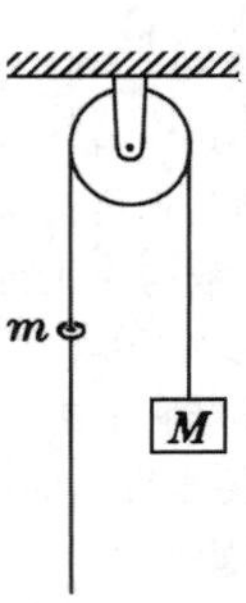

习题 2-25

习题 2-26

2-26. 如本题图，升降机中水平桌上有一质量为 m 的物体 A，它被细线所系，细线跨过滑轮与质量也为 m 的物体B相连。当升降机以加速度 $a=g/2$ 上升时，机内的人和地面上的人将观察到A、B两物体的加速度分别是多少？（略去各种摩擦，线轻且不可伸长。）

2-27. 如本题图所示，一根长 l 的细棒，绕其端点在竖直平面内作匀速率转动，棒的一端有质量为 m 的质点固定于其上。

(1) 试分析，质点速率取何值，才能使在顶点 A 处棒对它的作用力为 0？

(2) 假定 $m=500\,\mathrm{g}$，$l=50.0\,\mathrm{cm}$，质点以均匀速率 $v=40\,\mathrm{cm/s}$ 运动，求它在 B 点时棒对它的切向和法向的作用力。

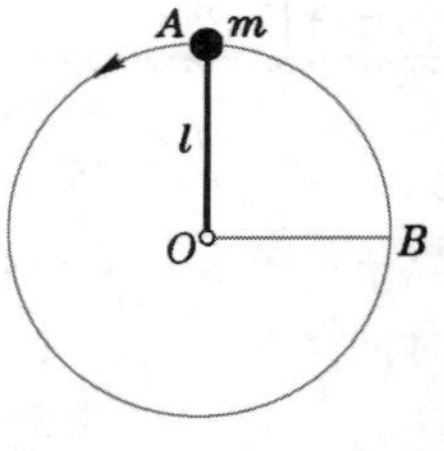

习题 2-27

2-28. 一条均匀的绳子，质量为 m，长度为 l，将它拴在转轴上，以角速度 ω 旋转，试证明：略去重力时，绳中的张力分布为

$$T(r)=\frac{m\omega^2}{2l}(l^2-r^2),$$

式中 r 为到转轴的距离。

2-29. 在顶角为 2α 的光滑圆锥面的顶点上系一劲度系数为 k 的轻弹簧，原长 l_0，下坠一质量为 m 的物体，绕锥面的轴线旋转。试求出使物体离开锥面的角速度 ω 和此时弹簧的伸长。

2-30. 抛物线形弯管的表面光滑，可绕竖直轴以匀角速率转动。抛物线方程为 $y=ax^2$，a 为常量。小环套于弯管上。

(1) 求弯管角速度多大，小环可在管上任意位置相对弯管静止。

(2) 若为圆形光滑弯管，情形如何？

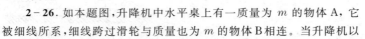

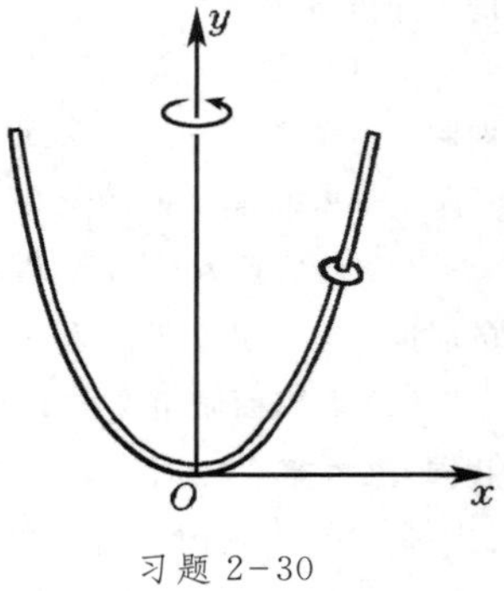

习题 2-30

2-31. 在加速系中分析 2-25 题。

2－32. 在加速系中分析 2－26 题。

2－33. 在加速系中分析 2－30 题。

2－34. 列车在北纬 30° 自南向北沿直线行驶，速率为 90 km/h，其中一节车厢重 50 t. 问哪一边铁轨将受到车轮的旁压力？该车厢作用于铁轨的旁压力等于多少？

第三章 机械能守恒

§1. 功 和 能

1.1 历史性的评述

“力学(mechanics)”和“机械装置(mechanism)”二词,在欧洲各国的语言里是同源的,因为除天文学外,推动力学产生和发展的,主要是对机械装置原理的研究。机械装置可以有动力、传动、运输、工艺、控制,直到现代化的逻辑等各种功能。在第一次工业革命(18世纪60年代到19世纪80年代)以前,手工业作坊和手工业工场里使用的机械基本上是工艺机械。那时在生产中代替人力作为动力的,只有畜力、水力和风力。这些能源受到地域、季节等各种条件的限制,使用起来并不很方便。由于工业和科学水平的限制,当时人们还不大可能想象出通用的动力机械装置,但是用机械来代替繁重体力劳动早就是人们的夙愿,很多人把这种愿望的实现寄托在永动机上。

永动机是人们幻想的一种机械装置,它一经启动,就自行运转下去,不断作出有用的功。企图制造永动机的最早记载,大约出现在13世纪。此后各种永动机的设计层出不穷,一直延续到19世纪工业革命后,势头才有所减弱。即使到今天,还不时有人提出一些实质上是永动机的装置,只不过它们伪装得更好,更不易被识破罢了。

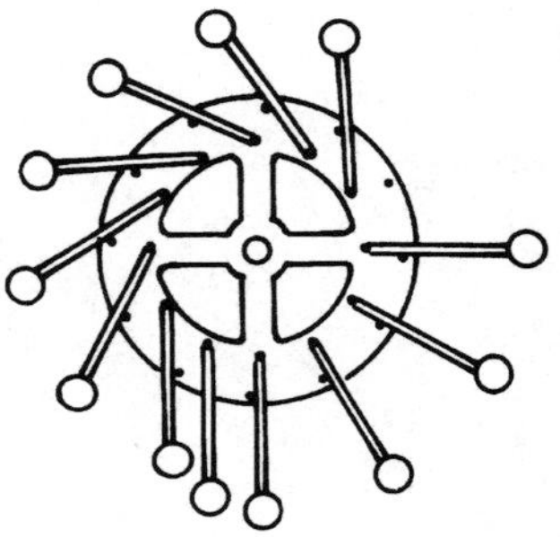

图3-1 一种永动机

历史上最有名的机械永动装置之一是17世纪30年代英国渥塞斯特(Worcester)侯爵制造的。其原理性结构如图3-1所示,在转动着的大轮子下降的一侧,所有重物都移到比上升的一侧离轴较远的地方,从而可以施加较大的力矩,推动轮子不断地旋转下去。渥塞斯特的轮子直径14英尺,载有50镑的重物40个,足见其气魄之大。他本人的记载中只提到,查理一世和宫廷显贵们观看过此轮的运行试验,但未宣布它是否实现了永动的设想。另一有名的例子,是一个名叫奥菲罗伊斯(Orffyreus)的人发明的装置。按照荷兰物理学家赫拉弗桑德(W.J.Gravesande)的记载,此装置是个用帆布蒙在木架上做成的大鼓,其直径约12英尺,厚14英寸,装在一个铁轴上,可以旋转。他描写道:此鼓从1717年11月到1718年1月在一个锁住的房间里连续地转了两个月,但发明人不让他观察装置的内部结构。后来,发明人的一位女仆宣称,是她在隔壁的房间里操纵着这个装置。也不知这话是否可信,可是主人感到赫拉弗桑德来者不善,就自己把装置拆掉了。

千万次的失败并没有使所有的人认输,总有一些人陷在永动机梦想的泥潭里不能自拔,并死死纠缠着要别人接受他们的设计方案。在这种情况下巴黎科学院在1775年不得不通过决议,正式宣告拒绝受理永动机方案。直到现在,美英等许多国家的专利局都订有限制接受永动机方案的条款。正是

定律守恒有牛顿, 机制永动无马达。

在“发明永动机”的热潮中,真正的物理学家头脑是清醒的。荷兰科学家斯泰芬(S.Stevin),在1586年出版的重要著作《静力学原理》中是这样导出斜面上静力学平衡原理的:如图3-2所示,将一挂由相同小球串成的链子跨置在三角形 ABC 上。如果小球沿斜面所受的力等于它们的重量,则链子左边受到的总力比右边大,它将向左滑移,而且运动将一直持续下去。在斯泰芬看来这是不可能的。从而他得到这样的结论:小球所受的力与斜面的长度成反比。用现代的语言来说,就是沿斜面的分力正比于仰角的正弦,这相当于给出了力的分解法则。斯泰芬如此珍视上述成果,把球链斜面的图设计在《静力学原理》一书的扉页上(见图3-3)。在斯泰芬之后约半个世纪,伽利略用斜面实验论证惯性定律的时候,也采用了类似的推理方法。我们在第二章1.1节介绍这个问题时,曾引述了伽利略的结论,说不论两斜面的斜率如何,从一个斜面滚下的球沿另一斜面上升时,不会超过原来的高度(参看图2-1)。伽利略是这样论

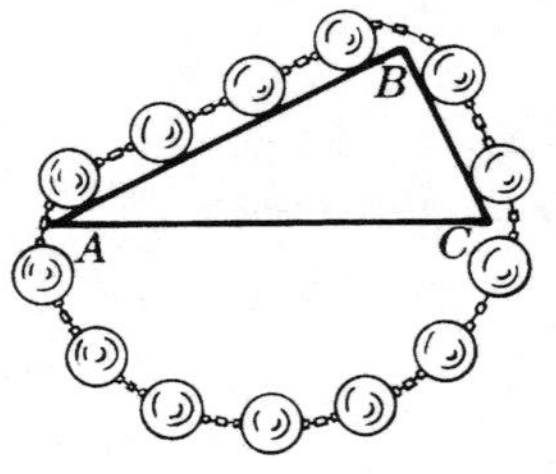

图3-2 斯泰芬的斜面三角形装置

证的：如果超过原来的高度，可用小桶把这个球接下来，水平地运送到原来的斜面上，再让它滚下，它在另一斜面上将达到更高的高度。如此反复操作，我们可以把球提升到任意高度。这样，当这球下落时，它可以驱动任何机械。在伽利略看来，这也是荒谬的。现在人们常用能量守恒定律来否定永动机，而19世纪能量守恒定律的三个创始人之一——亥姆霍兹当年却是用不可能有永动机来论证能量守恒定律的。所以，上述三位不同时代的科学家都对永动机的不可能实现深信不疑，并由此出发，分别论证了静力学、动力学和能量守恒的原理。

图 3－3 斯泰芬著《静力学原理》扉页上的图案
上面文字的意思是："神奇并不神奇"

人们造出机器，是为了让它作功。"功"的概念在一般人的感觉中是现实的，具体的。什么是"能量"？按照麦克斯韦的定义，它是一个物体所具有的作功能力。一个运动着的物体(如冲床上的冲头)具有作功的本领，所以说它具有能量；与物体运动相联系的能量应该叫做"动能"，这并不难接受。然而，把一个重物举到一定的高度，当它下落时能够作功。能否说，只在重物下落的过程中它才逐渐获得能量，抑或当它静止地停在一定高度上时已具有了潜在的能量(即"势能")？若不是这样，能量就会突然无中生有。历史上，在一般人心目中对这一点是有保留的，因为他们总觉得潜在的东西带有不可捉摸的神秘色彩。现在情况好多了，水力发电站比比皆是，至少重力势能已不那么神秘。在第二章2.1节里我们谈过一点守恒思想的渊源，追求某种东西守恒是产生科学思想必不可少的条件，科学家们常有寻找守恒量的强烈愿望，与运动相联系的守恒量长久以来就是物理学家们寻找的目标。从守恒的观点来看，"势能"的概念是不能没有的。这样，我们就谈到了与运动守恒量相关的几个观念：功、动能和势能。

上面我们谈功和能的概念只是定性的，将这些概念科学地加以定量化，就不那么容易了，在历史上曾经历相当长的混乱和争论的过程。第二章2.1节里提到的莱布尼茨与笛卡儿关于 mv^2 和 mv 之争，就是最典型的例子。下面我们从现代的观点对这些概念一一地予以重新定义。虽然在我们将要导出的表达式里许多是大家早就熟悉的，可是对本课的读者来说，推理所用的逻辑是全新的。

1.2 重力势能

在下面的推理中，我们的前提是永动机不可能。它的依据是从千千万万人的实践中总结出来的经验事实。

人们曾设想过各式各样的永动机，这里我们只讨论举重机械。如果有这样一架举重机械，当人们运用它完成一系列操作之后，装置回到了初始状态，在此过程中产生的净效果，是把一定的重量提升了一定的高度，则我们说，这就是一架永动机。有了这样一架举重的机械，完成其他操作的永动机就都变为可能的了。因而我们只需假设，这种举重式的永动机是不可能的。

作为最简单的举重装置之一，我们追随斯泰芬，也研究斜面装置。不过为了简化讨论，我们把装置改为如图 3－4 所示的形式：三角形是直角的，斜边与竖直边长度之比为 n，跨过顶部滑轮的一根细线两端各系一个重球。起初，大球在斜边的底部，小球在竖边的顶部(见图 3－4a)。如果小球拖得动大球的话，则以小球降落高度 h 为代价，可以把大球提升高度 $h'=h/n$(见图 3－4b)。设小球的重量为 w，它能够拖动大球的最大重量 w' 是多少？用本课前面已有的力学知识来回答

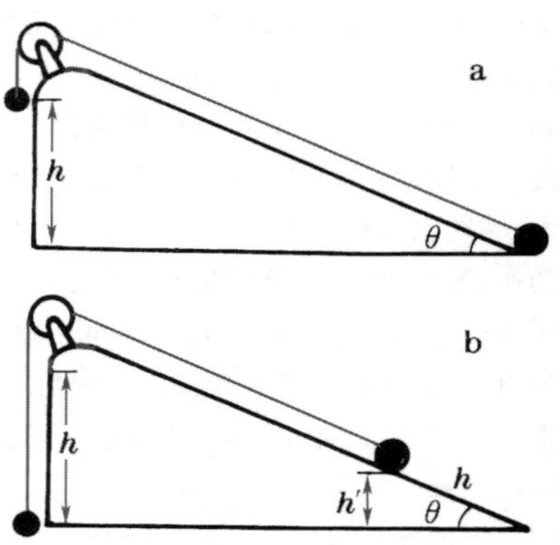

图 3-4 斜面举重装置

这个问题是不难的：w' 的大小要看摩擦力的情况如何了，摩擦力越小，则 w' 越大；在摩擦力趋于 0 的情况下，w' 趋于静力学平衡值 $w/\sin\theta = nw$，从而我们有

$$w'h' - wh. \tag{3.1}$$

上面得到的式子(3.1) 是由斜面这个具体装置推导出来的，我们的问题是：无论用什么举重机械，以重物 w 下降一个高度 h 为代价，至多能够把多少重量 w' 上举一个高度 h'？要普遍地回答这个问题，用本课前面已有的力学知识就不行了。下面我们从热学中卡诺(Carnot) 那里借来一种绝妙的推理方法。

我们把各种机械装置分成可逆的和不可逆的两种。为了阐明这个概念，先回到图 3-4 中的斜面。假定两重物满足无摩擦时的静力学平衡条件 $w'\sin\theta = w$. 实际的装置总是多少有些摩擦力的，要想从图 3-4a 的情况过渡到图 3-4b 的情况，我们必须在重物 w 的一侧加点重量 ε；要从图 3-4b 的情况再回到图 3-4a 的情况，则需把 ε 移到 w' 一侧。我们说，这样的装置是不可逆的。随着摩擦力的减小 $\varepsilon \to 0$，几乎不需要附加任何重量，装置可以自行往返于两个状态之间。绝对没有摩擦的设想，当然是理想化的。我们说，理想的无摩擦装置是可逆的。显然，“可逆”和“不可逆”的概念可以推广到任何装置。有了这样的概念，我们就可以来回答上面提出的普遍问题了。结论是：在给定 w、h、h' 的情况下，(1) 所有不可逆装置的 w' 都不大于可逆装置，(2) 所有可逆装置的 w' 都相等。下面用归谬法来论证这两个结论。

所谓可逆装置，就是它既能够以重物 w 的高度降低 h 为代价，把重物 w' 提升一个高度 h'，又能够以重物 w' 的高度降低 h' 为代价，把重物 w 提升一个高度 h. 如果某个不可逆装置在同样的条件下举起的重量 w'' 大于可逆装置举起的重量 w'(图3-5a)，我们就能够从 w'' 中分出一部分 w' 来，以它降低高度 h' 为代价，反向操作那个可逆装置，把不可逆装置中降下来的重物 w 恢复到原来的高度(图3-5b)。这样一来，在其他所有状态都复原的情况之下，产生的净效果是把一个重量为 $w''-w'$ 的重物提升了一个高度 h'. 这就导致永动机成为可能的荒谬结论。所以，上面的前提不能成立，实际情况应该是 $w'' \ngtr w'$. 于是我们的结论(1) 证讫。如果有两个可逆装置 A 和 B，在重物 w 的高度降低 h 的同样条件下，能够把重量分别为 w'_A 和 w'_B 的物体提升一个高度 h'，则援用上述推理方法不难得知：因为装置 B 可反向运行，只要永动机不可能，就应有 $w'_A \ngtr w'_B$；因为装置 A 也可反向运行，只要永动机不可能，就应有 $w'_B \ngtr w'_A$. 最后只能是 $w'_A = w'_B$，亦即，我们的结论(2) 也证讫。

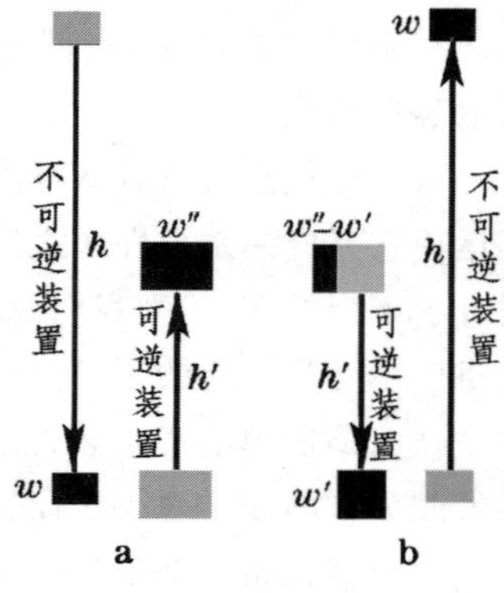

图 3-5 若不可逆装置重 w'' 大于可逆装置举重 w'

无摩擦的斜面是一种可逆的举重装置，它的 w' 满足(3.1) 式。既然所有可逆装置提举的重量 w' 都一样，所以(3.1) 式适用于一切可逆装置，并规定了其他一切装置举重的上限。可见，它揭示了一条普遍的规律，具有非常广泛的意义。(3.1) 式告诉我们，在装置可逆(无摩擦) 的条件下，重量 w 和高度 h 的乘积这个量是守恒的，它代表着一种潜在的作功本领。我们称它为物体的重力势能，记作 $E_{p重}$，即

$$E_{p重}=wh=mgh, \tag{3.2}$$

式中 m 为物体的质量，g 为重力加速度。上式表明，一个物体在相同的高度上具有相同的重力势能。

1.3 弹性势能

被拉伸或压缩的弹簧也可以举重。如图 3-6a 所示，将弹簧的一端固定，另一端系一根绳子，绳子跨过滑轮，下面坠以秤盘。这时弹簧的长度为 x_0. 现将一重物 W 轻轻放在秤盘上，它随即由静止下降。设重物下降的最大高度为 h，亦即弹簧的最大长度为 x_0+h（图 3-6b）。设弹簧服从胡克定律，滑轮没有摩擦，即装置是可逆的，则秤盘将带了重物回到原来的高度，弹簧缩到原来的长度 x_0. 现在我们来计算弹簧的最大伸长量 h 和物体重量 $W=mg$ 的关系。

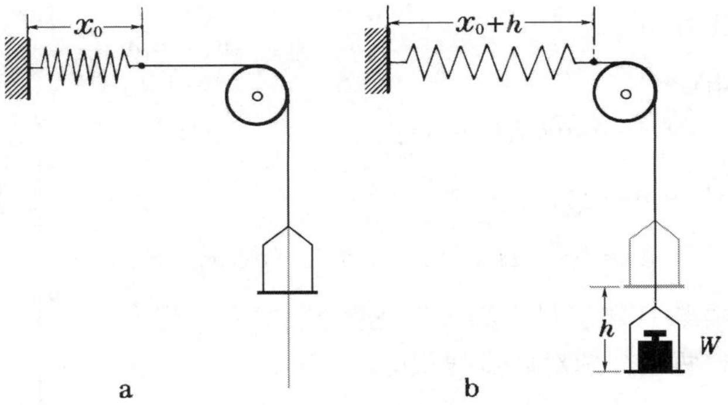

图 3-6 弹簧举重装置和弹性势能

设 x 为弹簧在任何时刻的长度，按胡克定律，它给重物的力为 $f_{弹}=-k(x-x_0)$，k 为弹簧的劲度系数，$f_{弹}$ 称为弹性力。按牛顿第二定律列出重物的运动方程：

$$m\frac{\mathrm{d}v}{\mathrm{d}t}=mg-k(x-x_0),$$

等式两端乘以 $\mathrm{d}x=v\,\mathrm{d}t$，

$$mv\,\mathrm{d}v=mg\,\mathrm{d}x-k(x-x_0)\,\mathrm{d}x,$$

对从 $x=x_0$ 到 x_0+h 的过程积分，在此过程的两头速度 v 都等于 0：

$$m\int_0^0 v\,\mathrm{d}v=mg\int_{x_0}^{x_0+h}\mathrm{d}x-k\int_{x_0}^{x_0+h}(x-x_0)\,\mathrm{d}x,$$

即

$$0=mgh-\frac{1}{2}kh^2,$$

或

$$mgh=\frac{1}{2}kh^2. \tag{3.3}$$

此式左端为重物在下降的过程中失去的重力势能，或在回升的过程中重新获得的重力势能。处于最低点的重物之所以能够回升到原来的高度，是因为被拉长的弹簧具有潜在的举重能力，或者说，它也具有某种“势能”。这种势能叫弹性势能，在数量上应等于在可逆的情况下被它所举的重物所获得的重力势能 mgh；按(3.3)式，它又等于 $\frac{1}{2}kh^2$. 弹性势能 $E_{p弹}$ 的表达式应只与弹簧的状态有关，这里的 h 应理解为弹簧的伸长量，故对于任意伸长量 $x-x_0$，我们有

$$E_{p弹}(x)=\frac{1}{2}k(x-x_0)^2. \tag{3.4}$$

这便是弹性势能的普遍表达式，它不仅适用于弹簧伸长（$x-x_0>0$）的情形，也适用于弹簧缩短（$x-x_0<0$）的情形。

1.4 动能

伽利略说过：重的东西在坠落时所获得的冲力，足够使它回到原来的高度。他用图 3-7 所示的装置来说明这一点：单摆平常总是在同一高度的两点 C、D 之间摆来摆去，如果在 E 或 F 处钉上个钉子，则由 C 摆来的摆锤将分别摆到同一高度的点 G 和 I，从 G 或 I 再摆回来时仍达到 C. 在

伽利略的话里已经包含了能量守恒思想的萌芽，其中“冲力”应理解为动能，相等的高度意味着相等的重力势能。不过要得到守恒定律，则需给出动能的定量表达式。

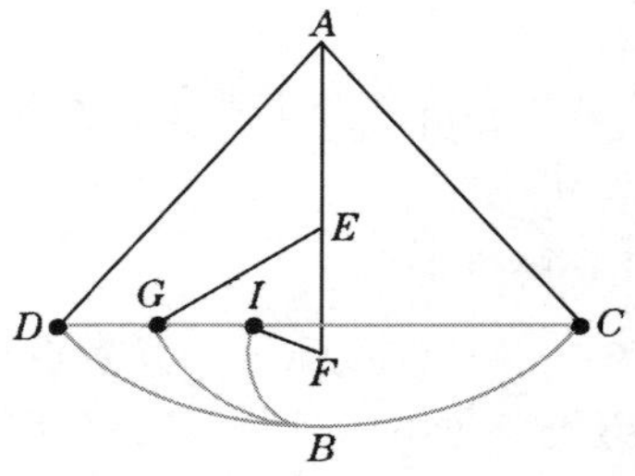

图 3-7 伽利略的摆

回顾一下前面有关可逆机械的议论，不难看到，图 3-7 里摆锤在最低点所具有动能的数量，足以使它回升到一定高度，这高度应与它上升的路径和装置都没有关系。考虑如图 3-8 所示的情况，质点 P 以速率 v 沿任意形状的光滑曲线向上冲，计算它上升的最大高度 h. 取直角坐标系如图，Ox 轴和 Oy 轴分别沿水平和竖直方向。令 $\mathrm{d}s$ 为质点 P 移动的弧长，它在 y 方向的 投影为 $\mathrm{d}y=\mathrm{d}s\sin\theta$.运用牛顿第二定律于切线方向：

$$m a_{\mathrm{t}}=m\frac{\mathrm{d}v}{\mathrm{d}t}=-mg\sin\theta,$$

由此

$$\mathrm{d}v=-g\sin\theta\,\mathrm{d}t=-g\frac{\mathrm{d}y}{\mathrm{d}s}\mathrm{d}t=-g\frac{\mathrm{d}t}{\mathrm{d}s}\mathrm{d}y.$$

因 $v=\mathrm{d}s/\mathrm{d}t$，上式可写成

$$\mathrm{d}v=-\frac{g}{v}\mathrm{d}y,\quad 或\quad v\,\mathrm{d}v=-g\,\mathrm{d}y.$$

质点 P 爬上最大高度时速率减少到 0，将上式两端分别对此过程积分：

$$m\int_v^0 v\,\mathrm{d}v=-mg\int_0^h\mathrm{d}y,$$

得

$$\frac{1}{2}mv^2=mgh.$$

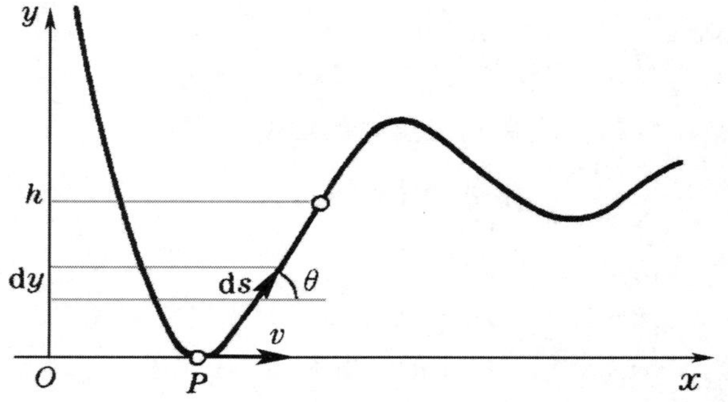

图 3-8 沿任意光滑曲线滑动

亦即，要在数值上与原有重力势能 mgh 相等，动能的表达式应为

$$E_{\mathrm{k}}=\frac{1}{2}mv^2. \tag{3.5}$$

此式的确只与物体当时的运动状态有关，与它如何达到这种状态和以后如何运动都没有关系。这是动能的正确表达式。

1.5 功和功率

我们知道，传给一个物体以动量，是用力及其冲量来表征的；传给一个物体以能量，要用什么来表征呢？

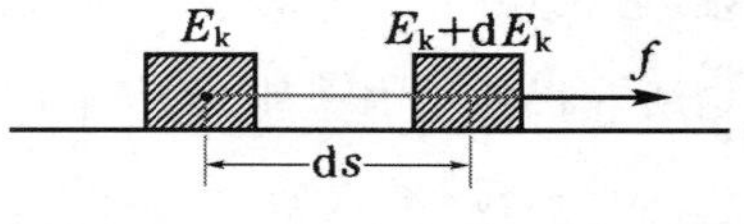

图 3-9 一维运动的功能关系

从简单到复杂，从特殊到一般，我们先考虑直线运动。如图 3-9 所示，考虑一个物体在力 f 的作用下动能 E_{k} 的改变：

$$\frac{\mathrm{d}E_{\mathrm{k}}}{\mathrm{d}t}=\frac{\mathrm{d}}{\mathrm{d}t}\left(\frac{1}{2}mv^2\right)=mv\frac{\mathrm{d}v}{\mathrm{d}t}=fv=f\frac{\mathrm{d}s}{\mathrm{d}t}, \tag{3.6}$$

或

$$\mathrm{d}E_{\mathrm{k}}=\mathrm{d}\left(\frac{1}{2}mv^2\right)=f\,\mathrm{d}s, \tag{3.7}$$

(3.7)式表明，动能的增量等于力与位移的乘积。此式表达的是一个无穷小的元过程，对于有限过程，若 f 不是恒力，则需两边积分，于是得

$$E_k - E_{k0} = \frac{1}{2}mv^2 - \frac{1}{2}mv_0{}^2 = \int_{s_0}^{s} f\,ds. \qquad (3.8)$$

在刚才的讨论中物体沿直线运动，且力和位移的方向始终一致。普遍的情况是物体沿曲线运动，力和位移的方向可能不一样。在曲线运动中，法向加速度仅改变速度的方向，唯有切向加速度才改变速度的大小。用动力学的语言来说，只有力在运动方向的分量才能改变物体的动能。这件事用矢量的标积来表示将是很方便的。我们知道，一个矢量与自身的标积等于其大小的平方，譬如 $\boldsymbol{v}\cdot\boldsymbol{v}=v^2$. 求矢量标积导数的公式为

$$\frac{d}{dt}(\boldsymbol{a}\cdot\boldsymbol{b}) = \frac{d\boldsymbol{a}}{dt}\cdot\boldsymbol{b} + \boldsymbol{a}\cdot\frac{d\boldsymbol{b}}{dt},$$

取 $\boldsymbol{a}=\boldsymbol{b}=\boldsymbol{v}$，则有

$$\frac{d}{dt}(v^2) = \frac{d}{dt}(\boldsymbol{v}\cdot\boldsymbol{v}) = \frac{d\boldsymbol{v}}{dt}\cdot\boldsymbol{v} + \boldsymbol{v}\cdot\frac{d\boldsymbol{v}}{dt} = 2\frac{d\boldsymbol{v}}{dt}\cdot\boldsymbol{v}.$$

于是(3.6)式和(3.7)式化为

$$\frac{dE_k}{dt} = \frac{d}{dt}\left(\frac{1}{2}mv^2\right) = m\boldsymbol{v}\cdot\frac{d\boldsymbol{v}}{dt} = \boldsymbol{f}\cdot\boldsymbol{v} = \boldsymbol{f}\cdot\frac{d\boldsymbol{s}}{dt}, \qquad (3.9)$$

和

$$dE_k = d\left(\frac{1}{2}mv^2\right) = \boldsymbol{f}\cdot d\boldsymbol{s} = f\cos\theta\,ds, \qquad (3.10)$$

式中 θ 是 $\boldsymbol{f}$ 和 $d\boldsymbol{s}$ 之间的夹角(见图3-10)。对于沿一定路径从点1到点2的有限位移过程，(3.8)式中的积分要换成线积分：

$$E_{k2} - E_{k1} = \frac{1}{2}mv_2^2 - \frac{1}{2}mv_1^2 = \int_1^2 \boldsymbol{f}\cdot d\boldsymbol{s} = \int_1^2 f\cos\theta\,ds. \qquad (3.11)$$

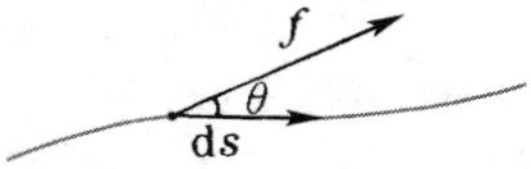

图 3-10 功的定义

它表明，一物体在力 $\boldsymbol{f}$ 的作用下沿某一路径从一处移到另一处，其动能的增量等于力与位移矢量的标积(即力沿位移的分量与位移的乘积)沿运动轨道的线积分。这个积分定义为力 $\boldsymbol{f}$ 对该物体所作的功(记作 A)：

$$A \equiv \int_1^2 \boldsymbol{f}\cdot d\boldsymbol{s} = \int_1^2 f\cos\theta\,ds. \qquad (3.12)$$

(3.10) 式表明，动能是通过相互作用力作功来传递的。

斜面、滑轮、杠杆等简单机械能够省力，但不省功。阿基米德的一句名言是许多人都熟悉的：给我一个支点，我可以举起地球！(图3-11)物体的重量源于地球的引力，地球本身的重量是没有意义的，举起地球就更没有意义了。我们姑且认为，阿基米德指的是在地球上举起一个质量与地球相等的物体。地球的质量约 6×10^{24} kg，设阿基米德身体的重量为 60 kgf，二者之比是 10^{23}. 如果阿基米德所用的杠杆短臂一尺(1/3 m)长，则长臂需长 3×10^{22} m= 3×10^{6} l.y.，这是银河系直径的 40 倍！为了节省空间，我们可以建议阿基米德用螺杠千斤顶，当然这不够，还需联上一系列减速的齿轮传动装置，把所需的力减到阿基米德的臂膀能够承担为止。设摇柄长一尺，从而转一圈的周长近 2 m，阿基米德能够用 12 kgf 的力推动摇柄，每分钟转 12 圈。要想把重物举高 1 mm，阿基米德就得推着摇柄转 2.5×10^{20} 圈，才能作出同等的功来。即使我们假设阿基米德能够废寝忘食、昼夜兼程地每天干 24 小时，也需要干上 4×10^{13} 年，这是宇宙年

图 3-11 阿基米德：
给我一个支点，我可以举起地球！

龄的两千多倍！可见不是阿基米德举不动地球，而是作功的效率太低了。

我们举上面这个例子，是想说明有时重要的问题不是能作多少功，而是作功的效率，即在单位时间内作多少功。单位时间内作的功，叫做*功率*，记作 P. 若在时间间隔 $\mathrm{d}t$ 内作功 $\mathrm{d}A$，则功率为

$$P=\frac{\mathrm{d}A}{\mathrm{d}t}. \tag{3.13}$$

因 $\mathrm{d}A=\boldsymbol{f}\cdot\mathrm{d}\boldsymbol{s}$，而 $\mathrm{d}\boldsymbol{s}/\mathrm{d}t=\boldsymbol{v}$，所以

$$P=\boldsymbol{f}\cdot\boldsymbol{v}. \tag{3.14}$$

简单机械可以省力，但功率是不能放大的。

从上面给出的势能、动能、功的定义不难验证，它们都具有共同的量纲，这个量纲 $[E]$ 或 $[A]$ 相当于力乘距离的量纲，即

$$[E]=[A]=\mathrm{ML^2T^{-2}}, \tag{3.15}$$

在 MKS 单位制中功和能的单位叫做“焦耳”，符号为 J；在 CGS 单位制中功和能的单位叫做“尔格(erg)”。

$$1\,\mathrm{J}=1\,\mathrm{N\cdot m}=1\,\mathrm{kg\cdot m^2/s^2}, \tag{3.16}$$

$$1\,\mathrm{erg}=1\,\mathrm{dyn\cdot cm}=1\,\mathrm{g\cdot cm^2/s^2}, \tag{3.17}$$

两者之间的换算关系可利用量纲式很容易地找到：因 $1\,\mathrm{kg}=10^3\,\mathrm{g}$，$1\,\mathrm{m}=10^2\,\mathrm{cm}$，由功和能的量纲式(3.15)得

$$1\,\mathrm{J}=10^3\times(10^2)^2\,\mathrm{erg}=10^7\,\mathrm{erg}. \tag{3.18}$$

功率的单位为“瓦特(watt)”，符号是 W，$1\,\mathrm{W}=1\,\mathrm{J/s}$.

如果读者有一点交流电的知识，我们可以作个类比。在电路中功率 $P=VI$，将(3.14)式与之相比，力 f 相当于电压 V，速度 v 相当于电流 I. 无摩擦的机械装置可以在保证功率不变的条件下改变力和速度，就像理想变压器可以在保证功率不变的条件下改变电压和电流。为什么要改变电压和电流？在实际中有各种各样的需要，其中之一是为了阻抗的匹配，因为阻抗不匹配，功率就不能有效地输出。在力学中也有同样的问题。骑自行车遇到逆风或爬坡的时候，尽管你可以慢慢蹬，还是感到很吃力。如果车上装有“加快轴”(齿轮变速装置)，你换一个挡，可以少费点力气，加快一点踏板的速度，同样的功率，你会感到比较轻松。游泳的时候，由于我们手、脚掌的面积不够大，尽管很快地划水，总感到使不上力。在脚上装一副蛙蹼，用力大一点，动作慢一点，同样的功率，你会觉得很自在。在电学中阻抗 Z 的定义是 $Z=V/I$，与此类比，我们定义“机械阻抗”或“力学阻抗” $Z=f/v$. 上述骑自行车和游泳的问题，都可看作是调整 f 和 v，以达到机械阻抗匹配的问题。

§2. 机械能守恒定律

2.1 保守力和非保守力

沿不同路径升降一个重物，只要它最后回到原来的高度，重力所作的功就等于 0.由于水平移动一个重物时重力不作功，我们也可以说，沿一条闭合路径搬运一个重物回到原点，重力作的功恒等于 0.然而，摩擦力作功就没有这种性质。从这里我们看到两种性质不同的力，它们分别叫做保守力和非保守力，其普遍定义是：*沿任意闭合回路作的功(或者说，抵抗它作功)为 0 的力*，叫做*保守力*；否则，就是*非保守力*。重力和弹性力都是保守力，摩擦力则为非保守力。

为了比较容易地判断常见的力是否为保守力，下面给出保守力的一些充分条件。(1) 对于一维运动，凡是位置 x 单值函数的力都是保守力。例如服从胡克定律的弹性力 $f=f(x)=-k(x-x_0)$ 是 x 的单值函数，故它是保守力。按照保守力的上述定义，证明是显而易见的。(2) 对于一维以上的运动，大小和方向都与位置无关的力，如重力 $f=mg$，是保守力。从上节有关重力作功的讨论

里，我们已能看出此结论的普遍证明。(3) 若在空间里存在一个中心 O，物体（质点）P 在任何位置上所受的力 $\boldsymbol{f}$ 都与 $\overrightarrow{OP}$ 方向相同（排斥力），或相反（吸引力），其大小是距离 $r=\overline{OP}$ 的单值函数，则这种力叫做“有心力”。例如第七章要讲的万有引力就是有心力。现在我们来证明，凡有心力都是保守力。

如图 3-12 所示，设想把质点沿任意路径 L 从点 P 搬运到点 Q，有心力 $f(r)$ 所作的功为

$$A_{PQ}=\int_{P\,(L)}^{Q} f(r)\cos\theta\,\mathrm{d}s,$$

考虑路径 L 上任一线元 $\mathrm{d}\boldsymbol{s}$，令其起点和终点分别为 K 和 M. 从力心 O 作直线过 P 和 K. 以 O 为圆心过 K、M、Q 诸点作圆弧，交 OP 或其延长线于 K'、M'、Q'，过 M 的圆弧交 OK 或其延长线于 N. 为了讨论起来方便，设有心力 $\boldsymbol{f}$ 为排斥力（只要在相应的地方稍事修改，就可适用于吸引力情形）。因在 K 点有心力 $\boldsymbol{f}$ 的方向平行于 OK，故上式中 $\theta=\angle NKM$，$\cos\theta\mathrm{d}s=\overline{KM}\cos\theta=\overline{KN}=\overline{K'M'}=\mathrm{d}r$，即移动线元 $\mathrm{d}s$ 时半径 r 的增加。这样一来，上式化为

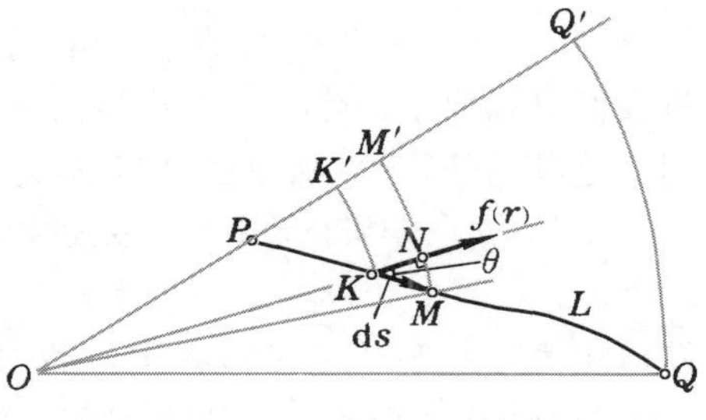

图 3-12 有心力作功与路径无关

$$A_{PQ}=\int_{r_P}^{r_Q} f(r)\mathrm{d}r, \tag{3.19}$$

此式只与两端点到力心的距离 r_P 和 r_Q 有关，与路径 L 无关。(3.19) 式表明，有心力作功可以化作沿任意半径的一维问题。

以下两种说法完全等价：(1) 任意两点间作功与路径无关，(2) 任意闭合回路作功为 0.因为我们可以在闭合回路 L 上取任意两点 P 和 Q，把它分成 L_1 和 L_2 两段（见图 3-13）。于是

$$\oint_{(L)} f\cos\theta\,\mathrm{d}s=\int_{P\,(L_1)}^{Q} f\cos\theta\,\mathrm{d}s\int_{Q\,(L_2)}^{P} f\cos\theta\,\mathrm{d}s$$

$$=\int_{P\,(L_1)}^{Q} f\cos\theta\,\mathrm{d}s-\int_{P\,(L_2)}^{Q} f\cos\theta\,\mathrm{d}s,$$

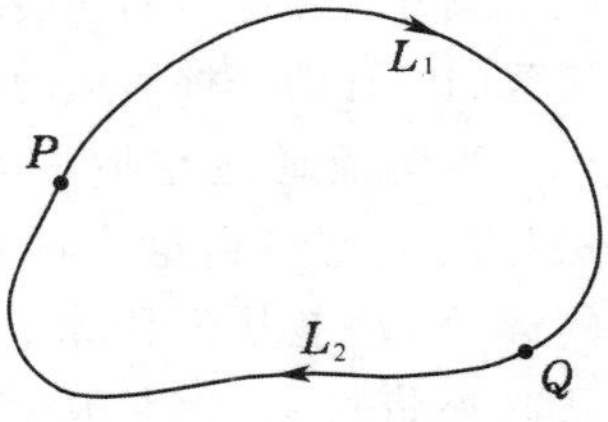

图 3-13 两种等价的说法

由于作的功与路径 L_1、L_2 无关，上式恒等于 0，即

$$\oint f\cos\theta\,\mathrm{d}s=0. \tag{3.20}$$

即我们证明了，从命题(1) 可以推论出命题(2)。反之，我们也可以从命题(2) 推论出命题(1)（论证请读者自己补出）。从而上述(1)、(2) 两种说法等价。

因为保守力作的功与路径无关，只与始末位置有关，我们总可以相应地引进势能的概念。[1] 在强调势能 E_p 是空间位置的函数时，我们就用 $U(P)$ 来代表它在 P 点的数值。P、Q 两点之间的势能差定义为

$$U(P)-U(Q)=A_{PQ}=A'_{QP}, \tag{3.21}$$

---

[1] 在本章 §1 里我们通过可逆过程引进重力势能和弹性势能的概念，此处我们又通过保守力作功的概念引进势能的普遍定义。这两者是协调一致的，因为在可逆过程中只允许有保守力作功，而不允许有诸如摩擦力一类的非保守力作功。

式中 A_{PQ} 为沿任意路径从 P 到 Q 保守力 f 所作的功，A'_{QP} 为沿任意路径从 Q 到 P 抵抗 f 所作的功。用线积分式来表示，则有

$$U(P)-U(Q)=\int_P^Q f\cos\theta\,\mathrm{d}s=-\int_Q^P f\cos\theta\,\mathrm{d}s. \tag{3.22}$$

如果我们选某个点 Q 为计算势能的标准点，亦即取 $U(Q)=0$，则(3.22) 式就给出任意点 P 处的势能值 $U(P)$. 由此可见，势能的数值是相对的，其 0 点的选择有一定的任意性。譬如，在实验室里我们可以取桌面作为重力势能的 0 点，在小范围内我们可以取地面作为重力势能的 0 点，牵涉到大范围的问题时，则往往以海平面为重力势能 0 点，等等。

将(3.22) 式用于无限小的元过程，此时该式左端为势能 U 的增量 $\mathrm{d}U$，右端无须积分，于是

$$\mathrm{d}U=-f\cos\theta\,\mathrm{d}s, \quad 或 \quad f\cos\theta\,\mathrm{d}s=-\mathrm{d}U, \tag{3.23}$$

即保守力作功等于势能的减少。若写成矢量形式，令 $\boldsymbol{r}$ 代表质点的位矢，$\mathrm{d}\boldsymbol{r}$ 就是其位移，元功 $\mathrm{d}A=f\cos\theta\,\mathrm{d}r=\boldsymbol{f}\cdot\mathrm{d}\boldsymbol{r}$，于是(3.23) 式又可写为

$$\boldsymbol{f}\cdot\mathrm{d}\boldsymbol{r}=-\mathrm{d}U. \tag{3.24}$$

2.2 能量的各种形式

前面已介绍了能量的两种形式 —— 势能和动能，在一定条件下二者之和守恒。摩擦力是非保守力，非保守力作功是与路径有关的，从而没有相应的“势能”概念。摩擦力所作的功既没化为势能，又没化为动能，那么，摩擦力所作的功哪里去了？对于偏爱守恒观点的物理学家来说，总不愿意承认有一部分能量消失了。仔细的观察告诉我们，物体相互摩擦之后温度会升高一些。可否把“热”也看成是一种形式的能量？ 在历史上热质说和热动说长期对立，直到20世纪中叶焦耳测得热功当量之后，才确立了热确是一种能量的概念。现在我们知道，“热能”是微观无规运动的动能，即原子或分子热运动的动能。所以我们不能说，非保守力作功导致能量减少，而是转化为宏观力学讨论范围之外的一种形式的能量 —— 热能。通常把这样的过程称为*耗散过程*。

当电流通过电阻时产生热量，坚持守恒观点的物理学家又要问：能量从哪里来的？ 在焦耳测定电热当量之后，“电能”的概念便确立起来。静止的爆竹爆炸后，朝四面八方飞出的碎片，动能从何而来？ 于是产生了“化学能”的概念。猎豹潜伏着，见一只兔子掠过，猛然跃起扑将过去，能量从何而来？ 于是产生了“生物能”的概念。爱因斯坦导出质能之间的当量关系 $E=mc^2$ 举世闻名，后来物理学家发现原子核裂变，裂变中释放出的大量能量与质量亏损的确符合爱因斯坦的关系式，于是建立了“核能(即原子能)”的概念。如此这般，在物理学中我们建立起多种形式能量的概念。

总之，“能量”是物理学一个极为普遍、极为重要的物理量，它具有机械能、热能、电磁能、辐射能、化学能、生物能、核能等多种形式，各种形式的能量可以*相互转化*。能量这一概念的重大价值，在于它转化时的*守恒性*。物理学史上不止一次地发生过这样的情况，在某类新现象里似乎有一部分能量消失了或凭空产生出来，后来物理学家们总能够确认出一种新的能量形式，使能量的守恒律得以保持。虽然我们不能给能量下个普遍的定义，但这绝不意味着它是一个可以随意延拓的含糊概念。关键的问题是科学家们确定了能量转化时的各种*当量*，从而使得能量守恒定律可以用实验的方法加以定量地验证或否定。此外，每确认出一种新形式的能量之后，在其基础上建立起来的理论，又能定量地预言一大批新效应，后者经受住了新实验的检验。

费曼在他那本著名的物理学讲义里编造了一个故事，其大意如下：

一个孩子有28块积木，这些积木完全一样，而且不可破坏。每天早晨妈妈将这孩子和他全部的积木关在一间房子里，晚上她回来后总仔细地把积木的数目点过。不错，多少天来一直是28块。一天积木只剩下27块，她在室内细心地寻找后，发现有一块积木在小地毯下面。又有一天积木剩下26块，室内遍寻不着，然而窗子开着，她探头向外张望，发现两块积木在外边。再有一天，她惊愕地发现积木变成30块。后来她才知道，是一个小朋友带着他同样的积木来玩过，多出来的积木是这孩子留下的。她处置了多余的积木后，把窗子关起来，再不让别的孩子进来。于是在相当一段时间里情况正常，直到有一天她只能找到25块积木为止。这孩子有个玩具箱，妈妈想打开这箱子找积木，孩子尖叫起来，不让她开箱。妈妈只好称一下这箱子的重量。她以前知道，每块积木重3盎司，28块积木在外时箱子的重量为16盎司，她计算一下得到：

$$\text{眼前的积木数 } 25+\frac{\text{箱重}-16\text{ 盎司}}{3\text{ 盎司}}=\text{常数 } 28.$$

于是她确信，缺失的积木被锁在玩具箱里。这箱子没再打开过，可是积木又少了许多。仔细调查发现，澡盆里脏水的水位升高了。显然，孩子把一些积木丢进了澡盆。但是水太浑浊，妈妈无法看清，然而她知道，澡盆里的水原来有6英寸深，每块积木使水位升高1/4英寸，于是她的计算公式里又添了一项：

$$\text{眼前的积木数}+\frac{\text{箱重}-16\text{ 盎司}}{3\text{ 盎司}}+\frac{\text{澡盆的水位}-6\text{ 英寸}}{(1/4)\text{ 英寸}}=\text{常数 } 28.$$

随着事态一步步地复杂化，越来越多的积木跑到她无法看到的地方。可是她找到一系列附加项，需要添加到她的计算公式里，以代表那些看不到的积木块数。这个复杂的公式保持着28那个数目不变。

费曼的上述比喻，和前面关于能量守恒的议论有什么联系？我们想，聪明的读者早已领会了。

2.3 机械能守恒定律

前面我们广泛地讨论了能量的各种形式和它们之间的转化，现在我们仅从宏观力学的角度来讨论这个问题。

宏观的动能 E_k 与势能 E_p 之和，叫做力学能或机械能(mechanical energy)。由于传统的力学只研究宏观问题，所以把代表微观动能和势能的热能排除在力学能(即机械能)的概念之外了。

看(3.10)式，写成矢量的标积形式：

$$\mathrm{d}E_k=\mathrm{d}\left(\frac{1}{2}mv^2\right)=\boldsymbol{f}\cdot\mathrm{d}\boldsymbol{r}=\mathrm{d}A,$$

式中 $\mathrm{d}A$ 代表力 $\boldsymbol{f}$ 对它所作的元功，$\mathrm{d}E_k$ 代表其动能的增加。此式是对单个质点而言的，下面把它运用到一个物体系，它由若干个相互作用着的物体(质点)组成。我们首先为每个质点写出上式，用脚标 i 标记第 i 个质点，对 i 求和：

$$\mathrm{d}E_k=\sum_i \mathrm{d}E_{ki}=\mathrm{d}\left(\frac{1}{2}\sum_i m_i v_i^2\right)=\sum_i \boldsymbol{f}_i\cdot\mathrm{d}\boldsymbol{r}_i=\sum_i \mathrm{d}A_i=\mathrm{d}A, \tag{3.25}$$

式中

$$E_k=\sum_i E_{ki}=\frac{1}{2}\sum_i m_i v_i^2$$

为系统的总动能，$\mathrm{d}A$ 是对系统内所有质点所作的元功。下面我们对 $\mathrm{d}A$ 作详细的分析。

系统内的质点 i 所受的力 $\boldsymbol{f}_i$ 可分解为内力和外力：

$$\boldsymbol{f}_i=\boldsymbol{f}_{i外}+\boldsymbol{f}_{i内},$$

而

$$\boldsymbol{f}_{i内}=\sum_{j\neq i}\boldsymbol{f}_{ij}.$$

从而元功可分解为内力的功和外力的功：

$$\mathrm{d}A=\mathrm{d}A_{外}+\mathrm{d}A_{内}.$$

(1) 内力的功

把它写成对系统内质点 i、j 对称的形式，再利用牛顿第三定律：

$$\mathrm{d}A_{内}=\sum_i\sum_{j(\neq i)}\boldsymbol{f}_{ij}\cdot\mathrm{d}\boldsymbol{r}_i=\frac{1}{2}\Big(\sum_i\sum_{j(\neq i)}\boldsymbol{f}_{ij}\cdot\mathrm{d}\boldsymbol{r}_i+\sum_j\sum_{i(\neq j)}\boldsymbol{f}_{ji}\cdot\mathrm{d}\boldsymbol{r}_j\Big)$$

$$=\frac{1}{2}\sum_{\substack{i,\,j\\(i\neq j)}}\boldsymbol{f}_{ij}\cdot\mathrm{d}(\boldsymbol{r}_i-\boldsymbol{r}_j)=\frac{1}{2}\sum_{\substack{i,\,j\\(i\neq j)}}\boldsymbol{f}_{ij}\cdot\mathrm{d}\boldsymbol{r}_{ij},$$

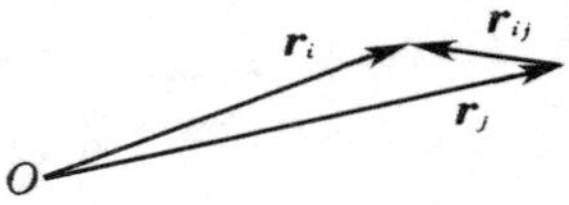

图 3-14 相对位矢

式中 $\boldsymbol{r}_{ij}\equiv\boldsymbol{r}_i-\boldsymbol{r}_j$ 为质点 i 相对于质点 j 的位矢(见图 3-14)。

现在我们进一步把内力 $\boldsymbol{f}_{ij}$ 分解为保守部分 $\boldsymbol{f}_{ij}^{\mathrm{C}}$ 和非保守部分 $\boldsymbol{f}_{ij}^{\mathrm{D}}$. 先看保守内力的功等于相互作用势能 $U(r_{ij})$ 的减少：

$$\mathrm{d}A_{内}^{\mathrm{C}}=\frac{1}{2}\sum_{\substack{i,\,j\\(i\neq j)}}\boldsymbol{f}_{ij}^{\mathrm{C}}\cdot\mathrm{d}\boldsymbol{r}_{ij}=-\frac{1}{2}\sum_{\substack{i,\,j\\(i\neq j)}}\mathrm{d}U(\boldsymbol{r}_{ij})=-\mathrm{d}E_{\mathrm{p}内},\tag{3.26}$$

式中 $E_{\mathrm{p}内}=\frac{1}{2}\sum_{\substack{i,\,j\\(i\neq j)}}U(\boldsymbol{r}_{ij})$ 为系统内质点间的相互作用势能总和，即系统的总内势能。

非保守力有两类：一类非保守力(如摩擦力)的功 $\boldsymbol{f}_{ij}\cdot\mathrm{d}\boldsymbol{r}_{ij}\leqslant 0$，称为耗散力；❶ 另一类非保守力(如爆炸力)的功 $\boldsymbol{f}_{ij}\cdot\mathrm{d}\boldsymbol{r}_{ij}>0$. 前者作功使机械能转化为热能，后者作功使其他形态的能量(譬如化学能)转化为机械能。在一般的情况下，非保守内力作的功 $\mathrm{d}A_{内}^{\mathrm{D}}$ 等于这两类力作功之和：

$$\mathrm{d}A_{内}^{\mathrm{D}}=\mathrm{d}A_{内}^{\mathrm{D}-}+\mathrm{d}A_{内}^{\mathrm{D}+}.\tag{3.27}$$

(2) 外力作功

在很多场合下人们不再把外力作的功 $\mathrm{d}A_{外}$ 作进一步的分解。不过，在有保守外场的情况下，还是经常把它分解成 $\mathrm{d}A_{外}^{\mathrm{C}}$、$\mathrm{d}A_{外}^{\mathrm{D}}$ 两部分。所谓“外场”，是指产生这种力场的外部物体非常庞大，内部质点的反作用力对它运动状态的影响可以忽略(譬如对于地面上的物体，地球的引力场可看作是外场)。如果外场是保守的，则它对系统内部质点 i 所作的功可写成势能减少的形式：

$$\boldsymbol{f}_i^{\mathrm{C}}\cdot\mathrm{d}\boldsymbol{r}_i=-\mathrm{d}U_{外}(\boldsymbol{r}_i),$$

$$\mathrm{d}A_{外}^{\mathrm{C}}=\sum_i\boldsymbol{f}_i^{\mathrm{C}}\cdot\mathrm{d}\boldsymbol{r}_i=-\sum_i\mathrm{d}U_{外}(\boldsymbol{r}_i)=-\mathrm{d}E_{\mathrm{p}外},\tag{3.28}$$

式中 $E_{\mathrm{p}外}=\sum_i U_{外}(\boldsymbol{r}_i)$ 为系统内各质点的外势能总和，即总外势能。

至于 $\mathrm{d}A_{外}^{\mathrm{D}}$，就是 $\mathrm{d}A_{外}$ 中除 $\mathrm{d}A_{外}^{\mathrm{C}}$ 外的其余部分，它不可用势能的减少来表达，或由于某种考虑本可用而不用势能的减少来表达。

综上所述，

$$\mathrm{d}A=\mathrm{d}A_{内}^{\mathrm{C}}+\mathrm{d}A_{外}^{\mathrm{C}}+\mathrm{d}A_{内}^{\mathrm{D}}+\mathrm{d}A_{外}^{\mathrm{D}}=-\mathrm{d}E_{\mathrm{p}内}-\mathrm{d}E_{\mathrm{p}外}+\mathrm{d}A_{内}^{\mathrm{D}}+\mathrm{d}A_{外}^{\mathrm{D}}=-\mathrm{d}E_{\mathrm{p}}+\mathrm{d}A_{内}^{\mathrm{D}}+\mathrm{d}A_{外}^{\mathrm{D}},$$

式中 $E_{\mathrm{p}}=E_{\mathrm{p}内}+E_{\mathrm{p}外}$ 为系统的总势能。将此式代入(3.25)式，经过移项，得

$$\mathrm{d}(E_{\mathrm{k}}+E_{\mathrm{p}})=\mathrm{d}A_{内}^{\mathrm{D}}+\mathrm{d}A_{外}^{\mathrm{D}}.\tag{3.29}$$

所有非保守内力都不作功的系统，叫做保守系❷，对于保守系我们有

---

❶ 非保守力对单个物体作的功的正负与参考系的选择有关，但一对作用力和反作用力作的功之和只依赖于相对位移 $\mathrm{d}\boldsymbol{r}_{ij}$，从而与参考系的选择无关。

❷ 这里我们说所有非保守内力不作功，是指 $\mathrm{d}A^{\mathrm{D}-}=0$ 和 $\mathrm{d}A^{\mathrm{D}+}=0$，而不是二者相消，净功为 0. 所以，一个球在只有静摩擦的情况下从斜面上滚下来，摩擦力不作功，这是保守系。但一部机器在发动机的推动下克服阻力匀速运转，虽然(3.30)式也成立，把这部机器当作保守系显然是没有意义的。

$$\mathrm{d}A^{\mathrm{D}}_{内}=0, \tag{3.30}$$

于是对于保守系，有

$$\mathrm{d}(E_{\mathrm{k}}+E_{\mathrm{p}})=\mathrm{d}A^{\mathrm{D}}_{外}, \tag{3.31}$$

如果在某个参考系内

$$\mathrm{d}A^{\mathrm{D}}_{外}=0, \tag{3.32}$$

$$\mathrm{d}(E_{\mathrm{k}}+E_{\mathrm{p}})=0, \quad 或 \quad E_{\mathrm{k}}+E_{\mathrm{p}}=常量\ E. \tag{3.33}$$

以上各式表明，一个保守系总机械能的增加等于(未计入保守外场部分的)外力对它所作的功；如果从某个参考系看来，这部分外力作功为0，则该系统的机械能不变。这便是机械能守恒定律。

如前所述，内力作功只与质点间相对位移有关，从而与参考系的选择无关。然而对于外力，在作伽利略变换时，$\mathrm{d}\boldsymbol{r}'_i=\mathrm{d}\boldsymbol{f}_i-\boldsymbol{V}\mathrm{d}t$，$\boldsymbol{f}'_i=\boldsymbol{f}_i$，于是

$$\mathrm{d}A'_{外}=\sum_i \boldsymbol{f}'_{i外}\cdot\mathrm{d}\boldsymbol{r}'_i=\sum_i \boldsymbol{f}_{i外}\cdot(\mathrm{d}\boldsymbol{r}_i-\boldsymbol{V}\mathrm{d}t)$$
$$=\mathrm{d}A_{外}-\boldsymbol{f}_{外}\cdot\boldsymbol{V}\mathrm{d}t,$$

这里 $\boldsymbol{f}_{外}=\sum_i \boldsymbol{f}_{i外}$ 为系统所受的合外力。上式表明，$\mathrm{d}A_{外}$ 是否为0与参考系的选择有关。例如，如图3-15所示，在车厢里光滑桌面上弹簧拉着一个物体 m 作简谐振动，车厢以匀速 V 前进。选弹簧和 m 作为我们的系统，厢壁在 C 点拉弹簧的力 $\boldsymbol{f}$ 是外力。以地面为参考系，$\mathrm{d}A_{外}=\boldsymbol{f}\cdot\boldsymbol{V}\mathrm{d}t\neq0$，从而系统的机械能 $E=E_{\mathrm{k}}+E_{\mathrm{p}}\neq$ 常量。换到车厢参考系，弹簧与厢壁的连接点 C 没有位移，外力 $\boldsymbol{f}$ 不作功，$\mathrm{d}A'_{外}=0$，系统的机械能 $E'=E'_{\mathrm{k}}+E'_{\mathrm{p}}=$常量。

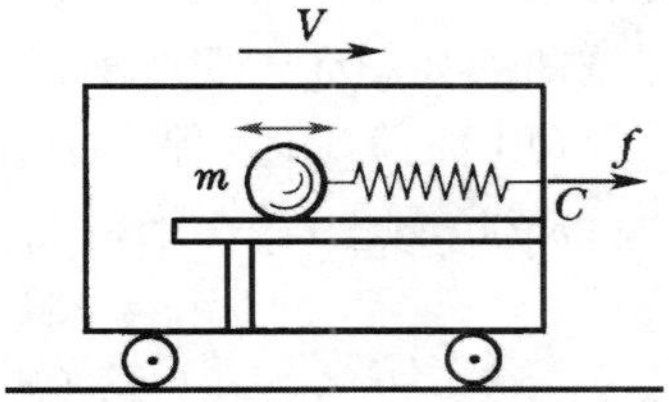

图3-15 运动车厢里的弹簧振子

2.4 保守系与时间反演不变性

从对称性的角度看，保守力与非保守力的区别反映在时间反演变换上。

时间 $t\rightarrow -t$ 的变换，叫做时间反演变换，这相当于时间倒流。在现实生活中时间是不会倒流的，但我们可以设想将现象用录像机录下来，然后倒过来放演。若把无阻尼的单摆运动录下来，正、反放演，看不出什么区别；把自由落体录下来反着放演，便成为竖直上抛物体，在空气阻力可以忽略的情况下，两者同样真实；斜抛物体的运动也是这样。武打电视片的摄制者常利用这一点，让演员从高处跳下，拍摄下来倒着放演时，就可以表现一个人从平地一跃而起跳上高墙的场面，看起来相当逼真。然而有了阻力就不行了，阻尼单摆的振幅越来越小，反着放演它的录像，振幅却越来越大，看起来不大像真的。如果上述武打演员穿的不是紧身衣裤，而是宽大的袍子，观众就会看到，当他纵身上墙时，袍子竟飘逸而起，倒拍的特技就露了破绽。

上面的例子告诉我们，保守系的运动规律具有时间反演不变性，亦即，如果在某个时刻令物体系中的每个质点的速度反向，运动将逆转进行；耗散系则不具备这种性质。要从理论上说明这一点，可看每个质点 i 所服从的牛顿第二定律：

$$\boldsymbol{f}_i=\frac{\mathrm{d}\boldsymbol{p}_i}{\mathrm{d}t},$$

作时间反演变换 $t\rightarrow -t$ 时，$\boldsymbol{p}_i\rightarrow -\boldsymbol{p}_i$，上式右端不变。因保守力只与质点的相对位置有关，它是时间反演不变的，故上式左端也不变，即该式对正、反过程同样成立。在这种情况下，任何时刻只要速度反向，过程就会逆转。然而，耗散力与速度的方向有关，作时间反演变换时 $\boldsymbol{f}_i\rightarrow -\boldsymbol{f}_i$，上式左端变号，即正、反过程的运动方程不同，速度反向时过程不沿原路返回，故耗散过程是不可逆的。[1]

[1] 带电粒子在磁场中的运动所受的洛伦兹力也与速度有关，但 $t\rightarrow -t$ 时速度和磁场都反向，运动仍是时间反演不变的。

如前所述，“耗散”是宏观的概念，微观过程几乎都是时间反演不变的[1]，所以，几乎所有的微观过程都是可逆的。为什么从微观过渡到宏观，过程就可能变为不可逆？宏观的不可逆性来自概率统计性，并非源于微观动力学，这问题深刻且复杂，属于统计物理学的范畴，我们不在此处讨论。

§3. 一维势能曲线的运用

3.1 一维势能曲线告诉我们什么？

一维势能曲线是讨论单个质点在保守外场中运动的有力工具。我们知道，势能是位置参量的函数。在一维情况下，位置可用单一坐标变量 x 来表示，势能是 x 的函数：$U=U(x)$. 作势能-位置曲线如图 3-16 所示，从这曲线上我们可以得到如下一些信息：

(1) 如前所述，保守力作的功等于势能的减少［见(3.24)式］，在一维情况，有

$$f\,\mathrm{d}x=-\mathrm{d}U(x),$$

或者说，

$$f=-\frac{\mathrm{d}U(x)}{\mathrm{d}x},\tag{3.34}$$

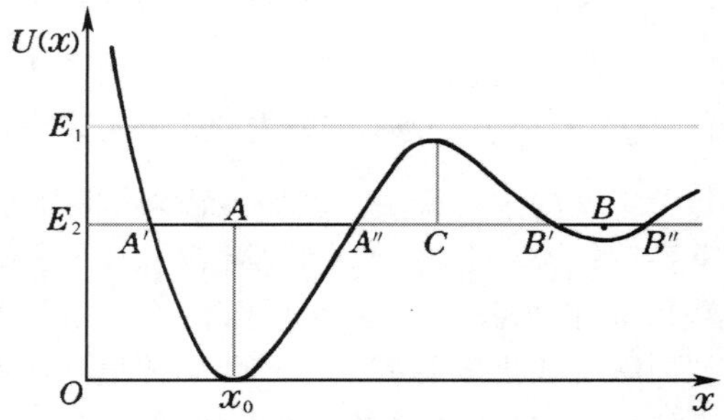

图 3-16 一维势能曲线

上式表明，力 f 指向势能下降的方向，其大小正比于势能曲线的斜率。

(2) 作高度代表总能量大小 E_1，E_2，… 的水平直线，按照(3.33)式，它们在各点 x 相距下边势能曲线的高度，代表质点在该处的动能 E_k.由于 E_k 不可能取负值，水平线低于势能曲线的区间，是具有该能量的质点所不能达到的地段。在图 3-16 内所有这些地段水平线都用灰色线表示。

(3) 势能曲线在局部范围里最低的地方(如 A 和 B 点处)，都是稳定的平衡点。总能量(譬如 E_2)略高于它们的质点，只能在它们附近一定的范围($A'A''$ 或 $B'B''$)内活动。现在我们以 A 点为例进一步分析质点在其附近运动的情况。在 A' 点，E_2 水平线与势能曲线相交，这表示此处 E_2 等于势能，动能为 0，但质点受到一个指向平衡点 A(即向右)的力。质点未达到 A 点前，受力始终是向右的，质点加速前进，动能增加，势能减少。质点到达 A 点时，势能最低，动能最大(如果取平衡点 A 为势能的参考点，则这里势能为 0，E_2 等于动能)。质点在 A 点不受力，其速度是向右的，它将依惯性前进。在此后一段时间里，它受到的力指向左方，质点减速，动能减少，势能增加，直到它到达 A'' 点。在 A'' 点，E_2 水平线复与势能曲线相交，E_2 再次等于势能，动能减为 0，但质点仍受到向左的力。再后，质点将沿着上面所述的逆过程，从 A'' 点经过 A 回到 A'，完成一个周期。如此类推，质点的运动将一个周期接一个周期地持续下去，循环不已。由此可见，在势能曲线的任何极小值(稳定的平衡点)附近，质点可能围绕着它作小振动。

势能曲线在局部范围里最高的地方(如 C 点处)，都是不稳定的平衡点。总能量(譬如 E_1)略高于它们的质点，都会远离而去。

(4) 我们可以用如下方法计算出围绕平衡点作小振动的周期 T.如图 3-16 所示，势能曲线在 A 点，即 $x=x_0$ 处是个稳定平衡点，势能在这里的一阶导数 $U'(x_0)=0$，二阶导数 $U''(x_0)>0$.在 $\Delta x=x-x_0$ 不大的范围内，我们可以把势能函数展成泰勒级数：

---

[1] 迄今为止发现对时间反演不变性稍有破坏的微观过程，只有弱相互作用的 K 介子衰变。

$$U(x)=U(x_0)+U'(x_0)\Delta x+\frac{1}{2}U''(x_0)(\Delta x)^2+\cdots$$
$$=U(x_0)+\frac{1}{2}U''(x_0)(\Delta x)^2+\cdots,$$

对于小振动,我们将忽略$(\Delta x)^3$ 以上各项。由于坐标的原点和势能的参考点都可任意选择,不失一般性,可以令 $x_0=0$, $\Delta x=x$, $U(x_0)=0$,于是上式写为

$$U(x)=\frac{1}{2}U''_0x^2,$$

式中 U''_0 是$U''(x_0)$ 的缩写,这公式代表一根抛物线。将机械能守恒定律(3.33) 式改写为

$$\frac{1}{2}mv^2=E-U(x)=E-\frac{1}{2}U''_0x^2,$$

由此得

$$\frac{\mathrm{d}x}{\mathrm{d}t}=v=\sqrt{\frac{2E}{m}\left(1-\frac{U''_0}{2E}x^2\right)},\quad 或 \quad \frac{\mathrm{d}x}{\sqrt{1-\frac{U''_0}{2E}x^2}}=\sqrt{\frac{2E}{m}}\,\mathrm{d}t.$$

下面准备进行积分。为了积分的方便,作一次换元,令$\sqrt{U''_0/2E}\,x=\sin\varphi$,从而

$$\mathrm{d}x=\sqrt{2E/U''_0}\,\cos\varphi\mathrm{d}\varphi,\qquad \sqrt{1-(U''_0/2E)x^2}=\sqrt{1-\sin^2\varphi}=\cos\varphi,$$

上式化为

$$\mathrm{d}\varphi=\sqrt{\frac{U''_0}{m}}\,\mathrm{d}t,$$

两边积分

$$\int_{\varphi_0}^{\varphi}\mathrm{d}\varphi=\sqrt{\frac{U''_0}{m}}\int_0^t\mathrm{d}t,\quad 得 \quad \varphi=\sqrt{\frac{U''_0}{m}}\,t+\varphi_0,$$

还原到 x,有

$$x=\sqrt{\frac{2E}{U''_0}}\,\sin\varphi=\sqrt{\frac{2E}{U''_0}}\,\sin\left(\sqrt{\frac{U''_0}{m}}t+\varphi_0\right). \tag{3.35}$$

周期 T 的意思是说,当 $t\to t+T$ 时,$\varphi\to\varphi+2\pi$,x 回到原来的数值。由上式可见,周期应为

$$T=2\pi\sqrt{\frac{m}{U''_0}}. \tag{3.36}$$

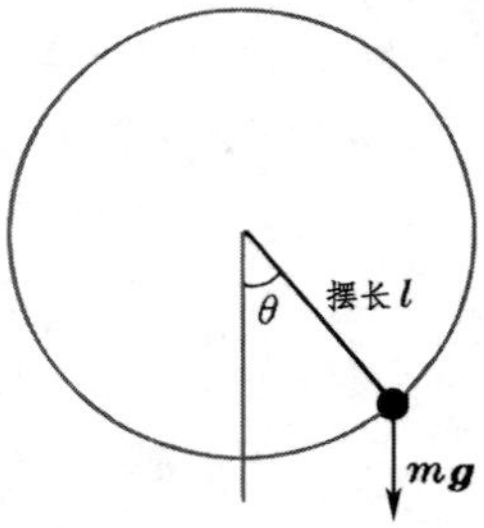

图 3-17 例题 1——单摆

3.2 应用举例

例题 1 通常所说的单摆,是相对于复摆而言的。它是挂在一根细线下面的小球,可认为整个系统的全部质量集中在可看作质点的小球上。这里为了使它能作任意大幅度的运动,把细线换成细棒,仍认为其质量可忽略。如图 3-17,设摆长为 l,小球的质量为 m,相对于小球铅垂位置的角位移为θ,重力加速度为 g,(1) 作 $E_{p重}-\theta$ 曲线,试说明,对于给定的总能量 E,图上哪个 θ 范围是小球能够达到的;(2) 对于 $H\equiv\dfrac{E}{mgl}=0.1, 1, 2, 3.5$ 诸值,试作角速度 $\dot{\theta}$ - 角位移 θ 曲线(这种分析运动状态的图解称为"相图",其中各条曲线称为"相轨"),并讨论它们各自对应的单摆运动情况;(3) 求小振幅时的周期。

解:(1) 单摆的重力势能公式为

$$E_{p重}=mgl(1-\cos\theta),$$

曲线如图 3-18a 所示,它在 $\theta=0$ 处有极小值,即这里是稳定平衡点。表示总能量 E 的水平线与势能曲线之间相差的高度代表动能 E_k.因为动能恒正,故运动只在势能曲线低于水平线的范围里(图上两条灰色线之间) 才能实现。换句话说,灰色线的位置标示着振幅。

(2) 摆锤的速度 $v=l\dot{\theta}$,故动能为 $E_k=\dfrac{1}{2}ml^2\dot{\theta}^2$,从而

$$E=E_k+E_{p重}=\frac{1}{2}ml^2\dot{\theta}^2+mgl(1-\cos\theta)=常量$$

或

$$H\equiv\frac{E}{mgl}=\frac{l\dot{\theta}^2}{2g}+1-\cos\theta,$$

由此得

$$\dot{\theta}=\pm\sqrt{\frac{2g}{l}(H-1+\cos\theta)},$$

分别把各个 H 值代入此式，则由每个 θ 值可算出两个 $\dot{\theta}$ 值，据此我们可以画出一条条相轨来，如图 3-18b 所示。 $H=0.1$ 时振幅很小，相轨接近一个椭圆； $H=1$ 对应于振幅为 π 的情况，相轨仍是封闭的，但两端凸出略呈尖角状； $H=3.5$ 时相轨分裂成互不相连的上下两支，它们不再闭合，分别对应于摆锤顺时针和逆时针的旋转； $H=2$ 是介于往复摆动和单向旋转之间的临界状态，它在 $\theta=\pm\pi$ 处交叉成尖角，此处对应于摆锤在正上方时的不稳定位置。这条把两种运动形式分开的相轨称为“分界线(separatrix)”。

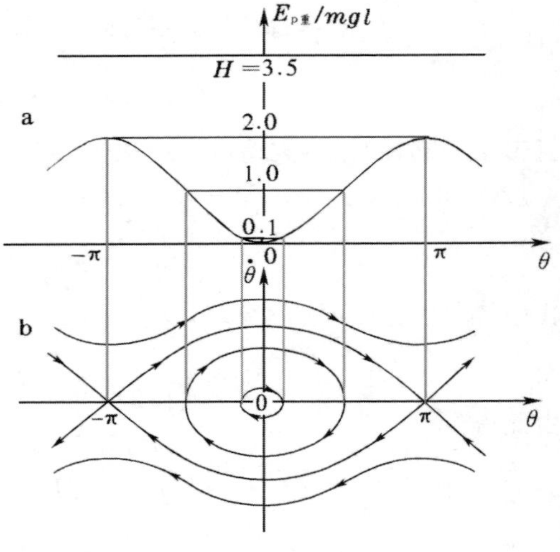

图 3-18 例题 1—— 单摆的势能曲线和相图

(3) 线位移 $x=l\theta$，计算势能在平衡点的二阶导数：

$$U''_0=\left.\frac{d^2E_{p重}}{dx^2}\right|_{\theta=0}=\left.\frac{1}{l^2}\frac{d^2E_{p重}}{d\theta^2}\right|_{\theta=0}=\left.\frac{mg}{l}\cos\theta\right|_{\theta=0}=\frac{mg}{l},$$

按(3.36) 式，周期为

$$T=2\pi\sqrt{\frac{m}{U''_0}}=2\pi\sqrt{\frac{l}{g}}.\tag{3.37}$$ ▌

例题 2 把例题 1 的做法运用于弹簧振子(图 3-19)，即：

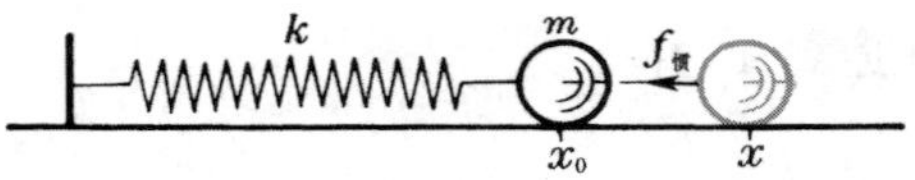

图 3-19 例题 2—— 弹簧振子

(1) 作 $E_{p弹}$-x 曲线，并在同一图上作高度为 E 的水平线，试说明图上哪段 x 范围是振子可以达到的；

(2) 对于 E、$2E$、$3E$ 诸值，作速度-位移曲线，即 $\dot{x}-x$ 曲线(即相轨)，并讨论其运动情况；

(3) 求弹簧振子的周期。

解:(1) 弹簧振子的弹性势能公式为

$$E_{p弹}=\frac{1}{2}k(x-x_0)^2,$$

曲线如图 3-20a 所示，是一根抛物线。它在 $x=x_0=0$ 处有极小值，这里是稳定的平衡位置。与例题 1 的情形相似，代表总能量 E 的水平线与势能曲线之间相差的高度代表动能 E_k.因为动能恒正，故运动只在势能曲线低于水平线的区域里(图上两条灰色线之间)才能实现。换句话说，灰色线的位置代表其振幅。

(2) 弹簧振子的总能量为

$$E=E_k+E_{p弹}=\frac{1}{2}mv^2+\frac{1}{2}kx^2=常量,$$

此式表明，无论能量(或者说振幅)大小，相轨总是椭圆(见图 3-20b)。

(3) 求势能在平衡点的二阶导数：

$$U''_0=\left.\frac{d^2E_{p弹}}{dx^2}\right|_{x=0}=k,$$

按(3.36)式，弹簧振子的周期为

$$T=2\pi\sqrt{\frac{m}{U''_0}}=2\pi\sqrt{\frac{m}{k}}.\tag{3.38}$$ ▌

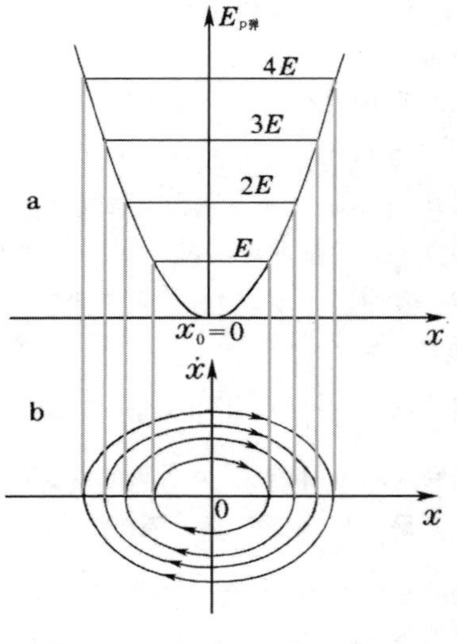

图 3-20 例题 2—— 弹簧振子的势能曲线和相图

例题 3 图 3-21 所示为一倒摆装置，螺旋弹簧把它支撑在 $\theta=0$ 的平衡位置上。摆锤在重力和弹性力的共同作用下运动，试从它的势能曲线讨论其运动的稳定性问题。

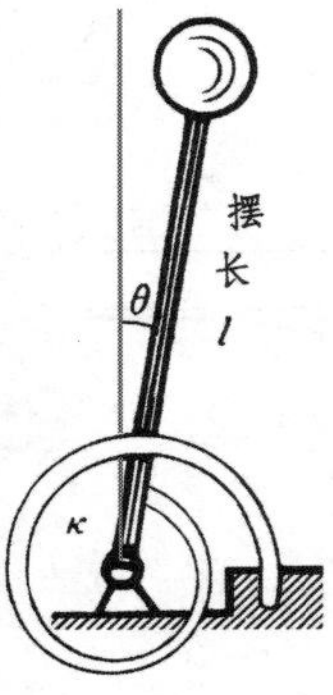

图 3-21 例题 3 —— 倒摆

解： 设弹簧服从胡克定律，即它提供的力矩 $L_{弹}=-\kappa\,\theta$，从而其弹性势能为

$$E_{p弹}=\int_0^\theta \kappa\theta\,\mathrm{d}\theta=\frac{1}{2}\kappa\theta^2, \qquad (3.39)$$

倒摆的重力势能为

$$E_{p重}=mgl(\cos\theta-1),$$

总势能为

$$E_p=E_{p弹}+E_{p重}=\frac{1}{2}\kappa\theta^2+mgl(\cos\theta-1).$$

平衡位置对应于势能曲线的极值，这相当于求 $E_p=U(\theta)$ 对 θ 导数的 0 点：

$$\frac{\mathrm{d}U}{\mathrm{d}\theta}=\kappa\theta-mgl\,\sin\theta=0,$$

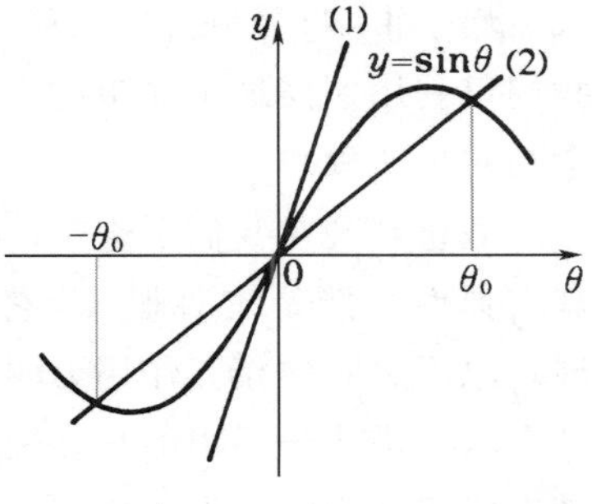

图 3-22 例题 3—— 作图法求根

此方程式的根可用作图法来求。如图 3—22 所示，在同一图上作直线 $y=(\kappa/mgl)\theta$ 和曲线 $y=\sin\theta$，寻找它们的交点。在 $\theta=0$ 处显然有个交点，是否还有其他交点？ 这取决于直线的斜率 κ/mgl 的值：

(1) 当 $\kappa/mgl>1$ 时(弹簧较硬，或摆较短)不再有交点；

(2) $\kappa/mgl<1$(弹簧较软，或摆较长)左右对称地各有另外一个交点 $\pm\theta_0$；

(3) $\kappa/mgl=1$ 是临界状态。

为了分析平衡位置的稳定性问题，需要求 $E_p=U(\theta)$ 对 θ 的二阶导数：

$$\frac{\mathrm{d}^2U}{\mathrm{d}\theta^2}=\kappa-mgl\cos\theta,$$

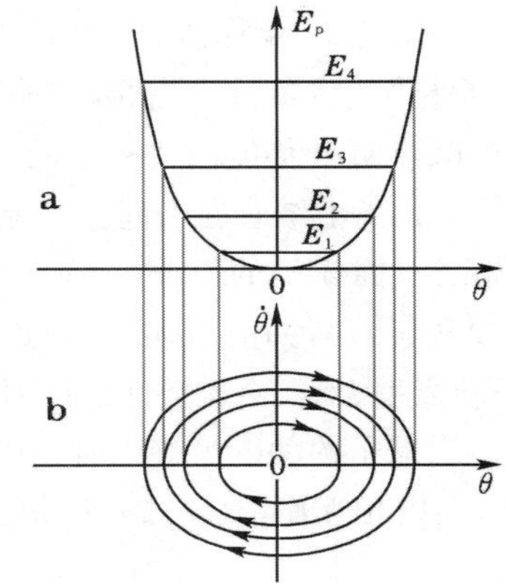

图 3-23 例题 3—— 倒摆的势能曲线和相图之一，$\kappa/mgl>1$ 情形

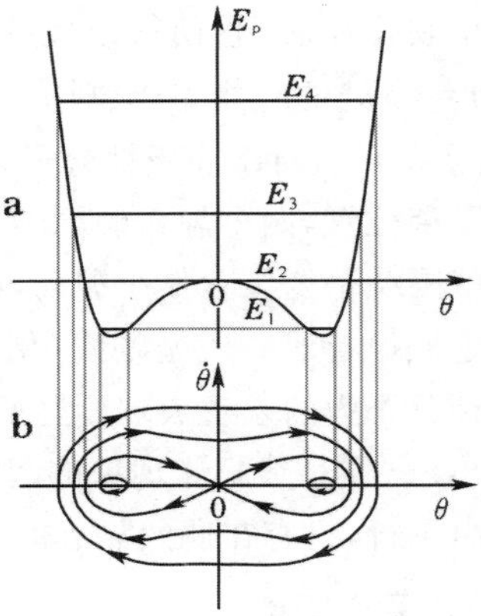

图 3-24 例题 3—— 倒摆的势能曲线和相图之二，$\kappa/mgl<1$ 情形

在中央平衡位置 $\theta=0$ 处，当 $\kappa/mgl>1$ 时二阶导数为正，这意味着势能 $U(\theta)$ 在这里具有极小值，平衡是稳定的(见图 3-23a)。当 $\kappa/mgl<1$ 时二阶导数变负，$\theta=0$ 处势能具有极大值，是不稳定的平衡点。所以在这种情形下中央平衡失稳(见图 3-24a)；可以证明，在 $\theta=\pm\theta_0$ 的另外两个平衡位置处二阶导数为负，平衡是稳定的。

在图 3-23b 和图 3-24b 里给出了上题两种情况的相图。当 $\kappa/mgl>1$ 时，在任何能量 $E=E_p+E_k$ 下相轨都是围绕中央唯一平衡点的闭合曲线；当 $\kappa/mgl<1$ 时，中央极大值处势能 $E_p=0$. 若总能量 $E=E_3$ 或 $E_4>0$，相轨是一条闭合曲线，摆锤作大幅度摆动，左右仍是对称的。当 $E=E_1<0$ 时，相轨分裂为两个较小的闭合曲线，它们各自围绕左右两个稳定的平衡点运动。对应于 $E=E_2=0$ 的相轨是分界线，它呈“8”字形，在中央自我交叉。 ▌

在上题中我们设想，在 κ、m、g、l 几个参量之中有一个的数值是连续可调的。在实验中最容易实现的也许是调摆长 l，$l_\star=\kappa/mg$ 是它的临界值。当 l 从小于 $l_\star$ 的情况连续调节到超过 $l_\star$ 时，一个振动中心变成两个振动中心，相图发生拓扑结构性的变化。人们把这种现象叫做分岔(bifurcation)。在 $l>l_\star$ 的情况下虽然相图在整体上仍是左右对称的，但是当 $E<0$ 时，摆锤只能围绕左右平衡点之中的一个振动，而不能越过中央的势垒从一边过渡到另一边。所以这时个别相轨已不具有左右对称性。这种在某个可以从外部控制的参量的连续变化下，系统的某种对称性突然被破坏的现象，叫做对称性自发破缺。分岔和对称性自发破缺，在现代物理学的许多分支(如凝聚态物理、粒子物理、天体物理和宇宙学)，以及许多其他学科里，都已成为非常重要的概

念。近几十年来成为非线性动力学里热点的混沌理论，离不开分岔的概念；20 世纪 60—70 年代建立起来的弱电统一理论和大爆炸宇宙学，都与对称性自发破缺的概念有密切联系。上面我们仅利用倒摆这个简单的力学例子，给读者一点有关这些概念的初步印象。

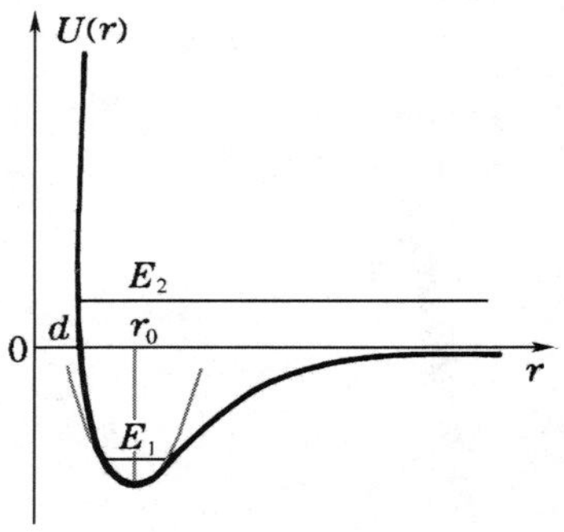

图 3-25 分子力势能曲线

截止到现在我们引进了两种势能：重力势能和弹性势能。其实弹性势能是宏观概念，它是原子之间相互作用的宏观表现。原子之间的相互作用力叫做分子力，分子力也可以用势能来表示。描述分子力的势能曲线定性地如图 3-25 所示，其中横坐标代表两原子中心之间的距离 r，纵坐标是它们之间的相互作用势能 $U(r)$. 在 r 小于某个距离 d 时，势能急剧地增加，几乎到正无穷大。这意味着原子有个硬排斥芯，它使得彼此的中心不能进一步靠近，因而 d 可形象地理解为两原子半径之和。若取 $r=\infty$ 处的势能为 0，则 $r>d$ 以外势能取负值，这意味着相互离开的原子之间有吸引力。在远处势能 $\propto r^{-\alpha}$，对于非极性分子 $\alpha\approx 6$. 在近处势能曲线有个低谷（所谓"势阱"），最低点 $r=r_0$ 是个稳定平衡位置，两个静止的原子在这个距离上结合在一起。当原子的动能不大时（图中 $E=E_1$ 情形），它就围绕平衡位置作小振动，这相当于固体里的情况。在平衡点附近不太大的范围里，势能曲线可近似地看成一段抛物线（见图中灰色线），如前所述，这正是胡克定律的特征。所以，弹性力就是这种分子力的宏观表现。当原子动能稍大时，由于势能曲线对于 $r=r_0$ 的不对称，r 的平均位置将大于 r_0. 这便是热膨胀现象的起源。当原子的动能足够大时，总能量 $E=E_2>0$，它们彼此分离，各自自由飞行，只有在偶然靠近的短时间内相互作用（碰撞），这相当于气体里的情况。

3.3 离心势能

有些转动问题，虽然不是一维运动，但在转动参考系中等价于一维的运动。把惯性离心力看成一种保守力，赋予它势能的概念，即所谓离心势能，我们就可以用一维势能曲线来分析这类问题了。以第二章 4.3 节中的例题 15 为例。在此例中，小环被约束在光滑的大环上，科里奥利力总为法向的约束力所平衡；除重力外，只有惯性离心力

$$f_{惯离}(\theta)=mR\omega^2\sin\theta \tag{3.40}$$

在起作用。在随大环共转的参考系中只有 θ 一个坐标变量，故而运动是一维的。如 2.1 节所指出的，对于一维运动，只要力是坐标变量的单值函数，它一定是保守力。按(3.24)式，它所作的功等于势能的减少：

$$-\mathrm{d}U_{离}=f_{惯离}(\theta)\cos\theta R\,\mathrm{d}\theta=mR^2\omega^2\sin\theta\cos\theta\,\mathrm{d}\theta=\frac{1}{2}mR^2\omega^2\sin2\theta\,\mathrm{d}\theta,$$

从 0 到 θ 积分后，得

$$U_{离}(\theta)=-\frac{1}{4}mR^2\omega^2(1-\cos2\theta).$$

同以 $\theta=0$ 处为零点，重力势能为

$$U_{重}(\theta)=mgR(1-\cos\theta).$$

故总势能为

$$U(\theta)=U_{重}+U_{离}=mgR(1-\cos\theta)-\frac{1}{4}mR^2\omega^2(1-\cos2\theta). \tag{3.41}$$

动能为

$$E_k=\frac{1}{2}mR^2\dot{\theta}^2,$$

总机械能为
$$E=E_{\mathrm{k}}+U=\frac{1}{2}mR^2\dot{\theta}^2+mgR(1-\cos\theta)-\frac{1}{4}mR^2\omega^2(1-\cos 2\theta),$$
用 mgR 来约化，得无量纲的能量
$$H\equiv\frac{E}{mgR}=\frac{1}{2}\left(\frac{\dot{\theta}}{\omega_\star}\right)^2+1-\cos\theta-\frac{1}{4}\left(\frac{\omega}{\omega_\star}\right)^2(1-\cos 2\theta),\tag{3.42}$$
式中 $\omega_\star=\sqrt{g/R}$ 是第二章例题 15 里定义的临界角速度。$\omega<\omega_\star$ 时势能在 $\theta_0=0$ 处有一个极小值(见图 3-26a)；$\omega>\omega_\star$ 时在 $\theta_0=0$ 处势能变为极大值，而在其两侧各出现一个极小值(见图 3-27a)。因此我们看到，这里的情况与例题 3 极为相似，在 $\omega=\omega_\star$ 处有因对称性自发破缺而产生的分岔现象(上述结论请读者自行推演)。

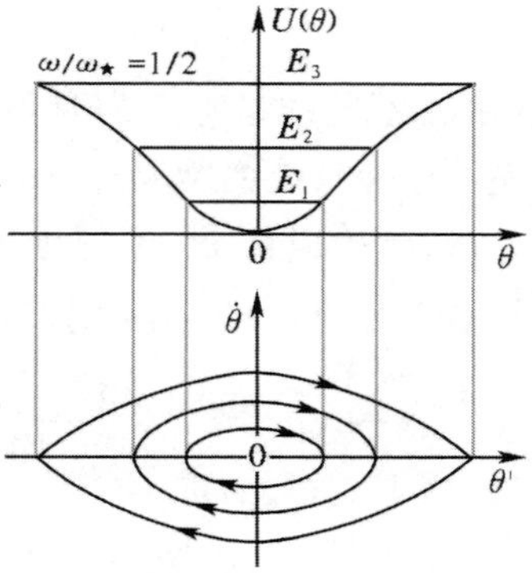

图 3-26 第二章例题 15 的势能曲线和相图之一，$\omega<\omega_\star$ 情形

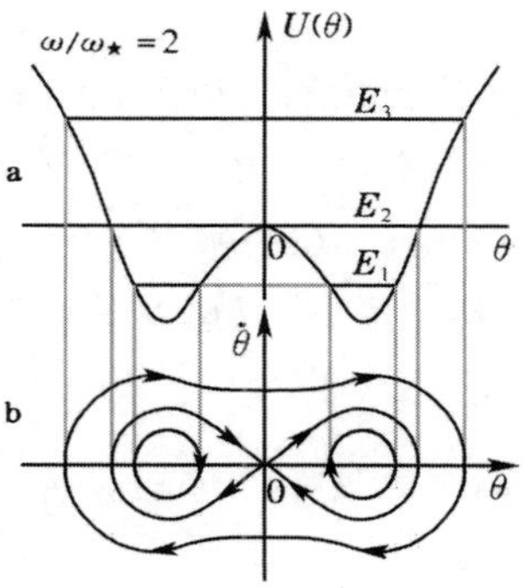

图 3-27 第二章例题 15 的势能曲线和相图之二，$\omega>\omega_\star$ 情形

从(3.42)式可以解出 $\dot{\theta}$ 来，
$$\dot{\theta}=\pm\sqrt{2\omega_\star^2(H-1+\cos\theta)-\frac{\omega^2}{2}(1-\cos 2\theta)},\tag{3.43}$$
据此可以画出相应的相图来，如图 3-26b 和图 3-27b 所示。它们的特点与前面例题中的相图颇为相似。

3.4 相图

如前所述，以速度(角速度)为纵坐标、位移(角位移)为横坐标构成的图解称为相图(phase diagram)，我们在本节里大量地使用了相图，并看到了它的许多优越性。过去人们往往用速度作为时间函数 $\dot{x}(t)$、$\dot{\theta}(t)$ 的曲线或位移作为时间函数 $x(t)$、$\theta(t)$ 的曲线来描绘运动，在相图中失去的是 $x(t)$、$\dot{x}(t)$、$\theta(t)$ 和 $\dot{\theta}(t)$ 变化的时间信息，得到的是有关动力学系统运动的全局概念，给出其轨线形态类型及其拓扑结构的稳定性问题。运用相图的做法是 19 世纪末法国伟大的数学家庞加莱(H.Poincaré)发明的。相图的描述方法是非线性动力学里最基本的方法，其重要意义是怎么也不会被估计得过分的。在科学中往往有这种情况，一个问题久久不能解决，但是换一个提法，从另一条思路去考虑，便会豁然开朗。18、19 世纪大批数学家们集中精力，解出大量很难解的微分方程，对于线性微分方程还形成了一套系统的求解方法。可是远非所有微分方程的解都可用初等函数表示出来，即使用未积出的积分式来表达也未必能行。然而，为什么非要用传统的方式解微分方程不可呢？庞加莱另辟蹊径，把微分方程的解看作是由微分方程本身所定义的积分曲线族，在不求出解的情况下，通过直接考查微分方程的系数及其本身的结构去研究它的解的性质。上述相图中的轨线就是动力学方程的积分曲线族。庞加莱所开拓的这一新领域，被称为微分方程的定性理论，至今仍有着深远的影响。

§4. 质心系与两体碰撞

4.1 动量中心系和质心

选一个质点组作为我们考虑的系统。令 $\boldsymbol{p}_1$，$\boldsymbol{p}_2$，… 代表各质点的动量，系统的总动量为

$$\boldsymbol{P}=\sum_i \boldsymbol{p}_i. \tag{3.44}$$

每个质点的动量以及系统的总动量在不同的参考系内是不同的。适当地选取参考系，可以使系统的总动量为 0. 这样的参考系，称为系统的零动量系，或动量中心系(center-of-momentum system)。在牛顿力学中，$\boldsymbol{p}_i=m_i\boldsymbol{v}_i$，其中质量 m_i 与速度$\boldsymbol{v}_i$ 无关。设(3.47)式在参考系 K 中成立，参考系 K′ 以速度 V 相对于 K 系作匀速直线运动，则按伽利略变换，在 K′ 系中的动量为

$$\boldsymbol{P}'=\sum_i m_i\boldsymbol{v}_i'=\sum_i m_i(\boldsymbol{v}_i-\boldsymbol{V})=\sum_i m_i\boldsymbol{v}_i-m\boldsymbol{V},$$

式中 $m=\sum_i m_i$ 为系统的总质量。由上式可知，取

$$\boldsymbol{V}=\boldsymbol{v}_C\equiv\sum_i\frac{m_i\boldsymbol{v}_i}{m}=\frac{\boldsymbol{P}}{m}, \tag{3.45}$$

即可使 $\boldsymbol{P}'=0$，把 K′ 系变作动量中心系 K^{CM}. 这个 $\boldsymbol{v}_C$ 便是动量中心系 K^{CM} 相对于 K 系的速度。因 $\boldsymbol{v}_i=\mathrm{d}\boldsymbol{r}_i/\mathrm{d}t$，这里 $\boldsymbol{r}_i$ 是第 i 个质点的位矢，于是

$$\boldsymbol{v}_C=\sum_i\frac{m_i\dfrac{\mathrm{d}\boldsymbol{r}_i}{\mathrm{d}t}}{m},$$

在质量 m_i 与速度无关的情况下，上式可以写成

$$\boldsymbol{v}_C=\frac{\mathrm{d}}{\mathrm{d}t}\left(\sum_i\frac{m_i\boldsymbol{r}_i}{m}\right),$$

定义系统质心 C 的位矢为

$$\boldsymbol{r}_C=\int\boldsymbol{v}_C\mathrm{d}t=\sum_i\frac{m_i\boldsymbol{r}_i}{m}+\text{任意矢量 }\boldsymbol{r}_0,$$

为了消除不确定性，我们选 $\boldsymbol{r}_0=0$，于是

$$\boldsymbol{r}_C=\sum_i\frac{m_i\boldsymbol{r}_i}{m}, \tag{3.46}$$

其含义是各质点的位矢以其质量为权重的平均，亦即，质点组的“质量中心”。❶质心可看作整个质点组的代表点，系统的全部质量 m、动量 $\boldsymbol{P}$ 都集中在它上边。有了质心的概念，动量中心系即可理解为随质心一起运动的参考系。所以，动量中心系又叫*质心参考系*，或*质心系*。❷

质心的位矢表达式(3.46)可写为分量形式，在直角坐标系中有

---

❶ 在相对论力学中质量与速度有关，且速度和动量不服从经典力学的变换，我们得不到 $\boldsymbol{v}_C$ 的表达式(3.45)，更得不到质心位矢的表达式(3.46)。实际上由于质量与速度有关，每个质点的质量在不同的参考系中看来是不同的，从而质心与系统中各质点的相对位置因参考系而异。所以，“质心”这个概念在相对论中已没有多大意义，但“动量中心系”的概念仍是有效的。按说这时它不应该再叫做“质心系”，不过由于习惯，常沿用这个名称。

❷ 作为参考系完整的定义，除原点的平动外，还需规定其坐标架的取向。通常规定，质心系的坐标架保持与那里的局域惯性系(例如基本参考系)无相对转动。

$$\left.\begin{aligned} x_C&=\sum_i \frac{m_i x_i}{m},\\ y_C&=\sum_i \frac{m_i y_i}{m},\\ z_C&=\sum_i \frac{m_i z_i}{m}. \end{aligned}\right\} \tag{3.47}$$

对于质量连续分布的物体,(3.46) 式和(3.47) 式中的求和号应理解为积分。应注意,质心相对于系统中各质点的位置是与坐标原点的选择无关的。所以,对于对称的物体,如密度均匀的细棒或球体,质心显然在几何中点,因为这时如果把坐标原点取在中点,(3.47) 式就给出 $x_C=y_C=z_C=0$. 最简单的质点组是由两个质点组成的系统,在质心系中 $x_C=0$,按照(3.47) 式,有

$$\frac{m_1x_1+m_2x_2}{m}=0,$$

从而

$$\frac{x_1}{x_2}=-\frac{m_2}{m_1},$$

令 $l_i=|x_i|$ $(i=1,2)$ 为两质点到质心的距离,$l=l_1+l_2$ 为质点 1、2 之间的距离,则由上式可得

$$\left.\begin{aligned} l_1&=\left(\frac{m_2}{m_1+m_2}\right)l,\\ l_2&=\left(\frac{m_1}{m_1+m_2}\right)l, \end{aligned}\right\} \tag{3.48}$$

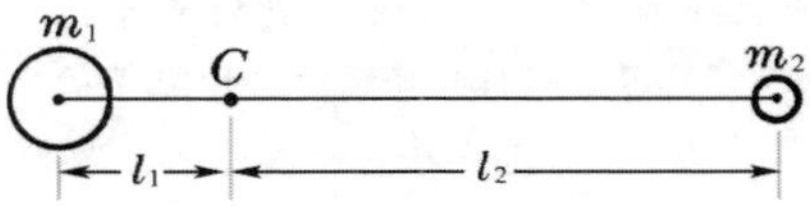

图 3-28 两质点的质心

即质心在两质点联线上靠近质量大的质点一头(见图 3-28)。例如,地球的质量约为月亮的 81 倍,地月系统的质心 C 在地月联线上靠地球一头 1/82 处。由于地月距离是地球半径的 60 倍,所以 C 实际上在地球体内距地心约 3/4 个地球半径处(见图 3-29)。

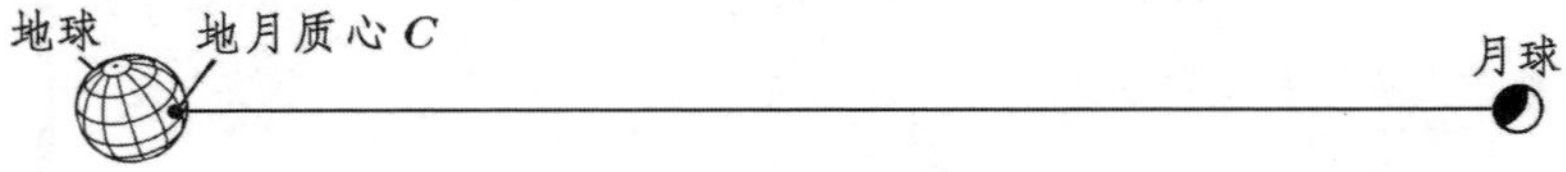

图 3-29 地月系统的质心

4.2 质心运动定理

现在我们来看一下质心的动力学规律,(3.45) 式本可写成

$$\boldsymbol{P}=m\boldsymbol{v}_C, \tag{3.49}$$

代入质点组的牛顿第二定律(2.20) 式,得:

$$\boldsymbol{F}_{外}=\frac{\mathrm{d}\boldsymbol{P}}{\mathrm{d}t}=m\frac{\mathrm{d}\boldsymbol{v}_C}{\mathrm{d}t}=m\boldsymbol{a}_C, \tag{3.50}$$

式中 $\boldsymbol{a}_C=\mathrm{d}\boldsymbol{v}_C/\mathrm{d}t$ 是质心的加速度。上式称作*质心运动定理*,或简称*质心定理*。质心运动定理表明:将全部质量与外力平移到质心上,合成总质量 m 与合外力 $\boldsymbol{F}_{外}$,质心就与一个在力 $\boldsymbol{F}_{外}$ 作用下质量为 m 的质点作相同的运动。这就是说,在动力学上质心也是整个质点组的代表点。整个质点组可以是个不能发生形变的刚体(如一把斧头),可以旋转,也可以是在空中爆炸的炮弹,也可以是可形变的柔体(如跳水运动员),质心运动定理都成立(参见图 3-30a,b,c)。对于质心的运动来说,系统的内力永远不起作用。

质心运动定理还表明：在合外力 $\boldsymbol{F}_{外}=0$ 的情况下，$a_C=0$，质心参考系是个惯性系；否则，质心参考系是非惯性系，各质点都受到一个惯性力 $\boldsymbol{f}_{i惯}=-m_i\boldsymbol{a}_C$.

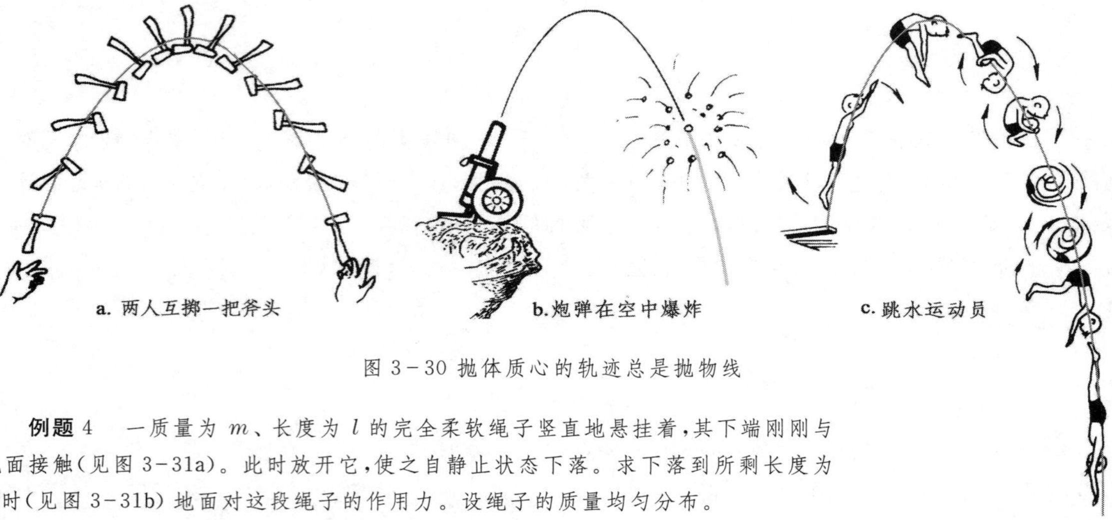

图 3－30　抛体质心的轨迹总是抛物线

例题 4　一质量为 m、长度为 l 的完全柔软绳子竖直地悬挂着，其下端刚刚与地面接触（见图 3－31a）。此时放开它，使之自静止状态下落。求下落到所剩长度为 z 时（见图 3－31b）地面对这段绳子的作用力。设绳子的质量均匀分布。

解：自始至终把整个绳子当作我们的质点组，计算它的质心高度

$$z_C=\frac{1}{m}\int_0^z\frac{m}{l}z\,\mathrm{d}z=\frac{z^2}{2l},$$

$$v_C=\frac{\mathrm{d}z_C}{\mathrm{d}t}=\frac{z}{l}\frac{\mathrm{d}z}{\mathrm{d}t},$$

式中 $\mathrm{d}z/\mathrm{d}t=v$ 是绳子上端的下落速度。对于完全柔软的绳子，它和一个自由质点的下落速度相同，即 $v=-\sqrt{2g(l-z)}$. 质心的加速度为

$$a_C=\frac{\mathrm{d}v_C}{\mathrm{d}t}=\frac{\mathrm{d}}{\mathrm{d}t}\left(\frac{z}{l}v\right)=\frac{v^2}{l}+\frac{z}{l}\frac{\mathrm{d}v}{\mathrm{d}t},$$

式中 $\mathrm{d}v/\mathrm{d}t=-g$ 为绳子下落的加速度，故有

$$a_C=2g\left(1-\frac{z}{l}\right)-\frac{z}{l}g=2g-3\frac{z}{l}g,$$

对整根绳子应用质心运动定理

$$f-mg=ma_C,$$

代入 a_C 的表达式，得地板对上段绳子的作用力

$$f=3mg\left(1-\frac{z}{l}\right).\ \blacksquare$$

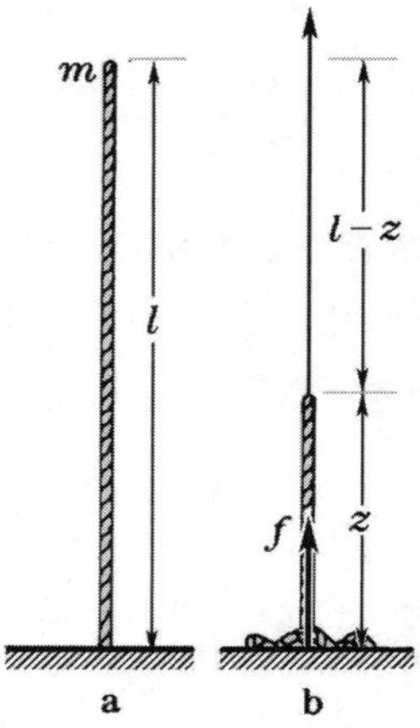

图 3－31　例题 4
——柔绳落地

4.3 克尼希定理　资用能

在相对速度为 V 的两个参考系 K、K′ 之间作速度变换时，

$$\boldsymbol{v}_i'=\boldsymbol{v}_i-\boldsymbol{V},\qquad 或\qquad \boldsymbol{v}_i=\boldsymbol{v}_i'+\boldsymbol{V},$$

由于动能 E_k 正比于速度的平方，变换时一般要出现交叉项。对于质点组情况也是如此：

$$E_k=\frac{1}{2}\sum_i m_i v_i^2=\frac{1}{2}\sum_i m_i(\boldsymbol{v}_i'+\boldsymbol{V})^2=\frac{1}{2}\sum_i m_i(v_i'^2+V^2+2\boldsymbol{v}_i'\cdot\boldsymbol{V})$$

$$=E_k'+\frac{1}{2}mV^2+\sum_i m_i\boldsymbol{v}_i'\cdot\boldsymbol{V},\tag{3.51}$$

如果 K′ 系是质心系 $\mathrm{K^{CM}}$ 的话，则 $\sum_i m_i\boldsymbol{v}_i^{\mathrm{CM}}=0$，$\boldsymbol{V}=\boldsymbol{v}_C$（在 K 系中看到的质心速度），上式中的交叉项消失：

$$E_k = E_k^{CM} + \frac{1}{2} m v_C^2 \tag{3.52}$$

此式表明：质点组的总动能，等于相对于质心系的动能 E_k^{CM}，加上随质心整体平动的动能 $E_C = \frac{1}{2} m v_C{}^2$. 这结论有时称作克尼希(König)定理。

对于由两质点组成的质点组，引入相对速度的概念

$$\boldsymbol{u} \equiv \boldsymbol{v}_{12} = \boldsymbol{v}_1 - \boldsymbol{v}_2 \tag{3.53}$$

是方便的。因为在质心系中

$$m_1 \boldsymbol{v}_1^{CM} + m_2 \boldsymbol{v}_2^{CM} = 0, \tag{3.54}$$

由(3.53)式和(3.54)式解得

$$\left.\begin{aligned} \boldsymbol{v}_1^{CM} &= \frac{m_2 \boldsymbol{u}}{m_1 + m_2}, \\ \boldsymbol{v}_2^{CM} &= -\frac{m_1 \boldsymbol{u}}{m_1 + m_2}, \end{aligned}\right\} \tag{3.55}$$

从而相对于质心系的动能为

$$\begin{aligned} E_k^{CM} &= \frac{1}{2}[m_1 (v_1^{CM})^2 + m_2 (v_2^{CM})^2] = \frac{1}{2}\left[\frac{m_1 m_2{}^2}{(m_1 + m_2)^2} + \frac{m_2 m_1{}^2}{(m_1 + m_2)^2}\right] u^2 \\ &= \frac{1}{2}\frac{m_1 m_2}{m_1 + m_2} u^2 = \frac{1}{2}\mu u^2 \equiv E_{相对}, \end{aligned} \tag{3.56}$$

式中

$$\mu = \frac{m_1 m_2}{m_1 + m_2} \tag{3.57}$$

称为约化质量(reduced mass)。这样一来，在质心系中动能只与相对速度 u 有关，故亦可称作相对动能，记作 $E_{相对}$. 克尼希定理(3.52)式表明：对于由两质点构成的质点组，在非质心系中的总动能，等于随质心作整体运动的动能 $E_C = \frac{1}{2} m v_C{}^2$ 与两质点相对动能之和。

近代高能物理学为了研究微观粒子的结构、相互作用和反应机制，需要使用加速器把粒子加速到很高的能量去碰撞静止靶子中的粒子，以观测反应的结果，与理论互相印证。能量越高，越能反映出更深层次的信息。然而，在实验室参考系内 E_C 是不参与粒子之间反应的，真正有用的能量，即资用能(available energy)，只是高能粒子与靶粒子之间的 $E^{CM} = E_{相对}$. 若 $m_1 = m_2 = m_0$，按照上面的公式计算，$m = 2m_0$，$\mu = m_0/2$，$v_C = u/2$，$E_{相对}$ 即资用能只占总能量的一半。这是按牛顿力学计算出来的，并不符合高能粒子的实际。要按相对论力学来计算，资用能的比例远较这个数目小(参见第八章 4.5 节)。

加速器的能量越高，能量的利用率越低，这是很不合算的。所以现代的大加速器多采用对撞机的形式，让相同的高能粒子沿相反方向运动，进行碰撞。这样一来，实验室系和质心系便统一起来，$E_C = 0$，全部能量都是资用能。以我国 1987 年建成的北京正负电子对撞机为例，每束粒子加速到 2.2 GeV 的能量，两束对撞的 $E_{相对} = 2 \times 2.2$ GeV. 如果用静止靶，要得到同样的资用能，单束的加速能量需达到 1.9×10^4 GeV，要比对撞机大 4 个数量级！

4.4 两体碰撞

在第二章 2.1 节里我们引用了约 300 年前惠更斯书上的一幅图(图 2－5)，并赞扬了他处理碰撞问题所用的新颖方法和深刻思想。从实质上讲，惠更斯是用了相对性原理和质心系的概念。与其他参考系相比，质心系的优点在于它具有最大的对称性，从而可以充分发挥对称性原理的威力。下面我们先介绍几个与此有关的对称性概念，然后再沿着惠更斯的思路，讨论两个相同质点的碰撞问题。

惠更斯考虑的是对心碰撞，即两球的相对速度沿球心联线。如图 3－32a 所示，在质心系中两

球碰撞前的速度都沿此联线，且 $\boldsymbol{v}_{20}=-\boldsymbol{v}_{10}$，即系统具有围绕球心联线的轴对称性，和相对于质心 C 的点对称性。[1]根据这些对称性的考虑，碰撞后的速度 $\boldsymbol{v}_1$、$\boldsymbol{v}_2$ 应仍在此联线上，且有 $\boldsymbol{v}_2=-\boldsymbol{v}_1$. 这就是说，质心维持静止。这本是动量守恒的推论，然而在上面的推理过程中我们并没有事先假定动量必须守恒，所以，对称性考虑反而能够在这个特例中导出了动量守恒的结论！

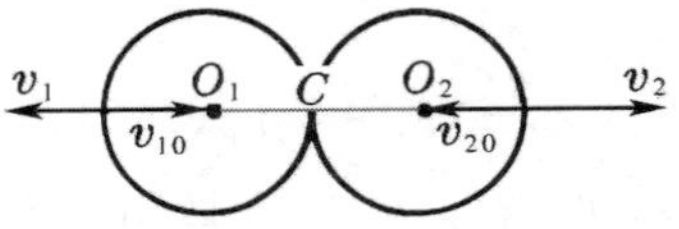

a 对心碰撞

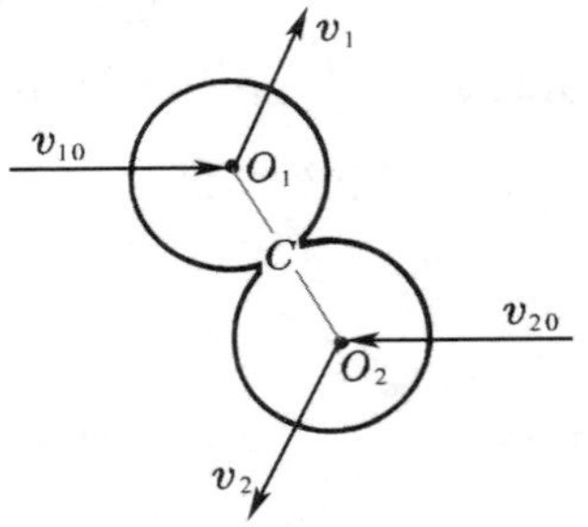

b 不对心碰撞

图 3－32 两个相同球的碰撞

如果放弃对心碰撞的假设，在质心系中两球碰撞前的速度 $\boldsymbol{v}_{10}$、$\boldsymbol{v}_{20}$ 不再沿球心联线，但仍有 $\boldsymbol{v}_{20}=-\boldsymbol{v}_{10}$，因此围绕此线的轴对称性不复存在，但相对于质心的点对称性仍成立。所以，我们仍有 $\boldsymbol{v}_2=-\boldsymbol{v}_1$，但它们将在球心联线的另一侧，如图 3－32b 所示。这时质心仍旧静止，动量仍旧守恒。

如果我们进一步假定，在碰撞过程中能量也是守恒的，则又多了一重时间反演的对称性，亦即，若两球碰撞前的速度为 $-\boldsymbol{v}_1$、$-\boldsymbol{v}_2$，则它们将沿原路返回，进行一次逆碰撞过程后获得速度 $-\boldsymbol{v}_{10}$、$-\boldsymbol{v}_{20}$. 显然，在这种情况下 $\boldsymbol{v}_{10}$、$\boldsymbol{v}_{20}$、$\boldsymbol{v}_1$、$\boldsymbol{v}_2$ 四个速度的大小都是相等的。这一点反映到实验室系中去，就得到一个重要的结论，即与同种靶粒子碰撞后，出射粒子的径迹是互相垂直的(见图 3－33)。道理很简单，设质点 2 为靶粒子，它在实验室系中静止不动。从质心系变换到实验室系，所有粒子的速度要叠加一个速度 $\boldsymbol{V}=-\boldsymbol{v}_{20}$. 如图 3－34 所示，在实验室系中的碰撞后速度 $\boldsymbol{v}_1'=\boldsymbol{v}_1+\boldsymbol{V}$ 和 $\boldsymbol{v}_2'=\boldsymbol{v}_2+\boldsymbol{V}$ 相当于两个全等菱形 $ABCD$ 和 $ABEF$ 的不同对角线 AC 和 AE，它们是互相垂直的。

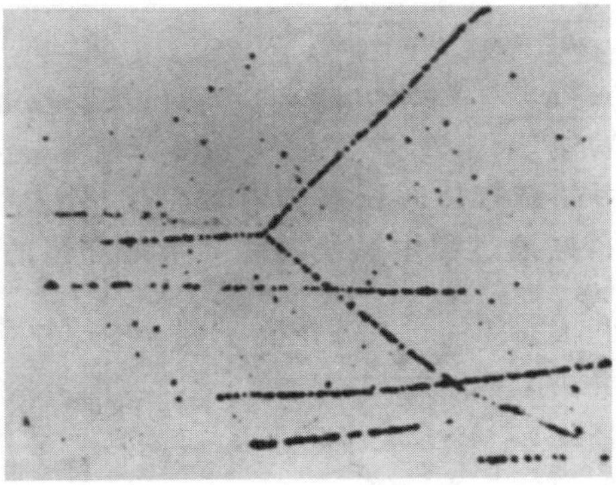
图 3－33 一入射质子与照相乳胶中的静止质子作弹性碰撞时留下的径迹

上面我们沿着惠更斯的思路，充分利用对称性的考虑，对相同质点的碰撞作了较详尽的分析。下面我们讨论一般的两体碰撞问题。

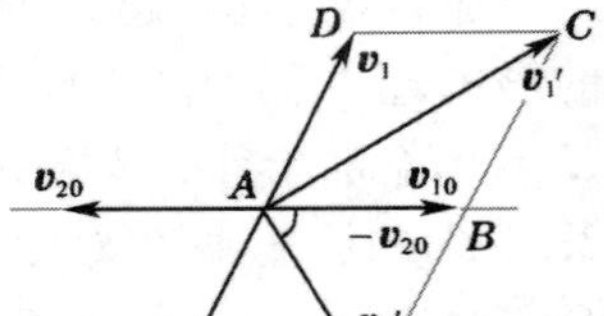

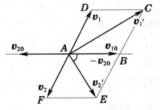

图 3－34 实验室系内相同质点的散射方向相互成直角

在碰撞过程中动能是否守恒？这要看有没有能量耗散。把相碰的两个质点选作我们的物体系，则碰撞时只有内力作功，质心动能 E_C 是不会改变的，可能改变的只是相对动能 $E_{相对}$，后者正比于相对速度 u 的平方。在完全没有能量耗散的情况下，相对动能 $E_{相对}=\frac{1}{2}\mu u^2$ 守恒，从而碰撞前后的相对速度 $\boldsymbol{u}_0=\boldsymbol{v}_{10}-\boldsymbol{v}_{20}$ 和 $\boldsymbol{u}=\boldsymbol{v}_1-\boldsymbol{v}_2$ 在数值上相等，即 $|u/u_0|=1$. 这种情况称为**完全弹性碰撞**。与此相反的另一个极端是，相对动能全部耗散掉，碰撞后两体不再分离，相对速度 $\boldsymbol{u}=0$. 这种情况称为**完全非弹性碰撞**。介于两者之间的是相对动能耗散掉一部分，即 $0<|u/u_0|<1$. 这种

---

[1] 关于点对称性，参阅第二章 2.2 节。

情况称为非完全弹性碰撞。牛顿总结了各种碰撞实验的结果，引进恢复系数 e 的概念，它定义为

$$e \equiv \left|\frac{u}{u_0}\right| = \frac{|\boldsymbol{v}_1 - \boldsymbol{v}_2|}{|\boldsymbol{v}_{10} - \boldsymbol{v}_{20}|}, \tag{3.58}$$

$e=1$ 是完全弹性碰撞，$e=0$ 是完全非弹性碰撞，$0<e<1$ 是非完全弹性碰撞。

为了简单起见，仍考虑两球的对心碰撞。根据对称性，碰撞前后所有速度的方向都沿球心联线。在质心系中，碰撞前后相对速度 $\boldsymbol{u}_0$ 和 $\boldsymbol{u}$ 的方向彼此相反，故而利用牛顿的恢复系数 e 可将二者的关系写成

$$\boldsymbol{u} = -e\,\boldsymbol{u}_0 .$$

于是，利用(3.58) 式可得碰撞后两球在质心系中的速度

$$\left.\begin{aligned}\boldsymbol{v}_1^{\mathrm{CM}} &= \frac{m_2\boldsymbol{u}}{m_1+m_2} = -\frac{e m_2\boldsymbol{u}_0}{m_1+m_2},\\ \boldsymbol{v}_2^{\mathrm{CM}} &= -\frac{m_1\boldsymbol{u}}{m_1+m_2} = \frac{e m_1\boldsymbol{u}_0}{m_1+m_2}.\end{aligned}\right\}$$

在任何短暂的碰撞过程中，与相碰物体间巨大的内力相比，外力的冲量都是微不足道的。因而总可认为，碰撞过程中系统的总动量是守恒的。或者说，碰撞前后系统的质心速度不变：

$$\boldsymbol{v}_C = \frac{m_1\boldsymbol{v}_{10} + m_2\boldsymbol{v}_{20}}{m_1+m_2} = \frac{m_1\boldsymbol{v}_1 + m_2\boldsymbol{v}_2}{m_1+m_2}.$$

加上质心速度即可得

$$\left.\begin{aligned}\boldsymbol{v}_1 &= \boldsymbol{v}_C - \frac{e m_2\boldsymbol{u}_0}{m_1+m_2} = \frac{(m_1-em_2)\boldsymbol{v}_{10} + (1+e)m_2\boldsymbol{v}_{20}}{m_1+m_2},\\ \boldsymbol{v}_2 &= \boldsymbol{v}_C + \frac{e m_1\boldsymbol{u}_0}{m_1+m_2} = \frac{(1+e)m_1\boldsymbol{v}_{10} + (m_2-em_1)\boldsymbol{v}_{20}}{m_1+m_2},\end{aligned}\right\} \tag{3.59}$$

以上是从碰撞前速度 $\boldsymbol{v}_{10}$、$\boldsymbol{v}_{20}$ 求碰撞后速度 $\boldsymbol{v}_1$、$\boldsymbol{v}_2$ 的公式。

对于完全弹性碰撞，$e=1$，我们有

$$\left.\begin{aligned}\boldsymbol{v}_1 &= \boldsymbol{v}_C - \frac{m_2\,\boldsymbol{u}_0}{m_1+m_2} = \frac{(m_1-m_2)\boldsymbol{v}_{10} + 2m_2\boldsymbol{v}_{20}}{m_1+m_2},\\ \boldsymbol{v}_2 &= \boldsymbol{v}_C + \frac{m_1\,\boldsymbol{u}_0}{m_1+m_2} = \frac{2m_1\boldsymbol{v}_{10} + (m_2-m_1)\boldsymbol{v}_{20}}{m_1+m_2}.\end{aligned}\right\} \tag{3.60}$$

对于完全非弹性碰撞，$e=0$，$\boldsymbol{u}=0$，碰撞后两球具有的共同速度为质心速度：

$$\boldsymbol{v}_1 = \boldsymbol{v}_2 = \boldsymbol{v}_C = \frac{m_1\boldsymbol{v}_{10} + m_2\boldsymbol{v}_{20}}{m_1+m_2}. \tag{3.61}$$

这些公式都比较复杂，难于记忆。在具体问题中，我们可以根据实际情况进行简化分析，往往不需要用这些公式去计算。

例题 5　如图 3-35 所示，将一种材料做成小球，用另一种材料做地板，令小球从一定高度 H 自由落下，测得其反跳高度为 h，求这两种材料之间的恢复系数 e。

解：小球与地板相撞，实际上是与地球相撞。在(3.59) 式中取物体 1 为小球，物体 2 为地球，从而 $m_1/m_2\to 0$，在质心系中 $v_{20}\approx 0$，于是该式给出 $v_1\approx -ev_{10}$，$v_2\approx 0$. 由于 $|v_{10}|=\sqrt{2gH}$，$|v_1|=\sqrt{2gh}$，故恢复系数

$$e = -\frac{v_1}{v_{10}} = \sqrt{\frac{h}{H}}, \tag{3.62}$$

此式提供了一种测量恢复系数的方法。 ▌

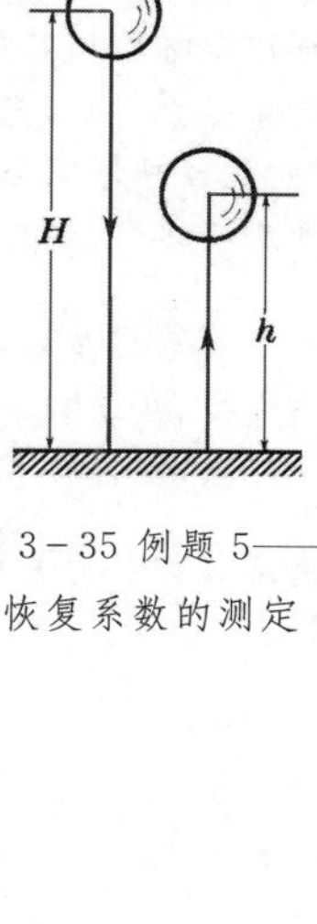

图 3-35 例题 5——恢复系数的测定

表 3-1 几种材料的恢复系数

材料	玻璃与玻璃	铝与铝	铁与铅	钢与软木
e 值	0.93	0.20	0.12	0.55

例题 6 如图 3-36 所示，将一个小皮球放在一个大皮球的上面，使之自由落下。当它们落到地面上反弹时小球跳得比原来高许多倍，往往会打到天花板上。这是一个非常有趣的课堂演示实验。试解释其机理。

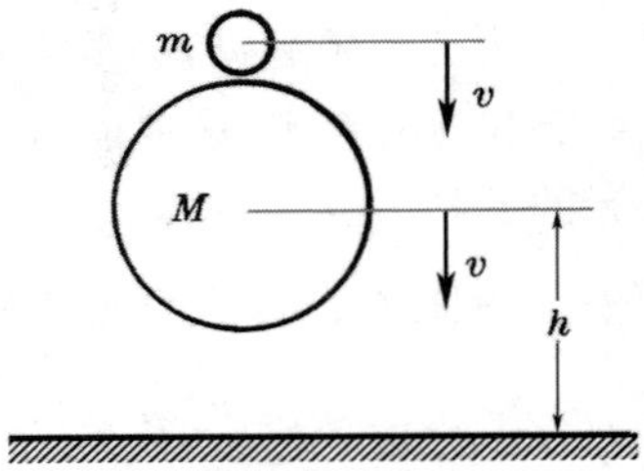

图 3-36 例题 6——大小弹性球落地反跳实验

解：如前题所述，若两个弹性球质量相差甚远，小球以一定的速度 v 撞在不动的大球上，则小球速度反向，大球几乎保持不动。我们以这一点为依据来分析本题。两个皮球下落时，大球首先着地。考虑大球与地面的碰撞时，可暂时忽略小球的存在。大球与地球相比，质量甚小，反弹后速度向上，大小仍为 v(见图 3-37a)。第二步分析小球和大球的碰撞。为此我们换到随大球以速度 v 向上运动的参考系，在此参考系内大球不动，碰撞前小球向下的速度为 $2v$(见图 3-37b)。由于两球的质量也相差甚远，大球不动，小球速度反向，变为向上的 $2v$(见图 3-37c)。再换回到地面参考系，小球向上的速度变为 $3v$(见图 3-37d)。按照机械能守恒定律，小球上升的高度 $h = v^2/2g \propto v^2$. 速度增大到 3 倍，高度就增大到 9 倍，哪怕它打不到天花板上！

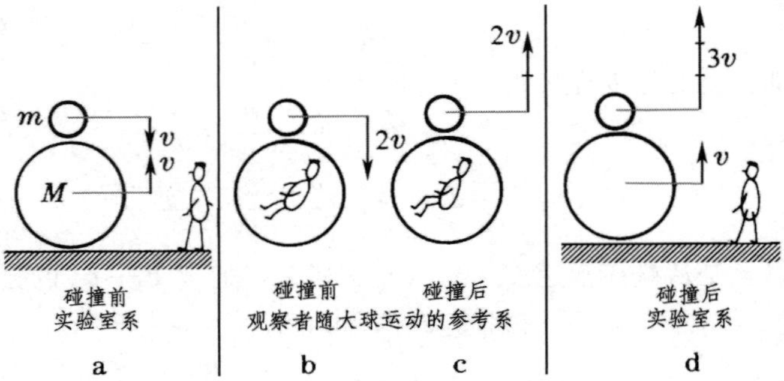

图 3-37 例题 6—— 用参考系变换来讨论

在以上的分析里，我们没有用复杂的公式。现在不妨再用弹性碰撞的公式(3.60)来验证一下上面的结论。根据该式，在 $m_2 \gg m_1$ 的情况下，$v_1 \approx - v_{10} + 2v_{20}$，$v_2 \approx v_{20}$. 第一步用质点 1 代表大球，质点 2 代表地球，$v_{20} = 0$，$v_1 \approx - v_{10}$，即地球不动，大球反向。第二步用质点 1 代表小球，质点 2 代表大球，速度向上为正，向下为负，则 $v_{10} = -v$，$v_{20} = v$，故 $v_1 = -(-v) + 2v = 3v$，结论如前。▌

例题 7 图 3-38 所示为一种测子弹速度的装置 —— 冲击摆。设摆长为 l，摆的质量为 M. 在质量为 m 的子弹冲击下，摆过的最大偏角为 θ，求子弹的初速度 v_0.

解：第一步分析子弹射入摆内停止下来的过程。这过程很短促，摆还来不及显著偏离其平衡位置。在此过程中外力(重力和绳的张力 T)的合力为 0(其实即使不为 0，因为它们都不是短时间内的冲击力，其冲量是可以忽略的)，因此子弹和摆组成的系统动量守恒。然而子弹与摆之间的摩擦力作功，把子弹的动能转化为热，机械能是不守恒的。所以，这一过程可作完全非弹性碰撞过程处理，子弹和摆的共同速度 v 为它们的质心速度，即

$$v = v_C = \frac{m v_0 + M \cdot 0}{m + M} = \frac{m v_0}{m + M}.$$

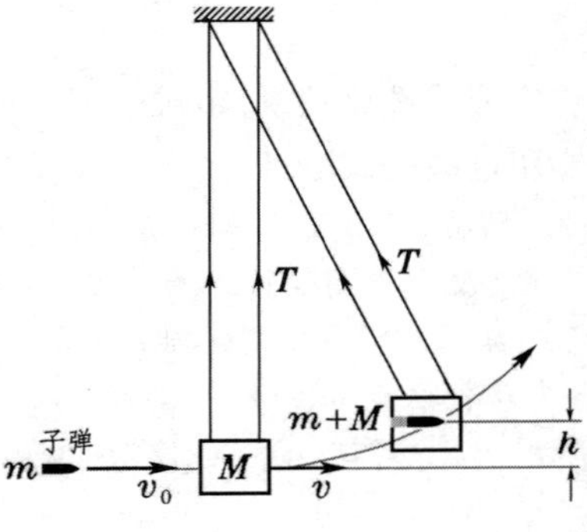

图 3-38 例题 7—— 冲击摆

第二步分析摆从平衡位置摆到最高位置的整个过程。在此过程中机械能守恒，从而有

$$(m + M)\, gh = \frac{1}{2}(m + M)v^2 = \frac{1}{2}(m + M)\,\frac{m^2 v_0{}^2}{(m + M)^2},$$

其中高度 h 与 θ 的关系是 $h = l\,(1 - \cos\theta)$. 由此可以解得

$$v_0 = \frac{m + M}{m}\sqrt{2gh} = \frac{m + M}{m}\sqrt{2gl(1 - \cos\theta)}.$$ ▌

我们知道，在任何碰撞过程中动量总是守恒的，而动能则未必；可是在另外一些例子中（如匀速圆周运动），情况正好相反，动能不变而动量不守恒。在牛顿力学里我们可以认为，动量和能量是物体运动的两种不相同的量度。但在相对论中，某一参考系中的能量，既与另一参考系的能量有关，也与其中的动量有关。反之，某一参考系中的动量，既与另一参考系中的动量有关，也与其中的能量有关。即动量和能量在参考系变换时相互联系，密不可分，组成一个洛伦兹变换下的四维协变量（见第八章 §4）。这就比牛顿力学更为深刻地反映了动量和能量的内在联系。

最后，在结束本小节之前，谈谈非弹性碰撞的概念在微观领域里的引申。如前所述，碰撞是否弹性，要看有无机械能的耗散。“能量耗散”是个宏观的概念，“非弹性碰撞”最初也是宏观概念。然而现在一些微观领域里也经常使用“非弹性碰撞”或“非弹性散射”的字眼，这是怎么回事？宏观物体内分子或原子的热运动，相对于物体的整体运动来说，可看作是它内部自由度或其他自由度的运动，耗散是能量向内部自由度或其他自由度转移的过程。微观粒子也可以有内部自由度或其他自由度，碰撞时平动能量也可以向内部自由度转移，或产生、吸收其他粒子。例如原子碰撞可以导致其中的电子激发，固体中的电子与晶格碰撞时产生或吸收声子，在高能物理中产生或吸收新粒子的现象就更为普遍了。通常也把这种碰撞叫做非弹性碰撞。[1]碰撞时能量向内部自由度转移的过程，可以用下列宏观实验来演示。如图 3－39 所示，在水平气轨的一端竖立一块弹性反射壁，气轨上放一滑块。平时若我们要演示弹性碰撞，可在滑块的前端装一片弹簧；要演示非弹性碰撞，则可在滑块前端粘上一块橡皮泥。当滑块撞在反射壁上时，前者按原速反弹回来，后者则粘住不动，或反弹回来的速度变得很小。现在我们采取前者，即在滑块前端装上弹性很好的弹簧，但在其上放一个架子，架子上挂一些零星物品。当滑块撞到反射壁上时，它将表现出非弹性碰撞的性状来。这时再看架子上的物品，它们在那里乱摆，把一些整体平动的动能吸收了过去。

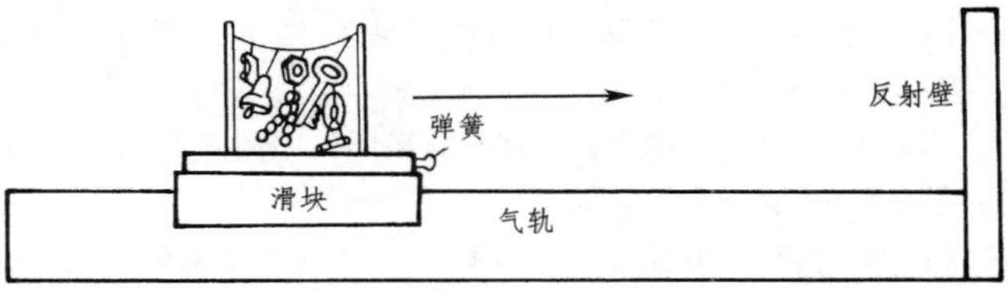

图 3－39 碰撞时能量向内部自由度转移

4.5 瞄准距离与散射截面

过去物理学研究的碰撞问题是宏观物体之间的碰撞，当今更多的是微观粒子之间的碰撞，在这里人们关心的往往是碰撞后粒子的角分布。

为了在几何上简单些，我们讨论二维问题，以刚性圆盘（形如冰球）的弹性碰撞作比喻，介绍有关角分布的问题一些初步概念。图 3－40 所示为两刚盘相互接触一刹那的情形。设两盘的半径分别为 a_1 和 a_2，O_1 和 O_2 为盘心，P 为接触点。把盘2看成靶粒子，取 O_2 为静止的参考系。这样一来，碰撞前后的相对速度分别为 $u_0 \equiv v_{10} - v_{20} = v_{10}$，$u \equiv v_1 - v_2 = v_1$，其间夹角 θ 代表碰撞引起盘1运动方向的偏转，称为散射角。由于完全弹性碰撞是可逆的，相对于盘心联线 O_1O_2 入射角等于反射角，由图可以看出，各角度之间有如下关系：

$$\xi = \theta + \psi = \frac{\pi}{2} + \frac{\theta}{2}.$$

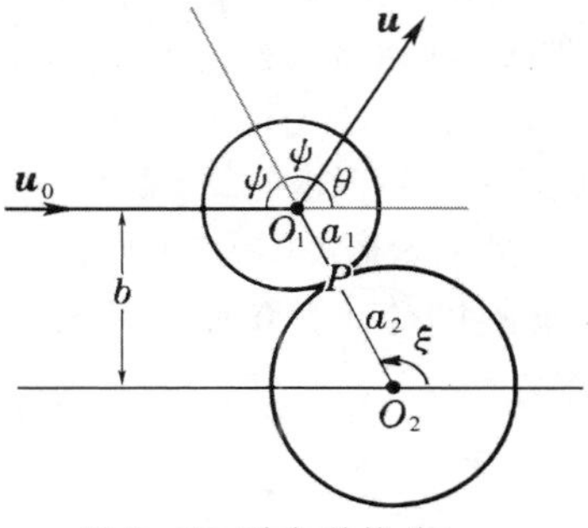

图 3－40 刚盘碰撞的瞄准距离和散射角

[1] 近年来人们在介观物理中发现了一个重要现象：弹性散射（如固体中电子在杂质上的散射）保持波函数的相位记忆，从而过程可逆；而非弹性散射（如电声子散射）不保持相位记忆，过程不可逆。因此区分弹性散射和非弹性散射的概念变得十分重要。

令过 O_1、O_2 沿入射方向 $\boldsymbol{u}_0$ 的平行线之间的垂直距离为 b，$b=0$ 时碰撞是对心的。故 b 是偏离靶心的距离，称为瞄准距离。散射角 θ 是与瞄准距离 b 有关的，由图不难看出，它们之间的关系是

$$b=a\ \sin\xi=a\ \cos\frac{\theta}{2},\tag{3.63}$$

式中 $a=\overline{O_1O_2}=a_1+a_2$ 为两盘半径之和。设想垂直于入射方向有一靶面，其中心位于 O_2. 瞄准在 b 到 $b+\mathrm{d}b$ 之间的窄带上时，散射角在 θ 到 $\theta+\mathrm{d}\theta$ 之间。取(3.63)式的微分

$$\mathrm{d}b=-\frac{1}{2}a\ \sin\frac{\theta}{2}\ \mathrm{d}\theta,\tag{3.64}$$

则参量

$$\sigma(\theta)=\left|\frac{\mathrm{d}b}{\mathrm{d}\theta}\right|=\frac{1}{2}a\ \sin\frac{\theta}{2}\tag{3.65}$$

代表散射到 θ 附近单位角宽度内的概率。在此二维散射的例子里靶是一维的，$\sigma(\theta)$ 的量纲是宽度的量纲。在三维散射的情形里靶是二维的，相应的 $\sigma(\theta)$ 量纲是面积（以 O_2 为中心、b 为半径、宽度为 $\mathrm{d}b$ 的一个靶环的面积为 $2\pi b\mathrm{d}b$）的量纲。所以 $\sigma(\theta)$ 称为（微分）散射截面。图 3-41 是在极坐标上按(3.65)式画出的刚盘散射截面曲线。可以看出，$\theta=180°$ 背散射的概率最大，这是硬芯碰撞的特点。

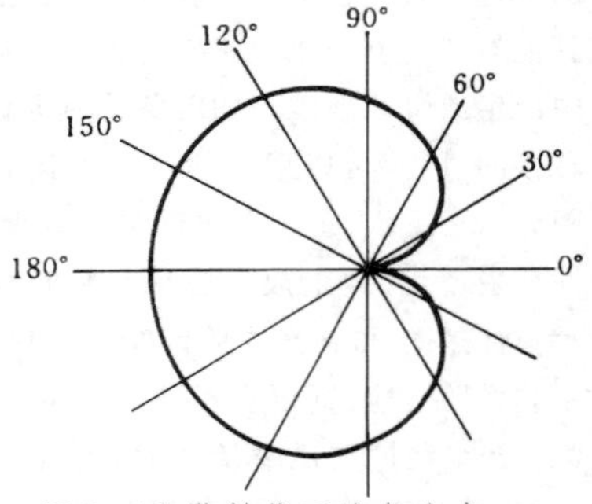

图 3-41 散射截面的角分布

日常生活中人们习惯于把“碰撞”这个词同某种突然的、猛烈的事件联系起来，但在微观领域里，即使粒子间的相互作用相当柔和，物理学家们往往也把它们之间的散射过程叫做“碰撞”。能够称得上碰撞的过程应具有以下特点：

(1) 粒子间相互作用限于某个有限的时间间隔内，从而我们说得出过程的开始和终了；

(2) 在相互作用持续的时间里，任何外力的影响都可以忽略。

微观粒子之间的相互作用有许多种是短程的，如电中性分子间的范德瓦耳斯力、核子（质子和中子）之间的核力等；带电粒子之间的库仑力和万有引力则是长程的。把短程相互作用过程看成碰撞是没有问题的，把长程相互作用看成碰撞则有些勉强。不过伴随着库仑力往往有异号电荷的德拜屏蔽效应，将长程端的作用截断，碰撞的概念对于它还是可以用的。

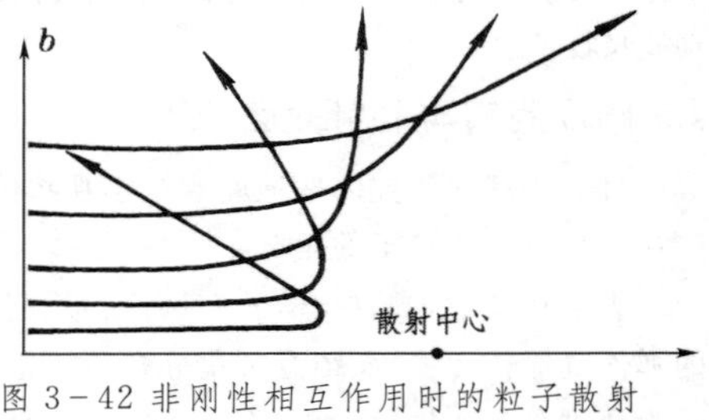

图 3-42 非刚性相互作用时的粒子散射

把碰撞的概念从刚盘模型推广到比较柔和的相互作用时，散射角、瞄准距离、散射截面等概念仍可延续使用，不过需要作一些修正。由于粒子的运动方向是逐渐变化的（见图 3-42），散射方向和瞄准距离的概念都是对远处的渐近线而言的。此外，散射截面 σ 不仅与 θ 有关，还与入射的相对速度 $u=|\boldsymbol{u}_0|$ 有关，即 $\sigma=\sigma(u,\theta)$. 微分散射截面 $\sigma(u,\theta)$ 是描述散射粒子角分布的，它的函数形式取决于相互作用力（或者说，相互作用势能）的形式；反过来，如果测得了散射粒子的角分布，我们可能从中获得有关微观粒子结构及其相互作用性质的许多信息。微分散射截面概念的重要性正体现在这里。

§5. 单位制和量纲

5.1 单位制　基本单位和导出单位

物理学是一门实验科学，常常需要对各种物理量进行测量。对一个物理量测量的结果一般包括所得的数值和所用的单位两个部分，也有的物理量表示为纯数。[1]

---

[1] 见 *Symbols, Units, Nomenclature and Fundamental Constants in Physics*, Document I.U.P.A.P.–25(SUNAMCO 87–1).

由于各物理量之间存在着规律性的联系，所以我们不必对每个物理量的单位都独立地予以规定。我们可以选定一些物理量（如长度、质量、时间）作为基本量，并为每个基本量规定一个基本单位[如米（m）、千克（kg）、秒（s）]，其他物理量的单位则可按照它们与基本量之间的关系式（定义或定律）导出来。例如根据速度的定义 $v \equiv ds/dt$ 和加速度的定义 $a \equiv dv/dt$ 可导出它们的单位分别为 m/s 和 m/s^2，等等。这些物理量称为导出量，它们的单位称为导出单位。按照上述方法制定的一套单位，构成一定的单位制，例如由上述基本单位构成的单位制为 MKS 制。

建立单位制首先要确定基本量和基本单位，但这带有一定的任意性。基本量和基本单位的选择不同，就构成不同的单位制。

力学中常用的是 CGS 和 MKS 两种单位制，它们的基本量一样，都是长度、质量、时间三个，但基本量的基本单位选取得不同。在 CGS 单位制中，三个基本量的基本单位为厘米（cm）、克（g）、秒（s）；而在 MKS 单位制中，三个基本量的基本单位为米、千克、秒。在工程技术中过去还常常使用一种单位制 —— 工程制，它选取长度、力、时间作为基本量，虽然仍是三个基本量，但用力代替了 CGS 或 MKS 单位制中的质量作为基本量。现今国际上以国际单位制（SI）为标准单位制，其中力学部分就是 MKS 制，其他两种单位制已属被逐渐淘汰之列。有鉴于它们在过去的书籍文献中常出现，今后也不可能在短时期内绝迹，我们还是把它们一起介绍如下。表 3-2 中列出在上述三种单位制中一些重要力学量的单位。有的单位有专门名称和国际缩写符号，也列在表内。

表 3-2　力学量的单位

力学量	MKS 制	CGS 制	工程制
长度	m（米）	cm（厘米）	m（米）
质量	kg（千克）	g（克）	kg（千克）
时间	s（秒）	s（秒）	s（秒）
速度	m/s（米/秒）	cm/s（厘米/秒）	m/s（米/秒）
加速度	m/s^2（米/秒^2）	cm/s^2（厘米/秒^2）	m/s^2（米/秒^2）
力	1 kg·m/s^2 = 1 N（牛）	1 g·cm/s^2 = 1 dyn（达因）	kgf（千克力）
动量	kg·m/s（千克·米/秒）	g·cm/s（克·厘米 / 秒）	kgf·s（千克力·秒）
冲量	N·s（牛·秒）	dyn·s（达因·秒）	kgf·s（千克力·秒）
功，能	1 N·m = 1 J（焦）	1 dyn·s = 1 erg（尔格）	kgf·m（千克力·米）

表中工程制力的单位规定为：1 kgf = 9.806 65 N（相当于在地球纬度 45° 的海平面上千克原器所受的重力）。

5.2 量纲

由于物理量之间有着规律性的联系，因此，当一个单位制中的基本量选定后，其他物理量都可通过既定的物理关系与基本量联系起来。为了定性地描述物理量，特别是定性地给出导出量与基本量间的关系，我们引入量纲的概念。在不考虑数字因数时，表示一个量是由哪些基本量导出的及如何导出的式子，称为此量的量纲（或量纲式）。例如在力学中，CGS 和 MKS 单位制的基本量是长度 L、质量 M 和时间 T，对每个力学量 Q 可写出下列量纲式：

$$[Q] = \mathrm{L}^{\alpha}\mathrm{M}^{\beta}\mathrm{T}^{\gamma}, \tag{3.66}$$

其中 $[Q]$ 表示物理量 Q 在这两种单位制中的量纲，❶ L、M、T 分别表示基本量 L、M、T 的量

❶ 在 GB3101—93 文件中用 dim$Q$ 表示物理量 Q 的量纲，本书照顾到国际物理学界沿用的习惯，用 $[Q]$ 表示。

纲，指数 α、β、γ 称为量纲指数。例如，速度 v、加速度 a、动量 p、力 f、冲量 I 和功 A 的量纲式分别为

$$[v]=[s]/[t]=\mathrm{LT}^{-1},$$
$$[a]=[v]/[t]=\mathrm{LT}^{-2},$$
$$[p]=[m][v]=\mathrm{LMT}^{-1},$$
$$[f]=[p]/[t]=\mathrm{LMT}^{-2},$$
$$[I]=[f][t]=[p]=\mathrm{LMT}^{-1},$$
$$[A]=[f][s]=\mathrm{L}^2\mathrm{MT}^{-2}.$$

物理量的量纲式可用来进行单位换算。例如，已知力的量纲式为 $[f]=\mathrm{LMT}^{-2}$，由 CGS 制换到 MKS 制，由于长度和质量的单位各增大 10^2 和 10^3 倍，所以，MKS 制中力的单位牛顿比 CGS 制中力的单位达因大 $10^2\times10^3=10^5$ 倍，即 $1\,\mathrm{N}=10^5\,\mathrm{dyn}$.

物理量的量纲式另一用处是检验公式的正确性。因为只有量纲相同的量才能相加、相减和用等号相连，若我们在运算中得到一个公式与此不符，则可以肯定它有问题。譬如我们得到如下一个匀加速运动的路程公式：

$$s=vt+\frac{1}{2}at,$$

用量纲一检查，$[s]=\mathrm{L}$，$[v][t]=\mathrm{L}$，$[a][t]=\mathrm{LT}^{-1}$，显然最后一项错了，应是 t^2.

5.3 量纲分析

量纲的方法用处很多，我们将在以后逐步介绍。这里先讲量纲分析的基本原理——Π 定理。

如前所述，只有在预先选定了单位制之后，才谈得上量纲。设我们所选的单位制中基本量的数目为 m ❶，它们的量纲为 $\mathrm{X}_1,\mathrm{X}_2,\cdots,\mathrm{X}_m$. 用 $[P]$ 代表导出量 P 的量纲，则

$$[P]=\mathrm{X}_1^{\alpha_1}\mathrm{X}_2^{\alpha_2}\cdots\mathrm{X}_m^{\alpha_m},\tag{3.67}$$

$$\ln[P]=\alpha_1\ln\mathrm{X}_1+\alpha_2\ln\mathrm{X}_2+\cdots+\alpha_m\ln\mathrm{X}_m,\tag{3.68}$$

在这里若我们把 $\ln\mathrm{X}_1$，$\ln\mathrm{X}_2$，$\cdots$，$\ln\mathrm{X}_m$ 看作是 m 维空间的“正交基矢”，则 $(\alpha_1,\alpha_2,\cdots,\alpha_m)$ 就是“矢量” $\ln[P]$ 在基矢上的投影，或者说，是它的“分量”。今后为了简便，我们把量纲式写成

$$\ln[P]\sim(\alpha_1,\alpha_2,\cdots,\alpha_m).\tag{3.69}$$

所谓几个物理量的量纲独立，是指无法用它们幂次的乘积组成无量纲量。用矢量的语言表达，这很清楚，就是代表它们量纲的矢量彼此线性无关。从几何的观点看，两个矢量线性无关，就是它们不共线；三个矢量线性无关，就是它们不共面；……。在 m 维的空间内最多有 m 个彼此线性无关的矢量。m 个矢量 $(\alpha_{1i},\alpha_{2i},\cdots,\alpha_{mi})$ $(i=1,2,\cdots,m)$ 线性无关的条件是由它们组成的行列式不等于 0：

$$\begin{vmatrix}\alpha_{11} & \alpha_{12} & \cdots & \alpha_{1m}\\ \alpha_{21} & \alpha_{22} & \cdots & \alpha_{2m}\\ \vdots & \vdots & \ddots & \vdots\\ \alpha_{m1} & \alpha_{m2} & \cdots & \alpha_{mm}\end{vmatrix}\neq 0.\tag{3.70}$$

Π 定理表述如下：❷

设某物理问题内涉及 n 个物理量（包括物理常量）P_1，P_2，$\cdots$，P_n，而我们所选的单位制中有 m 个基本量 $(n>m)$，则由此可组成 $n-m$ 个无量纲的量 Π_1，Π_2，$\cdots$，Π_{n-m}.在物理量 P_1，P_2，$\cdots$，P_n 之间存在的函数关

❶ 通常在力学中 $m=3$；在电学的 MKSA 制中 $m=4$，在高斯制中 $m=3$.

❷ E.Buckingham，*Phys.Rev.* **4**(1914)，345；*J.Wash.Acad.Sci.* **3**(1914)，347.

系式

$$f(P_1, P_2, \cdots, P_n)=0 \tag{3.71}$$

可表达成相应的无量纲形式：

$$F(\Pi_1, \Pi_2, \cdots, \Pi_{n-m})=0. \tag{3.72}$$

或者从上式把 Π_1 解出来：

$$\Pi_1=\Phi(\Pi_2, \cdots, \Pi_{n-m}). \tag{3.73}$$

（$n=m$ 的情况下，有两种可能。若 $P_1, P_2, \cdots, P_m$ 的量纲彼此独立，则不能由它们组成无量纲的量；若不独立，则还可能组成无量纲的量。）

对于普遍情况的证明，符号虽精练，但比较抽象，我们不打算在这里给出，有兴趣的读者可以看参考书❶。下面结合一个例子进行示范。选 MKS 单位制，基本量 $X_1=$质量 M，$X_2=$长度 L，$X_3=$时间 T（这就是说，定理中的 $m=3$）。选我们要讨论的问题为第二章的例题 6，这里涉及的物理量有粒子的数密度 n、质量 m、速率 v 和粒子流撞击壁面的压强 $P=\Delta F/\Delta S$（这就是说，定理中的 $n=4$，从而 $n-m=1$）。它们的量纲分别为

$$\left.\begin{aligned}
\ln[n] &= 0\ \ln \mathrm{M}+(-3)\times\ln \mathrm{L}+0\times\ln \mathrm{T},\\
\ln[m] &= 1\times\ln \mathrm{M}+0\times\ln \mathrm{L}+0\times\ln \mathrm{T},\\
\ln[v] &= 0\times\ln \mathrm{M}+1\times\ln \mathrm{L}+(-1)\times\ln \mathrm{T},\\
\ln[P] &= 1\times\ln \mathrm{M}+(-1)\times\ln \mathrm{L}+(-2)\times\ln \mathrm{T}.
\end{aligned}\right\} \tag{3.74}$$

其中最多只有 3 个是线性无关的。我们假定它们是前 3 个，则其余一个可表示成它们的线性组合，即❷

$$\ln[P]=x_1\ln[n]+x_2\ln[m]+x_3\ln[v], \tag{3.75}$$

将(3.75)式代入，则有

$$\begin{aligned}
&1\times\ln \mathrm{M}+(-1)\times\ln \mathrm{L}+(-2)\times\ln \mathrm{T}\\
&=x_1[0\times\ln \mathrm{M}+(-3)\times\ln \mathrm{L}+0\times\ln \mathrm{T}]\\
&\quad+x_2[1\times\ln \mathrm{M}+0\times\ln \mathrm{L}+0\times\ln \mathrm{T}]\\
&\quad+x_3[0\times\ln \mathrm{M}+1\times\ln \mathrm{L}+(-1)\times\ln \mathrm{T}].
\end{aligned}$$

由于 ln M，ln L，ln T 是被看作彼此独立的“正交基矢”，在上式中它们的系数应分别相等，即

$$\left.\begin{aligned}
0\times x_1+1\times x_2+0\times x_3&=1,\\
(-3)\times x_1+0\times x_2+1\times x_3&=-1,\\
0\times x_1+0\times x_2+(-1)\times x_3&=-2.
\end{aligned}\right\} \tag{3.76}$$

这联立方程组可写成矩阵形式：

$$\begin{bmatrix}0 & 1 & 0\\ -3 & 0 & 1\\ 0 & 0 & -1\end{bmatrix}\cdot\begin{bmatrix}x_1\\ x_2\\ x_3\end{bmatrix}=\begin{bmatrix}1\\ -1\\ -2\end{bmatrix}, \tag{3.76$'$}$$

其可解条件是由它们的系数构成的行列式不等于 0：

$$\begin{vmatrix}0 & 1 & 0\\ -3 & 0 & 1\\ 0 & 0 & -1\end{vmatrix}\neq 0.$$

由此解得 $x_1=1$，$x_2=1$，$x_3=2$，于是我们得到

$$\ln[P]=1\times\ln[n]+1\times\ln[m]+2\times\ln[v],$$

或

$$[P]=[n]^1[m]^1[v]^2. \tag{3.77}$$

这样，我们就得到一个无量纲量

$$\Pi_1=n^{-1}m^{-1}v^{-2}P. \tag{3.78}$$

---

❶ 赵凯华. 定性与半定量物理学.2 版. 北京：高等教育出版社，2008.

❷ 在一定的问题里物理系统的发展和演化往往由若干个变量决定，我们不妨叫它们“主定参量”，在现在的例子里，n、m、v 就是主定参量，ln[n]、ln[m]、ln[v] 实际上起着一组新基矢的作用。

注意:此行列式各列正是 n, m, v 的量纲,(3.76) 式右端是 P 的量纲,故可写成如下的量纲表:

	n	m	v	P
M	0	1	0	1
L	-3	0	1	-1
T	0	0	-1	-2

在上面的例子里我们只选了 n, m, v, P 四个物理量,如果再多选一些,我们将得到更多的无量纲量 Π_2, Π_3,…。例如在前面的例子里,我们还可以有粒子与壁相碰时无量纲的弹性恢复系数 $e \equiv \Pi_2$(见 4.4 节)。假定在这些物理量之间存在(3.71) 形式的函数关系:

$$f(n, m, v, P, e)=0. \tag{3.71'}$$

按照 Π 定理,它可写成无量纲的形式(3.72) 式或(3.73) 式,在本例中就是

$$\Pi_1=\frac{P}{n m v^2}=\Phi(\Pi_2)=\Phi(e).$$

单纯从量纲分析不能给出无量纲 Φ 函数的具体形式,第二章例题 6 的结果提示我们,$\Phi(e)=1+e$. 对于情形(1),$e=0$,$\Phi(e)=1$;对于情形(2),$e=1$,$\Phi(e)=2$.

下面我们讲几个运用 Π 定理作量纲分析的例题。

例题 8 用量纲分析法证明勾股弦定理。

解:一个直角三角形的面积 A 可由它的一边(譬如斜边 c)和一个锐角(譬如 α)所决定。α 是无量纲的,按(3.73) 式,我们有

$$A=c^2\Phi(\alpha).$$

如图 3-43,作 c 边的垂线将三角形分成两个与原来相似的小直角三角形,它们各有一个同样的锐角 α,故它们的面积应分别为

$$A_1=a^2\Phi(\alpha), \qquad A_2=b^2\Phi(\alpha).$$

由 $A=A_1+A_2$ 得

$$c^2\Phi(\alpha)=a^2\Phi(\alpha)+b^2\Phi(\alpha),$$

消去 $\Phi(\alpha)$,即得

$$c^2=a^2+b^2.$$

这便是著名的勾股弦定理,西方称之为毕达哥拉斯(Pythagoras) 定理。▌

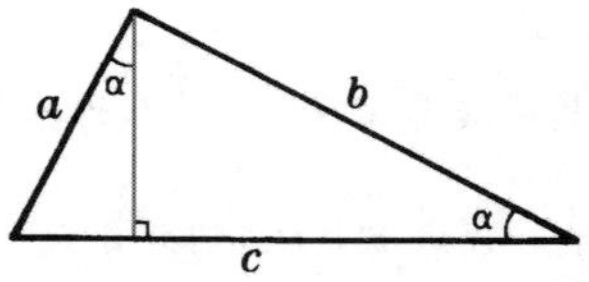

图 3-43 例题 8
—— 勾股弦定理

例题 9 质量分别为 $m_1, m_2, \cdots, m_N$ 的 N 个质点,静止地放在一无限大无摩擦的水平平面上。它们排在一条直线上,位置分别为 $x_1, x_2, \cdots, x_N$.另有一质量为 m 的质点 P 位于此直线上某处,具有沿此直线的初速度 v_i.待所有质点不再碰撞以后,P 经历了 n 次碰撞,并获得末速 v_f.如果其初速为 $3v_i$,质点 P 将经历多少次碰撞? 其末速将为多少? 解释你答案的理由。

解:设质点的初始位置为 x. 本题中有 $N+1$ 个位置变量 $x, x_1, \cdots, x_N$ 和 $N+1$ 个质量 $m, m_1, \cdots, m_N$,以及一系列无量纲的量(如碰撞的恢复系数$\{e\}$,见第三章 4.4 节),加上质点 P 的初速 v_i,即构成本题的全部主定参量,它们完全决定了质点 P 的碰撞次数 n 和末速 v_f.由上述 $2N+3$ 个有量纲的量容易构造出 $2N$ 个无量纲的量:$x_1/x, \cdots, x_N/x$;$m_1/m, \cdots, m_N/m$.剩下有独立量纲的量有 x, m, v_i,它们的量纲表如下:

	x	m	v_i
M	0	1	0
L	1	0	1
T	0	0	-1

其行列式不为 0,不可能再有其他无量纲的组合。无量纲量 n 和 v_f/v_i 只能是上述无量纲的量的函数:

$$n=\Phi\left(\frac{x_1}{x}, \cdots, \frac{x_N}{x}, \frac{m_1}{m}, \cdots, \frac{m_N}{m}, \{e\}\right),$$

$$\frac{v_f}{v_i}=\Psi\left(\frac{x_1}{x}, \cdots, \frac{x_N}{x}, \frac{m_1}{m}, \cdots, \frac{m_N}{m}, \{e\}\right),$$

它们的数值与 v_i 无关。故当 $v_i \rightarrow 3v_i$ 时,碰撞次数 n 不变,末速 $v_f \rightarrow 3v_f$. ▌

例题 10　分析任意振幅的单摆周期公式的形式。

解：选摆锤的质量 m、重力加速度 g 和摆长 l 为主定参量，另外再考虑周期 T 和总能量 E 两个量。把上述各个物理量的量纲列成矩阵如下，每一纵列代表有关变量的量纲矢量：

	m	g	l	T	E
M	1	0	0	0	1
L	0	1	1	0	2
T	0	−2	0	1	−2

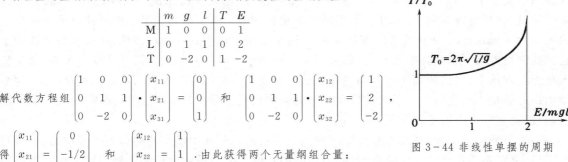

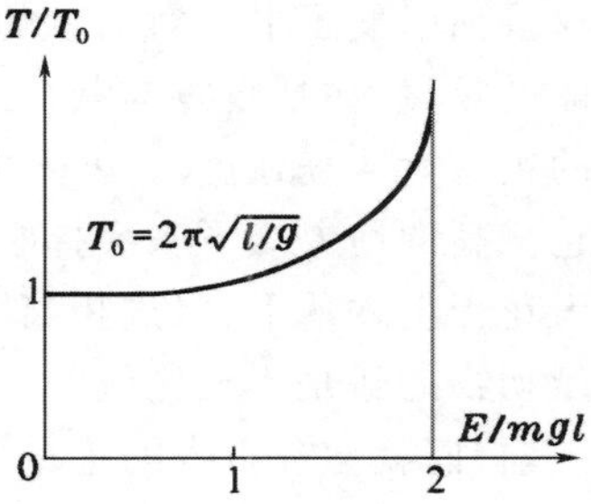

图 3－44 非线性单摆的周期

解代数方程组 $\begin{pmatrix}1&0&0\\0&1&1\\0&-2&0\end{pmatrix}\cdot\begin{pmatrix}x_{11}\\x_{21}\\x_{31}\end{pmatrix}=\begin{pmatrix}0\\0\\1\end{pmatrix}$ 和 $\begin{pmatrix}1&0&0\\0&1&1\\0&-2&0\end{pmatrix}\cdot\begin{pmatrix}x_{12}\\x_{22}\\x_{32}\end{pmatrix}=\begin{pmatrix}1\\2\\-2\end{pmatrix}$，

得 $\begin{pmatrix}x_{11}\\x_{21}\\x_{31}\end{pmatrix}=\begin{pmatrix}0\\-1/2\\1/2\end{pmatrix}$ 和 $\begin{pmatrix}x_{12}\\x_{22}\\x_{32}\end{pmatrix}=\begin{pmatrix}1\\1\\1\end{pmatrix}$. 由此获得两个无量纲组合量：

$$\Pi_1 = T\sqrt{\frac{g}{l}},\qquad \Pi_2=\frac{E}{mgl}.$$

按 Π 定理我们可以写出

$$T=\sqrt{\frac{l}{g}}\ \Phi\left(\frac{E}{mgl}\right),\tag{3.79}$$

这里的无量纲的函数 Φ 不再能用量纲法定出了。mgl 代表摆角 $\theta=\pi$ 时的势能，故 Π_2 相当于约化能量。在摆角很小时 $\Pi_2\ll 1$，可将函数 Φ 按其宗量的幂次展开：

$$\Phi=C_0+C_1\left(\frac{E}{mgl}\right)+C_2\left(\frac{E}{mgl}\right)^2+\cdots,$$

于是

$$T=C_0\sqrt{\frac{l}{g}}\left[1+C_1'\left(\frac{E}{mgl}\right)+C_2'\left(\frac{E}{mgl}\right)^2+\cdots\right],\tag{3.80}$$

式中 C_0，$C_1'=C_1/C_0$，$C_2'=C_2/C_0$ 等都是无量纲的量。在小摆幅的极限下，上式可只保留第一项，这时周期 T 既与质量 m 无关，又与摆幅无关。这两点都不是显然的。

顺便指出，解析理论表明，(3.79) 式内函数 Φ 的表达式为全椭圆积分 $\Phi(\Pi)=4K(\Pi/2)$. $\Pi\to 0$ 时 $K\to\pi/2$，从而 $\Phi\to C_0=2\pi$.这与前面得到的结果(3.37) 式相符。大摆幅时周期随约化能量变化的曲线如图 3－44 所示。可以看出，在相当大的摆幅范围内，周期 T 偏离小摆幅极限 $T_0=2\pi\sqrt{l/g}$ 不多。在 $E/mgl=1(\theta=\pi/2)$ 时 T 增加 18%，$E/mgl=2(\theta=\pi)$ 时 $T\to\infty$. ▌

由以上例子可以看到，用量纲的方法有时会很简便。甚至不需知道定律和物理机制的细节，便可得到一些有用的信息，作些定性的判断。今后我们将随时举更多的例子。

5.4 几何相似性与标度律

在日常的直觉中，人们习惯于用几何相似地放大(或缩小) 的倍数去推论其后果，譬如，一个人身体高了 50%，做衣服用的布料也要多 50%。曾经流传过一种说法：跳蚤可以跳了一米高，若它长得像人那样大，就能跳一千多米高。这里都错误地按几何线度放大的倍数去推算其他某种后果。对于一定几何形状的物体，若其几何线度为 l，l 改变时，其他因素按怎样的规律变化？这类规律可称之为标度律。上述物体的表面积 $S\propto l^2$，体积 $V\propto l^3$，这是最基本的标度律，它们是由量纲关系决定的。所以身高 1.5 倍，费布料多 $(1.5)^2=2.25$ 倍，这里的标度律是布料面积 $\propto l^2$。跳蚤体内储存的能量 $E\propto$ 体重，设密度不变，则 $E\propto$ 体积 $\propto l^3$。另一方面，跳到高度 h 所需重力势能 $mgh\propto$ 体重 $\propto l^3$。所以这里的标度律是 $h\propto l^0$(不变)，即像人那样大的跳蚤也只能跳一米高。

伽利略在他第二本名著《两门新科学的对话》中记载了威尼斯造船厂一位有经验工匠的话："在最大的船只下水时必须格外注意，以避免大船在它们自身的巨大重量下发生开裂的危险。"这段话引发了书中对话者的争论，问题的实质是，将小船的设计按比例几何相似地按比例放大，船的重量（包括自重与载荷）$\propto l^3$，而船骨架的横面积 $S\propto l^2$，从而这里的标度律是单位面积上的负荷 $\propto l$。船越大，开裂的危险也就越大。这个道理可以用到其他许多地方，譬如马从两倍于它身高的地方跌下来会摔断骨头，而猫可以从五六倍于自己身高的地方跳下来安全无恙，老鼠从天花板上跌落下来（这相当于它身高的几十倍），什么危险也没有。大象粗壮的四条腿，与其他小型动物的腿是不成比例的。鲸鱼这样大的哺乳动物只能生活在海里，在岸上搁浅，失去了水的浮力，它们就会被自身的重量压死。

寻找正确的标度律，对于许多实际问题是很重要的。例如用缩小的模型去模拟桥梁、水坝乃至飞机，都需要用正确的标度律来指导，而正确的标度律要靠量纲分析来得到。在今后章节适当的地方我们将举一些例子。

本章提要

能量（作功的本领）是物理学（乃至整个自然科学）中极为普遍、极为重要的物理量。

1. 各种形式的能量

   - 势能、动能 $\xrightarrow{\text{宏观}}$ 机械能
   - 热能
   - 电磁能
   - 辐射能
   - 化学能
   - 生物能
   - 核能
   - …………

   特点：按照一定当量相互转化，转化时保持数量守恒。

2. 势能　　位置的函数

   - 重力势能：　$E_{p重}=mgh$，
   - 弹性势能：　$E_{p弹}=\dfrac{1}{2}k(x-x_0)^2$，
   - …………

3. 动能　　运动状态（速率）的函数

   质点动能：　$\dfrac{1}{2}mv^2$.

4. 功：　$dA=f\cos\theta\,ds=\boldsymbol{f}\cdot d\boldsymbol{s}$，　$A=\int_1^2 f\cos\theta\,ds=\int_1^2\boldsymbol{f}\cdot d\boldsymbol{s}$.

   物体间通过作功传递机械能。

5. 保守力：沿任意闭合回路作的功为 0（或作的功与路径无关）的力。

   保守力是时间反演不变的。

保守系：所有非保守内力都不作功的系统。

一对作用力和反作用力作的功之和与参考系的选择无关。

6. 机械能守恒定律：

一个物体系机械能 $\boldsymbol{E}=\boldsymbol{E}_{\mathrm{k}}+\boldsymbol{E}_{\mathrm{p}}$ 的变化为 $\mathrm{d}(\boldsymbol{E}_{\mathrm{k}}+\boldsymbol{E}_{\mathrm{p}})=\mathrm{d}A^{\mathrm{D}}_{内}+\mathrm{d}A^{\mathrm{D}}_{外}$，

其中 $\boldsymbol{E}_{\mathrm{k}}=\sum\limits_{i\in 系统}\boldsymbol{E}_{\mathrm{k}i}=\dfrac{1}{2}\sum\limits_{i\in 系统}m_i v_i^{\,2}$ 为系统的总动能，

$\boldsymbol{E}_{\mathrm{p}}=\boldsymbol{E}_{\mathrm{p}内}+\boldsymbol{E}_{\mathrm{p}外}=\dfrac{1}{2}\sum\limits_{\substack{i\neq j\\ i,j\in 系统}}U_{内}(r_{ij})+\sum\limits_{i\in 系统}U_{外}(r_i)$ 为总外势能，

$\mathrm{d}A^{\mathrm{D}}_{内}$ 为非保守内力的功，$\mathrm{d}A^{\mathrm{D}}_{外}$ 为未计入保守外场部分外力的功。

对于保守系 $\mathrm{d}A^{\mathrm{D}}_{内}=0$，则

$$\mathrm{d}(\boldsymbol{E}_{\mathrm{k}}+\boldsymbol{E}_{\mathrm{p}})=\mathrm{d}A^{\mathrm{D}}_{外}.$$

若在某个参考系内 $\mathrm{d}A^{\mathrm{D}}_{外}=0$，则

$$\mathrm{d}(\boldsymbol{E}_{\mathrm{k}}+\boldsymbol{E}_{\mathrm{p}})=0 \quad 或 \quad \boldsymbol{E}_{\mathrm{k}}+\boldsymbol{E}_{\mathrm{p}}=常量 \quad (机械能守恒定律).$$

7. 一维势能曲线

(1) 力 f 指向势能下降的方向，大小正比于曲线的斜率：

$$f=-\frac{\mathrm{d}U(x)}{\mathrm{d}x}.$$

(2) 只有势能低于总机械能的地段才可达到，二者的差值等于动能。

(3) 势能曲线的极小值对应于稳定平衡点，极大值对应于不稳定平衡点。

(4) 在稳定平衡点 $x=x_0$ 附近作小振动的周期为

$$T=2\pi\sqrt{\frac{m}{U''(x_0)}}.$$

8. 质心系(零动量系、动量中心系)：总动量 $\boldsymbol{P}=\sum\limits_{i\in 系统}m_i\boldsymbol{v}_i=0$ 的参考系。

质心：位矢 $\boldsymbol{r}_C=\dfrac{\sum\limits_{i\in 系统}m_i\boldsymbol{r}_i}{\sum\limits_{i\in 系统}m_i}$ 的点。 $\begin{cases}质心的速度为\ \boldsymbol{v}_C=\dfrac{\mathrm{d}\boldsymbol{r}_C}{\mathrm{d}t},\\ 加速度为\ \boldsymbol{a}_C=\dfrac{\mathrm{d}\boldsymbol{v}_C}{\mathrm{d}t}.\end{cases}$

质心运动定理： $\boldsymbol{F}_{外}=m\boldsymbol{a}_C$ （$m=\sum\limits_{i\in 系统}m_i$ 为系统的总质量）。

克尼希定理： $\boldsymbol{E}_{\mathrm{k}}=\boldsymbol{E}_{\mathrm{k}}^{\mathrm{CM}}+\boldsymbol{E}_C$ $\begin{cases}\boldsymbol{E}_{\mathrm{k}}^{\mathrm{CM}}\ 为相对于质心系的动能，\\ \boldsymbol{E}_C=\dfrac{1}{2}mv_C^{\,2}\ 为随质心整体平动的动能.\end{cases}$

对于两体问题，$\boldsymbol{E}_{\mathrm{k}}^{\mathrm{CM}}=\boldsymbol{E}_{相对}=\dfrac{1}{2}\mu u^2$ 为资用能 $\begin{cases}\mu=\dfrac{m_1 m_2}{m_1+m_2}\ 为折合质量，\\ u\ 为相对速度.\end{cases}$

9. 两体碰撞：碰撞中动量总是守恒的。

从能量关系看，恢复系数 $e=|u/u_0|$ （u_0、u 为碰撞前后的相对速度）。

$e=1$， 完全弹性碰撞 （机械能守恒 时间反演不变）；

$e=0$， 完全非弹性碰撞； $0<e<1$， 非完全弹性碰撞。

10. 单位制： 基本量和导出量 基本单位和导出单位

国际单位制：MKS 制 基本量和基本单位 L(米)、M(千克)、T(秒)

量纲：导出量与基本量的幂次关系 $[Q]=\mathrm{L}^{\alpha}\mathrm{M}^{\beta}\mathrm{T}^{\gamma}$.

只有量纲相同的量才能相加、相减和用等号联接。

量纲分析与标度律。

思考题

3-1. 给出物体在某一时刻的运动状态(位置、速度),能确定此时刻它的动能和势能吗？反之,如物体的动能和势能已知,能否确定其运动状态？

3-2. 将物体匀速或匀加速地拉起同样的高度时,外力对物体作的功是否相同？

3-3. 用绳子沿粗糙斜面往上拉重物的过程中,重物共受几个力？哪些力作正功？哪些力作负功？哪些力不作功？

3-4. 子弹水平地射入树干内,阻力对子弹作正功还是负功？子弹施于树干的力对树干作正功还是负功？

3-5. 把水抽上水塔,将它储满。用本题图 a、b 两种方式所需的功是否相同？

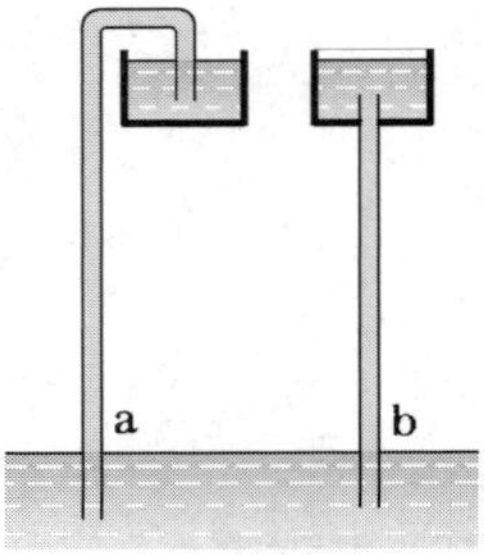

思考题 3-5

3-6. 某甲和某乙各攀一根悬挂着的绳子上升到顶端,甲的绳子不可伸长,乙所攀的是可伸长的弹性绳,其原长与甲的一样。谁作的功多？

3-7. 运动员跳高时用脚蹬地,地面对他的反作用力作功多少？他获得的重力势能是从哪里来的？地面反作用力有没有给他冲量？他获得向上的动量是从哪里来的？

3-8. 如本题图所示,用力 f 作用在 m_1 上使弹簧压缩。突然撤去 f 之后,就有可能把 m_2 提离地面。整个系统获得的重力势能是从哪里来的？

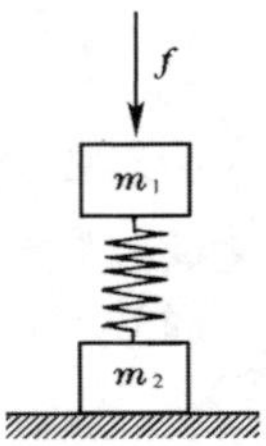

思考题 3-8

3-9. 汽车启动时,动能从何而来？动量又从何而来？

3-10. 在一弹簧下挂一重物,将它放开,它将迅速下沉,使弹簧拉伸到某一最大长度后回升(见本题图 a)。如果我们用手托着它缓缓下沉,到达某一高度时它就不动了(见本题图 b)。试比较重物在 A、B、C 三位置上总势能(重力势能和弹性势能之和)的大小。

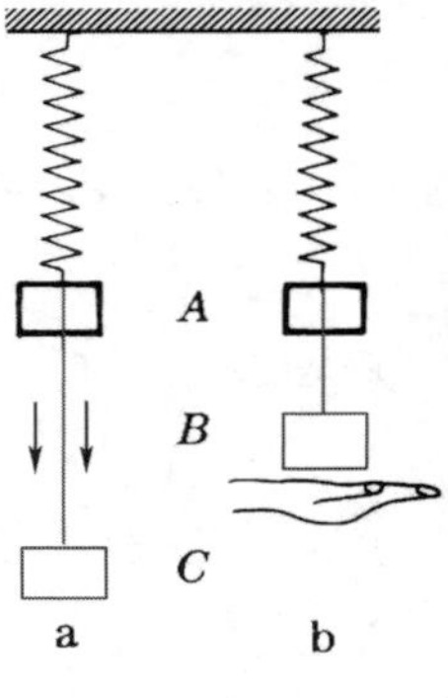

思考题 3-10

3-11. 作出上题中总势能与高度的函数曲线来,并与弹性势能曲线作比较。

3-12. 如图 3-15 所示,在匀速前进的车厢内光滑的桌面上有一物体,通过弹簧系在厢壁上作简谐振动。以车厢为参考系来看,物体和弹簧所组成的系统的机械能是守恒的。以地面为参考系来看,情况如何？

3-13. 在上题中,如果车厢作匀加速运动,以它为参考系,仍可以认为该系统机械能守恒吗？

3-14. 冰球在冰上的匀速滑动是否具有时间反演不变性？汽车在马路上的匀速行驶呢？伞兵在空中匀速下降的过程呢？

3-15. 阻力 $\boldsymbol{f}$ 与速度 $\boldsymbol{v}$ 有关,不是时间反演不变的。科里奥利力 $\boldsymbol{f}_C=m\boldsymbol{v}\times\boldsymbol{\omega}$ 也与速度有关,是否具有时间反演不变性？

3-16. 若函数 $U(x)$ 在 $x=x_0$ 处的一阶导数和二阶导数都等于 0：$U'(x_0)=0$，$U''(x_0)=0$，但三阶导数 $U'''(x_0)\neq 0$,则该处称为函数的*拐点*。设想一下,在势能曲线拐点处平衡的稳定性问题。

3-17. 在本章例题 3(见图 3-21)的倒摆装置中螺旋弹簧所支撑的平衡位置在 $\theta=0$ 处。现将此装置作些改变,使螺旋弹簧所支撑的平衡位置可通过旋钮调节到任意位置 $\theta=\Theta$ 上。先把 Θ 调节为 0,设装置的参量超过临界值,即 $l>l_{\star}=\kappa/mg$,系统有左右两个对称的稳定平衡位置。起初,把摆拨到左边的平衡位置上,慢慢地向右转动旋钮,使 Θ 增大。当 Θ 达到一定值 Θ_1 时,摆会突然倒向右边。如果这时慢慢地向反方向调节旋钮,Θ 由正经过 0 变负(即螺旋弹簧的平衡位置开始偏向左边),当 Θ 达到一定值 $\Theta_2=-\Theta_1$ 时,摆就突然倒回左边。想象一下摆的势能曲线 $U(\theta)-\theta$ 随参量 Θ 变化的情况,你能定性地说出在突跳点 $\Theta=\Theta_1$ 和 Θ_2 处势能曲线 $U(\theta)-\theta$ 有什么特征吗?

3-18. 如本题图,在一只水桶底部装有龙头,其下放一只杯子接水。整个装置放在一个大磅秤的托盘上。在打开龙头放水和关上龙头断水的时候,磅秤的读数各有什么变化?

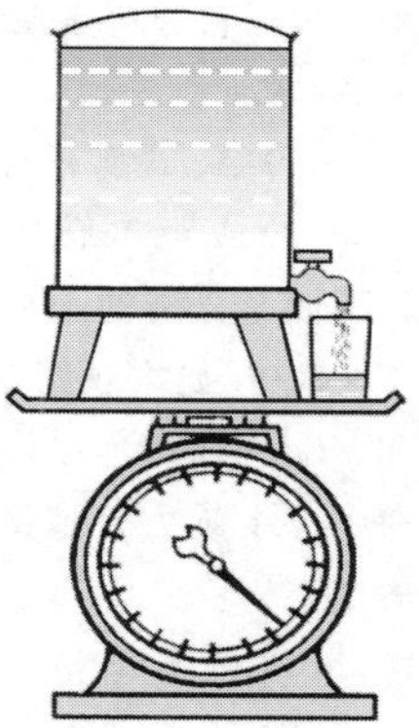

思考题 3-18

3-19. 以一定的速度由船跳上岸,从大船上容易还是从小船上容易?

3-20. 在非弹性碰撞中损失的机械能,是否与观察的参考系有关?

3-21. 用动球击静球,二者作非弹性碰撞。在下列三种情况里何者机械能损失最多? (1) 质量 $m_{动}\gg m_{静}$;(2) $m_{动}\ll m_{静}$;(3) $m_{动}\approx m_{静}$。

3-22. 为什么茶在茶壶里容易保温,倒在茶碗里凉得快?

3-23. 为什么老鼠每天摄取的食物量超过自己的体重,而猫远不要吃那么多?

习　题

3-1. 有一列火车,总质量为 M,最后一节车厢质量为 m. 若 m 从匀速前进的列车中脱离出来,并走了长度为 s 的路程之后停下来。若机车的牵引力不变,且每节车厢所受的摩擦力正比于其重量而与速度无关。问脱开的那节车厢停止时,它距列车后端多远?

3-2. 如本题图,一质点自球面的顶点由静止开始下滑,设球面的半径为 R,球面质点之间的摩擦可以忽略,问质点离开顶点的高度 h 多大时开始脱离球面。

3-3. 如本题图,一重物从高度为 h 处沿光滑轨道滑下后,在环内作圆周运动。设圆环的半径为 R,若要重物转至圆环顶点刚好不脱离,高度 h 至少要多少?

3-4. 一物体由粗糙斜面底部以初速 v_0 冲上去后又沿斜面滑下来,回到底部时的速度减为 v_1,求此物体达到的最大高度。

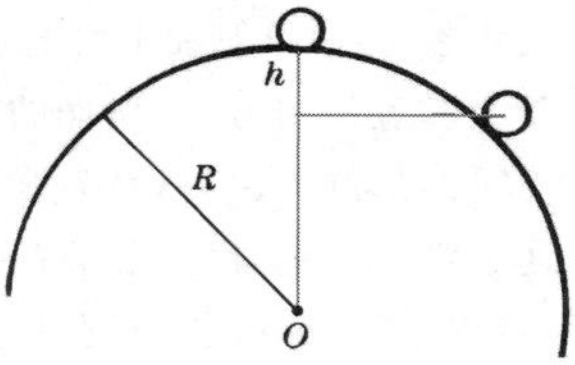

习题 3-2

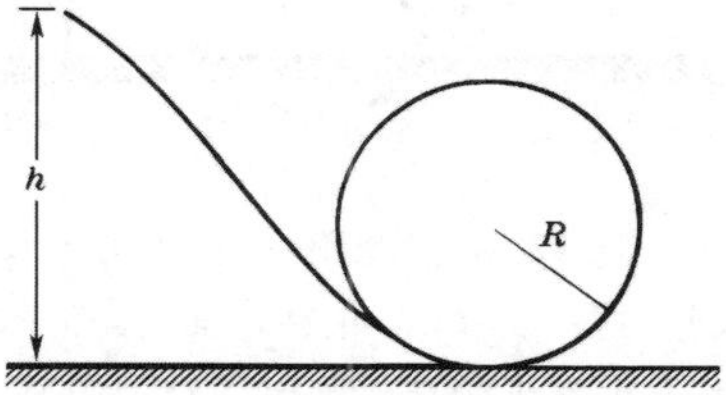

习题 3-3

3-5. 如本题图,物体 A 和 B 用绳连接,A 置于摩擦系数为 μ 的水平桌面上,B 在滑轮下自然下垂。设绳与滑轮的质量都可忽略,绳不可伸长。已知两物体的质量分别为 m_A 和 m_B,求物体 B 从静止下降一个高度 h 后所获得的速度。

3-6. 如本题图,用细线将一质量为 m 的大圆环悬挂起来。两个质量均为 M 的小圆环套在大圆环上,可以无摩擦地滑动。若两小圆环沿相反方向从大圆环顶部自静止下滑,问在下滑过程中,θ 角取什么值时大圆环刚能升起?

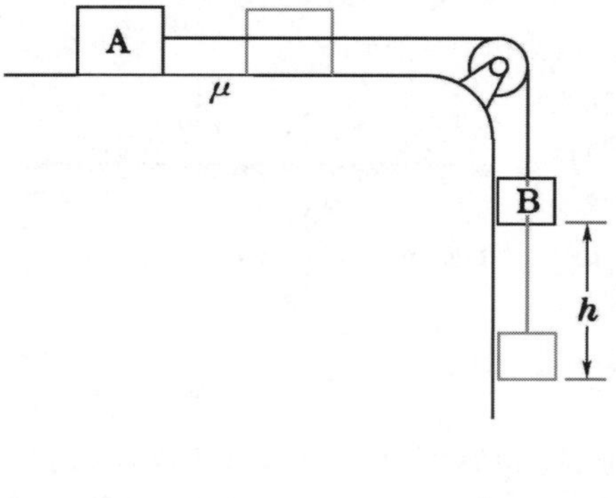

习题 3-5

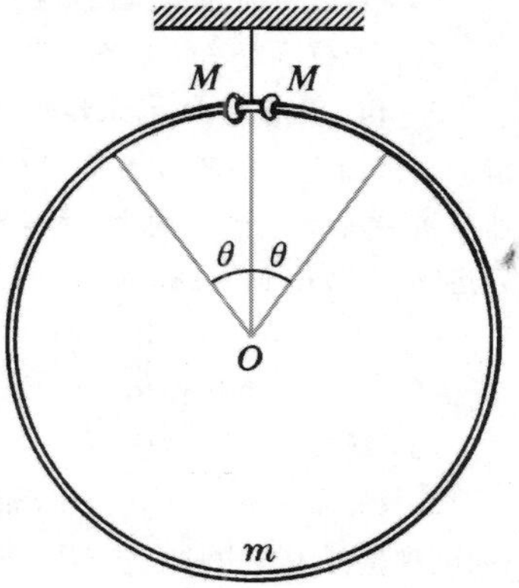

习题 3-6

3-7. 如本题图,在劲度系数为 k 的弹簧下挂质量分别为 m_1 和 m_2 的两个物体,开始时处于静止。若把 m_1、m_2 间的连线烧断,求 m_1 的最大速度。

3-8. 如本题图,劲度系数为 k 的弹簧一端固定在墙上,另一端系一质量 m_A 的物体。当把弹簧的长度压短

x_0 后，在它旁边紧贴着放一质量为 m_B 的物体。撤去外力后，求：

(1) A、B 离开时，B 以多大速率运动；

(2) A 距起始点移动的最大距离。

设下面是光滑的水平面。

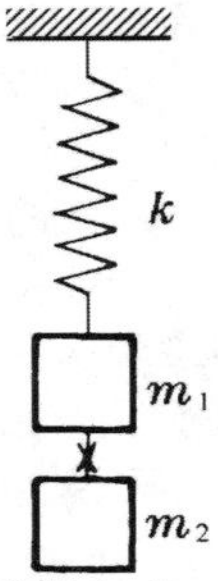

习题 3-7

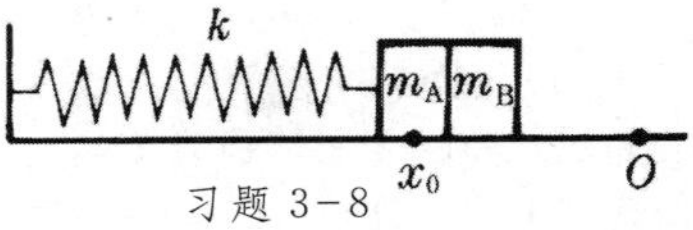

习题 3-8

3-9. 如本题图，用劲度系数为 k 的弹簧将质量为 m_A 和 m_B 的物体连接，放在光滑的水平面上。m_A 紧靠墙，在 m_B 上施力将弹簧从原长压缩了长度 x_0. 当外力撤去后，求：

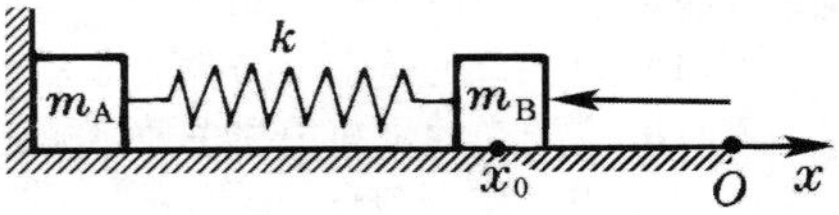

习题 3-9

(1) 弹簧和 m_A、m_B 所组成的系统的质心加速度的最大值；

(2) 质心速度的最大值。

3-10. 质量为 m_1 和 m_2 的物体以劲度系数为 k 的弹簧相连，竖直地放在地面上，m_1 在上，m_2 在下。

(1) 至少先用多大的力 F 向下压 m_1，突然松开时 m_2 才能离地？

(2) 在力 F 撤除后，由 m_1、m_2 和弹簧组成的系统质心加速度 a_C 何时最大？何时为 0？m_2 刚要离地面时 a_C = ?

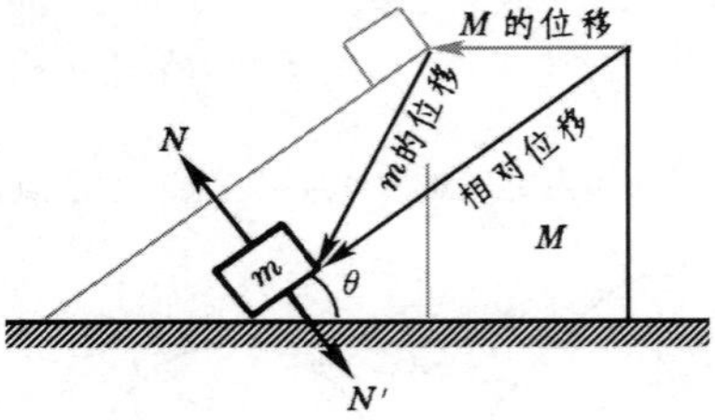

习题 3-11

3-11. 如本题图，质量为 M 的三角形木块静止地放在光滑的水平面上，木块的斜面与地面之间的夹角为 θ. 一质量为 m 的物体从高 h 处自静止沿斜面无摩擦地下滑到地面。分别以 m、M 和地面为参考系，计算在下滑的过程中 M 对 m 的支撑力 N 及其反作用力 N' 所作的功，并证明二者之和与参考系的选择无关，总是为 0.

3-12. 如本题图，一根不可伸长的绳子跨过一定滑轮，两端各拴质量为 m 和 M 的物体 ($M > m$)。M 静止在地面上，绳子起初松弛。当 m 自由下落一个距离 h 后绳子开始被拉紧。求绳子刚被拉紧时两物体的速度和此后 M 上升的最大高度 H.

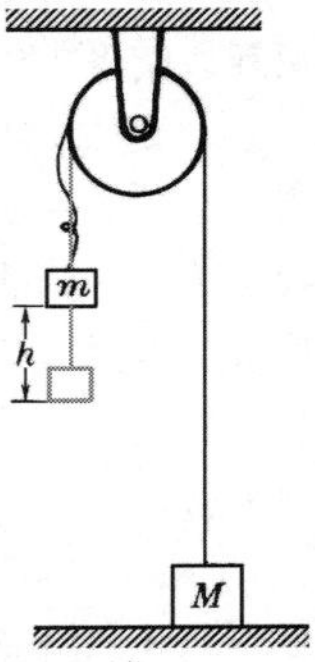

习题 3-12

3-13. 如本题图，质量为 m 的物体放在光滑的水平面上，m 的两边分别与劲度系数为 k_1 和 k_2 的两个弹簧相连，若在右边弹簧末端施以拉力 f，问：

(1) 若以拉力非常缓慢地拉了一段距离 l，它作的功是多少？

(2) 若拉到距离 l 后突然不动，拉力作功又如何？

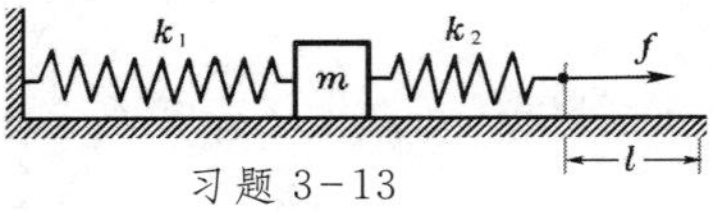

习题 3-13

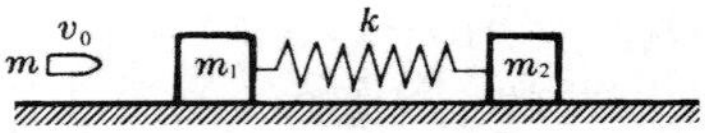

习题 3-15

3-14. 质量为 M 的木块静止在光滑的水平面上。一质量为 m 的子弹以速率 v_0 水平入射到木块内，并与木块一起运动。已知 $M = 980$ g，$m = 20$ g，$v_0 = 800$ m/s. 求：

(1) 木块对子弹作用力的功；

(2) 子弹对木块作用力的功；

(3) 耗散掉的机械能。

3-15. 如本题图，m_1、m_2 静止在光滑的水平面上，以劲度系数为 k 的弹簧相连，弹簧处于自由伸展状态，一质量为 m、水平速率为 v_0 的子弹入射到 m_1 内，弹簧最多压缩了多少？

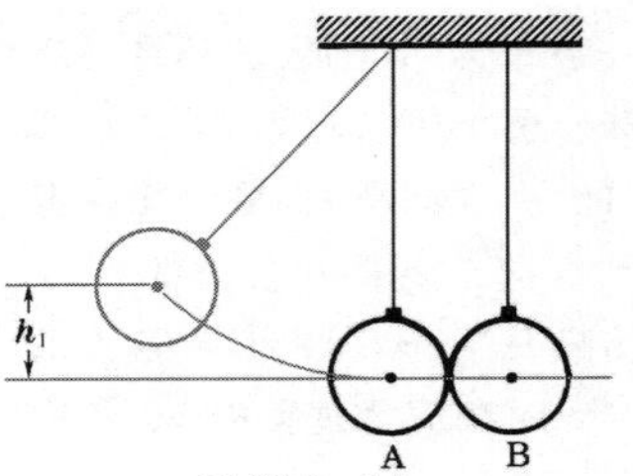

习题 3-16

3-16. 如本题图，两球有相同的质量和半径，悬挂于同一高度，静止时两球恰能接触且悬线平行。已知两球碰撞的恢复系数为 e. 若球 A 自高度 h_1 释放，求该球碰撞弹回后能达到的高度。

3-17. 如本题图，在一竖直面内有一光滑的轨道，轨道左边是光滑弧线，右边是足够长的水平直线。现有质量分别为 m_A 和 m_B 的两个质点，B在水平轨道上静止，A在高 h 处自静止滑下，与B发生完全弹性碰撞。碰后A仍可返回到弧线的某一高度上，并再度滑下。求A、B至少发生两次碰撞的条件。

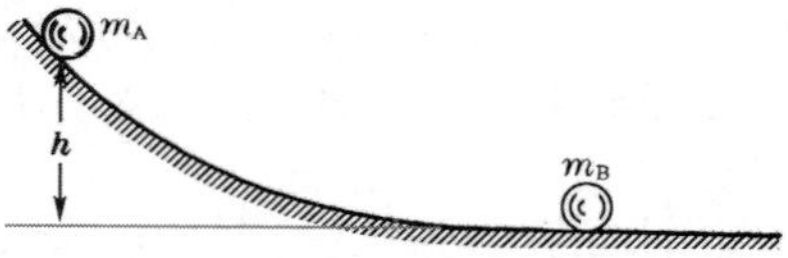

习题 3-17

3-18. 一质量为 m 的粒子以速度 v_0 飞行，与一初始时静止、质量为 M 的粒子作完全弹性碰撞。从 $m/M=0$ 到 $m/M=10$ 画出末速 v 与比值 m/M 的函数关系图。

3-19. 一质量为 m_1、初速为 u_1 的粒子碰到一个静止的、质量为 m_2 的粒子，碰撞是完全弹性的。现观察到碰撞后粒子具有等值反向的速度。求：(1) 比值 m_2/m_1；(2) 质心的速度；(3) 两粒子在质心系中的总动能，用 $\frac{1}{2}m_1u_1^2$ 的分数来表示；(4) 在实验室参考系中 m_1 的最终动能。

3-20. 在一项历史性的研究中，詹姆斯·查德威克(James Chadwick) 于 1932 年通过快中子与氢核、氮核的弹性碰撞得到中子质量之值。他发现，氢核(原来静止)的最大反冲速度❶为 3.3×10^7 m/s，而氮 14 核的最大反冲速度为 4.7×10^6 m/s，误差为 ±10% .由此求：

(1) 中子质量；

(2) 所用中子的初速度。[要计及氮的测量误差。以一个氢核的质量为 1u(原子质量单位)，氮 14 核的质量为 14u。]

3-21. 在《自然哲学的数学原理》一书中，牛顿提到，在一组碰撞实验中他发现，某种材料的两个物体分离时的相对速度为它们趋近时的 5/9. 假设一原先不动的物体质量为 m_0，另一物体质量为 $2m_0$，以初速 v_0 与前者相撞。求两物体的末速。

3-22. 一质量为 m_0，以速率 v_0 运动的粒子，碰到一质量为 $2m_0$ 静止的粒子。结果，质量为 m_0 的粒子偏转了 45° 并具有末速 $v_0/2$.求质量为 $2m_0$ 的粒子偏转后的速率和方向。动能守恒吗？

3-23. 在一次交通事故中(这是以一个真实的案情为依据的)，一质量为 2000 kg、向南行驶的汽车在一交叉路中心撞上一质量为 6000 kg、向西行驶的卡车。两辆车连接在一起沿着差不多是正西南的方向滑离公路。一目击者断言，卡车进入交叉点时的速率为 80 km/h.

(1) 你相信目击者的判断吗？

(2) 不管你是否相信他，总初始动能的几分之几由于这碰撞而转化成了其他形式的能量？

3-24. 两船在静水中依惯性相向匀速而行，速率皆为 6.0 m/s.当它们相遇时，将甲船上的货物搬到乙船上。以后，甲船速度不变，乙船沿原方向继续前进，但速率变为 4.0 m/s. 设甲船空载时的质量为 500 kg，货物的质量为 60 kg，求乙船质量。在搬运货物的前后，两船和货物的总动能有没有变化？

3-25. 一质量为 m 的物体，开始时静止在一无摩擦的水平面上，受到一连串粒子的轰击。每个粒子的质量为 $\delta m(\ll m)$，速率为 v_0，沿正 x 的方向。碰撞是完全弹性的，每一粒子都沿负 x 的方向弹回。证明这物体经第 n 个粒子碰撞后，得到的速率非常接近 $v=v_0(1-e^{-an})$，其中 $a=2\delta m/m$. 试考虑这结果对于 $an\ll1$ 和对于 $an\to\infty$ 情形的有效性。

3-26. 水平地面上停放着一辆小车，车上站着 10 个质量相同的人，每人都以相同的方式、消耗同样的体力从车后沿水平方向跳出。设所有人所消耗的体力全部转化为车与人的动能，在整个过程中可略去一切阻力。为了使小车得到最大的动能，车上的人应一个一个地往后跳，还是 10 个人一起跳？

3-27. 求圆心角为 2θ 的一段均匀圆弧的质心。

3-28. 求均匀半球体的质心。

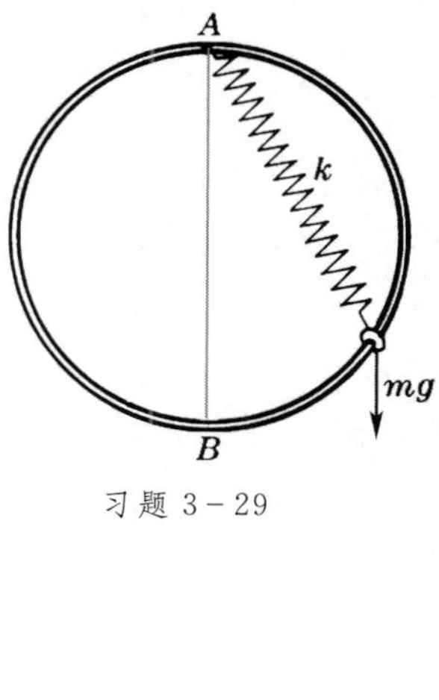

习题 3-29

❶ 对心碰撞时反冲速度最大。

3-29. 如本题图，半径为 R 的大圆环固定地挂于顶点 A，质量为 m 的小环套于其上，通过一劲度系数为 k、自然长度为 l（$l<2R$）的弹簧系于 A 点。分析在不同的参量下这装置平衡点的稳定性，并作出相应的势能曲线。

3-30. 计算思考题 3-17 中突跳点 Θ_1 和 Θ_2 的位置。

第四章　角动量守恒　刚体力学

§1. 角动量守恒

1.1 角动量

在第二章里我们介绍了与平动相联系的守恒量——动量，现在我们来介绍与转动相联系的守恒量——角动量。由于角动量这个量，从概念到数学表达，都比动量要难理解，我们循序渐进，从简单的特例说起。

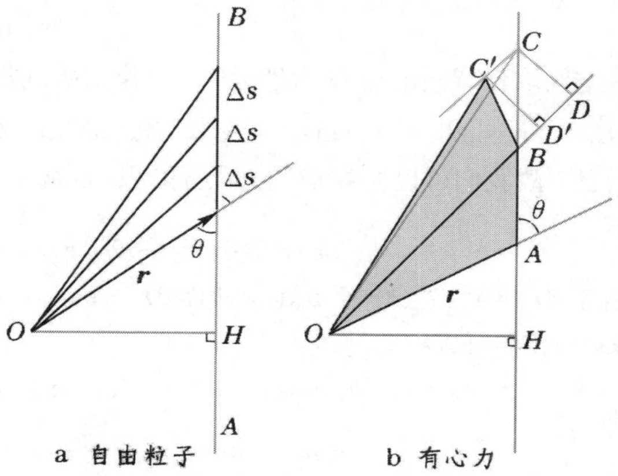

图 4-1 掠面速度守恒的直观说明

首先考虑一个不受力的自由粒子。如图 4-1a 所示，粒子依惯性沿直线 AB 作匀速运动，它在相等的时间间隔 Δt 内走过的距离 $\Delta s = v\Delta t$ 都相等。在 AB 旁随便选一点 O 作为原点，从 O 引径矢 $\boldsymbol{r}$ 到粒子所在的位置。径矢 $\boldsymbol{r}$ 在单位时间内扫过的面积，称为它的掠面速度。由图可见，各时间间隔 Δt 内径矢扫过的那些小三角形具有公共的高线 OH，它们的面积应相等，都等于 $\frac{1}{2}\Delta s \cdot \overline{OH}$. 若令 $\boldsymbol{r}$ 和 $\boldsymbol{v}$ 之间的夹角为 θ，则 $\overline{OH} = r\sin\theta$，小三角形的面积等于 $\frac{1}{2} r v \sin\theta\, \Delta t$，即径矢的掠面速度为 $\frac{1}{2} r v \sin\theta$. 这公式既可理解为 $\boldsymbol{v}$ 与 $\boldsymbol{r}$ 在垂直于 $\boldsymbol{v}$ 方向上投影（即 $\overline{OH}$）的乘积，又可理解为 $\boldsymbol{r}$ 与 $\boldsymbol{v}$ 在垂直于 $\boldsymbol{r}$ 方向上投影的乘积。从后一个角度来理解，$v\sin\theta / r$ 代表径矢旋转的角速度 ω，因而掠面速度 $\frac{1}{2} r v \sin\theta$ 又可写为 $\frac{1}{2} r^2 \omega$，即

$$\frac{1}{2} r v \sin\theta = \frac{1}{2} r^2 \omega = \text{常量}, \tag{4.1}$$

现在来看有心力的情况。如图 4-1b，设质点在时间间隔 Δt 内从 A 运动到 B. 如果没有力，在下一个 Δt 内它将朝原方向走过相等的距离 $\overline{BC}$，从而三角形 $\triangle OAB$ 与 $\triangle OBC$ 面积相等。实际上它在 B 点时受到指向 BO 方向的力，第二个 Δt 后它走到 C' 点，偏离的方向 CC' 与 BO 平行。于是，$\triangle OBC'$ 和 $\triangle OBC$ 也具有相等的高线 $C'D'$ 和 CD，它们的面积也相等。亦即，只要力指向中心 O，径矢的掠面速度就恒定。

上面论证掠面速度恒定的几何方法，正是牛顿所惯用的方法。请看图 4-2，这是从牛顿的一篇短文《论物体的运动》(*De Motu*) 中临摹下来的，图中 S 代表太阳，是力心的位置。此图明显地表示出，尽管在相等的时间间隔内行星走过的距离 AB、BC、CD、DE、EF 不等，但各三角形 $\triangle SAB$、$\triangle SBC$、$\triangle SCD$、$\triangle SDE$、$\triangle SEF$ 的面积却是相等的。

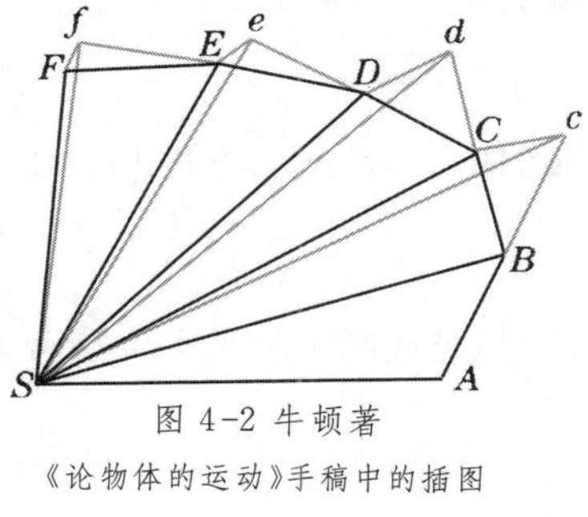

图 4-2 牛顿著
《论物体的运动》手稿中的插图

上面的例子是平面转动问题，要讨论三维空间里的转动问题，就得借助矢量矢积这个数学工具了。如附录 B 中指出，$\boldsymbol{A}$ 与 $\boldsymbol{B}$ 的

矢积 $\boldsymbol{C}$ 垂直于 $\boldsymbol{A}$、$\boldsymbol{B}$ 组成的平面，其指向由从 $\boldsymbol{A}$ 转到 $\boldsymbol{B}$ 的右手螺旋所确定(见图B－10)。从几何上讲，$\boldsymbol{C}$ 的数值是由 $\boldsymbol{A}$ 和 $\boldsymbol{B}$ 为邻边构成平行四边形的面积，方向沿其平面的法向。这就使我们联想到上面谈到的掠面速度，它的数值可以表达为 $\frac{1}{2}|\boldsymbol{r}\times\boldsymbol{v}|$，旋转的方向也可以用矢积 $\frac{1}{2}(\boldsymbol{r}\times\boldsymbol{v})$ 来刻画。

在第二章2.2节中我们从对称性出发论证了，在相互作用与速度无关的条件下，$\mathrm{d}\boldsymbol{v}_1$ 和 $\mathrm{d}\boldsymbol{v}_2$ 排在两质点的瞬时联线上。这一点讨论动量守恒时用不着，现在我们就要用到它了。设1、2两个质点在彼此的相互作用下运动，把(2.4)式写成微分形式：

$$m_1\mathrm{d}\boldsymbol{v}_1=-m_2\mathrm{d}\boldsymbol{v}_2. \tag{4.2}$$

在空间取任意固定点 O 为坐标原点，作两质点联线的垂线 OH，并由 O 引两质点的位矢 $\boldsymbol{r}_1$ 和 $\boldsymbol{r}_2$，则 $\overline{OH}=r_1\sin\theta_1=r_2\sin\theta_2$(见图4－3)。因 $\mathrm{d}\boldsymbol{v}_1$ 和 $\mathrm{d}\boldsymbol{v}_2$ 均在此联线上，(4.2)式与 $\boldsymbol{r}_1$ 和 $\boldsymbol{r}_2$ 的矢积是相等的，故我们可以左端取与 $\boldsymbol{r}_1$ 的矢积，右端取与 $\boldsymbol{r}_2$ 的矢积，结果仍相等：

$$m_1\boldsymbol{r}_1\times\mathrm{d}\boldsymbol{v}_1=-m_2\boldsymbol{r}_2\times\mathrm{d}\boldsymbol{v}_2,$$

由于 $\mathrm{d}\boldsymbol{r}_1=\boldsymbol{v}_1\mathrm{d}t$，$\mathrm{d}\boldsymbol{r}_2=\boldsymbol{v}_2\mathrm{d}t$，从而 $\mathrm{d}\boldsymbol{r}_1\times\boldsymbol{v}_1=0$，$\mathrm{d}\boldsymbol{r}_2\times\boldsymbol{v}_2=0$. 与上式结合起来，我们可以把它写成：

$$\mathrm{d}(m_1\boldsymbol{r}_1\times\boldsymbol{v}_1)=-\mathrm{d}(m_2\boldsymbol{r}_2\times\boldsymbol{v}_2), \tag{4.3}$$

即

$$\mathrm{d}(m_1\boldsymbol{r}_1\times\boldsymbol{v}_1+m_2\boldsymbol{r}_2\times\boldsymbol{v}_2)=0,$$

或

$$m_1\boldsymbol{r}_1\times\boldsymbol{v}_1+m_2\boldsymbol{r}_2\times\boldsymbol{v}_2=\text{常量}。 \tag{4.4}$$

此式给出两体相互作用中动量之外另一个守恒量。它应该定义为

$$\boldsymbol{J}=m\boldsymbol{r}\times\boldsymbol{v}=\boldsymbol{r}\times\boldsymbol{p}, \tag{4.5}$$

式中 $\boldsymbol{p}=m\boldsymbol{v}$ 为质点的动量。上式定义的矢量 $\boldsymbol{J}$ 称为一个质点对原点 O 的角动量。利用角动量的概念，(4.4)式可写成

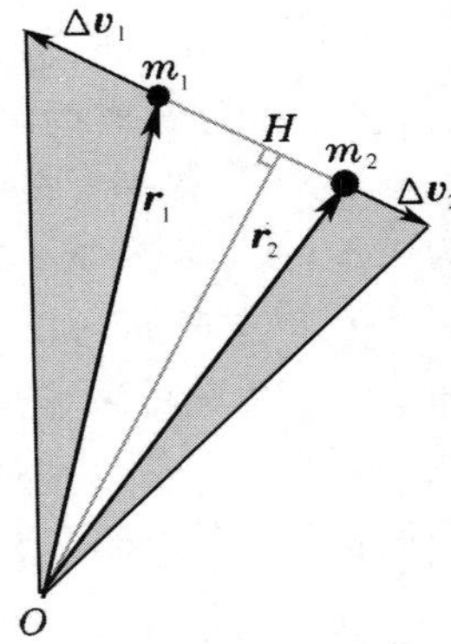

图4-3 两质点相互作用下角动量守恒

$$\boldsymbol{J}_1+\boldsymbol{J}_2=\text{常量}, \tag{4.6}$$

这结果便是两质点的角动量守恒定律。它与动量守恒定律一样，也是物理学中最基本的普适定律之一。前面所揭示单个质点在有心力作用下的守恒量——掠面速度 $\frac{1}{2}(\boldsymbol{r}\times\boldsymbol{v})$ 基本上是个几何量，而角动量中包含了质点的质量 m，已是个动力学量。

1.2 力矩 质点组的角动量定理和角动量守恒定律

一对质点在相互作用中不但传递着动量，也传递着角动量。用角动量来表达，(4.3)式可写为

$$\mathrm{d}\boldsymbol{J}_1=-\mathrm{d}\boldsymbol{J}_2,$$

因而在单位时间内两质点间交换的角动量为

$$\frac{\mathrm{d}\boldsymbol{J}_1}{\mathrm{d}t}=-\frac{\mathrm{d}\boldsymbol{J}_2}{\mathrm{d}t}. \tag{4.7}$$

我们定义，质点2给质点1的力矩 $\boldsymbol{M}_{12}$ 为单位时间内质点2传递给质点1的角动量：

$$\boldsymbol{M}_{12}=\frac{\mathrm{d}\boldsymbol{J}_1}{\mathrm{d}t}=\frac{\mathrm{d}}{\mathrm{d}t}[m_1(\boldsymbol{r}_1\times\boldsymbol{v}_1)], \tag{4.8}$$

反之，与此同时质点1给质点2的力矩 $\boldsymbol{M}_{21}$ 为单位时间内质点1传递给质点2的角动量：

$$\boldsymbol{M}_{21}=\frac{\mathrm{d}\boldsymbol{J}_2}{\mathrm{d}t}=\frac{\mathrm{d}}{\mathrm{d}t}[m_2(\boldsymbol{r}_2\times\boldsymbol{v}_2)], \tag{4.9}$$

由(4.7) 式有

$$\boldsymbol{M}_{12} = -\boldsymbol{M}_{21}, \tag{4.10}$$

此式与牛顿第三定律相对应。

现在考虑质点组的问题。我们假定,角动量是在各质点两两之间传递的。每个质点 i 的角动量 $\boldsymbol{J}_i$ 的增加,是所有其他质点传递给它的角动量的矢量和,或者说,质点 i 所受的力矩 $\boldsymbol{M}_i$ 等于所有其他质点 j 给它的力矩 $\boldsymbol{M}_{ij}$ 的矢量和:

$$\frac{\mathrm{d}\boldsymbol{J}_i}{\mathrm{d}t} = \boldsymbol{M}_i = \sum_{j\neq i}\boldsymbol{M}_{ij}, \tag{4.11}$$

此式可称为*力矩的叠加原理*。

从无所不包的大物体系中分离出我们考虑的对象,即质点组或系统。系统内质点之间的相互作用力矩称为*内力矩*,外部质点给它们的力矩称为*外力矩*。于是

$$\boldsymbol{M}_i = \boldsymbol{M}_{i外} + \boldsymbol{M}_{i内}, \tag{4.12}$$

$$\boldsymbol{M}_{i内} = \sum_{j\neq i}\boldsymbol{M}_{ij}, \qquad \boldsymbol{M}_{i外} = \sum_{j'}\boldsymbol{M}_{ij'}, \tag{4.13}$$

这里质点 j 属于系统,质点 j' 不属于系统。

把系统看作一个整体,总角动量为 $\boldsymbol{J} = \sum_i \boldsymbol{J}_i$,它所受到的总力矩为

$$\boldsymbol{M} = \frac{\mathrm{d}\boldsymbol{J}}{\mathrm{d}t} = \sum_i \frac{\mathrm{d}\boldsymbol{J}_i}{\mathrm{d}t} = \sum_i \boldsymbol{M}_i = \sum_i(\boldsymbol{M}_{i外} + \boldsymbol{M}_{i内}) = \boldsymbol{M}_外 + \sum_i\sum_{j\neq i}\boldsymbol{M}_{ij}. \tag{4.14}$$

式中

$$\boldsymbol{M}_外 = \sum_i \boldsymbol{M}_{i外} = \sum_i\sum_{j'}\boldsymbol{M}_{ij'}$$

为系统所受的合外力矩,内力矩因(4.10) 式 $\boldsymbol{M}_{ij} = -\boldsymbol{M}_{ji}$ 合成为 0。因此 $\boldsymbol{M} = \boldsymbol{M}_外$,(4.14) 式化为

$$\boldsymbol{M}_外 = \frac{\mathrm{d}\boldsymbol{J}}{\mathrm{d}t}. \tag{4.15}$$

这便是*质点组的角动量定理*。 如果系统所受的合外力矩 $\boldsymbol{M}_外=0$,则

$$\frac{\mathrm{d}\boldsymbol{J}}{\mathrm{d}t} = 0,$$

或

$$\boldsymbol{J} = \sum_i \boldsymbol{J}_i = 常量。 \tag{4.16}$$

这是角动量守恒定律(4.6) 式的推广。此式把系统扩充到两个质点以上,只要系统所受的合外力矩为 0,其总角动量就是守恒的。此外,(4.16) 式是个矢量式,它的每个分量都成立。只要系统所受合外力矩的某个分量等于 0,总角动量的相应分量就守恒。

如果我们所选择的系统只包含一个质点(i=1),则所有其他质点 j 给它的力 $\boldsymbol{M}_{1j}$ 都是外力矩,(4.15) 式中的下标"外"可以省略,

$$\boldsymbol{M} = \frac{\mathrm{d}\boldsymbol{J}}{\mathrm{d}t} = \frac{\mathrm{d}}{\mathrm{d}t}[m(\boldsymbol{r}\times\boldsymbol{v})] = \frac{\mathrm{d}}{\mathrm{d}t}(\boldsymbol{r}\times\boldsymbol{p}). \tag{4.17}$$

此式与牛顿第二定律相对应,是*单个质点的角动量定理*。

最后我们考察一下力矩和力的关系。对于单个质点,由上式

$$\boldsymbol{M} = \frac{\mathrm{d}}{\mathrm{d}t}[m(\boldsymbol{r}\times\boldsymbol{v})] = m\left(\frac{\mathrm{d}\boldsymbol{r}}{\mathrm{d}t}\times\boldsymbol{v}\right) + \boldsymbol{r}\times\frac{\mathrm{d}(m\boldsymbol{v})}{\mathrm{d}t} = m(\boldsymbol{v}\times\boldsymbol{v}) + \boldsymbol{r}\times\boldsymbol{F},$$

上式右端第一项因是矢量与自身的矢积而消失,第二项中 $\mathrm{d}(m\boldsymbol{v})/\mathrm{d}t=\boldsymbol{f}$ 为质点所受的力。最后得到

$$\boldsymbol{M} = \boldsymbol{r}\times\boldsymbol{f}. \tag{4.18}$$

对于质点组,则有

$$\boldsymbol{M}_外 = \sum_i \boldsymbol{r}_i\times\boldsymbol{f}_{i外}. \tag{4.19}$$

如前所述,角动量守恒定律成立的条件是

$$\boldsymbol{M}_{外}=0. \tag{4.20}$$

现在根据(4.18)式或(4.19)式分析一下角动量守恒的几种可能性和相应的实例。

(1) 孤立系，$\boldsymbol{f}_{i外}=0$，$\boldsymbol{M}_{i外}=0$.

宇宙中存在着大大小小各种层次的天体系统,它们都具有旋转的盘状结构。我们所居住的太阳系如此,太阳系所在的银河系如此(见图 4-4),众多河外的旋涡星系也是如此。18 世纪哲学家康德提出星云说,认为太阳系是由气云形成的。气云原来很大,由自身引力而收缩,最后聚集成一个个行星、卫星,以及太阳本身。整个银河系的情况也应如此。康德的这种天体演化论,首次在僵化的自然观上打开了缺口,其光辉的历史功绩是不会泯灭的。但是,万有引力为什么不能把所有的天体吸引到一起,而是形成扁平的盘状? 康德认为,除引力外,还存在着斥力,把向心加速的天体散射到各个方向。这不能解释为什么系统中的天体基本上都朝同一方向旋转。19 世纪数学家拉普拉斯完善了康德的星云说,正确地指出,旋转盘状结构的成因是角动量守恒。我们可以把天体系统看成是不受外力的孤立系。原始气云弥漫在很大的空间范围里,具有一定的初始角动量 $\boldsymbol{J}$.气云在万有引力的作用下逐渐收缩。由于角动量守恒,不仅粒子的向心速度从小变大,垂直于 $\boldsymbol{J}$ 的横向速度也会增大,但在与 $\boldsymbol{J}$ 平行的方向上却不存在这个问题。于是天体系统就形成了朝同一方向旋转的盘形结构。

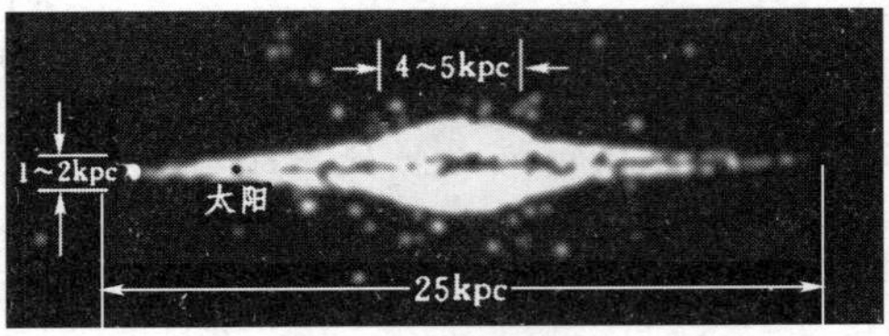

图 4-4 银河系的盘形结构

在天文学中更容易理解的角动量守恒事例是星球的自转周期恒定。因为对于那些固体的星球,其形状大体不变,在不受外力矩的情况下角动量守恒就意味着它们的角速度守恒。地球如此,月球也如此。图 4-5 所示,为一种被称作“脉冲星”的射电源发来的电磁辐射强度随时间变化的记录。我们看到,除了某些地方(图中箭头所示处)因信号太弱而在记录中看不到脉冲外,脉冲具有极精确的时间周期性。一个很自然的解释是发射体定向发射并以严格的周期在旋转,每当射电束扫过地球时,我们收到一个脉冲。以上现象是20世纪60年代首次发现的,这当然是角动量守恒在天文上的一个新例证。然而请注意,图 4-5 中脉冲的周期是 1.187911164s,你能够想象,偌大一星球会在 1s 多一点的时间里就转一圈吗? 难道惯性离心力不会把它甩散? 有关这个问题我们将在第七章里讨论(见该章 4.2 节)。

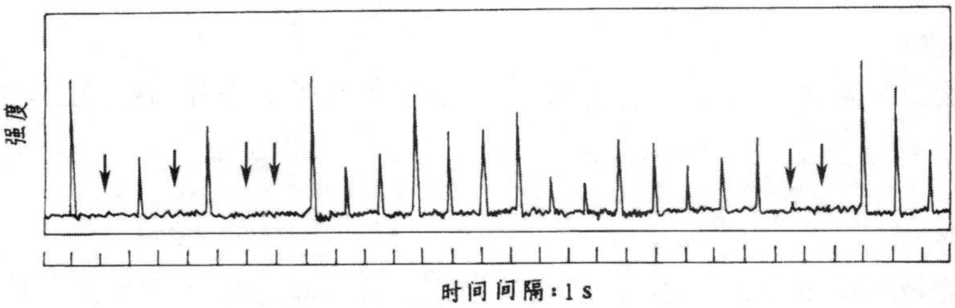

图 4-5 脉冲星的精确周期性信号

(2) 有心力，$\boldsymbol{f}_{外}$与位矢 $\boldsymbol{r}$ 平行或反平行,从而 $\boldsymbol{r}\times\boldsymbol{f}_{外}=0$.

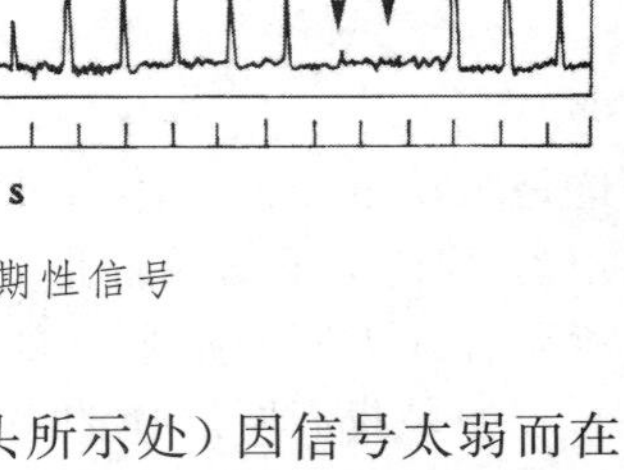

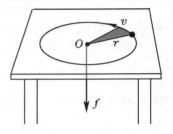

图 4-6 例题 1——变半径旋转运动

例题 1　如图 4-6 所示,一质量为 m 的质点系在绳子的一端,绳的另一端穿过水平光滑桌面中央的小洞 O,起初下面用手拉着不动,质点在桌面上绕 O 作匀速圆周运动。然后,慢慢地向下拉绳子,使它在桌面上那一段缩短。质点绕 O 的角速度 ω 如何随半径 r 变化?

解: 质点受到的是一个有心力,故其角动量守恒。在此平面圆周运动的情况下,线速度 $v=r\omega$,角动量 $J=mrv=mr^2\omega$. 角动量守恒意味着角速度反比于半径的平方:$\omega\propto 1/r^2$. ▌

在天文上有心力作用下角动量守恒的典型例子是行星绕太阳的开普勒运动,开普勒第二定律中掠面速度守恒就是角动量守恒。这问题留待第七章去详细讨论。

(3) 当作用在质点组上的外力对某一转轴的合力矩,即合外力矩沿此轴的分量为0时,则质点组绕此轴的角动量,即角动量沿此轴的分量守恒。

例题 2 　如图4-7所示,两个同样重的小孩,各抓着跨过滑轮绳子的两端。一个孩子用力向上爬,另一个则抓住绳子不动。若滑轮的质量和轴上的摩擦都可忽略,哪一个小孩先到达滑轮? 又:两个小孩重量不等时情况如何?

解: 把每一小孩看成质点,以滑轮的轴为参考点,把两个小孩和滑轮看作我们的系统,则此系统的总角动量 $J=mR(v_1-v_2)$,其中 m 为每个小孩的质量,R 为滑轮的半径,v_2 和 v_1 分别为左右两个小孩向上的速度,角动量和力矩都以顺时针方向为正。由于此系统所受的外力矩只有两小孩所受重力的力矩,二者大小相等、方向相反,彼此抵消,故整个系统的角动量 J 是守恒的。设两小孩起初都不动,即 $v_1=v_2=0$, $J=0$. 此后 v_1、v_2 虽不再为0,但 J 继续为0,即 v_1、v_2 随时保持相等。所以他们将同时到达滑轮。

若两小孩的质量不等:$m_1\neq m_2$,则此系统所受的外力矩 $\boldsymbol{M}_{外}=(m_2-m_1)gR$,角动量 $J=(m_1v_1-m_2v_2)R$. 仍设两小孩起初都不动,即 $v_1=v_2=0$, $J=0$. 但 $\boldsymbol{M}_{外}\neq 0$,按角动量定理,我们有 $\mathrm{d}J/\mathrm{d}t=\boldsymbol{M}_{外}=(m_2-m_1)gR$. 若 $m_1>m_2$,则 $\mathrm{d}J/\mathrm{d}t<0$,尔后 $J<0$,即 $m_1v_1<m_2v_2$, $v_1<v_2$;反之,若 $m_1<m_2$,则 $\mathrm{d}J/\mathrm{d}t>0$,尔后 $J>0$,即 $m_1v_1>m_2v_2$, $v_1>v_2$. 总之,在任何情况下总是体轻的小孩上升得快,先到达滑轮。 ▌

图 4-7 例题 2
—— 谁爬得快?

1.3 质心系的角动量定理

质点组的角动量定理(4.15)式适用于所有惯性系,但质心系不一定是惯性系。下面我们要证明,角动量定理对质心系仍然适用。为此我们先看力矩和角动量随参考点和参考系的变换。

从参考系K换到参考系K′,原点从 O 移到 O'(见图4-8),下面所有带撇和不带撇的符号,都是分别相对于参考系K′和K而言的,位矢和速度的变换关系是

$$\left.\begin{aligned}\boldsymbol{r}_i&=\boldsymbol{r}'_i+\boldsymbol{R},\\ \boldsymbol{v}_i&=\boldsymbol{v}'_i+\boldsymbol{V}.\end{aligned}\right\}\qquad(4.21)$$

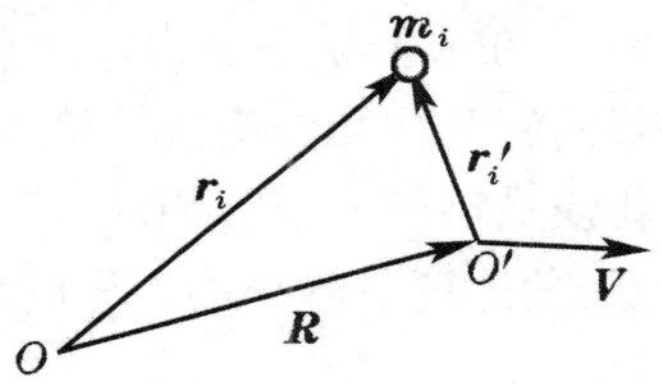

图 4-8 参考点的平移

下面看外力矩和角动量的变换。

先看外力矩:

$$\boldsymbol{M}_{外}=\sum_i\boldsymbol{r}_i\times\boldsymbol{f}_{i外}=\sum_i\boldsymbol{r}'_i\times\boldsymbol{f}_{i外}+\sum_i\boldsymbol{R}\times\boldsymbol{f}_{i外}=\boldsymbol{M}'_{外}+\boldsymbol{R}\times\boldsymbol{F}_{外}.\qquad(4.22)$$

式中 $\boldsymbol{F}_{外}=\sum_i\boldsymbol{f}_{i外}$ 是系统所受的合外力。

一对大小相等、方向相反的力,叫做力偶。因力偶的合力 $\boldsymbol{F}_{外}=0$,从(4.22)式可引出一个结论,力偶的力矩(即力偶矩)与参考点的选择无关:$\boldsymbol{M}_{外}=\boldsymbol{M}'_{外}$.

若K′为质心系 K^{CM}, O' 为质心 C,则 $\boldsymbol{M}'_{外}=\boldsymbol{M}_{外C}$ 为外力对质心的力矩,$\boldsymbol{R}=\boldsymbol{r}_C$,(4.22)式化为

$$\boldsymbol{M}_{外}=\boldsymbol{M}_{外C}+\boldsymbol{r}_C\times\boldsymbol{F}_{外}.\qquad(4.23)$$

现在来看角动量的变换:

$$\begin{aligned}\boldsymbol{J}&=\sum_i m_i\boldsymbol{r}_i\times\boldsymbol{v}_i=\sum_i m_i(\boldsymbol{r}'_i+\boldsymbol{R})\times(\boldsymbol{v}'_i+\boldsymbol{V})\\&=\sum_i m_i\boldsymbol{r}'_i\times\boldsymbol{v}'_i+\boldsymbol{R}\times\sum_i m_i\boldsymbol{v}'_i+\sum_i m_i\boldsymbol{r}'_i\times\boldsymbol{V}+\sum_i m_i\boldsymbol{R}\times\boldsymbol{V}\\&=\boldsymbol{J}'+\boldsymbol{R}\times\boldsymbol{P}'+m\boldsymbol{r}'_C\times\boldsymbol{V}+m\boldsymbol{R}\times\boldsymbol{V},\end{aligned}\qquad(4.24)$$

式中 $m=\sum\limits_i m_i$ 为系统的总质量，$\boldsymbol{P}'=\sum\limits_i m_i\boldsymbol{v}'_i$ 为系统在 K′ 参考系中的总动量，$\boldsymbol{r}'_C=\frac{1}{m}\sum\limits_i m_i\boldsymbol{r}'_i$ 是在 K′ 参考若 K′ 系为质心系 K^{CM}，O' 为质心 C,按定义，$\boldsymbol{J}'=\boldsymbol{J}_C$ 为绕质心的角动量，$\boldsymbol{P}'=2\boldsymbol{P}^{CM}=0$，$\boldsymbol{r}'_C=\boldsymbol{r}_C^{CM}=0$，$\boldsymbol{R}=\boldsymbol{r}_C$，$\boldsymbol{V}=\boldsymbol{v}_C$，上式化为

$$\boldsymbol{J}=\boldsymbol{J}_C+m\boldsymbol{r}_C\times\boldsymbol{v}_C, \tag{4.25}$$

即对 O 的角动量,等于对质心的角动量(称为固有角动量),加上质量集中在质心上随之运动时对 O 的角动量(可称为轨道角动量)。例如,选 O 点在日心，地球的角动量 $\boldsymbol{J}$ 等于地球绕自身质心自转的角动量 $\boldsymbol{J}_C$ 与绕日公转的轨道角动量 $m\boldsymbol{r}_C\times\boldsymbol{v}_C$ 之和。玻尔的原子模型好像小太阳系，原子核相当于太阳,地球相当于电子。电子的角动量 $\boldsymbol{J}$ 等于自旋角动量(即其固有角动量)$\boldsymbol{S}$ 与轨道角动量 $\boldsymbol{L}$ 之和。

取(4.25)式对 t 的导数：

$$\frac{\mathrm{d}\boldsymbol{J}}{\mathrm{d}t}=\frac{\mathrm{d}\boldsymbol{J}_C}{\mathrm{d}t}+m\frac{\mathrm{d}\boldsymbol{r}_C}{\mathrm{d}t}\times\boldsymbol{v}_C+m\boldsymbol{r}_C\times\frac{\mathrm{d}\boldsymbol{v}_C}{\mathrm{d}t}=\frac{\mathrm{d}\boldsymbol{J}_C}{\mathrm{d}t}+m\boldsymbol{v}_C\times\boldsymbol{v}_C+m\boldsymbol{r}_C\times\boldsymbol{a}_C=\frac{\mathrm{d}\boldsymbol{J}_C}{\mathrm{d}t}+m\boldsymbol{r}_C\times\boldsymbol{a}_C.$$

按角动量定理 $\boldsymbol{M}_{外}=\mathrm{d}\boldsymbol{J}/\mathrm{d}t$ 得

$$\boldsymbol{M}_{外C}+\boldsymbol{r}_C\times\boldsymbol{F}_{外}=\frac{\mathrm{d}\boldsymbol{J}_C}{\mathrm{d}t}+m\boldsymbol{r}_C\times\boldsymbol{a}_C,$$

上式左端第二项与右端第二项因质心运动定理 $\boldsymbol{F}_{外}=m\boldsymbol{a}_C$ 而相消,于是得到[1]

$$\boldsymbol{M}_{外C}=\frac{\mathrm{d}\boldsymbol{J}_C}{\mathrm{d}t}. \tag{4.26}$$

这便是*质心系的角动量定理*。尽管质心系不一定是惯性系,此式在形式上却与惯性系中的角动量定理(4.15)式一样。

作为例子,仍看图 3-31 中的跳水运动员。若忽略空气阻力,运动员所受唯一的外力是重力。在质心系中重力的力矩恒等于0,故 $\boldsymbol{M}_{外}^{CM}=0$,也就是说,运动员绕质心的角动量守恒。当他将两臂和两腿伸直离开跳板时,已具有一定的初始角动量。与前面所述花样滑冰运动员或芭蕾舞演员旋转的道理相同,他要快速翻筋斗时,就在空中把身体蜷缩起来。临入水前再度将四肢伸开,角速度就减小到原来的值。

§2. 对称性 因果关系 守恒律

2.1 什么是对称性?

在这两章里我们讲了能量守恒定律、动量守恒定律。当然,它们首先是从大量经验(观测与实验)中总结出来的。可是,19 世纪能量守恒定律的三位奠基人迈耶、焦耳、亥姆霍兹都相信,能量守恒的深刻根据是超乎经验的。迈耶力图从"无中不能生有""因果相等"这些普遍原则推演出能量守恒律来;焦耳则说:"我们可以先验地推断,活力(动能)的绝对消灭是不可能发生的,因为,设想上帝赋予物质的动力,可以用人的力量去创造,可以被消

---

[1] 在定义质心的位矢 $\boldsymbol{r}_C$ 时,我们曾令一个可能存在的任意矢量 $\boldsymbol{r}_0=0$[见第三章(3.46)式的前一式]。如果不这样,则在(4.25)式右端多一项 $m\boldsymbol{r}_0\times\boldsymbol{v}_C$,对 t 求导后多一项 $m\boldsymbol{r}_0\times\mathrm{d}\boldsymbol{v}_C/\mathrm{d}t=m\boldsymbol{r}_0\times\boldsymbol{a}_C=-\boldsymbol{r}_0\times\boldsymbol{f}_{惯}$,于是(4.26)式变为

$$\boldsymbol{M}_{外C}+\boldsymbol{r}_0\times\boldsymbol{f}_{惯}=\frac{\mathrm{d}\boldsymbol{J}_C}{\mathrm{d}t}.$$

即在质心系为非惯性系的情况下我们还需考虑惯性力的力矩。可见,质心系中的角动量定理(4.26)式与惯性系中形式一样,是与我们选取了 $\boldsymbol{r}_0=0$ 相联系的。

灭,显然是荒唐的。"亥姆霍兹坦率地把自己的体系建立在"永动机不可能"这条超越力学的原理上。后来马赫发现,永动机不可能的原理是因果律的一种特殊形式。一组现象 B 依赖于另一组现象 A,可看作是 A、B 之间的一种函数关系。按照这种函数关系,B 的变化严格追随 A 的变化:若 A 是常量,B 也应是常量;如果 A 经过一系列变化回到初始值,B 也应回到初始值,而不可能持续地增长。这里包含了整个因果律的核心。现在我们知道,守恒定律的缘起是对称性,即时空的均匀性。下面我们即将说明,对称性和因果性有着密切的关系。现在先解释什么是对称性。

在现代物理学中对称性是个很深刻的问题。在粒子物理、固体物理、原子物理等许多领域里,对称性的概念都很重要。描述对称性的数学语言是群论。这里不打算涉及群论,只想介绍一下对称性原理,用以探讨与本课水平相当的问题。

对称性的概念最初来源于生活。在艺术、建筑等领域中,所谓"对称",通常是指左右对称。人体本身就有近似的左和右的对称性。各类建筑,特别是很多民族的古代建筑,都有较高的左右对称性。我国古代的宫殿、庙宇和陵墓建筑尤为突出,而园林建筑的布局则错落有致,于不对称中见对称。

左右对称就是我们在第二章 2.2 节中提到过的镜像反射对称性,它只是各种对称性中的一种。除了左右对称之外,该节还曾提到点对称性、轴对称性,第三章 2.4 节还提到时间反演对称性。在数学和物理学中对称性的概念是逐步发展的,今天它已具有十分广泛的含义。关于在普遍的意义下什么是对称性,我们在第三章 4.4 节里只非常简略地提了一下,现在较详细地介绍一下对称性的普遍定义,为此,先引进一些概念。

首先是"系统",它是我们讨论的对象;其次是"状态",同一系统可以处在不同的状态;不同的状态可以是"等价的",也可以是"不等价的"。设想我们有一个圆,这是几何学中理想的圆(见图 4-9a),在它的圆周上打个点作为记号,点在不同的方位代表系统(圆)处在不同的状态。如果我们所选的系统不包括这个记号,其不同的状态看上去没有区别,我们就说这些状态都是等价的。如果把这个记号包括在我们所选的系统之内,则不同状态将不等价。

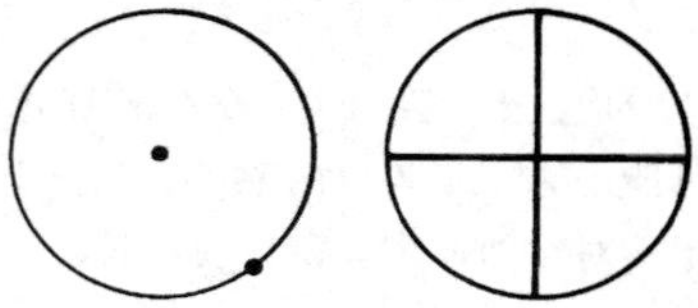

a　　b

图 4-9 圆的对称性

我们把系统从一个状态变到另一个状态的过程叫做"变换",或者说,我们给它一个"操作"。如果一个操作使系统从一个状态变到另一个与之等价的状态,或者说,状态在此操作下不变,我们就说这系统对于这一操作是"对称的",而这个操作叫做这系统的一个"对称操作"。例如图 4-10a 中那个圆(不考虑上面的记号)对于围绕中心旋转任意角度的操作来说都是对称的;或者说,旋转任意角度的操作都是这圆的对称操作。如果我们在圆内加一对相互垂直的直径(见图 4-9b),这个系统的对称操作就少多了。转角必须是 $90°$ 的整数倍,操作才是对称的。由此可见,图 4-9b 中的图形要比单纯一个圆的对称性少多了。

以上关于"对称性"的普遍定义,是德国大数学家外尔(H.Weyl)首先提出来的。

最常见的对称操作是时空操作。空间操作有平移、转动、镜像反射、空间反演、标度变换(尺度放大或缩小),等等;时间操作有时间平移、时间反演 ,等等。第二章 4.2 节介绍的伽利略变换(2.40)式,则是时空联合变换。除时空操作外,物理学中还涉及许多其他的对称操作,如置换、规范变换、正反粒子共轭变换和某些动力学变换等,一般说来它们比时空变换抽象得多。下面我们主要讨论时空变换。

在物理学中讨论对称性问题时,要注意区分两类不同性质的对称性,一类是某个系统或某件具体事物的对称性,另一类是物理规律的对称性。由两质点组成的系统具有轴对称性,属于前者;牛顿运动定律具有伽利略变换不变性,则属于后者。下面通过一些例子作进一步的说明。

在时间反演变换下,力 $\boldsymbol{f}$、加速度 $\boldsymbol{a}$ 和质量 m 都是不变的,所以牛顿第二定律 $\boldsymbol{f}=m\boldsymbol{a}$ 具有时间反演不变性,这是物理规律的对称性。 地面上一个物体所受的重力 $\boldsymbol{f}_{重}=m\boldsymbol{g}$ 所具有的时间反演不变性,也是物理规律的对称性。但在重力作用下的自由落体,经过时间反演,就变成了上抛物体,它的速度反向了,其运动不具有时间反演不变性。这是具体事物对于时间反演的不对称性。若把自由落体的录像带倒过来演播,观众不能判断正反。为什么? 因为两者都符合物理规律。这里没有考虑空气的阻力。在速度不太大的情况下,空气阻力 $\boldsymbol{f}_{阻}=$

$-\gamma \boldsymbol{v}$，负号表示阻力的方向总与速度 $\boldsymbol{v}$ 相反。在时间反演变换下 $\boldsymbol{v} \rightarrow -\boldsymbol{v}$，从而阻力公式变成 $\boldsymbol{f}_{阻}=\gamma \boldsymbol{v}$.亦即，阻力公式不具有时间反演不变性。这就是物理规律对于时间反演的不对称性了。如果将空气阻力效应明显的落体运动录下来，倒着放演，观众便会察觉不对头，因为它违反物理规律。第三章 2.4 节中所讲拍摄电视武打片的特技，就是个很好的例子。

第二章图 2-2 中画了一个铅球从正在行驶的帆船桅杆顶部落下的情景。在船上的人看来，铅球垂直落下，在岸上的人看来，铅球走一条抛物线。对于不同惯性系，铅球具有不同的水平初速度，在伽利略变换下，铅球运动的轨迹不是不变的，这是具体事物的不对称。但是它所服从的动力学规律（牛顿定律）具有伽利略变换下的不变性，这是物理规律的对称性。

2.2 因果关系和对称性原理

自然规律反映了事物之间的因果关系。所谓"因果关系"，就是在一定条件下会出现一定的现象。在这种情况下我们把前者（条件）称为"原因"，后者（现象）称为"结果"。要构成一条稳定的因果关系，最重要的需要有两条：可重复性和预见性。其实这就是科学本身存在的必要前提。以上两条性质要求"相同的原因必定产生相同的结果"。但宏观世界的事物没有绝对相同的，我们可以把语气放宽一些，用"等价"一词代替"相同"，把因果关系归结为：

等价的原因 → 等价的结果。

这里的箭头表示"必定产生"。这就是因果性的等价原理。

一个操作产生"相同"或"等价"的效果，就是不变性，不变性也就是对称性。所以用对称性的语言来说，上述等价原理可改写成下列公式：

对称的原因 → 对称的结果。

应注意，因果关系的等价原理中箭头是单向的，即只有"等价的原因必定产生等价的结果"，但等价的结果可能来源于不等价的原因。从而上列用对称性来表达的因果关系中箭头也是单向的，即对称的结果也可能来源于不对称的原因。所以我们说：

原因中的对称性必反映在结果中，

即结果中的对称性至少有原因中的对称性那么多。

反过来应该说：

结果中的不对称性必在原因中有反映，

即原因中的不对称性至少有结果中的不对称性那么多。

以上原理叫做对称性原理，它是皮埃尔·居里（Pierre Curie）于 1894 年首先提出的[1]，下面举几个例子。

首先，我们试用对称性原理来论证：在有心力的作用下，行星的轨道一定在一个平面内。我们假设太阳和行星都是理想的球体，作用力 $\boldsymbol{f}$ 沿两球心的联线。设某时刻行星具有速度 $\boldsymbol{v}$，则 $\boldsymbol{f}$ 与 $\boldsymbol{v}$ 两个矢量决定一个平面，即图 4-10 的纸平面。以上所述的条件就足以决定行星以后的运动了，亦即，这系统（太阳和行星）的全部原因（力 $\boldsymbol{f}$ 和速度 $\boldsymbol{v}$）对图 4-10 的纸平面具有镜像反射对称性。根据对称性原理，结果（行星的轨道）至少也具有这种对称性，故它不可能向某侧偏斜而离开此平面。

图 4-10 有心力作用下轨道在平面内

根据同样的道理可以论证，当我们抛射一个物体时，若没有其他原因，抛体的轨迹不会偏离其初速度 $\boldsymbol{v}_0$ 与重力 $m\boldsymbol{g}$ 所决定的竖直平面。如果我们发现抛体的轨迹朝某一侧偏斜（结果中出现了不对称性），我们相信，一定存在对此平面不对称的原因，譬如有横向的风。这是上述对称性原理反过来的应用。在足球场上我们常会看到，球员踢出的球会拐弯（特别是在罚角球时），这种球俗称"香蕉球"。赛场上没有风，球偏斜的方向可以由踢球的人控制。这是什么原因呢？即使我们不懂流体力学，但懂得对称性原理，我们就敢肯定，在球离开球员的脚之前就已存在不对称性了。仔细找找原因，我们就会发现，香蕉球踢出时是旋转的，它旋转的方向决定了球向哪边偏斜。

---

[1] P.Curie, *Journal de physique* (Paris), 3rd series, Vol.3(1894), 395～415

旋转——这就是对初始的竖直平面左右不对称的因素，轨迹的偏斜正是这个不对称因素的反映。至于空气和旋转的球之间的相互作用究竟怎样使之偏斜的，那就要靠流体力学的具体知识了。

2.3 守恒律与对称性

现在我们来讨论动量、角动量、能量守恒定律与时空对称性的关系。

我们在第二章 2.2 节里导出：两质点只在彼此相互作用下加速度方向相反，且在加速度与速度无关的情况下，导出加速度沿两质点联线。两结论中前者是动量守恒定律的基础，加上后者既可得到角动量守恒定律。在那里我们隐含地假设了两质点所在的背景空间是均匀各向同性的。倘若背景空间如图 4-11 所示并不均匀，就谈不上两相同质点对中心 O 点的点对称性，从而也没有加速度大小相等、方向相反的结论。所以动量守恒定律是以空间均匀、或者说，以空间的平移对称性为基础的。倘若背景空间如图 4-12 所示是各向异性的，就谈不上两质点对联线的点对称性，从而也没有加速度沿联线的结论。所以角动量守恒定律是以空间各向同性，或者说，以空间的旋转对称性为基础的。

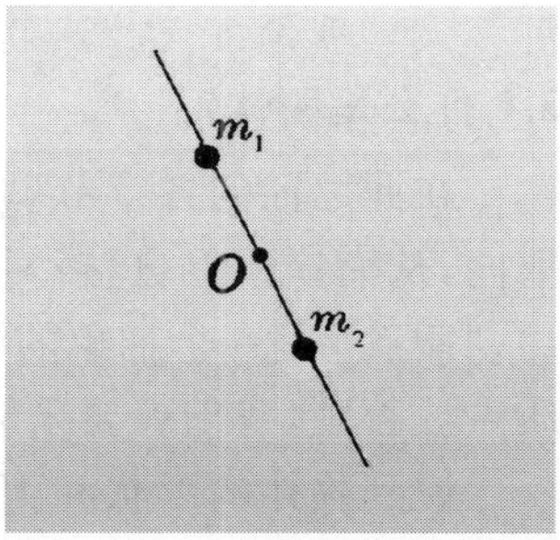

图 4-11 非均匀空间背景中两相同质点并没有对中心 O 的点对称性

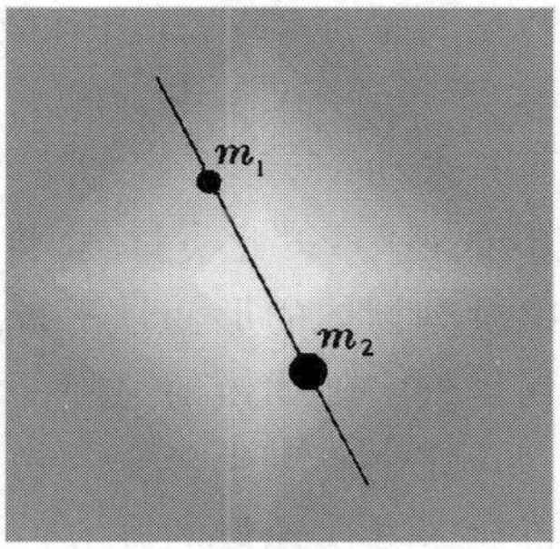

图 4-12 各向异性空间背景中两质点并没有对它们联线的轴对称性

再看能量守恒定律。从宏观的角度看，物体系有保守系和非保守系之分，前者机械能守恒，后者则不然。从微观的角度看无所谓耗散力，在一切系统中，粒子与粒子之间的相互作用可通过相互作用势（譬如像图 3-25 所给出的分子力势能）来表达。时间均匀性，或者说，时间平移不变性意味着，这种相互作用势只与两粒子的相对位置有关，亦即，对于同样的相对位置，粒子间的相互作用势不应随时间而变。在这种情况下系统的总能量（动能 + 势能）自然是守恒的。我们可以举一个例子来说明，在相反的情况下能量可以不守恒。广东省广州市建设了一个抽水蓄能电站，夜间用电低谷时抽水上山；白天用电高峰时放水发电。利用昼夜能源的价值不同，可以获得很好的经济效益。倘若昼夜变化的不仅是能源的价值，而且是重力加速度 g（它代表着万有引力的强度），从而水库中同样水位所蓄的重力势能 mgh 作周期性的变化，则抽水蓄能电站获得的不仅是经济效益，而且是能量的盈余。于是，永动机的梦想实现了。时间的平移不变性不允许出现这种情况。

物理学各个领域里有那么多定理、定律和法则，但它们的地位并不是平等的，而是有层次的。例如，力学中的胡克定律，热学中的物态方程，电学中的欧姆定律，都是经验性的，仅适用于一定的物料、一定的参量范围。这些是较低层次的规律。统帅整个经典力学的是牛顿运动定律，统帅整个电磁学的是麦克斯韦方程，他们都是物理学中整整一个领域中的基本规律，层次要高得多。超过了弹性限度胡克定律不成立，牛顿运动定律仍有效；对于晶体管，欧姆定律不适用，麦克斯韦方程组仍成立。是否还有凌驾于这些基本规律之上更高层次的法则？是的，对称性原理就是这样的法则，由时空对称性导出的能量、动量等守恒定律，也是跨越物理学各个领域的普遍法则。这就是为什么在不涉及一些具体定律之前，我们往往有可能根据对称性原理和守恒定律作出一些定性的判断，得到一些有用的信息。这些法则不仅不会与已知领域里的具体定律相悖，还能指导我们去探索未知的领域。当代理论物理学家(特别是粒子物理学家)正高度自觉地运用对称性法则和与之相应的守恒律,去寻求物质结构更深层次的奥秘。

§3. 刚体运动学

3.1 什么是刚体?

在此之前的各章节里,我们大多把运动物体看作质点或质点组。对于单个质点,谈不上空间取向,从而谈不上自转;对于单个质点,也谈不上形状和大小。早在第一章 1.2 节里我们就已指出,“质点”是一个抽象的模型,如果问题不涉及物体的转动及其形状和大小,我们可以把它看作质点。否则,我们就要采取另外的模型。

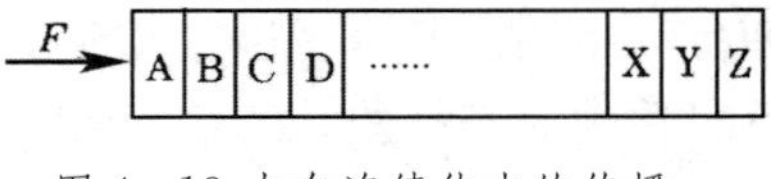

图 4-13 力在连续体内的传播

说到物体的形状和大小,应当看到,严格说来它们都是会改变的。看如图 4-13 所示的例子,将一长形物体水平放置,在其 A 端以水平力 $\boldsymbol{F}$ 推之,则该物整体获得水平加速度。这件事乍看起来似乎平淡无奇,但我们要问:力 $\boldsymbol{F}$ 只作用在物体的 A 部分, B,C,… 各部分,乃至其最远端 Z,并没有受到力 $\boldsymbol{F}$ 的作用,为何也获得了同样的加速度呢? 这当然是推力从 A 到 B, B 到 C,… 一步步传下去,一直传到 Z.传递推力的机制是物体的弹性:开始时力 $\boldsymbol{F}$ 使 A 加速,而 B 未动,于是 A、B 之间产生压缩而互推;这推力使 B 加速,而 C 未动,于是 B、C 之间产生压缩而互推 ……;以此类推,把推力一直传到远端 Z.由此可见,这是一个弹性力的传递过程,在这过程中没有物体的形变是不行的。但是,在很多的情况下物体的弹性形变小得可以忽略,这样,我们就得到实际物体的另外一个抽象模型 —— 刚体(rigid body),即形状和大小完全不变的物体。

完全不发生形变的物体如何传递弹性力呢? 问题不该这样提。实际上是弹性波的传播速度正比于弹性模量的开方(见第六章 5.7 节),物体刚性越大,就意味着它的弹性模量越大,从而扰动在其中的传递速度也越大。刚体模型与弹性波传播速度无穷大的假设是等价的。一般说来,固体中弹性波的速度约 3×10^3 m/s,在 1 ms 内传播 3 m 左右,只要我们所讨论的运动过程比这缓慢得多,就可以认为弹性扰动的传递是瞬时的,亦即,可把物体当作刚体处理。

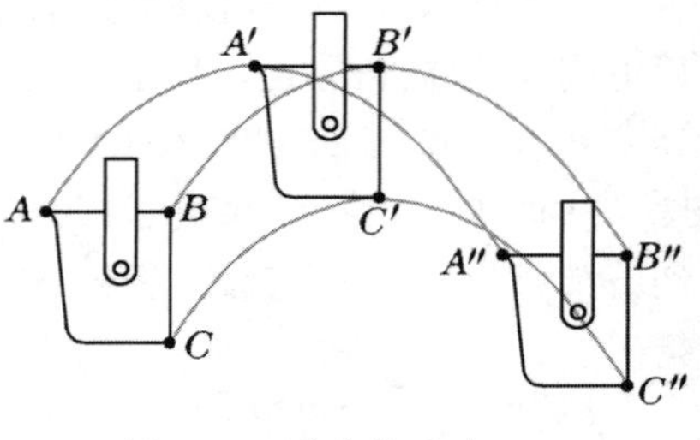

图 4-14 刚体的平动

3.2 平动和转动

刚体的基本运动可分为平动和转动。

固联在刚体上的任一条直线,在各时刻的位置始终保持彼此平行的运动,叫做平动(translation)。图 4-14 所示为钢铁厂中钢水包的运动,这里 $A''B'' \parallel A'B' \parallel AB$, $B''C'' \parallel B'C' \parallel BC$,它的运动是平动。平动的基本特征是,刚体上每一点的运动轨迹 $AA'A''$, $BB'B''$, $CC'C''$,… 都相同,因而各点的速度和加速度也一样。所以,当刚体平动时我们可以选取刚体上的任一点来代表其运动。

如刚体上所有各点都绕同一直线(转轴)作圆周运动,则称为刚体的转动(rotation)。刚体转动的基本特征是,轴上所有各点都保持不动,轴外所有各点在同一时间间隔 Δt 内走过的弧长虽不同,但角位移 $\Delta\varphi$ 都一样。所以,我们可以通过一个共同的角位移、角速度、角加速度来描述刚体的转动。

刚体的一般运动可分解为平动和转动。图 4－15 所示为澳大利亚土著狩猎用的飞镖(boomerang)投出后可飞回原处。它从 AB 飞到 $A'B'$ 位置的过程，可分解为 AB 到 $A'B''$ 的平动

图 4－15 澳大利亚飞镖

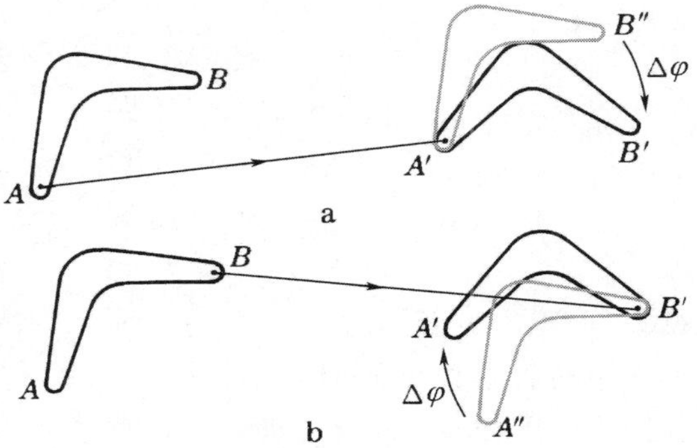

图 4－16 刚体的一般运动 = 平动 + 转动

和 $A'B''$ 到 $A'B'$ 的转动(图 4－16a)。当然，这运动过程也可分解为 AB 到 $A''B'$ 的平动和 $A''B'$ 到 $A'B'$ 的转动(图 4－16b)。在以上两种分解中转轴的位置不同(一个在 A'，另一个在 B')，然而转过的角度 $\Delta\varphi$ 却是一样的。可见，由于转轴位置的选择不同，平动和转动的分解不唯一，但角位移与转轴的位置无关，从而角速度也与转轴的位置无关。

3.3 角速度

在第二章 4.4 节里我们曾很简略地提到角速度矢量 $\boldsymbol{\omega}$ 的概念，用右手螺旋定则规定了它的方向(见图 2－46)。然而，并非一切具有大小和方向的量都是矢量。例如，图 4－17 所示那样的一本书，先绕与书面垂直的 x 轴转 $\pi/2$ 角，再绕与 x 轴垂直的 y 轴转 $\pi/2$ 角，我们得到图 4－17a 的结果。但是若将转动的次序颠倒，即先绕 y 轴转 $\pi/2$ 角，再绕 x 轴转 $\pi/2$ 角，我们却得到如图4－17b 所示的不同结果。虽然角位移也既有大小又有方向(按右手螺旋定则规定沿转轴的方向)，但角位移的合成与转动的先后次序有关，不服从交换律。矢量不仅有大小和方向，还得服从平行四边形合成法则，这法则是服从交换律的。可见，角位移一般不是矢量。

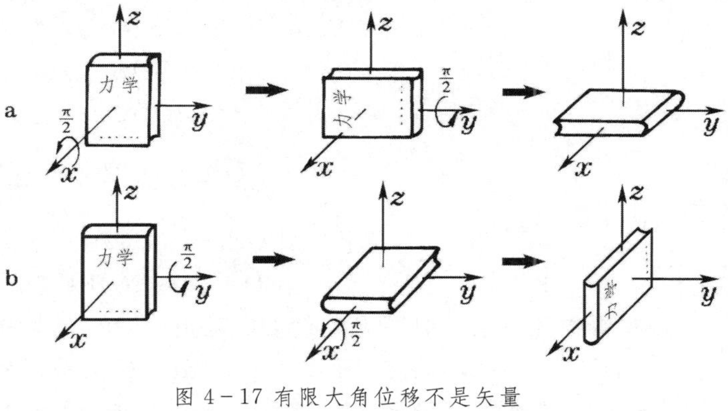

图 4－17 有限大角位移不是矢量

在上面的例子中，角位移是有限大小的，而(瞬时)角速度只与无限小的角位移相联系。现在我们来证明，角速度的合成服从平行四边形法则，从而是真正的矢量。

圆周运动的线速度 v 等于角速度 ω 乘以半径 r，在刚体中各质元线速度 v 等于角速度 ω 乘以它到转轴的垂直距离 $r_{\perp}$ (见图 4－18)：

$$v = \omega\, r_{\perp}. \tag{4.27}$$

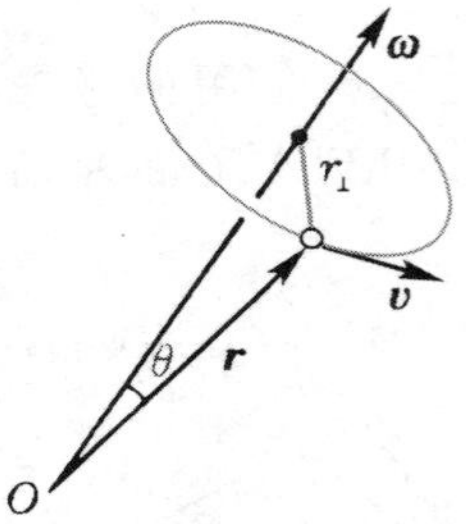

图 4-18 线速度与角速度的关系

设刚体绕不动点 O 同时参与角速度分别为 ω_1 和 ω_2 的两个转动，前者的转轴为 $\overrightarrow{OA}$，后者的转轴为 $\overrightarrow{OB}$. 取 $\overrightarrow{OA}$ 和 $\overrightarrow{OB}$ 的长度分别为 ω_1 和 ω_2，并按平行四边形法则将两者合成为矢量 $\overrightarrow{OC}$（见图 4-19a）。两个转动在 C 点产生速度的大小分别为 $v_1=r_1\omega_1$ 和 $v_2=r_2\omega_2$，这里 r_1 和 r_2 为 C 点到 $\overrightarrow{OA}$ 和 $\overrightarrow{OB}$ 的垂直距离。不难看出，v_1 和 v_2 正好等于 $\triangle OCA$ 和 $\triangle OCB$ 面积的 2 倍，从而彼此相等。而它们之中前者垂直纸面向外，后者垂直纸面向里，相互完全抵消。亦即，C 点是不动的。对于刚体，两不动点 O 和 C 的联线也应是不动的，即 OC 确是合成运动的转轴。

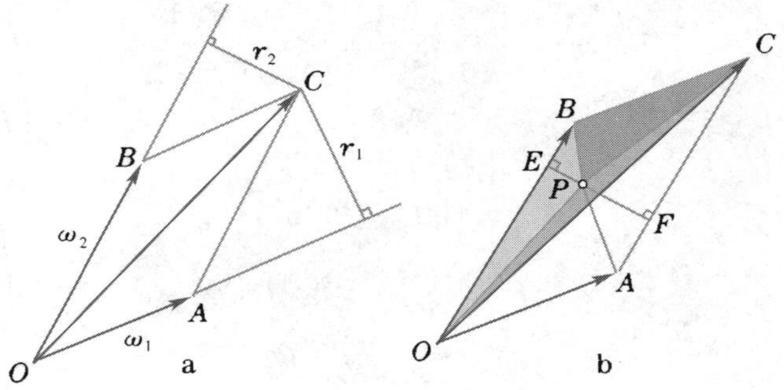

图 4-19 角速度是矢量

因为刚体中各点的角速度是一样的，下一步只需对刚体上随便一个点 P 证明，它绕 $\overrightarrow{OC}$ 轴角速度的大小 ω 等于 $\overline{OC}$. 为简单起见，取 P 在 OAB 平面内，先证明一个几何关系。

如图 4-19b 所示，

$$\text{面积}\ \triangle POB + \triangle POC + \triangle PBC = \triangle OBC = \frac{1}{2}\square OBCA. \tag{a}$$

过 P 点作 OB 和 AC 的垂线 EF，则

$$\begin{aligned}\text{面积}\ \square OBCA &= \overline{OB} \times \overline{EF} = \overline{OB} \times (\overline{EP} + \overline{PF})\\ &= 2 \times (\triangle POB + \triangle PAC)\\ &= 2 \times (\square OBCA - \triangle POA - \triangle PBC),\end{aligned}$$

即

$$\triangle POA + \triangle PBC = \frac{1}{2}\square OCBA. \tag{b}$$

比较(a)、(b) 两式，得

$$\text{面积}\ \triangle POA - \triangle POB - \triangle POC = 0,$$

或

$$\triangle POA - \triangle POB = \triangle POC. \tag{4.28}$$

现在看物理关系。如果 P 点绕 $\overrightarrow{OC}$ 轴角速度的大小为 ω，则线速度为

$$v = \omega \times (P\ \text{到}\ \overrightarrow{OC}\ \text{的垂直距离}), \tag{4.29}$$

v 是 P 绕 $\overrightarrow{OA}$ 轴速度 v_1 与绕 $\overrightarrow{OB}$ 轴速度 v_2 的合成，而 $v_1=\omega_1\times(P$ 到 $\overrightarrow{OA}$ 的垂直距离$)=\triangle POA$ 面积的 2 倍，而 $v_2=\omega_2\times(P$ 到 $\overrightarrow{OB}$ 的垂直距离$)=\triangle POB$ 面积的 2 倍，v_2 与 v_1 方向相反，故依 (4.27) 式有

$$\begin{aligned} v &= v_1 - v_2 = 2\triangle POA - 2\triangle POB\\ &= 2\triangle POC = \overline{OC} \times (P\ \text{到}\ \overrightarrow{OC}\ \text{的垂直距离}). \end{aligned} \tag{4.30}$$

比较(4.29) 式和(4.30) 式，得

$$\omega = \overline{OC}. \tag{4.31}$$

于是我们提出的命题 —— 角速度的合成服从平行四边形法则，从而是真正的矢量，至此全部证讫。

§4. 刚体定轴转动

4.1 角动量与角速度的关系

图 4-19 和(4.27) 式已给出线速度与角速度的关系,但未给出矢量表达式。取转轴上一个参考点 O,设刚体上某质元 Δm 相对于 O 的径矢为 $\boldsymbol{r}$,则质元到转轴的垂直距离 $r_{\perp}=r\sin\theta$,这里 θ 是 $\boldsymbol{r}$ 与角速度 $\boldsymbol{\omega}$ 之间的夹角(见图 4-18),线速度的大小 $v=\omega r\sin\theta$,方向与 $\boldsymbol{\omega}$ 和 $\boldsymbol{r}$ 构成的平面垂直。从图 4-19 中各矢量的指向可以看出,线速度和角速度之间的关系可用如下矢量式来表示:

$$\boldsymbol{v}=\boldsymbol{\omega}\times\boldsymbol{r}. \tag{4.27'}$$

现在我们来讨论角动量与角速度的关系。把刚体看成质点组,按角动量的定义和上式,我们有

$$\begin{aligned}\boldsymbol{J}&=\sum_i \Delta m_i\,\boldsymbol{r}_i\times\boldsymbol{v}_i=\sum_i \Delta m_i\,\boldsymbol{r}_i\times(\boldsymbol{\omega}\times\boldsymbol{r}_i)\\&=\sum_i \Delta m_i[(\boldsymbol{r}_i\cdot\boldsymbol{r}_i)\boldsymbol{\omega}-(\boldsymbol{r}_i\cdot\boldsymbol{\omega})\boldsymbol{r}_i].\end{aligned} \tag{4.32}$$

这里用到矢量恒等式(B.19)(见附录B)。上式表明,角动量 $\boldsymbol{J}$ 与角速度 $\boldsymbol{\omega}$ 成线性关系,但一般说来它们不在同一方向上,即使在刚体绕定轴转动的情况下也可能如此。请看下面的例子。

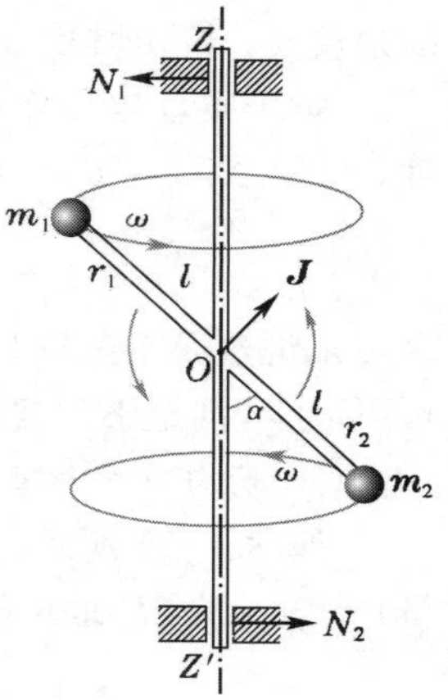

图 4-20 例题 3 ——角动量可以不与角速度平行

例题 3 如图 4-20 所示,刚体由固联在一无质量刚性杆两端的质点 1 和 2 组成(质量 $m_1=m_2=m$),杆长 $2l$,在其中点 O 处与刚性轴 ZOZ' 成 α 角斜向固联。此刚体以角速度 ω 绕轴旋转,求角动量的大小和方向。

解: 取 O 为参考点,令两质点的位矢分别为 $\boldsymbol{r}_1$ 和 $\boldsymbol{r}_2$,则 $\boldsymbol{r}_2=-\boldsymbol{r}_1$。角速度矢量 $\boldsymbol{\omega}$ 沿 OZ 方向,按(4.32) 式,有

$$\boldsymbol{J}=m[\boldsymbol{r}_1\times(\boldsymbol{\omega}\times\boldsymbol{r}_1)+\boldsymbol{r}_2\times(\boldsymbol{\omega}\times\boldsymbol{r}_2)]=2m\boldsymbol{r}_1\times(\boldsymbol{\omega}\times\boldsymbol{r}_1).$$

矢量 $\boldsymbol{\omega}$ 和 $\boldsymbol{r}_1$ 的夹角为 α,矢积 $\boldsymbol{\omega}\times\boldsymbol{r}_1$ 的大小等于 $\omega l\sin\alpha$,方向沿垂直纸面向外;矢量 $\boldsymbol{r}_1$ 和 $\boldsymbol{\omega}\times\boldsymbol{r}_1$ 垂直,矢积 $\boldsymbol{r}_1\times(\boldsymbol{\omega}\times\boldsymbol{r}_1)$ 的大小等于 $\omega l^2\sin\alpha$,方向在纸面内,与杆垂直。故角动量的大小 $J=2m\omega l^2\sin\alpha$,方向如图。▎

在上例中角动量 $\boldsymbol{J}$ 不但与角速度 $\boldsymbol{\omega}$ 的方向不同,而且它的方向随刚体旋转,并不固定。

在上例中惯性离心力给刚体一个力偶矩,其大小为 $m\omega^2l^2\sin2\alpha$(请读者作为练习自己推导)。若不是由于轴承的限制,刚体的转轴会沿逆时针方向旋转(见图 4-20 中的灰色箭头)。转轴的方向之所以不变,是因为受到轴承的约束。在这种情况下我们说,转动刚体没有达到"动平衡",转轴是"非自由的"。非自由轴的轴承都受到约束力的反作用力(约束反力)N_1、N_2,在机械中这种约束反力有时如此之大,可以给机械造成损伤,引起事故。所以在设计机械的结构时,需要考虑转动部件的动平衡,以避免在轴承上产生约束反力。

4.2 转动惯量

在本节中我们讨论刚体绕固定轴转动的动力学问题。这时,无论角动量 $\boldsymbol{J}$ 是否与角速度 $\boldsymbol{\omega}$ 平行,起作用的只是角动量沿转轴方向的分量 $J_{/\!/}$.

取转轴的方向为 z,$J_{/\!/}=J_z$.(4.32) 式中质元位矢 $\boldsymbol{r}_i$ 的分量为(x_i,y_i,z_i),

$$\boldsymbol{r}_i\cdot\boldsymbol{r}_i=r_i^2=x_i^2+y_i^2+z_i^2,\qquad \boldsymbol{r}_i\cdot\boldsymbol{\omega}=\omega z_i.$$

在(4.32) 式中后一行的表达式里,正比于 $\boldsymbol{\omega}$ 的第一项已是沿 z 方向的了;第二项正比于 $\boldsymbol{r}_i$,它的

z 分量为 z_i. 于是

$$J_{/\!/} = \sum_i \Delta m_i (x_i^2 + y_i^2 + z_i^2 - z_i^2)\omega = \sum_i \Delta m_i (x_i^2 + y_i^2)\omega = \left(\sum_i \Delta m_i r_{i\perp}^2\right)\omega,$$

式中 $r_{i\perp}=\sqrt{x_i^2+y_i^2}$ 是质元 Δm_i 到转轴的垂直距离。此式表明，$J_{/\!/}$ 正比于 ω，比例系数为式中括号内的量，今记作 I：

$$I = \sum_i \Delta m_i r_{i\perp}^2. \tag{4.33}$$

此量叫做刚体绕定轴的转动惯量。用转动惯量来表示，则

$$J_{/\!/} = I\omega. \tag{4.34}$$

此式与一维直线运动的动量表达式 $p = mv$ 相对应：角动量 $J_{/\!/}$ 对应于动量 p，角速度 ω 对应于线速度 v，转动惯量 I 对应于质量 m，二者都是惯性大小的量度。

对于质量连续分布的物体，(4.33) 式应改为积分。令 ρ 代表密度，质元 $\Delta m \to \mathrm{d}m = \rho \mathrm{d}V$，这里 $\mathrm{d}V$ 是体积元，于是

$$I = \int r_\perp^2 \mathrm{d}m = \int r_\perp^2 \rho \, \mathrm{d}V. \tag{4.33$'$}$$

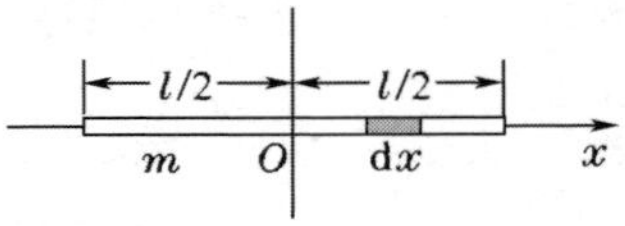

图 4-21 细棒的转动惯量

一般来说这是个三重积分，但对于有一定对称性的物体，积分的重数可以减少，甚至不需要积分。现在举几个简单而重要的例子。

(1) 均匀细棒绕垂直通过质心转轴的转动惯量

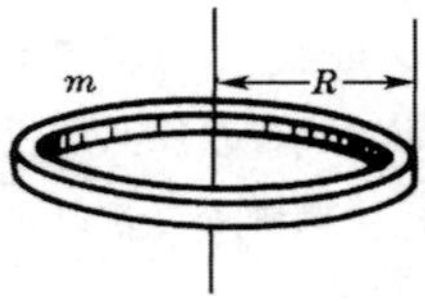

图 4-22 细环的转动惯量

如图 4-21 所示，设棒长为 l，总质量为 m，则线密度（单位长度内的质量）为 $\eta = m/l$. 取沿细棒的坐标为 x，则

$$I = \int x^2\,\mathrm{d}m = \int_{-l/2}^{l/2} x^2 \eta \,\mathrm{d}x = 2\eta \int_0^{l/2} x^2 \mathrm{d}x$$

$$= 2\eta \left[\frac{x^3}{3}\right]_0^{l/2} = \frac{1}{12}\eta l^3 = \frac{1}{12} m l^2.$$

(2) 均匀薄圆环绕垂直环面通过中心转轴的转动惯量

如图 4-22 所示，设圆环的半径为 R，由于所有质元都离轴等远，R 为常量，故

$$I = \int r^2 \,\mathrm{d}m = R^2 \int \mathrm{d}m = mR^2.$$

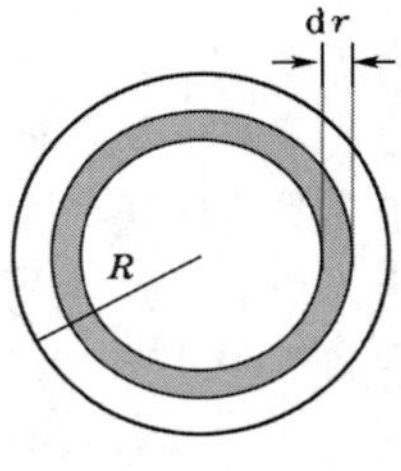

图 4-23 圆盘的转动惯量

(3) 均匀圆盘绕垂直盘面过中心转轴的转动惯量

如图 4-23 所示，设圆盘的半径为 R，总质量为 m，则面密度（单位面积内的质量）为 $\sigma = m/\pi R^2$.将盘划分为许多宽度为 $\mathrm{d}r$ 的同心圆环，则环的面积为 $2\pi r\mathrm{d}r$，质量为 $2\pi\sigma r\mathrm{d}r$，于是

$$I = \int_0^R 2\pi\sigma r^3 \,\mathrm{d}r = \frac{\pi\sigma R^4}{2} = \frac{1}{2} mR^2,$$

此式显然也适用于圆柱。

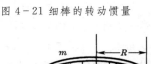

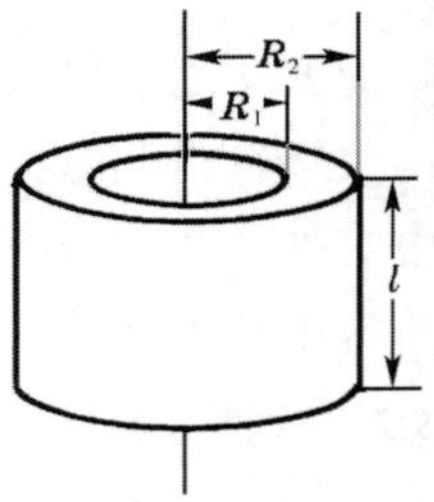

图 4-24 空心圆柱的转动惯量

(4) 空心圆柱绕中心轴的转动惯量

如图 4-24 所示，设圆柱的内、外半径分别为 R_1 和 R_2，高度为 l，密度为 ρ，则总质量为 $m=\rho\pi(R_2^2-R_1^2)l$. 空心圆柱的转动惯量为大小两个实心圆柱的转动惯量之差。令上式中 $\sigma=\rho l$，则对空心圆柱有

$$I=\frac{1}{2}\pi\rho l(R_2^4-R_1^4)=\frac{m(R_2^4-R_1^4)}{2(R_2^2-R_1^2)}=\frac{1}{2}m(R_2^2+R_1^2).$$

(5) 均匀薄球壳绕直径的转动惯量

如图 4-25,设球壳的半径为 R,总质量为 m,则面密度为 $\sigma = m/4\pi R^2$. 将球壳划分为许多高度为 dz 的圆环,则环的面积为 $2\pi r_\perp \mathrm{d}z/\sin\theta$,而 $\sin\theta = r_\perp/R$,故质量为 $2\pi\sigma r_\perp \mathrm{d}z/\sin\theta = 2\pi\sigma R\mathrm{d}z$,垂直距离为 $r_\perp = \sqrt{R^2-z^2}$,于是

$$I = \int_{-R}^{R} 2\pi\sigma R r_\perp^2 \,\mathrm{d}z = \int_{-R}^{R} 2\pi\sigma R(R^2-z^2)\,\mathrm{d}z = \frac{8\pi}{3}\sigma R^4 = \frac{2}{3} mR^2.$$

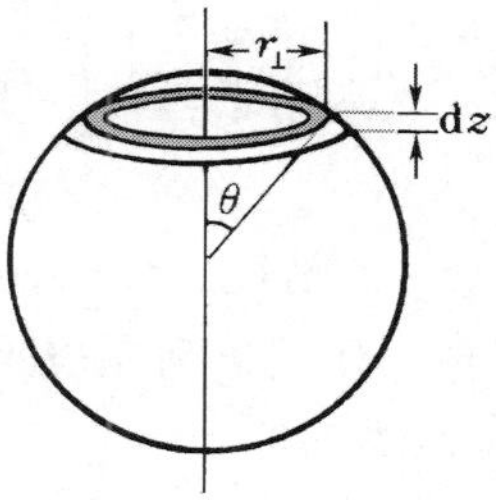

图 4-25　球壳的转动惯量

(6) 均匀球体绕直径的转动惯量

如图 4-26 所示,设球体的半径为 R,总质量为 m,则密度为 $\rho = \dfrac{3m}{4\pi R^3}$. 将球体划分为许多厚度为 d$z$ 的圆盘,则盘的体积为 $\pi r_\perp{}^2 \mathrm{d}z$,质量为 $\pi\rho r_\perp{}^2 \mathrm{d}z$,垂直距离 $r = \sqrt{R^2-z^2}$,于是

$$I = \frac{1}{2}\int_{-R}^{R} \pi\rho r_\perp^4 \mathrm{d}z = \frac{1}{2}\int_{-R}^{R} \pi\rho(R^2-z^2)^2\,\mathrm{d}z = \frac{8\pi}{15}\rho R^5 = \frac{2}{5} mR^2.$$

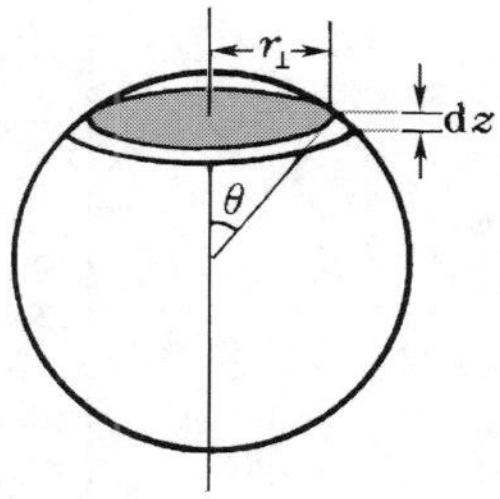

图 4-26 球体的转动惯量

例题 4　根据多年来在全球各地对地震观测的分析研究,发现地球内部是分层的。最突出的一点是在2 900 km 的深度上,地震 P 波(纵波)的速度陡然下降,而 S 波(横波)不见了。这表明,在此深度上有个物理性质陡变的间断面。通常把此面以上的部分叫“地幔(mantle)”,以下的部分叫“地核(core)”。现将地球内部结构简化为地幔和地核两部分,它们分别具有均匀密度 ρ_m 和 ρ_c. 试利用总质量 $M_\oplus = 6.0\times10^{24}$ kg 和转动惯量 $I_\oplus = 0.33 M_\oplus R_\oplus{}^2$ 的数据求 ρ_m 和 ρ_c.

解:

$$\begin{cases} \dfrac{8\pi}{15}[\rho_m(R_\oplus^5 - R_c^5) + \rho_c R_c^5] = 0.33 M_\oplus R_\oplus^2, \\ \dfrac{4\pi}{3}[\rho_m(R_\oplus^3 - R_c^3) + \rho_c R_c^3] = M_\oplus. \end{cases}$$

$R_\oplus = 6\,370$ km, $R_c = R_\oplus - 2\,900$ km $= 3\,470$ km. 将已知数据代入,可解出

$$\rho_m = 4.2\,\mathrm{g/cm^3}, \qquad \rho_c = 12.7\,\mathrm{g/cm^3}. \blacksquare$$

实际上在地幔中密度由 3.3 g/cm^3 增到 5.6 g/cm^3,地核中密度由 9.9 g/cm^3 增到 13 g/cm^3. 这里算出的 ρ_c 作为平均值偏高了一点。

4.3 转动惯量的平行轴定理和正交轴定理

在以上各例中转轴都是通过刚体质心的对称轴,如果我们把转轴平移,转动惯量如何变化?下面的定理可以回答这个问题。

(1) 平行轴定理

设刚体绕通过质心转轴的转动惯量为 I_C,将轴朝任何方向平行移动一个距离 d,则绕此轴的转动惯量 I_D 为

$$I_D = I_C + md^2. \tag{4.35}$$

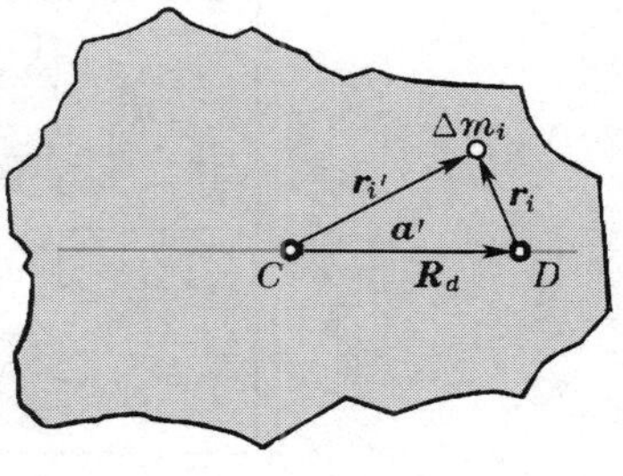

图 4-27 平行轴定理

证:通过质元 Δm_i 作一平面与平行轴垂直,此面与轴的交点分别为 C 和 D,如图 4-27. 设从 C 到 D 点的位移矢量为 $\boldsymbol{R}_d$(其长度为 d),以 D 和 C 为参考点,质元 Δm_i 的平面位矢分别为 $\boldsymbol{r}_i$ 和 $\boldsymbol{r}_i'$,则

$$\boldsymbol{r}_i = \boldsymbol{r}' - \boldsymbol{R}_d,$$

从而

$$r_i^2 = \boldsymbol{r}_i\cdot\boldsymbol{r}_i = (\boldsymbol{r}_i' - \boldsymbol{R}_d)\cdot(\boldsymbol{r}_i' - \boldsymbol{R}_d) = r_i'^2 + d^2 - 2\boldsymbol{r}_i'\cdot\boldsymbol{R}_d.$$

故

$$I_D = \sum_i \Delta m_i r_i^2 = \sum_i \Delta m_i r_i'^2 + \Big(\sum_i \Delta m_i\Big) d^2 - 2\Big(\sum_i \Delta m_i \boldsymbol{r}_i'\Big)\cdot\boldsymbol{R}_d = I_C + md^2 - 0,$$

最后一项等于 0 是根据质心的定义。至此定理证讫。

运用平行轴定理我们很容易算出 3.2 节(a) 中的细棒绕端点 D 的转动惯量。这时 $d=l/2$，

$$I_D = I_C + md^2 = \frac{1}{12}ml^2 + m\left(\frac{l}{2}\right)^2 = \frac{1}{3}ml^2.$$

在 3.2 节(b)、(c)…… 各情形里将转轴平移至刚体边缘时的转动惯量，也不难用类似方法求出。现只将结果列在表 4 - 1 中，在此就不赘述了。

表 4-1　常见刚体的转动惯量

刚体		转轴	转动惯量
细棒	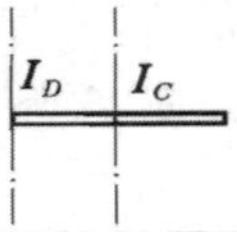	通过中心与棒垂直	$I_C = \frac{1}{12}ml^2$
		通过端点与棒垂直	$I_D = \frac{1}{3}ml^2$
细圆环	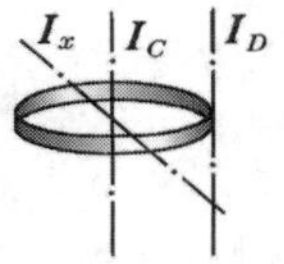	通过中心与环面垂直	$I_C = mR^2$
		通过边缘与环面垂直	$I_D = 2mR^2$
		直　径	$I_x = I_y = \frac{1}{2}mR^2$
薄圆盘	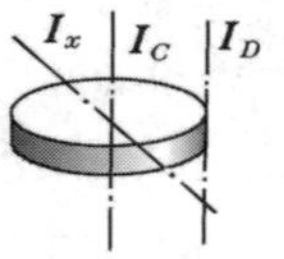	通过中心与盘面垂直	$I_C = \frac{1}{2}mR^2$
		通过边缘与盘面垂直	$I_D = \frac{3}{2}mR^2$
		直　径	$I_x = I_y = \frac{1}{4}mR^2$
空心圆柱	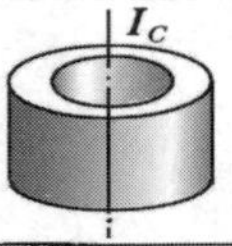	对称轴	$I_C = \frac{1}{2}m(R_2^2+R_1^2)$
球壳	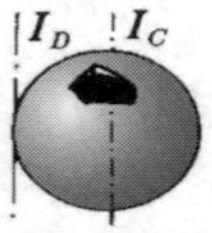	中心轴	$I_C = \frac{2}{3}mR^2$
		切　线	$I_D = \frac{5}{3}mR^2$
球体	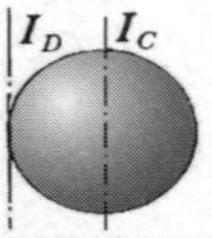	中心轴	$I_C = \frac{2}{5}mR^2$
		切　线	$I_D = \frac{7}{5}mR^2$
立方体	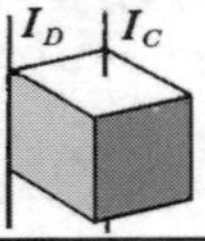	中心轴	$I_C = \frac{1}{6}ml^2$
		棱　边	$I_D = \frac{2}{3}ml^2$

(2) 薄板的正交轴定理

设刚性薄板的平面为 xy 面，z 轴与之垂直(见图 4 - 28)，则对于任何原点 O 绕三 个坐标轴的转动惯量分别为

$$\begin{cases} I_z = \sum_i \Delta m_i (x_i^2 + y_i^2), \\ I_x = \sum_i \Delta m_i y_i^2, \\ I_y = \sum_i \Delta m_i x_i^2. \end{cases}$$

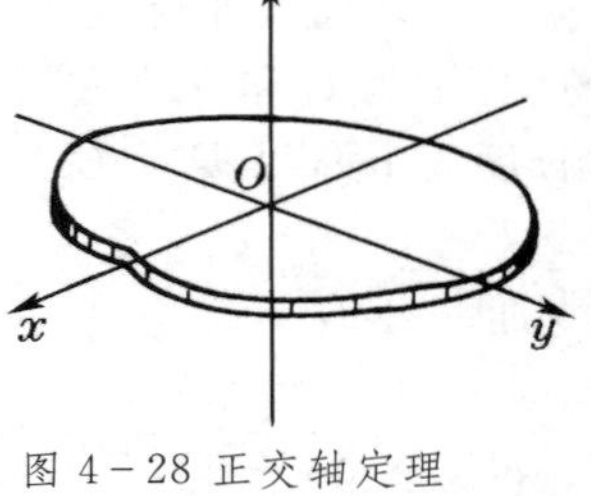

图 4 - 28 正交轴定理

由此显然可见

$$I_z = I_x + I_y . \tag{4.36}$$

应用这个定理可以很容易地求出圆环或圆盘绕直径的转动惯量。由于对称性，$I_x = I_y = \dfrac{1}{2} I_z$. 所以，由 3.2 节(b)、(c) 的结果，$I_z = mR^2$（圆环）和$\frac{1}{2}mR^2$（圆盘）可知

$$I_x = I_y = \begin{cases} \frac{1}{2} mR^2, & \text{（圆环）} \\ \frac{1}{4} mR^2. & \text{（圆盘）} \end{cases}$$

下面我们再介绍一种方法 —— 标度变换方法，可以不用积分即能求得某些特殊形状物体的转动惯量。

例题 5　求均匀立方体绕通过面心的中心轴的转动惯量 I_C.

解：令立方体的总质量为 m，边长为 l. 设

$$I_C = kml^2,$$

从量纲可以看出，这里的系数 k 是个无量纲的量。因为一切立方体在几何上都是相似的，它们应具有同样的 k. 中心轴到棱边的距离是 $d = l/\sqrt{2}$，利用平行轴定理，立方体绕棱边的转动惯量应为

$$I_D = kml^2 + m\left(\frac{l}{\sqrt{2}}\right)^2 = \left(k + \frac{1}{2}\right) ml^2.$$

如图 4-29 所示，将立方体分成 8 个 230 小立方体，每个的质量为 $m/8$，边长为 $l/2$，绕棱边的转动惯量为

$$I_D' = \left(k + \frac{1}{2}\right)\frac{m}{8}\left(\frac{l}{2}\right)^2 = \frac{1}{32}\left(k + \frac{1}{2}\right) ml^2.$$

8 个小立方体绕棱边的转动惯量之和应等于大立方体绕中心轴的转动惯量：

$$I_C = 8I_D', \quad \text{即} \quad \frac{8}{32}\left(k + \frac{1}{2}\right) = k,$$

由此得：

$$k = \frac{1}{6}, \quad I_C = \frac{1}{6} ml^2. \ \blacksquare$$

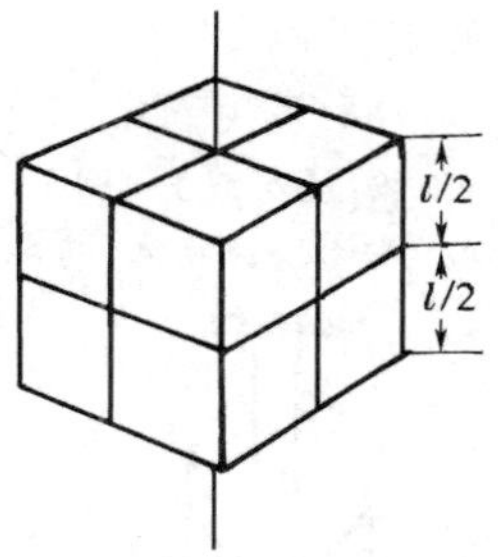

图 4-29 立方体的转动惯量

最后，我们引入回旋半径的概念。圆环绕中心轴的转动惯量与单个质点一样，为 $I = mR^2$，这是因为所有质量都分布在同一距离 $R = \sqrt{I/m}$ 上。我们定义任意刚体的*回旋半径* $\overline{R} = \sqrt{I/m}$，例如球体绕直径的回旋半径$\overline{R} = \sqrt{2/5}\,R$，立方体绕中心轴的回旋半径$\overline{R} = \sqrt{1/6}\,R$. 意思是说，从转动惯量来看，似乎刚体的质量都分布在这个等效距离上。

4.4 绕定轴转动的动力学

把刚体看成质点组，根据质点组的角动量定理(4.15) 式，

$$\boldsymbol{M}_{外} = \frac{\mathrm{d}\boldsymbol{J}}{\mathrm{d}t},$$

若转轴固定，刚体仅有一个自由度，我们只需考虑力矩和角动量平行于转轴的分量：

$$M_{外/\!/} = \frac{\mathrm{d}J_{/\!/}}{\mathrm{d}t} = \frac{\mathrm{d}(I\omega)}{\mathrm{d}t}, \tag{4.37}$$

刚体的转动惯量 I 是不变的，故有

$$M_{外/\!/} = I\frac{\mathrm{d}\omega}{\mathrm{d}t} = I\beta, \tag{4.38}$$

式中

$$\beta = \frac{\mathrm{d}\omega}{\mathrm{d}t} \tag{4.39}$$

称为刚体绕定轴的*角加速度*。(4.37) 式与一维直线运动的牛顿第二定律 $f = ma$ 是对应的，这里力

矩 $M_{外//}$ 对应于力 f，转动惯量 I 对应于质量 m，角加速度 β 对应于加速度 a.

若外力矩分量 $M_{外//}=0$，则角动量 $J=I\omega$ 守恒，这一点即使对于非刚体也适用。转动惯量反映一个物体内质量相对于转轴的分布情况，若许多质量分布离转轴较远，则转动惯量大，反之则转动惯量小。在没有外力矩分量 $M_{外//}$ 的情况下，若转动惯量 I 变大(小)，则角速度 ω 变小(大)，以保证它们的乘积守恒。

在图 4-30 的演示实验里，演示者坐在一个可绕垂直轴无摩擦转动的凳子上。先伸开手握哑铃的两臂，并令人和凳一起以一定的角速度旋转。然后，当演示者把双臂收回时，转动惯量变小，转速增大；当双臂重新伸开时，转动惯量变大，转动又减缓下来。花样滑冰运动员或芭蕾舞演员快速旋转时，总是先将手脚伸开，以一定角速度转动，然后迅速收回手脚，转速就显然增加了。半径缩小时角速度增大，这都是角动量守恒的表现。

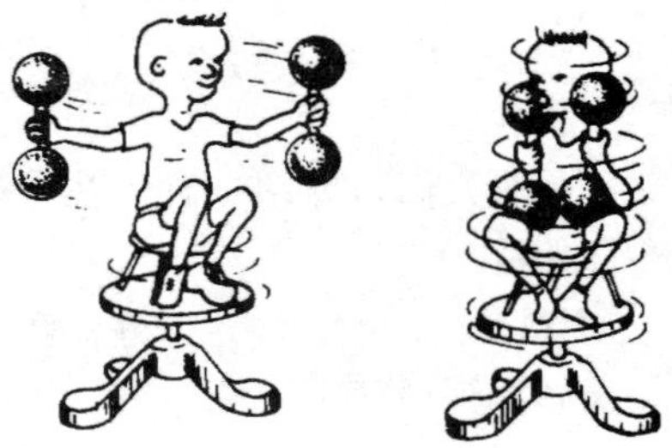

图 4-30 角动量守恒的演示实验

下面我们举一些刚体绕定轴转动的例题。

例题 6 图 4-31 所示的装置叫做阿特伍德(Atwood)机，用一细绳跨过定滑轮，而在绳的两端各悬质量为 m_1 和 m_2 的物体，其中 $m_1>m_2$，求它们的加速度及绳两端的张力 T_1 和 T_2.设绳不可伸长，质量可忽略，它与滑轮之间无相对滑动；滑轮的半径为 R，质量为 m，且分布均匀。

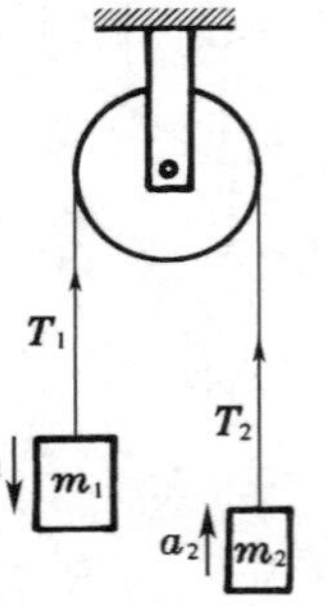

图 4-31 例题 6——阿特伍德机

解：分别隔离 m_1，m_2 和滑轮如图，对 m_1 和 m_2 有

$$\begin{cases} m_1 g - T_1 = m_1 a_1, \\ T_2 - m_2 g = m_2 a_2. \end{cases}$$

对滑轮，外力矩为 $(T_1-T_2)R$，转动惯量 $I=\frac{1}{2}mR^2$，故有

$$(T_1-T_2)R = I\beta = \frac{1}{2}mR^2\beta$$

由于绳子不可伸长，且不打滑， $a_1=a_2=R\beta.$

上述方程联立求解可得

$$a_1 = a_2 = \frac{2(m_1-m_2)}{m+2(m_1+m_2)}g,$$

$$T_1 = \frac{(m+4m_2)m_1}{m+2(m_1+m_2)}g, \quad T_2 = \frac{(m+4m_1)m_2}{m+2(m_1+m_2)}g. \blacksquare$$

若滑轮质量 $m\to 0$，以上结果与第二章例题 7 相同。

例题 7 图 4-32 所示为测量刚体转动惯量的装置。待测的物体装在转动架上，细线的一端绕在半径为 R 的轮轴上，另一端通过定滑轮悬挂质量为 m 的物体，细线与转轴垂直。待测刚体对转轴的转动惯量。忽略各轴承的摩擦，忽略滑轮和细线的质量，细线不可伸长，预先测定转动架对转轴的转动惯量为 I_0.

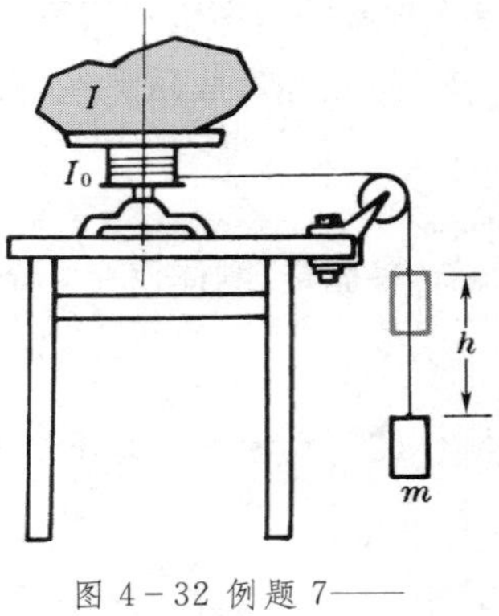

图 4-32 例题 7——转动惯量的测量

解：隔离物体 m，由牛顿第二定律有

$$mg - T = ma.$$

以待测刚体和转动架为整体，有绕定轴转动的运动方程

$$TR = (I+I_0)\beta.$$

由细线不可伸长以及 m 自静止下落，有

$$a = R\beta, \qquad h = \frac{1}{2}at^2.$$

上述各式联立求解，得

$$I = mR^2\left(\frac{gt^2}{2h}-1\right)-I_0.$$

从已知数据 I_0、R、h、t 即可算出待测的转动惯量 I 来。▌

例题 8　如图 4-33 所示，以水平力 f 打击悬挂在 P 点的刚体，打击点为 O. 若打击点选择合适，则打击过程中轴对刚体的切向力 F_t 为 0，该点称为**打击中心**。求打击中心到轴的距离 r_O.

解：刚体在水平力的力矩 fr_O 作用下作定轴转动。设刚体的转轴转动惯量为 $I=m\overline{R}^2$，m 为刚体质量，$\overline{R}$ 为回旋半径。设棒的角加速度为 β，则转动的运动方程为

$$fr_O = I\beta = m\overline{R}^2\beta,$$

刚体质心的切向加速度为 $a_{Ct}=r_C\beta$，沿此方向的运动方程为

$$F_t + f = ma_{Ct} = mr_C\beta.$$

从两式消去 β，得

$$F_t = \left(\frac{r_Or_C}{\overline{R}^2}-1\right)f.$$

要使轴对棒的切向力 F_t 为 0，应有

$$r_O = \frac{\overline{R}^2}{r_C}. \tag{4.40}$$

r_O 即为所求打击中心 O 到轴的距离。

上述结果适用于各种刚体。对于悬于端点的细棒，

$$r_C = l/2,\ \overline{R}^2 = l^2/3,\ r_O = 2l/3.$$ ▌

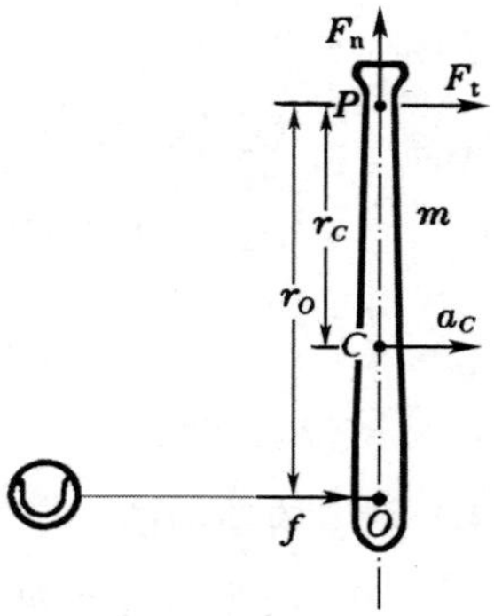

图 4-33 例题 8
—— 打击中心

用棒击球时，若击球点在打击中心附近，则手受到棒的作用力最小。若击球点到手握处（转轴）的距离 $r>r_O$，则手对棒的作用力 F_t 与球对棒的作用力 f 方向相同，握棒的手指受力。若 $r<r_O$，则 F_t 与 f 方向相反，握棒手的虎口受力。

4.5 冲量矩

(4.38) 式是瞬时的规律，两端乘以 dt，

$$M_{外//}\,dt = I\,d\omega,$$

积分后得

$$\int_0^t M_{外//}\,dt = I(\omega-\omega_0). \tag{4.41}$$

上式左端是力矩在一段作用时间内的冲量，称为冲量矩，它等于刚体角动量的增量。

例题 9　如图 4-34 所示，一质量为 m 的子弹以水平速度射入一静止悬于顶端长棒的下端，穿出后速度损失 3/4，求子弹穿出后棒的角速度 ω. 已知棒长为 l，质量为 M.

解：以 f 代表棒对子弹的阻力，对于子弹有

$$\int f\,dt = m(v-v_0) = -\frac{3}{4}mv_0.$$

子弹对棒的反作用力 f' 对棒的冲量矩为

$$\int f'l\,dt = l\int f'\,dt = I\omega.$$

因 $f'=-f$，由两式得

$$\omega = \frac{3mv_0l}{4I} = \frac{9mv_0}{4Ml}.$$

这里用到了长棒的转动惯量公式 $I=\frac{1}{3}Ml^2$. ▌

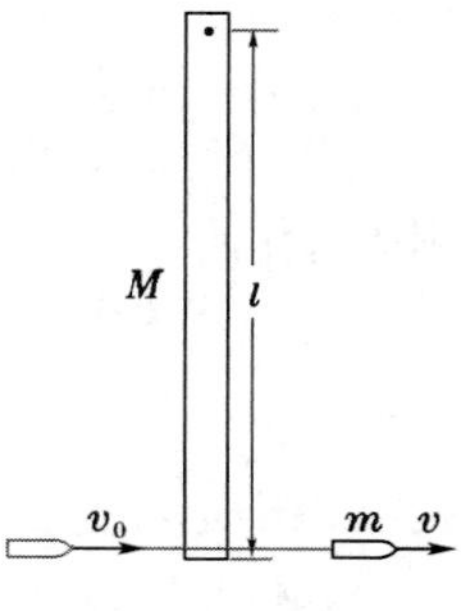

图 4-34 例题 9
—— 子弹穿棒

此题也可以用子弹和棒的总角动量守恒来解，虽然它们的总动量是不守恒的（为什么？）。

例题 10　如图 4-35 所示，两个均匀圆柱各自绕自身的轴转动，两轴互相平行。圆柱半径和质量分别为 R_1、R_2、M_1、M_2. 开始时两柱分别以角速度 ω_1、ω_2 同向旋转。然后缓缓移动它们，使互相接触。求两柱在相互间摩擦力的作用下所达到的最终角速度 ω_1'、ω_2'.

解：最终状态是两柱表面没有相对滑动，即 ω_1'、ω_2' 方向相反，并满足

$$\omega_1' R_1 = -\omega_2' R_2, \tag{a}$$

由于两柱接触时摩擦力大小相等(记作 f)、方向相反,力矩和它们的冲量(冲量矩)的大小正比于半径,方向相同:

$$\begin{cases} \int R_1 f\,\mathrm{d}t = R_1 \int f\,\mathrm{d}t = I_1(\omega_1' - \omega_1), \\ \int R_2 f\,\mathrm{d}t = R_2 \int f\,\mathrm{d}t = I_2(\omega_2' - \omega_2). \end{cases}$$

消去 $\int f\,\mathrm{d}t$,得

$$\frac{R_1}{R_2} = \frac{I_1(\omega_1' - \omega_1)}{I_2(\omega_2' - \omega_2)}. \tag{b}$$

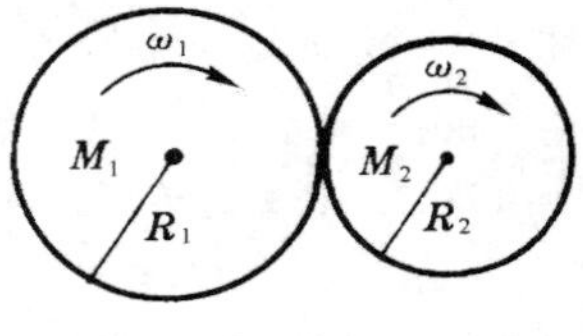

图 4-35 例题 10——两旋转柱体接触

从(a)、(b)两式解得

$$\begin{cases} \omega_1' = \dfrac{R_2(I_1\omega_1 R_2 - I_2\omega_2 R_1)}{I_1 R_2^2 + I_2 R_1^2} = \dfrac{M_1 R_1 \omega_1 - M_2 R_2 \omega_2}{R_1(M_1 + M_2)}, \\ \omega_2' = \dfrac{R_1(I_2\omega_2 R_1 - I_1\omega_1 R_2)}{I_1 R_2^2 + I_2 R_1^2} = \dfrac{M_2 R_2 \omega_2 - M_1 R_1 \omega_1}{R_2(M_1 + M_2)}. \end{cases}$$

这里用到了圆柱的转动惯量公式 $I_1 = \frac{1}{2} M_1 R_1^2$,$I_2 = \frac{1}{2} M_2 R_2^2$. ▌

请读者考虑一下,在以上例题中由两柱所构成的系统总角动量守恒吗?为什么?

4.6 刚体的功和能

(1) 刚体的重力势能

和一切质点组一样,刚体的重力势能为

$$E_{p重} = \sum_i \Delta m_i g h_i = g\left(\sum_i \Delta m_i h_i\right) = mgh_C. \tag{4.42}$$

亦即,这相当于总质量 $m = \sum_i \Delta m_i$ 集中在质心 C 的高度 h_C 上。

(2) 刚体的转动动能

刚体的定轴转动动能为

$$\begin{aligned} E_k &= \frac{1}{2}\sum_i \Delta m_i v_i^2 = \frac{1}{2}\sum_i \Delta m_i (\boldsymbol{\omega} \times \boldsymbol{r}_i) \cdot (\boldsymbol{\omega} \times \boldsymbol{r}_i) \\ &= \frac{1}{2}\sum_i \Delta m_i \boldsymbol{\omega} \cdot [\boldsymbol{r}_i \times (\boldsymbol{\omega} \times \boldsymbol{r}_i)] = \frac{1}{2}\boldsymbol{\omega} \cdot \left[\sum_i \Delta m_i \boldsymbol{r}_i \times (\boldsymbol{\omega} \times \boldsymbol{r}_i)\right] \\ &= \frac{1}{2}\boldsymbol{\omega} \cdot \boldsymbol{J} = \frac{1}{2} J_{/\!/}\, \omega = \frac{1}{2} I\omega^2. \end{aligned} \tag{4.43}$$

(3) 力矩的功

设 $\boldsymbol{f}_{外i}$ 是作用在质元 Δm_i 上的外力,则在时间间隔 Δt 内,外力对定轴转动刚体所作的元功为

$$\begin{aligned} \mathrm{d}A_{外} &= \sum_i \boldsymbol{v}_i \cdot \boldsymbol{f}_{外i}\,\mathrm{d}t = \sum_i (\boldsymbol{\omega} \times \boldsymbol{r}_i) \cdot \boldsymbol{f}_{外i}\,\mathrm{d}t \\ &= \sum_i (\boldsymbol{r}_i \times \boldsymbol{f}_{外i}) \cdot \boldsymbol{\omega}\,\mathrm{d}t = \boldsymbol{M}_{外} \cdot \boldsymbol{\omega}\,\mathrm{d}t = M_{外/\!/}\,\mathrm{d}\varphi. \end{aligned} \tag{4.44}$$

式中 $\mathrm{d}\varphi = \omega\,\mathrm{d}t$ 是角位移。

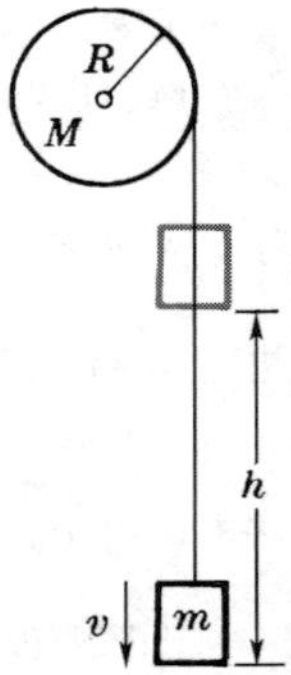

图 4-36 例题 11——缠绕在轴上的重物

例题 11 装置如图 4-36 所示,绳的上端缠绕在圆柱上,下端系以重物 mg. 重物自然下垂,由静止开始降落,并带动圆柱转动。求重物降落了高度 h 时的速率 v. 已知圆柱的质量和半径分别为 M 和 R,并设绳的质量可忽略,且不可伸长。

解: 由机械能守恒定律,

$$mgh = \frac{1}{2}mv^2 + \frac{1}{2}I\omega^2 = \frac{1}{2}mv^2 + \frac{1}{2}\left(\frac{1}{2}MR^2\right)\omega^2,$$

因绳不可伸长,有 $v = R\omega$,可以解得

$$v = 2\sqrt{\frac{mgh}{M + 2m}}. ▌$$

例题 12 如图4-37a所示，将单摆和一等长的匀质直杆悬挂在同一点，杆的质量 m 也与单摆的摆锤相等。开始时直杆自然下垂，将单摆摆锤拉到高度 h_0，令它自静止状态下摆，于竖直位置和直杆作弹性碰撞。求碰撞后直杆下端达到的高度 h.

解：碰撞前单摆摆锤的速度为 $v_0=\sqrt{2gh_0}$，令碰撞后直杆的角速度为 ω，摆锤的速度为 v'. 由角动量守恒，有

$$ml(v_0-v')=I\omega, \tag{a}$$

式中杆的转动惯量 $I=\dfrac{1}{3}ml^2$.

在弹性碰撞过程中机械能也是守恒的：

$$\frac{1}{2}m(v_0^2-v'^2)=\frac{1}{2}I\omega^2. \tag{b}$$

(a) 式、(b) 式联立解得

$$v'=\frac{v_0}{2},\quad \omega=\frac{3v_0}{2l}.$$

按机械能守恒，碰撞后摆锤达到的高度显然为 $h'=\dfrac{h_0}{4}$，而杆的质心达到的高度 h_C 满足

$$\frac{1}{2}I\omega^2=mgh_C,$$

由此得

$$h=2h_C=\frac{3h_0}{2}.$$

结果见图 4-37b. ▌

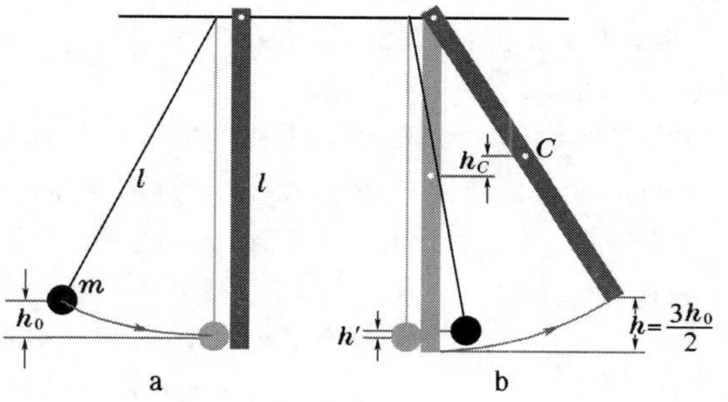

图 4-37 例题 12—— 单摆与悬杆碰撞

4.7 复摆

在重力作用下绕不通过质心的水平轴运动的任何刚体(见图4-38)，叫做复摆(物理摆)，这名称是相对于单摆(数学摆)而言的。单摆的质量全部集中于下端，可看作质点，复摆则不能，需要用刚体的概念来处理。上题中的直杆就是一个复摆。

复摆的重力势能为

$$U(\theta)=mgr_C(1-\cos\theta)\approx\frac{1}{2}mgr_C\theta^2\text{(小摆幅近似)},$$

r_C 为悬点 O 到质心 C 的距离。下面来求复摆的周期。

在第三章3.1节中我们曾推导过一个一维小振动周期的公式(3.36)，那公式不仅适用于平动，对于定轴转动，只需作如下代换：

$$x\rightarrow\theta,\quad v\rightarrow\omega,\quad m\rightarrow I,$$

故

$$T=2\pi\sqrt{\frac{I}{U_0''}}, \tag{4.45}$$

式中 $U_0''=[\mathrm{d}^2U(\theta)/\mathrm{d}\theta^2]_{\theta=0}$. 对复摆，$U_0''=mgr_C$，故有

$$T=2\pi\sqrt{\frac{I}{mgr_C}}. \tag{4.46}$$

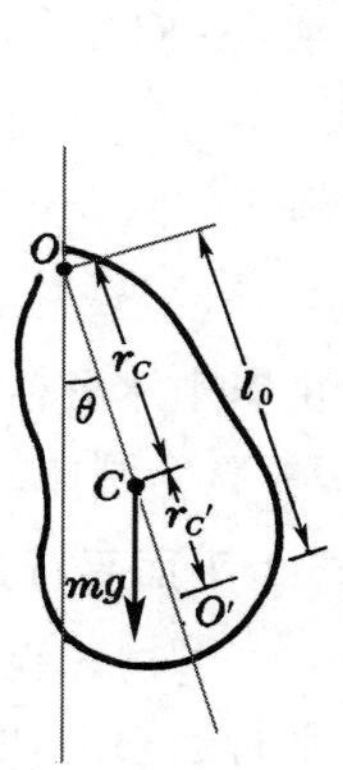

图 4-38 复 摆

与单摆的周期公式相比，可以看出，复摆相当于一个摆长为

$$l_0=\frac{I}{mr_C} \tag{4.47}$$

的单摆。由上式定义的 l_0 叫做复摆的等值摆长。利用平行轴定理 $I=I_C+mr_C^2$ 可将上式改写一下：

$$l_0=r_C+\frac{I_C}{mr_C}\quad\text{或}\quad\frac{I_C}{mr_C(l_0-r_C)}=1. \tag{4.48}$$

上式表明，r_C 和 $r'_C = l_0 - r_C$ 的地位是可以对调的，亦即，如果我们把复摆倒过来，悬挂在 OC 延长线上到 O 点的距离为 l_0 的 O' 点上，其周期不变。复摆的这一性质，称为“可倒逆性”。通过测量复摆的周期，是精密测量重力加速度 g 的一种重要方法。若利用周期公式(4.46)，就要涉及转动惯量 I，这是一个难以精确测量的量。如果利用摆的可倒逆性，找到周期相等的 O、O' 两点，精确地测出其间距离 l_0，即可利用含等值摆长的周期公式

$$T = 2\pi\sqrt{\frac{l_0}{g}}$$

求得 g 值。

例题 13　悬挂于圆周上一点的圆环，叫做圆环摆。圆环摆的一个奇特的性质，是把它截去任意一段圆弧，其周期不变。试证明之。

解：整个圆环直径的两个端点是对称的，互为倒逆点。故其等值摆长 $l_0 = 2R$(R 为半径)。如图 4-39 所示，在圆环上截去一段圆弧，令剩下一段的质心为 C，$\overline{OC} = r_C$，设其质量为 m. 利用平行轴定理，绕圆心的转动惯量为 $I_0 = I_C + m(R - r_C)^2$. 另一方面，对于圆心，圆弧上所有的点都等远，故其回旋半径为 R，$I_0 = mR^2$. 所以

$$I_0 = I_C + m(R - r_C)^2 = mR^2,$$

由此解得

$$I_C = mr_C(2R - r_C).$$

按(4.48)式，

$$l_0 = r_C + \frac{I_C}{mr_C} = r_C + \frac{mr_C(2R - r_C)}{mr_C} = 2R.$$

亦即，这等值摆长与整个圆环的相同，从而周期为

$$T = 2\pi\sqrt{\frac{2R}{g}},$$

与截去多少无关。▌

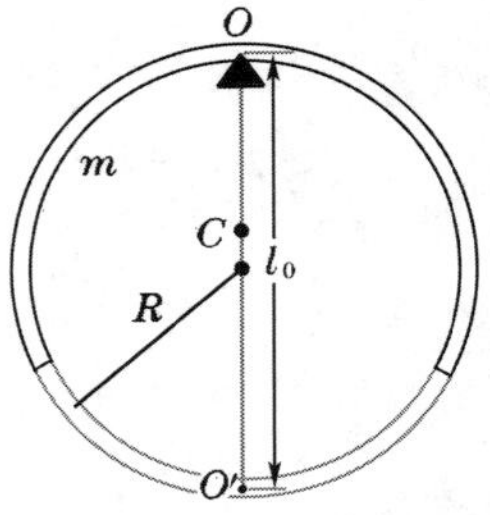

图 4-39 例题 13
—— 圆环摆

§5. 刚体的平面平行运动

5.1 刚体一般运动的动力学

我们一直把刚体看作是质点组，对于一个质点组，“质心”的概念有着重要的意义。因为对于平动，我们有质心运动定理[见(3.50)式]：

$$\boldsymbol{F}_{外} = \frac{\mathrm{d}\boldsymbol{P}}{\mathrm{d}t} = m\frac{\mathrm{d}\boldsymbol{v}_C}{\mathrm{d}t},$$

对于绕质心的转动，我们有质心角动量定理：

$$\boldsymbol{M}_{外C} = \frac{\mathrm{d}\boldsymbol{J}_C}{\mathrm{d}t}. \tag{4.49}$$

由于刚体没有形变，即内部质点之间没有相对运动，所以若知道了质心本身的运动和绕质心的转动，整个刚体的运动就全部知晓了。因此，利用以上两条定理，就可全部解决刚体的动力学问题。

5.2 平面平行运动

若刚体内所有点的运动都平行于某一平面，则这种运动叫做刚体的平面平行运动。在平面平行运动中，刚体内垂直于该平面的任一直线在运动中始终保持垂直于该平面，而且在垂线上各点的运动显然是相同的。因此，为研究这种运动，只需取平行于该平面的任一剖面加以研究就够了。对于平面平行运动，刚体的角速度矢量 $\boldsymbol{\omega}$(或者说转轴)只能垂直于运动平面，与定轴转动的区别仅在于转轴本身是可以横向移动的。所以，对于平面平行运动，上面的(3.50)式可以只取运动平面内的两个分量，而(4.49)式可以只取垂直运动平面(即平行转轴)的分量。这时 $J_{C/\!/} = I_C\omega$，$\mathrm{d}J_{C/\!/}/\mathrm{d}t = I_C\,\mathrm{d}\omega/\mathrm{d}t = I_C\beta$，(4.49)式化为

$$M_{外C//}=I_C\frac{\mathrm{d}\omega}{\mathrm{d}t}=I_C\beta,$$

此式形式上与刚体绕定轴转动的动力学公式(4.38)一样，只不过此式必须以质心为参考点，转轴随着质心平动。

归纳起来，刚体平面平行运动可分解为质心的运动和绕质心的转动，二者的动力学方程分别为

$$\begin{cases}\text{质心运动定理} \quad \boldsymbol{F}_{外}=m\dfrac{\mathrm{d}\boldsymbol{v}_C}{\mathrm{d}t}, & (4.50\text{a})\\ \text{绕质心的转动} \quad M_{外C//}=I_C\dfrac{\mathrm{d}\omega}{\mathrm{d}t}=I_C\beta. & (4.50\text{b})\end{cases}$$

例题 14　一质量为 m、半径为 R 的均匀圆柱体，沿倾角为 θ 的粗糙斜面自静止无滑下滚(见图 4-40)，求静摩擦力、质心加速度，以及保证圆柱体作无滑滚动所需最小摩擦系数。

解：用 f 代表静摩擦力，根据质心运动定理，有

$$mg\sin\theta-f=ma_C, \tag{a}$$

对于质心重力的力矩等于 0，只有摩擦力矩 Rf，从而

$$Rf=I_C\beta=\frac{1}{2}mR^2\beta. \tag{b}$$

刚体上的 P 点同时参与两种运动：随圆柱体以质心速度 v_C 平动，和以线速度 $R\omega$ 绕质心转动。无滑动意味着圆柱体与斜面的接触点 P 的瞬时速度为 0，由此得

$$v_C=R\omega.$$

对时间求导，得

$$a_C=R\beta. \tag{c}$$

由(a) 式、(b) 式、(c) 式解得

$$\begin{cases}f=\dfrac{1}{3}mg\sin\theta,\\ a_C=\dfrac{2}{3}g\sin\theta.\end{cases}$$

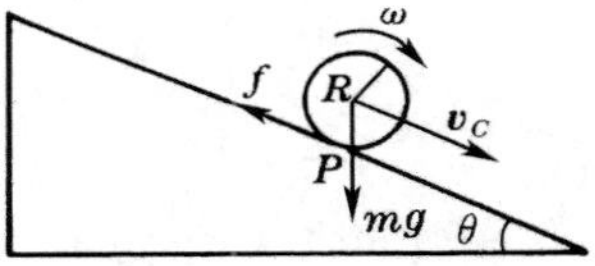

图 4-40 例题 14——圆柱沿粗糙斜面下滚

要保证无滑滚动，所需静摩擦力 f 不能大于最大静摩擦力 $\mu N=\mu mg\cos\theta$，即 $f\leqslant\mu N$，或 $\frac{1}{3}mg\sin\theta\leqslant\mu mg\cos\theta$，亦即 $\mu\geqslant\frac{1}{3}\tan\theta$.摩擦系数小于此值就会出现滑动。▍

例题 15　如图 4-41 所示，将一根质量为 m 的长杆用细绳从两端水平地挂起来，其中一根绳子突然断了，另一根绳内的张力是多少？

解：设杆长为 $2l$，质心运动定理和角动量定理给出绳断的一刹那的运动方程：

$$mg-T=ma_C, \tag{a}$$

$$Tl=I_C\beta, \tag{b}$$

式中转动惯量 $I_C=\frac{1}{3}ml^2$. 因在此时刻悬绳未断的一端加速度为 0，从而在质心的加速度和角加速度之间有如下关系：

$$a_C=\beta l. \tag{c}$$

从(a) 式、(b) 式、(c) 式得绳中张力

$$T=\frac{1}{4}mg.$$ ▍

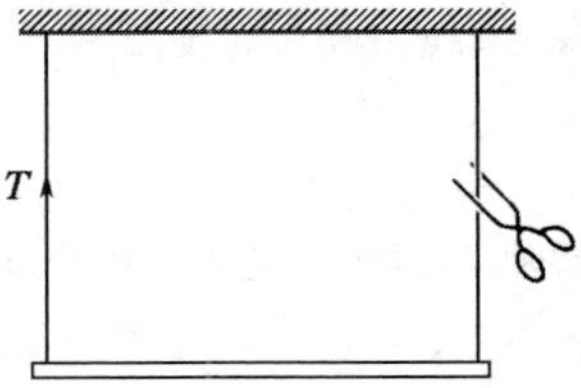

图 4-41 例题 15——一头绳子断了

例题 16　如图 4-42 所示，一半径为 R 的乒乓球与水平桌面的摩擦系数为 μ. 开始时，用手按球的上左侧，使球的质心以 v_{C0} 的初速度向正 x 方向运动，并具有逆时针方向的初始角速度 ω_0，设 $v_{C0}<\frac{2}{3}R\omega_0$，试分析乒乓球以后的运动。

解：开始时乒乓球与桌面的接触点 P 具有速度 $v_{P0}=v_{C0}+R\omega_0>0$，乒乓球一边滑动，一边倒着转动。它在水平方向受滑动摩擦力 $-\mu mg$ 的作用，按照质心运动定理，有

$$-\mu mg=ma_C=m\frac{\mathrm{d}v_C}{\mathrm{d}t},$$

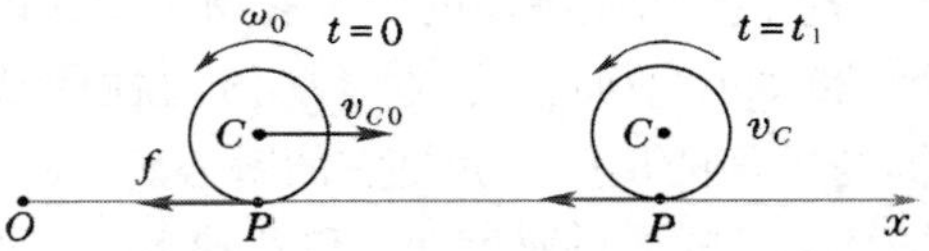

图 4-42 例题 16——乒乓球在桌面上的运动

由此积分得质心速度随时间的变化：

$$v_C = v_{C0} - \mu g t. \tag{a}$$

对质心的摩擦力矩为 $-\mu mgR$，对质心的转动方程为

$$-\mu mgR = I_C\frac{d\omega}{dt} = \frac{2}{3}mR^2\frac{d\omega}{dt},$$

由此积分可得角速度随时间的变化：

$$\omega = \omega_0 - \frac{3}{2}\frac{\mu g}{R}t. \tag{b}$$

下面利用(a)、(b) 两式来分析乒乓球运动的特点。

(1) 到达 $t=t_1=\frac{v_{C0}}{\mu g}$ 时刻，$v_C=0$，$\omega=\omega_0-\frac{3}{2}\frac{v_{C0}}{R}$，据题目所给条件 $v_{C0}<\frac{2}{3}R\omega_0$，这时刻 $v_C=0$，$\omega>0$，即质心停止运动，绕质心的旋转方向没有变。

当 $t>t_1$ 时，$v_C<0$，$\omega>0$，质心开始倒退，但接触点 P 的速度 $v_P=R\omega+v_C>0$，滑动摩擦力沿负 x 方向，驱使质心加速倒退，而其力矩则继续减缓转动，直到接触点 P 的速度 $v_P=R\omega+v_C$ 减到 0 为止。

(2) v_P 减到 0 的时刻 t_2 满足

$$R\left(\omega_0 - \frac{3}{2}\frac{\mu g}{R}t_2\right) + (v_{C0} - \mu g t_2) = 0,$$

由此可解出 t_2 来：

$$t_2 = \frac{2}{5}\frac{R\omega_0 + v_{C0}}{\mu g}.$$

自 $t=t_2$ 时刻以后，乒乓球向后作无滑滚动，若不计滚动摩擦，其质心速度和角速度保持恒定：

$$\begin{cases} v_C = v_{C0} - \mu g t_2 = -\dfrac{2}{5}\left(R\omega_0 - \dfrac{3}{2}v_{C0}\right), \\ \omega = -\dfrac{v_C}{R} = \dfrac{2}{5}\left(\omega_0 - \dfrac{3}{2}\dfrac{v_{C0}}{R}\right). \end{cases}$$ ▌

例题 17 一质量为 m、半径为 r 的轮子以角速度 ω_0 旋转。将它轻轻地放到地面上，设地面的滑动摩擦系数为 μ，求轮子最后的前进速度和角速度。达到此运动状态经过了多少时间？

解：轮子刚落地时接触点向后滑，故摩擦力 f 向前，一方面推动轮子加速前进，另一方面使它的转动减缓。经过时间 t 后达到只滚不滑的匀速滚动状态。令此时的质心速度为 v_C，角速度为 ω，则有

$$v_C = r\omega, \tag{a}$$

设滑动摩擦力与速度无关，从而 $f=\mu mg$ 为恒力，由它作用在质心上的冲量和冲量矩得

$$\mu mgt = m(v_C - 0), \tag{b}$$

$$-\mu mgrt = I_C(\omega - \omega_0), \tag{c}$$

式中 I_C 为轮子绕质心的转动惯量。由(a)、(b)、(c) 三式解得

$$v_C = r\omega = \frac{r\omega_0}{1+\dfrac{mr^2}{I_C}},\quad t = \frac{r\omega_0}{\mu g\left(1+\dfrac{mr^2}{I_C}\right)}.$$ ▌

5.3 瞬时转动中心

在任何瞬时，作平面平行运动的刚体（或它的延伸体）上总有一点 O'，其速度 $\boldsymbol{v}_{O'}=0$. 这时整个刚体只能围绕此点旋转。这个点叫做刚体的瞬时转动中心或瞬心。例如在平面上作纯滚动的圆柱体或球，与平面的接触点就是它的瞬心。

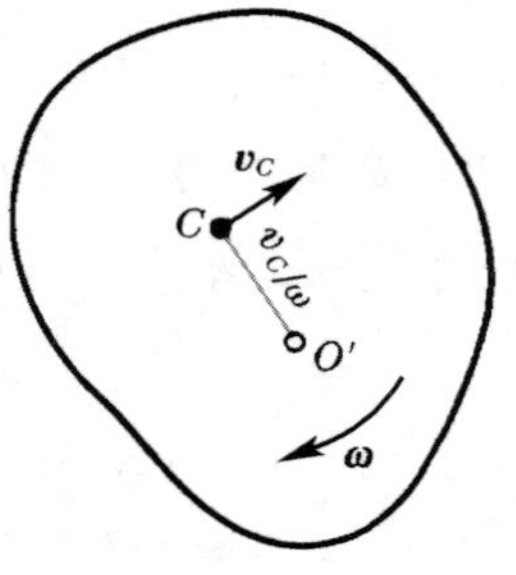

图 4-43 瞬心相对于质心的位置

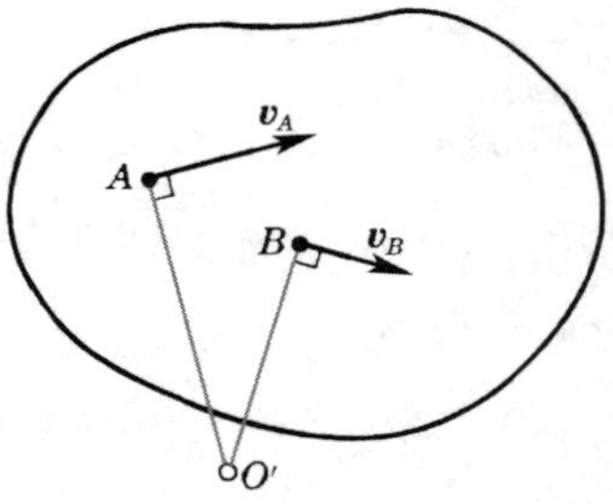

图 4-44 求瞬心的几何方法

若已知质心速度 $\boldsymbol{v}_C$ 和角速度 $\boldsymbol{\omega}$，显然瞬心 O' 在与 $\boldsymbol{v}_C$ 垂直的方向上距离 $\overline{O'C}$

$=v_C/\omega$ 的地方(见图 4-43)。如果你知道平面刚体上 A、B 两点同一瞬时速度 $\boldsymbol{v}_A$、$\boldsymbol{v}_B$ 的方向,则它们垂线的交点即为瞬心 O'(见图 4-44)。

现在来考察以瞬心为参考系原点的刚体的动力学。让我们回到 1.3 节的(4.24)式,当我们从惯性系 K 变换到以 O' 为原点的参考系 K′ 时(参看图 4-8),角动量作如下变换:

$$\boldsymbol{J}=\boldsymbol{J}'+\boldsymbol{R}\times\boldsymbol{P}'+m\boldsymbol{r}_C'\times\boldsymbol{V}+m\boldsymbol{R}\times\boldsymbol{V},$$

对 t 求导:

$$\frac{\mathrm{d}\boldsymbol{J}}{\mathrm{d}t}=\frac{\mathrm{d}\boldsymbol{J}'}{\mathrm{d}t}+\frac{\mathrm{d}\boldsymbol{R}}{\mathrm{d}t}\times\boldsymbol{P}'+\boldsymbol{R}\times\frac{\mathrm{d}\boldsymbol{P}'}{\mathrm{d}t}+m\frac{\mathrm{d}\boldsymbol{r}_C'}{\mathrm{d}t}\times\boldsymbol{V}+m\boldsymbol{r}_C'\times\frac{\mathrm{d}\boldsymbol{V}}{\mathrm{d}t}+m\frac{\mathrm{d}\boldsymbol{R}}{\mathrm{d}t}\times\boldsymbol{V}+m\boldsymbol{R}\times\frac{\mathrm{d}\boldsymbol{V}}{\mathrm{d}t},$$

若 K′ 系的原点 O' 为瞬心,则 $\frac{\mathrm{d}\boldsymbol{R}}{\mathrm{d}t}=\boldsymbol{V}=0$,且在选定的时刻 $\boldsymbol{R}=0$,于是有

$$\frac{\mathrm{d}\boldsymbol{J}}{\mathrm{d}t}=\frac{\mathrm{d}\boldsymbol{J}'}{\mathrm{d}t}+m\boldsymbol{r}_C{}'\times\boldsymbol{a}_0,$$

式中 $\boldsymbol{a}_0=\frac{\mathrm{d}\boldsymbol{V}}{\mathrm{d}t}$ 为瞬心 O' 的加速度。以瞬心 O' 为原点的瞬时参考系 K′ 是非惯性系,其中的惯性力为 $\boldsymbol{f}_{\text{惯}}=-m\boldsymbol{a}_0$,上式又可写成

$$\frac{\mathrm{d}\boldsymbol{J}}{\mathrm{d}t}=\frac{\mathrm{d}\boldsymbol{J}'}{\mathrm{d}t}-\boldsymbol{r}_C'\times\boldsymbol{f}_{\text{惯}}. \tag{4.51}$$

因我们瞬时地选了 $\boldsymbol{R}=0$,按(4.22)式,在 K′ 系中的外力矩与惯性系 K 中一样:

$$\boldsymbol{M}_{\text{外}}=\boldsymbol{M}_{\text{外}}', \tag{4.52}$$

将(4.51)式、(4.52)式代入惯性系的角动量定理 $\boldsymbol{M}_{\text{外}}=d\boldsymbol{J}/\mathrm{d}t$,移项后,我们有

$$\boldsymbol{M}_{\text{外}}'+\boldsymbol{r}_C'\times\boldsymbol{f}_{\text{惯}}=\frac{\mathrm{d}\boldsymbol{J}'}{\mathrm{d}t}. \tag{4.53}$$

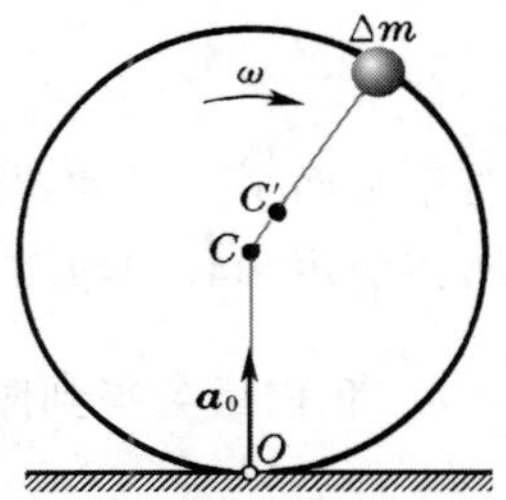

图 4-45 瞬心的加速度方向不指向质心的情形

这便是瞬心系 K′ 中的角动量定理,它与惯性系中的角动量定理的差别在于除外力矩外多了一项惯性力对质心 C 的力矩,当瞬心的加速度 $\boldsymbol{a}_0$(或者说惯性力 $\boldsymbol{f}_{\text{惯}}$)与 K′ 系里质心的位矢 $\boldsymbol{r}_C'$(即前面的 $\overrightarrow{O'C}$)平行或反平行时,惯性力的力矩为 0,瞬心系的角动量定理与惯性系中的形式一样。例如在平面上作纯滚动的轮子就属于这种情况,因为其瞬心的加速度垂直地面向上,直指位于中心的质心 C. 然而,若在轮缘上附加一质量 Δm,质心 C' 不再位于中心 C(见图 4-45),使用瞬心参考系时就得考虑惯性力的力矩了。

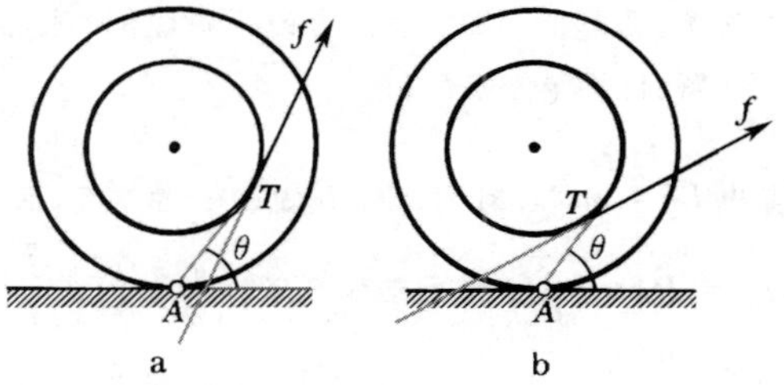

图 4-46 例题 18—— 线轴朝哪边滚?

例题 18 图 4-46 所示为一放在水平桌面上的线轴。桌面有一定的摩擦力,可使线轴作纯滚动。实验表明,用力向斜上方拉时,随着角度不同,线轴有时朝前滚,有时朝后滚。试对此问题进行分析。

解: 在此问题中,线轴与桌面的接触点 A 是瞬心,滚动时其加速度向上,直指质心 C,故不必考虑惯性力。通过 A 作轴的切线 AT(见图中灰线),它相对于水平面的仰角为 θ. 由图不难看出,当拉线的仰角大于 θ 时,其延长线在瞬心 A 之前,力矩是逆时针的,使线轴向后滚(图 a);当拉线的仰角小于 θ 时,其延长线在瞬心 A 之后,力矩是顺时针的,使线轴向前滚(图 b)。▍

例题 19 一半径为 r 的粗糙圆盘与水平地面紧密接触。圆盘一面绕自转轴以角速度 ω 旋转,一面以速度 v 平移($v\ll r\omega$)。设滑动摩擦系数 μ 与速度无关,求圆盘所受的阻力。

解: 如图 4-47 所示,瞬心 O 在质心 C 之下距离为 $a=v/\omega$ 处。在 O 之下距离为 a 处取对称点 C',以同样半径作圆弧。可以看出,在此弧线之下刚体上各质点的速度分布对于瞬心 O 是对称的,与速度方向相反的

摩擦力全部抵消。剩下要计算的只是上面那一月牙形面积所受阻力，由对称性可以看出，其合力是与平动速度反平行的。以 O 为原点取坐标的极轴沿平动速度的方向，沿 θ 方向月牙的厚度为 $\tau=2a\sin\theta$，θ 到 $\theta+\mathrm{d}\theta$ 之间面元的面积为 $\mathrm{d}S=\tau r\mathrm{d}\theta$，摩擦力

$$\mathrm{d}f=\mu\sigma g\,\mathrm{d}S$$

（$\sigma=m/\pi r^2$ 为单位面积上的质量，即面密度），摩擦力在极轴方向的投影为

$$-\mathrm{d}f\sin\theta=-\frac{2\mu mga}{\pi r}\sin^2\theta\,\mathrm{d}\theta=-\frac{2\mu vmg}{\omega\pi r}\sin^2\theta\,\mathrm{d}\theta,$$

合力为

$$f=-\int_0^\pi\sin\theta\,\mathrm{d}f=-\frac{2\mu vmg}{\omega\pi r}\int_0^\pi\sin^2\theta\,\mathrm{d}\theta=-\frac{\mu vmg}{\omega r}\propto\frac{v}{\omega}.\ \blacksquare$$

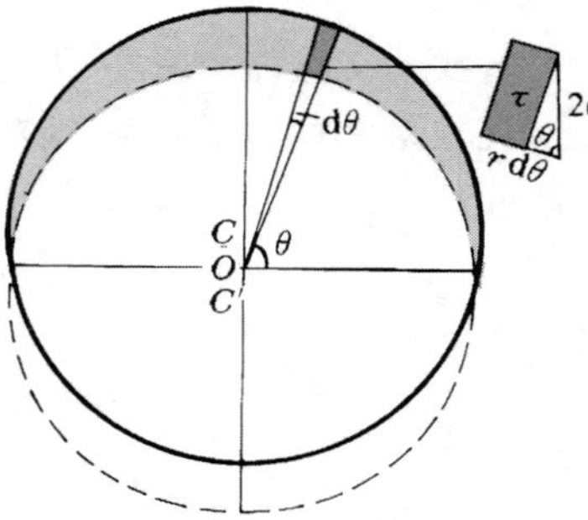

图 4-47 例题 19—— 吸尘器

本例题可以看成是吸尘器的模型。不转时，圆盘拖起来是很费劲的，高速转起来阻力就变得很小，因为它反比于 ω.

5.4 平面平行运动的动能

按照第三章 4.3 节中讲的克尼希定理，质点组的总动能 E_k，等于相对于质心系的动能 E_k^CM，加上刚体整体随质心平动的动能 $\frac{1}{2}mv_C{}^2$［见(3.52)式］：

$$E_\mathrm{k}=E_\mathrm{k}^\mathrm{CM}+\frac{1}{2}mv_C{}^2,$$

对于平面平行运动，与用推导(4.43)式同样的方法可以证明，相对于质心系的动能 E_k^CM 可写成与刚体绕定轴转动动能一样的形式：

$$E_\mathrm{k}^\mathrm{CM}=\frac{1}{2}I_C\omega^2. \tag{4.54}$$

所以，我们最后得到刚体平面平行运动的动能公式为

$$E_\mathrm{k}=\frac{1}{2}mv_C{}^2+\frac{1}{2}I_C\omega^2. \tag{4.55}$$

例题 20　计算从同一高度 h 自静止状态沿斜面无滑滚下时，匀质(a)圆柱、(b)薄球壳、(c)球体的质心获得的速度（见图 4-48）。设三者的总质量和半径相同。

解：由机械能守恒，有

$$mgh=\frac{1}{2}mv_C{}^2+\frac{1}{2}I_C\omega^2.$$

其中 $I_C=m\overline{R}^2$. 对于(a)、(b)、(c)三种情况，回旋半径 $\overline{R}$ 分别为 $\sqrt{1/2}\,R$、$\sqrt{2/3}\,R$、$\sqrt{2/5}\,R$. 无滑滚动的条件是 $v_C=R\omega$，上式右端的动能可写为 $\frac{1}{2}m\left(1+\frac{\overline{R}^2}{R^2}\right)v_C{}^2$，

从而

$$v_C=\sqrt{\frac{2gh}{1+\dfrac{\overline{R}^2}{R^2}}}.$$

具体地说，

$$\begin{cases}\text{(a) 圆柱} & v_C=\sqrt{\dfrac{4}{3}gh},\\ \text{(b) 球壳} & v_C=\sqrt{\dfrac{6}{5}gh},\\ \text{(c) 球体} & v_C=\sqrt{\dfrac{10}{7}gh}.\ \blacksquare\end{cases}$$

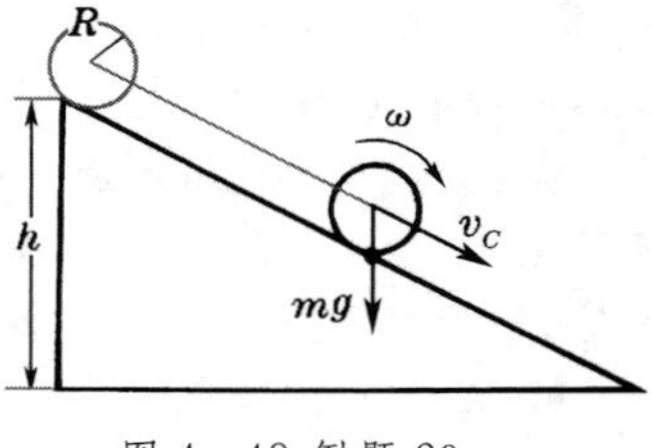

图 4-48 例题 20
—— 沿斜面的滚动

例题 21　一质量为 m、长为 l 的匀质细杆，竖直地放置在光滑的水平地面上。当杆自静止倒下时，求地面对杆端的支撑力（见图 4-49）。

解：由机械能守恒知，当杆与竖直线成 θ 角时，

$$mg\frac{l}{2}(1-\cos\theta) = \frac{1}{2}mv_C{}^2 + \frac{1}{2}I_C\omega^2, \tag{a}$$

其中 $I_C=\frac{1}{12}ml^2$.

由于没有摩擦力，质心 C 竖直下落。考察细杆着地点 A 的运动。它的运动可看成一方面随质心以速度 v_C 下降，另一方面又以线速度 $\frac{l}{2}\omega$ 绕质心转动。后者在竖直方向上的分量为 $\frac{l}{2}\omega\sin\theta$，方向向上。实际上 A 点的运动限制在水平面上，竖直速度为 0，即上述两个竖直速度应相互抵消。故有

$$v_C = \frac{l}{2}\omega\sin\theta, \tag{b}$$

于是(a) 式可以写成

$$mg\frac{l}{2}(1-\cos\theta) = \frac{1}{2}m\left(1+\frac{1}{3\sin^2\theta}\right)v_C{}^2.$$

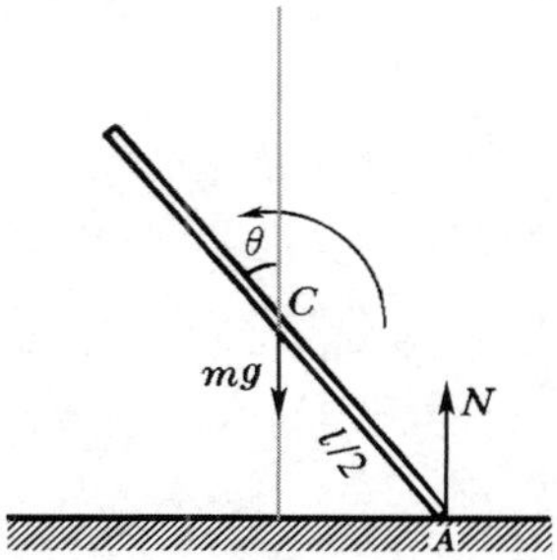

图 4-49 例题 21——细杆滑倒

由此得
$$v_C{}^2 = \frac{3gl(1-\cos\theta)\sin^2\theta}{1+3\sin^2\theta},$$

对 t 求导
$$2v_C\frac{dv_C}{dt} = \frac{3gl\sin\theta(\sin^2\theta+3\sin^4\theta+2\cos\theta-2\cos^2\theta)}{(1+3\sin^2\theta)^2}\omega.$$

即质心加速度为

$$a_C = \frac{dv_C}{dt} = \frac{3gl\sin\theta(\sin^2\theta+3\sin^4\theta+2\cos\theta-2\cos^2\theta)}{(1+3\sin^2\theta)^2}\frac{\omega}{2v_C}$$
$$= \frac{3g(\sin^2\theta+3\sin^4\theta+2\cos\theta-2\cos^2\theta)}{(1+3\sin^2\theta)^2},$$

A 端受地面的支撑力为

$$N = m(g-a_C) = mg\left[1-\frac{3(\sin^2\theta+3\sin^4\theta+2\cos\theta-2\cos^2\theta)}{(1+3\sin^2\theta)^2}\right] = mg\frac{4-6\cos\theta+3\cos^2\theta}{(1+3\sin^2\theta)^2}.$$

当 $\theta=\pi/2$ 时，$N=mg/4$. ▌

例题 22　在光滑的桌面上有一质量为 M、长 $2l$ 的细杆，一质量为 m 的小球沿桌面以速率 v_0 垂直地撞击在细杆的一端（见图 4-50）。设碰撞是完全弹性的，求碰后球和杆的运动情况。在什么条件下细杆旋转半圈后会第二次撞在小球上？

解：设碰撞后小球和杆的质心速度分别为 v_1 和 v_2，杆绕质心的角速度为 ω，则有

动量守恒
$$mv_0 = mv_1 + Mv_2, \tag{a}$$

角动量守恒（以杆的质心为参考点）
$$ml(v_0-v_1) = I_C\omega, \tag{b}$$

动能守恒
$$\frac{1}{2}mv_0^2 = \frac{1}{2}mv_1^2+\frac{1}{2}Mv_2^2+\frac{1}{2}I_C\omega^2, \tag{c}$$

式中 $I_C=\frac{1}{3}Ml^2$ 为杆绕其质心的转动惯量。由(a) 式、(b) 式、(c) 式解得

$$\omega = \frac{6mv_0}{l(4m+M)} \quad 和 \quad \begin{cases} v_1 = \dfrac{4m-M}{4m+M}v_0, \\ v_2 = \dfrac{2m}{4m+M}v_0. \end{cases}$$

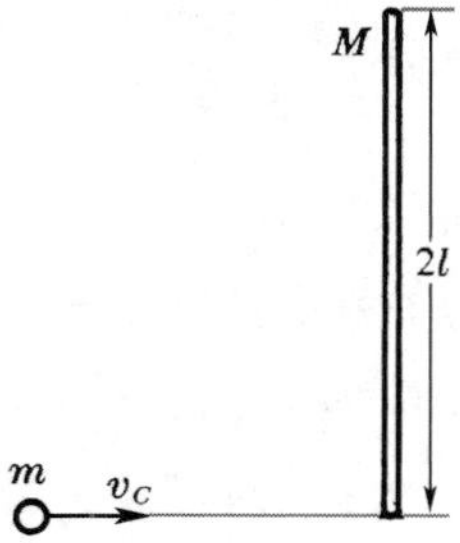

图 4-50 例题 22——球碰杆，杆打球

欲细杆转半圈后再次击中小球，它们必须走得一样快，即 $v_1=v_2$，根据上面的结果，这要求 $M=2m$. ▌

例题 23　半径为 R 的圆木以角速度 ω_0 在水平地面上作纯滚动，在前进的路上撞在一高度为 h 的台阶上（见图 4-51）。设碰撞是完全非弹性的，即碰撞后圆木不弹回。要圆木能够翻上台阶而又始终不跳离台阶，对台阶的高度有什么要求？

解：碰撞前圆木的质心速度为 $v_0=R\omega_0$，按(4.25) 式，碰撞前圆柱体对接触点 A 的角动量为固有角动量 $I_C\omega_0$ + 轨道角动量 $mv_0(R-h)$，碰撞后的角动量为 $I_A\omega$，由角动量守恒得出碰撞后圆木的角速度为

$$\omega = \frac{I_C\omega_0+mv_0(R-h)}{I_A} = \frac{I_C+mR(R-h)}{I_C+mR^2}\omega_0.$$

将圆柱体的转动惯量公式 $I_C=\frac{1}{2}mR^2$ 代入，得

$$\omega = \frac{(3R-2h)\omega_0}{3R}. \tag{a}$$

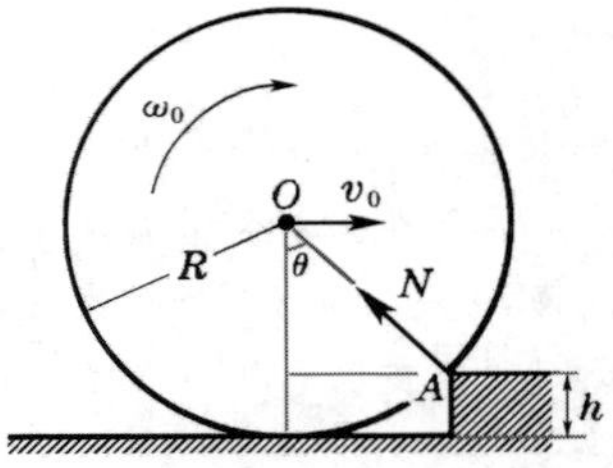

图 4-51 例题 23
—— 滚木撞台阶

(1) 圆木能够爬上台阶的条件是它碰撞后的动能足够大：

$$\frac{1}{2}I_A\omega^2 > mgh, \tag{b}$$

由(a) 式、(b) 式得

$$\omega_0{}^2 > \frac{2mgh(I_C+mR^2)}{[I_C+mR(R-h)]^2}.$$

代入 I_C 的表达式后，得

$$\omega_0{}^2 > \frac{12hg}{(3R-2h)^2}. \tag{c}$$

(2) 圆木不跳离台阶的条件是台阶的支撑力 N 始终大于 0. N 在碰撞的最初时刻最小(为什么？)，我们就来计算此刻的 N. 沿 OA 方向的向心加速度是重力的分量和支撑力之差造成的，按牛顿第二定律有

$$mR\omega^2 = mg\sin\theta - N,$$

由图可知 $\sin\theta = 1-h/R$，从而有

$$N = mg\left(1-\frac{h}{R}\right) - mR\omega^2 = mg\left(1-\frac{h}{R}\right) - mR\left[\frac{I_C+mR(R-h)}{I_C+mR^2}\right]^2\omega_0{}^2 > 0,$$

或

$$\omega_0{}^2 < \frac{g}{R}\left(1-\frac{h}{R}\right)\left[\frac{I_C+mR^2}{I_C+mR(R-h)}\right]^2,$$

代入 I_C 的表达式后，得

$$\omega_0{}^2 < \frac{9(R-h)g}{(3R-2h)^2}. \tag{d}$$

将(c)、(d) 两式综合起来，我们有

$$\frac{9(R-h)g}{(3R-2h)^2} > \omega_0{}^2 > \frac{12hg}{(3R-2h)^2}.$$

要两个不等式同时成立，则必须有 $9(R-h) > 12h$，即

$$h < \frac{3R}{7}.$$

否则，初速小了爬不上去；初速刚够大，爬上去时就跳起来了。 ▌

§6. 刚体的平衡

6.1 刚体的平衡方程

处于静止的刚体既没有平动，也没有转动。因此，刚体平衡的充分必要条件是它所受的合外力为 0，对任意一个参考点的合外力矩为 0：

$$\begin{cases} \sum\limits_i \boldsymbol{f}_{i外} = 0, & (4.56) \\ \sum\limits_i \boldsymbol{M}_{i外} = \sum\limits_i \boldsymbol{r}_i \times \boldsymbol{f}_{i外} = 0. & (4.57) \end{cases}$$

矢量式(4.56) 式和(4.57) 式各相当于三个分量式，后者包含了"必须对任意方向的转轴都成立"的意思。这样的力系称为零力系，零力系的条件(4.56) 式和(4.57) 式称为刚体的平衡方程。

当刚体的运动受到某种限制而我们又不想知道约束反力时，刚体平衡方程的个数可以减少。例如讨论刚体平面平行运动时，只需平行于运动平面(xy 面) 两个力的平衡方程和垂直于此平面一个力矩的平衡方程就够了：

$$\begin{cases} \sum\limits_i f_{i外x} = 0, \quad \sum\limits_i f_{i外y} = 0; & (4.56') \\ \sum\limits_i M_{i外z} = \sum\limits_i (x_i f_{i外y} - y_i f_{i外x}) = 0. & (4.57') \end{cases}$$

例题 24　一架均匀的梯子，重为 W，长为 $2l$，上端靠于光滑的墙上，下端置于粗糙的地面上，梯与地面的摩擦系数为 μ. 有一体重 W_1 的人攀登到距梯下端 l_1 的地方(见图 4－52)。求梯子不滑动的条件。

解：假定梯子不滑动，设它与地面的夹角为 φ，地面与墙的法向力分别为 N_1 和 N_2，地面的摩擦力为 f. 水平和竖直的两个力平衡方程为

$$\begin{cases} N_2 - f = 0, & \text{(a)} \\ N_1 - W - W_1 = 0. & \text{(b)} \end{cases}$$

力矩的参考点可以任意选择。为了简单，可以选图中 $\boldsymbol{N}_1$ 和 $\boldsymbol{N}_2$ 延长线的交点 C，这样一来 N_1 和 N_2 就不进入此方程了。

$$2fl\sin\varphi - Wl\cos\varphi - W_1 l_1 \cos\varphi = 0. \quad \text{(c)}$$

由联立方程(a)式、(b)式、(c)式解得

$$\begin{cases} N_1 = W + W_1, \\ N_2 = f = \dfrac{Wl + W_1 l_1}{2l}\cot\varphi. \end{cases}$$

梯子不滑动的条件是 $f < \mu N_1$，即

$$\frac{Wl + W_1 l_1}{2l}\cot\varphi < \mu(W + W_1).$$

对于一定的倾角 φ，人所能攀登的高度为

$$l_1 < \frac{2l\mu(W + W_1)}{W_1}\tan\varphi - \frac{Wl}{W_1},$$

φ 角越大，允许人攀登得越高；μ 越大，允许人攀登得也越高。

如果要求攀到一定的高度 l_1，则要求梯子的倾角

$$\varphi > \arctan\left[\frac{Wl + W_1 l_1}{2l\mu(WW_1)}\right].$$

l_1 越小允许 φ 越小，μ 越大允许 φ 越小。 ▌

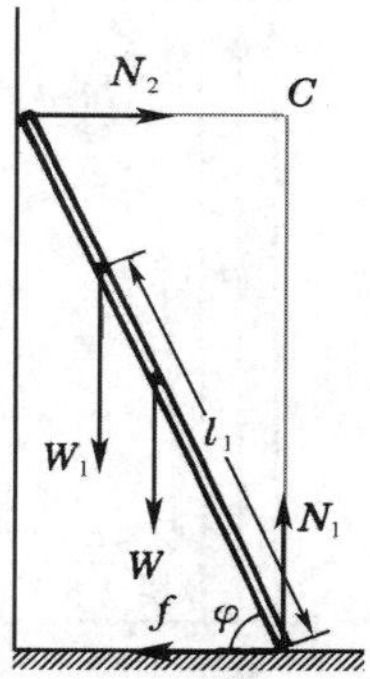

图 4－52 例题 24
—— 梯子的平衡

如果本例中墙与梯之间的摩擦也不可忽略，则多出一个未知数。但独立的平衡方程数目并没有再多，从而无法求出确定的解答。这类问题叫做*静不定问题*(static indeterminate problem)。静不定问题的实质在于静摩擦的大小与运动的趋势有关，有两个以上的静摩擦力参与物体的平衡时，它们各自承担多少，与达到平衡的过程有关，结论是不唯一的。所谓"运动的趋势"，在物理上指的是物体在相互接触的地方彼此造成微小形变的情况，这已超出了刚体概念的范围，故刚体模型在此已无能为力。

6.2 天平的灵敏度

下面我们讨论天平灵敏度这个有实际意义的问题。天平的主要结构是通过刀口架在立柱上的一根横梁，其两端挂有秤盘。不能设想横梁只是一根细杆，因为那样一来，只要两边重量稍有不等，横梁就会倾翻并从刀口上跌落下来，而不是稳定在一个倾斜的位置上。要避免如此，横梁的重心(质心)必须在刀口的下方。通常灵敏天平的横梁的下方都固联一根摆动指针(见图 4－53)，针上装有一个螺丝，用以调节重心的高低。

如图 4－54 所示，设刀口在 O，臂长为 l，横梁本身的重量为 W_0，重心在 C 点，$\overline{OC} = h$，两边的重量稍有不等，分别为 W 和 $W + \Delta W$，此时横梁的倾斜角为 φ .

这是一个刚体绕定点转动的平衡问题，只需一个平衡方程：

$$(W + \Delta W)l\cos\varphi - Wl\cos\varphi - W_0 h\sin\varphi = 0.$$

由此解出 φ，

$$\tan\varphi = \frac{\Delta Wl}{W_0 h}.$$

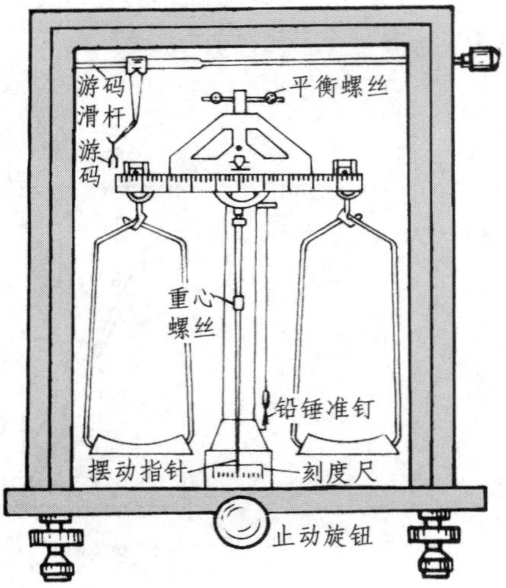

图 4-53 天平

实际上人们不是看 φ 角的大小，而是看刻度板上的读数 ε. 用 L 代表刻度板到刀口 O 的距离，则读数

$$\varepsilon = L\tan\varphi = \frac{lL}{W_0 h}\Delta W,$$

ε 与 ΔW 成正比，比例系数标志着天平灵敏的程度，称为天平的灵敏度，记作 S. 于是

$$S = \frac{\varepsilon}{\Delta W} = \frac{lL}{W_0 h}. \quad (4.58)$$

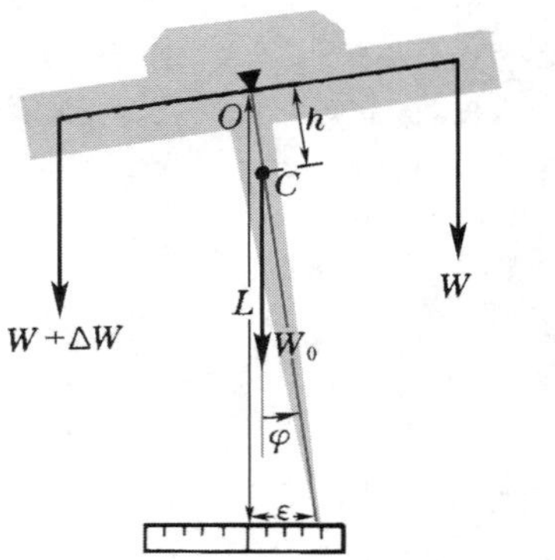

图 4-54 天平的灵敏度

为了提高天平的灵敏度，可以把重心螺丝向上旋，以减小 h. 当然不能将 h 减小到 0，如前所述，那样一来横梁就会倾翻。

§7. 回转运动

7.1 不受外力矩的回转运动

刚体绕定点的运动一般是非常复杂的，在这里我们只讨论一种较简单的特殊情况，即陀螺仪(gyroscope)的运动(回转运动)。陀螺仪的特点是，具有轴对称性和绕此对称轴有较大的转动惯量。如图 4-55 所示，G 是一个边缘厚重的轴对称物体，可绕对称轴转动。转轴装在一个常平架上。常平架是由支在框架 S 上的两个圆环组成，外环能绕由支点 A、A' 所决定的轴自由转动，内环可绕与外环相联的支点 B、B' 所决定的轴相对于外环自由转动，陀螺仪的轴装在内环上，它又可绕 OO' 轴相对于内环自由转动。 OO'、BB'、AA' 三轴两两垂直，而且都通过陀螺仪的重心。这样，陀螺仪就不受重力的力矩，且能在空间任意取向。

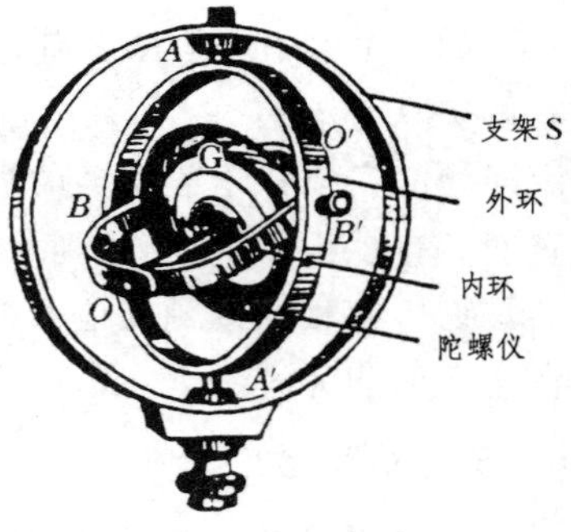

图 4-55 常平架陀螺仪

刚体不受外力矩时角动量 $\boldsymbol{J}$ 守恒，因而转动轴线的方向不变。 特别是陀螺仪，由于当它高速旋转时角动量很大，即使受到在实际中不可避免的外力矩(如轴承处的摩擦)，如果外力矩较小，则其角动量的改变相对于原有的角动量来说是很小的，可忽略不计。 这时无论我们怎样去改变框架的方向，都不能使陀螺仪的转轴 OO' 在空间的取向发生变化。 陀螺仪这一特性可用来作为导弹等飞行体的方向标准，在导弹上装有此种陀螺仪，即可利用它来随时纠正导弹飞行中可能发生的方向偏离，控制其航向。

7.2 回转效应

陀螺仪的另一重要特性，是它受到外力矩作用时所产生的回转效应。图 4-56 所示为一杠杆陀螺仪，杆 AB 可绕光滑支点 O 在水平面内自由转动，也可偏离水平方向而倾斜。陀螺仪 G 和平衡重物 W 置于杆的两端，若调至平衡，杆 AB 是水平的。当陀螺仪不转动时，若移动 W 使之偏离平衡位置，杆就会倾斜。现在先调至平衡，并让陀螺仪 G 绕自身的转轴高速旋转起来，此后再移动 W. 我们会发现，此时杆并不倾斜，而是在水平面内绕竖直轴 $O'O''$ 缓慢地旋转起来。陀螺仪自转轴的这种转动，叫做进动（precession）。陀螺仪在外力矩作用下产生进动的效应，叫做*回转效应*（gyroscopic effect）。

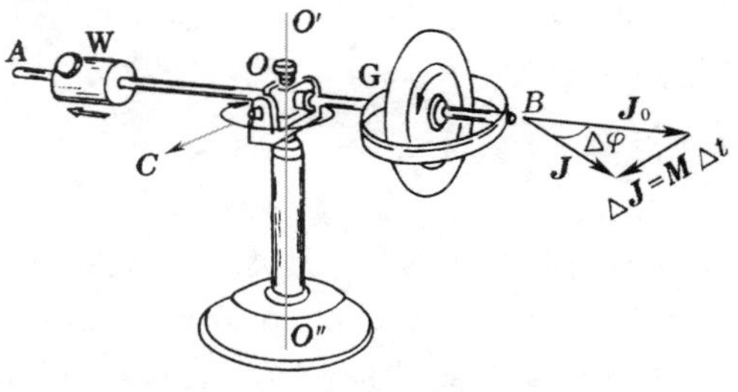

图 4－56 回转效应

当陀螺仪的自转轴正在进动的时候，若我们加一水平力于杠杆之上，试图加速它的进动，结果杠杆又出乎意料地向下偏转。就这样，给陀螺仪竖直方向的力会使它沿水平方向运动，而给水平方向的力却使它沿竖直方向运动。陀螺仪的这种“不听话”的运动规律，需要利用角动量和力矩的矢量性来说明。

按定义，力矩 $\boldsymbol{M}$ 等于角动量 $\boldsymbol{J}$ 的变化率，角动量的增量 $\Delta\boldsymbol{J}$ 等于力矩的冲量（冲量矩）$\boldsymbol{M}\Delta t$：

$$\Delta \boldsymbol{J} = \boldsymbol{M}\Delta t,$$

此外，陀螺仪是一个绕自转轴转动惯量 I 很大的轴对称刚体，我们可近似地认为其角动量与角速度都沿自转轴方向，并可写成 $\boldsymbol{J} = I\boldsymbol{\omega}$. 设陀螺仪绕自转轴高速旋转的角动量为 $\boldsymbol{J}_0 = I\boldsymbol{\omega}_0$，方向沿 AB. 使杠杆失去平衡后，其重力矩 $\boldsymbol{M}$ 是沿 OC 方向的（见图 4－56，在水平面内与 AB 垂直），在时间间隔 Δt 内它的冲量矩 $\boldsymbol{M}\,\Delta t$ 产生同一方向的角动量增量 $\Delta\boldsymbol{J}$，在这段时间后角动量变为 $\boldsymbol{J} = \boldsymbol{J}_0 + \Delta\boldsymbol{J}$. 根据矢量的平行四边形合成法则（见图 4－56），$\boldsymbol{J}$ 仍在水平面内，但其方向绕竖直轴 $O'O''$ 转过一个角度 $\Delta\varphi$（对于俯视的观察者，转动是顺时针的）。这就是说，陀螺仪自转轴产生了沿此方向的进动。由于 $\Delta J = J\Delta\varphi = I\omega\Delta\varphi$，按上式，进动角速度为

$$\Omega = \frac{\Delta\varphi}{\Delta t} = \frac{M}{I\omega}. \tag{4.59}$$

读者以同样的道理去解释，为什么当我们试图加速陀螺仪的进动时，它却向上跑去。

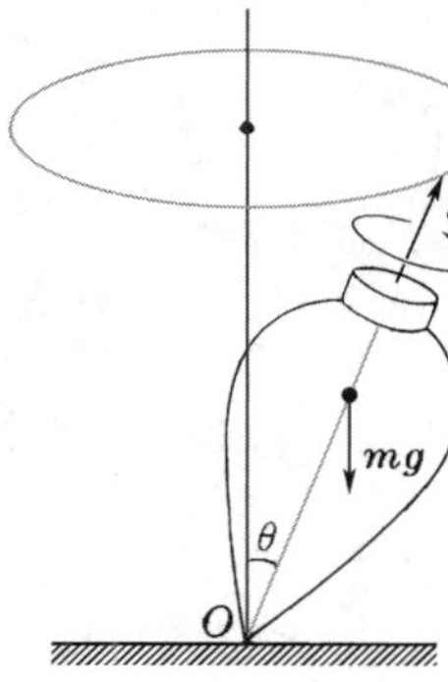

图 4－57 陀螺的进动

回转效应对我们来说并不陌生。小孩玩的陀螺就是绕自转轴转动惯量较大的轴对称物体，当它绕自转轴旋转的时候，在重力矩的作用下，它并不倒下来，而是其自转轴绕竖直方向进动，维持自转轴与竖直方向间的夹角 θ 不变（见图 4－57）。

骑自行车的人都有这样的体会，自行车行驶时是靠车把的微小转动来调节平衡的。譬如车子有向右倒的趋势，骑车人只需将车把向右方略微转动一下，即可使车子恢复平衡。左倾亦然。有一种自行车的车锁装在龙头上，把龙头锁死。这时偷车人骑车的本事再大，也不可能把车骑上沿直线走。此外，骑车人想拐弯时，无须有意识地转动车把，只需将自己的重心侧倾，龙头自然会拐向一边。所有这些现象，读者都可利用回转效应来说明其中的道理。

回转效应在实际中还有许多应用。在枪膛或炮膛里都有螺旋形的来复线，其作用是使枪弹或炮弹出膛后绕着自身的对称轴迅速旋转。这样一来，当枪弹或炮弹自身的轴线与它前进的方向不一致时，靠着回转效应，空气阻力产生的力矩就会

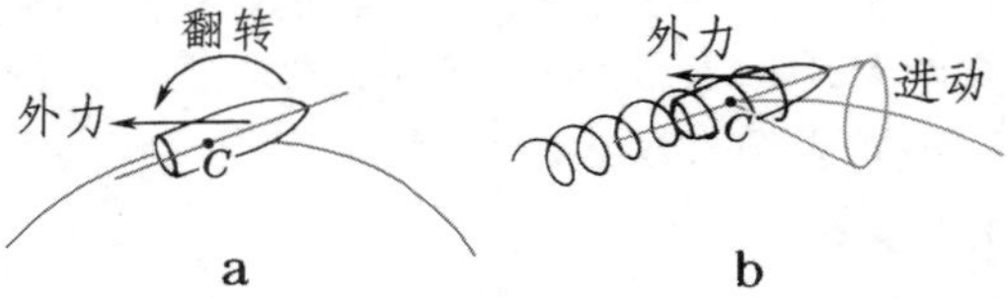

图 4－58 飞行弹头的稳定性

使它绕着前进的方向进动，使轴线始终不大偏离前进方向（见图 4-58）。

7.3 岁差

如图 4-59 所示，以地球为中心作任意半径的一假想大球面，称为“天球”。地球的赤道平面与天球相交的圆称为“天赤道（celecstial equator）”，地球绕日公转的轨道平面与天球相交的圆称为“黄道（ecliptic）”，它是太阳在天球上的视轨迹。大家知道，赤道面与黄道面不相合，其间有 23°27′ 的交角。天赤道与黄道相交于两点，当一年中太阳过这两点时分别为春分和秋分，在这两天全球各地昼夜等长。黄道上的春分点和秋分点统称“二分点（equinoxes）”。太阳从春分点出发，沿黄道运行一周回到春分点时，为一个“回归年（tropical year）”。如果地轴（赤道面的法线）不改变方向，二分点不动，回归年与恒星年相等。古代的天文学家通过细心观测，就已令人惊奇地发现二分点由东向西缓慢漂移（也称为“进动”）。希腊天文学家喜帕恰斯（Hipparchus）大约在公元前 130 年发现，二分点的进动每年约 36 角秒（精确值为 50.2 角秒每年。略后，我国西汉末年的刘歆（xīn）与后汉的贾逵也发现了二分点的进动。这现象在我国称为“岁差”，晋朝的虞喜首先确定了岁差的数值为每 50 年一度（相当于 72 角秒每年）。南朝梁代何承天、祖冲之加以证实。古代以恒星年为年，结果实际的季节逐年提早到来。虽然相差不多，但长年积累，实际季节已与历书上的季节有了很显著的差别。历史上祖冲之首先将岁差引进历法，应用于他自编的《大明历》，采用了 391 年中有 144 个闰月的精密新置闰周期，这是我国历法史上一次重大的进步。

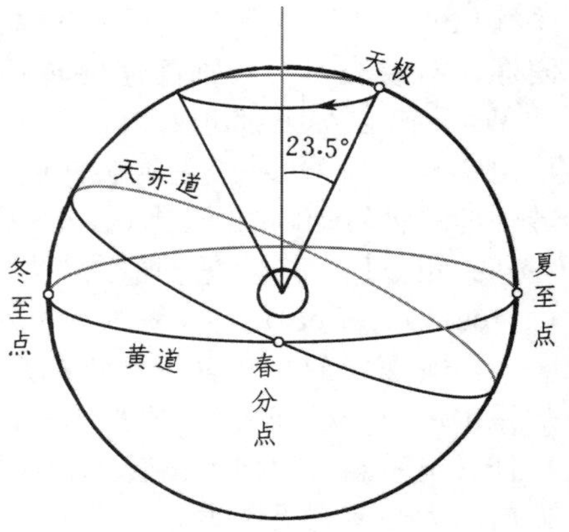

图 4-59 岁差

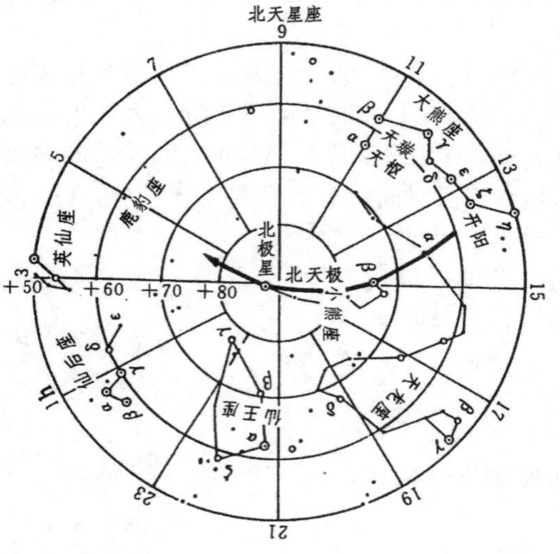

图 4-60 北天极在天穹上的进动

岁差的根源是地轴的进动（见图 4-59）。地轴为什么会进动？万有引力对一个均匀球体的合力总作用在它的质心上，因为地球并不是理想的球体，其赤道部分稍有隆起（潮汐在这里也起了一定的作用），从而受到太阳和月亮给它的外力矩。用刚体的动力学原理定量地计算地球的进动，是个很复杂的问题，我们不在这里讨论，但地轴的进动毕竟是个事实，已为人类几千年长期的天文观测所证实。现代的北天极在勾陈一（小熊座 α 星）附近（见图 4-60），通常就把勾陈一称作北极星。但四千七百多年前埃及天文学家却以右枢（天龙座 α 星）为北极星，三千年前周朝的天文学家却以帝（小熊座 β 星）为北极星。约一万二千年后北天极将接近织女（天琴座 α 星），到那时不妨以织女星为北极星。

7.4 章动

陀螺仪“不屈服”于重力的作用而倾倒，无论怎样分析，总让人感到有点不自在。实际上它也不是完全不屈服。如图 4-61 所示，如果先把一个快速旋转的陀螺仪两端都支撑起来，然后撤去一端（A 点）的支持，首先出现

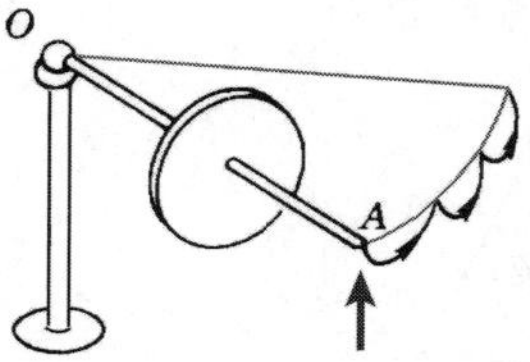

图 4-61 进动陀螺仪的章动

的现象是这一端确实下沉。然而，此后就立刻在水平面内进动了，与此同时下沉运动放慢，直到 A 点完全沿水平方向运动。但事情并不就此了结，紧接着出现的是进动放慢，A 点重新抬起，在理想的情况下可以达到它的初始高度。这样的过程周而复始地继续下去，端点 A 描绘出如图中所示的摆线轨迹。陀螺的这种运动叫做章动（nutation），拉丁语中是“点头”的意思。图 4-62 给出一些不同初始条件下的章动。除非陀螺仪在起动时恰好符合稳定进动所需的条件，一般说来总的效果是陀螺的重心保持在低于起始点的水平上由此释放出来的势能提供了进动和章动所需的动能。

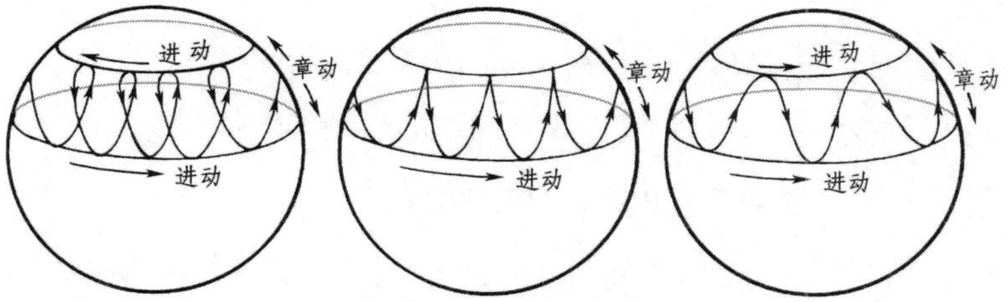

图 4-62 不同初始条件下的章动

地轴除进动外，也有章动。地轴的章动是英国天文学家布拉得雷（J. Bradley）于 1748 年分析了 20 年观测资料后发现的。地轴章动的周期为 18.6 年，近似地说，就是 19 年。在我国古代历法把 19 年称为一“章”，这便是中译名“章动”的来源。

本 章 提 要

1. 角动量

（1）质点的角动量：$\boldsymbol{J}=m\boldsymbol{r}\times\boldsymbol{v}=\boldsymbol{r}\times\boldsymbol{p}$.

（2）质点组的角动量：

$$\boldsymbol{J}=\sum_i m_i\boldsymbol{r}_i\times\boldsymbol{v}_i$$

$$=\text{固有角动量 }\boldsymbol{J}_C+\text{轨道角动量 }m\boldsymbol{r}_C\times\boldsymbol{v}_C.$$

2. 力矩：在单位时间内物体在相互作用中传递的角动量，

$$\boldsymbol{M}=\frac{\mathrm{d}\boldsymbol{J}}{\mathrm{d}t}.$$

（1）质点所受力矩：$\boldsymbol{M}=\boldsymbol{r}\times\boldsymbol{f}$，

（2）质点组所受力矩：$\boldsymbol{M}=\boldsymbol{M}_{外}=\sum_i\boldsymbol{r}_i\times\boldsymbol{f}_{i外}$.

3. 角动量定理

（1）惯性系（任意参考点）：$\boldsymbol{M}_{外}=\dfrac{\mathrm{d}\boldsymbol{J}}{\mathrm{d}t}$.

（2）质心系（以质心为参考点）：$\boldsymbol{M}_{外C}=\dfrac{\mathrm{d}\boldsymbol{J}_C}{\mathrm{d}t}$.

（3）刚体的瞬心系（以瞬心为参考点）：$\boldsymbol{M}'_{外}+\boldsymbol{r}_C'\times\boldsymbol{f}_{惯}=\dfrac{\mathrm{d}\boldsymbol{J}'}{\mathrm{d}t}$.

4. 角动量守恒定律 —— 空间各向同性

$$\boldsymbol{J}=\sum_i\boldsymbol{J}_i=\text{常量}，\qquad \text{条件}\quad \boldsymbol{M}_{外}=0.$$

例：（1）孤立系，所有 $\boldsymbol{f}_{i外}=0$；（2）有心力，$\boldsymbol{r}_i\,/\!/\,\boldsymbol{f}_{i外}$ ……

5. 刚体：内部质点没有相对运动 ⟶ 形状和大小不变。

（弹性模量和弹性波速 → ∞ 时的理想模型）

运动学：　平动 + 转动

(1) 平动：固联在刚体上的任一条直线在各时刻的位置始终保持平行的运动。

任一点的运动都可代表整体的平动，通常用质心来代表。

(2) 转动：刚体上所有各点都绕同一直线(转轴)作圆周运动的运动。

角位移和角速度与转轴无关，刚体各点具有共同的角速度。

有限角位移 $\Delta\varphi$ 不是矢量， 无限小角位移 $\mathrm{d}\varphi$ 和角速度 $\boldsymbol{\omega}$ 是矢量。

6. 刚体定轴转动

角动量： $J_{/\!/}=I\omega$， I 为转动惯量。

角动量定理： $M_{外/\!/}=\dfrac{\mathrm{d}J_{/\!/}}{\mathrm{d}t}=I\dfrac{\mathrm{d}\omega}{\mathrm{d}t}$.

冲量矩： $\int_0^t M_{外/\!/}\mathrm{d}t=I(\omega-\omega_0)$.

力矩的功： $\mathrm{d}A_{外}=M_{外/\!/}\mathrm{d}\varphi=\mathrm{d}(E_{\mathrm{p}}+E_{\mathrm{k}})$，

其中 $E_{\mathrm{p重}}=mgh_C$， $E_{\mathrm{k}}=\dfrac{1}{2}I\omega^2$.

转动惯量： $I=\sum_i \Delta m_i r_{i\perp}{}^2=\int r_{\perp}{}^2\mathrm{d}m=\int r_{\perp}{}^2\rho\,\mathrm{d}V$.

(1) 平行轴定理： $I_D=I_C+md^2$.

(2) 正交轴定理： $I_z=I_x+I_y$ (适用于平行 xy 面的薄板)。

常用的转动惯量公式见表 4-1.

7. 刚体的平面平行运动：所有质点的运动平行于某一平面。

动力学：
- 质心运动定理： $\boldsymbol{F}_{外}=m\dfrac{\mathrm{d}\boldsymbol{v}_C}{\mathrm{d}t}$；
- 绕质心的转动： $M_{外C/\!/}=I_C\dfrac{\mathrm{d}\omega}{\mathrm{d}t}$.

机械能：
- 势能： $E_{\mathrm{p重}}=mgh_C$；
- 动能： $E_{\mathrm{k}}=\dfrac{1}{2}I_C\omega^2+\dfrac{1}{2}mv_C{}^2$.

瞬心：刚体中瞬时速度 $\boldsymbol{v}=0$ 的点。

瞬心一般有加速度 $\boldsymbol{a}_0$，从而瞬心系内有惯性力 $\boldsymbol{f}_{惯}=-m\boldsymbol{a}_0$. 当 $\boldsymbol{a}_0$ 沿瞬心和质心联线时，其力矩 $\boldsymbol{r}_C'\times\boldsymbol{f}_{惯}=0$，瞬心系中的角动量定理形式上与惯性系中的一样。

8. 刚体的平衡

条件
$$\begin{cases}\sum_i \boldsymbol{f}_i=0,\\ \sum_i \boldsymbol{M}_{外}=\sum_i \boldsymbol{r}_i\times\boldsymbol{f}_{i外}=0.\end{cases}$$

对于垂直于 z 轴的平面运动， $\sum_i f_{i外x}=0$， $\sum_i f_{i外y}=0$；

$$\sum_i M_{i外z}=\sum_i(x_i f_{i外y}-y_i f_{i外x})=0.$$

9. 刚体绕定点转动

陀螺仪：具有大转动惯量 I 对称轴，并绕此轴高速旋转的刚体。

对于陀螺仪，角动量 $\boldsymbol{J}$ 近似地平行于角速度 $\boldsymbol{\omega}$： $\boldsymbol{J}=I\boldsymbol{\omega}$.

回转运动

(1) $\boldsymbol{M}_{外}=0$ 时 $\boldsymbol{J}$ 守恒，转轴方向不变。

(2) $\boldsymbol{M}_{外}\neq 0$ 时，产生进动。 实例：导航，自行车，炮弹，岁差等。

（进动力矩 $\boldsymbol{M}$ 与进动角速度 $\boldsymbol{\Omega}$ 的一般关系为 $\boldsymbol{M}=\boldsymbol{\Omega}\times I\boldsymbol{\omega}$.）

10. 守恒律与对称性

(1) 能量守恒定律 —— 时间平移不变性；

(2) 动量守恒定律 —— 空间平移不变性；

(3) 角动量守恒定律 —— 空间各向同性。

思 考 题

4-1. 下列系统角动量守恒吗？

(1) 圆锥摆；

(2) 一端悬挂在光滑水平轴上自由摆动的米尺；

(3) 冲击摆；

(4) 阿特伍德机；

(5) 荡秋千；

(6) 在空中翻筋斗的京剧演员；

(7) 在水平面上匀速滚动的车轮；

(8) 从旋转着的砂轮边缘飞出的碎屑；

(9) 绕自转轴旋转的炮弹在空中爆炸的瞬间。

4-2. 本章例题 10 中两个各绕自转轴旋转的圆柱构成的系统，它们的边缘接触前后系统的总角动量守恒吗？ 试分析守恒或不守恒的原因。 在这里轴上的约束力对角动量会有影响吗？

4-3. 如本题图，在光滑水平面上立一圆柱，在其上缠绕一根细线，线的另一头系一个质点。起初将一段线拉直，横向给质点一个冲击力，使它开始绕柱旋转。在此后的时间里线越绕越短，质点的角速度怎样变化？其角动量守恒吗？ 动能守恒吗？

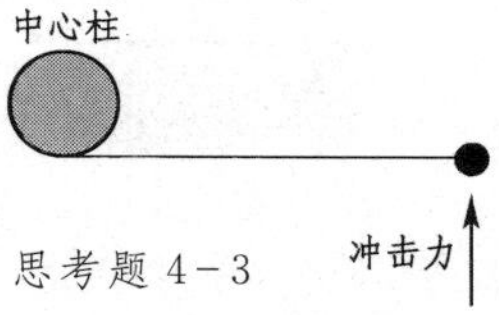

思考题 4-3

4-4. 骑自行车时，脚镫子在什么位置上，人施予它的力矩最大？在什么位置上力矩最小？

4-5. 经验告诉我们，推手推车上坡时，推不动了，扳车轮的上缘可省力。什么道理？

4-6. 为什么走钢丝的杂技演员手中要拿一根长竹竿来保持身体的平衡？

4-7. 通常我们都知道，物体越高且上面越重，则越不稳定。但杂技演员用手指、额头或肩膀顶一个物体时，物体越高且上面越重，顶起来却越容易平衡。试解释之

4-8. 试用角动量以及功和能的概念说明荡秋千的原理。

4-9. 试分析下列运动是平动还是转动：

(1) 自行车脚镫子的运动；

(2) 月球绕地球运行。

4-10. 若滚动摩擦可以忽略，试分析自行车在加速、减速、匀速行进时，前后轮所受地面摩擦力的方向。 此时摩擦力作功吗？

4-11. 汽车发动机的内力矩是不能改变汽车的总角动量的。那么，在起动和制动时，其角动量为什么能改变？

4-12. 为什么汽车起动时车头会稍往上抬，制动时，车头稍往下沉？

4-13. 试说明自行车刹车时前后轮给地面压力的变化。

4-14. 试分析拖拉机牵引农具时，前后轮对地面压力的变化。

4-15. 通过学习物理学，我们有了这样的概念，若忽略空气的阻

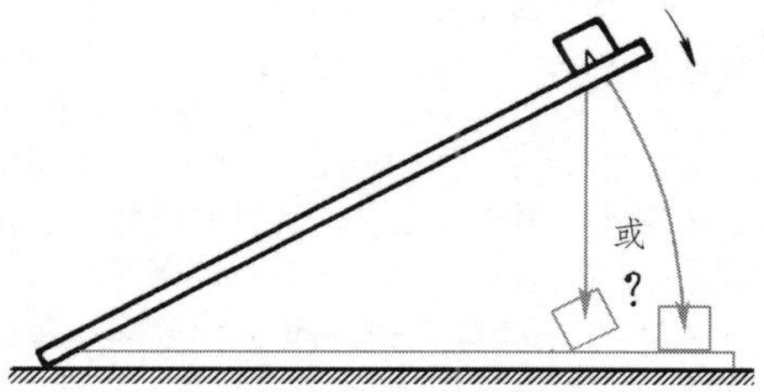

思考题 4-15

力，任何物体自由降落时的加速度都是一样的。如本题图所示，将一块长条木板一端抵在地面上，抬起它的另一端，在其上放一小木块。松开手后，在降落的过程中木块会离开木板吗？ 你可做个实验试一试。

4-16. 工厂里很高的烟囱往往是用砖砌成的。有时为了拆除旧烟囱，可以采用从底部爆破的办法。在烟囱倾倒的过程中，往往中间偏下的部位发生断裂(见本题图)。试说明其理由。

思考题 4-16

4-17. 用手扶着静止的自行车不让倒下，把它左边的脚镫子放在朝下的位置，如本题图所示。这时用水平力向后推此脚镫子，车子向前还是向后运动？脚镫子朝哪个方向转？解释你判断的依据。(你可实地验证一下你的想法。)

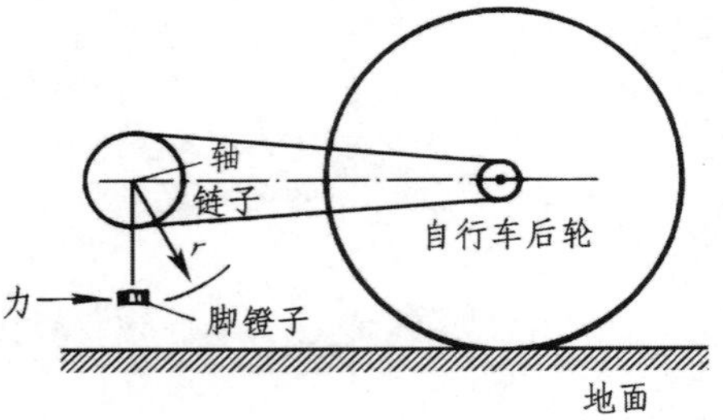

思考题 4-17

4-18. 四块相同的砖头以本题图中所示的方式叠放在桌上，它们会不会翻倒？ 这是它们能够探出桌边的最大距离吗？

4-19. 如本题图所示，用两台相同的磅秤共同支撑一长方物件，它们的读数相同。若此时用水平的力拉物件的右上角，两磅秤的读数如何变化？拉中间或右下角呢？

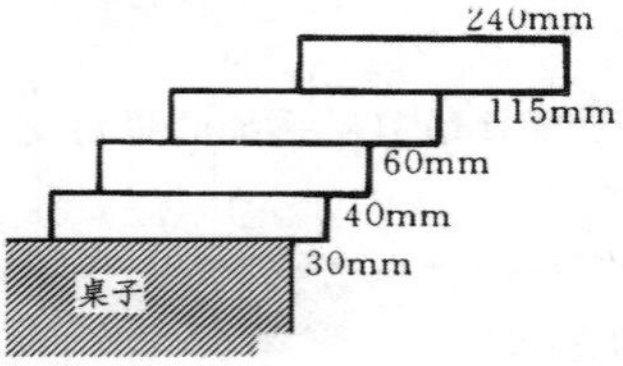

思考题 4-18

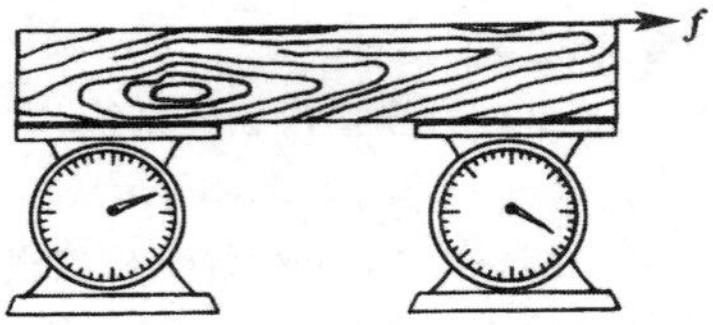

思考题 4-19

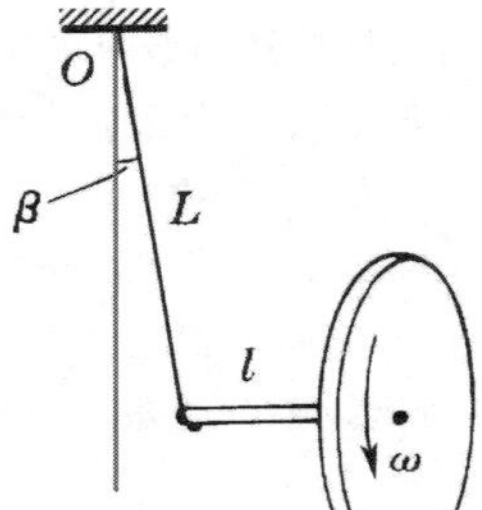

思考题 4-20

4-20. 用绳子系在绕水平轴快速旋转的轮子转轴的一端，将它悬挂起来，如本题图所示。 轮子将怎样运动？ 绳子会保持竖直吗？

4-21. 汽车在急速转弯时，内、外两侧轮子上的负荷作怎样的变化？

4-22. 拐弯时，骑自行车和蹬三轮车的人有不同的感觉。譬如想朝左拐，骑自行车的人只需把身体的重心偏向左边，而无须有意识地向左转动车把。如果她或他只向左转动车把，而不向左侧身，则车子就会产生朝右倾倒的趋势。若蹬三轮车的人想朝左拐的话，他必须向左转动车把，而是否向左侧身则无所谓。只要弯拐得不太急，一般用不着担心朝右倾倒。试解释之。

习 题

4-1. 如本题图，一质量为 m 的质点自由降落，在某时刻具有速度 v. 此时它相对于 A、B、C 三参考点的距离分别为 d_1、d_2、d_3. 求 (1) 质点对三个点的角动量；(2) 作用在质点上的重力对三个点的力矩。

4-2. 一质量为 m 的粒子位于(x, y)处，速度为 $\boldsymbol{v}=v_x\boldsymbol{i}+v_y\boldsymbol{j}$，并受到一个沿 $-x$ 方向的力f. 求它相对于坐标原点的角动量和作用在其上的力矩。

4-3. 电子的质量为 9.1×10^{-31} kg，在半径为 5.3×10^{-11} m的圆周上绕氢核作匀速率运动。已知电子的角动量为 $h/2\pi$ (h 为普朗克常量，等于 6.63×10^{-34} J·s)，求其角速度。

4-4. 如本题图，圆锥摆的中央支柱是一个中空的管子，系摆锤的线穿过它，我们可将它逐渐拉短。设摆长为 l_1 时摆锤的线速度为

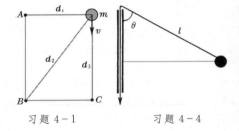

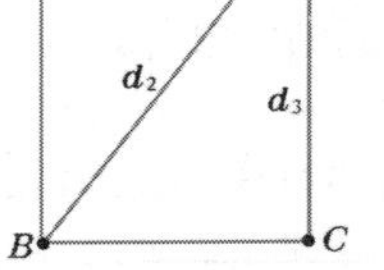

习题 4-1

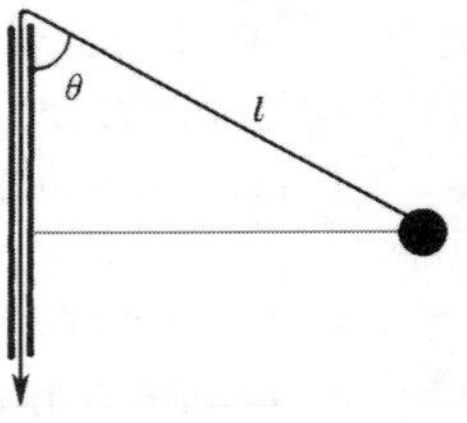

习题 4-4

v_1，将摆长拉到 l_2 时，摆锤的速度 v_2 为多少？ 圆锥的顶角有什么变化？

4-5. 如本题图，在一半径为 R、质量为 m 的水平转台上有一质量是它一半的玩具汽车。 起初小汽车在转台边缘，转台以角速汽车相对转台沿径向向里开，度 ω 绕中心轴旋转。 当它走到 $R/2$ 处时，转台的角速度变为多少？ 动能改变多少？能量从哪里来？

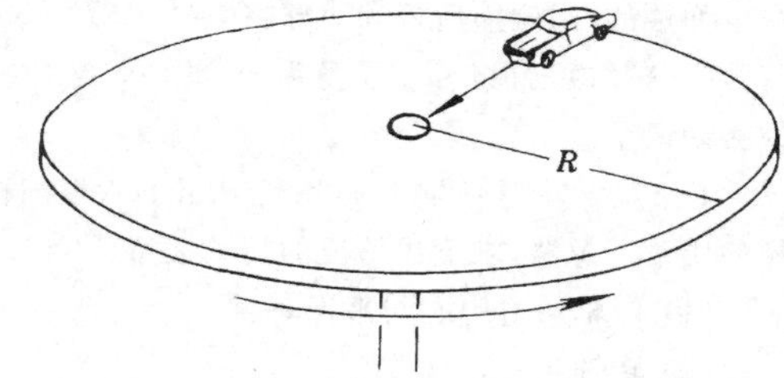

习题 4-5

4-6. 在上题中若转台起初不动，玩具汽车沿边缘开动，当其相对于转台的速度达到 v 时，转台怎样转动？

4-7. 两质点的质量分别为 m_1、m_2（$m_1>m_2$），拴在一根不可伸长的绳子的两端，以角速度 ω 在光滑水平桌面上旋转。它们之中哪个对质心的角动量大？角动量之比为多少？

4-8. 在上题中，若起初按住 m_2 不动，让 m_1 绕着它以角速度 ω 旋转。然后突然将 m_2 放开，求以后此系统质心的运动，绕质心的角动量和绳中的张力。 设绳长为 l.

4-9. 两个滑冰运动员，体重都是 60 kg，他们以 6.5 m/s 的速率垂直地冲向一根 10 m 长细杆的两端，并同时抓住它，如本题图所示。若将每个运动员看成一个质点，细杆的质量可以忽略不计。

（1）求他们抓住细杆前后相对于其中点的角动量；

（2）他们每人都用力往自己一边收细杆，当他们之间距离为 5.0 m 时，各自的速率是多少？

（3）求此时细杆中的张力；

（4）计算每个运动员在减少他们之间距离的过程中所作的功，并证明这功恰好等于他们动能的变化。

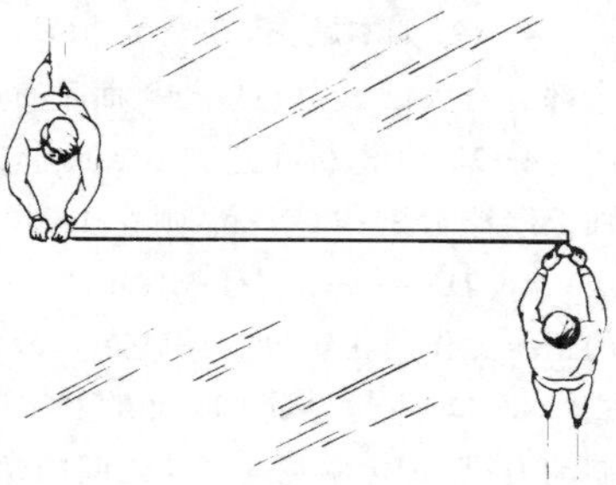

习题 4-9

4-10. 在光滑的水平桌面上，用一根长为 l 的绳子把一质量为 m 的质点联结到一固定点 O. 起初，绳子是松弛的，质点以恒定速率 v_0 沿一直线运动。质点与 O 最接近的距离为 b，当此质点与 O 的距离达到 l 时，绳子就绷紧了，进入一个以 O 为中心的圆形轨道。

（1）求此质点的最终动能与初始动能之比。能量到哪里去了？

（2）当质点作匀速圆周运动以后的某个时刻，绳子突然断了，它将如何运动？ 绳断后质点对 O 的角动量如何变化？

4-11. 图中 O 为有心力场的力心，排斥力与距离平方成反比：$F=k/r^2$（k 为一常量）。

（1）求此力场的势能；

（2）一质量为 m 的粒子以速度 v_0、瞄准距离 b 从远处入射，求它能达到的最近距离和此时刻的速度。

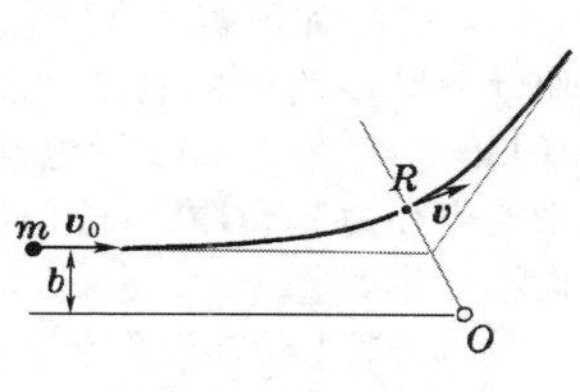

习题 4-11

4-12. 在上题中将排斥力换为吸引力，情况如何？

4-13. 如果由于月球的潮汐作用，地球的自转从现在的每 24 小时一圈变成每 48 小时一圈，试估计地球与月球之间的距离将增为多少？ 已知地球的质量为 $M_\oplus\approx6\times10^{24}$ kg，地球半径为 $R_\oplus=6400$ km，月球质量为 $M_月\approx7\times10^{22}$ kg，地月距离为 $l=3.8\times10^5$ km，将月球视为质点。

4-14. 一根质量可忽略的细杆，长度为 l，两端各联结一个质量为 m 的质点，静止地放在光滑的水平桌面上。另一相同质量的质点以速度 v_0 沿 45° 角与其中一个质点作弹性碰撞，如本题图所示。求碰后杆的角速度。

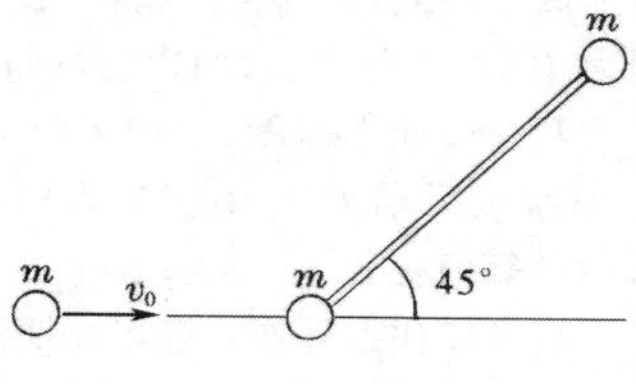

习题 4-14

4-15. 质量为 M 的匀质正方形薄板，边长为 L，可自由地绕一铅垂边旋转。一质量为 m、速度为 v 的小球垂直于板面撞在它的对边上。设碰撞是完全弹性的，问碰撞后板和小球将怎样运动？

4-16. 由三根长 l、质量为 m 的均匀细杆组成一个三角架，求它对通过其中一个顶点且与架平面垂直的轴的转动惯量。

4-17. 六小球各重 60 g，用长 1 cm 的六根细杆联成正六边形，若杆的质量可忽略，求下述情况的转动惯量。

(1) 转轴通过中心与平面垂直；

(2) 转轴与对角线重合；

(3) 转轴通过一顶点与平面垂直。

4-18. 如本题图，钟摆可绕 O 轴转动。设细杆长 l，质量为 m，圆盘半径为 R，质量为 M. 求

(1) 对 O 轴的转动惯量；

(2) 质心 C 的位置和对它的转动惯量。

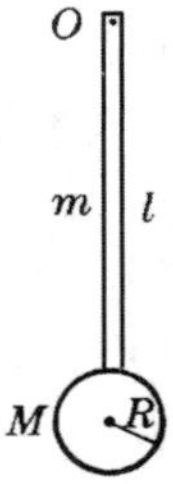

习题 4-18

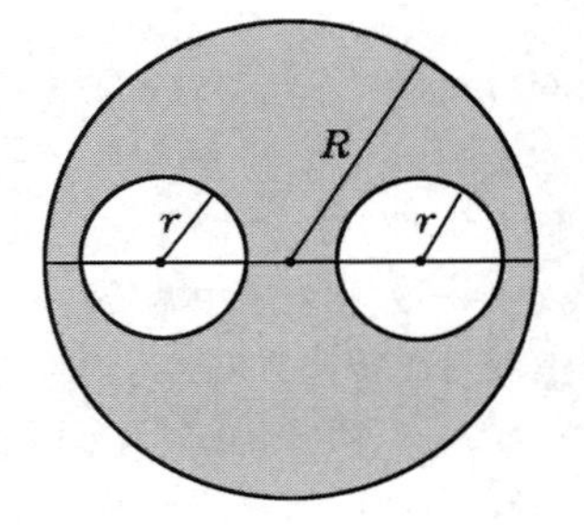

习题 4-19

4-19. 如本题图，在质量为 M、半径为 R 的匀质圆盘上挖出半径为 r 的两个圆孔，孔心在半径的中点。求剩余部分对大圆盘中心且与盘面垂直的轴线的转动惯量。

4-20. 一电机在达到 20 r/s 的转速时关闭电源，若令它仅在摩擦力矩的作用下减速，需时 240 s 才停下来。若加上阻滞力矩 500 N·m，则在 40 s 内即可停止。试计算该电机的转动惯量。

4-21. 一磨轮直径 0.10 m，质量 25 kg，以 50 r/s 的转速转动。用工具以 200 N 的正压力作用在轮边上，使它在 10 s 内停止。求工具与磨轮之间的摩擦系数。

4-22. 飞轮质量 1000 g，直径 1.0 m，转速 100 r/min。现要求在 5.0 s 内制动，求制动力 F. 假定闸瓦与飞轮之间的摩擦系数 $\mu=0.50$，飞轮质量全部分布在外缘上，尺寸如本题图所示。

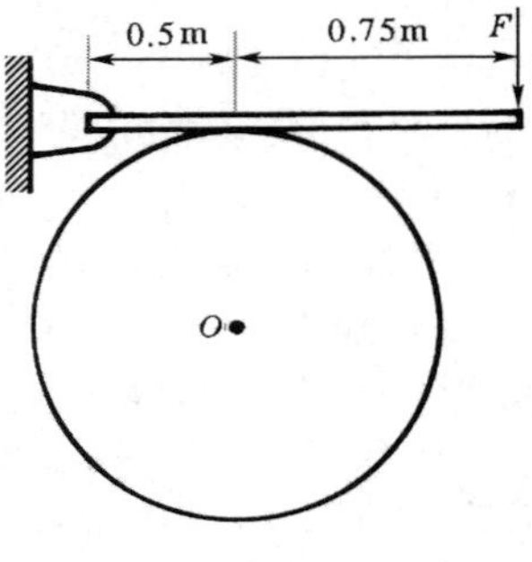

习题 4-22

4-23. 如本题图，发电机的轮 A 由蒸汽机的轮 B 通过皮带带动。两轮半径 $R_A=30$ cm，$R_B=75$ cm. 当蒸汽机开动后，其角加速度 $\beta_B=0.8\pi$ rad/s^2，设轮与皮带之间没有滑动。

(1) 经过多少秒后发电机的转速达到 $n_A=600$ r/min?

(2) 当蒸汽机停止工作后一分钟内发电机转速减到 300 r/min，求其角加速度。

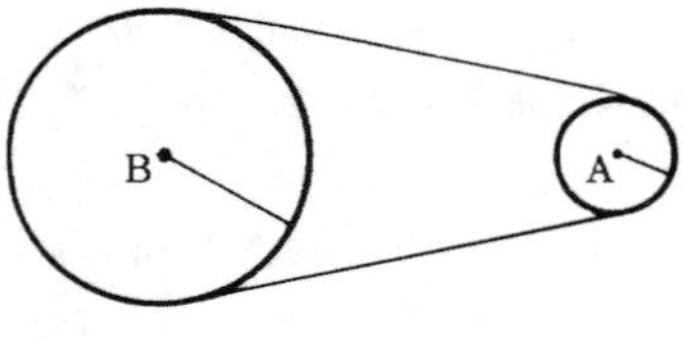

习题 4-23

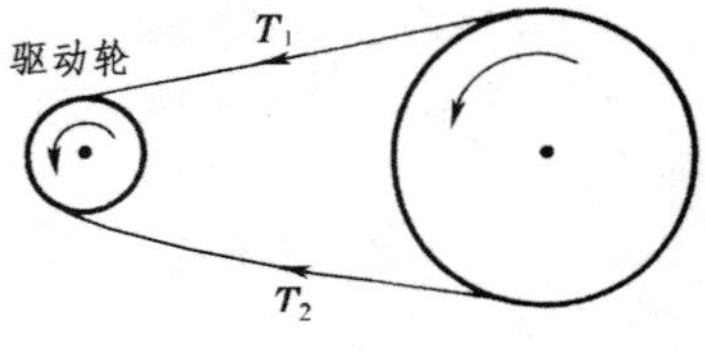

习题 4-24

4-24. 如本题图，电动机通过皮带驱动一厚度均匀的轮子，该轮质量为 10 kg，半径为 10 cm. 设电动机上的驱动轮半径为 2 cm，能传送 5 N·m 的转矩而不打滑。

(1) 把大轮加速到 100 r/min 需要多长时间？

(2) 若皮带与轮子之间的摩擦系数为 0.3，轮子两旁皮带中的张力各多少？（设皮带与轮子的接触面为半个圆周。）

4-25. 如本题图，在阶梯状的圆柱形滑轮上朝相反的方向绕上两根轻绳，绳端各挂物体 m_1 和 m_2，已知滑轮的转动惯量为 I_C，绳不打滑，求两边物体的加速度和绳中张力。

4-26. 如本题图，一细棒两端装有质量相同的质点 A 和 B，可绕水平轴 O 自由摆动，已知参量见图。求小幅摆动的周期和等值摆长。

4-27. 如本题图，复摆周期原为 $T_1=0.500$ s，在 O 轴下 $l=10.0$ cm 处（联线过质心 C）加质量 $m=50.0$ g 后，周期变

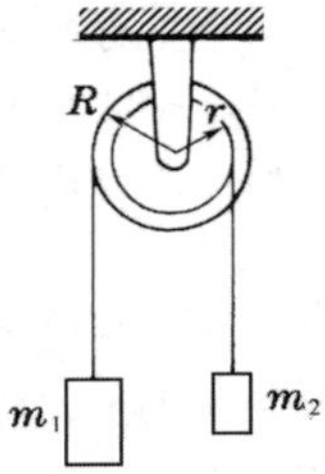

习题 4-25

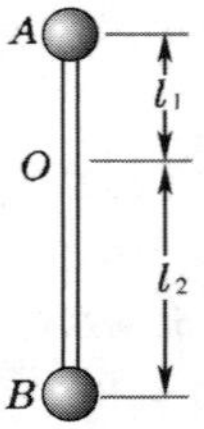

习题 4-26

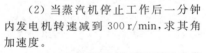

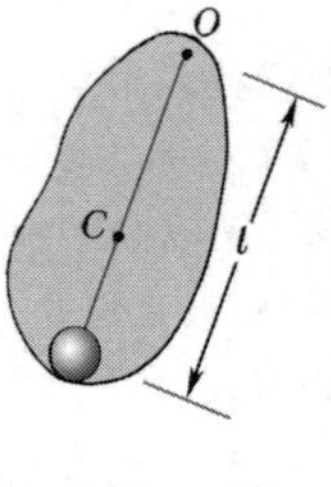

习题 4-27

为 $T_2=0.600\,\mathrm{s}$.求复摆对 O 轴原来的转动惯量。

4-28. 1.00 m 的长杆悬于一端，摆动周期为 T_0，在离悬点为 h 的地方加一同等质量后，周期变为 T.

(1) 求 $h=0.50$ m 和 1.00 m 时的周期比 T/T_0；

(2) 是否存在某一 h 值，使 $T/T_0=1$？

4-29. 半径为 r 的小球沿斜面滚入半径为 R 的竖直环形轨道里。求小球到最高点时至少需要具备多大的速度才不致脱轨。若小球在轨道上只滚不滑，需要在斜面上多高处自由释放，它才能获得此速度？

4-30. 如本题图所示为麦克斯韦滚摆，已知转盘质量为 m，对盘轴的转动惯量为 I_C，盘轴直径为 $2r$，求下降时的加速度和每根绳的张力。

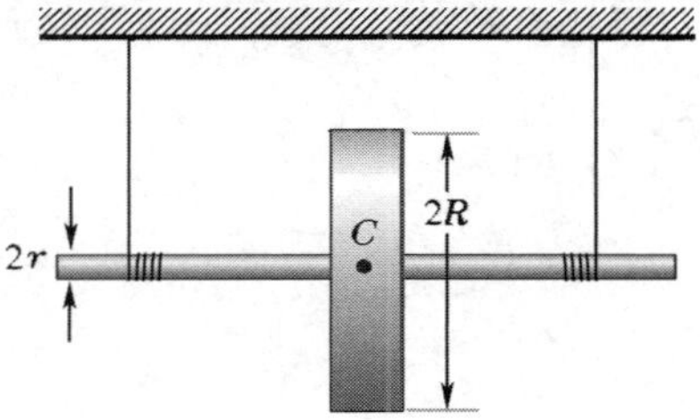

习题 4-30

4-31. 一质量为 m、半径为 R 的圆筒垂直于行驶方向横躺在载重汽车的粗糙地板上，其间摩擦系数为 μ. 若汽车以匀加速度 a 起动，问

(1) a 满足什么条件时圆筒作无滑滚动？

(2) 此时圆筒质心的加速度和角加速度为何？

4-32. 如本题图，质量为 m 的汽车在水平路面上急刹车，前后轮均停止转动。设两轮的间距为 L，与地面间的摩擦系数为 μ，汽车质心离地面的高度为 h，与前轮轴的水平距离为 l. 求前后轮对地面的压力。

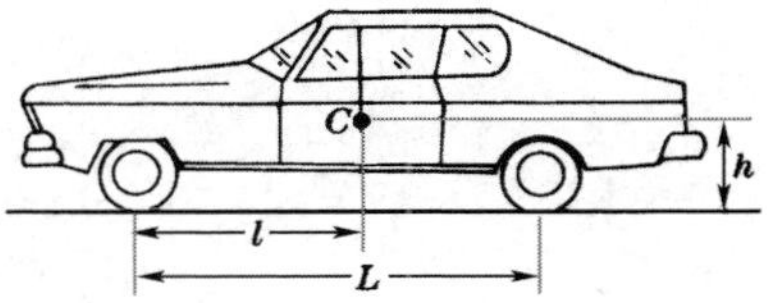

习题 4-32

4-33. 足球质量为 m，半径为 R，在地面上作无滑滚动，球心速度为 v_0. 球与光滑墙壁作完全弹性碰撞后怎样运动？

4-34. 若在上题中滚动着撞墙的球是个完全非弹性球，墙面粗糙，碰撞后球会怎样运动？ 它会向上滚吗？ 能滚多高？

4-35. 一半径为 r、质量为 m 的匀质小球，在竖直面内半径为 R 的半圆轨道上自静止无滑滚下。求小球到达最低点处质心的速率、角速度，以及它作用于导轨的正压力。

4-36. 一圆球静止地放在粗糙的水平板上，用力抽出此板，球会怎样运动？

4-37. (1) 沿水平方向击台球时，应在球心上方多高处击球才能保证球开始无滑滚动？

(2) 若台球与桌面间的摩擦系数为 μ，试分析朝着中心击球的后果。

4-38. 一滑雪者站在 30° 的雪坡上享受着山中的新鲜空气，突然看到一个巨大的雪球在 100 m 外向他滚来并已具有 25 m/s 的速度。他立即以 10 m/s 的初速下滑。设他下滑的加速度已达到最大的可能性，即 $g\sin30°=g/2$，他能逃脱吗？

4-39. 如本题图，一高为 b、长为 a 的匀质木箱，放在倾角为 θ 的斜面上，两者之间的摩擦系数为 μ. 逐渐加大 θ，木箱何时倾倒，或下滑。

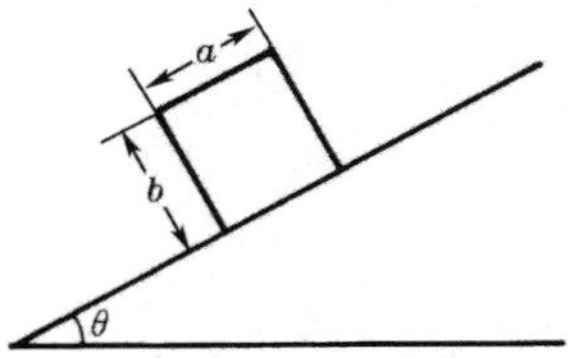

习题 4-39

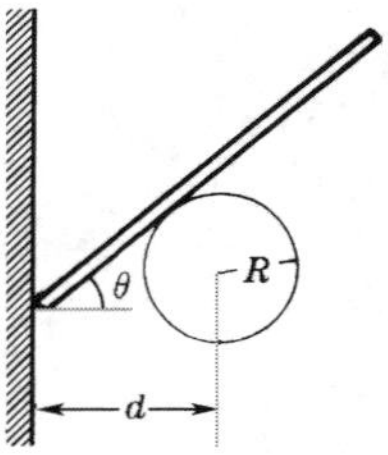

习题 4-40

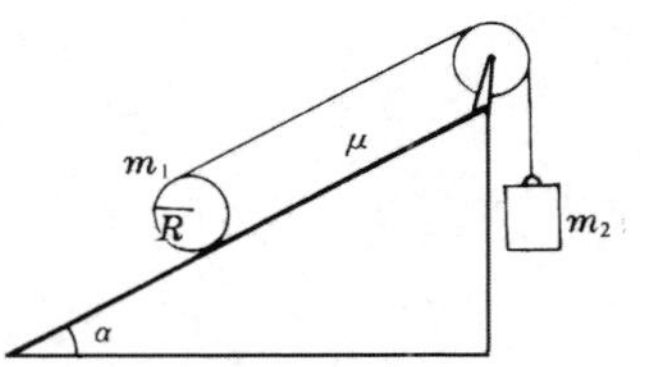

习题 4-41

4-40. 本题图中墙壁和水平栏杆都是光滑的，细杆斜靠在其间。在什么角度 θ 下细杆才能平衡？

4-41. 倾角为 α 的斜面上放置一个质量为 m_1、半径为 R 的圆柱体。有一细绳绕在此圆柱体的边缘上，并跨过滑轮与质量为 m_2 的重物相连，如本题图所示。 圆柱体与斜面的摩擦系数为 μ，α 角满足什么条件时，m_1 和

m_2 能够平衡？ 在什么情况下圆柱会下滚？

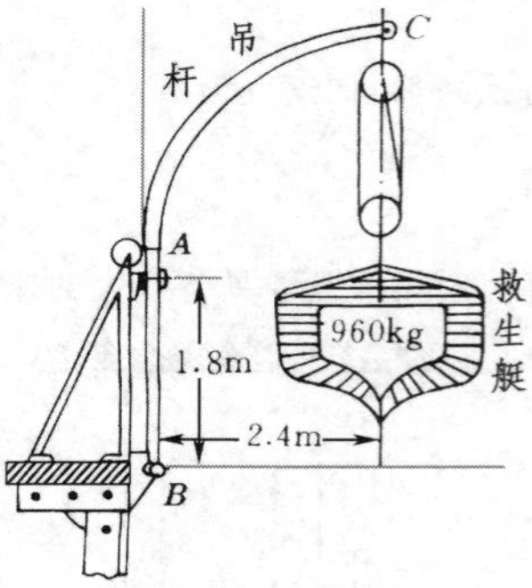

习题 4-42

4-42. 本题图中示意地表明轮船上悬吊救生艇的装置。救生艇质量为 960 kg，其重量为两根吊杆分担。吊杆穿过 A 环，下端为半球形，放在止推轴承 B 内。求吊杆在 A、B 处所受的力。

4-43. 两条质量为 m、长度为 l 的细棒，用一无摩擦的铰链联结成人字形，支撑于一光滑的平面上。开始时，两棒与地面的夹角为 30°，问细棒滑倒时，铰链碰地的速度多大。

4-44. 设思考题 4-20 中轮子的质量为 m，绕质心的转动惯量为 I_C，角速度为 ω，质心到轴端系绳处的距离为 l. 求轮子进动的角速度 Ω 和绳子与铅垂线所成的角度 θ.

第五章 连续体力学

在上一章我们讨论了刚体的运动,刚体是不能形变的。用质点组的观点来说,就是内部质点之间没有相对运动。本章将讨论连续体的力学,连续体包括弹性体和流体(液体和气体),它们的共同特点是其内部质点之间可以有相对运动,宏观地看,连续体可以有形变或非均匀流动。处理连续体的办法是不再把它看成一个个离散的质点,而是取"质元",即有质量的体积元。 为此我们要引进"密度"的概念,密度 ρ 是单位体积内的质量,从而体积为 $\mathrm{d}V$ 的质元具有质量 $\mathrm{d}m=\rho\mathrm{d}V$. 在连续体力学中,力不再看成是作用在一个个离散的质点上,而看成是作用在质元的表面上,因而需要引进作用在单位面积上的力,即"应力"的概念。

§1. 固体的弹性

1.1 应力和应变

本章以前各节采用的是刚体模型,把固体的一切形变都忽略了,在本节里我们将讨论固体的弹性。在外力作用下,在弹性体内同时产生相应的形变(应变)和弹性恢复力(应力)。

应力(stress)是物体中各部分之间相互作用的内力。讨论物体中某处的内力,就得设想在该处有一假想的截面 ΔS(见图 5-1),把两边的物质 1 和 2 分开。面元 ΔS 的取向任意,设被此面元分开的两部分物质之间的作用力和反作用力分别为 $\Delta \boldsymbol{f}$ 和 $-\Delta \boldsymbol{f}$,则在此截面上的应力定义为如下矢量:

$$\boldsymbol{\tau}=\lim_{\Delta S\to 0}\frac{\Delta \boldsymbol{f}}{\Delta S}=\frac{\mathrm{d}\boldsymbol{f}}{\mathrm{d}S}. \tag{5.1}$$

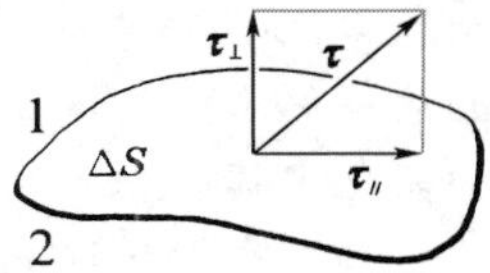

图 5-1 应 力

在固体中一个截面上的应力一般不与此截面垂直,我们可以将它分解为法向分量 $\tau_\perp$ 和切向分量 $\tau_{/\!/}$,前者称为正应力(压力或张力),后者称为剪应力。一般说来,应力不仅与截面 ΔS 的位置有关,并且随它的取向而异。在 MKS 制中应力的单位为牛顿每平方米($\mathrm{N/m^2}$),称为"帕斯卡(pascal)",简称"帕",符号为 Pa. 应力的量纲为$[\tau]=\mathrm{ML^{-1}T^{-2}}$.

固体的应变有两种基本形式:与纯正应力相对应的体应变(bulk strain)和纯剪应力相对应的剪应变(shear strain)。

在静止的流体中只有各向同性的正应力,一般是压力,称为"静水压(hydrostatic pressure)"。在弹性体上加以静水压时,其体积 V 将发生变化 ΔV,体应变 $\varepsilon_{体}$ 定义为体积的相对变化:

$$\varepsilon_{体}=\frac{\Delta V}{V}. \tag{5.2}$$

在弹性限度内正应力 $\tau_\perp$ 与体应变 $\varepsilon_{体}$ 成正比:

$$\tau_\perp=K\,\varepsilon_{体}=K\,\frac{\Delta V}{V}, \tag{5.3}$$

K 称为体弹性模量,其倒数 $\kappa=1/K$ 称为压缩系数。

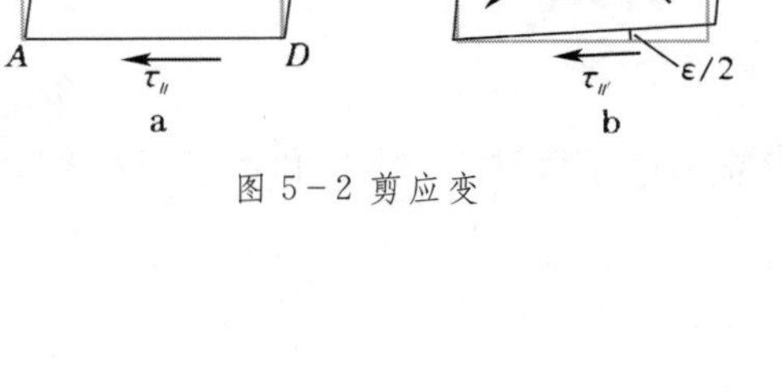

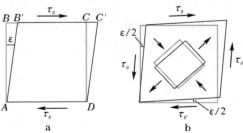

图 5-2 剪应变

为了讨论剪应变 $\varepsilon_{剪}$,我们设想从弹性体中隔离出一方块体(见图 5-2),如果在这方块体上下底面加一对大小相等、方向相反的切向应力 $\tau_{/\!/}$，则弹性体会发生如图 5-2a 所示的形变。不过仅仅有这一对切向力，它们构成的力偶矩将使块体倾翻，不能平衡。所以在块体左右两侧面上还得加一对力矩相反的切向应力，使之能够平衡。这时块体将发生如图 5-2b 所示的形变，方块变成菱形，这便是剪应变。由此可以看出，剪应变也可看作是沿对角方向压缩的形变。剪应变的大小 $\varepsilon_{剪}$ 用平行截面间相对滑动位移 $\overline{BB'}$ 与它们之间垂直距离 $\overline{AB}$ 之比来表征（见图5-2a），这比值就是 $\angle BAB'$ 的大小 ε，这角度称为剪变角：

$$\varepsilon_{剪} = \frac{\overline{BB'}}{\overline{AB}} = \varepsilon. \tag{5.4}$$

在弹性限度内切向应力 $\tau_{/\!/}$ 与剪应变 $\varepsilon_{剪}$ 成正比：

$$\tau_{/\!/} = G\varepsilon_{剪} = G\frac{\overline{BB'}}{\overline{AB}} = G\varepsilon. \tag{5.5}$$

系数 G 称为剪变模量。

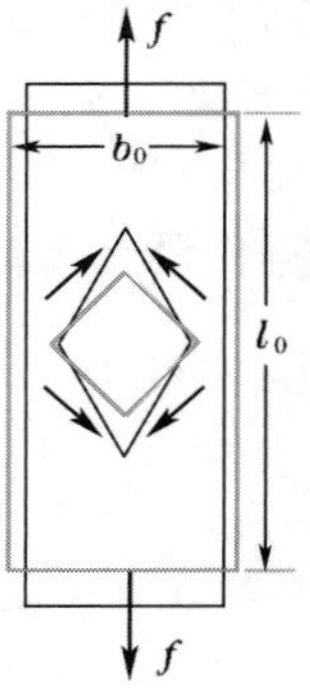

图 5-3
拉伸压缩形变

1.2 直杆的拉伸或压缩

如图 5-3 所示，在直杆两端加上与杆平行的力 f 拉伸或压缩时，杆的长度 l_0 将有改变（拉伸时 $\Delta l > 0$，压缩时 $\Delta l < 0$），此种应变 ε 以长度的相对增量 $\Delta l/l_0$ 来表征。设杆的截面积为 S，则其两端的应力为 $\tau = f/S$. 在弹性限度内应力 τ 与应变 ε 成正比：

$$\tau = E\varepsilon = E\frac{\Delta l}{l_0} \tag{5.6}$$

系数 E 称为杨氏模量。胡克（R.Hooke）于 17 世纪 70 年代末研究并发表了弹性杆拉伸压缩形变的规律(5.6)式，现在除此式外，人们把所有应力、应变成比例的规律[如(5.3)式和(5.5)式]统称为胡克定律。

直杆在发生纵向形变的同时，总伴有横向形变（见图 5-3）：纵向拉伸时横向收缩，纵向压缩时横向膨胀。设杆的横向线度原来为 b_0，改变量为 Δb，则横向应变为

$$\varepsilon_{横} = \frac{\Delta b}{b_0}, \tag{5.7}$$

一般说来，$\varepsilon_{横}$ 是纵向应变 ε 绝对值的 1/4～1/3，二者绝对值之比叫做泊松比，记作 σ，

$$\sigma = \left|\frac{\varepsilon_{横}}{\varepsilon}\right|, \tag{5.8}$$

它是一个小于 1/2 的无量纲量。

单向的拉伸或压缩形变中除了体形变外，还包含着剪切形变。如图 5-3 所示，在杆内取一个各边与轴线成 45° 的正方形，当杆被拉伸时，它被拉成菱形，即发生了剪切形变。所以，我们已经引入的三个弹性模量 K、G、E 和泊松比 σ 之间是有联系的。根据弹性理论可以证明，在这四个参量中只有两个是独立的，其中 E 和 σ 可用 K 和 G 表示出来：

$$\begin{cases} E = \dfrac{9GK}{3K+G}, & (5.9) \\ \sigma = \dfrac{3K-2G}{2(3K+G)}. & (5.10) \end{cases}$$

当然也可以反过来，用 E 和 σ 来表示 K 和 G：

$$\begin{cases} K = \dfrac{E}{3(1-2\sigma)}, & (5.11) \\ G = \dfrac{E}{2(1+\sigma)}. & (5.12) \end{cases}$$

由于所有弹性模量都只能是正的，故泊松比 σ 不可能大于 1/2.

因为应变 ε 是无量纲量，以上各弹性模量的量纲都与应力相同，单位皆为 $\mathrm{Pa=N/m^2}$. 此外，从(5.9)式到(5.12)式还可以看出，弹性模量 K、G、E 具有相同的数量级。表 5-1 给出一些材料的弹性模量和泊松比的数值，一个引人注目的现象是，尽管各种材料的软硬可以差别很大，它们的弹性模量却差不多同为 10^{10} Pa（约 10^5 大气压）的数量级。个中的奥秘需要用量子理论来解释，这里不便多谈了。❶

表 5-1　固体的弹性模量和泊松比

材料	$K/10^{10}$ Pa	$G/10^{10}$ Pa	$E/10^{10}$ Pa	σ
铝	7.8	2.5	6.8	0.355
黄铜	13.9	3.8	10.5	0.374
铜	16.1	4.6	12.6	0.37
金	16.9	2.85	8.1	0.42
电解铁	16.7	8.2	21	0.29
铅	3.6	0.54	1.51	0.43
镁	3.6	1.62	4.23	0.306
铂	14.2	6.4	16.8	0.303
银	10.4	2.7	7.5	0.38
不锈钢	16.4	7.57	19.7	0.30
熔凝石英	3.7	3.12	7.3	0.17
聚苯乙烯	0.41	0.133	0.36	0.353

1.3 梁的弯曲

先考虑矩形截面的梁，设其高为 h，宽为 b，两端的支撑力 N_1、N_2 与全部载荷（包括自重）P 平衡，梁本身则发生弯曲形变（见图 5-4a）。为简单计，设载荷集中在中点，于是 $N_1=N_2=P/2$. 用一个假想的面 $O'O''$ 把梁从中间分开，成为对称的左右两段。由图可以看出，两段各受到一个方向彼此相反的力偶矩 $Pl/4$（l 为梁长），此力偶矩由什么来平衡？回答这个问题要分析弯曲形变的特点和横截面 $O'O''$ 上的应力分布。

为了分析形变的特点，设想将梁分成上下许多层。当梁向下弯曲时，上层受到压缩，下层受到拉伸，中间有个无应力的中性层。在 $O'O''$ 面上的内应力分布将如图 5-4b 所示，上挤下拉，形成一个力偶矩 $M_内$，与外力矩 $Pl/4$ 平衡。现在我们来计算这个内力矩 $M_内$。

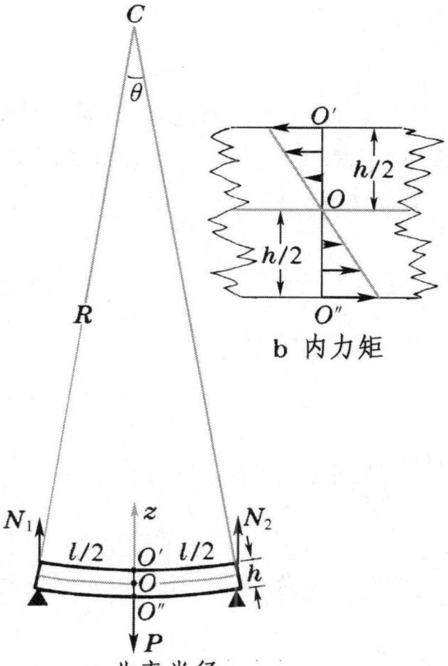

图 5-4 梁的弯曲

如图 5-4a 所示，设弯曲的梁的曲率半径为 R，曲率中心在 C 点，梁对 C 所张的圆心角为 $\theta=l/R$. 在截面 $O'O''$ 上取 z 轴沿高度方向，以中性层处 O 为原点，坐标为 z 处一层的长度为 $\theta(R-z)=l(R-z)/R=l-lz/R$，即 $\Delta l=-lz/R$，应变为 $\varepsilon=\Delta l/l=-z/R$，按照胡克定律，应力 $\tau=-Ez/R$（负应力代表压力，正应力代表张力）。高

❶ 可参看：赵凯华. 定性与半定量物理学. 2 版。北京：高等教育出版社，2008：135.

度为 dz 的一层横截面积为 $dS= b\,dz$，作用在其上的总力为 $df=\tau\,dS=-Ebz\,dz/R$，对 O 点的力矩为 $dM=z\,df=-Ebz^2dz/R$，故总力偶矩为

$$M_{内}=\int_{(横截面)}dM=-\frac{Eb}{R}\int_{-h/2}^{h/2}z^2dz=-2\frac{Eb}{R}\int_0^{h/2}z^2\,dz=-\frac{Ebh^3}{12R},\tag{5.13}$$

负号代表左边半段所受的力偶矩是逆时针方向的。在平衡时 $M_{内}=M_{外}=Pl/4$，此时梁的曲率为

$$\kappa=\frac{1}{R}=\frac{12M_{外}}{Ebh^3}.\tag{5.14}$$

外力偶矩是载荷造成的。上式表明，在一定的载荷下梁的弯曲程度（曲率）与宽度的一次方和高度的三次方成反比。由此可见，为了提高梁的抗弯能力，增加其高度比增加其宽度有效得多。此外，梁的中性层部分对抗弯的总力偶矩 $M_{内}$ 贡献不大，取去或减少这部分的材料，对梁的抗弯能力不会有显著影响。工程上广泛采用工字钢、空心钢管等构件，既能保证安全可靠，又能减轻重量、节约材料。

说到钢管，人们在实际中还经常使用圆形截面的梁。对于圆截面，我们原则上可用类似的办法通过积分来运算其内力偶矩，不过积分要复杂一点。从量纲上来看，圆柱形横梁 $M_{内}$ 的表达式应和(5.13)式差不多，其中的 b 和 h 都应换成圆柱的直径 d，前边的无量纲系数 $1/12=0.083$ 与几何形状有关，会有所不同。于是我们可以预料，对于圆柱形横梁有

$$M_{内}\propto\frac{Ed^4}{R}.$$

式中 d 是梁的直径。定量的计算表明，上式中的数值系数应为 $\pi/64=0.049$，即

$$M_{内}=\frac{\pi Ed^4}{64R}.\tag{5.15}$$

对于一定粗细的实心圆柱体，竖起来的时候其高度 l 有个临界值 l_c，超过它，在自重力的作用下直立的姿态不再是稳定的，它开始弯折。为了定性地估算这个 l_c，我们考虑弹性势能和重力势能的变化。我们仍用柱长 l 对曲率中心所张的角度 θ 来描述形变，按(5.15)式

$$M_{内}=\frac{\pi Ed^4}{64R}=\frac{\pi Ed^4}{64l}\theta,$$

从而弹性势能的增量为

$$\Delta E_{p弹}=\int_0^{\theta}M_{内}\,d\theta=\frac{\pi Ed^4}{128l}\theta^2,\tag{5.16}$$

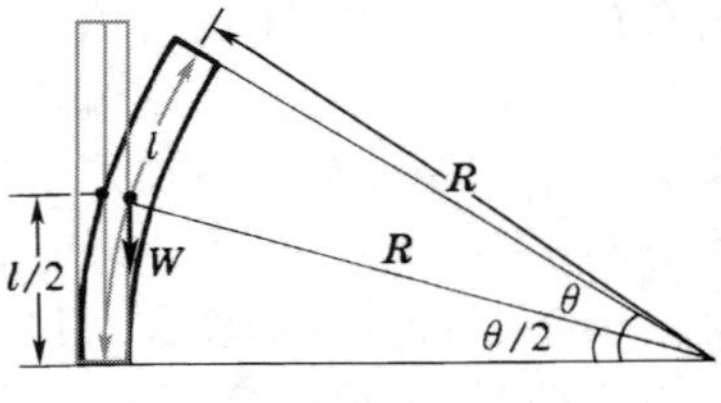

图 5-5 直立圆柱的弯折

弯折时忽略柱的重心对柱轴的微小横向偏离，则其下降量为（见图 5-5）

$$\Delta h=\frac{l}{2}-R\sin\frac{\theta}{2}=\frac{l}{2}-\frac{R\theta}{2}\left[1-\frac{1}{3!}\left(\frac{\theta}{2}\right)^2\right]=\frac{l\theta^2}{48}.$$

柱体的重量为 $W=-\pi d^2l\rho g/4$，故重力势能的改变为

$$\Delta E_{p重}=-W\Delta h=-\frac{\pi d^2l^2\rho g}{192}\theta^2,\tag{5.17}$$

式中负号表示 $E_{p重}$ 减少。当 $|\Delta E_{p重}|\geqslant\Delta E_{p弹}$ 时，直立柱体失稳，故 l_c 由 $|\Delta E_{p重}|=\Delta E_{p弹}$ 决定。从(5.16)式和(5.17)式

$$\frac{\pi Ed^4}{128l_c}\theta^2=\frac{\pi d^2l_c^2\rho g}{192}\theta^2$$

即

$$l_c=\left(\frac{3Ed^2}{2\rho g}\right)^{1/3}\propto d^{2/3}.\tag{5.18}$$

此式表明，一圆柱体在自重力作用下能抗弯折的临界高度并没有它的直径 d 增长得快。例如，当直径加倍时，其临界高度只增大 $2^{2/3}=1.59$ 倍。

把(5.18)式运用到树木的高度与粗细关系的问题上，是饶有兴味的。当然，树不是光杆，其上还有树冠；此外，决定树高的因素也未必就是它的抗弯能力。图 5-6 给出一些北美洲树木的 $l-d$ 关系的数据。上面那条实线代表抗弯折临界高度，纵横坐标都是按对数标度的，此直线的斜率等于 2/3. 虚线的方程也具有 $l=Cd^{2/3}$ 的形式，为拟合那些实际的分散数据点，这里取 $C=34.9$. 看来没有数据点出现在那条代表理论极限的实线之上，且拟合曲线的斜率也接近 2/3.以上结果加强了我们这样的信念，即抗弯折强度是决定树木高粗比的关键因素。

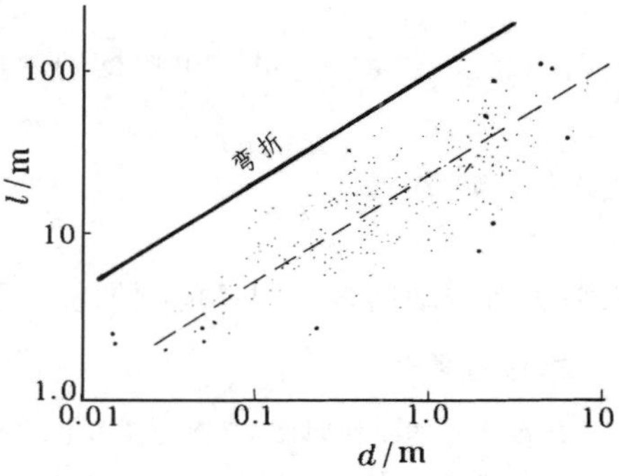

图 5-6 一些树木长粗比的数据

1.4 柱的扭转

如图 5-7 所示，长度为 l 的圆柱体两端受到一对大小相等、方向相反的力偶矩 $\pm M_{外}$ 的作用时，将发生扭转形变。圆柱体两端面相对转过的角度 φ 叫做**扭转角**。设圆柱体的半径为 R，则其表面上各点转过的弧长为 $R\varphi$，表面上的每根母线都倾斜一个角度，柱面上的"正方形"面元变成了"菱形"。所以，扭转形变本质上是剪切形变，不过距柱轴不同距离的地方剪变角是不同的。我们设想把圆柱体分割为半径不同的薄层，半径为 r 的薄层上剪变角为 $\varepsilon(r)=r\varphi/l$（见图 5-7），圆柱表面的剪变角为 $\varepsilon(R)=R\varphi/l$. 考虑半径从 r 到 $r+\mathrm{d}r$ 的薄层，其横截面积 $\mathrm{d}S=2\pi r\mathrm{d}r$. 在横截面上的应力是切向的，设为 $\tau_{/\!/}(r)$，按胡克定律有 $\tau_{/\!/}(r)=G\varepsilon(r)=Gr\varphi/l$，作用在这薄层横截面上的力为 $\mathrm{d}f=\tau_{/\!/}(r)\,\mathrm{d}S=2\pi G\varphi r^2\mathrm{d}r/l$，此力对柱轴的力偶矩为 $\mathrm{d}M=r\mathrm{d}f=2\pi G\varphi\, r^3\mathrm{d}r/l$. 在整个横截面上总的力偶矩为

$$M=\int_{(横截面)}\mathrm{d}M=\frac{2\pi G\varphi}{l}\int_0^R r^3\mathrm{d}r=\frac{\pi GR^4}{2l}\varphi=D\varphi, \qquad (5.19)$$

上式表明，力矩与扭转角 φ 成正比，比例系数

$$D=\frac{\pi GR^4}{2l} \qquad (5.20)$$

称为圆柱体的**扭转常量**。机械中的传动轴、旋进的螺丝钉都需要有一定的抗扭能力。上式表明，圆柱体的扭转常量与半径的四次方成正比，与长度的一次方成反比。由此可见，为了提高圆柱体的抗扭能力，加大半径比减小长度有效得多。在物理实验中往往需要相反的情况，为了增加仪器的灵敏度（例如第二章 4.3 节中提到的厄特沃什实验，第七章 2.3 节中描写的卡文迪许实验，以及实验室中常用的灵敏电流计等），希望悬丝的扭转系数越小越好。这时就把悬丝做得很细，并有一定的长度。

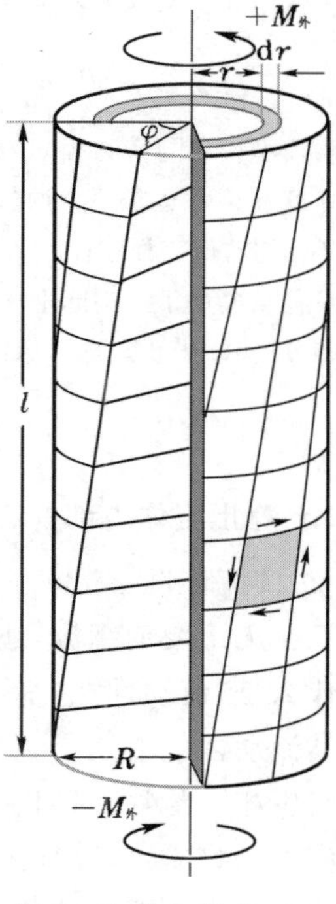

图 5-7 柱的扭转

用悬丝挂着一个刚体，使它在悬丝的弹性恢复力矩的作用下绕铅垂轴线来回扭动（见图5-8）。这种装置叫做**扭摆**。设扭摆的角位移为 φ，弹性势能的增加等于抵抗弹性力矩所作的功。(5.19)

式中的 M 就是抵抗弹性力矩的外力矩，故以平衡位置 $\varphi=0$ 为参考点的弹性势能为

$$U(\varphi)=\int_0^{\varphi}M\,\mathrm{d}\varphi=D\int_0^{\varphi}\varphi\,\mathrm{d}\varphi=\frac{1}{2}D\varphi^2. \tag{5.21}$$

利用(4.45)式我们还可求出扭摆的周期公式来。由上式知

$$U_0''=[\mathrm{d}^2U(\varphi)/\mathrm{d}\varphi^2]_{\varphi=0}=D,$$

代入(4.45)式得

$$T=2\pi\sqrt{\frac{I}{D}}, \tag{5.22}$$

式中 I 为转动惯量。扭摆的周期提供了一种测量刚体转动惯量的方法。▌

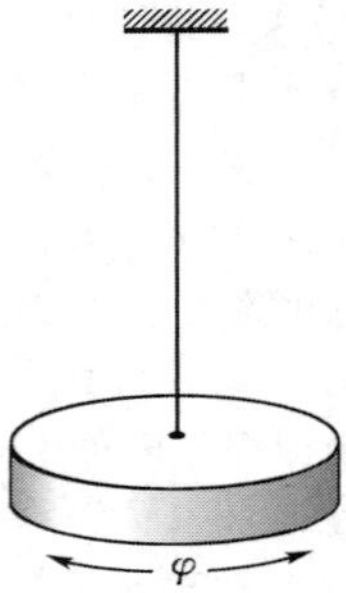

图 5－8 扭摆

1.5 相似性原理

尺度大小的变换叫做"标度变换"，通常遇到的物理系统是不具有标度变换下的不变性的，即几何上相似的物体并不见得在物理性质上也相似。然而在工程技术中做模型试验时，不能把模型做得总与实物一样大小。怎样保证缩小了的模型与实物在物理上保持相似性？我们知道，无量纲的方程是没有尺度问题的，把物理方程无量纲化以后，就可以适用于一切尺度。所以，在物理上相似的条件是有关的无量纲组合量具有相同的数值。

现在我们来考虑工程上弹性结构(如桥梁桁架)的模拟问题。如前所述，各向同性建筑材料的弹性性能由两个参量来表征。在这里我们选杨氏模量 E 和泊松比 σ，前者的量纲为 $\mathrm{ML^{-1}T^{-2}}$，后者无量纲。如果此机构是在重力下达到平衡的，则单位体积的重量 ρg 将是一个重要的参量。加上特征长度 L 和负载力 P，共五个参量。除原有的一个无量纲的量 σ 外，稍加分析我们即可发现，在剩下的四个量中只有两个的量纲彼此独立，我们还可以找到另外两个无量纲的量

$$\Pi_1=\frac{P}{L^3\rho g},\qquad \Pi_2=\frac{E}{L\rho g},$$

若模型采用与实物相同的材料来制造，则 E、σ、ρ 不变，重力加速度 g 通常也是不变的。令 P 按正比于 L^3 的比例缩小，可保证 Π_1 不变，但怎样才能在 L 缩小时保证 Π_2 不变？从上式看来好像没什么办法了。实际上出路尚有一条，加大 g！把模型装在离心机上甩，用惯性离心力来模拟重力，以增大有效的 g. 实际中正是这样做的(参见图 5－9)。

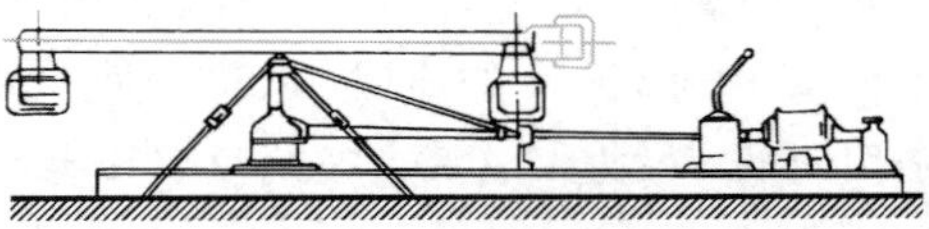

图 5－9 模型试验用的离心机

§2. 流体静力学

2.1 静止流体内部的应力

"流体"是液体和气体的统称，它们最鲜明的特征是可以流动。流动性赋予了流体生命气息。无论涓涓细流，还是洋洋江河，都使人感到富有生气，相形之下，固体就显得呆滞了。然而，什么是"流动性"？水可以流动，油也可以流动，后者的流动性不如前者；蜂蜜虽然也可以流动，但其流动性就更差了。这是个"黏滞性"问题，即在液块上加了剪切力时，各层液体之间是否容易产生相对滑移。要长时间地保持不滑移，就需要有剪应力。黏稠到能长时间地维持这样一个剪应力的物质，如冷冻的沥青，就说不上是液体了。所以，流体区别于固体的一个主要性质是，它在静态中不可能维持剪应力(也可以说，这就是它的流动性)。

我们在上节中定义了"应力"的概念[见(5.1)式]，这定义不仅适用于固体，也适用于流体，只不过在静止的流体中 $\tau_{/\!/}$ 恒等于0罢了。剩下的正应力 $\tau_{\perp}$ 在流体中经常是压力(pressure)，故用 p 表示，称为压强。只在某些特殊的情况下(如挂在水龙头下长长的水柱在行将断开处)，正应

力表现为张力。这时我们说它具有“负压”。

作为只有正应力的一个重要推论，是流体中的压强 p 与面元 ΔS（见图 5-1）的取向无关，它是各向同性的。为了证明这一点，如图 5-10 所示，在流体中取直角三角柱体元，其体积为 $\Delta V=\frac{1}{2}\Delta x\Delta y\Delta l$（$\Delta l$ 为垂直纸面方向的厚度），质量为 $\Delta m=\rho\Delta V$（ρ 为流体密度），所受重力为 Δmg，方向沿 $-y$ 轴。令斜面的长度为 Δs，单位法向矢量为 $\boldsymbol{n}$，它与 x 轴的夹角为 θ，作用在面元 $\Delta y\Delta l$、$\Delta x\Delta l$、$\Delta s\Delta l$ 上的压强分别为 p_x、p_y、p_n. 设流体元有加速度（a_x，a_y）则根据牛顿第二定律，有

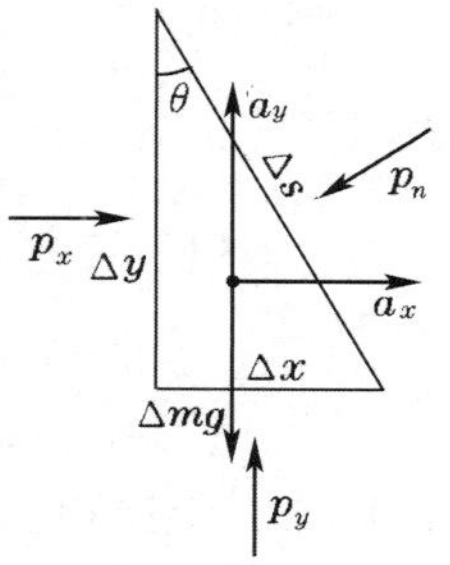

图 5-10 流体内压强各向同性

$$\begin{cases}p_x\Delta y\Delta l-p_n\Delta s\Delta l\cos\theta=\Delta m a_x,\\ p_y\Delta x\Delta l-p_n\Delta s\Delta l\sin\theta-\Delta mg=\Delta m a_y.\end{cases}$$

由于 $\Delta s\cos\theta=\Delta y$，$\Delta s\sin\theta=\Delta x$，

$$\begin{cases}p_x-p_n=\lim\dfrac{\Delta m a_x}{\Delta y\Delta l}=\lim\dfrac{1}{2}\rho a_x\Delta x=0,\\ p_y-p_n=\lim\dfrac{\Delta m(g+a_y)}{\Delta x\Delta l}=\lim\dfrac{1}{2}\rho(g+a_y)\Delta y=0,\end{cases}$$

即

$$p_x=p_y=p_n.$$

上面的 lim 代表取所有线元 Δx、Δy、$\Delta l\to 0$ 的极限。

同理可证

$$p_z=p_x,\quad p_z=p_y.$$

于是我们得到压强各向同性的结论：

$$p_x=p_y=p_z\equiv p.$$

无论对于静止或流动的流体，这结论都成立。

2.2 静止流体中压强的分布

（1）等高的地方压强相等

如图 5-11a 所示，设 A、B 两点等高，作以 AB 联线为轴、底面积为 ΔS 的小柱体，该柱体水平方向的平衡条件为

$$p_A\Delta S-p_B\Delta S=0,$$

即

$$p_A=p_B. \tag{5.23}$$

因这里的 A、B 是任意选取的，故我们证明了，静止流体中所有等高的地方压强都相等。

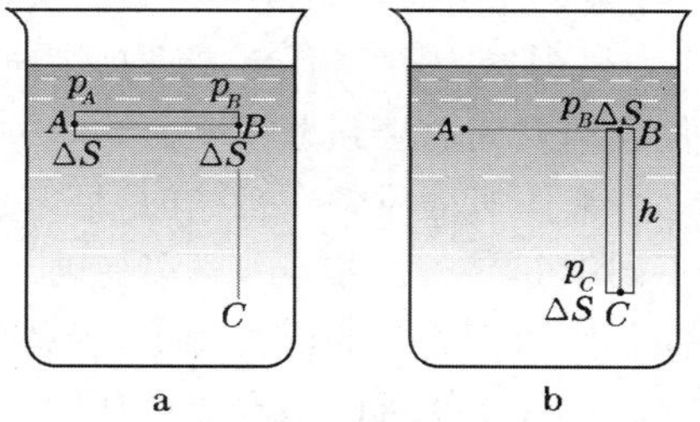

图 5-11 静止流体内两点间的压强差

（2）高度相差 h 的两点间压强差为 ρgh

如图 5-11b 所示，设 B、C 两点在同一铅垂线上，作以 BC 联线为轴、底面积为 ΔS 的小柱体，该柱体竖直方向的平衡条件为

$$p_C\Delta S-p_B\Delta S=\rho gh\Delta S,$$

即

$$p_C-p_B=\rho gh. \tag{5.24}$$

由于(5.23)式，此式对于不在同一铅垂线上的两点（例如 A、C）也成立。

例题 1 1643 年意大利的托里拆利(Torricelli)用他发明的水银气压计测量了大气压。先将一端封闭的长玻璃管充满水银，然后倒放于盛水银的槽中，管内水银面下降到一定程度即停止，留下的空间除水银蒸气外没有其他气体。在常温下水银蒸气压可忽略，量得水银柱高 76 cm，求大气压。

解： 如图 5-12 所示，在管内与槽内水银面等高的点 2 处压强为

$$p_2 = \text{大气压 } p_0,$$

而

$$p_2 - p_1 = \rho g h,$$

因 p_1 = 水银蒸气压 ≈ 0，故大气压

$$p_0 \approx \rho g h$$

$$= 1.36\times10^4\ \mathrm{kg/m^3}\times9.81\ \mathrm{m/s^2}\times0.76\ \mathrm{m} = 1.014\times10^5\ \mathrm{Pa}.$$ ▌

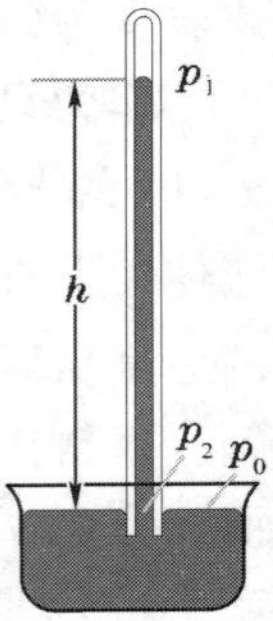

图 5-12 例题 1——托里拆利实验

大气的压强随高度和天气而变，在科技中标准大气压（atm）定义为 101 325 Pa，这相当于水银柱的高度取 760 mm，水银密度取 0°C 时的值 $\rho = 13\,595.1\ \mathrm{kg/m^3}$，重力加速度取 $g = 9.806\,65\ \mathrm{m/s^2}$. 每毫米水银柱高的压强称为托（Torr）：

$$1\ \mathrm{Torr} = \frac{101\,325}{760}\ \mathrm{Pa}.$$

例题 2 水坝长 1.0 km，水深 5.0 m，坡度角为 60°，求水对坝身的总压力。

解： 如图 5-13 所示，以水的底部为 z 坐标的原点，z 轴竖直向上。在高度 z 处的压强为 $p(z) = p_0 + \rho g(H-z)$，式中 p_0 为大气压强，H 为水深，作用在水坝坡面上的总压力为

$$f = \int_0^H [p_0 + \rho g(H-z)] L\,\mathrm{d}z/\sin\theta = \left(p_0 H + \frac{1}{2}\rho g H^2\right)\frac{L}{\sin\theta},$$

式中 L 为坝长，θ 为坝的坡度角。把 $p_0 = 1.013\times10^5\ \mathrm{Pa}$，$\rho = 10^3\ \mathrm{kg/m^3}$，$L = 1.0\ \mathrm{km}$，$H = 5.0\ \mathrm{m}$，$\theta = 60°$ 等数据代入，可算得

$$f = 7.3\times10^8\ \mathrm{N}.$$ ▌

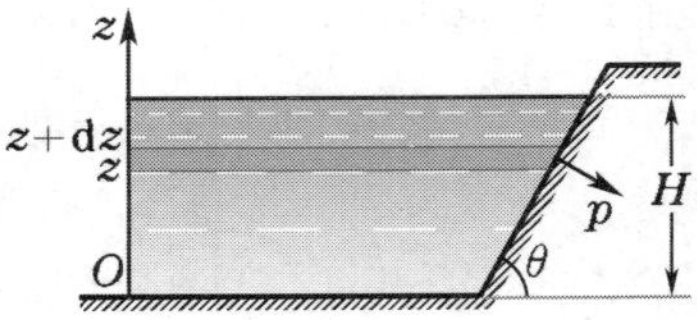

图 5-13 例题 2——水坝的压力

2.3 帕斯卡原理

帕斯卡原理是 17 世纪法国帕斯卡（Pascal）提出的，通常表述如下：作用在密闭容器中流体上的压强等值地传到流体各处和器壁上去。

帕斯卡原理的论证是很容易的。因为我们已证明，静止流体内两点之间的压强差，仅由流体密度和两点之间的高度差所决定。当流体中某处（譬如活塞附近）压强增大了一个量 Δp，必然导致流体中每点都增大同一个量 Δp，才能保持任意两点间的压强差不变。

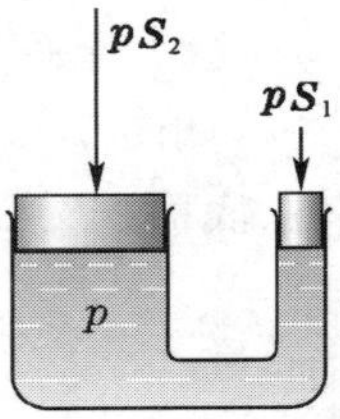

图 5-14 水压机原理

液压机等设备在工作时，活塞加于液体的压强是很大的，相比之下，因高度不同引起的压强差 $\rho g h$ 可以忽略。帕斯卡原理表现为密闭容器内流体各点的压强和作用于器壁的压强相等，各种油压或水压机械都是根据这个道理制成的。油压机或水压机的基本原理如图 5-14 所示，根据帕斯卡原理，大活塞和小活塞下面的压强均为 p，若小活塞横截面积为 S_1，大活塞横截面积为 S_2，虽然小活塞对流体的作用仅有 pS_1，而流体对大活塞的作用力却能达到 pS_2，S_2 与 S_1 之比越大，大活塞受力与小活塞受力之比也越大。液压机在起重、锻压等多方面的应用，恐怕已为许多读者所熟知，我们就不在此赘述了。

2.4 阿基米德原理

阿基米德原理是公元前 3 世纪由希腊的阿基米德（Archimedes）提出的，其内容如下：物体在流体中所受的浮力等于该物体排开同体积流体的重量。这个原理也可以从流体静力学的基本原理导出。物体的一部分或全部浸没于流体中，其表面必将与流体接触，从而受到流体的压力。物

体表面各面元所受流体压力的合力，构成物体所受的浮力。如图 5－15 所示，考虑物体浮在液体表面上的情况。为简单计，假设液体上面没有大气。物体浸在液体中的部分表面面元 $\mathrm{d}S$ 受到的力等于 $\mathrm{d}f=\rho g h\,\mathrm{d}S$，$\rho$ 为流体的密度，h 为面元 $\mathrm{d}S$ 距液面的深度。要计算浮力，只需计算液体对物体表面压力的竖直分量，即 $\mathrm{d}f\cos\theta$，故浮力为

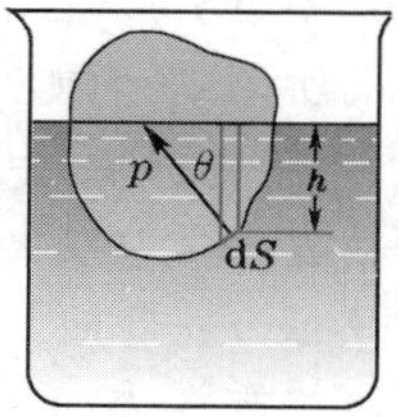

图 5－15

阿基米德原理

$$f_{浮}=\int_{S'}\mathrm{d}f\cos\theta=\rho g\int_{S'}h\cos\theta\,\mathrm{d}S=\rho g\int_{S'}h\,\mathrm{d}S^{*}=\rho g\int_{V'}\mathrm{d}V,$$

在上式中 $\mathrm{d}S^{*}=\cos\theta\,\mathrm{d}S$ 是面元 $\mathrm{d}S$ 在水平面上的投影，故对浸在液体中的表面 S' 上的积分化为对被排开液体体积 V' 的积分。上式右端正好是被排开液体的重量，即在如图 5－15 所示的情况下阿基米德原理得证。至于在液面上有大气，或物体全部浸没在液体中的情况下，如何论证阿基米德原理，请读者自己考虑。

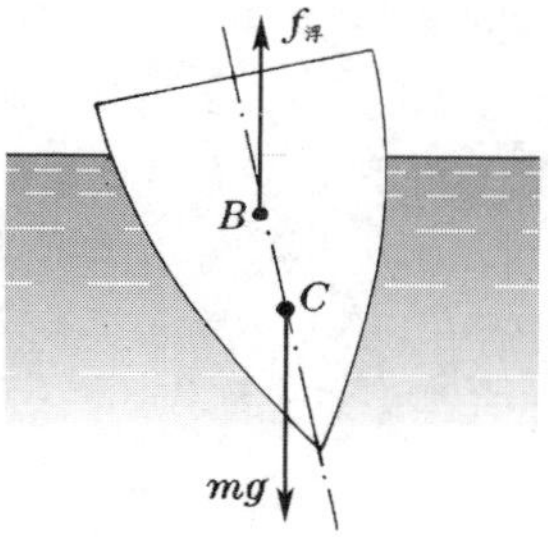

图 5－16 浮体的稳定性

浮力是作用在被物体所排开的同体积的液块的质心（重心）上的，这个点称为浮体的浮心(center of buoyancy)。只有浮心 B 高于浮体的质心（重心）C 时（见图 5－16），浮体的姿态才是稳定的。在船舶上，把发动机和货物放在底舱以满足稳定条件。在帆船上，除此之外，还要设法抵消作用在帆上的力矩，如在船底装上很重的龙骨。在江河湖泊上航行的船只不宜吃水太深，常用宽阔平坦的船底。宽阔的船体也有良好的稳定性，因为当这种船发生倾斜时，浮心就会朝向下倾斜的一侧移动，使浮力与重力组成的力矩能够恢复船体的平衡。

2.5 表面张力

上面我们仅仅讨论了流体内部的应力，在两种不相溶液体或液体与气体之间会形成分界面，界面上存在着一种额外的应力 —— *表面张力*(surface tension)。表面张力使液体表面有如张紧的弹性薄膜，有收缩的趋势，使液滴总是呈球状。在 1.1 节讨论体应力时，我们曾在物体内部引进一个假想的截面 ΔS. 对于面应力，我们需要在液体表面上引进一条假想的线元 Δl，把液面分割为两部分（见图 5－17），表面张力就是这两部分液面相互之间的拉力。和体应力一样，这也是一对作用力和反作用力。拉力 Δf 的大小正比于 Δl 的长度：

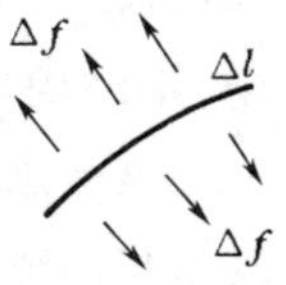

图 5－17

表面张力

$$\Delta f=\gamma\Delta l, \tag{5.25}$$

比例系数 γ 叫做*表面张力系数*（见表 5－2），*它标志着通过单位长度分界线两边液面之间的相互作用力*。

图 5－18 给出一种测量表面张力系数的简单装置。用金属丝弯成框子，它的下边是可以滑动的。在框内形成液膜后，将它竖起来，下坠一定的砝码，使其重量与液面的表面张力平衡。设砝码的重量为 W，金属框下边长为 l，则 $W=2\gamma l$，这里出现因子 2，是因为液膜有两个表面。

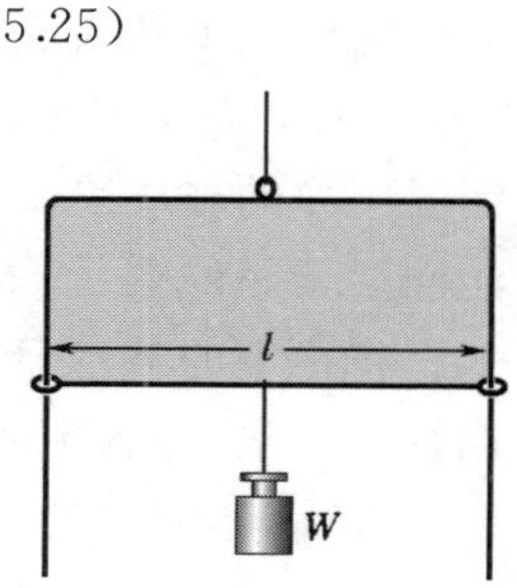

图 5－18

测量液膜的表面张力

设想在上述装置里，我们用一个与液膜表面张力大小相等的外力 F 拉金属框的下边，使之移动距离 Δx，则此力作的功为

$$\Delta A=F\Delta x=2\gamma l\,\Delta x=\gamma\Delta S,$$

式中 $\Delta S=2l\Delta x$ 为此过程中增加的液面面积。这是外力 F 抵抗表面张力所作的功，转化为液膜的所谓“表面能”：

$$\Delta E_{表面}=\gamma\Delta S,$$

故表面张力系数 γ 也可看作是单位面积液面上的表面能。[1] 由于存在表面张力，当液面弯曲时会造成液面两边的压强差。请看下例。

表 5-2 液体的表面张力系数

物质	$t/°C$	$\gamma/(dyn\cdot cm^{-1})$	物质	$t/°C$	$\gamma/(dyn\cdot cm^{-1})$
水	10	74.2	水银	20	540
	18	73.0	酒精	20	22
	30	71.2	甘油	20	65
	50	67.9	CCl_4	20	25.7

例题 3 计算球形液滴内外的压强差。

解：如图 5-19 所示，通过球心取任一轴线，并作垂直于此轴线的假想大圆把液滴分成两半，它们之间通过表面张力产生的相互拉力为 $2\pi R\gamma$，这里 R 是球的半径。此拉力应为液滴内、外的压强差所平衡。内压力作用在半球的大圆面上，数值等于 $p_内\pi R^2$. 外压力垂直作用在半球面上，其沿轴的分量相当于 $p_外$ 均匀作用在投影面积 πR^2 上。故半球的平衡条件为

$$(p_内-p_外)\pi R^2=2\pi R\gamma,$$

即

$$\Delta p=(p_内-p_外)=\frac{2\gamma}{R}. \tag{5.26}$$

液滴越小，内外压强差越大。▌

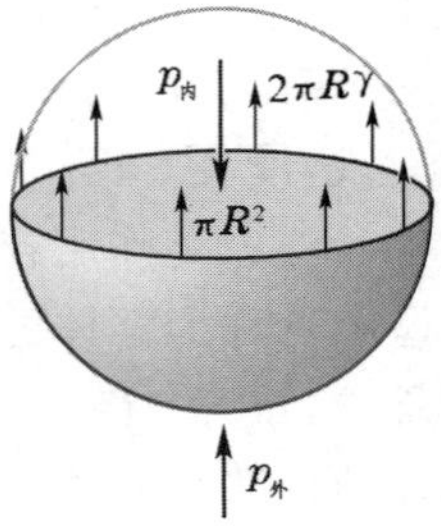

图 5-19 例题 3——液滴内外的压强差

有一个很直观的实验可以演示上述结论。用肥皂泡代替液滴，(5.26) 式中的因子 2 要换为 4，因为肥皂泡有两个表面。但内外压强差 Δp 反比于半径 R 的结论不变。如图 5－20 所示，在一玻璃管的两端吹两个半径不等的肥皂泡 A 和 B. 两泡的外边都是大气压，由于小泡内外压强差较大，即小泡内压强较大泡内大，结果小泡不断收缩，大泡不断扩张。

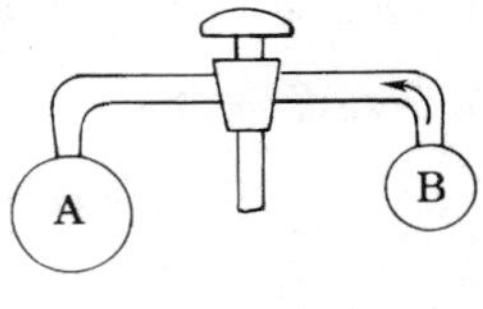

图 5-20 肥皂泡内外压强差的演示

2.6 毛细现象

除液滴外，另一造成液面弯曲的常见原因是液面与固体壁的接触。液体与固体接触时，在接触处液面与固体表面切线之间成一定的角度，称为接触角。接触角 θ 的大小只与固体和液体的性质有关。取固体表面的切线指向液体内部（见图 5－21），若 θ 为锐角，我们说液体润湿固体（图 5－21a）；若 θ 为钝角，我们说液体不润湿固体（图 5－21b）。$\theta=0$ 为完全润湿情况；$\theta=\pi$ 为完全不润湿情况。水几乎能完全润湿干净的玻璃表面，但不能润湿石蜡；水银不能润湿玻璃，但能润湿干净的铜、铁等。

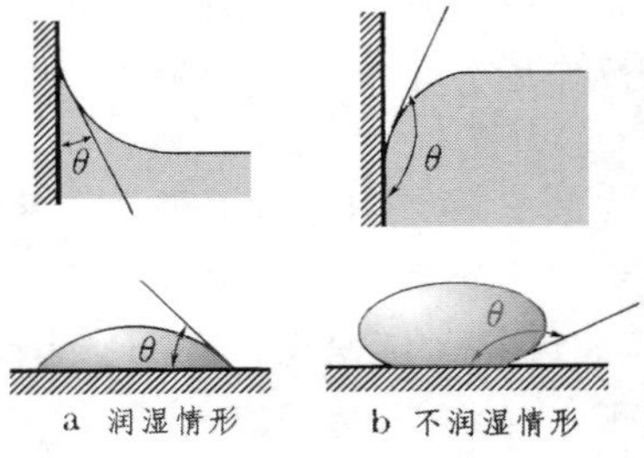

图 5－21 接触角

将很细的玻璃管插入水中时，管中的液面会升高；但把玻璃管插入水银，管中的液面却下降。这种润湿管壁的液体在细管中升高，不润湿管壁的液体在细管中下降的现象，叫做毛细现象（capillarity）。毛细现象由表

---

[1] 严格说来，表面能是在等温条件下能够转化为机械能的那部分表面内能，在热力学中称为表面自由能。

面张力和接触角所决定。

如图 5－22 所示，令大气压为 p_0，毛细管的半径为 r，水的密度和表面张力系数分别为 ρ 和 γ，接触角为 θ，则液面的曲率半径为 $R=r/\cos\theta$. 按(5.26)式 A 点的压强 $p_A=p_0-2\gamma/R$，而按流体静力学原理 B 点的压强为 $p_B=p_A+\rho gh=p_C=p_0$. 由此可得毛细管内水柱的高度为

$$h=\frac{2\gamma/R}{\rho g}=\frac{2\gamma\cos\theta}{\rho g r}. \tag{5.27}$$

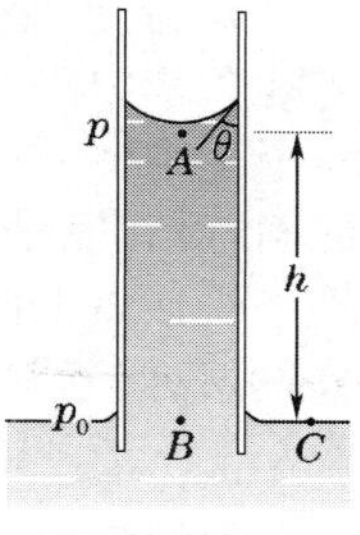

图 5－22

毛细现象

植物从根部吸收了土壤中的养分，通过什么机制输送到顶部？一种看法是毛细作用。我们不妨利用上式估算一下。取树干中毛细管径的数量级为 10^{-3}cm，$\theta=0$. 此外，对于水 $\gamma=73\,\mathrm{dyn/cm}$，$\rho=1\,\mathrm{g/cm^3}$，根据(5.27)式算来，$h=150$ cm $=1.5$ m. 可见，只靠毛细作用远不足以解决大树向树冠供水的问题。另一个可能的作用机制是溶液浓度差造成的渗透现象。据估算，渗透现象能把树汁输送到几米高，对于不太高的树可以解决问题了，但是参天的大树（如冷杉）高达 60 m 以上，渗透作用也无能为力。长期以来，这一直是个谜。水的内聚力所引起的“负压”似乎能解开它的谜底。

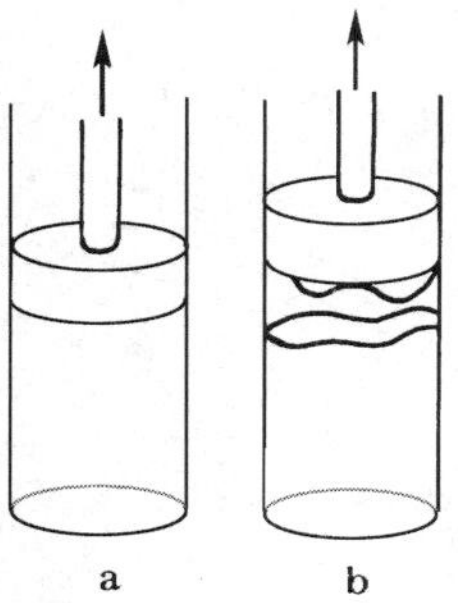

图 5－23 负压强

什么是“负压”？设想我们用图 5－23 中所示的装置测量水的内聚力。当活塞上提时，水略微有点膨胀，但在内聚力的作用下，水柱不会立即断开(图 5－23a)，这时它施加在活塞上一个向下的拉力，而不是向上的压力。我们说，这时水的压强是负的。当活塞提升到一定限度时，水柱断裂，与活塞分离(图 5－23b)。实验上测得，水中负压的极限可达 300 atm。这比水的结合能还小两个数量级，但已足以把汁液送上参天大树的顶端而绰绰有余。然而，树干中水的负压是怎样形成的呢？树干的木质部内有许多半径为 $2.5\times(10^{-5}\sim10^{-4})$m 的密封细管，其中充满了水。当水从叶面蒸发时，水柱就徐徐向上移动以保持不断裂，于是在管道中形成负压。树干底部的压强仍是大气压强，不断地把树汁压送到顶端。对于高 60 m 的大树，仅需 4.8 atm，这是水的内聚力完全能够负担得起的。

§3. 流体的流动

3.1 理想流体的概念

讨论流体静力学问题时已遇到压强 p 和密度 ρ 两个变量，它们的变化并不是相互独立的。当流体流动时，又多了流速等一些变量。一般说来，p 的变化不由 ρ 唯一地确定，这里还涉及温度 T. 描述 p 随 ρ、T 变化的方程式，叫做“物态方程(equation of state)”。严格说来，解决流体力学问题需要知道物态方程。从理论上建立物态方程，需要先选定理论模型，然后通过统计物理学的原理来推导。任何理论模型都只是实际问题的近似描述，在实际问题中需要相当精确的物态方程时，往往通过实验方法来确定。可见，流体力学问题是相当复杂的。然而，并不是在所有的场合都需要把全部复杂性通通考虑进去，我们可以针对不同的情况作适当的简化。

第一个简化是假设流体的密度 ρ = 常量，即认为流体不可压缩。但是我们还得认为，压强是可以在时空中变化的。更确切地说应该是，我们假设了压强的变化如此微小和缓慢，相应的密度变化完全可以忽略。如果不满足这样的条件，我们就得处理与密度变化相联系的一些现象，如声波、冲击波。大家都知道，液体比气体难压缩得多，但并非液体总能看作是不可压缩的，而气体总不能看作是不可压缩的。空气中的声速为 300 多米每秒，水中的声速达 1500 米每秒。可以论证，把流体密度 ρ 看作常量的条件是相对的，即流体的流速远小于该介质中的声速。在不可压缩的假设下，流体的密度是常量，物态方程成为不必要，使问题大大简化。

第二个简化是假设流体是如此之“稀”，黏滞性完全可以不考虑。尽管有的流体的黏滞性确

实非常小，然而把黏滞性完全忽略掉的假设却是非同小可的。冯·诺伊曼(John von Neumann)就意识到，忽略黏滞性与否，有着重大的差别。他知道，20世纪之前，人们研究流体力学的主要兴趣和精力集中在无黏滞假设下一个又一个优美的数学解上。他认为，这类研究丢掉了流体的一个基本性质，是与实际流体不相干的。他把这些理论家描绘成研究“乾水(dry water)”的人。的确，对在完全没有黏滞性的前提下所得到的结论，使用起来要特别小心。

概括以上两条，人们把完全不可压缩的无黏滞流体叫做理想流体(ideal fluid)。在本节和下节里，我们基本上只讨论理想流体，即被冯·诺伊曼谑之为“乾水”的物质，把“湿水”留到§5和§6去研究。与流体压缩性有关的现象，则是第六章§5的中心议题。

3.2 流线和流管

研究流体运动的方法有二：

(1) *拉格朗日法* 将流体分成许多无穷小的微元，求出它们各自的运动轨迹(称为迹线，path line)。这实际上是沿用质点组动力学的方法来讨论流体的运动。

(2) *欧拉法* 把注意力集中到各空间点，观察流体微元经过每个空间点的流速 $\boldsymbol{v}$，寻求它的空间分布和随时间的演化规律。

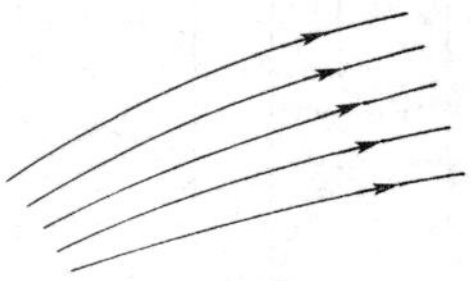

图 5-24 流线

实际上流体微元是很难区分的，追踪每个流体微元的轨迹也没有多大的意义。描述流体运动的欧拉法比拉格朗日法更为有效，在流体力学中得到更广泛的应用。下面我们着重介绍欧拉法。

在有流体的空间里每点(x,y,z)上有一个流速矢量$\boldsymbol{v}(x,y,z)$，它们构成一个*流速场*。为了直观地描述流体的运动状况，在流速场中画出许多曲线，其上每一点的切线方向和流速场在该点的速度方向一致，如图5-24所示。这种曲线称为*流线*(streamline)。因为流速场中每点都有确定的流速方向，流线是不会相交的。

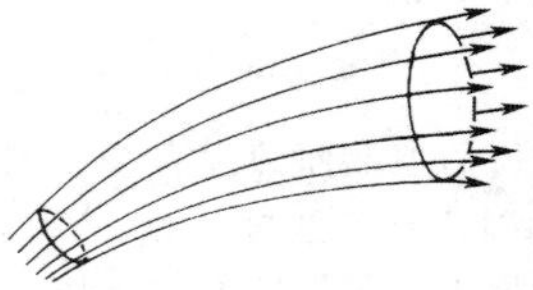

图 5-25 流管

如图5-25所示，在流体内作一微小的闭合曲线，通过其上各点的流线所围成的细管，叫做*流管*(sream tube)。由于流线不会相交，流管内、外的流体都不会穿越管壁。

3.3 定常流动和不定常流动

一般说来，流速场的空间分布是随时间而变化的，即

$$\boldsymbol{v}=\boldsymbol{v}(x,y,z,t). \quad (5.28)$$

在特殊情况下流速场的空间分布不随时间改变，即

$$\boldsymbol{v}=\boldsymbol{v}(x,y,z). \quad (5.29)$$

后一情况称为流体的*定常流动*(steady flow)，前一情况称为流体的*不定常流动*(unsteady flow)。

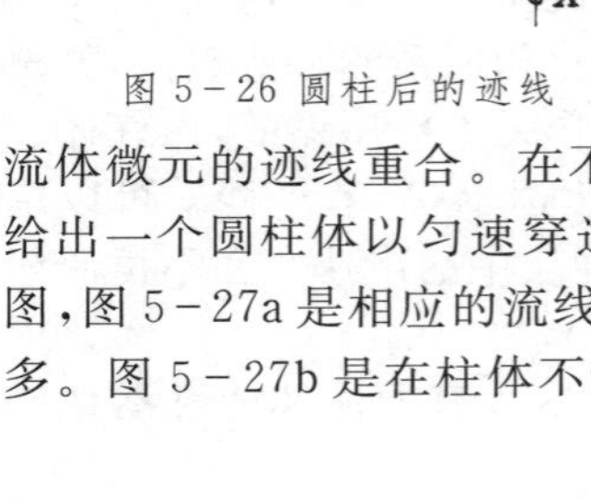

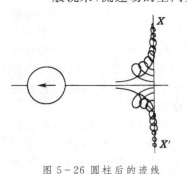

图 5-26 圆柱后的迹线

应当注意，流线只在画流线图的特定时刻与处于空间各点的流体微元的迹线重合。在不定常流动中流线不是迹线，图5-26给出一个圆柱体以匀速穿过理想流体时 XX' 面上各点的迹线图，图5-27a是相应的流线图。可以看出，迹线要比流线复杂得多。图5-27b是在柱体不动的参考系中的流线图，这是定常流

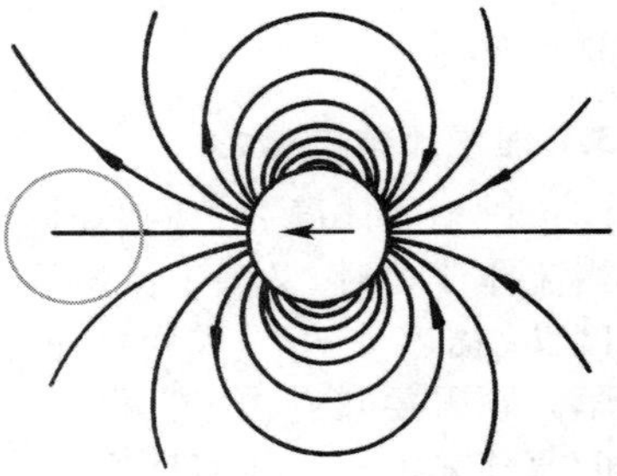

a 流体参考系

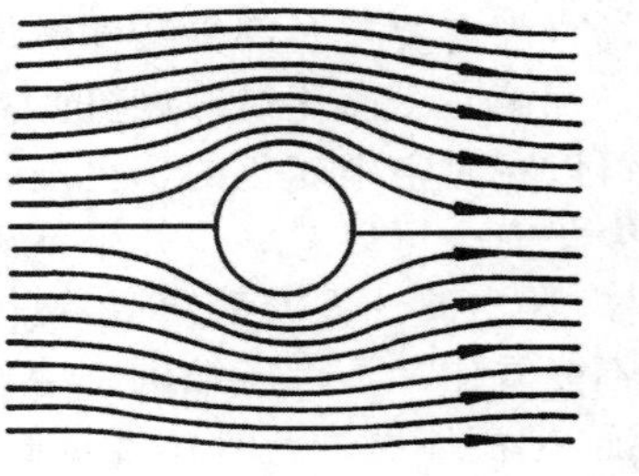

b 柱体参考系

图 5-27 圆柱周围的流线

情况，迹线与流线相符。

3.4 流量

在流速场中取任一假想的面元 $\mathrm{d}S$，通过它的边界作一长度为 $v\mathrm{d}t$ 的流管（见图 5-28），管内流体的体积和质量分别为 $\mathrm{d}V=v\cos\theta\,\mathrm{d}S\mathrm{d}t$ 和 $\mathrm{d}m=\rho v\cos\theta\,\mathrm{d}S\mathrm{d}t$. 这也是在时间间隔 $\mathrm{d}t$ 内通过面元 $\mathrm{d}S$ 的流体体积和质量。单位时间内通过面元 $\mathrm{d}S$ 的流体体积（或质量），称为体积（或质量）流量，记作 $\mathrm{d}Q_V$（或 $\mathrm{d}Q_m$）. 按此定义，则有

$$\mathrm{d}Q_V=\mathrm{d}V/\mathrm{d}t=v\cos\theta\,\mathrm{d}S,\quad \mathrm{d}Q_m=\mathrm{d}m/\mathrm{d}t=\rho v\cos\theta\,\mathrm{d}S.$$

为了把流量的表达式写得更简洁，我们引进面元矢量的概念：在面元 $\mathrm{d}S$ 的法线方向取一单位矢量 $\boldsymbol{n}$，面元矢量定义为 $\mathrm{d}\boldsymbol{S}\equiv\mathrm{d}S\boldsymbol{n}$，即 $\mathrm{d}\boldsymbol{S}$ 的大小等于 $\mathrm{d}S$，方向沿法向 $\boldsymbol{n}$. 这样一来，流量可以写为 $\mathrm{d}Q_V=\boldsymbol{v}\cdot\mathrm{d}\boldsymbol{S}$，$\mathrm{d}Q_m=\rho\,\boldsymbol{v}\cdot\mathrm{d}\boldsymbol{S}$. 通过有限曲面 S 的流量为

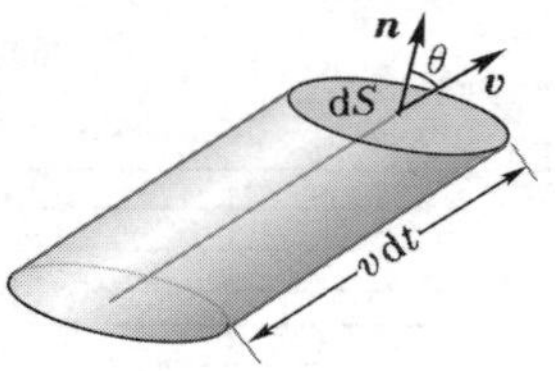

图 5-28 流量

$$\begin{cases}\text{体积流量}\quad Q_V=\displaystyle\int_{(S)}\mathrm{d}Q_V=\int_{(S)}\boldsymbol{v}\cdot\mathrm{d}\boldsymbol{S}, & (5.30)\\[2ex] \text{质量流量}\quad Q_m=\displaystyle\int_{(S)}\mathrm{d}Q_m=\int_{(S)}\rho\boldsymbol{v}\cdot\mathrm{d}\boldsymbol{S}. & (5.31)\end{cases}$$

3.5 连续性原理

在定常的流速场中取任意一段流管（见图 5-29），设其两端的垂直截面积分别为 $\mathrm{d}S_1$ 和 $\mathrm{d}S_2$. 在定常流动中流管是静止不动的，且流体内各点的密度 ρ 也不应随时间而改变，故这段流管内的流体质量为常量，因而从一端流进的流体质量流量 $\mathrm{d}Q_{m1}$ 与从另一端流出流体质量流量 $\mathrm{d}Q_{m2}$ 总是相等的，即

$$\rho_1v_1\mathrm{d}S_1=\rho_2v_2\mathrm{d}S_2. \tag{5.32}$$

或者说，沿任意流管

$$\rho v\mathrm{d}S=\text{常量}. \tag{5.32′}$$

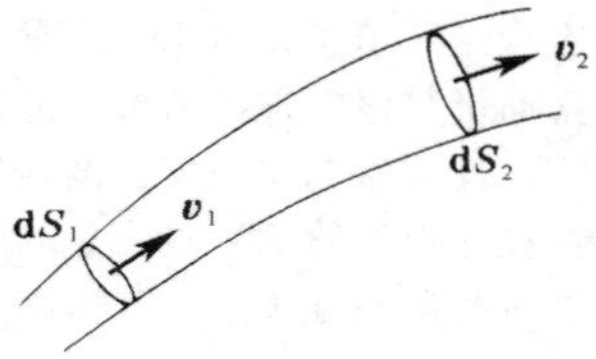

图 5-29 连续性原理

如果我们进一步假设流体是不可压缩的，则它的密度不变，我们有 $\rho_1=\rho_2$，从而

$$v_1\mathrm{d}S_1=v_2\mathrm{d}S_2. \tag{5.33}$$

或者说，沿任意流管

$$v\mathrm{d}S=\text{常量}. \tag{5.33′}$$

以上各方程称为流体的连续性原理（principle of continuity），在物理实质上它体现了流体在流动中质量守恒。

3.6 流体的反作用

考虑一段流管（这可能是一段由实物构成管壁的流管），在时间间隔 $\mathrm{d}t$ 内从其 1 端流入的流体质量为 $Q_{m1}\mathrm{d}t=\rho_1v_1S_1\mathrm{d}t$，这质量的流体带进流管中的动量为 $\mathrm{d}\boldsymbol{p}_1=Q_{m1}\boldsymbol{v}_1\mathrm{d}t$. 同理，在时间间隔 $\mathrm{d}t$ 内流体从流管 2 端带出的动量为 $\mathrm{d}\boldsymbol{p}_2=Q_{m2}\boldsymbol{v}_2\mathrm{d}t$. 对于定常流动 $Q_{m1}=Q_{m2}\equiv Q_m$，这段流管内流体受到管壁给它的力 $\boldsymbol{F}$ 应等于它在单位时间内动量的改变，即

$$\boldsymbol{F}=\frac{\mathrm{d}\boldsymbol{p}_2-\mathrm{d}\boldsymbol{p}_1}{\mathrm{d}t}=Q_m(\boldsymbol{v}_2-\boldsymbol{v}_1).$$

流体给管壁的反作用力为

$$\boldsymbol{F}'=-\boldsymbol{F}=Q_m(\boldsymbol{v}_1-\boldsymbol{v}_2). \tag{5.34}$$

例题 4 火箭发射时，气体相对于火箭以速度 $\boldsymbol{u}$ 从尾部喷出，求气体对火箭的推力。

解：因燃烧室的线度比喷口大得多，可以近似地认为气体在喷出前的速度 $\boldsymbol{v}_1=0$，刚出喷口时的速度为 $\boldsymbol{v}_2=\boldsymbol{u}$，故气体给火箭的反作用力，即火箭所受的推力为

$$\boldsymbol{F}_{\text{推}}=Q_m(\boldsymbol{v}_1-\boldsymbol{v}_2)=Q_m(0-\boldsymbol{u})=-Q_m\boldsymbol{u}.$$ ▌

例题 5 求截面 S 均匀的 90° 弯管处流体给管壁的正压力。设流体不可压缩。

解：由于管道截面均匀，流速恒定，设为 v，则流量为 $Q_m=\rho vS$，流体给管壁的反作用力的大小为 $F'=\rho vS\,|\boldsymbol{v}_1-\boldsymbol{v}_2|=\sqrt{2}\rho v^2S$，

方向沿 45° 线向外（见图 5－30）。▌

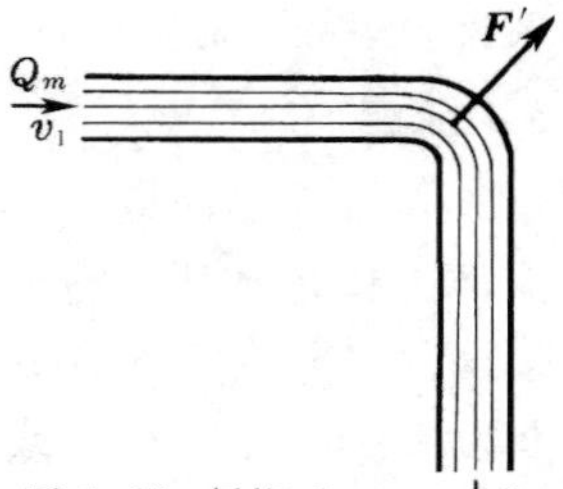

图 5–30 例题 5——流体的反作用

3.7 理想流体环量守恒定律

通常人们把流体的流动分成有旋流和无旋流两个类型，它们无论在形象上和数学处理上都有很大区别。最直观的有旋流是涡旋，但也不是所有的有旋流都表现为涡旋。在数学上刻画有旋流的量是环量（circulation）。设想在流体中作任一闭合回路 C，环量 Γ_C 定义为流速 $\boldsymbol{v}$ 沿此回路的线积分：

$$\Gamma_C=\oint_{(C)}v\cos\theta\,\mathrm{d}l=\oint_{(C)}\boldsymbol{v}\cdot\mathrm{d}\boldsymbol{l},\tag{5.35}$$

式中 θ 是 $\boldsymbol{v}$ 与回路线元 $\mathrm{d}\boldsymbol{l}$ 之间的夹角。环量 Γ_C 与回路面积 S_C 之比叫做涡度（vorticity），记作 Ω，

$$\Omega=\lim_{S_C\to 0}\frac{\Gamma_C}{S_C}.\tag{5.36}$$

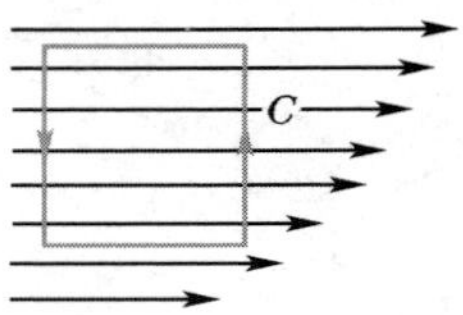

图 5-31 剪切流

环量或涡度不恒等于 0 的流动，叫做有旋流。例如，各层流速大小不等的流动（叫做"剪切流"，见图 5－31）是有旋流，这种有旋流就没有明显的涡旋。

在理想流体中有一条关于环量的守恒律。形象地说，如果我们能够用墨水在理想流体中画上一个闭合回路 C 又不致扩散的话，则无论这回路随流体流到什么地方，其上的环量 Γ_C 总不变。这定理是开尔文（Kelvin）证明的，叫做开尔文涡定理。我们不想在此给出这定理严格的数学推导，只想说明，它是角动量守恒的直接结果。请看下面的分析。

设想在流体中有一圆柱体，长 l，半径为 R，在其中流体绕轴旋转（见图 5－32）。这圆柱体的体积为 $\pi R^2 l$，套在柱体上回路的环量为 $\Gamma=2\pi Rv(R)$．假定在柱体内切向速度沿径向的分布为 $v(r)$，则角动量为

$$J=\int\rho v(r)\,r\,\mathrm{d}V=\rho\,\overline{rv(r)}\,V,$$

式中 $V=\pi R^2 l$ 是柱体的体积，$\overline{rv(r)}$ 是 $rv(r)$ 这个量在这体积内的平均值。因而

$$\frac{\Gamma}{J}=\frac{2\pi}{\rho V}\frac{Rv(R)}{\overline{rv(r)}}.$$

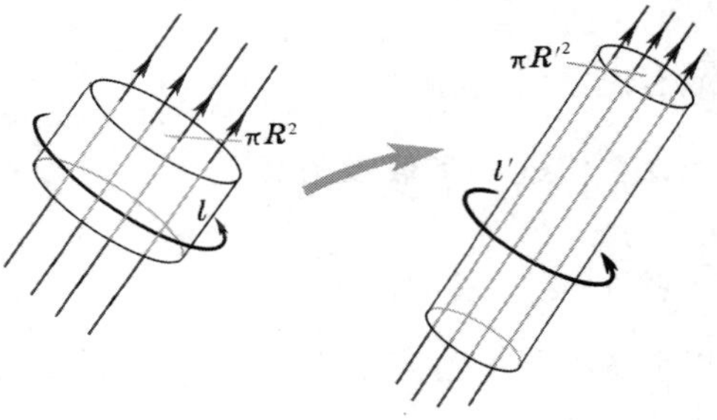

图 5－32 环量与角动量

因理想流体内没有黏滞性，从而没有切向应力，没有力矩，其角动量 J 是守恒的。随着流体的流动，此柱体可以变形，半径变为 R'，长度变为 l'，但因理想流体不可压缩，其体积 V 不变，密度 ρ 不变；此外，对于理想流体各层速度的相对分布也是不会变的，亦即比值 $\dfrac{Rv(R)}{\overline{rv(r)}}$ 不变。由上式可见，环量 Γ 与角动量 J 成正比，两者在流动中皆守恒 。

涡旋环绕的轴线叫做涡线。有一个很好的实验可以演示涡线随流体运动的情况如图 5－33 所示，在一个扁圆的盒子底的中央开一个圆洞，像鼓一样在面上蒙一张绷紧的橡皮膜，侧放在桌上。事先在鼓内喷上一些烟，用手拍鼓面，就会看到有一个烟圈从底上的洞冒出来，一面向前移动，一面扩大。这烟圈是一条闭合的涡线，空气像螺线管一样绕着它旋转。如果在一定距离之外放上一枝蜡烛，烟圈过后还会把它吹灭。

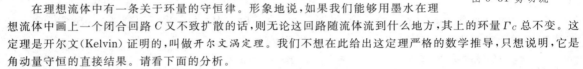

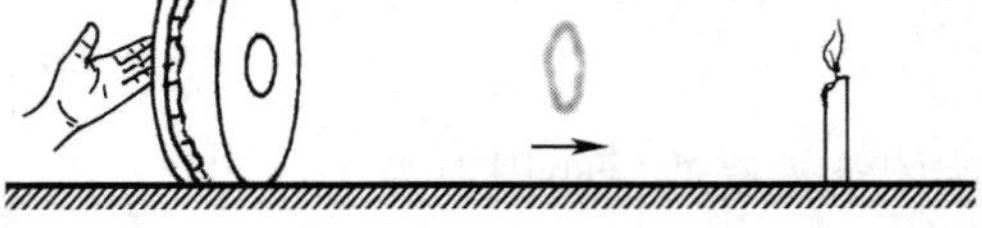

图 5－33 涡环的演示

§ 4. 伯努利方程及其应用

伯努利方程是 1738 年首先由丹尼耳·伯努利(Daniel Bernoulli, 1700—1782)提出的,这不是一个新的基本原理,而是把机械能守恒定律表述成适合于流体力学应用的形式。❶

4.1 方程的推导

如图 5-34 所示,在作定常流动的理想流体中取任一根流管,用截面 S_1 和 S_2 截出一段流体。在时间间隔 Δt 内,左端的 S_1 从位置 a_1 移到 b_1,右端的 S_2 从位置 a_2 移到 b_2. 令 $\overline{a_1b_1}=\Delta l_1$,$\overline{a_2b_2}=\Delta l_2$,则 $\Delta V_1=S_1\Delta l_1$ 和 $\Delta V_2=S_2\Delta l_2$ 分别是在同一时间间隔内流入和流出的流体体积,对于不可压缩流体的定常流动,$\Delta V_1\equiv\Delta V_2\equiv\Delta V$. 因没有黏滞性,即没有耗散,我们可以运用机械能守恒定律于这段流管内的流体。在 b_1 到 a_2 一段里虽然流体更换了,但由于流动是定常的,其运动状态未变,从而动能和势能都没有改变。故考查能量的变化时只需计算两端体元 ΔV_2 与 ΔV_1 之间的能量差。首先看动能的改变:

$$\Delta E_k=\frac{1}{2}\rho v_2^2\Delta V-\frac{1}{2}\rho v_1^2\Delta V.$$

再看重力势能的改变:

$$\Delta E_p=\rho g(h_2-h_1)\Delta V.$$

现在看外力对这段流管内流体所作的功。设左端的压强为 p_1,作用在 S_1 上的力 $F_1=p_1S_1$,外力作的功为 $A_1=F_1\Delta l_1=p_1S_1\Delta l_1=p_1\Delta V$;右端的压强为 p_2,作用在 S_2 上的力 $F_2=p_2S_2$,外力作的功为 $A_2=-F_2\Delta l_2=-p_2S_2\Delta l_2=-p_2\Delta V$. 故

$$A_{外}=A_1+A_2=(p_1-p_2)\Delta V.$$

由机械能守恒 $A_{外}=\Delta E_k+\Delta E_p$ 得

$$(p_1-p_2)\Delta V=\frac{1}{2}\rho(v_2^2-v_1^2)\Delta V+\rho g(h_2-h_1)\Delta V,$$

或

$$p_1+\frac{1}{2}\rho v_1^2+\rho gh_1=p_2+\frac{1}{2}\rho v_2^2+\rho gh_2,\tag{5.37}$$

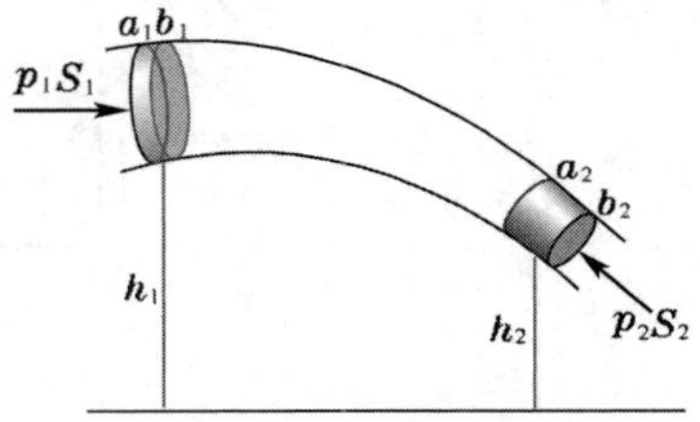

图 5-34 伯努利原理

因 1、2 是同一流管内的任意两点,所以上式也可表达为沿同一流线

$$p+\frac{1}{2}\rho v^2+\rho gh=常量.\tag{5.38}$$

(5.37) 式或(5.38) 式便是伯努利方程。

伯努利方程在水利、造船、化工、航空等部门有着广泛的应用。在工程上伯努利方程常写成

$$\frac{p}{\rho g}+\frac{v^2}{2g}+h=常量,\tag{5.39}$$

上式左端三项依次称为压力头、速度头和高度头。

4.2 方程的应用

例题 6 如图 5-35a 所示,大桶侧壁有一小孔,桶内盛满了水,求水从小孔流出的速度和流量。

解: 取一根从水面到小孔的流管,在水面那一端速度几乎是 0(因桶的横截面积比小孔大得多),水面到小孔的高度差为 h,此流线两端的压强皆为 p_0(大气压),故由伯努利方程(5-37) 式有

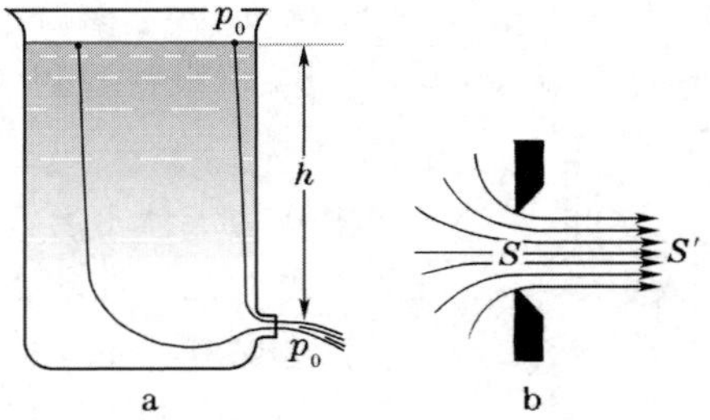

图 5-35 例题 6—— 小孔流速

❶ 伯努利(Bernoulli) 是一个著名的家族,出了优秀科学家达八名之多。除 Daniel 外,还有他的伯父 Jakob,父亲 Johann,堂兄 Nikolaus,哥哥 Nikolaus,弟弟 Johann,两个侄子 Johann 和 Jakob,他们都对数学作出了卓越贡献。

$$p_0+\rho gh = p_0+\frac{1}{2}\rho v^2,$$

由此得小孔流速为

$$v=\sqrt{2gh}.$$

乘上小孔的面积 S，就是流量。实际上水柱自小孔流出时截面略有收缩(见图5-35b)。用有效截面 S' 代替 S，则有

$$Q_V = vS'. \blacksquare$$

在一个高度为 H 的量筒侧壁上开一系列高度 h 不同的小孔，如果问，从多高的孔流出的水射程最远？请读者自己证明，此孔的高度应为 $h=H/2$(见图 5-36)。

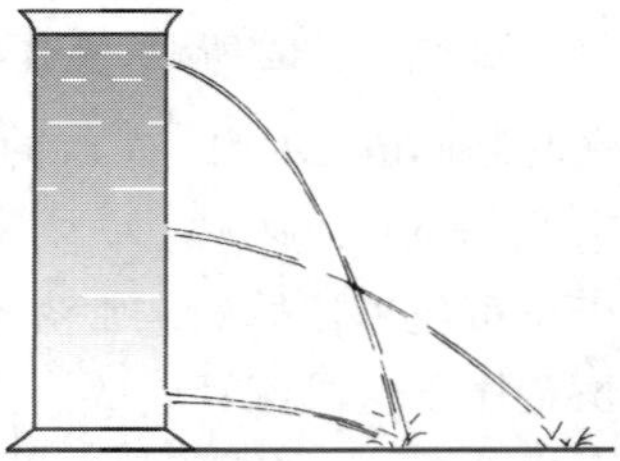

图 5-36 射程与孔高

例题 7 某水手想用木板抵住船舱中一个正在漏水的孔，但力气不足，水总是把板冲开。后来在另一水手的帮助下，共同把板紧压住漏水的孔以后，他就可以一个人抵住木板了。试解释为什么两种情况需要的力不同？

解：由伯努利方程可知，水由小孔喷出的速度为 $v=\sqrt{2gh}$. 未盖木板时，在时间间隔 Δt 内从小孔流出的水的质量为 $\Delta m=\rho Sv\Delta t$ (S 为小孔面积)，它所带进的动量为 $\Delta p=v\Delta m=\rho Sv^2\Delta t$，从而板所受的力为

$$f=\frac{\Delta p}{\Delta t}=\rho Sv^2=2\rho ghS.$$

盖住木板后所受的是流体静压力

$$f'=pS=\rho ghS.$$

可见，$f'=f/2$. ▍

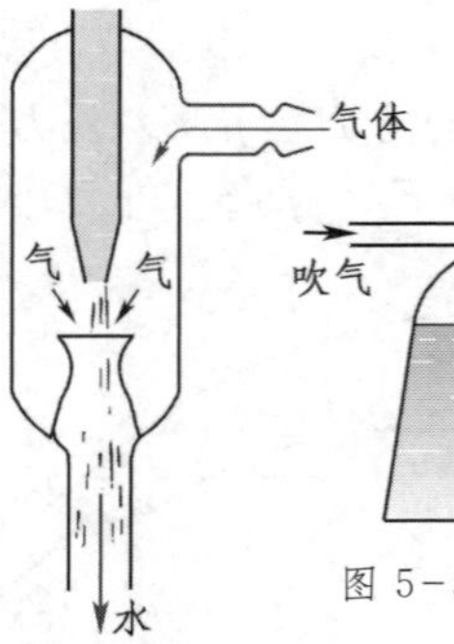

图 5-37 水流抽气机

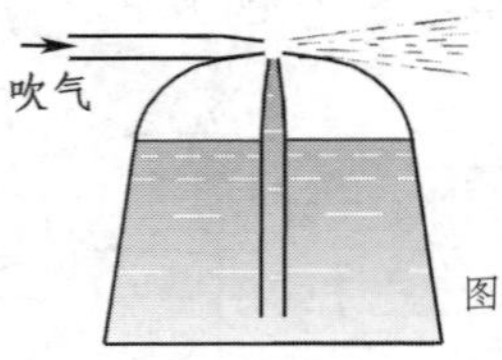

图 5-38 喷雾器

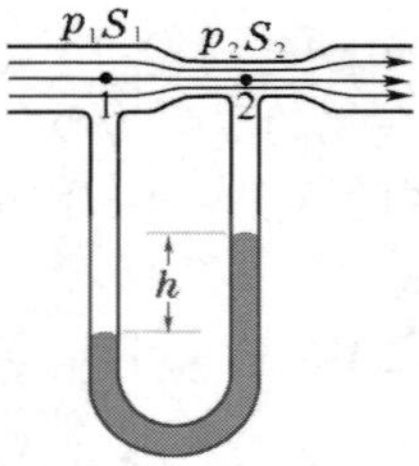

图 5-39 文丘里流量计

把伯努利方程运用于水平流管，或在气体中高度差效应不显著的情况，则有

$$p+\frac{1}{2}\rho v^2=\text{常量}, \tag{5.40}$$

即流管细的地方流速大，压强小。水流抽气机(图 5-37)、喷雾器(图 5-38)、内燃机中用的汽化器等，都利用截面小处流速大、压强小的原理制成的。文丘里(Venturi)流量计(图5-39)通过用U形管水银压差计测量出流管粗细处的压差 Δp 来推算流量：

$$Q_V=v_1S_1=S_1S_2\sqrt{\frac{2\Delta p}{\rho(S_1^2-S_2^2)}}. \tag{5.41}$$

(作为练习，此式由读者自己推导。)皮托(Pitot)管是一种测气体流速的装置，如图5-40所示，开口 A 迎向气流，是个速度 $v_A=0$ 的驻点；开口 B 在侧壁，其外流速 v_B 差不多就是待测的流速 v. 从U形管压差计测得的压差 $\Delta p=p_A-p_B$ 可求得待测气体流速。

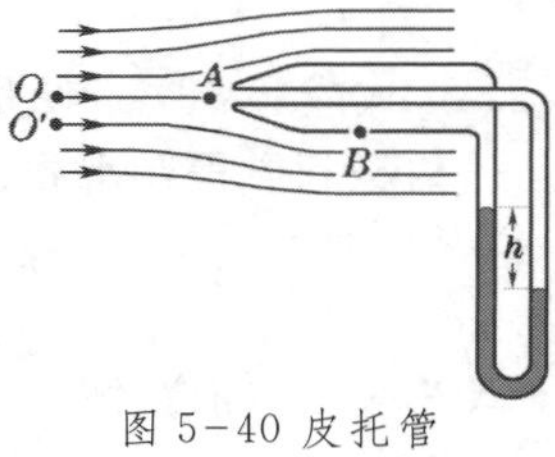

图 5-40 皮托管

$$v\approx v_B=\sqrt{\frac{2\Delta p}{\rho}}, \tag{5.42}$$

式中 ρ 为气体密度。

再看几个简单的演示实验将两张纸平行放置，用口向它们中间吹气，两张纸就会贴在一起；将一个乒乓球放在倒置的漏斗中间，用口向漏斗嘴里吹气，乒乓球可以贴在漏斗上不坠落(见图 5-41)。这都是气流通过狭窄通道时速度加快、压强减少的结果。由于同样道理，两艘同向行驶的船靠近时，就有相撞的危险。如

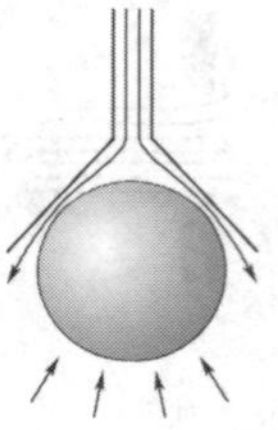

图 5-41 伯努利原理的演示

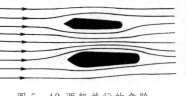

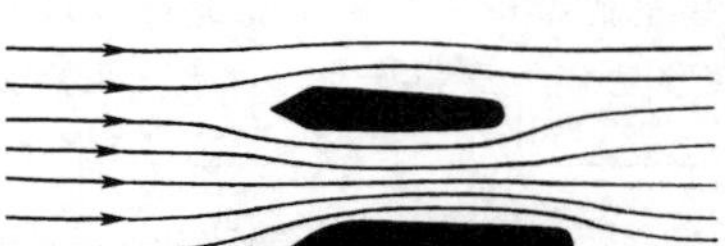

图 5-42 两船并行的危险

图 5-42 所示，两船之间的水流快，压强低，水面也比远处和外缘低，外缘水的巨大压力可以把两船挤压到一起。历史上这样的事故不止一次地发生。例如，20 世纪初一支法国舰队在地中海演习，勃林奴斯号装甲旗舰召来一艘驱逐舰接受命令。驱逐舰高速开来，到了旗舰附近突然向它的船头方向急转弯，结果撞在它的船头上，被劈成两半。1942 年玛丽皇后号运兵船从美国开往英国，与之并行的一艘护航巡洋舰突然向左急转弯，撞在运兵船的船头上，被劈成两半。在船长的航海指南里，应当对两条同向并行船舶的速度和容许靠近的距离，加以明确的规定。

例题 8　如图 5-43 所示，在圆筒底上有一漏水口，水旋转着从这里流出。求呈漏斗状水面的方程。

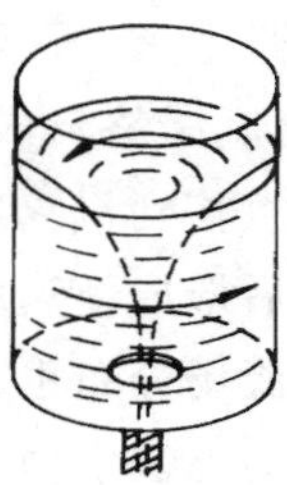

图 5-43　例题 8——水口上的涡旋

解：把水当成理想流体，其环量守恒。当水面的环流向下流动并向中央集中时，积分回路的周长正比于半径 r，故速度的切向分量按 $1/r$ 的比例增加。若不旋转，沿径向向内并向下的流管的横截面积也正比于 r，速度的径向和向下的分量也按 $1/r$ 的比例增加。在水面上的压强处处相等（皆为大气压），根据伯努利原理，在沿水面的流线上（为阿基米德螺线）我们有

$$\rho g h + \frac{1}{2}\rho v^2 = 常量,$$

式中 $v^2 \propto 1/r^2$，故有

$$h - h_0 \propto \frac{1}{r^2}. \blacksquare$$

4.3 马格纳斯效应和机翼受到的升力

当固体与流体有相对运动时，物体除了受到一定的阻力或曳引力外，有时还会受到与相对速度垂直的力，典型的例子是旋转球体受到的侧向力和机翼受到的上举力。

旋转的球在空中走出弯曲的轨迹，这在各类球类运动中都是十分重要的。19 世纪 50 年代马格纳斯（Gustav Magnus）研究了这类现象，故有马格纳斯效应之称。在固体表面的流体有相对运动时，在它们之间有摩擦力，这摩擦力使旋转的球体的周围形成环流。图 5-44a 是平动而不旋转的球体周围的流线，它们对称地绕过球体两侧。图 5-44b 是只旋转无平动球体周围的流线，它们是绕球体的环流。图 5-44c 是二者的合成。此球所受力方向可用伯努利原理来分析。图 5-44c 中球上下的流线都来自远方的上游，在那里压强是一样的。按照伯努利原理，球上边流线密，流管窄，流速大，压强小；球下边流线稀，流管宽，流速小，

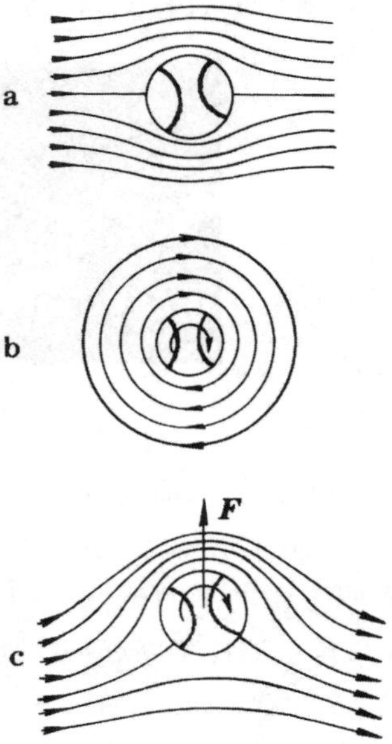

图 5-44 马格纳斯效应

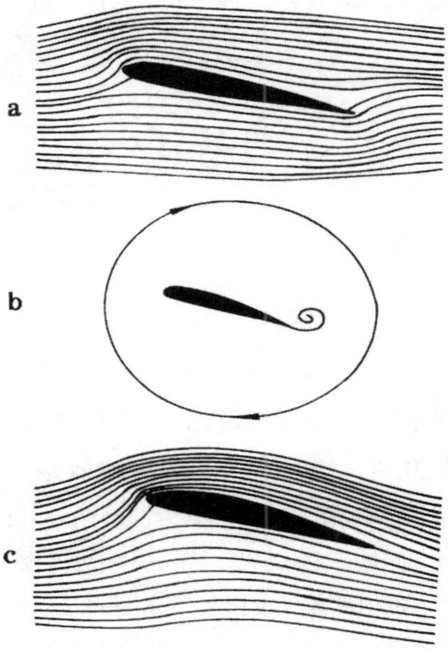

图 5-45 机翼的升力

压强大。所以球受到向上的力，使其轨道向上弯曲。

机翼一类物体受到升力是因形状上下不对称造成的。机翼进入气流伊始[1]，周围流线分布如图 5－45a 所示，在它的前后各有一个流速为 0 的驻点。因为在其尾部下面的流速大于上面，这剪切流在尾后具有逆时针方向的涡度（见图 5－45b）。由于机翼和附近的气体在总体上角动量守恒，必有环绕机翼的反向环量出现（见图 5－45b 外部的大环）。机翼尾后的涡度很快就被气流带走，剩下反向环流环绕着机翼。环流与原有的流场叠加，最终形成如图 5－45c 所示的流线分布。其特点是驻点移到机翼后缘，在这附近上下流速趋于一致，不再在翼后形成新涡度，从而使环绕机翼的环量趋于一个恒定值，流场分布也趋于定常。这定常流线分布就像马格纳斯效应的情形那样，上长下短，上密下疏，流动上快下慢。已知这样的流线分布后，我们就可以像前面那样，用伯努利原理来分析机翼受到的升力了。

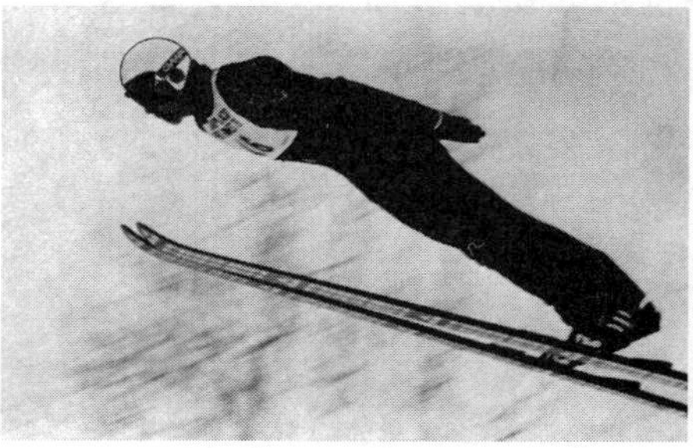

图 5－46 高跳台滑雪

很多非球类运动，如掷铁饼、标枪、飞碟和高跳台滑雪（图 5－46），也都利用了流体给飞行物体的升力作用。最有意思的是澳大利亚飞镖（见第四章图 4－16），两臂的横截面一边平，一边拱起，有如机翼。投掷者执其一臂，投出时让它在倾斜平面内像车轮那样向前旋转（见图 5－47）。图 5-48 是一位物理学家拍摄的飞镖轨迹照片，拍摄时他在飞镖的一臂上装了一个小灯泡。这种飞镖为什么会飞回原处？在一面飞行一面旋转的过程中，转到上面的臂端向前运动得快，从而受

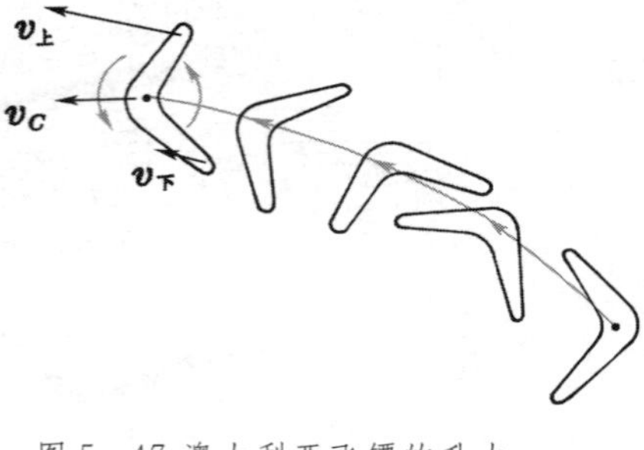

图 5－47 澳大利亚飞镖的升力

图 5－48 澳大利亚飞镖的轨迹

到空气的升力大；转到下面的臂端向前运动得慢，从而受到空气的升力小。典型的数据是质心速度为 88 km/h，臂端旋转的线速度为 56 km/h，所以上下臂端的合成速度分别为 144 km/h 和 32 km/h. 上下升力差产生一个力矩，要使飞镖的平面侧倾。但由于回转效应，飞镖的平面不侧倾，而是产生进动。于是飞镖就像自行车轮子那样不断朝一边转弯，最后回到原处。

俄国的茹可夫斯基（N.E.Zhukovskii）于 1906 年提出，升力与流速场绕物体的环量成正比。用公式来表示，设刚性物体以匀速 $-\boldsymbol{U}$ 穿过静止流体，或换到随物体运动的惯性参考系来看，流体总体上以速度 $\boldsymbol{U}$ 流动。取 $\boldsymbol{U}$ 的方向为 $+x$ 方向，环量 Γ_C 的方向为 $+y$ 方向（用 $\hat{\boldsymbol{y}}$ 表示沿 y 方向的单位矢量），则升力 $\boldsymbol{F}_{升}$ 的大小和方向由下

[1] 讨论“伊始”意味着流动尚未达成定常态，这时不能用伯努利原理来分析。

式决定：

$$\Delta \boldsymbol{F}_{升}/\Delta z = -\rho U \Gamma_C \hat{\boldsymbol{y}}, \tag{5.43}$$

式中

$$\Gamma_C = \oint_{(C)} \boldsymbol{v} \cdot \mathrm{d}\boldsymbol{l} \tag{5.44}$$

为流速场沿任何绕固体的回路 C 的环量。以上结论称为茹可夫斯基定理。

茹可夫斯基定理的推导如下：

为了简单起见，只计算二维模型，即认为在流体中运动的物体在 z 方向的线度比 x，y 两维大得多。这问题在固体静止的参考系中讨论比较简单，因为这时流速场是定常的。在此参考系中流体总体上以速度 $\boldsymbol{U}$ 沿 $+x$ 方向流动，流速场是它和扰动场 $\boldsymbol{v}(x,y)$ 的叠加，即 $\boldsymbol{U}+\boldsymbol{v}$. 在 (x,y) 平面内取一环绕物体的闭合曲线 C（不一定紧贴着物体表面，也可把流体的一部分圈进去），规定它的正环绕方向是逆时针的，$\mathrm{d}\boldsymbol{l}$ 为 C 上的任一线元矢量。在 z 方向取一单位矢量 $\hat{\boldsymbol{z}}$，则 $\mathrm{d}\boldsymbol{l}\times\hat{\boldsymbol{z}}\Delta z=\mathrm{d}\boldsymbol{S}$ 为 z 方向厚度为 Δz 的一薄层固体侧面 S_C 外法向面元矢量（见图 5-49a）。外部流体作用在面元 $\mathrm{d}\boldsymbol{S}$ 上的力有两部分：(1) 静水压 $-p\,\mathrm{d}\boldsymbol{S}$（负号因压力沿内法向）；(2) 单位时间流进或流出的动量。在时间间隔 $\mathrm{d}t$ 内流进 C 内的流体质量为 $\mathrm{d}m=-\rho(\boldsymbol{U}+\boldsymbol{v})\cdot\mathrm{d}\boldsymbol{S}\,\mathrm{d}t$，带进的动量为

$$(\boldsymbol{U}+\boldsymbol{v})\,\mathrm{d}m = -\rho(\boldsymbol{U}+\boldsymbol{v})\left[(\boldsymbol{U}+\boldsymbol{v})\cdot\mathrm{d}\boldsymbol{S}\right]\mathrm{d}t,$$

相应的作用力为

$$(\boldsymbol{U}+\boldsymbol{v})\mathrm{d}m/\mathrm{d}t = -\rho(\boldsymbol{U}+\boldsymbol{v})\left[(\boldsymbol{U}+\boldsymbol{v})\cdot\mathrm{d}\boldsymbol{S}\right].$$

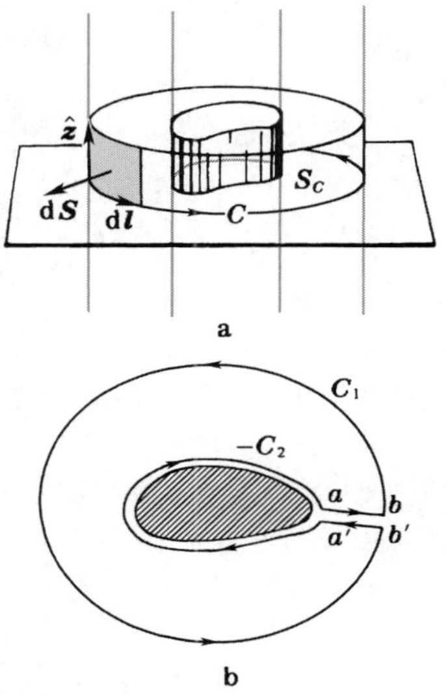

图 5-49 茹可夫斯基公式的推导

综上所述，作用在圈在 C 内物质薄层上的力为

$$\Delta \boldsymbol{F} = -\iint_{(S_C)} \left\{ p\,\mathrm{d}\boldsymbol{S} + \rho(\boldsymbol{U}+\boldsymbol{v})\left[(\boldsymbol{U}+\boldsymbol{v})\cdot\mathrm{d}\boldsymbol{S}\right] \right\}. \tag{5.45}$$

取 C_1 紧贴着物体表面，C_2 远离它，因为流场定常，处于 C_1、C_2 之间环状体积内的动量是不随时间变的。这就是说，单位时间里从 C_1 流入的动量与从 C_2 流出的动量相等。以上的论述告诉我们，取 C 紧贴着物体表面和远离它，算出来的力是一样的。若选紧贴着物体表面的回路，好处是上式右端第二项为 0[因为没有流体流进物体表面，即 $(\boldsymbol{U}+\boldsymbol{v})\cdot\mathrm{d}\boldsymbol{S}=0$，从而不可能有动量流入它]，然而压强项里扰动流场 $\boldsymbol{v}$ 的二次项不好处理，我们不作这样的选择。现分析一下扰动流场 $\boldsymbol{v}$ 在远处的渐进行为。无论固体在 (x,y) 平面内的截面是什么形状，从远处看它所引起的扰动流场的分布，都渐近地趋于圆柱的情形。理论计算表明，后者的径向分量反比于距离的平方❶，从而 $\boldsymbol{v}$ 的二次项反比于距离的 4 次方。如果我们大致以物体所在位置为中心，作一个半径为 R 的大圆 C，其周长正比于 R 的一次方。在 C 上作上述积分，则当 $R\to\infty$ 时，含 $\boldsymbol{v}$ 的二次项积分趋于 0. 我们将选这样的回路 C（在物理上不需要真的让 $R\to\infty$，只要圈子足够大，使 $\boldsymbol{v}$ 二次项的积分能忽略就可以了）。

先考虑上式右端的压强项。利用伯努利方程，把回路 C 上的变量和上游未受扰动的远处联系起来。在那里压强为 p_0 = 常量，流速为 $\boldsymbol{U}$ = 常量。假设高度的影响是不大的，从而有

$$p + \frac{1}{2}\rho(\boldsymbol{U}+\boldsymbol{v})\cdot(\boldsymbol{U}+\boldsymbol{v}) = p_0 + \frac{1}{2}\rho U^2,$$

即

$$p = p_0 - \rho\,\boldsymbol{U}\cdot\boldsymbol{v} - \frac{1}{2}\rho v^2,$$

❶ 如果圆柱能够带动附近的流体转动，则扰动流场的切向分量反比于距离的一次方，$\boldsymbol{v}$ 的二次项反比于距离的 2 次方，$R\to\infty$ 时积分亦趋于 0.

其中 p_0 项为常量，闭合积分自动为 0；v^2 项积分时可忽略，故只需保留第二项。

在(5.45)式的被积函数中动量流一项可以作如下展开：

$$(\boldsymbol{U}+\boldsymbol{v})[(\boldsymbol{U}+\boldsymbol{v})\cdot\mathrm{d}\boldsymbol{S}]=\boldsymbol{U}[((\boldsymbol{U}+\boldsymbol{v})\cdot\mathrm{d}\boldsymbol{S})]+\boldsymbol{v}(\boldsymbol{U}\cdot\mathrm{d}\boldsymbol{S})+\boldsymbol{v}(\boldsymbol{v}\cdot\mathrm{d}\boldsymbol{S}),$$

上式右端第一项 $\boldsymbol{U}$ 是常量因子，可提到积分号之外，剩下 $\rho(\boldsymbol{U}+\boldsymbol{v})\cdot\mathrm{d}\boldsymbol{S}$ 的积分是流入 C 的流体质量。在定常流的情况下此项为 0. 末项为 $\boldsymbol{v}$ 二次项，可忽略。故只需保留第二项。

综上所述，我们有

$$\begin{aligned}\Delta\boldsymbol{F}_{升}&=\rho\iint_{(S\,C)}\left[(\boldsymbol{U}\cdot\boldsymbol{v})\,\mathrm{d}\boldsymbol{S}-\boldsymbol{v}(\boldsymbol{U}\cdot\mathrm{d}\boldsymbol{S})\right]\\&=-\rho\iint_{(S\,C)}\boldsymbol{U}\cdot(\boldsymbol{v}\times\mathrm{d}\boldsymbol{S})=-\rho\oint_{(C)}\boldsymbol{U}\times\left[\boldsymbol{v}\times(\mathrm{d}\boldsymbol{l}\cdot\hat{\boldsymbol{z}}\Delta z)\right]\\&=\rho\,\Delta z\oint_{(C)}\boldsymbol{U}\times[\hat{\boldsymbol{z}}\,(\boldsymbol{v}\cdot\mathrm{d}\boldsymbol{l})-\mathrm{d}\boldsymbol{l}\,(\boldsymbol{v}\cdot\hat{\boldsymbol{z}})]\left[(\boldsymbol{U}+\boldsymbol{v})\cdot\mathrm{d}\boldsymbol{S}\right].\\&=\rho\,\Delta z\oint_{(C)}U(\hat{\boldsymbol{x}}\times\hat{\boldsymbol{z}})(\boldsymbol{v}\cdot\mathrm{d}\boldsymbol{l})=-\rho\,\Delta z\,U\hat{\boldsymbol{y}}\oint_{(C)}\boldsymbol{v}\cdot\mathrm{d}\boldsymbol{l},\end{aligned}\tag{5.46}$$

上面推导时用到了 $\boldsymbol{v}\cdot\hat{\boldsymbol{z}}=0$（二者相互垂直）和 $\hat{\boldsymbol{x}}\times\hat{\boldsymbol{z}}=-\hat{\boldsymbol{y}}$ 等关系式。(5.46)式已具有茹可夫斯基定理(5.43)式和(5.44)式的形式了，余下要说明的是，只要回路 C 围绕固体，无论大小，其上的环量 Γ_C 是相等的。这是因为流体内涡度处处为 0，在所有不围绕固体的回路上环量恒为 0. 如图 5-49b 所示，有 C_1、C_2 两个大小不同的回路，都围绕着固体。我们可以用一对无限靠近的双线 ab 和 $a'b'$ 把 C_1 和 C_2 连通，形成一个不绕固体的回路 $C'=C_1+ab-C_2+b'a'$，则

$$\Gamma_{C'}=\Gamma_{C1}+\int_a^b\boldsymbol{v}\cdot\mathrm{d}\boldsymbol{l}-\Gamma_{C2}+\int_{b'}^{a'}\boldsymbol{v}\cdot\mathrm{d}\boldsymbol{l}=0,$$

式中沿双线 ab 和 $a'b'$ 一来一回的积分抵消，故有 $\Gamma_{C1}-\Gamma_{C2}=0$，即 $\Gamma_{C1}=\Gamma_{C2}$. 这样一来，虽然在我们推导(5.45)式时用的是足够大的回路，但所得结果却是与回路大小无关的。譬如，我们可以把此式中的 C 理解为紧贴物体表面的回路。

开尔文涡定理说，在理想流体中环量是守恒的。如果在流体中原来没有环量，就产生不出来。如果没有环量，则理想流体对在其中作匀速运动的固体不施加任何力（既没有逆向的阻力，也没有横向的升力）。这结论看起来有点荒谬，也不符合实验事实，即使黏滞力趋于 0 的情况也并非如此（见下节）。这便是著名的达朗贝尔佯谬(d'Alembert paradox)。这个佯谬提醒我们想起冯·诺伊曼有关"乾水"的告诫（见 3.1 节）。

运动物体周围出现环流的一个重要场合是运动物体的旋转造成的。如果固体表面和流体之间有一点摩擦力，固体的旋转就会造成环流。茹可夫斯基定理虽然是对二维流动而言的，但对三维流动也定性地适用。

§5. 黏滞流体的流动

5.1 流体的黏滞性

在本节里我们开始考虑流体的黏滞性（简称"黏性"），亦即，我们开始比较认真地讨论实际的流体，而不再是"理想流体"。

我们曾指出，静止流体中是不存在剪应力的。但当各层流体之间有相对滑动时，在它们之间有切向的摩擦力（叫做黏滞力）。用固体之间"乾摩擦"的语言来描述，就是流体之间的"湿摩擦"只有滑动摩擦，没有静摩擦。

如图 5-50 所示，设流体中相距 Δl 的两个平面上流体的切向流速分别为 v 和 $v+\Delta v$，则

$$\lim_{\Delta l\to 0}\frac{\Delta v}{\Delta l}=\frac{\mathrm{d}v}{\mathrm{d}l}\tag{5.47}$$

称为速度梯度。实验表明，两层流体之间的黏滞力 f 正比于速度梯度和面积 ΔS：

$$f=\eta\frac{\mathrm{d}v}{\mathrm{d}l}\Delta S. \tag{5.48}$$

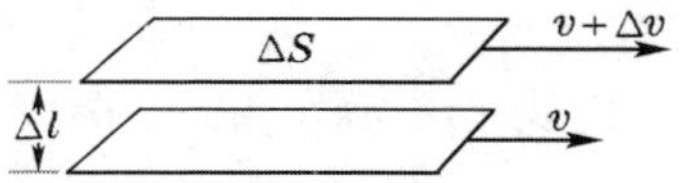

图 5-50 流体的黏性系数

式中比例系数 η 称为流体的黏性系数，其量纲为$[\eta]=\mathrm{ML^{-1}T^{-1}}$。在 MKS 单位制中黏性系数的单位为帕秒(Pa·s)，在 CGS 单位制中为泊(poise)，符号为 P，$1\,\mathrm{P}=1\,\mathrm{dyn\cdot s/cm^2}=0.1\,\mathrm{N\cdot s/m^2}=0.1\,\mathrm{Pa\cdot s}$.

黏性系数 η 除了因材料而异外，还比较敏感地依赖于温度，表 5-3 列出了一些液体和气体的黏性系数。液体的黏性系数随温度的升高而减小，气体则反之，η 大体上按正比于$\sqrt{T}$ 的规律增长(T 为热力学温度)。液体与气体的黏滞性有此差别，是因为微观机制不同。

表 5-3　一些液体和气体的黏性系数

液体	t/°C	$\eta/(10^{-3}\,\mathrm{Pa\cdot s})$	气体	t/°C	$\eta/(10^{-5}\,\mathrm{Pa\cdot s})$
水	0	1.79	空气	20	1.82
	20	1.01		671	4.2
	50	0.55	水蒸气	0	0.9
	100	0.28		100	1.27
水银	0	1.69	CO_2	20	1.47
	20	1.55		302	2.7
酒精	0	1.84	氢	20	0.89
	20	1.20		251	1.3
轻机油	15	11.3	氦	20	1.96
重机油	15	66	CH_4	20	1.10

由于存在黏滞性，附着于浸在流体中的固体壁上的流体与固体表面的相对速度总是为 0. 要保持流体作定常流动，必须有压力差；要保持固体作匀速运动，必须有支持力。这就是说，流体与固体的相对运动受到了一种阻力。这种阻力来源于流体的黏滞性。下面我们介绍两个这方面的著名公式。

5.2 泊肃叶公式

考虑半径为 R、长为 l 的一段水平管子 ab，流体在管中沿轴流动。如前所述，由于有黏滞性，附着在管壁上的流体速度为 0. 在压差给定的情况下，流体的速度沿径向有个分布，在中央管轴上($r=0$)速度 v 最大，周围随 $r\rightarrow R$ 递减到 0. 下面我们先确定速度的径向分布函数 $v(r)$. 为此设想在流体内隔离出一个圆筒状的薄流层，内、外半径分别为 r 和 $r+\mathrm{d}r$(见图 5-51)，侧面积分别为 $2\pi rl$ 和 $2\pi(r+\mathrm{d}r)l$，受到的黏滞力分别为

$$\begin{cases} f_r=-\eta\left(\dfrac{\mathrm{d}v}{\mathrm{d}r}\right)_r 2\pi rl, \\ f_{r+\mathrm{d}r}=\eta\left(\dfrac{\mathrm{d}v}{\mathrm{d}r}\right)_{r+\mathrm{d}r} 2\pi(r+\mathrm{d}r)l, \end{cases}$$

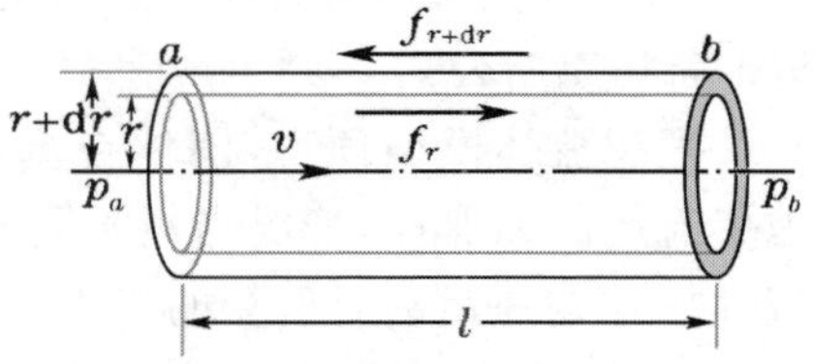

图 5-51 泊肃叶公式的推导

这里的速度梯度 $\mathrm{d}v/\mathrm{d}r<0$，式中的正负号是具体地分析了此薄层两侧所受黏滞力的方向后(见图)确定的。流层受到的黏滞力的合力为

$$f=f_{r+\mathrm{d}r}+f_r=2\pi\eta l\left[(r+\mathrm{d}r)\left(\frac{\mathrm{d}v}{\mathrm{d}r}\right)_{r+\mathrm{d}r}-r\left(\frac{\mathrm{d}v}{\mathrm{d}r}\right)_r\right]=2\pi\eta l\frac{\mathrm{d}}{\mathrm{d}r}\left[r\left(\frac{\mathrm{d}v}{\mathrm{d}r}\right)\right]\mathrm{d}r.$$

在定常流动的情况下此力应与端面 $2\pi r\,\mathrm{d}r$ 上的压力差平衡：

$$(p_b-p_a)2\pi r\,\mathrm{d}r=2\pi\eta l\frac{\mathrm{d}}{\mathrm{d}r}\left(r\frac{\mathrm{d}v}{\mathrm{d}r}\right)\mathrm{d}r,$$

或

$$\mathrm{d}\left(r\frac{\mathrm{d}v}{\mathrm{d}r}\right)=\frac{p_b-p_a}{\eta l}r\,\mathrm{d}r,$$

两边从 $r=0$ 到 r 积分，得

$$r\frac{\mathrm{d}v}{\mathrm{d}r}=\frac{p_b-p_a}{2\eta l}r^2,\quad 或\quad \mathrm{d}v=\frac{p_b-p_a}{2\eta l}r\,\mathrm{d}r,$$

再从 r 积分到 R，得

$$v(R)-v(r)=\left[\frac{p_b-p_a}{4\eta l}r^2\right]_r^R=\frac{p_b-p_a}{4\eta l}(R^2-r^2),$$

因管壁上 $v(R)=0$，最后得到管中流速的径向分布：

$$v(r)=\frac{p_a-p_b}{4\eta l}(R^2-r^2),\tag{5.49}$$

它的形式是旋转抛物面（见图 5－52）。

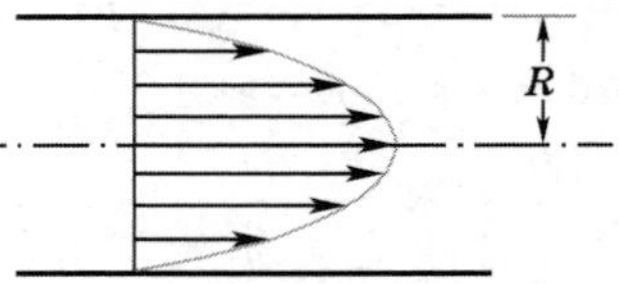

图 5－52 泊肃叶流速分布

现在计算流量。通过圆环面积 $2\pi r\,\mathrm{d}r$ 的流量为 $\mathrm{d}Q_V=2\pi vr\,\mathrm{d}r$，故管中的总流量为

$$Q_V=2\pi\int_0^R v(r)\,r\,\mathrm{d}r=\frac{\pi(p_a-p_b)}{2\eta l}\int_0^R(R^2-r^2)\,r\,\mathrm{d}r,$$

即

$$Q_V=\frac{\pi}{8}\frac{p_a-p_b}{\eta l}R^4,\tag{5.50}$$

此式称为泊肃叶公式，是由泊肃叶（J.L.M.Poiseuille）于1840年导出的。前此，哈根（G.Hagen）于1839年用实验方法确立了 Q_V 与压差 p_a-p_b 和 R^4 的正比关系。

泊肃叶公式也可表述成另外一种稍有不同的形式。管中的平均流速 $\overline{v}$ 可定义为体积流量 Q_V 除以横截面积 $S=\pi R^2$：$\overline{v}=Q_V/\pi R^2$. 此外，压强差 p_a-p_b 除以管长 l 是沿管的压强梯度，再乘以管的横截面积 S，则为压力梯度，用 $\Delta F/\Delta l$ 表之。于是按（5.50）式有

$$\frac{\Delta F}{\Delta l}=\frac{p_a-p_b}{l}\pi R^2=\frac{8\eta Q_V}{R^2}=8\pi\eta\overline{v},\tag{5.51}$$

即克服黏滞力迫使流体沿管流动所需的压力差，正比于平均速度 $\overline{v}$ 和黏性系数 η.

利用泊肃叶公式可以制成测量液体黏性系数的装置。如图 5－53 所示，让液体从接在容器器壁上的水平细管中流出。R 和 l 是已知量，压强差由竖直细管中液面的高度差 h 计算出：$p_a-p_b=\rho gh$，有了这些数据，即可从泊肃叶公式计算出黏性系数 η 来。

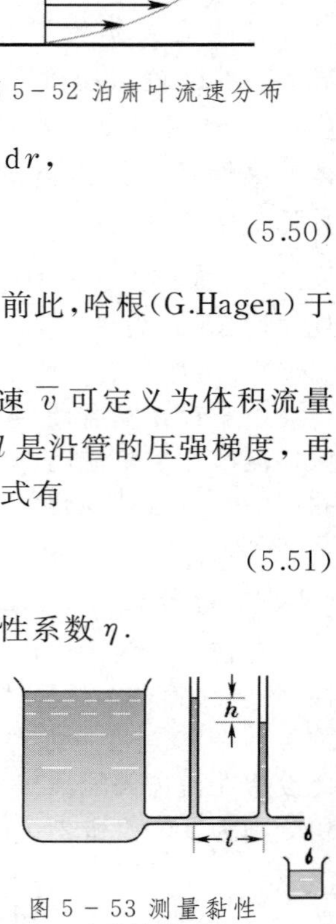

图 5－53 测量黏性系数的装置

5.3 斯托克斯公式

理想流体模型预言，固体在流体中作匀速运动时不受阻力。考虑了流体的黏滞性，情况当然不同了。作为典型，可考虑球形物体在流体中作匀速运动时所受的阻力。我们在图 5-26 和图 5-27 中曾给出圆柱体穿过流体时的流场分布，可以看出，它比泊肃叶流动复杂多了。球体的情况不会比这简单。所以推导球形物体在流体中所受阻力的公式，在数学上也不会像推导泊肃叶公式那样简单。这里我们仅给出结果，略去理论推导。下面的公式是英国数学和物理学家斯托克斯（G. G. Stokes）于 1851 年导出的：

$$F=6\pi\eta rv,\tag{5.52}$$

式中 r 和 v 分别是球的半径和速度，F 为它在流体中所受的黏滞阻力。这便是著名的**斯托克斯公式**。

斯托克斯公式提供了一种测量黏性系数的重要方法。如图 5－54 所示，让一个质量为 m、半径

为 r 的小球在盛有待测液体的量筒中降落。由于黏滞力很快就会与小球所受重力达到平衡($F=mg$),小球将以匀速 v 在筒中降落。如能测出此速度,即可由斯托克斯公式算出黏性系数 η 来:

$$\eta=\frac{mg}{6\pi rv}. \tag{5.53}$$

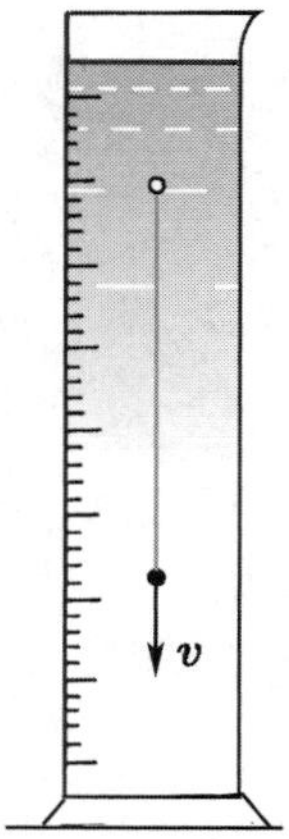

图 5-54 利用斯托克斯公式测黏性系数

顺便说起,已知空气的黏性系数 $\eta=1.8\times10^{-5}$ Pa•s,如果想从上面的(5.53)式倒过来求小孩玩的气球在空气里下降的速度 v 的话,可以设气球皮的质量为 $m=10$ g,吹胀后直径达 30 cm,认为空气浮力与球内气体重量基本平衡,则有

$$v=\frac{mg}{6\pi\eta r}=\frac{10^{-2}\,\text{kg}\times9.8\ \text{m/s}^2}{6\pi\times1.8\times10^{-5}\,\text{N}\cdot\text{s/m}^2\times0.15\,\text{m}}=1.9\times10^3\ \text{m/s}.$$

这速率接近声速的 6 倍,显然是荒唐的。问题出在哪里?请看下节分解。

5.4 流体的相似性原理

在工程技术以及其他许多领域中,人们常希望利用模拟试验来代替对实际现象的研究,例如用水代替石油来研究它们在管道中的流动,把设计好的飞机缩小成模型放在风洞中试验其性能,等等。这样做不仅在经济上有很大好处,并带来很大方便,而且还使我们可能在一定程度上预言某些目前尚无法达到的条件下出现的情况。怎样才能使我们模拟试验的结果真的对实际有指导意义呢?在 1.5 节里我们已经看到过弹性静力学结构的模拟试验问题,关键是要做量纲分析。在流体力学中量纲分析将发挥更大的作用。

先考虑水平管道流动问题。设管道的横截面为圆形,直径为 d,从而面积为 $S=\pi d^2/4$. 与我们当前所考虑的问题有关的物理量,还有流体的密度 ρ、黏性系数 η、平均流速 $\overline{v}=Q_V/S$,以及压强梯度 $\Delta p/\Delta l$. 选 ρ、d、$\overline{v}$ 为主定参量,列出所有这些物理量的量纲如下:

	ρ	d	$\overline{v}$	η	$\Delta p/\Delta l$
M	1	0	0	1	1
L	−3	1	1	−1	−2
T	0	0	−1	−1	−2

由此决定出两个无量纲参量

$$\Pi_1=\frac{\eta}{\rho d\overline{v}},\qquad \Pi_2=\frac{(\Delta p/\Delta l)\,d}{\rho\overline{v}^{\,2}}.$$

这里 Π_1 的倒数称为雷诺数(Reynolds number),记作 $\mathscr{R}$,是流体力学中的一个非常重要的无量纲量。根据 Π 定理,管道截面上的总压力梯度可写作

$$\frac{\Delta F}{\Delta l}=\frac{\Delta p}{\Delta l}S=\frac{\rho\overline{v}^{\,2}S}{d}\Phi(\mathscr{R})=\frac{\pi\rho\overline{v}^{\,2}d}{4}\Phi(\mathscr{R}), \tag{5.54}$$

这里的无量纲函数 $\Phi(\mathscr{R})$ 称为管道阻力系数,它只依赖于雷诺数,与流体的其他具体性质无关。如果我们希望要流量的表达式,则有

$$Q_V=\overline{v}S=\frac{d}{\rho\overline{v}\Phi(\mathscr{R})}\frac{\Delta F}{\Delta l}=\frac{\pi d^3}{4\rho\overline{v}\Phi(\mathscr{R})}\frac{\Delta p}{\Delta l}=\frac{\pi d^4}{4\eta\mathscr{R}\Phi(\mathscr{R})}\frac{\Delta p}{\Delta l},$$

或

$$Q_V=\Gamma(\mathscr{R})\frac{d^4}{\eta}\frac{\Delta p}{\Delta l}, \tag{5.55}$$

式中的另一个无量纲函数 $\Gamma(\mathscr{R})=\dfrac{\pi}{4\mathscr{R}\Phi(\mathscr{R})}$.

从以上(5.54)式和(5.55)式可以看出,全部问题已归结为求函数关系 $\Phi(\mathscr{R})$ 或 $\Gamma(\mathscr{R})$. 如果我们在一定直径的管道中用实验方法测水在其中流动时阻力系数 $\Phi(\mathscr{R})$ 与雷诺数 $\mathscr{R}$ 的依赖关系,所得数据可在研究其他液体(如石油、水银)在不同直径的管道中流动时加以利用。甚至可在许多情况下(速度远小于声速,从而压缩性不重要时)运用到空气在管道中的流动。图 5-55 很好地说明了这一点,水和空气的实验数据的确差不多落在同一曲线上。与泊肃叶公式(5.50)对比即可看出,$\Gamma(\mathscr{R})=\dfrac{\pi}{128}$,从而 $\Phi(\mathscr{R})=\dfrac{32}{\mathscr{R}}\propto\dfrac{1}{\mathscr{R}}$. 图 5-55 中左边的一段曲线就是按照泊肃叶公式画的,可以看出,在小雷诺数时它与实验数据符合得很好。可是在雷诺数 $\mathscr{R}=2000\sim2600$ 范围内实验数据

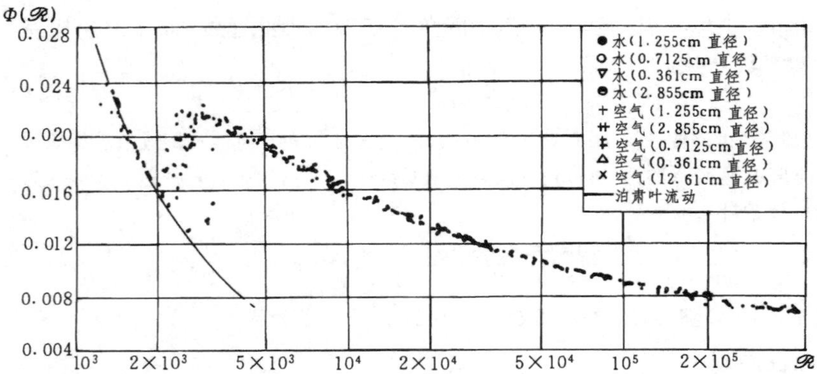

图 5－55 圆形管道的阻力系数

分散了，在更大的雷诺数区域里实验重新聚敛到一条曲线上，但这是一条与泊肃叶公式的预言完全不同的曲线。

现在我们来看在流体中以匀速 v 运动的物体所受的阻力问题，这也是物体不动，流体以速度 v 流动时给物体的曳引力。姑且认为曳引力 f 正比于单位体积内流体所含的动能 $\frac{1}{2}\rho v^2$ 和物体的横截面积 S，于是有

$$f = C_d \frac{\rho v^2 S}{2}, \tag{5.56}$$

式中 C_d 叫做曳引系数(drag coefficient)，从量纲上看，它应是个无量纲的系数，只可能与无量纲的雷诺数 $\mathscr{R}$ 有关。

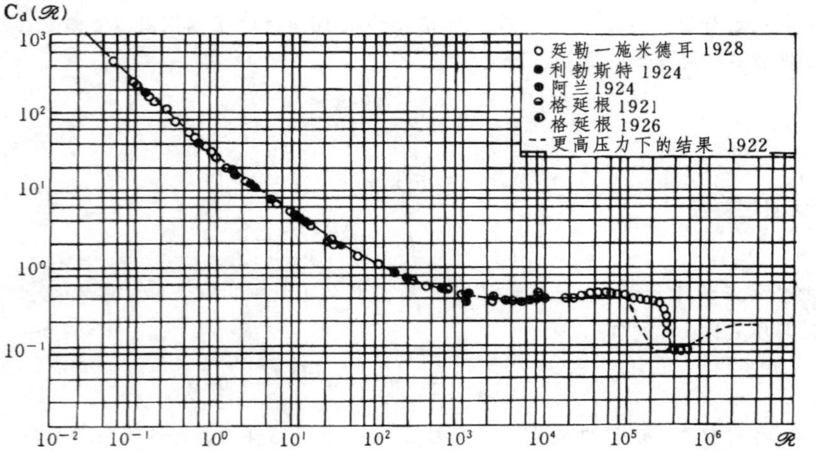

图 5-56 球体的曳引系数

对于球体，$S=\pi r^2=\pi d^2/4$，与斯托克斯公式(5.52)对比可知，$C_d=24/\mathscr{R}$，而 $\mathscr{R}=\rho dv/\eta$. 图 5－56 给出曳引系数 C_d 随雷诺数 $\mathscr{R}$ 变化的实验曲线。由图可见，实验数据还是很好地聚敛在同一条曲线上的。在 $\mathscr{R}$ 小于 $10^0=1$ 时，C_d 服从与 $\mathscr{R}$ 成反比的斯托克斯定律；当 $\mathscr{R}\approx 10^3\sim 10^5$ 时，$C_d\approx 0.4$，几乎与 $\mathscr{R}$ 无关。故可定义某个临界雷诺数 $\mathscr{R}_\star$，当 $\mathscr{R}\ll\mathscr{R}_\star$ 时，我们可以用斯托克斯公式(5.52)；$\mathscr{R}\gg\mathscr{R}_\star$ 时，则可用常曳引系数的(5.56)式。归纳起来，有：

$$\begin{cases} f = 6\pi\eta r v \quad \propto \eta、r、v, \quad (\mathscr{R}\ll\mathscr{R}_\star) & (5.57\text{a}) \\ f = 0.2\pi\rho r^2 v^2 \quad \propto r^2、v^2，\text{与 } \eta \text{ 无关}, \quad (\mathscr{R}\gg\mathscr{R}_\star) & (5.57\text{b}) \end{cases}$$

从图 5－56 还可看出，当雷诺数再增大到一定程度，曳引系数 C_d 会突然急剧下降，这现象叫做曳引力崩溃(drag crisis)。

前文中提到在空气中降落的气球，读者可以估算一下，雷诺数 $\mathscr{R}$ 达 10^5 的数量级，这显然属于大雷诺数情况，

难怪斯托克斯公式不适用了。

从上面所述我们看到，无量纲参数 $\mathscr{R}=\rho v l/\eta$ 在流体力学里的重要性。这里 l 是我们所讨论的问题里的特征长度，如管道的直径、飞行物的几何线度等。新设计的飞机是要在风洞(wind tunnel) 里做模拟实验的。模型飞机的尺寸 l 变小了，要保持雷诺数不变，其他参量就得改变，或者加大 v，或者加大 ρ，或者减小 η. 气体动理学理论(kinetic theory of gases) 告诉我们，在一定的温度下 η 与 ρ 无关，故可以加大空气密度和风速来维持雷诺数不变。所以，在现代航空技术中人们建造压缩空气在其中作高速循环的密封型风洞来做模拟试验。

理想流体模型中完全忽略流体的黏滞性，现在我们又看到，雷诺数反比于黏性系数 η，$\eta\to 0$ 相当于 $\mathscr{R}\to\infty$，即大雷诺数极限。可是我们从图 5－55 和图 5－56 的实验曲线看，在大雷诺数极限下流体的行为并不趋于理想流体模型所预言的结论，即 $\Phi(\mathscr{R})$ 和 $C_d(\mathscr{R})\to 0$. 这正是 4.3 节里提到的达朗贝尔佯谬。由此可见，即使在黏滞性极小的情况下，理想流体模型也未必给出比较符合实际的物理图像。问题出在哪里？因为出现了湍流。

5.5 层流与湍流

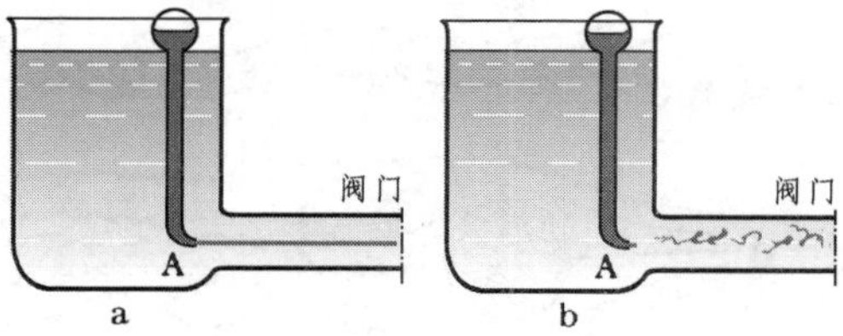

图 5－57 层流与湍流

1880 年前后，英国的实验流体力学家雷诺(O. Reynolds) 用在长管里的均匀流动来研究产生湍流的过程。图 5－57 所示的装置基本上与雷诺所用的一样，只不过在某些地方作了简化。在盛水的容器下方装有水平的玻璃管，管端装有阀门以控制水的流速。容器内另有一细管，内盛带颜色的液体，可自下方小口 A 流出。实验时先令容器内的水缓慢流动，这时，从细管中流出的有色液体呈一线状，各层流体互不混杂，这称为*层流*(laminar flow) 运动。随着阀门加大，流体的流速也增大，这时，出现有色液体与周围流体互相混杂的情形。用火花放电产生高速闪频的光照明，还可观察到流动的涡状结构，这是*湍流*(turbulent flow) 运动。雷诺用不同内径 l 的管，在各种温度下(对应着不同的黏性系数) 做此实验，显示出发生湍流的临界速度 v 总与无量纲组合 $\rho v l/\eta$ 的一定数值相对应。后人(索末菲) 把这无量纲的组合参数命名为“雷诺数”。由层流向湍流过渡的雷诺数，叫做*临界雷诺数*，记作 $\mathscr{R}_c$. 图 5－55 中实验数据弥散的区域，就是从层流向湍流过渡的区域，对应的雷诺数 $\mathscr{R}_c\approx 2000\sim 2600$ 即为圆形管道的临界雷诺数。可见，临界雷诺数往往不是一个明确的数，而是一个数值范围。

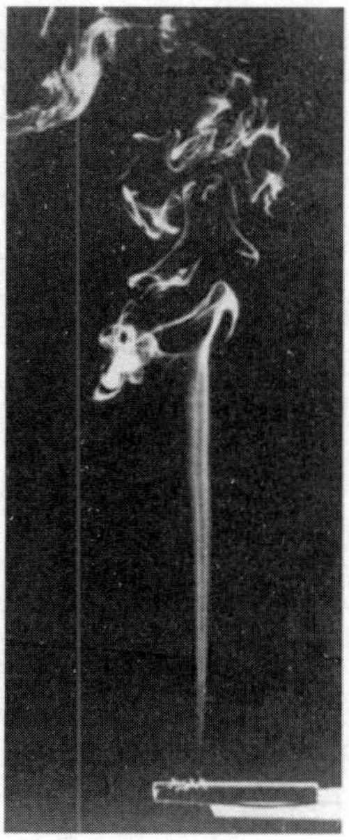

图 5－58 烟缕向湍流过渡

如图 5－58 所示，点燃一支香烟，青烟一缕袅袅腾空。开初烟柱是直的，达到一定高度时，突然变得紊乱起来。这是在热气流加速上升的过程中，层流变湍流的绝妙演示。

从层流到湍流的转变过程往往是极端复杂的，中间有许多阶段。以流体绕过圆柱体的流动为例。如图 5－59a 所示，当雷诺数 $\mathscr{R}<1$ 时，流线始终贴着柱体表面，不与之分离。当 $\mathscr{R}\approx 10\sim 30$ 时，可以观察到流线在圆柱的某处脱离，后面有一对对称的涡旋(图 5－59b)。其实涡旋可能在 $\mathscr{R}$ 略大于 1 时已经产生了。它们究竟是随着雷诺数的增大突然产生的还是连续生成的，尚不清楚。

当 $\mathscr{R}$ 达到 40 左右时又发生另一次突变：一个涡旋被拉长后摆脱柱体，漂向下游；柱后另一侧的流体弯转过来，形成一个新的涡旋。就这样，两侧涡旋交替脱落，向下游移去，如图 5－59c 所示。这称为*卡门涡街*。此阶段

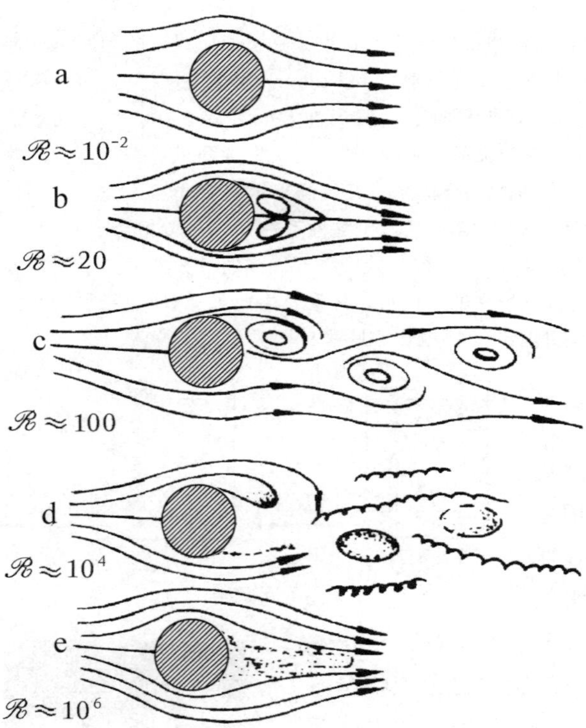

图 5－59 不同雷诺数下的圆柱绕流

与前两个阶段最大的区别，是流动从定常变为不定常，从对称变为不对称。

从 $\mathscr{R}$ 达到几百时开始，就会发生如图 5－59d 所示的另一次转变。由边界层里产生的细小涡旋充满一条条细带，其中的流动是紊乱无规的，处于湍流状态。同时流线在三维空间里扭曲纠缠，流场的分布不再限于二维。但是在湍流之上，仍叠加有规律的交替流动。

当 $\mathscr{R}$ 大到 $10^5 \sim 10^6$ 时，湍流一直延伸到流线与柱体脱离后的整个区域，如图 5－59e 所示。这对应图 5－56 中“曳引力崩溃”的阶段。

在流体力学方程中就这么一个无量纲的雷诺数，它数值的增减却能引起如此多样的转折，实在令人叹为观止！理查德·费曼因而发出感慨，其大意如下：很难设想方程式中丢了什么，只是除了小雷诺数外，我们今天的数学能力还不会解它。所以仅把流体力学方程式写出来，还不能消除流体流动带给我们的魅力、惊讶和神秘感。人们常常怀着一种对物理学无名的敬畏心情说，你们能写出描写生命的方程式吗？呃，或许我们能。很可能在相当近似的程度上我们已经有了这样的方程式，那就是量子力学里的薛定谔方程。但要知道，尽管简单的方程式可以有非常复杂的解，为了解释世界的全部复杂性，只写出方程式而不会解它也是枉然。❶

本章提要

1. 应力：连续体内部各部分之间单位面积上的相互作用力。

$$\tau = \frac{\mathrm{d}f}{\mathrm{d}S},\quad \mathrm{d}S \text{ 为连续体中某一假想面元。}$$

其分量　$\tau_{\perp}$ —— 正应力，$\tau_{/\!/}$ —— 剪应力。

固体中可以同时有 $\tau_{\perp}$ 和 $\tau_{/\!/}$，　静止流体中 $\tau_{/\!/} \equiv 0$，$\tau_{\perp} = p$（各向同性压强）。

2. 胡克定律

(1) 体形变情形：　$\tau_{\perp} = K\varepsilon_{体}$，　体应变 $\varepsilon_{体} = \dfrac{\Delta V}{V}$，

其中 K —— 体弹性模量。

(2) 剪切形变情形（见图 5－2a）

$\tau_{/\!/} = G\varepsilon_{剪}$，　剪应变 $\varepsilon_{剪}$ = 剪变角 ε，

其中 G —— 剪变模量。

---

❶ 见费曼，莱登，桑兹. 费曼物理学讲义：第二卷. 王子辅，译. 上海：上海科学技术出版社，1981:526—528.

(3) 直杆的拉伸或压缩(见图 5-3)

$$纵向\ \tau = E\varepsilon,\qquad 横向\ \sigma = \left|\frac{\varepsilon_{横}}{\varepsilon}\right|,$$

其中 $\tau = \dfrac{两端施力\ f}{横截面积\ S}$， E—— 杨氏模量， σ—— 泊松比。

纵向应变 $\varepsilon = \dfrac{长度增量\ \Delta l}{原长\ l_0}$， 横向应变 $\varepsilon_{横} = \dfrac{宽度增量\ \Delta b}{原宽\ b_0}$.

3. 弹性模量之间的关系

$$\begin{cases} E = \dfrac{9GK}{3K+G}, \\ \sigma = \dfrac{3K-2G}{2(3K+G)}. \end{cases}\qquad \begin{cases} K = \dfrac{E}{3(1-2\sigma)}, \\ G = \dfrac{E}{2(1+\sigma)}. \end{cases}$$

弹性模量 K、G、E 的数量级为 10^{10} Pa (1 Pa = 1 N/m^2), $0 < \sigma < 1/2$.

4. 梁的弯曲： 曲率 $\kappa = \dfrac{1}{曲率半径\ R} = \dfrac{12 M_{外}}{Ybh^3} \propto 宽度\ b^{-1}，高度\ h^{-3}$.

圆柱的扭转：… + $\quad M_{外} = D\varphi \quad \propto 扭转角\ \varphi$,

扭转常量 $D = \dfrac{\pi G R^4}{2l} \quad \propto 半径\ R^4，长度\ l^{-1}$.

$$扭摆周期\quad T = 2\pi\sqrt{\frac{转动惯量\ I}{扭转系数\ D}}.$$

5. 流体静力学

压强分布：各向同性，只随高度 h 变化，$\Delta p = \rho g \Delta h$.

帕斯卡原理：作用在密闭容器中流体上的压强等值地传到流体各处和器壁上去。

阿基米德原理：物体在流体中所受的浮力等于该物体排开同体积流体的重量。

6. 表面张力：液体表面单位长度上的相互作用力，或单位面积上的表面能。

$$表面张力系数\ \gamma = \frac{\Delta f}{\Delta l} = \frac{\Delta E_{表面}}{\Delta S}.$$

毛细作用：管内液面高度 $\qquad h = \dfrac{2\gamma\cos\theta}{\rho g r}$,

其中 ρ—— 液体密度， r—— 毛细管半径。

$$接触角\ \theta \begin{cases} < \pi/2，润湿情形，h > 0（液柱上升）, \\ > \pi/2，不润湿情形，h < 0（液柱下降）。\end{cases}$$

7. 理想流体：不可压缩，无黏滞性。

定常流动：流场 $\boldsymbol{v} = \boldsymbol{v}(x, y, z)$ 不含时间变量 t.

流场可用流线或流管来描绘。

$$流量 \begin{cases} 体积流量\ Q_V = \displaystyle\int_{(S)} \boldsymbol{v}\cdot \mathrm{d}\boldsymbol{S}, \\ 质量流量\ Q_m = \displaystyle\int_{(S)} \rho\boldsymbol{v}\cdot \mathrm{d}\boldsymbol{S}. \end{cases}$$

环量： $\Gamma_C = \oint_{(C)} \boldsymbol{v}\cdot \mathrm{d}\boldsymbol{l}$.

在理想流体中随流体流动的任何闭合回路 C 上环量 Γ_C 守恒。

（角动量守恒的一种表现）

8. 连续性原理：定常流动时，沿任意流管的横截面 dS 上

$$\rho\, v\, dS = 常量。$$

若流体不可压缩，则 $v\, dS = 常量。$

流体的反作用： $\boldsymbol{F}' = -\boldsymbol{F} = Q_m(\boldsymbol{v}_1 - \boldsymbol{v}_2)$.

9. 伯努利方程：在理想流体的定常流场中沿任一流线有

$$p + \frac{1}{2}\rho v^2 + \rho g h = 常量。$$

实例：旋转物体的马格纳斯效应，上下不对称机翼所受的上举力。

茹可夫斯基定理：在流体中以速度 $-\boldsymbol{U} = -U\hat{\boldsymbol{x}}$ 运动的物体受到的横向力（升力）正比于流体密度 ρ 和绕物体的环量 Γ_C：

$$\Delta \boldsymbol{F}_{升}/\Delta z = -\rho U \Gamma_C \hat{\boldsymbol{y}},$$

10. 流体的黏滞性

黏性系数 η：在剪切流中黏滞力 f 正比于横向速度梯度 dv/dl 和面积 ΔS 的系数，

$$f = \eta \frac{dv}{dl}\Delta S,$$

单位：Pa·s（帕·秒）， Pa·s = N·s/m^2.

雷诺数 $\mathscr{R} = \dfrac{\rho d \bar{v}}{\eta}$，

其中 ρ—— 流体密度， d—— 物体几何线度（如直径）。

圆管流量：
- 小雷诺数： $Q_V = \dfrac{\pi}{128}\dfrac{d^4}{\eta}\dfrac{\Delta p}{\Delta l}$ （泊肃叶公式）。
  流速的横截面上作抛物型分布。
- 大雷诺数： $Q_V = \dfrac{\pi d^4}{4\eta \mathscr{R}\Phi(\mathscr{R})}\dfrac{\Delta p}{\Delta l}$，
  函数 $\Phi(\mathscr{R})$ 见图 5－55。

对运动球体的阻力：
- 小雷诺数： $f = 6\pi\eta r v$
  $\propto$ 半径 r，速度 v （斯托克斯公式）。
- 大雷诺数： $f = 0.2\pi\rho r^2 v^2$
  $\propto r^2$，v^2，与 η 无关。

11. 当雷诺数 $\mathscr{R}$ 由小变大时，层流 → 湍流。

思考题

5－1. 在图 5－4 中我们分析了横梁弯曲时横断面上的正应力，你能想象其上下各层分界面上剪应力的情况吗？

5－2. 在图 5－7 中我们分析了圆柱扭转时各同轴薄层界面上的剪应力，你能想象正应力的情况吗？

5－3. 用桨向后划水，在水中平行于桨面和垂直于桨面的截面上，压强哪个大？

5－4. 在一平底锥形烧瓶内盛满水银，放在台秤上。若忽略烧瓶本身的重量，水银给瓶底的压力和瓶底给秤盘的压力一样吗？ 哪个大？

5－5. 如本题图，把一段宽口圆锥形管的下面管口用一块平玻璃板 AB 遮住，使水不能透入。放进盛水的容器以后，水对底板向上的压力为 1kgf. 在下列情况下，底板会不会脱离？

(1) 从上口向管内注入 1kg 的水；

(2) 轻轻地在底板上放一个 1kg 的砝码。

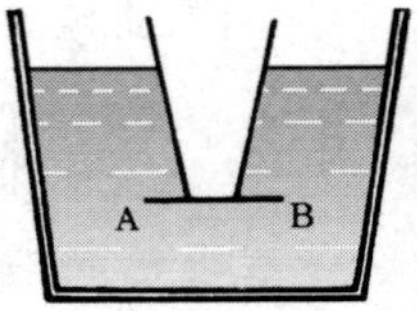

思考题 5－5

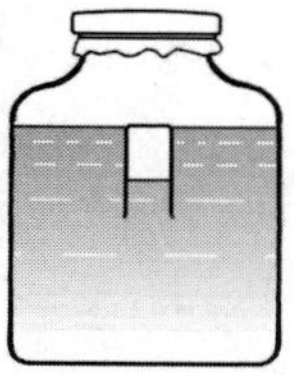
思考题 5-6

5-6. 本题图中所示的装置叫做"笛卡儿浮沉子"。将一只不满的小试管倒扣在大水瓶里，瓶口用橡皮膜封住。压橡皮膜时试管就下沉；放开手，试管浮起。什么道理？

5-7. 伽利略年轻的时候，他很喜欢阿基米德鉴定王冠的故事。一想到阿基米德从澡盆跳出来，喊着"我知道了"直奔实验室的情景，心情就非常激动。然而他对这个故事感到有点不满足，因为故事中没有介绍测定王冠中金、银含量的方法。他想出了一个很简单的方法。

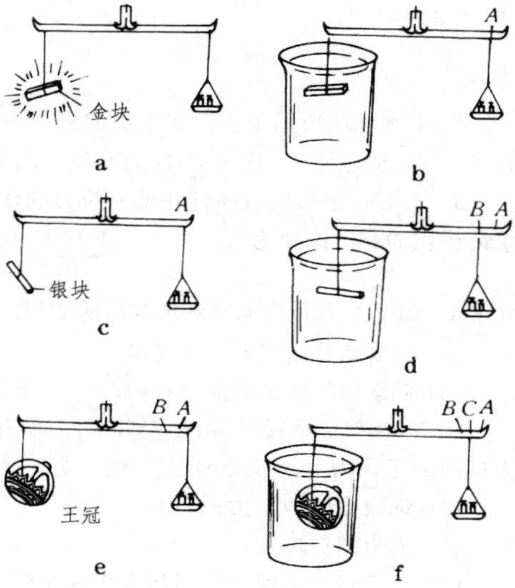

思考题 5-7

他做了一杆小秤，先在等臂的情况下测一纯金块的重量（图 a），然后将金块浸入水中，保持砝码数量不变，但将其悬挂点移近到 A 点，以使秤杆恢复平衡，并在 A 点做一刻度（图 b）。下一步用纯银块代替金块重复上述步骤，于是得到又一刻度 B（图 c 与 d）。最后用待测的王冠代替银块，得到王冠在水中时砝码的位置 C（图 e 与 f）。C 必落在杠杆上的 AB 区间，从 $\overline{AC}$ 和 $\overline{CB}$ 的比例即可确定王冠的成分。试解释伽利略小秤的原理。刻度 A、B 的位置与所用金、银块的重量有关吗？

5-8. 如本题图，用手捏住悬挂细棒绳子的上端，慢慢地把棒放入水中。如果是木棒，它总要倾斜，最后横躺着浮在水面上；如果是铁棒，它就竖着浸入水中，直触水底而不倾斜。为什么？

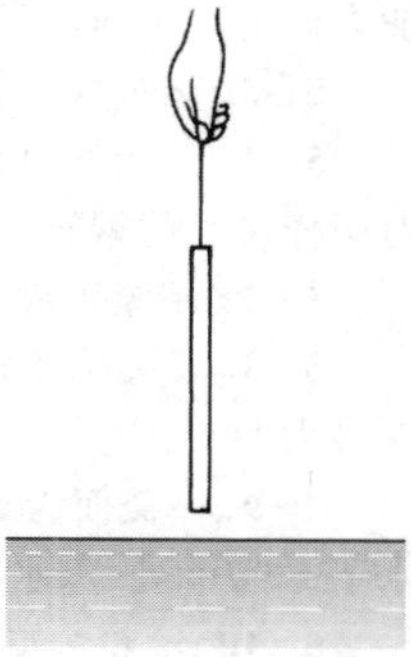
思考题 5-8

5-9. 分析上题中下放木棒的过程中棒和绳的倾斜情况。

5-10. 什么是定常流动？飞机在高空平稳地匀速飞行时，周围空气的流动是定常的吗？把飞机做成模型，悬在风洞里做模拟试验，风洞里的气流能看成定常的吗？

5-11. 什么是流迹？什么是流线？它们之间有什么区别？为什么说在定常流动中二者相符？

5-12. 在使用伯努利原理分析问题时，我们总是要比较同一流线上的两点。这是指同一时刻上、下游的两液块呢，还是比较同一液块从上游流到下游先后的情况？

5-13. 有人对网球的运动是这样分析的：当球沿逆时针方向旋转，自右向左运动时（见本题图），球上部的质点 A 的线速度比下部的质点 B 的线速度大，因而通过黏滞力带动的空气流动的速度也大，根据伯努利原理，球下面的压强较上面大，从而受到向上的升力。这结论和书上的相反，怎么回事？

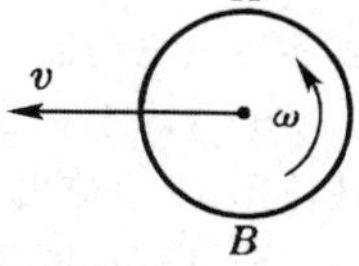

思考题 5-13

5-14. 当火车飞驰而过时，为什么站在路旁的人容易被卷入铁轨？

5-15. 打乒乓球时上旋球和下旋球有什么不同的特点？哪种球容易使对方推挡出界，哪种球容易触网？

5-16. 大气中水滴的直径从 10^{-3} mm 到 2、3 mm，大小相差许多数量级。但是为什么没有更大的，譬如像人的脑袋那样大的雨滴？试分析雨滴直径上限的数量级。

【提示：使雨滴破碎的主要因素是气流，气流作用力的大小与雨滴本身的重量是同数量级的（为什么？），而维持雨滴不散的因素是表面张力。】

5-17. 大雨点还是小雨点，哪个在空气里降落得快？

5-18. 为了计算雨滴在大气中降落的终极速度，需要用到阻力公式，但是我们至少有两个这样的公式：(5.57a) 式和 (5.57b) 式，它们分别适用于大、小雷诺数。要判断对于大气中多大的水滴应该用前式，多大的水滴应该用后者，我们可以分别用两式去计算终极速度 $v_{终极}$，由此得到两条不同的 $v_{终极}$ 和半径 r 依赖关系的曲线。从两条曲线的交点可定出一个临界半径 $r_\star$ 来，当 $r \ll r_\star$ 时 (5.57a) 式，即斯托克斯公式成立；$r \gg r_\star$ 时 (5.57b) 式成立。上述两种 $v_{终极}$-r 依赖关系各具有什么形式？对于大气中的水滴，$r_\star$ 具有怎样的数量级？

按你的判据，本章与此问题有关的习题 5-26 和 5-27 是否合理？

5-19. 估算一下 5.3 节末所讨论的气球在空气中降落时雷诺数的数量级。

习 题

5-1.本题图所示为圆筒状锅炉的横截面，设气体压强为 p，求壁内的正应力。已知锅炉直径为 D，壁厚为 d，$D \gg d$，应力在壁内均匀分布。

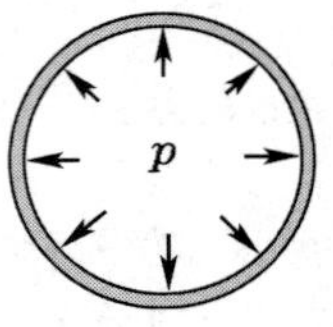

习题 5-1

5-2. (1) 矩形横截面杆在轴向拉力的作用下产生拉伸应变为 ε，此材料的泊松比为 σ，求证体积的相对改变为

$$\frac{V-V_0}{V_0}=\varepsilon(1-2\sigma),$$

式中 V_0 和 V 分别代表原来和形变后的体积。

(2) 该公式否适用于压缩过程？

(3) 低碳钢的杨氏模量为 $E=19.6\times10^{10}$ Pa，泊松比为 $\sigma=0.3$，受到的拉应力 $\tau=1.37$ Pa，求杆体积的相对改变。

5-3. 在剪切钢板时，由于刀口不快，没有切断，该材料发生了剪切形变。钢板的横截面积为 $S=90\,\text{cm}^2$，二刀口间的距离为 $d=0.5\,\text{cm}$，当剪切力为 $F=7\times10^5\,\text{N}$ 时，已知钢的剪变模量 $G=8\times10^{10}\,\text{Pa}$，求：

(1) 钢板中的剪应力；

(2) 钢板的剪应变；

(3) 与刀口齐的两个截面所发生的相对滑移。

5-4. 矩形横截面两边边长之比为 2:3 的梁在力偶矩作用下发生纯弯曲。对于截面的两个不同取向，同样的力偶矩产生的曲率半径之比为多少？

5-5. 试推导钢管扭转常量 D 的表达式。

5-6. 一铝管直径为 4 cm，壁厚 1 mm，长 10 m，一端固定，另一端作用一力矩 50 N·m，求铝管的扭转角 θ. 对同样尺寸的钢管再计算一遍。已知铝的剪变模量 $G=2.65\times10^{10}$ Pa，钢的剪变模量为 8.0×10^{10} Pa.

5-7. 用流体静力学基本原理，论证液面上有大气、物体全部浸在液体中的情况下的阿基米德原理。

5-8. 灭火筒每分钟喷出 60 L(升)的水，假定喷口处水柱的截面积为 $1.5\,\text{cm}^2$，问水柱喷到 2 m 高时其截面积有多大？

5-9. 一截面为 $5.0\,\text{cm}^2$ 的均匀虹吸管从容积很大的容器中把水吸出。虹吸管最高点高于水面 1.0 m，出口在水下 0.60 m 处，求水在虹吸管内作定常流动时管内最高点的压强和虹吸管的体积流量。

5-10. 油箱内盛有水和石油，石油的密度为 $0.9\,\text{g/cm}^3$，水的厚度为 1 m，油的厚度为 4 m。求水自箱底小孔流出的速度。

5-11. 一截面为 A 的柱形桶内盛水的高度为 H，底部有一小孔，水从这里流出。设水注的最小截面积为 S，求容器内只剩下一半水和水全部流完所需的时间 t_1 和 t_2.

5-12. 在一 20 cm×30 cm 的矩形截面容器内盛有深度为 50 cm 的水。如果从容器底部面积为 $2.0\,\text{cm}^2$ 的小孔流出，求水流出一半时所需的时间。

5-13. 如图 5-36 所示，在一高度为 H 的量筒侧壁上开一系列高度 h 不同的小孔。试证明：当 $h=H/2$ 时水的射程最大。

5-14. 推导文丘里流量计的流量公式(5.41)。

5-15. 在盛水圆筒侧壁上有高低两个小孔，它们分别在水面之下 25 cm 和 50 cm 处。自它们射出的两股水流在哪里相交？

5-16. 如本题图，A 是一个很宽阔的容器，B 是一根较细的管子，C 是压力计。

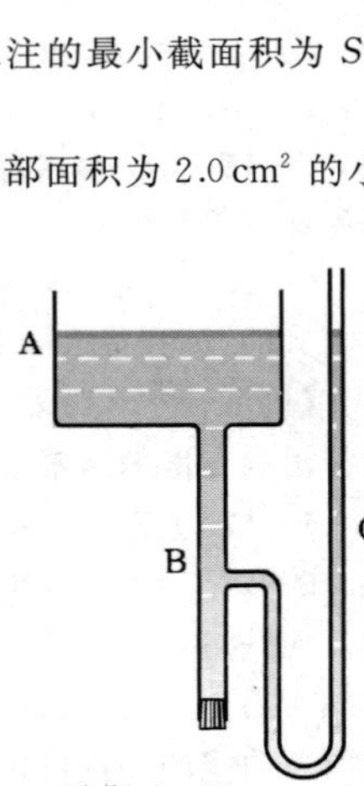

习题 5-16

(1) 若拔去 B 管下的木塞，压力计的水位将处在什么地方？

(2) 若 B 管是向下渐细的，答案有何改变？

5-17. 一桶的底部有一洞，水面距桶底 30 cm. 当桶以 $120\,\text{cm/s}^2$ 的加速度上升时，水自洞漏出的速度为多少？

5-18. 如本题图,方形截面容器侧壁上有一孔,其下缘的高度为 h. 将孔封住时,容器内液面高度达到 H. 此容器具有怎样的水平加速度 a,即使将孔打开,液体也不会从孔中流出？ 此时液面是怎样的？

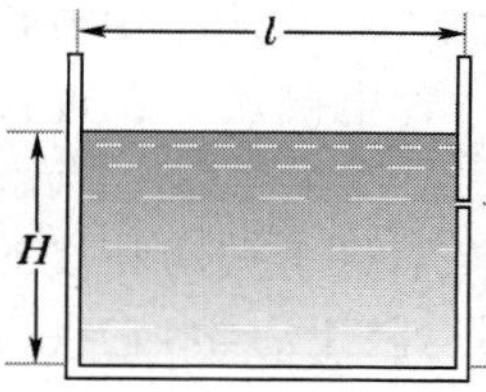

习题 5-18

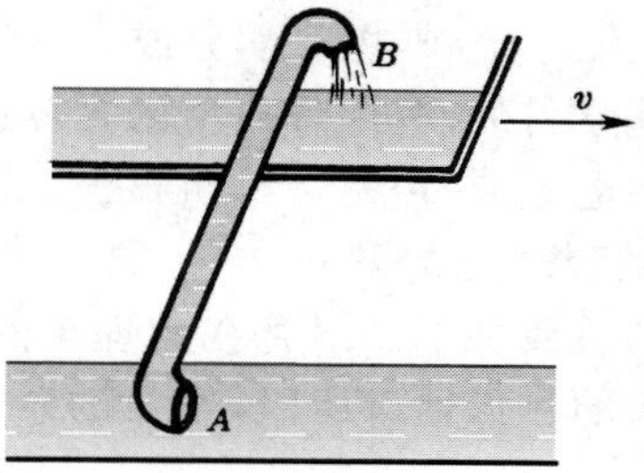

习题 5-19

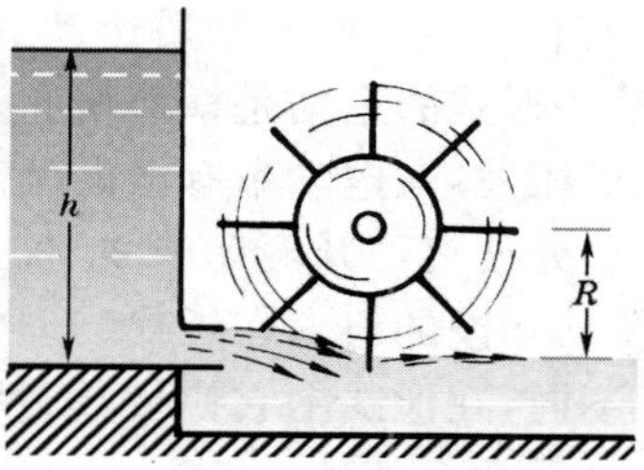

习题 5-20

5-19. 使机车能在行进时装水,所用的装置如本题图所示,顺着铁轨装一长水槽,以曲管引至机车上。曲管之另一端浸入水槽中,且其开端朝向运动的前方。试计算,火车的速度多大,才能使水升高 5.1 m?(不计水的黏滞性。)

5-20. 试作下击式水轮机最大功率和转速的计算。 如本题图所示,设水源高 $h=5\,\text{m}$,水流截面积 $S=0.06\,\text{m}^2$,轮的半径 $R=2.5\,\text{m}$;假定水连续不断地打在桨叶上,打击后水以桨叶的速度流去。

5-21. 如本题图,在一截面积为 $50\,\text{cm}^2$ 的水管上接有一段弯管,使管轴偏转 75°. 设管中水的流速为 3.0 m/s. 计算水流作用在弯管上力的大小和方向。

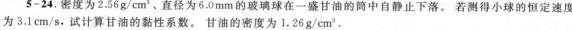

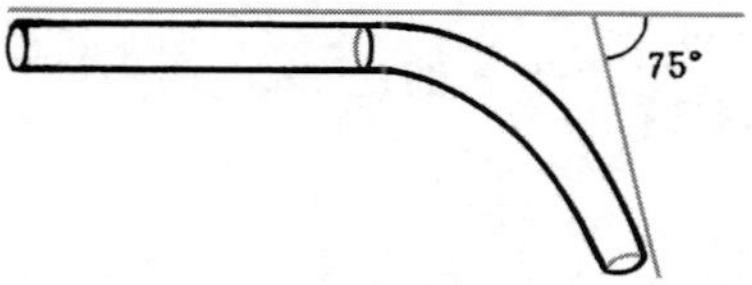

习题 5-21

5-22. 在重力作用下,某液体在半径为 R 的竖直圆管中向下作定常层流,已知液体密度为 ρ, 测得从管口流出的体积流量为 Q,求:

(1) 液体的黏性系数 η;

(2) 管轴处的流速 v.

5-23. 黏滞流体在一对无限大平行平面板之间流动。试推导其横截面上的速度分布公式。

5-24. 密度为 $2.56\,\text{g/cm}^3$、直径为 6.0 mm 的玻璃球在一盛甘油的筒中自静止下落。 若测得小球的恒定速度为 3.1 cm/s, 试计算甘油的黏性系数。 甘油的密度为 $1.26\,\text{g/cm}^3$.

5-25. 一半径为 0.10 cm 的小空气泡在密度为 $0.72\times10^3\,\text{kg/m}^3$、黏性系数为 0.11 Pa·s 的液体中上升,求其上升的终极速度。

5-26. 试分别计算半径为 1.0×10^{-3} mm 和 5.0×10^{-2} mm 的雨滴的终极速度。已知空气的黏性系数为 1.81×10^{-5} Pa·s, 密度为 $1.3\times10^{-3}\,\text{g/cm}^3$.

5-27. 一直径为 0.02 mm 的水滴在速度为 2 cm/s 的上升气流中,它是否回落向地面(不必考虑浮力)? 空气的黏性系数可取为 1.8×10^{-5} P.

5-28. 在直径为 305 mm 的输油管内,安装了一个开口面积为原来 1/5 的隔片。管中的石油流量为 36 L/s,其运动黏性系数 $\nu\equiv\eta/\rho=0.0001\,\text{m}^2/\text{s}$. 石油经过隔片时是否变为湍流?

第六章 振动和波

人们习惯于按照物质运动的形态，把经典物理学分成力(包括声)、热、电、光等子学科。然而，某些形式的运动是横跨所有这些学科的，其中最典型的要算振动和波了。在力学中有机械振动和机械波，在电学中有电磁振荡和电磁波，声是一种机械波，光则是一种电磁波。在近代物理中更是处处离不开振动和波，仅从微观理论的基石 —— 量子力学又称波动力学这一点就可看出，振动和波的概念在近代物理中的重要性了。尽管在物理学的各分支学科里振动和波的具体内容不同，在形式上它们却具有极大的相似性。所以，本章的意义绝不局限于力学，它将为学习整个物理学打基础。

§1. 线 性 振 动

1.1 简谐振动的描述

在第三章 3.1 节中已经指出，只要势能曲线有极小值，就会有振动。若势能曲线的极小处呈抛物线状，即除了任意常量项外，势能 U 只包含从平衡位置算起的位移 s(或角位移) 的平方项：$U(s)=\frac{1}{2}U''_0 s^2$，则恢复力 $f_{恢}$ 与位移 s 方向相反，且呈线性关系：$f_{恢}=-\mathrm{d}U(s)/\mathrm{d}s=-U''_0 s$，振动可用正弦函数来表达[见(3.35) 式]：

$$s(t)=A\sin(\omega t+\varphi_0), \tag{6.1}$$

这里位移 s 即(3.35) 式中的 x，而

$$\begin{cases} A=\sqrt{2E/U''_0}, & (6.2)\\ \omega=\sqrt{U''_0/m}. & (6.3)\end{cases}$$

由于 $\sin(\omega t+\varphi_0)=\cos(\omega t+\varphi_0-\pi/2)=\cos(\omega t+\varphi'_0)$，其中 $\varphi'_0=\varphi_0-\pi/2$，故(6.1) 式又可写成

$$s(t)=A\cos(\omega t+\varphi'_0), \tag{6.1$'$}$$

这种用时间的正弦或余弦函数来描述的振动，称为简谐振动。小振幅的单摆作近似的简谐振动，此时 $U''_0=mg/l$，由(6.3) 式得

$$\omega=\sqrt{g/l}\equiv(\omega_0)_{摆}; \tag{6.4}$$

服从胡克定律的弹簧振子作严格的简谐振动，此时 $U''_0=k$，由(6.3) 式得

$$\omega=\sqrt{k/m}\equiv(\omega_0)_{弹}. \tag{6.5}$$

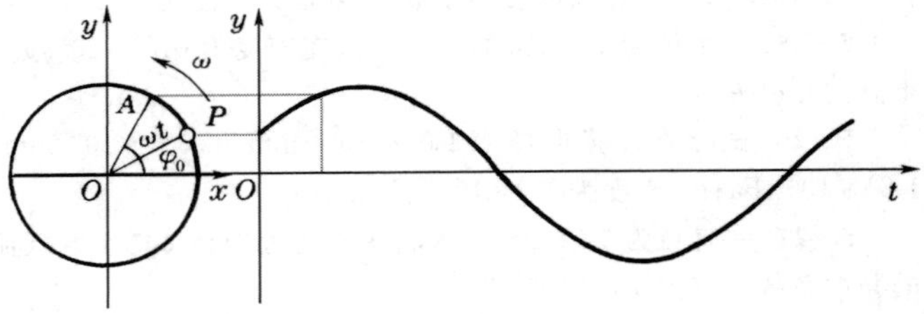

图 6－1 简谐振动与参考圆

简谐振动与匀速圆周运动有密切联系。如图 6－1 所示，设质点 P 在一半径为 A 的圆周上以匀角速 ω 沿逆时针方向旋转。以圆心 O 为原点取直角坐标系 xOy，则位矢 $\overrightarrow{OP}$ 在纵横坐标轴上的投影长度分别为 $y=A\sin(\omega t+\varphi_0)$，$x=A\cos(\omega t+\varphi_0)$，即(6.1) 式或(6.1′) 式所描绘的简谐振动形式。

描绘一个简谐振动的特征参量有三：

(1) 振幅 A 代表质点偏离中心(平衡位置) 的最大距离，(6.2) 式表明，它正比于 $\sqrt{E}$，即它的平方正比于系统的机械能 E：

$$A^2\propto E. \tag{6.6}$$

(2) 角频率 ω 与周期 T 的关系如下：

$$T=\frac{2\pi}{\omega}, \tag{6.7}$$

频率 ν 为周期的倒数($\nu=1/T$),故

$$\omega=2\pi\nu. \tag{6.8}$$

周期 T 的单位是秒(s),频率 ν 的单位是负一次方秒(s^{-1}),并有专门名称赫兹(Hz),角频率 ω 的单位是弧度每秒(rad/s)。

每个动力学振动系统都有自己固有的角频率,(6.4) 式、(6.5) 式中所定义的$(\omega_0)_{摆}$ 和$(\omega_0)_{弹}$分别为小振幅单摆和弹簧振子的固有角频率。动力学振动系统固有角频率的一般公式为

$$\omega_0=\sqrt{U''_0/m}. \tag{6.9}$$

(3) 相位 $\varphi=\omega t+\varphi_0$,其中 φ_0 为 $t=0$ 时刻的相位,称为初相位。相位 φ 对应于图6-1中参考圆运动的角位移,它代表简谐振动在一个周期内所处的运动状态。❶相位没有量纲,其单位是弧度(rad)。

相位是相对的,因对单个简谐振动来说,通过计时零点的选择,我们总可以使初相位 $\varphi_0=0$,而多个简谐振动之间的相位差是重要的。图6-2a,b,c,d中分别给出相位差 $\Delta\varphi=\varphi_2-\varphi_1=0$, $-\pi/4$, $-\pi/2$, $-\pi$ 的两个同频简谐振动 $s_1(t)$ 和 $s_2(t)$ 的曲线。可以看出,相位差 $\Delta\varphi$ 反映着两个简谐振动步调先后差多少。以后我们会逐步体会到,“相位”的概念不仅在传统的物理学和工程技术上有着重要的意义,在物理学近年来发现的许多新奇现象里(如AB效应、AC效应、分数量子霍耳效应等),相位也扮演着有声有色的角色。

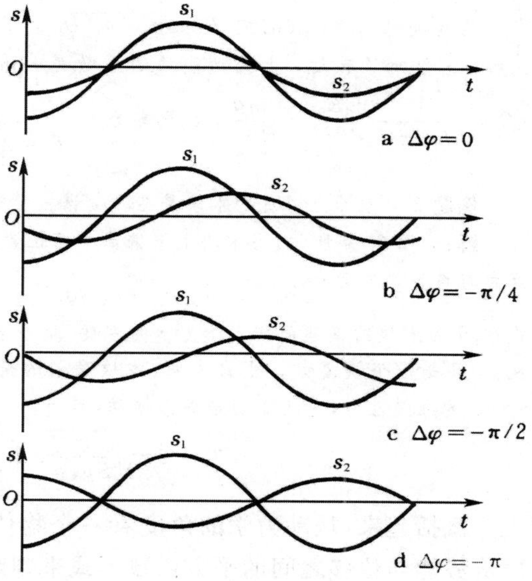

图 6-2 不同相位差的同频简谐振动

我们说振幅、角频率(或频率、周期)和相位是描绘简谐振动的三个特征参量,是因为有了它们就可以把一个简谐振动完全确定下来。比方说,我们需要将图6-1中的一条振动曲线传送出去,如果用扫描的办法,所需的信息量是很大的。其实我们只需将上述三个特征参量传送出去就够了,信息量被大大压缩。

例题1　半径为 r 的小球在半径为 R 的半球形大碗内作纯滚动,这种运动是简谐振动吗? 如果是,写出它的周期表达式。

解:如图6-3所示,设大球心 O 到小球心 C 的联线与竖直线之间的夹角为 θ. 显然 $\theta=0$ 为平衡位置。小球的质心 C 在一个半径为 $R-r$ 的弧线上运动,设它走过的弧长为 s,故其速度 $v_C=\dot{s}=(R-r)\dot{\theta}$.设小球相对于自身中心的角位移为 φ,纯滚动的条件为 $v_C=r\dot{\varphi}$,从而两个角速度之间的关系为

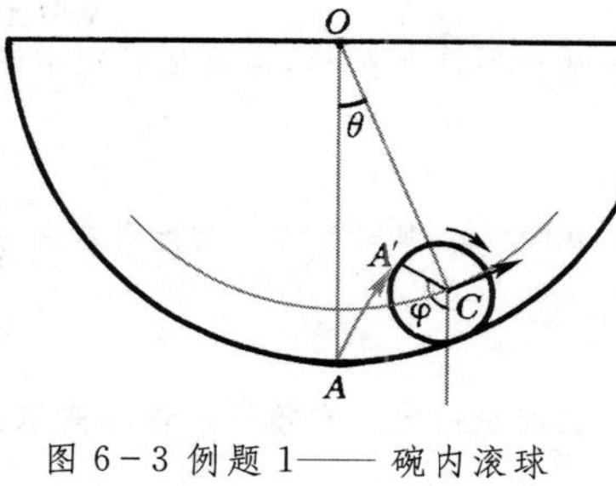

图 6-3 例题1——碗内滚球

❶　在一个月内月亮由新月(朔)经上弦到满月(望),再由满月经下弦到新月。朔、望和上、下弦等称为“月相”。月相的这种周而复始的变化与简谐振动的相位(phase)很相似,中译名“相位”中的“相”字来源于“月相”。

$$(R-r)\dot{\theta}=r\dot{\varphi},$$

小球的势能为

$$E_p=mg(R-r)(1-\cos\theta)\approx\frac{1}{2}mg(R-r)\theta^2,\quad(\theta\ll1)$$

此公式与摆长为 $R-r$ 的单摆的势能表达式完全一样，只在小振幅($\theta\ll1$)的情况下正比于位移的平方，振动才是简谐的。小球的动能为

$$E_k=\frac{1}{2}mv_C^2+\frac{1}{2}I_C\dot{\varphi}^2=\frac{1}{2}m\left[(R-r)^2\dot{\theta}^2+\frac{2}{5}r^2\left(\frac{R-r}{r}\dot{\theta}\right)^2\right]=\frac{7}{10}m(R-r)^2\dot{\theta}^2,$$

总机械能为

$$E=E_k+E_p=\frac{7}{10}m(R-r)^2\dot{\theta}^2+\frac{1}{2}mg(R-r)\theta^2.$$

求它的周期可利用(3.36)式 $T=2\pi\sqrt{m/U_0''}$，不过当时推导此式时，只有平动，没有转动，动能项的系数是 $\frac{1}{2}m$，这里有了转动，上式动能项的系数是 $\frac{7}{10}m$，所以援用(3.36)式时应将该式中的 m 代之以 $\frac{7}{5}m$，而 $U_0''=\frac{1}{(R-r)^2}\frac{d^2E_p}{d\theta^2}=\frac{mg}{R-r}$，故周期为

$$T=2\pi\sqrt{\frac{7(R-r)}{5g}}.\ \blacksquare$$

例题 2　水面上浮沉的木块是在作简谐振动吗？如果是，其周期为多少？

解：如图 6－4 所示，当木块上下偏离平衡位置的距离为 x 时，它所受到的浮力与重力之差为

$$f=-\rho_水 Sgx,$$

式中 S 为木块的横截面积，$\rho_水$ 为水的密度，负号表示此力的方向总与位移相反，亦即是一个恢复力。上式表明，木块受到的是一个相当于劲度系数 k 为 $S\rho_水 g$ 的准弹性力，它的运动是简谐振动，其周期为

$$T=2\pi\sqrt{\frac{m}{S\rho_水 g}}.\ \blacksquare$$

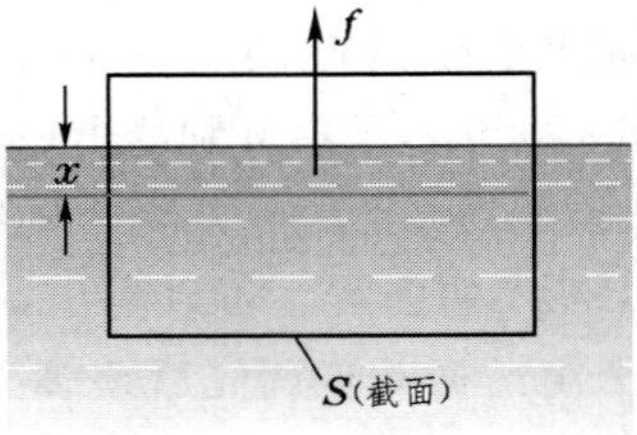

图 6－4 例题 2—— 沉浮的木块

概括起来，从动力学的角度看一个物体是否在作简谐振动，可以从势能与位移之间的平方函数形式来判断，也可以从力与位移之间的负正比关系来判断。简谐振动在运动学中表现为时间的正弦或余弦函数，但并非所有作正弦或余弦运动的物体，在动力学中都符合上述判据。

例题 3　如图 6－5 所示，劲度系数为 k、质量为 M 的弹簧振子静止地放置在光滑的水平面上，一质量为 m 的子弹以水平速度 v_1 射入 M 中，与之一起运动。选 m、M 开始共同运动的时刻为 $t=0$，求固有角频率、振幅和初相位。

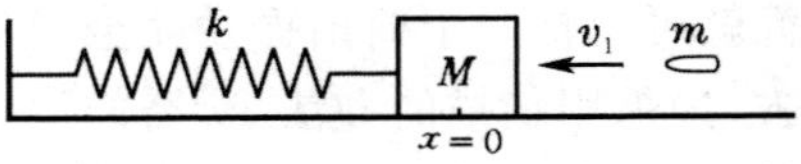

图 6－5 例题 3—— 子弹射入弹簧振子

解：碰后振子的质量为 $M+m$，故固有角频率为

$$\omega_0=\sqrt{\frac{k}{M+m}}.$$

选如图所示坐标，由碰撞过程中动量守恒得碰撞后的共同初始速度

$$v_0=\frac{mv_1}{M+m},$$

这里 v_1 和 v_0 都取负值。初始动能为 $\frac{1}{2}(M+m)v_0^2$，在最大位移处它全部化为弹性势能 $\frac{1}{2}kA^2$，由此得

$$A=\sqrt{\frac{M+m}{k}}\,v_0=\sqrt{\frac{m^2}{k(M+m)}}\,v_1.$$

初相位的定义有赖于位移 x 采取正弦还是余弦表达式。若采取后者，则

$$x=A\cos(\omega_0t+\varphi_0),$$

$$v=\frac{dx}{dt}=-\omega_0A\sin(\omega_0t+\varphi_0).$$

在 $t=0$ 时刻有

$$\begin{cases} x = A\cos\varphi_0 = 0, & \text{(a)} \\ v = -\omega_0 A\sin\varphi_0 = v_0 < 0, & \text{(b)} \end{cases}$$

由(a)得 $\varphi_0 = \pm\pi/2$,再由(b)判断,应取正值,即 $\varphi_0 = \pi/2$. ▌

例题 4 如图 6-6 所示,在一劲度系数为 k 的弹簧下面挂一质量为 M 的水桶,以振幅 A_0 上下振动。水桶底上有一小洞,水慢慢从中向外渗出。当水桶从上向下经过平衡点时,一滴质量为 m 的水大到表面张力不能支撑的地步而滴落下来。求此后水桶的运动情况。

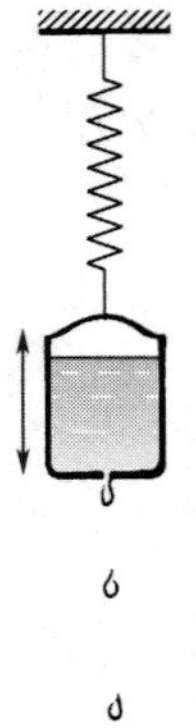

图 6-6 例题 4
—— 弹簧与漏桶

解:水滴滴落后水桶仍作简谐振动,不过它的角频率由 $\omega_0=\sqrt{k/M}$ 变为 $\omega=\sqrt{k/(M-m)}$,新平衡位置在原来之上距离为 mg/k 的地方。取 x 轴向上,设水滴滴落后水桶的振动为

$$x = A\cos(\omega t+\varphi_0),$$

取水滴滴落的时刻为 $t = 0$,则在此时

$$x = A\cos\varphi_0 = -mg/k,$$

$$\dot{x} = -\omega A\sin\varphi_0 = -\omega_0 A_0.$$

由此得

$$\begin{cases} A = \sqrt{\left(\dfrac{mg}{k}\right)^2 + \left(\dfrac{\omega_0}{\omega}A_0\right)^2} = \sqrt{\left(\dfrac{mg}{k}\right)^2 + \dfrac{M-m}{M}A_0^2} \\ \tan\varphi_0 = -\dfrac{kA_0}{mg}\sqrt{\dfrac{M-m}{M}}. \end{cases}$$

从 $\tan\varphi_0 < 0$ 知 φ_0 可能在第二、第四象限,由 $\cos\varphi_0 < 0$ 和 $\sin\varphi_0 > 0$ 可知 φ_0 应在第二象限。有了频率 ω、振幅 A 和初相位 φ_0,对水桶运动的描述就完备了。

1.2 简正模

一个较复杂的系统,譬如由多个弹簧振子耦合在一起所组成的系统,各振子可能有不同的固有频率。整个系统将怎样运动? 它们将按某个或某几个统一的频率振动,还是系统内各部分自行其是,各唱各的调? 如果这系统是孤立的,它与外界没有牵连,则因系统的总动量守恒,不按统一的频率振动是不可能的。那么,统一的频率由谁决定? 下面我们将用一个较为简单的例子来说明。不过在此之前,我们还请读者作点数学上的准备。

下面我们要用复数来表示简谐振动。复数 $\widetilde{A} = x + \mathrm{i}\,y$ ($\mathrm{i} = \sqrt{-1}$) 的概念是大家在中学代数中就已经学过的,但这还不够,请读者先读一下附录 C,有关的内容就不再在这里重复了。

在图 6-1 中我们已经看到,简谐振动可以用一个匀速旋转矢量的投影来表示,而平面上的一个矢量又与一个复数相对应,故简谐振动

$$s(t) = A\cos(\omega t+\varphi_0)$$

也可用一个复数

$$\widetilde{s}(t) = A\,\mathrm{e}^{\mathrm{i}(\omega t+\varphi_0)}$$

的实部或虚部来表示。上式右端又可写为 $(A\,\mathrm{e}^{\mathrm{i}\varphi_0})\mathrm{e}^{\mathrm{i}\omega t} = \widetilde{A}\,\mathrm{e}^{\mathrm{i}\omega t}$,其中

$$\widetilde{A} = A\,\mathrm{e}^{\mathrm{i}\varphi_0}$$

称为复振幅,它集振幅 A 和初相位 φ_0 于一身。于是,简谐振动的复数表示可写为

$$\widetilde{s}(t) = \widetilde{A}\,\mathrm{e}^{\mathrm{i}\omega t}. \tag{6.10}$$

如果 $\widetilde{s}(t)$ 代表位移的话,则速度和加速度为

$$\begin{cases} \widetilde{v} = \dfrac{\mathrm{d}\widetilde{s}}{\mathrm{d}t} = \mathrm{i}\omega\widetilde{s}, \\ \widetilde{a} = \dfrac{\mathrm{d}^2\widetilde{s}}{\mathrm{d}t^2} = (\mathrm{i}\omega)^2\,\widetilde{s} = -\omega^2\,\widetilde{s}, \end{cases}$$

亦即,对 t 求导数相当于乘上一个因子 $\mathrm{i}\omega$,运算起来十分方便。

例题5 (1)图6-7为一个线形三原子分子A_2B的模型。假定相邻原子之间的结合力是弹性力,它们正比于原子的间距,求分子可能的纵向运动形式和相应的振动角频率。(2) CO_2 分子的两个振动纵模的频率分别是 3.998×10^{13} Hz 和 7.042×10^{13} Hz,试求C-O键的弹性劲度系数 k. 原子质量单位 $u=1.660\times10^{-27}$ kg,碳的原子量=12,氧的原子量=16.

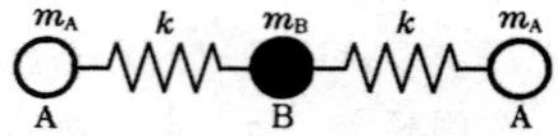

图6-7 例题5—— 三原子分子A_2B的振动

解:(1) 从左到右设三原子的坐标依次为 x_1、x_2、x_3,则它们的运动方程为

$$\begin{cases} m_A \dfrac{d^2x_1}{dt^2} = -k(x_1-x_2), \\ m_B \dfrac{d^2x_2}{dt^2} = -k(x_2-x_1) - k(x_2-x_3), \\ m_A \dfrac{d^2x_3}{dt^2} = -k(x_3-x_2). \end{cases}$$

设解具有复数形式:

$$\tilde{x}_i = \tilde{A}_i e^{i\omega t} \quad (i=1,\ 2,\ 3).$$

代入上列运动方程,注意求导算符 d^2/dt^2 相当于$(i\omega)^2=-\omega^2$,消去公共因子 $e^{i\omega t}$,经移项并整理,得 $\tilde{A}_i$ 的线性齐次联立代数方程组:

$$\begin{cases} \left(\omega^2-\dfrac{k}{m_A}\right)\tilde{A}_1 + \dfrac{k}{m_A}\tilde{A}_2 = 0, \\ \dfrac{k}{m_B}\tilde{A}_1 + \left(\omega^2-\dfrac{2k}{m_B}\right)\tilde{A}_2 + \dfrac{k}{m_B}\tilde{A}_3 = 0, \\ \dfrac{k}{m_A}\tilde{A}_2 + \left(\omega^2-\dfrac{k}{m_A}\right)\tilde{A}_3 = 0. \end{cases}$$

此齐次联立方程组可解的条件是

$$\begin{vmatrix} \omega^2-\dfrac{k}{m_A} & \dfrac{k}{m_A} & 0 \\ \dfrac{k}{m_B} & \omega^2-\dfrac{2k}{m_B} & \dfrac{k}{m_B} \\ 0 & \dfrac{k}{m_A} & \omega^2-\dfrac{k}{m_A} \end{vmatrix} = 0.$$

即

$$\left(\omega^2-\frac{k}{m_A}\right)^2\left(\omega^2-\frac{2k}{m_B}\right) - 2\left(\omega^2-\frac{k}{m_A}\right)\frac{k^2}{m_A m_B} = 0.$$

因式分解,得

$$\left(\omega^2-\frac{k}{m_A}\right)\left[\omega^2-\frac{k(2m_A+m_B)}{m_A m_B}\right]\omega^2 = 0.$$

由此得 ω^2 的三个根:

$$\omega_1^2=\frac{k}{m_A}, \qquad \omega_2^2=\frac{k(2m_A+m_B)}{m_A m_B}, \qquad \omega_3^2=0.$$

将三个 ω^2 的根分别代回联立方程组,得每个运动模式中原子振幅之间的比例关系。

$$\begin{cases} \text{对于 } \omega_1: & \tilde{A}_1=-\tilde{A}_3, \quad \tilde{A}_2=0; \\ \text{对于 } \omega_2: & \tilde{A}_1=\tilde{A}_3=-(m_B/2m_A)\tilde{A}_2; \\ \text{对于 } \omega_3: & \tilde{A}_1=\tilde{A}_2=\tilde{A}_3. \end{cases}$$

可以看出,零频ω_3代表整个分子刚性平动(见图6-8a),并非内部的振动模式,我们不感兴趣。

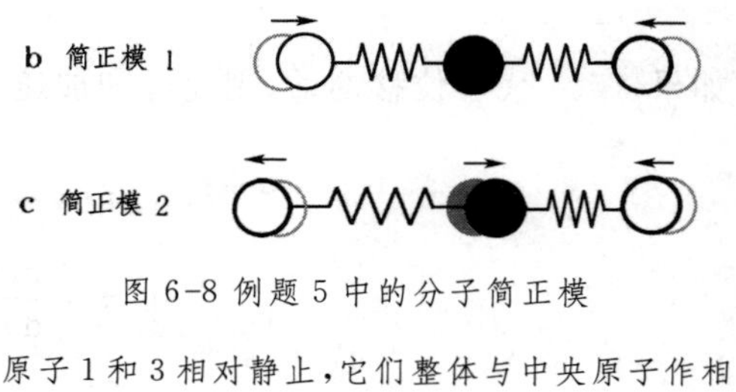

图6-8 例题5中的分子简正模

ω_1 代表的振动模式如图6-8b所示,中央原子2不动,两侧原子1和3相对运动;ω_2 代表的振动模式如图6-8c所示,两侧原子1和3相对静止,它们整体与中央原子作相

对运动。ω_1 和 ω_2 便是这种 A_2B 线形分子两个可能的纵向振动模式(称为简正模)的固有频率。

(2) 将二氧化碳分子的两个纵模振动频率数据分别代入 ω_1 和 ω_2 的表达式,各求得一个 k 的数值:

$$k_1 = m_0\omega_1^2 = m_0(2\pi\nu_1)^2 = 16\times1.660\times10^{-27}\,\text{kg}\times(2\pi\times3.998\times10^{13}\,\text{Hz})^2 = 1676\,\text{N/m};$$

$$k_2 = \frac{m_0 m_C}{2m_0+m_C}\omega_2^2 = \frac{m_0 m_C}{2m_0+m_C}(2\pi\nu_2)^2 = \frac{16\times12}{32+12}\times1.660\times10^{-27}\,\text{kg}\times(2\pi\times7.042\times10^{13}\,\text{Hz})^2 = 1418\ \text{N/m}.$$

如果我们的模型是对的,则算出的两个 k 应当相等。现在的结果表明,这个化学键的经典弹簧模型大体上还能说明一些问题,但不够精确。 ▌

从上面的例子我们看到,一个多自由度的线性动力学系统将按一些简正模的频率(简正频率)来振动。一般说来,简正模是系统中各自由度运动的某种特殊组合,是整个系统集体的运动方式,不是由其中个别振子的行为所决定的。❶

1.3 阻尼振动

在 1.1 节里我们讨论的是保守的动力学振动系统,按照牛顿第二定律,它们的运动方程为

$$m\frac{\mathrm{d}^2 s}{\mathrm{d}t^2} = f_{恢},$$

或

$$\frac{\mathrm{d}^2 s}{\mathrm{d}t^2} - \frac{f_{恢}}{m} = 0.$$

然而,保守系统只是理想的情况,实际中总不可避免地存在阻力。在有阻力的情况下,运动方程应修改为

$$\frac{\mathrm{d}^2 s}{\mathrm{d}t^2} - \frac{1}{m}(f_{阻}+f_{恢}) = 0. \tag{6.11}$$

在简谐近似下

$$\frac{f_{恢}}{m} = -\frac{U''_0}{m}s = -\omega_0^2 s,$$

即它正比于 $-s$,是 s 的线性函数。 $f_{阻}$ 的方向总与速度 v 相反,其大小也与速度有关,而且常常是复杂的非线性关系。 在一定条件下[如低雷诺数下的流体阻力(见第五章 5.4 节)] $f_{阻}=-\gamma v$,是 v 的线性函数,于是:

$$\frac{f_{阻}}{m} = -\frac{\gamma}{m}v = -2\beta\frac{\mathrm{d}s}{\mathrm{d}t},$$

式中 $\beta=\gamma/2m$. γ 叫做阻力系数, β 叫做阻尼常量。❷将以上两式代入(6. 11) 式,得线性阻尼振动系统的运动方程如下:

$$\frac{\mathrm{d}^2 s}{\mathrm{d}t^2} + 2\beta\frac{\mathrm{d}s}{\mathrm{d}t} + \omega_0^2 s = 0. \tag{6.12}$$

采用振动的复数表示

$$\tilde{s}(t) = \tilde{A}\,\mathrm{e}^{\mathrm{i}\omega t},$$

将它代入(6.12) 式,得

$$-(\omega^2 - \mathrm{i}\,2\beta\omega - \omega_0^2)\tilde{s}(t) = 0.$$

$\tilde{s}(t)$ 有非零解的充分必要条件是 ω 满足下列特征方程:

---

❶ 一个系统的不同简正模彼此互相独立,可以线性叠加。如果初始运动状态符合某个简正模的模式,动力学系统将按此模式振动,其他模式不激发;如果初始运动状态是任意的,动力学系统的运动状态将是各简正模按一定比例的叠加。对于一个微观系统,由于热运动引起的能量涨落,只要温度足够高,各简正模都会在一定程度上激发起来。在这种意义下,简正模是当今凝聚态物理学中重要概念“元激发”的萌芽。

❷ 物理学中物理量的大小都是相对而言的。因为只有量纲相同的量才能相互比较,引进阻尼常量 β 的好处是它具有与角频率相同的量纲。为了更好地描述一个振动系统阻尼的大小,人们还引进一个无量纲的参量 $\Lambda\equiv\beta/\omega_0$(叫做阻尼度)来刻画一个振动系统阻尼的大小。

$$\omega^2 - \mathrm{i}\,2\beta\omega - \omega_0^2 = 0 \tag{6.13}$$

这个二次代数方程有两个根：

$$\omega = \pm\sqrt{\omega_0^2 - \beta^2} + \mathrm{i}\beta,$$

按照 ω_0^2 大于、等于或小于 β^2，系统的行为分成三种不同情况。

(1) 当 $\omega_0^2 > \beta^2$（即阻尼度 $\Lambda = \beta/\omega_0 < 1$）时，根号下是正数，$\omega$ 有一对复根 $\omega = \pm\omega_r + \mathrm{i}\beta$，其中 $\omega_r = \sqrt{\omega_0^2 - \beta^2}$. 这时 $\tilde{s}(t)$ 是两指数项的线性组合：

$$\tilde{s}(t) = \mathrm{e}^{-\beta t}(\tilde{A}_1\,\mathrm{e}^{\mathrm{i}\omega_r t} + \tilde{A}_2\,\mathrm{e}^{-\mathrm{i}\omega_r t}),$$

为了得到实数的 $s(t)$，可令 $\tilde{A}_2 = \tilde{A}_1^* = \dfrac{A}{2}\mathrm{e}^{-\mathrm{i}\varphi_0}$，则上式化为

$$s(t) = \frac{A}{2}\mathrm{e}^{-\beta t}[\mathrm{e}^{\mathrm{i}(\omega_r t + \varphi_0)}] = A\,\mathrm{e}^{-\beta t}\cos(\omega_r t + \varphi_0). \tag{6.14}$$

这时振动类似于简谐振动，只是振幅随时间按指数律衰减：$A(t) = A\,\mathrm{e}^{-\beta t}$（见图 6-9）。这种情况称为阻尼振动。

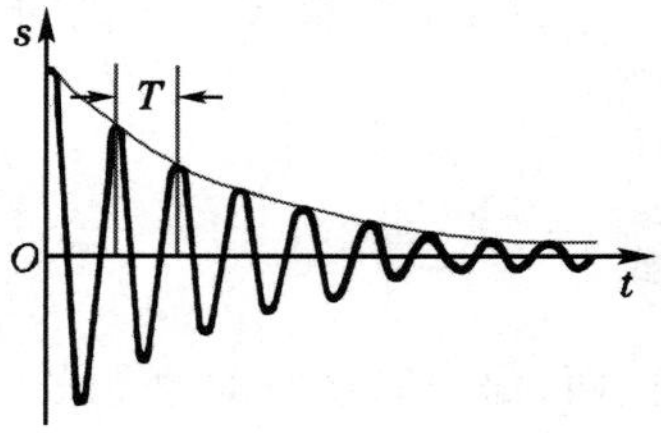

图 6-9 阻尼运动

从理论上看，无论 β 是大是小，振幅都需要无穷长的时间才能衰减到 0. 为了比较衰减的快慢，人们常把 β 的倒数作为衰减的特征时间，在此时间内振幅衰减到原来的 $1/\mathrm{e} \approx 37\%$. β 越小，表示衰减得越慢。在阻力系数 γ 一定的情况下，质量 m 增大可使 β 减小。因此为了减小阻尼，往往采用密度较大物体（如铅球）作为摆锤或振子。

在实验中为测量阻尼的大小常常引入一个叫做对数减缩的量，其定义为相隔一个周期 T 前后两振幅之比的自然对数。记对数减缩为 λ，则

$$\lambda = \ln\left[\frac{A\,\mathrm{e}^{-\beta t}}{A\,\mathrm{e}^{-\beta(t+T)}}\right] = \beta T. \tag{6.15}$$

这里 $T = 2\pi/\omega_r$. 实际测量时，人们往往采用相隔 n 个周期的两个振幅之比，即

$$\lambda = \frac{1}{n}\ln\left[\frac{A\,\mathrm{e}^{-\beta t}}{A\,\mathrm{e}^{-\beta(t+nT)}}\right] = \frac{1}{n}n\beta T = \beta T,$$

若 n 较大，测量的结果可以较准确。

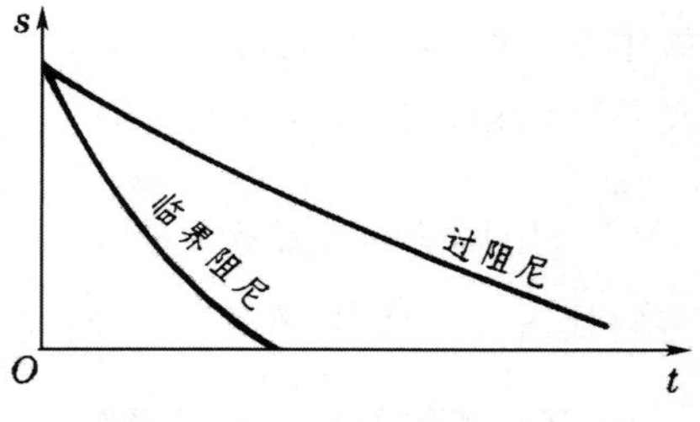

图 6-10 临界阻尼与过阻尼

(2) 当 $\omega_0^2 < \beta^2$（即阻尼度 $\Lambda = \beta/\omega_0 > 1$）时，根号下是负数，$\omega$ 有一对纯虚根 $\omega = \mathrm{i}(\beta \pm \beta_r)$，其中 $\beta_r = \sqrt{\beta^2 - \omega_0^2}$. 这时

$$\tilde{s}(t) = A_1\,\mathrm{e}^{-(\beta+\beta_r)t} + A_2\mathrm{e}^{-(\beta-\beta_r)t}, \tag{6.16}$$

这时偏离平衡位置的距离随时间按指数律衰减，而不振动（见图 6-10）。这种情况称为过阻尼。

(3) 当 $\omega_0^2 = \beta^2$（即阻尼度 $\Lambda = \beta/\omega_0 = 1$）时，根式等于 0，$\omega$ 有一对重根 $\omega = \mathrm{i}\beta$. 这是介于上述两种情况之间的临界状态，称为临界阻尼。在临界阻尼的状态下，运动物体回到平衡位置，并停在那里，所需的时间最短（见图 6-10）。

在不同的阻尼情况下，灵敏电流计的指针可以围绕平衡位置（读数）作上述三种之中的任何一种运动。为了尽快得到读数，阻尼振荡和过阻尼的状态都是我们不希望有的。我们需要调节电路参量，使电流计处于临界阻尼状态。

在第三章3.2节里我们给出了一些保守系统的相图(如图3-18，图3-20，图3-23，图3-24)，在那里相空间的“体积”是守恒的。耗散系统则不同，它们的相空间是收缩的。图6-11给出一个阻尼弹簧振子的相图，从中可以看出，随着振幅的指数衰减，相轨向内卷缩，呈螺线状。如果我们在相平面上任意划出一个区域来，这个区域的大小也将按指数律 $e^{-2\beta t}$ 收缩，最后趋于中心的不动点 O(稳定平衡位置)。我们说，在这里 O 点是动力学系统的一个吸引子(attractor)。

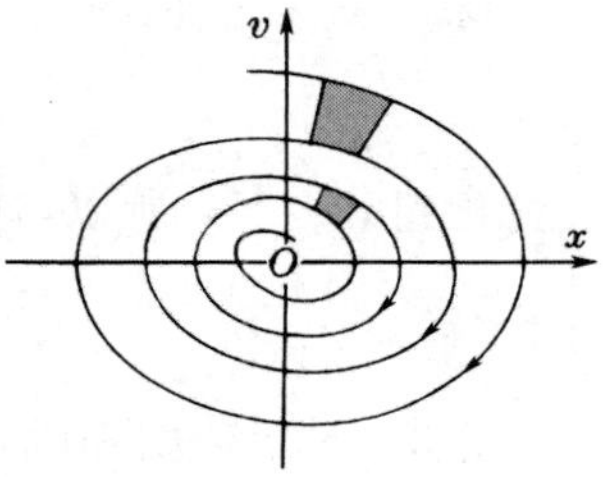

图6-11 阻尼振动的相图

1.4 受迫振动

没有外部能源，耗散系统的振动是不能持久的。激励振动的方式主要有用周期力和单方向的力两种。这里只讨论前者，到本章§3中再讨论后者。

用周期力驱动的振动，叫做*受迫振动*。受迫振动系统的运动方程比(6.11)式又多一项驱动力

$$f_{驱} = F\cos\omega t .$$

从而整个运动方程为

$$\frac{d^2 s}{d t^2} - \frac{1}{m}(f_{阻}+f_{恢}) = \frac{1}{m}f_{驱} . \tag{6.17}$$

或

$$\frac{d^2 s}{d t^2} + 2\beta\frac{ds}{dt} + \omega_0^2 s = \frac{F}{m}\cos\omega t . \tag{6.18}$$

这个方程右端多了一个非齐次项，仍是线性的。凡线性的振动方程都可用复数法来解。为此我们把右端的非齐次项也写成复数形式：

$$\frac{d^2\tilde{s}}{d t^2} + 2\beta\frac{d\tilde{s}}{dt} + \omega_0^2\tilde{s} = \frac{F}{m}e^{i\omega t} . \tag{6.18'}$$

设上式的解具有复指数形式：

$$\tilde{s} = \widetilde{A}\,e^{i\omega t} ,$$

代入(6.18′)式，得

$$-(\omega^2 - i\,2\beta\omega - \omega_0^2)\,\widetilde{A}\,e^{i\omega t} = \frac{F}{m}e^{i\omega t} ,$$

消去公共因子 $e^{i\omega t}$，解得复振幅为

$$\widetilde{A} = \frac{F}{m(\omega_0^2 - \omega^2 + i2\beta\omega)} ,$$

为了得到受迫振动的振幅和相位，我们下一步需要求复振幅的模和辐角，为此只需求右端分母的模和辐角：

$$\begin{cases} |\omega_0^2 - \omega^2 + i\,2\beta\omega| = \sqrt{(\omega_0^2 - \omega^2)^2 + 4\beta^2\omega^2} , \\ \arg(\omega_0^2 - \omega^2 + i\,2\beta\omega) = \arctan\dfrac{2\beta\omega}{\omega_0^2 - \omega^2} . \end{cases}$$

故

$$\begin{cases} 振幅\ A = |\widetilde{A}| = \dfrac{F}{m\sqrt{(\omega_0^2 - \omega^2)^2 + 4\beta^2\omega^2}} , & (6.19) \\ 相位\ \varphi = \arg\widetilde{A} = \arctan\dfrac{-2\beta\omega}{\omega_0^2 - \omega^2} . & (6.20) \end{cases}$$

与前面相比(6.20)式右端宗量里出现负号，是因为前面是复振幅分母的辐角。应注意：(6.20)式中的相位 φ 是振动的位移 $s(t)$ 相对于驱动力而言的，因为我们前面已设驱动力的振幅 F 为实数，亦即它的初相位为0.

上面所讨论的是在驱动力的持续作用下系统所达到的定态。实际上，在开始的一段时间里有一段暂态过程，它是1.3节中所描述的某一过程，譬如说阻尼振荡过程(见图6-12b)与本节所给出的定态解(见图6-12a)的叠加(见图6-12c)。

除了位移之外,有时我们更感兴趣的是速度 v, 因为

$$\tilde{v} = \frac{d\tilde{s}}{dt} = i\omega\tilde{s},$$

并注意到 $i = e^{i\pi/2}$; 所以,速度的振幅 $V = \omega A$, 速度的相位 $\varphi_v = \frac{\pi}{2} + \varphi$.

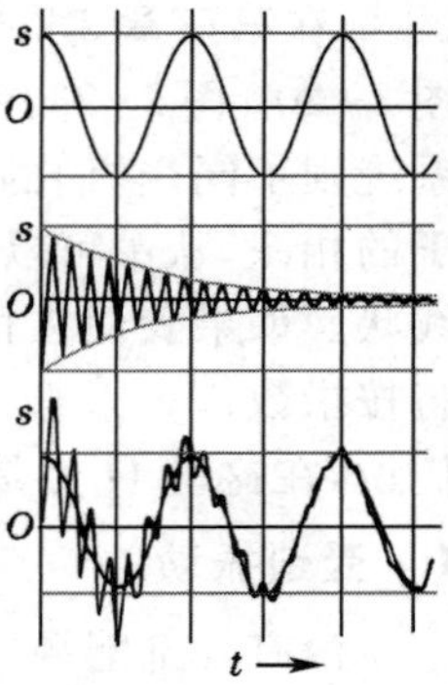

图 6-12 定态与暂态过程

亦即,对于速度来说,

$$\begin{cases} 振幅\ V = \omega|\tilde{A}| = \dfrac{\omega F}{m\sqrt{(\omega_0^2-\omega^2)^2+4\beta^2\omega^2}}, & (6.21) \\ 相位\ \varphi_v = \dfrac{\pi}{2} + \arg\tilde{A} = \dfrac{\pi}{2} - \arctan\dfrac{2\beta\omega}{\omega_0^2-\omega^2}. & (6.22) \end{cases}$$

驱动力在一个周期内所作的平均功率为

$$\begin{aligned} \overline{P} &= \frac{1}{T}\int_0^T f_{驱} v\, dt = \frac{\omega}{2\pi}\int_0^{2\pi/\omega} FV\cos\omega t\cos(\omega t + \varphi_v)\, dt \\ &= \frac{\omega FV}{4\pi}\int_0^{2\pi/\omega}\left[\cos\varphi_v + \cos(2\omega t + \varphi_v)\right] dt \\ &= \frac{1}{2}FV\cos\varphi_v. \end{aligned} \tag{6.23}$$

它直接与速度的振幅 V 和相位 φ_v 有关。

1.5 共振

现在让我们来仔细讨论一下由(6.19)式—(6.22)式所给出的振幅和相位随频率变化的情况。无论选 ω 或 ω_0 作变量,位移和速度的振幅都有一个极大值。阻尼 β 越小峰值越尖锐。这种现象叫做共振。这里应注意到,在力学里和电学里考察的着眼点还有所不同。在机械的振动系统里,往往系统的固有频率 ω_0 是固定的,驱动力的频率 ω 可以调节;此外,机械振动系统中的位移是比较容易观察并产生直接效果的。然而,在振荡电路里,固有频率 ω_0 是可调的,驱动力是外来的信号,其频率 ω 是给定的;此外,电路中重要的变量是电流,它相当于这里的速度。所以,在力学里应着重考察位移随驱动频率 ω 的变化,而在电学里应着重考察电流(速度)随固有频率 ω_0 的变化。然而从功率的角度看,在任何情况里我们都应着重考察速度。

(1) 位移振幅 A 随 ω 的变化

取导数 $dA/d\omega = 0$ 不难求出位移共振峰的位置

$$\omega = \sqrt{\omega_0^2 - 2\beta^2} \tag{6.24}$$

和高度

$$A_{极大} = \frac{F}{2m\beta\sqrt{\omega_0^2-\beta^2}}. \tag{6.25}$$

图 6-13 给出 A-ω 曲线(幅频响应曲线)的全貌,由此可以看出,(a) 共振峰的高度随 β 的减小而急剧增长,且变得越来越尖锐。[1](b) 阻尼 $\beta \to 0$ 时共振峰的位置趋于 $\omega = \omega_0$ 处。随着 β

[1] 在无线电电路中谐振峰的尖锐程度意味着电路选择性的好坏。在那里人们常用另一个无量纲的参量 $Q \equiv \omega_0/2\beta$ (叫做 Q 值,或品质因数)来刻画电路的选择性能。可以看出, Q 值与我们前面引入的阻尼度 Λ 的关系是: $Q = 1/2\Lambda$.

的增大共振峰的位置略有偏移。(c) 当 $\omega\to 0$ 时,无论 β 为多少,A 趋于一个定值 $A_0=F/m\omega_0^2$. 以弹簧振子为例,$\omega_0^2=k/m$,于是 $A_0=F/k$,所以 A_0 的物理意义是用大小为 F 的静力(零频力)所产生的位移。我们可定义 $\alpha\equiv A/A_0$ 为“动力学放大因子”,以表征共振所产生的动力学效果。在发生尖锐的共振时,α 可以远大于 1。(d) 当 $\omega\gg\omega_0$ 时,无论 β 为多少,A 和 $\alpha\to 0$。这表明,若驱动力的变化太快,由于存在惯性,物体来不及跟随,它就静止不动。

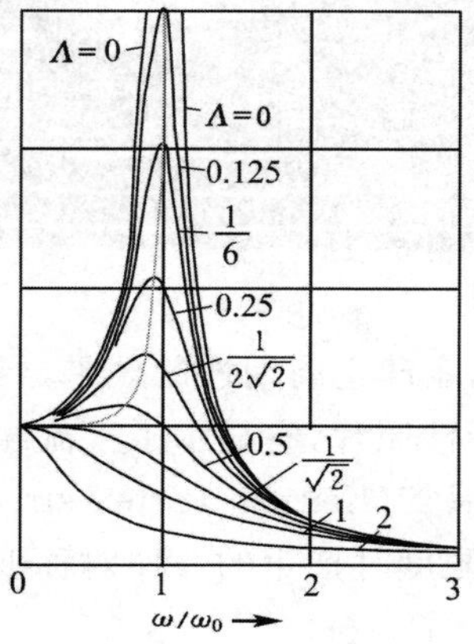

图 6-13 位移共振幅频响应曲线

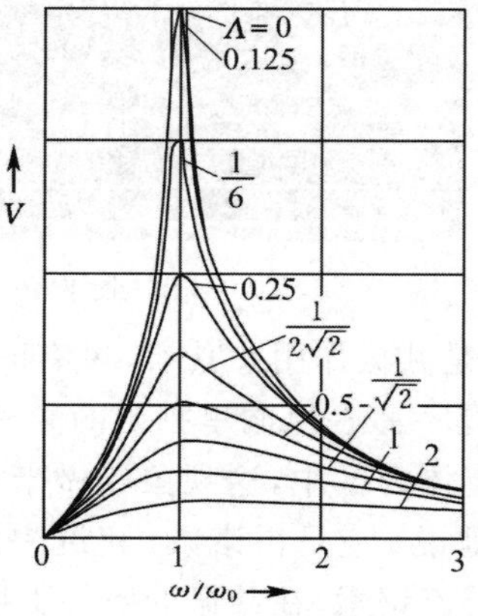

图 6-14 速度共振幅频响应曲线

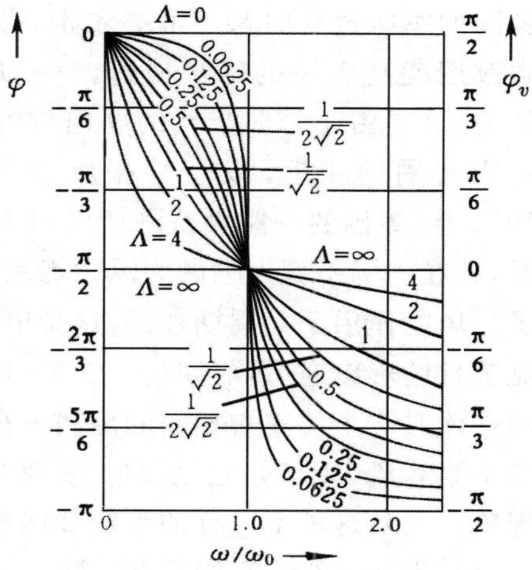

图 6-15 共振相频响应曲线

(2) 速度振幅随 ω_0 的变化

取导数 $\mathrm{d}V/\mathrm{d}\omega_0=0$ 不难求出速度共振峰的位置

$$\omega_0=\omega \tag{6.26}$$

和高度

$$V_{极大}=\frac{F}{2m\beta}. \tag{6.27}$$

图 6-14 给出 $V-\omega_0$ 幅频响应曲线的全貌,由此可以看出与(1) 相同的特点(a),即共振峰的高度随 β 的减小而急剧增长,且变得越来越尖锐。然而,共振峰的位置 $\omega_0=\omega$ 是不随 β 而变的。❶此外,无论 $\omega_0\gg\omega$ 还是 $\omega_0\ll\omega$,V 都趋于 0,物体静止不动。

(3) 相位的变化

在图 6-15 中给出了位移和速度的相位 φ 和 φ_v 随频率变化的曲线(相频响应曲线)。可以看出,在 $\omega=\omega_0$ 处 $\varphi=-\pi/2$,$\varphi_v=0$. 此时(6.23) 式中的功率因子 $\cos\varphi_v$ 达到极大值 1. $\omega/\omega_0\to 0$ 时,$\varphi\to 0$,$\varphi_v\to\pi/2$;$\omega/\omega_0\to\infty$ 时,$\varphi\to-\pi$,$\varphi_v\to-\pi/2$.

人类观察到共振现象的最早文字记载,可上溯到公元前 3 世纪。《庄子·徐无鬼》中有这样一段话:“为之调瑟(一种弦乐器),废(放置)于一堂,废于一室,鼓宫(音调名)宫动,鼓角(音调名)角动,音律同矣。”这是说,如果两个瑟音调(音律)相同的话,则拨响了这只瑟的“宫(或角)”弦,另一只瑟的“宫(或角)”弦就会受前者的影响而振动起来。宋朝的沈括(11 世纪)在《梦溪笔谈》里说:“予友人家有一琵琶,置之虚室,以管色奏双调,琵琶弦辄有声应之。奏他调则不应,宝之以为异物,殊不知此乃常理。二十八调中但有声同者即应……”他以科学的道理破除了友人的迷信。

❶ 取 $\mathrm{d}V/\mathrm{d}\omega=0$ 或 $\mathrm{d}A/\mathrm{d}\omega_0=0$ 求极值,所得共振峰的位置皆位于 $\omega_0=\omega$ 处,不随 β 而变。

据说，一百几十年前，不可一世的拿破仑率领法国军队入侵西班牙时，部队行军经过一座铁链悬桥，随着军官雄壮的口令，队伍迈着整齐的步伐趋向对岸。正在这时，轰隆一声巨响，大桥坍塌，士兵、军官纷纷坠水。几十年后，圣彼得堡卡坦卡河上，一支部队过桥时也发生了同样的惨剧。从此，世界各国的军队过桥时都不准齐步走，必须改用凌乱无序的碎步通过。一般认为，这是由于军队步伐的周期与桥的固有周期相近，发生共振所致。1940 年，美国的一座大桥刚启用四个月，就在一场不算太强的大风中坍塌了。风的作用不是周期性的，这难道也是共振作用？其实，风有时也能产生周期性的效果，君不见节日的彩旗迎风飘扬吗？ 图 6-16 是一张在风洞里拍摄的激光干涉照片，它显示了气流经过圆柱体时产生的左右相间的旋涡。在流体力学中，这现象叫做卡门涡街（Karman vortex street，参见第五章 5.5 节），它是流速（更确切地说，应是雷诺数）超过一定限度时产生的一种对称破缺现象。正是这种不对称的卡门旋涡摇撼着钢索，在共振的条件下摧毁了大桥。

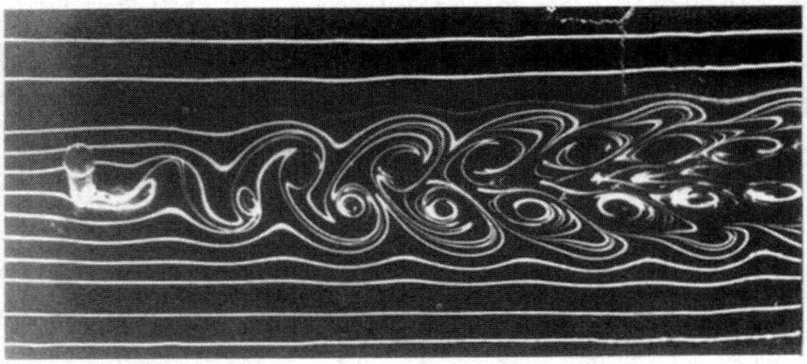

图 6-16 卡门涡街

看来，在我们的生活里，特别是现代化的生活里，充满了各种自然的和人为的振动，必要的、不必要的，以及有害的振动。汽车在颠簸的道路上行驶，会引起车厢的振动；机器的运转，会引起基座，乃至整个厂房结构的振动；更不要说狂风和地震造成大规模破坏性的振动了。减振和防振是工程技术和科学研究里的一项重要任务。减振和防振的办法，除了使用阻尼器吸收振动的消极办法外，积极的措施是利用共振的原理来设计各种机械滤波装置，把最有害波段的振动滤掉。图 6-17a 是一辆汽车的减振装置模型，这里有三级滤波：我们把弹簧-质量系统作为典型的机械振动模型，最下面的一级是轮轴和轮胎组成的弹簧-质量系统，车身和底座弹簧构成第二级，乘客和座椅弹簧构成第三级。当质量较大而弹簧的劲度系数相对来说较小时，各级振动系统的固有频率足够低，就可形成一个低通滤波器，把大部分有害的高频振动滤掉。图 6-17b 是运载精致物件所用两层减振包装的模型，这也是一个低通机械滤波装置。一些现代的精密仪器，如扫描隧道显微镜，需要高度防振，也可采用类似图 6-17c 所示的多级低通滤波系统。 作为一个实例，见图 6-18 所示的中山大学引力波天线隔振装置。 引力波是极其微弱的，对系统的隔振要求非常高，单一的系统难以达到，需要采用多级串联的方式。该装置的隔

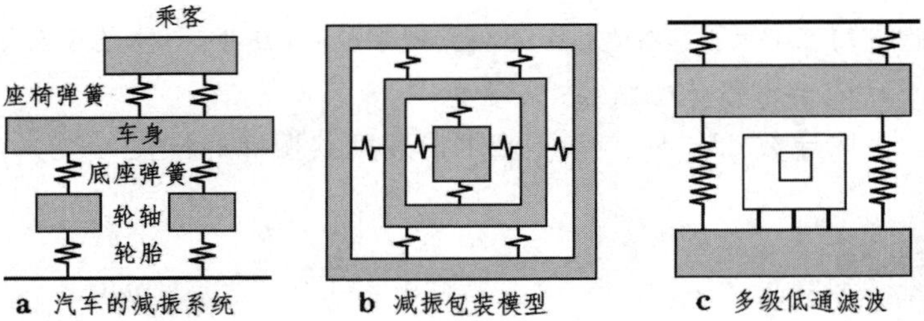

图 6-17 机械滤波装置

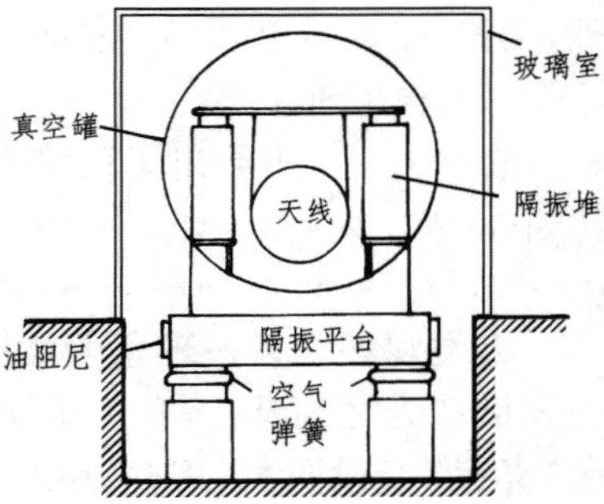

图 6-18 中山大学引力波检测器的隔振系统

振台由附加阻尼的空气弹簧隔振平台、金属-橡胶声学隔振堆和天线悬柱支承组成，重40 t(吨)。整套装置建立在半开放式的地洞中，以进一步衰减地面的振动。

§2. 振动的合成与分解

2.1 一维同频振动的合成

设有两个同频的简谐振动

$$\left.\begin{aligned} s_1(t) &= A_1\cos(\omega t+\varphi_1),\\ s_2(t) &= A_2\cos(\omega t+\varphi_2),\end{aligned}\right\} \tag{6.28}$$

它们的和仍为同一频率的简谐振动

$$s(t) = s_1(t)+s_2(t) = A\cos(\omega t+\varphi), \tag{6.29}$$

求此合成振动的振幅 A 和初相位 φ.这就是一维同频振动的合成问题。这里的 $s_1(t)$、$s_2(t)$ 和 $s(t)$ 可以是机械振动的位移，也可以是交流电中的电压或电流，或声波中的流体压强，电磁波中电场、磁场的某个分量，等等。所以，这类叠加问题在力学、声学、电学光学中广泛存在。尽管研究对象不同，但处理的方法是一样的。现在我们来介绍处理这类问题的一般方法。

直接采用三角函数方法来处理这类问题是可能的，不过计算起来比较麻烦。首先我们还是利用图6-1中介绍过的参考圆周运动。如图6-19所示，用 $\overrightarrow{OP_1}$、$\overrightarrow{OP_2}$ 分别代表简谐振动 $s_1(t)$ 和 $s_2(t)$，即 $t=0$ 时刻这两个矢量的长度和仰角分别为 A_1、A_2 和 φ_1、φ_2 由于频率相同，它们以共同的角速度 ω 旋转，从而保持彼此的相对位置不变。用平行四边形法则求出合成矢量 $\overrightarrow{OP}=\overrightarrow{OP_1}+\overrightarrow{OP_2}$，则合成矢量 $\overrightarrow{OP}$ 的长度 A 即为合成振动 $s(t)$ 的振幅，仰角 φ 即为 $s(t)$ 的相位，它在横轴上的投影即为 $s(t)$ 本身。从图6-19中的几何关系不难写出

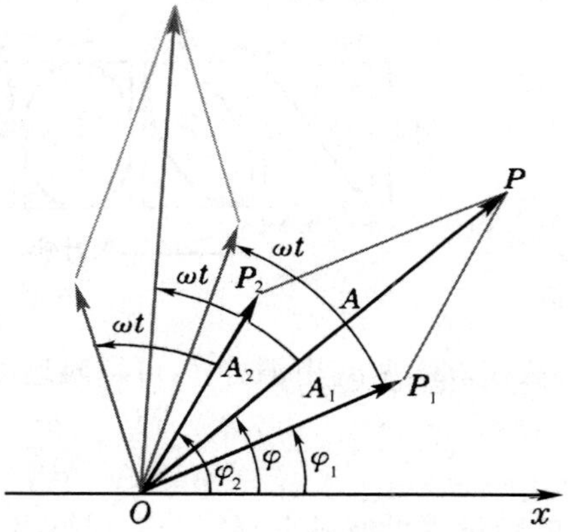

图 6-19 同频简谐振动的矢量图解法

$$\left.\begin{aligned} A &= \sqrt{(A_1\cos\varphi_1+A_2\cos\varphi_2)^2+(A_1\sin\varphi_1+A_2\sin\varphi_2)^2}\\ &= \sqrt{A_1^2+A_2^2+2A_1A_2\cos(\varphi_2-\varphi_1)},\\ \varphi &= \arctan\frac{A_1\sin\varphi_1+A_2\sin\varphi_2}{A_1\cos\varphi_1+A_2\cos\varphi_2}.\end{aligned}\right\} \tag{6.30}$$

我们也可以用附录C介绍的复数方法来处理这个问题。用复数

$$\left.\begin{aligned} \tilde{s}_1(t) &= A_1\,e^{i(\omega t+\varphi_1)} = A_1\left[\cos(\omega t+\varphi_1)+i\sin(\omega t+\varphi_1)\right],\\ \tilde{s}_2(t) &= A_2\,e^{i(\omega t+\varphi_2)} = A_2\left[\cos(\omega t+\varphi_2)+i\sin(\omega t+\varphi_2)\right].\end{aligned}\right\} \tag{6.31}$$

来代表简谐振动 $s_1(t)$、$s_2(t)$，则两个复数之和

$$\tilde{s}(t)=A\left[\cos(\omega t+\varphi)+i\sin(\omega t+\varphi)\right]$$

$$\tilde{s}_1(t)+\tilde{s}_2(t)=A_1\cos(\omega t+\varphi_1)+A_2\cos(\omega t+\varphi_2)+i\left[A_1\sin(\omega t+\varphi_1)+A_2\sin(\omega t+\varphi_2)\right].$$

取 $t=0$,则有

$$A(\cos\varphi+\mathrm{i}\sin\varphi)=A_1\cos\varphi_1+A_2\cos\varphi_2+\mathrm{i}(A_1\sin\varphi_1+A_2\sin\varphi_2),\tag{6.32}$$

不难看出,$\tilde{s}(t=0)$ 的模 A 和辐角 φ 的表达式与(6.30)式是一样的。

简谐振动合成的重要特点之一是,合成振幅 A 的大小与分量的相位差 $\Delta\varphi=\varphi_2-\varphi_1$ 有密切关系。例如,当两分量的振幅 $A_1=A_2$ 时,若 $\Delta\varphi=0$, $A=A_1+A_2=2A_1$;若 $\Delta\varphi=\pi$,则 $A=A_1-A_2=0$.

2.2 二维同频振动的合成

现在我们考虑两个相互垂直的同频简谐振动

$$\left.\begin{aligned}x(t)&=A_x\cos(\omega t+\varphi_x),\\y(t)&=A_y\cos(\omega t+\varphi_y).\end{aligned}\right\}\tag{6.33}$$

的合成问题。合成运动的情况与相位差 $\Delta\varphi=\varphi_y-\varphi_x$ 有关,轨迹一般是椭圆。在 $\Delta\varphi=0$、$\pm\pi$ 时退化为直线;在 $A_x=A_y$ 且 $\Delta\varphi=\pm\pi/2$ 时退化为圆。合成的详细情况见图 6-20,椭圆轨迹总内切于边长为 $2A_x$、$2A_y$ 的矩形,当 $-\pi<\Delta\varphi<0$ 时沿逆时针方向旋转,$0<\Delta\varphi<\pi$ 时沿顺时针方向旋转。

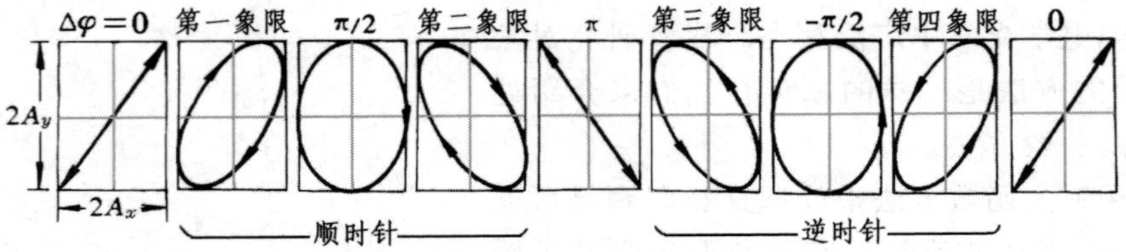

图 6-20 二维同频振动的合成

从(6.33)两式中消去 t,可得轨迹方程:

$$\frac{x^2}{A_x^2}+\frac{y^2}{A_y^2}-\frac{2xy}{A_xA_y}\cos\Delta\varphi=\sin^2\Delta\varphi.\tag{6.34}$$

前面的结论都可通过求解轨迹方程得出。

2.3 不同频振动的合成和同步锁模

频率不同的振动合成问题一般比较复杂,我们在这里只讨论某些简单而有兴趣的特例,或只给出一些定性的结果。

(1) 一维情况

考虑下列两个频率不同、但振幅和初相位相同的振动的合成问题:

$$\left.\begin{aligned}s_1(t)&=A\cos(\omega_1t+\varphi),\\s_2(t)&=A\cos(\omega_2t+\varphi).\end{aligned}\right\}\tag{6.35}$$

利用三角恒等式,有

$$\begin{aligned}s(t)=s_1(t)+s_2(t)&=A\left[\cos(\omega_1t+\varphi)+\cos(\omega_2t+\varphi)\right]\\&=2A\cos\frac{\omega_2-\omega_1}{2}t\cos\left(\frac{\omega_1+\omega_2}{2}t+\varphi\right).\end{aligned}$$

我们感兴趣的是两振动的频率非常接近的情况,即 $|\omega_2-\omega_1|\ll\frac{\omega_1+\omega_2}{2}\approx\omega_1$ 或 ω_2. 这时上式中的第一个因子 $\cos\frac{\omega_2-\omega_1}{2}t$ 相对于后者在时间上是缓变的,它可看作是 $s(t)$ 振幅的变化(见图 6-21)。这种振幅时大时小的现象,叫做拍。由于该因子的绝对值才代表振幅的变化,所以振

幅变化的角频率（称为拍频）是该因子角频率的两倍，即拍频是两振动频率之差的绝对值：

$$\omega_{拍} = |\omega_2 - \omega_1|, \qquad (6.36)$$

或者说，振幅变化的周期是该因子周期的一半：

$$T_{拍} = \frac{2\pi}{|\omega_2 - \omega_1|}. \qquad (6.37)$$

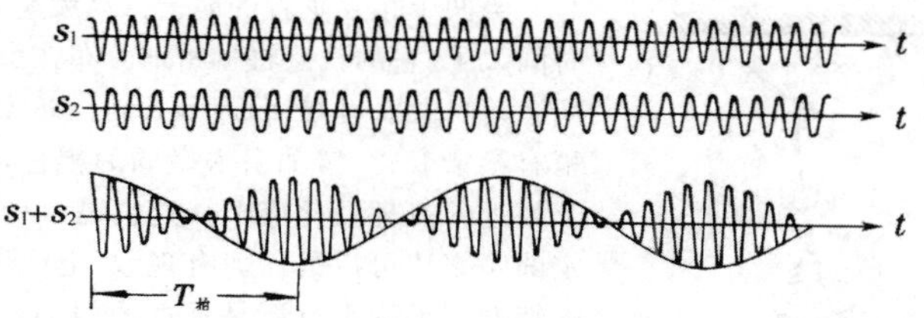

图 6-21 差拍现象

　　拍是一个重要的现象，有许多应用。例如，我们可以利用标准音叉来校准钢琴的频率，这是因为音调有微小差别就会出现拍音，调整到拍音消失，钢琴的一个键就被校准了。又如，超外差式收音机利用的就是外来信号和本机振荡之间的差拍频率。

　　上面有关拍频现象的计算只是从数学上考虑的，其中两振动是线性叠加的，并未计及任何物理上可能存在的相互耦合。当计及一定的非线性耦合时，就可能出现所谓"同步现象"，即两振动系统锁定到同一频率上。在历史上首先注意到此现象的是 17 世纪的惠更斯，他记载了家中挂在同一木板隔壁上的两个挂钟因互相影响而同步。19 世纪的瑞利观察到两风琴管靠近时会同步，较远时才发生差拍。20 世纪发展了无线电电子技术后，工程师们都知道，在本机振荡频率附近有一频段，在其中由于频率太接近而发生同步现象，超外差式接收机不能工作。在电子示波器中，人们则充分利用同步作用把波形锁定在屏幕上。

　　（2）二维情况

　　当两个互相垂直的简谐振动频率不同时，合成的轨迹与频率之比和两者的相位都有关系，图形一般较为复杂，很难用数学式子表达。当两者的频率成整数比时，轨迹是闭合的（见图 6-22），运动

$\dfrac{\omega_2}{\omega_1} = \dfrac{1}{2}$	$\dfrac{1}{3}$	$\dfrac{2}{3}$	$\dfrac{3}{4}$
$\varphi_1 = 0$ $\varphi_2 = -\dfrac{\pi}{2}$	$\varphi_1 = 0$ $\varphi_2 = 0$	$\varphi_1 = \dfrac{\pi}{2}$ $\varphi_2 = 0$	$\varphi_1 = \pi$ $\varphi_2 = 0$
$\varphi_1 = -\dfrac{\pi}{2}$ $\varphi_2 = -\dfrac{\pi}{2}$	$\varphi_1 = 0$ $\varphi_2 = -\dfrac{\pi}{2}$	$\varphi_1 = 0$ $\varphi_2 = -\dfrac{\pi}{2}$	$\varphi_1 = \dfrac{\pi}{2}$ $\varphi_2 = -\dfrac{\pi}{2}$
$\varphi_1 = 0$ $\varphi_2 = 0$	$\varphi_1 = -\dfrac{\pi}{2}$ $\varphi_2 = -\dfrac{\pi}{2}$	$\varphi_1 = 0$ $\varphi_2 = 0$	$\varphi_1 = 0$ $\varphi_2 = 0$

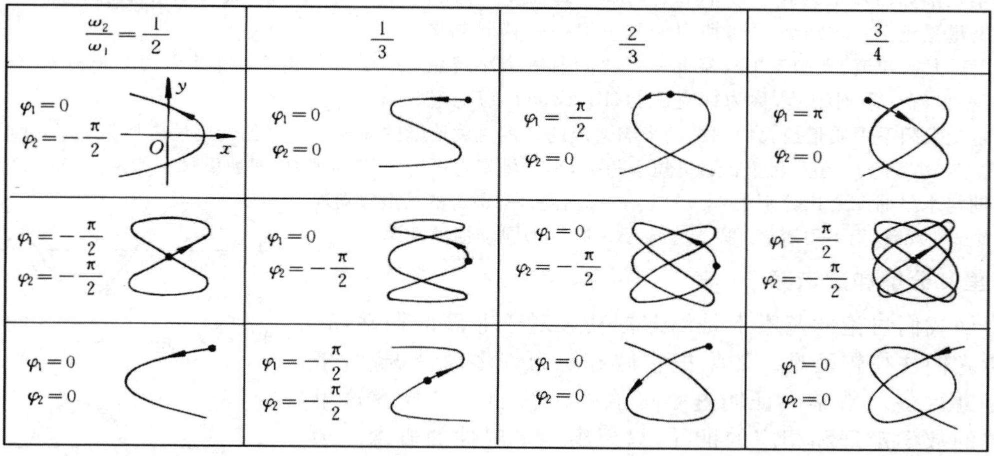

图 6-22 李萨如图形

是周期性的。这种图形叫做李萨如（Lissajous）图形。

　　图 6-23 给出一个演示这类问题的一个简单的实验装置 —— 沙漏单摆。当单摆前后摆动时，摆长为 $\overline{AC}$，左右摆动时摆长为 $\overline{AB}$。调节 $\overline{AC}$ 和 $\overline{AB}$ 的比例，我们可以得到不同的李萨如图形。演示李萨如图形的现代化手段是用电子示波器。当然，这也许没有上述机械装置来得直观。

　　由于在闭合的李萨如图形中两个振动的频率严格地成整数比，人们可以在示波器上用李萨如图形来精确地比较频率。在数字频率计未被广泛采用之前，这是测量电信号频率的最简便方法。

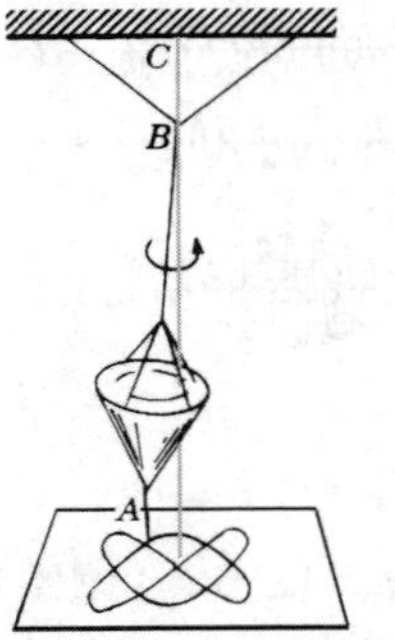

图 6-23 李萨如图形的演示

当两个相互垂直的简谐振动频率之比是无理数时，合成的运动永远不重复已走的路。时间久了，它的轨迹将稠密地分布在由振幅限定的整个矩形面积内(见图6-24)。这种非周期运动叫做准周期(quasi-periodic)运动。拓扑学家证明，准周期运动在结构上是不稳定的，稍有参量变化，譬如引入微弱的耦合，两个振动的频率就会锁定到一个相近的有理数比值上。这也是一种同步锁模或锁频现象，亦即，锁定的频率比可以是任何有理数，上面所说的 1∶1 同步只是锁频现象的特例。无论平行还是垂直的振动合成，都可能发生一般有理数的锁频现象，只不过约了分的分数分母越小，锁频的范围就越宽。

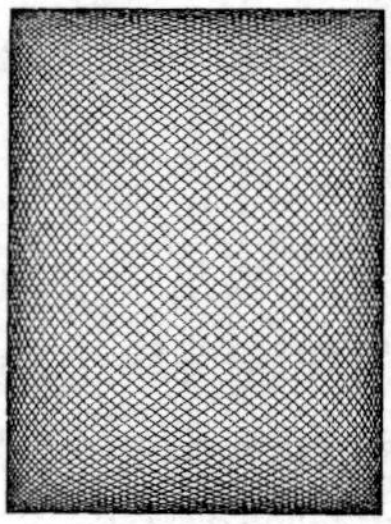
图 6-24 准周期运动

顺便提起，同步锁模现象绝不限于两个振动的合成问题，任何物理现象，乃至整个自然界里的现象，只要内在机制中存在两个不同的周期(时间或空间的)，就可能发生频率的锁定现象。[1]本章例题4中吊在弹簧下漏水的水桶就是一个例子。水滴从小到大，达到一定的临界质量 $m_\star$ 时就会滴落，这需要一定的时间 T'. 如果水滴-弹簧系统的振动周期 T 比 T' 略短，当桶达到最低点向上回升之时，会给水滴一个向下的惯性力，促使它在即将达到临界质量之前滴落，于是滴水的周期 T' 被锁定到 T 上。每个生物体都有生物化学反应等因素所决定的生理节奏，即所谓"生物钟"。有人做过实验，把生物体关在暗室里，生物钟是很不准确的，周期大约是 25 到 26 小时。当生物体生活在正常的环境里，它的生物钟就被锁定到 24 小时的昼夜周期上。近代喷气式客机可以在不到一天的时间内跨过几个时区，打乱了乘客原来的生物钟节奏，他们需要一定的时间来克服这种"喷气机时差(iet lag)"效应。我们可以再举几个天文学里的例子。水星的自转周期与它绕日公转的周期为2∶3，产生两个自由度之间耦合作用的显然是引潮力。土星的光环内有许多缝(见图6-25)，其中最大的是卡西尼(Cassini)缝，用开普勒定律可以从它的半径推算出那里的粒子绕土星的周期。离那里最近的一个大卫星是土卫一(Mimas)，卡西尼缝与土卫一公转周期之比是1∶2. 大家知道，太阳系里火星和木星之间有一个小行星带，在其中也有一系列细缝，称为柯克武德(Kirkwood)缝。它们显然是受太阳系中质量最大的木星的影响造成的。柯克武德缝的周期与木星公转周期之比为1∶2，1∶3，1∶4，3∶4，2∶5，3∶5等。"缝"意味着那里粒子稀少，小行星带内还有"群"的现象，即那里粒子偏多。Hilda群和 Troian 群的周期与木星周期之比分别为2∶3和1∶1. 如何用万有引力的共振摄动理论来解释这些现象，尚不很清楚。以上现象都可归之为同步锁模现象。

图 6-25 土星光环中的缝

2.4 傅里叶分解和次谐频

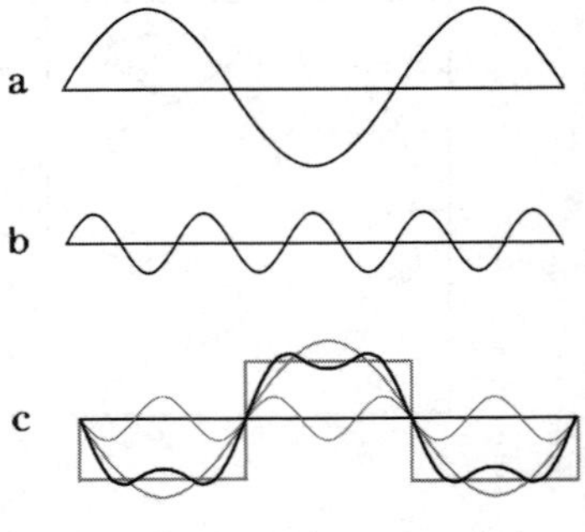

图 6-26 傅里叶分解

上面我们讨论的基本上是简谐振动。对于非简谐振动，直接分析它们往往较困难。如果把它们分解为许多简谐振动，事情就好办得多。数学上证明这是可能的。我们不打算在这里讲有关的数学定理和相应的推导，只想给一个定性的概念。为此，看一个矩形波的例子。图 6-26a 和 b 所示分别为振幅为 A、$A/3$，频率为 ν、3ν 的简谐振动的波形曲线。将两个波形叠加起来，就成为图6-26c中所示的波形。不难看出，这波形已比较接近于一个矩形波了。如果我们在此基础上再叠加一系列振幅适当、频率为 5ν、7ν、… 的简谐波形，结果将会更好地趋于一个矩形波。把上述情况反过来理解，就是一个矩形波振动可以分解成频率为 ν、3ν、5ν、7ν、… 的一系列简谐振动。频率 ν 叫做基频，为基频整数倍的频率叫做谐频。

[1] 可参考 P.Bak，*Physics Today*，(Dec.1986)，39～45.

由于矩形波的对称性，这里只有奇数的谐频，在一般的情况里，可以有奇、偶各种谐频。

上述特例反映了一个普遍规律，即任何一个周期性的函数都可分解成一系列频率为基频整数倍的简谐函数。在数学上这叫做傅里叶分解。以频率 ν 为横坐标、各谐频振幅 A 为纵坐标所作的图解，叫做频谱，图 6－27 a、b、c 分别是矩形波、三角波、锯齿波的频谱。不同乐器有不同的频谱，反映在它们不同的音色上。

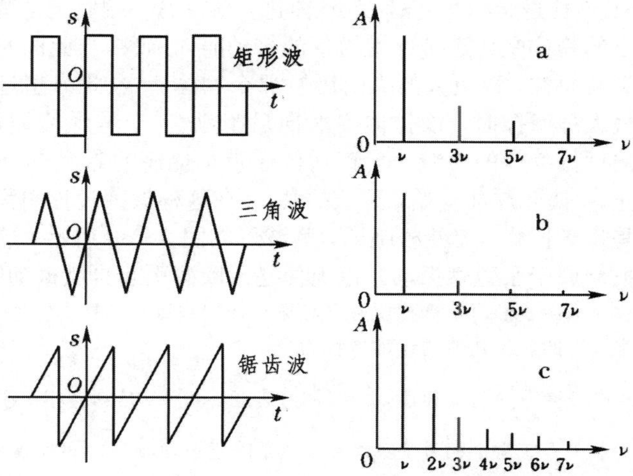

图 6－27 傅里叶频谱

傅里叶分解的概念告诉我们，谐频的频率都是基频 ν 的整数倍。另外还有一些现象，在其中会出现分数基频（例如 $\nu/2$ 等）的"谐频"，它们叫做次谐频。历史上最早记载了有关次谐频现象的是法拉第。他于 1831 年观察到，一个浅容器以频率 ν 在竖直方向振荡时，其中的水以 $\nu/2$ 的频率振荡，这便是所谓次谐频。瑞利在他的《声学原理》里对这类现象进行了理论分析，并提出另一个产生次谐频的简单实验。瑞利的装置如图 6－28 所示，一根弦一头固定，另一头系在音叉的一脚上，以频率 ν 作纵向振荡。弹拨此弦，它将以频率 $\nu/2$ 作横向振动。这个简单的次谐频实验可以较方便地在课堂上演示。

出现傅里叶谐频和次谐频，都是非线性效应，但二者是有区别的。无论多么弱的非线性都可以产生基频整数倍的傅里叶谐频，但分数频率的次谐频却是一种阈值现象，即非线性不达到一定程度，它是激发不起来的。这一点是二者最重要的差别，也是次谐频现象更为费解和更令人感兴趣的地方。1981 年，人们用现代化的手段重复了法拉第的实验，得到的不仅是二分频，还有 1/4、1/12、1/14、1/16 等一系列分频，它们各有自己的阈值。分数频率意味着周期倍化，故在控制参量达到一个阈值时激发起次谐频的现象，又叫倍周期分岔。为什么 150 年后科学家们还要精心地重复法拉第的实验？因为人们已经知道，一系列的倍周期分岔预示着当前非线性科学的热点 —— 混沌现象的到来。

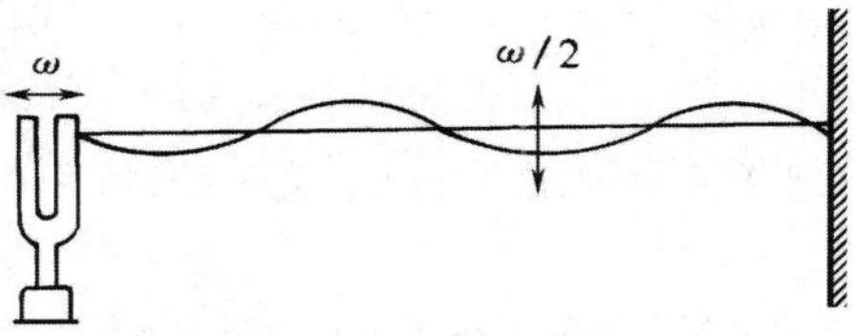

图 6－28 次谐频实验

§3. 非线性振动

3.1 自激振动

在 1.4 节中已提到，耗散系统的振动是不能持久的，激励振动的方式主要有两种：周期力和单方向的力。用周期力来激励的振动叫做受迫振动，我们已在 1.4 节中讨论过了；用单方向的力来激励的振动叫做自激振动或自振，这是本节要讨论的内容。

自激振动在自然界里和生活中是很常见的。例如，树梢在狂风中呼啸，提琴奏出悠扬的小夜曲，自来水管突如其来的喘振，夜深人静时听到墙上老式挂钟持续地发出滴答滴答的摆动声，这些无不是各式各样的自激振动。用车、铣、刨、磨等机床加工时，搞得不好，刀具自激振动起来，会在工件表面上啃出波浪式的纹路，严重地影响了加工的光洁度和机床的寿命。所以，自激振动是一种相当普遍的现象。

线性系统不改变振动的频率，而自激振动把单方向运动的能源转化为周期性振荡的能量，这种转化需要靠非线性机制来完成。所以，自激振动本质上是一种非线性振动。

下面我们介绍两个典型的机械自激振动实例。

(1) 干摩擦引起的自激振动

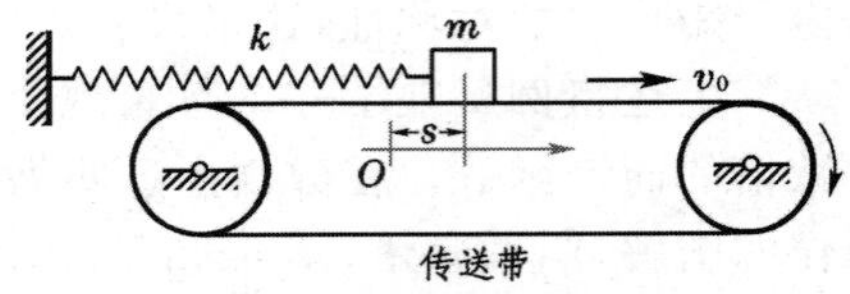

图 6-29 干摩擦引起自激振动的模型

不加润滑剂的物体在一起摩擦时发出的吱轧尖叫，弦乐器奏出的悦耳琴声，这些都是干摩擦引起的自激振动。我们用如图 6-29 所示较简单的模型来分析这种现象。传送带以恒定速度 v_0 前进，系在另一端固定的弹簧上的物体受传送带摩擦力 f 的带动而向前移；与此同时弹簧被拉伸，以更大的力向后拉那个物体。当此力超过了最大静摩擦时，该物体突然向后滑动。于是弹簧缩短，向后拉物体的力减小，直到传送带又能将它带动向前为止。如此周而复始，形成振荡。在这种振荡过程中弹簧是逐渐伸张、突然松弛的，其波形如图 6-30 所示，这种振动属于张弛型振动。以上便是干摩擦引起自激振动的大致物理图像。

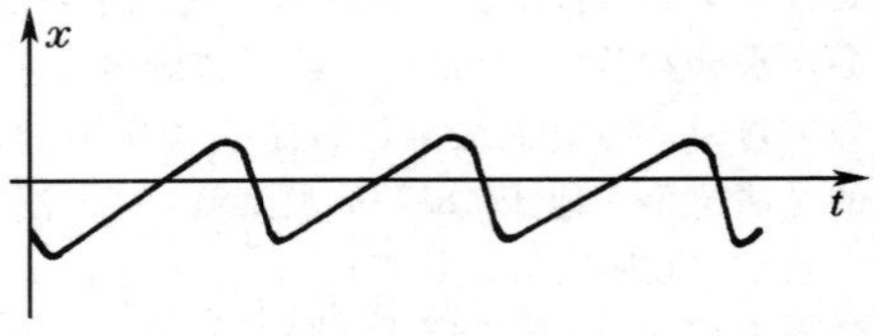

图 6-30 张弛振动

下面我们对干摩擦引起自激振动作些细致的分析。摩擦力 f 是相对速度的函数，其形式如图 6-31 所示，是非线性的。该物体的运动方程为

$$m\ddot{s}+\gamma\dot{s}+ks=f(\dot{s}-v_0),\tag{6.38}$$

式中 $\ddot{s}=\dfrac{\mathrm{d}^2s}{\mathrm{d}t^2}$ 为加速度，$\dot{s}=\dfrac{\mathrm{d}s}{\mathrm{d}t}$ 为速度，$\dot{s}-v_0$ 是物体相对于传送带的速度。

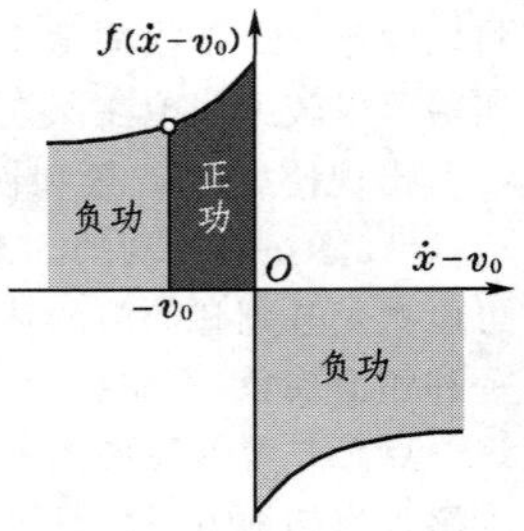

图 6-31 传送带的摩擦力和它作的功

本系统有个相对于实验室参考系静止不动($\dot{s}=0$)的平衡位置 $s=s_0$，在这里弹簧的拉力与滑动摩擦力抵消：$ks_0=f(-v_0)$，即 $s_0=-f(-v_0)/k$. 取此平衡位置为坐标原点，即令 $x=s-s_0$，$\dot{x}=\dot{s}$，$\ddot{x}=\ddot{s}$，上式化为

$$m\ddot{x}+\gamma\dot{x}+kx=f(\dot{x}-v_0)-f(-v_0),$$

在平衡点 $\dot{x}=0$ 附近上式右端可近似写为 $f'(-v_0)\dot{x}$，移项后得

$$m\ddot{x}+[\gamma-f'(-v_0)]\dot{x}+kx=0,\tag{6.39}$$

上式方括弧内的量相当于有效阻力系数。当 $f'(-v_0)>\gamma$ 时，有效阻力系数为负，平衡态失稳，物体不再静止，开始振荡起来。

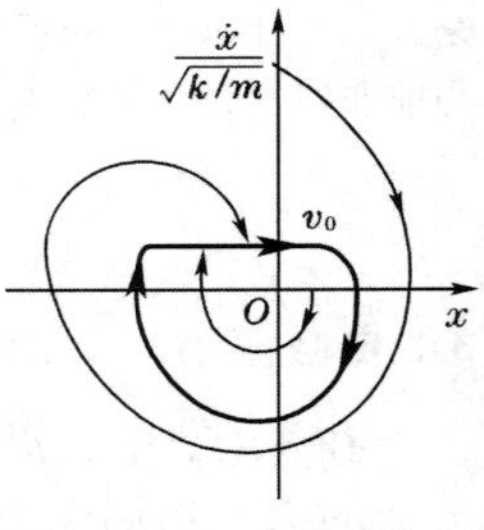

图 6-32 干摩擦引起自激振动的极限环

我们可以从摩擦力作功的角度来分析，如图 6-31 所示，振子的速度 $\dot{x}\leqslant v_0$ 时，摩擦力的方向与 x 轴的正方向相同，即 $\dot{x}>0$ 时作正功，$\dot{x}<0$ 时作负功。又由图可见，当 $\dot{x}\leqslant v_0$ 时，振子在正功区所受的摩擦力较负功区大，即振子来回一次获得的正功大于负功，能量增大，速度幅值 $\dot{x}_m$ 增加，直至 $\dot{x}_m=v_0$. 若 $\dot{x}_m>v_0$，则振子受到反方向的摩擦力，落入到负功区，能量急剧减少，最终还是回复到 $\dot{x}_m=v_0$ 的状态。换句话说，振子的能量不会无限积累，振幅将稳定在一定的水平上。

上面的分析也可以在相图上看清楚。如图 6-32 所示，相图的原点 O 是平衡点，失稳后，所有附近的相点都背离它。数值计算表明，螺旋式扩展的相轨渐近地趋于同一个闭合曲线(图中的粗线)。如果我们的初始状态不在该闭合曲线之内，而是在它之外，则相轨将向内卷缩，终将从外面渐近地趋于它。所以，这根闭合曲线是内外所有相轨的极限，称为极限环。相图 6-32 里极限环上那段 $\dot{x}=v_0$ 的水平直线，代表物体跟了传送带走的平缓伸张过程(相当于波形图 6-30 里曲线沿斜线上升部分)；下面那段弯回的曲线，代表超过了静摩擦极限后，物体被弹簧急剧拉回的松弛过程(相当于波形图 6-30 里曲线的陡峭下跌部分)。这样一张一弛，物体就持续地振荡下去。

极限环的形状和大小由系统本身的参量和工作点(本例中取决于 v_0)所决定，它决定了振荡的振幅和周期。在这一点上自激振动是与受迫振动不同的，受迫振动的周期由驱动力的频率决定。

（2）由机械控制的自激振动

许多人工的振荡装置，如钟表、电铃、蒸汽机或内燃机的调速器等，在其中控制向系统输送能量的“阀门”，是由特殊的机械装置担当的。下面以老式的挂钟为例来作进一步的分析。

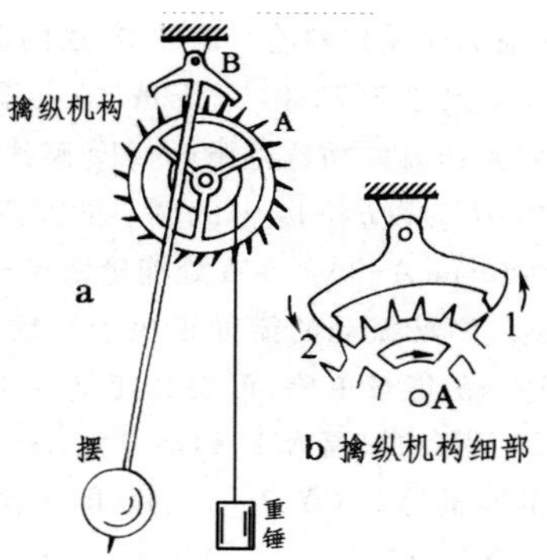

图 6-33 祖父的挂钟

老式挂钟的结构如图 6-33a 所示，包括三个基本部分：① 振动系统 —— 摆；② 恒定能源 —— 降落的重锤（或弹簧发条）和与之相连的棘轮 A；③ 擒纵机构 —— 与摆作刚性联结的锚 B，其上附有两个特殊形状的齿（掣子）1 和 2，控制着棘轮输入能量。擒纵机构与棘轮的细部见图 6-33b，控制过程是按如下方式实现的：当棘轮齿落在锚齿 1 的尖斜面上时，棘轮齿就推动锚和与它相连的摆。这时，第二锚齿 2 就沿棘轮齿侧面滑动而下降，并挡住下一个棘轮齿，直到摆完成向右偏移而回到中间位置为止。锚齿对棘轮齿相继两次推动的时间间隔，取决于摆长和锚齿尺寸。所以，表面看起来好像与受迫振动情形类似，钟摆受到的冲击力也是周期性的，其实，这个周期是由摆本身决定的。这是一种自激振动。

作为小振幅近似，钟摆的运动方程可以写成如下形式：

$$\ddot{\theta} - \frac{F_{阻}(\dot{\theta})}{m} + \omega_0^2\theta = 0, \qquad (6.40)$$

式中 θ 是角位移，$\omega_0 = \sqrt{g/l}$，符号上面的点代表对时间 t 的求导。因为钟摆所受的摩擦力主要是干摩擦，而不是流体的阻力，方程式中的阻力项本应采用图 6-31 所示的非线性形式。为了简化我们的模型，忽略摩擦力与速度大小的依赖关系，假定它的大小是恒定的，只是其方向总与速度相反，即令 $F_{阻}/m = -B\,\mathrm{sgn}(\dot{\theta})$❶. 于是上列方程简化为

$$\ddot{\theta} + B\,\mathrm{sgn}(\dot{\theta}) + \omega_0^2\,\theta = 0.$$

采用无量纲化和归一化的方法，这个方程式还可进一步简化。首先用无量纲的时间 $\tau = \omega_0 t$ 代替 t，并把符号上的点理解为对 τ 求导，于是

$$\dot{\theta} \to \omega_0\dot{\theta}, \quad \ddot{\theta} \to \omega_0^2\,\ddot{\theta},$$

其次令

$$x = \theta\omega_0^2/B,$$

于是

$$\ddot{x} + \mathrm{sgn}(\dot{x}) + x = 0,$$

或

$$\ddot{x} \pm 1 + x = 0, \qquad (6.41)$$

式中 $\dot{x} > 0$ 时取 + 号，$\dot{x} < 0$ 时取 - 号。上式又可写为

$$(x \pm 1)^{\cdot\cdot} + (x \pm 1) = 0. \qquad (6.42)$$

这方程式在形式上与一个无阻尼的简谐振动相似。用 $(x \pm 1)^{\cdot}$ 乘以上式，得

$$(x\pm1)^{\cdot}(x\pm1)^{\cdot\cdot} + (x\pm1)(x\pm1)^{\cdot} = \frac{1}{2}\left\{[(x\pm1)^{\cdot}]^2 + (x\pm1)^2\right\}^{\cdot} = 0,$$

积分后得

$$[(x \pm 1)^{\cdot}]^2 + (x \pm 1)^2 = 常量.$$

---

❶ 函数

$$\mathrm{sgn}(x) = \frac{|x|}{x} = \begin{cases} +1, & x > 0 \\ -1, & x < 0 \end{cases}$$

为正负号函数。

现在我们来考虑相图。此式给出的相轨道是以($x\pm1$, $\dot{x}=0$)为中心的圆弧。我们假定,每当 $x=-1$, $\dot{x}>0$ 时擒纵轮受到棘轮一次冲击,摆的能量突然增加一个数值 $\xi(\xi>0)$。于是,在相图 6-34a 中从 a 点出发的相轨将循 $abcde$ 路线到达 e 点,其中 ab 为以 $B(-1,0)$ 为圆心的圆弧,故 b 的坐标为 $(-1, A-1)$。在 b 处能量增加 ξ,状态跳到 c 点。简谐振动的能量正比于振幅的平方,选取适当的能量单位,可使其能量等于振幅的平方。b 点的振幅为 $A-1$,能量为 $(A-1)^2$,从而 c 点的能量为 $\xi+(A-1)^2$,振幅(即 c 点的纵坐标)为 $\sqrt{\xi+(A-1)^2}$. cd 也是以 B 点为圆心的圆弧,de 为以 $C(1,0)$ 点为圆心的半圆。设 e 点的横坐标为 $-A'$,则

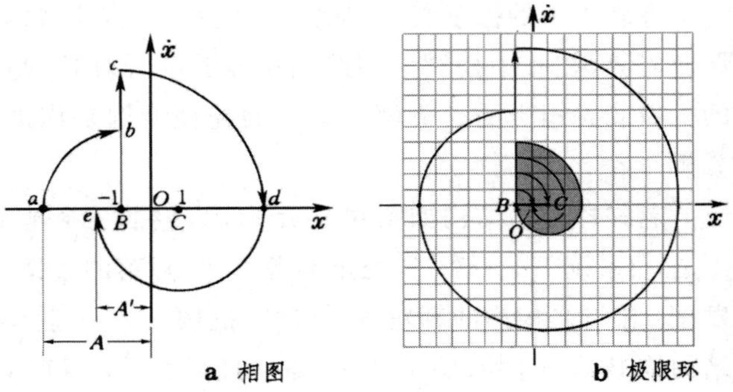

图 6-34 挂钟的相图

$$A'=\overline{Oe}=\overline{Ce}-1=\overline{Cd}-1=\overline{Od}-2=\overline{Bd}-3=\overline{Bc}-3=\sqrt{\xi+(A-1)^2}-3.$$

如果从 e 出发再绕一圈,我们将得到类似的结果。普遍地我们有从第 n 次到第 $n+1$ 次振幅间的递推关系

$$A_{n+1}=\sqrt{\xi+(A_n-1)^2}-3, \tag{6.43}$$

经过多次迭代,如果相轨趋向闭合的话,我们就得到一个极限环。轨线闭合的条件是 $A_{n+1}=A_n\equiv A_0$,由上式可得

$$A_0=\frac{\xi}{8}-1,$$

轨线进入极限环,意味着振动系统进入自激振动状态(见图 6-34b)。由于只有当 $A_0>1$(即环的左边缘在 B 点之左)时极限环才会出现,这要求 $\xi>16$,即输入的能量太小了不行(在图 6-34b 中我们取了 $\xi=64$, $A_0=7$)。

值得注意的是,在钟摆的相平面上,大极限环内还有一个小极限环,即图 6-34b 中阴影区的边界。当初态落到这区域里,相轨将向内卷缩,最后被吸引到 BC 线段上,就停止不动了。只有初态落到小极限环之外,相轨才逐渐扩展到大极限环上,时钟开始正常运转。所以说,在挂钟的相平面内有个死区。若重锤降到最低位置时钟停了,只把重锤提上去不行,还得拨弄一下摆锤,使系统跳出死区,钟才能走起来。

3.2 软激励和硬激励自振 稳定的和不稳定的极限环

现在,让我们从相图的角度抽象地概括一下自激振动的特点。自激振动与受迫振动不同,它是在非周期力的激励下作具有确定振幅和频率的持续振荡。在数学上它相当于一个孤立的闭合轨道,即*极限环*。这只有在非保守的、非线性的系统中才能发生。保守系统中也有闭合轨道,如理想单摆或弹簧振子的相图图 3-18 和图 3-20,但那不是孤立的,而且是结构不稳定的,稍有阻尼,轨道就不再闭合了。

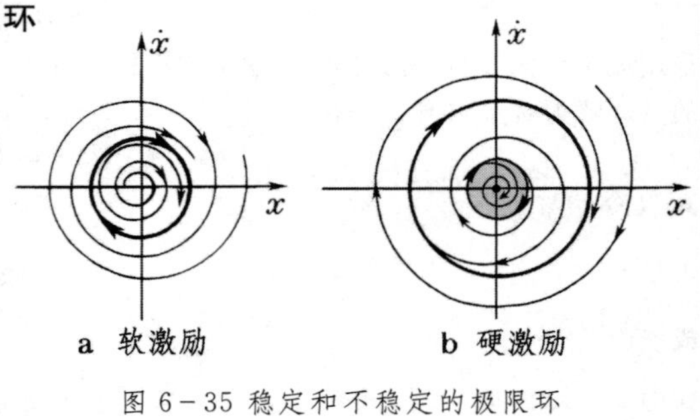

图 6-35 稳定和不稳定的极限环

自激振动有软激励和硬激励两种情况,它们相图的特点分别由图 6-35a、b 所示(这里所表现的是相图的拓扑结构,极限环的具体形状并不重要)。在*软激励*的情况里有一个*稳定极限环*,它外边的轨线向内卷缩,里边的轨线向外扩展,从两侧渐近地逼近它。此时极限环内有个不稳定的不动点,或者叫做*源*,其周围的轨线是向外发散的。在物理上这就是失稳的平衡点。在*硬激励*的情况里有两个极限环,外边一个是稳定的,里边有个*不稳定极限环*。所谓不稳定,是指它外边的轨线向外扩展,里边的轨线向内卷缩,从两侧背离它。此时内极限环里有个稳定的不动点,或者叫做汇,其周围轨线是向里汇集的。在物理上小极限环内是振动的死区,汇是稳定的平衡点。软激励只需任意小的能量来启动,硬激励则需超过一定大小的能量才能激发。不难看出,本节所举的两个例子中,传送带激励的质量-弹簧系统属软激励自振系统,挂钟则为硬激励自振系统。

我们在 1.3 节里曾提到“吸引子”的概念。除了那里所说的稳定的不动点(即“汇”)可以成为吸引子外,稳定的极限环也是吸引子。所以,到现在为止我们已遇到了两类吸引子。下面我们还要看到另外一种吸引子——奇怪吸引子。

3.3 什么是“混沌”?

远古时代人们对大自然的变幻无常怀着神秘莫测的恐惧。几千年的文明进步使人类逐渐认识到,大自然是有些规律可循的。经典力学在天文学上的预言获得辉煌的成就(见第七章 2.4 节),无疑给予了人们巨大的信心,以致在 18 世纪里把宇宙看作一架庞大时钟的机械宇宙观占了统治地位。伟大的法国数学家拉普拉斯(Pierre Simon de Laplace)的一段名言把这种彻底的决定论思想发挥到了顶峰:

> 设想有位智者在每一瞬间得知激励大自然的所有的力,以及组成它的所有物体的相互位置,如果这位智者如此博大精深,他能对这样众多的数据进行分析,把宇宙间最庞大物体和最轻微原子的运动凝聚到一个公式之中,对他来说没有什么事情是不确定的,将来就像过去一样展现在他的眼前。

牛顿力学在天文上处理得最成功的,是两体问题,譬如地球和太阳的问题。两个天体在万有引力的作用下,围绕它们共同的质心作严格的周期运动。正因为如此,我们地球上的人类才有个安宁舒适的家园。但是太阳系中远不止两个成员,第三者的介入会不会动摇这种稳定与和谐?长期以来天文学上按牛顿力学来处理这类问题,用所谓“摄动法”,即把其他天体的作用看作是微小的扰动,以计算对两体轨道的修正。拉普拉斯用这种方法“证明”了三体的运动也是稳定的。当拿破仑问他这个证明中上帝起了什么作用时,他的回答是“陛下,我不需要这样的假设”。拉普拉斯否定了上帝,然而他的结论却是错的,因为他所用的摄动法级数不收敛。

第一个意识到三体问题全部复杂性的也是位法国数学家,他叫庞加莱(Henri Poincaré)。庞加莱是 19、20 世纪之交最伟大的数学家,当今有关“混沌”理论最深刻的思想,都已经在他的头脑里形成了。只不过那时没有强有力的计算机,把他的思想清晰地表达出来。

1887 年瑞典国王奥斯卡二世(Oscar Ⅱ)以 2500 克朗为奖金征文,题目是天文学上的基本问题:“太阳系稳定吗?”庞加莱是最渊博的数学家,他谙熟当时数学的每个领域,对奥斯卡国王的问题自然要试一下身手。庞加莱并没有最终解决它,事后表明,此问题的复杂性是人们没有预料到的。但由于他的工作对这个领域产生的深刻影响,庞加莱还是获得了奥斯卡奖。

在万有引力作用下三体的运动方程,可以按照牛顿运动定律严格地给出,但由于它们是非线性的,谁也不会把它们的解表达成解析形式(事后证明这是不可能的,不仅三体问题的运动方程不可能,而且绝大多数非线性微分方程的解都不可能写成解析形式)。庞加莱另辟蹊径,发明了相图(参见第三章 3.2 节)和拓扑学的方法,在不求出解的情况下,通过直接考查微分方程本身的结构去研究它的解的性质。庞加莱开拓了整整一个数学的新领域——微分方程的定性理论,至今仍有着极其深远的影响。

十足的三体问题太复杂了,庞加莱采用了美国数学家希尔(Hill)提出的简化模型:假定有两个天体,它们在万有引力作用下,围绕共同的质心,沿着椭圆形的轨道,作严格的周期性运动(这种运动叫做“开普勒运动”,见第七章 §3);另有一颗宇宙尘埃,在这两个天体的引力场中游荡。两天体可完全不必理会这颗粒产生的引力对它们轨道的影响,更不会动摇它们之间运动的和谐,因为颗粒的质量相对它们自己来说实在太小了。可是颗粒的运动会是怎样的呢?这简化模型现称之为“限制性三体问题”。庞加莱用自己发明的独特方法探寻着,这颗粒有没有周期性轨道。他在相空间的截面上发现,颗粒的运动竟是没完没了的自我缠结,密密麻麻地交织成如此错综复杂的蜘蛛网(图 6-36)。要知道,当时并没有计算机把这一切显示在屏幕上,上述复杂图像是庞加莱靠逻辑思维在自己的头脑里形成的。他在论文中写道:“为这图形的复杂性所震惊,我都不想把它画出来。”这样复杂的运动是高度不稳定的,任何微小的扰动都会使粒子的轨道在一段时间以后有显著的偏离。因此,这样的运动在一段时间以后是

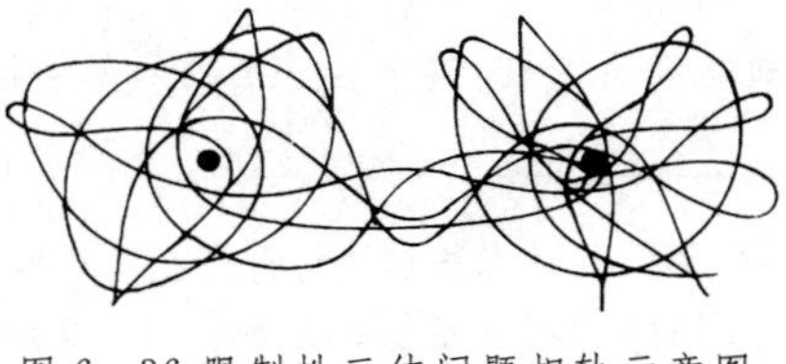
图 6-36 限制性三体问题相轨示意图

不可预测的,因为在初始条件或计算过程中任何微小的误差,都会导致计算结果严重的失实。

庞加莱的发现告诉我们,简单的物理模型(如限制性三体问题)会产生非常复杂的运动,决定论的方程(拉普拉斯意义下的)可导致无法预测的结果。虽然庞加莱的发现已有100多年了,而且在此期间许多优秀的数学家继庞加莱之后作出了卓越的贡献,直到1975年学术界才创造了“混沌(chaos)”这个古怪的词儿,[1]来刻画这类复杂的运动。20世纪七八十年代在学术界掀起了混沌理论的热潮,从数学、力学波及物理学各个领域,乃至天文学、化学、生物学等自然科学。在新闻媒体的报导下,又将“混沌”一词传播到社会上,难免被渲染上几分神秘的色彩。

什么是混沌?撇开数学上严格的定义不谈,我们可以说*混沌是在决定性(deterministic)动力学系统中出现的一种貌似随机的运动*。动力学系统通常由微分方程、差分方程或简单的迭代方程所描述,“决定性”指方程中的系数都是确定的,没有概率性的因素。从数学上说,对于确定的初始值,决定性的方程应给出确定的解,描述着系统确定的行为。但在某些非线性系统中,这种过程会因初始值极微小的扰动而产生很大的变化,即系统*对初值依赖的敏感性*。由于这种初值敏感性,从物理上看,过程好像是随机的。这种“假随机性”与方程中有反映外界干扰的随机项或随机系数而引起的随机性不同,是决定性系统内部所固有的,可称之为*内禀随机性*(intrinsic stochasticity)。

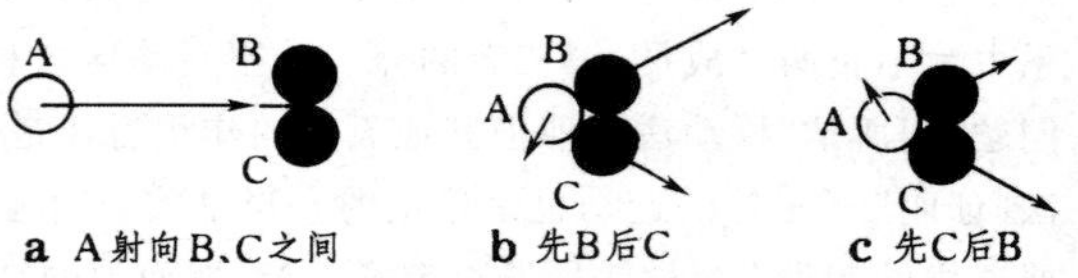

图 6-37 台球问题中的不确定性

对初值依赖的敏感性是怎样产生的?先看一个最简单的三体例子。如图6-37a所示,A、B、C是光滑水平桌面上三个完全相同的台球,B、C两球并列在一起,作为静止的靶子,A球沿它们中心联线的垂直平分线朝它们撞去。设碰撞是完全弹性的,碰撞后三球各自如何运动?若设想因A球瞄得不够准而与B、C球的碰撞稍分先后,则我们就会得到如图6-37b、c所示截然不同的结果。在这样一个简单的二维三体问题里,无限小的偏差竟然使完全决定性的牛顿运动定律给出全然不同的答案!

再看另外的例子。在第三章3.2节里单摆和倒摆的例题都是单个质点的一维运动,在能量给定时运动都是确定的。它们的相图图3-18和图3-24中有个共同之处,即都有连到一点的分界线,这点对应着势能的极大,即不稳定的平衡点。相图上的这类特殊点,叫做*鞍点*(saddle)或*双曲点*,因为与之相连的四条相轨中两条指向它,两条背离它,而附近的相轨呈双曲线状(见图6-38)。现在我们给问题增添一点复杂性,假定存在阻尼和驱动力,让摆作受迫振动。这样一来,双曲点就成了敏感地区。因为当质点被驱动到它附近时,能量稍有逾剩,就会越过势垒的顶峰,跨到它的另外一侧;能量稍有欠缺,则为势垒所阻,滑回原来的一侧。可以设想,此后质点的轨迹将会截然不同。相图里双曲点的存在,预示着混沌运动的可能。

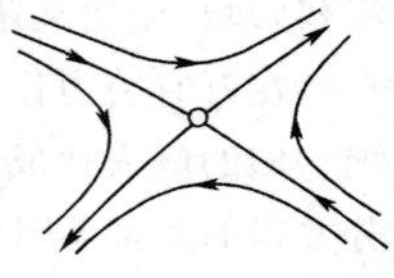
图 6-38 鞍点

的确,计算机数值计算和真实的物理实验都表明,在一定的参数下,在单摆和倒摆的受迫振动中都会出现混沌运动。待开始一段暂态过程过去后,周期运动的相轨趋于闭合曲线,即极限环;混沌运动的相轨则趋于非常复杂的吸引子,叫做*奇怪吸引子*(strange attractor)或*混沌吸引子*(chaotic attractor)。图6-39中所示为几幅单摆受迫振动相图上的吸引子,其中a是周期运动的极限环;b是产生倍周期分岔后的极限环,它在绕两周后才闭合起来;c则为混沌吸引子,它既不是闭合曲线,又与真正的随机运动有区别,其中有一定的内部结构。

---

[1] 科学术语有时与它们在日常生活中的含义不同,在这种情况下很容易引起误解。所以我们要对“混沌”一词的来源作些必要的解释。在英文里chaos一词有两个意思:1.人们设想在有序宇宙之前曾存在过的无序无形物质。2.完全无序,彻底混乱。汉语词典里“混沌”一词的含义主要有:1.古代传说中指天地开辟前的元气状态。2.浑然一体,不可分剖貌。中、英文在第一条含义上是相符的。100多年前玻耳兹曼把混沌当作科学术语来使用(分子混沌拟设),20世纪三四十年代维纳(N.Wiener)把混沌一词使用到他的论文中,其含义都是指随机过程引起的无序状态。当今把它用来特指决定性动力学系统中的内禀随机行为,大概是从1975年一篇署名Li-York的论文开始的。

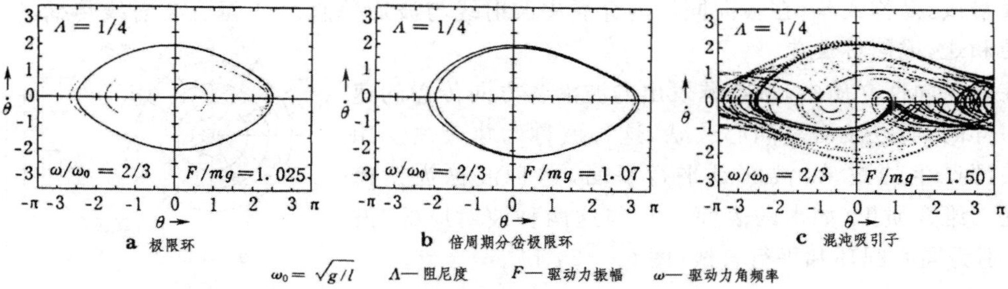

图 6－39 受迫单摆的吸引子

§4. 简 谐 波

4.1 波动的基本概念

什么是波动？ 投石入水，水面激起同心圆形波纹，由中心向四面八方传播开来，这是大家最熟悉的波动现象。我国有句成语，叫做“随波逐流”，将“波”和“流”相提并论，但在物理上这是有区别的。溪水潺潺，说“桃花尽日随水流”，是不成问题的。如果投石于一潭死水，漂浮在水面上的树叶只在原处摇曳，并不随了波纹向外漂流。树叶的运动反映了载波的介质 —— 水并没有向外流动。那么，向外传播的是什么呢？是水的振动状态，以及伴随它的能量。所以，**波动是振动状态的传播**。振动方向和传播方向平行的波动，叫做**纵波**（见图 6－40a），垂直的叫做**横波**（见图 6－40b）。气体和液体里的声波都是纵波；手执一端抖动一根柔软的绳子（见图 6－41），或消防队员抖动水龙带，可以产生横波，电磁波也是横波。水面波看起来像横波，实际上它是纵、横振动合成为椭圆运动的混合波。

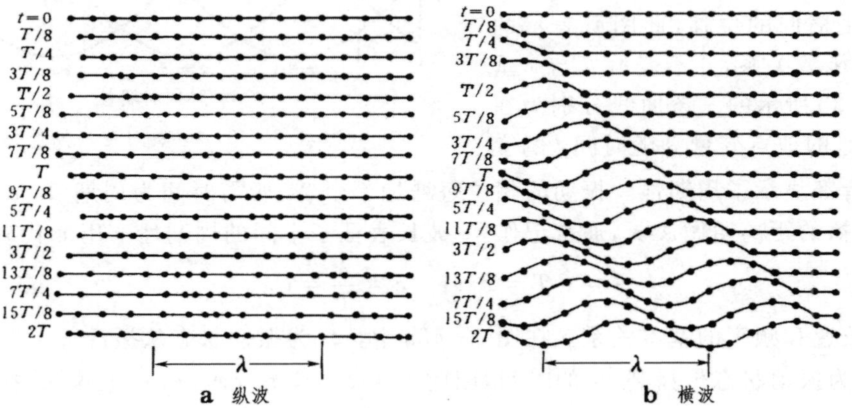

图 6－40 纵波与横波

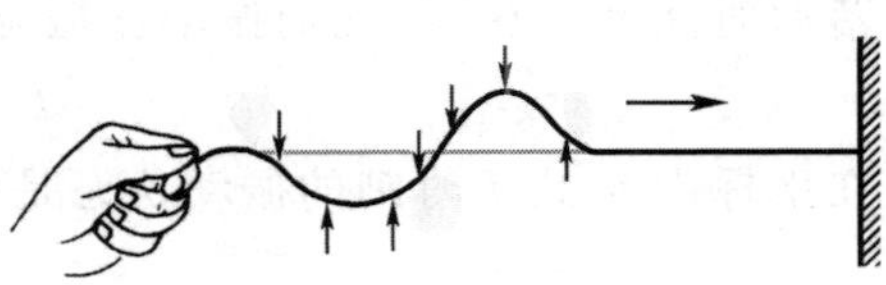

图 6－41 绳子上的横波

波在一维介质里传播，只有正、反两个传播方向。但在高维介质里，从振源出发波动可以沿各种不同的方向传播。沿着每个传播方向看去，远处的介质是受近处振动的波及而振动起来的，其步调，即相位，自然要比近处落后。从振源出发，波动同时到达的地点，振动的相位都相同。同相位各点所组成的面，叫做**波面**；表明波动传播方向的线，叫做波射线，简称波线；在各向同性的介质中波射线与波面垂直。波面沿波射线传播的速度，叫做波的相速，或简称波速。

在各向同性介质中，从点源发出的波沿各方向传播的速度是一样的，所以波面呈同心球状，这种波称为球面波。用平面波源产生的波动，波面是平行平面，这种波称为平面波。在二维介质里（如水的表面上），与这两种波对应的“波面”分别为同心圆环和平行直线（图 6-42a、b）。

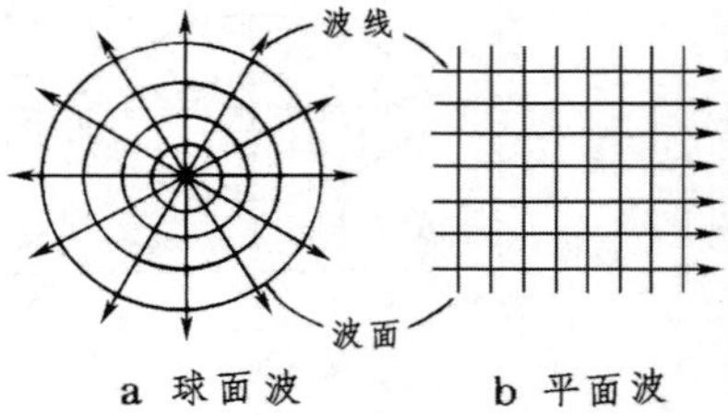

图 6-42 波的几何描述

4.2 一维简谐波的描述

为了简单，在本节和下面几节里我们基本上只讨论一维波动。

振动只是运动状态随时间变量作周期性变化，而波动则是运动状态既随时间变量、又随空间变量作周期性变化，所以情况要复杂得多。在平面上作图，我们不得不分别把其中一个变量定住，看运动状态随另一个变量的变化。令 u 代表运动状态的变量，它是时空变量 t、x 的函数：$u=u(x,\ t)$. 图 6-43a 所示的三条曲线分别为在 $t=0$、τ_1、τ_2 的时刻变量 u 随传播距离 x 的变化情况（应注意，变量 u 既可以是纵向的位移，也可以是横向的位移，此图所表示的是 u 与 x 的函数关系，并不表示 u 与 x 垂直），图 6-43b 所示的三条曲线分别为在 $x=0$、x_1、x_2 的地点变量 u 随时间 t 的变化情况，二者都显示了周期性。振动的相位每增加一个 2π 所需时间为周期 T，在一个周期内振动状态传播的距离叫做波长，通常记作 λ. 波长表征了空间的周期性。用 c 代表波速，则有

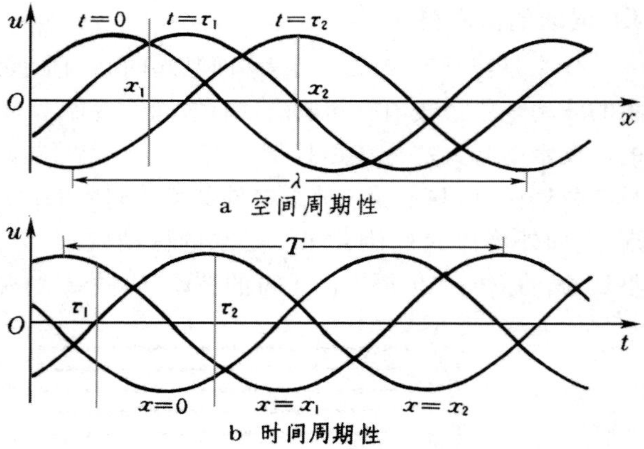

图 6-43 波动的时空周期性

$$\lambda = c\,T = c/\nu, \quad c = \frac{\lambda}{T} = \nu\,\lambda. \tag{6.44}$$

这是波长、波速和频率的基本关系。在图 6-43a 中，τ_1 为振动状态从振源 $x=0$ 处传播到 x_1 的时间，τ_2 为振动状态传播到 x_2 的时间，因此 $\tau_1=x_1/c$，$\tau_2=x_2/c$. 一般说来，振动状态传播距离 x 的时间为 $\tau=x/c$. 若把空间位置固定下来，则如图 6-43b 所示，在 x_1 处的振动比振源落后时间 τ_1，在 x_2 处的振动比振源落后时间 τ_2. 设振源的初相位为 φ_0，则振源的振动为

$$u(x=0,t)=A\cos(\omega t+\varphi_0),$$

在坐标为 x 处 t 时刻的振动状态是振源在 $t-\tau$ 时刻的振动状态，故它应由下式来描述：

$$\begin{aligned} u(x,t) &= A\cos[\omega(t-\tau)+\varphi_0] = A\cos\left[\omega\left(t-\frac{x}{c}\right)+\varphi_0\right] \\ &= A\cos\left[\frac{2\pi}{T}\left(t-\frac{x}{c}\right)+\varphi_0\right] = A\cos\left[2\pi\left(\frac{t}{T}-\frac{x}{\lambda}\right)+\varphi_0\right] \\ &= A\cos[(\omega t-k\,x)+\varphi_0]. \end{aligned}$$

以上是简谐波的各种不同形式的表达式，它们彼此都是等价的。在现代的文献里更常见的是

最后一种形式的表达式，这里 $k \equiv 2\pi/\lambda$，它叫做角波数。k 与 ω 是对应的，如果说 ω 代表单位时间里相位的变化，则 k 代表单位距离内相位的变化。

上面讨论的波动是朝正 x 方向传播的，如果在所有的公式里让 x 变号，就代表朝负 x 方向传播的波动。

现在把最常用的简谐波表达式归纳如下：

$$u(x,t) = A\cos\left[2\pi\left(\frac{t}{T} \mp \frac{x}{\lambda}\right) + \varphi_0\right] \tag{6.45}$$

$$= A\cos[(\omega t \mp kx) + \varphi_0]. \tag{6.46}$$

此外，根据(6.44)式我们有波速的基本表达式：

$$c = \frac{\lambda}{T} = \frac{\omega}{k}. \tag{6.47}$$

和简谐振动一样，简谐波也可以表达为复数形式：

$$\widetilde{u}(x,t) = A\,\mathrm{e}^{\mathrm{i}(\omega t \mp kx + \varphi_0)} = \widetilde{A}\,\mathrm{e}^{\mathrm{i}(\omega t \mp kx)}, \tag{6.48}$$

这里 $\widetilde{A} = A\,\mathrm{e}^{\mathrm{i}\varphi_0}$ 是复振幅。

4.3 一维弹性波

作为一个较简单的例子，我们考虑如图 6－44 所示的一维弹簧振子链。设所有振子的质

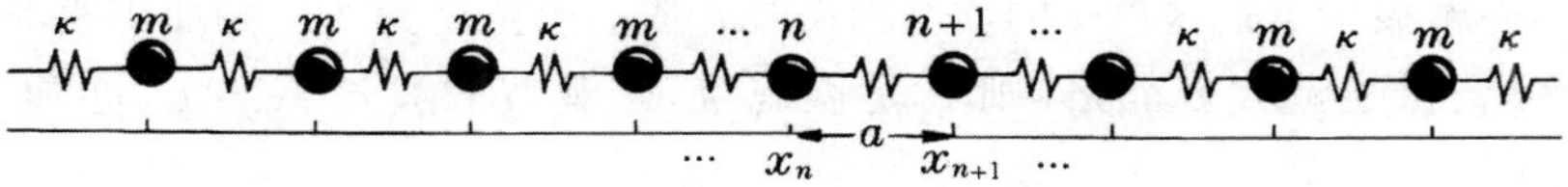

图 6－44 一维弹簧振子链

量都是 m，连接相邻质量弹簧的劲度系数都是 κ（为了避免与角波数混淆，不再用 k）。设每个弹簧的自然长度为 a，则第 n 个质点的平衡位置为 $x_n = na$. 只考虑纵振动，令第 n 个质点偏离平衡位置的坐标为 u_n，每个弹簧中的拉力正比于相邻质点之间距离的增量，于是各质点的运动方程为（参见图 6－45）

$$m\frac{\mathrm{d}^2 u_n}{\mathrm{d}t^2} = \kappa(u_{n+1} - u_n) - \kappa(u_n - u_{n-1}),$$

除以 m，令 $\omega_0^2 = \kappa/m$，有

$$\frac{\mathrm{d}^2 u_n}{\mathrm{d}t^2} = \omega_0^2(u_{n+1} - 2u_n + u_{n-1}). \tag{6.49}$$

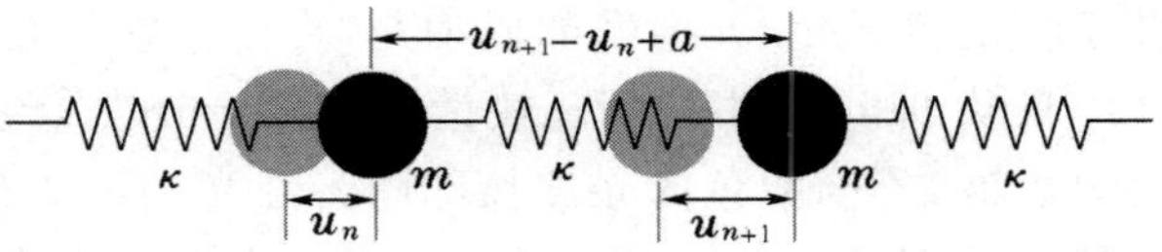

图 6－45 链的运动方程的推导

如果链有限长，则上式不适用于一头一尾。讨论这个一维链模型的背景是一维晶格，每个质点相当于一个原子。对于一个宏观物体，端点效应是不重要的。为了克服上述困难，我们假设链无头无尾，是无限长的，即 $n = -\infty, \cdots, -2, -1, 0, 1, 2, \cdots, \infty$，这样一来，(6.49) 式就对所有的质点都适用了。

采用(6.48)式中向右的波动解：

$$\widetilde{u}_n = \widetilde{u}(x_n, t) = \widetilde{A}\,\mathrm{e}^{\mathrm{i}(\omega t - kx_n)} = \widetilde{A}\,\mathrm{e}^{\mathrm{i}(\omega t - nka)}, \tag{6.50}$$

代入(6.49) 式，得

$$-\omega^2\widetilde{A}\,\mathrm{e}^{\mathrm{i}(\omega t - nka)} = \omega_0^2\,\widetilde{A}\,\mathrm{e}^{\mathrm{i}\omega t}\left[\mathrm{e}^{-\mathrm{i}(n+1)ka} - 2\,\mathrm{e}^{-\mathrm{i}nka} + \mathrm{e}^{-\mathrm{i}(n-1)ka}\right]$$

$$= \omega_0^2\,\widetilde{A}\,\mathrm{e}^{\mathrm{i}(\omega t - nka)}\left(\mathrm{e}^{-\mathrm{i}ka} - 2 + \mathrm{e}^{\mathrm{i}ka}\right)$$

$$= -2\omega_0^2 \widetilde{A}\, e^{i(\omega t - nka)}\left(1 - \cos ka\right)$$
$$= -4\omega_0^2 \widetilde{A}\, e^{i(\omega t - nka)} \sin^2 \frac{ka}{2}.$$

消去公共因子，得

$$\omega = 2\omega_0 \sin \frac{ka}{2}. \tag{6.51}$$

此式规定了角频率 ω 和角波数 k 之间的函数关系 $\omega(k)$，其函数形式如图 6－46 所示。下面我们对此式作详细的讨论。

首先，由于在我们的模型中波函数 $u(x_n, t)$ 只在离散格点 $x_n = na$ 上取值，波长 λ 小于晶格常量 a 是没有意义的。这是因为果真如此，则角波数 $ka = 2\pi a/\lambda > 2\pi$. 令 $ka/2\pi$ 的整数部分为 s，取 $k'a/2\pi = ka/2\pi - s$，它等于 $ka/2\pi$ 的小数部分，故小于 1. $k'a = ka - 2s\pi$，在指数上相差一个 2π 的整数倍，函数值是没有区别的，即 k' 与 k 等价。这就是说，我们取角波数的范围为 $0 \leqslant k < 2\pi/a$ 就够了，在图 6－46 中我们只画了这一段。

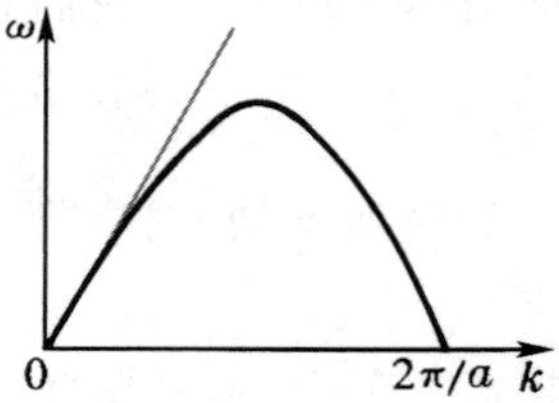

图 6－46 链的色散关系

在 1.2 节中我们引进了“简正模”的概念，这里对应每一个可能的 k 都是一个简正模。在上述 k 的取值范围内，$\omega(k)$ 的取值范围从 0 到 $2\omega_0$. 单个弹簧振子的固有角频率为 ω_0，弹簧振子链把这单一的固有频率展开成一个宽度为 $2\omega_0$ 的简正模固有频带。

如果这个弹簧振子链代表晶格，则 a 是微观量，宏观波的波长 $\lambda \gg a$，亦即 $ka \ll 1$，此时 (6.51) 式简化为

$$\omega = \omega_0 a k. \tag{6.51$'$}$$

从而波速为

$$c = \frac{\omega}{k} = \omega_0 a. \tag{6.52}$$

亦即波速与角波数 k（或者说与波长 λ）无关。要知道，这正是声波的特点，实际上，本弹簧振子链模型中的长波就相当于固体中的声波。当代固体物理学中的重要概念“元激发”是某种简正模的量子化，元激发的原型是“声子”，它正是晶格中声波的量子化。

自从 1666 年牛顿用三棱镜把太阳光分成彩色光带以后，人们开始了色散现象的研究。光是电磁波，不同颜色的光波长不同。红光的波长最长，橙、黄、绿、蓝色光波长依次递减，紫光的波长最短。色散现象是由于在介质中光速随波长而变。以后，在物理学中把“色散”的概念推而广之，凡波速与波长有关的现象，都叫做“色散”，ω 与 k 的依赖关系 $\omega(k)$ 称为色散关系，有关的函数曲线称为色散曲线。如果 ω 与 k 成正比，色散曲线是通过原点的直线，则表明波速 ω/k 是常量，即没有色散。所以，色散关系 (6.51) 式是有色散的，色散关系 (6.51$'$) 式是没有色散的，声波是典型的无色散波。

4.4 波的能量和能流

在 4.1 节里就已指出，载波的介质并不随着波动向前传播，向前传播的是振动状态和能量。现在我们结合上面一维弹簧振子链的例子来计算一下波的能量和能流。为此我们要用到附录 C 中的 (C.21) 式，即两个同频简谐量 $a_1(t) = A_1 \cos(\omega t + \Phi_1)$、$a_2(t) = A_2 \cos(\omega t + \Phi_2)$ 的平均值

$$\overline{a_1\, a_2} = \frac{1}{2}\mathrm{Re}(\widetilde{A}_1\, \widetilde{A}_2^*), \tag{6.53}$$

式中 $\widetilde{A}_1$、$\widetilde{A}_2$ 为 $a_1(t)$、$a_2(t)$ 的复振幅。

(1) 波的能量

上面的振子链是无穷长的,我们计算其中一节的能量。这一节包含第 n 个和第 $n+1$ 个质点和其间一个弹簧(见图6-47)。因每个质点是和邻段共有的,它们的动能只能各算一半。按(6.50)式

$$\begin{cases}\widetilde{u}_n = \widetilde{u}(x_n, t) = \widetilde{A}\,\mathrm{e}^{\mathrm{i}(\omega t - nka)},\\ \dfrac{\mathrm{d}\widetilde{u}_n}{\mathrm{d}t} = \mathrm{i}\omega\widetilde{u}_n = \mathrm{i}\omega\widetilde{A}\,\mathrm{e}^{\mathrm{i}(\omega t - nka)}.\end{cases}$$

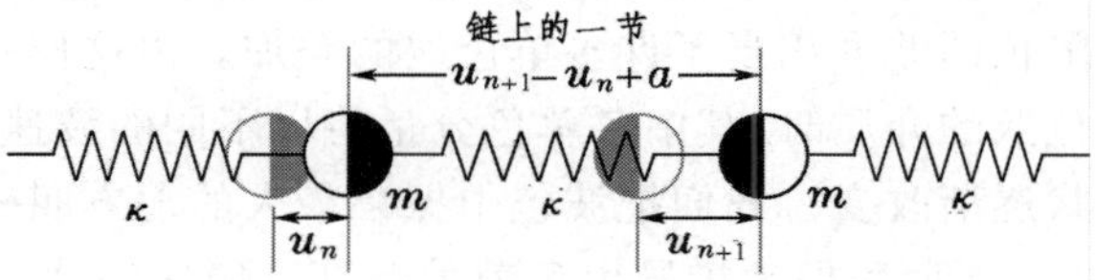

图 6-47 推导波的能量

故在一个周期里动能的平均值为

$$\overline{E_\mathrm{k}} = \frac{1}{2}\left(\frac{m}{2}\,\overline{\dot{u}_n^2} + \frac{m}{2}\,\overline{\dot{u}_{n+1}^2}\right)$$

$$= \frac{m}{8}\left\{\mathrm{Re}[\mathrm{i}\omega\widetilde{u}_n(\mathrm{i}\omega\widetilde{u}_n)^*] + \mathrm{Re}[\mathrm{i}\omega\widetilde{u}_{n+1}(\mathrm{i}\omega\widetilde{u}_{n+1})^*]\right\} = \frac{m\omega^2A^2}{4}, \tag{6.54}$$

利用色散关系(6.51)式,有

$$\overline{E_\mathrm{k}} = m\omega_0{}^2A^2\sin^2\frac{ka}{2} = \kappa A^2\sin^2\frac{ka}{2}. \tag{6.55}$$

弹性势能的平均值为

$$\begin{aligned}\overline{E_\mathrm{p}} &= \frac{\kappa}{2}\,\overline{(u_{n+1}-u_n)^2} = \frac{\kappa}{2}\left(\overline{u_{n+1}^2} + \overline{u_n^2} - 2\,\overline{u_{n+1}u_n}\right)\\ &= \frac{\kappa}{4}\left[\mathrm{Re}(\widetilde{u}_{n+1}\widetilde{u}_{n+1}^*) + \mathrm{Re}(\widetilde{u}_n\widetilde{u}_n^*) - 2\,\mathrm{Re}(\widetilde{u}_n\widetilde{u}_n^*)\right]\\ &= \frac{\kappa A^2}{2}(1-\cos ka) = \kappa A^2\sin^2\frac{ka}{2}.\end{aligned} \tag{6.56}$$

这节链子的长度为 a,故单位长度内的能量为

$$\varepsilon = \frac{1}{a}(\overline{E_\mathrm{k}} + \overline{E_\mathrm{p}}) = \frac{2\kappa A^2}{a}\sin^2\frac{ka}{2} = \frac{m}{2a}\omega^2A^2 \propto \omega^2A^2. \tag{6.57}$$

(2) 波的能流

振子链上任何一个假想的分界点左边对右边作功的功率,都代表在单位时间内向右传播的能量,即能流。由于在我们的模型里没有耗散,可以设想,对一个周期平均说来,沿链各点的能流是一样的。我们先计算第 n 个质点对它右边的弹簧所作功的功率。这里力 $f=-\kappa(u_{n+1}-u_n)$,速度为 $\dot{u}_n$,从而平均功率(即能流)为

$$\begin{aligned}w &= -\kappa\,\overline{(u_{n+1}-u_n)\dot{u}_n} = -\kappa\,\overline{(u_{n+1}\dot{u}_n - u_n\dot{u}_n)} = -\frac{\kappa}{2}\left\{\mathrm{Re}[\widetilde{u}_{n+1}(\mathrm{i}\omega\widetilde{u}_n)^*] - \mathrm{Re}[\widetilde{u}_n(\mathrm{i}\omega\widetilde{u}_n)^*]\right\}\\ &= -\frac{\kappa A^2}{2}\left[\mathrm{Re}(-\mathrm{i}\omega\,\mathrm{e}^{-\mathrm{i}ka}) - \mathrm{Re}(-\mathrm{i}\omega)\right] = -\frac{\omega\kappa A^2}{2}(-\sin ka - 0) = \frac{\omega\kappa A^2}{2}\sin ka\\ &= \omega_0\kappa A^2\sin\frac{ka}{2}\sin ka = 2\omega_0\kappa A^2\sin^2\frac{ka}{2}\cos\frac{ka}{2}.\end{aligned}$$

读者不妨验算一下,此弹簧对第 $n+1$ 质点的平均功率 $\kappa\,\overline{(u_{n+1}-u_n)\dot{u}_{n+1}}$ 与上式结果相等,从而证实了我们的设想。总之,波的能流为

$$w = \omega_0\kappa A^2\sin^2\frac{ka}{2}\cos\frac{ka}{2} = \frac{\sqrt{\kappa m}}{2}\omega^2A^2\cos\frac{ka}{2}. \tag{6.58}$$

显然,“单位长度内的能量 ε × 能量传播的速度”应等于“能流 w”,所以由(6.57)式和(6.58)式得

$$\text{能量传播的速度} = \frac{w}{\varepsilon} = \omega_0 a\cos\frac{ka}{2}. \tag{6.59}$$

此结果与从色散关系(6.51)式算出的波的传播速度

$$c = \frac{\omega}{k} = \frac{2\omega_0}{k}\sin\frac{ka}{2} \tag{6.60}$$

不一样！ 这是怎么回事？且看下面分解。

4.5 波的群速

频率单一的波，叫做单色波。真正单色波的波列必须是无穷长的，按傅里叶分解的观点，有限长的波列相当于许多单色波的叠加。由这样一群单色波组成的波列叫做波包。当波包通过有色散的介质时，其中各单色分量将以不同的波速（相速）c 前进，整个波包在向前传播的同时，形状逐渐改变。我们把波包中振幅最大的地方叫做它的中心，波包中心前进的速度叫做群速，记作 v_g. 下面我们来推导由色散关系计算群速的公式。

为简单起见，我们考虑由两列波长和频率都相近的波组成的“波包”。设两列波的角频率和角波数分别为 $\omega \pm \Delta\omega$ 和 $k \pm \Delta k$，这里 $|\Delta\omega| \ll \omega$，$|\Delta k| \ll k$. 两列波合成的波列为

$$u(x,t)=A\Big\{\cos\big[(\omega+\Delta\omega)t-(k+\Delta k)x\big]+\cos\big[(\omega-\Delta\omega)t-(k-\Delta k)x\big]\Big\}$$
$$=2A\cos(\Delta\omega t-\Delta k x)\cos(\omega t-kx). \tag{6.61}$$

此波的瞬时图像如图 6-48 所示，是振幅受到低频调制的高频波列。这调制波有一系列最大值，因而它还算不得是一个典型的波包。要得到一个真正的波包，需要有更多频率和波长相近的波叠加在一起。不过由上述两列波合成的调制波已可推导出正确的群速公式了。(6.61) 式中高频波的传播速度为 ω/k，它相当于“波包”的相速 c；低频包络的传播速度为 $\Delta\omega/\Delta k$，这就是“波包”的群速 v_g 了。将 $\Delta\omega$ 和 Δk 改成微分，有

$$v_g=\frac{d\omega}{dk}. \tag{6.62}$$

这便是我们要找的群速表达式。在无色散的情况下它与相速 $c=\omega/k$ 一致，在有色散的情况下这两者就不一样了。

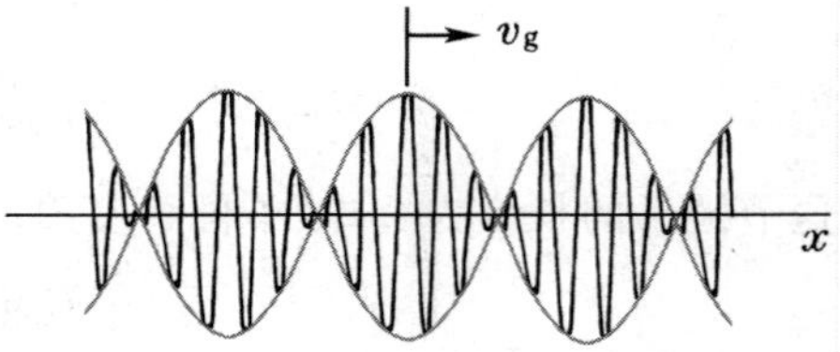

图 6-48 相速与群速

波的能量正比于振幅 A 的平方，所以波包的中心正是能量集中的地方，它的前进速度（即群速 v_g）应是能量的传播速度。利用色散关系(6.51) 式和上式，我们可以计算出一维弹簧振子链的能量传播速度

$$v_g=\frac{d\omega}{dk}=\omega_0 a\cos\frac{ka}{2},$$

这结果和(6.59) 式是一致的，但与相速的表达式(6.60) 式不同。在 $ka \ll 1$ 的长波极限下，$v_g \to \omega_0 a$，它又与无色散的相速公式(6.52) 相同了。

4.6 驻波

考虑两列振幅、频率相同，但传播方向相反的简谐波

$$\begin{cases} u_1(x,t)=A\cos(\omega t-kx),\\ u_2(x,t)=A\cos(\omega t+kx)\end{cases}$$

的叠加。 图 6-49 中黑线和白线表示两列相向传播的波，粗灰线表示它们的合成。图中行与行之间在时间上相差 $T/8$，两列波分别向左右传播了 $\lambda/8$ 的距离。 在第 5 行振动完成半个周期，距离传播了半个波长，达到与第一行相位相反的状态。用公式来计算，则合成运动为

$$u(x,t)=u_1(x,t)+u_2(x,t)=2A\cos kx\cos\omega t. \tag{6.63}$$

上式表明，合成后各点都以角频率 ω 作简谐振动，但各处振幅不同。x 点的振幅

$$A(x)=|2A\cos kx|.$$

在 $|\cos kx|=1$ 的那些点 $A(x)=2A$，振幅最大，是波腹；在 $|\cos kx|=0$ 的那些点 $A(x)=0$，没有振动，是波节。这种原地振荡而不向前传播的运动状态，叫做驻波。相对驻波而言，前面讨论的那些向前传播的波叫做行波。按上式，驻波波腹的位置为

$$kx=\pm n\pi,\quad 或\quad x=\pm\frac{n\lambda}{2},$$

$$(n=0,1,2,\cdots)\tag{6.64}$$

波节的位置为

$$kx=\pm\left(n+\frac{1}{2}\right)\frac{\lambda}{2},$$

$$(n=0,1,2,\cdots)\tag{6.65}$$

相邻波腹或相邻波节之间的距离为 $\lambda/2$，波腹与波节之间的距离为 $\lambda/4$.

驻波中振动的相位取决于 $\cos kx$ 因子的正负，它每经过波节变号一次。所以，相邻波节之间各点具有相同的相位，波节两侧的振动相位相反，即相位差 π.

怎样产生两列传播方向相反的波，以形成驻波？通常靠反射。在讨论反射波的振幅和相位变化之前，我们先引进“阻抗”的概念。

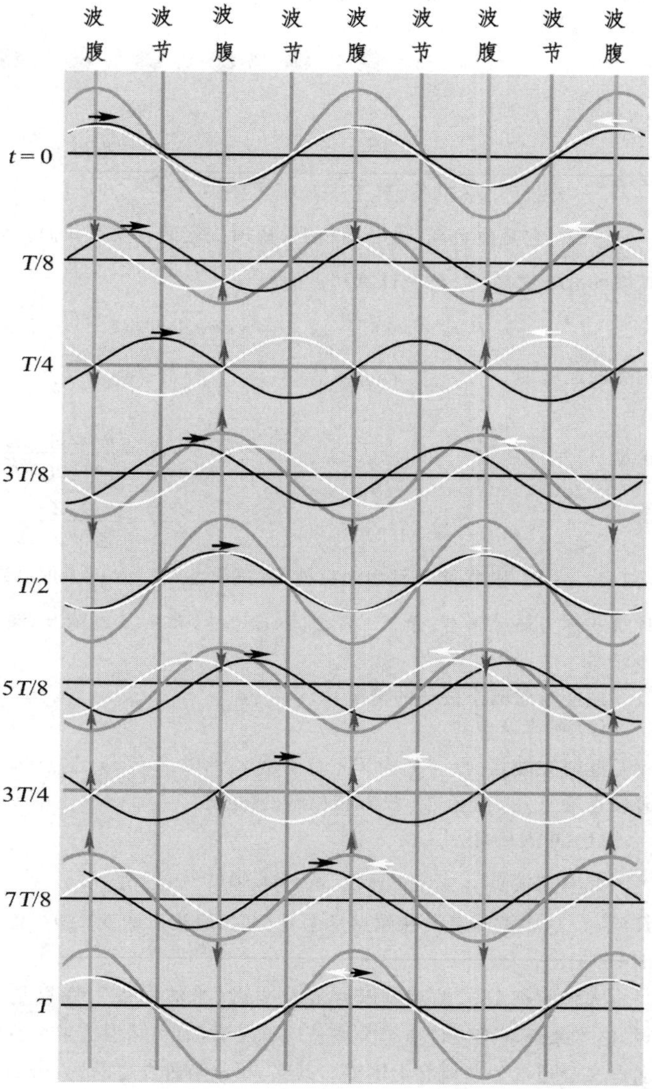

图 6-49 驻波

4.7 阻抗及其匹配

在第三章 1.5 节里提到了“阻抗”的概念：阻抗 $\widetilde{Z}$=力 $\widetilde{F}$/速度 $\widetilde{v}$. 仍以 4.3 节中的弹簧振子链为例，在链上某点波的上方给下方❶ 的力为

$$\widetilde{F}=-\kappa(\widetilde{u}_{n+1}-\widetilde{u}_n)\approx-\kappa a\frac{\partial\widetilde{u}}{\partial x}=\mathrm{i}k\kappa a\,\widetilde{u},$$

速度为 $\widetilde{v}=\dfrac{\partial\widetilde{u}}{\partial t}=\mathrm{i}\omega\widetilde{u}$，所以阻抗 $\widetilde{Z}=k\kappa a/\omega=\kappa a/c$. 在长波极限下波速 $c=\omega_0 a=a\sqrt{\kappa/m}$，于是阻抗为

$$\widetilde{Z}=\sqrt{\kappa m}.\tag{6.66}$$

它与位置无关，沿链是个实常量，叫做链的特性阻抗，记作 Z_C.

波在阻抗均匀的介质中传播时是不反射的，在阻抗发生突变的地方要发生反射。反射波与入射波复振幅之比叫做反射系数，记作 $\widetilde{R}$. 设入射波的复振幅为 $\widetilde{A}$，则反射波的复振幅为 $\widetilde{R}\widetilde{A}$. 两波同时存在时波的表达式为

$$\widetilde{u}(x,t)=\widetilde{A}\,\mathrm{e}^{\mathrm{i}(\omega t-kx)}+\widetilde{R}\widetilde{A}\,\mathrm{e}^{\mathrm{i}(\omega t+kx)}=\widetilde{A}\,\mathrm{e}^{\mathrm{i}\omega t}(\mathrm{e}^{-\mathrm{i}kx}+\widetilde{R}\,\mathrm{e}^{\mathrm{i}kx}).\tag{6.67}$$

---

❶ 仿照河流上游和下游的说法，按波的能流方向规定其上方和下方。

如图 6-50 所示，把无穷长的振子链在 $x=0$ 的地方剪断，装上一个阻尼器作为负载。负载给链子端点的阻

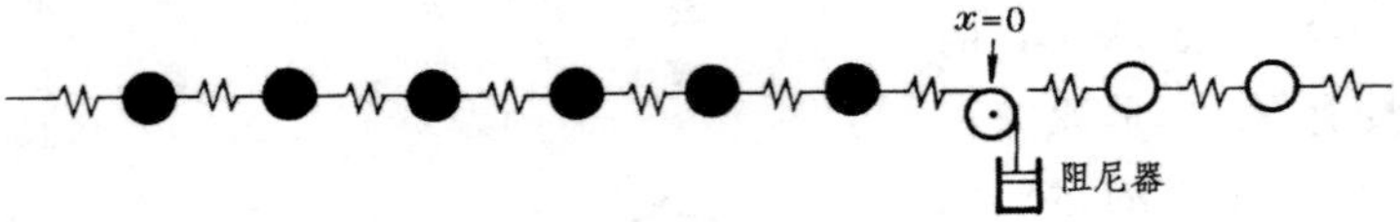

图 6-50 特性阻抗

力 $\widetilde{F}'\propto-\partial\widetilde{u}/\partial t$. 反过来，链子端点给负载的力 $\widetilde{F}=-\widetilde{F}'\propto\partial\widetilde{u}/\partial t$，比例系数定义为负载的阻抗，记作 $\widetilde{Z}_L$，即 $\widetilde{Z}_L=\dfrac{\widetilde{F}}{\partial\widetilde{u}/\partial t}$，它是由负载(阻尼器)的性质所决定的。现在我们来计算反射系数 $\widetilde{R}$ 与负载阻抗 $\widetilde{Z}_L$ 的关系。假定波具有(6.67)式形式，首先计算端点的力

$$\widetilde{F}=-\kappa a\left(\frac{\partial\widetilde{u}}{\partial x}\right)_{x=0}=\mathrm{i}k\kappa a\widetilde{A}\,\mathrm{e}^{\mathrm{i}\omega t}(\mathrm{e}^{-\mathrm{i}kx}-\widetilde{R}\,\mathrm{e}^{\mathrm{i}kx})_{x=0}=\mathrm{i}k\kappa a\widetilde{A}\,\mathrm{e}^{\mathrm{i}\omega t}(1-\widetilde{R}),$$

端点的速度为

$$\widetilde{v}=\left(\frac{\partial\widetilde{u}}{\partial t}\right)_{x=0}=\mathrm{i}\omega\widetilde{A}\,\mathrm{e}^{\mathrm{i}\omega t}(\mathrm{e}^{-\mathrm{i}kx}+\widetilde{R}\,\mathrm{e}^{\mathrm{i}kx})_{x=0}=\mathrm{i}\omega\widetilde{A}\,\mathrm{e}^{\mathrm{i}\omega t}(1+\widetilde{R}),$$

于是

$$\widetilde{Z}_L=\frac{\widetilde{F}}{\widetilde{v}}=\frac{k\kappa a}{\omega}\;\frac{1-\widetilde{R}}{1+\widetilde{R}}=Z_C\,\frac{1-\widetilde{R}}{1+\widetilde{R}}\tag{6.68}$$

或

$$\widetilde{R}=\frac{Z_C-\widetilde{Z}_L}{Z_C+\widetilde{Z}_L}.\tag{6.69}$$

当 $|\widetilde{R}|=1$ 时，波在端点发生全反射，*驻波状态*；当 $|\widetilde{R}|=0$ 时，波在端点不发生反射，全部能流为负载所吸收，这种状态称为*匹配状态*；介于二者之间，即 $0<|\widetilde{R}|<1$ 的情况，波在端点发生部分反射，形成驻波和行波混合的*混波状态*。

现在考虑两个极端的情况：

(a) *端点自由*

此时在端点 $x=0$ 处力 $\widetilde{F}=0$，于是 $\widetilde{Z}_L=0$，$\widetilde{R}=+1$. 这意味着波在端点发生全反射，没有相位跃变(见图6-51a)。

(b) *端点固定*

此时在端点 $x=0$ 处速度 $\widetilde{v}=\partial\widetilde{u}/\partial t=0$，于是 $\widetilde{Z}_L=\infty$，$\widetilde{R}=-1$. 这也意味着波在端点发生全反射，但相位跃变 180°(见图 6-51b)。

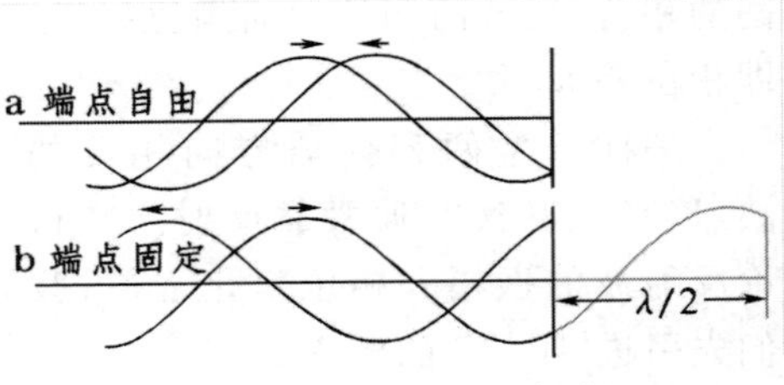

图 6-51 相位跃变(半波损失)

人们常把 180° 的相位跃变现象叫做"半波损失"，意思是说，波本来还应继续传播半个波长后再反射，而实际中这半个波长不见了。既谓之"损"，似乎是原不该有的，顾名思义会造成一些概念上困惑。其实，相位是否发生跃变，由端点的边界条件所决定。在端点处物理条件发生了跃变，一切物理量到此可能发生跃变，应是意料中事，没有什么好奇怪的。

(6.69)式告诉我们，匹配状态发生在负载阻抗 $\widetilde{Z}_L$ = 特性阻抗 Z_C 的时候。这是可以理解的，因为此时从波的"上方"看过去，负载(阻尼器)的作用就像原来剪掉的半截链子又被接上去一样，自然不会有反射。

4.8 连续介质的波动方程

上面我们一直引用了一个离散系统(弹簧振子链)中波动的例子。在宏观问题里更常见的情况是把载波介质看成连续的，如讨论一根弦上的波，或管中空气柱内的波，水面上的波等。从原则上讲，每一情况似乎应有各自的波动方程，需要个案处理。实际不然，在许多情况下波动方程有共同的标准形式。要得到这个标准形式的波动方程，我们可以从弹簧振子链的(6.49)式出发，取 $a/\lambda\to0$ 的极限。在这个极限下 $u_{n\pm1}$ 与 u_n 的差别是很小的，把它们看作是连续变量 x 的函数 $u(x,t)$，采用泰勒展开：

$$u_{n\pm1}-u_n=u(x_n\pm a,t)-u(x_n,t)$$

$$= \pm \left(\frac{\partial u}{\partial x}\right)_{x=x_n} a + \frac{1}{2}\left(\frac{\partial^2 u}{\partial x^2}\right)_{x=x_n} a^2 + \cdots,$$

于是

$$u_{n+1} - 2u_n + u_{n-1} = a^2 \frac{\partial^2 u}{\partial x^2}.$$

代入(6.49)式，将原来对 t 的导数也改为偏导数，有

$$\frac{\partial^2 u}{\partial t^2} = (\omega_0 a)^2 \frac{\partial^2 u}{\partial x^2}.$$

请注意到，按(6.52)式，上式中的 $\omega_0 a$ 正是长波极限下波的相速 c，移项后，上式可以写成

$$\frac{\partial^2 u}{\partial t^2} - c^2 \frac{\partial^2 u}{\partial x^2} = 0. \tag{6.70}$$

在上面取极限的过程里，我们把弹簧振子链变成了弹性固体杆，讨论其中的纵波问题。实际上，(6.70)式不仅适用于这一情况，对于弦上的横波、流体中的声波、自由空间里或传输线上的电磁波，波动方程都具有这一共同形式，只不过其中的波速 c 各不相同，需要根据情况加以具体化罢了。然而，波动方程(6.70)式也不是包罗万象的，它的适用范围仅限于线性、无色散、无耗散介质中的经典波动。超出这一范围，波动方程的形式五花八门，无法归纳成少数几种标准形式。

波动方程(6.70)式的解不限于周期性函数。实际上不难验证，任意具有 $f(x \pm ct)$ 形式的函数都满足这个方程。由于(6.70)式是线性的，它的通解可以写成二者的叠加：

$$u(x, t) = f_1(x - ct) + f_2(x + ct), \tag{6.71}$$

两项都代表任意形状的扰动，第一项向右传播，第二项向左传播。我们可以设想，f_1 和 f_2 各自代表一个脉冲，由于没有色散和耗散，它们都无衰减地保持自己的波形，以恒定的速率 c 朝相反的方向传播。甚至于当两个脉冲相遇时也只是简单地叠加。它们互不干扰地对穿而过，然后沿各自的原方向继续前进(见图 6-52)。

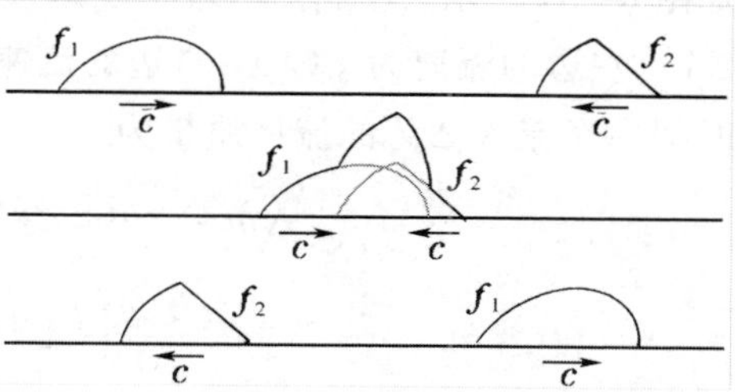

图 6-52 线性波

没有耗散和没有色散只是理想情况，有了耗散波就要衰减，有了色散波就要变形。所以，(6.70)式所给出的脉冲解在物理上并不是真正稳定的。真正稳定的波形在线性理论中是找不到的，我们必须假定有非线性效应存在。

1844 年罗素(I.Scott Russell)生动地报道了他在爱丁堡-戈拉斯高运河(Edinburgh - Glasgow canal)上的一次经历：

……那时我正在观看一只用两匹马拉着的船沿狭窄的河道快速前进，当这只船突然停下来的时候，河道中曾为船只推动的水体并不停下来，而是聚集在船头周围猛烈地激荡着。忽然，一个孤立的巨大隆起离船而去，滚滚向前疾驶。这是滚圆而光滑的一团水，持续地沿河道行进，看不出有明显的减速。我在马背上跟随它，赶上它每小时八九英里的速度，它一直保持着约三十英尺长、一到一英尺半高的原始形状。最后，它的高度渐减，我在追逐它一到二英里之后，它在河道的弯曲处消失了。这就是我在 1834 年 8 月间看到那个奇特而美丽现象的一次机遇……

大家公认，这是有关这种稳定的脉冲波形的第一个报道，人们称之为孤波(solitary wave)。此后很久，考特威格(Korteweg)和德伏瑞斯(de Vries)于 1895 年给出了一个浅水波方程(KdV 方程)，为解析地研究这种孤波提供了一个理论基础。KdV 方程有如图 6-53 所示单峰形式的孤波解，a 是孤波的振幅，b 是它的有效宽度(见图 6-53)。KdV 方程是非线性的，而且有色散。正是非线性和色散的综合效果，产生了这样一种真正稳定的孤波。

除 KdV 方程外，现已发现有非线性薛定谔方程(nonlinear Schrödinger equation)，正弦戈登方程(sine-Gorden equation) 等一系列非线性方程具有孤波解。当前孤波的概念已波及许多领域，在理论上和实践上都有重要意义。例如，在光纤通信和神经脉冲传输的研究中，孤波的概念是很有吸引力的。

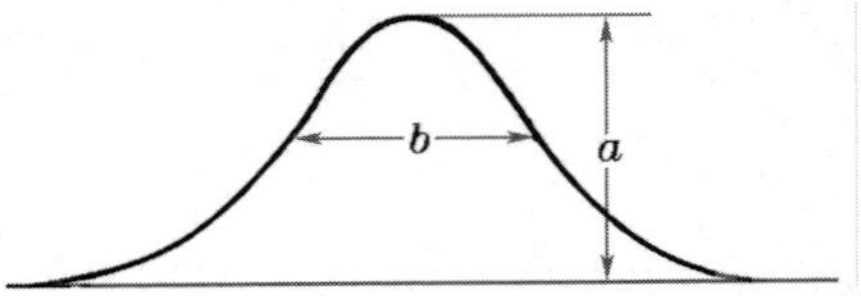

图 6－53 孤 波

§5. 连续介质中的波

5.1 声波和声速

频率在 16～20 000 Hz 之间的机械波，能引起人类产生听觉的，叫做*声波*，低于此频率范围，直到 10^{-4} Hz 的波，叫做*次声波*，高于此频率范围，直到 5×10^{8} Hz 的波，叫做*超声波*。在流体中传播的声波都是纵波。

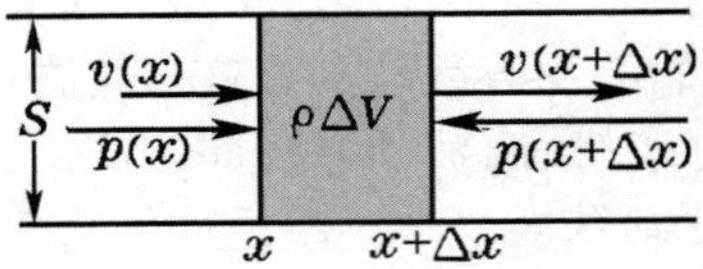

图 6－54 平面声波公式的推导

考虑流体中沿 x 方向传播的平面波。设没有波动时流体是静止的，具有均匀密度 ρ_0 和压强 p_0. 考虑沿 x 方向传播的平面波，密度、压强的涨落部分和流速(只有 x 分量) 分别为 $\widetilde{\rho}$、$\widetilde{p}$ 和 $\widetilde{v}$. 如图 6－54 所示，在流体中取一底面积为 S、高为 Δx 的体元 ΔV，左边的流速为 $\widetilde{v}(x)$，右边的流速为 $\widetilde{v}(x+\Delta x)$，在 Δt 时间内净流入 ΔV 的流体质量为

$$\Delta m=\left[\rho(x)\,\widetilde{v}(x)-\rho(x+\Delta x)\,\widetilde{v}(x+\Delta x)\right]S\,\Delta t$$

$$\frac{\partial(\rho\widetilde{v})}{\partial x}\Delta x S\,\Delta t=-\frac{\partial(\rho\widetilde{v})}{\partial x}\Delta V\,\Delta t,$$

从而我们有

$$\frac{\partial\rho}{\partial t}=\frac{\Delta m}{\Delta V\,\Delta t}=-\frac{\partial(\rho\widetilde{v})}{\partial x}.$$

在上式中的 $\rho=\rho_0+\widetilde{\rho}$. 假定波动的幅度很小，即 $|\widetilde{\rho}|\ll\rho_0$，右端的 $\rho\widetilde{v}$ 可近似地取作 $\rho_0\,\widetilde{v}$，将波动的二级小量忽略掉。因 ρ_0 是常量，$\partial\rho_0/\partial t=0$，$\partial\rho/\partial t=\partial\widetilde{\rho}/\partial t$，于是有

$$\frac{\partial\widetilde{\rho}}{\partial t}=-\rho_0\frac{\partial\widetilde{v}}{\partial x}. \tag{6.72}$$

现在来看这体元 ΔV 中流体所受的力，它等于前后的压力差

$$\left[p(x)-p(x+\Delta x)\right]S\approx-\frac{\partial p}{\partial x}\Delta x S=-\frac{\partial p}{\partial x}\Delta V,$$

根据牛顿第二定律，它应等于流体质量 $\rho_0\,\Delta V$ 乘加速度 $\partial\widetilde{v}/\partial t$(这里我们作了 $\rho\approx\rho_0$ 同样的近似)：

$$\rho_0\,\frac{\partial\widetilde{v}}{\partial t}=-\frac{\partial p}{\partial x}. \tag{6.73}$$

式中压强 $p=p_0+\widetilde{p}$. 假定压强 p 是密度的函数，从而

$$\widetilde{p}=\frac{\partial p}{\partial\rho}\,\widetilde{\rho}, \tag{6.74}$$

以及

$$\frac{\partial p}{\partial x}=\frac{\partial\widetilde{p}}{\partial x}=\left(\frac{\partial p}{\partial\rho}\right)_0\frac{\partial\widetilde{\rho}}{\partial x},$$

这里$\left(\frac{\partial p}{\partial \rho}\right)_0$代表此量在$\rho=\rho_0$时的值。于是(6.74)式可改写成

$$\rho_0 \frac{\partial \tilde{v}}{\partial t}=-\left(\frac{\partial p}{\partial \rho}\right)_0 \frac{\partial \tilde{\rho}}{\partial x}. \tag{6.75}$$

分别取(6.72)式对t和(6.75)式对x的偏微商,就可将$\frac{\partial^2 \tilde{v}}{\partial t \partial x}=\frac{\partial^2 \tilde{v}}{\partial x \partial t}$消去,最后得到$\tilde{\rho}$所满足的微分方程:

$$\frac{\partial^2 \tilde{\rho}}{\partial t^2}-\left(\frac{\partial p}{\partial \rho}\right)_0 \frac{\partial^2 \tilde{\rho}}{\partial x^2}=0. \tag{6.76}$$

这符合上节所给出的波动方程(6.70)式的标准形式,对应于波速平方c^2的是第二项的系数,这里我们把c写成c_s,代表声速,于是有❶

$$c_s=\sqrt{\left(\frac{\partial p}{\partial \rho}\right)_0}. \tag{6.77}$$

5.2 声压和声阻抗

在§4中我们采用质点的位移$\tilde{u}(x, t)$作变量来描述波动,(6.76)式采用的变量是密度$\tilde{\rho}(x, t)$,我们还可以用压强$\tilde{p}(x, t)$或质点速度$\tilde{v}(x, t)$来描述声波。由(6.74)式和(6.77)式可将$\tilde{p}$和$\tilde{\rho}$之间的关系写成

$$\tilde{p}=c_s^2 \tilde{\rho}. \tag{6.78}$$

现在我们假定$\tilde{\rho}$和$\tilde{v}$具有如下复数形式:

$$\tilde{\rho}, \quad \tilde{p}, \quad \tilde{v} \propto e^{i(\omega t-kx)}, \tag{6.79}$$

则$\partial \tilde{\rho}/\partial t=i\omega \tilde{\rho}$, $\partial \tilde{v}/\partial x=-ik\tilde{v}$,代入(6.72)式可得$\tilde{\rho}$和$\tilde{v}$之间的关系:

$$\tilde{\rho}=\frac{k\rho_0}{\omega}\tilde{v}=\frac{\rho_0}{c_s}\tilde{v}, \tag{6.80}$$

将(6.79)式、(6.80)式结合起来,可得$\tilde{p}$和$\tilde{v}$之间的关系:

$$\tilde{p}=\rho_0 c_s \tilde{v}. \tag{6.81}$$

阻抗$Z=f/v$,对于横截面积S的无限长均匀流体柱,$f=pS$,故其特性阻抗

$$Z_C=\frac{\tilde{p}S}{\tilde{v}}=\rho_0 c_s S. \tag{6.82}$$

5.3 声强

在声学中*声强*(记作I)指的是声波的平均能流密度,即单位面积上的平均能流。如4.4节(2)指出的那样,能流即功率,应等于力乘速度;在这里能流密度就等于压强的波动部分$\tilde{p}$乘速度$\tilde{v}$. 仿照4.4节的办法算平均值,我们有

---

❶ 进一步计算声速,需要知道$p=p(\rho)$的函数关系(物态方程)。选择怎样的物态方程,有过一段历史的曲折。起初牛顿认为声波的传播是等温过程,根据玻意耳定律,对于理想气体有

$$pV=常量, \quad 或 \quad p/\rho=常量,$$

这样我们就有$\partial p/\partial \rho=p/\rho$,因而$c_s=\sqrt{p_0/\rho_0}$,但这并不符合实验结果。1816年法国数学家拉普拉斯(P.S.M. Laplace)指出了牛顿的错误,认为声波传播很快,来不及与外界交换热量,应视作绝热过程。热力学告诉我们,对于绝热过程,上式应改为

$$pV^\gamma=常量, \quad 或 \quad p/\rho^\gamma=常量,$$

γ为绝热指数,对于室温下的空气约等于7/5. 这样一来,我们就有$\partial p/\partial \rho=\gamma p/\rho$,因而气体中正确的声速公式为

$$c_s=\sqrt{\frac{\gamma p_0}{\rho_0}}. \tag{6.77'}$$

例如,0°C时空气中的声速$c_s=332\,\mathrm{m/s}$.

$$I=\frac{1}{2}\operatorname{Re}(\widetilde{p}\,\widetilde{v}^{*})=\frac{1}{2}\frac{\operatorname{Re}(\widetilde{p}\,\widetilde{p}^{*})}{\rho_0\,c_s}. \tag{6.83}$$

令流体质元位移的振幅为 A,则速度的振幅为 $V=\omega A$,声强又可写为

$$I=\frac{1}{2}\rho_0 c_s \operatorname{Re}(\widetilde{v}\,\widetilde{v}^{*})=\frac{1}{2}\rho_0 c_s\omega^2A^2, \tag{6.84}$$

即声强 I 正比于振幅 A 的平方，正比于角频率 ω 的平方。声强的量纲 $[I]=\mathrm{MT}^{-3}$，单位是瓦每平方米($\mathrm{W/m^2}$)。

我们可以听到的声强范围极为广泛，例如，勉强能听到 1000 Hz 声音的声强约为 $10^{-12}\,\mathrm{W/m^2}$，而强烈到能够在耳中引起触动和压力感的声音，声强可达 $10\,\mathrm{W/m^2}$，上下差了 13 个数量级。人耳对声音强弱的主观感觉称作响度，研究表明，响度大致正比于声强的对数(见图 6－55)。所以声强级 L 是按对数来标度的声强：

$$L=\lg\frac{I}{I_0}\mathrm{B}, \tag{6.85}$$

这里 I_0 是选定的基准声强,其定义是 $I_0=10^{-12}\,\mathrm{W/m^2}$. 取空气密度 $\rho_0=1.293\,\mathrm{kg/m^3}$，$c_s=332\,\mathrm{m/s}$，按(6.83)式计算,与 I_0 对应的声压幅值为 $\sqrt{2\rho_0c_sI_0}=2.93\times10^{-5}\,\mathrm{N/m^2}$. 由(6.85)式定义的声强级单位为贝尔(bel),国际符号为 B. 由于贝尔单位较大,取其 1/10 为分贝,国际符号为 dB. 用分贝来表示,(6.85)式改为

$$L=10\lg\frac{I}{I_0}\mathrm{dB}. \tag{6.86}$$

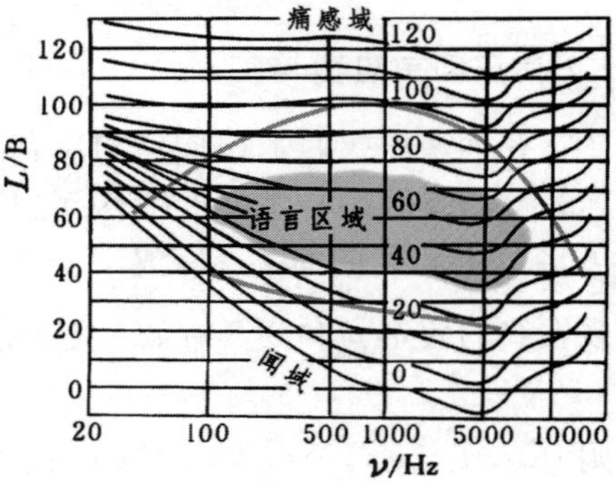

图 6－55 声强级与响度

5.4 浅水波

人类认识波动现象,恐怕是从水面波开始的。因为水面波是人们能够用自己的眼睛直接看到的最直观、最生动的波动现象。小到潋潋的涟漪,大至拍岸的惊涛,水面波的丰富多彩,赢得古往今来多少诗人墨客为之吟诵咏叹。

水面波与声波不同，它不是疏密波。压强并非因密度而变化，而是因表面不平和曲率变化引起的。振动的恢复力不是弹力，而是重力和表面张力。下面我们主要介绍水面波的色散关系，以及由之而来的推论。虽说是表面波，流场是有纵深分布的，因而水面波一般是三维的。即使在传播方向处处平行的情况下，也有二维。所以讨论水面波，在数学上比前面讨论的一维声波要复杂些。除了能够近似地简化为一维问题的个别情况外，我们只给出结果，不作推导。

先讨论浅水波。所谓“浅水”,是指水的深度 $h\ll$ 波长 λ 的情形。我们还需假定波幅也要足够小,从而可以作线性近似。如图 6-56 所示,设水的平均深度为 h_0,其涨落部分具有简谐形式,故可写成复数 $\widetilde{h}(x,t)\sim e^{i(\omega t-kx)}$. 设水不可压缩,从 x 到 $x+\Delta x$ 一段水深度的变化是因沿 x 方向左右的流量差引起的。设流速与纵深坐标 z 无关,也可写成复数形式 $\widetilde{v}(x,t)\sim e^{i(\omega t-kx)}$,于是

$$\frac{\partial\widetilde{h}}{\partial t}\Delta x=h_0\left[\widetilde{v}(x,t)-\widetilde{v}(x+\Delta x,t)\right]\approx-h_0\frac{\partial\widetilde{v}}{\partial x}\Delta x,$$

即

$$\frac{\partial\widetilde{h}}{\partial t}=-h_0\frac{\partial\widetilde{v}}{\partial x}. \tag{6.87}$$

这块液体受到的水平力来源于压强差

$$p(x,z,t)-p(x+\Delta x,z,t)\approx-(\partial p/\partial x)\Delta x,$$

根据牛顿第二定律有

$$\rho\frac{\partial\widetilde{v}}{\partial t}\Delta x=-\frac{\partial\widetilde{p}}{\partial x}\Delta x.$$

进一步假定压强的分布为 $p=p_0+\rho g[\widetilde{h}(x,t)-z]$，式中 p_0 是水面上的大气压，z 是场点距静止水面的深度。

压强的这种随高度的分布是瞬时的静水压分布，即忽略了 z 方向的流速。按此分布有 $\frac{\partial\tilde{p}}{\partial x}=\rho g\frac{\partial\tilde{h}}{\partial x}$，代入上式，

$$\frac{\partial\tilde{v}}{\partial t}=-g\frac{\partial\tilde{h}}{\partial x}. \tag{6.88}$$

按照5.1节里用过的老办法，分别取(6.87)式对 t 和(6.88)式对 x 的偏微商，就可将 $\frac{\partial^2\tilde{v}}{\partial t\partial x}=\frac{\partial^2\tilde{v}}{\partial x\partial t}$ 消去，最后得到 $\tilde{h}$ 所满足的微分方程：

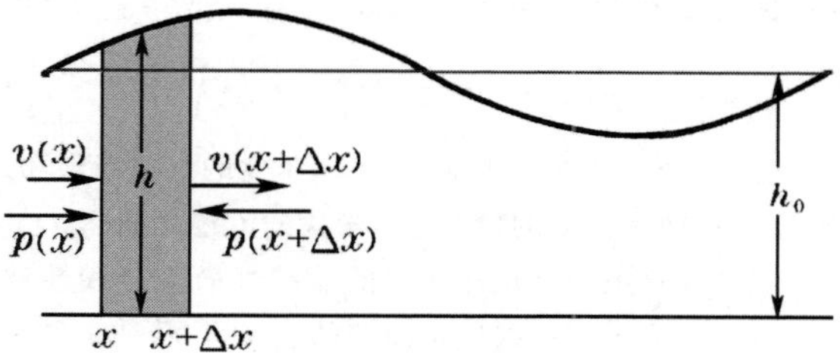

图 6－56 浅水波

$$\frac{\partial^2\tilde{h}}{\partial t^2}-gh_0\frac{\partial^2\tilde{h}}{\partial x^2}=0. \tag{6.89}$$

这符合波动方程(6.70)式的标准形式，对应于波速平方 c^2 的是第二项的系数，于是我们得到浅水波的波速公式：

$$c=\sqrt{gh_0}. \tag{6.90}$$

上式表明，浅水波在水较深的地方比较浅的地方传播快，这就解释了我们在海边常见的现象：不管远处的海浪沿什么方向朝岸上传来，靠近岸边时波前总是差不多与岸边平行的。

图 6－57 所示也是我们在海边常见的一种现象：迎面滚滚而来的海浪，波峰的前沿总是昂首陡立，最后峰巅翻滚下来，分崩离析，成为无数白色浪花，飞扬四溅。“潮随暗浪雪山倾”，苏东坡的回文诗表明，溯江而上的潮水也会排演出同样壮观的景色。(6.90) 式是线性理论，在此框架里波速总与振幅无关。用线性理论来讨论大振幅的现象是“非法”的。不过，在这里我们勉为其难，用(6.90) 式对上述现象作些似通非通的解释：因波速正比于深度的开方，波谷处深度较小，走得慢；波峰处深度较大，走得快。就这样，波前便陡立起来。严格的非线性理论超出本课范围，只得从略了。

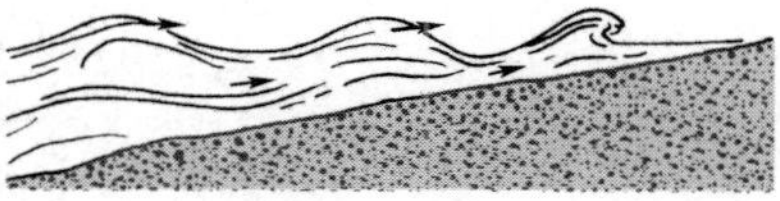
图 6－57 海浪前沿的陡化

5.5 深水波

这是水深 $h\gg$ 波长 λ 的相反情形。图 6－58 是瞬时的流线分布，图 6－59 是迹线。从前者可见，流场本质上是二维的，我们不可能像浅水波情形那样作一维近似处理。后者表明，液块的轨迹是圆，所以这种波既不是纵波，也不是横波，而是二者的综合。振幅随深度的变化是按指数律衰减的，有效的分布深度具有波长的数量级，所以这种波是“触摸”不到水底的。可以预期，其色散关系不应与深度 h 有关。(6.90) 式表明，浅水波没有色散，从而群速等于相速。理论计算给出深水波如下的色散关系：

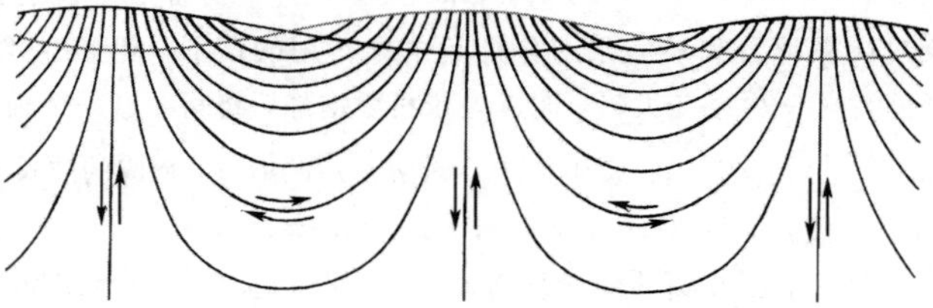
图 6－58 深水波的流线图

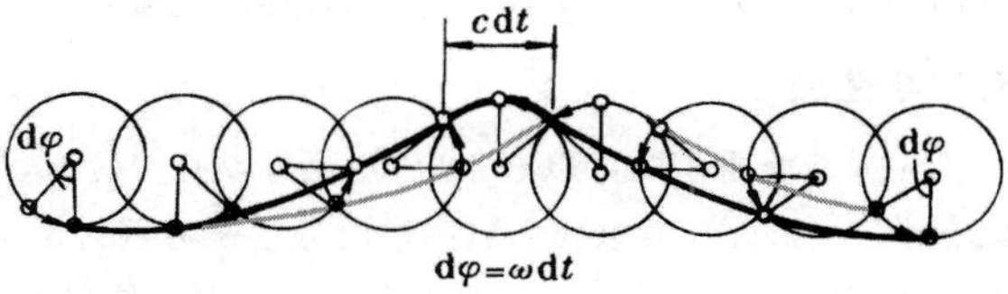

图 6 － 59 深水波的迹线图

$$\omega=\sqrt{gk}, \tag{6.91}$$

从而相速 c 和群速 v_g 分别为

$$c=\frac{\omega}{k}=\sqrt{\frac{g}{k}}, \tag{6.92}$$

$$v_g=\frac{d\omega}{dk}=\frac{1}{2}\sqrt{\frac{g}{k}}=\frac{c}{2}. \tag{6.93}$$

即群速是相速的一半。

这里我们也给出适合于任意深度、波长比的水面重力波的色散关系：

$$\omega=\sqrt{gk}\ \tanh\sqrt{hk}, \tag{6.94}$$

它的曲线如图 6－60 所示。因双曲正切函数具有下列渐近行为：

$$\tanh x \equiv \frac{e^x - e^{-x}}{e^x + e^{-x}} \to \begin{cases} x, & \text{当 } x \to 0; \\ 1, & \text{当 } x \to \infty. \end{cases}$$

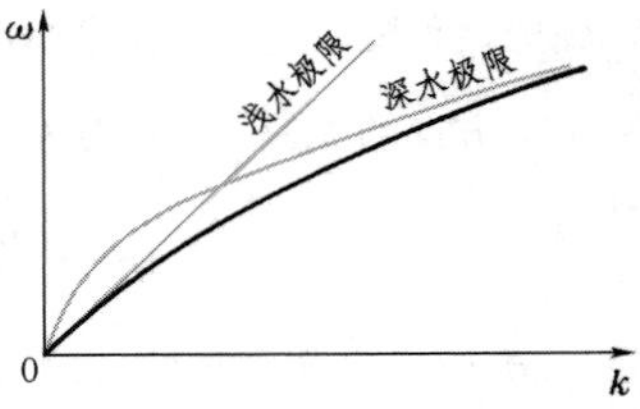

图 6－60 重力波的色散曲线

不难看出，(6.94) 式正确地趋于 $hk \ll 1$ 的长波极限和 $hk \gg 1$ 的短波极限。在介于深、浅两个极端的情形里，液块的流迹是椭圆。

顺便在这里谈一点深水波的非线性效应。线性波的轮廓是正弦型的，非线性水面波的轮廓不再是正弦曲线，而是内摆线(inner cycloid，相当于向前滚动时轮缘以内一点的轨迹，见图 6－59)。振幅大了，波峰会变成尖角(见图 6－61)。其角度如斯托克斯曾指出那样，不能小于 120°，比这再尖锐的波将因失稳而崩塌。在汹涌的海面上波尖呈白色，就是这个道理。从卫星拍摄的洋面图上泛白的程度，海军指挥官可以判断出大洋中风浪的情况。

图 6－61
非线性波形

5.6 表面张力波

当水波的波长较大(即 k 较小)时，表面张力对水波的影响不能忽略，此时色散关系和波速公式分别为

$$\omega = \sqrt{gk + \frac{\gamma k^3}{\rho}}, \tag{6.95}$$

$$c = \sqrt{\frac{g}{k} + \frac{\gamma k}{\rho}}. \tag{6.96}$$

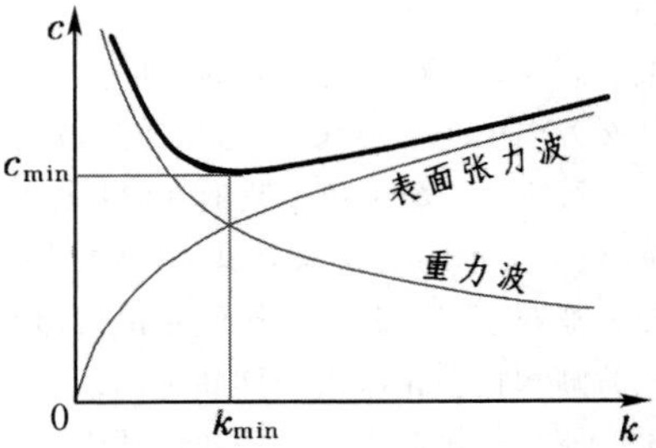

图 6－62 表面张力－重力波的波速

式中 γ 为水的表面张力系数。由(6.95) 式和(6.96) 式易见，当波长很长(k 很小，以致 $g \gg \gamma k^2/\rho$) 时，我们又得到只考虑重力作用的(6.91) 式和(6.92) 式；而当波长很短(k 很大，以致 $g \ll \gamma k^2/\rho$) 时，$\omega \approx \sqrt{\gamma k^3/\rho}$ 和 $c \approx \sqrt{\gamma k/\rho}$，即在此情况下表面张力起主要作用。与之相应的曲线见图 6－62。图中两灰色线代表重力和表面张力分别起主导作用的情形，粗黑线代表两者共同起作用[即(6.96) 式]的情形。由图可见，当 k 由小变大时，波速先减小后增加，其间经过一个极小值 $c_{\min}$. 不难按求微商的办法求得这个极小值为 $c_{\min} = \sqrt{2}(\gamma g/\rho)^{1/4}$，它发生在 $k_{\min} = \sqrt{\rho g/\gamma}$ 的地方，相应的波长为 $\lambda_{\min} = 2\pi\sqrt{\gamma/\rho g}$. 用水的数据 $\rho = 1\,\mathrm{g/cm^3}$，$\gamma =$ －73 dyn/cm 代入，得 $c_{\min} = 23\,\mathrm{cm/s}$，$\lambda_{\min} = 1.7\,\mathrm{cm}$.

激发水面波澜的能量从何而来？“风乍起，吹皱一池春水”(冯延巳《谒金门》)。当风速和水波相速一致时，空气和水面的能量交换最有效，这时风速决定了水面波速，从而决定了它的波长。“清风徐来，水波不兴”(苏轼《前赤壁赋》)，风速小于上述 $c_{\min}$ 时，水面波是激发不起来的。

5.7 弹性波

在弹性介质中既可以有正应力，也可以有剪应力，与此相应地，当介质受到扰动时，其中既可以有纵波，也可以有横波。在 4.3 节里我们以离散的振子链为例讨论了一维的弹性波。在那里我们只讨论了纵波，其实在该模型中还可能存在横波。连续介质中的波动方程是在 4.8 节中通过取长波极限得到的，在那里没有区分纵波和横波，更没有把各种振动状态的波速 c 用宏观参量表示出来。认真讨论连续介质中的弹性波，必须用到“张量”的概念，我们不想在本课中过多地涉及，这里只给出理论的结果。各向同性的弹性体中纵波的波速 $c_{/\!/}$ 和横波的波速 $c_{\perp}$ 由下式给出：

$$\begin{cases} c_{/\!/}^2 = \dfrac{1}{\rho}\left(K + \dfrac{4}{3}G\right), & (6.97) \\ c_{\perp}^2 = \dfrac{G}{\rho}. & (6.98) \end{cases}$$

由于 K 和 G 都是正的，上式表明，纵波波速总是大于横波波速的。在流体中 $G = 0$，只存在纵波。固体弹性模量的数量级为 $10^{10}\,\mathrm{N/m^2}$，密度的数量级为$(10^3 \sim 10^4)\,\mathrm{kg/m^3}$，按上式弹性波速的数量级为$(10^3 \sim 10^4)\,\mathrm{m/s}$，比空气中的声速大一个多数量级。

人们如何能够得知地球内部的构造？可以直接观测的地下深度是非常小的，因为当代最深的钻孔也只有10km的量级。要探测更深的区域，必须借助于间接的方法，其中最重要的方法是利用地震波。

在短暂的作用下，地球介质可以看作是弹性体。当地内发生任何扰动时，例如地震或人工爆破，一部分能量以弹性波的形式传播出去。地震波在岩石中传播时，有纵波，也有横波。纵波叫做P波，横波叫做S波。两波的波速随深度的变化如图6-63所示，在2900km的深度上地震P波的波速陡然下降，S波消失。以这个间断面为界，以上叫地幔，以下叫地核。在地核的这个边界面上可以产生P波和S波的反射，但只有P波才向地核内部折射。这表明，地核内部处于液态。约在5000km之下尚有一个可传播S波的固态内核，这个新认识是肯定得较晚的。

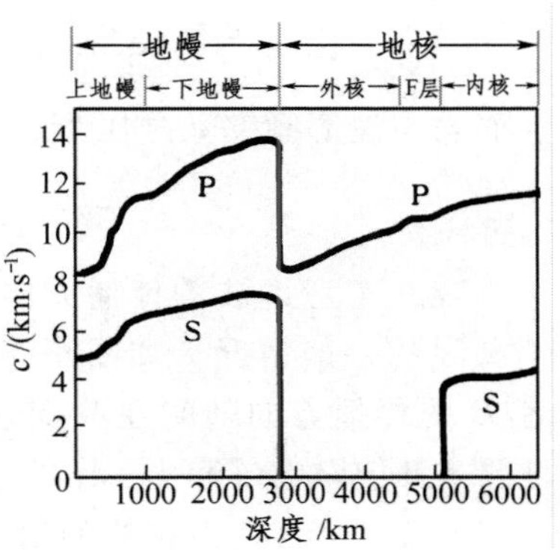

图6-63 地震波的纵深分布（CAL3模式）

§6. 多普勒效应与超波速运动

6.1 多普勒效应

一辆汽车在我们身旁急驰而过，车上喇叭的音调有一个从高到低的突然变化；站在铁路旁边听列车的汽笛声也能够发现，列车迅速迎面而来时音调较静止时为高，而列车迅速离去时则音调较静止时为低。这种现象称为*多普勒效应*。此外，若声源静止而观察者运动，或者声源和观察者都运动，也会发生收听频率和声源频率不一致的现象。

下面推导多普勒频移的公式。为了简单，先讨论波源 S 或观察者（探测者 D）的运动方向与波的传播方向共线的情况，最后再推导普遍情况的公式。推导的出发点是(6.44)式，现在写成如下形式：

$$\nu=\frac{c}{\lambda} \tag{6.44$'$}$$

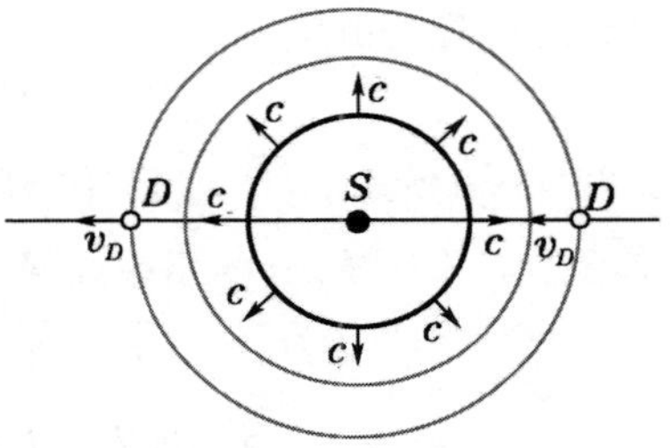

图6-64 多普勒效应——观察者运动

（1）波源静止观察者运动情形

如图6-64所示，静止点波源发出的球面波波面是同心的，若观察者以速度 v_D 趋向或离开波源，则波动相对于观察者的传播速度变为 $c'=c+v_D$ 或 $c-v_D$，于是观察者感受到的频率为

$$\nu'=\frac{c'}{\lambda}=\frac{c\pm v_D}{\lambda},$$

从而它与波源频率 ν 之比为

$$\frac{\nu'}{\nu}=\frac{c\pm v_D}{c}. \tag{6.99}$$

（2）波源运动观察者静止情形

若波源以速度 v_S 运动，它发出的球面波波面不再同心。图6-65中所示两圆分别是时间相隔一个周期 T 的两个波面，它们中心之间的距离为 $v_S T$，从而对于迎面而来或背离而去的观察者来说，有效的波长为 $\lambda'=\lambda\mp v_S T=(c\mp v_S)T$，于是观察者感受到的频率为

$$\nu'=\frac{c}{\lambda'}=\frac{c}{(c\mp v_S)T}=\frac{c\,\nu}{c\mp v_S},$$

从而它与波源频率 ν 之比为

$$\frac{\nu'}{\nu}=\frac{c}{c\mp v_S}. \tag{6.100}$$

（3）波源和观察者都运动的情形

这时有效波速和波长都发生了变化，观察者感受到的频率为

$$\nu' = \frac{c}{\lambda'} = \frac{c \pm v_D}{(c \mp v_S)T} = \frac{(c \pm v_D)\nu}{c \mp v_S},$$

从而它与波源频率 ν 之比为

$$\frac{\nu'}{\nu} = \frac{c \pm v_D}{c \mp v_S}. \tag{6.101}$$

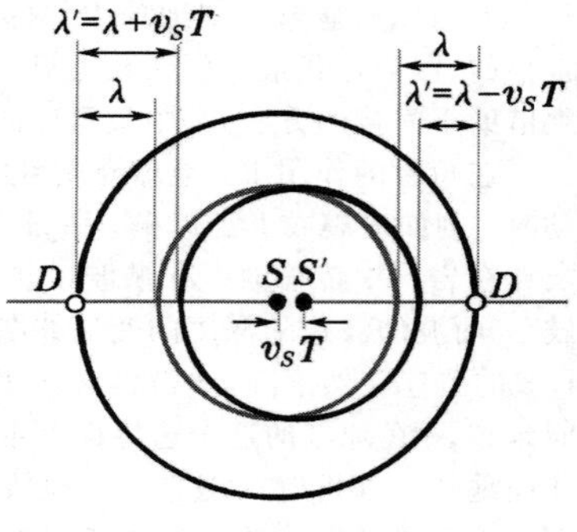

图 6－65 多普勒效应 —— 波源运动

现在来考虑波的传播方向、波源速度、观察者速度三者不共线的一般情况。如图 6－66 所示，这时从波源 S 到观察者 D 的传播方向随时在改变，我们必须讨论瞬时过程。设波源在时刻 $t=t_0$ 和 t_0+dt 的位置分别为 S 和 S'，相位分别为 φ 和 $\varphi+d\varphi$，其中相位的增量为 $d\varphi=2\pi\nu dt$. 相位 φ 由波源 S 传播到观察者时，它的位置在 D；相位 $\varphi+d\varphi$ 由波源 S' 传播到观察者时，它的位置在 D'. 观察者从 D 走到 D' 所用的时间 dt' 和他感受到的频率 ν' 与 dt 和 ν 是不一样的，但相位增量 $d\varphi$ 一样，即

$$d\varphi = 2\pi\nu dt = 2\pi\nu' dt', \quad 故 \quad \frac{\nu'}{\nu} = \frac{dt}{dt'}.$$

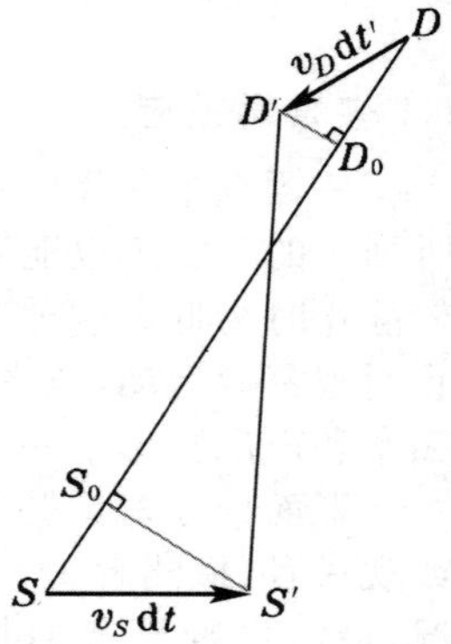

图 6－66 多普勒效应 —— 波源和观察者皆动

相位 φ 从波源 S 传播到观察者的位置 D 的时刻为 $t=t_0+\overline{SD}/c$，相位 $\varphi+d\varphi$ 由波源 S' 传播到观察者的位置 D' 的时刻为 $t=t_0+dt+\overline{S'D'}/c$. 二者之差即为 dt'：

$$dt' = dt + \frac{\overline{S'D'} - \overline{SD}}{c}. \tag{6.102}$$

如图 6－66 所示，从 S'、D' 作 SD 的垂线，令相应的垂足分别为 S_0、D_0. $\overline{S_0D_0}$ 与 $\overline{S'D'}$ 的长度相差高级无穷小量，可认为二者相等，于是

$$\begin{aligned}\overline{SD} - \overline{S'D'} &= \overline{SD} - \overline{S_0D_0} = \overline{SS_0} + \overline{DD_0} \\ &= \overline{SS'}\cos\theta + \overline{DD'}\cos\psi,\end{aligned} \tag{6.103}$$

式中 θ 是 $\overrightarrow{SS'}$ 与 $\overrightarrow{SD}$ 之间的夹角，ψ 是 $\overrightarrow{DD'}$ 与 $\overrightarrow{DS}$ 之间的夹角。因 $\overline{SS'}=v_S\,dt$，$\overline{DD'}=v_D dt'$，由 (6.102) 式和 (6.103) 式得

$$dt' = dt - \frac{v_S\cos\theta}{c}dt - \frac{v_D\cos\psi}{c}dt',$$

于是

$$\frac{\nu'}{\nu} = \frac{dt}{dt'} = \frac{c + v_D\cos\psi}{c - v_S\cos\theta}. \tag{6.104}$$

这便是多普勒效应的普遍公式。不难看出，当 θ、ψ 等于 0 或 π 时，(6.104) 式过渡到共线情形的 (6.101) 式；再令 v_S 或 $v_D=0$，进一步过渡到 (6.99) 式或 (6.100) 式。

机械波（声波）总在一定的介质中传播，上面所说的静止和运动，都是相对于介质而言的，在这里波源速度 v_S 和观察者速度 v_D 在公式里的地位不对称。多普勒效应不限于机械波，对于真空中的电磁波（光波），由于光速 c 与参考系无关，多普勒效应的公式中只出现观察者对波源的相对速度 v. 此外，在上述经典的多普勒效应中只有纵向效应，没有横向效应（θ 或 $\psi=\pi/2$），而在相对论中，除纵向外，还有横向多普勒效应。

多普勒（C.J.Doppler）是奥地利科学家，他于 1842 年提出了上述效应的声学理论。那个时代缺乏精密测量频率的科学手段，用实验来验证还有一定的困难。有趣的是，为了验证多普勒效应，1845 年巴罗特（Buys Ballot）在荷兰让一队小号手在行进的平板火车上奏乐，由一些训练有

素的音乐家用自己的耳朵来判断音调的变化;然后音乐家和号手的位置对调,重做此实验。

目前,多普勒效应已在科学研究、工程技术、交通管理、医疗诊断等各方面有着十分广泛的应用。例如,分子、原子和离子由于热运动产生的多普勒效应使其发射和吸收的谱线增宽,在天体物理和受控热核聚变实验装置中谱线的多普勒增宽已成为一种分析恒星大气、等离子体物理状态的重要测量和诊断手段。基于反射波多普勒效应的原理,雷达系统已广泛地应用于车辆、导弹、人造卫星等运动目标速度的监测。在医学上所谓"D超",是利用超声波的多普勒效应来检查人体内脏、血管的运动和血液的流速、流量等情况。在工矿企业中则利用多普勒效应来测量管道中有悬浮物液体的流速。多普勒效应在各方面的应用,早已不胜枚举。

6.2 艏波和马赫锥

图 6-67 是一系列运动点波源的波面图。在图a中波源静止,波面是同心的。在图b中波源在运动,但其速度小于波速,波面的中心错开了,产生多普勒效应。在图c中波源的速度趋于波速,所有波面在一点相切,频率 $\nu' \to \infty$. 在图d中波源的速度超过了波速,波面的包络面呈圆锥状,称为马赫锥(Mach cone)。由于在这种情况下波的传播不会超过运动物体本身,马赫锥面是波的前缘,其外没有扰动波及。这种形式的波动,叫做艏波(bow wave)。

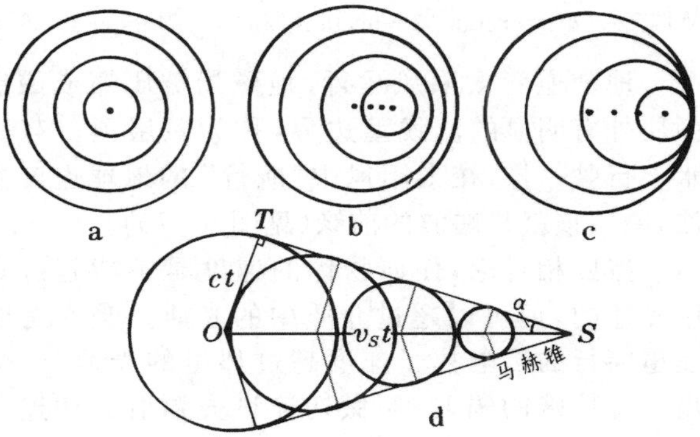

图 6-67 运动波源的波面

令马赫锥的半顶角为 α,由图可以看出,

$$\sin\alpha = \frac{c}{v_S}, \qquad (6.105)$$

无量纲参数 v_S/c 叫做马赫数,它是空气动力学中一个很有用的参数。

艏波的例子是很多的,子弹掠空而过发出的呼啸声,超音速飞机发出震耳的裂空之声,都是这种波。超音速飞机与普通飞机不同,人在地面上看到它当空掠过后片刻,才听到它发出的声音。这正是艏波的特点。

图 6-68 快艇的尾迹

艏波最直观的例子,要算快艇掠过水面后留下的尾迹(见图 6-68)。不过快艇尾迹与声波的马赫锥不同,它的半顶角 α 与艇速 v_S 无关,总等于19.5°左右。[1]这是由水面波的特殊色散关系导致的。由(6.93)式,深水波的群速是相速的一半。如果我们在图 6-67 中作由 S 至 OT 中点 W 的联线 SW(见图 6-69),则

$$\overline{OT} = c\,T, \quad \overline{OW} = \frac{c}{2}\,T,$$

$$\overline{OS} = v_S\,T, \quad \overline{ST} = \sqrt{v_S^2 - c^2}\,T,$$

$$\angle OSW = \alpha - \angle WST = \arctan(cT/\overline{ST}) - \arctan(cT/2\overline{ST}) = \arctan(c/\sqrt{v_S^2 - c^2}) - \arctan(c/2\sqrt{v_S^2 - c^2}).$$

在有色散的情况下各种相速的波都会被激发起来,尾迹是按群速走在最前面的波表现出来的,即尾迹角 α' 是

[1] J.Walker, *Sci.Am.* **258**(1988), 80

对各种相速来说最大的 $\angle OSW$. 所以我们应该取它对 c 的极值：

$$\frac{\mathrm{d}}{\mathrm{d}c}\left[\arctan(c/\sqrt{v_S^2-c^2})-\arctan(c/2\sqrt{v_S^2-c^2})\right]=\left[\frac{1}{1+\dfrac{c^2}{v_S^2-c^2}}-\frac{1}{2}\frac{1}{1+\dfrac{c^2}{4(v_S^2-c^2)}}\right]\frac{\mathrm{d}}{\mathrm{d}c}\left(\frac{c}{\sqrt{v_S^2-c^2}}\right)=0,$$

即

$$\frac{1}{1+\dfrac{c^2}{v_S^2-c^2}}=\frac{1}{2}\frac{1}{1+\dfrac{c^2}{4(v_S^2-c^2)}}$$

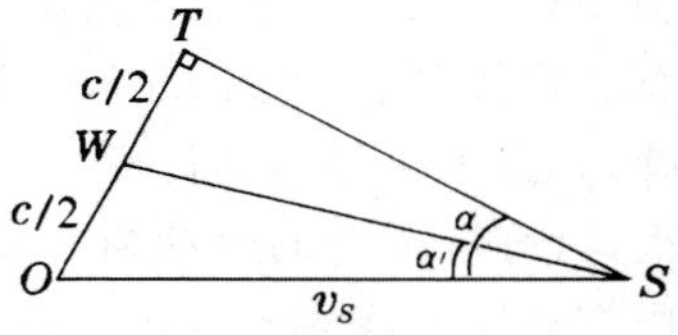

图 6-69 尾迹角

或　$$(v_S^2-c^2)+c^2=2(v_S^2-c^2)+\frac{c^2}{2},$$

由此得　$$v_S{}^2/c^2=3/2,$$

从而　$$\alpha'=\arctan\sqrt{2}-\arctan(\sqrt{2}/2)=54.74^\circ-35.26^\circ=19.48^\circ.$$

地球逆着太阳风运行，地磁场被压缩成磁层。磁层外有明显的流线型边界，称为磁层顶。与船在水上行驶一样，在太阳风中“航行”的地球也产生艏波，磁层顶就是艏波的前缘(见图 6－70)。

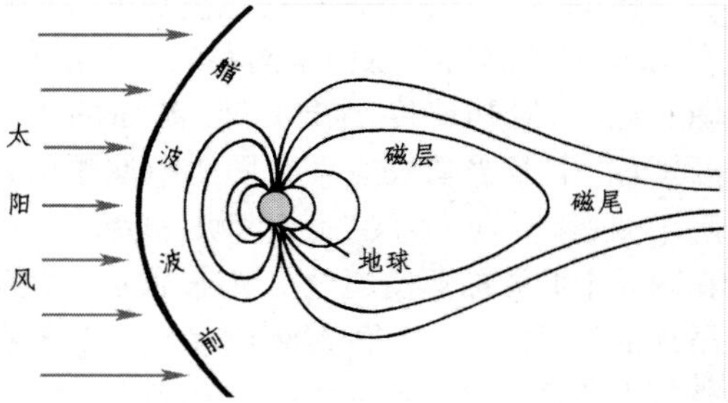

图 6－70 地球磁层前的艏波

按照相对论，任何物体的速度是不能超过真空中光速的，但可以超过介质中的光速。当在透明介质里穿行的带电粒子速度超过那里的光速时，会发出一种特殊的辐射，叫做切连科夫辐射。切连科夫辐射是电磁的艏波。利用切连科夫辐射原理制成的切连科夫计数器，可以探测高能粒子的速度，已广泛地应用于实验高能物理学中。

本 章 提 要

1. 简谐振动

动力学 $\begin{cases}\text{势能 } U(s)=\dfrac{1}{2}U_0''s^2\propto s^2,\\ \text{恢复力 } f=-U_0''s\propto -s.\end{cases}$

（s 为振子离开平衡位置的位移）

运动学表现：时间的正弦或余弦函数。

$$s(t)=A\sin(\omega t+\varphi_0)=A\cos(\omega t+\varphi_0').$$

复数表示：$\widetilde{s}(t)=\widetilde{A}\,\mathrm{e}^{\mathrm{i}\omega t}$，　复振幅 $\widetilde{A}=A\,\mathrm{e}^{\mathrm{i}\varphi_0}$.

特征参量

(1) 振幅 A：偏离平衡位置的最大距离。　机械能 $E\propto A^2$.

(2) 周期 T：振动一次的时间。

频率 ν：单位时间内振动的次数。

角频率 ω：单位时间内相位的变化。

$$\text{固有角频率 } \omega_0=\sqrt{\frac{U_0''}{m}}=\begin{cases}\sqrt{g/l} & \text{（单摆），}\\ \sqrt{k/m} & \text{（弹簧振子）.}\end{cases}$$

$$\text{相互关系：}\ \nu=\frac{\omega}{2\pi},\quad T=\frac{1}{\nu}=\frac{2\pi}{\omega}.$$

(3) 初相位 φ_0:反映振动的步调。

2. 简正模:多自由度线性动力学系统的集体运动模式,每一模式有自己的振动频率(简正频率),相互独立,可线性叠加。

实例:CO_2 分子。

3. 阻尼振动

运动方程: $$\frac{d^2 s}{dt^2}+2\beta\frac{ds}{dt}+\omega_0^2 s=0.$$

阻尼度: $$\Lambda=\frac{\beta}{\omega_0}.$$

三种运动方式

(1) $\Lambda<1$,阻尼振动,

$$s(t)=Ae^{-\beta t}\cos(\omega_r t+\varphi_0),\quad 其中\ \omega_r=\sqrt{\omega_0^2-\beta^2}\ .$$

对数减缩: $$\lambda=\frac{1}{n}\ln\left[\frac{Ae^{-\beta t}}{Ae^{-\beta(t+nT)}}\right]=\beta T.$$

(2) $\Lambda>1$,过阻尼,

$$s(t)=A_1e^{-(\beta+\beta_r)t}+A_2e^{-(\beta-\beta_r)t},\quad 其中\ \beta_r=\sqrt{\beta^2-\omega_0^2}\ .$$

(3) $\Lambda=1$,临界阻尼, 停到平衡位置上所需时间最短。

4. 受迫振动:驱动力是周期性的。

运动方程: $$\frac{d^2 s}{dt^2}+2\beta\frac{ds}{dt}+\omega_0^2 s=F\cos\omega t.$$

运动过程: 暂态+定态。

定态: 位移 $$\begin{cases}振幅\ A=\dfrac{F}{m\sqrt{(\omega_0^2-\omega^2)^2+4\beta^2\omega^2}},\\ 相位\ \varphi=\arctan\dfrac{-2\beta\omega}{\omega_0^2-\omega^2}\end{cases}$$

速度 $$\begin{cases}振幅\ V=\dfrac{\omega F}{m\sqrt{(\omega_0^2-\omega^2)^2+4\beta^2\omega^2}},\\ 相位\ \varphi_v=\dfrac{\pi}{2}-\arctan\dfrac{2\beta\omega}{\omega_0^2-\omega^2}.\end{cases}$$

平均功率 $$\overline{P}=\frac{1}{2}FV\cos\varphi_v\ .$$

共振: $\omega=\omega_0$, $\varphi_v=0$, $\overline{P}$ 最大。

$$A_{极大}=\frac{F}{2m\beta\sqrt{\omega_0^2-\beta^2}},\qquad V_{极大}=\frac{F}{2m\beta}.$$

5. 振动的合成

(1) 同频平行振动 矢量图解法 复数法

$$A_1\cos(\omega t+\varphi_1)+A_2\cos(\omega t+\varphi_2)=A\cos(\omega t+\varphi)$$

$$\longrightarrow\begin{cases}A=\sqrt{A_1^2+A_2^2+2A_1A_2\cos(\varphi_2-\varphi_1)},\\ \varphi=\arctan\dfrac{A_1\sin\varphi_1+A_2\sin\varphi_2}{A_1\cos\varphi_1+A_2\cos\varphi_2}.\end{cases}$$

(2) 同频垂直振动

$$\left.\begin{aligned} x(t) &= A_x\cos(\omega t+\varphi_x) \\ y(t) &= A_y\cos(\omega t+\varphi_y) \end{aligned}\right\}\longrightarrow$$

$$\frac{x^2}{A_x{}^2}+\frac{y^2}{A_y{}^2}-\frac{2xy}{A_xA_y}\cos(\varphi_y-\varphi_x)=\sin^2(\varphi_y-\varphi_x).$$

轨迹一般是椭圆,见图 6-20.

(3) 差拍:两频率相近的振动的叠加 ($|\omega_1-\omega_2|\ll\omega_1$、$\omega_2$),

$$\begin{aligned} &A[\cos(\omega_1 t+\varphi)+\cos(\omega_2 t+\varphi)] \\ &=2A\cos\frac{\omega_{\text{拍}}}{2}t\ \cos\left(\frac{\omega_1+\omega_2}{2}t+\varphi\right), \end{aligned}$$

其中 $\omega_{\text{拍}}=\omega_2-\omega_1$.

(4) 李萨如图:不同频率垂直振动的合成。

周期比为有理数时轨迹闭合,为无理数时轨迹不闭合。

⟶ 一种比较、测量频率的方法。

图形不仅与相位差 $\Delta\varphi=\varphi_y-\varphi_x$ 有关,且与每个振动的初相位 φ_x、φ_y 有关。

傅里叶分解

$$\text{非简谐振动}=\text{基频}(\omega)\text{振动}+\sum_{\text{整数}\,n>1}\text{谐频}(n\omega)\text{振动}$$

⟶ 频谱的概念。

6. 自激振动:非线性动力学系统,受到单方向作用的激励。

(1) 软激励 实例:干摩擦引起的振动,如各种弦乐器。

(2) 硬激励 实例:由擒纵机构控制的挂钟。

7. 波动:扰动的传播。

简谐波: 表达式 $$\begin{aligned} u(x,t)&=A\cos\left[2\pi\left(\frac{t}{T}\mp\frac{x}{\lambda}\right)+\varphi_0\right] \\ &=A\cos(\omega t\mp kx+\varphi_0), \end{aligned}$$

复数 $\widetilde{u}(x,t)=\widetilde{A}\,\mathrm{e}^{\mathrm{i}(\omega t\mp kx)}$, $\widetilde{A}=A\,\mathrm{e}^{\mathrm{i}\varphi_0}$.

取负号朝 $+x$ 方向传播,取正号朝 $-x$ 方向传播。

沿传播方向看去,相位逐点落后。

时空参量
- 表征时间周期性的: 周期 T, 角频率 $\omega=\dfrac{2\pi}{T}$;
- 表征空间周期性的: 波长 λ, 角波数 $k=\dfrac{2\pi}{\lambda}$.

相速: $c=\dfrac{\lambda}{T}=\dfrac{\omega}{k}$, 相位的传播速度。

色散关系: $\omega=\omega(k)$ 或 $c=c(k)$.

群速: $v_{\mathrm{g}}=\dfrac{\mathrm{d}\omega}{\mathrm{d}k}$, 能量的传播速度。

8. 一维弹性波:以无穷长弹簧振子链为模型。

κ—— 弹簧劲度系数，　m—— 振子质量，

a—— 振子间隔，　$\omega_0=\sqrt{\kappa/m}$.

色散关系：　$\omega=2\omega_0\sin\dfrac{ka}{2}\xrightarrow[ka\ll 1]{\text{长波极限}}\omega=\omega_0 ak$,

相速：　$c=\dfrac{\omega}{k}=\dfrac{2\omega_0}{k}\sin\dfrac{ka}{2}\xrightarrow[ka\ll 1]{}\omega_0 a$,

群速：　$v_g=\dfrac{d\omega}{dk}=\omega_0 a\cos\dfrac{ka}{2}\xrightarrow[ka\ll 1]{}\omega_0 a$,

$$\left.\begin{aligned}&\text{能量密度：}\quad \varepsilon=\frac{m}{2a}\omega^2A^2\xrightarrow[ka\ll 1]{}\frac{\kappa a k^2}{2}A^2\\ &\text{能流密度：}\quad w=\frac{\sqrt{\kappa m}}{2}\omega^2A^2\cos\frac{ka}{2}\xrightarrow[ka\ll 1]{}\frac{\kappa\omega_0 a^2k^2}{2}A^2.\end{aligned}\right\},$$

$\Rightarrow$　能量传播速度 $=\dfrac{w}{\varepsilon}=\omega_0 a\cos\dfrac{ka}{2}$

$\xrightarrow[ka\ll 1]{}\omega_0 a$，（与群速 v_g 一致）。

9. 驻波：　入射波 + 反射波，　平均能流为 0.

$$u(x,t)=A[\cos(\omega t-kx)+\cos(\omega t+kx)]=2A\cos kx\cos\omega t.$$

$$\left.\begin{aligned}&\text{波腹(振幅最大处)}\quad x=\pm\frac{n\lambda}{2},\\ &\text{波节(振幅为 0 处)}\quad x=\pm\left(n+\frac{1}{2}\right)\frac{\lambda}{2},\end{aligned}\right\}(n=0,1,2,\cdots).$$

相邻波节之间同相位，波节两侧反相位。

阻抗 $\widetilde{Z}$ = 力 / 速度　　例：弹簧振子链特性阻抗 $Z_C=\sqrt{\kappa m}$,

负载阻抗 $\widetilde{Z}_L=\begin{cases}0\ (\text{端点自由}),\\ \infty\ (\text{端点固定}).\end{cases}$

反射系数 $\widetilde{R}=\dfrac{Z_C-\widetilde{Z}_L}{Z_C+\widetilde{Z}_L}$.

(1) 自由端 $\widetilde{R}=+1$，　全反射，无相位跃变；

(2) 固定端 $\widetilde{R}=-1$，　全反射，相位跃变 180°；

(3) $Z_C=\widetilde{Z}_L$，　匹配状态，　$\widetilde{R}=0$，　无反射，不形成驻波。

10. 连续介质中的波动方程　　线性、无色散、无耗散的经典波

$$\frac{\partial^2 u}{\partial t^2}-c^2\frac{\partial^2 u}{\partial x^2}=0\qquad (c\text{—— 波速})。$$

通解形式 $u(x,t)$ = 任意函数 $f(x\mp ct)$，可作线性叠加。

11. 声波：　频率范围 16～20 000 Hz.

介质可压缩 $\begin{cases}\text{密度 }\rho=\text{平均值 }\rho_0+\text{变动部分 }\widetilde{\rho},\\ \text{压强 }p=\text{平均值 }p_0+\text{变动部分 }\widetilde{p}.\end{cases}$

声速 $c_s = \sqrt{\dfrac{\partial \widetilde{p}}{\partial \widetilde{\rho}}}$ （空气声速 $\sim 300^+$ m/s²），

声压 $\widetilde{p} = c_s{}^2 \widetilde{\rho}$，声阻抗 $Z_C = \rho_0 c_s \times$ 横截面积（平面波），

声强(平均能流密度) $I = \dfrac{1}{2}\rho_0 c_s \omega^2 A^2$， 基准 $I_0 = 10^{-12}$ W/m².

声强级 $L = 10 \lg \dfrac{I}{I_0}$dB.

12. 水面波： 纵波 + 横波

长波(重力波)： $\omega = \sqrt{gh}\ \tanh\sqrt{kh}$.

(1) 浅水波(深度 $h \ll$ 波长 λ)

$$\omega = k\sqrt{gh},\quad c = \sqrt{gh},\quad \text{无色散。}$$

(2) 深水波(深度 $h \gg$ 波长 λ)

$$\omega = \sqrt{gk},\quad c = \sqrt{g/k} = 2\, v_g,\quad \text{强烈色散。}$$

短波(表面张力 + 重力)： $c = \sqrt{\dfrac{g}{k} + \dfrac{\gamma k}{\rho}}$， 色散波。

最小波速 $c_{\min} = \sqrt{2}(\gamma/\rho g)^{-1/4} \sim 23$ cm/s,

最小波长 $\lambda_{\min} = 2\pi\sqrt{\gamma/\rho g} \sim 1.7$ cm.

13. 弹性波：波速$\sim(10^3 \sim 10^4)$m/s.

纵波波速 $c_{/\!/} = \sqrt{\dfrac{1}{\rho}\left(K + \dfrac{4}{3}G\right)}$， 横波波速 $c_\perp = \sqrt{\dfrac{G}{\rho}}$，

14. 多普勒效应：波源 S 或/和观察者 D 运动，波动频率 $\nu \to \nu'$，

$$\frac{\nu'}{\nu} = \frac{c + v_D \cos\psi}{c - v_S \cos\theta},$$

式中 θ、ψ 分别是波源、观察者运动速度与 SD 联线的夹角(图 6－66)。

15. 艏波：声源 S 在介质中超波速运动引起的击波。

$$\text{马赫锥半顶角}\quad \alpha = \arcsin\frac{c}{v_S}.$$

实例：超音速飞机、地球磁层前的艏波、切连科夫辐射等。

思考题

6－1. 下列运动中哪些是简谐振动，哪些近似是，哪些不是？

(1) 完全弹性球在地面上不断地弹跳；

(2) 圆锥摆及其在某方向上的投影；

(3) 如本题图所示装置中小球的横向振动；

(4) 小球在半球形碗底附近来回滚动；

(5) 将上题里的碗换成旋转抛物面形的，情况怎样？

(6) 缝纫机里针头的上下动作。

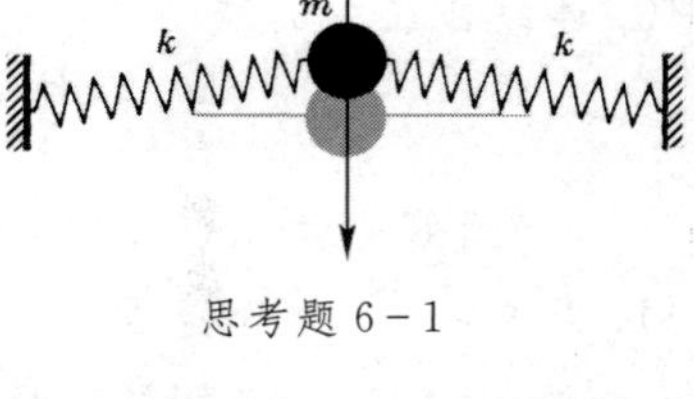

思考题 6－1

6－2. 将劲度系数分别为 k_1 和 k_2 的弹簧并联或串联起来，构成弹簧振子，它们的周期公式各具有什么形式？

6－3. 若单摆悬线质量不可忽略，它的周期增加还是减少？

6-4. 若弹簧振子中弹簧本身的质量不可忽略，其周期增加还是减少？

6-5. 若将第四章习题 4-18 里圆盘与细杆的刚性连接换为轮轴，即圆盘可绕圆心自由转动，此摆周期变长还是变短？

6-6. 将一个动力传感器联接到计算机上，我们就可以测量快速变化的力。本题图中所示，就是用这种方法测得的单摆悬线上张力随时间变化的曲线。试从这根曲线估算一下：

(1) 最大摆角；

(2) 摆锤的质量。

可忽略空气阻力的影响，尽管图中的曲线显示出有些阻尼的迹象。还要注意，这摆的摆幅不能算很小。

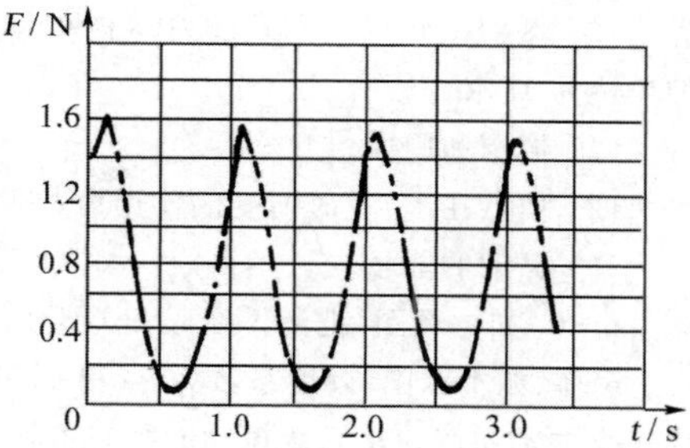

思考题 6-6

6-7. 自激振动与受迫振动有什么区别？ 试举出比书上更多一些自激振动的例子。

6-8. 大风刮过烟囱，在其后面形成卡门涡街，左右交替产生的旋涡又震撼了烟囱。试从受迫振动或自激振动的观点分析上述现象。

6-9. 你能设想，蜻蜓翅膀上的痣斑(见本题图) 起什么作用？

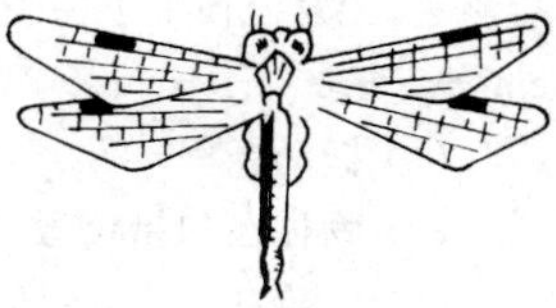

思考题 6-9

6-10. 在一维简谐波的传播路径上，A 点的相位超前于 B 点(见本题图)，波动朝哪个方向传播？ 若 A 点的相位落后呢？

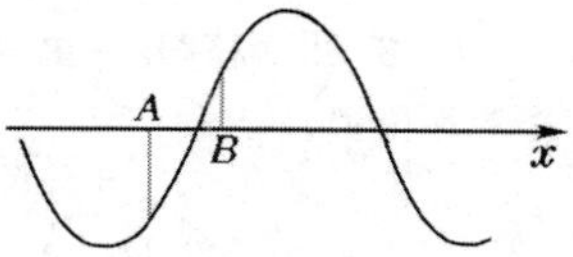

思考题 6-10

6-11. 当波动从一种介质传播到另一种介质时，下列哪些特征量变化，哪些不变？

(1) 频率；(2) 波长；(3) 波速。

6-12. 试比较行波和驻波的异同。

6-13. 从下列色散关系看，哪些波是有色散的，哪些波没有色散？

(1) 声波：$\omega = kc_s$；

(2) 浅水波：$\omega = k\sqrt{gh}$；

(3) 深水波：$\omega = \sqrt{gk}$；

(4) 真空中的电磁波：$\omega = ck$　(c—— 光速)；

(5) 等离子体中的电磁波：$\omega^2 = \omega_p{}^2 + c^2k^2$　(ω_p—— 等离子体频率)。

6-14. 微波背景辐射是宇宙空间无处不在的一种电磁辐射(即各种频率的电磁波)。近年来人们观察到，微波背景辐射有一定的偶极各向异性，即沿某个特定的方向看去有红移(即电磁波的频率下降)，而在相反的方向上有蓝移(即电磁波的频率增加)。试从多普勒效应的观点去分析我们所在的星系相对于微波背景辐射的运动。

习　题

6-1. 一物体沿 x 轴作简谐振动，振幅为 12.0 cm，周期为 2.0 s，在 $t=0$ 时物体位于 6.0 cm 处且向正 x 方向运动。求：

(1) 初相位；

(2) $t=0.50$ s 时，物体的位置、速度和加速度；

(3) 在 $x=-6.0$ cm 处且向负 x 方向运动时，物体的速度和加速度。

6-2. 一简谐振动为 $x=\cos(\pi t+\alpha)$，试作出初相位 α 分别为 0、$\pi/3$、$\pi/2$、$-\pi/3$ 时的 $x-t$ 图。

6-3. 三个频率和振幅都相同的简谐振动 $s_1(t)$、$s_2(t)$、$s_3(t)$，设 s_1 的图形如本题图所示，已知 s_2 与 s_1 的相位差 $\alpha_2-\alpha_1=2\pi/3$，s_3 与 s_1 的相位差 $\alpha_3-\alpha_1=-2\pi/3$. 试在图中作出 $s_2(t)$ 和 $s_3(t)$ 的图形。

6-4. 一个质量为0.25 g的质点作简谐振动，其表达式为 $s=6\sin(5t-\pi/2)$，式中 s 的单位为cm，t 的单位为s. 求

(1) 振幅和周期；

(2) 质点在 $t=0$ 时所受的作用力；

(3) 振动的能量。

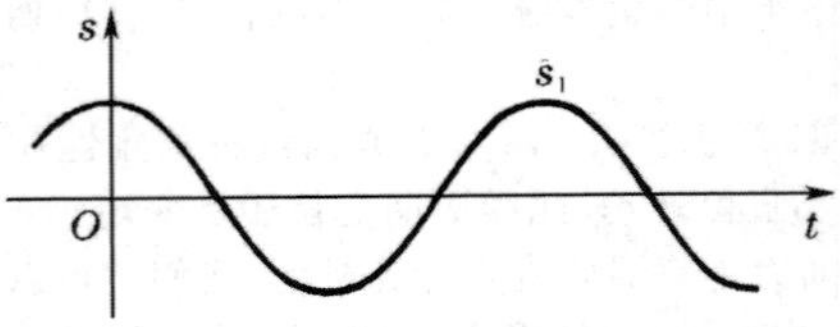

习题 6-3

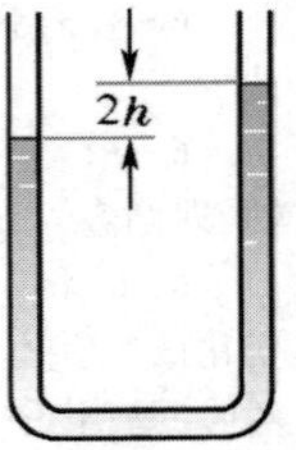

习题 6-5

6-5. 如本题图，把液体灌入U形管内，液柱的振荡是简谐振动吗？ 周期是多少？

6-6. 如本题图，劲度系数为 k_1 和 k_2 的两个弹簧与质量为 m 的物体组成一个振动系统。求系统振动的固有角频率。

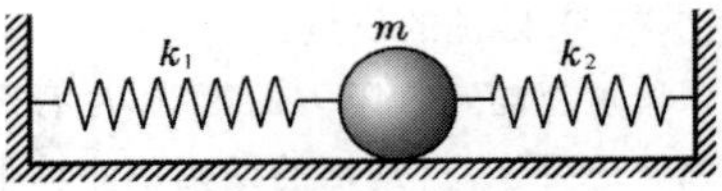

习题 6-6

6-7. 一竖直弹簧下挂一物体，最初用手将物体在弹簧原长处托住，然后撒手，此系统便上下振动起来。已知物体最低位置在初始位置下方10.0 cm处。求：

(1) 振动频率；

(2) 物体在初始位置下方8.0 cm处的速率大小；

(3) 若将一个300 g的砝码系在该物体上，系统振动频率就变为原来频率的一半，则原物体的质量为多少？

(4) 原物体与砝码系在一起时，其新的平衡位置在何处？

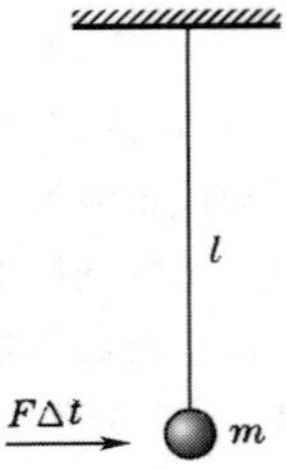

习题 6-8

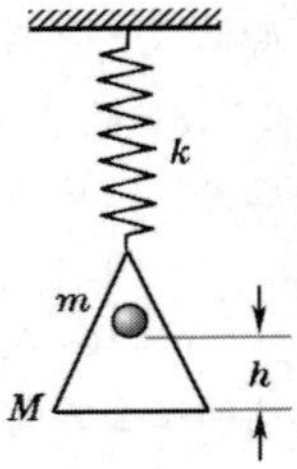

习题 6-9

6-8. 如本题图，一单摆的摆长 $l=100\,\text{cm}$，摆球质量 $m=10.0$ g，开始时处在平衡位置。

(1) 若给小球一个向右的水平冲量 $F\Delta t=10.0\,\text{g·cm/s}$，以刚打击后为 $t=0$ 时刻，求振动的初相位及振幅；

(2) 若 $F\Delta t$ 是向左的，则初相位为多少？

6-9. 如本题图，在劲度系数为 k 的弹簧下悬挂一盘，一质量为 m 的重物自高度 h 处落到盘中作完全非弹性碰撞。已知盘子原来静止，质量为 M. 求盘子振动的振幅和初相位（以碰后为 $t=0$ 时刻）。

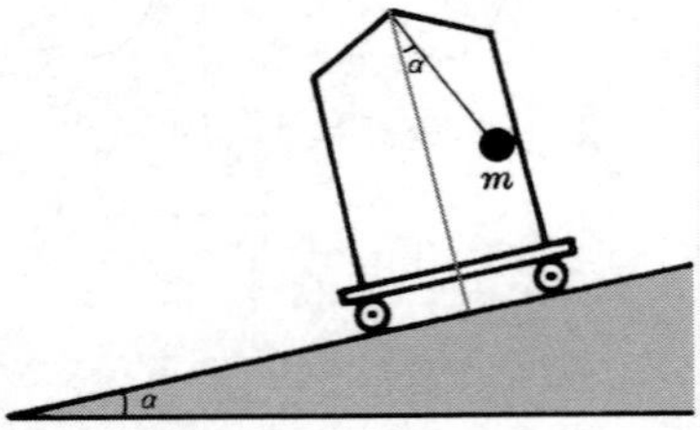

习题 6-11

6-10. 若单摆的振幅为 θ_0，试证明悬线所受的最大拉力等于 $mg(1+\theta_0{}^2)$.

6-11. 如本题图，把一个周期为 T 的单摆挂在小车里，车从斜面上无摩擦地滑下，单摆的周期如何改变？

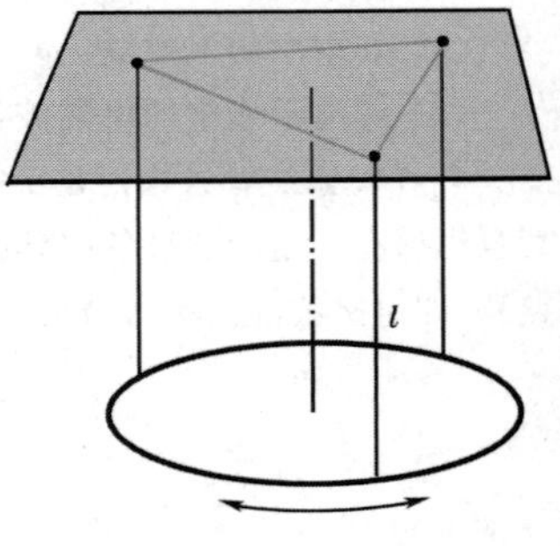

习题 6-12

6-12. 如本题图，将一个匀质圆环用三根等长的细绳对称地吊在一个水平等边三角形的顶点上，绳皆竖直。将环稍微扭动，此扭摆的运动是简谐的吗？其周期为多少？

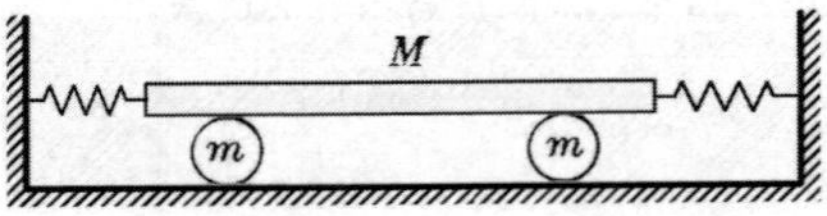

习题 6-13

6-13. 如本题图，质量为 M 的平板两端用劲度系数均为 k 的相同的弹簧连到侧壁上，下垫有一对质量各为 m 的相同圆柱。将此系统加以左右扰动后，圆柱上下都只滚不滑。这系统作简谐振动吗？ 周期是多少？

6-14. 本题图中两个相同圆柱体的轴在同一水平面上，且相距 $2l$. 两圆柱体以相同的恒定角速率按图中的转向很快地转动。在圆柱体上放一匀质木板，木板与圆柱体之间的滑动摩擦系数为 μ，设 μ 为常数。把处在平衡位置的木板略加触动，

(1) 试证明木板的运动是简谐振动，并确定其固有角频率；

(2) 若两圆柱体的转动方向都反向，木板是否仍作简谐振动？

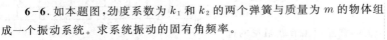

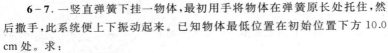

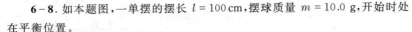

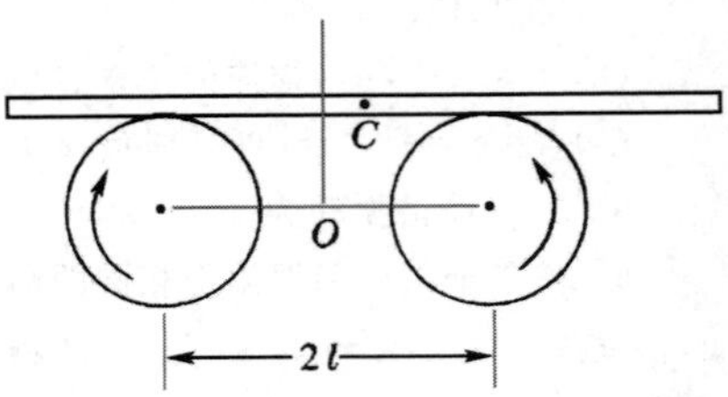

习题 6-14

6-15. 竖直悬挂的弹簧振子，若弹簧本身质量不可忽略，试推导其周期公式：

$$T=2\pi\sqrt{\frac{M+m/3}{k}},$$

式中 m 为弹簧的质量，k 为其劲度系数，M 为系于其上物体的质量（假定弹簧的伸长量由上到下与长度成正比地增加）。

6-16. 三个质量为 m 的质点和三个劲度系数为 k 的弹簧串联在一起，紧套在光滑的水平圆周上（见本题图）。求此系统简正模（即简正频率和运动方式）。

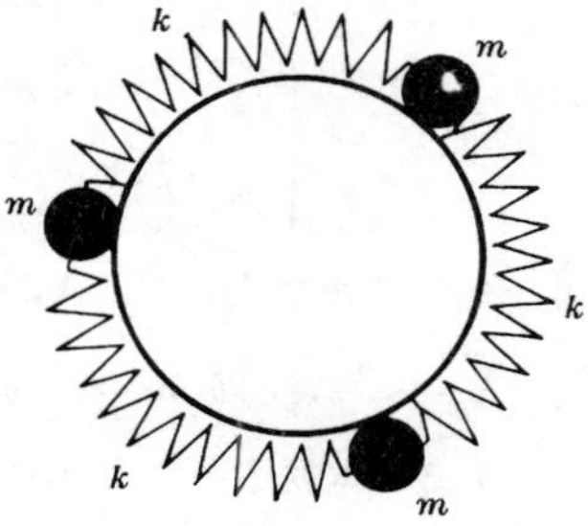

习题 6-16

6-17. 阻尼振动起始振幅为 3.0 cm，经过 10 s 后振幅变为 1.0 cm.经过多长时间振幅将变为 0.30 cm？

6-18. 一音叉的频率为 440 Hz，从测试仪器测出声强在 4.0 s 内减少到原来的 1/5，求音叉的 Q 值（$Q=1/2\Lambda$，Λ—— 阻尼度）

6-19. 一个弹簧振子的质量为 5.0 kg，振动频率为 0.50 Hz，已知振幅的对数减缩为 0.02，求弹簧的劲度系数 k 和阻尼因数 β.

6-20. 弹簧振子的固有频率为 2.0 Hz，现施以振幅为 100 dyn 的谐变力，使发生共振。已知共振时的振幅为 5.0 cm，求阻力系数 γ 和阻力的幅度。

6-21. 设有两个同方向同频率的简谐振动 $x_1=A\cos(\omega t+\pi/4)$，$x_2=\sqrt{3}A\cos(\omega t+3\pi/4)$。求合成振动的振幅和初相位。

6-22. 说明下面两种情形下的垂直振动合成各代表什么运动，并画出轨迹图来。两者有什么区别？

$$(1)\ \begin{cases}x=A\sin\omega t,\\ y=B\cos\omega t;\end{cases}\qquad (2)\ \begin{cases}x=A\cos\omega t,\\ y=B\sin\omega t.\end{cases}$$

6-23. 两支C调音叉，其一是标准的256Hz.，另一是待校正的。同时轻敲这两支音叉，在20s内听到10拍。问待校音叉的频率是多少。

习题 6-24

6-24. 本题图为相互垂直振动合成的李萨如图形。已知横方向振动的角频率为 ω，求纵方向振动的角频率。

6-25. 已知平面简谐波在 $t=0$ 时刻的波形如本题图所示，波朝正 x 方向传播。

(1) 试分别画出 $t=T/4$、$T/2$、$3T/4$ 三时刻的 $u-x$ 曲线；

(2) 分别画出 $x=0$、x_1、x_2、x_3 四处的 $u-t$ 曲线。

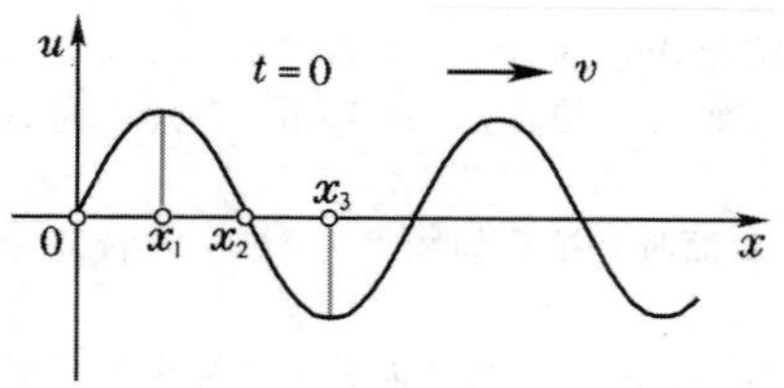

习题 6-25

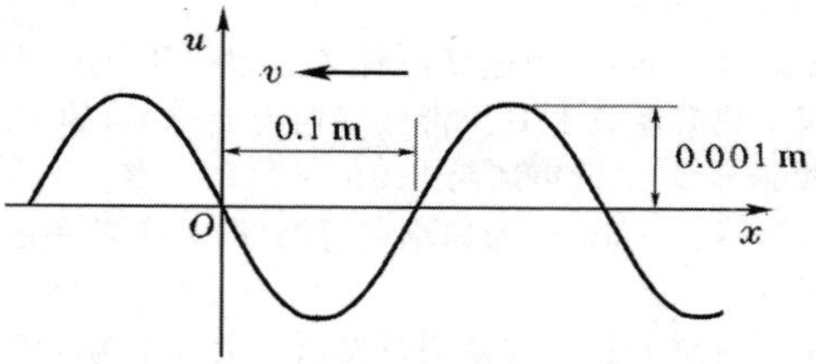

习题 6-26

6-26. 本题图为 $t=0$ 时刻平面简谐波的波形，波朝负 x 方向传播，波速为 $v=330$ m/s。试写出波函数 $u(x,t)$ 的表达式。

6-27. 设有一维简谐波

$$u(x,\ t)=2.0\times\cos 2\pi\left(\frac{t}{0.010}-\frac{x}{30}\right),$$

式中 x、u 的单位为 cm，t 的单位为 s. 求振幅、波长、频率、波速，以及 $x=10$ cm 处振动的初相位。

6-28. 写出振幅为 A、频率为 ν、波速为 c、朝正 x 方向传播的一维简谐波的表达式。

6－29. 频率在 20 至 20×10^3 Hz 的弹性波能触发人耳的听觉。设空气里的声速为 330 m/s，求这两个频率声波的波长。

6－30. 人眼所能见到的光(可见光) 的波长范围是 4000Å(紫光) 到 7600Å(红光)，求可见光的频率范围(1Å $=10^{-10}$ m，光速 $c=3\times10^8$ m/s)。

6－31. 一无限长弹簧振子链,所有弹簧的劲度系数皆为 κ,自然长度为 $a/2$，振子质量 m 和 m' 相间。试证明：此链有两支频谱,即对应每个角波数 k 有两个角频率 $\omega_1(k)$ 和 $\omega_2(k)$，在 $m\gg m'$ 的情况下有：

$$\begin{cases}\omega_1(k)=\sqrt{\dfrac{2\kappa}{m}}\ \sin\dfrac{ka}{2} & \text{(声频支)},\\ \omega_2(k)=\sqrt{\dfrac{2\kappa}{m'}} & \text{(光频支)}。\end{cases}$$

对于低频的声频支，$\widetilde{A}'=\widetilde{A}$，即 m、m' 的振动同相位；对于高频的光频支，$\widetilde{A}=-\dfrac{m'}{m}\widetilde{A}$，即 m、m' 的振动反相位,且与 m' 相比，m 几乎不动。

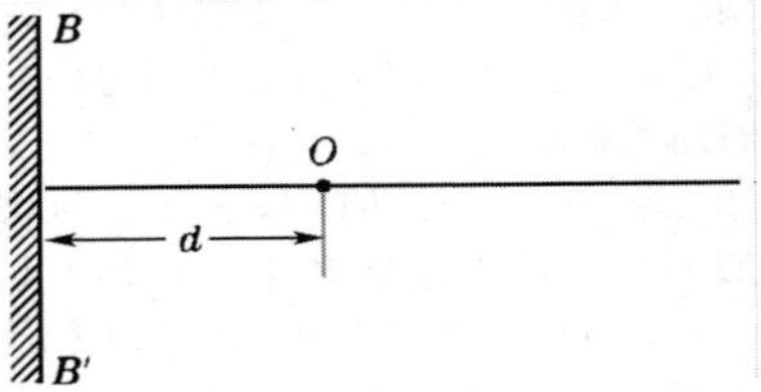

习题 6－32

6－32. 本题图中 O 处为波源,向左右两边发射振幅为 A、角频率为 ω 的简谐波,波速为 c.BB' 为反射面,它到 O 的距离为 $5\lambda/4$(λ 为波长)。试在有无半波相位突变的两种情况下,讨论 O 点两边合成波的性质。

6－33. 本题图中所示为某一瞬时入射波的波形,在固定端全反射。试画出此时刻反射波的波形。

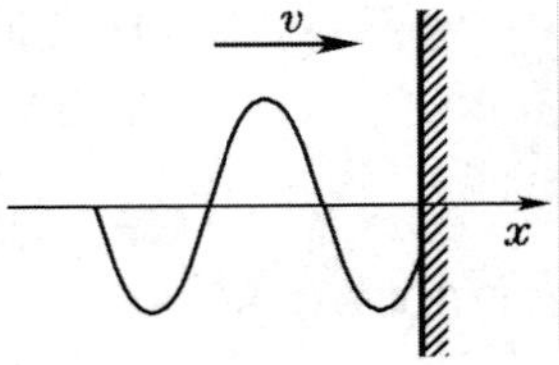

习题 6－33

6－34. 入射简谐波的表达式为

$$u(x,\ t)=A\cos\left[2\pi\left(\frac{t}{T}+\frac{x}{\lambda}\right)+\frac{\pi}{4}\right],$$

在 $x=0$ 处的自由端反射,设振幅无损失,求反射波的表达式。

6－35. 设入射波为 $u=A\cos2\pi\left(\dfrac{t}{T}+\dfrac{x}{\lambda}\right)$，在 $x=0$ 处发生反射,反射点为一自由端。求：

(1) 反射波的表达式；

(2) 合成的驻波的表达式，并说明哪里是波腹，哪里是波节。

6－36. 在同一直线上相向传播的两列同频同幅的波,甲波在 A 点是波峰时乙波在 B 点是波谷，A、B 两点相距 20.0 m. 已知两波的频率为 100 Hz,波速为 200 m/s,求 AB 联线上静止不动点的位置。

6－37. 利用表面张力波的色散关系(6.95) 式求其群速,并证明相速等于群速时相速最小。

6－38. (1) 沿一平面简谐波传播的方向看去,相距 2 cm 的 A、B 两点中 B 点相位落后 $\pi/6$. 已知振源的频率为 10 Hz，求波长与波速。

(2) 若波源以 40 cm/s 的速度向着 A 运动，B 点的相位将比 A 点落后多少？

6－39. 两个观察者 A 和 B 携带频率均为 1000 Hz 的声源。如果 A 静止，B 以 10 m/s 的速率向 A 运动，A 和 B 听到的拍频是多少？ 设声速为 340 m/s.

6－40. 一音叉以 2.5 m/s 的速率接近墙壁,观察者在音叉后面听到拍音的频率为 3 Hz，求音叉振动的频率。已知声速 340 m/s.

6－41. 装于海底的超声波探测器发出一束频率为 30000 Hz 的超声波,被迎面驶来的潜水艇反射回来。反射波与原来的波合成后,得到频率为 241 Hz 的拍。求潜水艇的速率。设超声波在海水中的传播速度为 1500 m/s.

6－42. 求速度为声速的 1.5 倍的飞行物艏波的马赫角。

第七章 万有引力

§1. 开普勒定律

1.1 历史性的回顾

在西方，一些物理学家提出这样的问题：如果一个人未读过莎士比亚的著作，会被人认为没有教养；但是一个人不知道牛顿、爱因斯坦的理论，却不被看作没有文化。这不奇怪吗？于是他们仿照“艺术欣赏”“歌剧欣赏”那样，在大学文科开设起“科学欣赏”“物理欣赏”课来。在我国，情况可能更是这样。在一般人心目中，物理学是那样枯燥，那样难懂，难道还有什么可欣赏的？其实物理学是优美的，它的美表现在基本物理规律的简洁和普适性。然而这些规律的外在表现(各种物理现象)却往往非常复杂。物理规律是有层次的，层次越深，即规律越基本，就越简单，其适用性也越广泛，但也越不容易被揭示出来。所以物理学的简洁性是隐蔽的，它所具有的是深邃而含蓄的内在美。不懂得它的语言，是很难领会到的。天文学先于物理学，事实上物理学的发端始于对理解星体运行的追求。万有引力定律的发现堪称一部逐步揭示物理规律简洁美的壮丽史诗，让我们从古希腊谈起。

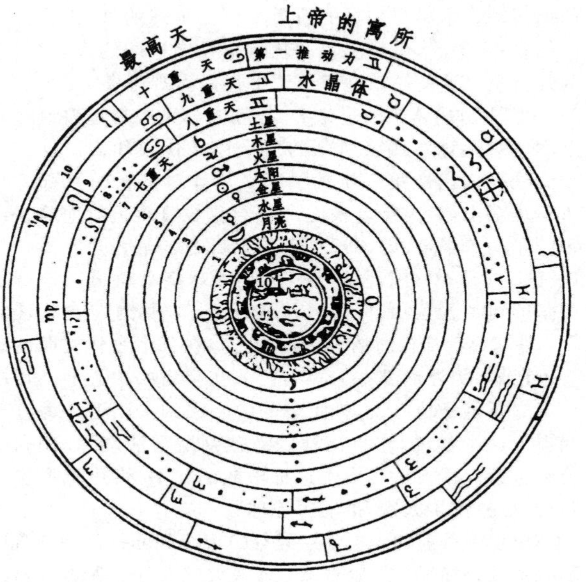

图 7-1 宇宙的地心体系

公元 150 年前后托勒密(C.Ptolemaeus)把当时已发展得异常之好的天文学知识(精度惊人的观测数据)总结成宇宙的地心体系(图 7-1)。且不管人们的宇宙观如何，但就对日月恒星等的所有原始观测而论，地球确是中心。从这个特殊的角度看，行星的运行在天球上的视轨迹是相当复杂的。最引人注目的特征是，在恒星的背景上行星有时要逆行(retrograde，见图 7-2)。托勒密的体系把每个行星的运动描绘成沿一个称为本轮(epicycle)的小圆回转，而本轮的中心又循着以地球为中心的一个称为均轮(deferent)的大圆运行。这就解释了行星的逆行问题(见图 7-3)。

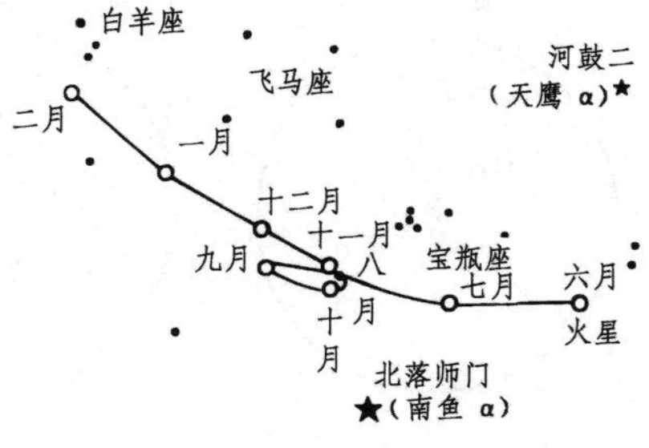

图 7-2 火星的退行

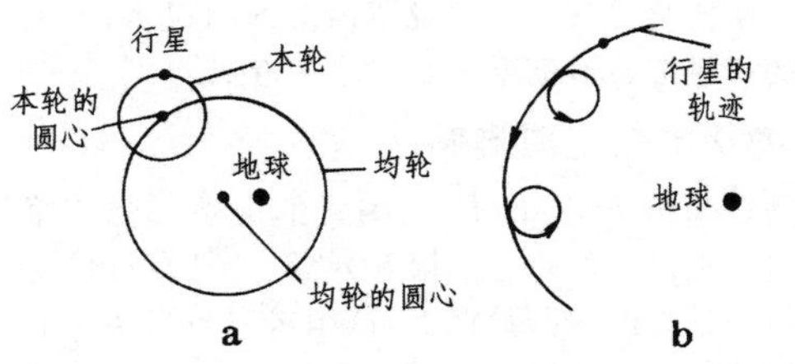

图 7-3 地心说对行星退行的解释

当时人们只知道五大行星：水星、金星、火星、木星、土星。天文观测表明，水星和金星的行为是很特别的，它们运行的特点是：

(1) 本轮中心绕均轮一周的时间正好是 1 太阳年，即太阳绕黄道走一整圈所需的时间。

(2) 水星和金星从来不会离太阳太远(水星到太阳的角距离约为 22.5°，金星则为 46°)，亦即它们的运动似乎是与太阳牵连在一起的，其他三颗行星（火星、木星、土星）则不然。

为了使其理论体系与相当精确的天文观测数据吻合，托勒密在本轮上再加一层又一层的本轮。尽管这个体系变得非常复杂，它却能给出行星以前的轨迹，并能相当好地预言它们未来的位置。于是，托勒密体系一代代传下去，直到 15 世纪，未发生重大变化。

哥白尼（Nicolaus Copernicus）1473 年生于波兰。他对托勒密庞杂的大小本轮体系感到强烈的不满。哥白尼认为，如果把太阳放在中心，我们对行星运动的描述将会大大简化。图 7－4 是哥白尼的日心体系，在这个体系中，五大行星和地球都绕着太阳作圆周运动。水星与金星的轨道半径比地球的小，称为内行星；火星、木星和土星的轨道半径比地球的大，称为外行星。这就简洁地解释了上述两点观测事实。

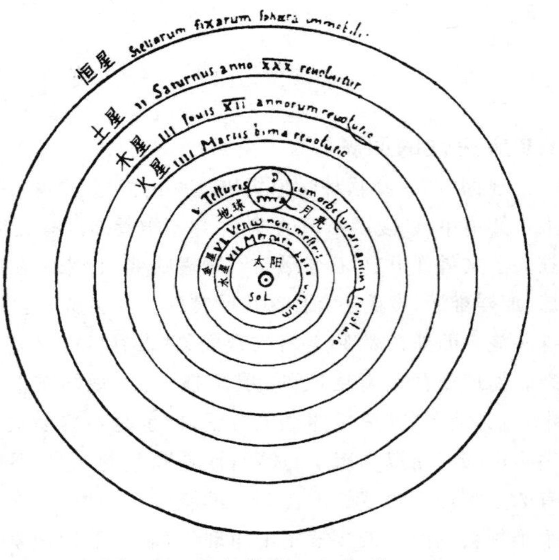

图 7－4 哥白尼的日心体系

从哥白尼体系回过来看，托勒密体系中行星轨道上本轮对地球观测者所张的角半径 θ 代表什么？这个问题我们已在第一章的例题 7 里作过分析。从那里不难看出，对内行星来说，θ 是行星绕日轨道对地球 E 所张的角半径，即该行星离开太阳 S 的最大角距离（见图 7－5）；对外行星来说，θ 是地球绕日轨道对该行星所张的角半径（见图 7－6）。这样一来，颠倒的映象理顺了，一切显得那样简洁、清晰。此前，在各个古代文明的观念里，无一例外地都把人类自己放在宇宙的中心上。哥白尼率先否定了地心说，把宇宙的中心移到太阳上。为宣传和捍卫这个学说，布鲁诺被宗教裁判所活活烧死，伽利略受到迫害。后人把历史上这桩勇敢的壮举，豪迈地形容为“哥白尼拦住了太阳，推动了地球”。

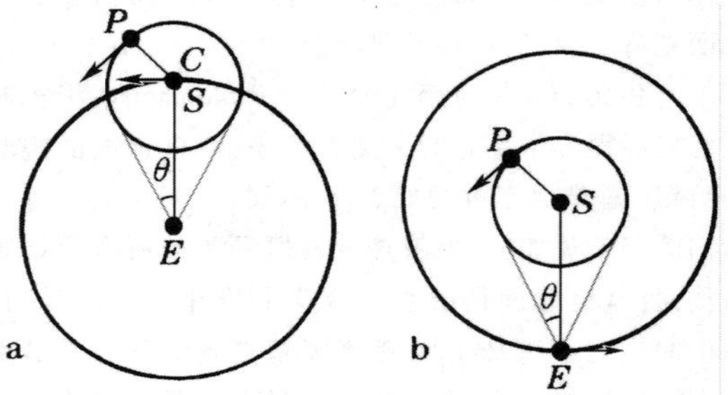

图 7－5 从日心系看内行星

出生于丹麦的天文学家第谷（Tycho Brahe）不理会哥白尼体系是否简洁，在他看来，地球太笨重了，是动不起来的。然而他二十年如一日，仔细地观察了行星在天球上的位置，绘制了上千颗恒星非常精确的星图。他测量和记录下了 20 年来的行星位置，误差不超过$(1/15)^{\circ}$。由于第谷数据的精确度比验证哥白尼学说所需要的高得多，人们发现哥白尼的行星圆轨道模型只是粗略的近似。

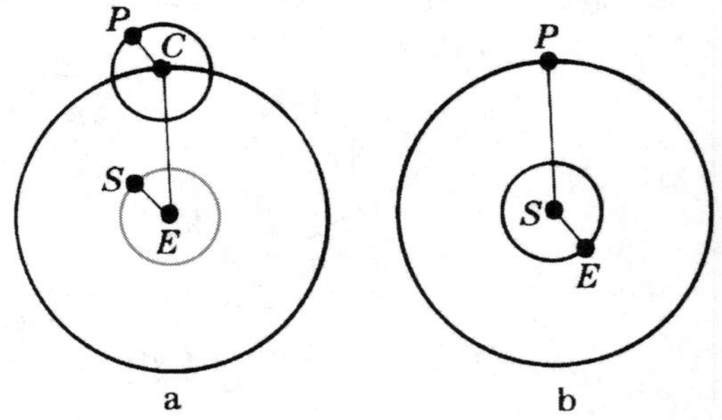

图 7－6 从地心系和日心系看外行星

1.2 开普勒从本轮走向椭圆

开普勒（Johannes Kepler）是第谷的助手。他与第谷相比更倾向于理论上的思考。第谷死后，他把自己的全部精力投在整理第谷的观测数据上，试图求得行星运行轨道的最简单描述。在所有的行星里，除水星外，火星轨道的偏心率最大。水星离太阳太近，难以观测，开普勒把注意力集中在火星上。开普勒诙谐地把这说成是他对火星宣战。❶

要解释观测到的数据，需要知道观测点（地球）的相对位置。开普勒相信哥白尼的日心说，把第谷太阳绕地球的运行的理论变换到日心体系中来，作为确定地球位置的依据。首先，他经过艰苦的观测和计算，肯定了火

---

❶ Wilson，C.，*Sci.Am.*，March 1972，p.93.

星的轨道面大体上与黄道面(地球绕日的轨道面)一致(有 1°50′ 的夹角)。然后,他利用很巧妙的方法观测到 12 个火星黄经数据(以太阳为中心的方位角)。办法是待火星于子夜到达中天时,记录下来它在恒星背景上的位置,因为此时日、地、火星共线,地球上看到火星的方位就是从太阳上看到它的方位。

有了这些数据,就需要构造出一个理论来,以便能够计算火星在任何时刻的黄经。那个时代有的只是托勒密体系中本轮、均轮的理论。为了拟合天文观测数据,托勒密体系中的均轮是偏心的(见图 7-3a),而且为了说明角速度不均匀,理论中还设想有另外一个点,叫做均衡点(equant),天体相对于此点的角速度是均匀的。托勒密体系认为,均轮的圆心 C 在中心天体(当时是地球)和均衡点 Q 距离的平分点上(偏心点平分律)。开普勒借用了这类托勒密式的理论,不过把太阳 S 放在中心天体的位置上(见图7-7),暂不要本轮,偏心的"均轮"现在就是行星的轨道本身;且不预先假定偏心平分律,而是用与观测数据最佳拟合的办法确定圆心 C 的位置。他用了 12 个数据里的4个,确定 C 的位置应该在距太阳6/10的位置上。用其余8个数据去检验此理论,发现平均偏差为 50″,最大偏差为 2′12″。这与第谷观测数据的精度差不多,当时已是相当好的结果了。于是开普勒获得一个计算火星方位的可靠理论。虽然他下一个发现证明,这理论在预言火星到太阳的距离上是错的,开普勒把它称之为"权宜的理论(vicarious theory)",继续运用它来计算火星的黄经。

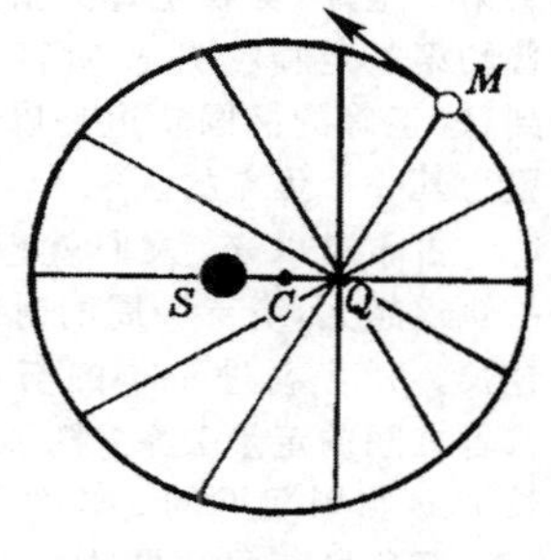

图 7-7 开普勒"权宜理论"

下一步,开普勒在日、地、火星不共线的情况下测量火星到太阳的距离。这里涉及大量三角运算,误差可能很大。不过可以看出,结果与权宜理论是有分歧的。从火星接近轨道拱点(近日点或远日点)时的数据计算,均轮圆心 C 更接近于 S、Q 的中点,而不是六四开。但是若把圆心放在这里,则算出的黄经与权宜理论差到 ± 8′ 之多。

如前所述,行星绕均衡点 Q 的角速度是均匀的,因此偏心平分律意味着,在拱点附近行星的运行速度反比于它到太阳的距离,这便是后来的面积定律(径矢的掠面速度恒定)的萌芽,开普勒猜想,这结论对于行星所处的任何位置都适用。开普勒不喜欢"均衡点"的概念,因为那里空无一物,很难想象,太阳怎能指挥行星绕着它匀速旋转。他更喜欢面积定理,因为可以想象太阳以某种未知的神秘力量,与距离成反比地推动行星前进,尽管这个设想在那个时代很难得到精确的验证,但开普勒对面积定理是坚信不疑的。

开普勒进一步问自己:为什么行星轨道是偏心的?他的回答仍是托勒密式的,在同心的均轮上加本轮。如图 7-8 所示,均轮是太阳 S 为中心的一个大圆(灰线),本轮是圆心在其上运动的小圆。设想本轮以角速度 ω 绕太阳公转的同时,又以角速度 $-\omega$ 绕自己的圆心自转。这时处在本轮边缘上火星 M 的轨迹就是一个绕日的偏心大圆(黑线),其半径等于均轮的半径,中心偏离距离 $\overline{SC}$ 等于本轮半径。如果角速度 ω 均匀,则不符合面积定理。若精细地调整 ω,使火星的运行处处符合面积定理,则在拱点 A、P 和四分点 Q_1、Q_2(与拱点连线垂直的地方)与权宜理论符合,但在八分点 O_1、O_2、O_3、O_4(与拱点连线成45°角处)差到 ± 8′ 之多(见图 7-9a)。开普勒不能容忍这样大的偏差。是圆形轨道不对,还是面积定理不对?开普勒宁可抛弃前者。图 7-9a 表明,火星在拱点 A、P 走得太快,致使八分点 O_1、O_3 处产生方位角的正偏差;在四分点 Q_1、Q_2 走得太慢,致使八分点 O_2、O_4 处产生负偏差。若面积定理成立,则应让四分点 Q_1、Q_2 向里靠,使火星轨道变成一个卵形线。

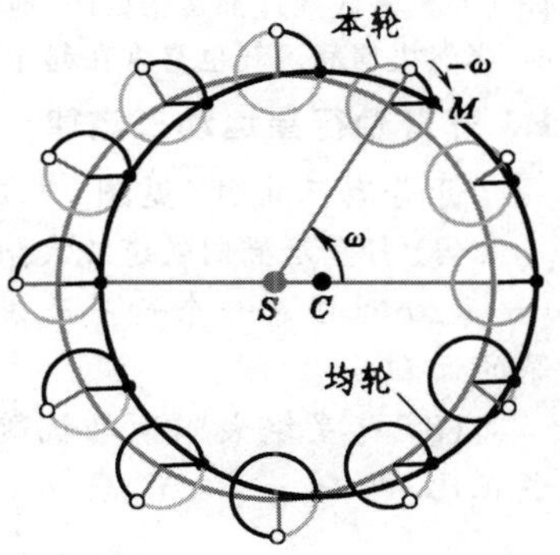

图 7-8 开普勒对轨道偏心的解释

在上述不均匀转速的模型里,开普勒特别替驱动本轮的天使感到为难。他们脚下既无立足之地(在开普勒时代人们已不相信古代的水晶球模型了),又得精密地调整着本轮的转速,使之随时符合面积定理。开普勒首先减轻它们的负担,让本轮均匀地自转,但其公转的角速度是变的,以保证面积定理随时成立,这样一来,火星的轨道将如图 7-9b 所示,四分点缩进,成为卵形。再与权宜理论比较,发现除在拱点 A、P 和四分点 Q_1、Q_2 仍与权宜理论符合外,在八分点 O_1、O_2、O_3、O_4 有正负号与前相反的 ± 8′ 偏离,开普勒自然会想到,如果将图 7-9a 和图

7－9b的轨道加以折中，即如图7－10中粗黑线所示的椭圆轨道，则可得到处处符合权宜理论和面积定理的正确轨道。就这样，开普勒发现了开普勒第一定律，面积定理的猜想成为开普勒第二定律。开普勒后来才意识到，这正确的椭圆轨道是以太阳的位置为其一个焦点的。

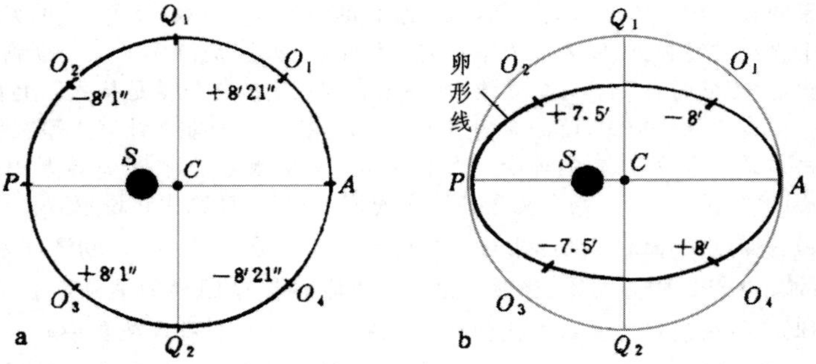

图7－9 不放过±8′的偏差

古希腊以来，人们就想到，行星的轨道越大，绕行一周的时间（周期）越长。开普勒进一步的努力找出了二者之间的定量关系：椭圆轨道的半长轴a与周期T的2/3次方成正比。这便是开普勒第三定律。

开普勒获此结果欣喜若狂，他不加掩饰地说："十六年了，我立志要探索一件事，所以我和第谷结合起来，…… 我终于走向光明，认识到的真理远超出我最热切的期望。如今木已成舟，书已完稿。至于是否现在就有读者，抑或将留待后世？正像上帝已等了观察者六千多年那样，我也许要整整等上一个世纪才会有读者。对此我毫不在意。"

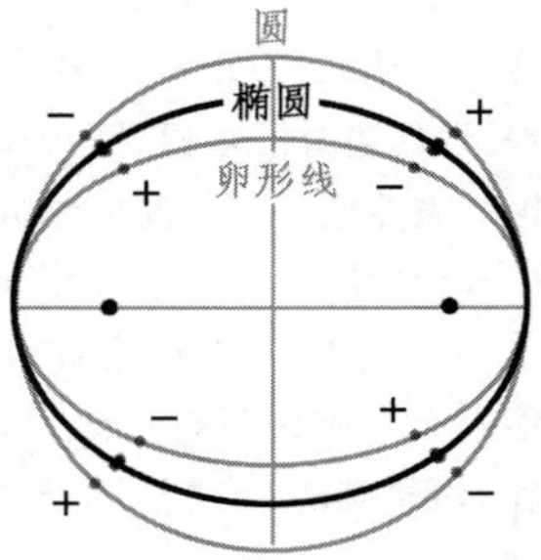

图7－10 开普勒终于找到了正确的轨道

把20余年里观测的几千个数据归纳成这样简洁的几条规律，开普勒是应该为此而感到自豪的。只是开普勒尚不理解，他所发现的三大定律已传达了重大的"天机"。如第四章所述，角动量正比于径矢的掠面速度，故开普勒第二定律意味着角动量守恒，亦即行星受到的是有心力；我们还将看到，开普勒第三定律意味着引力的平方反比律。开普勒定律蕴含着更为简洁、更为普遍的万有引力定律。个中的奥秘直到牛顿才被破译出来。

总结一下开普勒走过的曲折道路，他的权宜理论和面积定理对他的成功起了关键作用。权宜理论是建立在精密观测基础上的唯象理论，面积定理是他凭直觉所作的大胆假设。尽管根据后来牛顿力学的理论来审视，开普勒的大多数推理都是错误的，他还是成功了。看来，在实验上严谨的科学态度和理论上积极的思维都是必要的，当然机遇和运气也常常在起作用。

1.3 开普勒行星运动三定律

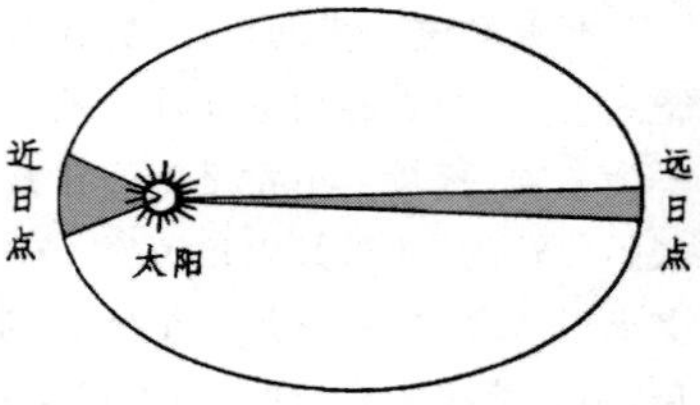

图7－11 开普勒定律

开普勒三定律（见图7－11）归纳如下：

(1) 行星沿椭圆轨道绕太阳运行，太阳位于椭圆的一个焦点上。

(2) 对任意一个行星来说，它的径矢在相等的时间内扫过相等的面积。

(3) 行星绕太阳运动轨道半长轴a的立方与周期T的平方成正比，即

$$\frac{a^3}{T^2}=\text{常量}\ K,\quad \text{或}\quad \frac{a}{T^{2/3}}=\text{常量}\ K^{1/3},\tag{7.1}$$

这里常量与行星的任何性质无关，是太阳系的常量。

§2. 万有引力定律

2.1 定律的建立

下一个问题是什么原因使行星绕日运转？在开普勒时代有些人对此的回答是小天使在后面拍打翅膀，推动着行星沿轨道飞行。与此同时，伽利略发现了伟大的惯性定律，即不受任何作用的物体将按一定速度沿直线前进。再下一个问题是牛顿提出的，物体怎样才会不走直线？他的

回答是以任何方式改变速度都需要力。所以,小天使们不应在后面,而应在侧面拍打翅膀,朝太阳的方向驱赶行星。换句话说,使物体作圆周运动,需要有个向心力。

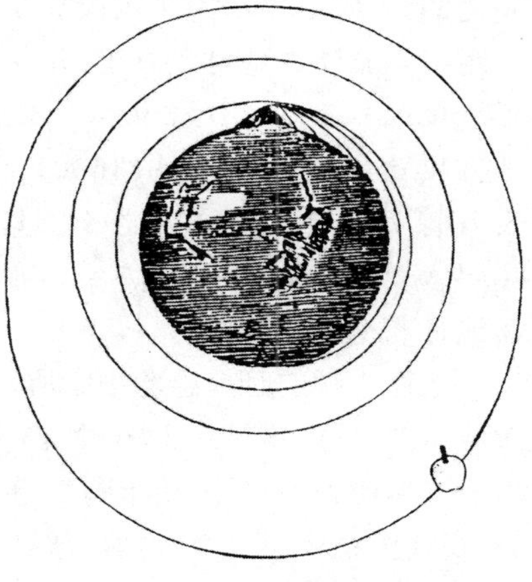

图 7-12 从牛顿的苹果到月球

第一章 5.3 节曾给出匀速圆周运动向心加速度的公式(1.18),乘上质量 m 就得向心力的公式:

$$f=\frac{mv^2}{r},\tag{7.2}$$

对于圆轨道,$v=2\pi r/T$(T 为周期),从而

$$f=\frac{4\pi^2 mr}{T^2}.\tag{7.3}$$

另一方面,按照开普勒第三定律,$r^3/T^2=K$(与行星无关的太阳系常量,叫做开普勒常量),则 $1/T^2=K/r^3$,于是

$$f=\frac{4\pi^2 mK}{r^2}.\tag{7.4}$$

亦即,开普勒第三定律含有这样的内容:一个行星所受的向心力与其质量成正比,与它到太阳的距离平方成反比。平方反比的思想在牛顿之前就有,不过在没有牛顿创立的力和质量的确切概念之前,这种思想是含糊不清的。

牛顿"苹果落地"的故事广泛流传。这故事最生动的记载出自牛顿的亲友对他晚年谈话的回忆。故事大意是说,1665—1666 年间因瘟疫流行,牛顿从剑桥退职回家乡,当时他正在思考月球绕地球运行的问题,一日他在花园中冥思重力的动力学问题时,看到苹果偶然落地,引起他的遐想:在我们能够攀登的最远距离上,在最高建筑物的顶上和最高山巅上,都未发现重力明显地减弱,这个力必定延伸到比通常想象的远得多的地方。为什么不会高到月球上?如果是这样,月球的运动必定受到它的影响,或许月球就是由于这个原因,才保持在它的轨道上的。然而,尽管在地表的各种高度上重力没有明显地减弱,但是很可能到了月球那样高时,这个力在强度上会与我们这里很不相同(图 7-12)。

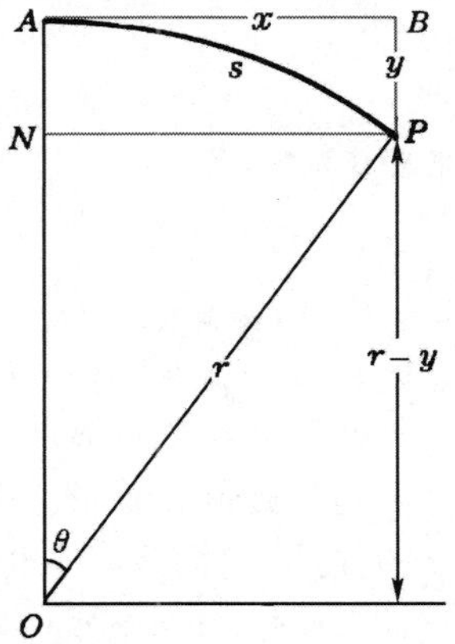

图 7-13 牛顿对平方反比律的月地验证

设想月球处在它轨道上的任意点 A(见图 7-13),如果不受任何力,它将沿一直线 AB 进行,AB 与轨道在 A 点相切。然而实际上它走的是弧线 $\widehat{AP}$,如果 O 是地心,则月球向 O 落下了距离 $\overline{BP}=y$,令弧长 $\widehat{AP}=s=2\pi rt/T$,$\cos\theta\approx 1-\theta^2/2$,$\theta-s/r$,则

$$y=r(1-\cos\theta)\approx\frac{s^2}{2r}=\frac{4\pi^2 r^2 t^2}{2rT^2}=\frac{2\pi^2 rt^2}{T^2},\tag{7.5}$$

在地面上一个重物下落距离的公式为

$$y'=\frac{1}{2}gt^2,\tag{7.6}$$

由此得

$$\frac{y}{y'}=\frac{4\pi^2 r}{gT^2}.\tag{7.7}$$

月球绕地的周期 $T=27.3\ \mathrm{d}\approx 2.36\times10^6\ \mathrm{s}$,地面上苹果的重力加速度 $g=9.8\ \mathrm{m/s^2}$.天文上最难办的是测算天体间的距离,因为它们离得太远了,通常大地测量用的三角法,因误差太大而不好用。古希腊的天文学家伊巴谷(Hipparchus)通过观测月全食持续的时间(即月球通

过地球阴影的时间），曾相当精确地估算出地月距离 r 为地球半径 $R_\oplus$ 的60倍，这个结果牛顿是知道的。但牛顿却用了当时海员们通用的计算方法，即纬度一度对应地球表面 60 mile（英里）的距离，来计算地球的半径 $R_\oplus$. 这样得到的数值是 $R_\oplus = 3.44\times10^3\,\text{mile} = 5.53\times10^3\,\text{km}$，从而 $r = 60R_\oplus = 2.06\times10^5\,\text{mile} = 3.32\times10^5\,\text{km}$. 用这些数据代入上式，得到 $y/y' = (4.16\times10^3)^{-1}$，而平方反比所期望的则是 $(3600)^{-1}$，二者差得还是比较远的。这可能是牛顿推迟了 20 年才发表万有引力定律的原因之一。其实上述地球半径的数据是不准确的，而较准确的数值应该是 $R_\oplus = 6\,400\,\text{km}$，$r = 60R_\oplus = 3.84\times10^5\,\text{km}$. 用这个数值再代入，即得 $y/y' = 1/3600$ 了，与平方反比律符合得相当好。

上述牛顿的月地检验中除所用的数据不准外，还有一些问题有待解决。其中一个问题是地球对地面上物体（苹果）引力的距离为什么要从地心算起？此外，上面从向心力公式和开普勒定律导出平方反比关系，只适用于圆轨道，实际上行星的轨道是椭圆的。第一个问题我们将在3.5 节中回答，在那里将证明，从外边看，球对称物体产生的引力作用，就像其质量集中在球心一样。第二个问题由于行星的运动不再匀速，需要用到开普勒第二定律（面积定律），牛顿直到 1684 年才用相当复杂的几何方法明确地将它解决。

例题 1　试从开普勒定律和量纲法来分析万有引力的性质。

解： 开普勒第二定律表明行星的角动量守恒。亦即，它所受的是指向太阳的有心力。试设此力 f 与距离 r 的关系具有倒幂次形式，并与行星的质量 m 成正比：

$$f = \frac{mC}{r^n}, \tag{7.8}$$

并设椭圆轨道的半长轴 a 和周期 T 除与比例常量 C 有关外，还依赖于行星的能量 E 和轨道角动量 L，现利用 Π 定理来分析开普勒第三定律中出现的 a^3/T^2 比值。为此先把一些有关参量的量纲列成下表：

	C	E	L	a^3/T^2
M	0	1	1	0
L	$n+1$	2	2	3
T	-2	-2	-1	-2

从这个量纲表可算出，由这些量可以组成一个无量纲量：

$$C^{\frac{3}{n+1}}\left(\frac{E}{L}\right)^{\frac{2(n-2)}{n+1}}\left(\frac{a^3}{T^2}\right)^{-1}.$$

根据 Π 定理，我们有

$$\frac{a^3}{T^2} = C^{\frac{3}{n+1}}\left(\frac{E}{L}\right)^{\frac{2(n-2)}{n+1}}\Phi(\Pi), \tag{7.9}$$

式中 Π 是与椭圆轨道形状有关的其他无量纲参量（如偏心率），Φ 是 Π 的某个无量纲函数。然而开普勒第三定律宣称 a^3/T^2 = 太阳系常量，与行星的性质（如 E、L）无关，故上式中 $\Phi=1$，$n=2$，C 为太阳系常量（与行星的质量 m 无关）。亦即(7.8)式中的力 f 与 r 的平方成反比，与行星的质量 m 成正比。▌

与牛顿同时代的人，如哈雷、胡克和惠更斯，都好像曾经在行星问题方面达到了某种平方反比的描述，然而只有牛顿的表述，由于明确地用了力和质量的概念，才是最鲜明的。按(7.4)式或(7.8)式，力与被吸引物体的质量 m 成正比，这件事的重要性只有牛顿才充分意识到。由此牛顿看到，引力作用的倒易性意味着：力还应与施加吸引作用的物体质量 M 成正比，亦即(7.8)式中的 C 正比于 M，该式可写为

$$f = \frac{GmM}{r^2}, \tag{7.10}$$

其中的比例系数 G 称为万有引力常量或引力常量。与(7.4)式比较可以看出，开普勒常量 K 与

引力常量的关系应为

$$K = \frac{GM_{\odot}}{4\pi^2}, \tag{7.11}$$

式中 $M_{\odot}$ 为太阳的质量。

从苹果落地到月地检验，讨论的是地球的引力；行星运动问题讨论的是太阳的引力。牛顿在1665年到1685年的20年里，把引力的思想不断扩大，最后概括出"万有引力"的概念来：

…… 如果由实验和天文学观测，普遍显示出地球周围的一切天体被地球重力所吸引，并且其重力与它们各自含有的物质之量成正比，则月球同样按照物质之量被地球重力所吸引。另一方面，它显示出，我们的海洋被月球重力所吸引；并且一切行星相互被重力所吸引，彗星同样被太阳的重力所吸引。由于这个规则，我们必须普遍地承认，一切物体，不论是什么，都被赋予了相互引力的原理。因为根据这些表象所得出的物体的万有引力的论证，要比它们的不可入性的论证有力得多 ……(《自然哲学的数学原理》)。

2.2 定律的表述

现在让我们来归纳一下，把万有引力定律表述如下：任何两物体 1、2 间都存在相互作用的引力，力的方向沿两物体的联线，力的大小 f 与物体的质量(注意，是引力质量) m_1、m_2 的乘积成正比，与两者之间的距离 r_{12} 的平方成反比，即

$$f = \frac{Gm_1 m_2}{r_{12}^2}, \tag{7.12}$$

其中引力常量 G 是个与物质无关的普适常量。由上式可以看出，G 的量纲为

$$[G] = \frac{[f][r^2]}{[m^2]} = \mathrm{M^{-1}L^3T^{-2}}, \tag{7.13}$$

其数值要由实验来确定。

2.3 引力常量 G 的测定

测定引力常量 G 的数值，就要测量两个已知质量的物体间的引力。1798年，即牛顿发表万有引力定律之后100多年，卡文迪许(H.Cavendish) 做了第一个精确的测量。他所用的是扭秤装置，如图 7-14 所示，两个质量均为 m 的小球固定在一根轻杆的两端，再用一根石英细丝将这杆水平地悬挂起来，每个质量为 m 的小球附近各放置一个质量为 M 的大球。根据万有引力定律，当大球在位置 AA 时，由于小球受到吸引力，悬杆因受到一个力矩而转动，使悬丝扭转。引力力矩最后被悬丝的弹性恢复力矩所平衡。悬丝扭转的角度 θ 可用镜尺系统来测定。为了提高测量的灵敏度，还可将大球放在位置 BB，向相反的方向吸引小球。

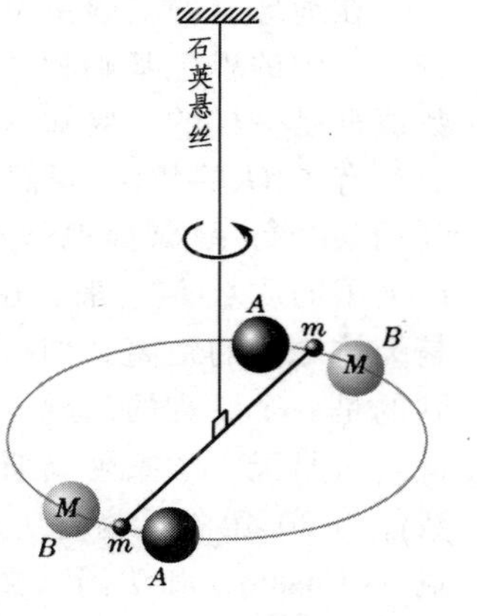

图 7-14 卡文迪许扭秤装置

这样，两次悬杆平衡位置之间的夹角就增大了一倍。如果已知大球和小球的质量 M、m 和它们相隔的距离，以及悬丝的扭力系数，就可由测得的 θ 来计算 G.卡文迪许测定的引力常量数值为 $G = 6.754\times10^{-11}\,\mathrm{m^3/(kg\cdot s^2)}$.卡文迪许的实验如此精巧，在八九十年间竟无人超过他的测量精度。引力常量是目前测得最不精确的一个基本物理常量，因为引力太弱，又不能屏蔽它的干扰，实验很难做。从卡文迪许到现在已近200年，许多人用相同或不同的方法测量 G 的数值，不断地提高其精度(见表 7-1)。国际科学联盟理事会科技数据委员会(CODATA)2018 年推荐的数值为

$$G=6.67430(15)\times10^{-11}\,m^3/(kg\cdot s^2),$$

不确定度为 $0.000\,31\times10^{-11}\ m^3/(kg\cdot s^2)$。卡文迪许把他自己的实验说成“称地球的重量”，这是不无道理的（不过用现代物理教学中严谨的字眼，应该说是“测量地球的质量”），因为要想利用万有引力定律和已知的重力加速度值来求地球质量 $M_\oplus$ 的话，它总是以和引力常量 G 的乘积形式出现，即

$$g=\frac{GM_\oplus}{{R_\oplus}^2},\tag{7.14}$$

不先求得 G，无法计算 $M_\oplus$.利用地球半径的现代数值 $R_\oplus=6\,371\,km$ 和上述 G 值，以及 $g=9.81\ m/s^2$，可以算出 $M_\oplus=5.966\times10^{24}\,kg$，由此我们还可以算出地球的平均密度

$$\rho_\oplus=3M_\oplus/4\pi R_\oplus^3=5.511\,g/cm^3.$$

表 7-1　引力常量 G 的测量值

作　　者	年份	方　　法	$G/(10^{-11}N\cdot m^2\cdot kg^{-2})$
Cavendish	1798	扭秤偏转	6.754
Poyting	1891	天平	6.698
Boys	1895	扭秤偏转	6.658
Braun	1895	扭秤偏转和周期	6.658
Heyl	1930	扭秤周期	6.678
Zahradnicek	1933	扭秤共振	6.659
Heyl & Chrzanowski	1942	扭秤周期	6.668
Rose	1969	加速度	6.674

在地球上的实验室里测量几个铅球之间的相互作用力，就可以称量地球，这不能不说是个奇迹。其中的思想基础和牛顿的月地检验是一致的，即相信天上人间服从共同的规律，引力常量的数值都是一样的。要知道，在那个时代人们并不以为这一点很显然。

有了 G 的数值，我们可以用同样的道理去“称太阳的重量”（即计算太阳的质量）。办法是先利用某个行星（譬如地球）的轨道半径 $r_\oplus$ 和周期 T 算出开普勒常量K，再由 G 值和(7.11)式算出太阳的质量 $M_\odot$ 来。在 2.1 节介绍牛顿的月地检验时我们就说过，天文上一个困难的大问题是天体之间的距离。如果说古希腊人已给出比较准确的地月距离与地球半径之比的话，这里遇到的是一个更难的问题 —— 日地距离与地球半径之比。这比值的现代数值是 23 500，公元前 3 世纪希腊天文学家阿利斯塔克(Aristarchus) 利用月相半满时日月地三角形的角度关系估计出的数值为 20，第谷认为是 1 200，开普勒的估计是大于 2 400，与牛顿同时代的意大利天文学家卡西尼(G.Cassini) 和法国天文学家里歇(J.Richer) 的估计值约为 22000，其后约 100 年根据哈雷生前提出的金星凌日法作出相当精确的估计值在 23000 到 24000 之间。近代日地距离高度精确的测量，基于对木卫食延迟的观测。木星最著名的四颗卫星是伽利略用他的新天文望远镜发现的，它们的周期分别在几天到十几天之间。当它们绕到木星后面的时候，就造成木卫食现象。如果观察者的距离不变，木卫食的到来在时间上应该是等间隔的。然而随着地球 E 绕日公转，我们到木星 J 的距离大约

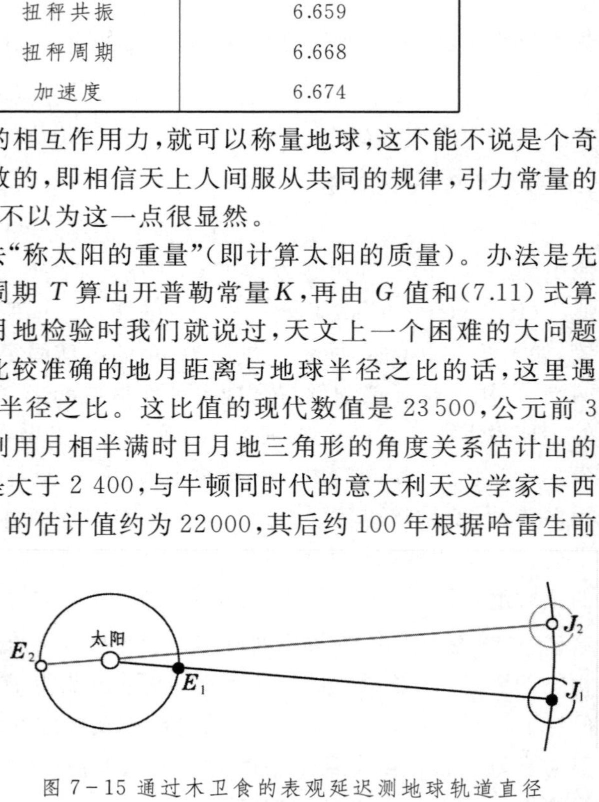

图 7－15 通过木卫食的表观延迟测地球轨道直径

在半年内相差一个地球轨道的直径(见图 7－15)。由于光速是有限的,我们观测到木卫食的时间延迟随着光程的增减而增减。人们观测到,在 6 个月内木卫食累计推迟了约 16 min,即 960 s,用已知光速值 3×10^{8} m/s 计算,得地球轨道的直径为 2.88×10^{11} m,此值约为地球直径的 22600 倍。❶考虑到地球轨道的偏心率,并使用现代最精确的光速值得到了日地距离的平均值 $r_{\oplus}=1.496\times10^{11}$ m(称作一个天文单位,记作 AU)。用这个数值和地球公转周期 $T=3.17\times10^{7}$ s,可算出开普勒常量 K,再代入(7.11)式,利用已有的 G 值,即可算出太阳的质量 $M_{\odot}=1.989\times10^{30}$ kg.

开普勒定律不仅适用于太阳系,它对一切具有中心天体的引力系统(如行星-卫星系统)和双星系统都成立。对于这类系统,开普勒常量公式(7.11)中的 $M_{\odot}$ 应代之以该系统中心天体的质量或双星的质量和。这样,只要能够找到某行星的一颗卫星,测得其轨道的大小和周期,我们便有可能通过开普勒常量的计算求得其质量。许多行星的质量就是这样求得的。

2.4 引力理论的成就与意义

预见并发现从未想到过的行星,也许是引力理论威力最生动的例证。1781 年赫歇耳(F.W.Herschel)偶然发现天王星,并在早先的一些星图中把它认了出来,发现 1690 年以后已有关于它的记录。把这些记录与几个月中进行的新测量结合起来,就证明这天体确是我们太阳系的一员,走着一个差不多是圆形的轨道,平均半径为 19.2 AU,周期为 84 年。此后天王星的运动就成为不断研究的主题。积累的数据表明,它的运动有某些极小的不规则性,这些不规则性不能归因于已知来源的摄动效应(见图 7－16)。这种反常使人们怀疑,在天王星外还有另一颗未知的行星。英国的亚当斯(J.C.Adams)和法国的勒弗里埃(U. Le Verrier)独立地对此进行了工作,根据一个被称为"波得定律"的经验公式,假定这颗未知行星轨道半径约为天王星的两倍,再从开普勒第三定律算出其周期,即可画出如图 7－17 所示的一幅明确图像,说明这新行星是如何按其相对位置交错地使天王星在其轨道运动中加速和减速的。通过辛勤的分析,人们可以计算出这颗新行星在什么时日出现在什么方位。亚当斯于 1845 年 10 月向英国皇家天监提供了情报,未获积极的反应。勒弗里埃直到 1846 年 8 月才完成计算,致信德国天文学家戈勒(J.C.Galle),戈勒立即进行探索,在他第一夜的观测中就认出那颗新行星,与预计的位置只差 1°。海王星就这样在笔尖下被发现了。虽然这发现带有一定的机遇和偶然性,因为他们所用的波得(Bode)公式并不对,但海王星的发现仍不失为牛顿动力

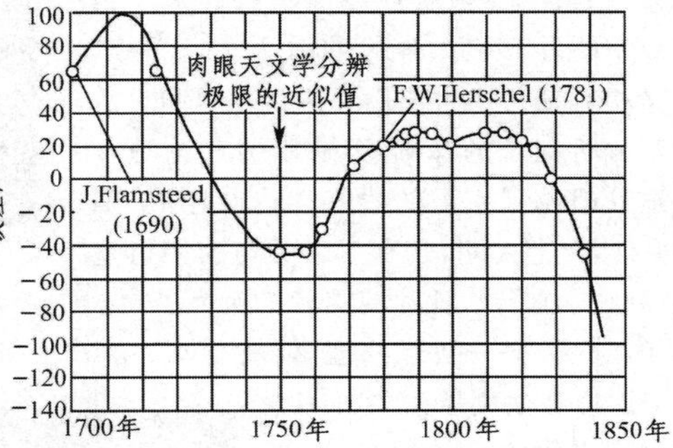

图 7－16 天王星的摄动

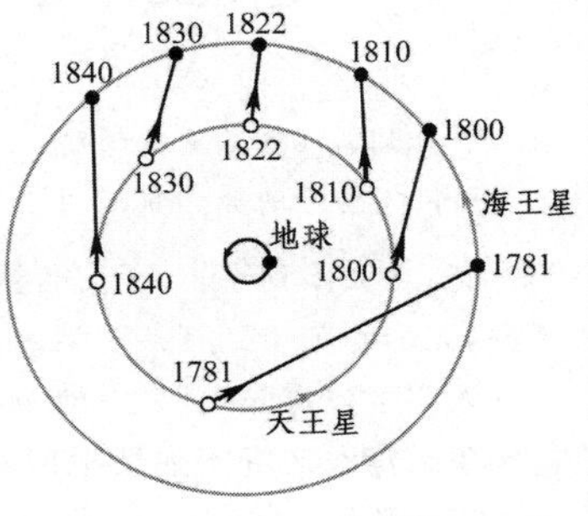

图 7－17 未知行星对天王星的影响

❶ 顺便说起,这里涉及一段在光学教科书上讹传甚广的历史。上述有关木卫食时间延迟的计算在历史上是倒过来进行的,因为在 17 世纪人们还不知道光速的数值。丹麦天文学家勒默(O.Römer)于 1676 年宣布,他发现了历次木卫食之间时间间隔的周期性变化,他得到 6 个月内的延迟累计 22 min,认为这就是光线走过地球轨道直径所用的时间。他的贡献主要是提出光是以有限速度传播的思想。1678 年惠更斯用勒默的思想和卡西尼关于日地距离的观测数据,得到历史上第一个数量级正确的光速值 2.15×10^{8} m/s.可是在教科书中却把这结果都归功到勒默身上。据考证,虽然勒默 1676 年曾在巴黎卡西尼的天文台工作,但他并不知道卡西尼较为正确的视差法日地距离数据,所以他绝不可能算出较为正确的光速值。

学和万有引力定律最成功的例证。1930 年汤姆波夫(C.W.Tambaugh) 根据海王星自身运动不规则性的记载发现了冥王星,可说是前一成就的历史回声。

我们看到,万有引力理论在太阳系内获得极大的成功。 它的威力究竟能够延伸到多远? 在恒星世界中双星系统是很典型的,图 7-18 给出三张双星系克鲁格 60 在前后 12 年内相对位置变化的照片,图 7-19 是它们在天球上运行的详细记录。这系统大概离我们有 10 光年远,周期为 44 年,两伙伴之间的距离约为 10 AU. 图 7-19 中展示的椭圆轨道使我们相信万有引力也在那里起作用,中心不在焦点上是因为轨道面相对于我们的视线倾斜的缘故,图 7-20 是一张旋涡星系的照片,从密度的径向分布 我们还能大体上验证平方反比律是否成立。对于更大的结构,如星系团和超星系团,就不容易作定量的考察了。不过我们相信,那里也有引力在起作用,使物质逐渐凝聚起来。当今牛顿万有引力理论的新版本 —— 广义相对论已成为现代天体物理学和宇宙学分析问题的基础,万有引力理论的普适性超越了宇宙的边缘! 就这样,从苹果到月亮,从太阳到宇宙,上穷碧落下黄泉,天上人间,凡有引力参与的一切复杂现象,无一不归结到一条简洁的定律中。还有什么比这更美妙的吗?

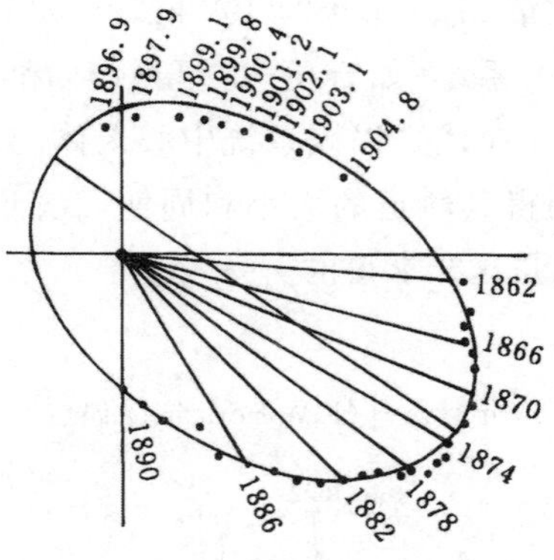

图 7-19 双星系成员相对位矢描绘的椭圆轨道

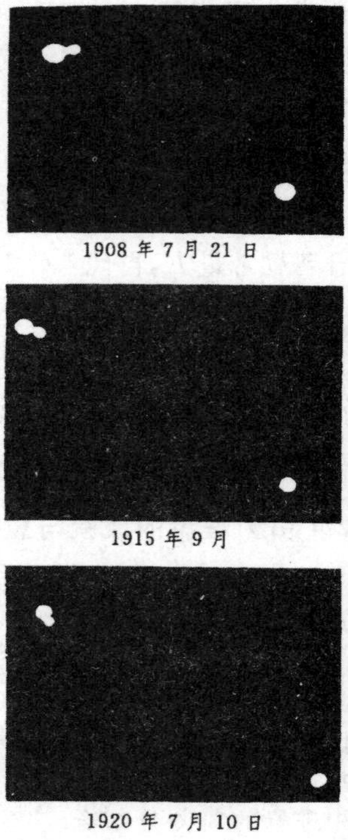

图 7-18 双星系克鲁格 60 在前后 12 年间的照片

有人问李政道先生,在中国做学生的时候,乍一接触物理学,有什么东西给他印象最深? 他毫不迟疑地回答说,是物理法则普适性的概念深深地打动了他。物理法则,既适用于地球上你的卧室里的个别现象,也适用于火星上的个别现象。这一思想对他来说是新颖的,激发着他的兴趣。牛顿的万有引力定律堪称是物理学中普适性的经典楷模,赢得了后世无数科学家的赞赏,鼓舞了一代又一代有才华的青年走上献身物理学研究的道路。

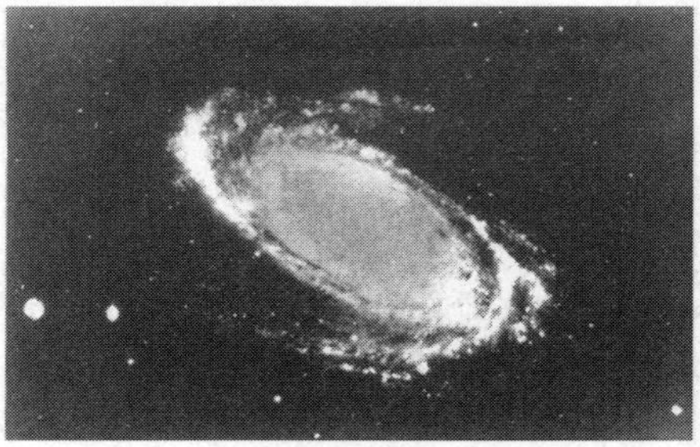
图 7-20 旋涡星系

2.5 太阳系里有没有混沌运动?

回顾了牛顿力学的精确预见性在天文学上取得辉煌的成就之后,我们不得不谈谈长期以来的误解。第六章 3.3 节曾谈到太阳系的稳定性问题,即三体以上的系统,尽管动力学规律是决定性的,往往会因初值敏感性而造成不可预料的结果。 这种现象叫做混沌。 为什么在太阳系这样一个复杂的多体系统里,根据牛顿力学所作的预言却如此准确? 会不会有朝一日某个行星突然偏离自己的轨道,撞在其他行星上?

这种可能性不是没有的,问题是时间尺度。 一般认为,对于大行星,发生混沌运动的时间尺度会是非常长的。不过,在太阳系存在的几十亿年里,很难说没发生过这类事件。冥王星比月亮还小,而它与海王星轨道交叉,海卫一和冥卫奇特的逆行,这一切使人们怀疑,在遥远的过去曾经发生过一次较大天体的碰撞。

小天体碰撞的频度就更大了。我们在第六章 2.3 节里曾提到木星和火星之间小行星带内的基尔武德缝。有人计算了与木星周期比为 1∶3 的缝内小行星的运动。[1]这缝内的开普勒轨道离火星较近,偏心率超过 0.3 的轨

[1] J.Wisdom, *Proc.Roy.Soc.London*, **A413**(1987), 109.

道是与火星轨道相交的。计算机的计算表明，在几十万年的时间尺度上运动显示出混沌的特征，小行星轨道的偏心率会无规地突跳到0.3以上，然后再降回来（见图7-21）。这似乎意味着，是它们与火星的近距离作用或碰撞，改变了自己的轨道。亦即，与木星周期比为1∶3的基尔武德缝是火星清扫出来的。也可以形象地说，木星把球传过来，火星踢出了临门的一脚。以上只是对一个基尔武德缝形成的初步解释，尚不能说明其他缝内的情况，更无法解释周期比为2∶3处为什么是Hilda群。不过，从这里我们看到，太阳系里的确存在着混沌运动。

自从1994年7月彗木相撞事件发生以后，人们更加关注地球的安全问题了。图7-22中给出了部分直径大于1 km的小行星轨道，它们与地球的轨道交叉。真正在近期内出现灾难性撞击地球事件的可能性虽不能排除，但实在是非常小的。不过为了防范，国际天文学联合会第21届全会已通过一项决议，成立一个由16名天文学家（其中包括我国紫金山天文台一人）组成的工作小组，专门研究这个问题。

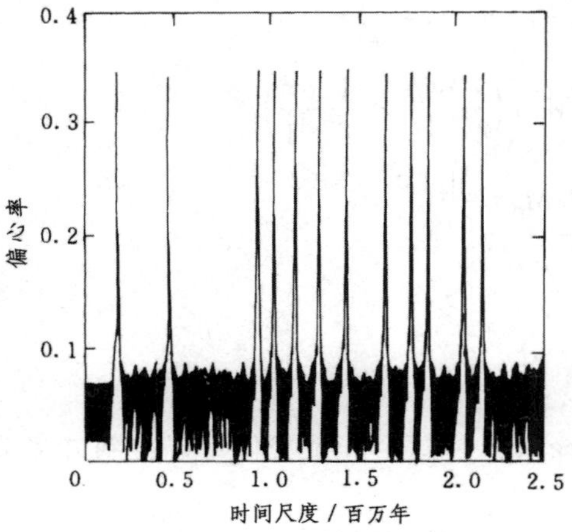

图7-21 小行星的混沌运动

图7-22 与地球轨道交叉的小行星轨道

§3. 开普勒运动

3.1 质点的引力势

所有有心力都是保守力，从而有势能 $U(r)$ 的概念：

$$U(r)=\int_r^{\infty} f(r)\,\mathrm{d}r.$$

对于万有引力 $\boldsymbol{f}(r)=-\dfrac{GMm}{r^2}\hat{\boldsymbol{r}}=-\dfrac{GMm}{r^3}\boldsymbol{r}$，势能为

$$U(r)=-\int_r^{\infty}\frac{GMm}{r^2}\,\mathrm{d}r=-\frac{GMm}{r}, \tag{7.15}$$

这里我们把中心天体看成了质点，这在讨论太阳系问题，以及其他一些类似问题，如卫星问题，是合理的。这是因为不仅天体本身的大小比天体间的距离小得多，而且大多数天体是球形的。为什么球形天体可看成质点？我们将在§4中讨论这个问题，这里我们暂时把它搁下。

3.2 开普勒运动的守恒量

天体或人造天体在引力中心的作用下所作的运动都符合开普勒定律，故可统称为**开普勒运动**。我们先看这类运动有哪些守恒量。万有引力是有心力，在有心力场里运动的质点角动量守恒：

$$\boldsymbol{L}=m\,\boldsymbol{r}\times\boldsymbol{v}=\text{常量}, \quad \text{或} \quad \frac{\mathrm{d}\boldsymbol{L}}{\mathrm{d}t}=0. \tag{7.16}$$

在保守力场中的质点机械能守恒：

$$E=E_k+U(r)=\frac{1}{2}mv^2-\frac{GMm}{r}=\text{常量},$$

或
$$\frac{\mathrm{d}E}{\mathrm{d}t}=0. \tag{7.17}$$

除了以上两个守恒量之外,在与距离的平方成反比的有心力场中还有一个特殊守恒量——隆格-楞茨矢量。为了导出这个守恒量,先看 $\boldsymbol{v}\times\boldsymbol{L}$ 的时间变化率:

$$\begin{aligned}\frac{\mathrm{d}}{\mathrm{d}t}(\boldsymbol{v}\times\boldsymbol{L})&=\frac{\mathrm{d}\boldsymbol{v}}{\mathrm{d}t}\times\boldsymbol{L}=m\frac{\mathrm{d}\boldsymbol{v}}{\mathrm{d}t}\times(\boldsymbol{r}\times\boldsymbol{v})\\&=-\frac{GMm}{r^3}\boldsymbol{r}\times(\boldsymbol{r}\times\boldsymbol{v})=-\frac{GMm}{r^3}[\boldsymbol{r}(\boldsymbol{v}\cdot\boldsymbol{r})-\boldsymbol{v}(\boldsymbol{r}\cdot\boldsymbol{r})]\\&=-\frac{GMm}{r^3}(\boldsymbol{r}rv_r-\boldsymbol{v}r^2)=-GMm\left(\frac{\boldsymbol{r}}{r^2}\frac{\mathrm{d}r}{\mathrm{d}t}-\frac{1}{r}\frac{\mathrm{d}\boldsymbol{r}}{\mathrm{d}t}\right)\\&=GMm\left[\boldsymbol{r}\frac{\mathrm{d}}{\mathrm{d}t}\left(\frac{1}{r}\right)+\frac{1}{r}\frac{\mathrm{d}\boldsymbol{r}}{\mathrm{d}t}\right]=GMm\frac{\mathrm{d}}{\mathrm{d}t}\left(\frac{\boldsymbol{r}}{r}\right),\end{aligned}$$

亦即
$$\frac{\mathrm{d}}{\mathrm{d}t}\left(\boldsymbol{v}\times\boldsymbol{L}-GMm\frac{\boldsymbol{r}}{r}\right)=0, \tag{7.18}$$

或
$$\boldsymbol{B}\equiv\boldsymbol{v}\times\boldsymbol{L}-GMm\frac{\boldsymbol{r}}{r}=\text{常量}。 \tag{7.19}$$

上式所定义的 $\boldsymbol{B}$ 就是隆格-楞茨矢量(Runge-Lenz vector),从这个矢量我们可以得到许多关于开普勒运动的重要信息。

为了得到开普勒运动的轨道,看径矢 $\boldsymbol{r}$ 与隆格-楞茨矢量的标积:

$$\boldsymbol{r}\cdot\boldsymbol{B}=\boldsymbol{r}\cdot(\boldsymbol{v}\times\boldsymbol{L})-GMmr=\boldsymbol{L}\cdot(\boldsymbol{r}\times\boldsymbol{v})-GMmr=\frac{L^2}{m}-GMmr.$$

如图7-23所示,令 θ 为矢量 $\boldsymbol{r}$ 和 $\boldsymbol{B}$ 之间的夹角,$\boldsymbol{r}\cdot\boldsymbol{B}=rB\cos\theta$,由上式得

$$r=\frac{p}{1+\varepsilon\cos\theta}, \tag{7.20}$$

式中

$$p=\frac{L^2}{GMm^2}, \tag{7.21}$$

$$\varepsilon=\frac{B}{GMm}. \tag{7.22}$$

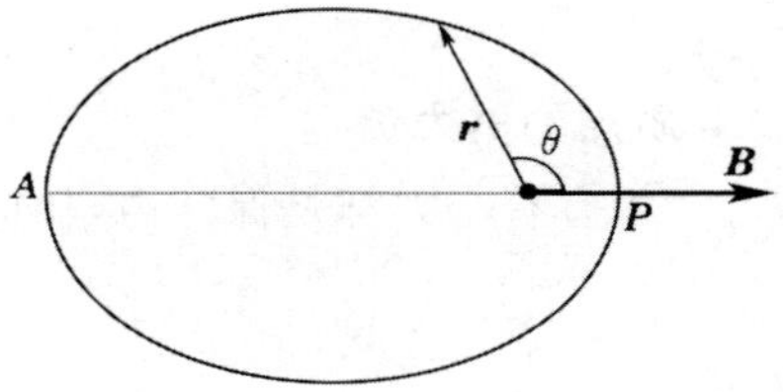

图 7-23 隆格-楞茨矢量与行星轨道

(7.20)式是用平面极坐标(r,θ)描绘的圆锥曲线,ε 为偏心率,p 为半正焦弦。$\varepsilon<1$ 时为椭圆,$\varepsilon>1$ 时为双曲线,$\varepsilon=1$ 时为抛物线,$\varepsilon=0$ 时为圆。从这里我们看到隆格-楞茨矢量的几何意义:其方向沿通过焦点的对称轴,指向最近的拱点;其大小正比于偏心率。对于圆轨道,$\boldsymbol{B}=0$.

3.3 有效势能曲线的利用

除隆格-楞茨矢量外,另一个对于讨论开普勒运动很有用的概念是有效势能。在第三章 §3 里我们介绍了一维势能曲线的用法,但引力场中的开普勒运动是二维的,下面我们利用角动量守恒定律引进有效势能的概念,将二维问题化为一维问题。以中心天体为原点,在轨道平面上取极坐标(r,θ),作开普勒运动的质点的速度可分成 v_r 和 v_θ 分量。因轨道角动量 $L=mrv_\theta$,从而机械能守恒定律可写为

$$E=\frac{m}{2}(v_r^2+v_\theta^2)+U(r)=\frac{m}{2}v_r^2+\frac{L^2}{2mr^2}+U(r)=\frac{mv_r^2}{2}+\widetilde{U}(r)=\text{常量},$$

式中

$$\widetilde{U}(r)=U(r)+\frac{L^2}{2mr^2} \tag{7.23}$$

是径向运动的有效势能，其中与角动量有关的部分 $L^2/2mr^2$ 叫做“离心势能”。用 $\widetilde{U}(r)$ 代替 $U(r)$ 作势能曲线，我们可以在形式上只考虑径向运动。在图 7－24a 中横轴下面的曲线代表引力势能 $U(r)=-GMm/r$，上面的一系列曲线代表对应于不同角动量值 L_1，L_2，L_3，… 的离心势能曲线。将引力势能曲线分别和每条离心势能曲线叠加，我们就得到一条条对应不同角动量值的有效势能曲线（见图 7－24b）。

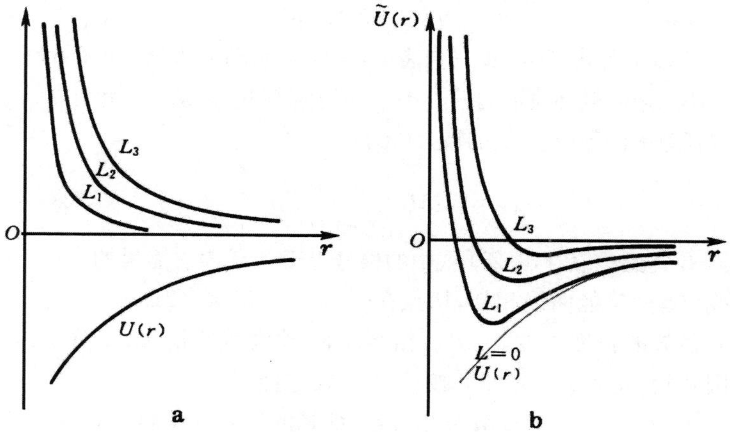

图 7－24 有效势能曲线

代表总能量为 E 的水平线与有效势能曲线相交的地点叫做拱点(apsis)。在拱点处 r 取极值，那里径向速度 $v_r=0$，只有角向速度 v_θ. 由于 $r\to\infty$ 时离心势能趋于 0 的速度比 $U(r)$ 的绝对值快，有效势能曲线是从负的一侧趋于 0 的。所以 $E\geqslant 0$ 时水平线与有效势能曲线只有一个交点 A(见图 7－25)，能曲线叠加，我们就得到一条条对应不同角动量值的有效势能曲线（见图 7－24b）。在这里 r 取极小值；另一头轨道是开放的，r 延伸到无穷远。 $E>0$ 时轨道是双曲线，$E=0$ 时轨道是抛物线。

当 $E<0$ 时水平线与有效势能曲线可能有两个交点(图中 $E=E_2$ 时的 B 和 C)，或 一个交点($E=E_3$ 时的切点 D)。为求交点的位置，令

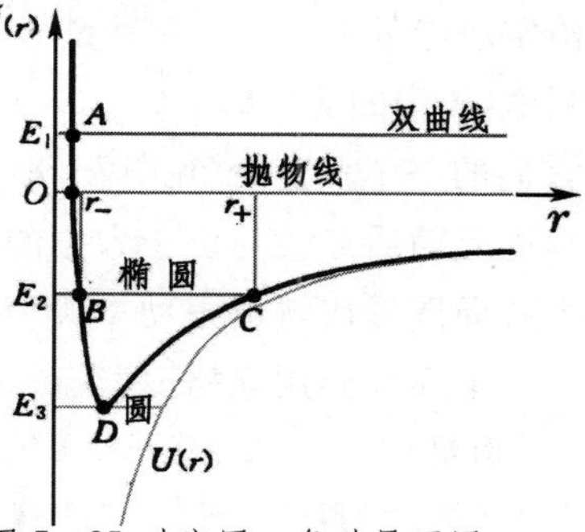

图 7－25 对应同一角动量不同能量径向运动的特征

$$E=\widetilde{U}(r)=-\frac{GMm}{r}+\frac{L^2}{2mr^2},$$

由此得到 r 的一个二次方程

$$r^2+\frac{GMm}{E}r-\frac{L^2}{2mE}=0,$$

它的两个根为

$$r_\pm=\frac{1}{2}\left(-\frac{GMm}{E}\pm\sqrt{\frac{G^2M^2m^2}{E^2}+\frac{2L^2}{mE}}\right). \tag{7.24}$$

这里 r_+ 和 r_- 分别是 r 的极大值和极小值，它们对应着椭圆轨道的两个拱点（行星轨道的远日点和近日点，人造地球卫星轨道的远地点和近地点，等等）。 设椭圆轨道的半长轴为 a，两焦点间距之半为 c（见图 7－26），因中心天体位于一个焦点，故

$$r_+=a+c,\quad r_-=a-c,$$

它们的平均值 $(r_++r_-)/2=a,$

差值之半 $(r_+-r_-)/2=c.$

所以由(7.24) 式得

$$a=-\frac{GMm}{2E}, \tag{7.25}$$

$$c=\frac{1}{2}\sqrt{\frac{G^2M^2m^2}{E^2}-\frac{2L^2}{m|E|}}, \tag{7.26}$$

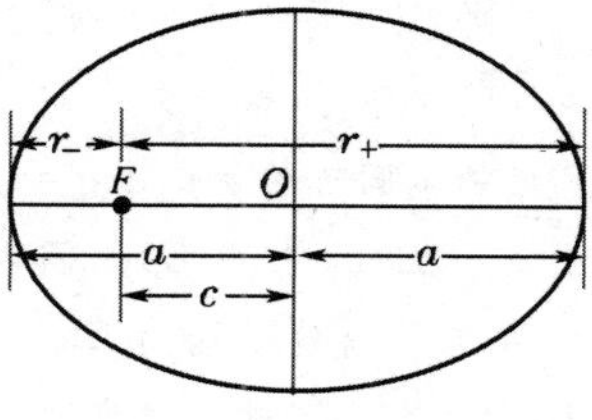

图 7－26 椭圆轨道的半长轴和偏心率

由此得偏心率

$$\varepsilon = \frac{c}{a} = \sqrt{1 - \frac{2|E|L^2}{G^2 M^2 m^3}}. \tag{7.27}$$

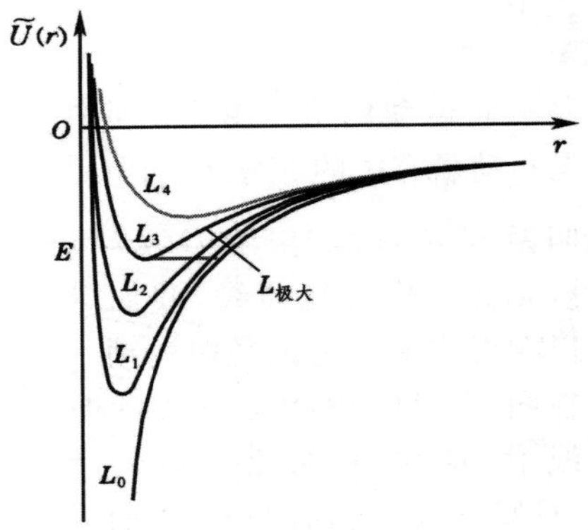

图 7-27 对应同一能量不同角动量径向运动的特征

以上各式表明，a 只与能量有关，与角动量 L 无关，L 的大小只影响椭圆轨道的偏心率。对于给定的 E 值，不允许 L 取任意大的数值。L 的极大值为

$$L_{极大} = GMm\sqrt{\frac{m}{2|E|}}, \tag{7.28}$$

当 L 达到此值时，(7.27) 式中的根号等于 0，代表总能量的水平线与有效势能曲线相切，切点在$r = a = -GMm/(2E)$处。这时径矢的长度不变，$\varepsilon = 0$，相当于圆形轨道的情况。对于圆轨道，$a = r =$ 常量，按(7.25) 式总能量

$$E = -GMm/2a = -GMm/2r = U(r)/2,$$

得动能

$$E_k = \frac{mv_\theta^2}{2} = E - U(r) = \frac{GMm}{2r} = \frac{|U(r)|}{2}. \tag{7.29}$$

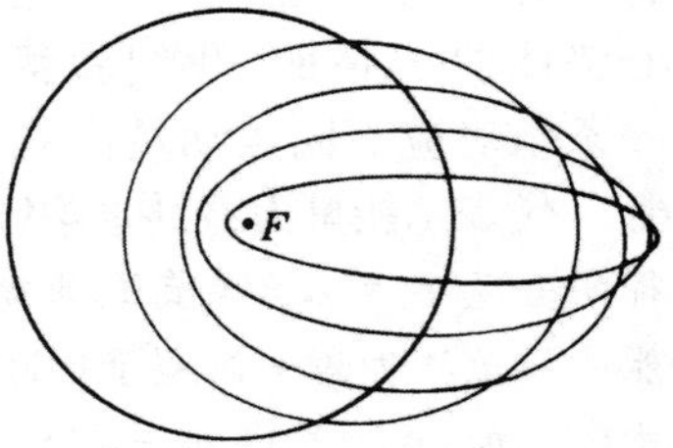

图 7-28 对应相同能量不同角动量的椭圆轨道

当 L 大于(7.28) 式所给的数值时，(7.24) 式中根号下的量取负值，方程式只有复根。在这种情况下，代表总能量的水平线与有效势能曲线不相交，运动是不可能发生的。

现在我们把闭合轨道的情况总结一下。如图 7-27 所示，对于给定的能量 $E(<0)$，角动量 L 可以取 0 到 $L_{极大}$(图中的 L_3) 的一系列值(图中的 L_0、L_1、L_2、L_3)，对应的轨道是偏心率不同的椭圆，它们的半长轴都一样，力心在它们的一个焦点处(见图 7-28)。$L = L_{极大}$ 对应于圆轨道，$L = 0$ 对应于纯径向运动。这在经典力学里运动质点会与位于力心的质点相碰，只可能在力心的一侧运动；但在量子力学里却可以在力心周围形成轨道角动量 $L=0$ 的球对称定态。

下面我们用隆格-楞茨矢量和有效势能曲线解两个例题。

例题 2 宇宙飞船绕一行星作半径为 R_0 的圆轨道飞行，飞行速率为 v_0.如图 7-29 所示，飞船现在 A 点，船长想用增大切向速率的办法把轨道改变为经过 B 点的椭圆形，B 点到行星中心的距离为 $3R_0$.

(1) 飞船在 A 点的速率必须增到多少?

(2) 从 A 到 B 的航行要多少时间?

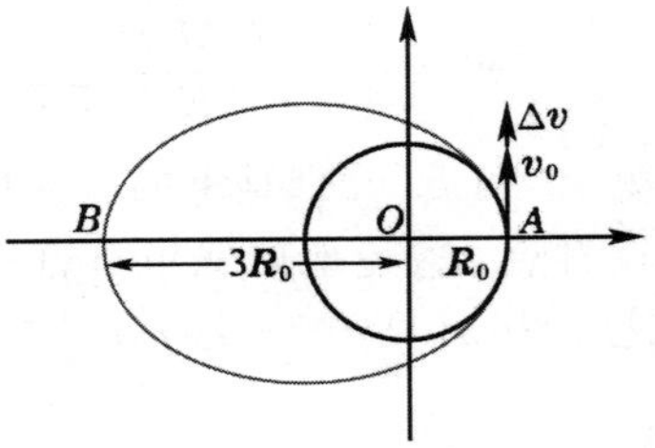

图 7-29 例题 2—— 宇宙飞船突然增加切向速度

解:(1) 在 A 点 $\boldsymbol{v} = \boldsymbol{v}_0 + \Delta\boldsymbol{v}$ 沿切向，$\boldsymbol{L}$ 垂直于轨道面，$\boldsymbol{v}\times\boldsymbol{L}$ 沿$\overrightarrow{OA}$，$\boldsymbol{r} = \overrightarrow{OA}$，故隆格-楞茨矢量 $\boldsymbol{B}$ 也沿$\overrightarrow{OA}$，即 BOA 为未来椭圆轨道的长轴。预期的椭圆轨道半长轴 $a = (R_0 + 3R_0)/2 = 2R_0$，因 a 反比于总能量 E，故 $E = E_0/2$，其中 E_0 是圆轨道的总能量，它等于 $-|U(R_0)|/2$. 飞船在 A 点原有的动能为 $E_{k0} = E_0 - U(R_0) = -|U(R_0)|/2 + |U(R_0)| = |U(R_0)|/2$. 欲进入预期的椭圆轨道，飞船在 A 点应有动能

$$E_k = E - U(R_0) = E_0/2 - U(R_0)$$

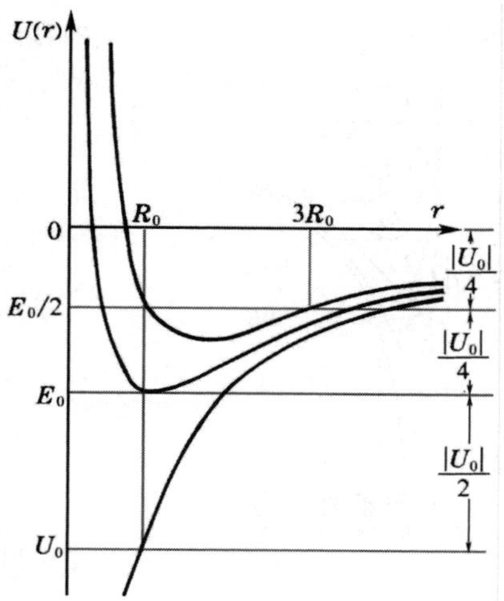

图 7－30 例题 2 的势能曲线

$$= -|U(R_0)|/4 + |U(R_0)| = 3|U(R_0)|/4,$$

即 $E_k/E_{k0}=3/2$（见图 7－30）。在 A 点全部动能来自切向运动，故切向速率 v 需要增到原来的$\sqrt{3/2}$ 倍，即

$$v=\sqrt{\frac{3}{2}}\ v_0.$$

(2) 原有圆轨道的周期 $T_0=2\pi R_0/v_0$. 根据开普勒第三定律，周期正比于 $a^{3/2}$. 椭圆轨道的半长轴为圆轨道半径的 2 倍，故周期 $T=2^{3/2}T_0$. 从 A 到 B 是半个周期，所需时间为

$$t=\frac{T}{2}=2^{1/2}T_0=\frac{2\sqrt{2}\,\pi R_0}{v_0}. \ \blacksquare$$

例题 3　如上题，但在 A 点不增加切向速率，而是增加向外的径向速度分量 $v_r = v_0/2$，飞船的轨道也变成椭圆。试求它的半长轴和偏心率。

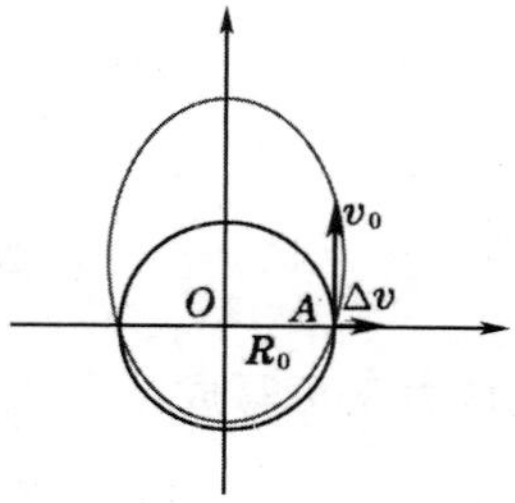

图 7－31 例题 3——宇宙飞船突然增加径向速度

解：对于原来的圆轨道，隆格－楞次矢量 $\boldsymbol{B}_0=\boldsymbol{v}_0\times\boldsymbol{L}-GMm\boldsymbol{r}/r=0$，径向的 $\Delta\boldsymbol{v}$ 不改变角动量 $\boldsymbol{L}$，故 $\boldsymbol{B}=\Delta\boldsymbol{B}=\Delta\boldsymbol{v}\times\boldsymbol{L}$，此矢量的方向垂直于 OA 向下，即未来椭圆轨道的长轴与 OA 垂直，距力心较近的拱点在下，如图 7－31 所示。

圆轨道时　$E_0=-|U(R_0)|/2$，

动能　$E_{k0}=mv_0^2/2=E_0-U(R_0)=|U(R_0)|/2.$

新增加的径向动能

$$mv_r{}^2/2=m(v_0/2)^2/2=E_{k0}/4,$$

故后来的总动能

$$E_k=5E_{k0}/4=5|U(R_0)|/8,$$

总能量　$E=E_k+U(R_0)=-3|U(R_0)|/8=3E_0/4$

（见图 7－32）。半长轴 a 与总能量 E 成反比，故

$$a=(4/3)R_0.$$

增加径向速度不改变角动量，故 $L=L_0$. 按(7.27)式，偏心率为

$$\varepsilon=\sqrt{1-\frac{2|E|L^2}{G^2M^2m^3}}=\sqrt{1-\frac{3|E_0|L_0{}^2}{2G^2M^2m^3}},$$

注意到对于圆轨道，

$$2|E_0|L_0{}^2/G^2M^2m^3=1,$$

故

$$\varepsilon=\sqrt{1-\frac{3}{4}}=\frac{1}{2}. \ \blacksquare$$

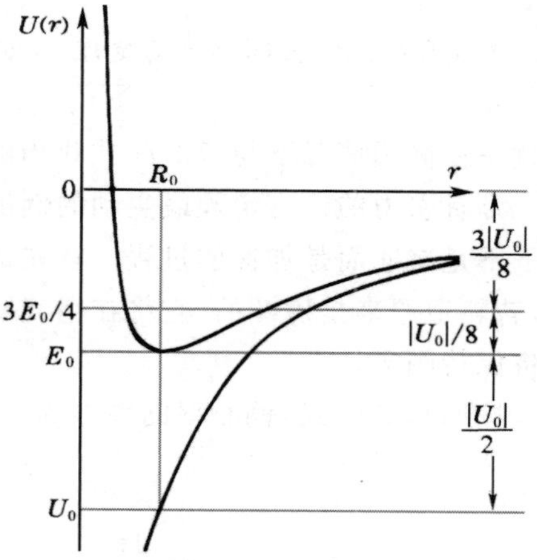

图 7－32 例题 3 的势能曲线

3.4 位力定理和负热容

对于圆轨道我们有(7.29)式，即

$$E_k=|U|/2=-U/2,\qquad \text{或}\qquad U=-2E_k,$$

从而总机械能

$$E=E_k+U=-E_k,\qquad \text{或}\qquad E_k=-E. \tag{7.30}$$

此式表明，越从系统提取能量，即系统的总能量 E 越低，动能 E_k 越大。在椭圆轨道的情形下，E_k 不是常量，如果我们用它在一个周期里的平均值$\overline{E_k}$来代替它，则可证明，上述结论对于椭圆轨道也成立。

设一个质点在有心力场中作周期性运动，令 $\boldsymbol{r}$ 代表它的位矢，$\boldsymbol{f}$ 代表它所受的力，下列物理量

$$\frac{1}{2}\overline{\boldsymbol{r}\cdot\boldsymbol{f}}=\frac{1}{2T}\int_0^T \boldsymbol{r}\cdot\boldsymbol{f}\,\mathrm{d}t \tag{7.31}$$

称为均位力积，或位力(virial)。一方面，按牛顿第二定律，位力可写成

$$\begin{aligned}\frac{1}{2T}\int_0^T \boldsymbol{r}\cdot\boldsymbol{f}\,\mathrm{d}t &= \frac{m}{2T}\int_0^T \boldsymbol{r}\cdot\frac{\mathrm{d}\boldsymbol{v}}{\mathrm{d}t}\,\mathrm{d}t\\ &= \frac{m}{2T}\int_0^T\frac{\mathrm{d}}{\mathrm{d}t}(\boldsymbol{r}\cdot\boldsymbol{v})\,\mathrm{d}t-\frac{m}{2T}\int_0^T\frac{\mathrm{d}\boldsymbol{r}}{\mathrm{d}t}\cdot\boldsymbol{v}\,\mathrm{d}t\\ &= \frac{m}{2T}(\boldsymbol{r}\cdot\boldsymbol{v})\Big|_0^T-\frac{1}{T}\int_0^T\frac{1}{2}mv^2\,\mathrm{d}t\\ &= 0-\overline{E_\mathrm{k}}=-\overline{E_\mathrm{k}}.\end{aligned}$$

在上式中第一项等于 0，是因为每隔一个周期运动恢复原状。另一方面，对于有心力

$$\boldsymbol{f}(r)=-\frac{\mathrm{d}U(r)}{\mathrm{d}r}\hat{\boldsymbol{r}},$$

设

$$U(r)\propto r^{-k},$$

则

$$\frac{\mathrm{d}U(r)}{\mathrm{d}r}=-k\,\frac{U(r)}{r},\qquad \boldsymbol{r}\cdot\boldsymbol{f}=k\,\frac{U(r)}{r}\boldsymbol{r}\cdot\hat{\boldsymbol{r}}=k\,U(r),$$

故位力又可写成

$$\frac{1}{2T}\int_0^T \boldsymbol{r}\cdot\boldsymbol{f}\,\mathrm{d}t=\frac{k}{2T}\int_0^T U(r)\,\mathrm{d}t=\frac{k}{2}\overline{U(r)}.$$

综合以上所述，我们得到

$$-\overline{E_\mathrm{k}}=\frac{k}{2}\overline{U(r)},\quad 或\quad \overline{U(r)}=-\frac{2}{k}\overline{E_\mathrm{k}}, \tag{7.32}$$

因而总机械能

$$E=\overline{E_\mathrm{k}}+\overline{U(r)}=\frac{k-2}{k}\overline{E_\mathrm{k}}\quad 或\quad \overline{E_\mathrm{k}}=\frac{k}{k-2}E. \tag{7.33}$$

(7.32) 式和(7.33) 式叫做*位力定理*。对于万有引力，$k=1$，位力定理表现为

$$\overline{U(r)}=-2\overline{E_\mathrm{k}},\quad 和\quad \overline{E_\mathrm{k}}=-E. \tag{7.34}$$

这就是在椭圆情况下与(7.29) 式相当的公式。

万有引力的位力定理最生动的例证，是陨石坠落或人造地球卫星再入大气时，在空气阻力作用下不是减速而是加速的过程。首先证明，在此过程中轨道的偏心率 ε 是单调下降的。那就是说，若轨道原来是椭圆的，它将在空气阻力的作用下越来越趋近于圆形；若轨道原来就是圆形，它将保持圆形。

按照(7.29) 式，偏心率的平方为

$$\varepsilon^2=1-\frac{2|E|L^2}{G^2M^2m^3},$$

从而

$$\begin{aligned}2\varepsilon\frac{\mathrm{d}\varepsilon}{\mathrm{d}t}&=-\frac{2L^2}{G^2M^2m^3}\frac{\mathrm{d}|E|}{\mathrm{d}t}-\frac{4|E|L}{G^2M^2m^3}\frac{\mathrm{d}L}{\mathrm{d}t}\\ &=-\frac{2|E|L^2}{G^2M^2m^3}\left(\frac{1}{|E|}\frac{\mathrm{d}|E|}{\mathrm{d}t}+\frac{2}{L}\frac{\mathrm{d}L}{\mathrm{d}t}\right),\end{aligned}$$

或

$$\frac{\mathrm{d}\varepsilon}{\mathrm{d}t}=-\frac{|E|L^2}{\varepsilon G^2M^2m^3}\left(\frac{1}{|E|}\frac{\mathrm{d}|E|}{\mathrm{d}t}+\frac{2}{L}\frac{\mathrm{d}L}{\mathrm{d}t}\right). \tag{7.35}$$

上式中括弧前的因子是负的，下面来证明括弧内的表达式非负，从而 $\mathrm{d}\varepsilon/\mathrm{d}t\leqslant 0$.

设空气阻力 $\boldsymbol{f}=-\beta\boldsymbol{v}$，这里系数 β 随大气密度 ρ 单调增加，而 ρ 又是随高度的减少而单调递

增的，故 β 随高度的减少单调递增。令径矢 $\boldsymbol{r}$ 与速度 $\boldsymbol{v}$ 之间的夹角为 θ，则

$$\left.\begin{aligned} L&=m\,|\boldsymbol{r}\times\boldsymbol{v}|=mrv\sin\theta,\\ \frac{\mathrm{d}L}{\mathrm{d}t}&=|\boldsymbol{r}\times\boldsymbol{f}|=\ \ rv\sin\theta,\end{aligned}\right\}\ \Rightarrow\ \frac{1}{L}\frac{\mathrm{d}L}{\mathrm{d}t}=-\frac{\beta}{m}.$$

对于椭圆轨道 $E<0$，$|E|=-E$，由位力定理

$$\left.\begin{aligned} |E|&=-E=\overline{E_{\mathrm{k}}}=\frac{m}{2}\overline{v^2},\\ \frac{\mathrm{d}|E|}{\mathrm{d}t}&=-\frac{\mathrm{d}E}{\mathrm{d}t}=-\boldsymbol{f}\cdot\boldsymbol{v}=\beta\boldsymbol{v}\cdot\boldsymbol{v}=\beta v^2,\end{aligned}\right\}\ \Rightarrow\ \frac{1}{|E|}\frac{\mathrm{d}|E|}{\mathrm{d}t}=\frac{2\beta}{m}\frac{v^2}{\overline{v^2}}.$$

于是(7.35) 式化为

$$\frac{\mathrm{d}\varepsilon}{\mathrm{d}t}=-\frac{2|E|L^2}{\varepsilon G^2M^2m^4\,\overline{v^2}}\,(\beta v^2-\beta\overline{v^2}). \tag{7.36}$$

偏心率变化率 $\mathrm{d}\varepsilon/\mathrm{d}t$ 的瞬时值是正负不定的，我们要看一周的平均值，即

$$\begin{aligned}\overline{\frac{\mathrm{d}\varepsilon}{\mathrm{d}t}}&=-\frac{2|E|L^2}{\varepsilon G^2M^2m^4\,\overline{v^2}}\,(\overline{\beta v^2}-\overline{\beta}\,\overline{v^2})\\ &=-\frac{2|E|L^2}{\varepsilon G^2M^2m^4\,\overline{v^2}}\,\frac{1}{T}\int_0^T\beta\,(v^2-\overline{v^2})\,\mathrm{d}t.\end{aligned}$$

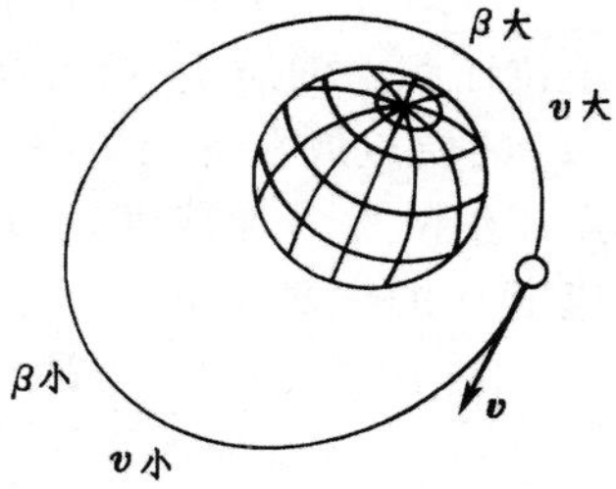

图 7－33 不同高度的速率和空气阻力

v^2 的数值半圈大、半圈小，平均值 $\overline{v^2}$ 介乎其间，可以作为两半圈的分界点。按照开普勒第二定律，在低的半圈 v 大，$v^2-\overline{v^2}>0$；在高的半圈 v 小，$v^2-\overline{v^2}<0$（见图 7－33）。由于大气密度大时 β 也大，密度小时 β 也小，即低的半圈 β 较大，高的半圈 β 较小，故上式中的积分恒大于 0.

$$\frac{1}{T}\int_0^T\beta(v^2-\overline{v^2})\mathrm{d}t\geqslant 0,$$

从而

$$\overline{\frac{\mathrm{d}\varepsilon}{\mathrm{d}t}}\leqslant 0, \tag{7.37}$$

对于圆轨道，高度不变，上式中等号成立。于是上面提出的命题证讫。

气体中微观粒子动能越大，在宏观上表现为气体的温度越高。天体系统是自引力系统，按照上述位力定理，它们也具有奇怪特征，即得到能量时动能减少，从而温度降低；失掉能量时动能增加，从而温度升高。在热学中，把温度每升高 1K 所需的热量叫做物体的热容。对于自引力系统来说，需要减少能量来提高它们的温度，这就是说，它们的“热容”是负的。负热容系统都是不稳定的，所以自引力系统是不稳定的。举例来说，当有的恒星核燃料耗尽后，它们不但不冷下来，反而在急剧的引力坍缩过程中产生大量的光和热，这就是天文上观测到的超新星爆发。这类现象很好地说明了自引力系统负热容的特征。❶

❶ “热寂说”从一开始就是伴随着热力学第二定律而提出的，这个无论从理智上和感情上都令人难以接受的结论，在 100 多年里虽遭到许多物理上和哲学上的批判，但大多没有击中要害。现在我们清楚了，“热寂说”的要害是没有充分考虑引力的作用。宇宙是个自引力系统，这种系统具有负热容，从根本上说没有平衡态，从而热力学的前提对宇宙从头起就不适用。

§4. 球体的引力场与若干天文问题

4.1 球体的引力场

万有引力定律的原始形式只给出了质点产生的引力场分布，而大多数天体是有一定大小的球形，严格说来，我们需要知道球形物质在各处（远处和近处，外部和内部）产生的引力场分布。这在牛顿时代是个不小的难题，牛顿自己发明了微积分把它解决了。后来数学家高斯（C.F. Gauss, 1839）创立了一个定理 —— 高斯定理，可以用对称性的方法非常简捷地处理这个问题。在这里我们先把主要结论罗列在下面，然后用积分的方法证明之。

解决球体的问题分两步走，第一步解决空心球壳问题，第二步把球体看成许多层球壳的叠加。

（1）球壳的引力场

令球壳的半径为 R，质量为 M，均匀分布在球面上，从而单位面积上的质量（面密度）为 $\sigma=M/4\pi R^2$. 现以一个质量为 m_0 的质点放在各处去探测它所受到的引力 $\boldsymbol{f}=m_0\boldsymbol{g}$（$\boldsymbol{g}$ 为质点产生的引力加速度）。球壳在各处产生的引力 $\boldsymbol{f}$ 或引力加速度 $\boldsymbol{g}$ 的规律如下：

① 在球壳内（$r<R$） $\boldsymbol{f}=0$， $\boldsymbol{g}=0$.

② 在球壳外（$r>R$）
$$\begin{cases}\boldsymbol{f}=-\dfrac{GMm_0}{r^2}\hat{\boldsymbol{r}},\\ \boldsymbol{g}=-\dfrac{GM}{r^2}\hat{\boldsymbol{r}}.\end{cases}\tag{7.38}$$

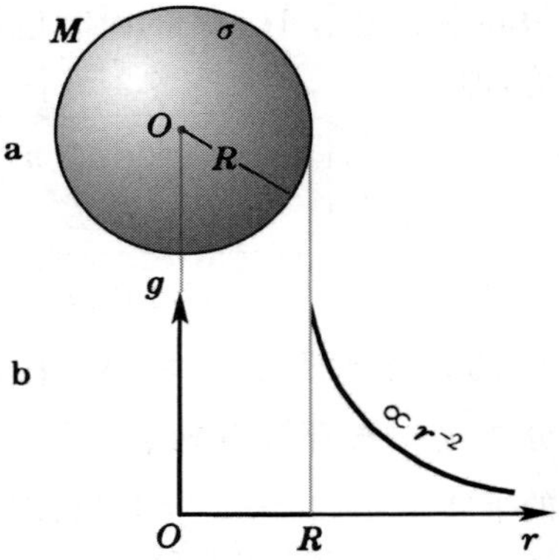

图 7-34 球壳的引力场随径矢长度 r 变化的曲线

即在球内完全没有引力；在球外看来，就好像球壳的全部质量 M 集中在球心一样，与 r 的平方成反比。$\boldsymbol{g}$ 的大小随径矢长度 r 变化的曲线见图 7-34。

（2）球体的引力场

令球体的半径为 R，质量为 M，均匀分布在球体内，从而单位体积上的质量（体密度）为 $\rho=3M/(4\pi R^3)$. 把球体分成许多层同心球壳。① 考虑球体内径矢长度为 r（$r<R$）的点 P，如图 7-35 所示。过 P 作同心球面 S，按上述球壳的结论，S 以外的球壳对 P 点的引力场没有贡献，而 S 以内的球壳对 P 点的引力场的贡献就好像它们的质量集中在球心一样，与 r 的平方成反比。S 以内球壳质量的总和即以 S 为界小球体的质量，

$$M_r=\frac{4\pi r^3\rho}{3}=M\frac{r^3}{R^3}.$$

把这质量集中于球心，则试探质点 m_0 在 P 点受到的引力和产生的加速度为

$$\boldsymbol{f}_r=-\frac{GM_rm_0}{r^2}\hat{\boldsymbol{r}}=-\frac{\pi G\rho m_0 r}{3}\hat{\boldsymbol{r}}=-\frac{GMm_0r}{R^3}\hat{\boldsymbol{r}},$$
$$\boldsymbol{g}=-\frac{4\pi G\rho r}{3}\hat{\boldsymbol{r}}=-\frac{GMr}{R^3}\hat{\boldsymbol{r}}.\tag{7.39}$$

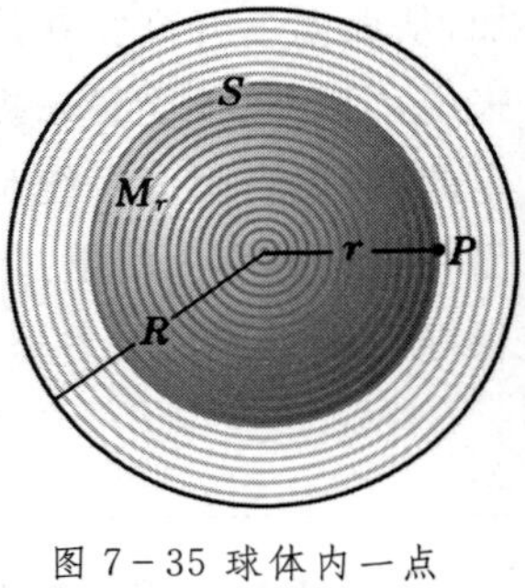

图 7-35 球体内一点的引力场只来自更小球壳质量的贡献

即引力的大小正比于 r，像个简谐振子。② 对于球壳外（$r>R$）的点 P，所有球层的质量都好像集中在球心一样。引力场和加速度的公式与（7.38）式相同。

归纳起来，球体产生 $\boldsymbol{g}$ 的大小随 r 变化的曲线见图 7-36。

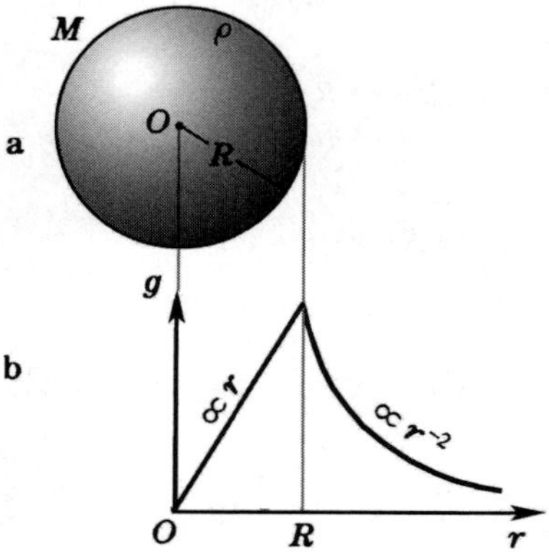

图 7-36 球体的引力场随径矢长度 r 变化的曲线

现在我们用积分方法来证明上述关于球壳产生的引力场分布的结论，有了它，解决球体产生引力场分布的问题就水到渠成了。

如图 7-37 所示，令球的半径为 R，以球心 O 到场点 P 的联线为极轴，令球面上任一点的半径与极轴的夹角为 θ，其取值范围为 0 到 π. 此角从 θ 增加到 $\theta+\mathrm{d}\theta$ 在球面上画出一段长度为 $R\,\mathrm{d}\theta$ 的圆弧。再设想此圆弧绕极轴一周，在球面上扫出一条宽度为 $R\,\mathrm{d}\theta$ 的环带，其半径为 $R\sin\theta$，从而宽带周长为 $2\pi R\,\mathrm{d}\theta$，面积为 $2\pi R^2\sin\theta\,\mathrm{d}\theta$，质量为 $2\pi\sigma R^2\sin\theta\,\mathrm{d}\theta$，其中 σ 为球壳的面密度。

考虑上述环带在场点 P 产生的引力加速度 $\mathrm{d}g$. 按照万有引力定律，环带上每一小段在 P 点产生的引力都沿着它们各自到 P 点的联线上，方向各异。但它们分布在一个圆锥面上，对极轴呈轴对称性。它们在极轴上的分量是一样的，垂直于极轴的分量完全抵消。环带上各小段到 P 点的距离为 $l=\sqrt{R^2+r^2-2Rr\cos\theta}$，到极轴方向的投影因子 $\cos\alpha=(r-R\cos\theta)/l$，于是

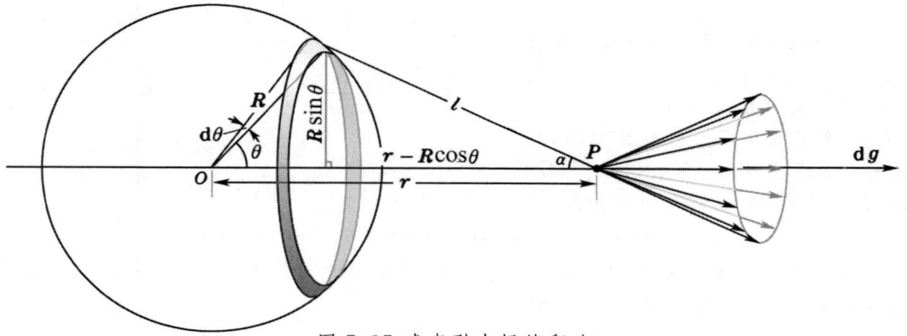

图 7-37 球壳引力场的积分

$$\mathrm{d}g=-\frac{2\pi G\sigma R^2\sin\theta\,\mathrm{d}\theta}{l^2}\cos\alpha=-\frac{2\pi G\sigma R^2\sin\theta\,\mathrm{d}\theta}{l^2}\,\frac{r-R\cos\theta}{l}=-\frac{2\pi G\sigma R^2(r-R\cos\theta)\sin\theta\,\mathrm{d}\theta}{(R^2+r^2-2Rr\cos\theta)^{3/2}}.$$

整个球面的贡献是上式对 θ 从 0 到 π 的积分：

$$g=-2\pi G\sigma R^2\int_0^{\pi}\frac{(r-R\cos\theta)\sin\theta\,\mathrm{d}\theta}{(R^2+r^2-2Rr\cos\theta)^{3/2}}.$$

计算上述积分，第一步先换元，令 $\cos\theta=\xi$，则 $\mathrm{d}\xi=-\sin\theta\,\mathrm{d}\theta$，上式可化为

$$g=2\pi G\sigma R^2\int_{+1}^{-1}\frac{(r-R\xi)\mathrm{d}\xi}{(R^2+r^2-2Rr\xi)^{3/2}}=-2\pi G\sigma R^2\int_{-1}^{+1}\frac{(r-R\xi)\mathrm{d}\xi}{(R^2+r^2-2Rr\xi)^{3/2}}.$$

积分的第二步需要用些技巧，把被积函数的分子改写一下：

$$r-R\xi=\frac{1}{2r}\left[(R^2+r^2-2Rr\xi)+r^2-R^2\right],$$

这样一来，上面的积分可写为

$$\begin{aligned}
g&=-\frac{\pi G\sigma R^2}{r}\int_{-1}^{+1}\left[\frac{1}{(R^2+r^2-2Rr\xi)^{1/2}}+\frac{r^2-R^2}{(R^2+r^2-2Rr\xi)^{3/2}}\right]\mathrm{d}\xi\\
&=-\frac{\pi G\sigma R^2}{r}\,\frac{1}{rR}\left[-\sqrt{R^2+r^2-2Rr\xi}+\frac{r^2-R^2}{\sqrt{R^2+r^2-2Rr\xi}}\right]_{-1}^{+1}\\
&=-\frac{\pi G\sigma R}{r^2}\left(\begin{array}{l}-\sqrt{R^2+r^2-2Rr}+\dfrac{r^2-R^2}{\sqrt{R^2+r^2-2Rr}}\\+\sqrt{R^2+r^2+2Rr}-\dfrac{r^2-R^2}{\sqrt{R^2+r^2+2Rr}}\end{array}\right)\\
&=-\frac{\pi G\sigma R}{r^2}\left(-|R-r|+\frac{r^2-R^2}{|R-r|}+|R+r|-\frac{r^2-R^2}{|R+r|}\right),
\end{aligned}$$

① 在球外 $r>R$，上式括弧

$$[\cdots]=-(r-R)+\frac{r^2-R^2}{r-R}+(r+R)-\frac{r^2-R^2}{r+R}=-r+R+r+R+r+R-r+R=4R;$$

② 在球内 $r<R$，上式方括弧

$$[\cdots]=-(R-r)+\frac{r^2-R^2}{R-r}+(r+R)-\frac{r^2-R^2}{r+R}=-R+r-R-r+r+R-r+R=0.$$

于是

$$g=\begin{cases}-\dfrac{G4\pi R^2\sigma}{r^2}=-\dfrac{GM}{r^2} & (r>R),\\ 0 & (r<R).\end{cases} \tag{7.40}$$

这就是上面求证的结论。

4.2 引力有多大？

先看一个例题。

例题 4 试计算密度均匀球体两半之间的吸引力。

解：如图7-38a所示，设想用通过球心 O 垂直于 x 轴的平面把球体分成两半，考虑右半所受的引力。由于绕 x 的轴对称性，合力 $\boldsymbol{f}$ 必沿 x 方向，故只需计算 f_x 分量就可以了。极坐标为 (r,θ) 的体元 $\mathrm{d}V$ 处引力加速度的大小为 $g=(4\pi/3)G\rho r$[参见(7.39)式]，方向向心。故其 x 分量为

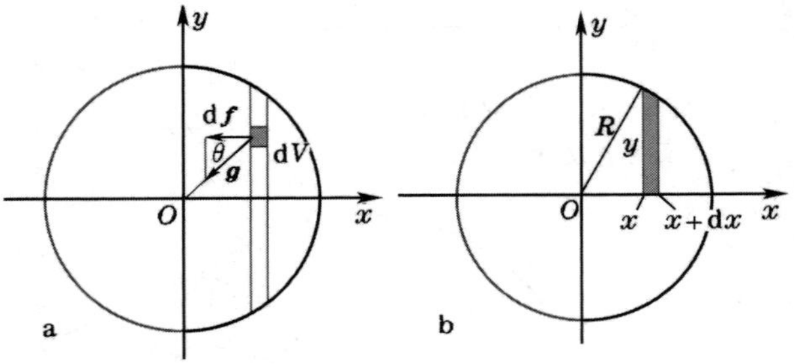

图 7-38 例题 4—— 均匀球体两半之间的吸引力

$$g_x=-g\cos\theta=-(4\pi/3)G\rho r\cos\theta=-(4\pi/3)G\rho x,$$

亦即具有相同 x 坐标的体元地方 g_x 分量相等。坐标在 x 到 $x+\mathrm{d}x$ 之间的体积是半径等于 $y=\sqrt{R^2-x^2}$（R 为球的半径）、厚度等于 $\mathrm{d}x$ 的一个圆片（见图 7-38b），

$$\mathrm{d}V=\pi y^2\,\mathrm{d}x=\pi(R^2-x^2)\mathrm{d}x,$$

质量为 $\rho\,\mathrm{d}V$，受力为 $g_x\rho\,\mathrm{d}V$，半球所受总力为

$$F_x=\int_{(半球)}g_x\rho\,\mathrm{d}V=-\int_0^R\frac{4\pi G\rho x}{3}\pi\rho(R^2-x^2)\mathrm{d}x$$

$$=-\frac{4\pi^2G\rho^2}{3}\int_0^R(R^2-x^2)x\,\mathrm{d}x=-\frac{\pi^2G\rho^2R^4}{3}, \tag{7.41}$$

作用在单位横截面积上的平均力为 $$\overline{\sigma}=\frac{F_x}{\pi R^2}=-\frac{\pi G\rho^2R^2}{3}. \tag{7.42}$$ ▌

将地球和月球的有关数据 $R_{\oplus}=6.37\times10^6\,\mathrm{m}$，$\rho_{\oplus}=5.5\times10^3\,\mathrm{kg/m^3}$，$R_{月}=1.74\times10^6\,\mathrm{m}$，$\rho_{月}=3.3\times10^3\,\mathrm{kg/m^3}$ 分别代入(7.42)式，得

$$\begin{cases}\sigma_{\oplus}=8.58\times10^{10}\,\mathrm{N/m^2},\\ \sigma_{月}=2.30\times10^9\,\mathrm{N/m^2}.\end{cases}$$

组成地球、月球物质（岩石）因化学键形成的极限抗张强度 σ_m 通常只有 $10^8\,\mathrm{N/m^2}$ 的数量级，可见，把地球或月球物质结合在一起的，主要不是化学结合力，而是万有引力。

表 7-2 给出万有引力在一些典型天体中心产生的压强。

表 7-2 典型天体中心的压强

星体	平均密度 $\overline{\rho}/(\mathrm{g\cdot cm^{-3}})$	压强	
		$p/(\mathrm{N\cdot m^{-2}})$	p/atm
地球	5.52	$10^{10}\sim10^{11}$	$10^5\sim10^6$
木星	1.33	$10^{12}\sim10^{13}$	$10^7\sim10^8$
太阳	1.41	$10^{14}\sim10^{15}$	$10^9\sim10^{10}$
白矮星	$10^6\sim10^8$	$10^{18}\sim10^{19}$	$10^{13}\sim10^{14}$
中子星	10^{14}	$10^{32}\sim10^{33}$	$10^{28}\sim10^{29}$

蟹状星云中心的脉冲星 PSR0531+21 的周期为 0.0331 s，即约 30 次每秒。如果设想这是周期星体自转的周期，庞大的星球这样快地转动，不会被离心力所瓦解吗？假设阻止星球不瓦解唯一的力是万有

引力，则不瓦解的条件是
$$\frac{GM}{R^2} > R\omega^2 \left(M = \frac{4\pi R^3\rho}{3}\right)$$
或
$$\rho > \frac{3\omega^2}{4\pi G}. \tag{7.43}$$
此条件只与星球的密度 ρ 有关，与其半径 R 无关。以脉冲星 PSR0531 + 21 的角速度 $\omega = 2\pi\times30\ \mathrm{s}^{-1}$ 计算，得密度的下限
$$\rho_0 = \frac{3\omega^2}{4\pi G} = 1.3\times10^{11}\ \mathrm{g/cm^3}.$$
这表明，脉冲星不可能是高速旋转的白矮星，因白矮星的密度不超过 $10^8\ \mathrm{g/cm^3}$，以这样大的角速度旋转，离心力早把它撕裂了。理论中的中子星倒有可能，因为它们的密度与原子核一样，达 $10^{14}\ \mathrm{g/cm^3}$. 经多方认证，脉冲星就是高速旋转的中子星。

4.3 星系的旋转曲线与暗物质假说

宇宙中有各种各样的星系(galaxies)，我们所在的银河系(Galaxy) 是其中的一个。星系的共同特征是围绕一根中心轴旋转。各星体旋转的切向速度 v，或者说角速度 $\omega = v/r$，

设星体以圆形轨道绕中心轴线旋转，轨道稳定的条件是所需的向心加速度 v^2/r 等于该处的引力场强 g.下面分别计算球内和球外的情况。

(1) 在球内($r<R$)，根据(7.39) 式，是旋转半径 r 的函数，函数 $v(r)$ 或 $\omega(r)$ 的形式与质量分布有关。星体的速度 v 是通过多普勒效应来观测的，把观测到的数据绘制成 v - r 曲线，叫做星系的“旋转曲线”。将实测的旋转曲线与不同的理论模型比较，可以获得星系中质量分布的一些信息。星系一般是扁平的，但有许多迹象表明，它们的外面常常有个近似为球形的暗物质晕(见图 7-39)。

$$\frac{v^2}{r} = g = \frac{4\pi G\rho}{3} r,$$
由此得
$$v = \sqrt{\frac{4\pi G\rho}{3}}\ r,$$
或
$$\omega = \sqrt{\frac{4\pi G\rho}{3}} = 常量.$$
这就是说，在球体内部所有星体都以同一个角速度旋转，就像整个球体是刚体一样。旋转的周期为
$$T = 2\pi/\omega = 2\pi\sqrt{3/(4\pi G\rho)} = \sqrt{3\pi/(G\rho)}.$$

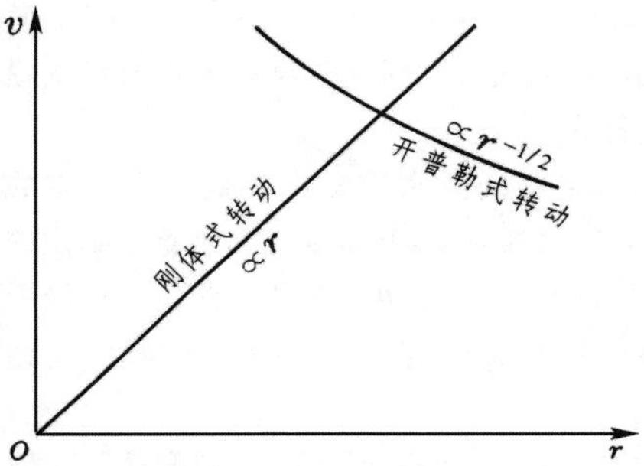

图 7-40 均匀球体的旋转曲线

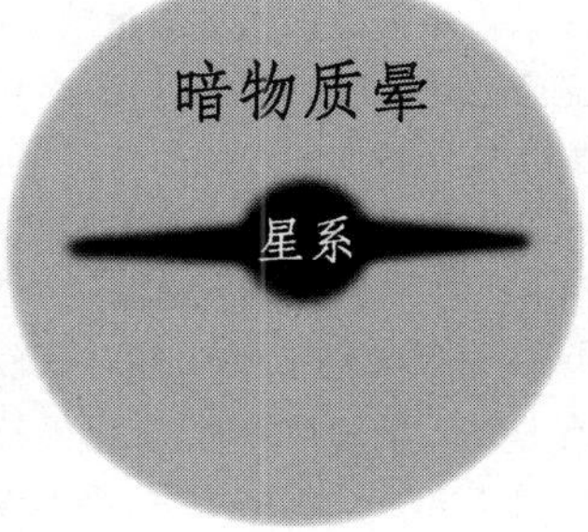

图 7-39 星系晕

(2) 在球外($r>R$)，根据(7.39) 式
$$\frac{v^2}{r} = g = \frac{4\pi G\rho R^3}{3r^2},$$
由此得
$$v = \sqrt{\frac{4\pi G\rho R^3}{3r}} = \sqrt{\frac{GM}{r}},$$
或
$$\omega = \sqrt{\frac{GM}{r^3}}. \tag{7.44}$$
从而周期 $T = 2\pi/\omega = \sqrt{4\pi^2/(GM)}\ r^{3/2}$，
这正是开普勒第三定律。得到这样的结果丝毫不奇怪，因为在球外看来，整个星系的质量好像都集中在球心一样。

综合球内、外的结果，我们得到密度均匀球体的旋转曲线如图 7-40 所示。

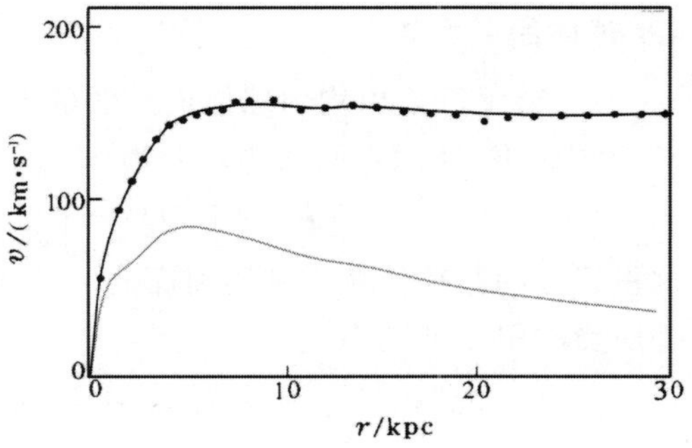

图 7-41 NGC3198 的旋转曲线

几乎所有来自地外的宇宙信息都是通过光子来传递的，但绝非宇宙间的物质都发光。很多迹象表明，星系中存在大量的暗物质。能够给我们提供暗物质信息的是它的引力效应，在这方面星系的旋转曲线是个重要的手

段。图 7-41 为星系 NGC 3198 的旋转曲线，其中黑点是实测点，实线是最佳拟合曲线，灰色线是按照光度分布推算出来的旋转曲线。虽然推算时已尽量提高质量光度比，它比实测曲线仍要低得多。由图还可看出，直到最远的观测点，观测曲线仍没有显现按 $r^{-1/2}$ 下降的开普勒特征。这说明，星系中的暗物质不但很多，而且延伸得很远。我们尚没有办法估计，暗物质的质量在星系中占多少比例，人们的普遍看法是，星系中 90% 到 99% 的物质是暗的。如果星系中的所有物质都发光，明亮的星系晕要比现在看到的星系大几十倍，用肉眼看去，将有上千个冕光大如明月的星系浮现在璀璨的星空。荷兰后印象派画家梵高(V.van Gogh)1889 年所作幻觉式的狂乱油画《星夜》(图 7-42)，倒正好描绘出了这一假想的壮观景色。

图 7-42 梵高的《星夜》(1889)

暗物质是什么？[1]最初有人猜想，暗物质是弥漫在宇宙中的气体，最多的气体应该是氢。中性氢的共振波长是 21 cm，但在射电背景辐射中没找到 21 cm 的谱线，在一些射电源的谱中也没有 21 cm 的吸收线。从射电测量的灵敏度估计，空间氢原子数密度小于 1 m^{-3}. 可见光通过氢气云时也会被吸收，以此来估计，空间氢原子的数密度小于 10^{-6} m^{-3}. 有人猜想，暗物质是宇宙尘埃。弥漫的宇宙尘埃会使星光昏暗。测量表明，宇宙尘埃最多只占星系团中恒星质量的 1% . 如果说暗物质是"死星"，现在有众多的死星，意味着远古有更多的"活星"。星光到达地球有时间延迟，距离意味着时间的倒退，我们今天应看到远处有众多过去的"活星"，从而天空的背景辐射就应比目前的观测值大得多。如果说暗物质是黑洞，似乎也不会有这样多。

中微子是我们想到的暗物质中自然的候选者，因为中微子是已知其存在而且在宇宙中的数量是极多的[(10^9～10^{10}) m^{-3}]。问题是中微子的静质量是否为 0.即使中微子只有 3 eV 的静质量，其密度也达到重子物质的 4～13 倍。无怪乎 1980 年苏联理论与实验物理研究所(ITEP)柳比莫夫(V.Lubimov)小组宣布他们测量出中微子有非零质量的报导时，全世界粒子物理和天体物理学界是如此轰动。不过时至今日，无论是实验室测量，还是超新星 1987A 爆发的观测，都不能排除中微子静质量为 0 的可能性。

中微子不是暗物质唯一的候选者，粒子物理学家假设了许多新粒子，如引力微子、光微子、胶微子、W 微子、Z 微子、超中微子、轴子、磁单极子，但都没有观察到。

4.4 球体的引力势

4.1 节里已给出均匀球体内外的引力场分布，现在我们来推算它的引力势分布。按第三章(3.22) 式 P、Q 两点间的势能差为

$$U(P) - U(Q) = \int_P^Q f \cos\theta \, ds, \tag{7.45}$$

这里积分的路径任意。利用前面的(7.39) 式，该试探质点 m_0 在球内外所受的引力分别为

$$\begin{cases} \text{球内} \quad f = m_0 g = \dfrac{4\pi G \rho m_0}{3} r, & (r<R) \\ \text{球外} \quad f = m_0 g = \dfrac{G M m_0}{r^2}, & (r>R) \end{cases}$$

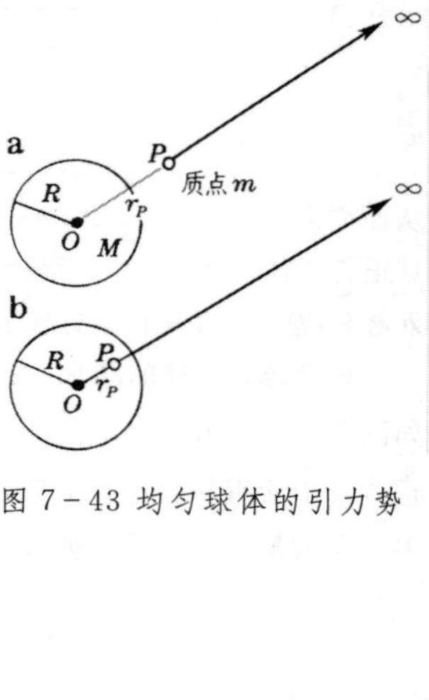

图 7-43 均匀球体的引力势

---

[1] 孙汉城. 中微子之谜. 长沙：湖南教育出版社，1993：95—106.

选势能的参考点 Q 为无穷远，由场点 P 向外移动该质点到 ∞（见图 7-43a），$\theta=\pi$，$\cos\theta=-1$. 先看 P 在球外的情况：

$$U(P)=U(P)-U(\infty)=-\int_{r_P}^{\infty}\frac{GMm_0\mathrm{d}r}{r^2}=-GMm_0\left(-\frac{1}{r}\right)_{r_P}^{\infty}=-\frac{GMm_0}{r_P},\tag{7.46}$$

式中 r_P 代表 P 点到球心的距离，负号表示势能比无穷远低。若 P 在球内，由于力 f 的表达式在球内外不一样，要分两段来积分（见图 7-43b）：

$$\begin{aligned}U(P)&=U(P)-U(\infty)=-\int_R^{\infty}\frac{GMm_0\mathrm{d}r}{r^2}-\int_{r_P}^{R}\frac{4\pi G\rho m_0 r\mathrm{d}r}{3}\\&=-GMm_0\left(-\frac{1}{r}\right)_R^{\infty}-\frac{4\pi G\rho m}{3}\left(\frac{r^2}{2}\right)_{r_P}^{R}=-\frac{GMm_0}{R}-\frac{2\pi G\rho m_0}{3}(R^2-r_P{}^2)\\&=\text{常量}+\frac{2\pi G\rho m}{3}r_P^2,\end{aligned}\tag{7.47}$$

上式第一项是与 r_P 无关的常量，代表球心相对于 ∞ 的引力势能。在球内势能的增长正比于到中心距离的平方，这一点也是与弹簧振子的弹性势能一样的。引力势能在球内外整个的变化情况示于图7-44.

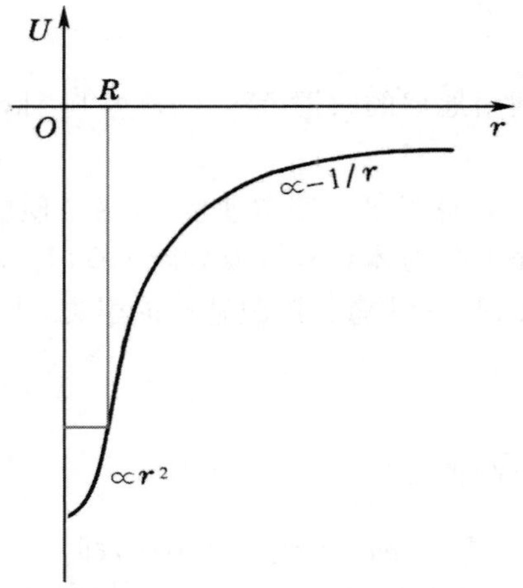

图 7-44 均匀球体的引力势曲线

从(7.46)式我们可以作些有趣的推论。设想地球是个密度均匀的球体，沿它的某个直径打通一个隧道（见图 7-45a），在此隧道内任何物体所受的重力势能正比于它到地心的距离 r 的平方，这种情况和弹簧振子非常相似。当一个物体落入这个隧道时，它将从地球的这一头直通到那一头。如果在那一头没有人把它接住，它将原路返回，在隧道内往复振荡。要想估算一下它往返一次所需的时间，即它振荡的周期 T，我们可以援用第三章 3.1 节里的(3.36)式。势能在平衡点（球心）的二阶导数为 $U_0''=4\pi G\rho m/3$，故

$$T=2\pi\sqrt{\frac{3}{4\pi G\rho}}=\sqrt{\frac{3\pi}{G\rho}},\tag{7.48}$$

取地球的平均密度 $\rho=5.5\,\mathrm{g/cm^3}=5.5\times10^3\,\mathrm{kg/m^3}$，用万有引力常量 G 的公认值可以估算出 $T\approx5.07\times10^3\,\mathrm{s}\approx1\,\mathrm{h}\ 24\,\mathrm{min}$.

有意思的是，上述隧道不一定要沿直径，也可以在地面上任意两点 A、B 之间沿直线（弦）开挖。如图 7-45b 所示，物体在这样的隧道内某点 P 所受重力势能为

$$\begin{aligned}U(x)&=\text{常量}+\frac{2\pi Gm\rho}{3}r^2\\&=\text{常量}+\frac{2\pi Gm\rho}{3}(x^2+r_0{}^2)\\&=(\text{常量})'+\frac{2\pi Gm\rho}{3}x^2,\end{aligned}$$

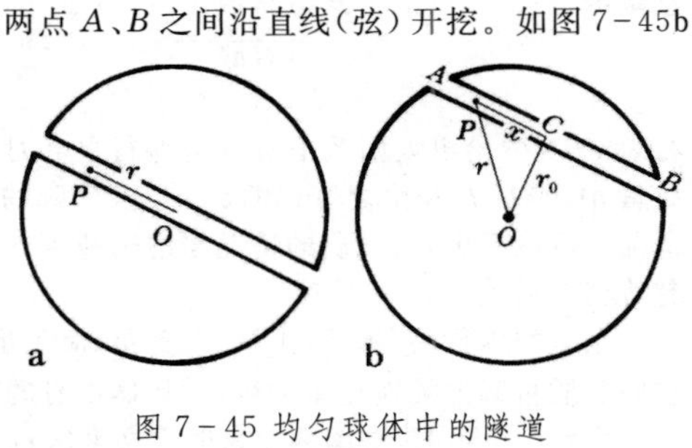

图 7-45 均匀球体中的隧道

式中 r 为 P 到球心的距离，x 为 P 到隧道中点 C 的距离，r_0 为球心到隧道中点 C 的距离。上式表明，在这种沿着弦线开挖的隧道里，物体的重力势能也正比于它到隧道中点距离 x 的平方，比例系数与沿直径的隧道内的完全一样。这就是说，如果这隧道是完全光滑的话，物体在其中也会像弹簧振子那样来回振荡，而且振荡的周期完全一样——1 小时 24 分。我们可以设想有这样一个奇怪的国家，他们的交通完全采用这种地下铁道的方式，在任何两个城市之间都沿着地球的弦线开挖直线隧道。他们想方设法把摩擦力减少到可忽略的程度，于是在这种隧道里运行的列车完全靠重力和惯性滑行，几乎不需要动力。而且不论距离远近，单程路上所花的时间一律是上述周期的一半，即

42 分钟！当然所有列车都是直达的，中途绝对不能下车。

4.5 逃逸速度

当人们水平抛射物体时，随着速度的增大，物体被抛射得越来越远（参见图 7-12）。如果没有空气的阻力（这只能发生在大气层外的空间里），当被发射的物体速度达到一定数值 v_1 时，它会沿一个圆形轨道围绕地球飞行而不落地。这就是人造地球卫星。发射速度再大，轨道将变成椭圆，发射点是椭圆的近地点（平常地面上抛射体的轨迹，严格说来并不是抛物线，而是椭圆的一部分，最高点是它的远地点）。当发射速度增大到另一个临界值 v_2 时，轨道真正成为抛物线，这时飞行器将脱离地球的引力而去，一去不再复返。发射速度大于 v_2 时，飞行器的轨迹是双曲线。通常把 v_1 叫做第一宇宙速度，v_2 叫做第二宇宙速度。

第一宇宙速度 v_1 的计算与 4.3 节中球外的算法是一样的，我们只需把（7.44）式中的 M 和 r 分别代成地球的质量 $M_\oplus$ 和半径 $R_\oplus$，即可得第一宇宙速度的公式：

$$v_1 = \sqrt{\frac{GM_\oplus}{R_\oplus}}. \tag{7.49}$$

利用地球的数据 $M_\oplus = 6.0 \times 10^{24}\,\mathrm{kg}$，$R_\oplus = 6.4 \times 10^3\,\mathrm{km}$，得

$$v_1 = 7.9\,\mathrm{km/s}.$$

计算第二宇宙速度 v_2 最方便的办法是利用引力势能的概念。按（7.45）式，相对于无穷远地面上的物体具有引力势能 $-GM_\oplus m/R_\oplus$. 只要给物体同样数值的动能，无论朝什么方向向天空发射，它都能够摆脱地球的引力，飞向无穷远（当然这里未计算空气的阻力）。所以我们有

$$\frac{1}{2} m v_2^{\,2} = \frac{GM_\oplus m}{R_\oplus},$$

由此得

$$v_2 = \sqrt{\frac{2GM_\oplus}{R_\oplus}}. \tag{7.50}$$

v_2 是 v_1 的 $\sqrt{2}$ 倍 ≈ 1.4 倍，即 $v_2 = 11.2\,\mathrm{km/s}.$

刚才我们是从发射人造地球卫星的角度提出“第二宇宙速度”的概念的，其实它对大气中的分子也适用。在一定的温度下，气体中分子总是不停地朝各方向作无规的热运动，其中有的分子速率较小，有的速率可以比平均值大得很多。高层大气中速率大过 v_2（在这里不妨称之为逃逸速度，记作 $v_{逃}$）的分子就可能遇不到碰撞而逃脱地球的引力，扩散到太空中去。除地球外，每个星球都有自己的 $v_{逃}$，$v_{逃}$ 太小的星球就不可能有大气。对于任意星球，逃逸速度的公式应写成

$$v_{逃} = \sqrt{\frac{2GM}{R}}. \tag{7.51}$$

在表 7-3 中给出太阳系中所有类地行星和月球的质量 M、半径 R 和由之算得的 $v_{逃}$，以及实际的大气情况。可以看出，大气层的情况与逃逸速度的大小有着密切的关系。

表 7-3 星球的逃逸速度与大气层

星球	$M/M_\oplus$	$R/R_\oplus$	$v_{逃}/(\mathrm{km\cdot s^{-1}})$	大气情况
水星	0.056	0.38	4.3	无
金星	0.82	0.95	10.4	90 atm
地球	1.00	1.00	11.2	1.0 atm
火星	0.108	0.53	5.06	0.008 atm
月球	0.012	0.27	2.4	无

至于类木行星（木星、土星、天王星、海王星），它们的质量都比类地行星大得多，星体本身的大部分就处于气态。

大约 200 年前，法国数学家兼天文学家拉普拉斯于 1796 年曾预言：“一个密度如地球而直径为太阳 250 倍的发光恒星，由于其引力作用，将不容许任何光线离开它。由于这个原因，宇宙中最大的发光天体也不会被我们发现。”拉普拉斯的思想可以理解为在这个天体上 $v_{逃}$= 光速 c. 令逃逸速度公式（7.51）中 $v_{逃} = c$，则需天体的半径达到如下值：

$$R_g = \frac{2GM}{c^2}, \tag{7.52}$$

这公式所给的 R_g 叫做天体的引力半径。在密度 ρ 给定时，$v_{逃}$ 与半径成正比。光速 $c = 3.0\times10^5\,\mathrm{km/s}$ 比地球的

$v_{逃}=11.2\,\text{km/s}$ 大 2.678×10^4 倍，故而这个天体的引力半径应比地球的半径也大这么多倍。太阳的半径是地球的 109 倍，所以该天体的引力半径还要比太阳的半径再大 $2.678\times10^4\div109=250$ 倍。这就是拉普拉斯的预言。

拉普拉斯的预言并未受到人们的重视，逐渐也就被淡忘了。现在我们知道，按照狭义相对论，一切物体速度不能超过光速 c，当 $v_{逃}=c$ 时，任何物体都逃脱不掉。按照广义相对论，光子也要受到引力的作用，在这样的天体上就连光也传播不出来。这种奇怪的天体就是广义相对论所预言的“黑洞(black hole)”，(7.52) 式中的引力半径 R_g 就是黑洞的施瓦西半径 r_S(见第八章 5.3 节)。

4.6 宇宙膨胀动力学

早在 18 世纪，人们夜晚在天空中发现了模糊的延展天体，最初统称为星云(nebula)，其中旋涡星云成为最早引人注目的研究对象。康德等人就曾提出，旋涡星云可能是如我们的银河系一样的恒星系统。这就是所谓“岛宇宙假说”。反对岛宇宙假说的观点则认为，旋涡星系是银河系内的气体星云。围绕这个假说长期存在着争论，问题的症结显然又是那个天文上最困难的问题 —— 距离的估计，即旋涡星系究竟离我们有多远？这个问题直到 1923 年才得到解决。那年美国天文学家哈勃(E.P.Hubble)用当时世界上最大的望远镜将仙女座星云 M31 的外围部分分解为单个恒星，并认证出其中有造父变星❶，由它们的周期－光度关系归算出来的 M31 距离比我们的银河系直径大几百倍。因此确定 M31 和我们的银河系一样，是个独立的恒星系统 —— 河外星系(galaxy)。这一来，人们的视野大大地开阔了，原来在我们的银河系之外有无数个河外星系，宇宙比人们当初想象的不知大了多少倍！

随后若干年，哈勃在几年中对我们周围的许多星系的光谱进行了研究。当星系向远离观测者的方向运动时，每条光谱线的波长都会增加(所谓“谱线红移”)，这就是多普勒效应。由谱线红移的大小可以推算出星系退行的速度。哈勃研究了 24 个距离已知的星系，从谱线红移发现，它们都远离我们而去，其退行的速度 v 正比于距离 r(见图 7－46)：

$$v = Hr, \tag{7.53}$$

这便是哈勃定律，式中比例常量 H 称为哈勃常量，它具有时间倒数的量纲。哈勃定律是 1929 年发表的，它的深远意义在于向我们展示了一个膨胀的宇宙图像。

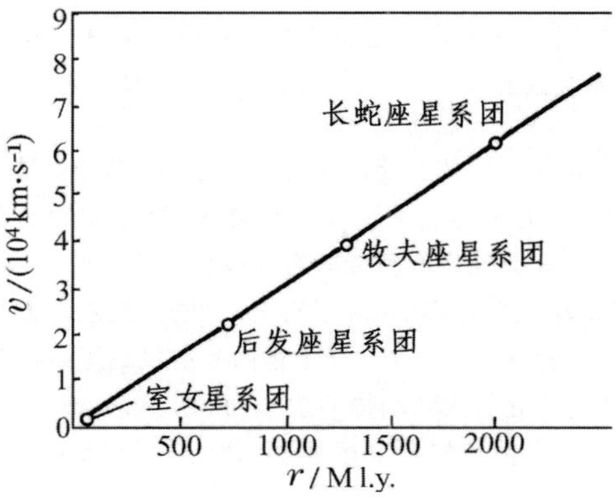

图 7－46 哈勃定律

在讨论宇宙膨胀动力学之前，我们先介绍一下宇宙大尺度的结构。星系的尺度为 $3\times10^4\,\text{pc}\approx10^5\,\text{l.y.}\approx10^{21}\,\text{m}$，从更大尺度看，星系在空间的分布不是均匀的，它们有成团的趋势，一个星系团中可以包含成千上万个星系。星系团的尺度

❶ 造父变星(cepheids)是一类亮度作周期性变化的超巨星，它的典型代表是仙王座 δ 星，中文名造父一，故名。1908 年哈佛大学天文台的李维特(H.Leavitt)小姐发现小麦哲伦云(一个与我们的银河系邻近的星系)内一些造父变星的周期和光度之间有明确的关系。由于小麦哲伦云本身的尺度比起它到我们的距离小得多，它里面的恒星到地球的距离可以看作是大致相等的。所以可以认为，小麦哲伦云里造父变星彼此之间表观的相对亮度，反映了它们之间的绝对亮度。也就是说，所有周期相同的造父变星，其真实亮度都相同。这样一来，我们就可以通过那些距离已知的造父变星的周期，来推算周期相同的造父变星的距离。所以，若能经过“校准”，造父变星将成为一把非常有力的“量天尺”。在李维特的发现之后，一些天文学家利用本星系中可用三角视差法测量距离的造父变星，校准了这把量天尺，使得哈勃于20年代结束了那场“岛宇宙”之争。到了50年代，天文学家发现，造父变星有两类，各自有不同的周期-光度关系。李维特在小麦哲伦云中研究过的造父变星，与我们银河系中曾用来校准量天尺的造父变星原属不同的类型。把这个错误纠正过来后，人们发现，宇宙的尺度一下子扩大了一倍多。

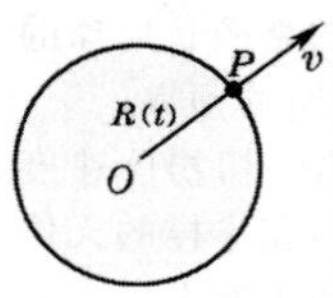

图 7-47 膨胀宇宙中的一个球状区

在 10^7 l.y.的数量级，如果尺度再大，星系团在空间的分布也不是均匀的，许多星系团组成超星系团。超星系团的尺度为 10^8 l.y.的数量级，在比这尺度还大的范围内看，即大于 10^8 pc≈3×10^8 l.y≈3×10^{24} m 的尺度，宇宙中的物质分布就是均匀的了。我们不妨把这个尺度叫做"宇观尺度"。当代人们提出了各种宇宙模型，尽管彼此有所不同，但多数人都认为如下的假设是合理的：

在宇观尺度下，任何时刻三维宇宙空间是均匀各向同性的。

这假设称为"宇宙学原理"。这原理意味着，在宇观尺度上，宇宙中所有地点的观察者都是平权的。

现在我们来讨论一个均匀各向同性的膨胀着的宇宙模型。如图 7-47 所示，O 是任一个观察者(注意：这里是观察的中心，不是宇宙的中心，宇宙没有中心)，P 是某个星系，我们把它看成质点。$\overline{OP}=R(t)$ 随着宇宙的膨胀而增大。按照高斯定理，P 受到的引力，相当于半径为 R 的球内的质量 $M=4\pi\rho R^3/3$ 集中在球心 O 时产生的引力，与球外的质量无关。应注意，在这里 R 和 ρ 都是随时间变化的，而 M 是不变的。按照牛顿第二定律，我们有

$$m\frac{\mathrm{d}^2R}{\mathrm{d}t^2}=-\frac{GMm}{R^2},\tag{7.54}$$

(7.54) 式表明，本问题和如下问题是等价的：质量为 M 的质点位于中心，以外空无一物，质量为 m 的质点到中心的距离为 R，沿径矢朝外发射。不难看出，此质点的运动方程和(7.54) 式完全一样。这后一问题是比较容易分析的，因为机械能守恒，

$$\frac{1}{2}mv^2-\frac{GMm}{R}=\text{常量 }E.\tag{7.55}$$

我们可以利用势能曲线(见图 7-47) 来分析这个问题。由于中心球体的引力，质点 m 的速度 $v=\mathrm{d}R/\mathrm{d}t$ 越来越小。(1) 能量 $E<0$ 时，距离 R 有个极大值 R_m，在此处它的动能减为 0.以后此质点的速度 $\boldsymbol{v}$ 反向，运动趋向球心。(2) 能量 $E>0$ 时，距离 R 没有上限，质点虽然不断减速，但它将一直飞向无穷远。(3) 能量 $E=0$ 是介于上述两种情况之间的临界情况。这三种情况下 R 随时间 t 的变化的大致趋势如图 7-48 所示。

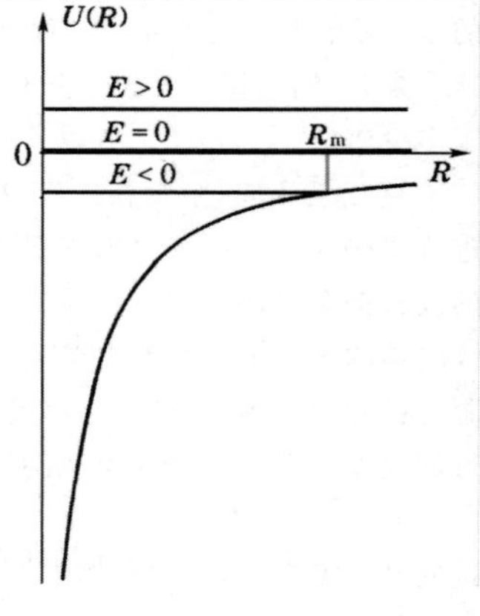

图 7-48 势能曲线

现在我们把上述结论"翻译"到膨胀的宇宙问题中来。(7.55) 式对膨胀的宇宙问题也成立，将哈勃定律 (7.53) 式代进去，得

$$\frac{1}{2}mH^2R^2-\frac{GMm}{R}=E.\tag{7.56}$$

我们感兴趣的问题是从现在的宇宙参数预言它的未来。用下标0代表"现在"，将各量的现在值 $R=R_0$，$H=H_0$，$M=4\pi\rho_0R_0{}^3/3$ 代入上式，除以 $mR_0{}^2/2$，得

$$K\equiv\frac{2E}{mR_0{}^2}=H_0{}^2-\frac{8\pi G\rho_0}{3},\tag{7.57}$$

与上文对比可以看出，按照参量 K 取值的正负或 0，出现三种不同的宇宙前景。$K=0$ 属临界情况，相应的密度叫做临界密度，记作 ρ_C.令(7.57) 式中 $K=0$，$\rho_0=\rho_C$，得

$$\rho_C=\frac{3H_0{}^2}{8\pi G},\tag{7.58}$$

宇宙学中还常用宇宙学密度 Ω_0 的概念：

$$\Omega_0=\frac{\rho_0}{\rho_C},\tag{7.59}$$

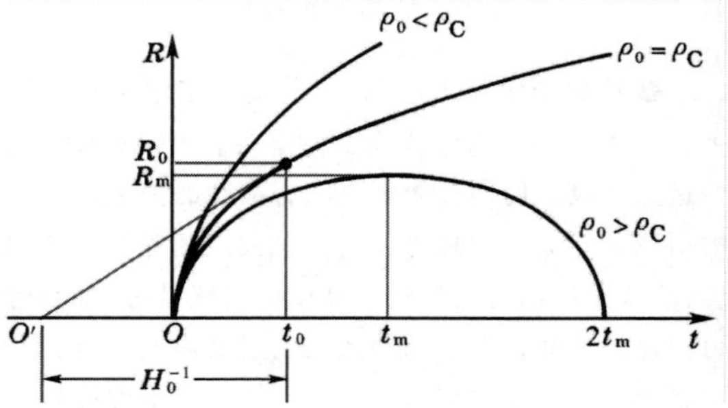

图 7-49 膨胀宇宙的三种前景

用临界密度或宇宙学密度的概念来表达，则

(1) $\rho_0>\rho_C$，$\Omega_0>1$，即 $K<0$，宇宙是封闭的，它膨胀到一定时候 t_m 就停止，然后开始收缩；

(2) $\rho_0<\rho_C$，$\Omega_0<1$，即 $K>0$，宇宙是开放的，它一直膨胀下去；

(3) $\rho_0=\rho_C$，$\Omega_0=1$，即 $K=0$，处于上述两种情况之间的临界状态。

上述三种情况也可参看图 7-49.我们看到，这里关键的参量是临界密度 ρ_C，而 ρ_C 又依赖于现在的哈勃常量 H_0. 现在我们还不能把哈勃常量确定得很准，比较保险的估计，可取

$$H_0 \approx (40 \sim 100)\mathrm{km/(s \cdot Mpc)},$$ ❶

得

$$\rho_C \approx (10^{-30} \sim 10^{-28})\mathrm{g/cm^3}.$$

用光度学方法估计宇宙中发光物质的密度为

$$\rho_0^{光度} \approx 10^{-31}\ \mathrm{g/cm^3} < 1\%\rho_C,$$

如果发光物质就是宇宙中的全部物质，则宇宙是开放的，它将永远膨胀下去。然而如前所述，许多迹象表明，宇宙间还有大量暗物质，其密度尚无法估计。宇宙永远膨胀下去还是将来要收缩，前景未卜。不过当代的大爆炸标准宇宙模型要求：宇宙处于 $\rho_0 = \rho_C$、$\Omega_0 = 1$ 的临界状态。

前面曾提到，哈勃常量具有时间倒数的量纲，从而 H_0^{-1} 具有时间的量纲。从图 7-49 可以看出，它有个直观的几何意义，即 $R-t$ 曲线在 $t = t_0$（现在）时刻切线与 t 轴交点 O' 到 t_0 的距离。该图的坐标原点 O 代表按上述动力学倒推回去，直到星系与观察者的距离 $R = 0$ 的时刻。用现代的标准大爆炸宇宙模型来解释，O 就是宇宙时间的起点，从 O 到 t_0 这段时间代表宇宙的年龄 T.由于 R-t 曲线的斜率（即膨胀速度）是递减的，O' 必定在 O 之左，即 $H_0^{-1} > T$，故而可以说 H_0^{-1} 的物理意义是宇宙年龄的上限。T 与 H_0^{-1} 之比是宇宙密度 Ω_0 的函数：

$$T = H_0^{-1} f(\Omega_0),$$

年龄因子 $f(\Omega_0)$ 的形式如图 7-50 所示，它是随 Ω_0 的增加而递减的。显然 $f(0) = 1$，且不难证明 $f(1) = 2/3$（参见思考题 7-16）。

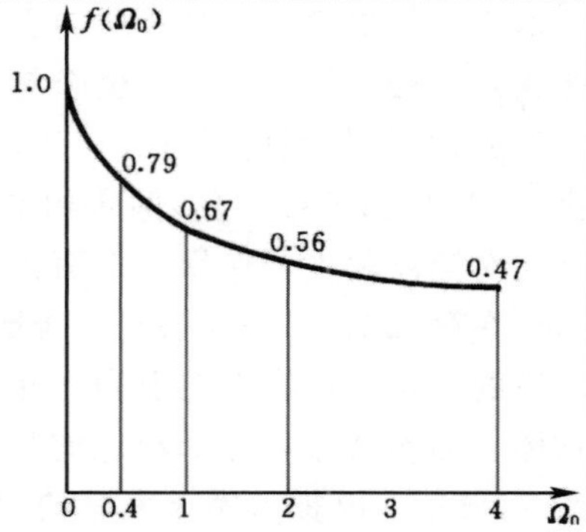

图 7-50 年龄因子

光速 c 乘以宇宙年龄 T，是我们能观测到的宇宙的最大距离；光速 c 乘以哈勃常量的倒数 H_0^{-1} 所得到的长度（称为哈勃半径）是它的上限，二者数量级是一样的。所以哈勃常量是一个涉及宇宙时空大小的物理量，其重要意义是可想而知的。然而长期以来它的测量值总是飘忽不定。哈勃原始的测量值是 550 km/(s·Mpc)，由此折算出的宇宙年龄上限 $H_0^{-1} \approx 2.1 \times 10^9$ 年，而从放射性同位素的相对丰度来估算，地球年龄就有 4.6×10^9 年，于是产生了“年龄佯谬”。从 20 世纪 50 年代到 70 年代，天文学家一次又一次更精确地校准了“量天尺”，使得哈勃常量的数值一次又一次地减小，达到 50 km/(s·Mpc) 左右，克服了年龄佯谬。然而在以后的 20 多年里，天文界的关键人物们一再宣布彼此矛盾的结果，问题始终弥漫在迷雾之中。哈勃空间望远镜的目标是把哈勃常量的数值确定在 10% 的误差以内，1994 年 10 月宣布对室女星系团中 M100 星系的 12 颗造父变星距离的测量结果举世瞩目，❷因为按他们测量的距离折算出的哈勃常量 $H_0 = (80 \pm 17.1)$ km/(s·Mpc)，若用标准的大爆炸宇宙模型来推算 $\Omega_0 = 1$，$T = 2/(3H_0)$，宇宙的年龄只有 80 亿年左右。可是要和恒星演化理论对球状星团（一种十分年老的恒星集团）年龄的估计相容洽，宇宙的年龄应取 $T \approx (140 \pm 20)$ 亿年。于是又一次出现了“年龄危机”。

我们以上讨论的都是宇宙减速膨胀模型，1998 年两个独立进行的高红移 Ⅰa 型超新星巡天的研究小组得到了相同的结论：宇宙正在加速膨胀。要测定宇宙的膨胀速率，必须准确知道退行天体的距离。Ⅰa 型超新星是白矮星质量接近钱德拉塞卡极限[参见《新概念物理教程・热学》(第二版) 第二章 5.6 节] 时产生的爆发现象，它们光度高且比较整齐划一，是天文上比较理想的“标准烛光”。如何理解宇宙加速膨胀这一观测事实？是由于爱因斯坦的宇宙项 Λ，真空能，或“暗能量”，目前尚无定论。

---

❶ Mpc 为兆秒差距。

❷ W.L.Freedman *et al.*, *Nature*, **371**(1994), 757

§5. 潮　　汐

5.1 引潮力

潮汐主要是月球对海水的引力造成的,太阳的引力也起一定的作用。我国自古有"昼涨称潮,夜涨称汐"的说法,"潮者,据朝来也;汐者,言夕至也"(葛洪《抱朴子·外佚文》)。这就是说,潮汐现象的特点是每昼夜有两次高潮,而不是一次。这对应于下面的事实:在任何时刻,围绕地球的海平面总体上有两个突起部分,在理想的情况❶下它们分别出现在地表离月球最近和最远的地方。如果说潮汐是月球的引力造成的,在离月球最近的地方海水隆起,是可以理解的,为什么离月球最远的地方海水也隆起?这就有点费解了。如果说潮汐是万有引力现象,似乎应该与质量成正比,与距离平方成反比。太阳的质量比月球大 2.7×10^7 倍,而太阳到地球距离的平方只比月球的大 1.5×10^5 倍,两者相除,似乎太阳对海水的引力比月球还应该大 180 倍,为什么实际上月球对潮汐起主要作用?下面我们来回答这些问题。

在第二章 4.5 节中我们曾提到,按广义相对论的观点,固着于在引力场中自由降落的物体上的参考系,是个理想的局域惯性参考系。设想一电梯从摩天大厦的顶层下降,忽然悬挂它的钢索断了,电梯变成自由落体。在牛顿力学的观点看来,这电梯内的物体受到一个重力 $m_{引}g$ 和一个惯性力 $-m_{惯}g$. 由于引力质量严格等于惯性质量,两力"精确"抵消,电梯内的物体处于完全失重的状态。从广义相对论的观点看,牛顿力学所谓"真实的引力"和"因加速度产生的惯性力"是等价的,实际中无法区分。然而话不能说得那样绝对,上述引力与惯性力的等价性只在小范围内是"精确的",如果那个"自由降落的升降机"足够大,当其中引力场的不均匀性不能忽略时,惯性力就不能把引力完全抵消了。如图 7-51a 所示,设想在自由降落升降机内有五个质点,C 在中央,即系统的质心上,A 和 B 分别在 C 的左右,D 和 E 分别在 C 的上下。考虑到引力是遵从平方反比律且指向地心的,与中央质点 C 所受的引力相比,A 和 B 受到的引力略向中间偏斜,D 因离地心稍远而受力稍小,E 因离地心稍近而受力稍大。由于整个参考系是以质心 C 的加速度运动的,其中的惯性力只把 C 点所受的引力精确抵消,它与其他各质点所受的引力叠加,都剩下一点残余的力。它们的方向如图 7-51b 所示,A 和 B 受到的残余力指向 C,D 和 E 受到的残余力背离 C. 如果在中央 C 处有个较大的水珠的话,严格地说它也不是球形,而是沿

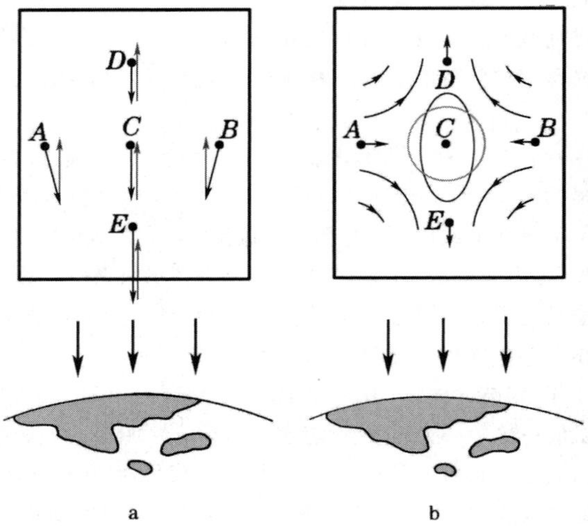

图 7-51 自由降落升降机中的引潮力

❶ 由于海水之间,以及海水与陆地之间存在摩擦力,各地涨潮与月球到达上、下中天的时间并不同步,相位有的地方超前,有的地方落后。

上下方向拉长了的椭球。

在重力场里自由降落的升降机！听起来都很悬乎，只能是理想实验，真做起来既困难，又危险。在第二章里我们也提到太空轨道上自由飞行的航天飞机，那确实是一个理想的局域惯性系。可惜对于上面描述的实验来说它太小了，在其中引力的不均匀性小到几乎无法探测。第二章 4.3 节讲，一般说来一个参考系的运动由平动和转动两部分组成。固联在地面上的参考系有这两部分运动(见图 2－38)，固联在地心上而不参与地球自转的参考系只有平动，没有转动。不仅如此，地心参考系还是一个理想惯性系，因为除万有引力外它不受任何其他力，它是一个在引力场中自由飞行的物体。把整个地球当作一个"航天器"来考察其中由引力不均匀性造成的效应，那就足够大了。其实，大自然就是一个巨大的实验室，它早已为我们准备好了实验的材料。地球表面 70% 的面积为海水所覆盖，作为第一步的近似，我们把地球设想成其表面完全被海水所覆盖。地球自转造成的惯性离心力已计算在海水的视重里(见第二章 4.3 节)，若忽略海水相对于地面运动的环流，则科里奥利力也不必考虑。所以我们可以取地心作为参考系，不必考虑地球的自转。这样一来，在这个巨大的理想惯性参考系里所有海水形成一个巨大的水滴。如果没有外部引力的不均匀性，这个大水滴将精确地呈球形。现在考虑月球引力的影响。如图 7－52 所示，地-月系统在引力的相互作用下围绕着共同的质心 O 旋转。在地心参考系中各地海水所受月球的有效引力是"真实的引力"和地心的离心加速度造成的"惯性离心力"之和。这有效引力的分布就像图 7－51b 所示那样，把海水沿地－月联线方向拉长而成为一个椭球。这就是为什么每天有两次海潮，而不是一次的原因。

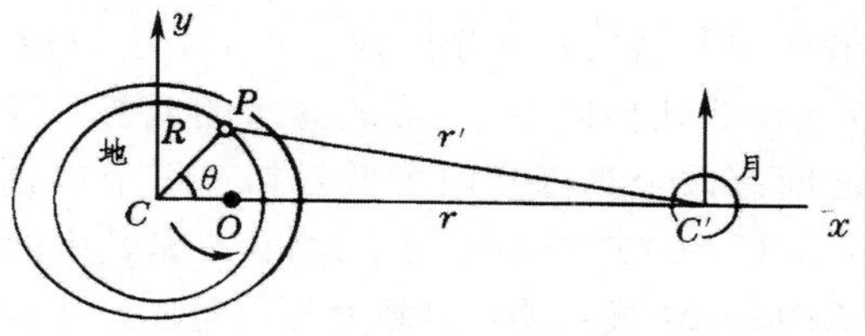

图 7－52 月球对地面上海水的引潮力

我们看到，图 7－51b 中所示的那种"残余引力"，正是引起潮汐的那种力，所以叫做引潮力。一个在引力场中自由降落的参考系里，引力场的均匀部分完全被惯性力所抵消，我们也可以用加速系统来产生"人造重力"。可见，引力的均匀部分是可以通过"加速度"被"创造出来"和被"消灭掉"的，因此这部分引力只具有相对的意义。引力的非均匀部分(即引潮力)则不然，它是不为参考系的变换所左右。按照广义相对论的观点，引潮力是时空弯曲的反映，因此具有更为本质的意义。

现在我们来推导地－月系统中引潮力的公式。在图 7－52 中 C 和 C' 分别是地球和月球的质心，O 是它们共同的质心，P 是某一块质量为 Δm 的海水。$\boldsymbol{r}=\overrightarrow{CC'}$，$\boldsymbol{r}'=\overrightarrow{PC'}$，$\boldsymbol{R}=\overrightarrow{CP}$. 海水 Δm 受月球的吸引力为

$$\boldsymbol{f}=\frac{G\,\Delta m M_{月}}{r'^2}\,\hat{\boldsymbol{r}}'=\frac{G\,\Delta m M_{月}}{r'^3}\,\boldsymbol{r}'.$$

式中带"^"的矢量代表单位矢量。任何质量在地心参考系内所受的惯性力，等于把它放在地心处时所受引力的负值，因为如上所述，二者是精确抵消的。故

$$\boldsymbol{f}_{惯}=-\frac{G\,\Delta m M_{月}}{r^2}\,\hat{\boldsymbol{r}}=-\frac{G\,\Delta m M_{月}}{r^3}\,\boldsymbol{r}.$$

$\boldsymbol{f}$ 与 $\boldsymbol{f}_{惯}$ 合成为引潮力 $\boldsymbol{f}_{潮}$：

$$\boldsymbol{f}_{潮}=\boldsymbol{f}+\boldsymbol{f}_{惯}=G\,\Delta m M_{月}\left(\frac{\boldsymbol{r}'}{r'^3}-\frac{\boldsymbol{r}}{r^3}\right).$$

由图可以看出，

$$\boldsymbol{r}'=\boldsymbol{r}-\boldsymbol{R},\quad r'=|\boldsymbol{r}-\boldsymbol{R}|=\sqrt{r^2+R^2-2\,rR\cos\theta},$$

故

$$\boldsymbol{f}_{潮}=G\,\Delta m M_{月}\left(\frac{\boldsymbol{r}-\boldsymbol{R}}{|\boldsymbol{r}-\boldsymbol{R}|^3}-\frac{\boldsymbol{r}}{r^3}\right).\tag{7.60}$$

取直角坐标的 x 轴沿 CC'，y 轴与之垂直，如图 7－51 所示。则

$$(\boldsymbol{r}-\boldsymbol{R})_x = r - R\cos\theta,\quad (\boldsymbol{r}-\boldsymbol{R})_y = -R\sin\theta$$

故

$$(f_{潮})_x = \frac{G\Delta m M_{月}}{r^2}\left[\frac{1-\dfrac{R}{r}\cos\theta}{\left(1-\dfrac{2R}{r}\cos\theta+\dfrac{R^2}{r^2}\right)^{3/2}}-1\right]$$

$$\approx \frac{G\Delta m M_{月}}{r^2}\left(1-\frac{R}{r}\cos\theta+\frac{3R}{r}\cos\theta-1\right)=\frac{2G\Delta m M_{月}}{r^3}R\cos\theta,$$

$$(f_{潮})_y = -\frac{G\Delta m M_{月}}{r^2}\frac{R}{r}\sin\theta = -\frac{G\Delta m M_{月}}{r^3}R\sin\theta,$$

在以上两式中 R 实为地球的半径 $R_{\oplus}$，r 实为地月距离 $r_{月}$，归纳以上的结果，我们得到引潮力公式的分量形式如下：

$$\left.\begin{aligned}(f_{潮})_x &= \frac{2G\Delta m M_{月}}{r_{月}^{\ 3}}R_{\oplus}\cos\theta,\\ (f_{潮})_y &= -\frac{G\Delta m M_{月}}{r_{月}^{\ 3}}R_{\oplus}\sin\theta,\end{aligned}\right\}\tag{7.61}$$

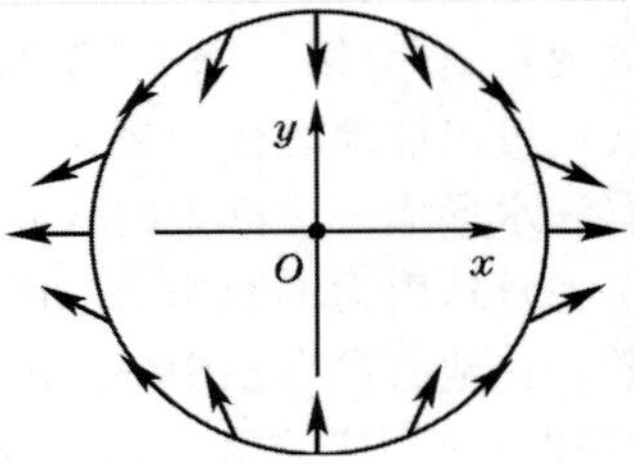

图 7-53 引潮力在地表的分布

引潮力在地表上的分布如图 7-53 所示，在 $\theta=0$ 和 π 处（即离月球最近和最远处）是背离地心的，在这些地方形成海水的高峰；在 $\theta=\pi/2$ 处指向地心，形成海水的低谷。随着地球的自转，一昼夜之间有两个高峰和两个低谷扫过每个地方，形成两次高潮和两次低潮。

(7.60) 式同样适用于太阳，只是其中的 $M_{月}$ 和 $r_{月}$ 应分别代之以太阳的质量 $M_{\odot}$ 和日地距离 $r_{\odot}$.(7.60) 式表明，引潮力与质量成正比，与距离的立方（而不是平方）成反比，这是因为它是除去引力的均匀部分后剩下的高阶效应。故月潮与日潮大小之比为

$$\frac{(f_{潮})_{月}}{(f_{潮})_{\odot}} = \frac{M_{月}}{M_{\odot}}\left(\frac{r_{\odot}}{r_{月}}\right)^3 = \frac{7.35\times10^{22}\,\text{kg}}{1.99\times10^{30}\,\text{kg}}\left(\frac{1.50\times10^{8}\,\text{km}}{3.84\times10^{5}\,\text{km}}\right)^3 = 2.20.\tag{7.62}$$

即月球的引潮力是太阳的两倍多，这就解释了为什么月球（而不是太阳）对潮汐起着主要作用。

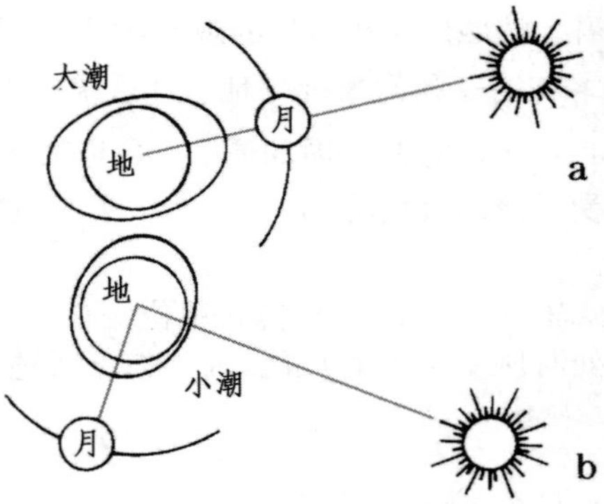

图 7-54 大潮和小潮

日、月引潮力的效果是线性叠加的，合成的结果与日、月的相对方位有关。在朔日和望日，月球、太阳和地球几乎在同一直线上（见图 7－54a），太阴潮和太阳潮彼此相加，形成每月的两次大潮。上弦和下弦时月球和太阳的黄经相距 90°（见图 7-54b），太阴潮被太阳潮抵消了一部分，形成每月里的小潮。

5.2 潮汐在天文上的作用

引潮力不仅作用在流体上，它对固体也有作用，使之发生微小形变（固体潮）。长久以来人们就知道这样一个事实：月球总是以它的一面对着地球。换句话说，月球自转和公转的周期相等。人们相信，这是在漫长的岁月里固体潮的作用造成的。现在地球的自转与月球绕地球的转动是不同步的，太阴潮对地球的自转仍在起着制动的作用。图 7－55 具体地描绘了这种制动作用是怎样产生的。在月球引潮力的作用下，地球的两端隆起。大量地球物理的观测表明，地球对力的响应并不是纯弹性的，而是滞弹性的，即应变稍有延迟。这样一来，月球对两端隆起部分的吸引

力就形成一对相反的力矩，近的一头比远的一头稍大，合起来造成一个阻止地球自转的力矩。潮汐的这种制动作用一点点地减缓着地球的自转。现代的地学从珊瑚和牡蛎化石的生长线数判断，3 亿多年前地球的一年有 400 天左右，而现在只有 $365\frac{1}{4}$ 天，可见慢了不少。

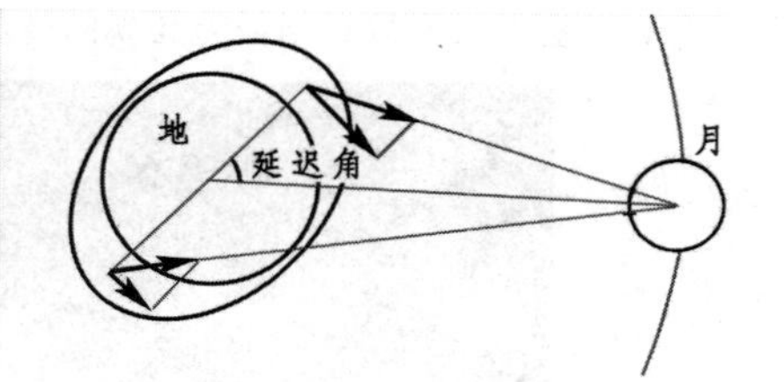

图 7-55 太阴潮对地球自转的制动作用

不要以为引潮力是引力场的高阶效应，作用不会太强烈。天文上有许多伴星围绕主星运行。若伴星的轨道小到某一临界半径之内，它就会被主星的引潮力撕成碎片。下面我们来计算这一临界半径。

设主星的质量为 M，半径为 R，密度为 ρ；伴星半径为 R'，密度为 ρ'，自转角速度为 ω，两星中心之间的距离为 r（见图 7-56）。取 x 轴沿两星中心联线，原点在伴星的中心 O'. 撕裂伴星的力有二：主星给它的引潮力和它自转引起的惯性离心力；团结伴星的力也有二：伴星自身的引力和化学结合力。 4.2 节的例题 4 已证明，比起自引力，化学结合力往往可以忽略。下面我们只考虑三个力。撕裂总是首先沿 x 方向进行的，对于伴星的一个质元 $\Delta m=\rho'\Delta V$，三个力沿 x 的分量为

$$\begin{cases}\text{引潮力} & \Delta f_{\text{潮}} = \dfrac{2GMx}{r^3}\rho'\Delta V, \\ \text{惯性离心力} & \Delta f_{\text{惯离}} = \omega^2 x\rho'\Delta V, \\ \text{伴星自身引力} & \Delta f_{\text{自引}} = -\dfrac{4\pi G\rho' x}{3}\rho'\Delta V.\end{cases}$$

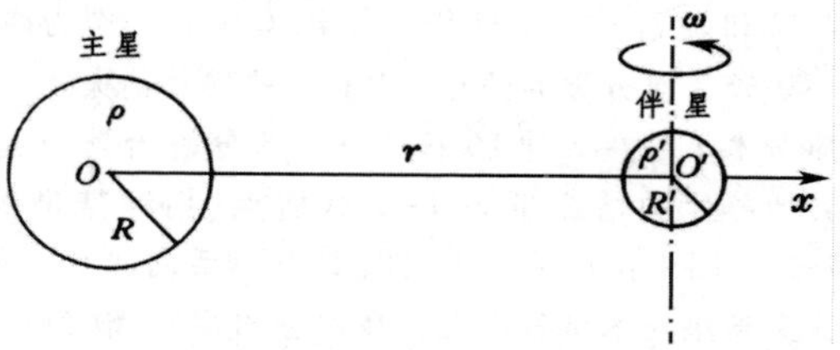

图 7-56 伴星被撕裂的极限距离

伴星被撕裂的条件是三力之和大于 0：

$$\left(\frac{2GM}{r^3}+\omega^2-\frac{4\pi G\rho'}{3}\right)x\rho'\Delta V\geqslant 0. \qquad (7.63)$$

等号对应着临界状态。 如果伴星作同步自转，则自转角速度等于公转角速度。按开普勒定律，有

$$\omega^2=\frac{GM}{r^3},$$

则(7.63) 式化为

$$\frac{3GM}{r^3}-\frac{4\pi G\rho'}{3}\geqslant 0, \qquad (7.64)$$

或都用密度来表示，有

$$\frac{4\pi G\rho R^3}{r^3}-\frac{4\pi G\rho'}{3}\geqslant 0,$$

因此解出临界条件为

$$r_{\mathrm{C}}=R\left(\frac{3\rho}{\rho'}\right)^{1/3}=1.44\,R\left(\frac{\rho}{\rho'}\right)^{1/3}, \qquad (7.65)$$

对于地月系统，$\rho_{\oplus}/\rho_{\text{月}}=5/3$，从而月球被地球引潮力撕碎的临界距离为

$$(r_{\mathrm{C}})_{\text{月}}=R_{\oplus}\left(\frac{3\rho_{\oplus}}{\rho_{\text{月}}}\right)^{1/3}=1.7\,R_{\oplus}.$$

可见，一旦月球向地球撞来，在它未与地面接触之前，已被引潮力撕得粉碎。月亮撞击地球！这几乎不可设想。不过太阳系中从火星到木星之间有几十万个小行星，其中轨道与地球轨道相交的估计也有 1300 多个，用上述理论来分析小行星撞击地球的后果，倒是有意义的。此外，彗星撞击地球的可能性更明显。根据地质研究，6500 万年前造成全球物种大规模灭绝的原因，很可能是彗星的撞击。

早在导出(7.65)式之前，洛希(E.A.Roche)对于流体伴星的撕裂条件，导出一个公式：

$$r_{\mathrm{C}}=2.45539\,R\left(\frac{\rho}{\rho'}\right)^{1/3}, \qquad (7.66)$$

这里的 r_{C} 称为*洛希极限*。流体的特点是容易形变，在引潮力的作用下伴星不再呈球形，它被拉得很长，呈椭球状，在极限的情形下，偏心率可达 0.88，所以(7.66)式中的系数与固体情况不同。土星环平均半径 r 与土星半径 R 之比 $r/R=2.31$，若土星环中的颗粒物质与土星本身密度相等，则这距离已在洛希极限之内，环中物质应解体，不能形成一整个椭球形卫星。这也算得上是土星环成因的一种解释。

人类有史以来能够看到最为壮观的彗星、行星相撞事件，莫过于1994年7月休梅克-列维9号彗星(SL9)

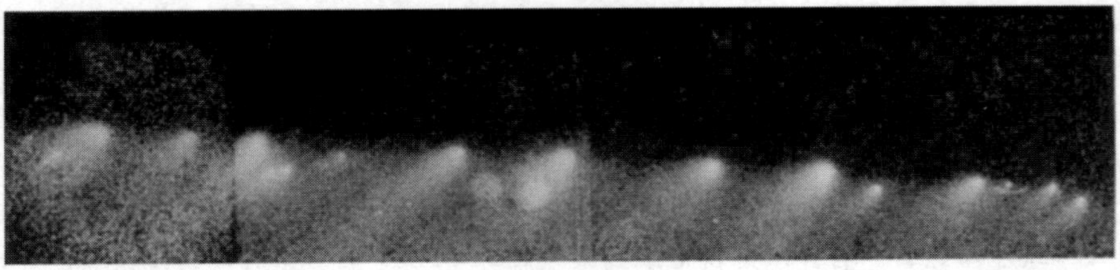

图7-57 哈勃望远镜拍摄休梅克-列维9号彗星与木星碰撞前碎片的照片

撞击木星事件。SL9是1993年3月间被休梅克夫妇(Eugene Shoemaker和Carolyn Shoemaker)和列维(D.Levy)发现的。据理论上倒推，SL9在1992年7月进入木星洛希极限以内被撕碎。初次发现时它分裂成5块，1993年7月间哈勃空间望远镜已观测到A、B、C、D、…、U、V、W等二十余块碎片(见图7-57和表7-4)。1994年4月P、Q又各分裂为两块，后来P的一块碎片再分裂为两片，也有一些碎片消失了。第一块碎片A撞击木星是在7月16日20时15分被哈勃望远镜观测到的，其他碎片的情况见表7-4.休梅克-列维彗星的轨道示于图7-58，图中拉长了的粗线段实为一系列碎片。颇为遗憾的是这次彗星与木星碰撞发生在木星的背面，地面上只能观测到碰撞时木星边缘的闪光，或当时未观测到，而事后待木星转过来时辨认出撞击点的痕迹(这一情况未列在表中)。

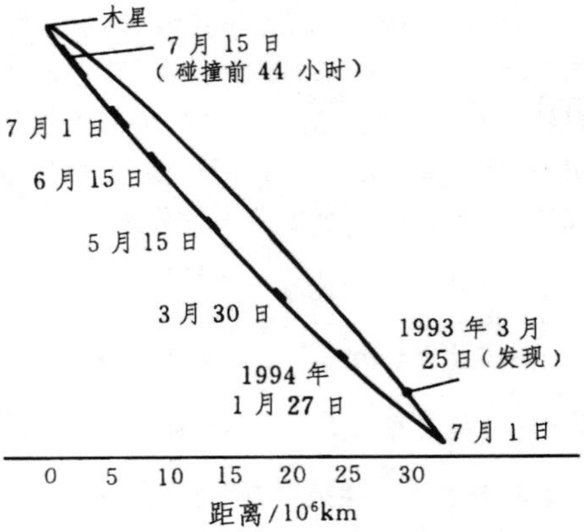

图7-58 休梅克-列维9号彗星的轨道

表7-4 碎片与木星相撞时刻

碎片	撞击时刻	观测者
A	7月16日20时15分	哈勃望远镜
B	7月17日2时50分	智利拉斯堪柏纳台
C	7月17日6时24分	澳大利亚国立赛丁斯普林天文台
D	7月17日11时55分、12时	澳大利亚国立赛丁斯普林天文台
E	7月17日15时18分	南极红外探测器
F	7月18日0时28分	未观测到
G	7月18日7时33分	澳大利亚国立赛丁斯普林天文台
H	7月18日19时32分	伽利略飞船
K	7月19日10时25分	日本冈山天体物理台
L	7月19日22时17分	伽利略飞船
M	7月20日6时13分	墨西哥国家天文台
N	7月20日10时35分	澳大利亚国立赛丁斯普林天文台
P_2	7月20日15时11分	上海天文台
Q_1	7月20日20时20分	西班牙卡拉奥托天文台
R	7月21日5时33分	夏威夷开克天文台
S	7月21日15时04分	上海天文台
V	7月22日4时16分	克勒莱多木星监测网
W	7月22日8时12分	澳大利亚国立赛丁斯普林天文台

本章提要

1. 开普勒定律

(1) 伴星轨道是椭圆，主星位于一个焦点上；

(2) 掠面速度不变；

(3) a^3/T^2 =开普勒常量 K.

开普勒常量 $K=GM/4\pi^2$（M 为主星质量）。

当伴星质量不可忽略时，$M\to M+m$（m 为伴星质量）。

2. 万有引力定律： $f=\dfrac{Gm_1m_2}{r_{12}{}^2}$， 方向沿两体联线。

$G=6.67259\times10^{-11}\,\mathrm{m^3/kg\cdot s^2}$.

3. 开普勒运动： 平方反比有心力场中的运动。

守恒量
$$\begin{cases}\text{总机械能 } \boldsymbol{E}=\boldsymbol{E}_\mathrm{k}+U(r)=\dfrac{1}{2}mv^2-\dfrac{GMm}{r};\\ \text{角动量 } \boldsymbol{L}=m\,\boldsymbol{r}\times\boldsymbol{v};\\ \text{隆格-楞茨矢量 } \boldsymbol{B}=\boldsymbol{v}\times\boldsymbol{L}-GMm\dfrac{\boldsymbol{r}}{r},\\ \text{（对于椭圆轨道 } \boldsymbol{B} \text{ 沿长轴方向）}\end{cases}$$

利用等效势能曲线，可将二维问题化为一维问题，

$$\text{等效势能 } \widetilde{U}(r)=U(r)+\text{离心势能}=-\frac{GMm}{r}+\frac{L^2}{2mr^2}.$$

得椭圆轨道参量：

$$\text{半长轴 } a=-\frac{GMm}{2E}\propto\frac{1}{|E|}\text{，与 } L \text{ 无关；}$$

$$\text{离心率 } \varepsilon=\sqrt{1-\frac{2|E|L^2}{G^2M^2m^3}}.$$

位力定理 $\longrightarrow \overline{E_\mathrm{k}}=|E|=\dfrac{|\overline{U(r)}|}{2}$

$\longrightarrow$ 在阻力作用下加速，负热容现象。

4. 球形引力场分布： 用引力加速度 $\boldsymbol{g}$ 来描述，

(1) 均匀球壳：
$$g=\begin{cases}0 & \text{（球内）}\\ -\dfrac{4\pi G\sigma R^3}{3r^2}=-\dfrac{GM}{r^2}, & \text{（球外）}\end{cases}$$

(2) 均匀球体：
$$g=\begin{cases}-\dfrac{4\pi G\rho}{3}r, & \text{（球内）}\\ -\dfrac{4\pi G\rho R^3}{3r^2}=-\dfrac{GM}{r^2}, & \text{（球外）}\end{cases}$$

星系的旋转曲线
$$v(r)\propto\begin{cases}r, & \text{（刚体式转动）}\\ r^{-1/2}. & \text{（开普勒式转动）}\end{cases}$$

5. 引力势： 均匀球体

$$U(P)=U(P)-U(\infty)=\begin{cases}-\dfrac{GMm}{r_P}, & \text{（球外）}\\ \text{常量}+\dfrac{2\pi G\rho m}{3}r_P^2, & \text{（球内）}\end{cases}$$

$$\begin{cases}\text{第一宇宙速度 } v_1=\sqrt{\dfrac{GM_\oplus}{R_\oplus}}=7.9\ \text{km/s}, & \text{（圆形轨道）}\\ \text{第二宇宙速度 } v_2=\sqrt{\dfrac{2GM_\oplus}{R_\oplus}}=11.2\ \text{km/s}, & \text{（逃逸速度）}\end{cases}$$

宇宙膨胀动力学： 临界密度 $\rho_C=\dfrac{3H_0^2}{8\pi G}\approx 10^{-29}\,\text{g/cm}^3$， H_0—— 哈勃常量。

三种前景 $\begin{cases}\rho_0>\rho_C\text{，封闭宇宙（先膨胀，后收缩）}\\ \rho_0<\rho_C\text{，开放宇宙（一直膨胀下去）}\\ \rho_0=\rho_C\text{，临界状态}\end{cases}$

6. 潮汐：由引力场不均匀引起的。

$$\text{引潮力}\begin{cases}(f_{\text{潮}})_x=\dfrac{2G\Delta mM_{\text{月}}}{r_{\text{月}}^3}R_\oplus\cos\theta,\\ (f_{\text{潮}})_y=-\dfrac{G\Delta mM_{\text{月}}}{r_{\text{月}}^3}R_\oplus\sin\theta.\end{cases}$$

引潮力的天文上的作用：同步自转、撕碎伴星或外来侵犯的天体。

$$\text{洛希极限 } r_C=2.455\,39\,R\left(\frac{\rho_{\text{主星}}}{\rho'}\right)^{1/3}.$$

思考题

7-1. 地球上有季节现象，是不是因为地球的轨道是椭圆，从而一年之中到太阳的距离在变化所导致的？

7-2. 平常我们说，在地面上抛射一个物体，若不计空气阻力，它的轨迹是条抛物线。 这种说法没有考虑大地是球形的。 若考虑到这点，严格说来抛体的轨迹是什么曲线？

7-3. 假想一颗行星在通过远日点时质量突然减为原来的一半，但速度不变。 它的轨道和周期有什么变化？

7-4. 海王星和冥王星轨道的半长轴分别是地球轨道半长轴的 30.1 和 39.2 倍。 如果你听到天文学家说，现在观测到冥王星比海王星距离太阳近，你觉得可信吗？

7-5. 怎样才能测得一个遥远星体的质量？

7-6. 开普勒常量 K 的表达式(7.11)只与太阳的质量有关，而与行星的质量毫无关系，这是精确的吗？ 应该如何修正？

7-7. 测得双星之间的距离为 r，旋转的周期为 T，假定轨道是圆形，你能确定它们的质量 M_1 和 M_2 吗？

7-8. 远在人类登上月球之前，天文学上就准确知道月球的质量。 你能设想这是怎样测得的吗？

7-9. 关于一个遥远的天体，你认为最难测定的是什么量？ 它的运行速度好测量吗？ 化学成分呢？

7-10. 计算两个星球之间的引力时，人们常把每个星球看成质量全部集中在质心上的质点去计算。 这种算法有根据吗？ 如果万有引力定律不是与距离的平方成反比，而是另外什么幂次，譬如说，与距离立方成反比，上述算法还能用吗？

7-11. 若要计算同一星球两半之间的引力作用，能把质量集中在两半球的质心上看成质点来计算吗？

7-12. 在地球表面上重力加速度是与物体到地心的距离平方成反比的。我们设想挖一个很深的竖井,在井下离地心近了,重力加速度比地面大吗? 试分别从地球内部密度均匀和径向分布不均匀的模型去讨论。

7-13. 假设一个星系是球对称的,它的密度作怎样的径向分布,旋转曲线才会出现平台(即星系中天体的旋转速度 v 与到星系中心的距离 r 无关)?

7-14. 你能否解释,为什么月球外面没有大气层?

7-15. 在地球和月球的联线上什么地方引力势能最高? 那里的引力也最大吗?

7-16. 试从(7.55)式推导,如果 $\Omega_0=1$,则年龄因子 $f(\Omega_0)=2/3$.

7-17. 隆格-楞茨矢量反映开普勒运动中什么量守恒?

7-18. 开普勒运动的轨迹是闭合的曲线(椭圆),如果有心力不是严格的平方反比力,轨道将有什么样的变化?

7-19. 再入大气的(reentrant)飞行器在受到空气阻力时反而加速运动,这符合能量守恒定律吗? 又偏心率 $\epsilon=0$ 意味着轨道是处处与重力垂直的圆周,然而即使轨道的偏心率 $\epsilon=0$,飞行器再入大气时也会被加速。是什么力对它作了正功?

7-20. 地月系统的角动量是守恒的。在潮汐的作用下地球自转减缓,角动量转移到哪里去了? 月地距离相应地作怎样的变化?

习　题

7-1. 试由月球绕地球运行的周期($T=27.3\,\text{d}$)和轨道半径($r=3.85\times10^5\,\text{km}$)来确定地球的质量 $M_\oplus$。设轨道为圆形。这样计算的结果与标准数据比较似乎偏大了一些,为什么?

7-2. 在伴星的质量与主星相比不可忽略的条件下,利用圆轨道推导严格的开普勒常量的公式。

7-3. 我们考虑过月球绕地球的轨道问题,把地心看作一固定点而围绕着它运动。然而实际上地球和月球是绕着它们的共同质心转动的。如果月球的质量与地球的相比可以忽略,一个月要多长? 已知地球的质量是月球的 81 倍。

7-4. 众所周知,四个内层行星和五个外层行星之间的空隙由小行星带占据,而不是第十个行星占据。这小行星带延伸范围的轨道半径约为从 2.5 AU 到 3.0 AU. 试计算相应的周期范围,用地球年的倍数表示。

7-5. 已知引力常量 G、地球年的长短以及太阳的直径对地球的张角约为 0.55° 的事实,试计算太阳的平均密度。

7-6. 证明在接近一星球表面的圆形轨道中运动的一个粒子的周期只与引力常量 G 和星球的平均密度有关。对于平均密度等于水的密度的星球(木星差不多与此情况相应),推算此周期之值。

7-7. 已知火星的平均直径为 6900 km,地球的平均直径为 1.3×10^4 km,火星质量约为地球质量的 0.11 倍。试求:

(1) 火星的平均密度 ρ_M 与地球密度 $\rho_\oplus$ 之比;

(2) 火星表面的 g 值。

7-8. 计划放一个处于圆形轨道、周期为 2 小时的地球卫星。

(1) 这个卫星必须离地表面多高?

(2) 如果它的轨道处于地球的赤道平面内,而且与地球的转动方向相同,在赤道海平面的一给定地方能够连续看到这颗卫星的时间有多长?

7-9. 要把一个卫星置于地球的同步圆形轨道上,卫星的动力供应预期能维持 10 年,如果在卫星的生存期内向东或向西的最大容许漂移为 10°,它的轨道半径的误差限度是多少?

7-10. 为了研究木星的大气低层中的著名"大红斑",把一颗卫星放置在绕木星的同步圆形轨道上,这颗卫星将在木星表面上方多高的地方？ 木星自转的周期为9.6小时，它的质量 M_J 约为地球质量的320倍，半径 R_J 约为地球半径的11倍。

7-11. 一质量为 M 的行星同一个质量为 $M/10$ 的卫星由互相间的引力吸引使它们保持在一起，并绕着它们的不动质心在一圆形轨道上转，它们的中心之间的距离是 D，

(1) 这一轨道运动的周期有多长？

(2) 在总的动能中，卫星所占比例有多少？

忽略行星和卫星绕它们自轴的任何自转。

7-12. 哈雷彗星绕日运动的周期为76年，试估算它的远日点到太阳的距离。

7-13. 在卡文迪许实验中(见图7-14)，设 M 与 m 的中心都在同一圆周上，两个大球分别处于同一直径的两端，各与近处小球的球心距离为 $r=10.0$ cm，轻杆长 $l=50.0$ cm，$M=10.0$ kg，$m=10.0$ g，悬杆的角偏转 $\theta=3.96\times10^{-3}$ rad，悬丝的扭转常量 $D=8.34\times10^{-8}$ kg·m²/s². 求 G.

7-14. 在可缩回的圆珠笔中弹簧的松弛长度为3 cm，弹簧的劲度系数大概是0.05 N/m. 设想有两个各为10.000 kg的铅球，放在无摩擦的面上，使得一个这样的弹簧在非压缩状态下嵌入它们的最近两点之间。

(1) 这两个球的引力吸引将使弹簧压缩多少？ 铅的密度约为11000 kg/m³.

(2) 使这个系统在水平面内转动，在什么角速度下这两个铅球不再压缩弹簧？

7-15. 将地球内部结构简化为地幔和地核两部分，它们分别具有密度 ρ_M 和 ρ_C，二者之间的界面在地表下2900 km深处。 试利用总质量 $M_\oplus=6.0\times10^{24}$ kg和转动惯量 $I_\oplus=0.33M_\oplus R_\oplus{}^2$ 的数据求 ρ_M 和 ρ_C.

7-16. 利用上题的模型和数据来计算，地球内部何处的重力加速度最大。

7-17. 一个不转动的球状行星，没有大气层，质量为 M，半径为 R. 从它的表面上发射一质量为 m 的粒子，速率等于逃逸速率的3/4，根据总能量和角动量守恒，计算粒子(1) 沿径向发射(2) 沿切向发射所达到的最远距离(从行星的中心算起)。

7-18. 设想有一不转动的球状行星，质量为 M，半径为 R，没有大气层。 从这行星的表面发射一颗卫星，速率为 v_0，方向与当地的竖直线成30°角。 在随后的轨道中，这颗卫星所达到的离行星中心的最大距离为 $5R/2$，用能量和角动量守恒原理证明

$$v_0=(5GM/4R)^{1/2}.$$

7-19. 一质量为 m 的卫星绕着地球(质量为 M)在一半径为 r 的理想圆轨道上运行。 卫星因爆炸而分裂为相等的两块，每块的质量为 $m/2$，刚爆炸后的两碎块的径向速度分量等于 $v_0/2$，其中 v_0 是卫星于爆炸前的轨道速率，在卫星参考系中两碎块在爆炸的瞬间表现为沿着卫星到地心的连接线分离。

(1) 用 G、M、m 和 r 表示出每一碎块的能量和角动量(以地心系为参考系)。

(2) 画一草图说明原来的圆轨道和两碎块的轨道。 作图时，利用卫星椭圆轨道的长轴与总能量成反比这一事实。

7-20. 彗星在近日点的速率比在沿圆形轨道上运行的行星约大多少倍？

【提示：彗星的轨道非常狭长。】

7-21. 假设SL9彗星与木星的密度一样，试计算它被撕碎的洛希极限在木星表面上空多少千米。

7-22. 试根据图7-57估算SL9彗星碎片与木星相撞时的相对速度。

第八章 相 对 论

§1. 时空的相对性

“横看成岭侧成峰,远近高低各不同。”(苏轼《题西林壁》) 这是说,我们看到的现象,或者对事物的描述,往往随观测的角度而异。在物理学中描述一个物理过程,离不开参考系。我们在第二章4.2节里已经提到,自桅杆顶部落下一个铅球,在岸上和在船上看到它的轨迹是不同的,这就是所谓事物的“相对性”。面对事物的相对性,可以用不同的态度去对待:

(1) 只承认自己看到的是真的,根本否认还有其他可能性。例如,在上古时代球形大地是不可思议的,因为按照当时“习惯”的想法会认为,若大地是球形,那些居住在我们的对跖点(antipode)上的人不早就“掉下”去了吗? 在那时看来,“上”和“下”的观念是绝对的。从时空观上看,树立球形大地的概念,就得承认,我们的“下”,是对跖人的“上”,亦即,把“上”和“下”的概念相对化。尽管这个问题早在亚里士多德时代已经解决了,可是到了哥白尼时代,居然还有这么一位知名的作家拉克坦丘斯(Lactantius)嘲笑球形大地的论点,说那不就意味着“有的人脚在头之上”、且“雨雪冰雹向上落地”的现象了吗? 这位被哥白尼称之为“没有数学头脑的卓越作家”,可作为这里正在谈论着的固守一己偏见的代表人物。

(2)“公说公有理,婆说婆有理。”没有是非标准。这在哲学上属于“相对主义”的派别。庄子的一段话颇有相对主义的味道:“我与若(你)辨(辩论)矣,… 吾谁使正(证)之? 使同乎若者正之? 既与若同矣,恶(怎)能正之? 使同乎我者正之? 既同乎我矣,恶能正之? 使异乎我与若者正之? 既异乎我与若矣,恶能正之?”(《庄子·齐物论》) 曾经有人把爱因斯坦的相对论(relativity)当作相对主义(relativism)来批判,其实相对论和相对主义完全是两回事。

(3) 超越从个别角度(在物理学里,就是参考系)认识问题的局限性,寻求不同参考系内各观测量之间的变换关系,以及变换过程中那些不变性。达到此境界,观察或描述问题的角度(参考系)已变得不那么重要,重要的是那些“不变性”。“不变性”是什么? 是物理定律,是自然界中与观测者无关的客观规律。例如,在地球表面上各点并没有统一的“上”和“下”的方向,但所谓“下”,都应是指向地心的。这才是从地球的一处到另一处的不变性,其中蕴涵了深刻的物理规律 —— 万有引力定律。现代物理学已不是被动地去协调不同参考系中的观测数据,而是自觉地去探索不同参考系中物理量、物理规律之间的变换关系(相对性原理),和变换中的不变量(对称性),以便超越自我认识上的局限性,去把握物理世界中更深层次的奥秘。这是现代物理学方法论的精髓,物理学本身存在的依据。爱因斯坦创立相对论,是这方面杰出的典范。

在日常生活里形成的朴素“常识”,往往不能摆脱狭隘经验的束缚。从不同的角度去观察问题,并非总能够实现的,尤其不易由一个人亲自去实现。超越一己的认识和朴素常识的局限性,不能没有想象力。上面提到的那位拉克坦丘斯先生,想象力是苍白无力的。学习相对论,需要有丰富的想象力。

1.1 伽利略相对性原理和牛顿力学的困难

爱因斯坦说:“相对论的兴起是由于实际需要,是由于旧理论中的矛盾非常严重和深刻,而看来旧理论对这些矛盾已经没法避免了。”❶ 下面分几个方面摆一摆这些严重而深刻的矛盾。

(1) 速度合成律中的问题❷

---

❶ 爱因斯坦,英费尔德.物理学的进化.周肇威译.上海:上海科学技术出版社,1962:124.

❷ 参见:从牛顿定律到爱因斯坦相对论,北京:科学出版社.1987.第三章

第二章 §4 讲的伽利略相对性原理和他的坐标变换，已经在超越个别参考系的描述方面，迈出了重大的一步。 它的重要的结论之一，是速度的合成律。例如，一个人以速度 $\boldsymbol{u}$ 相对于自己掷球，而他自己又以速度 $\boldsymbol{V}$ 相对于地面跑动，则球出手时相对于地面的速度为 $\boldsymbol{v}=\boldsymbol{u}+\boldsymbol{V}$. 按常识，这算法是天经地义的。但是把这种算法运用到光的传播问题上，就产生了矛盾。 请看下面的例子。

设想两个人玩排球，甲击球给乙。乙看到球，是因为球发出的（实际上是反射的）光到达了乙的眼睛。设甲乙两人之间的距离为 l，球发出的光相对于它的传播速度是 c. 在甲即将击球之前，球暂时处于静止状态，球发出的光相对于地面的传播速度就是 c，乙看到此情景的时刻比实际时刻晚 $\Delta t=l/c$. 在极短冲击力作用下，球出手时速度达到 V，按上述经典的合成律，此刻由球发出的光相对于地面的速度为 $c+V$，乙看到球出手的时刻比它实际时刻晚 $\Delta t'=l/(c+V)$. 显然 $\Delta t'<\Delta t$，这就是说，乙先看到球出手，后看到甲即将击球！ 这种先后颠倒的现象谁也没有看到过。

会有人说，由于光速非常大，Δt 和 $\Delta t'$ 的差别实在微乎其微，在日常生活中是观察不到的，这个例子没有什么现实意义。那么我们就来看另一个天文上的例子。

图 8-1 蟹状星云

1731 年英国一位天文学爱好者用望远镜在南方夜空的金牛座上发现了一团云雾状的东西。外形像个螃蟹，人们称它为“蟹状星云”（见图 8-1）。 后来的观测表明，这只“螃蟹”在膨胀，膨胀的速率为每年 0.21″. 到 1920 年，它的半径达到 180″.推算起来，其膨胀开始的时刻应在（180″ ÷ 0.21″）年 = 860 年之前，即公元 1060 年左右。 人们相信，蟹状星云到现在是 900 多年前一次超新星爆发中抛出来的气体壳层。这一点在我国的史籍里得到了证实。《宋会要》是这样记载的（见图 8-2）：“嘉祐元年三月，司天监言，客星没，客去之兆也。 初，至和元年五月晨出东方，守天关。昼见如太白，芒角四出，色赤白，凡见二十三日。” 这段话的大意如下：负责观测天象的官员（司天监）说，超新星（客星）最初出现于公元 1054 年（北宋至和元年），位置在金牛座 ζ 星（天关）附近，白昼看起来赛过金星（太白），历时 23 天。往后慢慢暗下来，直到 1056 年（嘉祐元年）这位“客人”才隐没。当一颗恒星发生超新星爆发时，它的外围物质向四面八方飞散。也就是说，有些抛射物向着我们运动（如图 8-3 中的 A 点），有些抛射物则沿横方向运动（如图 8-3 中的 B 点）。如果光线服从上述经典速度合成律的话，按照类似前面对排球

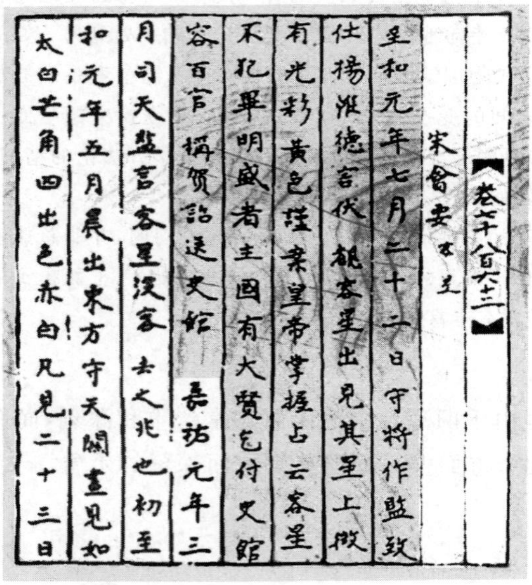

【[illegible]】
宋會要
至和元年七月二十二日守將作監致
仕楊惟德言伏覩客星出見其星上微
有光彩黃色謹案皇帝掌握占云客星
不犯畢明盛者主國有大賢乞付史館
容百官稱賀詔送史館 嘉祐元年三
月司天監言客星沒客去之兆也初至
和元年五月晨出東方守天關晝見如
太白芒角四出色赤白凡見二十三日

图 8-2 《宋会要》中关于“客星”的记载

运动的分析即可知道，A 点和 B 点向我们发出的光线传播速度分别为 $c+V$ 和 c，它们到达地球所需的时间分别为 $t'=l/(c+V)$ 和 $t=l/c$，沿其他方向运动的抛射物所发的光到达地球所需的时间介于这二者之间。蟹状星云到地球的距离 l 大约是 5000 光年，而爆发中抛射物的速度 V 大约是 1500 km/s，用这些数据来计算，t' 比 t 短 25 年。亦即，我们会在 25 年内持续地看到超新星开始爆发时所发出的强光。而史书明明记载着，客星从出现到隐没还不到两年，这怎么解释？

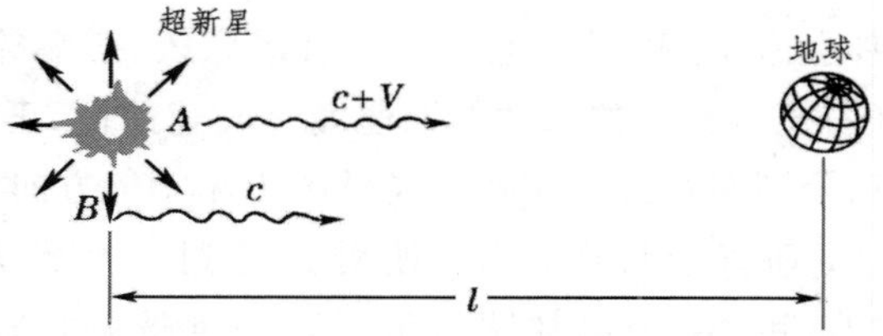

图 8-3 超新星爆发过程中光线传播引起的疑问

(2) 以太风实验的零结果

大海中轮船激起波浪的传播速度只与洋流的速度有关，而与轮船的航速无关。这给上述问题提供了另一种可能的解释，即超新星发出的光，其传播速度与爆发物的速度无关，只与传播介质的运动状态有关。于是上述矛盾不复存在。不过，一个新的问题又产生了，那个传播光线的“海洋”是什么？ 按照旧时的看法，是一种叫做“以太(aether)”的物质。海浪的传播速度固然与波源的运动无关，但相对于观察者的传播速度却与波源相对于海洋的速度有关。在我们所讨论的问题里，在茫茫以太的海洋中漂泊的观察者乘坐的航船是地球，地球以怎样的速度在以太的海洋里航行？ 也许更准确的说法应该把以太比喻成无处不在的大气，在其中飞行的地球上应感到迎面吹来的以太风。如图 8-4a 所示，在以太风的参考系中光沿各个方向的传播速率皆为 c，设地球在以太风中的速率为 $\boldsymbol{v}$，则按伽利略的速度合成律，对地球参考系来说，光的传播速度应为 $\boldsymbol{c}-\boldsymbol{v}$，故沿前后两个方向光的传播速率分别为 $c-v$ 和 $c+v$，沿左右两个方向光的传播速率则为 $\sqrt{c^2-v^2}$（见图 8-4b）。如果有以太风存在，精密的光学实验是可以把这种差别测量出来的。1881 年迈克耳孙(A.A.Michelson) 用他自己著名的干涉仪做了这类实验，没有观察到以太漂移的结果。1887 年他与莫雷(E.W.Morley) 以更高的精度重新做了这类实验，[1]仍得到零结果，即测不到想象中的“以太风” 对光速产生的任何影响。

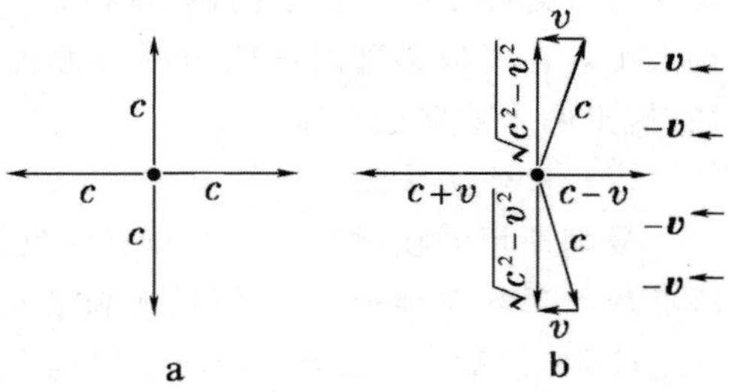

图 8-4 想象中的以太风对光速的影响

(3) 电磁现象不服从伽利略相对性原理

我们在第二章 4.1 节中引用了萨尔维亚蒂大船的故事。按照伽利略的描述，只要船保持匀速直线运动，你就在这条封闭的大船里观察不到任何能判断船是否行进的的现象。要知道，我们的地球就是一条在“以太” 中行进的萨尔维亚蒂大船。但是伽利略提到的都是力学现象，若涉及电磁现象，情况就不一样了。如图8-5 所示，设想在一刚性短棒两端有一对异号点电荷 $\pm q$，与船

[1] A.A.Michelson. *Am.J.Sci.* **22**(1881)：120.
A.A.Michelson，E.W.Morley. *Am.J.Sci.* **34**(1887)：333. *Phil. Mag.*，**24**(1887)：449.

行进的方向成倾角 θ 放置。在船静止时，两电荷间只有静电吸引力 f_E 和 f_E'，它们沿二者的联线，对短棒不形成力矩（图 8－5a）。如果大船以速度 v 匀速前进，正、负电荷的运动分别在对方所在处形成磁场 B 和 B'，方向如图 8－5b 所示，垂直于纸面向里，使对方受到一个磁力（洛伦兹力）f_M 和 f_M'，方向如图所示。这一对磁力对短棒形成力矩，使之逆时针转动。这样一来，我们不就能够判断大船是否在行进了吗？1902 到 1903 年间特鲁顿（F.T.Trouton）和诺贝尔（M.R.Noble）做了这类实验以检验地球是否与以太有相对运动，获得的也是零结果❶。这就是说，用电磁理论与经典力学来分析，伽利略相对性原理本应对电磁现象失效，但实验表明，利用电磁现象仍无法知道，我们这条在以太中的萨尔维亚蒂大船是否在漂移。

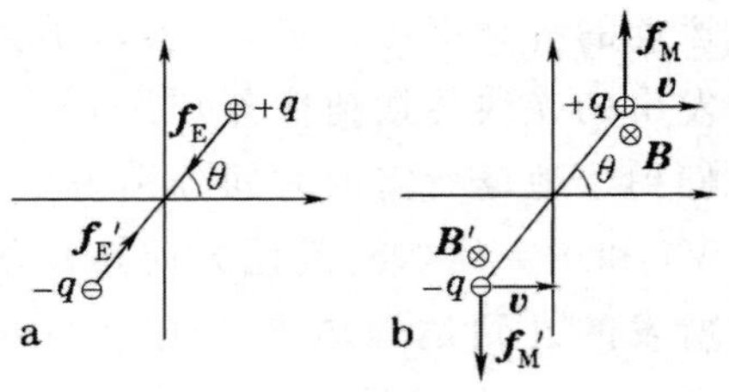

图 8－5 电磁现象与伽利略相对性原理抵触

（4）质量随速度增加

按照牛顿力学，物体的质量是常量。但 1901 年考夫曼（W.Kaufmann）在确定镭发出的 β 射线（高速运动的电子束）荷质比 e/m 的实验中首先观察到，电子的荷质比 e/m 与速度有关。他假设电子的电荷 e 不随速度而改变，则它的质量 m 就要随速度的增加而增大（见本章 3.1 节）。❷这类实验后来为更多人用越来越精密的测量不断地重复着。❸

1.2 爱因斯坦的假设

解决上述旧理论与实验的矛盾召唤着新理论。在 1.1 节那段引语之后爱因斯坦接着说："新理论的好处在于它解决这些困难时，很一致，很简单，只应用了很少几个令人信服的假定。"❹ 当别人忙着在经典物理的框架内用形形色色的理论来修补"以太风"的学说时，爱因斯坦另辟蹊径，提出两个重要假设来：

（1）相对性原理

爱因斯坦的相对性原理与伽利略的思想基本上一致，即所有惯性系都是平权的，在它们之中所有的物理规律都一样。但是伽利略所给出的具体变换式（2.40）只适用于牛顿力学，它不能保证电磁学（包括光）也满足相对性原理。爱因斯坦提出的相对性原理希望把一切物理规律都包括进去。

（2）光速不变原理

在看到牛顿力学以及电磁学（特别是与光有关的现象）中暴露出的诸多矛盾，爱因斯坦经过多年的思考，提出下列假设：

---

❶ F.T.Trouton. *Trans.Roy.Soc.Dub.Soc.*, **7**(1902): 379.
F.T.Trouton, M.R.Noble. *Phil.Trans.*, **202**(1903): 165.

❷ W.Kaufmann. *Nachr.Ges.Wiss.Göting*, *Math-Nat.Kl.*, (1901): 143.

❸ A.N.Bucherer. *Ann.d.Phys.*, **28**(1909): 513.
E.Hupka. *Ann.d.Phys.*, **31**(1910): 169.
C.E.Guye, C.Lavanchy. *Compt.Rend.*, **161**(1915): 52.
M.M.Rogers, *et al.* *Phys.Rev.*, **57**(1940): 379.

❹ 同第 365 页注 ❶。

在所有的惯性系中测量到的真空光速 c 都是一样的。

爱因斯坦提出这个假设是非常大胆的。下面我们即将看到，这个假设非同小可，一系列违反“常识”的结论就此产生了。

1.3 同时性的相对性

何谓两地的事件同时发生？ 譬如说，来自银河中心的引力波信号“同时”激发设在北京和广州的引力波探测天线，我们怎样知道引力波是“同时”到达两地的呢？ 也许有人说，这还不简单，两地的人都看看钟就行了。于是，问题就化为如何把两地的钟对准的问题。 按现代的技术水平，这将通过电台发射无线电报时信号来实现。 但电磁波是以光速传播的，报时信号从北京传到广州需要时间。 这段时间差按日常生活的标准来看当然是微不足道的，然而对于同样以光速传播的引力波来说，这段时间内它已飞越了 2000 多公里。 对于精密的科学测量来说，对钟的时候这段时间差是要经过严格校准的。

爱因斯坦根据他提出的光速不变原理，提出一个异地对钟的准则。假定我们要对 A、B 两地的钟，则在 AB 联线的中点 C 处设一光信号发射（或接收）站。当 C 点接收到从 A、B 发来的对时光信号符合时，我们就断定 A、B 两钟对准了。当然也可以由 C 向 A、B 两地发射对钟的光信号，A、B 收到此信号的时刻被认定是“同时”的。

以上的“同时性”判断准则适用于一切惯性系，于是就产生了这样的问题：同一对事件，在某个惯性参考系里看是同时的，是否在其他惯性参考系里看也同时？ “常识”和经典物理学告诉我们，这是毋庸置疑的。 但有了爱因斯坦的光速不变原理，这结论将不成立。 为了说明这一点，爱因斯坦提出了一个理想实验。设想有一列火车相对于站台以匀速 V 向右运动，如图 8-6 所示。当列车的首、尾两点 A'、B' 与站台上的 A、B 两点重合时，站台上同时在这两点发出闪光；所谓“同时”，就是两闪光同时传到站台的中点 C. 但对于列车来说，由于它向右行驶，车上的中点 C' 先接到来自车头 A'（即站台上的 A）点的闪光，后接到来自车尾 B'（即站台上的 B）点的闪光。 于是，对于列车上的观察者 C' 来说，A 的闪光早于 B，而对于站台上的 C 来说，则同时接到 A 的闪光和 B 的闪光。 这就是说，对于站台参考系为同时的事件，对列车参考系不是同时的，事件的同时性因参考系的选择而异，这就是同时性的相对性。

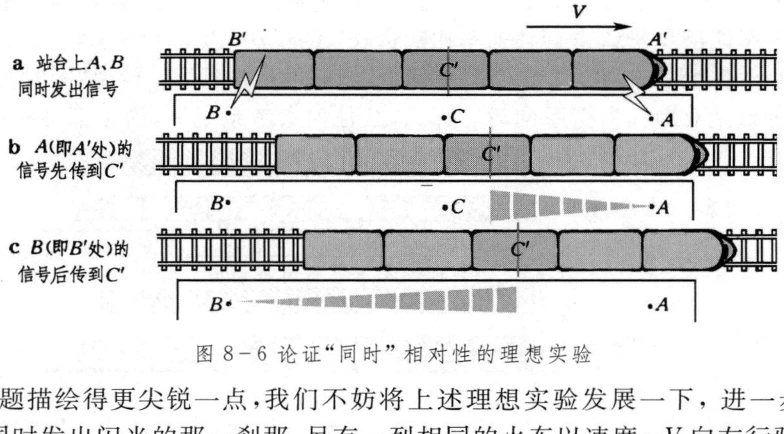
a 站台上A、B
同时发出信号
b A(即A′处)的
信号先传到C′
c B(即B′处)的
信号后传到C′
V
B′
A′
C′
B
C
A

图 8-6 论证“同时”相对性的理想实验

为了把问题描绘得更尖锐一点，我们不妨将上述理想实验发展一下，进一步假设，在站台上 A、B 两点同时发出闪光的那一刹那，另有一列相同的火车以速度 $-V$ 向左行驶，且其车头 B'' 和车尾 A'' 恰好分别与站台上的 B、A 重合（见图 8-7）。用同样的分析可知，这列车的中点 C'' 先接到来自车头 B''（即站台上的 B）点的闪光，后接到来自车尾 A''（即站台上的 A）点的闪光。 于

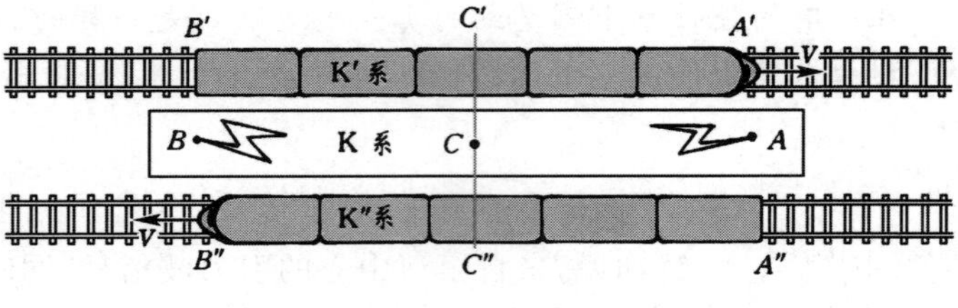

图 8-7 谁先开枪？

是，对于这列车上的观察者 C'' 来说，A 的闪光迟于B. 如果发自站台上 A、B 点的闪光不是一般的光信号，而是两个人相对开枪射击发出的火光，在谁先开枪的问题上，目击者 C' 和 C'' 在法庭上将提供相反的证词。 这不成了"公说公有理，婆说婆有理"，没有统一的是非标准了吗？ 以后我们会看到(4.1 节)，问题没有那么严重，因为无论哪个参考系中的观察者都不会得出这样的结论：A、B 之中的某人是在看到对方开枪的火光之后才开枪的。 亦即，事件之间的因果关系不会混淆！

1.4 长度的相对性

上面我们谈的是时间的相对性问题，除此之外，光速不变原理还会带来空间长度的相对性问题。那就是说，同一物体的长度，在不同的参考系内测量，会得到不同的结果。 通常，在某个参考系内，一个静止物体的长度可以由一个静止的观测者用尺去量；但要测量一个运动物体的长度就不能用这样的办法了。让物体停下来量吗？ 不行，因为这样量得的是静止物体的长度；追上去量吗？ 也不行，因为这样量出来的是在与物体一起运动的那个参考系中物体的长度，仍旧是该物体静止时的长度。 合理的办法是：记下物体两端的"同时" 位置，如图 8-6 中站台上的 A、B，然后去量它们之间的距离，就是运动着的火车的长度。 如前所述，A、B 两点只对于站台参考系来说是同时的，对列车参考系来说，A' 与A 重合在先，B' 与B 重合在后，所以列车上的观察者认为，长度$\overline{AB}$ 小于列车在 K′ 系中的长度$\overline{A'B'}$.这便是长度相对性的由来。

再把问题描绘得尖锐些，假定从 A 到 B 刚好是一段隧道，在地面参考系中看，隧道与列车等长；然而在列车参考系中看，列车比隧道长。若有人问：这两个说法同样真实吗？ 如果当列车刚好完全处在隧道以内时，在隧道的出口 A 和入口 B 处同时打下两个雷，躲在隧道里的列车安然无恙吗？ 如果说列车能够免于雷击，则"列车比隧道长" 的说法，岂非不真实吗？ 要正确地理解这个问题，即"长度的相对性" 问题，关键仍旧是那个"同时的相对性"。 你说"同时打下两个雷"，对谁同时？ 当然应该是对地面参考系同时。那么，从任何参考系观测，列车都可幸免于雷击。

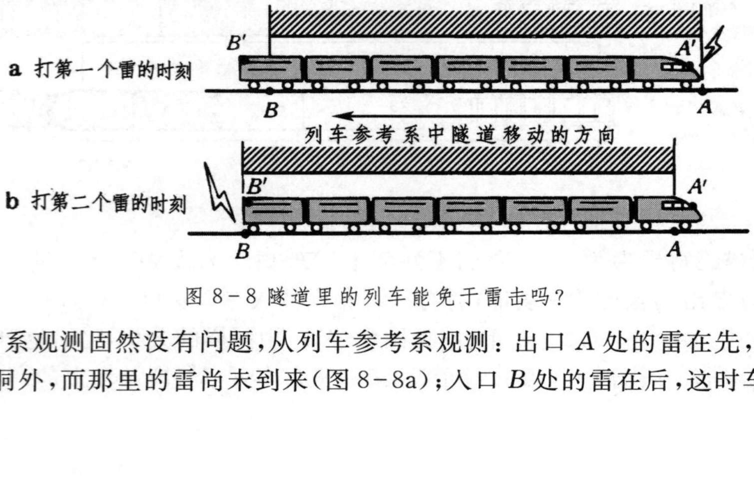

图 8-8 隧道里的列车能免于雷击吗？

从地面参考系观测固然没有问题，从列车参考系观测：出口 A 处的雷在先，这时车头尚未出洞，车尾虽拖在洞外，而那里的雷尚未到来(图 8-8a)；入口 B 处的雷在后，这时车尾已缩进洞内，车头虽已探出洞外，而那里的雷已打过(图 8-8b)。结论依然是：列车无恙。

可见，由长度相对性引起表面相互矛盾的说法，只不过是同一客观事物的不同反映和不同描述而已。以后我们把与物体相对静止的参考系中测出的长度 $L_0=\overline{A'B'}$ 叫做物体的固有长度，以区别于它运动时的长度。

应当指出，长度的相对性只发生在平行于运动的方向上，在垂直于运动的方向上没有这个问题。为了说明这一点，看图8-9中的例子。为了测量列车的高度$\overline{A'D'}$，地面观测者可用一竖立的杆。在车厢经过时同时记下 A'、D' 两点在杆上的位置A、D，$\overline{AD}$ 即为车高。按照以前所述的对钟办法，若从 A、D 两点发出的光信号同时到达其中点C 的话，它们也会同时到达 A'、D' 的中点C'. 亦即，在地面参考系K中校准了放在 A、D 两点的钟，在列车参考系K′观测也是同步的，从而车上的观测者认为 A、A' 和 D、D' 是同时对齐的。于是，$\overline{A'D'}=\overline{AD}$，即在两参考系内测量的横向的长度是一样的。

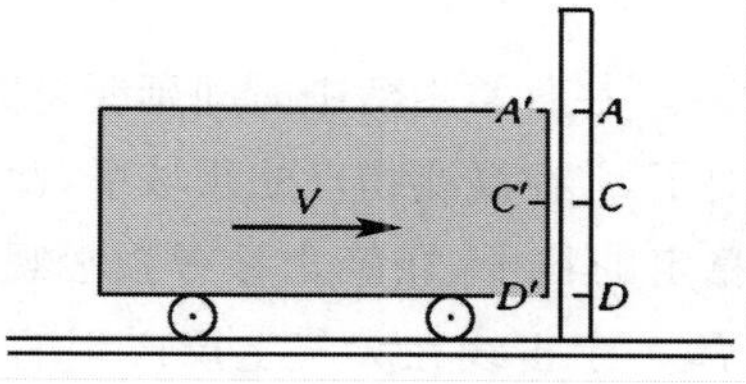

图 8-9 垂直于运动方向尺不收缩

1.5 时间的膨胀

前面我们只对时空相对性作了定性的讨论，下面推导一些定量化的公式。

看另外一个理想实验。假定列车(K′系)以匀速 V 相对于路基行驶，车厢里一边装有光源，紧挨着它有一标准钟。正对面放置一面反射镜M，可使横向发射的光脉冲原路返回(见图 8-10a)。设车厢的宽度为 b，则在光脉冲来回往返过程中，车上的钟走过的时间为

$$\Delta t'=\frac{2b}{c},$$

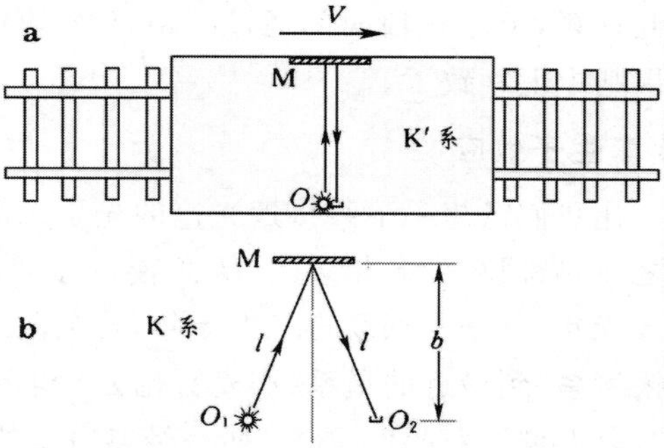

图 8-10 说明钟慢效应的理想实验

从路基(K 系)的观点看，由于列车在行进，光线走的是锯齿形路径(图 8-10b)，光线“来回”一次的时间为

$$\Delta t=\frac{2l}{c}=\frac{2}{c}\sqrt{b^2+\left(\frac{V\Delta t}{2}\right)^2},$$

注意，这里用到了在两参考系中车厢的宽度 b 一样的性质。由两式消去 b，得 Δt 和 $\Delta t'$ 之间的关系：

$$\Delta t=\frac{\Delta t'}{\sqrt{1-\frac{V^2}{c^2}}}=\frac{\Delta t'}{\sqrt{1-\beta^2}}=\gamma\Delta t'. \tag{8.1}$$

式中

$$\beta=V/c,\qquad \gamma=\frac{1}{\sqrt{1-\beta^2}}, \tag{8.2}$$

由于$\sqrt{1-\beta^2}<1$，$\gamma>1$，故$\Delta t>\Delta t'$. 这就是说，在一个惯性系(如上述K系)中，运动的钟(如上述列车里的钟)比静止的钟走得慢。这种效应叫做时间延缓，时间膨胀，或钟慢效应。

必须指出，这里所说的“钟”应该是标准钟，把它们放在一起应该走得一样快。不是钟出了毛病，而是运动参考系中的时间节奏变缓了，在其中一切物理、化学过程，乃至观察者自己的生命节奏都变缓了。因而在运动参考系里的人认为一切正常，并不感到自己周围发生的一

切变得沉闷呆滞。

还必须指出，运动是相对的。在地面上的人看高速宇宙飞船里的钟慢了，而宇宙飞船里的宇航员看地面站里的钟也比自己的慢。今后我们把相对于物体(或观察者)静止的钟所显示的时间间隔 $\Delta\tau$ 叫做该物体的固有时。(8.1)式中的 $\Delta t'$ 就是列车里乘客的固有时 $\Delta\tau$，故

$$\Delta t=\gamma\Delta\tau \tag{8.1'}$$

在日常生活中时间延缓是完全可以忽略的，但在运动速度接近于光速时，钟慢效应就变得重要了。在高能物理的领域里，此效应得到大量实验的证实。例如，一种叫做 μ 子的粒子，是一种不稳定的粒子，在静止参考系中观察，它们平均经过 2×10^{-6} s(其固有寿命)就衰变为电子和中微子。宇宙线在大气上层产生的 μ 子速度极大，可达 $V=2.994\times10^8$ m/s $=0.998c$. 如果没有钟慢效应，它们从产生到衰变的一段时间里平均走过的距离只有 $(2.994\times10^8\,\mathrm{m/s})\times(2\times10^{-6}\,\mathrm{s})\approx600\,\mathrm{m}$，这样，$\mu$ 子就不可能达到地面的实验室。但实际上 μ 子可穿透大气厚度达9000多米。试用钟慢效应来解释：以地面为参考系，μ 子的“运动寿命”为

$$\tau=\frac{\text{固有寿命}\ \tau'}{\sqrt{1-\dfrac{V^2}{c^2}}}=\frac{2\times10^{-6}\,\mathrm{s}}{\sqrt{1-(0.998)^2}}=3.16\times10^{-5}\,\mathrm{s},$$

按此计算，μ 子这段时间通过的距离 $(2.994\times10^8\,\mathrm{m/s})\times(3.16\times10^{-5}\,\mathrm{s})\approx9\,500\,\mathrm{m}$，这就与实验观测结果基本上一致了。

1.6 孪生子效应

让我们畅想一下乘接近光速的光子火箭去作星际旅游。离我们最近的恒星(南门二)有4光年之遥，来回至少8年多。“天阶夜色凉如水，坐看牵牛织女星。”牛郎星远16光年，织女星远26.3光年，一来一回就得三五十年，若天假斯年，在一个人有生之日还来得及造访一次。但要跨出银河系，到最近的星系(小麦哲伦云)也要15万光年，今生今世不必问津了。

以上说法对吗？否！那是经典力学的算法，它只适用于地球参考系。考虑时间的相对性，光子火箭里乘客的固有时为此的 γ^{-1}。只要火箭的速度 V 可以无限趋近光速 c，γ 可以趋于 ∞，无论目标多远，乘客在旅途上花费的固有时间原则上可以任意短。问题是，当他们回来的时候将看到什么？设想一对年华正茂的孪生兄弟，哥哥告别弟弟，登上访问牛郎织女的旅程。归来时，阿哥仍是风度翩翩一少年，而前来迎接他的胞弟却是白发苍苍一老翁了。这真应了古代神话里“天上方一日，地上已七年”的说法！且不问这是否可能，从逻辑上说得通吗？按照相对论，运动不是相对的吗？上面是从“天”看“地”，若从“地”看“天”，还应有“地上方一日，天上已七年”的效果。为什么在这里天(航天器)、地(地球)两个参考系不对称？这便是通常所说的“孪生子佯谬(twin paradox)”。

从逻辑上看，这佯谬并不存在，因为天、地两个参考系的确是不对称的。从原则上讲，“地”可以是一个惯性参考系，而“天”却不能。否则它将一去不复返，兄弟永别了，谁也不再有机会直接看到对方的年龄。“天”之所以能返回，必有加速度，这就超出狭义相对论的理论范围，需要用广义相对论去讨论。广义相对论对上述被看作“佯谬”的效应是肯定的，认为这种现象能够发生。

然而，实际上“孪生子”效应真的可能吗？真人作星际旅游，在今天仍是科学幻想；但在有

了精确度极高的原子钟时代，用仪器来做模拟的“孪生子”实验已成为可能。实验是1971年完成的❶：将铯原子钟放在飞机上，沿赤道向东和向西绕地球一周，回到原处后，分别比静止在地面上的钟慢59 ns和快273 ns（1 ns等于10^{-9} s）。因为地球以一定的角速度从西往东转，地面不是惯性系，而从地心指向太阳的参考系是惯性系（忽略地球公转）。飞机的速度总小于太阳的速度（即在该点地心参考系相对于地面参考系的速度），无论向东还是向西，它相对于惯性系都是向东转的，只是前者转速大，后者转速小，而地面上的钟转速介于二者之间。上述实验表明，相对于惯性系转速越大的钟走得越慢，这和孪生子问题所预期的效应是一致的。上述实验结果与广义相对论的理论计算比较，❷在实验误差范围内相符。因而，我们今天不应再说“孪生子佯谬”，而应改称孪生子效应了。

1.7 洛伦兹收缩

现代化的方法测量一个物体的长度可以不用尺，而用激光。为了在相对静止的参考系K′内测量一直杆的长度，可在直杆的一端加一脉冲激光器和一接收器，另一端设一反射镜，如图8-11a所示。精密测得光束往返的时间间隔$\Delta t'$后，即可得知直杆的长度

$$L' = L_0 = c\Delta t'/2. \tag{8.3}$$

怎样找到有相对运动的参考系K中测得直杆的长度L与它的固有长度L_0之间的关系呢？首先要弄清楚什么是不变的，什么是可比的。按照光速不变原理，光速c是不变的。另外，根据(8.1)式，从K系观测上述测量过程的时间间隔Δt与在K′系本身里的时间间隔$\Delta t'$是可比的：

$$\Delta t = \Delta t'\sqrt{1 - V^2/c^2},$$

式中V为直杆在K系中的速度。下面我们就来看，此测量过程在K系里是怎样表现的，并从中找到Δt和L的关系。

在K系中观测，光束往返的路径长度d_1和d_2是不等的，从而所需的时间Δt_1和Δt_2也不等。设直杆以速度V沿自身长度的方向运动，它在时间间隔Δt_1内走过距离$V\Delta t_1$（见图8-11b），故

$$d_1 = L + V\Delta t_1,$$

而
$$\Delta t_1 = d_1/c,$$

由此得
$$\Delta t_1 = \frac{L}{c - V};$$

同理
$$d_2 = L - V\Delta t_2, \quad 而 \quad \Delta t_2 = d_2/c,$$

（见图8-11c），由此得

$$\Delta t_2 = \frac{L}{c + V}.$$

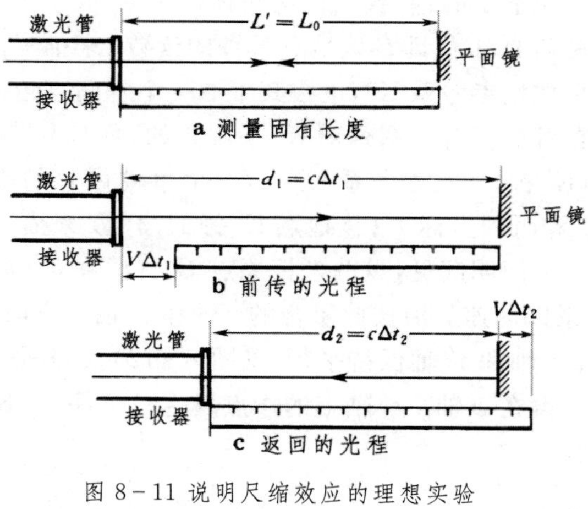

图8-11 说明尺缩效应的理想实验

❶ J.C.Hafele and R.E.Keating, *Science*, **177**(1972), 166 & 168.

❷ 广义相对论中对时钟的影响不仅有运动学效应，还有引力的效应。参看：张元仲. 狭义相对论实验基础. 北京：科学出版社，1979. §3.1.

因此

$$\Delta t = \Delta t_1 + \Delta t_2 = L\left(\frac{1}{c-V}+\frac{1}{c+V}\right) = \frac{2L}{c(1-V^2/c^2)}. \tag{8.4}$$

这便是我们要找的 Δt 和 L 的关系式。与(8.3)式比较，有

$$\frac{\Delta t}{\Delta t'} = \frac{L}{L_0(1-V^2/c^2)},$$

再将(8.1)式代入，得

$$L = L_0\sqrt{1-V^2/c^2} = L_0/\gamma. \tag{8.5}$$

由于上式里的根式小于1，这就是说，**物体沿运动方向的长度比其固有长度短**。这种效应叫做**洛伦兹收缩**，或**尺缩效应**。

在1.5节所举的 μ 子例子里，μ 子以 $V=0.998\,c$ 的速度垂直入射到大气层上，已知它衰变前通过的大气层厚度为 $L=9500\,\text{m}$，在 μ 子本身的参考系看来，这层大气有多厚呢？因为对于 μ 子来说，大气层是以速度 $-V$ 运动的，按洛伦兹收缩公式(8.5)，其厚度为

$$L = L_0\sqrt{1-V^2/c^2} = 9\,500\times\sqrt{1-(0.998)^2}\ \text{m} = 600\,\text{m},$$

这正是原先预期的结果。

§2. 洛伦兹变换与速度的合成

2.1 洛伦兹变换公式

现在我们来讨论一个事件的时间和空间坐标在不同惯性系之间的变换关系。第二章中讲的伽利略变换式(2.40)就是这类的变换关系，不过它只适用于牛顿力学，不保证光速的不变性。下面我们要推导的变换关系以光速不变原理为依据，是相对论的坐标变换关系。假设有一个惯性参考系K，在其中取一个空间直角坐标系 $Oxyz$，并在各处安置一系列对K系静止，且对K系来说是对准了的钟(我们把这些钟称作K钟)。在参考系K中一个事件用它的空间坐标(x, y, z)和时间坐标 t(即在该地点K钟的读数)来描写。类似地，对于另一个惯性参考系K′，也在其中取一个空间直角坐标系 $O'x'y'z'$，并在各处安置一系列对K′系静止的，且对K′系来说是对准了的钟(K′钟)。在参考系K′中，一个事件用它的空间坐标(x', y', z')和时间坐标 t'(该地点K′钟的读数)来描写。

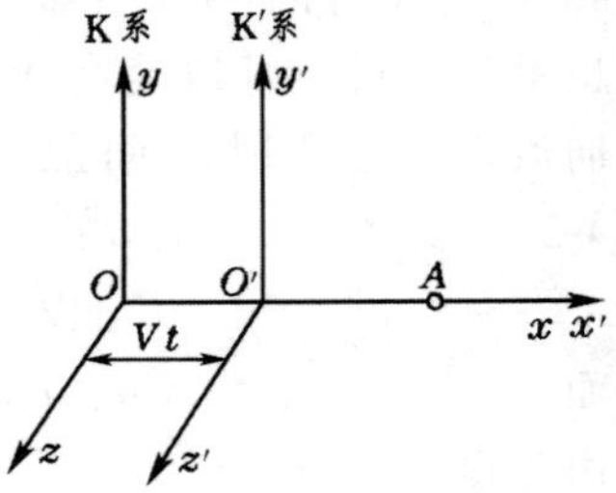

图 8-12 时空坐标的变换

为简明起见，设两坐标原点 O、O' 在 $t=t'=0$ 时刻重合，且K′系以匀速 V 沿彼此重合的 x 轴和 x' 轴正方向运动，而 y 轴和 y' 轴、z 轴和 z' 轴保持平行(见图8-12)。于是 $\overline{OO'}=Vt$.

设在 x 轴、x' 轴上的 A 点发生一事件，对K系来说 A 点的坐标为

$$x = \overline{OA} = \overline{OO'} + \overline{O'A},$$

注意到

$$\overline{OO'} = Vt,$$

$$\overline{O'A} = x'\sqrt{1-V^2/c^2},$$

式中的根式是由于K′系以速度 V 相对于K系运动而出现的尺缩因子，于是有

$$x = Vt + x'\sqrt{1-V^2/c^2},$$

从中可将 x' 解出来：

$$x' = \frac{x - Vt}{\sqrt{1 - V^2/c^2}}\ . \tag{8.6}$$

因为K系和K′系的运动是相对的，若把上式里的 V 换为 $-V$，带撇的量和不带撇的量对调，我们就得到从K系到K′系的逆变换关系：

$$x = \frac{x' + Vt'}{\sqrt{1 - V^2/c^2}}\ . \tag{8.6'}$$

从以上两式消去 x'：

$$x = \frac{1}{\sqrt{1 - V^2/c^2}}\left(\frac{x - Vt}{\sqrt{1 - V^2/c^2}} + Vt'\right),$$

由此解出 t'：

$$t' = \frac{\sqrt{1 - V^2/c^2}}{V}\left(x - \frac{x - Vt}{1 - V^2/c^2}\right),$$

即

$$t' = \frac{t - Vx/c^2}{\sqrt{1 - V^2/c^2}}\ . \tag{8.7}$$

如果 A 点不在 x、x' 轴上，则由于垂直方向长度不变，我们有 $y'=y$，$z'=z$. 综上所述，我们得到从K系到K′系空间、时间坐标的变换关系：

$$\left.\begin{aligned}
x' &= \frac{x - Vt}{\sqrt{1 - V^2/c^2}} = \gamma(x - \beta ct),\\
y' &= y,\\
z' &= z,\\
t' &= \frac{t - Vx/c^2}{\sqrt{1 - V^2/c^2}} = \gamma(t - \beta x/c).
\end{aligned}\right\} \tag{8.8}$$

以上便是著名的洛伦兹变换方程。易见，在 $V \ll c$，$x \not> ct$ 的情况下，洛伦兹变换式将过渡到非相对论的伽利略变换式(2.57)。把上式里的 V 换为 $-V$，带撇的量和不带撇的量对调，得到从K′系到K系的逆变换关系：

$$\left.\begin{aligned}
x &= \frac{x' + Vt'}{\sqrt{1 - V^2/c^2}} = \gamma(x' + \beta ct'),\\
y &= y',\\
z &= z',\\
t &= \frac{t' + Vx'/c^2}{\sqrt{1 - V^2/c^2}} = \gamma(t' + \beta x'/c).
\end{aligned}\right\} \tag{8.9}$$

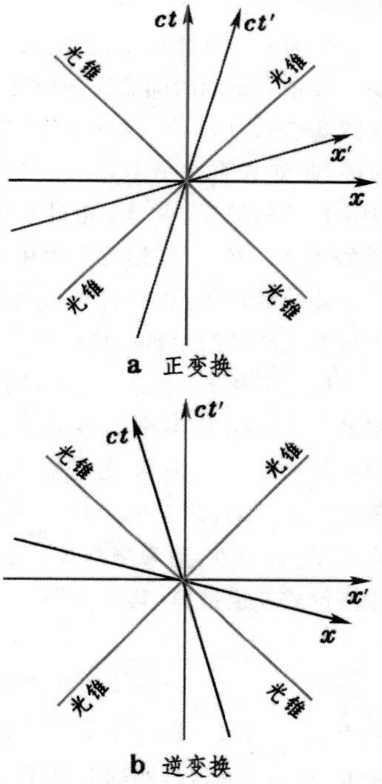

图 8-13 洛伦兹变换

上述洛伦兹变换的四个变量之间的变换，由于我们采取了特殊的 x 轴方向，y、z 两个变量不变，(8.8)式和(8.9)式简化成 x、t 两个变量之间的变换。这样，我们就可以用一张平面图将它们表示出来。为了量纲一致，我们用 ct 代替 t 作纵坐标，以 x 为横坐标，作图 8-13a、b，分别对应正、逆洛伦兹变换(8.8)式、(8.9)式。可以看出，变换后的坐标系不再是直角的，但变换中两坐标轴的分角线(在高维空间实为圆锥面，称为光锥) $x = \pm ct$ 或 $x' = \pm ct'$ 不变，这是光速不变原理要求的。

2.2 关于钟慢尺缩效应的进一步讨论

(1) 究竟哪个钟慢了？

初学狭义相对论的人，接受动钟变慢的结论不太困难。然而他们会问：乙钟相对甲钟运动，乙钟变慢；但运动是相对的，也可以说，甲钟相对乙钟运动，应是甲钟变慢。到底哪个钟比哪个钟慢？

首先必须指出，人们通常说钟的快慢有两种含义：一是指针的超前或落后，这是属于零点的校正问题。例如甲、乙二人早上对钟，若甲钟指在 8：00 上，而乙钟却指在 8：30 上，按人们通常的习惯会说，乙的钟快了半小时，另一是走时率的快慢，如果第二天早上甲、乙二人又对钟，若甲钟仍然指 8：00，而乙钟却指 8：15，人们在习惯上仍然会说乙钟比甲钟快 15 分钟。其实应该说乙钟在 24 小时内比甲钟走慢了 15 分钟，即乙钟的走时率比甲钟慢。这里要讨论的是后者 —— 时钟的走时率问题。

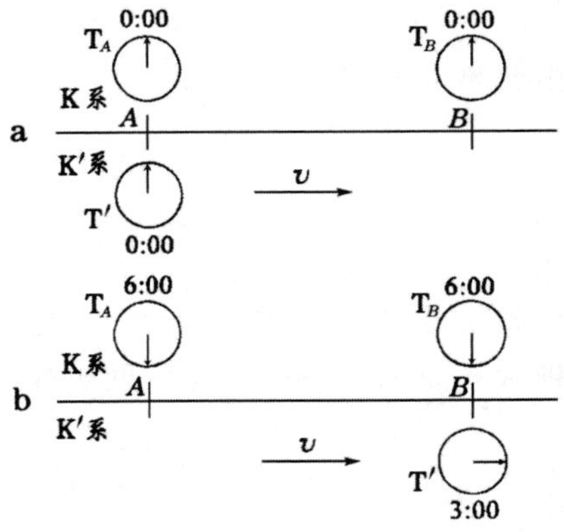

图 8-14 从 K 系看 K′ 系

两个相对运动着的观测者，都说对方的钟变慢了，到底谁对呢？问题的关键在于：两个钟是相对运动的，只有在相遇的一瞬间才能直接彼此核对读数，此后就只能靠同一参考系中互相对准了的钟来比较。换句话说，"静止"参考系只能用多个对准了的钟来测量运动钟的走时率。

作为一个具体例子，假定 K′ 系以速度 $v=0.866\,c$ 相对于 K 系运动。按相对论的时间膨胀效应计算，K′ 钟的走时率应是 K 钟的一半，如图 8-14a 所示，K′ 系的 T′ 钟在 A 处于 0：00 时刻与 K 系的 T_A 钟对准，此刻 K 系在 B 处的 T_B 钟也是与 T_A 钟对准了的。再看图 8-14b，K 系的钟 T_A 和 T_B 走过 6 小时后，K′ 系的 T′ 钟到达了 B 处，它的指针指在 3：00，而处在同一位置的静钟 T_B 的指针却指在 6：00.即静钟的走时率比动钟的走时率快一倍。

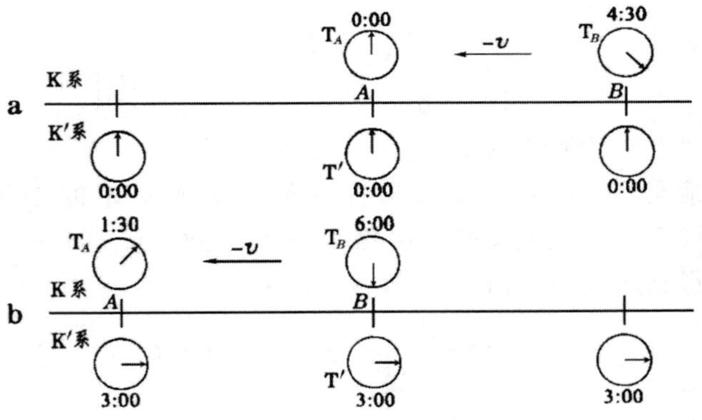

图 8-15 从 K′ 系看 K 系

反过来从 K′ 系的角度看，问题是 K′ 系的观察者并不认同 K 系中的各钟 T_A、T_B 是对准了的。如图 8-15a 所示，在他看来，K′ 系各处的钟都是对准了的，并于 0：00 时刻在 A 处 T′ 钟与 K 系的 T_A 钟对准，他观测到 K 系 T_B 钟是超前的。按洛伦兹变换推算，其读数为

$$t_B=\frac{t_B'-(-v/c)(x_B'/c)}{\sqrt{1-(v/c)^2}},$$

式中 $t_B'=0$，$x_B'=x_B\sqrt{1-(v/c)^2}$，$x_B=(6v/c)$ 光时(light hour)，于是 $t_B=6(v/c)^2$ 小时=4.5 小时，即在 0：00 时刻 K′ 系的观察者观测到 K 系 T_B 钟的指针指在 4：30 时刻处。K′ 系的观察者认为，K 系以速度 $-v$ 运动，T_B 钟迎面朝他而来。如图 8-15b 所示，当 T_B 钟与他的 T′ 钟会合时，T′ 指在 3：00，而 T_B 指在 6：00。在他算起来，在这 3 小时里 T_B 钟走了(6−4.5) 小时 ＝1.5 小时，自己的钟的走时率比他快一倍。

由此可见，两个作相对运动的观察者互相认为对方的钟走时率慢了，问题出在对钟上。按相对论理论，两参考系各处的钟不能同时对准。一参考系内各处相互对准了的钟，在另一参考系看来是没有对准的，对钟问题对理解相对论的原理是至关重要的

(2) 究竟哪个尺缩了

在两惯性系间尺缩与钟慢问题都是相互的，所以我们可以像上边一样，提出究竟是哪把尺子比哪把尺子短的问题。

为了讨论方便，下面我们取光速 $c=1$，于是长度的单位就和时间一样了。例如时间的单位为1秒，长度的单位就是1光秒；时间的单位为1小时，长度的单位就是1光时，等等。如图8－16所示，设K′系相对于K系以 $V=0.8$ 的速度沿 $+x$ 方向运动。从K′系看K尺，它以速度 $-V$ 相对自己运动，$\beta=0.8$，$\gamma^{-1}=\sqrt{1-\beta^2}=0.6$，按洛伦兹收缩公式，从K′系来看K系单位长度的尺子，其长度与本参考系中长度为0.6的尺子一样长(图8－16a)。从K系来看K′系中这把长0.6的尺子有多长？它的长度等于1吗？否！为在K系中看，这把K′尺在0时刻与自己单位长度的尺子起点重合，在

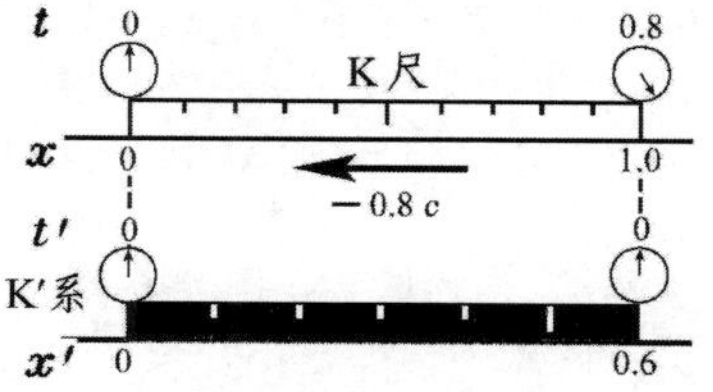

a 在K′系中测量K尺

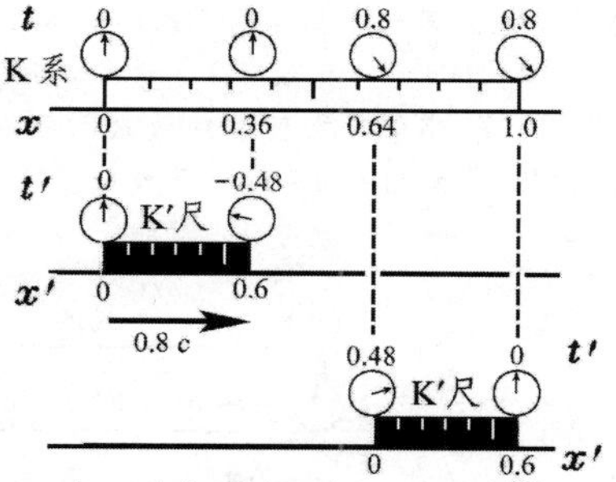

b 在K系中测量K′尺

图8－16 哪个尺更短？

$$t=\gamma(t'+\beta x')=(0+0.8\times0.6)/0.6=0.8$$

时刻终端重合(K′系中的观察者认为尺子的两端是同时对齐了的，即 $t'=0$，而自己尺子的长度 $x'=0.6$)。在这段时间里K尺的任何一端都移动了距离 $\beta t=0.8\times0.8=0.64$，即在 $t=0$ 时刻K′尺的终端在 $x=1-0.64=0.36$ 处；在 $t=0.8$ 时刻K′尺的起点在 $x=0.64$ 处(图8－16b)。终端无论从哪头看，这把K′尺的长度都是0.36，即等于它在K′系中长度0.6的 $\sqrt{1-\beta^2}=0.6$ 倍，这也是符合洛伦兹收缩公式的。

例题1 宇航员乘宇宙飞船以 $0.8c$ 的速度飞向一个8光年远的天体，然后立即以同样速率返回地球。以地球为K系，去时的飞船为K′系，返时的飞船为K″系。在地球和天体上各有一个K钟，彼此是对准了的。起飞时地球上的K钟和飞船上的K′钟的指示 $t=t'=0$.

(1) 求对应于宇航员所在参考系起飞、到达天体和返回地球这三个时刻所有钟的读数。

(2) 假定飞船是2000年元旦起飞的。此后每年元旦宇航员和地面上的孪生兄弟互拍贺年电报。求以各自的钟为准他们收到每封电报的时刻。

解：(1) 因 $\beta=0.8$，$\gamma^{-1}=\sqrt{1-\beta^2}=0.6$. 对于K′系，宇航员起飞时天体上的K钟并未与地球上的K钟对准，而是预先走了

$$t_{天}=\gamma(t'+\beta x'/c)=\gamma\beta x'/c=\beta x/c=0.8\times8\,\mathrm{l.y.}/c=6.4\,\mathrm{a}.❶$$

(见图8－17a)运算时用到数据：$t'=0$，天体到地球的距离 $\gamma x'=x=8\,\mathrm{l.y.}$.

由于洛伦兹收缩，宇航员观测到自己的旅程长度为 $x'=x/\gamma=8\,\mathrm{l.y.}\times0.6=4.8\,\mathrm{l.y.}$，单程所需时间为 $t'=4.8\,\mathrm{l.y.}/0.8\,c=6\,\mathrm{a}$，即当他到达天体时K′钟指示6a。在此期间由于时间延缓，K钟只走了 $t=t'\sqrt{1-\beta^2}=6\,\mathrm{a}\times0.6=3.6\,\mathrm{a}$，即对于K″系此刻地球和天体上的K钟读数分别为3.6a和(6.4+3.6)a＝10a(见图8－17b)。到达天体时宇航员立即迅速调头，相当于换乘K″系的飞船以同样的速率返航，这时他飞船上的K″钟仍然指示 $t''=6\,\mathrm{a}$ 的地方。对于K″系此刻地球上K钟的读数 $t_{地}$ 比当地K钟的读数 $t_{天}=10\,\mathrm{a}$ 超前了6.4a(理由同前)，即 $t_{地}=(10+6.4)\,\mathrm{a}=16.4\,\mathrm{a}$(见图8－18a)。也就是说，在宇航员从K″换到K″系时，地球上的K钟一下子从3.6a跳到16.4a，突然增加了12.8a。

作与离去时同样的分析，可知在返程中K″钟走过6a，K″系观测到K钟走过3.6a。即当他返回地球时，$t''=(6+6)\,\mathrm{a}=12\,\mathrm{a}$，$t_{天}=(10+3.6)\,\mathrm{a}=13.6\,\mathrm{a}$，$t_{地}=(16.4+3.6)\,\mathrm{a}=20\,\mathrm{a}$(见图8－18b)。回到地球宇航员发现同胞兄弟比自己老了8岁。

(2) 坐在宇宙飞船上的宇航员并不能即时地看到K钟的读数，他只能通过接收来自地球的无线电信号间接地推算人间光阴的流逝。起初，当飞船离地球而去时，收贺年电报的周期拉得很长。这一方面是因为对于飞船来说K钟走得慢，另一方面是由于信号源在退行。对于K系，相继发出两封电报的时间间隔 $\Delta t=1\,\mathrm{a}$，对于K′系

❶ a为“年”的符号。

$\Delta t'=\gamma\Delta t$，同时在此期间飞船又走远了$\beta\Delta t'$光年。两个效果合起来，宇航员收报的间隔是$(1+\beta)\Delta t'=(1+\beta)\gamma\Delta t=(1+0.8)\,\mathrm{a}/0.6=3\mathrm{a}$。按此计算，宇航员驶向天体的 6 年里只收到 2001 年、2002 年两封元旦贺电。

同理，宇航员在回程中收报的间隔是$(1-\beta)\Delta t''=(1-\beta)\gamma\Delta t=(1-0.8)\,\mathrm{a}/0.6=1/3\mathrm{a}$，6 年里收到从 2003 年到 2020 年发出的 18 封元旦贺电。▌

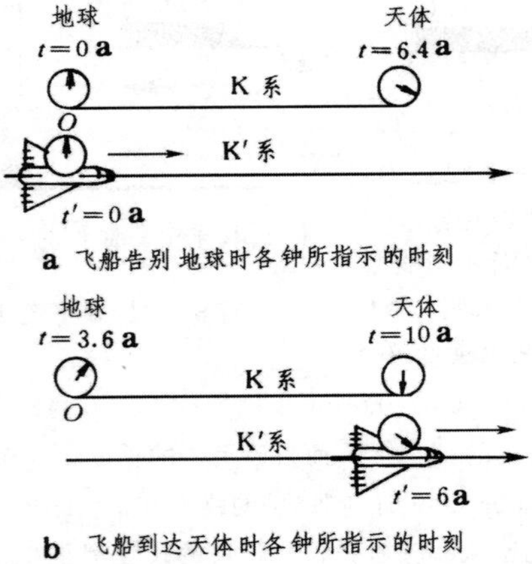

图 8-17 例题 1—— 孪生子效应之一，出征

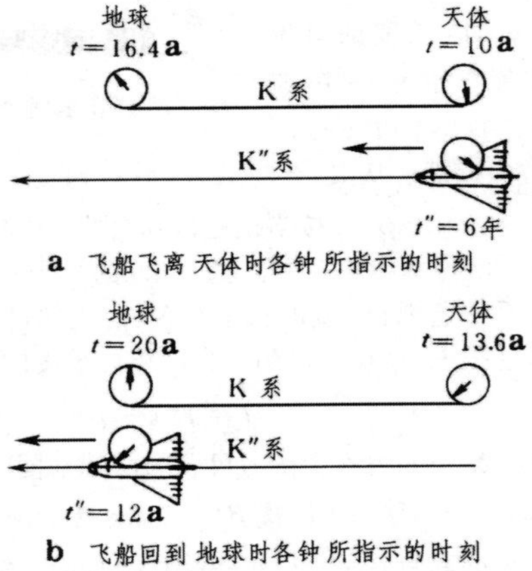

图 8-18 例题 1—— 孪生子效应之二，返航

我们把上题中宇航员和地面上收到对方新年贺电的时刻列在表 8-1 和表 8-2 中，而对地面收报情况的具体分析，留给读者自己去讨论。

表 8-1　地球上的发报时间 t 和飞船上的收报时间 t' 或 t''

t/a	0	1	2	3	4	5	6	7	8	9	10
t'/a	0	3	6								
t''/a			6	$6\frac{1}{3}$	$6\frac{2}{3}$	7	$7\frac{1}{3}$	$7\frac{2}{3}$	8	$8\frac{1}{3}$	$8\frac{2}{3}$

t/a	11	12	13	14	15	16	17	18	19	20
t'/a										
t''/a	9	$9\frac{1}{3}$	$9\frac{2}{3}$	10	$10\frac{1}{3}$	$10\frac{2}{3}$	11	$11\frac{1}{3}$	$11\frac{2}{3}$	12

表 8-2　飞船上的发报时间 t' 或 t'' 和地球上的收报时间 t

t'/a	0	1	2	3	4	5	6						
t''/a							6	7	8	9	10	11	12
t/a	0	3	6	9	12	15	18	$18\frac{1}{3}$	$18\frac{2}{3}$	19	$19\frac{1}{3}$	$19\frac{2}{3}$	20

2.3 速度的合成

现在我们来讨论这样一个问题：如果一个质点在 K 系的速度是 $\boldsymbol{v}=(v_x, v_y, v_z)$，在 K′ 系看来的速度 $\boldsymbol{v}'=(v'_x, v'_y, v'_z)$ 是什么？注意到

$$v_x=\frac{\mathrm{d}x}{\mathrm{d}t},\qquad v_y=\frac{\mathrm{d}y}{\mathrm{d}t},\qquad v_z=\frac{\mathrm{d}z}{\mathrm{d}t},$$

$$v'_x=\frac{\mathrm{d}x'}{\mathrm{d}t'},\qquad v'_y=\frac{\mathrm{d}y'}{\mathrm{d}t'},\qquad v'_z=\frac{\mathrm{d}z'}{\mathrm{d}t'},$$

取洛伦兹变换式(8.8)的微分：

$$
\left.\begin{aligned}
dx' &= \frac{dx - V\,dt}{\sqrt{1-V^2/c^2}} = \frac{(dx/dt - V)\,dt}{\sqrt{1-V^2/c^2}},\\
dy' &= dy,\\
dz' &= dz,\\
dt' &= \frac{dt - V\,dx/c^2}{\sqrt{1-V^2/c^2}} = \frac{dt[1-(V/c^2)(dx/dt)]}{\sqrt{1-V^2/c^2}},
\end{aligned}\right\}
$$

最后一式又可写成

$$dt' = \gamma(1 - Vv_x/c^2)\,dt,$$

用它去除前三式，即得

$$
\left.\begin{aligned}
v'_x &= \frac{dx'}{dt'} = \frac{v_x - V}{1 - Vv_x/c^2},\\
v'_y &= \frac{dy'}{dt'} = \frac{v_y\sqrt{1-V^2/c^2}}{1 - Vv_x/c^2},\\
v'_z &= \frac{dz'}{dt'} = \frac{v_z\sqrt{1-V^2/c^2}}{1 - Vv_x/c^2}.
\end{aligned}\right\} \tag{8.10}
$$

这便是相对论的速度合成定理。我们从中看到，虽然垂直于运动方向的长度不变，但速度是变的，这是因为时间间隔变了。

易见，当 $V \ll c$，$v_x \ll c$ 时，上式简化为

$$v'_x = v_x - V, \qquad v'_y = v_y, \qquad v'_z = v_z.$$

这就是我们熟知的经典速度合成公式。

在 $\boldsymbol{v}$ 平行于 x、x' 轴的特殊情况下，$v_x = v$，$v_y = v_z = 0$，速度合成公式(8.10) 简化为

$$v' = \frac{v - V}{1 - vV/c^2}. \tag{8.11}$$

把上式里的 V 换为 $-V$，带撇的量和不带撇的量对调，我们得到从 K 系到 K′ 系的逆变换关系：

$$v = \frac{v' + V}{1 + v'V/c^2}. \tag{8.12}$$

例题 2 一艘以 $0.9c$ 的速率离开地球的宇宙飞船，以相对于自己 $0.9c$ 的速率向前发射一枚导弹，求该导弹相对于地球的速率。

解：以地面为 K 系，宇宙飞船为 K′ 系，按速度合成公式(8.12)，有

$$v = \frac{v' + V}{1 + v'V/c^2} = \frac{0.9c + 0.9c}{1 + 0.9 \times 0.9} = 0.994c.$$

即导弹相对于地面的速率 v 仍小于 c. ▍

在(8.11) 式中当 $v = 0$ 时，$v' = -V$. 这表明，K 系本身在 K′ 系中的速度是 $-V$，这正是相对性原理所要求的倒逆性，而这种倒逆性我们此前在推导逆变换公式时已多次用过了。

我们在 1.1 节中以玩排球和超新星爆发为例披露了，若假定由运动物体发出的光的速度大于 c 会导致怎样令人困惑的结论。有了光速不变性，上述困惑自然解除。在(8.11) 式中当 $v = c$ 时，不管 V 有多大，总有 $v' = \dfrac{c - V}{1 - Vc/c^2} = c$，这正是光速不变原理所要求的。为了精密验证这个结论，从 20 世纪 50 年代起许多高能物理学家反复测量了高速微观粒子发出的 γ 射线(一种波长极短的电磁波) 的速率，发射粒子的能量从几百个 MeV (1MeV= 10^6eV) 到几个 GeV (1GeV= 10^9eV)，在很高的精度下($\approx 10^{-4}$) 验证了，它们发出 γ 射线相对于实验室参考系的速率确实等于 c.

2.4 高速运动物体的视觉形象

伽莫夫著的著名科普读物《物理世界奇遇记》里有这样一段描述：汤普金斯先生来到一座奇异的城市，由于这城市里的光速异乎寻常地小，当他以骑自行车高速行驶时，发现周围一切都如图 8－19 所示那样变得瘦长了。

图 8－19 汤普金斯先生的奇遇

汤普金斯的见闻，几十年来被物理学家们认为是正确的。 即由于洛伦兹收缩，只要能以接近光速的速度运动，我们将看到一 JP4 个瘦长的世界。 直到 1959 年 James Terrell 发表的一篇文章❶，才开始纠正了这个错误认识。 其实尺缩效应的形象是人们观测物体上各点对观察者参考系同一时刻的位置构成的形象，可称为“测量形象”，而不是物体产生的“视觉形象”。 我们看到的（或照相机拍摄的）形象，是由物体上各点发出后“同时到达”眼睛（或照相机）的光线所组成，而这些光线并不是同时自物体发出的。 如图8－20 所示，一个物体以接近光速的速度 V 沿 x 方向运动。 令运动物体的参考系为 K′，其上一点 P' 的坐标为（x'，y'）（见图 8－20 a）。 在观察者参考系 K 内此点变换到 P，其坐标（x，y）与（x'，y'）的关系为

$$x=\sqrt{1-\beta^2}\ x',\quad y=y'. \tag{a}$$

式中 $\beta=V/c$. P 点构成在运动方向被压扁了的测量形象（见图 8－20 b）。 设观察者 E 处在垂直于运动的 y 方向上，且很远，我们可以认为由物体上各点射向 E 的光线都平行于 y 轴。 为了光线同时到达 E，以坐标原点 O 为基准，由它以上的点在 x 方向的位置需要有一定的提前量，以下的点则需要有延迟量。于是物体的形象发生剪切，如图 8－20 c所示。 这才是物体的视觉形象。 在 x 方向上的平移量 $\Delta x=Vt$，而 $t=y/c$ 是光线走过距离 y 所需时间。令构成物体视觉形象各点的坐标为（$x^☆$，$y^☆$），它们与（x，y）之间的变换关系为

$$x^☆=x-\Delta x=x-\beta y,\quad y^☆=y. \tag{b}$$

为了物体的视觉形象与原物体作对比，我们需要进一步找到（$x^☆$，$y^☆$）与（x'，y'）的关系，为此如图 8－20 d 所示.将两坐标系的一点叠放在一起，原物上的 P' 点变到了 $P^☆$ 的位置。P' 在以 R 为半径的圆上，由 $P^☆$ 作平行视线的光线，交圆于 Q.在观察者看到的投影形象中似乎 P' 点转了一个角度 $\Delta\theta=\angle P'OQ$. 现在我们来求这个角度。

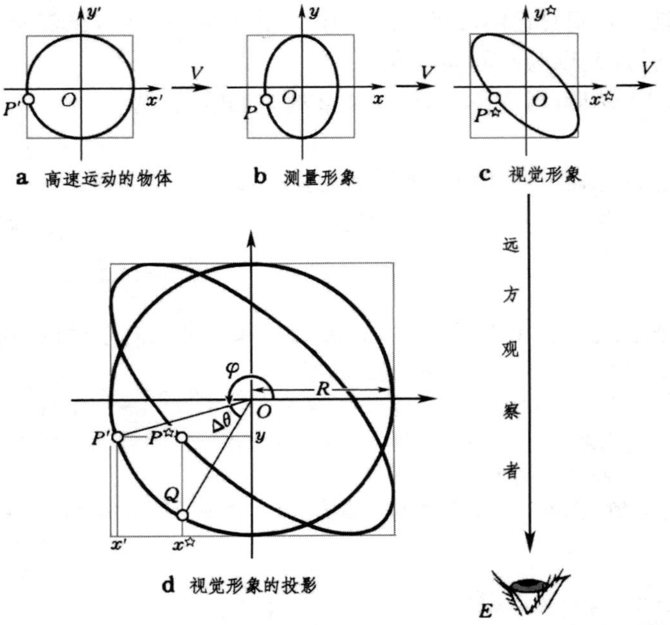

图 8-20 远方观察者看到高速运动物体视觉形象的二维投影相当于转动

在远方的观察者看到的不是物体的三维视觉形象，而是它在垂直于视线方向上的投影。所以沿视线方向的坐标 $y^☆$ 是没有意义的，我们只看 $x^☆$，将（a）式代入（b）式，得

$$x^☆=x-\Delta x=\sqrt{1-\beta^2}x'-\beta y', \tag{8.13}$$

在半径为 R 的圆上用极坐标表示：

$$x'=R\cos\varphi',\quad y'=R\sin\varphi'.$$

❶ J.Terrell，*Phys.Rev.* **116**（1959），1041.

令 $\sin\Delta\theta = \beta$，则 $\cos\Delta\theta = \sqrt{1-\beta^2}$，(8.13) 式化为

$$x^{\star} = R(\cos\Delta\theta\cos\varphi' - \sin\Delta\theta\sin\varphi') = R\cos(\varphi' + \Delta\theta). \tag{8.14}$$

上式表明，在圆上 Q 点的位置相对于 P' 点转过一个角度 $\Delta\theta$，即 $\angle P'OQ = \Delta\theta$. 此结论适用于圆周上的任意点 P'，这意味着，观察者看到的投影形象似乎是原物整体转过一个角度：

$$\Delta\theta = \arcsin\beta, \tag{8.15}$$

这便是 Terrell 在他的文章里首先指出的结论，可称之为“Terrell 转动”。

应当强调一下，实现 Terrell 转动的条件有二：(1) 物体垂直于视线运动；(2) 物体的尺度远小于它到观察者的距离。不满足以上条件，物体的视觉形象不仅有转动，还会有复杂的变形。

如果注意到，物体上每个面元发光限于朝外的 2π 立体角，在 K 系中只有球面上 $y<0$ 的半球面发的光能到达观察者，另半个球面由于不发射向观察者方向的光，在视觉形象中会表现暗影。然而对于光线发光面元所成的角度，应该在 K′ 系中看。用洛伦兹速度变换公式可以证明，在 K 系中沿 $-y$ 方向射向观察者的光，在 K′ 系中也转了一个角度 $\Delta\theta = \arcsin\beta$. 这样一来，发光球面的暗影部分经 Terrell 转动就刚好转到背着观察者的方向，观察者看不到它。

综合以上所述，高速运动球体的视觉形象归纳如图 8 - 21。❶

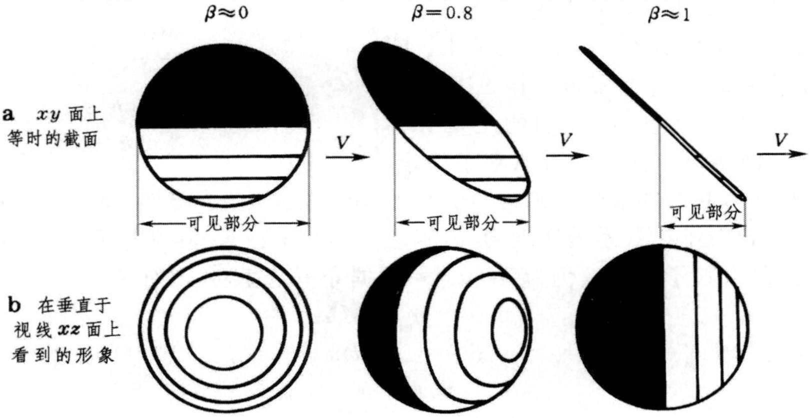

图 8 - 21 高速运动球体的视觉形象

§ 3. 狭义相对论的动力学

在动力学里有一系列物理概念，如能量、动量、角动量和质量等守恒量（在经典物理中质量守恒几乎是不言而喻的，只在化学中它是一条重要定律），以及与守恒量传递相联系的物理量，如力、功等。所有这些量，在相对论中都面临着重新定义的问题。如何定义？爱因斯坦说：“把经典力学改变成既不与相对论矛盾，又不与已经观察到的以及已经由经典力学解释出来的大量资料相矛盾，就很简便了。旧力学只能应用于小的速度，而成为新力学的特殊情况。”❷ 所以我们首先要受到一条对应原则的限制，即当速度 $v \ll c$ 时，新定义的物理量必须趋于经典物理中对应的量。除此之外有一定的选择余地。不过选择得好，我们可以使重要的定律（如守恒定律）得以保持，否则它们将遭到破坏。我们曾不止一次地指出（如第二章 2.4 节讲泡利提出中微子假说以挽救 β 衰变中的总动量守恒，第三章 2.2 节介绍能量概念的发展和延拓），物理学家偏爱守恒的思想，并对某些基本的守恒定律笃信不疑。因此，尽量保持基本守恒定律继续成立，也是

❶ 本书第一版和第二版第一次印刷的各版本中，对暗影问题的论述有误，现改正。

❷ 爱因斯坦，英费尔德. 物理学的进化. 周肇威译. 上海：上海科学技术出版社，1962，124.

定义新物理量的一条重要原则[1]。此外，逻辑上的自洽性当然是必要的。

3.1 动量、质量与速度的关系

在相对论中我们仍定义，一个质点的动量 $\boldsymbol{p}$ 是一个与它的速度 $\boldsymbol{v}$ 同方向的矢量，故仍把它写成

$$\boldsymbol{p} = m\boldsymbol{v}, \tag{8.16}$$

我们把上式中动量与速度的比例系数 m 仍定义为该质点的质量，不过，由于在数量上 $\boldsymbol{p}$ 不一定与 $\boldsymbol{v}$ 有正比关系，我们把对此的偏离都归结到比例系数 m 内，即假设质量 m 是速度的函数。由于空间各向同性，我们认为 m 只依赖于速度的大小 v，而不再与它的方向有关，即

$$m = m(v), \tag{8.17}$$

且当 $v/c \to 0$ 时，$m \to$ 经典力学中的质量 m_0（称为静质量）。

下面考查一个例子 —— 全同粒子的完全非弹性碰撞。如图 8-22 所示，A、B 两个全同粒子正碰后结合成为一个复合粒子。我们从 K、K′ 两个惯性参考系来讨论这个事件：在 K 系中 B 粒子静止，A 粒子的速度为 v，它们的质量分别为 $m_B = m_0$ 和 $m_A = m(v)$；在 K′ 系中 A 粒子静止，B 粒子的速度为 $-v$，它们的质量分别为 $m_A = m_0$ 和 $m_B = m(v)$. 显然，K′ 系相对于 K 系的速度为 v. 设碰撞后复合粒子在 K 系的速度为 u，质量为 $M(u)$；在 K′ 系的速度为 u'，由对称性可以看出，$u' = -u$，故复合粒子的质量仍为 $M(u)$。根据守恒定律，我们有

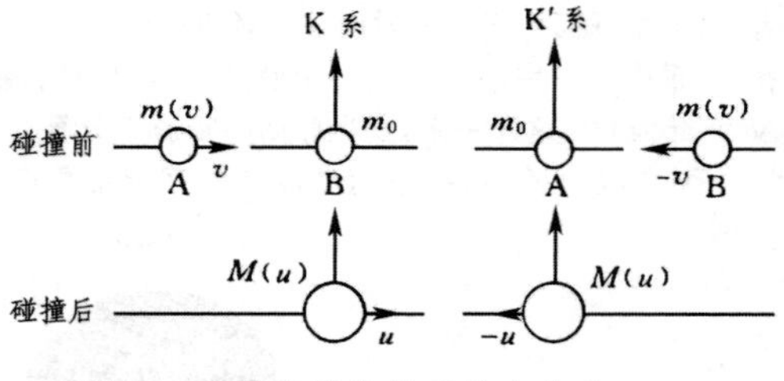

图 8-22 导出质速关系的完全非弹性碰撞的理想实验

质量守恒 $$m(v) + m_0 = M(u), \tag{8.18}$$

动量守恒 $$m(v)v = M(u)u, \tag{8.19}$$

由此得

$$\frac{M(u)}{m(v)} = \frac{m(v)+m_0}{m(v)} = \frac{v}{u}. \tag{8.20}$$

另一方面，根据相对论的速度合成公式(8.11)，我们有

$$u' = -u = \frac{u - v}{1 - uv/c^2},$$

即 $\dfrac{v}{u} - 1 = 1 - \dfrac{u}{v}\dfrac{v^2}{c^2}$，　或　$\left(\dfrac{v}{u}\right)^2 - 2\dfrac{v}{u} + \dfrac{v^2}{c^2} = 0$，

由此解得

$$\frac{v}{u} = 1 \pm \sqrt{1 - v^2/c^2},$$

因 $u < v$，负号应舍。将正号的解代入(8.20)式右端，得

$$m(v) = \frac{m_0}{\sqrt{1 - v^2/c^2}} = \gamma m_0, \tag{8.21}$$

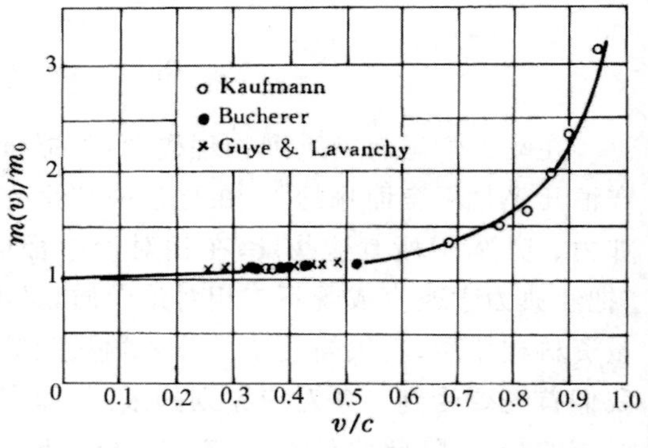

图 8-23 电子质量随速度的变化

这是相对论中非常重要的质速关系，图 8-23 中给出了它的曲线，并附有图上列了名的几位早年作者的实验数据点。根据此式和(8.16)式，我们立即可以写出动量的完整表达式：

---

[1] 这里可能再次给人以印象，似乎守恒定律是人们通过巧妙的定义制造出来的。其实不然，客观上不存在的定律，物理量的定义选择得再好，也制造不出来。客观上存在的规律，如果没有找到适当的物理概念去描述它，只能说人们失之交臂，暂时还对它不认识罢了。

$$\boldsymbol{p}=m(v)\boldsymbol{v}=\frac{m_0\boldsymbol{v}}{\sqrt{1-v^2/c^2}}=\gamma m_0\boldsymbol{v}. \tag{8.22}$$

如图 8-23 所示,在物体的速度不大时,质量和静质量 m_0 差不多,基本上可以看作常量。只有当速率接近光速 c 时,物体的质量 $m(v)$ 才明显地迅速增大。此时相对论效应开始变得重要起来。

由(8.21)式和图 8-23 可见,$\beta=v/c\to1$ 时,质量 $m(v)$ 迅速趋向无穷。这就是说,物体的速度越接近光速,它的质量就越大,因而就越难加速。当物体的速率趋于光速时,质量和动量一起趋于无穷大。所以光速 c 是一切物体速率的上限。如果 v 超过 c,质速公式(8.21)给出虚质量,这在物理上是没有意义的,也是不可能的。

例题 3 施恒力 $\boldsymbol{F}$ 将一个静止质量为 m_0 的粒子从静止状态加速,若 $F/m_0=0.5c/\mathrm{s}$,求 $t=0\mathrm{s}$, $0.1\mathrm{s}$, $0.2\mathrm{s}$, $0.3\mathrm{s}$, $0.4\mathrm{s}$, $0.5\mathrm{s}$, $0.6\mathrm{s}$, $0.7\mathrm{s}$, $0.8\mathrm{s}$, $0.9\mathrm{s}$, $1.0\mathrm{s}$ 时粒子的速度和动能。

解: t 时刻粒子的动量为

$$p=Ft=\frac{m_0v}{\sqrt{1-v^2/c^2}},$$

由此解得

$$\beta=\frac{v}{c}=\frac{Ft/m_0c}{\sqrt{1+(Ft/m_0c)^2}}=\frac{0.5t}{\sqrt{1+(0.5t)^2}},$$

动能为

$$E_{\mathrm{k}}=(\gamma-1)m_0c^2=\left(\frac{1}{\sqrt{1-\beta^2}}-1\right)m_0c^2.$$

将用这些公式计算的结果和相应的经典值列于下表:

t/s		0	0.1	0.2	0.3	0.4	0.5	0.6	0.7	0.8	0.9	1.0
$\frac{v}{c}$	经典	0	0.5	1.0	1.5	2.0	2.5	3.0	3.5	4.0	4.5	5.0
	相对论	0	0.447	0.707	0.832	0.894	0.928	0.949	0.962	0.970	0.976	0.981
$\frac{E_{\mathrm{k}}}{m_0c^2}$	经典	0	0.125	0.5	1.125	2	3.125	4.5	6.125	8	10.125	12.5
	相对论	0	0.118	0.414	0.803	1.232	1.684	2.172	2.662	3.113	3.592	4.154

3.2 力、功和动能

我们在牛顿力学里把力定义为动量的时间变化率,这个定义是可直接推广到相对论中的:

$$\boldsymbol{f}=\frac{\mathrm{d}\boldsymbol{p}}{\mathrm{d}t},\quad 其中\quad \boldsymbol{p}=m(v)\boldsymbol{v}=\frac{m_0\boldsymbol{v}}{\sqrt{1-v^2/c^2}}=\gamma m_0\boldsymbol{v}. \tag{8.23}$$

这是牛顿第二定律在相对论中的推广。

我们假定在相对论中,功能关系仍具有牛顿力学中的形式。物体的动能 E_{k} 等于外力使它由静止状态到运动状态所作的功:

$$\begin{aligned}
E_{\mathrm{k}}&=\int_0^l\boldsymbol{f}\cdot\mathrm{d}\boldsymbol{s}=\int_0^l\frac{\mathrm{d}(m\boldsymbol{v})}{\mathrm{d}t}\cdot\mathrm{d}\boldsymbol{s}=\int_0^l\mathrm{d}(m\boldsymbol{v})\cdot\frac{\mathrm{d}\boldsymbol{s}}{\mathrm{d}t}\\
&=\int_0^v\mathrm{d}(m\boldsymbol{v})\cdot\boldsymbol{v}=\int_0^v\boldsymbol{v}\cdot\mathrm{d}\left(\frac{m_0\boldsymbol{v}}{\sqrt{1-v^2/c^2}}\right)\\
&=\frac{m_0\boldsymbol{v}\cdot\boldsymbol{v}}{\sqrt{1-v^2/c^2}}\Bigg|_0^v-m_0\int_0^v\frac{\boldsymbol{v}\cdot\mathrm{d}\boldsymbol{v}}{\sqrt{1-v^2/c^2}}\quad(分部积分)\\
&=\frac{m_0v^2}{\sqrt{1-v^2/c^2}}+m_0c^2\sqrt{1-v^2/c^2}\Big|_0^v\\
&=\frac{m_0v^2}{\sqrt{1-v^2/c^2}}+m_0c^2\sqrt{1-v^2/c^2}-m_0c^2\\
&=\frac{m_0c^2}{\sqrt{1-v^2/c^2}}-m_0c^2,
\end{aligned}$$

即
$$E_k = (m - m_0)c^2. \tag{8.24}$$
这便是相对论的质点动能公式，它等于因运动而引起质量的增加 $\Delta m = m - m_0$ 乘以光速的平方。在 $v^2/c^2 \ll 1$ 的情况下，将此式作泰勒级数展开：
$$\begin{aligned}E_k &= m_0 c^2[(1 - v^2/c^2)^{-1/2} - 1] \\ &\approx m_0 c^2 \left[\left(1 + \frac{v^2}{2c^2}\right) + O\left(\frac{v^4}{c^4}\right) - 1\right] \\ &= \frac{1}{2} m_0 v^2 \left[1 + O\left(\frac{v^2}{c^2}\right)\right],\end{aligned}$$
忽略高次项，就是我们所熟悉的牛顿力学动能公式。

3.3 质能关系

在能量较高的情况下，微观粒子(如原子核、质子、中子)相互作用时导致分裂、聚合、重新组合等反应过程。以一个不稳定的原子核裂变为例，假定质量为 M 的母核分裂为一系列质量为 m_i(i=1，2，…)的碎片。在母核静止的参考系内看，碎片朝四面八方飞散，各获得一定的速度 $\boldsymbol{v}_i$ 和动能 $E_{ki} = [m_i(v_i) - m_{i0}]c^2$，碎片获得的总动能为
$$E_k = \sum_i E_{ki} = \sum_i m_i(v_i)c^2 - \sum_i m_{i0} c^2.$$
由于反应前后质量守恒：
$$M_0 = \sum_i m_i(v_i),$$
故有
$$E_k = \left(M_0 - \sum_i m_{i0}\right) c^2.$$
上式右端括弧里是反应前母核的静质量 M_0 与反应后产物的总静质量 $\sum_i m_{i0}$ 之差，称之为质量亏损。上式表明，核反应过程中获得的总动能，等于质量亏损乘上光速 c 的平方。

在上述核反应过程中机械能(在这里就是动能)从无到有，是不守恒的。但是人们总希望找到一种表述，让系统的总能量保持守恒。在普通的炮弹爆炸时，我们说，碎片的动能来自炸药的化学能。把化学能计算在内，爆炸前后的总能量是守恒的。在上述核爆炸的过程中，碎片的动能从哪里来？上式表明，它来自质量亏损。质量亏损算什么能量？这是在相对论创立以前人们所不知道的一种能量。为了使上述核反应过程中总能量守恒，我们必须承认，一个物体的静止质量 m_0 乘以光速 c 的平方，也是能量。这种能量叫做物体的静质能。静质能是每个有静质量的物体都有的，哪怕它处于静止状态。对于一个以速率 v 运动的物体，其总能量 E 为动能与静质能之和：
$$E = E_k + m_0 c^2,$$
即
$$E = mc^2 = \frac{m_0 c^2}{\sqrt{1 - v^2/c^2}} = \gamma m_0 c^2. \tag{8.25}$$
这公式叫做质能关系，它把“质量”和“能量”两个概念紧密地联系在一起了。❶

光速 $c = 3\times10^8$ m/s，按质能关系计算，1 kg 的物体包含的静质能有 9×10^{16} J，而 1 kg 汽油的燃烧值为 4.6×10^7 J，这只是其静质能的二十亿分之一(5×10^{-10})。可见，物质所包含的化学能只占静质能的极小一部分，而核能(通常叫做“原子能”)占的比例就大多了。例如铀 235 本身的质量

❶ 质量代表一个物体的惯性，能量是物体运动的量度。饶有兴味的是，在外文里 inertia(惯性)和 energy(能量)二词，作为非专业用语，在日常生活里的含义分别是“萎靡无力”和“精力充沛”。质能关系表明，二者竟是成比例的！这是语义上的反巧合呢，还是蕴含着什么深奥的哲理？

约为 235 u(u 为原子质量单位[1])，而裂变时释放的能量可达 200 MeV，这约相当于 0.2 u 的质量亏损，占它总静质能的 $8.5\times10^{-4}\sim10^{-3}$，比化学能大了六个多数量级。这就是为什么原子能是前所未有的巨大能源。爱因斯坦建立的相对论推出了"$E=mc^2$"这样一个简短的公式，为开创原子能时代提供了理论基础。所以人们常把此式看作是一个具有划时代意义的理论公式，在各种场合印在宣传品上，作为纪念爱因斯坦伟大功绩的标志。

3.4 能量和动量的关系

为了找到能量和动量之间的关系，我们取(8.21)式的平方：

$$m^2=\frac{m_0{}^2}{1-v^2/c^2},$$

乘以 $c^2(c^2-v^2)$，得

$$m^2c^4-m^2v^2c^2=m_0{}^2c^4.$$

上式左端第一项为 E^2，第二项为 p^2c^2，故得

$$E^2=p^2c^2+m_0{}^2c^4,\quad 或\quad E=\sqrt{p^2c^2+m_0{}^2c^4}. \tag{8.26}$$

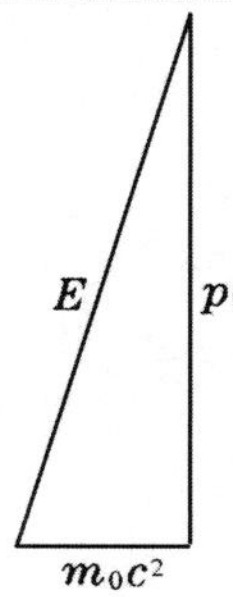

图 8-24 动质能三角形

这便是相对论的能量动量关系。(8.26)式可用如图 8-24 所示的动质能三角形来表示。这是个直角三角形，底边是与参考系无关的静质能 m_0c^2，斜边为总能量 E，它随正比于动量的高 pc 的增大而增大。在 $v\to c$ 的极端情形下，$E\approx pc$(极端相对论情形)。

有些微观粒子，如光子、中微子，是没有静质量的，因而也没有静质能。它们没有静止状态，一出现，速率总是 c. 它们有一定的能量 E，令(8.26)式中的 $m_0=0$，得这类粒子动量的大小与能量的关系式：

$$p=\frac{E}{c}, \tag{8.27}$$

当然我们也可以根据质能关系定义它们的动质量 $m=E/c^2$，但这类粒子的速率 c 是不变的，质量丧失了惯性方面的含义，几乎成了能量的同义语。一个电子和一个正电子遇到一起，可以湮没，变成两个 γ 光子。这是静质能全部转化为动能的例子。

§4. 闵可夫斯基空间　四维矢量与不变量

4.1 时空间隔的不变性

本章开头就指出，我们要自觉地去探索不同参考系中物理量、物理规律之间的变换关系和变换中的不变量。设想有两个事件 P_1 和 P_2，在某惯性系 K 中看，它们发生的时空坐标分别为(x_1,y_1,z_1,t_1)和(x_2,y_2,z_2,t_2)。在经典力学中时空坐标的变换关系是伽利略变换，两事件之间的时间间隔 $\Delta t=t_1-t_2$ 和空间距离 Δl 在变换中分别保持不变。在上节里我们给出相对论时空坐标的变换关系——洛伦兹变换，在此变换中 Δt 和 Δl 都不保持不变(时间延缓和洛伦兹收缩)，那么，什么是变换中的不变量？

---

[1] 1 原子质量单位(符号为 u)是碳 12 同位素原子质量的 1/12，此单位的大小相当于 931.494 32 MeV 的能量。

让我们回到图 8-13，图中每个点(x,ct)称为一个世界点，它代表一个事件。该图显示，在洛伦兹变换中 $x-ct$ 图里的对角线是不变的。对角线的方程是 $x\pm ct=0$，我们定义 $s\equiv\sqrt{(ct)^2-x^2}$ 为事件(x,ct)与原点（即发生在 $x=0$、$t=0$ 的事件）之间的时空间隔（简称间隔）。两条对角线（即光锥）把 x-ct 平面分成上下左右四个区域，在上下两个区域里的点 $s^2=(ct)^2-x^2>0$，左右两个区域里 $s^2=(ct)^2-x^2<0$，对角线上 $s^2=0$. 用洛伦兹变换(8.8)式可

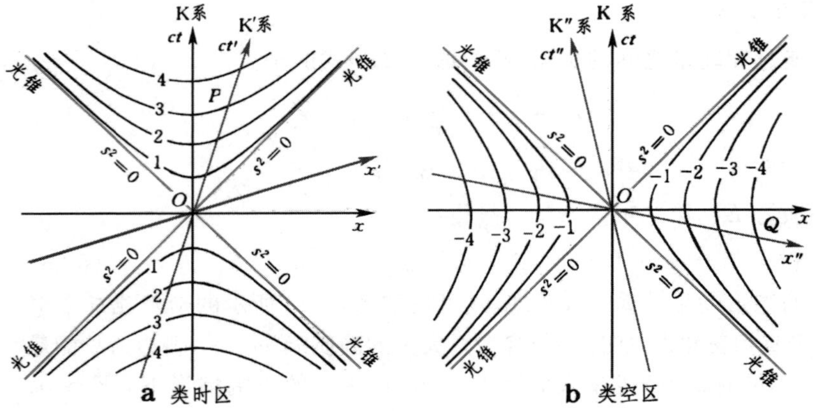

图 8-25 闵可夫斯基空间

以验证，s^2 不仅在对角线上，而且在所有上述区域里都是洛伦兹变换中不变的：

$$\begin{aligned}s'^2&=c^2t'^2-x'^2=c^2\gamma^2(t-\beta x/c)^2-\gamma^2(x-\beta ct)^2\\&=\gamma^2t^2(c^2-\beta^2c^2)+\gamma^2x^2(\beta^2-1)+2\gamma^2tx(-c^2\beta/c+\beta c)\\&=(ct)^2-x^2=s^2.\end{aligned}$$

在洛伦兹变换中世界点沿 $s^2=$常量的曲线上移动，这些曲线是以对角线为渐近线的两个双曲线族（见图8-25）。对角线把平面分成上、下、左、右四个区，当参考系K′相对于参考系K的速度 V 从 c 变到 $-c$ 时，K′系的 ct' 轴扫过上下两区，x' 轴扫过左右两区。所以，对于 $s^2>0$ 的上下两区内的任意一世界点（如图 8-25a 中的 P），总会有某个参考系 K′ 的 ct' 轴通过它，亦即，在此参考系看来这事件与坐标原点所代表的事件先后发生在同一地点；同理，对于 $s^2<0$ 的左右两区内的任意一世界点（如图8-25b 中的 Q），总会有某个参考系 K″ 的 x'' 轴通过它，亦即，在此参考系看来这事件与坐标原点所代表的事件是异地同时的。故而，$s^2>0$ 的时空间隔称为类时的(time-like)，$s^2<0$ 的时空间隔称为类空的(space-like)。如果洛伦兹变换把一个横坐标轴以上的世界点变到下面，或反之把下面的世界点变到上面，这就意味着该事件与原点事件的时序颠倒了。此种情况只会发生在左右的类空区，不会发生在上下的类时区之间。

这里涉及事件之间的因果关系问题。发生在同一地点的两事件之间存在因果关系的必要条件是，“因”必须发生在“果”之前；发生在不同地点的两事件之间存在因果关系的必要条件是，“因”发生后其影响（物质或信息流）必须在“果”之前达到该地。如果在图 8-25 里从坐标原点到某世界点$(x,\ ct)$引一直线，此线的斜率 ct/x 代表一个速度 $v=x/t$，即该事件与原点事件之间可能有物质流或信息联系的最小速度。对于类空事件和类时事件，此速度分别大于和小于光速 c. 如前所述，类时事件的时序是不会颠倒的，从而没有因果倒置的危险。对于类空事

件，只要我们假定，一切物质和信息的速度都不能超过 c，它们之间就不可能有因果联系。这也是相对论的基本假设之一。1.3 节中站台上两人开枪的事件之间具有类空间隔，不存在谁看到谁开枪后才还击的因果关系。

上面讨论了一维空间里世界点与坐标原点之间的时空间隔，三维空间里任意两个世界点 (x_1, y_1, z_1, ct_1)、(x_2, y_2, z_2, ct_2) 之间的时空间隔为

$$\Delta s = \sqrt{(c\Delta t)^2 - (\Delta l)^2}, \tag{8.28}$$

式中 $\Delta t = t_2 - t_1$，$\Delta l = \sqrt{(\Delta x)^2 + (\Delta y)^2 + (\Delta z)^2}$，$\Delta x = x_2 - x_1$，$\Delta y = y_2 - y_1$，$\Delta z = z_2 - z_1$. 上面所有关于类空、类时间隔以及因果关系等议论，对此普遍情况都适用。

4.2 闵可夫斯基空间 四维矢量

我们熟悉，在三维空间里当坐标架转动时，矢量的三个分量将作相应的变换，但某些量（如两矢量的标积，一矢量的模方）是不变的。洛伦兹变换(8.8)式是 (x, y, z, ct) 四个变量的变换，如能把它们看成是某个四维空间中的矢量，将会对变换的运算和寻找变换中的不变性带来很大的方便。这里有个情况与欧几里得空间不同，即时空间隔 Δs 的表达式中各平方项之前的符号有正有负。如果把时间写成虚变量 $w = \mathrm{i}ct$（$\mathrm{i} = \sqrt{-1}$），则时空间隔可以写成

$$-s^2 = x^2 + y^2 + z^2 + w^2 = x^2 + y^2 + z^2 + (\mathrm{i}ct)^2,$$

或

$$s^2 = (ct)^2 - x^2 - y^2 - z^2. \tag{8.29}$$

这种四维空间与普通的欧几里得空间有些不同，称为闵可夫斯基空间或闵可夫斯基世界(Minkowski world)。用 (x, y, z, w) 来改写洛伦兹变换式(8.8)，即为

$$\left.\begin{aligned} x' &= \gamma(x + \mathrm{i}\beta w), \\ y' &= y, \\ z' &= z, \\ w' &= \gamma(w - \mathrm{i}\beta x). \end{aligned}\right\} \tag{8.30}$$

我们定义：如果 $\mathbf{A} = (A_x, A_y, A_z, A_t)$ 与 (x, y, z, w) 一样地服从洛伦兹变换：

$$\left.\begin{aligned} A'_x &= \gamma(A_x + \mathrm{i}\beta A_t), \\ A'_y &= A_y, \\ A'_z &= A_z, \\ A'_t &= \gamma(A_t - \mathrm{i}\beta A_x). \end{aligned}\right\} \tag{8.31}$$

则它是个四维矢量。显然，$\mathbf{A} = (A_x, A_y, A_z, A_t)$ 和 (x, y, z, w) 一样，其模方 $\mathbf{A}^2 = A_x^2 + A_y^2 + A_z^2 + A_t^2$ 是个洛伦兹变换下的不变量。此外，两个四维矢量 $\mathbf{A} = (A_x, A_y, A_z, A_t)$、$\mathbf{B} = (B_x, B_y, B_z, B_t)$ 的标积 $\mathbf{A}\,\mathbf{B} = A_xB_x + A_yB_y + A_zB_z + A_tB_t$ 也是洛伦兹不变量[这一点可用洛伦兹变换式(8.31)直接验算，请读者自行推导]。

4.3 四维速度

在 1.5 节里我们曾定义，相对于物体静止的参考系里的钟所显示的时间间隔为该物体的固有时。设此参考系为 K′，物体在此参考系里的时空坐标为 (x', y', z', t')，则在一短暂时间间隔 $\mathrm{d}t'$ 内的时空间隔为

$$\mathrm{d}s' = \sqrt{c^2(\mathrm{d}t')^2 - (\mathrm{d}l')^2}.$$

由于物体在此参考系内不动，$dl'=0$，故 $ds'=c\,dt'$。因为这里的 dt' 是物体的固有时，从而时空间隔有了另外一个物理意义，即它等于光速乘固有时。因时空间隔是与参考系无关的，我们把“$'$”去掉，就写成 ds，同时用 $d\tau$ 代表固有时，于是有

$$d\tau = ds/c. \tag{8.32}$$

此式与参考系无关，亦即是洛伦兹不变的。

2.2 节给出的相对论速度合成公式(8.10)与时空坐标的洛伦兹变换形式上不一样，看上去比较复杂。可否将通常的三维速度 $\boldsymbol{v}=(v_x,v_y,v_z)$ 写成四维矢量的形式？可以，我们只需定义四维速度 $\mathbf{u}=(u_x,u_y,u_z,u_t)$ 如下：

$$u_x=\frac{dx}{d\tau},\quad u_y=\frac{dy}{d\tau},\quad u_z=\frac{dz}{d\tau},\quad u_t=\frac{dw}{d\tau}. \tag{8.33}$$

因为固有时 $d\tau$ 是洛伦兹不变的，(u_x,u_y,u_z,u_t) 自然和 (dx,dy,dz,dw) 一样，服从洛伦兹变换。亦即根据定义，$\mathbf{u}$ 是一个四维矢量。

现在我们来看看，四维速度 $\mathbf{u}$ 的各个分量与三维速度分量 v_x、v_y、v_z 的关系。对于前三个分量

$$u_x=\frac{dx}{dt}\frac{dt}{d\tau}=\gamma v_x=\frac{v_x}{\sqrt{1-v^2/c^2}},$$

同理

$$u_y=\gamma v_y=\frac{v_y}{\sqrt{1-v^2/c^2}},\qquad u_z=\gamma v_z=\frac{v_z}{\sqrt{1-v^2/c^2}},$$

此处用到了(8.1′)式 $dt=\gamma\,d\tau$. 对于第四个分量

$$u_t=\frac{dw}{dt}\frac{dt}{d\tau}=\mathrm{i}c\gamma=\frac{\mathrm{i}c}{\sqrt{1-v^2/c^2}}.$$

综合以上各式，我们有

$$\mathbf{u}=(u_x,\ u_y,\ u_z,\ u_t)=(\gamma v_x,\ \gamma v_y,\ \gamma v_z,\ \mathrm{i}c\gamma). \tag{8.34}$$

容易验证，四维速度的不变模方为

$$\mathbf{u}^2=u_x^2+u_y^2+u_z^2+u_t^2=-c^2. \tag{8.35}$$

在惯性系 K、K′ 之间四维速度是服从洛伦兹变换(8.31)的：

$$\left.\begin{aligned}
u'_x&=\gamma_V(u_x+\mathrm{i}\beta_V u_t),\\
u'_y&=u_y,\\
u'_z&=u_z,\\
u'_t&=\gamma_V(u_t-\mathrm{i}\beta_V u_x).
\end{aligned}\right\} \tag{8.36}$$

或

$$\left.\begin{aligned}
\gamma' v'_x&=\beta_V(v_x-c\beta_V),\\
\gamma' v'_y&=\gamma v_y,\\
\gamma' v'_z&=\gamma v_z,\\
c\gamma'&=\gamma_V\gamma(c-\beta_V v_x).
\end{aligned}\right\} \tag{8.37}$$

式中

$$\gamma_V=\frac{1}{\sqrt{1-\beta_V^2}},\quad \gamma=\frac{1}{\sqrt{1-\beta^2}},\quad \gamma'=\frac{1}{\sqrt{1-\beta'^2}},$$

$$\beta_V=V/c,\qquad \beta=v/c,\qquad \beta'=v'/c,$$

这里 V 是 K′ 系相对于 K 系的速度。由(8.37)式中的最后一式得

$$\frac{\gamma_V\gamma}{\gamma'}=\frac{1}{1-Vv_x/c^2}, \tag{8.38}$$

代入前三式，得

$$\left.\begin{aligned} v'_x &= \frac{v_x - V}{1 - V v_x/c^2}, \\ v'_y &= \frac{v_y}{\gamma_V(1 - V v_x/c^2)}, \\ v'_z &= \frac{v_z}{\gamma_V(1 - V v_x/c^2)}. \end{aligned}\right\}$$

这正是 2.2 节里推导出的速度合成公式(8.10)。 亦即,四维速度的洛伦兹变换与三维速度的合成公式是等价的。将速度写成四维矢量,作参考系变换时不但形式上简洁,而且统一。这将为我们进行理论推导带来很大方便。

4.4 四维动量

动量的表达式(8.22),即 $\boldsymbol{p} = \gamma m_0 \boldsymbol{v}$ 中的 $\gamma \boldsymbol{v}$ 正是四维速度 $\mathbf{u}$ 的前三个分量,而 m_0 是洛伦兹不变量。 由此我们很容易想到,按下式来定义四维动量是适当的,因为它将自动服从洛伦兹变换:

$$\mathbf{p} = m_0 \mathbf{u}. \tag{8.39}$$

现在我们来看看 $\mathbf{p}$ 的第四个分量 p_t 是什么?

$$p_t = m_0 u_t = \mathrm{i}\gamma m_0 c = \mathrm{i}E/c, \tag{8.40}$$

这里 $E = \gamma m_0 c^2 = mc^2$ 是物体的总能量。 因此我们看到,四维动量是由三维动量 $\boldsymbol{p} = (p_x,\ p_y,\ p_z)$ 和能量 E 组成的四维矢量:

$$\mathbf{p} = (p_x,\ p_y,\ p_z,\ \mathrm{i}E/c) \tag{8.41}$$

而它的不变模方为

$$p_x^2 + p_y^2 + p_z^2 + p_t^2 = p^2 - E^2/c^2 = -m_0^2 c^2, \tag{8.42}$$

即静质能 $m_0 c^2$ 的平方除以 c^2 的负值。

在第六章 §6 中我们看到,声波的多普勒公式的推导比较啰唆,若把光作为波动来推导它的多普勒公式,也不简便。 简便的办法是把它看成相对论性粒子 —— 光子。 光子的静质量等于 0,按光的量子理论,它的能量与光的频率成正比:$E = h\nu$,这里 h 叫做普朗克常量,动量 $p = E/c$. 用光子四维动量的洛伦兹变换可以简便地推导出光的多普勒效应公式来。

声波的多普勒效应既与波源的速度 v_S 有关,又与观察者的速度 v_D 有关。 对于真空中的光,多普勒效应只应与观察者与光源的相对速度 v 有关。设观察者相对于光源的速度为 $-v$,沿 x 方向,以光源为 K 系,观察者为 K′ 系(见图 8-26),四维动量的洛伦兹逆变换给出

$$E = \gamma(E' - \beta c p'_x).$$

令 K′系中光源到观察者联线与 x 轴的夹角为 θ',则 $p'_x = p'\cos\theta' = E'\cos\theta'/c$. 此外 $E = h\nu$,$E' = h\nu'$,上式化为

$$\nu = \gamma\nu'(1 - \beta\cos\theta') = \frac{\nu'(1 - \beta\cos\theta')}{\sqrt{1-\beta^2}},$$

或

$$\frac{\nu'}{\nu} = \frac{\sqrt{1-\beta^2}}{1 - \beta\cos\theta'}. \tag{8.43}$$

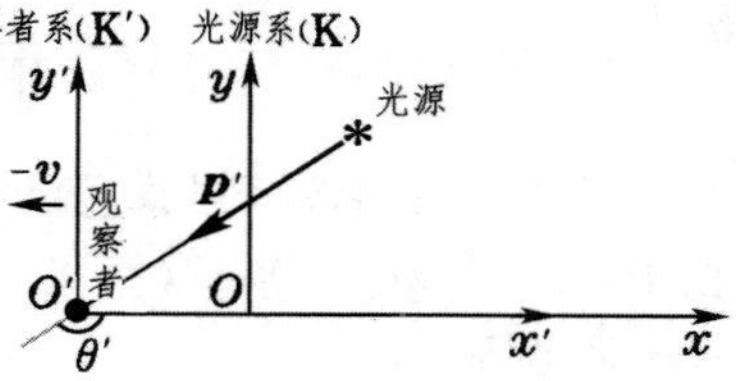

图 8-26 光的多普勒效应

$\theta' = 0$(靠近)和 π(远离)时得光的纵向多普勒效应公式

$$\frac{\nu'}{\nu} = \sqrt{\frac{1 \pm \beta}{1 \mp \beta}} \approx 1 \pm \beta \quad 或 \quad \frac{\Delta\nu}{\nu} = \frac{\nu' - \nu}{\nu} \approx \pm\beta; \tag{8.44}$$

$\theta' = \pi/2$ 时得光的横向多普勒效应公式

$$\frac{\nu'}{\nu} = \sqrt{1-\beta^2} \approx 1 - \frac{1}{2}\beta^2 \quad 或 \quad \frac{\Delta\nu}{\nu} = \frac{\nu' - \nu}{\nu} \approx -\frac{1}{2}\beta^2. \tag{8.45}$$

以上两式最后一步是 $\beta \ll 1$ 时的近似。(8.44)式给出了经典的多普勒红移公式,它是纵向的;

(8.45) 式表明,横向的多普勒红移是 β^2 量级的微弱效应,或者说,经典的横向多普勒红移为 0.

4.5 不变量的应用

在核物理和粒子物理中经常需要在质心系(CM) 和实验室系(L) 之间变来变去,而核反应和粒子反应的最基本规律是动量和能量的守恒定律。所以把守恒定律写成与参考系无关的不变形式是很方便的。设反应式为

$$\mathrm{A}_1+\mathrm{A}_2+\cdots=\mathrm{A}_1'+\mathrm{A}_2'+\cdots,$$

相应的动量、能量守恒定律为

$$\boldsymbol{p}_1+\boldsymbol{p}_2+\cdots=\boldsymbol{p}_1'+\boldsymbol{p}_2'+\cdots,$$

$$E_1+E_2+\cdots=E_1'+E_2'+\cdots,$$

我们可以把它们合并为一个四维矢量式:

$$\mathbf{p}_1+\mathbf{p}_2+\cdots=\mathbf{p}_1'+\mathbf{p}_2'+\cdots. \tag{8.46}$$

且从它导出许多洛伦兹不变式来。例如取两端的模方,即有

$$(\mathbf{p}_1+\mathbf{p}_2+\cdots)^2=(\mathbf{p}_1'+\mathbf{p}_2'+\cdots)^2 \tag{8.47}$$

就是一个很常用的洛伦兹不变式,在下面的讨论中还会用到一些其他的不变式。

(1) 两体反应的阈能

利用加速器使 A_1、A_2 两粒子碰撞,以产生某个或某些静质量为 M_0 的新粒子 A_3:

$$\mathrm{A}_1+\mathrm{A}_2=\mathrm{A}_1+\mathrm{A}_2+\mathrm{A}_3,$$

这是相当典型的一类粒子反应。在所有产物(A_1、A_2、A_3) 都相对静止的情况下所需能量最少,这能量称为反应的阈能(threshold)。此时与产物相对静止的参考系显然是质心系。

过去实现粒子反应的惯用的办法是,将一种粒子(譬如 A_1) 加速到很高的能量去撞击静止的靶粒子 A_2. 为了分析阈能问题,首先根据动量、能量守恒定律写出此反应的洛伦兹不变式:

$$(\mathbf{p}_1+\mathbf{p}_2)^2=(\mathbf{p}_1'+\mathbf{p}_2'+\mathbf{p}_3)^2. \tag{8.48}$$

如前所述,在刚达到阈能条件时,质心系里所有产物都是静止的。运用上式右端于质心系:

$$\begin{aligned}(\mathbf{p}_1'+\mathbf{p}_2'+\mathbf{p}_3)^2&=-(m_{10}+m_{20}+M_0)^2c^2\\&=-[m_{10}^2+m_{20}^2+2m_{10}m_{20}+2(m_{10}+m_{20})M_0+M_0^2]c^2,\end{aligned}$$

式中 m_{10} 和 m_{20} 分别是 A_1 和 A_2 的静质量。运用(8.48) 式左端于实验室系,在其中 $\mathbf{p}_2=0$, $E_2=m_{20}c^2$,于是

$$(\mathbf{p}_1+\mathbf{p}_2)^2=\mathbf{p}_1^2+\mathbf{p}_2^2+2\,\mathbf{p}_1\mathbf{p}_2=-m_{10}^2c^2-m_{20}^2c^2-2m_{20}E_1.$$

这里的 E_1 就是在实验室系加速器所需提供的阈能 $E_{阈}^{\mathrm{L}}$。将左、右端的表达式代入(8.48) 式,可解得

$$E_{阈}^{\mathrm{L}}=E_1=\frac{[2m_{10}m_{20}+2(m_{10}+m_{20})M_0+M_0^2]c^2}{2m_{20}}. \tag{8.49}$$

在第三章 4.3 节里我们已经提到,现代大加速器多采用对撞机的形式。假定 A_1、A_2 是同种粒子, $m_{10}=m_{20}=m_0$, $\mathbf{p}_1+\mathbf{p}_2=0$, $E_1+E_2=2E$, 对撞机所需提供的阈能 $E_{阈}^{\mathrm{CM}}=2E$. 现运用(8.48) 式于质心系:

$$(\mathbf{p}_1+\mathbf{p}_2)^2=-(2E)^2/c^2=-(E_{阈}^{\mathrm{CM}})^2/c^2.$$

在 A_1、A_2 相同的情况下,(8.48) 式右端简化为 $-(2m_0+M_0)^2c^2$,于是有

$$E_{阈}^{\mathrm{CM}}=(2m_0+M_0)c^2. \tag{8.50}$$

在高能情况下可以产生静质量很大的新粒子,这时 $M_0\gg m_0$,(8.49) 式和(8. 50) 式简化为

$$E_{阈}^{\mathrm{L}}\approx\frac{M_0^2c^2}{2m_0},\qquad E_{阈}^{\mathrm{CM}}\approx M_0c^2$$

二者之比为

$$\frac{E^{\mathrm{L}}_{\text{阈}}}{E^{\mathrm{CM}}_{\text{阈}}}=\frac{M_0}{2m_0}\gg 1. \tag{8.51}$$

E^{CM} 就是第三章 4.3 节里所说的资用能，上式表明，加速器的能量越高，不采用对撞机形式，资用能的比例就越小。 以北京正负电子对撞机为例，$E^{\mathrm{CM}}=M_0c^2=2\times2.2\,\mathrm{GeV}=4.4\,\mathrm{GeV}$，静质量 $m_0=0.5\,\mathrm{MeV}/c^2$，$M_0/2m_0=4.4\times10^3$，即如果不用对撞机的形式，加速器的能量需要有 $(4.4)^2\times10^3\,\mathrm{GeV}=1.9\times10^4\,\mathrm{GeV}$，才能得到同样多的资用能。

例题 4 要在质子－质子碰撞中产生 Z^0 粒子(静质量 $M_{\mathrm{Z}}=90\,\mathrm{GeV}/c^2$)，静止靶加速器和对撞机所需阈能各多少？

解：质子的静质量 $m_{\mathrm{p}}=938\,\mathrm{MeV}/c^2\approx1\,\mathrm{GeV}/c^2$，

$$\begin{cases} E^{\mathrm{L}}_{\text{阈}}\approx\dfrac{M_{\mathrm{Z}}^2c^2}{2m_{\mathrm{p}}}=\dfrac{90^2}{2\times1}\mathrm{GeV}\approx4\times10^3\,\mathrm{GeV}, \\ E^{\mathrm{CM}}_{\text{阈}}\approx M_{\mathrm{Z}}c^2=90\,\mathrm{GeV}. \end{cases}$$

相差 40 多倍。▍

例题 5 某直线加速器加速质子，每千米长度使其能量增加 $10^9\,\mathrm{eV}$，用质子束轰击含质子的靶，为了产生质子－反质子对❶：

$$\mathrm{p}+\mathrm{p}=\mathrm{p}+\mathrm{p}+\mathrm{p}+\bar{\mathrm{p}},$$

加速器需要多长？

解：质子的静质量 $m_{\mathrm{p}}=938\,\mathrm{MeV}/c^2\approx1\,\mathrm{GeV}/c^2$，令(8.49)式里的 $M_0=2m_{\mathrm{p}}$(质子－反质子对)，$m_{10}=m_{20}=m_{\mathrm{p}}$，得

$$E^{\mathrm{L}}_{\text{阈}}=7\,m_{\mathrm{p}}c^2,$$

加速之始质子已有静质能 $m_{\mathrm{p}}c^2$，加速器供给能量 $6\,m_{\mathrm{p}}c^2=6\times938\,\mathrm{MeV}\approx5.6\times10^3\,\mathrm{MeV}$，这需要它具有 5.6 km 的长度。▍

例题 6 宇宙间充满了微波背景辐射，这种辐射中的光子(用 γ_{B} 表示)的平均能量为 $10^{-3}\,\mathrm{eV}$. 高能 γ 光子与它们碰撞而产生正负电子对，从而限制了 γ 光子的寿命。能量多高的 γ 光子，寿命受此限制？

解：反应过程为

$$\gamma+\gamma_{\mathrm{B}}\rightarrow \mathrm{e}^++\mathrm{e}^-,$$

由守恒定律导出的洛伦兹不变式为

$$(\mathbf{p}_\gamma+\mathbf{p}_{\mathrm{B}})^2=(\mathbf{p}_{\mathrm{e}^+}+\mathbf{p}_{\mathrm{e}^-})^2,$$

因为我们是在考虑阈值问题，设正负电子在质心系中静止，上式右端

$$(\mathbf{p}_{\mathrm{e}^+}+\mathbf{p}_{\mathrm{e}^-})^2=-(2m_{\mathrm{e}}c)^2=-4m_{\mathrm{e}}{}^2c^2.$$

上式左端

$$(\mathbf{p}_\gamma+\mathbf{p}_{\mathrm{B}})^2=\mathbf{p}_\gamma{}^2+\mathbf{p}_{\mathrm{B}}{}^2+2\,\mathbf{p}_\gamma\mathbf{p}_{\mathrm{B}}=0+0+2\,\mathbf{p}_\gamma\cdot\mathbf{p}_{\mathrm{B}}-2\,E_\gamma E_{\mathrm{B}}/c^2,$$

对于产生电子对最有利的情况是两光子正碰，即 $\mathbf{p}_\gamma\cdot\mathbf{p}_{\mathrm{B}}=-p_\gamma p_{\mathrm{B}}=-E_\gamma E_{\mathrm{B}}/c^2$，于是左端$=-4\,E_\gamma E_{\mathrm{B}}/c^2$. 将等式两端联系起来，得

$$E_\gamma=\frac{m_{\mathrm{e}}{}^2c^4}{E_{\mathrm{B}}}=\frac{(0.5\times10^6)^2}{10^{-3}}\mathrm{eV}=2.5\times10^{14}\,\mathrm{eV},$$

这能量比当前运行的最大加速器的能量还要大 10^2 倍！▍

(2) 粒子的衰变

一个粒子 A 衰变为两个粒子，即

$$\mathrm{A}\rightarrow \mathrm{A}_1+\mathrm{A}_2$$

是最简单，也是最常见的衰变。下面我们试用洛伦兹不变式来推导衰变物的能量。 动量、能量守恒定律 $\mathbf{p}=\mathbf{p}_1+\mathbf{p}_2$ 可改写成

$$\mathbf{p}-\mathbf{p}_1=\mathbf{p}_2.$$

取不变模方

$$(\mathbf{p}-\mathbf{p}_1)^2=\mathbf{p}_2^2,\quad 或\quad \mathbf{p}^2+\mathbf{p}_1^2-2\,\mathbf{p}\mathbf{p}_1=\mathbf{p}_2^2,$$

---

❶ 反质子 $\bar{\mathrm{p}}$ 与质子 p 质量相同，电荷相反。

或 $$-m_0^2c^2-m_{10}^2c^2-2\mathbf{p}\mathbf{p}_1=-m_{20}^2c^2$$
在质心系中 $\boldsymbol{p}=0$，$E=m_0c^2$，$\mathbf{p}\mathbf{p}_1=-m_0E_1$，于是有
$$E_1=\frac{m_0^2+m_{10}^2-m_{20}^2}{2m_0}c^2. \tag{8.52}$$
由粒子 1、2 的对称性可得
$$E_2=\frac{m_0^2+m_{20}^2-m_{10}^2}{2m_0}c^2. \tag{8.53}$$

例题 7 大统一理论预言，质子不是真正稳定的粒子，它可能进行如下的衰变：[1]
$$\mathrm{p}\to\pi^0+\mathrm{e}^+,$$
中性 π^0 介子立即（在 10^{-16}s 内）衰变为两个 γ 光子：
$$\pi^0\to\gamma+\gamma.$$
试计算从静止质子 p 衰变产生最大和最小的光子能量。已知 π^0 介子的静质量为 $m_\pi=135\,\mathrm{MeV}/c^2$，质子 p 和正电子 e^+ 的静质量分别为 $m_\mathrm{p}=938\,\mathrm{MeV}/c^2$，$m_\mathrm{e}=0.5\,\mathrm{MeV}/c^2$.

解： 首先用(8.52)式计算 π^0 介子的能量：
$$E_\pi=\frac{m_\mathrm{p}^2+m_\pi^2-m_\mathrm{e}^2}{2m_\mathrm{p}}c^2=\frac{938^2+135^2-0.5^2}{2\times938}\mathrm{MeV}=479\,\mathrm{MeV}.$$
从而 $\gamma_\pi=1/\sqrt{1-\beta_\pi{}^2}=E_\pi/m_\pi c^2=479/135=3.548$，$\beta_\pi=\sqrt{1-(1/\gamma_\pi)^2}=0.9595$.

在 π^0 介子的参考系中两光子对称地朝相反的方向传播，它们的能量 E_γ 相等，故 $m_\pi c^2=2E_\gamma$. 在实验室系（质子静止系）里与 π^0 介子运动方向相同的 γ 光子能量最大，相反的能量最小。注意到光子没有静质量，动量与能量的关系为 $p_\gamma=E_\gamma/c$，作洛伦兹变换，变到实验室系，最大和最小光子能量为
$$E'_\gamma=\gamma_\pi(E_\gamma\pm\beta_\pi\,p_\gamma\,c)=\gamma_\pi E_\gamma(1\pm\beta_\pi)=\frac{\gamma_\pi m_\pi}{2}c^2(1\pm\beta_\pi)=\begin{cases}469.3\,\mathrm{MeV} & 最大，\\ 9.7\,\mathrm{MeV} & 最小。\end{cases}$$ ▌

4.6 角分布的变换

在粒子反应过程中，末态粒子运动方向的角分布是实验里一个重要的观测量。如果没有自旋极化，在质心系内个别末态粒子运动方向的角分布总是各向同性的。变换到实验室系会成为怎样的分布？这是人们关心的问题。以粒子动量的三个分量 p_x、p_y、p_z 为直角坐标系架起来的空间，称为“动量空间”。从它的原点作每个粒子的动量矢量 $\boldsymbol{p}$，以其端点作为该粒子在动量间里的代表点。把粒子反应中产生的所有某种粒子的代表点都标出来，它们在动量空间里形成一定的分布，称为该种粒子的动量谱。首先我们看单一能量的动量谱（所谓“单色谱”），即只看在质心系中能量相等（或者说动量的大小 $p=$

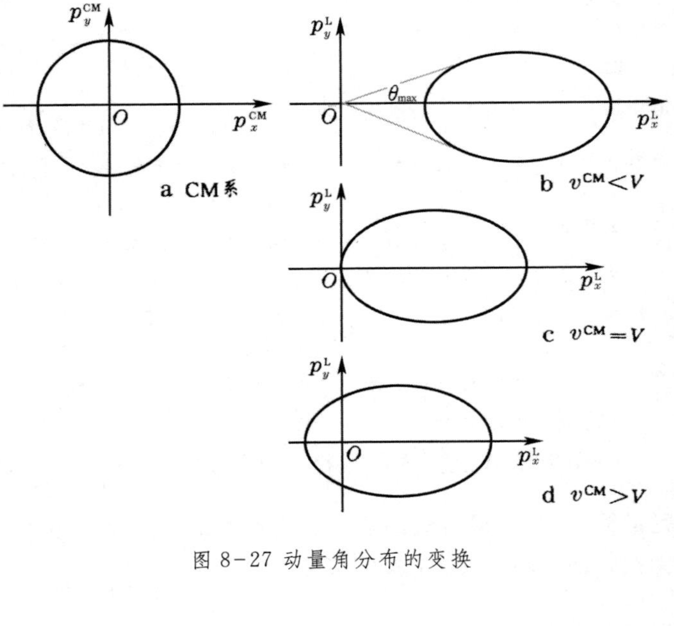

图 8-27 动量角分布的变换

[1] 大统一理论预言，质子衰变的半衰期为 $10^{28}\sim2.5\times10^{31}$ 年，1983 年美国 IMB 公司的一个协作组所做的实验否定了这个结论。质子是否会在更长的时间内衰变，一时尚难有定论。详见 J.M.Losecco，F.Reines and D. Sinclair，*Sci.Am.* **252**(1985)，54.

$|\boldsymbol{p}|$ 相等）的粒子的动量的角分布。在质心系里，由于分布的各向同性，粒子的代表点在动量空间均匀地分布在一个半径为 p 的球壳上（见图 8-27a）。设实验室系 L 相对于质心系 CM 的速度为 V（沿 x 方向），作洛伦兹变换：

$$\left.\begin{aligned} p_x^{\mathrm{L}} &= \gamma(p_x^{\mathrm{CM}} - \beta E^{\mathrm{CM}}/c), \\ p_y^{\mathrm{L}} &= p_y^{\mathrm{CM}}, \\ p_z^{\mathrm{L}} &= p_z^{\mathrm{CM}}, \\ E^{\mathrm{L}} &= \gamma(E^{\mathrm{CM}} - \beta p_x^{\mathrm{CM}} c). \end{aligned}\right\} \tag{8.54}$$

式中 $\beta = V/c$，$\gamma = \sqrt{1-\beta^2}$。由此不难看出，在实验室系里球壳沿 x 方向拉长成旋转椭球壳（见图 8-27b，c，d），其中心平移到 x 轴 $p_x^{\mathrm{L}} = \gamma\beta E^{\mathrm{CM}}/c = \gamma m V$ 的地方，半长轴等于 $\gamma p = \gamma m v^{\mathrm{CM}}$，半短轴没变，仍等于 $p = m v^{\mathrm{CM}}$，这里 v^{CM} 是该种粒子在 CM 系里的各向同性速率，$m = m(v^{\mathrm{CM}})$ 是在 CM 系中的质量。按照 v^{CM} 小于、大于、等于 V 应分别三种情形：

（1）$v^{\mathrm{CM}} < V$ 的情形（图 8-27b）

原点在椭球之外。从原点 O 作椭圆的切线，此线与 x 轴的夹角 $\theta_{\max}$ 是上限，全部粒子都集中在以 $\theta_{\max}$ 为半顶角的圆锥形立体角内向前运动。在此锥角内每一方向对应质心系内两个方向，它们变换到实验室系里具有大小不同的两个动量。

（2）$v^{\mathrm{CM}} > V$ 的情形（图 8-27d）

椭球把原点包含在内，在实验室系里除了向前的粒子外，还有少量向后的粒子。在两个参考系中粒子的运动方向是一一对应的。

（3）$v^{\mathrm{CM}} = V$ 的情形（图 8-27c）

椭球在原点与 yz 平面相切，$\theta_{\max} = \pi/2$，所有粒子都在朝前方的 2π 立体角内运动。这是（1）、（2）两情况之间的临界状态。

一个令人感兴趣的特例是，衰变出来的粒子中有光子。由于光子的速率总是 c，无论在实验室系看原来

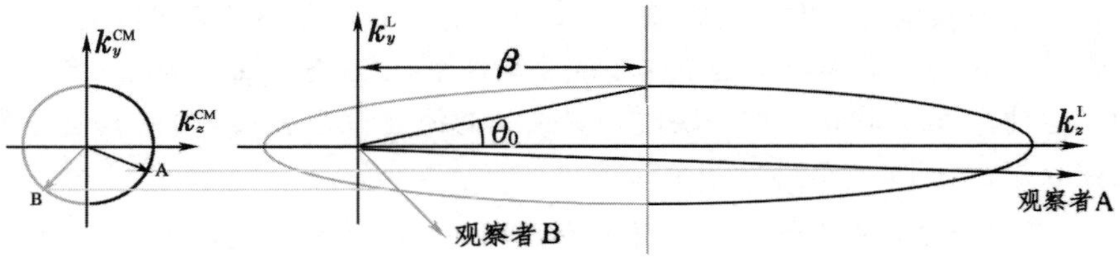

图 8-28 光子角分布的变换

衰变粒子的速率 V 有多大，都属于上面（2）的情形。我们把质心系里的球壳分成左右两半，分别用黑色线和灰色线来标示（见图 8-28）。变换到实验室系，对应着椭球由赤道分割的左右两半，从右半球面发出的那一半光通量集中在椭球赤道面对原点所张的立体角内。随着速率 V 的增大，椭球拉得越来越长，这立体角越来越窄。我们可以按图 8-28 作个估算，当 $\beta \to 1$ 时，此立体角的半顶角 $\theta_0 \approx \dfrac{p}{\gamma\beta E/c} = \dfrac{1}{\gamma\beta} \approx \dfrac{1}{\gamma} = \sqrt{1-\beta^2} \to 0$. 光束就像从探照灯发出似的，具有高度定向性。

我们还可以把上面的推论和高速物体的视觉形象问题联系起来。从图 8-28 可以看出，在物体的右前方，只有倾斜角很小的观察者 A 才看到物体的右半个球面，倾斜角稍微大一点的观察者 B 看到的就是物体的左半个球面。这结论与 2.3 节的结论是一致的。❶

---

❶ 如果我们再和量子理论联系起来，光子的能量正比于频率：$E = h\nu$，即光子能量的不同意味着颜色的不同。从图 8-28 还可看出，高速物体发射的光从前到后能量急剧减小。当物体从观察者旁边飞驰而过时，如果他起初"看到"迎面而来的是紫外光形象，而后会变成紫色，而后又由紫变红，最后以红外光的形象离去。这正是光的多普勒效应随观察角度的变化。

现在考虑“非单色能谱”，即在质心系内粒子的能量不是单一的情况。如图 8-29a 所示，我们设粒子数按能量（或者说按动量的大小 p）的分布有两个峰值（动量空间图里的黑色线），在其间有个谷（动量空间图里的灰色线）。变换到实验室系（见图 8-29b），能量大的峰值属于上面(2)的情况，运动方向一一对应，仍旧是一个峰；能量小的峰值属于上面(1)的情况，一个峰分裂成两个峰。对以上例子的说明是定性的，我们只希望借此给读者一些直观的感觉。分布函数的变换，推导起来比较烦琐，这里就不给出了。

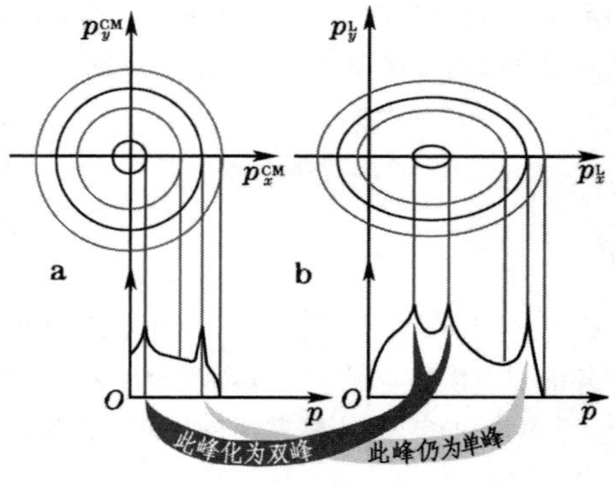

图 8-29 非单色能谱的变换

§5. 广义相对论简介

5.1 广义相对性原理与时空弯曲

我们在 1.2 节引述了爱因斯坦的相对性原理，即认为所有惯性系都是平权的。若进一步追究，惯性系和非惯性系是否平权？这正是当年马赫提出的问题（见第二章 4.5 节）。不解决这个问题，就不能摆脱牛顿的“绝对时空”。所以爱因斯坦称 1.2 节所引述的相对性原理为狭义相对性原理，并把它推广到一切惯性的和非惯性的参考系：

所有参考系都是平权的，物理定律必须具有适用于任何参考系的性质。

这原理称为广义相对性原理。

要把相对性原理和相对论推广到非惯性系，我们先来看看非惯性系里的时空有什么特点。

相对于惯性系 K 转动的参考系是个典型的非惯性系。围绕转轴以半径 r 作一圆，圆周上每一点都沿切线运动。如果在每点取一瞬时与之共动的惯性参考系 K′，则在 K 系中看，该处的弧长发生洛伦兹收缩：
$$\widehat{\mathrm{d}s}=\sqrt{1-\beta^2}\ \widehat{\mathrm{d}s'},\quad \beta=r\omega/c$$
ω 为角速度，但与运动方向垂直的半径长度不变，即 $r'=r$. 为求圆周周长，积分上式，得
$$s=\oint\widehat{\mathrm{d}s}=\oint\sqrt{1-\beta^2}\ \widehat{\mathrm{d}s'}=\sqrt{1-\beta^2}\,s'.$$
即
$$s'=s/\sqrt{1-\beta^2}>s.$$
在 K 系（惯性系）中 $s=2\pi r$，因而在转动的非惯性系 K′ 中出现 $s'>2\pi r'$ 的结果。这意味着什么？

$s=2\pi r$ 是欧几里得平面几何学里的公式，在欧几里得平面几何中还有许多我们很熟悉的公理或定理，如两条平行线永不相交、三角形内角和等于 180°，等等。我们生活在地球的表面，在大范围内，欧几里得平面几何学就不适用了。例如，在局部看来是平行的两根南北方向的子午线，到了北极就会相交；三角形的内角和是大于 180° 的；北极圈的周长小于半径 2π 倍，等等。（不熟悉球面几何的读者，可以找一个地球仪来观察一下，就会明白。）所以，上面揭示的非惯性系的性质，正是时空弯曲的表现。1919 年爱因斯坦 9 岁的儿子爱德华问他：“爸爸，你到底为什么这样出名？”爱因斯坦笑了起来，然后严肃地解释说：“你看见没有，当瞎眼的甲虫沿着球面爬行的时候，它没发现它爬过的路径是弯的，而我有幸地发现了这一点。”（图 8-30）

通常我们能够在三维空间里研究一个二维的曲面（例如球面），且一般说来，n 维的弯曲空间都可以嵌入到一个不大于 $2n+1$ 维的欧几里得平直空间里，即可用不多于 $2n+1$ 个笛卡儿坐标

来描述,但其中只有 n 个是独立的。例如一维的空间曲线就要用3个笛卡儿坐标来描述,当然其中只有1个是独立的。但能否不借助高一维的空间去研究三维空间是否弯曲？这是可以的。譬如我们可以在空间三点之间用激光束来检验,三角形的内角和是否等于180°. 但是要知道,在广义相对论里所谓的"时空弯曲",把时间包含在内,是四维的。这比想象我们生活在其中的三维空间弯曲还要抽象。严格地讨论,不得不借助于高深的数学——微分几何。这显然不符合本课的性质。下面我们不求严格,用尽可能浅显的道理,把广义相对论的基本思想和重要结论勾画出来。

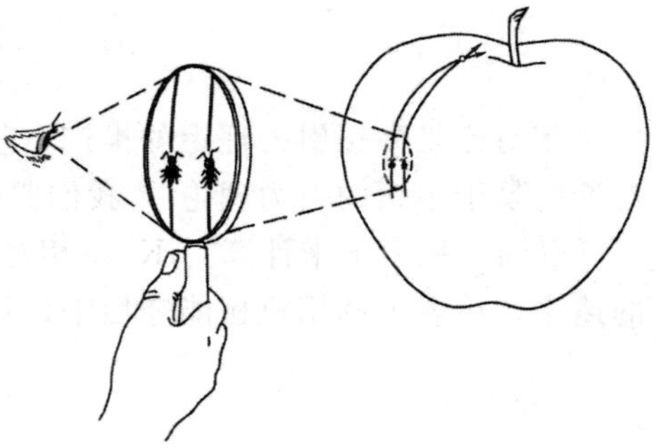

图 8-30 在苹果表面沿"平行线"爬行的蚂蚁,最终会相遇

5.2 等效原理和广义相对论的可观测效应

爱因斯坦建立广义相对论时唯一的实验依据是 $m_{惯} = m_{引}$. 这样一来,引力场就和加速度的效应等价。在一个在引力场中自由降落的参考系内,物体完全失重,此参考系和一个没有引力场、没有加速度的惯性系等效,任何物理实验都无法把二者区分开来。这种等效只能是局部的,在较大的范围内,由于引力场不均匀,就会有引潮力出现。以上便是我们在前些章多次提到的等效原理。等效原理可以分强、弱两个层次。弱等效原理简单说来就是：$m_{惯} = m_{引}$ 以及由此而推出来的加速度与引力场等效的原理。强等效原理宣称：在每一事件(时空点)及其邻域里存在一个局域惯性系,即与在引力场中自由降落的粒子共动的参考系。在此局域惯性系内,一切物理定律服从狭义相对论的原理(如光速不变性、时间延缓、洛伦兹收缩等)。下面我们根据等效原理推论出引力场中的一些特殊效应。

考虑一个在星球引力场中自由降落的宇宙飞船。设想它从很远的地方 O'(在那里星球引力几乎不存在)开始自由降落(见图 8-31a)。经一定时间它到达距球心为 r 的地方 P'(见图8-31b)。此飞船是个局部惯性系,称为K系。对于星球的参考系,可以有两种彼此等效的看法：① 星球参考系是个相对于惯性系K向上作加速运动的非惯性系K′,所谓"引力"不过是其中惯性力的表现而已；② 星球参考系是个有引力场的静止参考系。我们先采用观点 ①。

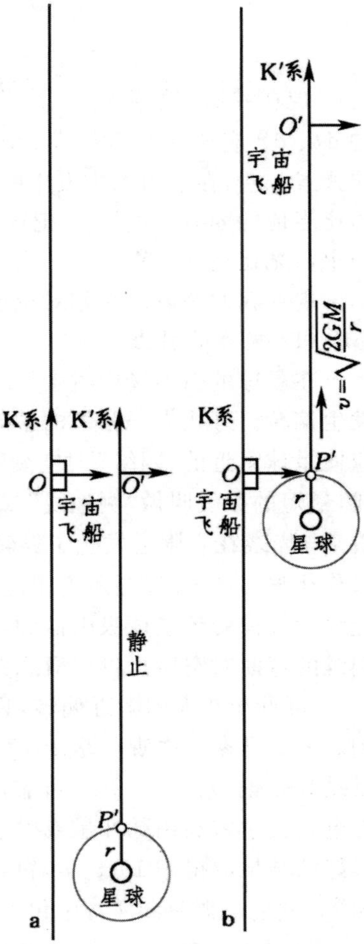

图 8-31 等效原理与引力的时空效应

当星球离宇宙飞船很远时,它对惯性系K没有相对运动,二者的时、空间隔是一样的。当它加速地到达宇宙飞船附近时,它已具有相对速度 v,从而自K系观测,K′系中发生了时间延缓和洛伦兹收缩：

$$dt=\frac{dt'}{\sqrt{1-v^2/c^2}},\quad dr=\sqrt{1-v^2/c^2}\ dr'. \tag{8.55}$$

广义相对论是牛顿引力理论的推广，它认为后者只在弱引力场中成立，且在这种条件下广义相对论应趋于牛顿的引力理论。我们假定宇宙飞船行经的区域不超出弱引力场的范围，上式里的 v 可以用牛顿力学来计算。K′系相对于K系的速率也就是宇宙飞船从无穷远自由降落所获得的速率。后者可利用机械能守恒来计算：

$$\frac{1}{2}mv^2=\frac{GmM}{r},$$

式中 m 和 M 分别是宇宙飞船和星球的质量，右端的引力势能是以无穷远为零点的。由此得 $v^2/c^2=2GM/c^2r$，代入(8.55)式得

$$dt=\frac{dt'}{\sqrt{1-\frac{2GM}{c^2r}}},\quad dr=\sqrt{1-\frac{2GM}{c^2r}}\ dr'. \tag{8.56}$$

现在我们切换到观点②，即认为K′系是个有引力场的静止系。按照等效原理，(8.56)式中的 dt、dr 应理解为无穷远无引力地方的时空间隔，而 dt'、dr' 是引力场中的固有时空间隔。该式意味着，在引力场中发生的物理过程，在远处观察，其时间节奏比当地的固有时慢，其空间距离比当地的固有长度短。把这两个效应综合起来，我们就会得到这样的结论：从远处观测，引力场中的光速变慢。❶

现在我们来看广义相对论预言的几个可观测效应和对这些效应的实际验证。

(1) 光线的引力偏转

在星球的引力场中时缓尺缩和光速减小的第一个推论，就是光线在经过星球表面附近时会发生偏转。好比当一张纸的某处被打湿后，由于局部发生膨胀和收缩，它就要变皱，时缓尺缩效应使星球附近的"四维"时空变弯。在平直的时空里最短的路线是直线，在弯曲的时空里没有直线，最短的路线叫做"测地线"或"短程线"，光线将按短程线行进。从远处(那里时空是平直的)看来，光线在它附近发生了偏转。为了对此建立一个较为形象的物理图像，我们用二维的曲面来作比喻。图8-32显示有了星球后空间像弹性膜那样中央凹陷下去的情况，原来沿直线行进的光线就好像受到星球吸引似的，向星球方向偏折了。我们必须声明，以上比喻用二维曲面代替四维的弯曲时空所提供的概念并不很准确，不宜看待得过于认真。

可见光在太阳附近偏转，只能在日全食时观察到。天文学家首次观测是1919年在巴西进行的，测量结果是偏转1.5″～2.0″可靠得多的数据是近年来射电天文学家利用脉冲星或射电源的测量提供的。最好的结果取得于1975年对射电源0116+08的观测❷。此射电源每年4月中旬被太阳遮掩，射电天文学家利用这一有利情况，观测到的无线电波偏转角

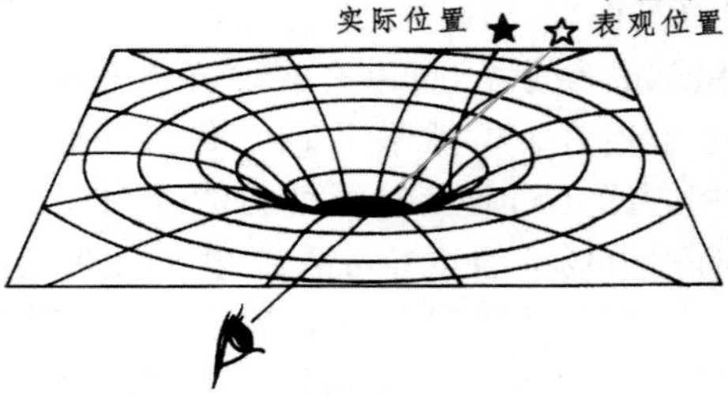

图8-32 光的引力偏转

❶ 这并不违反光速不变原理，因为光速不变原理只适用于惯性系。

❷ E.B.Fomalont and R.A.Sramek, *Phys.Rev.Lett.*, **36**(1976), 1475

是 1.761″ ± 0.016″，这和广义相对论的理论计算值 1.75″ 符合得相当好。

光线在引力场中弯曲的一个必然推论是引力透镜成像问题。早在 1920 年爱丁顿就提出引力场会聚成像可作为广义相对论的一种检验；1936 年爱因斯坦提出，引力透镜是散焦的，一般成双像；后来还有多人对这个问题作了进一步的讨论。但由于一直没有观测结果的支持，引力透镜的思想长期受到冷落。具有决定性意义的事件是 1979 年瓦尔什（D.Walsh）等人宣布发现一对孪生类星体 QSOs0957+561A、B，它们之间的角距离只有 5.7″，发射光谱和吸收光谱在很宽的波段内都一样，红移量也都约为 1.4. ❶ 后经各方认证，多数天体物理学家认为这是引力透镜成双像的一个事例。自此以后又陆续发现其他一些多重像的例子。

（2）雷达回波延迟

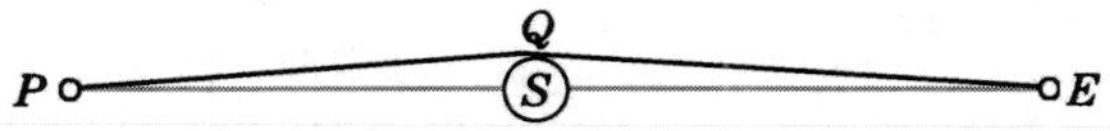

图 8-33 雷达回波延迟

引力场中时缓尺缩、光速减小的另一个可观测效应是雷达回波延迟。如图 8-33，当地球 E、太阳 S 和某行星 P 几乎排在一条直线上的时候，从 E 掠过 S 表面 Q 点向 P 发射一束电磁波（雷达），然后经原路径反射回来。令 $\overline{EQ}=a$，$\overline{QP}=b$，按照牛顿理论，雷达信号往返所需时间 $t=2(a+b)/c$，广义相对论理论预言，雷达回波将延迟一定时间 Δt. 对于金星，理论计算的结果是 $\Delta t=2.05\times10^{-4}$s. 1971 年夏皮罗（I.Shapiro）等人的测量结果对此的偏离不到 2%.❷这个测量是相当困难的，要达到 10^{-4} s 的精度，就要求距离的精度达到几千米。金星表面山峦起伏，相差也达到了这个数量级。能做到以上的精确程度，应当说，理论与实测符合得相当不错了。以后，利用固定在火星和水手号、海盗号等人造天体上的应答器来代替反射的主动型实验，得到了更好的结果。

（3）引力红移

每种物质的谱线用固有时来衡量是确定的，从星球表面 $r=R$ 处的物质发出固有周期 $T_0=T'$ 的光，我们从远处看，它的周期 T 变长，二者之间服从(8.56) 式，而频率 ν、ν_0 与之成倒数关系：

$$T=\frac{T_0}{\sqrt{1-\frac{2GM}{c^2R}}},\qquad \nu=\sqrt{-\frac{2GM}{c^2R}}\,\nu_0. \tag{8.57}$$

这便是引力产生的“红移”效应。红移 z 定义为

$$z\equiv\frac{\lambda_a-\lambda_e}{\lambda_e}=\frac{\nu_e-\nu_a}{\nu_a},$$

式中下标 a 表示接收的结果，e 表示发射的情形。因此在无穷远（引力场可以忽略）处接收到离星球 R 处发来的光波红移为

$$z=\frac{\Delta\nu}{\nu}=\frac{\nu_0-\nu}{\nu}=\frac{1}{\sqrt{1-\frac{2GM}{c^2R}}}-1=\left(1-\frac{2GM}{c^2R}\right)^{-1/2}-1\approx\frac{GM}{c^2R}, \tag{8.58}$$

对于太阳，$M_\odot=1.99\times10^{30}$ kg，$R_\odot=6.96\times10^5$ km，由此算得

$$z_\odot=\frac{\Delta\nu}{\nu}=2.12\times10^{-6},$$

---

❶ D.Walsh *et al.*, *Nature*, **279**(1979), 381.

❷ I.I.Shapiro, *et al.*, *Phys.Rev.Lett.*, **26**(1971), 1132.

可见，引力红移效应是非常小的，很容易为其他因素（如热运动）所淹没，测量起来很难。白矮星的质量大，半径小，引力红移效应较强，但天文学对它们质量 M 和半径 R 的数据掌握得不怎么确切，因而难作理论计算。由于存在这些困难，直到 60 年代才得到比较确定的结果。1961 年观测了太阳光谱中的钠 5896 Å 谱线的引力红移，结果是与理论偏离小于 5%❶；1971 年观测了太阳光谱中的钾 7699 Å 谱线的引力红移，结果是与理论偏离小于 6%❷；1971 年对天狼星伴星（白矮星）的测量得到的结果 $z=(30\pm5)\times10^{-5}$，偏离小于 7%❸。

地面上的引力红移效应更为微弱。若比较高度差为 h 的两点频率的变化，可算得光波的红移为

$$\begin{aligned} z &= \frac{\Delta\nu}{\nu} \approx \frac{1}{\nu}\left(\frac{\mathrm{d}\nu}{\mathrm{d}R}\right)_{R=R_\oplus}\cdot\Delta R \\ &= \left(1-\frac{2GM_\oplus}{c^2R_\oplus}\right)^{-1/2}\cdot\frac{\mathrm{d}}{\mathrm{d}R}\left(1-\frac{2GM_\oplus}{c^2R}\right)^{1/2}\Bigg|_{R=R_\oplus}\cdot(-h) \\ &= \left(1-\frac{2GM_\oplus}{c^2R_\oplus}\right)^{-1}\cdot\left(\frac{GM_\oplus}{c^2R_\oplus}\right)\cdot(-h)\approx-\frac{gh}{c^2}, \end{aligned}$$

式中 $g=GM_\oplus/R_\oplus{}^2$ 为地面上的重力加速度，ΔR 取 $-h$ 表明接收器在光源之下。对于几十米的高度差 h，z 只有 10^{-15} 的数量级，为了测出这样精细的效应，谱线本身的自然宽度、发光原子的热运动和反冲所引起的多普勒频移都得比此效应更小才行。1958 年发现的穆斯堡尔效应提供了消除发光原子反冲的有效方法，导致次年庞德等人完成了第一个地面上的引力红移实验❹。他们把 ^{57}Co 放射性衰变发出 14.4 keV 的 γ 射线从 $h=22.6$ m 的哈佛塔顶射向塔底，在塔底测量频率的增加（确切地说，他们做的是“引力蓝移”实验）。在实验中算得 $z=-2.46\times10^{-15}$，测得的结果是 $z=-(2.57\pm0.26)\times10^{-15}$，二者符合得相当好。

（4）水星近日点的进动

开普勒定律声称，行星的轨道是以太阳为焦点的椭圆。按牛顿力学推算，严格的平方反比律导致严格的椭圆，这是一个闭合的曲线，行星沿着它作严格的周期运动。实际的天文观测告诉我们，行星的轨道并不是严格闭合的，它们的近日点或远日点有进动（见图 8-34）。牛顿力学对此可以作出解释，例如预言水星近日点应有每世纪 5557.62″ 的进动，其中 90% 是由坐标系的岁差引起的，其余部分来自其他行星（主要是金星、地球和木星）的摄动。但是水星进动的实际观测值是每世纪 5600.73″，与理论计算值相比多了 43.11″ 自 20 世纪以来这问题就引起天文学家的注意，但得不到令人满意的解释。1915 年爱因斯坦创立了广义相对论，此理论成功地预言了，水星近日点的进动还应有每世纪 43.03″ 附加值，这是时空弯曲对平方反比律的修正引起的。由于此数值与观测结果十分接近，被看作广义相对论初期重大验证之一。❺

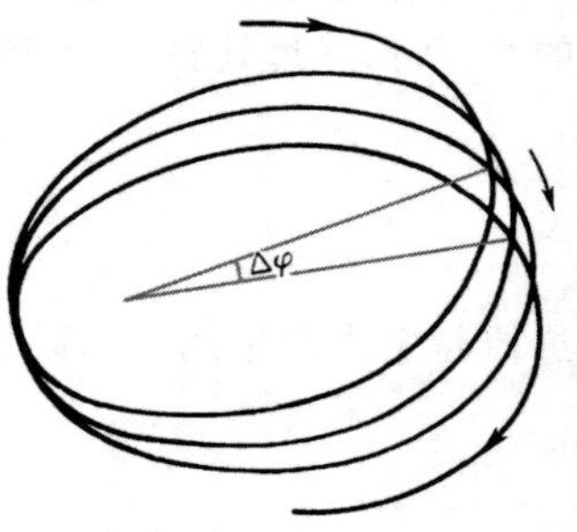

图 8-34 水星近日点的进动

❶ J.W.Brault, *PhD Thesis*, Princeton University, 1962.

❷ J.L.Snider, *Phys.Rev.Lett.*, **28**(1972), 853.

❸ J.L.Greenstein, J.B.Oke, H.L.Shipman, *Astrophys.J.*, **169**(1971), 563.

❹ R.V.Pound and G.A.Rebka, Jr., *Phys.Rev.Lett.*, **3**(1959), 439.

❺ 可参看总结性文章 L.V.Morrison and C.G.Ward, *Mot.Not.Roy.Ast.Soc.*, **173** (1975), 183.

5.3 黑洞

广义相对论形式优美，概念奇特，无疑是理论物理中上乘之作。但早年的经典验证都属于对牛顿力学数量级极小的修正，因而它在相当一段时间内受到冷落。只有在非用到它不可的领域内，广义相对论才能大显神威。这样的领域是宇宙和黑洞。

让我们回到(8.56)式、(8.57)式和(8.58)式，它们在

$$r = r_S \equiv \frac{2GM}{c^2} \tag{8.59}$$

处有个奇点，使时间膨胀趋向无穷大，尺缩到零，光无限红移且凝滞不动，广义相对论与牛顿力学的差别被放大到了极点。上式中定义的这个 r_S 叫做*施瓦西*(Schwarzschild)*半径*或*引力半径*。施瓦西半径处的奇异性意味着什么？设想有个宇航员乘飞船从外部驶向引力中心，并在 $r > r_S$ 以外没有遇到天体的表面。在远离引力中心的观察者看来，当宇航员落向施瓦西半径 r_S 时，他所携带的钟走得越来越慢。在无限接近那里时，宇航员的钟停顿下来，他的时间凝固了，永远也到不了 $r=r_S$ 的地方。与此同时，远处的观察者还看到，宇宙飞船发回的光红移量也越来越大，直至趋于无穷而消失。然而宇航员（如果他安然无恙的话）自己的感受完全是另一回事。他看到飞船里的钟正常地走着，在预定的时间内穿过施瓦西半径所规定的边界，什么特别的感觉也没有。实际上只有一点，即当他越过此边界后就再也无法返回家乡了，也无法再和家人通信，因为在那里

$$v_{逃} = \sqrt{\frac{2GM}{r}} \geqslant \sqrt{\frac{2GM}{r_S}} = c, \qquad (r \leqslant r_S) \tag{8.60}$$

一旦逃逸速度超过了光速 c，任何物体(包括光子，即电磁波)都逃不出去。[1]

于是我们看到，在施瓦西半径以内与外界断绝了一切物质和信息的交流。在它所规定的疆界以内，任何物体，即使是最亮的星体，从宇宙的其他部分看来，也像是消失了一样[2]。只有一点，它的引力继续作用在施瓦西半径以外的物体上，或者用广义相对论的说法，其内的物质继续引起外部的时空弯曲。所以，一个物体，若其质量全部分布在相应的施瓦西半径 r_S 之内，从而能表现出上述特征的就称为一个*黑洞*(black hole)，由施瓦西半径所规定的界面，称为*事件的视界*(horizon)，因为它里面的事件完全从外部观察者的视野中隐去了。在视界内部物质将被引力挤压到一个奇点内，这里密度和时空曲率都是无穷大。所以黑洞的结构就是包在视界里的一个奇点。

据信，恒星晚期核燃料耗尽时，若其质量大过奥本海默极限(2～3个太阳质量)，没有任何力量能够抵挡住强大的引力，它将坍缩成为黑洞。既然黑洞是看不见的，如何证实它们的存在？这只能靠间接的办法。宇宙间的双星系统是很多的，如果黑洞能成为双星的一员，则它的伙伴发出的星风将把物质倾注在绕它周围的吸积盘上。当坠落的气体盘旋地落向黑洞时，它们被加

---

[1] 逃逸速度公式(8.60)与200年前拉普拉斯得到的一样(见第七章4.5节)，在这里(8.60)式和施瓦西半径的公式(8.59)是从(8.56)式导出的，而(8.56)式得来时我们曾用了弱引力场中的牛顿力学近似。所以那里的推导算不得是严格的理论推导。但严格用广义相对论来推导所得的结果却一样，尽管在黑洞附近牛顿力学早已不能用。这不完全是巧合，因为在广义相对论中坐标系的选择有一定的自由度，只在施瓦西坐标系中才有这样的结果。

[2] 这一点不那么绝对，如果把广义相对论和量子论结合起来，真空的量子涨落效应会使黑洞缓慢地“蒸发”。

热到很高的温度,以致发射大量的 X 射线。 所以,在双星系统里黑洞往往看起来在“发射”X 射线。 长久以来,天文学家们认为天鹅座 X-1 是最有希望的黑洞候选者,因为这个双星系统中的可见星大约具有 20 个太阳的质量,而它的“发射”X 射线的不可见伴星大约具有 10 个太阳的质量,且宽度不到三百千米。 近年来天文学家们提出的其他黑洞候选者还有天蝎座 V861 的 X 射线伴星、圆规座 X-1 和 GX339-4.

前面所述越过黑洞视界时奇特的时标令人不可思议,我们不妨打个有趣的比喻。 古希腊哲学家芝诺(Zeno) 提出过一个著名的佯谬,用下述方法“论证”了,飞毛腿阿基里斯(Achilles) 永远追不上一只乌龟。

设阿基里斯和乌龟的速度分别为 v_1 和 v_2($v_1 > v_2$),开始时,阿基里斯离开乌龟的距离是 $\overline{OA} = l$(见图 8-35)。 当阿基里斯第一次跑到乌龟最初的位置A 时,在如下时间间隔里

$$\Delta t_1 = \overline{OA}/v_1 = l/v_1$$

乌龟已到了第二个位置 B:

$$\overline{AB} = v_2 \Delta t_1 = (v_2/v_1) l;$$

当阿基里斯第二次跑到乌龟曾在的位置 B 时,在如下时间间隔里

$$\Delta t_2 = \overline{AB}/v_1 = (v_2/v_1) l/v_1$$

乌龟已到了第三个位置 C:

$$\overline{BC} = v_2 \Delta t_2 = (v_2/v_1)^2 l;$$

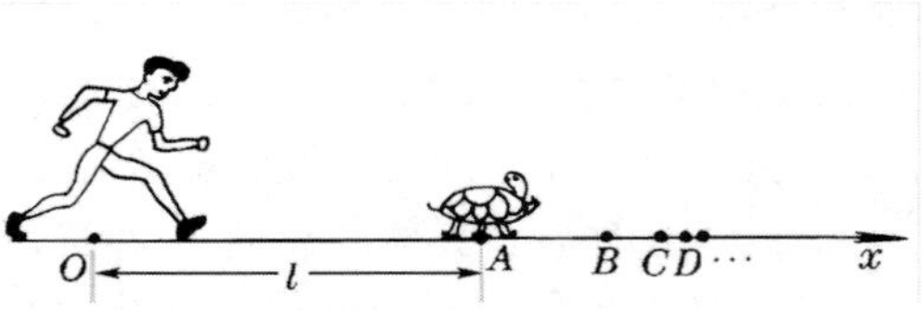

图 8-35 阿基里斯与乌龟赛跑

如此等等,没有无穷多次,阿基里斯是怎么也追不上乌龟的。

我们当然会看出,芝诺在诡辩。 如果我们懂得无穷级数求和的话,❶则可将阿基里斯追上乌龟的时间 t 计算出来:

$$t = \Delta t_1 + \Delta t_2 + \cdots = \frac{l}{v_1}\left[1 + \frac{v_2}{v_1} + \left(\frac{v_2}{v_1}\right)^2 + \cdots\right]$$

$$= \frac{l}{v_1}\sum_{i=0}^{\infty}\left(\frac{v_2}{v_1}\right)^i = \frac{l}{v_1}\frac{1}{1-\frac{v_2}{v_1}} = \frac{l}{v_1 - v_2}.$$

这结果和我们用相对速度 $v_1 - v_2$ 来算是一样的。

可是,人们还是可以替芝诺辩护的,认为他用了一种非常奇特的时标,即把阿基里斯每追到上次乌龟所到的地方作为一个时间单位。现称用这种时标所计的时间叫做“芝诺时”。 下面我们来推导芝诺时和普通时之间的换算关系。 当阿基里斯追赶了乌龟 n 次的时候,芝诺时 $t' = n$, 而普通时

$$t = \sum_{i=1}^{n}\Delta t_i = \frac{l}{v_1}\sum_{i=1}^{n}\left(\frac{v_2}{v_1}\right)^i = \frac{l}{v_1}\frac{1-(v_2/v_1)^n}{1-v_2/v_1}, \qquad (8.61)$$

由此解出

$$t' = n = \frac{\ln\left[1-\left(\frac{v_1 - v_2}{l}t\right)\right]}{\ln\left(\frac{v_2}{v_1}\right)}.$$

按此换算关系作出的 t'-t 曲线如图 8-36 所示,当普通时 $t = \frac{l}{v_1 - v_2}$ 时,$t' \to \infty$. 可见,芝诺时只能描述阿基里斯赶上乌龟以前的一段过程,而阿基里斯是在芝诺时达到 ∞ 之后赶过乌龟的。

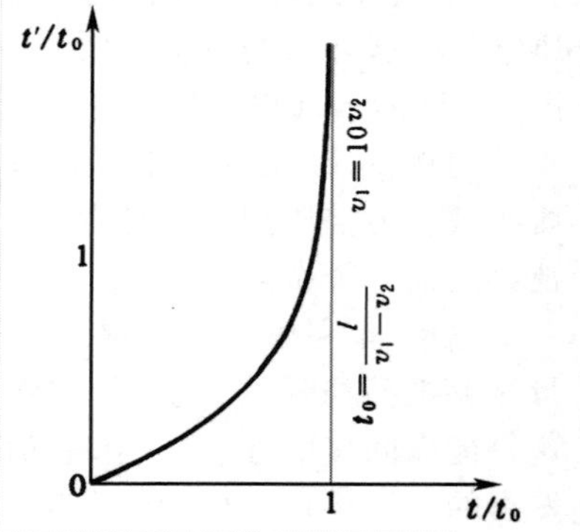

图 8-36 芝诺时

由这个例子我们看到,用某种时标计量时间,在 ∞ 以后还可以有“时间”。 如果飞向黑洞的宇航员的固有时是普通时的话,则留在地球上的观察者所用的就是某种“芝诺时”。 宇航员是在地球上的人过了 ∞ 时间以后进入黑洞视界的。 你觉得芝诺的诡辩难接受吗? 在那位进入黑洞的宇航员看来,你已使用了某种“芝诺时”,而自己还不知道呢。

---

❶ $(1-x)^{-1} = 1 + x + x^2 + \cdots, \qquad (x < 1)$

5.4 引力波

除黑洞外，广义相对论的另一个重要预言是引力波。爱因斯坦从他的引力场方程推导出以光速传播的引力波。电磁波主要是偶极辐射，引力波最低级辐射为四极辐射，是一种张量横波（见图 8-37）。理论上可以证明四极辐射与偶极辐射之比为 10^{-17}，所以引力波是极其微弱的。只有超大质量的天体（如黑洞、中子星等）的碰撞，其次是超新星爆发，才能激发可观的引力波。银河系内超新星爆发平均 100 多年才一次，频繁的引力波发射事件只有在极其遥远的地方（譬如几亿光年以外）发生。从遥远天体发出的引力波传到地球，是极其微弱的（振幅只有 10^{-20} m 以下）。可以想见，在比它强大得多的噪声背景下把引力波探测出来是多么不容易。

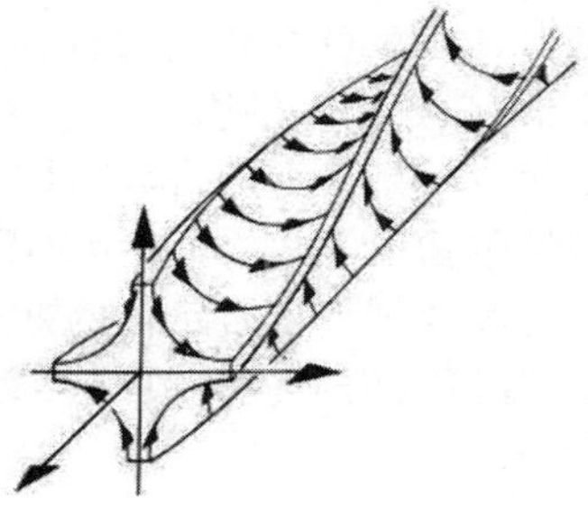

图 8-37 引力波是张量横波

如果一个双星系统因发射引力波而能量减少，可导致公转周期变小。赫尔斯（R.Hulse）和泰勒（J. H.Taylor）1974 年发现了脉冲双星 PSRB1913+16 公转周期的逐步减少而间接证明了引力波的存在，获得了 1993 年诺贝尔物理学奖。物理学界经过长期的探索和思考，终于认识到最有希望直接探测引力波的方法是激光迈克耳孙干涉法。探测装置是巨大的迈克耳孙干涉仪❶，测试单元是悬挂于探测器的两个互相垂直的长臂末端的反射镜。探测器两臂内穿梭着大功率的激光束（功率可达 200 W）。两臂长度的微弱变化会影响两束激光相遇处的光强。两个反射镜相距越远，由它们反射而来的引力波之间的相位差就会越大，也更“容易”被观测到。起初试验时，干涉仪的臂长由几米增加到几十米，再到几百米，都不成功，最后增加到几千米。为了说明测到的微弱的信号不是当地的杂音，而是来自天外的引力波，必须有两台以上相距几千公里这样的装置做符合实验。从两地信号的时间差还可大致判断引力波源的方位。三台以上更远的探测台可以把引力波源的方位定得更准确。美国的两台激光引力波天文台（Laser Interferometer Gravitational-Wave Observatory，简称 LIGO）是麻省理工学院（MIT）和加州理工学院（Caltech）合作建立起来的。LIGO 由位于美国华盛顿州汉福德（Hanford）地区和路易斯安那州利文斯顿市（Livingston）的两台激光引力波天文台组成，两地相隔 3030 km（见图 8-38），2002 年初建，2010—2015 年升级。干涉仪的两臂由直径 12 m 的真空

a 位于 Hanford 的激光干涉装置

b 两地相隔 3030 公里

c 位于 Livingston 的激光干涉装置

图 8-38 LIGO 引力波天文台

图 8-39 VIRGO 激光引力波天文台

---

❶ 参见《新概念物理教程·光学》（第二版）第三章 §5.

钢管组成，各长4 km.法国和意大利合作建立的室女座（VIRGO）激光引力波天文台文位于意大利比萨（Pisa）南部（见图 8-39），臂长 3 km，其高级版本于 2016 年建成。

在爱因斯坦建立广义相对论一百周年之际，人类终于探测到来自太空的引力波。2015 年 9 月14日，LIGO 探测到来自远离地球约为 13.4 亿光年的两个大黑洞（质量分别为 36 及 29 个太阳质量）合并产生的引力波。LIGO 团队为慎重起见，反复分析论证，才于 2016 年 2 月 11 日正式宣布此一结果。为此，该项目主要贡献者 R.Weiss，B.C.Barish 和 Kip S.Thorne 三人荣获 2017 年诺贝尔物理学奖。此后，LIGO 又与 VIRGO 合作，方位更精确地探测到更多的引力波事件。对引力波源进行实时定位的好处是能让在各个电磁波段工作的天文望远镜和卫星也同时指向波源，观测与引力波相关的天文现象（如 γ 射线等）。引力波为人类开辟了一条探索宇宙奥秘的新途径。

本 章 提 要

1. 爱因斯坦的假设：

(1)（狭义）相对性原理：所有惯性系是平权的，其中物理规律都一样。

(2) 光速不变原理：在所有惯性系中真空光速都是 c.

由此导致时间和空间的相对性。

2. 时间的相对性

“同时”的相对性：
- 类时间隔事件（$c\Delta t > \Delta l$），时间顺序不会颠倒；
- 类空间隔事件（$\Delta l > c\Delta t$），时间顺序可能颠倒，因果不会倒置。

时间延缓（时间膨胀、钟慢效应） $\mathrm{d}t = \dfrac{\mathrm{d}\tau}{\sqrt{1-v^2/c^2}}$.

$\mathrm{d}\tau$—— 固有时（与物体相对静止的参考系内测得的时间）。

3. 空间的相对性

洛伦兹收缩（尺缩效应） $\mathrm{d}l = \mathrm{d}l_0\sqrt{1-v^2/c^2}$.

$\mathrm{d}l_0$—— 固有长度（与物体相对静止的参考系内测得的长度）。

4. 洛伦兹变换： 四维矢量 $\mathbf{A} = (A_x, A_y, A_z, A_t)$。

$$\begin{cases} A'_x = \gamma(A_x + \mathrm{i}\beta A_t), \\ A'_y = A_y, \\ A'_z = A_z \\ A'_t = \gamma(A_t - \mathrm{i}\beta A_x). \end{cases}$$

式中 $\beta = V/c$，$\gamma = \sqrt{1-\beta^2}$.

四维矢量 $\mathbf{A}$	时空间隔	四维速度 $\mathbf{u}$	四维动量 $\mathbf{p}$
A_x	$\mathrm{d}x$	$u_x = \gamma v_x$	$p_x = \gamma m_0 v_x$
A_y	$\mathrm{d}y$	$u_y = \gamma v_y$	$p_y = \gamma m_0 v_y$
A_z	$\mathrm{d}z$	$u_z = \gamma v_z$	$p_z = \gamma m_0 v_z$
A_t	$\mathrm{i}c\,\mathrm{d}t$	$u_t = \mathrm{i}c\gamma$	$p_t = \mathrm{i}E/c$
不变模方 $\mathbf{A}^2$	$-(\mathrm{d}s)^2$	$-c^2$	$-m_0{}^2c^4$

5. 速度合成

$$\begin{cases} v'_x=\dfrac{v_x-V}{1-Vv_x/c^2}, \\ v'_y=\dfrac{v_y\sqrt{1-V^2/c^2}}{1-Vv_x/c^2}, \\ v'_z=\dfrac{v_z\sqrt{1-V^2/c^2}}{1-Vv_x/c^2}. \end{cases}$$

特点 $\begin{cases}\text{若在一惯性系内 } v<c\text{，则在任何惯性系内 } v'<c; \\ \text{若在一惯性系内 } v=c\text{（零质量粒子），则在任何惯性系内 } v'=c. \end{cases}$

6. 质速关系：　$m(v)=\dfrac{m_0}{\sqrt{1-v^2/c^2}}=\gamma m_0$，

动量：　$\boldsymbol{p}=m\boldsymbol{v}=\gamma m_0\boldsymbol{v}$，

质能关系：　$E=mc^2=\gamma m_0c^2$，　$E_k=(m-m_0)c^2$.

动质能关系：　$E^2=p^2c^2+m_0^2c^4$，　零质量粒子 $E=pc$.

7. 光的多普勒效应

$$\frac{\nu'}{\nu}=\frac{\sqrt{1-\beta^2}}{1-\beta\cos\theta}=\begin{cases}\sqrt{\dfrac{1+\beta}{1-\beta}}\approx 1+\beta & \text{（纵向）}, \\ \sqrt{1-\beta^2}\approx 1-\dfrac{1}{2}\beta^2 & \text{（横向）}.\end{cases}$$

$$\text{频移 } \frac{\Delta\nu}{\nu}\approx\begin{cases}\beta & \text{（纵向）}, \\ -\dfrac{1}{2}\beta^2 & \text{（横向）}.\end{cases}$$

8. 粒子反应：　$A_1+A_2+\cdots=A'_1+A'_2+\cdots$，

守恒律：　$\mathbf{p}_1+\mathbf{p}_2+\cdots=\mathbf{p}'_1+\mathbf{p}'_2+\cdots$，

洛伦兹不变量：　$(\mathbf{p}_1+\mathbf{p}_2+\cdots)^2=(\mathbf{p}'_1+\mathbf{p}'_2+\cdots)^2$，等等。

应用：反应阈能、粒子衰变。

9. 角分布的变换：　CM 系各向同性分布。

→L 系向前方拉长了的旋转椭球分布（见图 8—27），谱变换（见图 8—29）。

10. 广义相对性原理：一切参考系是平权的，其中物理规律都一样。

11. 弱等效原理：$m_{\text{惯}}=m_{\text{引}}$，引力与加速度的效应等价。

强等效原理：引力场中自由降落的参考系是局域惯性系，

其中一切物理定律服从狭义相对论。

→在无引力场的远处看，引力场中时缓、尺缩、光速减小。

12. 广义相对论可观测效应

光的引力偏转，引力透镜，引力时间延缓，引力红移，行星近日点的进动，……

13. 黑洞：　质量集中，视界内外隔绝，引力（时空弯曲）效应的极端情形。

视界——施瓦西半径　$r_S=\dfrac{2GM}{c^2}$.

14. 引力波

思 考 题

8-1. 一列行进中的火车前、后两处遭雷击，车上的人看来是同时发生的，地面上的人看来是否同时？ 何处雷击在先？

8-2. 站台两侧各有一列火车以相同的速率南北对开，站台上的人看两个火车上的钟走得一样快吗？ 两列火车上的人彼此看对方的钟呢？

8-3. 上题中站台上的人看南来的车上纵向米尺比自己的短，该车上的人是否会同意他的看法？ 北往车上的人呢？

8-4. 如本题图，两相同的刚性杆A和B，在惯性系K内A杆静止，B杆以沿 x 方向的速度 v 趋近A，在运动的过程中两杆保持平行，且与 x 轴成倾角 θ. 在B杆静止的参考系 K′ 内两杆还是平行的吗？

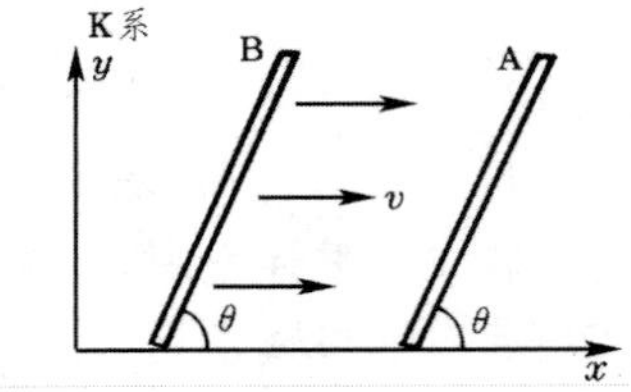

思考题 8-4

8-5. 如本题图，一刚性杆的固有长度恰好与栅栏的间隔相等。 杆与栅栏保持平行，向前高速运动，同时具有一个向栅栏靠拢的微小横向速度。 当杆飞临栅栏所在平面时，正好对准了一个空档。 因洛伦兹收缩效应，它此刻的长度比栅栏间隔略小，竟未受任何阻碍而顺利穿过。 如果我们变换到杆的静止参考系内去看问题，则发现栅栏的间隔因洛伦兹收缩而变得比刚性杆的长度小些，杆还通得过吗？

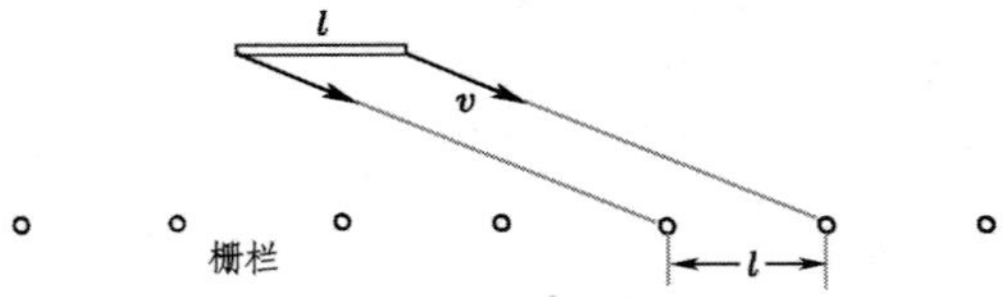

思考题 8-5

8-6. 正负电子对湮没后，放出两个 γ 光子。 因动量守恒，在质心系内两光子必沿相反的方向。 光子是静质量为0的粒子，它们相对于质心系的速率都是 c，它们之间的相对速度是多少？

8-7. 存在与光子相对静止的参考系吗？ 为什么？

8-8. 太阳向空间辐射能量的平均功率为 $3.6\times10^{26}\,\mathrm{W}$，自从人类有史以来，太阳的质量减少了百分之几？

8-9. 微波背景辐射是宇宙间均匀分布的一种处于热平衡状态下的电磁辐射。 20世纪80年代初人们发现它不是严格各向同性的，而是有 10^{-3} 的偶极各向异性，即沿某个方向看去它有红移(频谱向长波移动)，在相反的方向上有蓝移(频谱向短波移动)。 这说明什么？

8-10. 试用光的量子理论(即公式 $E=h\nu$)和等效原理($m_{引}=m_{惯}$)导出地面上的引力红移公式(8.55)。

8-11. 估算一下运动员所掷的铁球以及地球、木星和太阳的施瓦西半径。

8-12. 典型中子星的质量与太阳质量 $M_\odot=2\times10^{30}\,\mathrm{kg}$ 同数量级，半径约为10 km. 若进一步坍缩为黑洞，其施瓦西半径为多少？ 质子那样大小的微黑洞($10^{-15}\,\mathrm{cm}$)，质量是什么数量级？

习 题

8-1. 一艘空间飞船以 $0.99\,c$ 的速率飞经地球上空1000 m高度，向地上的观察者发出持续 $2\times10^{-6}\,\mathrm{s}$ 的激光脉冲。当飞船正好在观察者头顶上垂直于视线飞行时，观察者测得脉冲信号的持续时间为多少？ 在每一脉冲期间相对于地球飞了多远？

8-2. 1952年杜宾等人报道，把 π^+ 介子加速到相对于实验室的速度为 $(1-5\times10^{-5})c$ 时，它在自身静止的参考系内的平均寿命为 $2.5\times10^{-8}\,\mathrm{s}$，它在实验室参考系内的平均寿命为多少？ 通过的平均距离为多少？

8-3. 在惯性系K中观测到两事件发生在同一地点，时间先后相差2s. 在另一相对于K运动的惯性系K′中观测到两事件之间的时间间隔为3s.求K′系相对于K系的速度和在其中测得两事件之间的空间距离。

8-4. 在惯性系K中观测到两事件同时发生，空间距离相隔1m. 惯性系K′沿两事件联线的方向相对于K运动，在K′系中观测到两事件之间的距离为3m.求K′系相对于K系的速度和在其中测得两事件之间的时间间隔。

8-5. 一质点在惯性系K中作匀速圆周运动，轨迹方程为 $x^2+y^2=a^2$; $z=0$，在以速度 V 相对于K系沿 x 方向运动的惯性系K′中观测，该质点的轨迹若何？

8-6. 斜放的直尺以速度 V 相对于惯性系K沿 x 方向运动，它的固有长度为 l_0，在与之共动的惯性系K′中

它与 x' 轴的夹角为 θ'. 试证明：对于 K 系的观察者来说，其长度 l 和与 x 轴的夹角 θ 分别为

$$l = l_0\sqrt{(\sqrt{1-V^2/c^2}\ \cos\theta')^2+\sin^2\theta'}, \qquad \tan\theta = \frac{\tan\theta'}{\sqrt{1-V^2/c^2}}.$$

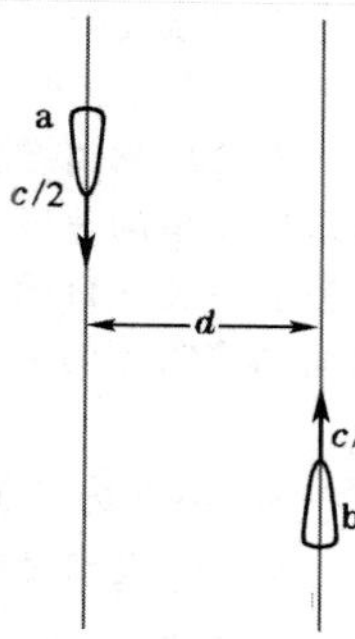

习题 8-10

8-7. 惯性系 K′ 相对于惯性系 K 以速度 V 沿 x 方向运动，在 K′ 系观测，一质点的速度矢量 $\boldsymbol{v}'$ 在 $x'y'$ 面内与 x' 轴成 θ' 角。试证明：对于 K 系，质点速度与 x 轴的夹角为

$$\tan\theta = \frac{v'\sqrt{1-V^2/c^2}\ \sin\theta'}{V+v'\cos\theta'}.$$

8-8. 一原子核以 $0.5\,c$ 的速率离开某观察者运动。原子核在它的运动方向上向后发射一光子，向前发射一电子，电子相对于核的速度为 $0.8\,c$. 对于静止的观察者，电子和光子各具有多大的速度？

8-9. 两宇宙飞船相对于某遥远的恒星以 $0.8\,c$ 的速率朝相反的方向离开。试求两飞船的相对速度。

8-10. 在惯性系 K 中观测两个宇宙飞船，它们正沿直线朝相反的方向运动，轨道平行相距为 d，如本题图所示。每个飞船的速率皆为 $c/2$.

(1) 当两飞船处于最接近位置(即相距为 d 时，见图) 的时刻，飞船 a 以速率 $3c/4$(也是从 K 系测量的) 发射一个小包。问从飞船 a 上的观察者看来，为了让飞船 b 接到这个小包，应以什么样的角度瞄准？

(2) 在飞船 a 上的观察者观测到小包的速率是多少？

(3) 在飞船 b 上的观察者观测到小包速度沿什么方向？ 速率多少？

8-11. 将一个电子从静止加速到 $0.1\,c$ 的速度需要作多少功？ 从 $0.8\,c$ 加速到 $0.9\,c$ 需要作多少功？ 已知电子的静止质量为 9.11×10^{-31} kg.

8-12. 一粒子的动量是按非相对论计算结果(即 $m_0 v$) 的二倍，该粒子的速率是多少？

8-13. 火箭静止质量为 100 t(t 为“吨”的符号)，速度为第二宇宙速度，即 11 km/s。试计算火箭因运动而增加的质量。此质量占原有质量多大的比例？

8-14. 试计算一瓶开水(约 2.5 kg) 从 100°C 冷却至 20°C 时它所减少的质量。此质量占原有质量多大的比例？

8-15. 一个电子和一个正电子相碰，转化为电磁辐射(这样的过程叫做正负电子湮没)。正、负电子的质量皆为 9.11×10^{-31} kg，设恰在湮没前两电子是静止的，求电磁辐射的总能量。

8-16. 一核弹含 20 kg 的钚，爆炸后生成物的静质量比原来小 10^4 分之一。

(1) 爆炸中释放了多少能量？

(2) 如果爆炸持续了 1 μs，平均功率为多少？

8-17. 在聚变过程中四个氢核转变成一个氦核，同时以各种辐射形式放出能量。氢核质量为 1.0081 u，氦核质量为 4.0039 u，试计算四氢核融合为一氦核时所释放的能量。($1\,\text{u}=1.66\times10^{-27}$ kg.)

8-18. 在实验室系中 γ 光子以能量 E_γ 射向静止的靶质子，求此系统质心系的速度。

8-19. π^+ 介子衰变为 μ^+ 子和中微子 ν：

$$\pi^+ \rightarrow \mu^+ + \nu.$$

求质心系中 μ^+ 子和中微子的能量，已知三粒子的静质量分别为 m_π、m_μ 和 0.

8-20. 一质量为 42 u 的静止粒子衰变为两个碎片，其一静质量为 20 u，速率为 $c/4$，求另一的动量、能量和静质量。

8-21. 静止的正负电子对湮没时产生两个光子，若其中一个光子再与一个静止电子相碰，求它能给予这电子的最大速度。

8-22. 光生 K^+ 介子的反应为

$$\gamma + p \rightarrow K^+ + \Lambda^0,$$

已知 $m_{K^+} = 494\,\text{MeV}/c^2$，$m_{\Lambda^0} = 1116\,\text{MeV}/c^2$，$m_{\pi^-} = 140\,\text{MeV}/c^2$.

(1) 求上述反应得以发生时在实验室系(质子静止系) 中光子的最小能量。

(2) 在飞行中 Λ^0 衰变为一个质子和一个 π^- 介子。如果 Λ^0 具有速率 $0.8\,c$，则 π^- 介子在实验室系中可具有的动量最大值为多少？ 垂直于 Λ^0 方向的实验室动量分量的最大值为多少？

8－23. 氢原子光谱中的 H_α 谱线波长为 656.1×10^{-9} m，这是最显著的一条亮红线。在地球上测量来自太阳盘面赤道两端发射的 H_α 谱线波长相差 9×10^{-12} m. 假定此效应是由太阳自转引起的，求太阳的自转周期 T. 已知太阳的直径是 1.4×10^9 m.

8－24. 利用多普勒效应可以精确地测量物体的速度，例如，远在 10^5 km 外人造地球卫星的速度和位置变化，误差不大于 10^{-1} cm. 如本题图所示，在地面站和卫星上各装一台固有频率为 ν 的振荡器。试证明：在卫星速度 $v\ll c$ 的情况下，地面站将收到的卫星频率 ν' 和本机频率 ν 形成的差拍为

$$\nu_{拍}=\nu'-\nu=-\nu\, v\cos\theta/c,$$

式中 $v\cos\theta$ 为卫星的径向速度（见图）。

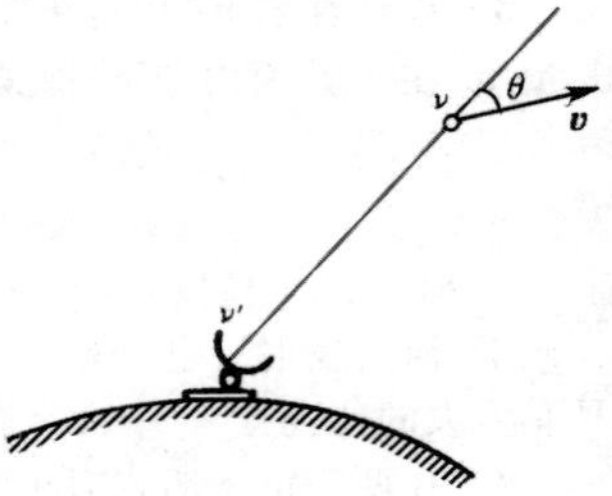

习题 8－24

8－25. 人们发现某星的光谱线波长为 6.00×10^3 Å，比实验室中测得同一光谱线波长增大了 0.10Å. 假定这是由于多普勒效应引起的，此星远离我们而去的退行速度有多大？

附录 A　微积分初步

物理学研究的是物质的运动规律，因此我们经常遇到的物理量大多数是变量，而我们要研究的正是一些变量彼此间的联系。这样，微积分这个数学工具就成为必要的了。我们考虑到，读者在学习基础物理课时若能较早地掌握一些微积分的初步知识，对于物理学的一些基本概念和规律的深入理解是很有好处的。所以我们在这里先简单地介绍一下微积分中最基本的概念和简单的计算方法，在讲述方法上不求严格和完整，而是较多地借助于直观并密切地结合物理课的需要。至于更系统和更深入地掌握微积分的知识和方法，读者将通过高等数学课程的学习去完成。

§1. 函数及其图形

本节中的不少内容读者在初等数学及中学物理课中已学过了，现在我们只是把它们联系起来复习一下。

1.1 函数　自变量和因变量　绝对常量和任意常量

在数学中函数的功能是这样定义的：有两个互相联系的变量 x 和 y，如果每当变量 x 取定了某个数值后，按照一定的规律就可以确定 y 的对应值，我们就称 y 是 x 的函数，并记作

$$y = f(x), \tag{A.1}$$

其中 x 叫做自变量，y 叫做因变量，f 是一个函数记号，它表示 y 和 x 数值的对应关系。有时把 $y=f(x)$ 也记作 $y=y(x)$。如果在同一个问题中遇到几个不同形式的函数，我们也可以用其他字母作为函数记号，如 $\varphi(x)$、$\psi(x)$ 等。[1]

常见的函数可以用公式来表达，例如

$$y = f(x) = 3 + 2x, \quad ax + \frac{1}{2}bx^2, \quad \frac{c}{x}, \quad \cos 2\pi x, \quad \ln x, \quad e^x \text{ 等。}$$

在函数的表达式中，除变量外，还往往包含一些不变的量，如上面出现的 3、2、$\frac{1}{2}$、π、e 和 a、b、c 等，它们叫做常量。常量有两类：一类如 3、2、$\frac{1}{2}$、π、e 等，它们在一切问题中出现时数值都是确定不变的，这类常量叫做绝对常量；另一类如 a、b、c 等，它们的数值需要在具体问题中具体给定，这类常量叫做任意常量。在数学中经常用拉丁字母中最前面几个（如 a、b、c）代表任意常量，最后面几个（如 x、y、z）代表变量。

当 $y=f(x)$ 的具体形式给定后，我们就可以确定与自变量的任一特定值 x_0 相对应的函数值 $f(x_0)$。例如：

(1) 若 $y=f(x)=3+2x$，则当 $x=-2$ 时

$$y = f(-2) = 3 + 2 \times (-2) = -1.$$

一般地说，当 $x=x_0$ 时，

$$y = f(x_0) = 3 + 2x_0.$$

(2) 若 $y=f(x)=\frac{c}{x}$，则当 $x=x_0$ 时，

$$y = f(x_0) = \frac{c}{x_0}.$$

---

[1] 一般地说，函数中自变量的数目可能不止一个。多个自变量的函数叫做多元函数。下面我们只讨论一个变量的函数，即一元函数。

1.2 函数的图形

在解析几何学和物理学中经常用平面上的曲线来表示两个变量之间的函数关系，这种方法对于我们直观地了解一个函数的特征是很有帮助的。作图的办法是先在平面上取一直角坐标系，横轴代表自变量 x，纵轴代表因变量（函数值）$y=f(x)$. 这样一来，把坐标为 (x, y) 且满足函数关系 $y=f(x)$ 的那些点连接起来的轨迹就构成一条曲线，它描绘出函数的面貌。图 A-1 便是上面举的第一个例子 $y=f(x)=3+2x$ 的图形，其中 P_1，P_2，P_3，P_4，P_5 各点的坐标分别为 $(-2, -1)$、$(-1, 1)$、$(0, 3)$、$(1, 5)$、$(2, 7)$，各点连接成一根直线。图 A-2 是第二个例子 $y=f(x)=\dfrac{c}{x}$ 的图形，其中 P_1，P_2，P_3，P_4，P_5 各点的坐标分别为 $\left(\dfrac{1}{4}, 4c\right)$、$\left(\dfrac{1}{2}, 2c\right)$、$(1, c)$、$\left(2, \dfrac{c}{2}\right)$、$\left(4, \dfrac{c}{4}\right)$，各点连接成双曲线的一支。

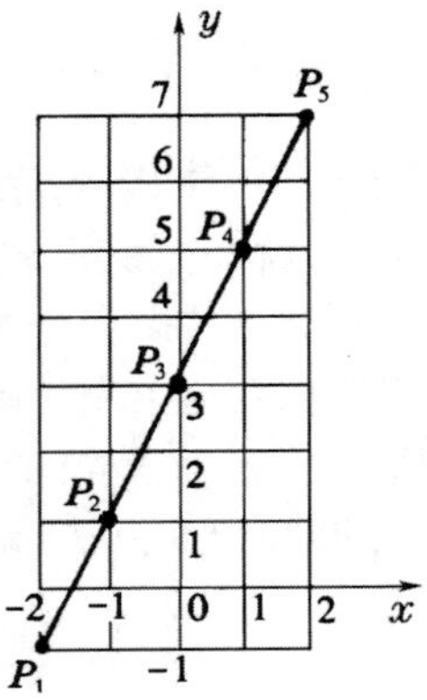

图 A-1

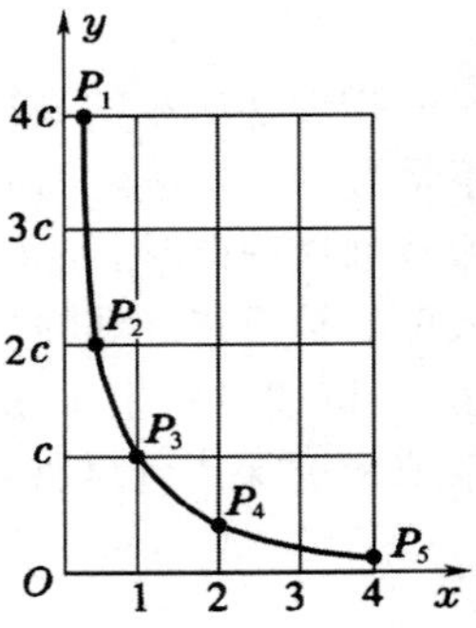

图 A-2

1.3 物理学中函数的实例

反映任何一个物理规律的公式都是表达变量与变量之间的函数关系的。下面我们举几个例子。

（1）匀速直线运动公式

$$s=s_0+vt, \tag{A.2}$$

此式表达了物体作匀速直线运动时的位置 s 随时间 t 变化的规律，在这里 t 相当于自变量 x，s 相当于因变量 y，s 是 t 的函数。因此我们记作

$$s=s(t)=s_0+vt, \tag{A.3}$$

式中初始位置 s_0 和速度 v 是任意常量，s_0 与坐标原点的选择有关，v 对于每个匀速直线运动有一定的值，但对于不同的匀速直线运动可以取不同的值。图 A-3 是这个函数的图形，它是一根倾斜的直线。下面我们将看到，它的斜率等于 v.

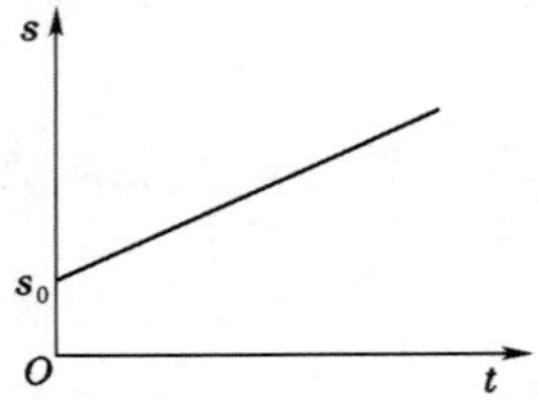

图 A-3

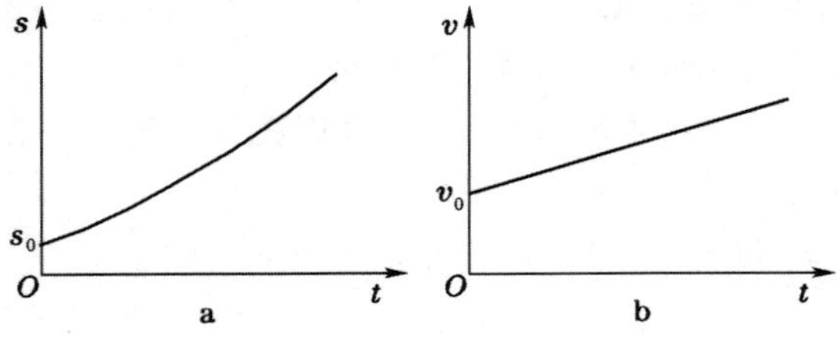

图 A-4

（2）匀变速直线运动公式

$$s=s_0+v_0t+\frac{1}{2}at^2, \tag{A.4}$$

$$v=v_0+at, \tag{A.5}$$

两式中 s 和 v 是因变量，它们都是自变量 t 的函数，因此我们记作

$$s=s(t)=s_0+v_0t+\frac{1}{2}at^2, \tag{A.6}$$

$$v=v(t)=v_0+at. \tag{A.7}$$

图 A-4a、4b 分别是两个函数的图形，其中一个是抛物线，一个是直线。(A.6) 式和(A.7) 式是匀变速直线运动的普遍公式，式中初始位置 s_0、初速 v_0 和加速度 a 都是任意常量，它们的数值要根据讨论的问题来具体化。例如在讨论自由落体问题时，如果把坐标原点选择在开始运动的地方，则 $s_0=0$，$v_0=0$，$a=g\approx 9.8\,\mathrm{m/s^2}$，这时(A.6) 式和(A.7) 式具有如下形式：

$$s=s(t)=\frac{1}{2}gt^2, \tag{A.8}$$

$$v=v(t)=gt. \tag{A.9}$$

这里的 g 可看作绝对常量，式中不再有任意常量了。

(3) 玻意耳定律

$$pV=C. \tag{A.10}$$

上式表达了一定质量的气体，在温度不变的条件下，压强 p 和体积 V 之间的函数关系，式中的 C 是任意常量。我们可以选择 V 为自变量，p 为因变量，这样，(A.10) 式就可写作

$$p=p(V)=\frac{C}{V}. \tag{A.11}$$

它的图形和图 A-2 是一样的，只不过图中的 x、y 应换成 V、p.

在(A.10) 式中我们也可以选择 p 为自变量，V 为因变量，这样它就应写成

$$V=V(p)=\frac{C}{p}. \tag{A.12}$$

由此可见，在一个公式中自变量和因变量往往是相对的。

(4) 欧姆定律

$$U=IR. \tag{A.13}$$

当我们讨论一段导线中的电流 I 这样随着外加电压 U 而改变的问题时，U 是自变量，I 是因变量，R 是常量。这时，(A.13) 式应写作

$$I=I(U)=\frac{U}{R}, \tag{A.14}$$

即 I 与 U 成正比。

应当指出，任意常量与变量之间的界限也不是绝对的。例如，当我们讨论串联电路中电压在各电阻元件上分配问题时，由于通过各元件的电流是一样的，(A.13) 式中的电流 I 成了常量，而 R 是自变量，U 是因变量，于是

$$U=U(R)=IR, \tag{A.15}$$

即 U 与 R 成正比。但是，当我们讨论并联电路中电流在各分支里的分配问题时，由于各分支两端具有共同的电压，(A.13) 式中的 U 就成了常量，而 R 为自变量，I 是因变量，于是

$$I=I(R)=\frac{U}{R}, \tag{A.16}$$

即 I 与 R 成反比。

总之，每个物理公式都反映了一些物理量之间的函数关系，但是其中哪个是自变量，哪个是因变量，哪些是常量，有时公式本身反映不出来，需要根据我们所要讨论的问题来具体分析。

§2. 导　　数

2.1 极限

如果当自变量 x 无限趋近某一数值 x_0（记作 $x\to x_0$）时，函数 $f(x)$ 的数值无限趋近某一确定的数值 a，则 a 叫做 $x\to x_0$ 时函数 $f(x)$ 的极限值，并记作

$$\lim_{x\to x_0} f(x)=a. \tag{A.17}$$

(A.17) 式中的“lim” 是英语“limit(极限)” 一词的缩写,(A.17) 式读作“当 x 趋近 x_0 时,$f(x)$ 的极限值等于 α”。

极限是微积分中的一个最基本的概念,它涉及的问题面很广。这里我们不试图给“极限” 这个概念下一个普遍而严格的定义,只通过一个特例来说明它的意义。

考虑下面这个函数:

$$y = f(x) = \frac{3x^2 - x - 2}{x - 1}. \tag{A.18}$$

这里除 $x=1$ 外,计算任何其他地方的函数值都是没有困难的。例如当 $x=0$ 时,$f(0) = \frac{-2}{-1} = 2$;当 $x = 2$ 时,$f(2) = \frac{8}{1} = 8$,等等。但是若问 $x = 1$ 时函数值 $f(1) = ?$ 我们就会发现,这时(A.18)式的分子和分母都等于 0,即 $f(1) = \frac{0}{0}$! 用 0 去除 0,一般地说是没有意义的。所以表达式(A.18) 没有直接给出 $f(1)$,但给出了 x 无论如何接近 1 时的函数值来。表 A-1 列出了当 x 的值从小于 1 和大于 1 两方面趋于 1 时 $f(x)$ 值的变化情况:

表 A-1 x 与 $f(x)$ 的变化值

x	$3x^2 - x - 2$	$x - 1$	$f(x) = \frac{3x^2 - x - 2}{x - 1}$
0.9	−0.47	−0.1	4.7
0.99	−0.0497	−0.01	4.97
0.999	−0.004997	−0.001	4.997
0.9999	−0.00049997	−0.0001	4.9997
1.1	0.53	0.1	5.3
1.01	0.503	0.01	5.03
1.001	0.005003	0.001	5.003
1.0001	0.00050003	0.0001	5.0003

从上表可以看出,x 值无论从哪边趋近 1 时,分子分母的比值都趋于一个确定的数值——5,这便是 $x \to 1$ 时 $f(x)$ 的极限值。

其实计算 $f(x)$ 值的极限无须这样麻烦,我们只要将(A.18) 式的分子作因式分解:

$$3x^2 - x - 2 = (3x + 2)(x - 1),$$

并在 $x \neq 1$ 的情况下从分子和分母中将因式$(x-1)$ 消去:

$$y = f(x) = \frac{(3x + 2)(x - 1)}{x - 1} = 3x + 2. \qquad (x \neq 1)$$

即可看出,x 趋于 1 时函数 $f(x)$ 的数值趋于 $3 \times 1 + 2 = 5$。所以根据函数极限的定义,

$$\lim_{x \to 1} f(x) = \lim_{x \to 1} \frac{3x^2 - x - 2}{x - 1} = 5.$$

2.2 几个物理学中的实例

(1) 瞬时速度

当一个物体作任意直线运动时,它的位置可用它到某个坐标原点 O 的距离 s 来描述。在运动过程中 s 是随时间 t 变化的,也就是说,s 是 t 的函数:

$$s = s(t).$$

函数 $s(t)$ 告诉我们的是这个物体什么时刻到达什么地方。形象一些说,假如物体是一列火车,则函数 $s(t)$ 就是它的一张“旅行时刻表”。但是,在实际中往往不满足于一张“时刻表”,我们还

需要知道物体运动快慢的程度，即速度或速率的概念。例如，当车辆驶过繁华的街道或桥梁时，为了安全，对它的速率就要有一定的限制；一个上抛体（如高射炮弹）能够达到怎样的高度，也与它的初始速率有关，等等。

为了建立速率的概念，我们就要研究在一段时间间隔里物体位置的改变情况。假设我们考虑的是从 $t=t_0$ 到 $t=t_1$ 的一段时间间隔，则这间隔的大小为

$$\Delta t = t_1 - t_0.$$

根据 s 和 t 的函数关系 $s(t)$ 可知，在 t_0 和 $t_1=t_0+\Delta t$ 两个时刻，s 的数值分别为 $s(t_0)$ 和 $s(t_1)=s(t_0+\Delta t)$，即在 t_0 到 t_1 这段时间间隔里 s 改变了

$$\Delta s = s(t_1)-s(t_0) = s(t_0+\Delta t)-s(t_0).$$

在同样大小的时间间隔 Δt 里，若 s 的改变量 Δs 小，就表明物体运动得慢，所以我们就把 Δs 与 Δt 之比 $\dfrac{\Delta s}{\Delta t}$ 叫做这段时间间隔里的平均速率。用 $\overline{v}$ 来表示，则

$$\overline{v} = \frac{\Delta s}{\Delta t} = \frac{s(t_0+\Delta t)-s(t_0)}{\Delta t}. \tag{A.19}$$

举例来说，对于匀变速直线运动，根据(A.4)式有

$$s(t_0) = s_0 + v_0 t_0 + \frac{1}{2}a t_0^2,$$

和

$$s(t_0+\Delta t) = s_0 + v_0\cdot(t_0+\Delta t) + \frac{1}{2}a\cdot(t_0+\Delta t)^2,$$

所以

$$\begin{aligned}\overline{v} &= \frac{s(t_0+\Delta t)-s(t_0)}{\Delta t}\\ &= \frac{\left[s_0 + v_0\cdot(t_0+\Delta t) + \frac{1}{2}a\cdot(t_0+\Delta t)^2\right] - \left(s_0 + v_0 t_0 + \frac{1}{2}a t_0^2\right)}{\Delta t}\\ &= \frac{(v_0+a t_0)\Delta t + \frac{1}{2}a\cdot(\Delta t)^2}{\Delta t} = v_0 + a t_0 + \frac{1}{2}a\Delta t.\end{aligned}$$

平均速率 $\overline{v}=\dfrac{\Delta s}{\Delta t}$ 反映了物体在一段时间间隔内运动的快慢，除了匀速直线运动的特殊情况外，$\dfrac{\Delta s}{\Delta t}$ 的数值或多或少与 Δt 的大小有关。Δt 取得越短，$\dfrac{\Delta s}{\Delta t}$ 就越能反映出物体在 $t=t_0$ 时刻运动的快慢。通常我们就把 $\Delta t\to 0$ 时 $\dfrac{\Delta s}{\Delta t}$ 的极限值，叫做物体在 $t=t_0$ 时刻的瞬时速率 v，即

$$v = \lim_{\Delta t\to 0}\frac{\Delta s}{\Delta t} = \lim_{\Delta t\to 0}\frac{s(t_0+\Delta t)-s(t_0)}{\Delta t}. \tag{A.20}$$

对于匀变速直线运动来说，

$$v = \lim_{\Delta t\to 0}\frac{\Delta s}{\Delta t} = \lim_{\Delta t\to 0}\left(v_0 + a t_0 + \frac{1}{2}a\Delta t\right) = v_0 + a t_0.$$

这就是我们熟悉的匀变速直线运动的速率公式(A.5)。

(2) 瞬时加速度

一般地说，瞬时速度或瞬时速率 v 也是 t 的函数：

$$v = v(t).$$

但是在许多实际问题中，只有速度和速率的概念还不够，我们还需要知道速度随时间变化的快慢，即需要建立“加速度”的概念。

平均加速度 $\overline{a}$ 和瞬时加速度 a 概念的建立与 $\overline{v}$ 和 v 的类似。在直线运动中，首先取一段时间间隔 t_0 到 t_1，根据瞬时速率 v 和时间 t 的函数关系 $v(t)$ 可知，在 $t=t_0$ 和 $t=t_1$ 两时刻的瞬时速率分别为 $v(t_0)$ 和 $v(t_1)=v(t_0+\Delta t)$，因此在 t_0 到 t_1 这段时间间隔里 v 改变了

$$\Delta v = v(t_0+\Delta t) - v(t_0).$$

我们把 $\dfrac{\Delta v}{\Delta t}$ 叫做这段时间间隔里的平均加速度，记作 $\overline{a}$：

$$\overline{a} = \frac{\Delta v}{\Delta t} = \frac{v(t_0+\Delta t)-v(t_0)}{\Delta t}. \tag{A.21}$$

举例来说，对于匀变速直线运动，根据(A.5)式有

$$v(t_0) = v_0 + at_0,$$
$$v(t_0+\Delta t) = v_0 + a(t_0+\Delta t),$$

所以平均加速度为

$$\overline{a} = \frac{\Delta v}{\Delta t} = \frac{v(t_0+\Delta t)-v(t_0)}{\Delta t}$$
$$= \frac{[v_0 + a(t_0+\Delta t)]-(v_0+at_0)}{\Delta t} = a(\text{常量})。$$

对于一般的变速运动，$\overline{a}$ 也是与 Δt 有关的，这时为了反映出某一时刻速度变化的快慢，我们就需取 $\dfrac{\Delta v}{\Delta t}$ 在 $\Delta t \to 0$ 时的极限，这就是物体在 $t=t_0$ 时刻的瞬时加速度 a：

$$a = \lim_{\Delta t\to 0}\frac{\Delta v}{\Delta t} = \lim_{\Delta t\to 0}\frac{v(t_0+\Delta t)-v(t_0)}{\Delta t}. \tag{A.22}$$

(3) 水渠的坡度

任何排灌水渠的两端都有一定的高度差，这样才能使水流动。为简单起见，我们假设水渠是直的，这时可以把 x 坐标轴取为逆水渠走向的方向(见图 A-5)，于是各处渠底的高度 h 便是 x 的函数：

$$h = h(x).$$

知道了这个函数，我们就可以计算任意两点之间的高度差。

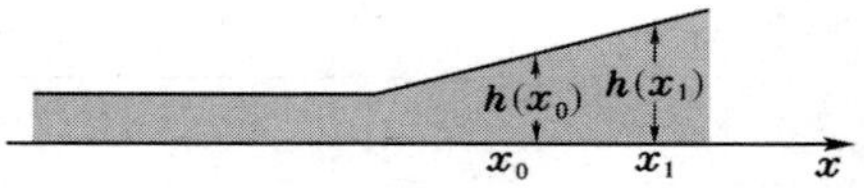

图 A-5

在修建水渠的时候，人们经常运用"坡度"的概念。譬如说，若逆水渠而上，渠底在 100 m 的距离内升高了 20 cm，人们就说这水渠的坡度是 $\dfrac{0.2\,\text{m}}{100\,\text{m}} = \dfrac{2}{1000}$.因此所谓坡度，就是指单位长度内的高度差，它的大小反映着高度随长度变化的快慢程度。如果用数学语言来表达，我们就要取一段水渠，设它的两端的坐标分别为 x_0 和 x_1，于是这段水渠的长度为 $\Delta x = x_1 - x_0$.

根据 h 和 x 的函数关系 $h(x)$ 可知，在 x_0 和 $x_1 = x_0 + \Delta x$ 两地 h 的数值分别为 $h(x_0)$ 和 $h(x_1) = h(x_0+\Delta x)$，所以在 Δx 这段长度内 h 改变了

$$\Delta h = h(x_0+\Delta x) - h(x_0).$$

根据上述坡度的定义，这段水渠的平均坡度为

$$\overline{\kappa} = \frac{\Delta h}{\Delta x} = \frac{h(x_0+\Delta x)-h(x_0)}{\Delta x}. \tag{A.23}$$

在前面所举的数字例子里，Δx 采用了 100 m 的数值。实际上在 100 m 的范围内，水渠的坡度可能各处不同。为了更细致地把水渠在各处的坡度反映出来，我们应当取更小的长度间隔 Δx. Δx 取得越小，$\dfrac{\Delta h}{\Delta x}$ 就越能精确地反映出 $x = x_0$ 这一点的坡度。所以在 $x = x_0$ 这一点的坡度 κ 应是 Δx

$\to 0$ 时的平均坡度 $\bar{\kappa}$ 的极限值，即

$$\kappa = \lim_{\Delta x \to 0} \frac{\Delta h}{\Delta x} = \lim_{\Delta x \to 0} \frac{h(x_0 + \Delta x) - h(x_0)}{\Delta x}. \tag{A.24}$$

2.3 函数的变化率——导数

前面我们举了三个例子，在前两个例子中自变量都是 t，第三个例子中自变量是 x. 这三个例子都表明，在我们研究变量与变量之间的函数关系时，除了它们数值上"静态的"对应关系外，我们往往还需要有"运动"或"变化"的观点，着眼于研究函数变化的趋势、增减的快慢，亦即，函数的"变化率"概念。

当变量由一个数值变到另一个数值时，后者减去前者，叫做这个变量的增量。增量，通常用代表变量的字母前面加个"Δ"来表示。例如，当自变量 x 的数值由 x_0 变到 x_1 时，其增量就是

$$\Delta x \equiv x_1 - x_0. \tag{A.25}$$

与此对应。因变量 y 的数值将由 $y_0 = f(x_0)$ 变到 $y_1 = f(x_1)$，于是它的增量为

$$\Delta y \equiv y_1 - y_0 = f(x_1) - f(x_0) = f(x_0 + \Delta x) - f(x_0). \tag{A.26}$$

应当指出，增量是可正可负的，负增量代表变量减少。增量比

$$\frac{\Delta y}{\Delta x} = \frac{f(x_0 + \Delta x) - f(x_0)}{\Delta x} \tag{A.27}$$

可以叫做函数在 $x = x_0$ 到 $x = x_0 + \Delta x$ 这一区间内的平均变化率，它在 $\Delta x \to 0$ 时的极限值叫做函数 $y = f(x)$ 对 x 的导数或微商，记作 y' 或 $f'(x)$，

$$y' = f'(x) = \lim_{\Delta x \to 0} \frac{\Delta y}{\Delta x} = \lim_{\Delta x \to 0} \frac{f(x_0 + \Delta x) - f(x_0)}{\Delta x}. \tag{A.28}$$

除 y'、$f'(x)$ 外，导数或微商还常常写作 $\frac{\mathrm{d}y}{\mathrm{d}x}$、$\frac{\mathrm{d}f}{\mathrm{d}x}$、$\frac{\mathrm{d}}{\mathrm{d}x}f(x)$ 等其他形式。导数与增量不同，它代表函数在一点的性质，即在该点的变化率。

应当指出，函数 $f(x)$ 的导数 $f'(x)$ 本身也是 x 的一个函数，因此我们可以再取它对 x 的导数，这叫做函数 $y = f(x)$ 的二阶导数，记作 y''、$f''(x)$、$\frac{\mathrm{d}^2 y}{\mathrm{d}x^2}$ 等。

$$y'' = f''(x) = \frac{\mathrm{d}^2 y}{\mathrm{d}x^2} \equiv \frac{\mathrm{d}}{\mathrm{d}x}\left(\frac{\mathrm{d}y}{\mathrm{d}x}\right) = \frac{\mathrm{d}}{\mathrm{d}x} f'(x). \tag{A.29}$$

据此类推，我们不难定义出高阶的导数来。

有了导数的概念，前面的几个实例中的物理量就可表示为

$$\text{瞬时速率} \qquad v = \frac{\mathrm{d}s}{\mathrm{d}t}, \tag{A.30}$$

$$\text{瞬时加速度} \qquad a = \frac{\mathrm{d}v}{\mathrm{d}t} = \frac{\mathrm{d}^2 s}{\mathrm{d}t^2}, \tag{A.31}$$

$$\text{水渠坡度} \qquad \kappa = \frac{\mathrm{d}h}{\mathrm{d}x}. \tag{A.32}$$

2.4 导数的几何意义

在几何中切线的概念也是建立在极限的基础上的。如图A-6所示，为了确定曲线在 P_0 点的切线，我们先在曲线上 P_0 附近选另一点 P_1，并设想 P_1 点沿着曲线向 P_0 点靠拢。P_0P_1 的联线是曲线的一条割线，它的方向可用这直线与横坐标轴的夹角 α 来描述。从图上不难看出，P_1 点越靠近 P_0 点，α 角就越接近一个确定的值 α_0，当 P_1 点完全和 P_0 点重合的时候，割线 P_0P_1 变成切线 P_0T，α 的极限值 α_0 就是切线与横轴的夹角。

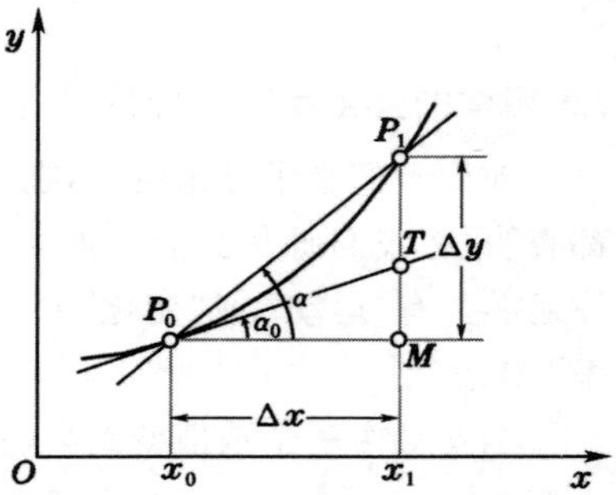

图 A-6

在解析几何中，我们把一条直线与横坐标轴夹角的正切 $\tan\alpha$ 叫做这条直线的斜率。斜率为正时表示 α 是锐角，从左到右直线是上坡的(见图 A-7a)；斜率为负时表示 α 是钝角，从左到右直线是下坡的(见图 A-7b)。现在我们来研究图 A-6 中割线 P_0P_1 和切线 P_0T 的斜率。

设 P_0 和 P_1 的坐标分别为(x_0, y_0)和$(x_0+\Delta x, y_0+\Delta y)$，以割线 P_0P_1 为斜边作一直角三角形 $\triangle P_0P_1M$，它的水平边 P_0M 的长度为 Δx，竖直边 MP_1 的长度为 Δy，因此这条割线的斜率为

$$\tan\alpha=\frac{\overline{MP_1}}{\overline{P_0M}}=\frac{\Delta y}{\Delta x}.$$

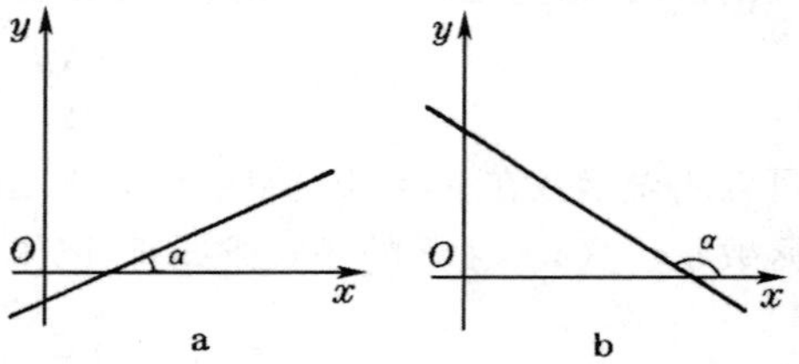

图 A-7

如果图 A-6 中的曲线代表函数 $y=f(x)$，则割线 P_0P_1JP2 的斜率就等于函数在 $x=x_0$ 附近的增量比 $\frac{\Delta y}{\Delta x}$. 切线 P_0T 的斜率 $\tan\alpha_0$ 是 $P_1\to P_0$ 时割线 P_0P_1 斜率的极限值，即

$$\tan\alpha_0=\lim_{P_1\to P_0}\tan\alpha=\lim_{\Delta x\to 0}\frac{\Delta y}{\Delta x}=f'(x).$$

所以导数的几何意义是切线的斜率。

§3. 导数的运算

在上节里我们只给出了导数的定义，本节将给出以下一些公式和定理，利用它们可以把常见函数的导数求出来。

3.1 基本函数的导数公式

(1) $y=f(x)=C$(常量)

$$y'=f'(x)=\lim_{\Delta x\to 0}\frac{f(x+\Delta x)-f(x)}{\Delta x}=\lim_{\Delta x\to 0}\frac{C-C}{\Delta x}=0.$$

(2) $y=f(x)=x$

$$y'=f'(x)=\lim_{\Delta x\to 0}\frac{f(x+\Delta x)-f(x)}{\Delta x}=\lim_{\Delta x\to 0}\frac{(x+\Delta x)-(x)}{\Delta x}=\lim_{\Delta x\to 0}\frac{\Delta x}{\Delta x}=1.$$

(3) $y=f(x)=x^2$

$$y'=f'(x)=\lim_{\Delta x\to 0}\frac{f(x+\Delta x)-f(x)}{\Delta x}=\lim_{\Delta x\to 0}\frac{(x+\Delta x)^2-x^2}{\Delta x}=\lim_{\Delta x\to 0}(2x+\Delta x)=2x.$$

(4) $y=f(x)=x^3$

$$y'=f'(x)=\lim_{\Delta x\to 0}\frac{f(x+\Delta x)-f(x)}{\Delta x}=\lim_{\Delta x\to 0}\frac{(x+\Delta x)^3-x^3}{\Delta x}=\lim_{\Delta x\to 0}[3x^2+3x\Delta x+(\Delta x)^2]$$
$$=3x^2.$$

(5) $y=f(x)=\dfrac{1}{x}$

$$y'=f'(x)=\lim_{\Delta x\to 0}\frac{f(x+\Delta x)-f(x)}{\Delta x}=\lim_{\Delta x\to 0}\frac{\dfrac{1}{x+\Delta x}-\dfrac{1}{x}}{\Delta x}=\lim_{\Delta x\to 0}\frac{x-(x+\Delta x)}{(x+\Delta x)x\Delta x}$$
$$=\lim_{\Delta x\to 0}\frac{-1}{(x+\Delta x)x}=\frac{-1}{x^2}.$$

(6) $y=f(x)=\sqrt{x}$

$$y'=f'(x)=\lim_{\Delta x\to 0}\frac{\sqrt{x+\Delta x}-\sqrt{x}}{\Delta x}=\lim_{\Delta x\to 0}\left(\frac{\sqrt{x+\Delta x}-\sqrt{x}}{\Delta x}\cdot\frac{\sqrt{x+\Delta x}+\sqrt{x}}{\sqrt{x+\Delta x}+\sqrt{x}}\right)$$
$$=\lim_{\Delta x\to 0}\frac{(\sqrt{x+\Delta x})^2-(\sqrt{x})^2}{\Delta x(\sqrt{x+\Delta x}+\sqrt{x})}=\lim_{\Delta x\to 0}\frac{1}{\sqrt{x+\Delta x}+\sqrt{x}}=\frac{1}{2\sqrt{x}}.$$

上面推导的结果可以归纳成一个普遍公式：当 $y=x^n$ 时，

$$y'=\frac{\mathrm{d}x^n}{\mathrm{d}x}=nx^{n-1}.\quad(n\text{ 为任何数})\tag{A.33}$$

除了幂函数 x^n 外，物理学中常见的基本函数还有三角函数、对数函数和指数函数。我们只给出这些函数的导数公式（见表 A-2）而不推导，读者可以直接引用。

表 A-2 基本导数公式

函数 $y=f(x)$	导数 $y'=f'(x)$
C （任意常量）	0
x^n （n 为任意数）	nx^{n-1}
$n=1,\ x$	1
$n=2,\ x^2$	$2x$
$n=3,\ x^3$	$3x^2$
$n=-1,\ x^{-1}=\dfrac{1}{x}$	$(-1)x^{-2}=\dfrac{-1}{x^2}$
$n=-2,\ x^{-2}=\dfrac{1}{x^2}$	$(-2)x^{-3}=\dfrac{-2}{x^3}$
$n=\dfrac{1}{2},\ x^{1/2}=\sqrt{x}$	$\dfrac{1}{2}x^{-1/2}=\dfrac{1}{2\sqrt{x}}$
$n=-\dfrac{1}{2},\ x^{-1/2}=\dfrac{1}{\sqrt{x}}$	$-\dfrac{1}{2}x^{-3/2}=\dfrac{-1}{2(\sqrt{x})^3}$
$n=-\dfrac{3}{2},\ x^{-3/2}=\dfrac{1}{(\sqrt{x})^3}$	$-\dfrac{3}{2}x^{-5/2}=\dfrac{-3}{2(\sqrt{x})^5}$
…………	…………
$\sin x$	$\cos x$
$\cos x$	$-\sin x$
$\ln x$	$\dfrac{1}{x}$
e^x	e^x

3.2 有关导数运算的几个定理

定理一

$$\frac{d}{dx}[u(x) \pm v(x)] = \frac{du}{dx} \pm \frac{dv}{dx}. \tag{A.34}$$

证：

$$\frac{d}{dx}[u(x) \pm v(x)] = \lim_{\Delta x \to 0} \frac{\Delta u \pm \Delta v}{\Delta x} = \lim_{\Delta x \to 0}\left(\frac{\Delta u}{\Delta x} \pm \frac{\Delta v}{\Delta x}\right) = \frac{du}{dx} \pm \frac{dv}{dx}.$$

定理二

$$\frac{d}{dx}[u(x)v(x)] = v(x)\frac{du}{dx} + u(x)\frac{dv}{dx}. \tag{A.35}$$

证：

$$\frac{d}{dx}[u(x)v(x)] = \lim_{\Delta x \to 0} \frac{[u(x)+\Delta u][v(x)+\Delta v] - u(x)v(x)}{\Delta x}$$

$$= \lim_{\Delta x \to 0} \frac{v(x)\Delta u + u(x)\Delta v + \Delta u \Delta v}{\Delta x} = \lim_{\Delta x \to 0}\left(v\frac{\Delta u}{\Delta x} + u\frac{\Delta v}{\Delta x}\right)$$

$$= v(x)\frac{du}{dx} + u(x)\frac{dv}{dx}.$$

定理三

$$\frac{d}{dx}\left[\frac{u(x)}{v(x)}\right] = \frac{v(x)\dfrac{du}{dx} - u(x)\dfrac{dv}{dx}}{[v(x)]^2}. \tag{A.36}$$

证：

$$\frac{d}{dx}\left[\frac{u(x)}{v(x)}\right] = \lim_{\Delta x \to 0}\frac{\dfrac{u(x)+\Delta u}{v(x)+\Delta v} - \dfrac{u(x)}{v(x)}}{\Delta x}$$

$$= \lim_{\Delta x \to 0}\frac{[u(x)+\Delta u]v(x) - u(x)[v(x)+\Delta v]}{[v(x)+\Delta v]v(x)\Delta x} = \lim_{\Delta x \to 0}\frac{v(x)\Delta u - u(x)\Delta v}{[v(x)+\Delta v]v(x)\Delta x}$$

$$= \lim_{\Delta x \to 0}\frac{v(x)\dfrac{\Delta u}{\Delta x} + u(x)\dfrac{\Delta v}{\Delta x}}{[v(x)+\Delta v]v(x)} = \frac{v(x)\dfrac{du}{dx} - u(x)\dfrac{dv}{dx}}{[v(x)]^2}.$$

定理四

$$\frac{d}{dx}u[v(x)] = \frac{du}{dv} \cdot \frac{dv}{dx}. \tag{A.37}$$

证：

$$\frac{d}{dx}u[v(x)] = \lim_{\Delta x \to 0}\frac{u[v(x+\Delta x)] - u[v(x)]}{\Delta x}$$

$$= \lim_{\Delta x \to 0}\left[\frac{u(v+\Delta v) - u(v)}{\Delta v} \cdot \frac{\Delta v}{\Delta x}\right] = \lim_{\Delta v \to 0}\left[\frac{u(v+\Delta v) - u(v)}{\Delta v}\right] \cdot \lim_{\Delta x \to 0}\left(\frac{\Delta v}{\Delta x}\right)$$

$$= \frac{du}{dv} \cdot \frac{dv}{dx}.$$

例题 1 求 $y = x^2 \pm a^2$(a 为常量)的导数。

解： $\dfrac{dy}{dx} = \dfrac{dx^2}{dx} \pm \dfrac{da^2}{dx} = 2x \pm 0 = 2x.$ ▌

例题 2 求 $y = \ln\dfrac{x}{a}$(a 为常量)的导数。

解： $\dfrac{dy}{dx} = \dfrac{d\ln x}{dx} - \dfrac{d\ln a}{dx} = \dfrac{1}{x} - 0 = \dfrac{1}{x}.$ ▌

例题 3 求 $y = ax^2$(a 为常量)的导数。

解： $\dfrac{dy}{dx} = \dfrac{da}{dx}x^2 + a\dfrac{dx^2}{dx} = 0 \cdot x^2 + a \cdot 2x = 2ax.$ ▌

例题 4 求 $y = x^2 e^x$ 的导数。

解： $\dfrac{dy}{dx} = \dfrac{dx^2}{dx}e^x + x^2\dfrac{de^x}{dx} = 2x \cdot e^x + x^2 \cdot e^x = (2x + x^2)e^x$. ▌

例题 5 求 $y = \dfrac{3x^2-2}{5x+1}$ 的导数。

解：

$$\frac{dy}{dx} = \frac{\dfrac{d(3x^2-2)}{dx}(5x+1)-(3x^2-2)\dfrac{d(5x+1)}{dx}}{(5x+1)^2} = \frac{6x(5x+1)-(3x^2-2)\cdot 5}{(5x+1)^2}$$

$$= \frac{15x^2+6x+10}{(5x+1)^2}.$$ ▌

例题 6 求 $y = \tan x$ 的导数。

解：

$$\frac{dy}{dx} = \frac{d}{dx}\left(\frac{\sin x}{\cos x}\right) = \frac{\cos x\dfrac{d\sin x}{dx} - \dfrac{d\cos x}{dx}\sin x}{\cos^2 x} = \frac{\cos x \cdot \cos x - \sin x(-\sin x)}{\cos^2 x}$$

$$= \frac{1}{\cos^2 x} = \sec^2 x.$$ ▌

例题 7 求 $y = \cos(ax+b)$（a、b 为常量）的导数。

解： 令 $v = ax+b$，$y = u(v) = \cos v$，则

$$\frac{dy}{dx} = \frac{du}{dv}\cdot\frac{dv}{dx} = (-\sin v)\cdot a = -a\sin(ax+b).$$ ▌

例题 8 求 $\sqrt{x^2-1}$ 的导数。

解： 令 $v = x^2-1$，$y = u(v) = \sqrt{v}$，则

$$\frac{dy}{dx} = \frac{du}{dv}\cdot\frac{dv}{dx} = \frac{1}{2\sqrt{v}}\cdot 2x = \frac{x}{\sqrt{x^2-1}}.$$ ▌

例题 9 求 $y = x^2 e^{-ax^2}$（a 为常量）的导数。

解： 令 $u = e^v$，$v = -ax^2$，则

$$\frac{dy}{dx} = \frac{dx^2}{dx}u + x^2\frac{du}{dv}\frac{dv}{dx} = 2xu + x^2\cdot e^v\cdot(-2ax) = 2x(1-ax^2)e^{-ax^2}.$$ ▌

§ 4. 微分和函数的幂级数展开

4.1 微分

自变量的微分，就是它的任意一个无限小的增量 Δx. 用 dx 代表 x 的微分，则

$$dx = \Delta x. \tag{A.38}$$

一个函数 $y=f(x)$ 的导数 $f'(x)$ 乘以自变量的微分 dx，叫做这个函数的微分，用 dy 或 $df(x)$ 表示，即

$$dy \equiv df(x) \equiv f'(x)dx, \tag{A.39}$$

故

$$f'(x) = \frac{dy}{dx}. \tag{A.40}$$

在前面我们也曾把导数写成$\dfrac{dy}{dx}$的形式。然而是把它作为一个整体引入的。当时它虽然表面上具有分数的形式，但在运算时并不像普通分数那样可以拆成“分子”和“分母”两部分。在引入微分的概念之后，我们就可把导数看成微分 dy 与 dx 之商（所谓“微商”），即一个真正的分数了。把

导数写成分数形式，常常是很方便的，例如，把上节定理四(A.37)式的左端$\frac{\mathrm{d}}{\mathrm{d}x}u[v(x)]$简写成$\frac{\mathrm{d}u}{\mathrm{d}x}$，则该式化为

$$\frac{\mathrm{d}u}{\mathrm{d}x}=\frac{\mathrm{d}u}{\mathrm{d}v}\cdot\frac{\mathrm{d}v}{\mathrm{d}x},$$

此公式从形式上看就和分数运算法则一致了，很便于记忆。

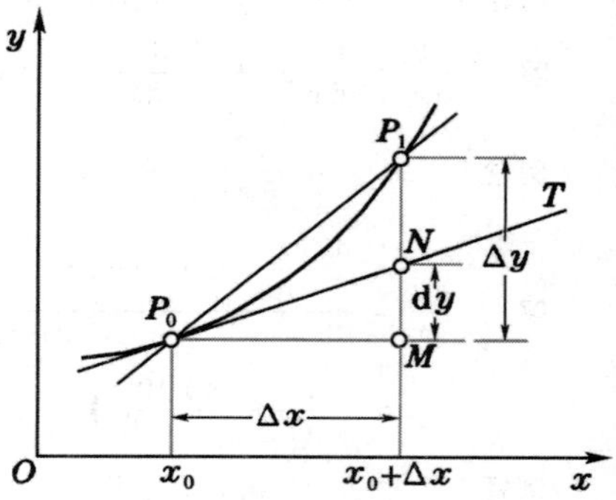

图 A-8

下面看微分的几何意义。图 A-8 是任一函数 $y=f(x)$ 的图形，$P_0(x_0, y_0)$ 和 $P_1(x_0+\Delta x, y_0+\Delta y)$ 是曲线上两个邻近的点，P_0T 是通过 P_0 的切线。直角三角形 $\triangle P_0MP_1$ 的水平边$\overline{P_0M}=\Delta x$，竖直边$\overline{MP_1}=\Delta y$（见图A-8）。设 P_0T 与 MP_1 的交点为 N，则

$$\tan\angle NP_0M=\frac{\overline{MN}}{\overline{P_0M}}=\frac{\overline{MN}}{\Delta x}.$$

但 $\tan\angle NP_0M$ 为切线P_0T 的斜率，它等于 $x=x_0$ 处的导数 $f'(x_0)$，因此

$$\mathrm{d}y=f'(x_0)\Delta x=\tan\angle NP_0M\cdot\Delta x=\overline{MN}.$$

所以微分 $\mathrm{d}y$ 在几何图形上相当于线段 MN 的长度，它和增量 $\Delta y=\overline{MP_1}$ 相差$\overline{NP_1}$ 一段长。从上一节计算导数时取极限的过程中可以看出，$\mathrm{d}y$ 是 Δy 中正比于 Δx 的那一部分，而$\overline{NP_1}$ 则是正比于$(\Delta x)^2$ 以及 Δx 更高幂次的各项之和[例如对于函数 $y=f(x)=x^3$，$\Delta y=3x^2\Delta x+3x(\Delta x)^2+(\Delta x)^3$，而 $\mathrm{d}y=f'(x)\Delta x=3x^2\Delta x$]. 当 Δx 很小时，$(\Delta x)^2,(\Delta x)^3,\cdots$ 比 Δx 小得多，$\overline{NP_1}$ 也就比 $\mathrm{d}y$ 小得多，所以我们可以把微分 $\mathrm{d}y$ 叫做增量 Δy 中的线性主部。这就是说，如果函数在 $x=x_0$ 的地方像线性函数那样增长，则它的增量就是 $\mathrm{d}y$.

4.2 幂函数的展开

已知一个函数 $f(x)$ 在 $x=x_0$ 一点的数值 $f(x_0)$，如何求得其附近的点 $x=x_0+\Delta x$ 处的函数值 $f(x)=f(x_0+\Delta x)$？若 $f(x)$ 为 x 的幂函数 x^n，我们可以利用牛顿的二项式定理：

$$\begin{aligned}f(x)&=x^n=(x_0+\Delta x)^n=x_0^n\left[1+\left(\frac{\Delta x}{x_0}\right)\right]^n=f(x_0)\left[1+\left(\frac{\Delta x}{x_0}\right)\right]^n\\&=f(x_0)\left[1+n\left(\frac{\Delta x}{x_0}\right)+\frac{n(n-1)}{2!}\left(\frac{\Delta x}{x_0}\right)^2+\frac{n(n-1)(n-3)}{3!}\left(\frac{\Delta x}{x_0}\right)^3+\cdots\right]\\&=f(x_0)\sum_{m=0}^{\infty}\frac{n(n-1)\cdots(n-m+1)}{m!}\left(\frac{\Delta x}{x_0}\right)^m,\end{aligned}\tag{A.41}$$

此式适用于任何 n（整数、非整数、正数、负数，等等）。如果 n 为正整数，则上式中的级数在 $m=n$ 的地方截断，余下的项自动为 0，否则上式为无穷级数。不过当 $\Delta x\ll x_0$ 时，后面的项越来越小，我们只需保留有限多项就足够精确了。

不要以为数学表达式越精确越好。譬如图 A-9 中 A、B 两点间的水平距离为l，若将 B 点竖直向上提高一个很小的距离 $a(a\ll l)$ 而到达 B'，问 AB' 之间的距离比 AB 增大了多少？利用勾股弦定理很容易写出，距离的增加量为

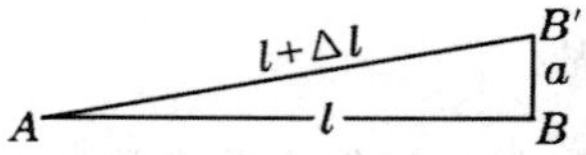

图 A-9

$$\Delta l=\sqrt{l^2+a^2}-l.$$

这是个精确的公式，但没有给我们一个鲜明的印象，究竟 Δl 是随 a 怎样变化的。如果我们用二项式定理将它展开，只保留到最低级的非 0 项，则有

$$\Delta l = l\left[\sqrt{1+\left(\frac{a}{l}\right)^2}-1\right] = l\left\{\left[1+\left(\frac{a}{l}\right)^2\right]^{\frac{1}{2}}-1\right\} = l\left[1+\frac{1}{2}\left(\frac{a}{l}\right)^2+\cdots-1\right] \approx \frac{l}{2}\left(\frac{a}{l}\right)^2 = \frac{a^2}{2l}.$$

即 Δl 是正比于 a 平方增长的,属二级小量。这种用幂级数展开来分析主要变化趋势的办法,在物理学里是经常用到的。

4.3 泰勒展开

非幂函数(譬如 $\sin x$、e^x)如何作幂级数展开？ 这要用泰勒(Taylor)展开。下面我们用一种不太严格,但简单明了的办法将它导出。假设函数 $f(x)$ 在 $x = x_0$ 处的增量 $\Delta f=f(x)-f(x_0)$ 能够展成 $\Delta x = x - x_0$ 的幂级数:

$$f(x)-f(x_0) = \sum_{m=1}^{\infty} a_m (x-x_0)^m, \tag{A.42}$$

则通过逐项求导可得

$$f'(x) = \sum_{m=1}^{\infty} m a_m (x-x_0)^{m-1},$$

当 $x \to x_0$ 时，$m > 1$ 的项都趋于 0,于是有

$$f'(x_0) = a_1.$$

再次求导,得

$$f''(x) = \sum_{m=2}^{\infty} m(m-1) a_m (x-x_0)^{m-2},$$

当 $x \to x_0$ 时，$m > 2$ 的项都趋于 0,于是有

$$f''(x_0) = 2a_2.$$

如此类推,一般地说,对于 n 阶导数有

$$f^{(n)}(x_0) = \sum_{m=2}^{\infty} m(m-1)\cdots(m-n+1) a_m (x-x_0)^{m-n} \xrightarrow{\text{当 } x \to x_0 \text{ 时}} n!\ a_n.$$

于是(A.42) 式可以写为

$$f(x)-f(x_0) = \sum_{n=1}^{\infty} \frac{f^{(n)}(x_0)}{n!}(x-x_0)^n, \tag{A.43}$$

如果定义第 0 阶导数 $f^{(0)}(x)$ 就是函数 $f(x)$ 本身,则上式还可进一步简写为

$$f(x) = \sum_{n=0}^{\infty} \frac{f^{(n)}(x_0)}{n!}(x-x_0)^n. \tag{A.44}$$

(A.43) 式或(A.44) 式称为泰勒展开式,它在物理学中是非常有用的公式。

下面在表 A－3 中给出几个常见函数在 $x_0 = 0$ 或 1 处的泰勒展开式。

表 A－3　常见函数的幂级数展开式

函数	展开式	收敛范围
$(1 \pm x)^{1/2}$	$1 \pm \frac{1}{2}x - \frac{1\cdot1}{2\cdot4}x^2 \pm \frac{1\cdot1\cdot3}{2\cdot4\cdot6}x^3 - \frac{1\cdot1\cdot3\cdot5}{2\cdot4\cdot6\cdot8}x^4 \pm \cdots$	$\lvert x \rvert \leqslant 1$
$(1 \pm x)^{3/2}$	$1 \pm \frac{3}{2}x + \frac{3\cdot1}{2\cdot4}x^2 \mp \frac{3\cdot1\cdot1}{2\cdot4\cdot6}x^3 + \frac{3\cdot1\cdot1\cdot3}{2\cdot4\cdot6\cdot8}x^4 \mp \cdots$	$\lvert x \rvert \leqslant 1$
$(1 \pm x)^{5/2}$	$1 \pm \frac{5}{2}x + \frac{5\cdot3}{2\cdot4}x^2 \pm \frac{5\cdot3\cdot1}{2\cdot4\cdot6}x^3 - \frac{5\cdot3\cdot1\cdot1}{2\cdot4\cdot6\cdot8}x^4 \mp \cdots$	$\lvert x \rvert \leqslant 1$
$(1 \pm x)^{-1/2}$	$1 \mp \frac{1}{2}x + \frac{1\cdot3}{2\cdot4}x^2 \mp \frac{1\cdot3\cdot5}{2\cdot4\cdot6}x^3 + \frac{1\cdot3\cdot5\cdot7}{2\cdot4\cdot6\cdot8}x^4 \mp \cdots$	$\lvert x \rvert < 1$
$(1 \pm x)^{-3/2}$	$1 \mp \frac{3}{2}x + \frac{3\cdot5}{2\cdot4}x^2 \mp \frac{3\cdot5\cdot7}{2\cdot4\cdot6}x^3 + \frac{3\cdot5\cdot7\cdot9}{2\cdot4\cdot6\cdot8}x^4 \mp \cdots$	$\lvert x \rvert < 1$

续表

$(1\pm x)^{-5/2}$	$1\mp\frac{5}{2}x+\frac{5\cdot 7}{2\cdot 4}x^2\mp\frac{5\cdot 7\cdot 9}{2\cdot 4\cdot 6}x^3+\frac{5\cdot 7\cdot 9\cdot 11}{2\cdot 4\cdot 6\cdot 8}x^4\mp\cdots$	$\|x\|<1$
$(1\pm x)^{-1}$	$1\mp x+x^2\mp x^3+x^4\mp\cdots$	$\|x\|<1$
$(1\pm x)^{-2}$	$1\mp 2x+3x^2\mp 4x^3+5x^4\mp\cdots$	$\|x\|<1$
$\sin x$	$x-\frac{x^3}{3!}+\frac{x^5}{5!}-\cdots$	$\|x\|<\infty$
$\cos x$	$1-\frac{x^2}{2!}+\frac{x^4}{4!}-\frac{x^6}{6!}+\cdots$	$\|x\|<\infty$
$\tan x$	$x+\frac{1}{3}x^3+\frac{2}{15}x^5+\frac{17}{315}x^7+\frac{62}{2835}x^9+\cdots$	$\|x\|<\infty$
e^x	$1+\frac{x}{1!}+\frac{x^2}{2!}+\frac{x^3}{3!}+\frac{x^4}{4!}+\cdots$	$\|x\|<\infty$
$\ln(1+x)$	$x-\frac{x^2}{2}+\frac{x^3}{3}-\frac{x^4}{4}+\cdots$	$-1<x\leqslant 1$
$\ln(1-x)$	$-\left(x+\frac{x^2}{2}+\frac{x^3}{3}+\frac{x^4}{4}+\cdots\right)$	$-1\leqslant x<1$

§5. 积　　分

5.1 几个物理中的实例

(1) 变速直线运动的路程

我们都熟悉匀速直线运动的路程公式。如果物体的速率是 v，则它在 t_a 到 t_b 一段时间间隔内走过的路程是

$$s=v(t_b-t_a).\tag{A.45}$$

对于变速直线运动来说，物体的速率 v 是时间的函数：　　$v=v(t)$，

函数的图形是一条曲线（见图 A－10a），只有在匀速直线运动的特殊情况下，它才是一条直线（参见图 A－4b）。对于变速直线运动，(A.45) 式已不适用。但是，我们可以把 $t=t_a$ 到 $t=t_b$ 这段时间间隔分割成许多小段，当小段足够短时，在每小段时间内的速率都可以近似地看成不变的。这样一来，物体在每小段时间里走过的路程都可以按照匀速直线运动的公式来计算，然后把各小段时间里走过的路程都加起来，就得到 t_a 到 t_b 这段时间里走过的总路程。

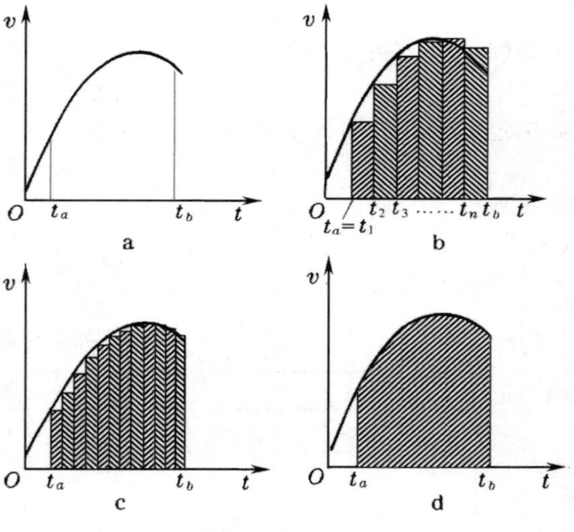

图 A－10

设时间间隔 (t_b-t_a) 被 $t=t_1(=t_a),t_2,t_3,\cdots,t_n,t_b$ 分割成 n 小段，每小段时间间隔都是 Δt，则在 $t_1,t_2,t_3,\cdots,t_n$ 各时刻速率分别是 $v(t_1),v(t_2),v(t_3),\cdots,v(t_n)$。如果我们把各小段时间的速率 v 看成不变的，则按照匀速直线运动的公式，物体在这些小段时间走过的路程分

别等于 $v(t_1)\Delta t, v(t_2)\Delta t, v(t_3)\Delta t, \cdots, v(t_n)\Delta t$. 于是,在整个$(t_b-t_a)$这段时间里的总路程是

$$s = v(t_1)\Delta t + v(t_2)\Delta t + v(t_3)\Delta t + \cdots + v(t_n)\Delta t = \sum_{i=1}^{n} v(t_i)\Delta t. \tag{A.46}$$

现在我们来看看上式的几何意义。在函数 $v = v(t)$ 的图形中,通过 $t = t_1, t_2, t_3, \cdots, t_n$ 各点垂线的高度分别是 $v(t_1), v(t_2), v(t_3), \cdots, v(t_n)$(见图 A－10b),所以 $v(t_1)\Delta t, v(t_2)\Delta t, v(t_3)\Delta t, \cdots, v(t_n)\Delta t$ 就分别是图中那些狭长矩形的面积,而 $\sum_{i=1}^{n} v(t_i)\Delta t$ 则是所有这些矩形面积的总和,即图中画了斜线的阶梯状图形的面积。

在上面的计算中,我们把各小段时间 Δt 里的速率 v 看作是不变的,实际上在每小段时间里 v 多少还是有些变化的,所以上面的计算并不精确。要使计算精确,就需要把小段的数目 n 加大,同时所有小段的 Δt 缩短(见图 A－10c)。Δt 越短,在各小段里 v 就改变得越少,把各小段里的运动看成匀速运动也就越接近实际情况。所以要严格地计算变速运动的路程 s,我们就应对(A.46)式取 $n \to \infty$、$\Delta t \to 0$ 的极限,即

$$s = \lim_{\substack{\Delta t \to 0 \\ n \to \infty}} \sum_{i=1}^{n} v(t_i)\Delta t. \tag{A.47}$$

当 n 越来越大,Δt 越来越小的时候,图 A－10 中的阶梯状图形的面积就越来越接近 $v(t)$ 曲线下面的面积(图 A－10d)。所以(A.47)式中的极限值等于$(t_b - t_a)$区间内 $v(t)$ 曲线下的面积。

总之,在变速直线运动中,物体在任一段时间间隔(t_b-t_a)里走过的路程要用(A.47)式来计算,这个极限值的几何意义相当于这区间内 $v(t)$ 曲线下的面积。

(2) 变力的功

当力与物体移动的方向一致时,在物体由位置 $s = s_a$ 移到 $s = s_b$ 的过程中,恒力 F 对它所作的功为

$$A = F(s_b - s_a). \tag{A.48}$$

如果力 F 是随位置变化的,即 F 是 s 的函数:$F = F(s)$,则不能运用(A.48)式来计算力 F 的功了。这时,我们也需要像计算变速运动的路程那样,把(s_b-s_a)这段距离分割成 n 个长度为 Δs 的小段(见图 A－11),并把各小段内力 F 的数值近似看成恒定的,用恒力作功的公式计算出每小段路程 Δs 上的功,然后加起来取 $n \to \infty$、$\Delta s \to 0$ 的极限值。具体地说,设力 F 在各小段路程内的数值分别为 $F(s_1), F(s_2), F(s_3), \cdots, F(s_n)$,则在各小段路程上力 F 所作的功分别为 $F(s_1)\Delta s, F(s_2)\Delta s, F(s_3)\Delta s, \cdots, F(s_n)\Delta s$. 在$(s_b-s_a)$整段路程上力 F 的总功 A 就近似地等于 $\sum_{i=1}^{n} F(s_i)\Delta s$. 因为实际上在每小段路程上力 F 都是变化的,所以严格地计算,还应取 $n \to \infty$、$\Delta s \to 0$ 的极限值,即

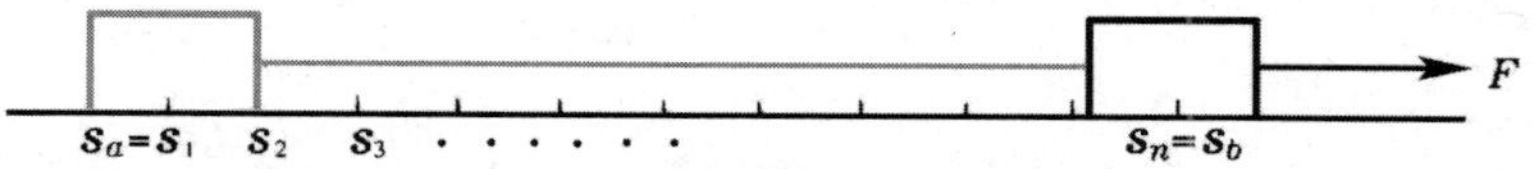

图 A－11

$$A = \lim_{\substack{\Delta s \to 0 \\ n \to \infty}} \sum_{i=1}^{n} F(s_i)\Delta s. \tag{A.49}$$

同上例,这极限值应是$(s_b - s_a)$区间内 $F(s)$ 下面的面积(见图 A－12)。

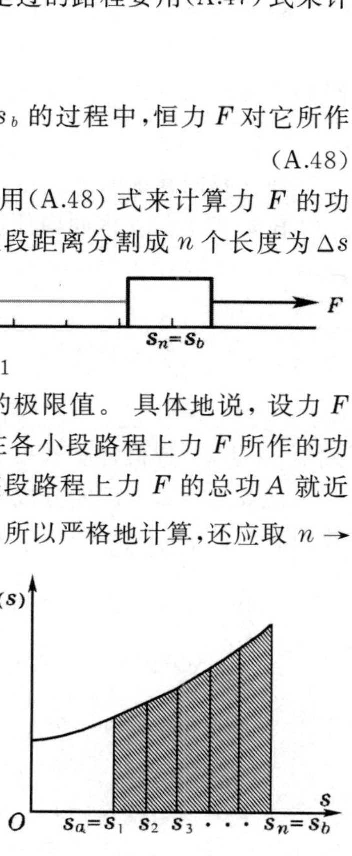

图 A－12

5.2 定积分

以上两个例子表明,许多物理问题中需要计算像(A.47)式

和(A.49) 式中给出的那类极限值。概括起来说，就是要解决如下的数学问题：给定一个函数 $f(x)$，用 $x=x_1(=a), x_2, x_3, \cdots, x_n$，$b$ 把自变量 x 在 $(b-a)$ 区间内的数值分成 n 小段，设每小段的大小为 Δx，求 $n\to\infty$、即 $\Delta x\to 0$ 时 $\sum_{i=1}^{n} f(x_i)\Delta x$ 的极限。通常把这类形式的极限用符号 $\int_a^b f(x)\,dx$ 来表示，

$$\int_a^b f(x)\,dx = \lim_{\substack{\Delta x\to 0\\ n\to\infty}} \sum_{i=1}^{n} f(x_i)\Delta x. \tag{A.50}$$

$\int_a^b f(x)\,dx$ 叫做 $x=a$ 到 $x=b$ 区间内 $f(x)$ 对 x 的定积分，$f(x)$ 叫做被积函数，b 和 a 分别叫做定积分的上限和下限。

用定积分的符号来表示，(A.47) 式和(A.49) 式可分别写为

$$s = \int_{t_a}^{t_b} v(t)\,dt \tag{A.51}$$

$$A = \int_{s_a}^{s_b} F(s)\,ds. \tag{A.52}$$

在变速直线运动的路程公式(A.51) 里，自变量是 t，被积函数是 $v(t)$，积分的上、下限分别是 t_b 和 t_a；在变力作功的公式(A.52) 里，自变量是 s，被积函数是 $F(s)$，积分的上、下限分别是 s_b 和 s_a.

求任意函数定积分的办法有赖于下面关于定积分的基本定理：

如果被积函数 $f(x)$ 是某个函数 $\Phi(x)$ 的导数，即

$$f(x) = \Phi'(x),$$

则在 $x=a$ 到 $x=b$ 区间内 $f(x)$ 对 x 的定积分等于 $\Phi(x)$ 在这区间内的增量，即

$$\int_a^b f(x)\,dx = \Phi(b) - \Phi(a). \tag{A.53}$$

现在我们来证明上述定理。

在 $a\leqslant x\leqslant b$ 区间内任选一点 x_i，首先考虑 $\Phi(x)$ 在 $x=x_i$ 到 $x=x_i+\Delta x\equiv x_{i+1}$ 区间的增量 $\Delta\Phi(x_i)=\Phi(x_{i+1})-\Phi(x_i)$：

$$\Delta\Phi(x_i) = \frac{\Delta\Phi(x_i)}{\Delta x}\Delta x.$$

当 $\Delta x\to 0$ 时，我们可用 $\Phi(x)$ 的导数 $\Phi'(x)=\frac{d\Phi}{dx}$ 代替 $\frac{\Delta\Phi}{\Delta x}$，但按照定理的前提，$\Phi'(x)=f(x)$，故

$$\Delta\Phi(x_i) \approx \Phi'(x_i)\Delta x = f(x_i)\Delta x.$$

式中 ≈ 表示“近似等于”，若取 $\Delta x\to 0$ 的极限，上式就是严格的等式。

把 $a\leqslant x\leqslant b$ 区间分成$n-1$ 小段，每段长 Δx. 上式适用于每小段。根据积分的定义和上式，我们有

$$\begin{aligned}
&\int_a^b f(x)\,dx \\
&= \lim_{\substack{\Delta x\to 0\\ n\to\infty}} [f(x_1)\Delta x + f(x_2)\Delta x + \cdots + f(x_{n-1})\Delta x] \\
&= \lim_{\substack{\Delta x\to 0\\ n\to\infty}} \Delta\Phi(x_1) + \Delta\Phi(x_2) + \cdots + \Delta\Phi(x_{n-1})] \\
&= \lim_{\substack{\Delta x\to 0\\ n\to\infty}} \left\{ \begin{array}{l} [\Phi(x_2)-\Phi(x_1)] + [\Phi(x_3)-\Phi(x_2)] \\ + \cdots + [\Phi(x_n)-\Phi(x_{n-1})] \end{array} \right\} \\
&= \Phi(x_n) - \Phi(x_1),
\end{aligned}$$

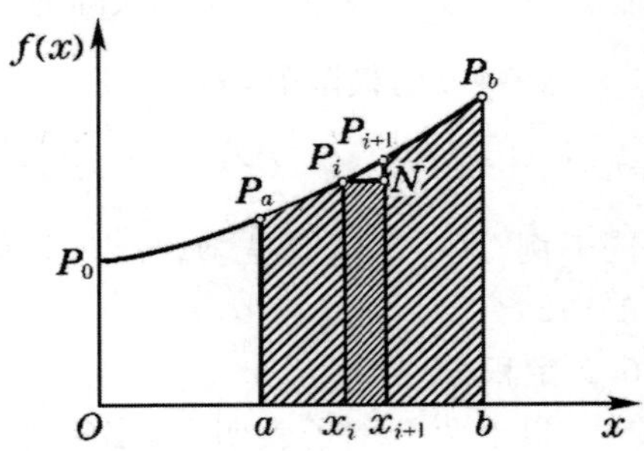

图 A-13

因 $x_1=a$，$x_n=b$，于是得(A.53) 式，至此定理证讫。

下面看看函数 $\Phi(x)$ 在 $f-x$ 图(见图 A-13) 中所表现的几何意义。如前所述,

$$\Delta\Phi(x_i)=\Phi(x_{i+1})-\Phi(x_i)=f(x_i)\Delta x,$$

正是宽为 Δx、高为 $f(x_i)=\overline{x_iP_i}$ 的一个矩形(即图 A-13 中的矩形 $x_i x_{i+1} NP_i$) 的面积。它和曲线段 P_iP_{i+1} 下面的梯形 $x_i x_{i+1} P_{i+1} P_i$ 的面积只是相差一小三角形 $P_i NP_{i+1}$ 的面积。当 $\Delta x \to 0$ 时,可认为 $\Delta\Phi(x_i)$ 就是梯形 $x_i x_{i+1} P_{i+1} P_i$ 的面积。

既然当 x 由 x_i 变到 x_{i+1} 时,$\Phi(x)$ 的增量的几何意义是相应区间 f-x 曲线下的面积,则 $\Phi(x)$ 本身的几何意义就是从原点 O 到 x 区间 f-x 曲线下面的面积加上一个常量 $C=\Phi(0)$. 例如 $\Phi(x_i)$ 的几何意义是图形 $Ox_iP_iP_0$ 的面积加 C, $\Phi(x_{i+1})$ 的几何意义是图形 $Ox_{i+1}P_{i+1}P_0$ 的面积加 C, 等等。这样, $\Delta\Phi(x_i)=\Phi(x_{i+1})-\Phi(x_i)$ 就是:

$$(Ox_{i+1}P_{i+1}P_0 \text{ 的面积}+C)-(Ox_iP_iP_0 \text{ 的面积}+C)=x_i x_{i+1}P_{i+1}P_i \text{ 的面积},$$

而 $\Phi(b)-\Phi(a)$ 的几何意义是:

$$(ObP_bP_0 \text{ 的面积}+C)-(OaP_aP_0 \text{ 的面积}+C)=abP_bP_a \text{ 的面积}。$$

它相当于定积分 $\int_a^b f(x)\,\mathrm{d}x$ 的值。

5.3 不定积分及其运算

在证明了上述定积分的基本定理之后,我们就可以着手解决积分的运算问题了。根据上述定理,只要我们求得函数 $\Phi(x)$ 的表达式,利用(A.53) 式立即可以算出定积分 $\int_a^b f(x)\,\mathrm{d}x$ 来。那么,给出了被积函数 $f(x)$ 的表达式之后,怎样去求 $\Phi(x)$ 的表达式呢? 上述定理告诉我们, $\Phi'(x)=f(x)$,所以这就相当于问 $f(x)$ 是什么函数的导数。由此可见,*积分运算是求导的逆运算*。如果 $f(x)$ 是 $\Phi(x)$ 的导数,我们可以称 $\Phi(x)$ 是 $f(x)$ 的*逆导数或原函数*。求 $f(x)$ 的定积分就可以归结为求它的逆导数或原函数。

在上节里我们讲了一些求导数的公式和定理,常见的函数我们都可以按照一定的法则把它们的导数求出来。然而求逆导数的问题却不像求导数那样容易,而需要靠判断和试探。例如,我们知道了 $\Phi(x)=x^3$ 的导数 $\Phi'(x)=3x^2$,也就知道了 $F(x)=3x^2$ 的逆导数是 $\Phi(x)=x^3$. 这时,如果要问函数 $f(x)=x^2$ 的逆导数是什么,那么我们就不难想到,它的逆导数应该是 $x^3/3$. 这里要指出一点,即对于一个给定的函数 $f(x)$ 来说,它的逆导数并不是唯一的。$\Phi_1(x)=x^3/3$ 是 $f(x)=x^2$ 的逆导数,$\Phi_2(x)=x^3/3+1$ 和 $\Phi_3(x)=x^3/3-5$ 也都是它的逆导数,因为 $\Phi_1{}'(x)$、$\Phi_2{}'(x)$、$\Phi_3{}'(x)$ 都等于 x^2. 一般说来,在函数 $f(x)$ 的某个逆导数 $\Phi(x)$ 上加一任意常量 C,仍旧是 $f(x)$ 的逆导数。通常把一个函数 $f(x)$ 的逆导数的通式 $\Phi(x)+C$ 叫做它的*不定积分*,并记作 $\int f(x)\,\mathrm{d}x$,于是

$$\int f(x)\,\mathrm{d}x=\Phi(x)+C. \tag{A.54}$$

因在不定积分中包含任意常量,它代表的不是个别函数,而是一组函数。

上面所给的例子太简单了,我们一眼就能猜到逆导数是什么。在一般的情况下求逆导数,首先要求我们对各种函数的导数掌握得很熟练,才能确定选用哪一种形式的函数去试探。此外,掌握表 A-4 中给出的基本不定积分公式和其后的几个有关积分运算的定理,也是很重要的。(表中的公式可以通过求导运算倒过来验证,望读者自己去完成。)

表 A-4　基本不定积分公式

函数 $f(x)$	不定积分 $\int f(x)\mathrm{d}x$
$x^n \quad (n \neq -1)$	$\frac{x^{n+1}}{n+1}+C$
$n=1$ 时，$x^1=x$	$\frac{x^2}{2}+C$
$n=2$ 时，x^2	$\frac{x^3}{3}+C$
$n=3$ 时，x^3	$\frac{x^4}{4}+C$
$n=-2$ 时，$x^{-2}=\frac{1}{x^2}$	$\frac{x^{-1}}{-1}+C=-\frac{1}{x}+C$
$n=\frac{1}{2}$ 时，$x^{1/2}=\sqrt{x}$	$\frac{x^{3/2}}{\frac{3}{2}}+C=\frac{2}{3}(\sqrt{x})^3+C$
$n=-\frac{1}{2}$ 时，$x^{-1/2}=\frac{1}{\sqrt{x}}$	$\frac{x^{1/2}}{\frac{1}{2}}+C=2\sqrt{x}+C$
$n=-\frac{3}{2}$ 时，$x^{-3/2}=\frac{1}{(\sqrt{x})^3}$	$\frac{x^{-1/2}}{-1/2}+C=-\frac{2}{\sqrt{x}}+C$
…………	…………
$\sin x$	$-\cos x+C$
$\cos x$	$\sin x+C$
$\frac{1}{x}$	$\ln\|x\|+C$
e^x	e^x+C

下面是几个有关积分运算的定理。

定理一　如果 $f(x)=au(x)$　(a 是常量)，则

$$\int f(x)\mathrm{d}x=a\int u(x)\mathrm{d}x. \tag{A.55}$$

定理二　如果 $f(x)=u(x)\pm v(x)$，则

$$\int f(x)\mathrm{d}x=\int u(x)\mathrm{d}x\pm\int v(x)\mathrm{d}x. \tag{A.56}$$

这两个定理的证明是显而易见的，下面我们利用这两个定理和表 A-4 中的公式计算两个例题。

例题 10　求 $\int 5x^2\mathrm{d}x$.

解： $\int 5x^2\mathrm{d}x=5\int x^2\mathrm{d}x=\frac{5}{3}x^3+C.$ ▌

例题 11　求 $\int(3x^3-x+4)\mathrm{d}x$.

解： $\int(3x^3-x+4)\mathrm{d}x=3\int x^3\mathrm{d}x-\int x\,\mathrm{d}x+4\int\mathrm{d}x=\frac{3}{4}x^4-\frac{1}{2}x^2+4x+C.$ ▌

定理三　如果 $f(x)=u(v)\,v'(x)$，则

$$\int f(x)\,\mathrm{d}x=\int u(v)\,v'(x)\mathrm{d}x=\int u(v)\,\mathrm{d}v. \tag{A.57}$$

此定理表明，当 $f(x)$ 具有这种形式时，我们就可以用 v 来代替 x 作自变量，这叫做换元法。

经过换元往往可以把比较复杂的积分化成表 A-4 中给出的现成结果。下面看几个例题。

例题 12　求 $\int \sin(ax+b)\,dx$.

解：令 $u(v)=\sin v$，$v(x)=ax+b$，$dv=v'(x)\,dx=a\,dx$，经换元得

$$\int \sin(ax+b)\,dx=\frac{1}{a}\int \sin v\,dv=-\frac{1}{a}\cos v+C=-\frac{1}{a}\cos(ax+b)+C.$$ ▌

例题 13　求 $\int \sin x\cos x\,dx$.

解：令 $v(x)=\sin x$，则 $dv=v'(x)\,dx=\cos x\,dx$，于是

$$\int \sin x\cos x\,dx=\int v\,dv=\frac{1}{2}\sin^2 x+C.$$ ▌

例题 14　求 $\int \frac{x\,dx}{\sqrt{x^2+a^2}}$.

解：令 $u(v)=\frac{1}{\sqrt{v}}$，$v(x)=x^2+a^2$，则 $dv=v'(x)\,dx=2x\,dx$，于是

$$\int \frac{x\,dx}{\sqrt{x^2+a^2}}=\int \frac{dv}{2\sqrt{v}}=\sqrt{v}+C=\sqrt{x^2+a^2}+C.$$ ▌

例题 15　求 $\int \frac{dx}{x-a}$.

解：令 $u(v)=\frac{1}{v}$，$v(x)=x-a$，　则 $dv=v'(x)\,dx=dx$，　于是

$$\int \frac{dx}{x-a}=\int \frac{dv}{v}=\ln|v|+C=\ln|x-a|+C.$$ ▌

5.4 通过不定积分计算定积分

当我们求得不定积分

$$\int f(x)\,dx=\Phi(x)+C$$

之后，将上、下限的数值代入相减，就得到定积分的值：

$$\int_a^b f(x)\,dx=\Phi(b)-\Phi(a). \tag{A.58}$$

作定积分运算时，任意常量就被消掉了。

例题 16　计算 $\int_0^{1/2}\sin 2\pi x\,dx$ 和 $\int_0^1 \sin 2\pi x\,dx$.

解：因为 $\int \sin 2\pi x\,dx=-\frac{1}{2\pi}\cos 2\pi x+C$，故

$$\int_0^{1/2}\sin 2\pi x\,dx=-\frac{1}{2\pi}\cos 2\pi x\Big|_0^{1/2}=-\frac{1}{2\pi}(\cos\pi-\cos 0)=-\frac{1}{2\pi}[(-1)-1]=\frac{1}{\pi};$$

$$\int_0^1 \sin 2\pi x\,dx=-\frac{1}{2\pi}\cos 2\pi x\Big|_0^1=-\frac{1}{2\pi}(\cos 2\pi-\cos 0)=\frac{1}{2\pi}(1-1)=0.$$ ▌

图 A-14 是 $f(x)=\sin 2\pi x$ 的曲线，它在 $x=0$ 到 $1/2$ 一段是正的，在 $x=1/2$ 到 1 一段是负的。从 $x=0$ 到 1 的定积分为 0，是因为横轴上下两块面积大小相等，一正一负，相互抵消了。

例题 17　推导匀变速直线运动的路程公式。

解：

$$v(t)=v_0+at,$$

$$s=\int_0^t v(t)\,dt=\int_0^t (v_0+at)\,dt$$

$$=\left[v_0t+\frac{1}{2}at^2\right]_0^t=v_0t+\frac{1}{2}at^2.$$ ▌

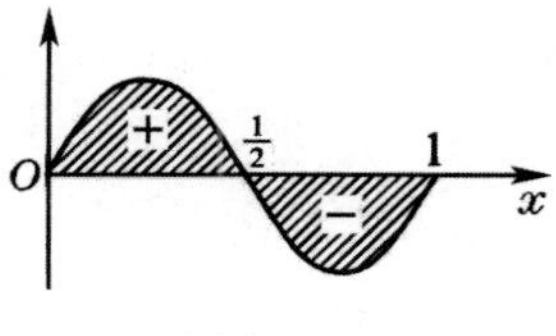

图 A-14

例题 18 若在(A.52)式中力 $F(s)$ 与距离平方成反比：$F(s)=a/s^2$，求功 A(见图 A-15).

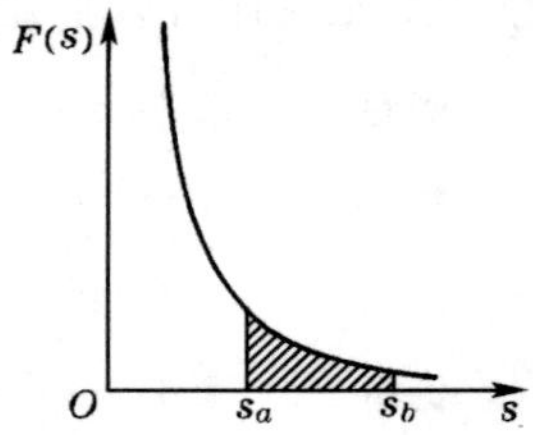

图 A-15

解：

$$A=\int_{s_a}^{s_b}F(s)\,\mathrm{d}s=\int_{s_a}^{s_b}\frac{a\,\mathrm{d}s}{s^2}$$

$$=-\frac{a}{s}\bigg|_{s_a}^{s_b}=a\left(\frac{1}{s_a}-\frac{1}{s_b}\right).\quad\blacksquare$$

习 题

A-**1**.

(1) 若 $f(x)=x^2$，写出 $f(0)$、$f(1)$、$f(2)$、$f(3)$ 之值。

(2) 若 $f(x)=\cos 2\pi x$，写出 $f(0)$、$f\left(\frac{1}{12}\right)$、$f\left(\frac{1}{8}\right)$、$f\left(\frac{1}{6}\right)$、$f\left(\frac{1}{4}\right)$、$f\left(\frac{1}{2}\right)$、$f(1)$ 之值。

(3) 若 $f(x)=a+bx$，$f(0)=?$ x_0 为多少时 $f(x_0)=0$?

A-**2**. 求下列函数的导数：

(1) $y=3x^4-2x^2+8$，(2) $y=5+3x-4x^3$，(3) $y=\frac{1}{2}ax^2$，

(4) $y=\frac{a+bx+cx^2}{x}$，(5) $y=\frac{a-x}{a+x}$，(6) $y=\frac{1}{x^2+a^2}$，

(7) $y=\sqrt{x^2-a^2}$，(8) $y=\frac{1}{\sqrt{x^2+a^2}}$，(9) $y=\frac{x}{\sqrt{x^2-a^2}}$，

(10) $y=\sqrt{\frac{a-x}{a+x}}$，(11) $y=x\tan x$，(12) $y=\sin(ax+b)$，

(13) $y=\sin^2(ax+b)$，(14) $y=\cos^2(ax+b)$，(15) $y=\sin x\cos x$，

(16) $y=\ln(x+a)$，(17) $y=x^2\mathrm{e}^{-ax}$，(18) $y=x\mathrm{e}^{-ax^2}$.

式中 a，b，c 为常量。

A-**3**. 计算习题 A-2(1)～(18) 中 y 的微分。

A-**4**. 求以下函数围绕 $x=0$ 的泰勒级数中前两个非 0 项：

(1) $f(x)=\frac{1}{x-a}-\frac{1}{x+a}$，(2) $f(x)=\frac{1-ax}{(1-ax+x^2)^{3/2}}-1$，

(3) $f(x)=\frac{1}{2}x^2+\cos x-1$，(4) $f(x)=1-\cos x-\frac{1}{2}\sin^2 x$.

A-**5**. 求下列不定积分：

(1) $\int(x^3+x-1)\,\mathrm{d}x$，(2) $\int(3-4x+9x^8)\,\mathrm{d}x$，(3) $\int\frac{x^2+x+1}{3}\,\mathrm{d}x$，

(4) $\int\frac{1+x^2+x^4}{x}\,\mathrm{d}x$，(5) $\int\frac{2-3x+6x^2}{x^2}\,\mathrm{d}x$，(6) $\int\sqrt{x+a}\,\mathrm{d}x$，

(7) $\int x\sqrt{x^2-a^2}\,\mathrm{d}x$，(8) $\int\frac{\mathrm{d}x}{\sqrt{ax+b}}$，(9) $\int\frac{x\,\mathrm{d}x}{\sqrt{x^2-a^2}}$，

(10) $\int\frac{\mathrm{d}x}{x^2-a^2}$ $\left[提示：\frac{1}{x^2-a^2}=\frac{1}{2a}\left(\frac{1}{x-a}-\frac{1}{x+a}\right)\right]$，

(11) $\int\frac{x\,\mathrm{d}x}{x^2-a^2}$，(12) $\int\sin^2 x\cos x\,\mathrm{d}x$，(13) $\int\cos^2 x\sin x\,\mathrm{d}x$，

(14) $\int\tan x\,\mathrm{d}x$，(15) $\int\sin^2 x\,\mathrm{d}x$ $\left[提示：\sin^2 x=\frac{1}{2}(1-\cos 2x)\right]$，

(16) $\int\cos^2 x\,\mathrm{d}x$，(17) $\int\sin 2x\sin x\,\mathrm{d}x$，(18) $\int\frac{\ln x}{x}\,\mathrm{d}x$，

(19) $\int e^{-ax}dx$，　(20) $\int xe^{-ax^2}dx$，　(21) $\int \frac{dx}{e^x}$.

A-6. 计算下列定积分：

(1) $\int_0^1 (3x^2-4x+1)\,dx$，　(2) $\int_{-1}^1 (8x^3-x)\,dx$，　(3) $\int_3^6 \frac{dx}{\sqrt{x-2}}$，

(4) $\int_1^8 \frac{dx}{x^2}$，　(5) $\int_1^3 \frac{dx}{x}$，　(6) $\int_{-2}^2 \frac{dx}{x+3}$，

(7) $\int_0^1 \sin^2 2\pi x\,dx$，　(8) $\int_0^1 \cos^2 2\pi x\,dx$，　(9) $\int_0^1 e^{-ax}dx$，

(10) $\int_1^2 xe^{-ax^2}dx$.

附录B 矢　　量

1. 矢量及其解析表示

物理学中有各种物理量，像质量、密度、能量、温度、压强等，在选定单位后仅需用一个数字来表示其大小，这类物理量叫做标量(scalar)；而像位移、速度、加速度、动量、力等，除数量的大小外还具有一定的方向，这类物理量叫做矢量(vector)。严格地说，作为一个矢量，还必须遵从一定的合成法则与随坐标变换的法则。这将在下文和本课适当的地方论及。

通常手写时用字母上加箭头(如 $\vec{A}$) 来表示一个矢量，印刷中则常用黑体字(如 $\boldsymbol{A}$)。在作图时，用一个加箭头的线段来代表矢量，线段的长度正比于矢量的大小，箭头的方向表示矢量的方向(见图 B-1)。

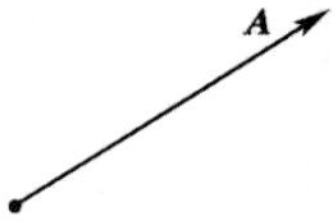

图 B-1

用直角坐标系来描述空间和表示其中的矢量，是最基本的方法。n 维的直角坐标系有 n 个相互垂直的坐标轴。我们先从二维空间说起。

如图 B-2 所示，在平面上取二维直角坐标系 xOy，在平面某点 P 上有矢量$\boldsymbol{A}$，其大小为 A，与 x 轴的夹角为α，则它在 x、y 轴上的投影分别为$A_x=A\cos\alpha$，$A_y=A\sin\alpha$，A_x 和A_y 分别称为矢量 $\boldsymbol{A}$ 的x 分量和y 分量。 正可负的。分别沿坐标轴 Ox 和 Oy 取单位矢量(即长度为 1 的矢量) $\boldsymbol{i}$ 和$\boldsymbol{j}$(见图 B-2)，则有

$$\boldsymbol{A}=A_x\boldsymbol{i}+A_y\boldsymbol{j},\tag{B.1}$$

这里 $\boldsymbol{i}$、$\boldsymbol{j}$ 称为坐标系的基矢。当坐标系及其基矢选定后，数列(A_x，A_y) 可以把矢量 $\boldsymbol{A}$ 的全部特征确定下来，所以我们也可以说矢量是个按一定顺序排列的数列，如数列(2，1) 代表 $A_x=2$，$A_y=1$ 的矢量，数列(0，-5) 代表 $A_x=0$，$A_y=-5$ 的矢量，等等。矢量大小的平方等于它的分量的平方和：

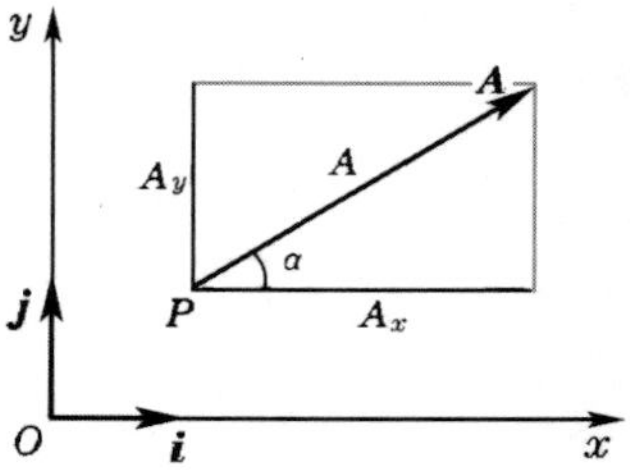

图 B-2

$$A^2=A_x^2+A_y^2.\tag{B.2}$$

图 B-3 所示为三维空间里的直角坐标系，这里有三个相互垂直的坐标轴 Ox、Oy 和 Oz， 在空间某点 P 上的矢量 $\boldsymbol{A}$ 大小为 A，方向与 Ox、Oy、Oz 轴的夹角分别为α、β、γ，则它在 Ox、Oy、Oz 轴上的投影，即 x、y、z 三个分量，分别为 $A_x=A\cos\alpha$，$A_y=A\cos\beta$，$A_z=A\cos\gamma$，这里 $\cos\alpha$、$\cos\beta$、$\cos\gamma$ 称为这矢量的方向余弦。因方向余弦满足下列恒等式：

$$\cos^2\alpha+\cos^2\beta+\cos^2\gamma\equiv 1,\tag{B.3}$$

三个数中只有两个是独立的，它们把矢量的方向唯一地确定下来。

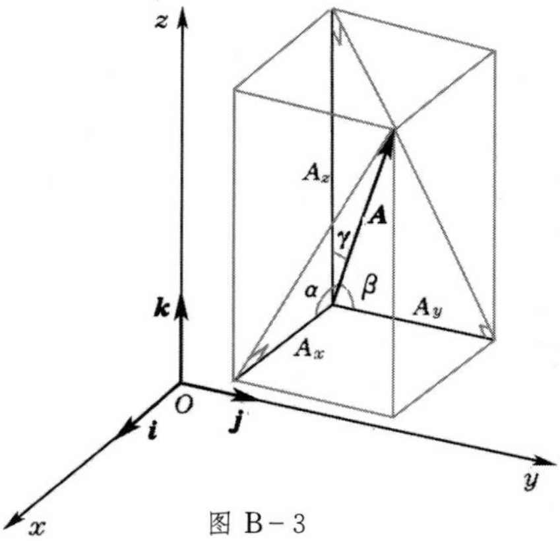

图 B-3

通常用 $\boldsymbol{i}$、$\boldsymbol{j}$、$\boldsymbol{k}$ 来代表三维直角坐标系的基矢。在三维的情况下，正交基矢有左手和右手两种系统。设想基矢 $\boldsymbol{i}$ 沿小于 180° 的角度转向基矢$\boldsymbol{j}$. 如图 B-4a 所示将右手的四指弯曲，代表上述旋转方向，则伸直的拇指指向基矢 $\boldsymbol{k}$.如此规定的正交基矢系统称为右手系统。若用左手代替上述操作过程所规定的正交基矢系统(见图 B-4b)，则是左手系统。我们按照国际惯例，一律

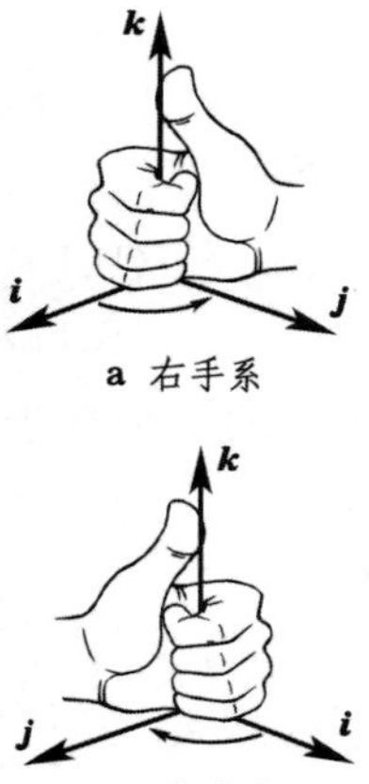

图 B-4

采用右手系统。

有了正交基矢，矢量可以写成解析形式：

$$\boldsymbol{A} = A_x \boldsymbol{i} + A_y \boldsymbol{j} + A_z \boldsymbol{k}, \tag{B.4}$$

三维的矢量要用长度为3的数列(A_x, A_y, A_z)来表示，如(1，3，0)、(-2，0，-1)等。与二维的情况类似，我们有

$$A^2 = A_x^2 + A_y^2 + A_z^2. \tag{B.5}$$

2. 矢量的加减法

从上面我们看到，一个 n 维的矢量可看成是一个长度为 n 的有序数列 $(A_1, A_2, \cdots, A_n)$。从这种意义上说，标量是个一维的矢量。把标量的加减运算推广到矢量，我们有

$$(A_1, A_2, \cdots, A_n) \pm (B_1, B_2, \cdots, B_n) = (A_1 \pm B_1, A_2 \pm B_2, \cdots, A_n \pm B_n), \tag{B.6}$$

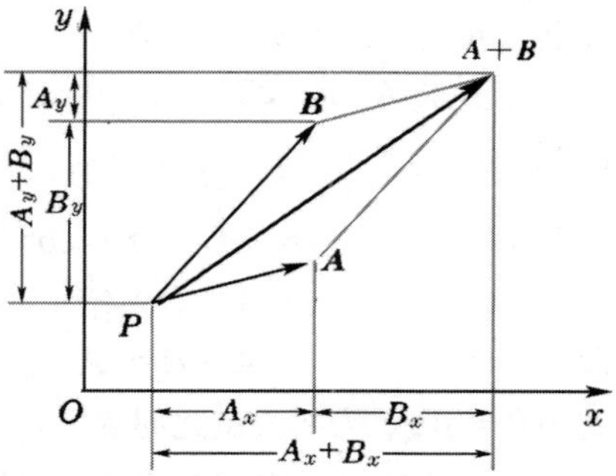

图 B-5

从矢量的叠加图 B-5 不难看出，上述运算(解析运算)与通常矢量合成的平行四边形法则(几何运算)是一致的(请读者自行证明)。

用几何法运算矢量 $\boldsymbol{A}$ 和 $\boldsymbol{B}$ 的叠加，可利用如图 B-6a 所示的平行四边形，也可利用与之等价的三角形(见图 B-6b)。这后一种图示，对于两个以上矢量的合成特别方便，因为我们只需把它们首尾衔接起来就行了(见图 B-7)。在一个矢量前面加个负号，表示一个与它大小相等、方向相反的矢量(见图 B-8a)。

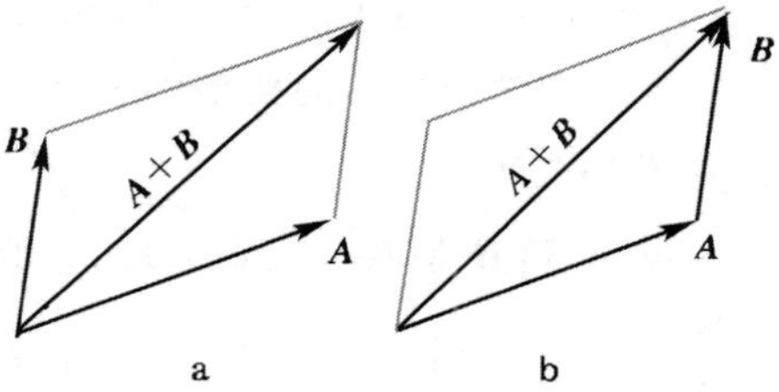

图 B-6

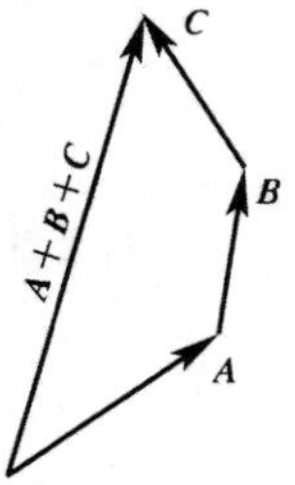

图 B-7

矢量之差 $\boldsymbol{A}-\boldsymbol{B}$ 可理解为矢量 $\boldsymbol{A}$ 与 $-\boldsymbol{B}$ 的合成 $\boldsymbol{A}+(-\boldsymbol{B})$(见图B-8b)，它也可利用 $\boldsymbol{A}$ 和 $\boldsymbol{B}$ 组成的另一种方式组合成的三角形来表示(见图 B-8c)。

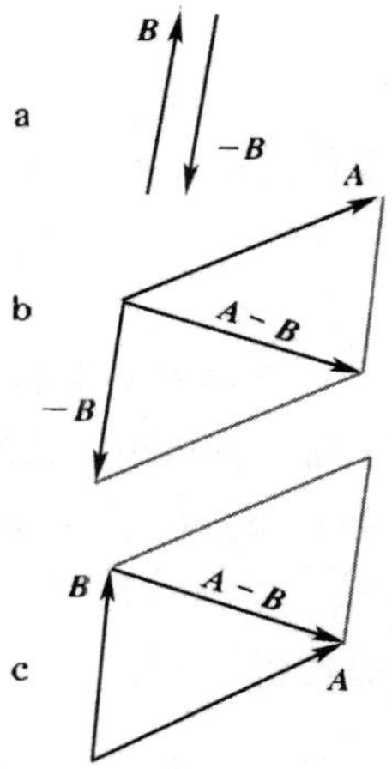

图 B-8

从矢量加减的解析表示(B.6)式可立即看出，它们是符合通常的交换律和组合律的：

$$\boldsymbol{A}+\boldsymbol{B} = \boldsymbol{B}+\boldsymbol{A}, \quad \text{(交换律)} \tag{B.7}$$

$$\boldsymbol{A}+(\boldsymbol{B}+\boldsymbol{C}) = (\boldsymbol{A}+\boldsymbol{B})+\boldsymbol{C}. \quad \text{(组合律)} \tag{B.8}$$

用几何运算法来验证上述法则，也不算太困难，特别是利用三角形来表示的话。

并不是所有带有方向的物理量都服从上述叠加法则的(如大角度的角位移就是例外，见第四章)，不符合上述法则的物理量不是矢量。

3. 矢量的标积

设 $\boldsymbol{A}$ 和 $\boldsymbol{B}$ 是两个任意矢量，它们的标积(常用 $\boldsymbol{A}\cdot\boldsymbol{B}$ 表示，故又称点

乘)的解析定义为如下标量：

$$\boldsymbol{A}\cdot\boldsymbol{B}=A_xB_x+A_yB_y+A_zB_z. \tag{B.9}$$

由此定义不难看出，点乘是服从交换律和分配律的：

$$\boldsymbol{A}\cdot\boldsymbol{B}=\boldsymbol{B}\cdot\boldsymbol{A},\qquad\text{(交换律)} \tag{B.10}$$

$$\boldsymbol{A}\cdot(\boldsymbol{B}+\boldsymbol{C})=\boldsymbol{A}\cdot\boldsymbol{B}+\boldsymbol{A}\cdot\boldsymbol{C}.\quad\text{(分配律)} \tag{B.11}$$

下面看点乘的几何意义。把 $\boldsymbol{A}$、$\boldsymbol{B}$ 两矢量的起点 O 叠在一起，二者决定一个平面，取此平面为直角坐标系的 xy 面，从而 $A_z=B_z=0$. 令 $\boldsymbol{A}$、$\boldsymbol{B}$ 与 Ox 轴的夹角分别为 α、β(见图 B-9)，则

$$A_x=A\cos\alpha,\ A_y=A\sin\alpha,\ B_x=B\cos\beta,\ B_y=B\sin\beta,$$

标积

$$\begin{aligned}\boldsymbol{A}\cdot\boldsymbol{B}&=A_xB_x+A_yB_y\\&=AB(\cos\alpha\ \cos\beta+\sin\alpha\ \sin\beta)\\&=AB\ \cos\ (\beta-\alpha),\end{aligned}$$

即

$$\boldsymbol{A}\cdot\boldsymbol{B}=AB\cos\theta, \tag{B.12}$$

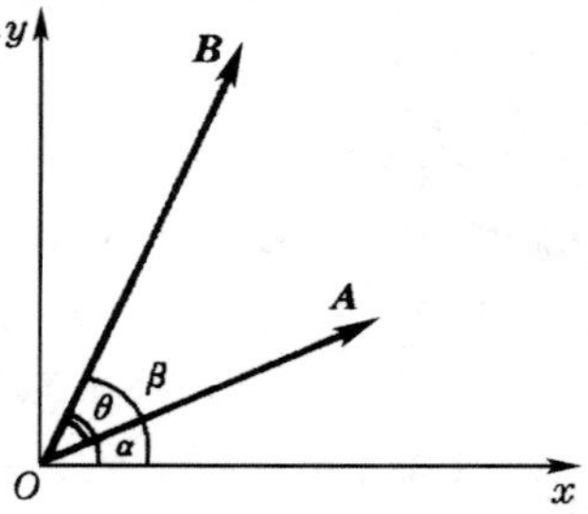

图 B-9

式中 $\theta=\beta-\alpha$ 为两矢量之间的夹角。(B.12) 式可看作是标积的几何定义。从这个定义可立即看出：$\boldsymbol{A}$、$\boldsymbol{B}$ 平行时，$\theta=0$，标积 $\boldsymbol{A}\cdot\boldsymbol{B}=AB$；$\boldsymbol{A}$、$\boldsymbol{B}$ 反平行时，$\theta=\pi$，标积 $\boldsymbol{A}\cdot\boldsymbol{B}=-AB$；$\boldsymbol{A}$、$\boldsymbol{B}$ 垂直时，$\theta=\pi/2$，标积 $\boldsymbol{A}\cdot\boldsymbol{B}=0$. 一般说来，$\theta$ 为锐角时，标积取正值；θ 为钝角时，标积取负值。一个矢量 $\boldsymbol{A}$ 与自身的标积 $\boldsymbol{A}\cdot\boldsymbol{A}=A^2$.

在物理学中标积的典型例子是功(见第三章 1.5 节)。

4. 矢量的矢积

设 $\boldsymbol{A}$ 和 $\boldsymbol{B}$ 是两个任意矢量，它们的矢积(常用 $\boldsymbol{A}\times\boldsymbol{B}$ 表示，故又称叉乘)的解析定义为如下矢量：

$$\begin{aligned}\boldsymbol{A}\times\boldsymbol{B}&=(A_yB_z-A_zB_y)\boldsymbol{i}+(A_zB_x-A_xB_z)\boldsymbol{j}+(A_xB_y-A_yB_x)\boldsymbol{k}\\&=\begin{vmatrix}\boldsymbol{i}&\boldsymbol{j}&\boldsymbol{k}\\A_x&A_y&A_z\\B_x&B_y&B_z\end{vmatrix}.\end{aligned} \tag{B.13}$$

由此定义不难看出，点乘是服从反交换律和分配律的：

$$\boldsymbol{A}\times\boldsymbol{B}=-\boldsymbol{B}\times\boldsymbol{A},\qquad\text{(反交换律)} \tag{B.14}$$

$$\boldsymbol{A}\times(\boldsymbol{B}+\boldsymbol{C})=\boldsymbol{A}\times\boldsymbol{B}+\boldsymbol{A}\times\boldsymbol{C}.\quad\text{(分配律)} \tag{B.15}$$

下面看叉乘的几何意义。同前，把 $\boldsymbol{A}$、$\boldsymbol{B}$ 两矢量的起点 O 叠在一起，二者决定一个平面，取此平面为直角坐标系的 xy 面，从而 $A_z=B_z=0$。令 $\boldsymbol{A}$、$\boldsymbol{B}$ 与 Ox 轴的夹角分别为 α、β，则 $A_x=A\cos\alpha$，$A_y=A\sin\alpha$，$B_x=B\cos\beta$，$B_y=B\sin\beta$，矢积

$$\boldsymbol{A}\times\boldsymbol{B}=(A_xB_y-A_yB_x)\boldsymbol{k}=AB(\cos\alpha\ \sin\beta-\sin\alpha\ \cos\beta)\ \boldsymbol{k}=AB\sin\ (\beta-\alpha)\boldsymbol{k},$$

即矢积

$$\boldsymbol{C}=\boldsymbol{A}\times\boldsymbol{B}=AB\sin\theta\boldsymbol{k}, \tag{B.16}$$

式中 $\theta=\beta-\alpha$ 为两矢量之间的夹角。当 $\beta>\alpha$ 时，$\theta>0$，$\boldsymbol{C}$ 沿 $\boldsymbol{k}$ 的正方向；当 $\beta<\alpha$ 时，$\theta<0$，$\boldsymbol{C}$ 沿 $\boldsymbol{k}$ 的负方向。由于我们采用的是右手坐标系，$\boldsymbol{C}$ 的指向可用如图 B-10a 所示的右手定则来判断：设想矢量 $\boldsymbol{A}$ 沿小于 180° 的角度转向矢量 $\boldsymbol{B}$. 将右手的四指弯曲，代表上述旋转方向，则伸直的拇指指向它们的矢积 $\boldsymbol{C}$.

(B.16) 式可看作是矢积的几何意义：矢量 $\boldsymbol{A}$、$\boldsymbol{B}$ 的矢积 $\boldsymbol{C}=\boldsymbol{A}\times\boldsymbol{B}$ 的数值 $C=AB\sin\theta$，正好是由 $\boldsymbol{A}$、$\boldsymbol{B}$ 为边组成的平行四边形的面积(见图 B－10b)；$\boldsymbol{C}$ 的方向与 $\boldsymbol{A}$ 和 $\boldsymbol{B}$ 组成的平面垂直,其指向由上述右手定则来规定。从这个定义可立即看出：$\boldsymbol{A}$、$\boldsymbol{B}$ 平行或反平行时，$\theta=0$ 或 π，矢积 $\boldsymbol{C}=\boldsymbol{A}\times\boldsymbol{B}=0$；$\boldsymbol{A}$、$\boldsymbol{B}$ 垂直时，$\theta=\pi/2$，矢积的数值 $\boldsymbol{C}=|\boldsymbol{A}\times\boldsymbol{B}|=AB$ 最大。一个矢量 $\boldsymbol{A}$ 与自身的矢积 $\boldsymbol{A}\times\boldsymbol{A}=0$.

在物理学中矢积的典型例子有角动量、力矩等(见第四章 §1)。

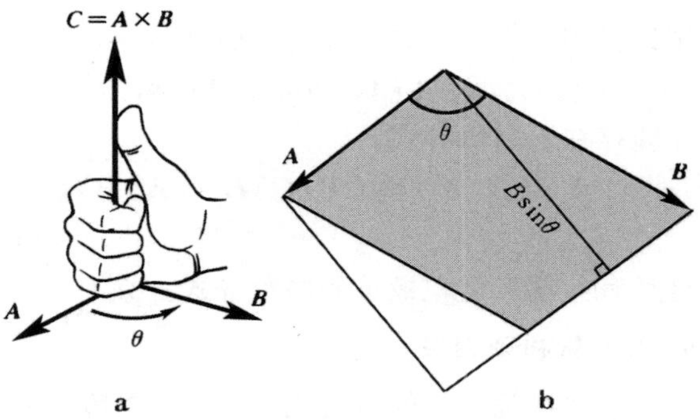

图 B－10

5.矢量的三重积

物理学中经常遇到矢量的三重积。最常见的三重积有以下两个。

(1) 三重标积 $\boldsymbol{A}\cdot(\boldsymbol{B}\times\boldsymbol{C})$

这三重积是个标量。不难验证,此三重积的解析表达式为

$$\boldsymbol{A}\cdot(\boldsymbol{B}\times\boldsymbol{C})=\begin{vmatrix} A_x & A_y & A_z \\ B_x & B_y & B_z \\ C_x & C_y & C_z \end{vmatrix}. \tag{B.17}$$

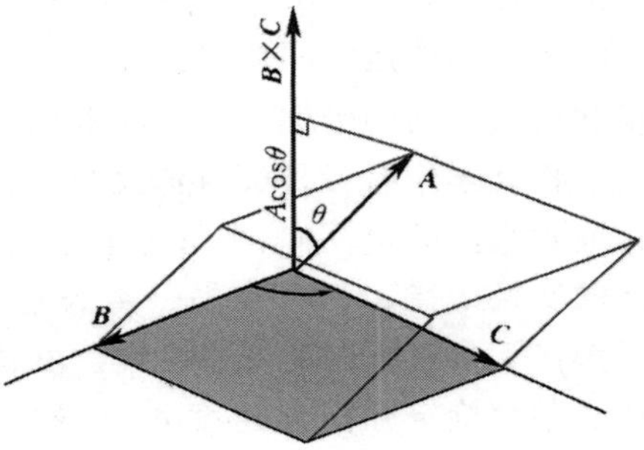

图 B－11

从几何上看,因 $|\boldsymbol{B}\times\boldsymbol{C}|$ 是以 $\boldsymbol{B}$ 和 $\boldsymbol{C}$ 为边组成平行四边形的面积，矢积 $\boldsymbol{B}\times\boldsymbol{C}$ 的方向沿其法线，故而再与 $\boldsymbol{A}$ 点乘，相当于再乘上 $\boldsymbol{A}$ 在法线上的投影。亦即,这三重积的绝对值等于以 $\boldsymbol{A}$、$\boldsymbol{B}$、$\boldsymbol{C}$ 三矢量为棱组成的平行六面体的体积(见图 B－11),其正负号与三矢量的循环次序有关。由于计算平行六面体的体积与取哪一面为底无关,点乘又是可交换的,所以 $\boldsymbol{A}$、$\boldsymbol{B}$、$\boldsymbol{C}$ 三矢量的轮换,以及 · 和 × 的位置对调,都不影响此三重积的计算结果。唯一要注意的是三矢量的循环次序不能变,否则差一个负号。概括起来写成公式,我们有

$$\begin{aligned} &\boldsymbol{A}\cdot(\boldsymbol{B}\times\boldsymbol{C})=\boldsymbol{B}\cdot(\boldsymbol{C}\times\boldsymbol{A})=\boldsymbol{C}\cdot(\boldsymbol{A}\times\boldsymbol{B}) \\ &=(\boldsymbol{A}\times\boldsymbol{B})\cdot\boldsymbol{C}=(\boldsymbol{B}\times\boldsymbol{C})\cdot\boldsymbol{A}=(\boldsymbol{C}\times\boldsymbol{A})\cdot\boldsymbol{B} \\ &=-\boldsymbol{A}\cdot(\boldsymbol{C}\times\boldsymbol{B})=-\boldsymbol{C}\cdot(\boldsymbol{B}\times\boldsymbol{A})=-\boldsymbol{B}\cdot(\boldsymbol{A}\times\boldsymbol{C}) \\ &=-(\boldsymbol{A}\times\boldsymbol{C})\cdot\boldsymbol{B}=-(\boldsymbol{C}\times\boldsymbol{B})\cdot\boldsymbol{A}=-(\boldsymbol{B}\times\boldsymbol{A})\cdot\boldsymbol{C}. \end{aligned} \tag{B.18}$$

从解析表达式(B.17)式来看(B.18)式的成立,就更显然了。

最后提请注意：在 $\boldsymbol{A}$、$\boldsymbol{B}$、$\boldsymbol{C}$ 三个矢量中有任意两个平行或反平行时,三重标积为 0.

(2) 三重矢积 $\boldsymbol{A}\times(\boldsymbol{B}\times\boldsymbol{C})$

这三重积是个矢量。矢积 $\boldsymbol{B}\times\boldsymbol{C}$ 与 $\boldsymbol{B}$、$\boldsymbol{C}$ 组成的平面 Π 垂直,而 $\boldsymbol{A}$ 与它的矢积又回到 Π 平面内。故矢量 $\boldsymbol{A}\times(\boldsymbol{B}\times\boldsymbol{C})$ 与 $\boldsymbol{B}$、$\boldsymbol{C}$ 共面。(见图 B－12),从而前者是后面二者的线性组合：

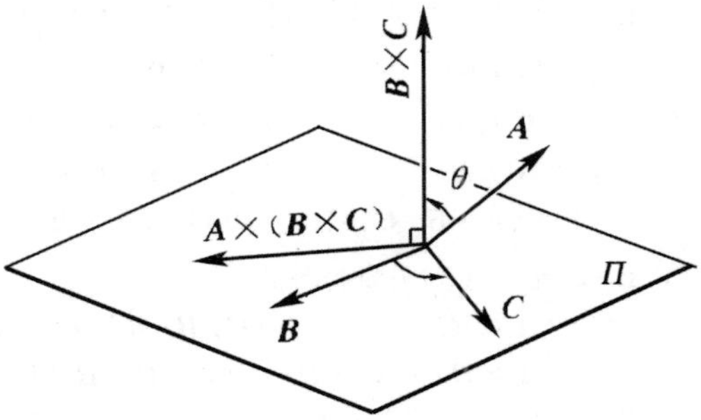

图 B－12

$$\boldsymbol{A}\times(\boldsymbol{B}\times\boldsymbol{C})=a_1\boldsymbol{B}+a_2\boldsymbol{C}.$$

用矢量的解析表达式可以直接验证，

$$a_1=\boldsymbol{A}\cdot\boldsymbol{C},\ a_2=-\boldsymbol{A}\cdot\boldsymbol{B},$$

亦即存在下列恒等式：

$$\boldsymbol{A}\times(\boldsymbol{B}\times\boldsymbol{C})\equiv(\boldsymbol{A}\cdot\boldsymbol{C})\boldsymbol{B}-(\boldsymbol{A}\cdot\boldsymbol{B})\boldsymbol{C}. \tag{B.19}$$

这是有关这三重积最重要的恒等式。

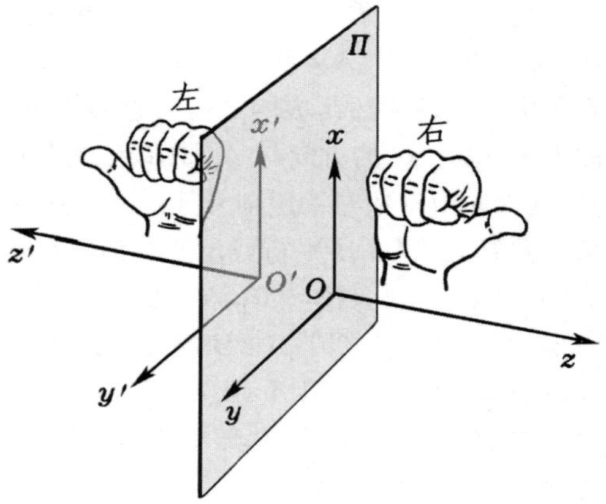

图 B－13

6. 极矢量和轴矢量

左手在镜子中的像是右手，右手在镜子中的像是左手。我们说，左右手具有镜像对称。一般说来，所谓对称性，就是在某种操作下的不变性。与镜像对称相联系的是空间反射操作。在这种操作下，沿镜面法线方向的坐标 $z\to-z$，其他方向不变，于是左手坐标系变成了右手坐标系（见图B－13）。

物理学中有各种矢量，它们在空间反射操作下怎样变换？对于位矢 $\boldsymbol{r}$ 来说，这是清楚的：与镜面垂直的分量反向，平行分量不变。与 $\boldsymbol{r}$ 相联系的速度 $\boldsymbol{v}$、加速度 $\boldsymbol{a}$ 乃至力 $\boldsymbol{f}$ 等矢量都应有相同的变换规律。但存在另一类矢量，它们在空间反射操作下具有不同的变换规律。在第二章 4.4 节里按右手螺旋定则把角速度 $\boldsymbol{\omega}$ 定义成矢量（见图 2－46），这定义的前提是采用右手坐标系。如图 B－14 所示，在空间反射操作下，$\boldsymbol{\omega}$ 与镜面垂直的分量不变，平行的分量却反向。和 $\boldsymbol{\omega}$ 相似，角速度、角加速度、角动量、力矩等矢量，都具有这样的变换规律通常把在空间反射变换下服从前一类变换规律的矢量叫做极矢量，后一类的叫做轴矢量。应指出，两个极矢量叉乘，得到的是轴矢量。实际上许多轴矢量都能写成两个极矢量叉乘的形式。例如一个质点的角动量 $\boldsymbol{J}=m\boldsymbol{r}\times\boldsymbol{v}$，力矩 $\boldsymbol{M}=\boldsymbol{r}\times\boldsymbol{f}$，等等。

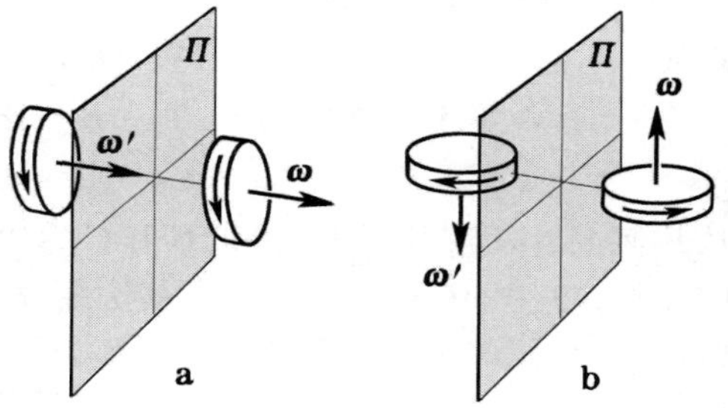

图 B－14

习　题

B－**1**. 有三个矢量 $\boldsymbol{A}=(1,0,2)$、$\boldsymbol{B}=(1,1,1)$、$\boldsymbol{C}=(2,2,-1)$，试计算：

(1) $\boldsymbol{A}\cdot\boldsymbol{B}$，　(2) $\boldsymbol{B}\cdot\boldsymbol{A}$，　(3) $\boldsymbol{B}\cdot\boldsymbol{C}$，

(4) $\boldsymbol{C}\cdot\boldsymbol{A}$，　(5) $\boldsymbol{A}\cdot(\boldsymbol{B}+\boldsymbol{C})$，　(6) $\boldsymbol{B}\cdot(2\boldsymbol{A}-\boldsymbol{C})$，

(7) $\boldsymbol{A}\times\boldsymbol{B}$，　(8) $\boldsymbol{A}\times(2\boldsymbol{B}+\boldsymbol{C})$，　(9) $\boldsymbol{A}\cdot(\boldsymbol{B}\times\boldsymbol{C})$，

(10) $(\boldsymbol{A}\cdot\boldsymbol{B})\boldsymbol{C}$，　(11) $(\boldsymbol{A}\times\boldsymbol{B})\times\boldsymbol{C}$，　(12) $\boldsymbol{A}\times(\boldsymbol{B}\times\boldsymbol{C})$.

B－**2**. 证明下列矢量恒等式：

(1) $(\boldsymbol{A}\times\boldsymbol{B})\times\boldsymbol{C}=(\boldsymbol{A}\cdot\boldsymbol{C})\boldsymbol{B}-(\boldsymbol{B}\cdot\boldsymbol{C})\boldsymbol{A}$，

(2) $(\boldsymbol{A}\times\boldsymbol{B})\cdot(\boldsymbol{C}\times\boldsymbol{D})=(\boldsymbol{A}\cdot\boldsymbol{C})(\boldsymbol{B}\cdot\boldsymbol{D})-(\boldsymbol{A}\cdot\boldsymbol{D})(\boldsymbol{B}\cdot\boldsymbol{C})$.

B－**3**. 有三个矢量 $a=(1,2,3)$、$\boldsymbol{b}=(3,2,1)$、$\boldsymbol{c}=(1,0,1)$，试计算：

(1) 三个矢量的大小和方向余弦；

（2）两两之间的夹角；

（3）以三矢量为棱组成平行六面体的体积和各表面的面积。

B－**4**. 试证明：

（1）极矢量 A 和 B 的矢积 $A \times \boldsymbol{B}$ 是轴矢量；

（2）极矢量 $\boldsymbol{A}$ 和轴矢量 $\boldsymbol{B}$ 的矢积 $\boldsymbol{A} \times \boldsymbol{B}$ 是极矢量。

附录C　复数的运算

1. 复数的表示法

复数 $\widetilde{A}$ 是一个二维数，它对应于复平面中的一个坐标为(x, y)的点，或对应于复平面中的一个长度为 A、仰角为 φ 的矢量(见图 C－1)。与此相应地复数有下列两种表示法

$$\begin{cases} \widetilde{A} = x + \mathrm{i}\,y, & \text{(C.1)} \\ \widetilde{A} = A\mathrm{e}^{\mathrm{i}\varphi}, & \text{(C.2)} \end{cases}$$

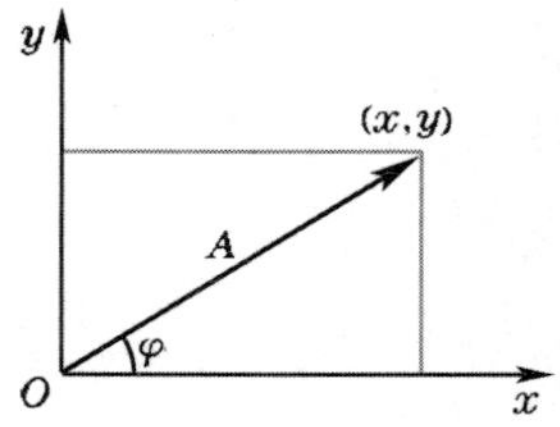

图 C－1

式中 $\mathrm{i} = \sqrt{-1}$，$\mathrm{e}^{\mathrm{i}\varphi} = \cos\varphi + \mathrm{i}\sin\varphi$（欧拉公式，详见 335 页）。(C.1) 式是复数的直角坐标表示，对应点的横坐标 x 为复数的实部，记作 $x = \mathrm{Re}\widetilde{A}$；纵坐标 y 为复数的虚部，记作 $y = \mathrm{Im}\,\widetilde{A}$. (C.2) 式是复数的极坐标表示，对应矢量的长度 A 为复数的模或绝对值，记作 $A = |\widetilde{A}|$；仰角 φ 为复数的辐角，记作 $\varphi = \arg\widetilde{A}$. 两种表示法之间有如下换算关系：[1]

$$\begin{cases} A = \sqrt{x^2 + y^2}, & \text{(C.3)} \\ \varphi = \arctan\dfrac{y}{x}. & \text{(C.4)} \end{cases}$$

或反过来，有

$$\begin{cases} x = A\cos\varphi, & \text{(C.5)} \\ y = A\sin\varphi. & \text{(C.6)} \end{cases}$$

单位虚数 $\mathrm{i} = \sqrt{-1}$ 有如下性质：

$$\mathrm{i}^2 = -1, \qquad \frac{1}{\mathrm{i}} = -\mathrm{i}, \qquad \mathrm{i} = \mathrm{e}^{\mathrm{i}\pi/2}, \qquad \frac{1}{\mathrm{i}} = \mathrm{e}^{-\mathrm{i}\pi/2}.$$

复数 $\widetilde{A} = x + \mathrm{i}y = \mathrm{e}^{\mathrm{i}\varphi}$ 的共轭 $\widetilde{A}^*$ 定义为

$$\widetilde{A}^* = x - \mathrm{i}\,y = \mathrm{e}^{-\mathrm{i}\varphi} \tag{C.7}$$

所以

$$\widetilde{A}\widetilde{A}^* = A^2 = x^2 + y^2. \tag{C.8}$$

即一对共轭复数的乘积等于模的平方。

两个复数 $\widetilde{A}_1 = x_1 + \mathrm{i}y_1 = A_1\mathrm{e}^{\mathrm{i}\varphi_1}$、$\widetilde{A}_2 = x_2 + \mathrm{i}\,y_2 = A_2\mathrm{e}^{\mathrm{i}\varphi_2}$ 相等的充要条件为：

$$\begin{cases} \text{实部相等：} x_1 = x_2, \\ \text{虚部相等：} y_1 = y_2. \end{cases}$$

或

$$\begin{cases} \text{模相等：} \quad A_1 = A_2, \\ \text{辐角相等：} \varphi_1 = \varphi_2. \end{cases}$$

2. 复数的四则运算

(1) 加减法　$$\widetilde{A}_1 \pm \widetilde{A}_2 = (x_1 + \mathrm{i}\,y_1) \pm (x_2 + \mathrm{i}\,y_2) = (x_1 \pm x_2) + \mathrm{i}(y_1 \pm y_2), \tag{C.9}$$

---

[1] 通常把反三角函数的符号，如 $\arctan\varphi$，理解为 φ 在主值区间 $-\pi/2 < \varphi < \pi/2$ 取值，这里应该认为 φ 在从 $-\pi$ 到 π 的所有象限中取值，至于它在哪个象限，要根据 x 和 y 的正负来确定。

即实部、虚部分别加减。

(2) 乘法

$$\widetilde{A}_1 \cdot \widetilde{A}_2 = (A_1 e^{i\varphi_1}) \cdot (A_2 e^{i\varphi_2}) = A_1 A_2 e^{i(\varphi_1+\varphi_2)}, \tag{C.10}$$

即模相乘，辐角相加。或者

$$\widetilde{A}_1 \cdot \widetilde{A}_2 = (x_1 + iy_1) \cdot (x_2 + iy_2) = (x_1 x_2 - y_1 y_2) + i(x_1 y_2 + x_2 y_1) \tag{C.11}$$

(3) 除法

$$\frac{\widetilde{A}_1}{\widetilde{A}_2} = \frac{A_1 e^{i\varphi_1}}{A_2 e^{i\varphi_2}} = \frac{A_1}{A_2} e^{i(\varphi_1\varphi_2)}, \tag{C.12}$$

即模相除，辐角相减。 或者

$$\frac{x_1 + iy_1}{x_2 + iy_2} = \frac{(x_1 + iy_1)(x_2 - iy_2)}{(x_2 + iy_2)(x_2 - iy_2)} = \frac{(x_1 x_2 + y_1 y_2) + i(y_1 x_2 - x_1 y_2)}{x_2^2 + y_2^2}$$

$$= \frac{x_1 x_2 + y_1 y_2}{x_2^2 + y_2^2} + i\frac{y_1 x_2 - x_1 y_2}{x_2^2 + y_2^2}. \tag{C.13}$$

倒数运算可以看作除法的特例：

$$\frac{1}{\widetilde{A}} = \frac{1}{Ae^{i\varphi}} = \frac{1}{A} e^{-i\varphi}, \tag{C.14}$$

或

$$\frac{1}{\widetilde{A}} = \frac{1}{x + iy} = \frac{x - iy}{(x + iy)(x - iy)} = \frac{x}{x^2 + y^2} - i\frac{y}{x^2 + y^2}. \tag{C.15}$$

3. 欧拉公式

现在介绍一下欧拉公式是如何得来的。从附录A的表A-3中可以查到 e^x、$\cos x$、$\sin x$ 的幂级数展开式：

$$\begin{cases} e^x = 1 + \dfrac{x}{1!} + \dfrac{x^2}{2!} + \dfrac{x^3}{3!} + \dfrac{x^4}{4!} + \cdots, \\ \cos x = 1 - \dfrac{x^2}{2!} + \dfrac{x^4}{4!} - \dfrac{x^6}{6!} + \cdots, \\ \sin x = x - \dfrac{x^3}{3!} + \dfrac{x^5}{5!} - \cdots. \end{cases}$$

在 e^x 的展开式中把 x 换成 $\pm ix$，注意到 $(\pm i)^2 = -1$，$(\pm i)^3 = \mp i$，$(\pm i)^4 = 1$，…，我们得到

$$e^{\pm ix} = 1 \pm i\frac{x}{1!} - \frac{x^2}{2!} \mp i\frac{x^3}{3!} + \frac{x^4}{4!} + \cdots$$

$$= \left(1 - \frac{x^2}{2!} + \cdots\right) \pm i\left(x - \frac{x^3}{3!}\cdots\right),$$

即

$$e^{\pm ix} = \cos x \pm i\sin x, \tag{C.16}$$

这就是欧拉公式。

下面给出几个常用的三角函数与复指数函数之间的变换公式。从欧拉公式可以反解出：

$$\cos\varphi = \frac{1}{2}(e^{i\varphi} + e^{-i\varphi}), \tag{C.17}$$

$$\sin\varphi = \frac{1}{2i}(e^{i\varphi} - e^{-i\varphi}), \tag{C.18}$$

由此立即得到

$$\tan\varphi = -i\frac{e^{i\varphi} - e^{-i\varphi}}{e^{i\varphi} + e^{-i\varphi}}. \tag{C.19}$$

4. 简谐振动的复数表示

简谐振动

$$s(t) = A\cos(\omega t+\varphi_0)$$

也可用一个复数

$$\tilde{s}(t) = A\,e^{i(\omega t+\varphi_0)}$$

的实部或虚部来表示。上式右端又可写为$(A\,e^{i\varphi_0})\,e^{i\omega t}=\widetilde{A}\,e^{i\omega t}$，其中

$$\widetilde{A} = e^{i\varphi_0}$$

称为复振幅，它集振幅 A 和初相位 φ_0 于一身。于是，简谐振动的复数表示可写为

$$\tilde{s}(t) = \widetilde{A}\,e^{i\omega t}. \tag{C.20}$$

如果 $\tilde{s}(t)$ 代表位移的话，则速度和加速度为

$$\tilde{v} = \frac{d\tilde{s}}{dt} = i\omega\tilde{s},$$

$$\tilde{a} = \frac{d^2\tilde{s}}{dt^2} = (i\omega)^2\,\tilde{s} = -\omega^2\,\tilde{s},$$

亦即，对 t 求导数相当于乘上一个因子 $i\omega$，运算起来十分方便。

我们有时候需要计算两个同频简谐量乘积在一个周期里的平均值，如平均功率，这也可以用复数来运算。设两个同频简谐量为

$$\begin{cases} a_1(t) = A_1\cos(\omega t+\Phi_1), \\ a_2(t) = A_2\cos(\omega t+\Phi_2), \end{cases}$$

它们的乘积在一个周期内的平均值等于

$$\begin{aligned} \overline{a_1 a_2} &= \frac{1}{T}\int_0^T a_1(t)a_2(t)\,dt \\ &= \frac{\omega A_1 A_2}{2\pi}\int_0^{2\pi/\omega}\cos(\omega t+\Phi_1)\,\cos(\omega t+\Phi_2)\,dt \\ &= \frac{\omega A_1 A_2}{4\pi}\int_0^{2\pi/\omega}[\cos(\Phi_1-\Phi_2)+\cos(2\omega t+\Phi_1+\Phi_2)]\,dt \\ &= \frac{A_1 A_2}{2}\cos(\Phi_1-\Phi_2). \end{aligned}$$

如果用相应的复数

$$\begin{cases} \tilde{a}_1(t) = A_1\,e^{i(\omega t+\Phi_1)} \\ \tilde{a}_2(t) = A_2\,e^{i(\omega t+\Phi_2)} \end{cases}$$

来计算的话，下列公式给出同样的结果：

$$\begin{aligned} \frac{1}{2}\mathrm{Re}(\tilde{a}_1\tilde{a}_2^*) &= \frac{A_1A_2}{2}\mathrm{Re}[e^{i(\omega t+\Phi_1)}\,e^{-i(\omega t+\Phi_2)}] \\ &= \frac{A_1A_2}{2}\mathrm{Re}[e^{i(\Phi_1-\Phi_2)}] = \frac{A_1A_2}{2}\cos(\Phi_1-\Phi_2). \end{aligned}$$

所以今后我们将用下式来计算两简谐量乘积的平均值：

$$\overline{a_1 a_2} = \frac{1}{2}\mathrm{Re}(\tilde{a}_1\tilde{a}_2^*). \tag{C.21}$$

习　题

C－**1**. 计算下列复数的模和辐角。

(1) $(1+2i)+(2+3i)$；

(2) $(3+i)-[1+(1+\sqrt{3})i]$；

(3) $(2+3i)-(3+4i)$；

(4) $(-2+7i)+(-1-2i)$.

C－**2**. 计算下列复数的实部和虚部。

(1) $(-1-\sqrt{3}i)\times(1+\sqrt{3}i)$；

(2) $(-1+\sqrt{3}i)^2$；

(3) $\dfrac{-2i}{1-i}$；

(4) $\dfrac{1-\sqrt{3}i}{\sqrt{3}+i}$.

C－**3**. 用复数求两个简谐量 $a(t)=A\cos(\omega t+\varphi_a)$ 和 $b(t)=B\cos(\omega t+\varphi_b)$ 乘积的平均值

$$\overline{a(t)b(t)}=\frac{1}{T}\int_0^T a(t)b(t)\,dt\ (T=2\pi/\omega)：$$

	A	φ_a	B	φ_b	平均值
(1)	2	$\pi/3$	1	$2\pi/3$	
(2)	6	$\pi/4$	2	0	
(3)	3	$\pi/3$	1	$-2\pi/3$	
(4)	0.2	$4\pi/5$	7	$6\pi/5$	

习题答案

第一章

1-1.

t	x	v	a
0	0	$\pi/2$	0
3	3	0	$-\pi^2/12$
6	0	$-\pi/2$	0
9	-3	0	$\pi^2/12$
12	0	$\pi/2$	0

1-2. (1) 轨迹 $x^2+y^2=R^2$，
为圆心在原点的圆。
(2) $\boldsymbol{v}=\omega R(-\sin\omega t\,\boldsymbol{i}+\cos\omega t\,\boldsymbol{j})$.
$\boldsymbol{a}=-\omega^2R(\cos\omega t\,\boldsymbol{i}+\sin\omega t\,\boldsymbol{j})=-\omega^2\,\boldsymbol{r}$，
方向恒指圆心。

1-3. (1) 轨迹 $x=(y-3)^2$ 为抛物线上 $x\geqslant 0$、$y\geqslant 3$ 的一段。
(2) $\Delta\boldsymbol{r}=4\,\boldsymbol{i}+2\,\boldsymbol{j}$，
大小 $|\Delta\boldsymbol{r}|=2\sqrt{5}$，
与 x 轴夹角 $\theta=26.6°$.
(3) $\boldsymbol{v}(0)=2\boldsymbol{j}$，　$\boldsymbol{v}(1)=8\,\boldsymbol{i}+2\,\boldsymbol{j}$；
$\boldsymbol{a}(0)=\boldsymbol{a}(1)=8\,\boldsymbol{i}$.

1-4. $\Delta t_n=t_n-t_{n-1}=0.785\,\text{s}$.

1-5. $v_0=\sqrt{gh}$.

1-6. $y=\dfrac{v_0^2}{2g}-\dfrac{1}{8}gt_0^2$.

1-7. 由 $\Delta s=v_0\Delta t_1+\frac{1}{2}a\Delta t_1^2$
及 $2\Delta s=v_0(\Delta t_1+\Delta t_2)+\frac{1}{2}a(\Delta t_1+\Delta t_2)^2$
即可证。

1-8. $v_2=\dfrac{h_1}{h_1-h_2}v_1=$ 常量。

1-9. 由 $y_{\text{m}}=\dfrac{v_0^2\sin^2\beta}{2g}$，$x_{\text{m}}=\dfrac{2v_0^2\sin\beta\cos\beta}{g}$
及 $\tan\alpha=\dfrac{y_{\text{m}}}{x_{\text{m}}/2}$ 即可证。

1-10. $\overline{AB}=1.79\,\text{m}$.

1-11. (1) $s=447.2\,\text{m}$，
$\alpha=\arctan 4.56=77.64°=77°38'24''$.
(2) $a_{\text{n}}=9.75\,\text{m/s}^2$，$a_{\text{t}}=0.96\,\text{m/s}^2$.

1-12. $\rho=\dfrac{v^3}{gv_x}=\dfrac{1}{v_0g\cos\theta}(v_0^2-2gy)^{3/2}$.

1-13. $\overline{AB}=0.80\,\text{m}$.

1-14. $t=10\,\text{s}$.

1-15. $v_{物}=49-9.8\,t$，　$v_{测}=29.4-9.8\,t$.

第二章

2-1. $10.65\times10^{-16}\,\text{g}\cdot\text{cm/s}$，$30°$.

2-2. (1) 木块速率 $v=\dfrac{mv_0}{M+m}$，
动量 $p_{木}=\dfrac{Mmv_0}{M+m}$；
子弹动量动量 $p_{弹}=\dfrac{m^2v_0}{M+m}$.
(2) 子弹施予木块的冲量 $I=\dfrac{Mmv_0}{M+m}$

2-3. $I=0.86\,\text{kg}\cdot\text{m/s}$，

2-4. $v_1=\dfrac{ft_1}{m_1+m_2}$，　$v_2=\dfrac{ft_1}{m_1+m_2}+\dfrac{ft_2}{m_2}$.

2-5. 2.6 m.

2-6. $m_{乙}=300\,\text{kg}$.

2-7. v，　$v\pm\dfrac{mu}{M+m}$.

2-8. (1) 一起跳　$v=\dfrac{Nmu}{M+Nm}$，
(2) 一个一个跳　$v_N=$
$m\left[\dfrac{1}{M+Nm}+\dfrac{1}{M+(N-1)m}+\cdots+\dfrac{1}{M+m}\right]u$，
(3) $v_N>v$.

2-9. $v_2=\sqrt{v_1^2+4v_0^2\cos^2\theta_0}$，
与水平方向夹角 $\arcsin(v_1/2v_0\cos\theta_0)$.

2-10. 36N.

2-11. (1) $a_0=\dfrac{v_0\mu}{M_0}-g$；(2) 735kg/s.

2-12. (1) 8 240 m/s，
(2) 3 888m/s.

2-13. $F=(|\boldsymbol{v}|+|\boldsymbol{u}|)\dfrac{\text{d}m}{\text{d}t}$.

2-14.(1) $F=v\frac{\mathrm{d}m}{\mathrm{d}t}$，(2) 不变。

2-15. $f=m\omega r^2$，恒指向原点。

2-16. $F>\mu(m_A+m_B)g$.

2-17.

$$\begin{cases} a_{1x}=\dfrac{m_2 g}{(m_1+m_2)\tan\theta+m_2\cot\theta}, \\ a_{1y}=\dfrac{(m_1+m_2)g\tan\theta}{(m_1+m_2)\tan\theta+m_2\cot\theta}; \end{cases}$$

$$\begin{cases} a_{2x}=\dfrac{m_1 g}{(m_1+m_2)\tan\theta+m_2\cot\theta}, \\ a_{2y}=0. \end{cases}$$

2-18. $F>(\mu_1+\mu_2)(m_1+m_2)g$.

2-19.(1) $t=\sqrt{\dfrac{2l}{g\cos\theta(\sin\theta-\mu\cos\theta)}}$,

(2) $\mu=0.268$.

2-20. $a_1=g/17=0.58\,\mathrm{m/s^2}$.

2-21. $\tan\theta>\dfrac{3m_1+m_2}{m_1-m_2}\mu$.

2-22. $F=\dfrac{m_3}{m_2}(m_1+m_2+m_3)g$.

2-23. (1) 张力 $T=m(g\sin\theta+a\cos\theta)$,

正压力 $N=m(g\cos\theta-a\sin\theta)$.

(2) $a=g\cot\theta$.

2-24. $v_{\min}=\sqrt{\dfrac{gR(\tan\theta-\mu)}{1+\mu\tan\theta}}$,

$v_{\max}=\sqrt{\dfrac{gR(\tan\theta+\mu)}{1-\mu\tan\theta}}$.

2-25. $f=\dfrac{Mm}{M+m}(2g-a')$.

2-26. 从机内看 $a=3g/4$；

从地面看

$$\begin{cases} (a_{Ax},\ a_{Ay})=(3/4,\ 1/2)g, \\ (a_{Bx},\ a_{By})=(0,\ -1/4)g. \end{cases}$$

2-27.(1) $v=\sqrt{gl}$,

(2) $v_t=4.9\,\mathrm{N}$，$v_n=0.16\,\mathrm{N}$.

2-28. 由 $\mathrm{d}r$ 一段所需向心力

$\mathrm{d}(m\omega r^2)=m\omega^2 r\,\mathrm{d}r/l$ 可证。

2-29. $\omega=\sqrt{\dfrac{kg}{kl_0\cos\alpha+mg}}$,

$\Delta l=\dfrac{mg}{k\cos\alpha}$.

2-30.(1) $\omega=\sqrt{2ag}$,

(2) $\omega=\sqrt{g/(R-y)}$,

不同 ω 停在不同 y 处。

2-34. 91N，向东。

第三章

3-1. $Ms/(M-m)$.

3-2. $h=R/3$.

3-3. $h\geqslant 5R/2$.

3-4. $h=(v_0^2+v_1^2)/4g$.

3-5. $v_B=\sqrt{\dfrac{2(m_B-\mu m_A)gh}{m_A+m_B}}$.

3-6. $\theta_{\min}=\arccos\left(\dfrac{1}{3}+\dfrac{1}{3}\sqrt{1-\dfrac{3M}{2m}}\right)$.

3-7. $v_{\max}=\dfrac{m_2}{m_1}\dfrac{g}{\omega_1}$，$\omega_1=\sqrt{\dfrac{k}{m_1}}$.

3-8.(1) $v_B=\sqrt{\dfrac{k}{m_A+m_B}}x_0$,

(2) $(x_A)_{\max}=\left(1+\sqrt{\dfrac{m_A}{m_A+m_B}}\right)x_0$.

3-9.(1) $(a_C)_{\max}=\dfrac{kx_0}{m_A+m_B}$,

(2) $(v_C)_{\max}=\dfrac{m_B}{m_A+m_B}\sqrt{\dfrac{k}{m_B}}x_0$.

3-10.(1) $F_{\min}=(m_1+m_2)g$,

(2) F 刚拆除时质心加速度为 g(向上) 最大，达到被 F 压缩前的高度时质心加速度为 0，m_2 刚离地面时质心加速度为 g(向下)。

3-11. $N=N'=\dfrac{mMg\cos\theta}{M+m\sin^2\theta}$.

3-12. 速度 $V=\dfrac{m}{m+M}\sqrt{2gh}$,

$H=\dfrac{m^2}{M^2-m^2}h$.

3-13.(1) $A_1=\dfrac{1}{2}\dfrac{k_1k_2}{k_1+k_2}l^2$,

(2) 如非常急速地拉，由于惯性 m 和 k_1 来不及运动，$A_2=\dfrac{1}{2}k_2l^2$.

一般说来 $A_2<A<A_1$.

3-14.(1) $-6\,397.44\,\text{J}$, (2) $125.44\,\text{J}$, (3) $6\,272\,\text{J}$

3-15. $\sqrt{\dfrac{m_2}{(m+m_1)(m+m_1+m_2)k}}\,mv_0$.

3-16. $(1-e)^2 h_1/4$.

3-17. $m_B > 3m_A$.

3-18. $v=\dfrac{r-1}{r+1}$，式中 $r=m/M$.

3-19.(1) $m_2/m_1=3$, (2) $u_1/4$,

(3) $\dfrac{3}{4}\left(\dfrac{1}{2}m_1u_1^2\right)$, (4) $\dfrac{1}{4}\left(\dfrac{1}{2}m_1u_1^2\right)$.

3-20.(1) $(1.016\pm0.252)m_H$

(2) $(3.07\pm0.31)\times10^7\,\text{m/s}$.

3-21. $(28/27)v_0$, $(13/27)v_0$.

3-22. $0.368\,v_0$, $28.68°$，不守恒。

3-23.(1) 按目击者断言推论，汽车速将达 240 km/h，不可信。(2) 3/8.

3-24. 300 kg，总能量减少了。

3-25. $v=v_0(1-e^{-an})$ 一式的有效性要求 $na\ll1$。

3-26. 一个一个跳，车子获得最大动能。

3-27. $(x_C, y_C)=(R\sin\theta/\theta, 0)$,

R—— 半径。

3-28. $(x_C, y_C, z_C)=(0, 0, 3R/8)$,

R—— 半径，z 为半球轴。

3-29.(a) $mg < kR-kl/2$ 时有两个稳定平衡点：

$$\theta_\pm=\pm\arccos\frac{kl}{2(kR-mg)}$$

和一个不稳定平衡点 $\theta_0=0$；

(b) $mg\geqslant kR-kl/2$ 时一个稳定平衡点 $\theta_0=0$。

3-30. 见思考题 3-17 选答。

第四章

4-1. (1) $J_A=mvd_1$, $J_B=mvd_1$,

方向向纸里； $J_C=0$.

(2) $M_A=mgd_1$, $M_B=mgd_1$,

方向向纸里； $M_C=0$.

4-2. $\boldsymbol{J}=m(xv_y-yv_x)\boldsymbol{k}$, $\boldsymbol{M}_2=yf\boldsymbol{k}$.

4-3. $4.13\times10^{16}\,\text{rad/s}$.

4-4. $v_2^2=v_1^2\left(\dfrac{l_1}{l_2}\right)^2\dfrac{1+\sqrt{1+(l_2/\lambda)^6}}{1+\sqrt{1+(l_1/\lambda)^6}}$,

$\lambda=(2gm^2/T^2)^{1/3}$. l 变小时 θ 变大。

4-5. $8\omega/5$, $(3/5)E_{k0}$，来自汽车动力。

4-6. 反向 $\omega=v/2R$.

4-7. $J_2/J_1=m_1/m_2$, $J_2>J_1$.

4-8. 质心沿切向作匀速直线运动，

$$v_C=\frac{m_1l\omega}{m_1+m_2},\quad J=\mu l^2\omega,\quad T=\mu l\omega^2,$$

μ—— 约化质量。

4-9. (1) 前后角动量不变，

$1.95\times10^3\,\text{kg}\cdot\text{m}^2/\text{s}\times2$ 人，

(2) 13 m/s, (3) 4 056 N, (4) 3 802.5 J.

4-10. (1) b^2/l^2,

(2) 以速度 bv_0/l 沿切线飞出，作匀速直线运动，$J=mv_0b$ 不变。

4-11. (1) 选 $U(\infty)=0$, $U(r)=k/r$,

(2) 最近距离 $l=\dfrac{k+\sqrt{k^2+b^2m^2v_0^4}}{mv_0^2}$

$$v=v_0b/l.$$

4-12. $k\to-k$

4-13. 增加 $0.28l$。

4-14. $4\sqrt{2}\,v_0/7l$.

4-15. 薄板匀角速 $\omega=\dfrac{m}{3m+M}\dfrac{v}{L}$；

小球碰撞后速度 $v'=\dfrac{3m-M}{3m+M}v$,

$3m>M$ 时小球向前，

$3m=M$ 时小球不动，

$3m<M$ 时小球向后。

4-16. $(3/2)ml^2$.

4-17. (1) $3.6\times10^{-5}\,\text{kg}\cdot\text{m}^2$,

(2) $1.8\times10^{-5}\,\text{kg}\cdot\text{m}^2$,

(3) $7.2\times10^{-5}\,\text{kg}\cdot\text{m}^2$.

4-18. (1) $I=\dfrac{1}{3}ml^2+\dfrac{1}{2}MR^2+M(l+R)^2$,

(2) $r_C=\dfrac{l}{2}+\dfrac{M}{M+m}\left(\dfrac{l}{2}+R\right)$,

$$I_C=\frac{1}{12}ml^2+\frac{1}{2}MR^2+\frac{mM}{M+m}\left(\frac{l}{2}+R\right)^2.$$

4-19. $\dfrac{1}{2}MR^2\left(1-\dfrac{r^2}{R^2}-\dfrac{2r^4}{R^4}\right)$.

4-20. $191\,\text{kg}\cdot\text{m}^2$.

4-21. $\mu=0.10$.

4-22. $F=0.836\,\text{N}$.

4-23. (1) 10 s, (2) $-\dfrac{\pi}{6}\,\text{rad/s}^2$.

4-24. (1) 0.105 s. (2) $T_1 = 82\,\text{N}$, $T_2 = 32\,\text{N}$.

4-25.

$$\begin{cases} a_1 = \dfrac{(m_1R - m_2r)R}{I_C + m_1R^2 + m_2r^2}\,g, \\ a_2 = \dfrac{(m_1R - m_2r)r}{I_C + m_1R^2 + m_2r^2}\,g; \end{cases}$$

$$\begin{cases} T_1 = \dfrac{I_C + m_2r(r+R)}{I_C + m_1R^2 + m_2r^2}\,m_1g, \\ T_2 = \dfrac{I_C + m_1R(r+R)}{I_C + m_1R^2 + m_2r^2}\,m_2g. \end{cases}$$

4-26. $T = 2\pi\sqrt{\dfrac{l_1^2 + l_2^2}{g(l_1 - l_2)}}$, $l_0 = \dfrac{l_1^2 + l_2^2}{l_1 - l_2}$.

4-27. $1.21\times10^3\,\text{g}\cdot\text{cm}^2$.

4-28. (1) $h = \begin{cases}0.50\text{m}\\1.00\text{m}\end{cases}$ 时 $\dfrac{T}{T_0} = \begin{cases}\sqrt{7/8},\\\sqrt{4/3}.\end{cases}$

(2) $h = 2l/3$.

4-29. $h = \dfrac{1}{10}(27R - 17r)$.

4-30. $a_C = \dfrac{mr^2g}{I_C + mr^2}$, $T = \dfrac{I_Cmg}{2(I_C + mr^2)}$.

4-31. (1) $a \leqslant 2\mu g$,

(2) $a_C = a/2$, $\beta = a_C/R = a/2R$.

4-32. 前轮 $\dfrac{L - l + \mu h}{L}mg$, 后轮 $\dfrac{l - \mu h}{L}mg$.

4-33.

$t_1 = \dfrac{2v_0}{3\mu g}$, $t_2 = \dfrac{4v_0}{5\mu g}$; $\begin{cases} t < t_1 \text{ 时原方向旋转,} \\ t > t_1 \text{ 时逆方向旋转,} \\ t > t_2 \text{ 时纯滚。} \end{cases}$

4-34. 球沿墙上滚到高度 $\mu^2(1+e)^2v_0^2/2g$.

4-35. $v = r\omega = \sqrt{\dfrac{10}{7}g(R - r)}$, $N = \dfrac{17mg}{7}$.

4-36. 抽板加速度 $a < 7\mu g/2$ 时,球无滑动。在抽板速度无限大的极限下,球保持静止。

4-37. (1) $h = \dfrac{2R}{5}$,

(2) 击球力小于 $\dfrac{7}{2}\mu mg$ 时纯滚动。

4-38. 能逃脱。

4-39. 若 $\mu > \dfrac{b}{a}$, $\theta = \arctan\dfrac{b}{a}$ 时倾倒,

若 $\mu < \dfrac{b}{a}$, $\theta = \arctan\dfrac{b}{a}$ 时滑动。

4-40. $\dfrac{l}{2}\cos^3\theta + R\sin\theta = d\left(0 < \theta < \dfrac{\pi}{2}\right)$.

4-41. $m = \dfrac{m_2}{m_1} < 1/2$, $\mu > \dfrac{m}{\sqrt{1 - 4m^2}}$ 时,在 $\alpha = \alpha_1 = \arcsin 2m$ 处达到平衡。存在 α_2, $\alpha_2 > \alpha > \alpha_1$ 时无滑滚动, $\alpha > \alpha_2$ 时又滚又滑。

4-42. $N_A = 1.25\times10^4\,\text{N}$, $N_B = 1.57\times10^4\,\text{N}$.

4-43. $v = \sqrt{6gl/5}$.

4-44. $\Omega = \dfrac{mgl}{I_C\omega}$, θ 由超越方程决定:

$$L\sin\beta + l = \frac{I_C^2\omega^2}{m^2gl^2}\tan\beta.$$

第五章

5-1. $\tau = PD/2d$.

5-2. (1) 从略, (2) $\dfrac{V - V_0}{V_0} = \pm\varepsilon(1 - 2\sigma)$, 负号—压缩

(3) 8.4×10^{-12}.

5-3. (1) $7.8\times10^7\,\text{N/m}^2$,

(2) 9.7×10^{-4},

(3) $4.9\times10^{-4}\,\text{cm}$.

5-4. 2.25.

5-5. $D = \dfrac{\pi G}{l}(R_2^4 - R_1^4)$.

5-6. 铝管 23°, 钢管 7.4°.

5-7. 从略。

5-8. $4.3\,\text{cm}^2$.

5-9. $0.86\times10^5\,\text{Pa}$, $1.7\times10^{-3}\,\text{m}^3/\text{s}$.

5-10. 9.5 m/s.

5-11. $t_1 = \dfrac{(\sqrt{2} - 1)A}{4S}\sqrt{\dfrac{H}{g}}$, $t_2 = \dfrac{A}{S}\sqrt{\dfrac{H}{8g}}$.

5-12. 7.02 s.

5-13. 从略。

5-14. 从略。

5-15. 水面下 70.7 cm 处。

5-16. (1) 压力计水面与出水口等高,

(2) 压力计水面提升。

5-17. 2.57 m/s.

5-18. $a = g\tan\theta$, $\theta = \arctan\dfrac{2(H - h)}{l}$.

5-19. 10 m/s.

5-20. $P_{\max} = 8.62\times10^3\,\text{W}$, $\omega = 0.21\,\text{r/s}$.

5-21. 55 N, 与原水流方向成 52.5° 角。

5-22. (1) $\eta = \dfrac{\pi \rho g R^4}{8Q}$， (2) $v_0 = \dfrac{2Q}{\pi R^2}$.

5-23. 设板距为 $2d$，取 x 轴在两板中间与流线平行，z 轴与两板垂直。

$$v(z) = -\frac{d^2 - z^2}{2\eta}\frac{\mathrm{d}p}{\mathrm{d}x}.$$

5-24. 0.82 Pa·s.

5-25. 1.43×10^{-2} m/s.

5-26. 1.2×10^{-4} m/s， 3.0×10^{-1} m/s.

5-27. 6.8×10^{-11} N $>$ 4.1×10^{-11} N，

气流力大于重力，雨滴不回落。

5-28. 雷诺数 $\mathscr{R}\approx3.36\times10^3$，湍流。

第六章

6-1. (1) $\dfrac{5\pi}{3}$ 或 $-\dfrac{\pi}{3}$，

(2) -6π cm/s，$6\sqrt{3}\pi^2$ cm/s^2.

(3) $-6\sqrt{3}\pi$ cm/s，$6\pi^2$ cm/s^2.

6-2. 从略。

6-3. 从略。

6-4. (1) 6 cm，1.26 s；

(2) 0； (3) 11.3 erg.

6-5. 是简谐振动，

$T = \pi\sqrt{\dfrac{2L}{g}}$，$L$—— 液柱总长。

6-6. $\omega = \sqrt{\dfrac{k_1 + k_2}{m}}$，

6-7. (1) 2.23 Hz， (2) 56 cm/s，

(3) 100 g， (4) 弹簧伸长 20 cm 处。

6-8. (1) $\dfrac{3\pi}{2}$ 或 $-\dfrac{\pi}{2}$，3.19×10^{-3} rad.

(2) $\dfrac{\pi}{2}$.

6-9. $A = \dfrac{mg}{k}\sqrt{1 + \dfrac{2kh}{(M+m)g}}$，

$\varphi_0 = \arctan\sqrt{\dfrac{2kh}{(M+m)g}}$

6-10. 从略。

6-11. $T = \dfrac{T_0}{\sqrt{\cos\alpha}} > T_0$.

6-12. 是简谐振动，$T = 2\pi\sqrt{\dfrac{l}{g}}$.

6-13. 是简谐振动，$T = 2\pi\sqrt{\dfrac{4M+3m}{8k}}$.

6-14. (1) 是简谐振动，$\omega_0 = \sqrt{\dfrac{\mu g}{l}}$

(2) 向某一侧滑出。

6-15. 参考《大学物理》1983 年第 3 期钱伯初文。

6-16. $\omega_1 = 0$，$\omega_2 = \omega_3 = \sqrt{\dfrac{3k}{m}}$.

6-17. 21 s.

6-18. $Q = 6.87\times10^3$.

6-19. $k = 49.3$ N/m，$\beta = 0.01\,\mathrm{s}^{-1}$.

6-20. $\gamma = \dfrac{1}{200\pi}$ kg/s，阻力幅度 100dyne.

6-21. $2A$，$\dfrac{7\pi}{12} = 105°$.

6-22. (1) 顺时针旋转正椭圆；

(2) 逆时针旋转正椭圆。

6-23. (256 ± 0.5) Hz.

6-24. 从左向右依次为：

2ω，$\dfrac{3}{2}\omega$，$\dfrac{3}{2}\omega$，$\dfrac{4}{3}\omega$，3ω，3ω.

6-25. 从略。

6-26. $u(x,t)$

$= 0.001\cos(3300\pi t + 10\pi x + \pi/2)$

$= 0.001\sin(3300\pi t + 10\pi x + \pi)$.

6-27. $A = 2.0$ cm，$\lambda = 30$ cm，

$\nu = 100$ Hz，$c = 3000$ cm/s；

$x = 10$ cm 时 $\varphi_0 = -\dfrac{2\pi}{3}$ 或 $\dfrac{4\pi}{3}$.

6-28. $u(x,t) = A\cos\left[2\pi\nu\left(t - \dfrac{x}{c}\right) - \varphi_0\right]$.

6-29. 16.5 m，1.65 cm.

6-30. 7.5×10^{14} Hz $\sim$ 3.95×10^{14} Hz.

6-31. 从略。

6-32. (1) 无半波损失，O 左驻波，O 右无波；

(2) 有半波损失，O 左驻波，O 右振幅加倍行波。

6-33. 反射波(向左)在固定端有 180°，相位突变。

6-34. $u_{反} = A\cos\left[2\pi\left(\dfrac{t}{T} - \dfrac{x}{\lambda}\right) + \dfrac{\pi}{4}\right]$.

6-35. (1) $u_{反} = A\cos\left[2\pi\left(\dfrac{t}{T} - \dfrac{x}{\lambda}\right)\right]$，

(2) $u = 2A\cos\dfrac{2\pi t}{T}\cos\dfrac{2\pi x}{\lambda}$，

$$\left.\begin{array}{l} \text{波腹}\ x = \dfrac{n\lambda}{2} \\ \text{波节}\ x = \dfrac{n\lambda}{2} + \dfrac{\lambda}{4} \end{array}\right\}\ n = 0, \pm1, \pm2, \cdots$$

6-36. $x=\frac{n\lambda}{2}$, $n=0,1,2,\cdots,20$.

共21个波节。

6-37. $v_g=\frac{g+3\gamma k^2/\rho}{2\omega}$.

6-38. (1)$\lambda=24\,\mathrm{cm}$, $c=240\,\mathrm{cm/s}$;

(2)$\Delta\varphi=\pi/5$.

6-39. 拍频 $\Delta\nu_A=30.3\,\mathrm{Hz}$,

$\Delta\nu_B=29.4\,\mathrm{Hz}$.

6-40. 204 Hz.

6-41. 6 m/s.

6-42. 马赫半锥角 $\alpha=\arcsin\frac{1}{1.5}=41.8^\circ$.

第七章

7-1. $M_\oplus=6.06\times10^{24}\,\mathrm{kg}$.

7-2. $K=\frac{G}{4\pi^2}(M+m)$.

7-3. 27.5 d.

7-4. 3.95 y～5.20 y.

7-5. $1.29\times10^3\,\mathrm{kg/m^3}$.

7-6. $T=\sqrt{\frac{3\pi}{G\rho}}$, 3.31 h.

7-7. (1)$\rho_M/\rho_\oplus=0.74$.

(2)$g_M=0.207\,g_\oplus=2.03\,\mathrm{m/s^2}$.

7-8. (1)$1.68\times10^6\,\mathrm{m}$,

(2)$1.65\times10^2\,\mathrm{s}$.

7-9. $r=4.23\times10^7\,\mathrm{m}$, $\Delta r=214\,\mathrm{m}$.

7-10. $8.7\times10^7\,\mathrm{m}$.

7-11. (1) $T=2\pi\sqrt{\frac{10D^3}{11GM}}$, (2) $\frac{10}{11}$.

7-12. $5.36\times10^{12}\,\mathrm{m}$.

7-13. $G=6.61\times10^{-11}\,\mathrm{m^3/kg\cdot s^2}$.

7-14. (1)$5.91\times10^{-6}\,\mathrm{m}$,

(2)$6.3\times10^{-4}\,\mathrm{rad/s}$.

7-15. $\rho_M=4.16\times10^3\,\mathrm{kg/m^3}$,

$\rho_C=12.7\times10^3\,\mathrm{kg/m^3}$.

7-16. 地幔和地核交界处,

$g=12.3\,\mathrm{m/s^2}$.

7-17. (1) 径向 $16R/7$, (2) 切向 $9R/7$.

7-18. 从略。

7-19. (1)$E_1=E_2=-\frac{3GMm}{16r}$,

$$L_1=L_2=\frac{m}{2}\sqrt{GMr}$$

(2) 两碎块均为以地心为焦点的椭圆,椭圆大小相等,长轴均与爆炸前速度平行。图从略。

7-20. $\sqrt{2}$ 倍。

7-21. $1.041\times10^5\,\mathrm{km}$.

7-22. 60 km/s.

第八章

8-1. $14\times10^{-6}\,\mathrm{s}$.

8-2. $2.5\times10^{-6}\,\mathrm{s}$, $7.5\times10^2\,\mathrm{m}$.

8-3. $\frac{\sqrt{5}}{3}c$, $6.7\times10^8\,\mathrm{m}$.

8-4. $\frac{\sqrt{8}}{3}c$, $0.94\times10^{-8}\,\mathrm{s}$.

8-5. 椭圆,

$$\frac{x'^2}{(1-\beta^2)^2a^2}+\frac{y'^2}{a^2}=1\ (\beta=V/c).$$

8-6. 从略。

8-7. 从略。

8-8. 光子 $-c$, 电子 $0.93c$.

8-9. $0.97c$.

8-10. (1) 相对于行进方向 154.2°, (2)$0.89c$,

(3) 横向, $(\sqrt{15}/6)c$.

8-11. $0.14\times10^{-15}\,\mathrm{J}$, $6.97\times10^{-15}\,\mathrm{J}$.

8-12. $(\sqrt{3}/2)c$.

8-13. $6.7\times10^{-5}\,\mathrm{kg}$.

8-14. $9.3\times10^{-12}\,\mathrm{kg}$, 3.7×10^{-12}.

8-15. $1.64\times10^{-13}\,\mathrm{J}$.

8-16. (1)$1.8\times10^{14}\,\mathrm{J}$, (2)$1.8\times10^{20}\,\mathrm{W}$.

8-17. $4.26\times10^{-12}\,\mathrm{J}$.

8-18. $v_C=\frac{E_\gamma c}{E_p+m_pc^2}$,

m_p—— 靶质子静质量。

8-19. $E_{\mu}^{CM}=\dfrac{(m_{\pi}^2+m_{\mu}^2)c^2}{2m_{\pi}}$,

$E_{\nu}^{CM}=\dfrac{(m_{\pi}^2-m_{\mu}^2)c^2}{2m_{\pi}}$.

8-20. 2.57×10^{-18} N·s, 3.2×10^{-9} J, 20.8原子单位。

8-21. $4c/5$.

8-22. (1)913 MeV,

(2)173 MeV/c, 102 MeV/c.

8-23. 24.7 d.

8-24. 从略。

8-25. 5.0×10^3 km/s.

附录 A、B、C（从 略）

思考题选答

1－18. 以水为参考系，石子斜射入水，激起中心不动的同心圆波。在桥上看，此同心圆波与水共动。

2－13. 将半段绳子隔离出来分析其平衡条件，可知绳中点张力 $T_C=\dfrac{mg}{2}\tan\theta$，当 $\theta\to\pi/2$ 时，$T_C\to\infty$. 把绳子尽量拉平时，T_C 可以远大于自身重量 mg.

3－7. 地面的反作用力不作功，对跳高人的能量没有贡献，但作为外力为他提供了必要的向上动量。

3－17. 将弹簧势能写为 $\dfrac{1}{2}\kappa(\theta-\Theta)^2$，由势能曲线在拐点呈水平的条件

$$\frac{\mathrm{d}U}{\mathrm{d}\theta}=0,\quad \frac{\mathrm{d}^2U}{\mathrm{d}\theta^2}=0,$$

解出 θ 和 $\Theta_{1,2}$. 一般要解超越方程，在 $\theta\ll1$ 的小角度近似条件下

$$\Theta_{1,2}=\mp\frac{2\,mgl}{3\kappa}\sqrt{2\left(1-\frac{\kappa}{mgl}\right)^3}.$$

3－18. 在打开龙头的一刹那，整个水箱里的水从静止开始运动，即产生了向下的加速度。失重效应使磅秤指针产生一次短暂回摆。在关闭龙头的一刹那，整个水箱里的水从运动趋于静止，即产生了向上的加速度。超重效应使磅秤指针产生一次向增值方向的摆动。

4－6. 长竿的转动惯量较大，可使持竿人左右摇摆的角加速度很小，有足够时间调回平衡。

4－7. 直立刚体倾倒时顶端的角加速度

$$\beta=\frac{r_Cg\sin\theta}{\overline{R}^2}=\frac{\alpha g\sin\theta}{l}$$

顶端加速度 $a=l\beta=\alpha g\sin\theta$

（l—— 杆长，r_C—— 质心高度，$\overline{R}$—— 回旋半径）。对于均匀杆，$\alpha=\dfrac{3}{2}$。

l 越大，顶端加速度越小，给予表演者充裕时间通过移动底端调节平衡。质量越向上端集中，α 因子越趋近于 1，更有利于调节平衡。

4－15. 设板与地面成 θ 角，板的角加速度

$$\beta=\frac{3\,g\cos\theta}{2\,l},$$

板上端的切向加速度为 $a=l\beta$，其竖直分量为 $a'=a\cos\theta=\dfrac{3}{2}g\cos^2\theta$. 只要

$$\theta<\arccos\sqrt{2/3}=35°,$$

就有 $a'>g$，板将脱离其上小木块，任其竖直自由下落。

4－16. 取均匀柱模型。正在倒塌的烟囱未断裂前可看成刚体，它以角加速度 $\beta=\dfrac{3\,g\sin\theta}{2\,h}$ 绕 O 旋转（见图），在其中每一质元 $\mathrm{d}m$ 受到的外力，除重力 $\mathrm{d}m\,g$ 外，还受到两个惯性力：$\mathrm{d}f_{惯}=-\mathrm{d}ma$［$a=(l+x)\beta$ 为质元的线加速度］和惯性离心力，二者都对烟囱的断裂有作用，前者的影响是主要的。

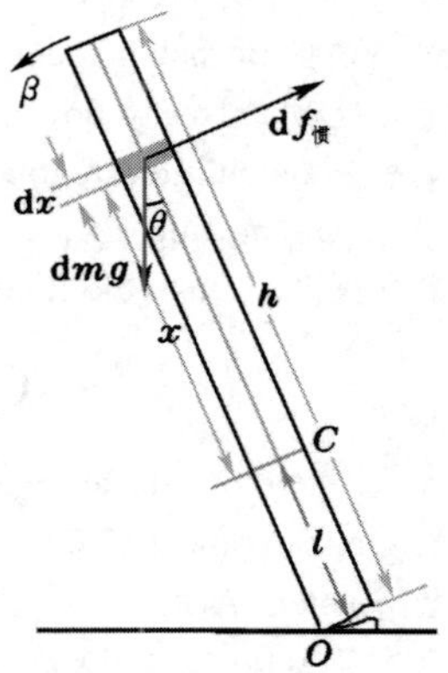

思考题 4－16

假设断裂点在 C 处，计算 C 点以上一段 $\mathrm{d}f_{惯}$ 和 $\mathrm{d}mg$ 对 C 点产生的总力矩 M：

$$M=\int_0^{h-l}\eta\,\mathrm{d}x\left[\frac{3(l+x)}{2\,h}-1\right]xg\sin\theta=\frac{\eta g\sin\theta}{4\,h}(h-l)^2\,l.$$

式中 $\eta=\mathrm{d}m/\mathrm{d}x$. 求 M 的极大：

$$\frac{\mathrm{d}M}{\mathrm{d}l}=\frac{\eta g\sin\theta}{4\,h}(h-l)(h-3\,l)=0,$$

即 $l=h/3$ 处烟囱受到的向后弯曲的力矩最大，最易断裂。

若考虑惯性离心力，断裂处会高一些。

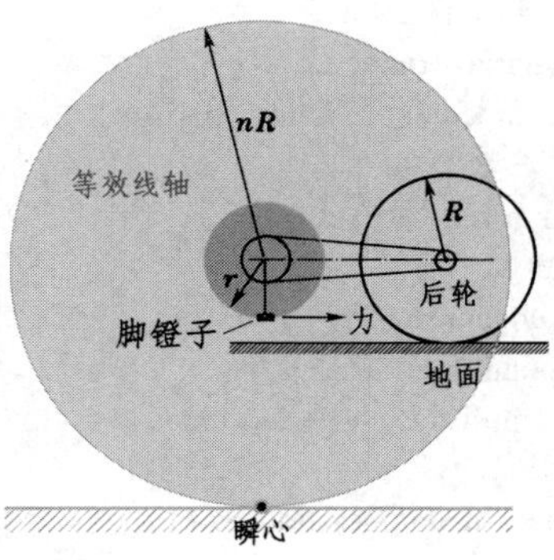

思考题 4－17

4－17. 设自行车齿轮传动的比例为 n，即后轮的角位移 θ 是脚镫子角位移 θ' 的 n 倍。但中轴与后轴的平移是相等的，这相当于有一与脚镫子共轴的 n 倍大轮在虚拟的地面上滚（见图），接触点为脚镫子的瞬心。分析外力作用下的滚动方向，方法与本章图 4－46 里的线轴同。这等效线轴的小半径为 r（脚镫子的长度），大半径为nR（R 为后轮半径）。以向后水平的外力拉脚镫子，车轮向后滚动，脚镫子却向前移。

6－9. 蜻蜓翅膀上的痣斑是附加在波腹处质量，抑止一种对飞行有害的振动模式。

索　引

A

B

C

D

F

G

H

J

K

L

M

N

O

P

Q

R

S

T

W

X

Y

Z

作 者 简 介

赵凯华 北京大学物理系教授，曾任北京大学物理系主任，国家教委高等学校理科物理学与天文学教学指导委员会委员、基础物理教学指导组组长，中国物理学会副理事长、教学委员会主任；科研方向为等离子体理论和非线性物理。主要著作有《电磁学》（与陈熙谋合编，高等教育出版社出版，1987 年获全国第一届优秀教材优秀奖），《光学》（与钟锡华合编，北京大学出版社出版，1987 年获全国第一届优秀教材优秀奖），《定性与半定量物理学》（高等教育出版社出版，1995 年获国家教委第三届优秀教材一等奖），负责的"电磁学"被评为 2003 年度"国家精品课程"，2016 年获国际物理教育委员会（ICPE）奖章。

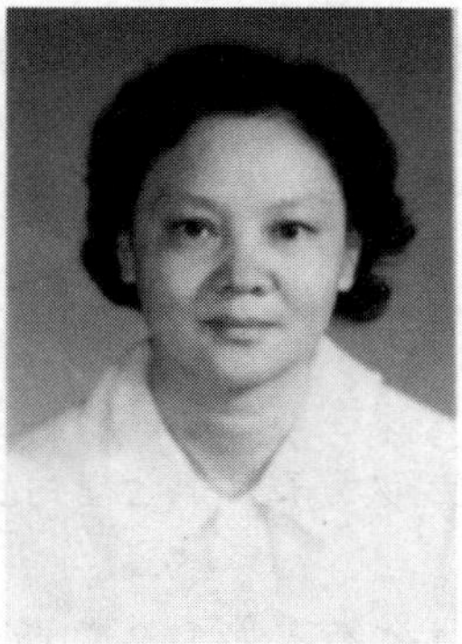

罗蔚茵 中山大学物理系教授，曾任中山大学物理系副主任、中山大学高等继续教育学院院长，国家教委高等学校理科物理学与天文学教学指导委员会委员、基础物理教学指导组成员，中国物理学会教学委员会副主任，主要著作有《力学简明教程》（中山大学出版社出版，1992 年获国家教委第二届优秀教材二等奖），《热学基础》（与许煜寰合编，中山大学出版社出版）等。

合作项目：

"《新概念力学》面向 21 世纪教学内容和课程体系改革"

1997 年获国家级教学成果奖一等奖

"新概念物理"

1998 年获国家教育委员会科学技术进步奖一等奖

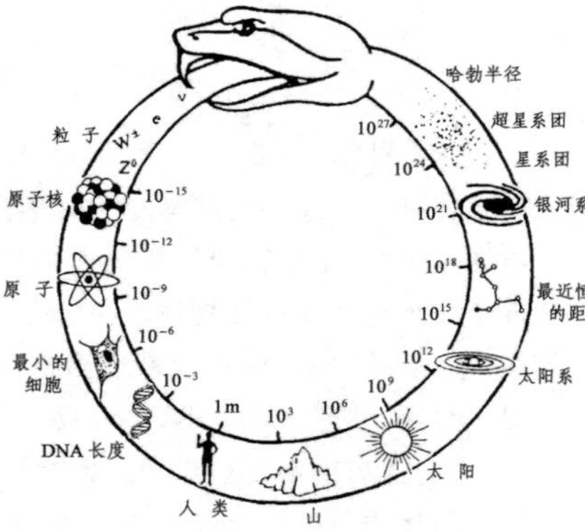

物理学是探讨物质基本结构和运动基本规律的学科。从研究对象的空间尺度来看，大小至少跨越了 42 个数量级。

人类是认识自然界的主体，我们以自身的大小为尺度规定了长度的基本单位——米(meter)。与此尺度相当的研究对象为宏观物体，以伽利略为标志，物理学的研究是从这个层次上开始的，即所谓宏观物理学。19—20 世纪之交物理学家开始深入到物质的分子、原子层次(10^{-9}～10^{-10} m)，在这个尺度上物质运动服从的规律与宏观物体有本质的区别，物理学家把分子、原子，以及后来发现更深层次的物质客体(各种粒子，如原子核、质子、中子、电子、中微子、夸克)称为微观物体。微观物理学的前沿是高能或粒子物理学，研究对象的尺度在10^{-15} m以下，是物理学里的带头学科。20世纪在这学科里的辉煌成就，是60年代以来逐步形成了粒子物理的标准模型。

近年来，由于材料科学的进步，在介于宏观和微观的尺度之间发展出研究宏观量子现象的一门新兴的学科——介观物理学。此外，生命的物质基础是生物大分子，如蛋白质、DNA，其中包含的原子数达10^4～10^5之多，如果把缠绕盘旋的分子链拉直，长度可达10^{-4} m的数量级。细胞是生命的基本单位，直径一般在10^{-5}～10^{-6} m之间，最小的也至少有10^{-7} m的数量级。从物理学的角度看，这是目前最活跃的交叉学科——生物物理学的研究领域。

现在把目光转向大尺度。离我们最近的研究对象是山川地体、大气海洋，尺度的数量级在10^3～10^7 m范围内，从物理学的角度看，属地球物理学的领域。扩大到日月星辰，属天文学和天体物理学的范围，从个别天体到太阳系、银河系，从星系团到超星系团，尺度横跨了十几个数量级。物理学最大的研究对象是整个宇宙，最远观察极限是哈勃半径，尺度达10^{26}～10^{27} m的数量级。宇宙学实际上是物理学的一个分支，当代宇宙学的前沿课题是宇宙的起源和演化，20 世纪后半叶这方面的巨大成就是建立了大爆炸标准宇宙模型。这模型宣称，宇宙是在一百多亿年前的一次大爆炸中诞生的，开初物质的密度和温度都极高，那时既没有原子和分子，更谈不到恒星与星系，有的只是极高温的热辐射和在其中隐现的高能粒子。于是，早期的宇宙成了粒子物理学研究的对象。粒子物理学的主要实验手段是加速器，但加速器能量的提高受到财力、物力和社会等因素的限制。粒子物理学家也希望从宇宙早期演化的观测中获得一些信息和证据来检验极高能量下的粒子理论。就这样，物理学中研究最大对象和最小对象的两个分支——宇宙学和粒子物理学，竟奇妙地衔接在一起，结成为密不可分的姊妹学科，犹如一条怪蟒咬住自己的尾巴。

《新概念物理教程·力学》(第三版)封面插图说明

伽利略和牛顿创立了力学和真正的物理学。阿波罗 15 宇航员 D.R.Scott 发现他自己处在无空气的月球表面时,情不自禁地丢下一把榔头和一根鹰的羽毛来验证伽利略的落体定律。他说,如果没有伽利略的发现,他就不可能站在那个地方。(此图为 PS 图)

一首闻名的诗写道:

自然和自然规律隐藏在黑夜之中,
上帝说"让牛顿降生吧",
一切就有了光明;
但是,光明并不久长,魔鬼又出现了,
上帝咆哮说:"嗬! 让爱因斯坦降生吧",
就恢复到如今这个样子。

三百多年前,牛顿站在巨人的肩膀上,建立了牛顿运动定律和万有引力定律。其实,没有后者,就不能充分显示前者的光辉。海王星的发现,把牛顿力学推上荣耀的顶峰。

魔鬼的乌云并没有把牛顿力学摧垮,它在相对论的基础上确立了自己的适用范围。宇航时代,给牛顿力学和相对论带来又一个繁花似锦的春天。

读者意见反馈

为收集对教材的意见建议，进一步完善教材编写并做好服务工作，读者可将对本教材的意见建议通过如下渠道反馈至我社。

咨询电话　400－810－0598

反馈邮箱　hepsci@pub.hep.cn

通信地址　北京市朝阳区惠新东街4号富盛大厦1座
高等教育出版社理科事业部

邮政编码　100029

防伪查询说明

用户购书后刮开封底防伪涂层，使用手机微信等软件扫描二维码，会跳转至防伪查询网页，获得所购图书详细信息。

防伪客服电话　(010)58582300

教材配套数字课程使用说明

1. 计算机访问 https://abook.hep.com.cn/1254521，或手机下载安装 Abook 应用。

2. 注册并登录，进入“我的课程”。

3. 输入封底数字课程账号(20位密码，刮开涂层可见)，或通过 Abook 应用扫描封底数字课程账号二维码，完成课程绑定。

4. 单击“进入课程”按钮，开始配套数字课程的学习。

课程绑定后一年为数字课程使用有效期。受硬件限制，部分内容无法在手机端显示，请按提示通过计算机访问学习。

如有使用问题，请发邮件至 abook@hep.com.cn。

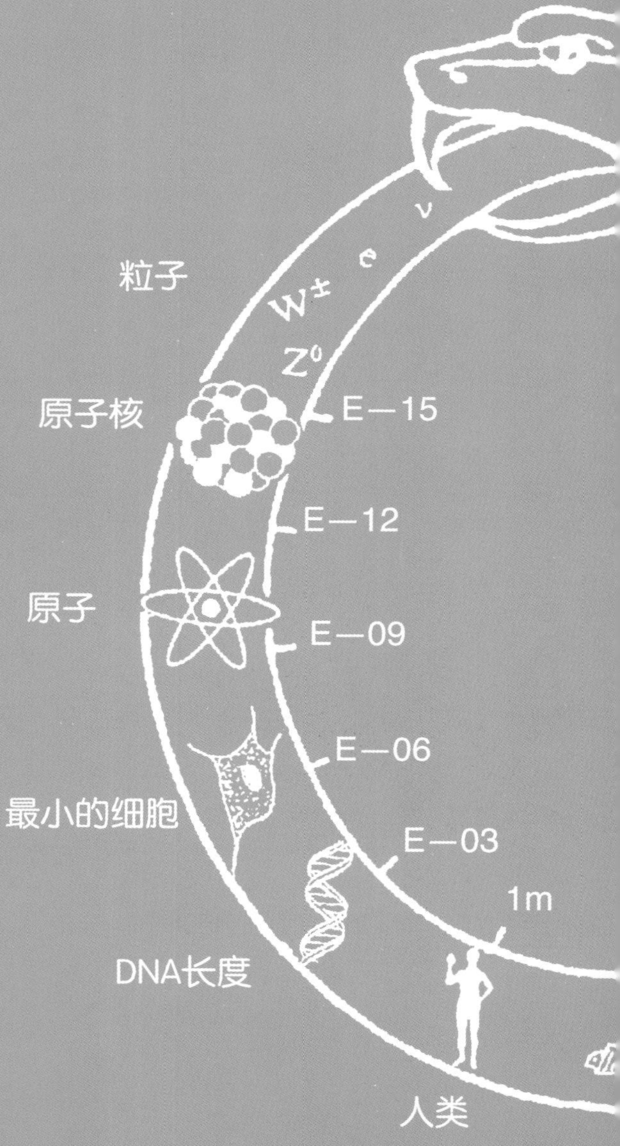

粒子
$W^{\pm}$ e ν
Z^0
原子核
E—15
E—12
原子
E—09
E—06
最小的细胞
E—03
1m
DNA长度
人类

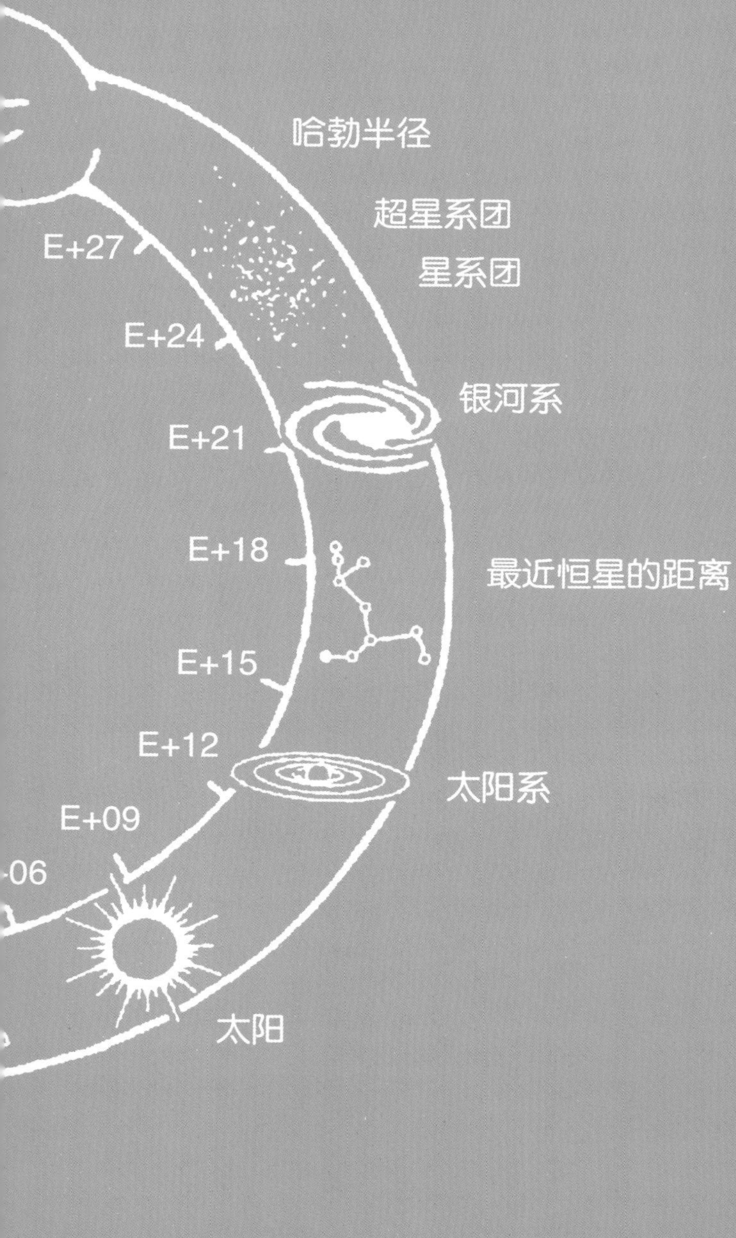

哈勃半径
超星系团
E+27
星系团
E+24
银河系
E+21
E+18
最近恒星的距离
E+15
E+12
太阳系
E+09
06
太阳